EUROPA-FACHBUCHREIHE
für metalltechnische Berufe

Tabellenbuch Sanitär-, Heizungs- und Klimatechnik

5. Auflage

VERLAG EUROPA-LEHRMITTEL · Nourney, Vollmer GmbH & Co. KG
Düsselberger Straße 23 · 42781 Haan-Gruiten

Europa-Nr.: 16638

Autoren des Tabellenbu[illegible] Sanitär-, Heizungs- und Klimatechnik:

Wigbert Hamsch[illegible]	Studiendirektor	Rietberg
Michael He[illegible]erg	Oberstudiendirektor	Köln
Dr. Friedhelm Heine	Oberstudienrat	Schwelm
Heinz Hofmeister	Fachlehrer	Gelnhausen
Ulrich Uhr	Studiendirektor	Rheinfelden
Olaf Machelett	Studienrat	Erkelenz
Robert Kruck	Dipl.-Ing Energiesystemtechnik	Frankfurt

Lektorat:
Ulrich Uhr

Bildbearbeitung:
Zeichenbüro des Verlages Europa-Lehrmittel, Ostfildern

Maßgebend für die Anwendung der Normen und der anderen Regelwerke sind deren neueste Ausgaben. Sie können durch die Beuth Verlag GmbH, Burggrafenstr. 6, 10787 Berlin, bezogen werden.

5. Auflage 2025

Druck 5 4 3 2 1

Alle Drucke derselben Auflage sind parallel einsetzbar, da sie bis auf die Korrektur von Druckfehlern und kleinen Normänderungen identisch sind.

ISBN 978-3-7585-1416-6

Bei Fragen zur Produktsicherheit wenden Sie sich bitte an produktsicherheit@europa-lehrmittel.de.

Satz: PER MEDIEN & MARKETING GmbH, 38102 Braunschweig
Umschlag: Verlag Europa-Lehrmittel, Abt. Bildbearbeitung, Ostfildern
Umschlagbilder: stock.adobe.com: Ronstik; nikkytok; rh2010; 4th Life Fotography; Irina
Druck: UAB BALTO print, 08217 Vilnius (LT)

Mit diesem Nachschlagewerk haben wir die größte Lücke geschlossen, die in der Buchreihe des Verlages Europa-Lehrmittel für die Ausbildung zum **Anlagenmechaniker Sanitär-, Heizungs- und Klimatechnik** bestand.

Zahlen, Daten und Fakten in Formeln, Tabellen und Diagrammen stellen eine praxisnahe Basis für Übungen, Hausaufgaben und die Prüfungsvorbereitung dar, geben aber auch dem Fachmann wichtige Hinweise auf Konstruktionselemente und Arbeitsverfahren. Dabei haben wir Wert darauf gelegt, den Nutzern unseres Tabellenbuches möglichst umfassende Informationen zur Verfügung zu stellen, damit sie auch bei seltenen Problemstellungen eine sichere Hilfe finden.

Während die Lehr- und Arbeitsbücher für die SHK-Ausbildung die Lernfelder abbilden, ist dieses Nachschlagewerk sachlogisch aufgebaut. Die Informationen der nebenstehend aufgeführten Hauptteile betreffen in der Regel mehrere Lernfelder.

Vierfarbdruck, eine einheitliche Gestaltung der Seiten und das neu strukturierte Daumenregister werden dem Benutzer helfen, schnell die gesuchten Informationen zu ermitteln. Ein klar strukturiertes Inhaltsverzeichnis sowie ein ausführliches Sachwortverzeichnis mit englischer Übersetzung lassen schnell zu einzelnen Sachverhalten oder Begriffen die entsprechenden Seiten finden.

Das **„Tabellenbuch Sanitär-, Heizungs- und Klimatechnik"** ist als umfangreiches Nachschlagewerk für Schülerinnen, Schüler und Auszubildende in der **Berufsschule,** in der **Berufsfachschule** und im **Berufskolleg** sowie in der **betrieblichen und überbetrieblichen Ausbildung** konzipiert. Außerdem eignet es sich in der **Meisterschule, Technikerschule** und den **Akademien für handwerkliche Berufe,** um weiterführende Aufgaben im Beruf, beim Studium oder aber auch auf Baustellen lösen zu können.

Wir hoffen, dass sich dieses Tabellenbuch für unsere Leser bald zu einem wichtigen Arbeitsmittel in Unterricht und Praxis entwickeln wird, und würden uns freuen, von Ihnen Hinweise auf Fehler und Verbesserungsvorschläge unter der E-Mail-Adresse lektorat@europa-lehrmittel.de zu erhalten.

In der **fünften** Auflage sind die inzwischen erschienenen Normänderungen bis Sommer 2025 berücksichtigt. Vor allem die aufwändigen Änderungen des GEG 2020 wurden neu eingearbeitet und ergänzt. Abbildungen wurden aktualisiert und Textstellen aufgrund von Leserhinweisen geändert oder ergänzt. Sämtliche Rechenbeispiele sind entfallen, lediglich einige Ablesebeispiele wurden zur Verdeutlichung beim Umgang mit Diagrammen und Tabellen beibehalten.

Sommer 2025 — Die Autoren des Arbeitskreises

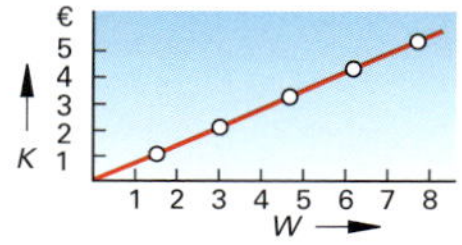

Normung und pysikalische Größen

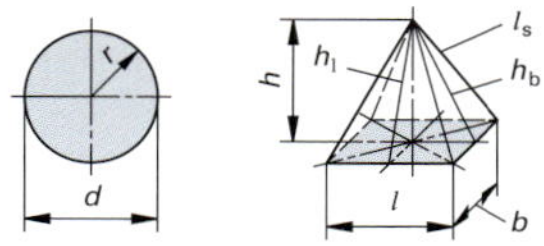

Mathematik und Geometrie

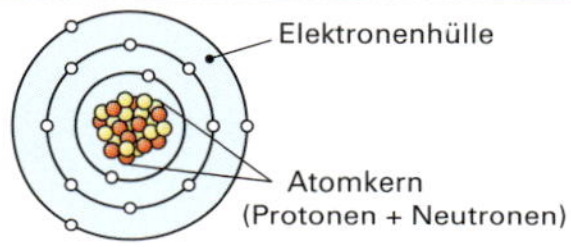

Grundbegriffe der Chemie

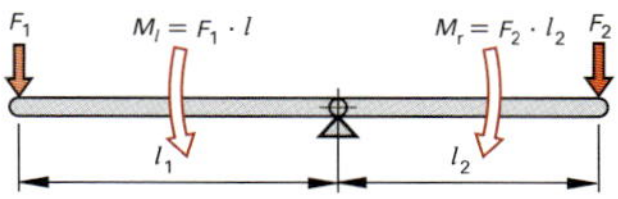

Mechanik fester Körper, Flüssigkeiten und Gase

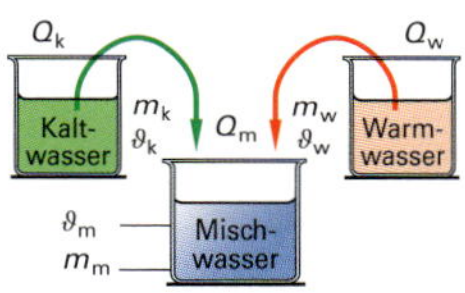

Wärmelehre

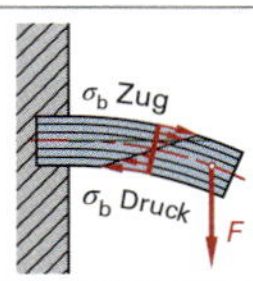

Festigkeitslehre und Statik

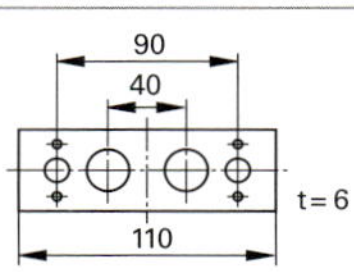

Grundlagen der technischen Kommunikation

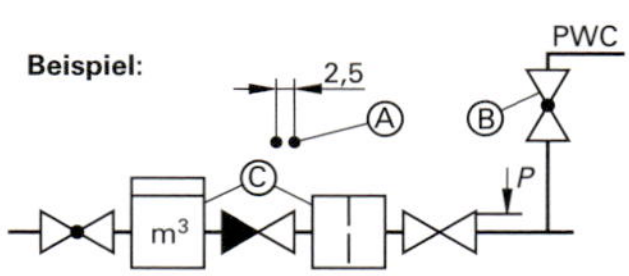

Sinnbilder

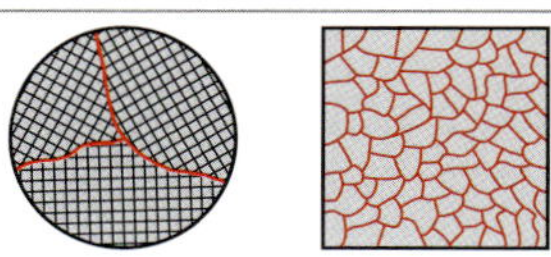

Grundlagen der Werkstoffkunde und technische Werkstoffe

G1

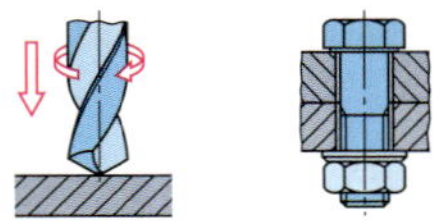

Fertigungsverfahren

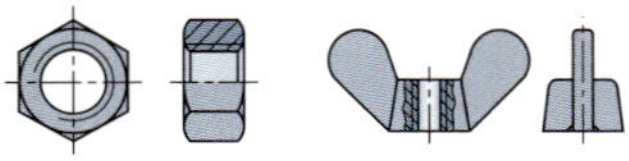

Schrauben, Muttern, Unterlegscheiben

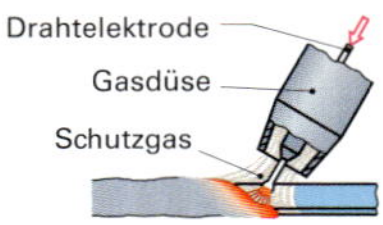

Verbindungstechnik

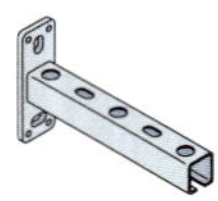

Befestigungselemente

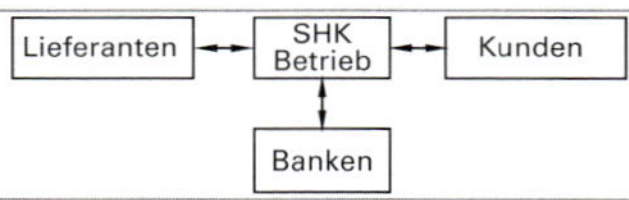

Grundlagen der Betriebswirtschaftslehre

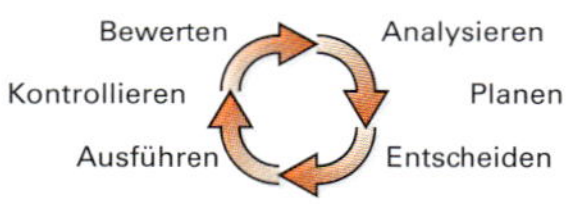

Materialbeschaffung und Leistungserstellung im SHK-Betrieb

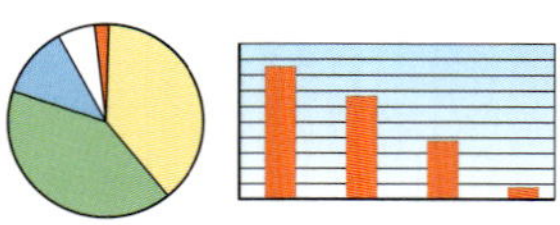

Marktforschung, Marketing und Vertrieb

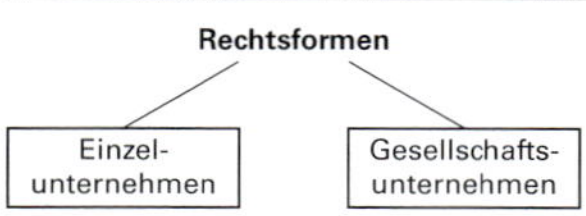

Leitung und Verwaltung

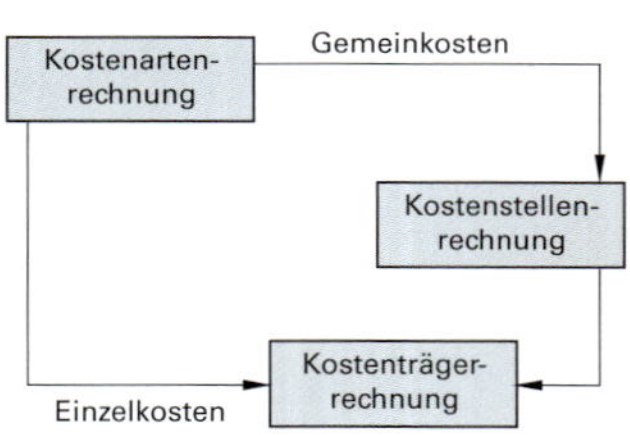

Buchführung im SHK-Betrieb

Kostenrechnung, Kalkulation und Controlling

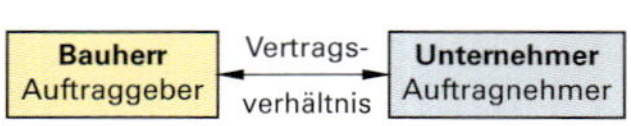

Bauvertragsrecht

Normung

DIN EN 45020: 2007-03

Regelwerke, ISO, EN, DIN

Kurzzeichen	Erläuterung	Aufgabe und Ziel
Internationale Normen (ISO-Normen), Genf		
ISO	**I**nternational **O**rganization for **S**tandardization (aus dem Griechischen „isos = gleich“)	Sie gibt weltweite Spezifikationen für Produkte, Dienstleistungen und Systeme, um die Qualität, Sicherheit und Effizienz zur Erleichterung des internationalen Handels zu gewährleisten.
Europäische Normen (EN-Normen), Brüssel		
EN	**E**uropäische **N**ormungs-organisation CEN = Comité Europén de Normalisation	Sie harmonisiert die nationalen Normen in den Mitgliedsländern. Handelshemmnisse sollen abgebaut, gleiche Rahmen- und Wettbewerbsbedingungen für den europäischen Binnenmarkt geschaffen werden.
Deutsche Normen (DIN-Normen), Berlin		
DIN	**D**eutsches **I**nstitut für **N**ormung e.V.	Sie organisiert zum Nutzen der Allgemeinheit unter Wahrung des öffentlichen Interesses die Normung und Standardisierung und dient der Innovation, Sicherheit und Verständigung in Wirtschaft, Wissenschaft, Verwaltung und Öffentlichkeit.

Weitere Bezeichnungen von DIN-Normen

DIN EN	Deutsche unveränderte Übernahme einer Europäischen Norm (EN)
DIN EN ISO	Deutsche Übernahme von ISO oder CEN entstandenen und veröffentlichten Normen
DIN ISO	Deutsche unveränderte Übernahme einer ISO-Norm
DIN VDE	Elektrotechnik, Elektronik und Informationstechnik werden gemeinsam von DIN und VDE durch die DKE (Deutsche Kommission Elektrotechnik) bearbeitet.

Weitere Regelwerke

BImSchG	Bundes-Immissionsschutzgesetz	**TRD**	Technische Regeln für Dampfkessel
BImSchV	Bundes-Immissionsschutzverordnung	**TRG**	Technische Regeln Druckgase
BBodSchG	Bundesbodenschutzgesetz	**TRGI**	Technische Regeln für Gas-Installationen
DGQ	Deutsche Gesellschaft für Qualität e.V.	**TRF**	Technische Regeln Flüssiggase
DVGW	Deutsche Vereinigung des Gas- und Wasserfaches e.V. (Bonn)	**TRGS**	Technische Regeln für Gefahrstoffe
DWA	Deutsche Vereinigung für Wasserwirtschaft, Abwasser u. Abfall e.V. (Hennef)	**TrinkW**	Trinkwasserverordnung
		VDE	Verband Deutscher Elektrotechniker e.V. (Frankfurt am Main)
GEG	Gebäudeenergiegesetz	**VDI**	Verein Deutscher Ingenieure e.V. (Düsseldorf)
FeuVo	Feuerungsverordnung		
GefstoffV	Gefahrstoffverordnung	**VOB**	Vergabe- und Vertragsordnung für Bauleistungen
MLAR	Muster-Leitungsanlagen-Richtlinie	**W**	Arbeitsblätter zur Trinkwasserverordnung TrinkW
TRB	Technische Regeln zur Druckbehälterverordnung	**WHG**	Wasserhaushaltsgesetz
TRbF	Technische Regeln für brennbare Flüssigkeiten	**ZVSHK**	Zentralverband Sanitär, Heizung, Klima (Sankt Augustin)

Benennung

Begriff	Norm	Teil einer Norm	Beiblatt	Entwurf	Vornorm	Gültigkeits datum
Beispiel	**DIN** 16893	DIN 422-**2**	DIN EN 12831 **Bbl. 2**	DIN EN 5149-4	DIN **V** 4107-10	DIN EN 673 **2011-04**

Griechisches Alphabet

DIN EN ISO 3098-3: 2000-11

Kleinbuchstabe	Großbuchstabe	Name	Verwendung, Größe	Kleinbuchstabe	Großbuchstabe	Name	Verwendung, Größe
α	A	Alpha	Winkel, Längenausdehnung	ν	N	Ny	kinematische Viskosität
β	B	Beta	Winkel	ξ	Ξ	Xi	Massenanteile
γ	Γ	Gamma	Winkel	o	O	Omikron	Oberfläche, Oktave
δ	Δ	Delta	Winkel, Differenz	π	Π	Pi	Ludolph'sche Zahl 3,14159
ε	E	Epsilon	Emissionskoeffizient, Dehnung	ρ	P	Rho	Dichte
ζ	Z	Zeta	Widerstandsbeiwert	σ	Σ	Sigma	Spannung, Summe
η	H	Eta	Wirkungsgrad	τ	T	Tau	Schubspannung
θ, ϑ	Θ	Theta	Temperatur in °C	υ	Υ	Ypsilon	Geschwindigkeit
ι	I	Jota	nicht das Geringste	φ	Φ	Phi	Luftfeuchte, Wärmestrom
κ	K	Kappa	Isotropen-/ Adiabatenexponent	χ	X	Chi	Stoffmengenanteil
λ	Λ	Lambda	Wärmeleitfähigkeit	ψ	Ψ	Psi	Abflussbeiwert
μ	M	My	Rauigkeit	ω	Ω	Omega	elektrischer Widerstand

Römische Zahlzeichen

Römische Ziffern	Arabische Ziffern	Römische Ziffern	Arabische Ziffern	Römische Ziffern	Arabische Ziffern
I	1	XX	20	CC	200
II	2	XXX	30	CCC	300
III	3	XL	40	CD	400
IV	4	L	50	D	500
V	5	LX	60	DC	600
VI	6	LXX	70	DCC	700
VII	7	LXXX	80	DCCC	800
VIII	8	XC	90	CM	900
IX	9	C	100	M	1000
X	10				

Zeichen nebeneinander addieren. Kleinere Zahlen folgen größeren, max. 3 gleiche Zeichen aufeinander (III, XXX, CCC, MMM); V, L, D nie mehrfach (VV ist X!)

MDCLXXXVII	=	1687	MMIII	=	2003
MCMXCIX	=	1999	XCIX	=	99

Mathematische Zeichen

Auswahl nach DIN 1302: 1999-12

Zeichen	Erklärung
…	bis, und so weiter bis
=	gleich
≠	nicht gleich, ungleich
~	proportional
≈	annähernd, nahezu gleich, rund, etwa
≙	entspricht
<	kleiner als
>	größer als
≥	größer oder gleich, mindestens gleich
≤	kleiner oder gleich, höchstens gleich
+	plus, mehr, und
sin	Sinus
cos	Cosinus

Zeichen	Erklärung
−	minus, weniger
$\sqrt{a}$	Quadratwurzel aus a
·, 2	mal (der Punkt steht auf halber Zeilenhöhe)
:, /, –	durch, geteilt durch, dividiert durch
%	Prozent, von Hundert
‰	Promille, von Tausend
(), [ ], { }	runde, eckige, geschweifte Klammer auf und zu
∥	parallel
∦	nicht parallel
⊥	rechtwinklig zu, normal auf, senkrecht auf
tan	Tangens
cot	Cotangens

Zeichen	Erklärung
Δ	Delta, Zeichen f. Differenz
≅	kongruent
≡	identisch
∢	Winkel
$\overline{AB}$	Strecke AB
$\overset{\frown}{AB}$	Bogen AB
Σ	Summe
e	Euler'sche Zahl e = 2,718 281 828 …
π	Pi = 3,141 59…
∞	unendlich
log	Logarithmus (allgemein)
lg	Zehnerlogarithmus
ln	natürlicher Logarithmus
lb	binärer Logarithmus

SI-Basiseinheiten[1)]

DIN 1304-1: 1994-03; DIN EN 60027-7: 2011-02

Größe	Länge	Masse	Zeit	Elektrische Stromstärke	Thermo dynamische Temperatur	Stoffmenge	Lichtstärke
Einheitenname	Meter	Kilogramm	Sekunde	Ampere	Kelvin	Mol	Candela
Einheitenzeichen	m	kg	s	A	K	mol	cd

[1)] SI ist die Abkürzung für „Système International d'Unités" (Internationales Einheitensystem)

Formelzeichen, Größen, Einheiten

DIN 1304-1: 1994-03

Längen, Flächen, Volumen, Winkel

Größe	Formelzeichen	Einheit Name	Einheit Zeichen	Umrechnung, Erklärung
Länge Breite Höhe, Tiefe Radius Durchmesser Dicke Umfang Weglänge	*l* *b* *h, t* *r* *d,* *d, D* *U* *s*	Meter	m	siehe Tabelle Länge
Fläche Oberfläche Querschnittsfläche Grundstücksfläche	*A* *A, Q, S* *A*	Quadratmeter Ar, Hektar	m^2 a ha	siehe Tabelle Fläche
Volumen	*V*	Kubikmeter	m^3	siehe Tabelle Volumen
ebener Winkel (Winkel)	α, β, γ, …	Radiant Vollwinkel Grad Minute Sekunde	rad	siehe unten

Länge:

	m	dm	cm	mm
1 km	1000	10000	100000	1000000
1 m	1	10	100	1000
1 dm	0,1	1	10	100
1 cm	0,01	0,1	1	10
1 mm	0,001	0,01	0,1	1
1 nm	0,000001	0,00001	0,0001	0,001

Ablesebeispiel: 1 dm = 0,1 m = 10 cm = 100 mm

Fläche:

	m^2	dm^2	cm^2	mm^2
1 m^2	1	100	1000	1000000
1 dm^2	0,01	1	100	10000
1 cm^2	0,0001	0,01	1	100
1 mm^2	0,000001	0,0001	0,01	1

Ablesebeispiel: 1 dm^2 = 0,01 m^2 = 100 cm^2 = 10000 mm^2

Volumen:

	m^3	dm^3 (*l*)	cm^3 (ml)	mm^3
1 m^3	1	10^{-3}	10^{-6}	10^{-9}
1 dm^3 (*l*)	1000	1	10^{-3}	10^{-6}
1 cm^3 (ml)	1000000	1000	1	10^{-3}

Ablesebeispiel: 1 dm^3 = 0,001 m^3 = 1000 cm^3 = 1000000 mm^3

Ebener Winkel:

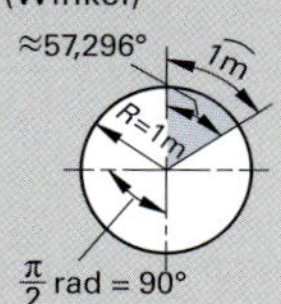

$$1\ \text{rad} = \frac{1\ \text{m (Bogen)}}{1\ \text{m (Bogen)}} = \frac{180°}{\pi} = 57{,}2957\ …°$$

1 Vollwinkel = 2 · π rad

1° = (π/180) rad = 60′

1′ = (1/60)° = 60″

1″ = (1/60)′ rad = (1/3600)°′

Mechanik

Größe	Formelzeichen	Einheit Name	Einheit Zeichen	Umrechnung, Erklärung		
Masse	*m*	Kilogramm	kg	1 kg	1000 g	0,001 mg
				1 Mg (t)	1000000 g	1000 kg
längenbezogene Masse	*m′*	Kilogramm pro Meter	kg/m	Berechnung der Masse bei Stäben, Profilen, Rohren, Heizkörpern		
flächenbezogene Masse	*m″*	Kilogramm pro Quadratmeter	kg/m^2	Berechnung der Masse bei Blechen und Platten		
spezifisches Masse	*v*	Kubikmeter pro Kilogramm	m^3/kg	1 m^3/kg	1000 dm^3/kg	1 dm^3/g

G1

Formelzeichen, Größen, Einheiten (Fortsetzung)

Größe	Formelzeichen	Einheit: Name	Einheit: Zeichen	Umrechnung, Erklärung				
Mechanik (Fortsetzung)								
Dichte (vom Ort abhängige Größe)	ρ	Kilogramm pro Kubikmeter	kg/m³		g/cm³	kg/dm³	kg/m³	
				1 kg/m³	0,001	0,001	1	
Kraft Gewichtskraft	F F_G	Newton	N		mN	N	daN	kN
				1 mN	1	0,001	0,0001	0,000001
				1 N	1000	1	0,01	0,001
				1 kN	1000000	1000	100	1
				1 MN	10^9	1000000	100000	1000
				$1\ N = 1\ kg \cdot 1\ m/s^2 = 1\ kg\ m/s^2$				
Drehmoment Biegemoment Torsionsmoment	M M_b M_k	Newton mal Meter	Nm		Ncm	Nm	kNm	
				1 Nm	100	1	0,001	
Druck	p	Pascal	Pa		Pa	mbar, hPa	bar	N/cm²
mechanische Spannung	σ, τ	Newton pro Millimeter hoch zwei	N/mm²	1 Pa	1	0,01	0,00001	0,0001
				1 mbar, 1 hPa	100	1	0,001	0,01
				1 bar	100000	1000	1	10
				1 N/cm²	10000	1000	0,1	1
				$1\ Pa = 1\ N/m^2$; 1 bar = 10 m WS; 1 mbar = 1 hPa				
Arbeit[1] Energie Wärmemenge [1] Auch elektr. Arbeit	W E, W Q	Joule	J		kWh	J	kJ	MJ
				1 kWh	1	3600000	3600	3,6
				1 J	$2{,}\overline{7} \cdot 10^{-7}$	1	0,001	0,000001
				1 kJ	0,0002778	1000	1	0,001
				1 MJ	$0{,}2\overline{7}$	1000000	1000	1
				$1\ J = 1\ N \cdot m = 1\ W \cdot s = 1\ kgm^2/s^2$				
Leistung mechanisch	P	Watt	W		mW	W	kW	MW
				1 mW	1	0,001	0,000 001	10^{-9}
Wärmestrom	$\dot{Q}, \phi$			1 W	1000	1	0,001	0,000001
				1 kW	1000000	1000	1	0,001
				1 MW	10^9	1000000	1000	1
				1 W = 1 J/s = 1 Nm/s				
Volumenstrom	$\dot{V}$	Liter pro Sekunde	l/s	1 l/s = 60 l/min = 3600 l/h = 3,6 m³/h				
Zeit								
Zeit Zeitspanne Dauer	t	Sekunde Minute Stunde Tag Jahr	s min h d a		s	min	h	d
				1 s	1	1/60	1/3600	1/86400
				1 min	60	1	1/60	1/1440
				1 h	3600	60	1	1/24
				1 d	86400	1440	24	1
				1 a	31556952	525949,2	8765,82	~ 365
				1 W = 1 J/s = 1 Nm/s				
Frequenz	f, ν	Hertz	Hz 1/s	Anzahl periodischer Vorgänge pro Sekunde $1\ Hz = 1/s = s^{-1}$				
Drehzahl	n		1/min					
Kreizfrequenz	ω		1/s	$\omega = 2 \cdot \pi \cdot f$				
Periodendauer	T	Sekunde	s					

Formelzeichen, Größen, Einheiten (Fortsetzung)

Größe	Formelzeichen	Einheit: Name	Einheit: Zeichen	Umrechnung, Erklärung
Zeit (Fortsetzung)				
Geschwindigkeit	v	Meter pro Sekunde	m/s	siehe Tabelle unten
Umfangsgeschw.	v	Kilometer pro Stunde	km/h	
Lichtgeschw.	c			
Winkelgeschw.	ω	Radiant pro Sekunde	rad/s	

	m/s	m/min	km/h
1 cm/s	0,01	16,667	1
1 m/s	1	60	3,6
1 m/min	0,01667	1	0,06
1 km/h	0,2778	16,667	1

Beschleunigung	a	Meter pro Sekunde hoch zwei	m/s^2	Wirkungsrichtung: beliebig
örtliche Fallbeschleunigung	g			Wirkungsrichtung: zum Erdmittelpunkt $g = 9{,}80665\ m/s^2 \approx 9{,}81\ m/s^2$
Winkelbeschleunigung	α	Radiant pro Sekunde hoch zwei	rad/s^2	Wird meist als Normalfallbescheunigung angegeben
Thermodynamik, Wärmeübertragung				
Thermodynamische Temperatur	T, t	Kelvin	K	$T = 0\ K = -273{,}15\ °C$
Temperaturdifferenz	ΔT, $\Delta\vartheta$, $\Delta\theta$			z. B. $\Delta\vartheta = 55\ °C - 45\ °C = 10\ K$
Temperatur	ϑ, θ	Grad Celsius	°C	$\vartheta = 0\ °C = 273{,}15\ K$
spezifische Wärmekapazität	c	Kilojoule durch Kilogramm mal Kelvin	kJ/(kg·K)	Die spezifische Wärmekapazität wird oft für Wasser angegeben mit: c = 4,180 kJ/(kg·K) bzw. c = 1,163 Wh/(kg·K)
Wärmestrom Wärmeleistung	$\dot{Q}$, ϕ	Watt	W	1 Wh = 3 600 Ws = 3,6 kJ 1 kWh = 1 000 Wh = 3 600 000 Ws 1 kWh = 3 600 kJ = 3,6 MJ
Wärmeleitzahl	λ	Watt durch Meter mal Kelvin	W/(m·K)	
Wärmedurchgangskoeffizient (U-Wert)	U	Watt durch Meter hoch zwei mal Kelvin	$W/(m^2 \cdot K)$	früher *k*-Wert
Wärmeübergangszahl	α	Watt durch Meter mal Kelvin	W/(m·K)	
Brennwert	H_s $H_{s,n}$	Kilowattstunden durch kg oder m^3	kWh/kg oder kWh/m^3	Index „s" steht für superior = höher Index „n" steht für Normzustand
Heizwert	H_i $H_{i,n}$	Kilowattstunden durch kg oder m^3	kWh/kg oder kWh/m^3	Index „i" steht für inferior = unterer Index „n" steht für Normzustand
Elektrizitätslehre, Elektrotechnik				
Elektrische Stromstärke	I	Ampere	A	1 A = 1000 mA = 0,001 kA
Elektrische Spannung	U	Volt	V	1 V = 1000 mV = 0,001 kV
Elektrischer Widerstand	R	Ohm	Ω	$1\ \Omega = 1000\ m\Omega = 0{,}001\ k\Omega$
Energie Elektrische Arbeit	W	Joule	J	1 J = 1 W·s = 1 N·m 1 kWh = 3,6 MJ, 1 Wh = 3,6 kJ
Leistung Wirkleistung	P	Watt	W	1 J = 1 J/s = 1 N·m/s 1 W = V·A

G1

Indizes (Auszug)

DIN 1304-1: 1994-03

Index	Bedeutung	Index	Bedeutung	Index	Bedeutung
0	null, leerer Raum, Leerlauf	G	Gewicht	pot	potenziell
1	eins, primär, Eingang	geo	geodätisch	rad	radial
2	zwei, sekundär, Endzustand	ges	gesamt	rel	relativ
a	außen	ing	Eingang (ingressus)	R	Reibung
ab	abgegeben	int	innen (intus)	stat	stationär, statisch
abs	absolut	kin	kinetisch	tan	tangential
amb	umgebend (ambient)	max	maximal	verf	verfügbar
ax	axial	mec	mechanisch	zu	zugeführt
e	überschreitend (extens)	mes	gemessen	zul	zulässig
ex	Ausgang, außen (exterior)	min	minimal	Δ	Differenz
eff	effektiv	N	Normal	$\sum$	Summe

Britische und US-Einheiten (Auswahl)

Größe/Einheit	Name	SI-Einheit	Größe/Einheit	Name	SI-Einheit
Länge 1 in bzw. 1″	inch (Zoll)	25,4 mm	**Volumenstrom** 1 gpm	gallon per minute	GB: 0,07577 l/s USA: 0,06309 l/s
Fläche 1 sq in	square inch	6,452 cm^2	**Massenstrom** 1 oz/min	ounce per minute	0,4725 g/s
Volumen 1 cu in 1 U.S. gal 1 Imp. gal	cubic inch U.S.-gallon Imperial-gallon	16,39 cm^3 3,785 dm^3 4,546 dm^3	**Spezifische Wärme-kapazität**	1 btu/(lb deg F)	4,1886 kJ/(kg·K)
			Wärme-leitfähigkeit	1 btu/(fth deg F)	1,7306 W/(m·K)
Masse 1 gr 1 oz	grain ounce	64,80 mg 31,10 g	**Leistung** 1 hp bzw. 1 Hp	horse power	0,7457 kW

Dezimale Vielfache und Teile von Einheiten

DIN 1304-1: 1994-03

Mathematik			SI-Einheiten			
Zehner-potenz	Zahlenwert	Name	Vorsilbe		Beispiel	
			Name	Zeichen	Einheit	Bedeutung
10^{12}	1000000000000	Billion	Tera	T	1 TB	1 Tera-Byte
10^{9}	1000000000	Milliarde	Giga	G	16 GB	16 Giga-Byte
10^{6}	1000000	Million	Mega	M	56 MBjt/s	56 Mega-Bit pro Sekunde
10^{3}	1000	Tausend	Kilo	k	70 kg	70 Kilo-Gramm
10^{2}	100	Hundert	Hekto	h	3 hPa	3 Hekto-Pascal
10^{1}	10	Zehn	Deka	da	1 daHz	1 Deka-Hertz
10^{0}	1	Eins	–	–	5·1 m	5 Meter
10^{-1}	0,1	Zehntel	Dezi	d	4 dl	4 Dezi-Liter
10^{-2}	0,01	Hunderstel	Zenti	c	23 cm	23 Zenti-Meter
10^{-3}	0,001	Tausendstel	Milli	m	6 mm	6 Milli-Meter
10^{-6}	0,000001	Millionstel	Mikro	μ	50 μA	50 Mikro-Ampere
10^{-9}	0,000000001	Milliardstel	Nano	n	10 nm	10 Nano-Meter
10^{-12}	0,000000000001	Billionstel	Piko	p	30 pF	30 Pico-Farad

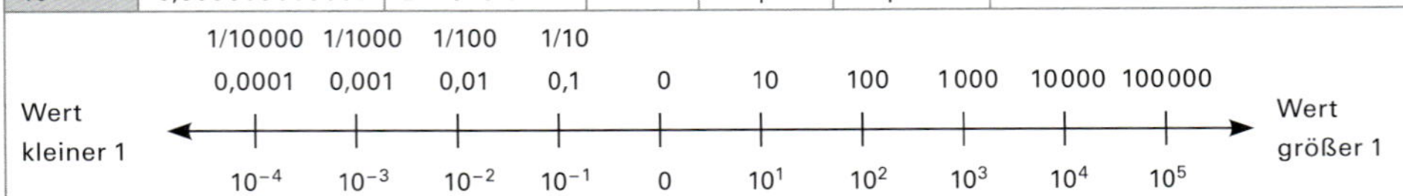

Umwandlung von Zahlen in Produkte mit Zehnerpotenz:

$3700 = 3{,}7 \cdot 1000 = 3{,}7 \cdot 10^3$ $0{,}06 = 6/100 = 6 \cdot 10^{-2}$ $16{,}5\ \mu = 16{,}5 \cdot 10^{-6} = 0{,}0000165$

G1

Schaubilder, Diagramme und Tabellen

Bezeichnung von Punkten im rechtwinkligen Koordinatensystem:

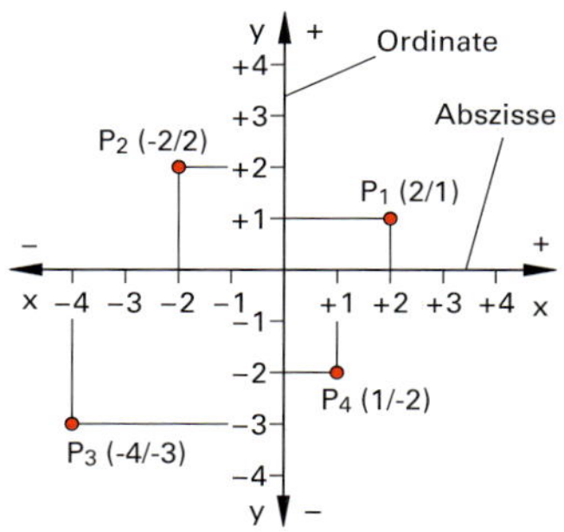

In Naturwissenschaft, Technik, Betriebswirtschaft und Volkswirtschaft kommen sehr oft Größen vor, die voneinander abhängig sind. Für dieses Abhängigkeitsverhältnis verwendet man den Begriff der **„Funktion"** oder man spricht von einem Graph.

Diagramme sind grafische Darstellungen im **kartesischen** (rechtwinklingen) **Koordinatensystem** oder in Form von Flächen.

Liniendiagramme

Nebenstehende Abbildung zeigt, dass das Koordinatensystem aus zwei Achsen **(Koordinaten)** besteht.

x-Achse: **Abszisse**

y-Achse: **Ordinate**

Der Schnittpunkt beider Koordinaten ist der Nullpunkt (Koordinatenanfang). Von ihm aus zählen die Koordinatenwerte und zwar
+ x: → **– x:** ← **+ y:** ↑ **– y:** ↓

Mit den Koordinatenwerten lässt sich jeder **Punkt** (P) eindeutig im Koordinatensystem festlegen. Es werden immer erst die x-Werte, dann die y-Werte genannt.

Stabdiagramme und Tabellen

Gleichartige Größen kann man durch Zahlen miteinander vergleichen. Häufig werden dazu **Tabellen** verwendet, die aber den Nachteil schlechter Einprägsamkeit haben. Demgegenüber werden solche gleichartigen Größen sehr übersichtlich in einem **Stabdiagramm** oder **Streckendiagramm** dargestellt, z. B. die Montage einer bestimmten Stückzahl pro Woche. **Tabelle:**

Tag	Montag	Dienstag	Mittwoch	Donnerstag	Freitag
Stück	20	26	18	30	20

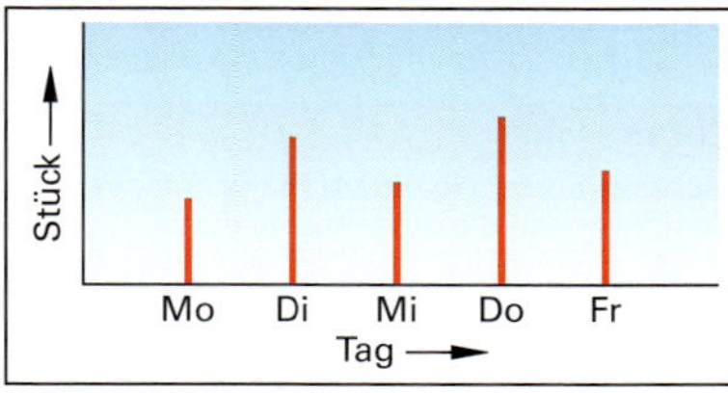

Kurvendiagramm

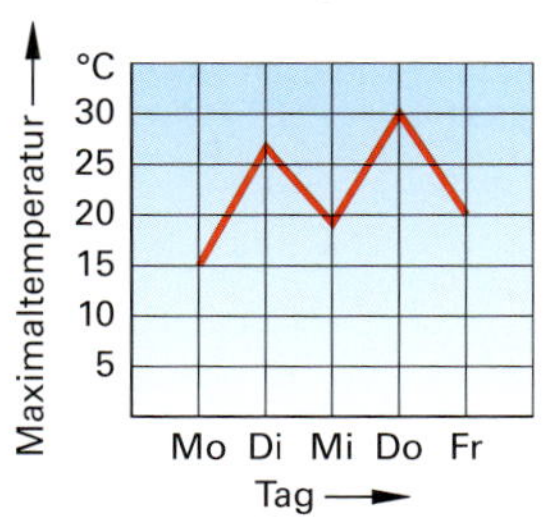

Säulendiagramm

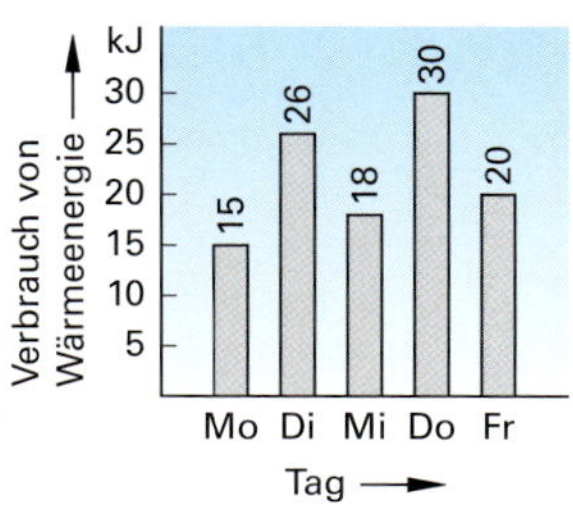

Beispiel:

Vgl. Seite 24:

1 U.S.-Gallone

= 3,785 Liter

Für den Bereich von 0 bis 1000 Gallonen soll ein Diagramm zur Umwandlung von Gallonen in Liter erstellt werden, und zwar in einem Koordinatensystem mit den Punkten (0/0) und (3785/1000).

Wegen der direkten Proportionalität bildet sich die Funktion als eine Gerade durch die beiden Punkte ab:

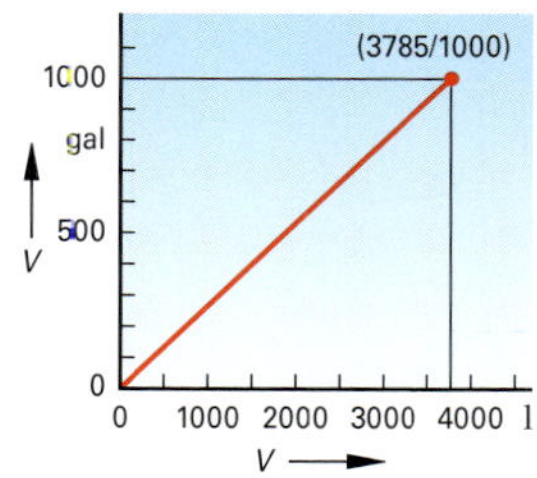

Kreisflächendiagramm

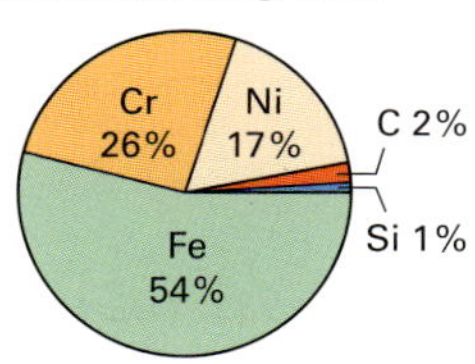

Legierungsbestandteile:

26% Cr ≙ 93,6° 2% C ≙ 7,2°
17% Ni ≙ 61,2° 1% Si ≙ 3,6°

Netztafel

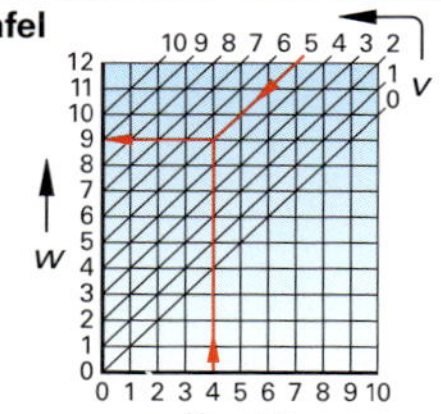

Die Achsen können linear (Beispiel $w = u + v$) oder auch logarithmisch geteilt sein.

Ablesen von Diagrammen mit Netzlinien

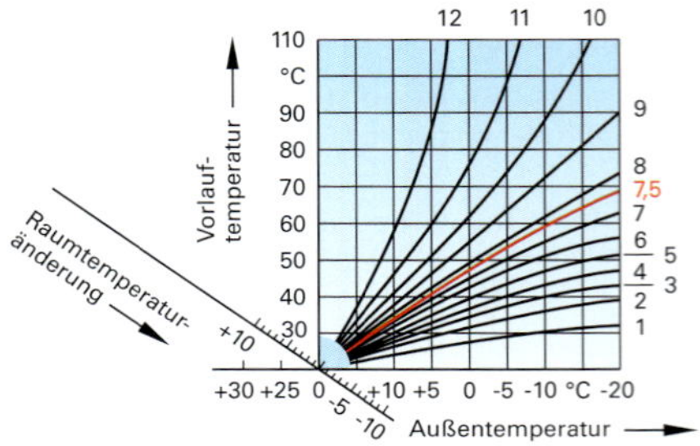

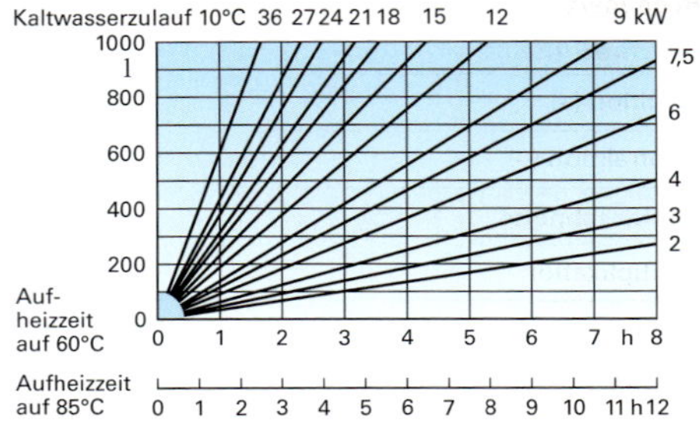

Achsen und Einheiten

x- und y-Achse erhalten i.d. R. eine bezifferte Teilung. Die Teilung kann unterschiedlich sein z. B.

- Nullpunkt und Teilbereich sind weggelassen,
- mit einem unterbrochenen Netz,
- logarithmisch (in Zehnerpotenzen).

Die Einheiten stehen vorzugsweise zwischen den letzten beiden Zahlen am rechten/oberen Ende der Achse. Bei Platzmangel kann die letzte Zahl entfallen.

Skalen und Größenangaben

- Zahlenwerte von unten lesbar beziffert
- Negative Werte mit einem Minuszeichen
- Zahlen an linken und unteren Rand außerhalb des Koordinatensystems
- Formelzeichen oder Namen der Größen außerhalb des Diagramms
- Lesen ohne zu Drehen des Diagramms lesbar
- y-Achse: von rechts lesbar

Kurvenschar

Mehrere Kurven in einem Diagramm werden mit ihren Parametern wie Formelzeichen, Beschriftungen, Zahlenwerten etc. gekennzeichnet.

Ablesen von Diagrammen mit Netzlinien

Netztafeln

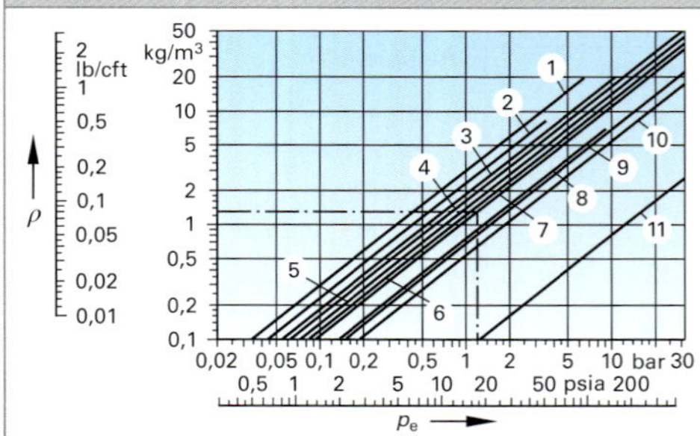

Um den Zusammenhang von drei Größen darzustellen, werden diese in Netztafeln abgebildet.

Durch eine logarithmische Teilung auf beiden Achsen ergibt sich eine proportionale und umgekehrt proportionale Beziehung zu einer geraden Linie.

Leitertafeln

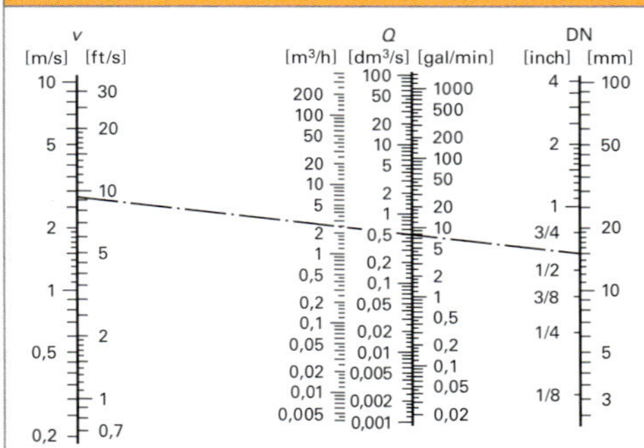

Auch Leitertafeln ermöglichen den Zusammenhang von drei Größen abzulesen.

Parallele, logarithmisch geteilte Skalen (Leitern) können so in einen Zusammenhang gebracht werden.

Hier:
Zusammenhang der Strömungsgeschwindigkeit vom Massenstrom und dem Durchmesser des Rohres.

$$v = \frac{\dot{V} \cdot 4}{\pi \cdot d^2} \qquad \dot{V} = \frac{v \cdot \pi \cdot d^2}{4}$$

G1

Grundrechenarten

Rechenart	Erklärung	Zahlenbeispiel
Strichrechnung		
Addition (+)	Summand + Summand = Summe	$3 + 4 = 7$
Subtraktion (–)	Minuend – Subtrahend = Differenz	$8 - 2 = 6$
Punktrechnung		
Multiplikation (·)	Faktor · Faktor = Produkt	$5 \cdot 3 = 15$
Division (:)	Dividend : Divisor = Quotient	$12 : 2 = 6$

Schreibweise von Variablen

Zeichen	Algebraisches Beispiel
Das **Multiplikationszeichen** (der Malpunkt) zwischen Zahl und Variable (Buchstabe) oder den Variablen kann weggelassen werden.	$5 \cdot x = 5x$ $x \cdot y = xy$
Der **Faktor 1** wird in der Regel nicht geschrieben.	$1 \cdot x = x$

Rechenregeln bei der Strichrechnung

Rechenregel	Zahlenbeispiel	Algebraisches Beispiel
Gleiche Vorzeichen Man addiert oder subtrahiert und behält die Vorzeichen bei.	$+2 + 9 = +11$ $(-4) - 6 = -10$	$+a + b = +c$ $(-a) - b = -c$
Ungleiche Vorzeichen Man subtrahiert und behält der Zahl mit dem größeren Betrag.	$+2 - 9 = -7$ $+9 - 2 = +7$	wenn $\lvert a \rvert < \lvert b \rvert$ $+a - b = -c$ $+b - a = +c$
Summieren von Variablen Gleiche Variablen können addiert oder subtrahiert werden.	–	$27x + 3a - 5a + 3x$ $= 27x + 3x + 3a - 5a$ $= 30x - 2a$
Vertauschungsgesetz (Kommutativgesetz) Variable und Zahl können in ihrer Reihenfolge vertauscht werden.	$5 + 8 - 6$ $= 5 - 6 + 8$ $= -6 + 8 + 5$	$a + b - c$ $= a - c + b$ $= -c + b + a$
Zusammenfassen (Assoziativgesetz) Einzelne Glieder können zu Teilsummen zusammengefasst werden.	$5 + 8 - 6 + 7$ $= 5 + 8 + 7 - 6$ $= 20 - 6 = 14$	$a + b - c + x$ $= a + b + x - c$

Rechenregeln bei der Multiplikation

Gleiche Vorzeichen Multipliziert man Zahlen mit gleichem Vorzeichen, so wird das Ergebnis immer positiv (+).	$+6 \cdot (+3) = +18$ $-6 \cdot (-3) = +18$	$+a \cdot (+b) = +ab$ $-a \cdot (-b) = +ab$
Ungleiche Vorzeichen Multipliziert man Zahlen mit ungleichem Vorzeichen, so wird das Ergebnis immer negativ (–).	$-6 \cdot 3 = -18$ $+6 \cdot (-3) = -18$	$a \cdot b = ab$ $+a \cdot (-b) = -ab$
Vertauschungsgesetz (Kommutativgesetz) Faktoren dürfen vertauscht werden.	$2 \cdot 3 \cdot 4 = 3 \cdot 2 \cdot 4$ $4 \cdot 2 \cdot 3 = 4 \cdot 3 \cdot 2$	$a \cdot b \cdot c = b \cdot a \cdot c$ $c \cdot a \cdot b = c \cdot b \cdot a$
Faktor mit Klammern Steht in einer Klammer eine Summe oder Differenz, so wird jedes Klammerglied mit diesem Faktor multipliziert.	$8 \cdot (3 + 4) = 8 \cdot 3 + 8 \cdot 4 = 56$ aber auch: $8 \cdot (3 + 4) = 8 \cdot 7 = 56$	$a \cdot (x + 2x) = ax + 2ax = 3ax$ aber auch: $a \cdot (x + 2x) = a \cdot 3x = 3ax$
Klammer mit Klammer Jedes Glied der einen Klammer wird mit jedem Glied der anderen Klammer multipliziert, und zwar unter Berücksichtigung der Vorzeichen.	$(10 - 7) \cdot (3 + 5)$ $= 10 \cdot 3 + 10 \cdot 5 - 7 \cdot 3 - 7 \cdot 5$ $= 30 + 50 - 21 - 35 = 24$	$(a + b) \cdot (c - d)$ $= a \cdot c - a \cdot d + b \cdot c - b \cdot d$

Rechenregeln bei der Multiplikation (Fortsetzung)		
Punkt vor Strichrechnung Multiplikation und Division vor Addition und Subtraktion $\cdot / : \Rightarrow + / -$	$7 \cdot 6 - 4 \cdot 3$ $= 42 - 12 = 30$ $\frac{15}{3} + \frac{16}{4} - \frac{24}{6}$ $= 5 + 4 - 4 = 5$	$5x \cdot y - a \cdot 3b$ $= 5xy - 3ab$ $\frac{15a}{3} + \frac{3x}{x} - \frac{8b}{2}$ $= 5a + 3 - 4b$
Klammer vor Punktrechnung 1. zuerst Klammer ausrechnen 2. danach Multiplikation oder Division 3. als Letztes Addition oder Subtraktion $()/[] \Rightarrow \cdot / : \Rightarrow + / -$	$7 \cdot (6 - 4) + 3\,(14 - 3)$ $= 7 \cdot 2 + 3 \cdot 11$ $= 14 + 33 = 47$	$3a \cdot (2x - 4x) + 5b\,(14y - 8y)$ $= 3a \cdot (-2x) + 5b\,(6y)$ $= -6ax + 30by$

Rechenregeln bei der Division

Rechenregel	Zahlenbeispiel	Algebraisches Beispiel
Gleiche Vorzeichen Dividiert man Zahlen mit gleichem Vorzeichen, so wird das Ergebnis **immer positiv** **(+). (+) · (+) = (+); (–) · (–) = (+)**	$\frac{18}{6} = 18 : 6 = 3$ $\frac{-18}{-6} = -18 : (-6) = 3$	$\frac{x}{y} = x : y$ $\frac{-x}{-y} = \frac{x}{y} = x : y$
Ungleiche Vorzeichen Dividiert man Zahlen mit ungleichem Vorzeichen, so wird das Ergebnis **immer negativ (–).** **(+) · (–) = (–); (–) · (+) = (–)**	$\frac{18}{-6} = 18 : (-6) = -3$ $\frac{-18}{6} = (-18) : 6 = -3$	$\frac{x}{-y} = x : (-y)$ $\frac{-x}{y} = -\frac{x}{y} = x : y$
Vertauschungsgesetz (Kommutativgesetz) Zähler und Nenner dürfen nicht vertauscht werden.	$\frac{12}{3} \neq \frac{3}{12}$	$\frac{x}{y} \neq \frac{y}{x}$
Bruchstrich entspricht Klammer Ein Bruchstrich ersetzt eine Klammer und umgekehrt.	$12 : (5 - 3) = \frac{12}{5 - 3} = 6$	$x : (a - b) = \frac{x}{a - b}$
Klammer geteilt durch Wert Dividiert man einen Klammerausdruck durch einen Wert, dann wird jedes Glied in der Klammer durch diesen Wert dividiert.	$(20 - 5) : 5$ $= 20 : 5 - 5 : 5$ $= 4 - 1$ $= 3$	$(a - b) : c = a : c - b : c$
Division durch Null Die Division durch Null ist verboten.	$\frac{17}{0}$ ist verboten	$\frac{49xy}{0}$ ist verboten

Bruchrechnen

Brucharten

Art	Beispiel	Kennzeichen	Wert	Bild
Echter Bruch	$\frac{1}{4}$ $\left(\frac{\text{Zähler}}{\text{Nenner}}\right)$	Zähler < Nenner	< 1	
Unechter Bruch	$\frac{4}{3}$	Zähler > Nenner	> 1	
Gemischter Bruch	$1\frac{2}{3}$	Zähler > Nenner	> 1	
Dezimalbruch	0,5	Dezimalkomma	> 1	
Gleichnamige Brüche	$\frac{1}{4}, \frac{2}{4}, \frac{3}{4}$	Zähler < Nenner	< 1 oder > 1	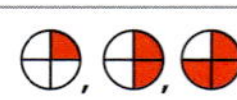
Ungleichnamige Brüche	$\frac{1}{4}, \frac{1}{2}, \frac{1}{3}$	Zähler < Nenner	< 1	
Scheinbrüche	$\frac{12}{6}, \frac{7}{1}, \frac{10}{1}$	Nenner = 1	> 1	

Bruchrechnen (Fortsetzung)		
Rechenregel	Zahlenbeispiel	Algebraisches Beispiel
Kürzen und Erweitern		
Kürzen Zähler und Nenner durch die gleiche Zahl den gleichen Buchstaben teilen. **Erweitern** Zähler und Nenner mit der gleichen Zahl, dem gleichen Buchstaben multiplizieren.	$\frac{6}{18} = \frac{6:6}{18:6} = \frac{1}{3}$ $\frac{1}{3} = \frac{1 \cdot 6}{3 \cdot 6} = \frac{6}{18}$	$\frac{a \cdot x}{b \cdot x} = \frac{(a \cdot x) : x}{(b \cdot x) : x} = \frac{a}{b}$ $\frac{x}{y} = \frac{x \cdot a}{y \cdot a}$
Summen oder Differenzen Diese sind vor dem Kürzen oder Erweitern zu berechnen.	$\frac{28-20}{7-5} = \frac{8}{2} = 4$	$\frac{x-y}{y+x}$ kann erweitert, aber nicht gekürzt werden
Addition und Subtraktion		
Gleichnamige Brüche Die Zähler werden addiert oder subtrahiert. Die Nenner bleiben unverändert.	$\frac{6}{5} + \frac{3}{5} - \frac{1}{5} = \frac{6+3-1}{5} =$ $\frac{8}{5} = 1\frac{3}{5}$	$-\frac{3}{x} + \frac{6}{x} + \frac{1}{x} - \frac{2}{x} =$ $\frac{-3+6+1-2}{x} = \frac{2}{x}$
Ungleichnamige Brüche Diese sind vor der Addition gleichnamig zu machen, umgesetzt durch das Auffinden des **Hauptnenners (HN)**, d. h. durch einen (möglichst kleinen) gemeinsamen Nenner.	$\frac{3}{4} - \frac{1}{2} + \frac{1}{3} =$ HN = 12 $\frac{9}{12} - \frac{6}{12} + \frac{4}{12} = \frac{9-6+4}{12} = \frac{7}{12}$	$\frac{a}{x} + \frac{b}{y} =$ HN $= x \cdot y$ $\frac{y \cdot a}{x \cdot y} + \frac{x \cdot b}{x \cdot y} = \frac{y \cdot a + x \cdot b}{x \cdot y}$
Multiplikation von Brüchen		
Mit ganzen Zahlen Die ganze Zahl wird wird dem Zähler des Bruches multipliziert. Der Nenner bleibt unverändert.	$3 \cdot \frac{5}{6} = \frac{3 \cdot 5}{6} = \frac{15}{6} = 2\frac{3}{6} = 2\frac{1}{2} = 2{,}5$	$6 \cdot \frac{x}{y} = \frac{6x}{y}$
Mit einem Bruch Die Zähler und Nenner werden jeweils mit einander multipliziert.	$\frac{5}{6} \cdot \frac{4}{7} = \frac{5 \cdot 4}{6 \cdot 7} = \frac{20}{42} = \frac{10}{21}$	$\frac{a}{b} \cdot \frac{c}{d} = \frac{ac}{bd}$
Mit ganzer oder gemischter Zahl Zuächst müssen diese in unechte Brüche oder Scheinbrüche verwandelt werden.	$3\frac{1}{3} \cdot 4 = \frac{10}{3} \cdot \frac{4}{1} = \frac{40}{3} = 13\frac{1}{3}$	$2\frac{1}{2}a \cdot 6b = \frac{5a}{2} \cdot \frac{6b}{1} =$ $\frac{30ab}{2} = 15ab$
Division von Brüchen		
Ganze Zahl durch einen Bruch Man multipliziert mit dem Kehrwert, d. h. Zähler und Nenner werden vertauscht.	$7 : \frac{3}{5} = 7 \cdot \frac{5}{3} = \frac{35}{3} = 11\frac{2}{3}$	$5 : \frac{a}{b} = 5 \cdot \frac{b}{a}$
Bruch durch Bruch Man multipliziert den Dividenden mit dem Kehrwert des Divisors.	$\frac{5}{6} : \frac{3}{4} = \frac{5}{6} \cdot \frac{4}{3} = \frac{20}{18} = \frac{10}{9} = 1\frac{1}{9}$	$\frac{a}{b} : \frac{c}{d} = \frac{a}{b} \cdot \frac{d}{c} = \frac{ad}{bc}$
Bruch durch eine ganze Zahl Man verwandelt die Zahl in einen Scheinbruch und multipliziert mit dem Kehrwert.	$\frac{3}{5} : 7 = \frac{3}{5} : \frac{7}{1} = \frac{3}{5} \cdot \frac{1}{7} = \frac{3}{35}$	$\frac{a}{b} : 5 = \frac{a}{b} : \frac{5}{1} = \frac{a}{b} \cdot \frac{1}{5} = \frac{5a}{5b}$
Umwandlung von Brüchen und Dezimalbrüchen		
Rechenregel	Zahlenbeispiel	Dezimalbrüche
Bruch in Dezimalbruch Man dividiert den Zähler durch den Nenner.	$\frac{6}{9} = 6 : 9 = 0{,}\overline{6}$	**periodische Dezimalbrüche** z. B. $17{,}\overline{375}\,\overline{375}$ Periode wird mit Querstrich gekennzeichnet **nicht periodische Dezimalbrüche** z. B. 3,141 592 6…
Dezimalbruch in Bruch Man schreibt in den Zähler alle Ziffern nach dem Komma. Der Nenner enthält eine 1 mit so vielen Nullen, wie der Zähler Stellen hat.	$0{,}674 = \frac{674}{1000} = \frac{337}{500}$	

Potenzieren

Rechenregel	Zahlenbeispiel	Algebraisches Beispiel
Bei mehreren gleichen Faktoren kommt die **Potenzschreibweise** zur Anwendung.	$4 \cdot 4 \cdot 4 = 4^3 = 64$	$a \cdot a = a^2$ $a \cdot a \cdot a = a^3$ usw.
a = **Basis** oder **Grundzahl** n = **Exponent** oder **Hochzahl** b = **Potenzwert**		**Allgemeine Formel** $a^n = b$
Basis und Exponent können auch Klammerausdrücke sein. Basis, Exponent und Potenzwert können auch negativ sein.	$(3+4)^2$ $\quad 4^{(2+3)}$	$(a+b)^2$ $\quad x^{(a+b)}$
Eine Potenz mit negativer Basis ist positiv, wenn der Exponent eine gerade Zahl ist; sie ist negativ, wenn der Exponent eine ungerade Zahl ist.	$(-6)^2 = (-6) \cdot (-6) = 36$ $(-6)^3 = (-6) \cdot (-6) \cdot (-6)$ $= -216$	$(-a)^2 = -a \cdot -a = a^2$ $(-a)^3 = -a \cdot -a \cdot -a$ $= a^2 \cdot -a = -a^3$
Eine Potenz, die im Nenner steht, kann auch mit einem negativen Exponenten in den Zähler geschrieben werden. Dies gilt auch umgekehrt.	$\frac{1}{5^2} = 5^{-2}$ $\quad 6^{-3} = \frac{1}{6^3} = \frac{1}{216}$	$\frac{1}{a^n} = a^{-n}$

Rechenregel	Zahlenbeispiel	Algebraisches Beispiel	Formel
Addition und Subtraktion			
Darf nur bei Potenzen mit derselben Basis und demselben Exponenten vorgenommen werden.	$6^2 + 6^2 = 2 \cdot 6^2 = 72$ $\frac{3}{4^2} - \frac{2}{4^2} = \frac{1}{4^2} = \frac{1}{16} = 4^{-2}$	$a^4 + 2a^4 = 3a^4$ $7x^n - 3x^n = 4x^n$	$ax^n + bx^n = x^n(a+b)$
Multiplikation			
Mit gleicher Basis Die Basis wird behalten und die Exponenten werden addiert.	$4^2 \cdot 4^3 = 4 \cdot 4 \cdot 4 \cdot 4 \cdot 4$ $= 4^5$ aber auch $4^2 \cdot 4^3 = 4^{2+3} = 4^5$	$a^3 \cdot a^5 = a^{3+5}$ $= a^8$	$x^m \cdot x^n = x^{m+n}$
Mit gleichem Exponenten Die Basen werden multipliziert und der Exponent wird beibehalten.	$4^2 \cdot 6^2 = (4 \cdot 6)^2$ $= 24^2 = 576$	$6x^2 \cdot 3y^2$ $= 18x^2y^2$ $= 18(x \cdot y)^2$	$x^n \cdot y^n = (x \cdot y)^n$
Mit einem Faktor Vor der Multiplikation muss zuerst die Potenz berechnet werden.	$5 \cdot 8^3 = 5 \cdot 512$ $= 2560$ oder $14 \cdot 10^{-2} = \frac{14}{10^2} = 0{,}14$	--	--
Division			
Mit gleicher Basis Die Basis wird beibehalten und die Exponenten werden subtrahiert.	$\frac{5^3}{5^2} = \frac{5 \cdot 5 \cdot 5}{5 \cdot 5} = 5$ aber auch $5^3 : 5^2 = 5^{3-2} = 5^1 = 5$	$\frac{a^3}{a^2} = \frac{a \cdot a \cdot a}{a \cdot a} = a$ aber auch $a^3 : a^2 = a^{3-2} = a^1 = a$	$\frac{x^m}{x^n} = x^{m-n}$
Mit gleichem Exponenten Die Basen werden dividiert und der Exponent wird beibehalten.	$\frac{16^2}{4^2} = \left(\frac{16}{4}\right)^2 = 4^2 = 16$	$\frac{m^3}{n^3} = \left(\frac{m}{n}\right)^3$	$\frac{a^n}{b^n} = \left(\frac{a}{b}\right)^n$
Exponent Null			
Eine Potenz mit dem Exponent Null hat immer den Wert 1.	$\frac{15^3}{15^3} = 15^{3-3} = 15^0 = 1$	$(x+y)^0 = 1$	$a^0 = 1$

G1

Radizieren (Wurzelziehen)

Radizieren ist die Umkehrung des Potenzierens.		n = **Wurzelexponent** a = **Radikand** b = **Wurzelwert**	**Allgemeine Form:** $\sqrt[n]{a} = b$
Rechenregel	Zahlenbeispiel	Algebraisches Beispiel	Formel
Addition und Subtraktion			
Quadratwurzel Der Wurzelexponent wird nicht geschrieben.	$\sqrt[2]{9} = \sqrt{9} = 3$	$\sqrt[2]{a} = \sqrt{a}$	--
Kubikwurzel Der Wurzelexponent ist 3.	$\sqrt[3]{27} = 3$	$\sqrt[3]{a}$	--
Potenzschreibweise Der Radiant erhält einen Bruch als Exponent. Zähler = Exponent des Radianten Nenner = Wurzelexponent	$\sqrt{7^4} = \sqrt[2]{7^4} = 7^{\frac{4}{2}}$ $= 7^2 = 49$	$\sqrt[3]{a^5} = a^{\frac{5}{3}} = a^{1,6\bar{6}}$	$\sqrt[n]{a^m} = a^{\frac{m}{n}}$ **Spezialfall** $\sqrt[n]{a} = \sqrt[n]{a^1} = a^{\frac{1}{n}}$
Addition und Subtraktion von Wurzeln			
Wurzeln dürfen nur dann addiert werden, wenn sie gleiche Exponenten und Radianten haben.	$2 \cdot \sqrt{7} + 5 \cdot \sqrt{7}$ $= (2 + 5) \cdot \sqrt{7}$ $= 7 \cdot \sqrt{7}$	$6 \cdot \sqrt{a} - 8 \cdot \sqrt{a}$ $= -2 \cdot \sqrt{a}$	$a \cdot \sqrt{m} + b \cdot \sqrt{m}$ $= (a + b)\ \sqrt{m}$
Radizieren			
Eines Produkts Die Wurzel aus dem Produkt oder aus den Faktoren ziehen.	$\sqrt{16 \cdot 25} = \sqrt{400} = 20$ aber auch $\sqrt{16 \cdot 25} = \sqrt{16} \cdot \sqrt{25}$ $= 4 \cdot 5 = 20$	$\sqrt[5]{a \cdot b} = \sqrt[5]{a} \cdot \sqrt[5]{b}$	$\sqrt[n]{a \cdot b} = \sqrt[n]{a} \cdot \sqrt[n]{b}$
Einer Summe oder Differenz Zuerst die Summe oder Differenz ausrechnen. Dann die Wurzel ziehen.	$\sqrt{16 + 9} = \sqrt{25} = 5$ oder $\sqrt{3^2 - 2^3} = \sqrt{9 - 8}$ $= \sqrt{1} = 1$	$\sqrt[3]{x - y} = \sqrt[3]{(x - y)}$	$\sqrt[n]{a - b} = \sqrt[n]{(a - b)}$ $\sqrt[n]{a + b} = \sqrt[n]{(a + b)}$
Eines Quotienten Die Wurzel kann man aus dem Quotienten oder getrennt aus Zähler undNenner ziehen.	$\sqrt{\frac{16}{25}} = \sqrt{0,64} = 0,8$ $\frac{\sqrt{16}}{\sqrt{25}} = \frac{4}{5} = 0,8$	$\sqrt[3]{\frac{x}{y}} = \frac{\sqrt[3]{x}}{\sqrt[3]{y}}$	$\sqrt[n]{\frac{a}{b}} = \frac{\sqrt[n]{a}}{\sqrt[n]{b}}$

Logarithmen

$\log_a b = c$, wenn $a^c = b$ für $a > 0$ und $b > 0$	
Dekadischer Logarithmus	$\lg a = \log_{10} a$
Natürlicher Logarithmus	$\ln a = \log_e a$ $e = 2,711828...$
Sonderfälle	$\lg 1 = 0$, $\ln 1 = 0$ $\log_a 1 = 0$, $\log_a a = 1$ $\lg 10 = 1$, $\ln e = 1$

Binomische Formeln

$(a + b)^2 = (a + b) \cdot (a + b) = a^2 + 2\,ab + b^2$

$(a - b)^2 = (a - b) \cdot (a - b) = a^2 - 2\,ab + b^2$

$(a + b) \cdot (a - b) = a^2 - b^2$

Höhere Potenzen

$(a \pm b)^3 = a^3 \pm 3\,a^2b + 3\,ab^2 \pm b^3$

$(a \pm b)^4 = a^4 \pm 4\,a^3b + 6\,a^2b^2 \pm 4\,ab^3 + b^4$

G1

Gleichungen

Waage als Symbol für Gleichungen

$x = 10 + 25$

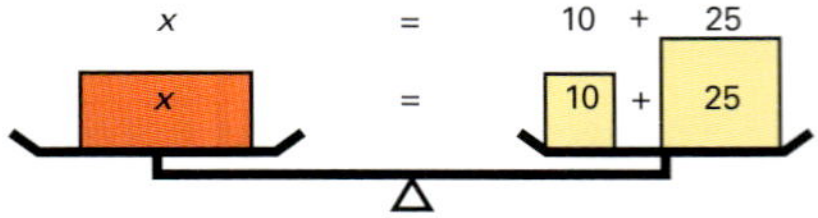

linke Seite — Gleichheitszeichen — rechte Seite

Arten der Gleichungen

$x = 10 + 25$
$\mathbf{x = 35}$
gesuchter Wert = Zahl
Zahlengleichung

$l = 10\ \text{cm} + 25\ \text{cm}$
$\mathbf{l = 35\ cm}$
gesuchter Wert = Größe
Größengleichung

Umstellen von Gleichungen

Vollständiger Seitentausch

gesuchter Wert steht rechts

$25 + 10 = x$

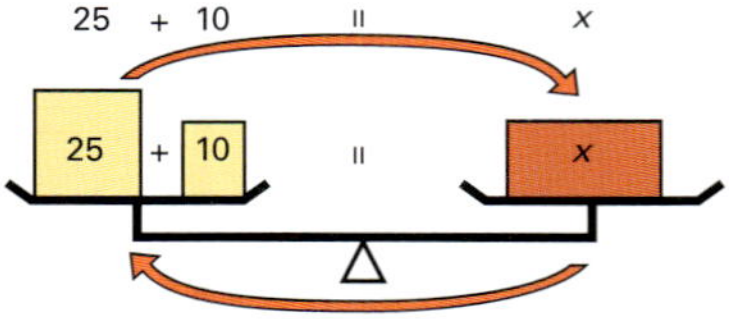

Die Seiten einer Gleichung dürfen vollständig getauscht werden

Umstellregeln bei Gleichungen

Werte hinzufügen: $x = 35$

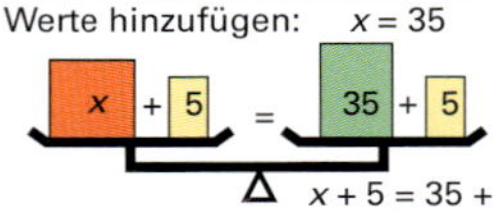

$x + 5 = 35 + 5$

$\mathbf{x = 35}$

Veränderungen an einer Gleichung müssen auf beiden Seiten vorgenommen werden

Werte abziehen:

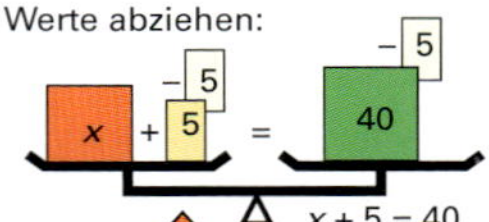

$x + 5 = 40$

$x = 40 - 5$
$\mathbf{x = 35}$

Mit dem Seitenwechsel wechselt auch das Vorzeichen

Werte vervielfachen und teilen:

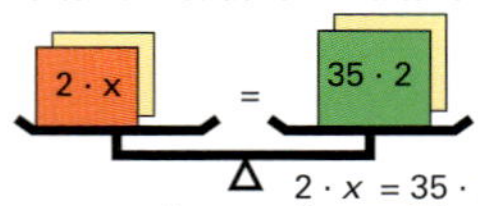

$2 \cdot x = 35 \cdot 2$
$2 \cdot x = 70$

Seitenwechsel

$x = 70 : 2$
$\mathbf{x = 35}$

Gleichungen mit Potenzen und Wurzeln

$l = 5\ \text{m}$
$l^2 = 5^2 \cdot \text{m}^2$
$\mathbf{l^2} = 25\ \text{m}^2$

$l^2 = 25\ \text{m}^2$
$\sqrt{l^2} = \sqrt{25\ \text{m}^2}$
$\mathbf{l} = 5\ \text{m}$

➔ Auf beiden Seiten müssen dieselben Rechenschritte mit Größe und Einheit vorgenommen werden

Umstellregeln beim Seitenwechsel

aus **+**	wird **–**	aus ·	wird :
aus **–**	wird **+**	aus :	wird ·

Der Seitenwechsel erfolgt immer mit der gegenteiligen Rechenoperation.

Klammern in Gleichungen

Klammersetzung

$U = l + b + l + b$

➔ Gleiche Größen werden zusammengefasst:

$U = 2 \cdot l + 2 \cdot b$

➔ Die gemeinsamen Faktoren werden ausgeklammert:

$U = 2\,(l + b)$

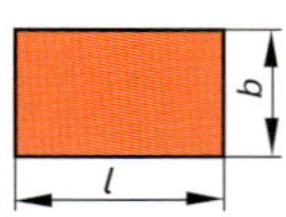

Berechnung des Klammerinhalts

$U = 2\,(l + b)$ — ohne Rechenzeichen

geschützter Inhalt

$U = 2\,(3\ \text{m} + 2\ \text{m})$ — Klammerinhalt wird zuerst berechnet

$U = 2 \cdot 5\ \text{m}$ — Rechenzeichen wird geschrieben

$\mathbf{U = 10\ m}$

Multiplizieren in die Klammer

$U = 2\,(3\ \text{m} + 2\ \text{m})$ — multiplizieren mit jedem Glied der Klammer

$U = 2 \cdot 3\ \text{m} + 2 \cdot 2\ \text{m}$ — $\mathbf{U = 10\ m}$

Gleichung mit Klammern und Brüchen

$D = s + d + s$ — Zusammenfassung gleicher Größen

$D = 2s + d$ — vollständiger Seitentausch

$2s + d = D$ — Seitenwechsel von d

$2s = D - d$

$s = (D - d) : 2$ — Faktor wechselt die Seite

$s = \dfrac{D - d}{2}$ — Klammer und Bruchstrich sind gleichwertig

Entfernen eines Faktors vor der Klammer

$10\ \text{m} = 2\,(l + 2\ \text{m})$ — Seitenwechsel des Faktors

$\dfrac{10\ \text{m}}{2} = 1\,(l + 2\ \text{m})$ — (aus · wird :)

$5\ \text{m} = l + 2\ \text{m}$ — Klammer kann entfallen

$5\ \text{m} - 2\ \text{m} = l$ — (aus + wird –)

$3\ \text{m} = l$

$l = 3\ \text{m}$ — Seitentausch

Lösungsweg technischer Berechnungen

Aufgabentext analysieren
- Text langsam durchlesen.
- Skizzen oder Zeichnungen verstehen oder anfertigen.
- Fragestellung beachten, denn sie gibt oft Hinweise zum Lösungsweg.

Rechengrößen zusammenstellen
- Im Aufgabentext gegebene Größen entnehmen.
- Formelzeichen, Zahlenwert und Einheit aufschreiben.
- Gesuchte Größe(n) festhalten.

➽ Tipp:
Formelzeichen mit Hilfe des Tabellenbuches oder Sachwortverzeichnises identifizieren.
In der Regel: Formelzeichen = Zahlenwert · Einheit.

Formel aufschreiben
- Grundformel kennen oder in Tabellenbuch, Formelsammlung oder Fachbuch suchen.

Formel ggf. umstellen
- Steht die gesuchte Größe auf der rechten Seite der Gleichung, ist die Formel umzustellen.
- Evtl. fehlende Größen sollten durch eine Nebenrechnung ermittelt und in die Formel eingesetzt werden.

➽ Tipp:
Ergebnis der Nebenrechnung einfach unterstreichen.

Zahlen mit Einheiten einsetzen
- Die Variablen in der Formel werden durch Zahlenwert und Einheit ersetzt.

➽ Tipp:
Idealerweise nur einen Bruchstrich verwenden. Einheiten ggf. extra aufführen, um übersichtlich kürzen zu können.

Ergebnis berechnen und kontrollieren
- Ergebnis besteht aus Formelzeichen, Zahlenwert und Einheit.
- Empfehlenswert ist zunächst eine Überschlagsrechnung, dann die genaue Berechnung mit dem Taschenrechner.
- Kürzen und Berechnen der Einheit ist eine wichtige Kontrolle des Ergebnisses und des Rechenweges.
- Ergebnis in gefragter oder sinnvoller Einheit angeben und runden.
  (Werte unter ..., 5 abrunden, Werte über ..., 5 aufrunden.)

➽ Tipp:
Ergebnis der Rechnung zweifach unterstreichen.

Beispiel:
Es ist der freie Querschnitt eines Kupferrohres Cu 18 x 1 zu ermitteln.

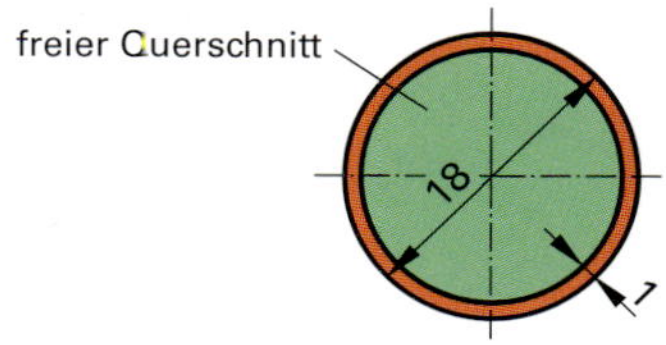

Geg.: $D = 18\,\text{mm}$ $s = 1\,\text{mm}$
Ges.: A

Rechengrößen zusammenstellen

Formel:

$$A = \frac{d^2 \cdot \pi}{4}$$

Formel aufschreiben

Lösung:

Nebenrechnung:
$d = D - 2 \cdot s$
$d = 18\,\text{mm} - 2 \cdot 1\,\text{mm}$
$\underline{d = 16\,\text{mm}}$

$$A = \frac{16\,\text{mm} \cdot 16\,\text{mm} \cdot \pi}{4} = \frac{16 \cdot 16 \cdot \pi}{4} \; \frac{\text{mm}^2}{1}$$

Ergebnis ausrechnen

$A = 201{,}06\,\text{mm}^2$

Überschlagsrechnung:

$$\frac{\overset{4}{\cancel{16}} \cdot 16 \cdot \pi}{\underset{1}{\cancel{4}}} \approx 60 \cdot 3 \approx 180$$

Ergebnis runden

$\underline{\underline{\mathbf{A = 201\,mm^2}}}$

Antwortsatz: Der freie Queschnitt beträgt $A = 201{,}06\,\text{mm}^2$

➽ Grundsätzliche Tipps:
- Übersichtlicher Aufbau des Lösungsweges z. B.
  Geg.:
  Ges.:
  Formel:
  Lösung:
- Gleichheitszeichen untereinander schreiben.
- Bruchstriche sollten in der Höhe der Gleichheitszeichen stehen.
- Der Platz rechts neben dem Lösungsweg kann für Formelumstellungen, Einheitenrechnungen, Zahlenrechnungen, Überschlagsrechnungen und Nebenrechnungen genutzt werden.

G1

Prozentrechnung

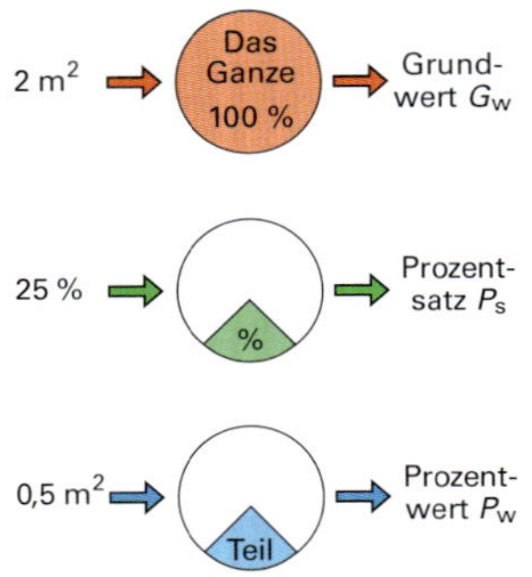

Gw Grundwert
Wert, von dem die Prozente zu berechnen sind

Ps Prozentsatz
Teil des Grundwertes in Hundertstel

Pw Prozentwert
Betrag, den die Prozente des Grundwertes ergeben

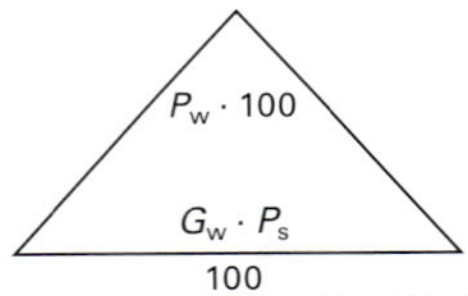

Grundwert

$$G_w = \frac{P_w}{P_s} \cdot 100\%$$

Prozentsatz

$$P_s = \frac{P_w}{G_w} \cdot 100\%$$

Prozentwert

$$P_w = \frac{G_w \cdot P_s}{100\%}$$

Zins- und Zinseszinsrechnung

K_0 = Anfangskapital
K_t = Endkapital
Z = Zinsen
t = Laufzeit in Tagen (Verzinsungszeit)
p = Zinssatz pro Jahr

1 Zinsjahr (a) = 360 Tage (d)
1 Zinsmonat = 30 Zinstage

Zinseszins
q = Aufzinsungsfaktor
n = Laufzeit in Jahren a
p = Zinssatz pro Jahr %
K_n = Endkapital

Zinsen

$$Z = \frac{K_0 \cdot p \cdot t}{100\% \cdot 360}$$

Endkapital

$$K_t = K_0 + Z$$

Endkapital

$$K_n = K_0 \cdot q^n$$

Aufzinsungsfaktor

$$q = 1 + \frac{p}{100\%}$$

Dreisatzrechnung

Direkte Proportionalität[1)]

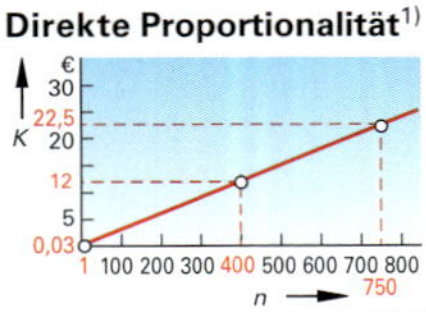

Indirekte Proportionalität[2)]

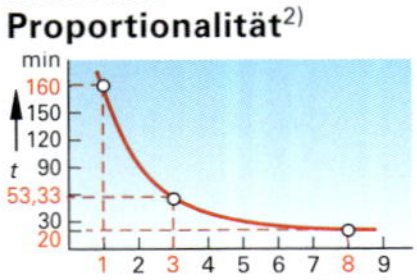

Verfahren	Direkte Proportionalität	Indirekte Proportionalität
Beispiele →	Wie viel zahlt man für 750 Teile, wenn man für 400 Teile 12,00 € zahlt?	Ein Volumen fließt in 20 Minuten durch 8 gleich große Rohre. In welcher Zeit fließt das gleiche Volumen durch 3 gleich große Rohre?
1. Schluss vom Wert der bekannten Mehrheit	400 Teile = 12,00 €	8 Rohre = 20 min
2. auf den Wert für eine Mengeneinheit	1 Teil = 12,00 € : 400 = 0,03 €	1 Rohr = 20 min · 8 = 160 min
3. von dieser Einheit auf die gesuchte Mehrheit	750 Teile = 0,03 € · 750 = 22,50 €	3 Rohre = 160 min : 3 = 53,33 min

1) Dreisatz mit geradem Verhältnis 2) Dreisatz mit umgekehrtem Verhältnis

Runden

Begriff	Vorgang
Runden	Bei natürlichen Zahlen werden alle auf eine bestimmte Ziffer folgenden Ziffern durch Nullen ersetzt.
Abrunden	Die Stelle, auf die zu runden ist, bleibt unverändert, wenn ihr eine 0, 1, 2, 3 oder 4 folgt.
Aufrunden	Die Stelle, auf die zu runden ist, wird um 1 erhöht, wenn ihr eine 5, 6, 7, 8 oder 9 folgt.

Beispiel:

Abrunden 3,1415 → 3,14
56358 → 56000

Beispiel:

Aufrunden 3,1415 → 3,142
56358 → 56400

Flächenberechnung

A Fläche *U* Umfang *l* Länge l_B Bogenlänge l_m mittlere Länge *b* Breite *h* Höhe *e* Eckenmaß
D, *d* Durchmesser d_m mittlerer Durchmesser *r* Radius *s* Dicke *α* Mittelpunktswinkel

Quadrat

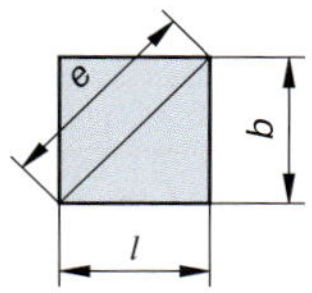

$l = b$

$$A = l^2$$

$$U = 4 \cdot l$$

$$e = l \cdot \sqrt{2}$$

Rechteck

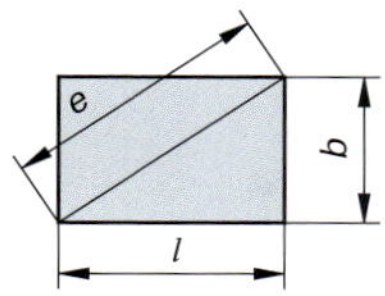

$$A = l \cdot b$$

$$U = 2 \cdot (l + b)$$

$$e = \sqrt{l^2 + b^2}$$

Rhombus (Raute)

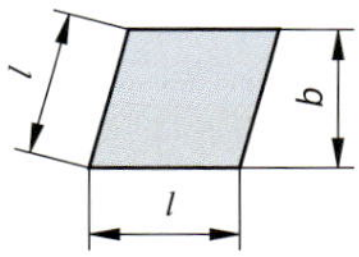

$$A = l \cdot b$$

$$U = 4 \cdot l$$

Rhomboid (Parallelogramm)

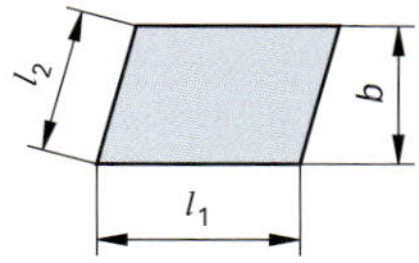

$$A = l_1 \cdot b$$

$$U = 2 \cdot (l_1 + l_2)$$

Dreieck

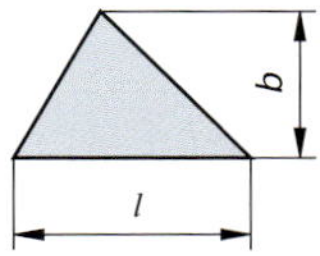

(→ „Satz des Heron“)

$$A = \frac{l \cdot b}{2}$$

U = Summe aller Seitenlängen

Trapez

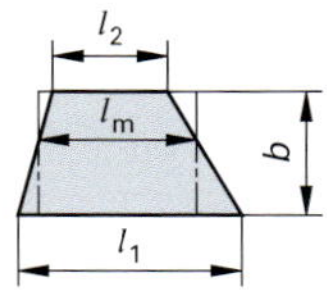

$$A = \frac{l_1 + l_1}{2} \cdot b$$

$$A = l_m \cdot b$$

U = Summe aller Seitenlängen

Kreis

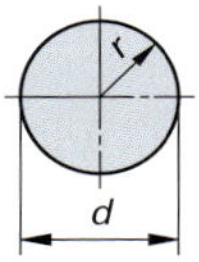

$$A = \frac{d^2 \cdot \pi}{4}$$

$$A = r^2 \cdot \pi$$

$$U = d \cdot \pi$$

$$U = 2 \cdot \pi \cdot r$$

Kreisring

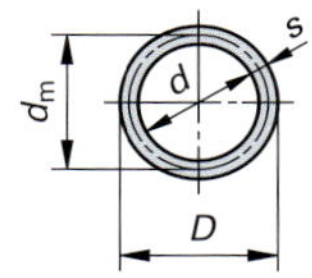

$$A = \frac{\pi}{4} \cdot (D^2 - d^2)$$

$$d = D - 2 \cdot s$$

$$d_m = \frac{D + d}{2}$$

Regelmäßiges Vieleck

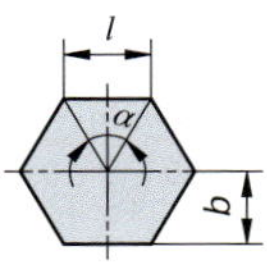

$$A = n \cdot \frac{l^2}{2} \cdot \cot \frac{\alpha}{2}$$

$$\alpha = \frac{360°}{n}$$

$$A = \frac{l \cdot b}{2} \cdot n$$

$$A = n \cdot l$$

n = Anzahl der Ecken

Ellipse

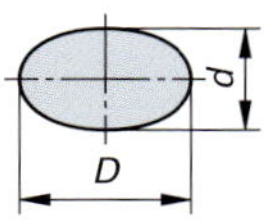

$$A = \frac{D \cdot d \cdot \pi}{4}$$

$$U \approx \frac{\pi}{4} \cdot [3 \cdot (D + d) - 2 \cdot \sqrt{D \cdot d}]$$

Kreisausschnitt (Sektor)

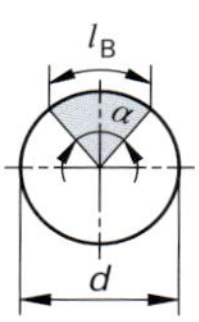

$$A = \frac{l_B \cdot d}{4}$$

$$l_B = \frac{d \cdot \pi \cdot \alpha}{360°}$$

$$U = l_B + 2 \cdot r$$

Kreisabschnitt (Segment)

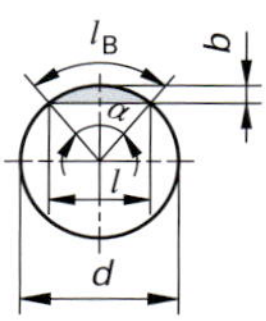

$$A = \frac{l_B \cdot d - l \cdot (d - 2 \cdot b)}{4}$$

$$U = l_B + l$$

G1

Körperberechnung

V Volumen A Grundfläche A_O Oberfläche A_M Mantelfläche h Höhe l Länge b Breite
D, d Durchmesser R, r Radius e Eckenmaß bzw. Flächendiagonale f Raumdiagonale S Schwerpunkt

Gerade Körper

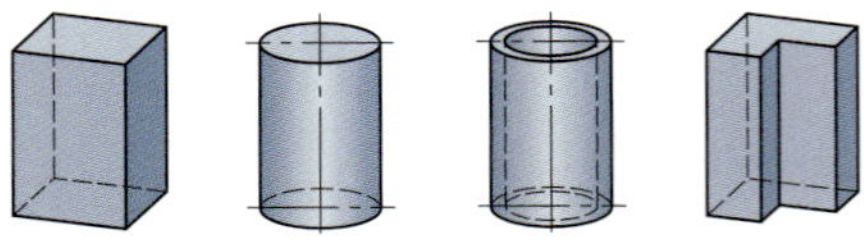

Spitze Körper

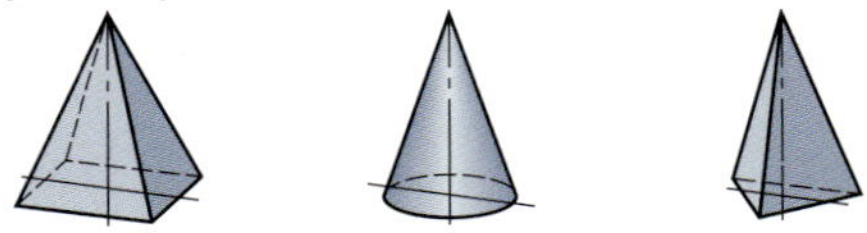

A_O = Summe aller Einzelflächen

$V = A \cdot h$

$V = \frac{A \cdot h}{3}$

$A_O = A + A_M$

Würfel

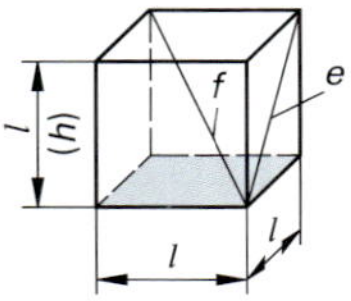

$V = l^3$

$A_O = 6 \cdot l^2$

$f = l \cdot \sqrt{3}$

$e = l \cdot \sqrt{2}$

Quader

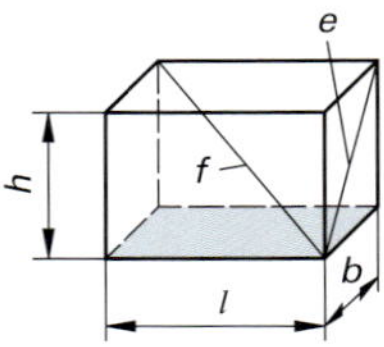

$V = l \cdot b \cdot h$

$A_O = 2 \cdot (l \cdot b + h \cdot b + h \cdot l)$

$f = \sqrt{l^2 + b^2 + h^2}$

$e = \sqrt{b^2 + h^2}$

Zylinder

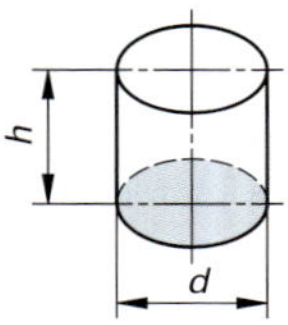

$V = \frac{d^2 \cdot \pi}{4} \cdot h$

$A_O = 2 \cdot \frac{d^2 \cdot \pi}{4} + d \cdot \pi \cdot h$

$A_M = d \cdot \pi \cdot h$

Hohlzylinder

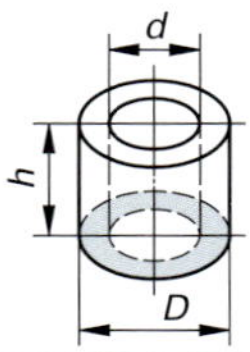

$V = \frac{\pi \cdot h}{4} \cdot (D^2 - d^2)$

$A_O = 2 \cdot \frac{\pi}{4} \cdot (D^2 - d^2) + \pi \cdot h \cdot (D + d)$

$A_M = \pi \cdot h \cdot (D + d)$

Pyramide

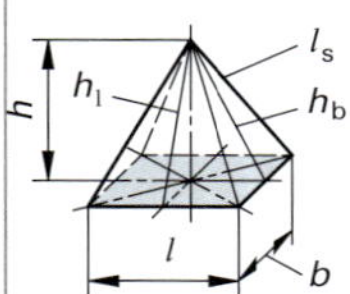

$V = \frac{l \cdot b \cdot h}{3}$

$A_O = l \cdot b + l \cdot h_l + b \cdot h_b$

$A_M = l \cdot h_l + b \cdot h_b$

$h_b = \sqrt{h^2 + l^2/4}$

$h_l = \sqrt{h^2 + b^2/4}$

$l_s = \sqrt{h_b^2 + b^2/4}$

Pyramidenstumpf

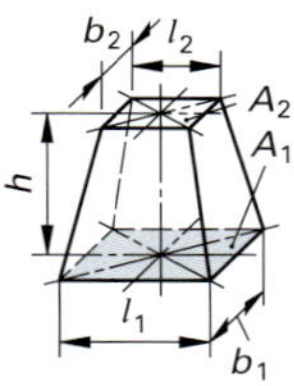

$V = \frac{h}{3} \cdot \left(A_1 + A_2 + \sqrt{A_1 \cdot A_2}\right)$

$A_O = A_1 + A_2 + A_M$

$A_M = (l_1 + l_2) \cdot \sqrt{h^2 + \frac{(b_1 - b_2)^2}{4}} + (b_1 + b_2) \cdot \sqrt{h^2 + \frac{(l_1 - l_2)^2}{4}}$

Kegel

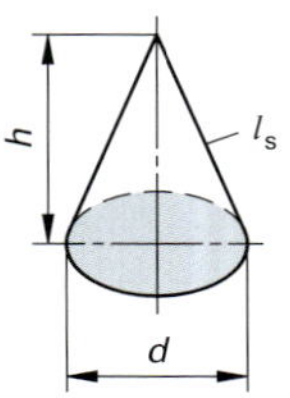

$V = \frac{d^2 \cdot \pi \cdot h}{12}$

$A_O = \frac{d^2 \cdot \pi}{4} + \frac{d \cdot \pi \cdot l_s}{2}$

$A_M = \frac{d \cdot \pi \cdot l_s}{2}$

$l_s = \sqrt{h^2 + d^2/4}$

Kegelstumpf

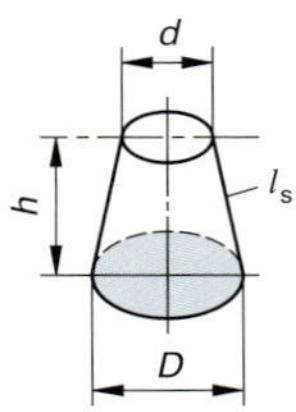

$V = \frac{\pi \cdot h}{12} \cdot (D^2 + d^2 + D \cdot d)$

$A_O = \pi \cdot \left[\frac{D^2 + d^2}{4} + l_s \cdot \left(\frac{D + d}{2}\right)\right]$

$A_M = \frac{D + d}{2} \cdot \pi \cdot l_s$

$l_s = \sqrt{\frac{(D - d)^2}{4} + h^2}$

Körperberechnung (Fortsetzung)

Kugel

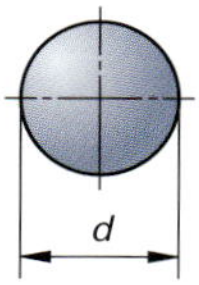

$$V = \frac{d^3 \cdot \pi}{6}$$

$$A_O = d^2 \cdot \pi$$

Kugelabschnitt (Kugelsegment)

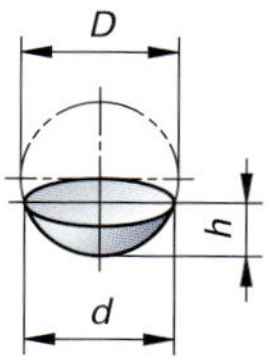

$$V = \frac{\pi \cdot h^2}{6} \cdot (3 \cdot D - 2 \cdot h)$$

$$V = \frac{\pi \cdot h}{2} \cdot \left(\frac{d^2}{4} + \frac{h^2}{3}\right)$$

$$A_0 = \pi \cdot h \cdot (2 \cdot d - h)$$

$$A_M = \pi \cdot \left(\frac{d^2}{4} + h^2\right) = D \cdot \pi \cdot h$$

$$A_M = 0{,}5 \cdot D \cdot \pi \cdot \left(D - \sqrt{D^2 - d^2}\right)$$

Kugelschicht (Kugelzone)

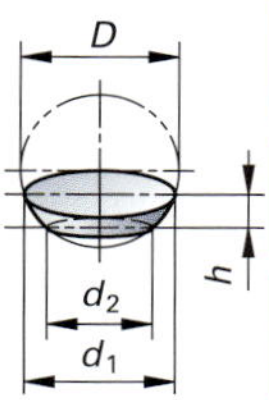

$$V = \frac{\pi \cdot h}{24} \cdot (3 \cdot d_2^1 + 3 \cdot d_2^2 + 4 \cdot h^2)$$

$$A_O = \frac{\pi}{4} \cdot (4 \cdot D \cdot h + d_2^1 + d_2^2)$$

$$A_M = \pi \cdot D \cdot h$$

Kugelausschnitt (Kugelsektor)

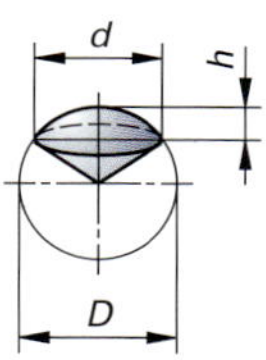

$$V = \frac{\pi \cdot D^2 \cdot h}{6}$$

$$A_O = \pi \cdot D \cdot h + \pi \cdot \frac{D \cdot d}{4}$$

Keil

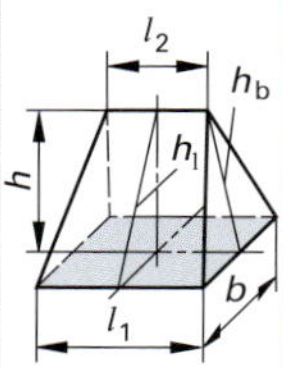

$$V = \frac{(2 \cdot l_1 + l_2) \cdot b \cdot h}{6}$$

$$A_O = l_1 \cdot b + (l_1 + l_2) \cdot h_l + b \cdot h_b$$

$$h_l = \sqrt{h^2 + b^2/4}$$

$$h_b = \sqrt{h^2 + (l_1 - l_2)^2/4}$$

$$A_M = (l_1 + l_2) \cdot h_l + b \cdot h_b$$

Obelisk (abgeschnittener Keil)

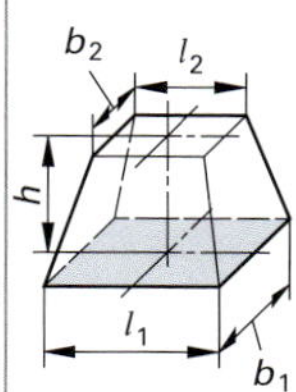

$$V = \frac{h}{6} [l_1 \cdot b_1 + (l_1 + l_2) \cdot (b_1 + b_2) + l_2 \cdot b_2]$$

$$A_O = l_1 \cdot b_1 + l_2 \cdot b_2 + (l_1 + l_2) \cdot \sqrt{h^2 + \frac{(b_1 - b_2)^2}{4}} + (b_1 + b_2) \cdot \sqrt{h^2 + \frac{(l_1 - l_2)^2}{4}}$$

Schief abgeschnittener Kreiszylinder

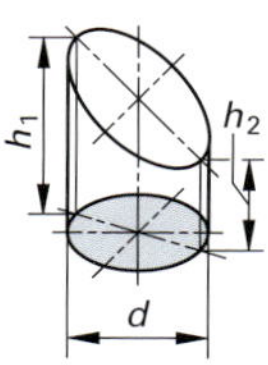

$$V = \frac{\pi \cdot d^2 \cdot (h_1 + h_2)}{8}$$

$$A_O = \frac{\pi \cdot d}{2} \cdot \left(h_1 + h_2 + \frac{d}{2} + \sqrt{\frac{d^2 + (h_1 - h_2)^2}{4}}\right)$$

$$A_M = \frac{\pi \cdot d}{2} \cdot (h_1 + h_2)$$

90°-Bogen

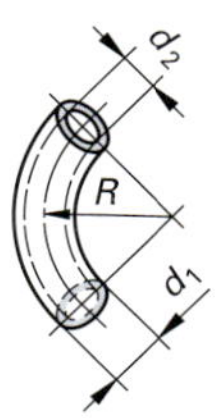

$$V = \frac{R \cdot \pi^2 \cdot (d_1^2 - d_2^2)}{8}$$

$$A_O = \frac{\pi}{2} \cdot (d_1^2 - d_2^2) + \frac{R \cdot \pi^2}{2} \cdot (d_1 + d_2)$$

$$A_M = \frac{R \cdot \pi^2}{2} \cdot (d_1 + d_2)$$

Innenvolumen (Füllvolumen): $V_i = \frac{d_2^2 \cdot R \cdot \pi^2}{8}$

Masse und Dichte

Allgemeine Formel zur Berechnung der Masse bei Werkstücken mit verschiedenen Werkstoffen.	m Masse in kg V Volumen in dm³ ϱ Dichte in kg/dm³	**Masse** $m = V \cdot \varrho$
Berechnung der Masse bei Rohren, Profilen oder Stäben	m' längenbezogene Masse in kg/m l Länge in m	**Längenbezogene Masse** $m' = \frac{m}{l} \Rightarrow m = m' \cdot l$
Ermittlung der Masse bei Blechtafeln	m'' flächenbezogene Masse in kg/m² A Fläche in m²	**Flächenbezogene Masse** $m'' = \frac{m}{A} \Rightarrow m = m'' \cdot A$

Dichte ϱ von festen (s), flüssigen (l) und gasförmigen (g) Stoffen

[1] s = feste Stoffe und l = flüssige Stoffe: Dichte ϱ in kg/dm³ g = gasförmige Stoffe: Dichte ϱ in kg/m³

Stoff	Zustand	Dichte ϱ
Aluminium	s	2,7
Ammoniak	g	0,77
Basaltstein	s	2,6 ... 3,3
Benzin	l	0,78
Beton	s	1,8 ... 2,45
Blei	s	11,3
Braunkohle	s	1,2 ... 1,4
Bronze	s	7,4 ... 8,9
Butan	g	2,7
Chrom	s	7,2
Chromnickelstahl	s	7,85
Dachschiefer	s	2,77 ... 2,84
Dieselkraftstoff	s	0,84 ... 0,88
Eis	ls	0,92
Erdgas	g	0,7 ... 1,0
Erdöl	l	0,7 ... 1,04
Glas, Fenster-	s	2,4 ... 2,67
Flaschen-	s	2,6
Kristall-	s	2,9
Spiegel-	s	2,46
Glaswolle	s	0,05 ... 0,3
Graphit	s	2,24
Grauguss	s	7,25
Hartgummi	s	1,15 ... 1,5
Hartmetall	s	10,5 ... 15,0
Heizöl	s	0,95 ... 1,01
Holz, Mittelwerte	l	frisch trocken
Birke		0,95 0,65
Buche	s	1,0 0,7
Eiche	s	1,1 0,86
Esche	s	0,95 0,72
Fichte / Tanne	s	0,75 0,47
Linde / Pappel	s	0,8 0,46
Nussbaum	s	0,95 0,68
Pockholz	s	1,23
Teak	s	0,90
Holzkohle	s	1,40 ... 1,50
Kalkmörtel	s	1,60 ... 1,65
Kaolin, Porzellanerde	s	2,2 ... 2,6
Kautschuk, natur	s	0,91 ... 0,96
Kesselstein	s	~ 2,5

Stoff	Zustand	Dichte ϱ
Kiessand, trocken	s	1,8 ... 1,85
Koks, Zechen-	s	1,6 ... 1,9
Kork	s	0,2 ... 0,35
Kupfer, gegossen	s	8,3 ... 8,92
gewalzt	s	8,9 ... 9,0
Luft	g	1,2928
Magnesium	s	1,74
Mangan	s	7,43
Maschinenöl	l	~ 0,90
Mauerwerk, Bruchstein-	s	2,4 ... 2,45
Sandstein-	s	2,0 ... 2,15
Ziegelstein-	s	1,4 ... 1,65
Mauerziegel	s	1,2 ... 1,9
Klinker	s	2,6 ... 2,7
Methan	g	0,72
Mineralöl, Schmieröl	l	0,89 ... 0,96
Spindelöl	l	0,89 ... 0,90
Zylinderöl	l	0,92 ... 0,94
Molybdän	s	10,22
Neusilber	s	8,4 ... 8,7
Nickel, gegossen	s	8,35
Nickelstahl	s	8,13 ... 8,19
Olivenöl	l	0,91 ... 0,92
Papier	s	0,7 ... 1,15
Paraffinöl	l	0,90 ... 1,0
Petroleum	l	0,80 ... 0,82
Phosphorbronze	s	8,80 ... 8,86
Platin, gegossen	s	21,15
gewalzt	s	21,3 ... 21,5
Plexiglas	s	1,18 ... 1,2
Polystyrol	s	1,05
Polyvinylchlorid	s	1,38
Quecksilber / – 39 °C	l	13,6
Rohöl	l	0,7 ... 1,04
Sand, trocken	s	1,58 ... 1,65
Sauerstoff	g	1,43
Schwefel	s	2,05
Silber	s	10,5 ... 10,6
Silicium	s	2,33
Stahl, Stahlguss	s	7,85

Dichte ϱ von festen (s), flüssigen (l) und gasförmigen (g) Stoffen (Fortsetzung)

Stoff	Zustand	Dichte ϱ	Stoff	Zustand	Dichte ϱ
Steinkohle	s	1,2 ... 1,5	Wachs	s	0,94 ... 1,0
Steinkohlenteer	s	1,1 ... 1,2	Wasser 4 °C	l	1,0
Stickstoff	g	1,25	Weißmetall	s	7,5 ... 10,1
Tantal	s	16,6	Wolfram	s	19,27
Temperguss	s	7,2 ... 7,6	Wolframstahl 6%	s	8,2
Terpentinöl	l	0,86	Woodmetall	s	≈ 10
Titan	s	4,5	Zement Portland, frisch	s	3,1 ... 3,2
Torf	s	0,1 ... 0,8	Ziegelstein, s. Mauerziegel		
Torfmull	s	0,16 ... 0,2	Zink, gegossen	s	6,86
Transformatorenöl	l	0,87	Zinn, gegossen	s	7,2
Uran	s	19,1			
Vanadium	s	6,12			
Vulkanfiber	s	1,1 ... 1,5			

v spezifisches Volumen in m³/kg
V Volumen in m³
m Masse in kg
ϱ Dichte in kg/m³

Spezifisches Volumen

$$v = \frac{V}{m} \quad ; \quad v = \frac{1}{\varrho}$$

Dichte und spezifisches Volumen von Wasser als Funktion der Wassertemperatur

ϑ °C	ϱ kg/m³	v dm³/kg	ϑ °C	ϱ kg/m³	v dm³/kg	ϑ °C	ϱ kg/m³	v dm³/kg	ϑ °C	ϱ kg/m³	v dm³/kg
Eis											
– 50	890,0	1,1236	26	996,8	1,0032	56	985,2	1,0150	86	967,8	1,0333
± 0	917,0	1,0905	27	996,6	1,0034	57	984,6	1,0156	87	967,1	1,0340
Wasser			28	996,3	1,0037	58	984,2	1,0161	88	966,5	1,0347
± 0	999,8	1,0002	29	996,0	1,0040	59	983,7	1,0166	89	965,8	1,0354
			30	995,7	1,0043	60	983,2	1,0171	90	965,2	1,0361
1	999,9	1,0001	31	995,4	1,0046	61	982,6	1,0177	91	964,4	1,0369
2	999,9	1,0001	32	995,1	1,0049	62	982,1	1,0182	92	963,8	1,0376
3	999,9	1,0001	33	994,7	1,0053	63	981,5	1,0188	93	963,0	1,0384
4	**1000**	**1,0000**	34	994,4	1,0056	64	981,0	1,0193	94	962,4	1,0391
5	1000	1,0000	35	994,0	1,0060	65	980,5	1,0199	95	961,6	1,0399
6	1000	1,0000	36	993,7	1,0063	66	979,9	1,0205	96	961,0	1,0406
7	999,9	1,0001	37	993,3	1,0067	67	979,2	1,0211	97	960,2	1,0414
8	999,9	1,0001	38	993,0	1,0070	68	978,8	1,0217	98	965,6	1,0421
9	999,8	1,0002	39	992,7	1,0074	69	978,2	1,0223	99	958,9	1,0429
10	999,7	1,0003	40	992,3	1,0078	70	977,7	1,0228	100	958,1	1,0437
11	999,7	1,0003	41	991,9	1,0082	71	977,0	1,0235	105	954,5	1,0477
12	999,6	1,0004	42	991,5	1,0086	72	976,5	1,0241	110	950,7	1,0519
13	999,4	1,0006	43	991,1	1,0090	73	975,9	1,0247	115	946,8	1,0562
14	999,3	1,0007	44	990,7	1,0094	74	975,3	1,0253	120	942,9	1,0606
15	999,2	1,0008	45	990,2	1,0099	75	974,8	1,0259	130	934,6	1,0700
16	999,0	1,0010	46	989,9	1,0103	76	974,1	1,0266	140	925,8	1,0801
17	998,8	1,0012	47	989,4	1,0107	77	973,5	1,0272	150	916,8	1,0908
18	998,7	1,0013	48	988,9	1,0112	78	972,9	1,0279	160	907,3	1,1022
19	998,5	1,0015	49	988,4	1,0117	79	972,3	1,0285	170	897,3	1,1145
20	998,3	1,0017	50	988,0	1,0121	80	971,6	1,0292	180	886,9	1,1275
21	998,1	1,0019	51	987,6	1,0126	81	971,0	1,0299	190	876,0	1,1415
22	997,8	1,0022	52	987,1	1,0131	82	970,4	1,0305	200	864,7	1,1565
23	997,6	1,0024	53	986,6	1,0136	83	969,7	1,0312	220	840,3	1,1900
24	997,4	1,0026	54	986,2	1,0140	84	969,1	1,0319	250	799,2	1,2513
25	997,1	1,0029	55	985,7	1,0145	85	968,4	1,0326	300	712,2	1,4041

G1

Berechnung der Masse bei Halbzeugen

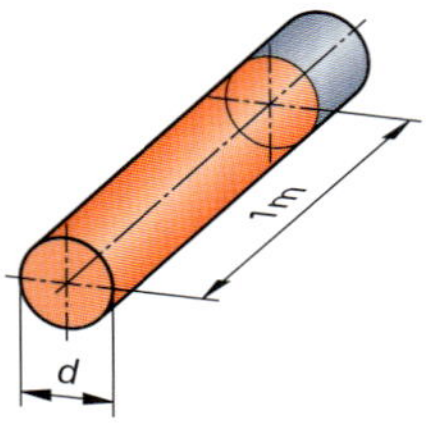

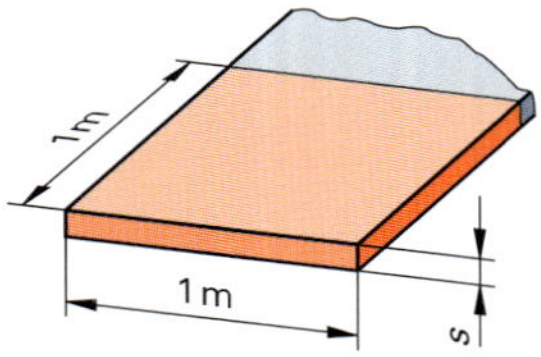

Die längenbezogene Masse wird z.B. bei Normquerschnitten, wie etwa bei Stahl- und Leichtbauprofilen bzw. auch bei Rohren in den entsprechenden Normen angegeben.

m Masse in kg
l Länge in m
m' längenbezogene Masse in kg/m
m'' flächenbezogene Masse in kg/m²
A Fläche in m²

Längenbezogene Masse
(→ Masse)

$$m = m' \cdot l$$

Flächenbezogene Masse
(→ Masse)

$$m = m'' \cdot A$$

Berechnung elementarer Rohrdaten

Rohrabmessungen

Nennweite DN	Außendurchmesser D in mm	Innendurchmesser d in mm	Wanddicke s in mm	freier Querschnitt A in cm²	Inhalt des Rohres V' in dm³/m	Masse des Rohres m' in kg/m
Mittelschwere Gewinderohre nach DIN EN 10255: 2007-07						
10	17,2	12,5	2,35	1,23	0,12	0,85
15	21,3	16,0	2,65	2,01	0,20	1,22
20	26,9	21,6	2,65	3,66	0,37	1,58
25	33,7	27,2	3,25	5,81	0,58	2,44
32	42,4	35,9	3,25	10,12	1,01	3,14
Kupferrohre nach DIN EN 1057: 2010-06						
8	10	8	1	0,50	0,05	0,252
10	12	10	1	0,79	0,079	0,308
12	15	13	1	1,33	0,133	0,391
15	18	16	1	2,01	0,201	0,475
20	22	20	1	3,14	0,314	0,587
25	28	25	1,5	4,91	0,491	1,110
Rohre aus vernetztem Polyethylen PE-X nach DIN 16893: 2019-10, Reihe 1						
10	16	12,4	1,8	1,21	0,121	0,083
15	20	16,2	1,9	2,06	0,206	0,111
20	25	20,4	2,3	3,27	0,327	0,169
25	32	26,2	2,9	5,39	0,539	0,268
32	40	32,6	3,7	8,35	0,835	0,425
Druckrohre aus PE-HD nach DIN 8074: 2023-10, Reihe 5, PN 10						
15	20	16,2	1,9	2,01	0,201	0,11
20	25	20,4	2,3	3,27	0,33	0,17
25	32	26,0	3,0	5,31	0,53	0,28
32	40	32,6	3,7	8,34	0,83	0,43
40	50	40,8	4,6	13,07	1,31	0,66

Rohroberfläche

Nebenstehende Tabelle liefert die zur Berechnung erforderlichen Werte einiger Rohrsorten. Insbesondere sind dies:

D Außendurchmesser in mm
V' längenbezogenes Volumen in dm³/m
l Rohrlänge in m
A_M Rohrmantelfläche in m²

Rohroberfläche (Rohrmantelfläche):

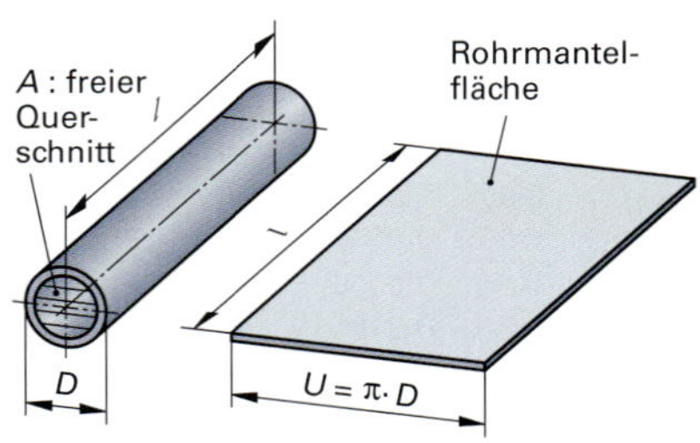

$$A_M = D \cdot \pi \cdot l$$

Rohrinhalt:

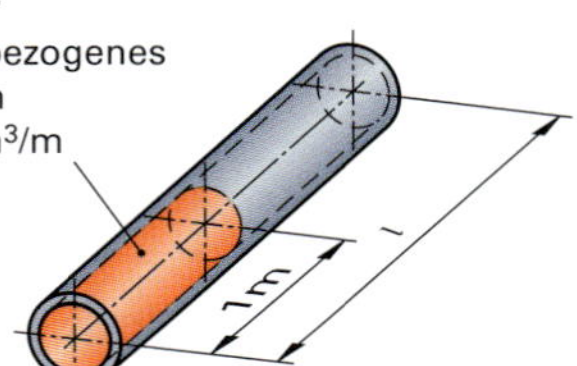

$$V' = \frac{V}{l}$$

Gestreckte Längen (kreisförmig gebogen)

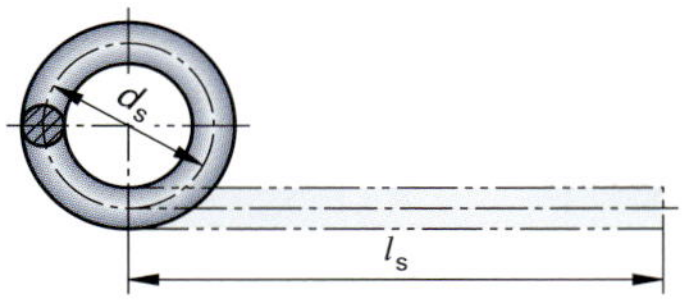

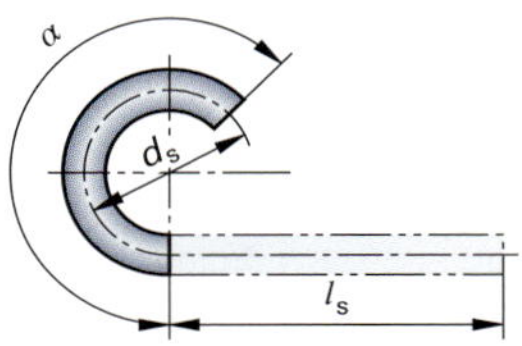

l_s gestreckte Länge in mm

d_s Durchmesser der Schwerpunktlinie in mm
Bei symmetrischen Querschnitten:
mittlerer Durchmesser in mm

α Biegewinkel in Grad

$$l_s = d_s \cdot \pi$$

Gestreckte Länge = Länge der Schwerpunktlinie l_s

$$l_s = d_s \cdot \pi \cdot \frac{\alpha^\circ}{360^\circ}$$

Zusammengesetzte Längen und zusammengesetzte Flächen

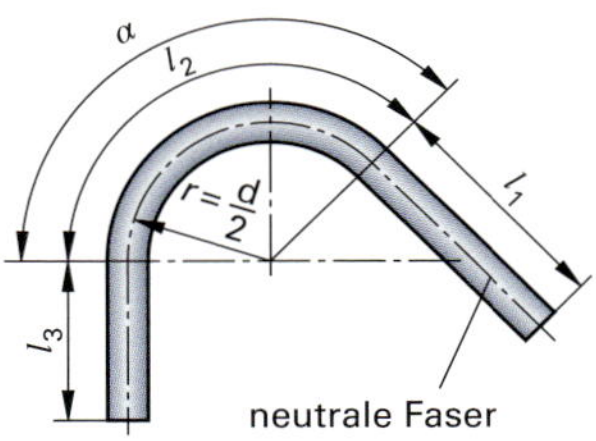

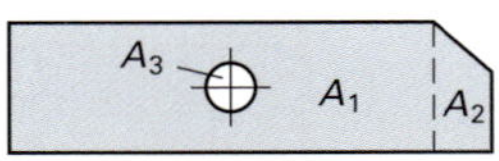

Die **Schwerpunktlinie** heißt auch **Biegelinie** oder **neutrale Faser.** (→ Biegung, Schwerpunkt)

Die gestreckte Länge l_s entspricht der Länge der neutralen Faser.

$$l_s = l_1 + l_2 + l_3 + \ldots$$

Ebenso wie die Summe der Teillängen die Gesamtlänge ergibt, errechnet sich die Gesamtfläche aus der Summe der Teilflächen.

$$A = \sum A_i = A_1 + A_2 - A_3 \pm \ldots$$

Teilung von Längen (Gitterteilung)

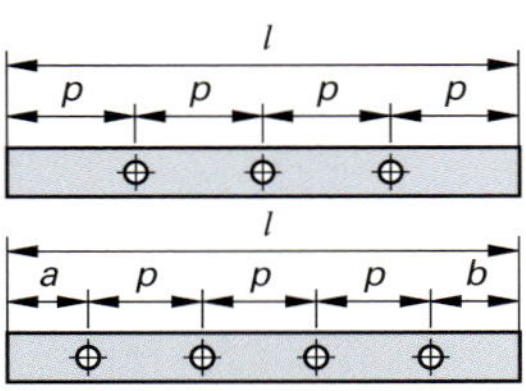

l Gesamtlänge in mm

p Teilung in mm

n Anzahl der Bohrungen, Markierungen, Sägeschnitte, …

a, b Randabstände in mm (gleich oder ungleich)

Randabstand = Teilung

$$p = \frac{l}{n + 1}$$

Randabstand ≠ Teilung

$$p = \frac{l - (a + b)}{n - 1}$$

Teilung auf dem Lochkreis

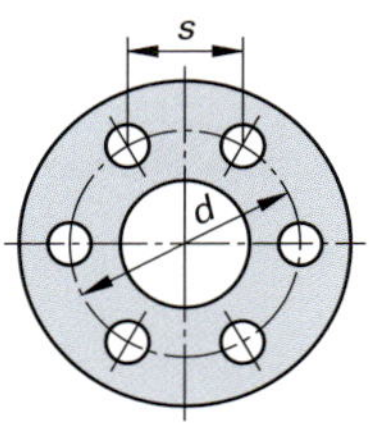

s Teilungsstrecke, Sehnenlänge in mm

d Teilkreisdurchmesser in mm

n Anzahl der Teilungsstrecken bzw. Anzahl der Bohrungen

k Sehnenkonstante

Teilungsstrecke

$$s = d \cdot \sin \frac{180^\circ}{n} = d \cdot k$$

Sehnenkonstante

$$k = \sin \frac{180^\circ}{n}$$

Winkelarten

Spitzer Winkel

α liegt zwischen 0° und 90°

Rechter Winkel (R)

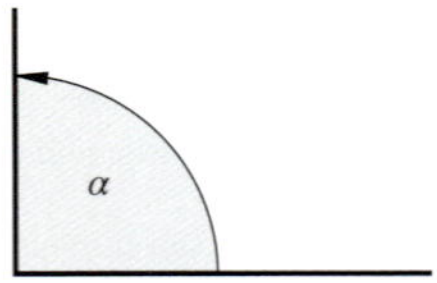

α ist 90° = 1 R

Stumpfer Winkel

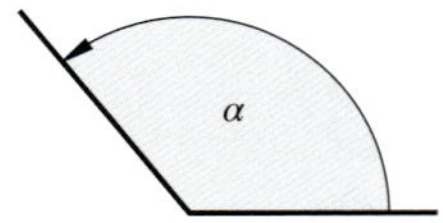

α liegt zwischen 90° und 180°

Gestreckter Winkel (2 R)

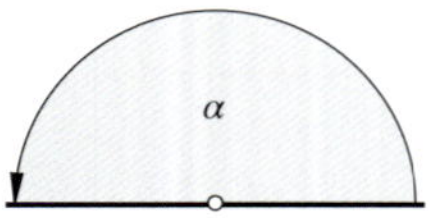

α ist 180° = 2 · R

Überstumpfer Winkel

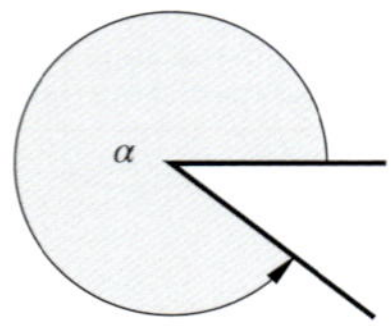

α liegt zwischen 180° und 360°

Vollwinkel (4 R)

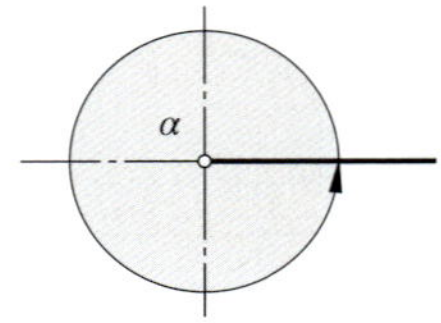

α ist 360° = 4 · R

Winkel an geschnittenen Parallelen

Geschnittene Parallelen:
Zwei Parallelen g_1 und g_2 werden von einer Geraden geschnitten.

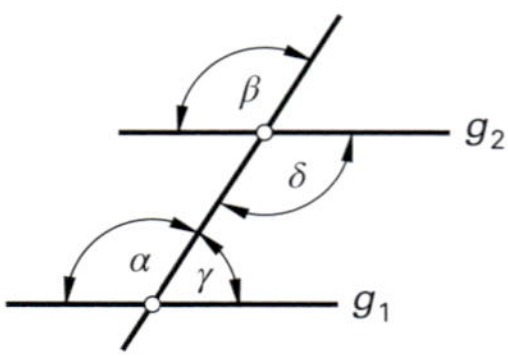

Stufenwinkel (Gegenwinkel) sind gleich groß. $\alpha = \beta$

Wechselwinkel sind gleich groß. $\alpha = \delta$

Scheitelwinkel sind gleich groß. $\beta = \delta$

Nebenwinkel ergänzen sich zu 180°. $\alpha + \gamma = 180°$

Komplementwinkel ergänzt einen vorgegebenen Winkel zu 90°.
Supplementwinkel ergänzt einen vorgegebenen Winkel zu 180°.

Winkelsumme im Dreieck und Seiten im rechtwinkligen Dreieck

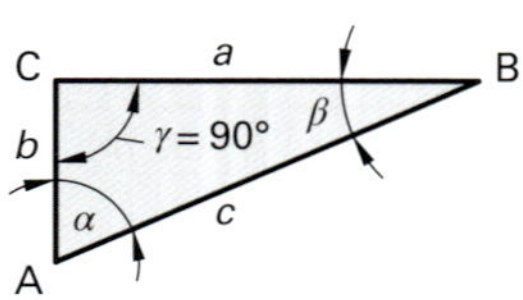

Die Summe der Innenwinkel ist in jedem Dreieck 180°.

Im rechtwinkligen Dreieck ist $\gamma = 90°$.

Der Winkel α ist Komplementwinkel zum Winkel β.

$$\alpha + \beta + \gamma = 180°$$

$$\alpha + \beta = 90°$$

Katheten	sind die den rechten Winkel bildenden Seiten *a* und *b*.
Ankathete	heißt die am betrachteten spitzen Winkel anliegende Kathete, d. h. *b* für α und *a* für β.
Gegenkathete	heißt die dem betrachteten spitzen Winkel gegenüberliegende Kathete, d. h. *a* für α und *b* für β.
Hypotenuse	heißt die dem rechten Winkel gegenüberliegende Seite *c*. Diese Seite ist die längste Dreiecksseite.
Innenwinkel	Die Summe der Innenwinkel im **Dreieck** ist 2 R (1 R = 90°). Jeder Innenwinkel eines gleichseitigen Dreiecks ist 60°. Die Summe der Innenwinkel im **Viereck** ist 360°. Die Summe der Innenwinkel im **n-Eck** ist $(2n - 4) \cdot R$ (n = Anzahl der Ecken).

Berechnungen am rechtwinkligen Dreieck

Lehrsatz des Pythagoras

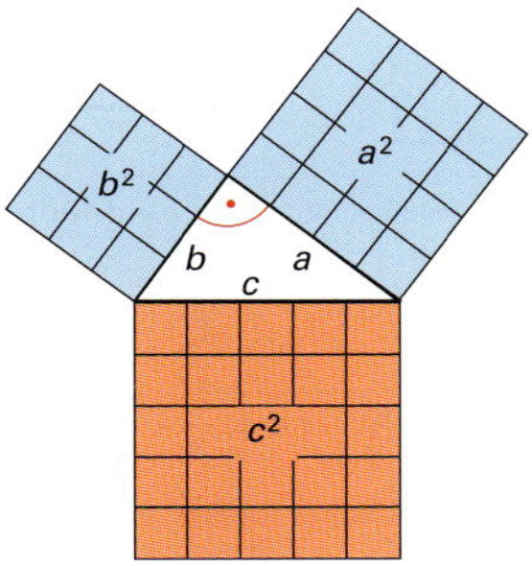

Im **rechtwinkligen Dreieck** ist das Hypothenusenquadrat flächengleich der Summe der Kathetenquadrate

a	Kathete in m
b	Kathete in m
c	Hypotenuse in m

Quadrat über der Hypotenuse

$$c^2 = a^2 + b^2$$

Länge der Hypotenuse

$$c = \sqrt{a^2 + b^2}$$

Länge der Katheten

$$a = \sqrt{c^2 - b^2}$$

$$b = \sqrt{c^2 - a^2}$$

Winkelfunktionen

Trigonometrie des rechtwinkligen Dreiecks

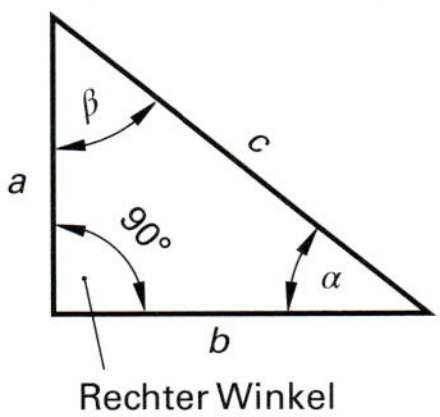

Katheten sind die den rechten Winkel bildenden Seiten a und b.

Ankathete heißt die am betrachteten spitzen Winkel anliegende Kathete (b für α und a für β).

Gegenkathete heißt die dem betrachteten spitzen Winkel gegenüberliegende Kathete (a für α und b für β).

Hypotenuse heißt die dem rechten Winkel gegenüberliegende (längste) Seite c.

$\text{Sinus} = \frac{\text{Gegentkanthete}}{\text{Hypotenuse}}$	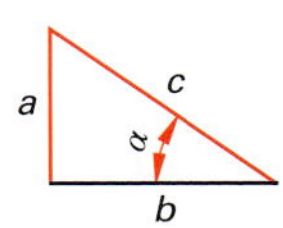	$\sin\alpha = \frac{a}{c}$ $a = c \cdot \sin\alpha$ $c = \frac{a}{\sin\alpha}$	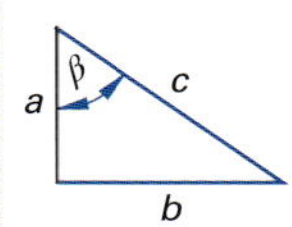	$\sin\beta = \frac{b}{c}$ $b = c \cdot \sin\beta$ $c = \frac{b}{\sin\beta}$
$\text{Cosinus} = \frac{\text{Ankathete}}{\text{Hypotenuse}}$	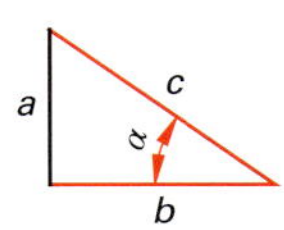	$\cos\alpha = \frac{b}{c}$ $b = c \cdot \cos\alpha$ $c = \frac{b}{\cos\alpha}$	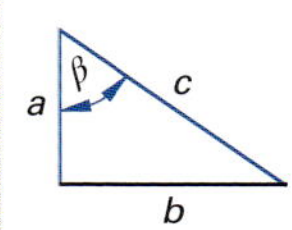	$\cos\beta = \frac{a}{c}$ $a = c \cdot \cos\beta$ $c = \frac{a}{\cos\beta}$
$\text{Tangens} = \frac{\text{Gegenkathete}}{\text{Ankathete}}$	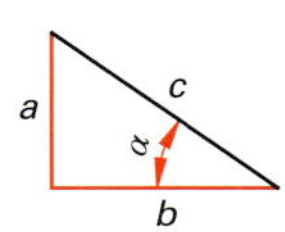	$\tan\alpha = \frac{a}{b}$ $a = b \cdot \tan\alpha$ $b = \frac{a}{\tan\alpha}$	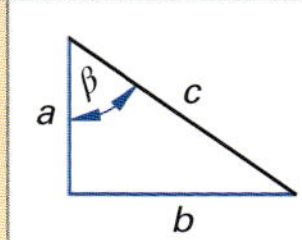	$\tan\beta = \frac{b}{a}$ $b = a \cdot \tan\beta$ $a = \frac{b}{\tan\beta}$
$\text{Cotangens} = \frac{\text{Ankathete}}{\text{Gegenkathete}}$	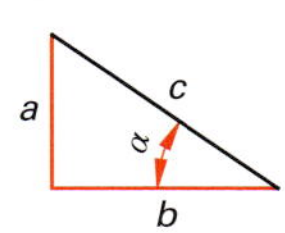	$\cot\alpha = \frac{b}{a}$ $b = a \cdot \cot\alpha$ $a = \frac{b}{\cot\alpha}$	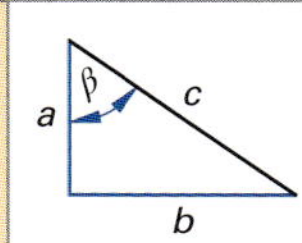	$\cot\beta = \frac{a}{b}$ $a = b \cdot \cot\beta$ $b = \frac{a}{\cot\beta}$

Bereiche der Chemie

Bezeichnung	Fragestellungen / Anwendungen
Aufbau chemischer Elemente	• Aufbau von Atomen • Kleinste, nicht zerlegbare Teilchen von Atomen/chemische Elementen • räumliche Anordnung der Teilchen
Ordnung der chemischen Elemente	• Welche chemischen Elemente sind bekannt • Periodensystem • Unterscheidung von Metallen und Nichtmetallen
Wichtige chemische Verbindungen	• Auswahl technische relevanter, wichtiger Chemikalien wie – Lösungsmittel – Gase – Ätz- und Beizmittel – u. a.
Chemische Reaktionen	• Prozess der Bildung neuer Stoffe durch chemische Reaktion • Arten chemischer Reaktionen • Möglichkeiten der Beeinflussung des Ablaufs chemischer Reaktionen
Säure, Base, pH-Wert, Neutralisation	• Bildung von Säuren • Bildung von Basen • Nachweis und Klassifizierung von Säuren und Basen • Umwandlung und Unschädlichmachung von Säuren und Basen
Chemische Bindungen	• Arten des Zusammenhangs von Stoffen • Eigenschaften bestimmter Stoffarten

Aufbau chemischer Elemente

Beispiel:

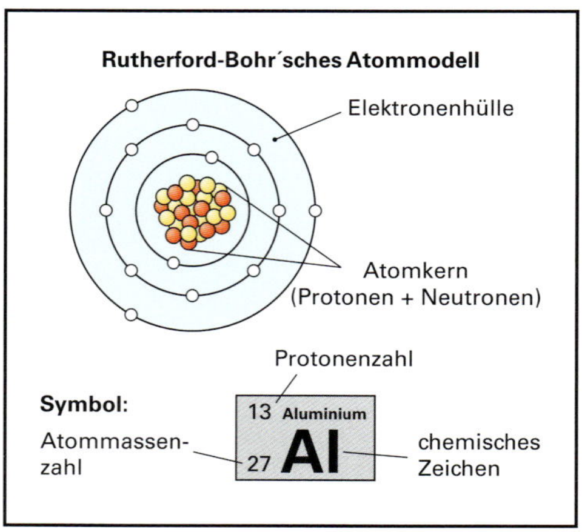

Atombestandteile

Proton	Kernbaustein mit der Masse von $1{,}6725 \cdot 10^{-24}$ g und positiver elementarer Ladung.
Neutron	Kernbaustein mit der Masse von $1{,}6748 \cdot 10^{-24}$ g und ohne elektrische Ladung.
Elektron	Teilchen der Atomhülle mit der Ruhemasse von $9{,}1089 \cdot 10^{-28}$ g und negativer Elementarladung.
Atommassenzahl	Anzahl der Protonen + Neutronen
Protonenzahl	Ordnungszahl im Periodensystem

Periodensystem der Elemente

Das Periodensystem der Elemente (PSE)

- **Ordnungszahl** (= Protonenzahl) — 94
- **Elementsymbol** — ***Pu****
- **Elementname** — Plutonium
- **Relative Atommasse** (Klammer: stabilstes Isotop) — (244)

*: Alle Nuklide radioaktiv
kursiv: Künstliches Element

Die Bezeichnung der Elemente 113, 115, 117 und 118 sind von IUPAC vorläufig vergeben.

[1] Für die Elemente Wasserstoff, Lithium, Bor, Kohlenstoff, Stickstoff, Sauerstoff, Magnesium, Silicium, Schwefel, Chlor, Brom und Thallium werden seit 2013 von IUPAC Intervalle für die Standard-Atommassen angegeben, begründet durch die Schwankungen in der Isotopenzusammensetzung dieser Elemente. Für Berechnungen werden die angegebenen gerundeten Werte empfohlen.

Periode	1 (Hauptgruppen)	2	3 (Nebengruppen)	4	5	6	7	8	9	10	11	12	13 (Hauptgruppen)	14	15	16	17	18
	I A	II A	III B	IV B	V B	VI B	VII B	VIII B	VIII B	VIII B	I B	II B	III A	IV A	V A	VI A	VII A	VIII A
1	1 **H** Wasserstoff 1,008[1]																	2 **He** Helium 4,003
2	3 **Li** Lithium 6,94[1]	4 **Be** Beryllium 9,012											5 **B** Bor 10,81[1]	6 **C** Kohlenstoff 12,011[1]	7 **N** Stickstoff 14,007[1]	8 **O** Sauerstoff 15,999[1]	9 **F** Fluor 18,998	10 **Ne** Neon 20,1797
3	11 **Na** Natrium 22,99	12 **Mg** Magnesium 24,305[1]											13 **Al** Aluminium 26,982	14 **Si** Silicium 28,085	15 **P** Phosphor 30,974	16 **S** Schwefel 32,06[1]	17 **Cl** Chlor 35,45[1]	18 **Ar** Argon 39,948
4	19 **K** Kalium 39,098	20 **Ca** Calcium 40,078	21 **Sc** Scandium 44,956	22 **Ti** Titan 47,867	23 **V** Vanadium 50,942	24 **Cr** Chrom 51,996	25 **Mn** Mangan 54,938	26 **Fe** Eisen 55,845	27 **Co** Cobalt 58,933	28 **Ni** Nickel 58,693	29 **Cu** Kupfer 63,546	30 **Zn** Zink 65,38	31 **Ga** Gallium 69,732	32 **Ge** Germanium 72,630	33 **As** Arsen 74,922	34 **Se** Selen 78,971	35 **Br** Brom 79,904[1]	36 **Kr** Krypton 83,798
5	37 **Rb** Rubidium 85,468	38 **Sr** Strontium 87,62	39 **Y** Yttrium 88,906	40 **Zr** Zirconium 91,224	41 **Nb** Niob 92,906	42 **Mo** Molybdän 95,95	43 ***Tc**** Technetium (98)	44 **Ru** Ruthenium 101,07	45 **Rh** Rhodium 102,906	46 **Pd** Palladium 106,42	47 **Ag** Silber 107,868	48 **Cd** Cadmium 112,414	49 **In** Indium 114,818	50 **Sn** Zinn 118,710	51 **Sb** Antimon 121,760	52 **Te** Tellur 127,60	53 **I** Iod 126,904	54 **Xe** Xenon 131,293
6	55 **Cs** Caesium 132,905	56 **Ba** Barium 137,33	57 **La** Lanthan 138,905	72 **Hf** Hafnium 178,49	73 **Ta** Tantal 180,948	74 **W** Wolfram 183,84	75 **Re** Rhenium 186,207	76 **Os** Osmium 190,23	77 **Ir** Iridium 192,217	78 **Pt** Platin 195,084	79 **Au** Gold 196,967	80 **Hg** Quecksilber 200,592	81 **Tl** Thallium 204,38[1]	82 **Pb** Blei 207,2	83 ***Bi**** Bismut 208,980	84 **Po*** Polonium (209)	85 **At*** Astat (210)	86 **Rn*** Radon (222)
7	87 **Fr*** Francium (223)	88 **Ra*** Radium (226)	89 **Ac*** Actinium (227)	104 ***Rf**** Rutherfordium (267)	105 ***Db**** Dubnium (268)	106 ***Sg**** Seaborgium (271)	107 ***Bh**** Bohrium (272)	108 ***Hs**** Hassium (270)	109 ***Mt**** Meitnerium (276)	110 ***Ds**** Darmstadtium (281)	111 ***Rg**** Roentgenium (280)	112 ***Cn**** Copernicium (285)	113 ***Uut**** Ununtrium (284)	114 ***Fl**** Flerovium (289)	115 ***Uup**** Ununpentium (288)	116 ***Lv**** Livermorium (293)	117 ***Uus**** Ununseptium (294)	118 ***Uuo**** Ununoctium (294)

Lanthanoide

58 **Ce** Cer 140,116	59 **Pr** Praseodym 140,907	60 **Nd** Neodym 144,242	61 ***Pm**** Promethium (145)	62 **Sm** Samarium 150,36	63 **Eu** Europium 151,964	64 **Gd** Gadolinium 157,25	65 **Tb** Terbium 158,925	66 **Dy** Dysprosium 162,500	67 **Ho** Holmium 164,930	68 **Er** Erbium 167,259	69 **Tm** Thulium 168,934	70 **Yb** Ytterbium 173,054	71 **Lu** Lutetium 174,967

Actinoide

90 **Th*** Thorium 232,038	91 **Pa*** Protactinium 231,036	92 **U*** Uran 238,029	93 ***Np**** Neptunium (237)	94 ***Pu**** Plutonium (244)	95 ***Am**** Americum (243)	96 ***Cm**** Curium (247)	97 ***Bk**** Berkelium (247)	98 ***Cf**** Californium (251)	99 ***Es**** Einsteinium (252)	100 ***Fm**** Fermium (257)	101 ***Md**** Mendelevium (258)	102 ***No**** Nobelium (259)	103 ***Lr**** Lawrencium (260)

Dunkelblaue Hinterlegung: Unter Normbedingungen flüssig

Hellblaue Hinterlegung: Unter Normbedingungen gasförmig

Auswahl wichtiger chemischer Verbindungen				
Technische-Bezeichnung	**Chemische Bezeichnung**	**Formel**	**Eigenschaften**	**Verwendung**
Aceton	Aceton, Propanon	$(CH_3)_2CO$	farblose, brennbare, leicht verdunstende Flüssigkeit	Lösungsmittel für Farben, Acetylen und Kunststoffe
Acetylen	Acetylen, Äthin	C_2H_2	reaktionsfreudiges, farbloses Gas, hoch explosiv	Brenngas beim Schweißen, Ausgangsstoff für Kunststoffe
Alkohol	Äthanol	C_2H_5OH	klare, farblose, flüchtige, leicht entzündbare Flüssigkeit	in Spirituosen, für wissenschaftliche Zwecke
Ammoniak	Ammoniak	NH_3	farbloses Gas mit stechendem Geruch	Düngemittel, Kältemittel
Butan	n-Butan	C_4H_{10}	geruchloses, brennbares Gas; schwerer als Luft, Dichte 2,71 kg/m³	Heizgas für mobile Einsatzorte, wie z. B. Wohnwagen, Teermaschinen, Lötarbeiten
Essigsäure	Äthansäure	CH_3-COOH	klare, stechend riechende, saure Flüssigkeit	in Lebensmitteln, zum Entkalken, als Rohstoff für chemische Syntheseprozesse
Kochsalz	Natriumclorid	NaCl	farbloses, kristallines Salz, leicht wasserlöslich	Würzmittel, für Kältemischungen, zur Chlorgewinnung, für Infusionen
Kohlenmonoxid	Kohlenstoffoxid	CO	geruch-, geschmack- und farbloses Gas, gefährliches Atemgas	chemische Synthese, Reduktionsgas beim Hochofenprozess
Kohlensäure	Kohlendioxid (Kohlenstoffdioxid)	CO_2	wasserlösliches, unbrennbares Gas, erstarrt bei –78 °C	Schutzgas beim MAG-Schweißen, Kohlensäureschnee als Kältemittel
Korund	Aluminiumoxid	Al_2O_3	sehr harte, farblose Kristalle, Schmelzpunkt 2050 °C	Schleif- und Poliermittel, oxidkeramische Werkstoffe
Methan	Methan	CH_4	geruchloses, brennbares Gas	Heizgas, Rohstoff für chemische Synthesen
Propan	Propan	C_3H_8	geruchloses, brennbares Gas, schwerer als Luft, Dichte 2,01 kg/m³	Heizgas für Wohngebäude in Flüssiggastanks, Brenngas zum Schweißen und Löten
Salmiakgeist	Ammoniumhydroxid	NH_4OH	farblose, stechend riechende Flüssigkeit, schwache Lauge	Reinigungsmittel (Fettlöser), Neutralisation von Säuren
Salpetersäure	Salpetersäure	HNO_3	sehr starke Säure, löst Metalle (außer Edelmetalle) auf	Ätzen und Beizen von Metallen, Herstellung von Chemikalien
Salzsäure	Chlorwasserstoff	HCl	farblose, stechend riechende, starke Säure	Ätzen und Beizen von Metallen, Herstellung von Chemikalien
Schwefelsäure	Schwefelsäure	H_2SO_4	farblose, ölige, geruchlose Flüssigkeit, starke Säure	Beizen von Metallen, galvanische Bäder, Akkumulatoren
Wasser	Dihydrogenoxid	H_2O	kristallklare, nicht brennbare Flüssigkeit	natürliches Lösungsmittel und Lebensmittel
Zitronensäure	2-Hydroxy-1,2,3-propantricarbonsäure	$C_6H_8O_7$	Kristalle, die an der Luft zu weißem Pulver zerfallen	Lebensmittelindustrie, z. B. für Marmelade, Speiseeis; Entkalken von Armaturen

Grundlagen der SHK-Technik und der Betriebswirtschaftslehre

G1

Säure, Base, pH-Wert, Neutralisation	
Säuren	• bilden (dissozieren) in Wasser positiv geladene Wasserstoffionen und negativ geladene Säurerestionen. • Beispiel: H_2S0_4 • Können mit Indikatoren nachgewiesen werden (färben Lackmuspapier rot). • Zeigen ein „Lösungsvermögen" für Metalle. • Leiten elektrischen Strom.
Basen	• Spalten in Wasser Hydroxidionen ab • Beispiel: NaOH
pH-Wert	• Gibt an, wie sauer oder basisch eine Chemikalie (chemische Lösung) ist. • Wasser ist neutral • Skala der pH-Werte

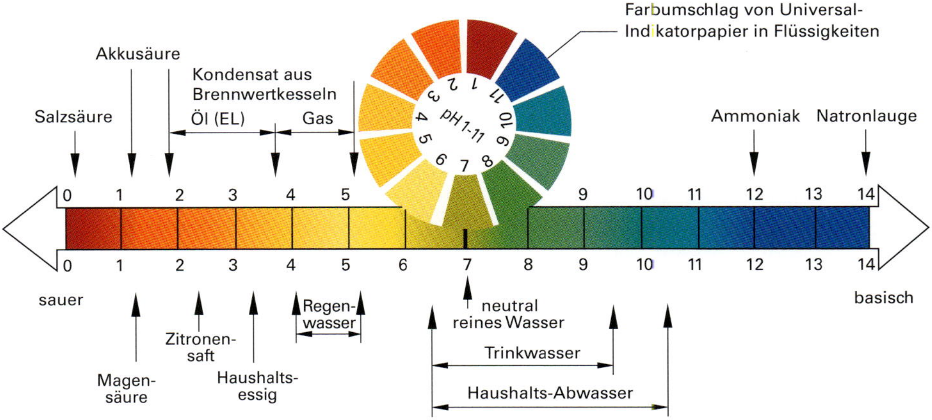

Neutralisation	• Reaktion der Wasserstoffionen der Säue mit den Hydroxidionen der Base • Bildung von Wasser und einem Salz

Kräfte

Kraft und Gewichtskraft

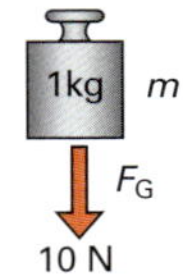

F Gewichtskraft in N
m Masse in kg
g Fallbeschleunigung in m/s^2
$= 9{,}81\ m/s^2 \approx 10\ m/s^2$

$$F_G = m \cdot g$$

$$m = \frac{F_G}{g}$$

Darstellung von Kräften

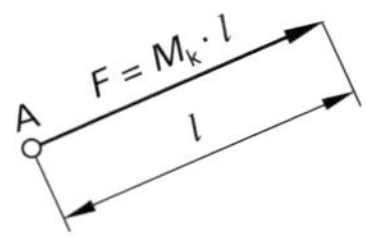

F_1, F_2, F_i Teilkräfte in N
F_r Resultierende in N
l Pfeillänge in cm
M_k Kräftemaßstab

$$F = l \cdot M_k$$

$$l = \frac{F}{M_k}$$

$$M = \frac{F}{l}$$

Kräfteparallelogramm

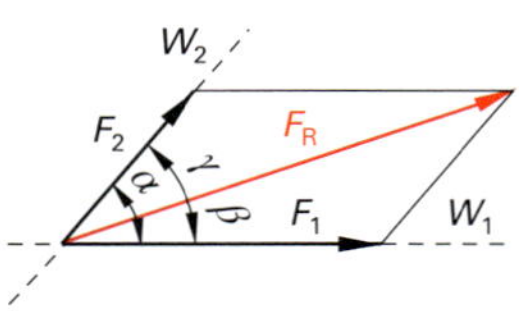

F_1 Teilkraft 1 in N
F_2 Teilkraft 2 in N
F_R Resultierende(Ersatzkraft) in N
w_1 Wirkungslinie der Teilkraft 1 in N
w_2 Wirkungslinie der Teilkraft 2 in N
α, β, γ Winkel zur Richtungsbeschreibung in °

Zusammenfassen der Teilkräfte F_1 und F_2 zur Resultierenden F_R.
Zerlegen der Resultierenden F_R in die Teilkräfte F_1 und F_2 bei vorgegebenen Wirkungslinien w_1, und w_2

$$F_R = \sqrt{F_1^2 + F_2^2 + 2\,F_1 \cdot F_2 \cdot \cos\alpha}$$

$$m = \frac{F_G}{g}$$

Drehmoment

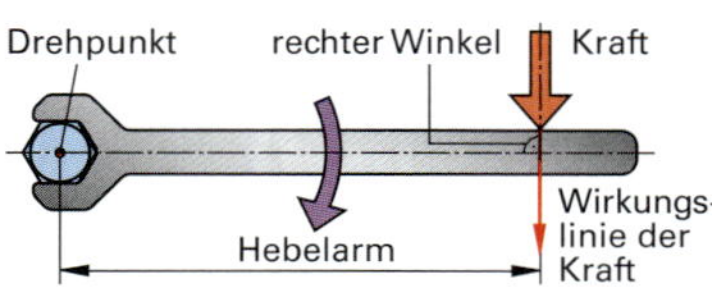

M Drehmoment in N*m
F Kraft in N
l Hebelarm in m

$$M = F \cdot l$$

$$F = \frac{M}{l} \qquad l = \frac{M}{F}$$

Hebelgesetz

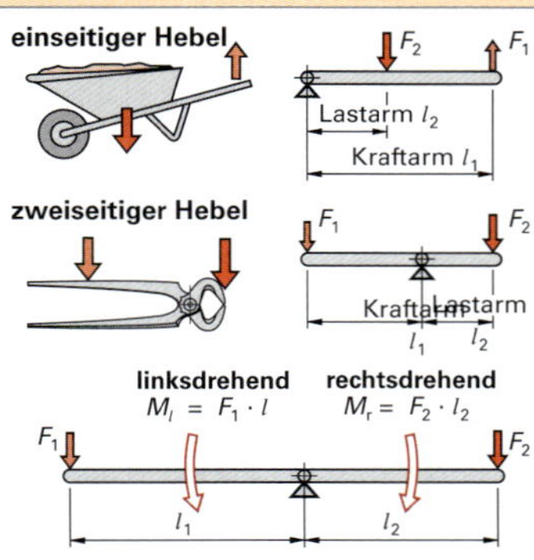

F_1, F_2 Kräfte in N
r_1, r_2 Hebelarme in m

$$F_1 = \frac{F_2 \cdot l_2}{l_1} \qquad F_2 = \frac{F_1 \cdot l_1}{l_2}$$

$$l_1 = \frac{F_2 \cdot l_1}{F_1} \qquad l_2 = \frac{F_1 \cdot l_1}{F_2}$$

Bewegung

gleichförmige gradlinige Bewegung

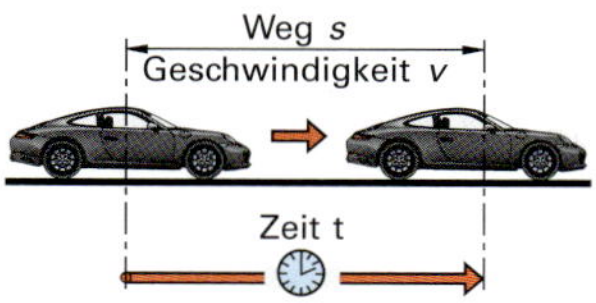

v Geschwindigkeit in m/s, km/h
s Weg in m
t Zeit in s

$$v = \frac{s}{t}$$

$$s = v \cdot t \qquad t = \frac{s}{v}$$

gleichförmige Kreisbewegung

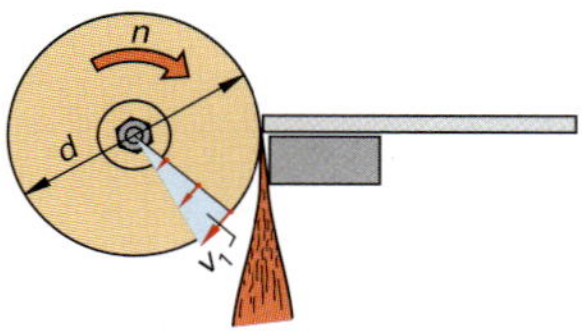

v Umfangsgeschwindigkeit in m/s
d Durchmesser in m
n Drehfrequenz in 1/s

$$v = d \cdot \pi \cdot n$$

$$n = \frac{v}{\pi \cdot d}$$

$$d = \frac{v}{\pi \cdot n}$$

Mechanische Arbeit, Leistung und Wirkungsgrad

Mechanische Arbeit

W mechanische Arbeit in Nm
F Kraft in N
s Weg in m

$$W = F \cdot s$$

$$F = \frac{W}{s} \qquad s = \frac{W}{F}$$

Mechanische Leistung

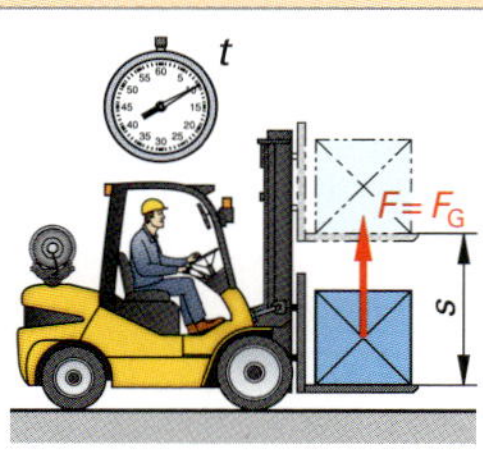

P mechanische Leistung in W
W mechanische Arbeit in Nm
t Zeit in s
F Kraft in N

$$P = \frac{W}{t} \qquad P = \frac{F \cdot s}{t}$$

$$F = \frac{P \cdot t}{s} \qquad s = \frac{P \cdot t}{F}$$

$$t = \frac{F \cdot s}{P}$$

Wirkungsgrad

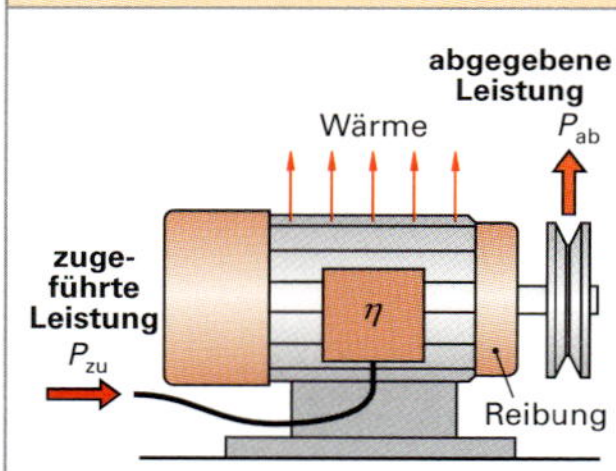

P_{zu} zugeführte Leistung in W
P_{ab} abgegebene Leistung in W
η Wirkungsgrad

$$\eta = \frac{P_{ab}}{P_{zu}}$$

$$P_{ab} = \eta \cdot P_{zu}$$

$$P_{zu} = \frac{P_{ab}}{\eta}$$

G 1

Druck und Druckeinheiten

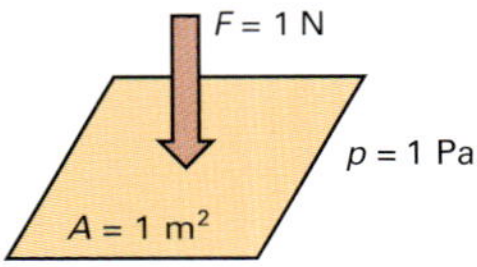

$1\ \text{Pa} = \frac{1\ \text{N}}{1\ \text{m}^2}$

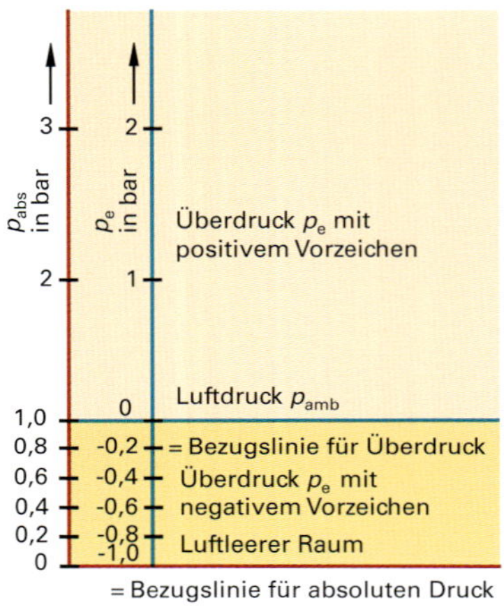

p Druck in Pa
F Kraft in N
A Fläche in m²

$$p = \frac{F}{A}$$

$$F = p \cdot A \quad A = \frac{F}{p}$$

p_e Überdruck in Pa
p_{abs} absoluter Druck in Pa
p_{amb} Luftdruck in Pa

$$p_e = p_{abs} - p_{amb}$$

Umrechnung von Druckeinheiten		
1 bar	= 10 N/cm²	= 100000 N/mm²
0,001 bar	= 1 mbar	= 100 N/mm²
0,00001 bar	= 0,01 mbar	= 1 N/m² = 1 Pa
10 mWS	≙ bar	= 100000 Pa
1 cmWS	≙ mbar	= 100 Pa = 1 hPa
1 MPa	≙ 10000 hPa	= 10 bar

Hydrostatischer Druck

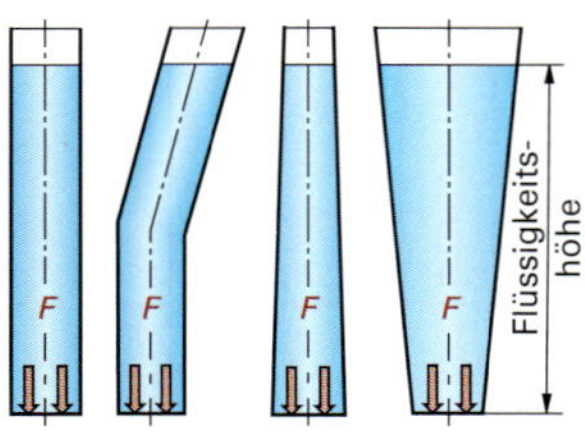

p hydrostatischer Druck in Pa
h senkrechte Flüssigkeitshöhe in m
ϱ Dichte der Flüssigkeit in kg/m²
g Fallbeschleunigung in m/s²
$g = 9{,}81\ \text{m/s}^2$

$$p = h \cdot \varrho \cdot g$$

$$h = \frac{p}{\varrho \cdot g}$$

Bei gleicher Höhe, gleicher Bodenfläche und gleicher Dichte der Flüssigkeit ist die Kraft F auf den Boden gleich groß (Hydrostatisches Paradoxon).

Hydraulische Kraftübersetzung

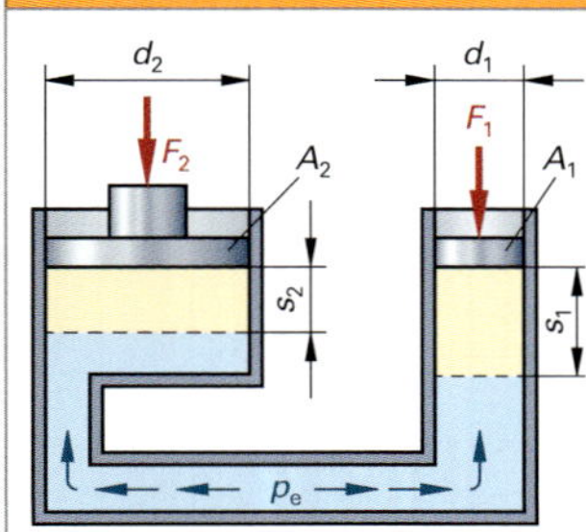

A_1, A_2 Kolbenfläche in mm²
F_1, F_2 Kolbenkraft in N
d_1, d_2 Kolbendurchmesser in mm
s_1, s_2 Kolbenweg in mm
p_e Druck in der Flüssigkeit in N/cm²
i Übersetzungsverhältnis

$$\frac{F_1}{F_2} = \frac{A_1}{A_2}$$

$$\frac{F_1}{A_1} = \frac{F_2}{A_2}$$

$$\frac{F_1}{F_2} = \frac{s_1}{s_2} \quad F_1 \cdot s_1 = F_2 \cdot s_2$$

$$\frac{F_1}{F_2} = \frac{d_1^2}{d_2^2}$$

$$i = \frac{F_1}{F_2} = \frac{A_1}{A_2} = \frac{s_1}{s_2}$$

Auftrieb in Flüssigkeiten

Bestimmung der Gewichtskraft

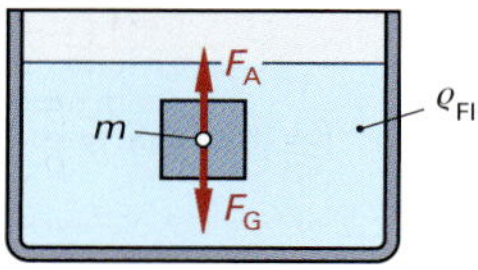

Auftriebsverhalten

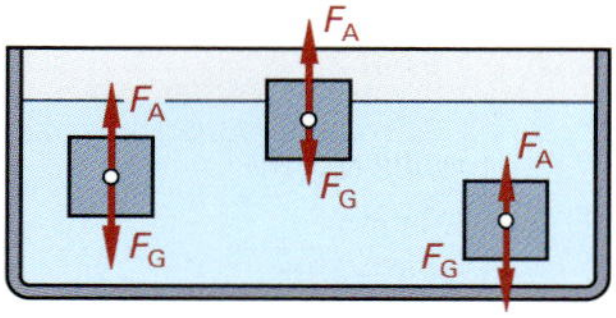

Schweben	Steigen	Sinken
$F_A = F_G$	$F_A > F_G$	$F_A < F_G$

- F_A Auftriebskraft in N
- F_G Gewichtskraft des Körpers in N
- m Masse des Körpers in kg
- V_K Volumen des Körpers in m^3
- V_R Volumen der Flüssigkeit in m^3
- V_K verdrängtes Volumen in m^3
- ϱ_R Dichte der Flüssigkeit in kg/m^3
- ϱ_K Dichte des Körpers in kg/m^3
- g Fallbeschleunigung in m/s^2 ($g = 9{,}81\ m/s^2$)

$$F_A = V \cdot \varrho_F \cdot g$$

$$F_A = m \cdot g$$

$$F_A = V \cdot \varrho_F \cdot g$$

$$V = V_k \cdot V_R$$

Volumenstrom

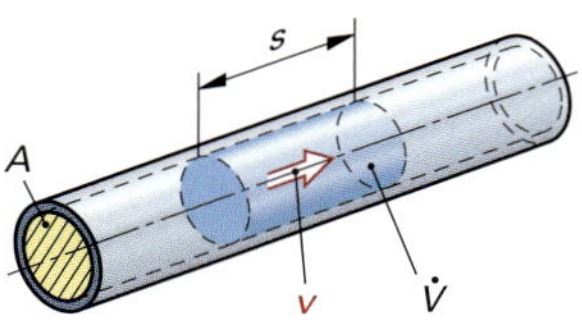

- $\dot{V}$ Volumenstrom in m^3/s
- A Strömungsquerschnin in m^2
- v Fließgeschwindigkeit in m/s
- s Fließweg in m
- t Zeil in s

$$\dot{V} = A \cdot v$$

$$\dot{V} = \frac{A \cdot s}{t}$$

$$v = \frac{s}{t}$$

Ausflussvolumen

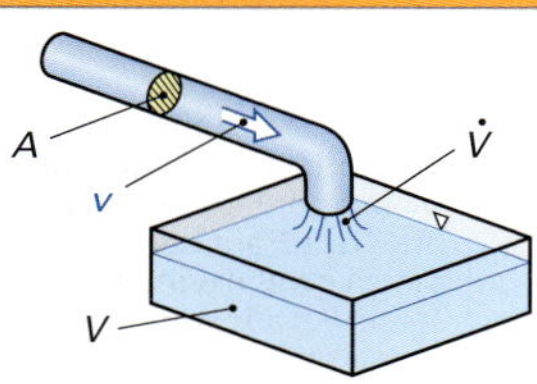

- V Ausflussvolumen in m^3
- A Strömungsquerschnitt in m^2
- v Fließgeschwindigkeit in m/s
- t Zeil in s
- $\dot{V}$ Volumenstrom in m^3/s

$$V = A \cdot v \cdot t$$

$$\dot{V} = \frac{V}{t}$$

Kontinuitätsgesetz

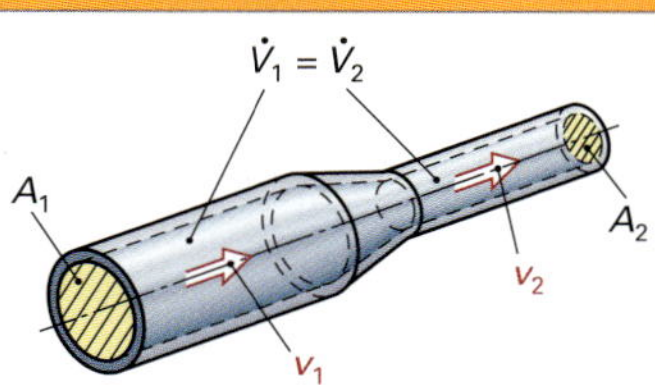

- $\dot{V}_1$ Volumenstrom 1 in m^3/s
- A_1 Strömungsquerschnitt 1 in m^2
- v_1 Fließgeschwindigkeit 1 in m/s
- $\dot{V}_2$ Volumenstrom 2 in m^3/s
- A_2 Strömungsquerschnitt 2 in m^2
- v_2 Fließgeschwindigkeit 2 in m/s
- $\dot{m}$ Massenstrom in kg/s
- ϱ Dichte der Flüssigkeit in kg/m^3

$$\dot{V}_1 = \dot{V}_2$$

$$\dot{V}_1 = A_1 \cdot v_1$$

$$A_1 \cdot v_1 = A_2 \cdot v_2$$

$$\dot{m} = \varrho \cdot v \cdot A = \text{konst.}$$
$$\dot{V} = A \cdot v = \text{konst.}$$

G1

Druckarten in Rohrleitungen

Fließdruck

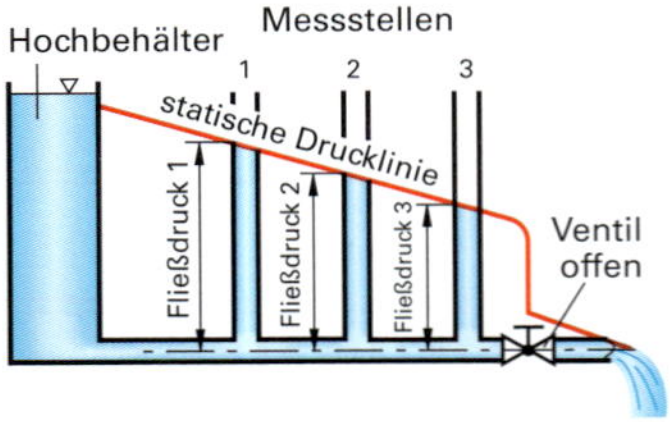

Tabelle 1: Mindestfließdrücke für Entnahmestellen

Entnahmestellen	Nennweite DN	Mindestfließdruck
Auslaufventil ohne Luftsprudter mit Luftsprudler	 15 bis 25 10 bis 15	 0,5 bar 1 bar
Auslaufventil mit Schlauchverbindung	15 bis 25	1,5 bar
Mischbatterien	15 bis 20	1,0 bar
Druckspüler	15 bis 20	1,2 bar
Druckspüler	25	0,4 bar
Druckspüler für Urinal	15	1,0 bar
Spülkasten	15	0,5 bar
Brauseköpfe	15	1,0 bar
Geschirrspül- und Waschmaschinen	15	0,5 bar

Der Fließdruck ist an jeder Messstelle unterschiedlich groß.

Dynamischer Druck

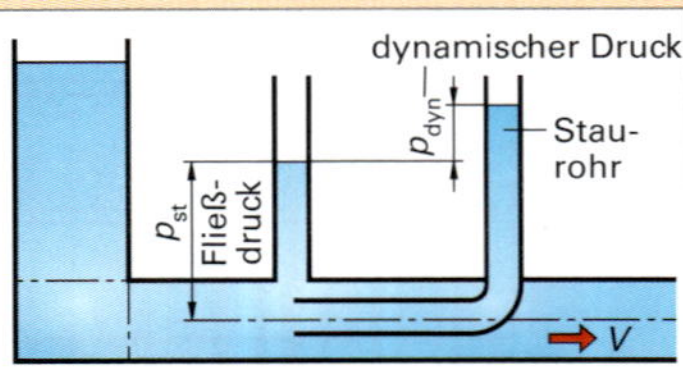

p_{dyn} dynamischer Druck in Pa
ϱ Dichte der Flüssigkeit in kg/m³
v Fließgeschwindigkeit in m/s

$$p_{dyn} = \frac{\varrho \cdot v^2}{2}$$

$$v = \sqrt{2 \cdot \frac{p_{dyn}}{\varrho}}$$

Gesamtdruck

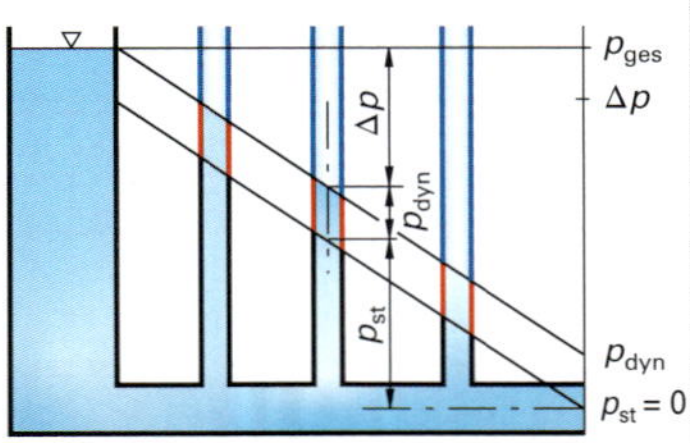

p_{ges} Gesamtdruck in Pa
p_{st} statischer Druck in Pa
p_{dyn} dynamischer Druck in Pa
Δp Druckverluste in Pa

$$p_{ges} = p_{st} + p_{dyn} + \Delta p$$

Steigung und Gefälle von Rohrleitungen

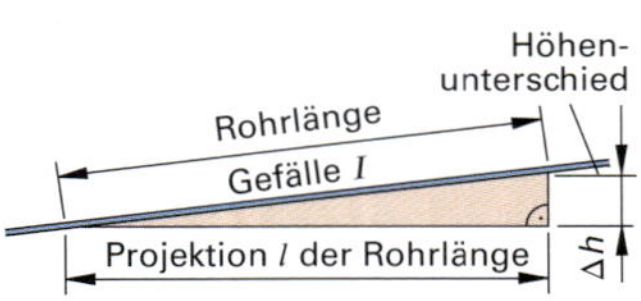

Bei kleinem Gefälle (bis 5%) kann die senkrechte Projektion der Rohrleitungen mit der Rohrleitungslänge annähernd gleichgesetzt werden.

a Steigungs- oder Gefällewinkel in °
Δh senkrechter Höhenunterschied in m
l Länge der Rohrleitung in m
I Gefälle

Steigung

$$S = \tan a = \frac{\Delta h}{l}$$

Gefälle

$$I = \frac{\Delta h}{l} \cdot 100\,\%$$

$$\Delta h = I \cdot l$$

$$l = \frac{\Delta h}{I}$$

Druckverluste in Rohrleitungen

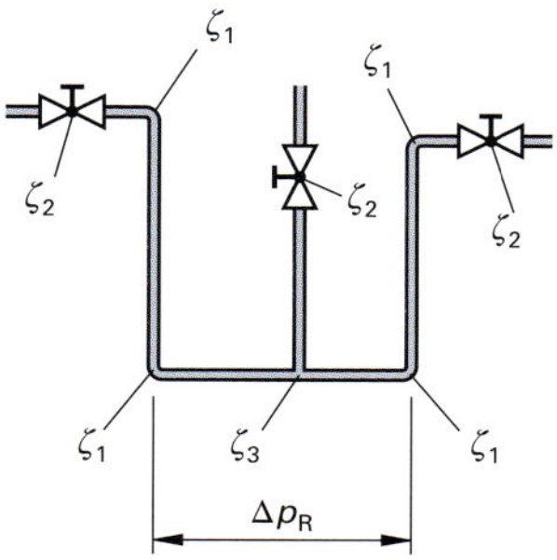

l	Rohrlänge in m
R	Rohrreibungsdruckgefälle in Pa/m
Δp	Rohrleitungs-Druckverluste in Pa
Δp_R	Druckverlust im gesamten Rohrnetz in Pa
ζ	Zeta-Werte für Anlagenteile
Z	Druckverluste der Einzelwiderstände in Pa
$\sum\zeta$	Summe der Verlustbeiwerte
ϱ	Dichte der Flüssigkeit in kg/m³
v	Fließgeschwindigkeit in m/s
Δp_{AP}	Druckverluste für Apparate in Pa
Δp_{geo}	in Pa

$$\Delta p = l \cdot R$$

$$\Delta p_R = l \cdot R + Z$$

$$Z = \sum\zeta \cdot \frac{\varrho \cdot v^2}{2}$$

Gesamtdruckverlust

$$\Delta p_{ges} = l \cdot R + Z + \Delta p_{Ap}$$

Pumpenförderdruck

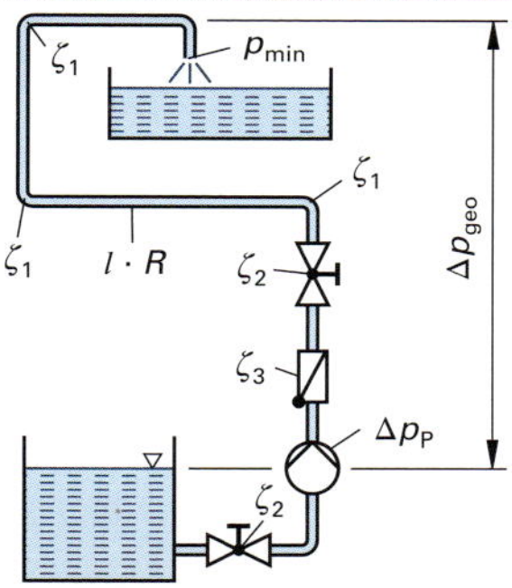

Δp_P	Förderdruck der Pumpe in Pa
Δp_{geo}	geodätischer Druckunterschied in bar
Δp_R	Druckverlust in der gesamten Rohrleitung in Pa
Δp_{min}	Mindestfließdruck am Auslauf in Pa
Δp_{Ap}	Druckverluste in Apparaten in Pa
Z	Druckverlust durch Einzelwiderstände in Pa
H	Förderhöhe der Pumpe in m
g	Fallbeschleunigung in m/s²
ϱ	Dichte der Flüssigkeit in kg/m³

$$\Delta p_P = \Delta p_{geo} + \Delta p_R + \Delta p_{Ap} + \Delta p_{min}$$

$$\Delta p_R = l \cdot R + Z$$

$$H = \frac{\Delta p_P}{\varrho \cdot g}$$

Pumpenleistung

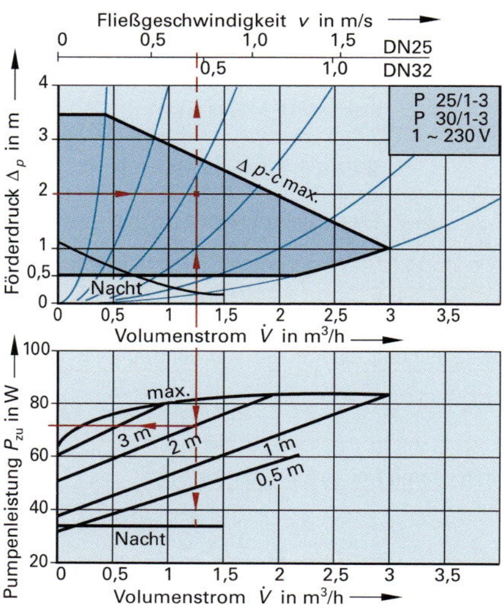

P_{ab}	abgegebene Pumpenleistung in W
$\dot{V}_p$	Förderstrom in m³/h
Δp_P	Förderdruck in Pa
P_{zu}	Anschlusswert des Motors in W
η	Wirkungsgrad als Dezimalzahl
η_P	Wirkungsgrad der Pumpe als Dezimalzahl
η_M	Wirkungsgrad des Motors als Dezimalzahl

$$P_{ab} = \dot{V}_p \cdot \Delta p_P$$

$$\dot{V}_p = \frac{P_{ab}}{\Delta p_P}$$

$$\Delta p_P = \frac{P_{ab}}{\dot{V}_p}$$

$$\eta = \eta_P \cdot \eta_M$$

$$\eta = \frac{P_{ab}}{P_{zu}}$$

$$P_{zu} = \frac{P_{ab}}{\eta}$$

$$P_{zu} = \frac{\dot{V}_p \cdot \Delta p_P}{\eta}$$

Energiegleichung (ohne Reibungsverluste), Gleichung von Bernoulli

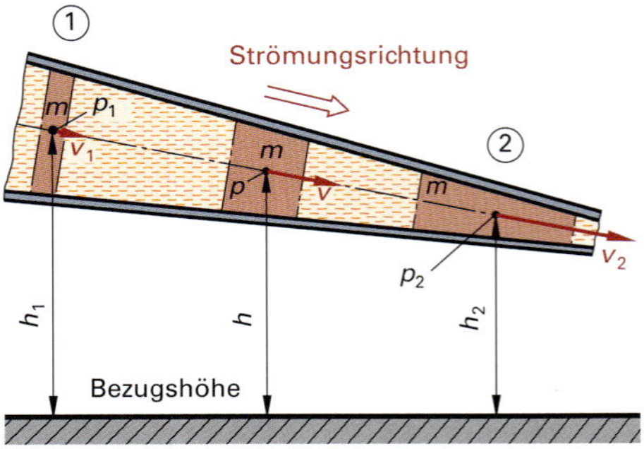

- W Strömungsenergie in Nm
- W_d Druckenergie in Nm
- W_{pot} potenzielle Energie in Nm
- W_{kin} kinetische Energ ie in Nm
- p statischer Druck in N/m^2
- V Volumen in m^3
- m Masse in kg
- ϱ Flüssigkeitsdichte in kg/m^3
- g Fallbeschleunigung in m/s^2
- h Druckhöhe (geodät. Höhe) in m
- v Strömungsgeschwindigkeit in m/s

Potenzielle Energie

$$W_{pot} = m \cdot g \cdot h$$

$$W_{pot} = V \cdot \varrho \cdot g \cdot h$$

Kinetische Energie

$$W_{kin} = \frac{m}{2} \cdot v^2$$

$$W_{pot} = \left(V \cdot \frac{\varrho}{2}\right) \cdot v^2$$

Druckenergie

$$W_d = p \cdot V$$

Strömungsenergie

$$W = W_d + W_{pot} + W_{kin}$$

Energiegleichung

$$W = W_d + W_{pot} + W_{kin} = \text{konst.}$$

$$W = p \cdot V + V \cdot \varrho \cdot g \cdot h + \frac{V \cdot \varrho}{2} \cdot v^2 = \text{konst.}$$

Leitung mit Gefälle

Druckgleichung

$$p_1 + \varrho \cdot g \cdot h_1 + \frac{\varrho}{2} \cdot v_1^2 = p_2 + \varrho \cdot g \cdot h_2 + \frac{\varrho}{2} \cdot v_2^2$$

Druckgleichung

$$\frac{p_1}{\varrho \cdot g} + h_1 + \frac{v_1^2}{2 \cdot g} = \frac{p_2}{\varrho \cdot g} + h_2 + \frac{v_2^2}{2 \cdot g}$$

p → **statischer Druck** in N/m^2

$\varrho \cdot g \cdot h$ → **geodätischer Druck** in N/m^2

$\frac{\varrho}{2} \cdot v^2$ → **Geschwindigkeitsdruck** in N/m^2

$\frac{p_1}{\varrho \cdot g}$ → **statische Höhe** in m

h → **geodätische Höhe** in m

$\frac{v^2}{2 \cdot g}$ → **Geschwindigkeitshöhe** in m

Waagerechte Leitung

Druckhöhengleichung bei horizontaler Leitung

$$\frac{p_1}{\varrho \cdot g} + \frac{v_1^2}{2 \cdot g} = \frac{p_2}{\varrho \cdot g} + \frac{v_2^2}{2 \cdot g}$$

Bei einer waagerechten Leitung ist der geodätische Höhenunterschied gleich null. Dadurch entfällt aus der Druckgleichung das mittlere Element.

Energiegleichung bei horizontaler Leitung

$$p_1 \cdot V_1 + \frac{V \cdot \varrho}{2} \cdot v_1^2 = p_2 \cdot V_2 + \frac{V \cdot \varrho}{2} \cdot v_2^2$$

Druckgleichung bei horizontaler Leitung

$$p_1 + \frac{\varrho}{2} \cdot v_1^2 = p_2 + \frac{\varrho}{2} \cdot v_2^2$$

G1

Temperatur

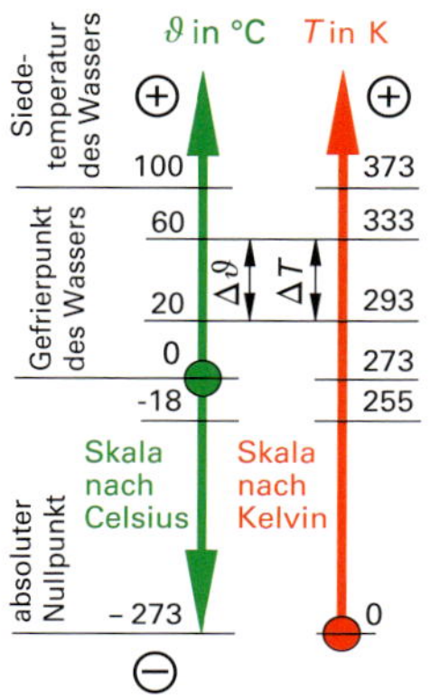

T	absolute Temperatur (Kelvin-Temperatur, thermodynamische Temperatur) K
ϑ	Celsius-Temperatur °C
T_1, ϑ_1	tiefe Temperatur K, °C
T_2, ϑ_2	hohe Temperatur K, °C
ΔT, $\Delta\vartheta$	Temperaturdifferenz K, °C

$$T = (\vartheta/°C + 273)\ K$$

$$\vartheta = (T - 273)\ °C$$

Umrechnungen

$T_1 = T_2 - \Delta T;$
$\vartheta_1 = \vartheta_2 - \Delta\vartheta$

$T_2 = T_1 + \Delta T;$
$\vartheta_2 = \vartheta_1 + \Delta\vartheta$

Absoluter Nullpunkt

$$\vartheta = -273{,}15\ °C \mathrel{\hat{=}} T_0 = 0\ K$$

Wärmeausdehnung fester, flüssiger und gasförmiger Stoffe

Längenänderung Δl fester Stoffe durch Temperaturänderung

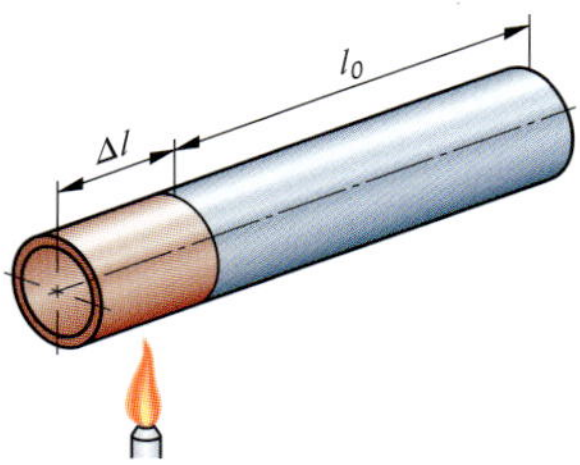

Δl	Längendifferenz nach der Temperaturänderung
l_0	Länge vor der Temperaturänderung in m oder mm
α	spezifischer Längenausdehnungskoeffizient in 1/K oder mm/m · K
$\Delta\vartheta$	Temperaturdifferenz In K

$$\Delta l = l_0 \cdot \alpha \cdot \Delta\vartheta$$

Stoff	α in $\frac{m}{m \cdot K}$	Stoff	α in $\frac{m}{m \cdot K}$
Aluminium	0.000 024	Hartmetall	0,000 005
Bronze	0,000 018	Kupfer	0,00001
Glas	0,000 009	Messing	1,0 bar
Zink	0,000 036	Stahl	1,2 bar

Volumenänderung ΔV flüssiger und fester Stoffe durch Temperaturänderung

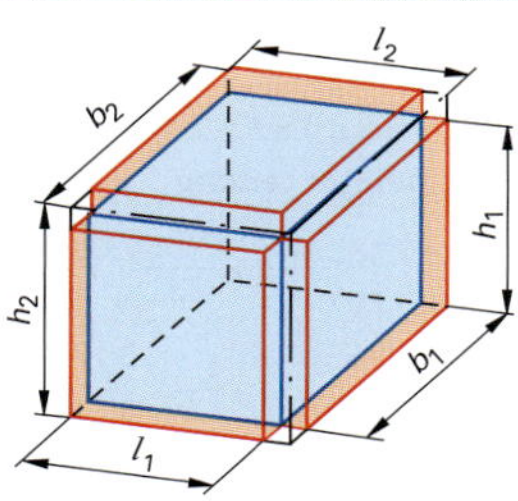

ΔV	Volumenänderung in dm^3
V_1	Anfangsvolumen in dm^3
V_2	Endvolumen in dm^3
γ	Volumenausdehnungskoeffizient in 1/K

$$\Delta V = V_1 \cdot \gamma \cdot \Delta\vartheta$$

$$\gamma = 3 \cdot \alpha$$

G1

Volumenänderung ΔV von Gasen durch Temperaturänderung

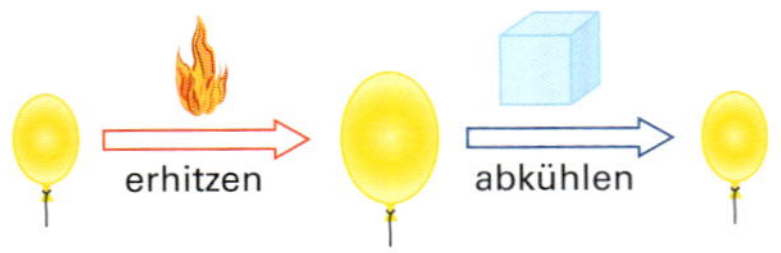

- ΔV Volumenänderung in m^3
- V_0 Volumen bei 0 °C in m^3
- $\Delta\vartheta$ Temperaturänderung in K

$$\Delta V = V_1 \cdot \frac{1}{273\ K} \cdot \Delta\vartheta$$

Volumenänderung ΔV flüssiger und fester Stoffe durch Temperaturänderung

Differenz der spezifischen Volumina in dm^3/kg

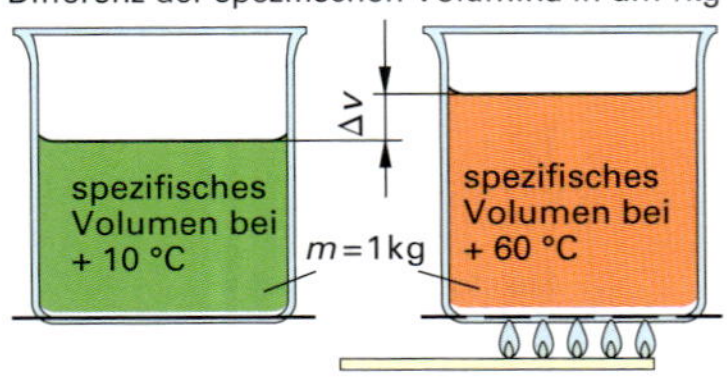

- ΔV Volumenänderung in dm^3/kg
- v spezifisches Volumen in dm^3/kg
- Δv spezifische Volumendifferenz in dm^3/kg
- m Masse in kg
- ϱ Dichte in kg/dm^3
- v_1 spezifisches Volumen bei Temperatur 1 in dm^3/kg
- v_2 spezifisches Volumen bei Temperatur 2 in dm^3/kg

$$\varrho = \frac{1}{v}$$

$$v = \frac{V}{m}$$

$$\Delta v = v_2 - v_1$$

$$\Delta V = m \cdot \Delta v$$

Wärmemenge

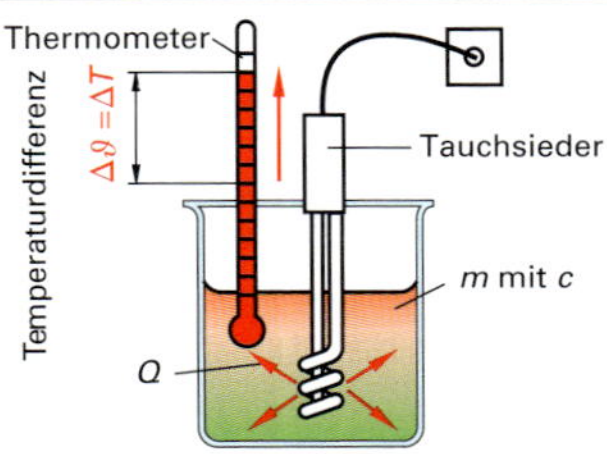

- Q Wärmemenge in kWh, kJ
- m Masse in kg
- $\Delta\vartheta$ Temperaturänderung in K
- c spezifische Wärmekapazität in kWh/(kg · K) bzw. kJ/(kg · K)

$$Q = m \cdot c \cdot \Delta\vartheta$$

Stoff	Spezifische Wärmekapazität *c* zwischen 0 C° und 100 °C		Stoff	Spezifische Wärmekapazität *c* zwischen 0 C° und 100 °C	
	Wh/(kg · K)	kJ/(kg · K)		Wh/(kg · K)	kJ/(kg · K)
Aluminium	0,248	0,896	Nickel	0,120	0,431
Ammoniak	0,617	2,219	Quecksilber	0,038	0,138
Antimon	0,054	0,206	Sauerstoff	0,254	0,913
Blei	0,036	0,127	Schwefeldioxid	0,176	0,632
Chlor	0,135	0,481	Silber	0,069	0,251
Eisen, rein	0,125	0,460	Wachs	0,954	3,433
Kadmium (Cadmium)	0,065	0,234	**Wasser**	**1,163**	**4,180**
Kalium	0,211	0,758	Dampf	0,559	2,010
Kupfer	0,107	0,385	Eis	0,582	2,093
Luft	0,281	1,009	Wasserstoff	3,907	14,268
Magnesium	0,291	1,047	Wismut (Bismut)	0,035	0,124
Mangan	0,130	0,469	Wolfram	0,039	0,134
Maschinenöl	0,466	1,675	Ziegelstein	0,233	0,837
Messing	0,108	0,389	Zink	0,104	0,385
Natrium	0,339	1,218	Zinn	0,064	0,226

Wärmeleistung, Wasserzapfleistung, Temperaturdifferenz, Aufheizzeit

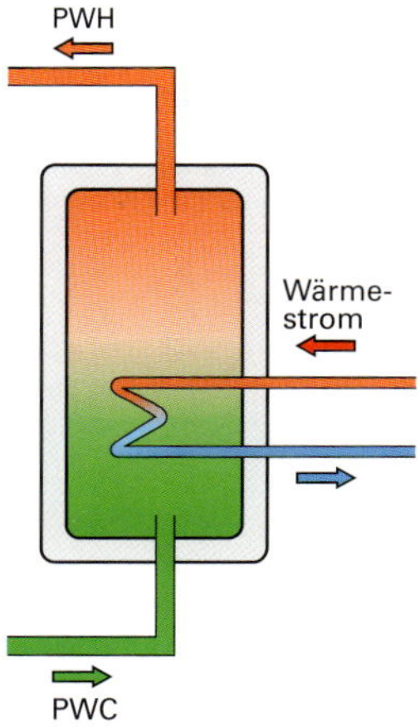

$\dot{Q}$ Wärmeleistung in kW, W, kJ/h
m Masse in kg
t Aufheizzeit in s
$\dot{m}$ Massenstrom in kg/s
$\Delta\vartheta$ Temperaturänderung in K, °C
c spezifische Wärmekapazität in Wh/(kg · K) bzw. kJ/(kg · K)

Für Wasser gilt:
c = 1,163 Wh/(kg · K) oder
c = 4,180 kJ/(kg · K)

$$\dot{Q} = \frac{Q}{t}$$

$$\dot{Q} = \dot{m} \cdot c \cdot \Delta\vartheta$$

$$\dot{m} = \frac{\dot{Q}}{c \cdot \Delta\vartheta}$$

$$\Delta\vartheta = \frac{Q}{c \cdot \dot{m}}$$

$$t = \frac{Q}{\dot{Q}}$$

Wassermischung

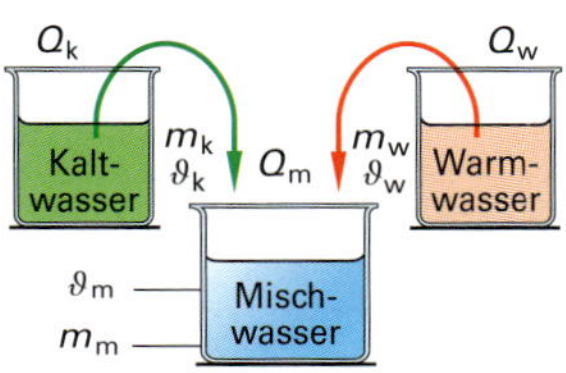

Wärmemengen
Q_m Mischwasser in kJ, kWh
Q_k Kaltwasser in kJ, kWh
Q_w Warmwasser in kJ, kWh

Wassermassen
m_m Mischwasser in kg
m_k Kaltwasser in kg
m_w Warmwasser in kg

$$Q_m = Q_k + Q_w$$

$$m_m \cdot \vartheta_m = m_k \cdot \vartheta_k + m_w \cdot \vartheta_w$$

$$m_m = m_k + m_w$$

Die Gleichungen gelten auch für den Wärmestrom bzw. die Wärmeleistung $\dot{Q}$ und für den Massestrom $\dot{m}$.

Kaltwassertemperatur

$$\vartheta_k = \frac{m_m \cdot \vartheta_m - m_w \vartheta_w}{m_k}$$

Mischwassertemperatur

$$\vartheta_m = \frac{m_k \cdot \vartheta_k + m_w \cdot \vartheta_w}{m_m}$$

Warmwassertemperatur

$$\vartheta_w = \frac{m_m \cdot \vartheta_m - m_k \cdot \vartheta_k}{m_w}$$

Mischwassermassen

Kaltwassermasse

$$m_k = m_w \cdot \frac{\vartheta_w - \vartheta_m}{\vartheta_m - \vartheta_k}$$

$$m_k = m_m \cdot \frac{\vartheta_w - \vartheta_m}{\vartheta_w - \vartheta_k}$$

Mischwassermasse

$$m_m = m_k \cdot \frac{\vartheta_w - \vartheta_k}{\vartheta_w - \vartheta_m}$$

$$m_m = m_w \cdot \frac{\vartheta_w - \vartheta_k}{\vartheta_m - \vartheta_k}$$

Warmwassermasse

$$m_w = m_k \cdot \frac{\vartheta_m - \vartheta_k}{\vartheta_w - \vartheta_m}$$

$$m_w = m_m \cdot \frac{\vartheta_m - \vartheta_k}{\vartheta_w - \vartheta_k}$$

G1

Mischungskreuz

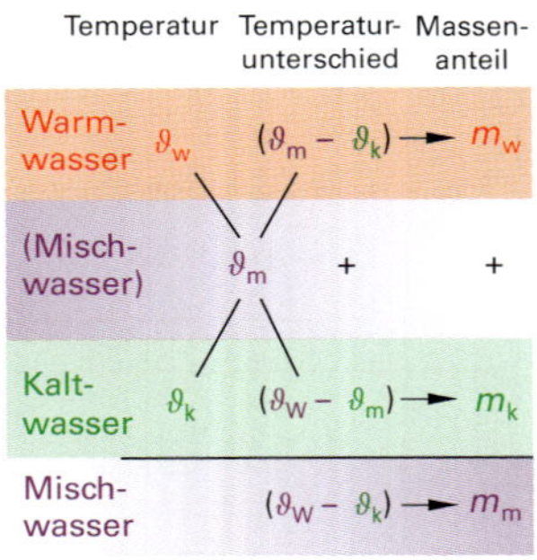

ϑ_w Warmwassertemperatur in °C
ϑ_m Mischwassertemperatur in °C
ϑ_k Kaltwassertemperatur in °C
m_w Warmwassermasse in kg
m_k Kaltwassermasse in kg

Das Mischungskreuz stellt eine weitere Möglichkeit zur Berechnung von Massen bei der Wassermischung dar. Dabei handelt es sich um ein Rechenschema.

Zunächst werden die Verhältnisse ermittelt, in denen Warm- und Kaltwasser gemischt werden.

$$\frac{m_w}{m_k} = \frac{(\vartheta_m - \vartheta_k)}{(\vartheta_w - \vartheta_m)}$$

Danach wird mit einer Dreisatz-Rechnung aus der gegebenen Masse auf die gesuchte Masse geschlossen.

Wärme beim Schmelzen, Verdampfen und Verbrennen

Kälte-Wärmepumpen-Kreisprozess

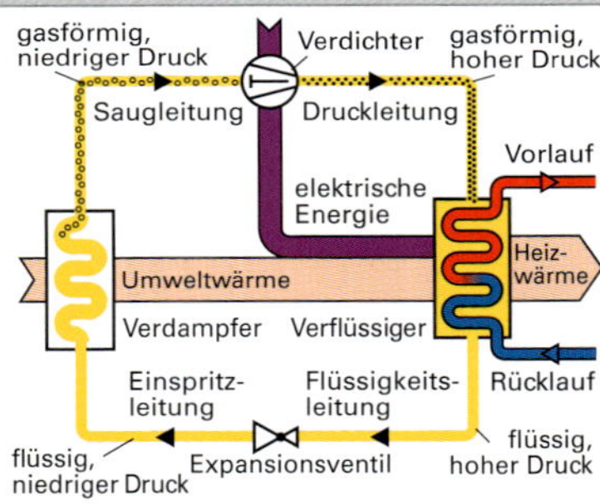

Aggregatzustands-Änderung			Bezeichnung
fest	→	flüssig	schmelzen
flüssig	→	fest	erstarren (Wasser: gefrieren)
flüssig	→	gasförmig	verdampfen (verdunsten)
gasförmig	→	flüssig	kondensieren (verflüssigen)
fest	→	gasförmig	sublimieren (Sublimation)
gasförmig	→	fest	resublimieren (Resublimation)

Schmelzwärme, Erstarrungswärme

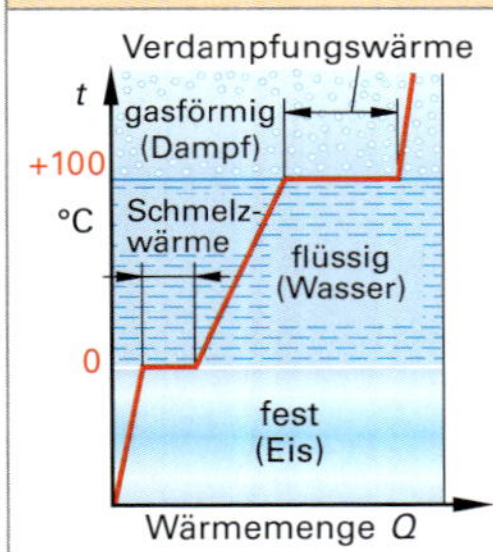

Q Schmelzwärme bzw. Erstarrungswärme in kJ, Wh
m Masse in kg
q spezifische Schmelzwärme in kJ/kg bzw. Wh/kg

$$Q = m \cdot q$$

Stoff	Spez. Schmelzwärme *q* bei Normalzustand		Stoff	Spez. Schmelzwärme *q* bei Normalzustand	
	Wh/kg	kJ/kg		Wh/kg	kJ/kg
Aluminium	110,56	396,07	Natrium	31,39	114,7
Ammoniak	94,28	339,13	Nickel	83,61	299,8
Blei	6,67	24,79	Platin	27,78	111,4
Chlor	25,11	188,4	Quecksilber	3,14	11,8
Gold	18,61	64,48	Silber	29,17	104,7
Eisen	76,67	272,14	Wachs	48,87	175,8
Kadmium	15,13	54,43	Wasser (Eis)	92,77	333,7
Kupfer	56,94	204,8	Wismut (Bismut)	14,44	51,96

Wärme beim Schmelzen, Verdampfen und Verbrennen (Fortsetzung)

Verdampfung-/Kondensationswärme und Sublimationswärme

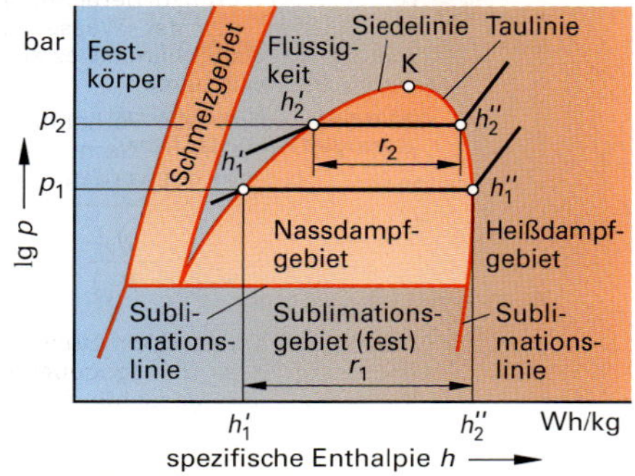

- Q Verdampfungswärme in Wh, kJ
- m Masse in kg
- r spezifische Verdampfungswärme in Wh/kg, kJ/kg
- h' spezifische Enthalpie an der linken Grenzkurve in Wh/kg, kJ/kg
- h'' spezifische Enthalpie an der rechten Grenzkurve in Wh/kg, kJ/kg
- σ spezifische Sublimationswärme in Wh/kg, kJ/kg

$$Q = m \cdot r$$

$$r = h'' - h'$$

Sublimationswärme

$$Q = m \cdot \sigma$$

Spezifische Verdampfungswärme

Stoff	Spez. Verdampfungswärme r bei p_n in kJ/kg	in Wh/kg	Stoff	Spez. Verdampfungswärme r bei p_n in kJ/kg	in Wh/kg
Ammoniak	1369	380	Nickel	6196	1721
Chlor	260	72	Quecksilber	285	79
Gold	1758	488	Silber	2177	605
Eisen	6364	1768	Wasser	2258	627,7
Kadmium	25	6,9	Wismut (Bismut)	837	232
Kupfer	4647	1296	Wolfram	4814	1337
Magnesium	5652	1570	Zinn	2596	721
Natrium	4186	1163			

Wobbe-Index bei Gasen

Der obere Wobbe-Index wird zur Einstellung von Gasbrennern nach der Düsendruckmethode benötigt. Er ist eine wesentliche Größe zur Beurteilung der Austauschbarkeit von Gasen.

- W Wobbe-Index in kWh/m³
- H_s Brennwert in kWh/m³
- H_i Heizwert in kWh/m³
- d Dichteverhältnis
- ϱ_{Gn} Gasdichte im Normzustand in kg/m³
- ϱ_{Ln} Luftdichte im Normzustand in kg/m³

$$d = \frac{\varrho_{Gn}}{\varrho_{Ln}}$$

oberer Wobbe-Index

$$W_s = \frac{H_s}{\sqrt{d}}$$

unterer Wobbe-Index

$$W_i = \frac{H_i}{\sqrt{d}}$$

Geräteleistung und Wirkungsgrad

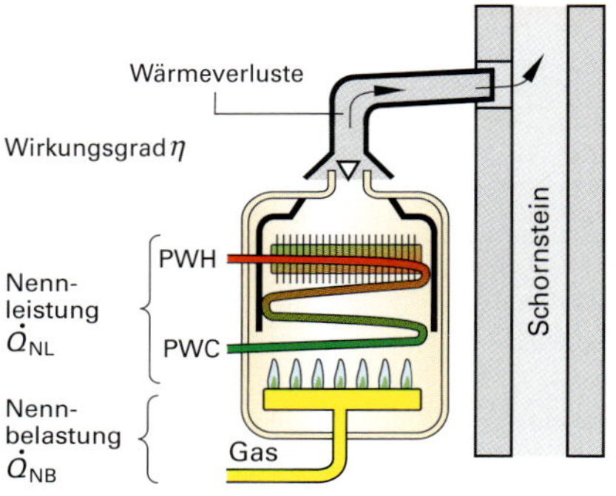

- $\dot{Q}_{NL}$ Nennleistung in W
- $\dot{Q}_{NB}$ Nennbelastung in W
- V_G Gasvolumen in m³
- m Masse des zu erwärmenden Stoffes in kg
- t Zeit in h
- c spezifische Wärmekapazität in Wh/(kg · K)
- $\Delta\vartheta$ Temperaturdifferenz in K
- $H_{I,B}$ Betriebsheizwert in kWh/m³
- η Gerätewirkungsgrad

$$\dot{Q}_{NL} = \frac{m \cdot c \cdot \Delta\vartheta}{t}$$

$$\eta = \frac{\dot{Q}_{NL}}{\dot{Q}_{NB}}$$

$$\dot{Q}_{NB} = \frac{V_G \cdot H_{I,B}}{t}$$

Brennwert und Heizwert

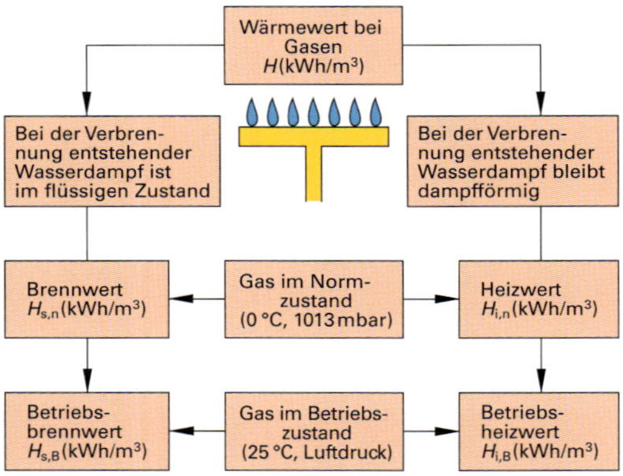

Die bei einer vollständigen Verbrennung entstehende Wärmeenergie wird mit Wärmemenge bezeichnet. Diese ist vom Wärmewert H des jeweiligen Brennsoffes abhängig.

Wärmewert bei festen und flüssigen Brennstoffen

Brennwert	Heizwert
H_s	H_i

Wärmewert bei gasförmigen Brennstoffen

Brennwert	Heizwert
H_s	H_i
Betriebsbrennwert[1)]	Betriebsheizwert
$H_{s,B}$	$H_{i,B}$

Der Heizwert $H_{i,n}$ ist um den Betrag der spezifischen Verdampfungswärme des Wasserdampfes, der bei jeder Verbrennung entsteht, kleiner als der Brennwert H_s.

1) Mit dem Betriebsbrennwert für flüssige und gasförmige Brennstoffe wird bei Öl- oder Gasbrennwertgeräten gerechnet.

Q	Wärmemenge	kWh
m_{Br}	Masse des Brennstoffes	kg oder l
H_i	Heizwert	kWh/kg, kWh/l
V_G	Gasvolumen	m³
$H_{i,B}$	Betriebsheizwert	kWh/m³
$H_{s,B}$	Betriebsbrennwert	kWh/m³, kWh/kg
$H_{i,n}$	Heizwert des Gases im Normzustand (0 °C, 1013 mbar)	kWh/m³
$H_{s,n}$	Brennwert des Gases im Normzustand (0 °C, 1013 mbar)	kWh/m³

Wärmemenge für feste und flüssige Brennstoffe

$$Q = m_{Br} \cdot H_i$$

Wärmemenge für gasförmige Brennstoffe

$$Q = V_G \cdot H_{i,B}$$

Wärmemenge bei Brennwertgeräten

$$Q = V_G \cdot H_{s,B}$$

Umrechnungen

$$H_{i,B} = H_{i,n} \cdot 0{,}965$$

$$H_{s,B} = H_{s,n} \cdot 0{,}965$$

Brenn- und Heizwerte

gasförmige Brennstoffe	Brennwert $H_{s,n}$ in kWh/m³	Heizwert $H_{i,n}$ in kWh/m³	feste u. flüssige Brennstoffe	Heizwert H_i in kWh/l	in kWh/kg
Ferngas	5,8	4,9	Brennholz	–	4,3
Erdgas LL	9,8	8,8	Steinkohle	–	9,4
Erdgas E	11,6	10,4	Zechenkoks	–	8,4
Propan	28,3	26,0	Heizöl S	11,8	11,1
Butan	37,2	34,3	Heizöl EL	12,6	11,8
Propan/Butan	32,8	30,2	Benzin	12,9	11,6
Acetylen	17,3	15,8	Benzol	11,6	11,2

Zustandsänderung bei Gasen (Gasgesetze)

Drücke und Temperaturen dürfen bei der Anwendung der Gasgesetze nur als **absolute Größen** in die Rechnungen eingesetzt werden.

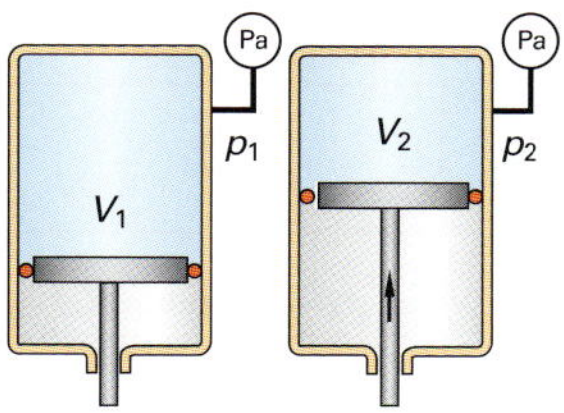

Verhalten bei konstanter Temperatur → Isotherme

Bei gleichbleibender Temperatur verhalten sich die Dichten wie die Drücke und die Volumen umgekehrt wie die Drücke.

$T = \text{konst.}$

p	absoluter Druck	N/m², bar
V	Volumen	m³
T	absolute Temperatur	K

Gesetz von Boyle-Mariotte

$$p_1 \cdot V_1 = p_2 \cdot V_2$$

$$\frac{p_1}{p_2} = \frac{V_2}{V_1}$$

1. Gesetz von Gay-Lussac

$$\frac{V_1}{T_1} = \frac{V_2}{T_2} = \text{konst.}$$

$$\frac{V_1}{V_2} = \frac{T_1}{T_2}$$

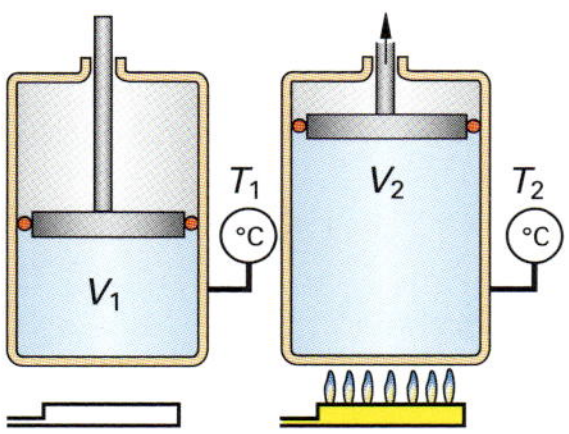

Verhalten bei konstantem Druck → Isobare

Bei gleichbleibendem Druck verhalten sich die Gasvolumina wie die absoluten Gastemperaturen.

$p = \text{konst.}$

Index 1: Zustand 1
Index 2: Zustand 2

2. Gesetz von Gay-Lussac

$$\frac{p_1}{T_1} = \frac{p_2}{T_2} = \text{konst.}$$

$$\frac{p_1}{p_2} = \frac{T_1}{T_2}$$

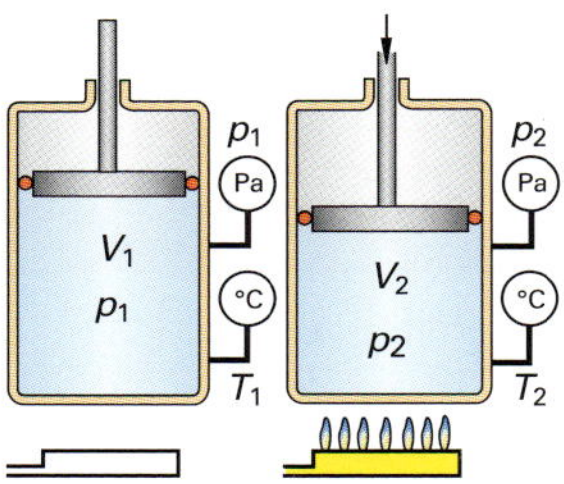

Verhalten bei konstantem Volumen → Isochore

Bei gleichbleibendem Volumen verhalten sich die Gasdrücke wie die absoluten Gastemperaturen.

$V = \text{konst.}$

Vereinigtes Gasgesetz

Im vereinigten Gasgesetz sind die Gesetze von Boyle-Mariotte und Gay-Lussac enthalten, d. h. vereinigt.

Vereinigtes Gasgesetz

$$\frac{p_1 \cdot V_1}{T_1} = \frac{p_2 \cdot V_2}{T_2} = \text{konst.}$$

Bedingung

$$m = \text{konst.}$$

Anschlusswert, Einstellwert und Düsendruck

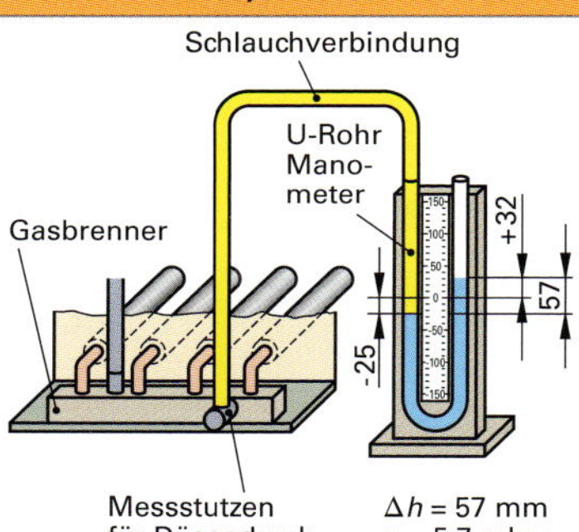

$\dot{V}_A$	Anschlusswert m³/h
$\dot{V}_E$	Einstellwert l/min
$\dot{V}_{gem}$	gemessener Gasvolumenstrom l/min
$\dot{Q}_{NB}$	Nennbelastung kW
p_{ein}	einzustellender Düsendruck mbar
p_{gem}	gemessener Düsendruck mbar

$$\dot{V}_A = \frac{\dot{Q}_{NB}}{H_{i,B}}$$

$$\dot{V}_E = \frac{\dot{Q}_{NB}}{H_{i,B}} \cdot \frac{1000\ l/m^3}{60\ min/h}$$

$$p_{ein} = p_{gem} \cdot \left(\frac{\dot{V}_E}{\dot{V}_{gem}}\right)^2$$

G1

Anschlusswert, Einstellwert und Düsendruck

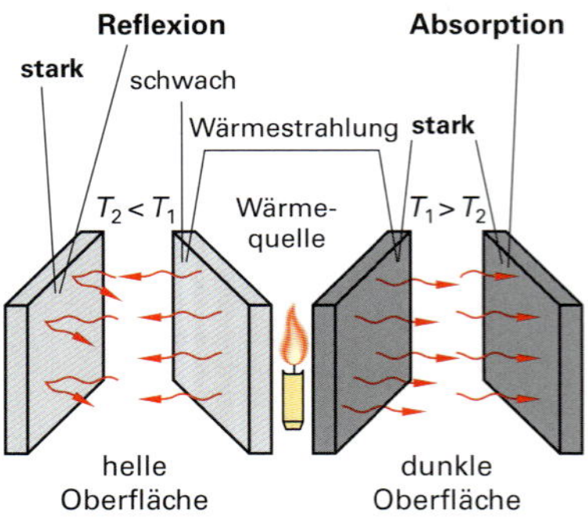

$\dot{Q}_s$	Wärmestrom in W
ε	Emissionskoeffizient
α	Absoprtionskoeffizient
C_s	Strahlungskonstante des absolut schwarzen Körpers in W/(m² · K⁴)
A	Körperoberfläche in m²
T	absolute Temperatur in K
t	Zeit in s
ε_s	Emissionskoeffizient des absolut schwarzen Körpers
α_s	Absorptionskoeffizient des absolut schwarzen Körpers

$$\dot{Q}_s = \varepsilon \cdot C_s \cdot A \left(\frac{T}{100}\right)^4$$

Emittierte Energie

$$\dot{Q}_s = \varepsilon \cdot C_s \cdot A \left(\frac{T}{100}\right)^4 \cdot t$$

Gesetz von Kirchhoff

$$\frac{\varepsilon}{\alpha} = \frac{\alpha}{\varepsilon} = \varepsilon_s = \alpha_s = 1$$

$$C_s = 5{,}67\ \text{W/(m}^2 \cdot \text{K}^4)$$

Anmerkung: C_s ist eigentlich $5{,}67 \cdot 10^{-8}$ W/(m² · K⁴). Deshalb wird in obigen Gleichungen durch $100^4 = 10^8$ geteilt. Der Umgang mit den Gleichungen wird dadurch erheblich vereinfacht.

Emissions- und Absorptionskoeffizienten

Oberfläche (senkrechte Strahlung)	$\varepsilon = \alpha$	Oberfläche (senkrechte Strahlung)	$\varepsilon = \alpha$
Aluminium poliert	0,04	Dachpappe schwarz	0,91
Kupfer poliert	0,03	Schamottesteine	0,75
Stahl poliert	0,26	Ziegelsteine	0,92
Stahl stark verrostet	0,85	Buchenholz	0,93
Heizkörperlack	0,93	Eisenoberfläche	0,96
schwarzer Mattlack	0,97	Wasseroberfläche	0,95

Wärmeübergang durch Strahlung

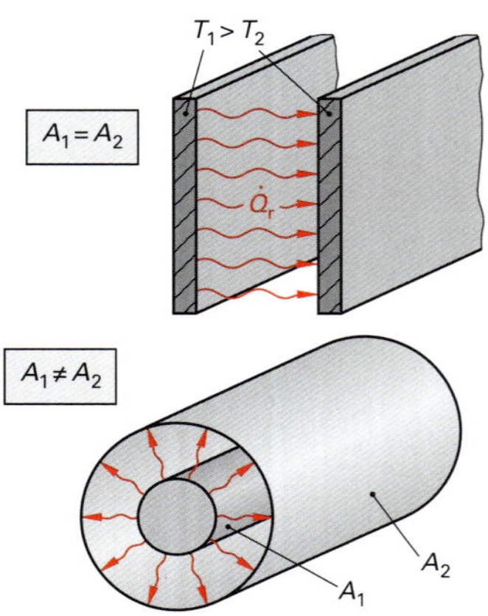

Dabei ist zu unterscheiden: $\boldsymbol{A_1 = A_2}$ und $\boldsymbol{A_1 \neq A_2}$

T_1 → absolute Temperatur des Körpers mit höherer Temperatur in K

T_2 → absolute Temperatur des Körpers mit niedrigerer Temperatur in K

A_1 → Oberfläche des Körpers mit der Temperatur T_1 in m²

A_2 → Oberfläche des Körpers mit der Temperatur T_2 in m²

Wärmestrom

$$\dot{Q} = C_{1,2} \cdot A_1 \cdot \left[\left(\frac{T_1}{100}\right)^4 - \left(\frac{T_2}{100}\right)^4\right]$$

$$C_1 = \varepsilon_1 \cdot C_2$$
$$C_2 = \varepsilon_2 \cdot C_s$$

Strahlungszahl

$$C_{1,2} = \frac{1}{\frac{1}{C_1} + \left(\frac{1}{C_2} - \frac{1}{C_s}\right) \cdot \frac{A_1}{A_2}}$$

$C_{1,2}$ → Strahlungskonstante, die von der gegenseitigen Lage der beiden Körper sowie den Emissionskoeffizienten der **beiden** strahlenden Flächen abhängig ist.

Wärmestrom

Wärmeleitung durch eine ebene und gekrümmte Wand

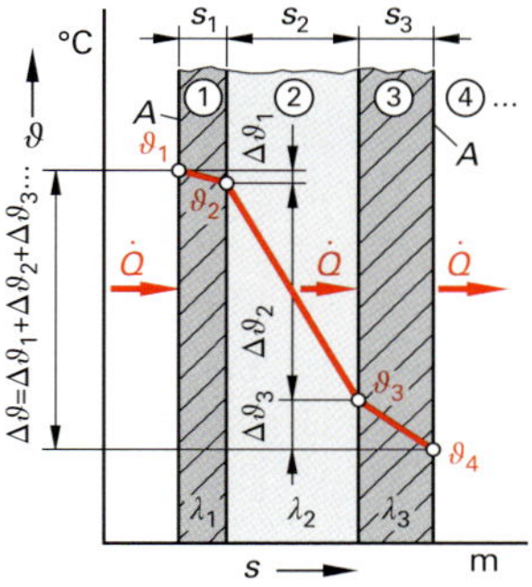

$\dot{Q}$	Wärmestrom in W
Q	Wärmemenge in Ws, J
t	Zeit in s
λ	Wärmeleitfähigkeit (Wärmeleitzahl) in W/(m · K)
A	Wandfläche in m²
ϑ	Wandgrenztemperatur in K, °C
$\Delta\vartheta$	Temperaturdifferenz in K, °C
R_λ	Wärmeleitwiderstand in K/W
$R_{\lambda ges}$	Gesamtwärmeleitwiderstand in K/W
s	Wanddicke in m
q	Wärmestromdichte in W/m²

Wärmestrom durch eine mehrfach geschichtete ebene Wand

$$\dot{Q} = \frac{\lambda_1}{s_1} \cdot A \cdot \Delta\vartheta_1 = \frac{\lambda_2}{s_2} \cdot A \cdot \Delta\vartheta_2 = \frac{\lambda_3}{s_3} \cdot A \cdot \Delta\vartheta_3 = \ldots = \frac{\lambda_n}{s_n} \cdot A \cdot \Delta\vartheta_n$$

Wärmestrom

$$\dot{Q} = \frac{Q}{t}$$

Wärmestrom durch einschichtige Wand

$$\dot{Q} = \frac{\lambda}{s} \cdot A \cdot (\vartheta_1 - \vartheta_2)$$

$$\dot{Q} = \frac{\Delta\vartheta}{R_\lambda}$$

Wärmeleitwiderstand

$$R_\lambda = \frac{\delta}{\lambda \cdot A}$$

$$\Delta\vartheta = R_\lambda \cdot \dot{Q}$$

Wärmeübergang und Wärmedurchgang

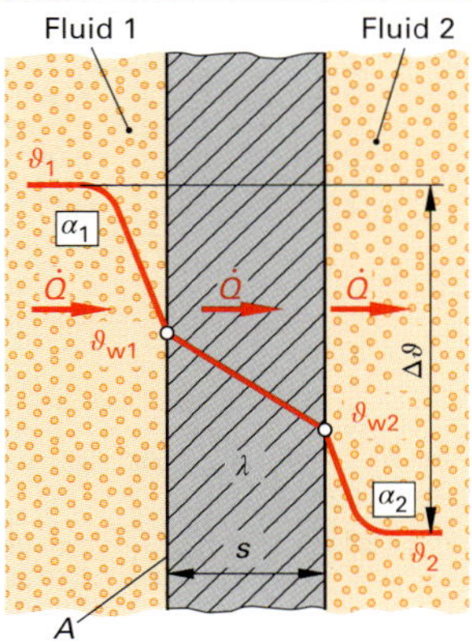

$\dot{Q}$	Wärmestrom in W
α	Wärmeübergangszahl in W/(m² · K)
A	Wandfläche in m²
$\Delta\vartheta$	Temperaturdifferenz in K
R_α	Wärmeübergangswiderstand in K/W
Nu	Nußelt-Zahl
λ_F	Fluid-Wärmeleitzahl in W/(m · K)
l	charakteristische Baugröße eines Wärmetauschers in m
U	Wärmedurchgangszahl in W/(m² · K) (früher *k*-Wert)
R_k	Wärmedurchgangswiderstand in K/W
λ	Wärmeleitzahl in W/(m · K)
s	Wanddicke in m

Wärmestrom

$$\dot{Q} = \alpha \cdot A \cdot \Delta\vartheta$$

Ohm'sches Gesetz des Wärmeübergangs

$$\Delta\vartheta = R_\alpha \cdot \dot{Q}$$

Wärmeübergangswiderstand

$$R_\alpha = \frac{1}{\alpha \cdot A}$$

Wärmeübergangszahl nach Nußelt

$$\alpha = Nu \cdot \frac{\lambda_F}{l}$$

$$\Delta\vartheta_1 = U \cdot \Delta\vartheta \cdot \frac{1}{\alpha_1} \qquad \Delta\vartheta_3 = U \cdot \Delta\vartheta \cdot \frac{\delta_2}{\lambda_2}$$

....

$$\Delta\vartheta_2 = U \cdot \Delta\vartheta \cdot \frac{\delta_1}{\lambda_1} \qquad \Delta\vartheta_n = U \cdot \Delta\vartheta \cdot \frac{1}{\alpha_2}$$

Temperaturverlauf an und in einer mehrfach geschichteten ebenen Wand

Wärmedurchgangswiderstand

$$\Delta\vartheta = R_k \cdot Q$$

$$R_k = \frac{1}{U \cdot A}$$

Wärmestrom

$$\dot{Q} = U \cdot A \cdot \Delta\vartheta$$

Wärmedurchgangszahl (k-Wert)

$$U = \frac{1}{\frac{1}{\alpha_1} + \sum\frac{\delta}{\lambda} + \frac{1}{\alpha_2}}$$

Überschlagswerte für Wärmeübergangszahlen α in W/(m² · K) mit *v* in m/s

Wasser	ruhend / strömend / siedend	250 ... 700 / $580 + 2100 \cdot \sqrt{v}$ / 1000 ... 15 000
Gase, Luft, überhitzte Dämpfe	ruhend / strömend	2 ... 10 / $2 + 12 \cdot \sqrt{v}$
Wasserdampf	kondensierend	5 000 ... 12 000

G1

Stoffwerte von festen, flüssigen und gasförmigen Stoffen

Feste Stoffe

Stoff	Dichte ϱ kg/dm³	Schmelztemperatur bei 1,013 bar ϑ °C	Siedetemperatur bei 1,013 bar ϑ °C	Spezif. Schmelzwärme bei 1,013 bar q Wh/kg	Wärmeleitfähigkeit bei 20 °C λ W/m·K	Mittlere spezif. Wärmekapazität bei 0 … 100 °C c Wh/(kg·K)	Spezif. Widerstand bei 20 °C ϱ_{20} $\Omega \cdot mm^2/m$	Längenausdehnungskoeffizient zwischen 0 … 100 °C α_l mm/(m·K)
Aluminium (Al)	2,70	659	2467	99	204	0,26	0,028	0,0238
Antimon (Sb)	6,69	630,5	1637	45	22	0,06	0,39	0,0108
Asbest	2,1…2,8	≈ 1300	–	–	–	0,23	–	–
Beryllium (Be)	1,85	1280	≈ 3000	–	165	0,28	0,04	0,0123
Beton	1,8…2,2	–	–	–	≈ 1	0,24	–	0,01
Bismut (Bi)	9,78	271	1560	16	8,1	0,03	1,25	0,0125
Blei (Pb)	11,34	327	1751	7	35	0,04	0,208	0,0290
Cadmium (Cd)	8,64	321	765	15	91	0,06	0,077	0,03
Chrom (Cr)	7,15	1903	2642	37	69	0,13	0,13	0,0084
Cobalt (Co)	8,90	1493	2880	74	69	0,12	0,062	0,0127
CuAl-Legierungen	7,4…7,7	1040	2300	–	61	0,12	–	0,0195
CuSn-Legierungen	7,4…8,9	900	2300	–	46	0,11	0,02…0,03	0,0175
CuZn-Legierungen	8,4…8,7	900…1000	2300	46	105	0,11	0,05…0,07	0,0185
Eis	0,92	0	100	92	2	0,58	–	0,051
Eisen, rein (Fe)	7,87	1536	3070	77	81	0,13	0,13	0,012
Eisenoxid (Rost)	4,98	1570	–	–	0,58 (pulv.)	0,19	–	–
Fette	0,92…0,94	30 … 175	≈ 300	–	0,21	–	–	–
Gips	2,31	1200	–	–	0,45	0,30	–	–
Glas (Quarzglas)	2,4…2,7	520 … 550[1]	–	–	0,79…1,00	0,23	10^{18}	0,009
Gold (Au)	19,32	1064	2707	19	310	0,04	0,022	0,0142
Grafit (C)	2,26	≈ 3550	≈ 4800	–	168	0,20	8,000	0,0078
Gusseisen	7,25	1150…1200	2500	35	58	0,14	0,6 … 1,6	0,0105
Hartmetall (K 20)	14,80	> 2000	≈ 4000	–	81,4	0,22	–	0,005
Holz (lufttrocken)	0,20…0,72	–	–	–	0,06…0,17	0,58…0,81	–	≈ 0,04[2]
Iridium (Ir)	22,56	2443	> 4350	38	59	0,04	0,053	0,0065
Iod (I)	4,94	113	183	17	0,44	0,06	–	–
Kohlenstoff (C)	3,51	3800	–	–	–	0,14	–	0,00118
Koks	1,6…1,9	–	–	–	0,18	0,23	–	–
Konstantan	8,89	1260	≈ 2400	–	23	0,11	0,49	0,0152
Kork	0,1…0,3	–	–	–	0,04…0,06	0,47…0,58	–	–
Korund (Al_2O_3)	3,9…4,0	2050	2700	–	12 … 23	0,27	–	0,0065
Kupfer (Cu)	8,96	1083	≈ 2595	59	384	0,11	0,0179	0,0168
Magnesium (Mg)	1,74	650	1120	54	172	0,29	0,044	0,026
Magnesium-Leg.	≈ 1,81	≈ 630	1500	–	46 … 139	–	–	0,0245
Mangan (Mn)	7,43	1244	2095	15	21	0,13	0,39	0,0230
Molybdän (Mo)	10,22	2620	4800	80	145	0,07	0,054	0,0052
Natrium (Na)	0,97	98	890	31	126	0,36	0,04	0,0710
Nickel (Ni)	8,91	1455	2730	85	59	0,13	0,095	0,0130
Niob (Nb)	8,55	2468	≈ 4800	80	53	0,08	0,217	0,0071
Phosphor, gelb (P)	1,82	44	280	6	–	0,22	–	–
Platin (Pt)	21,45	1769	4300	31	70	0,04	0,098	0,009
Polystyrol	1,05	–	–	–	0,17	0,36	10^{10}	0,07
Porzellan	2,3…2,5	≈ 1600	–	–	1,6[3]	0,3[3]	10^{12}	0,004
Quarz, Flint (SiO_2)	2,1…2,5	1480	2230	–	9,9	0,2	–	0,008
Schaumgummi	0,06…0,25	–	–	–	0,04…0,06	–	–	–
Schwefel (S)	2,07	113	344,6	14	0,20	0,21	–	–
Selen, rot (Se)	4,4	220	688	23	0,20	0,09	–	–
Silber (Ag)	10,5	961,5	2180	29	407	0,06	0,015	0,0193

1) Transformationstemperatur 2) quer zur Faser 3) bei 800 °C

Stoffwerte von festen, flüssigen und gasförmigen Stoffen (Fortsetzung)

Feste Stoffe (Fortsetzung)

Stoff	Dichte ϱ kg/dm³	Schmelztemperatur bei 1,013 bar ϑ °C	Siedetemperatur bei 1,013 bar ϑ °C	Spezif. Schmelzwärme bei 1,013 bar q Wh/kg	Wärmeleitfähigkeit bei 20 °C λ W/m·K	Mittlere spezif. Wärmekapazität bei 0 … 100 °C c Wh/(kg·K)	Spezif. Widerstand bei 20 °C ϱ_{20} $\Omega \cdot mm^2/m$	Längenausdehnungskoeffizient zwischen 0 … 100 °C α_l mm/(m·K)
Silicium (Si)	2,33	1423	2355	461	83	0,21	$2,3 \cdot 10^9$	0,0042
Siliciumkarbid (SiC)	2,4	zerfällt über 3000°C in C und Si			9[1)]	0,29	–	–
Stahl unlegiert	7,85	≈ 1500	2500	60	48…58	0,14	0,14…0,18	0,0119
Stahl legiert	7,9	≈ 1500	–	–	14	0,14	0,7	0,0161
Steinkohle	1,35	–	–	–	0,24	0,28	–	–
Tantal (Ta)	16,6	2996	5400	48	54	0,04	0,124	0,0065
Titan (Ti)	4,5	1670	3280	24	15,5	0,13	0,42	0,0082
Uran (U)	19,1	1133	≈ 3800	99	28	0,03	–	–
Vanadium (V)	6,12	1890	≈ 3380	95	31,4	0,14	0,2	–
Wolfram (W)	19,27	3390	5500	15	130	0,04	0,055	0,0045
Zink (Zn)	7,13	419,5	907	28	113	0,1	0,06	0,029
Zinn (Sn)	7,29	232	2687	59	65,7	0,06	0,114	0,023

Flüssige Stoffe

Stoff	Dichte bei 20 °C ϱ kg/dm³	Zündtemperatur ϑ °C	Gefrier- bzw.. Schmelztemperatur bei 1,013 bar ϑ °C	Siedetemperatur bei 1,013 bar ϑ °C	Spezif. Verdampfungswärme[2)] q Wh/kg	Wärmeleitfähigkeit bei 20 °C λ W/(m·K)	Spezif. Wärmekapazität bei 20 °C c Wh/(kg·K)	Volumenausdehnungskoeffizient α_l mm/(m·K)
Äthyläther $(C_2H_5)_2O$	0,71	170	–116	35	105	0,13	0,63	1,60
Benzin	0,72…0,75	220	–30…–50	25…210	116	0,13	0,56	1,1
Dieselkraftstoff	0,81…0,85	220	–30	150…360	174	0,15	0,57	0,96
Heizöl EL	≈ 0,83	220	–10	> 175	174	0,14	0,575	0,96
Maschinenöl	0,91	400	–20	> 300	–	0,13	0,58	0,93
Petroleum	0,76…0,86	550	–70	> 150	87	0,13	0,6	1,0
Quecksilber (Hg)	13,5	–	–39	357	79	10	0,04	0,18
Spiritus 95%	0,81	520	–114	78	237	0,17	0,675	1,10
Wasser, destilliert	1,00[2)]	–	0	100	627	0,60	1,161	0,18

1) über 1000 °C 2) bei Siedetemperatur und 1013 mbar 3) bei 4 °C

Gasförmige Stoffe

Stoff	Dichte bei 0 °C u. 1,013 bar ϱ kg/dm³	Dichtezahl[1)] ϱ/ϱ_L	Schmelztemperatur bei 1,013 bar ϑ °C	Schmelztemperatur bei 1,013 bar ϑ °C	Wärmeleitfähigkeit bei 20 °C λ W/m·K	Wärmeleitzahl[2)] λ/λ_L	Spezifische Wärmekapazität bei 20 °C u. 1,013 bar c[3)] Wh/(kg·K)	 c[4)]
Acetylen (C_2H_2)	1,17	0,905	– 84	– 82	0,021	0,81	0,46	0,37
Ammoniak (NH_3)	0,77	0,596	– 78	– 33	0,024	0,92	0,57	0,43
Butan (C_4H_{10})	2,70	2,088	–135	– 0,5	0,016	0,62	–	–
Frigen (CF_2CL_2)	5,51	4,261	–140	– 30	0,010	0,39	–	–
Kohlenoxid (CO)	1,25	0,967	–205	–190	0,025	0,96	0,29	0,21
Kohlendioxid (CO_2)	1,98	1,531	– 57[5)]	– 78	0,016	0,62	0,23	0,18
Luft	1,293	1,0	–220	–191	0,026	1,00	0,28	0,20
Methan (CH_4)	0,72	0,557	–183	–162	0,033	1,27	0,61	0,46
Propan (C_3H_8)	2,00	1,547	–190	– 43	0,018	0,69	–	–
Sauerstoff (O_2)	1,43	1,106	–219	–183	0,026	1,00	0,25	0,18
Stickstoff (N_2)	1,25	0,967	–210	–196	0,026	1,00	0,29	0,21
Wasserstoff (H_2)	0,09	0,07	–259	–253	0,180	6,92	3,96	12,81

1) Dichtezahl = Dichte eines Gases ϱ geteilt durch die Dichte der Luft ϱ_L
2) Wärmeleitzahl = Wärmeleitfähigkeit λ eines Gases geteilt durch die Wärmeleitfähigkeit λ_L der Luft.
3) bei konstantem Druck 4) bei konstantem Volumen 5) bei 5,3 bar

Festigkeitslehre und Statik

Festigkeitslehre	Statik
• Verhalten starrer Körper bezüglich der inneren Spannung bei Einwirken äußerer Kräfte und Momente.	• Behandelt die äußeren Kräfte, Momente und deren Gleichgewichtsbedingungen. • Bestimmung von unbekannten Kräften (z. B. bei Auflagern oder zulässigen Lasten in Bauwerken).

Normalspannung

Zug-spannung **Druck-spannung**

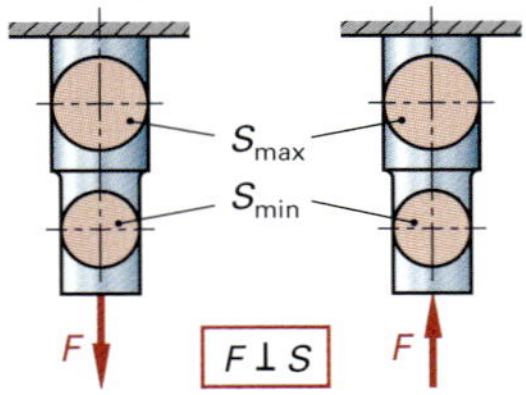

σ_z Zugspannung in N/mm²
σ_z Druckspannung in N/mm²
F Kraft in N
S Querschnittsfläche in N/mm²

$$\sigma_z = \frac{F}{S}$$

$$\sigma_d = \frac{F}{S}$$

In der kleinsten Querschnittsfläche S_{min} tritt die größte Zug- oder Druckspannung σ_{max} auf.

Flächenpressung

ebene Fläche **geneigte Fläche**

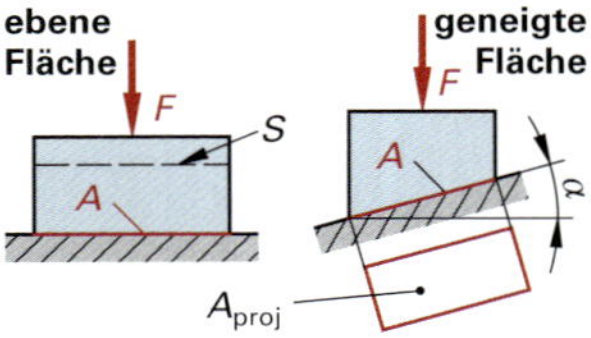

p Flächenpressung in N/mm²
F Anpresskraft in N
A Auflagefläche in mm²
S Ouerschnirtslläche in mm²
A_{proj} projizierte Fläche in mm²

ebene Flächenpressung

$$p = \frac{F}{A}$$

geneigte Flächenpressung

$$p = \frac{F}{A_{proj}} = \frac{F}{A \cdot \cos \alpha}$$

Scherspannung

einschnittig **zweischnittig**

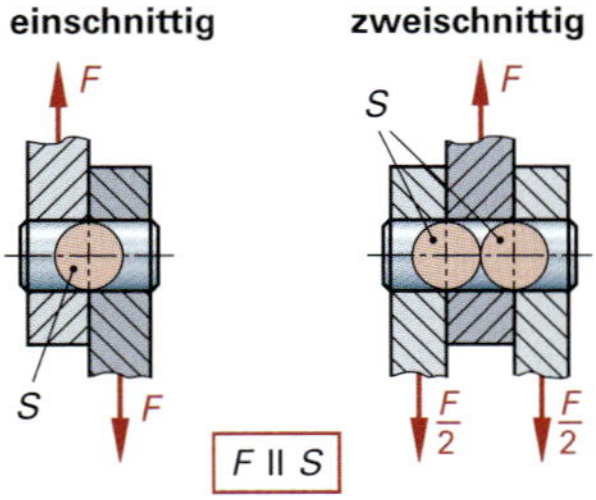

τ_a Seiherspannung in N/mm²
$\tau_{a\,zul}$ Scherspannung in N/mm²
F Scherkraft in N
F_{zul} zul. Scherkraft in N
S Scherquerschnitt in mm²
$\tau_{a\,B}$ Scherfestigkeit in N/mm²
ν Sicherheitszahl

$$\tau_a = \frac{F}{S}$$

$$\tau_{a\,zul} = \frac{\tau_{a\,B}}{\nu}$$

$$F_{zul} = \tau_{a\,zul} \cdot S$$

Scherquerschnitt ist der gefährdete Bauteilquerschnitt, der im Zerstörungsfall durchtrennt wird.

Dehnung und Längenänderung

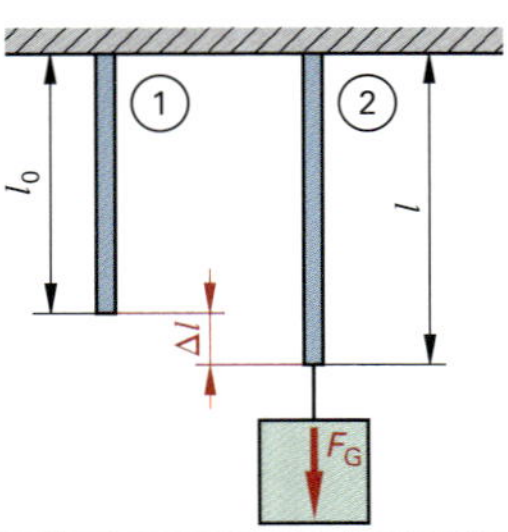

l_0 Ausgangslänge in mm
l Endlänge in mm
Δl Längenänderung in mm
ε Dehnung
σ Zug-/Druckspannung in N/mm²

$$\varepsilon = \frac{\Delta l}{l_0}$$

$$\Delta l = l - l_0$$

G1

Festigkeitslehre und Statik (Fortsetzung)

Torsion

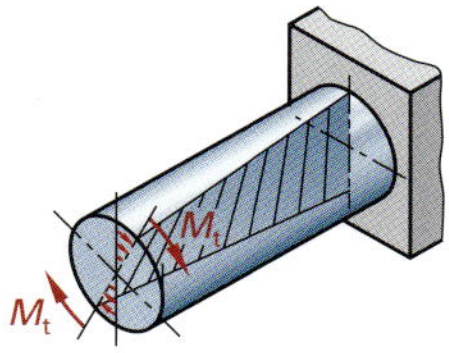

Die maximale Spannung in der Randzone des Bauteils wird als Torsionsspannung berechnet.

τ_t	Torsionsspannung in N/mm²
R_e	Streckgrenze in N/mm²
M_t	Torsionsmoment in Nm
W_p	polares Widerstandsmoment in mm³
W_{perf}	erforderliches polares Widerstandsmoment in mm³
τ_{tzul}	zulässige Torsionsspannung in N/mm²
τ_{tF}	Torsionsfließgrenze in N/mm2 (bei Stahl $\tau_{tF} \approx 0{,}7 \cdot R_e$)
ν	Sicherheitszahl

$$\tau_t = \frac{M_t}{W_p}$$

$$W_{perf} = \frac{M_t}{\tau_{tzul}}$$

$$\tau_{tzul} = \frac{\tau_{tF}}{\nu}$$

Biegung

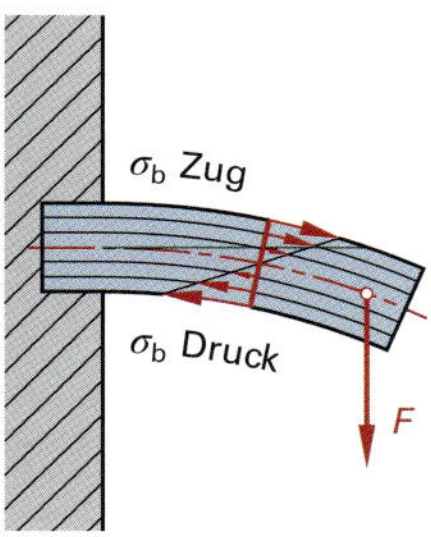

Die maximale Zug- oder Druckspannung in der Randzone des Bauteils wird als Biegespannung berechnet.

σ_b	Biegespannung in N/mm²
R_e	Streckgrenze in N/mm²
W	axiales Widerstandsmoment in mm³
W_{erf}	erforderliches axiales Widerstandsmoment in mm³
σ_{bzul}	zulässige Biegespannung in N/mm²
σ_{bF}	Biegefließgrenze in N/mm² (bei Stahl $\sigma_{bF} \approx 1{,}2 \cdot R_e$)
ν	Sicherheitszahl
f	Durchbiegung in mm
M_b	Biegemoment in Nm

$$\sigma_b = \frac{M_b}{W}$$

$$W_{erf} = \frac{M_b}{\sigma_{bzul}}$$

$$\sigma_{bzul} = \frac{\sigma_{bF}}{\nu}$$

Belastungsfälle

statische Belastung ruhend

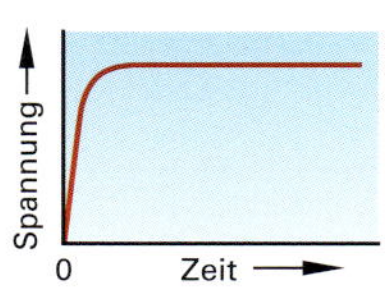

Belastungsfall I

Größe und Richtung der Belastung sind gleichbleibend, z. B. bei einer Gewichtsbelastung an einer Seilaufhängung.

dynamische Belastung – schwellend

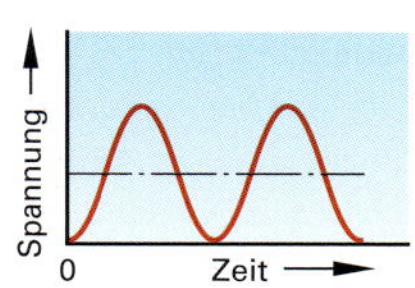

Belastungsfall II

Die Belastung steigt auf einen Höchstwert an und geht auf null zurück, z. B. bei Kranseilen und Federn.

dynamische Belastung – wechselnd

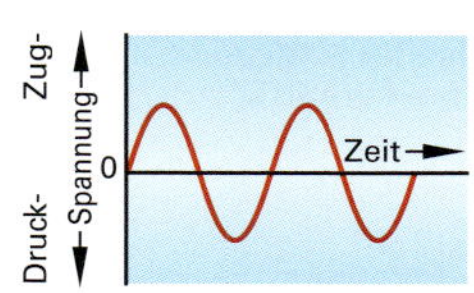

Belastungsfall III

Die Belastung wechselt zwischen einem positiven und einem gleich großen negativen Höchstwert, z. B. bei umlaufenden Achsen.

G1

Biegebelastungsfälle – Belastung durch Einzelkräfte		
einseitig eingespannt 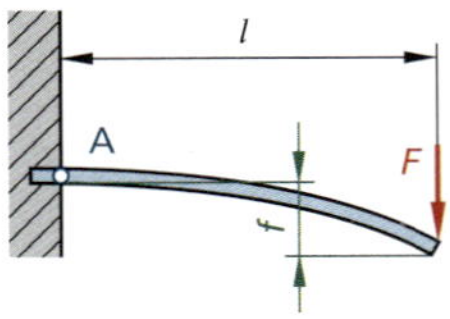 	F Biegekraft in N F_A Auflagerkraft im Punkt A in N F_B Auflagerkraft im Punkt B in N M_b maximales Biegemoment in Nm l Stützweite in mm l_1 Entfernung von A bis Kraft F in mm l_2 Entfernung von B bis Kraft F in mm	$M_b = F \cdot l$ $F_A = F$
doppelseitig eingespannt 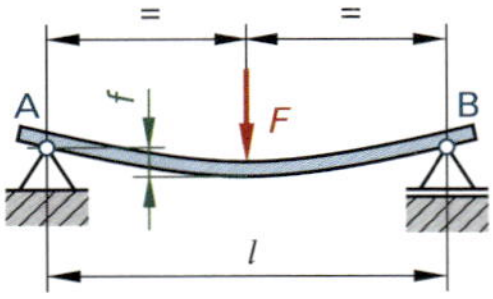 	F Biegekraft in N F_A Auflagerkraft im Punkt A in N F_a Auflagerkraft im Punkt B in N M_b maximales Biegemoment in Nm l Stützweite in mm l_1 Entfernung von A bis Kraft F in mm l_2 Entfernung von B bis Kraft F in mm	$M_b = \frac{F \cdot l}{8}$ $F_A = F_B = \frac{F}{2}$
zweiseitig aufliegend, Kraft mittig 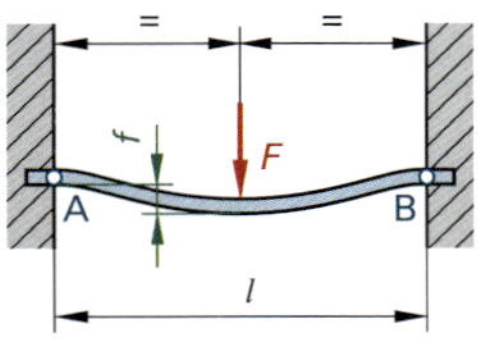 	F Biegekraft in N F_A Auflagerkraft im Punkt A in N F_a Auflagerkraft im Punkt B in N M_b maximales Biegemoment in Nm l Stützweite in mm l_1 Entfernung von A bis Kraft F in mm l_2 Entfernung von B bis Kraft F in mm	$M_b = \frac{F \cdot l}{4}$ $F_A = F_B = \frac{F}{2}$
zweiseitig aufliegend, Kraft außermittig 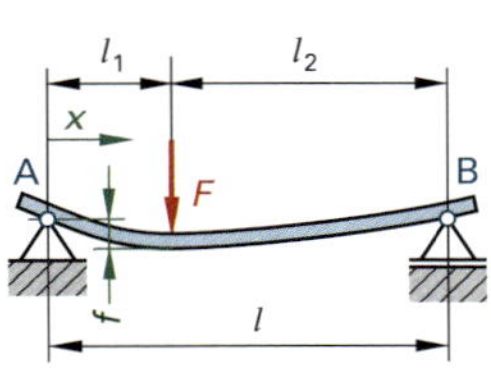 	F Biegekraft in N F_A Auflagerkraft im Punkt A in N F_a Auflagerkraft im Punkt B in N M_b maximales Biegemoment in Nm l Stützweite in mm l_1 Entfernung von A bis Kraft F in mm l_2 Entfernung von B bis Kraft F in mm	$M_b = \frac{F \cdot l_1 \cdot l_2}{l}$ $F_A = \frac{F \cdot l_2}{l}$ $F_B = \frac{F \cdot l_1}{l}$

Festigkeitslehre und Statik (Fortsetzung)

Zulässige Spannungen
Sicherheitszahlen } **Verbindliche Angaben** befinden sich nur in einschlägigen Normen, z. B. für Baustähle, u. a. in **DIN EN 10025**. Zuverlässige Zahlenwerte auch in maschinentechnischen Handbüchern wie z. B. Dubbel, Hütte.

Festigkeitsrechnung, zulässige Spannung und Grenzspannungen für statische Belastung

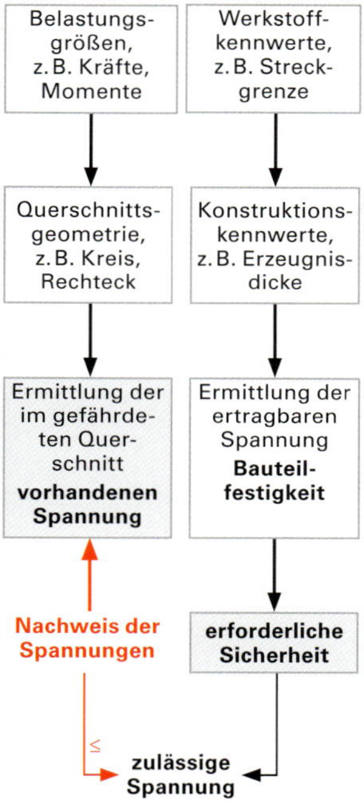

Aus Sicherheitsgründen dürfen Bauteile nur mit einem Teil der Grenzspannung σ_{grenz} belastet werden, die zu bleibender Verformung, zum Bruch oder Dauerbruch führt.

σ_{grenz} Grenzspannung je nach Beanspruchungsart in N/mm²

σ_{zul} zulässige Spannung in N/mm²

σ_{vorh} vorhandene Spannung in N/mm²

ν Sicherheitszahl in N/mm²

- **Nachweis vorhandener Bauteilquerschnitte**

Im Nachweis sind die vorhandenen Spannungen mit der unter Berücksichtigung einer erforderlichen Sicherheit (Sicherheitszahl) ermittelten zulässigen Spannung zu vergleichen.

- **Vordimensionierung (überschlägige Ermittlung des erforderlichen Bauteilquerschnitts)**

Bei noch unbekannter Bauteildicke ist die Bauteilfestigkeit nicht genau zu ermitteln. Der überschlägig erforderliche Bauteilquerschnitt kann mit Richtwerten (aus Werkstoffkennwerten und erhöhter Sicherheit) nach nachfolgender Tabelle bestimmt werden.

Zulässige Spannung (allgemein)

$$\sigma_{zul} = \frac{\sigma_{grenz}}{\nu}$$

Nachweis der Spannungen

$$\sigma_{vorh} \leq \sigma_{zul}$$

Grenzspannungen σ_{grenz} für Stahl, GS bei	
Zug	$R_e \cdot R_{p0,2}$
Druck	$\sigma_{dF} \approx R_e$
Biegung	$\sigma_{bF} \approx 1{,}2 \cdot R_e$
Torsion	$\tau_{tF} \approx 0{,}65 \cdot R_e$
Abscherung	$\tau_{aF} \approx 0{,}6 \cdot R_e$

Sicherheitszahl für Spannungsnachweise im allg. Maschinenbau	
Werkstoff	Richtwert
zäh, z. B. Stahl	$\nu \approx 1{,}5$
spröde, z. B. Gusseisen	$\nu \approx 2{,}0$

Zulässige Spannungen für Vordimensionierung bei statischer Belastung[1]

(Richtwerte mit $\nu \approx 1{,}7$ bei Stahl und Stahlguss sowie $\nu \approx 2{,}1$ bei Gusseisen)

Beanspruchungsart	Zug	Druck	Biegung	Torsion	Abscherung
Werkstoff	**zulässige Spannung in N/mm²**				
S235	140	140	168	90	85
S275	160	160	190	105	95
E295	175	175	210	115	105
E335	200	200	240	130	120
E360	210	210	250	135	125
C15	260	260	310	170	155
17Cr3	300	300	360	195	180
16MnCr5	375	375	450	245	225
20MnCr5	430	430	515	280	260
18CrNiMo7-6	490	490	590	320	295
C22E	200	200	240	130	120
C45E	290	290	350	190	170

Beanspruchungsart	Zug	Druck	Biegung	Torsion	Abscherung
Werkstoff	**zulässige Spannung in N/mm²**				
C60E	340	340	410	220	205
14Cr4	470	470	565	305	280
50CrMo4	530	530	635	345	310
30CrNiMo8	620	620	745	405	370
GE200	115	115	140	75	70
GE240	140	140	170	90	85
GE260	150	150	180	100	105
GE300	175	175	210	115	105
EN-GJS-400	190	245	190	125	125
EN-GJS-500	240	310	240	155	155
EN-GJS-600	285	370	285	185	185
EN-GJS-700	335	435	335	215	215

[1] Werte für Baustähle im normalgeglühten Zustand, Einsatzstähle nach Einsatzhärtung und Rückfeinung, legierte Vergütungsstähle im vergüteten Zustand. Für den Stahlhochbau sind Werte nach DIN 18800 zu verwenden.

G1

Normschrift (Schriftform B vertikal)

DIN ISO 3098-2: 2015-06

ABCDEFGHIJKLMNOPQRSTUVWXYZ ⌀□

aabcdefghijklmnopqrstuvwxyz 1234567890

Maße im Verhältnis zur Schrifthöhe *h*	
d Linienbreite	(1/10) h
h Höhe der Großbuchstaben	(10/10) h
c Höhe der Kleinbuchstaben	(7/10) h
b Abstand zwischen den Grundlinien	(15/10) h
Nennmaße für *h* in mm: 1,8 2,5 3,5 5 7 10 14 20	

Beispiel:

Linienbreite 0,7 mm

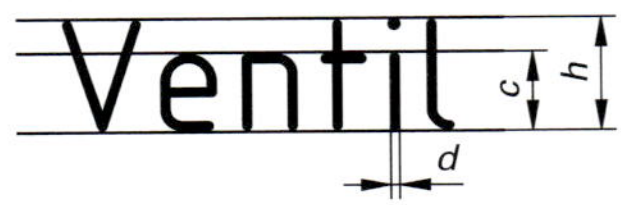

Papierformate

DIN EN ISO 216: 2007-12, DIN EN ISO 5457: 2017-10

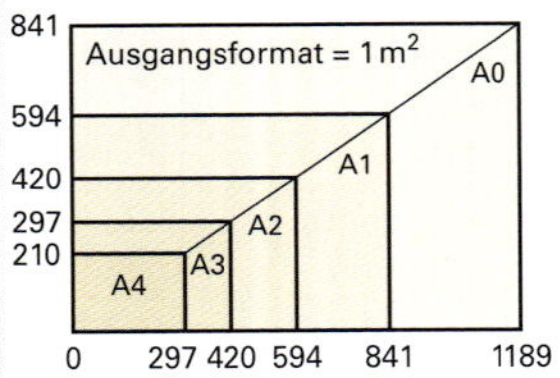

Ausgangsgröße bildet ein Rechteck mit der Fläche 1 m² (A0) und dem Seitenverhältnis 1 : $\sqrt{2}$.

Alle anderen Formate ergeben sich durch halbieren der längsten Fläche.

Zeichen	Abmessungen in mm	
	beschnitten	Zeichenfläche
A0	841 x 1189	821 x 1159
A1	594 x 841	574 x 811
A2	420 x 594	400 x 564
A3	297 x 420	277 x 390
A4	210 x 297	180 x 277
A5	148 x 210	–

Faltung auf DIN-A4-Formate

DIN 824: 1981-03

A3	A2	A1	A0
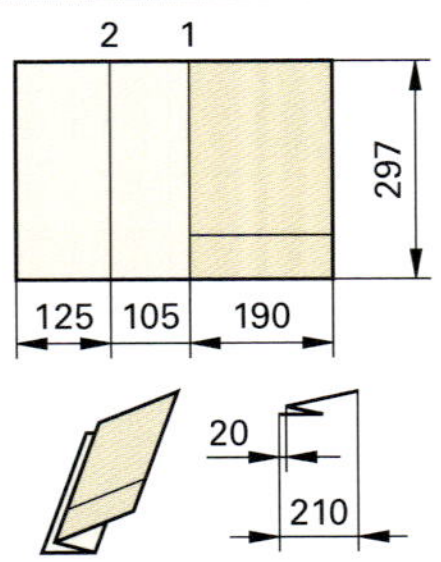	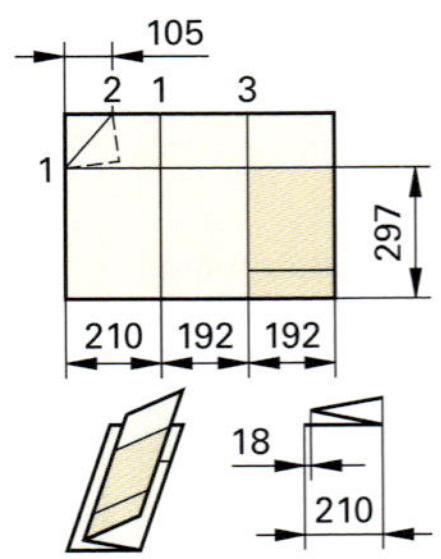	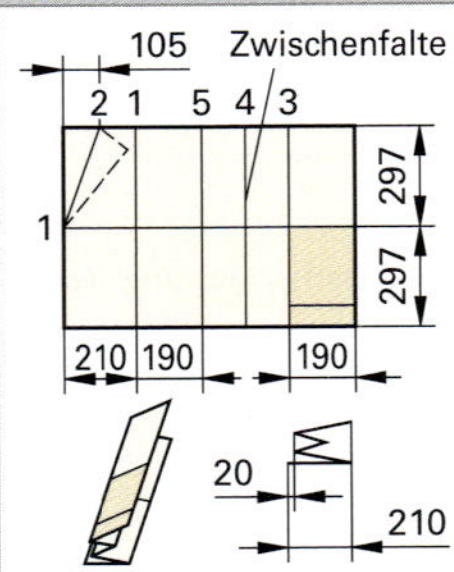	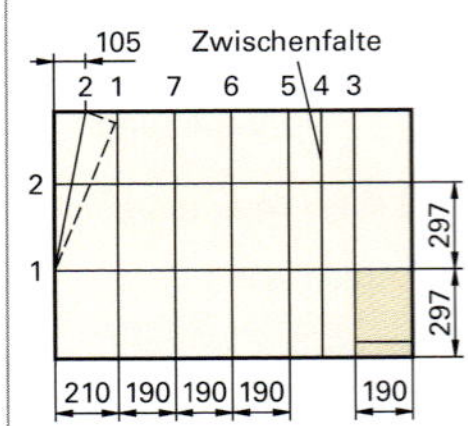

- Immer erst längs falten, dann quer falten.
- Das Schriftfeld muss nach der Faltung immer oben liegen.
- Die angegebenen Längen abmessen und falten. Der beim Falten nicht aufgehende Teil (Zwischenfalte) wird halbiert.

Maßstäbe

DIN ISO 5455: 1979-12

- Maßstab im Schriftfeld angeben
- Immer natürliche Maße angeben

Natürlicher Maßstab	Vergrößerungsmaßstäbe	Verkleinerungsmaßstäbe
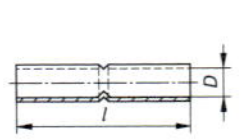	Bsp. 2:1 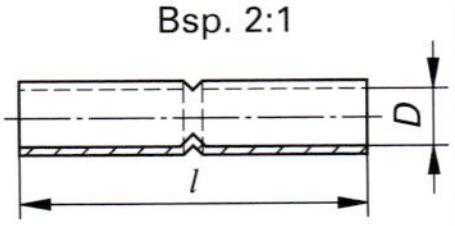	Bsp. 1:2 
1 : 1	2 : 1 20 : 1 5 : 1 50 : 1 10 : 1	1 : 2 1 : 20 1 : 200 1 : 5 1 : 50 1 : 500 1 : 10 1 : 100 1 : 1000

Geometrische Grundkonstruktionen

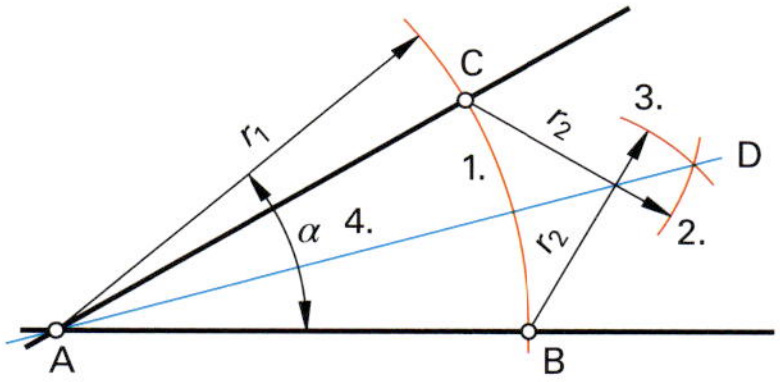

Halbieren eines Winkels

Gegeben: Winkel α

1. Beliebiger Kreisbogen mit Radius r_1 ergibt die Punkte B und C.
2. Kreisbogen mit r_2 ($r_2 > 1/2\ \overline{AB}$) um Punkt B ziehen.
3. Kreisbogen r_2 um Punkt C ergibt Schnittpunkt D.
4. Die Verbindungslinie $\overline{AD}$ ist die Winkelhalbierende.

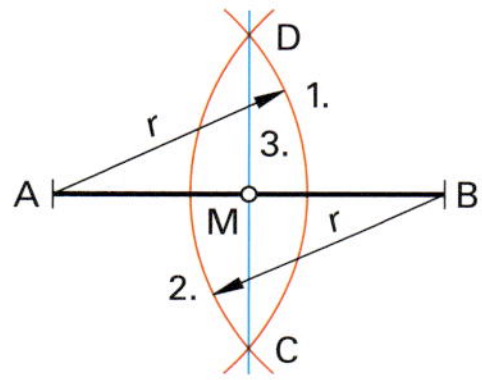

Halbieren einer Strecke

Gegeben: Strecke $\overline{AB}$

1. Beliebigen Kreisbogen mit r ($r > 1/2\ \overline{AB}$) um A ziehen.
2. Kreisbogen mit gleichem r um B schlagen.
3. Die Verbindungslinie der Kreisschnittpunkte C und D ist die Halbierende bzw. Mittelsenkrechte der Strecke $\overline{AB}$.

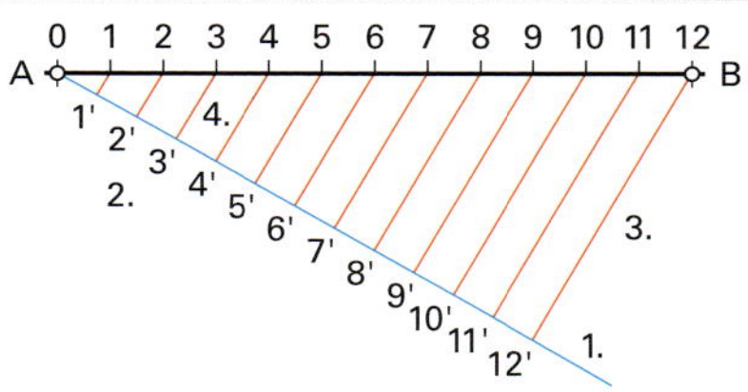

Teilen einer Strecke

Gegeben: Strecke $\overline{AB}$ soll z. B. in 12 Teile geteilt werden.

1. Hilfslinie von A aus unter beliebigem Winkel zeichnen.
2. Auf der Hilfslinie von A aus 12 beliebige, aber gleich große Teile mit dem Zirkel abtragen.
3. Den Endpunkt 12′ mit dem Punkt B verbinden.
4. Parallelen zu der Strecke $\overline{12'\,B}$ durch die Teilpunkte ziehen.

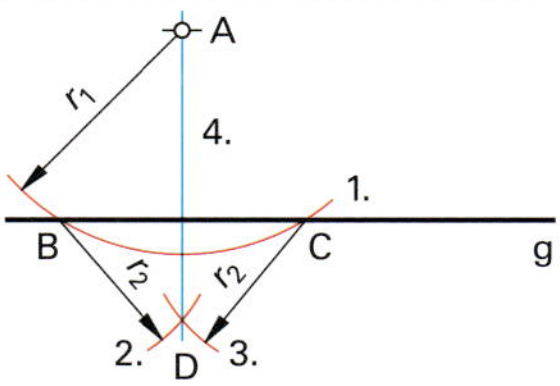

Fällen eines Lotes

Gegeben: Gerade g und Punkt A

1. Beliebiger Kreisbogen mit Radius r_1 um A ergibt Schnittpunkt B und C.
2. Kreisbogen mit r_2 ($r_2 > 1/2\ \overline{BC}$) um B ziehen.
3. Kreisbogen mit gleichem r_2 um C ergibt den Schnittpunkt D.
4. Die Verbindungslinie $\overline{AD}$ ist das Lot.

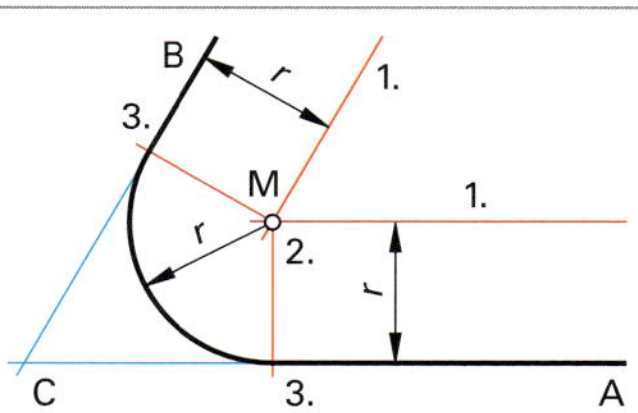

Runden eines Winkels

Gegeben: Winkel ABC und Radius r

1. Parallelen zur Strecke $\overline{AC}$ und $\overline{BC}$ im Abstand Radius r ziehen.
2. Der Parallelenschnittpunkt M ist der Radiusmittelpunkt.
3. Die Schnittpunkte der Lote von Punkt M auf die Strecken $\overline{AC}$ und $\overline{BC}$ sind die Übergangspunkte.

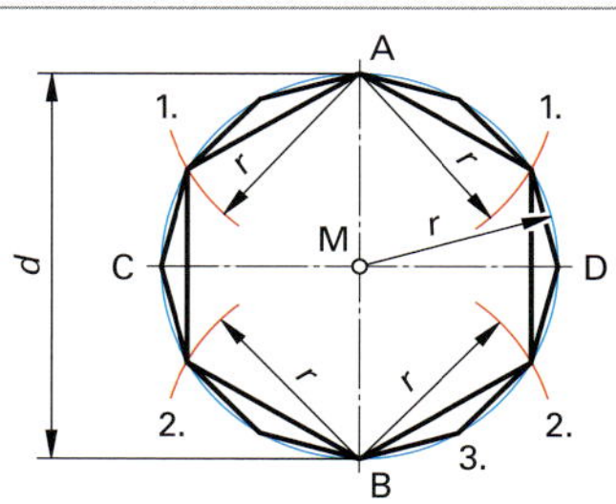

Konstruieren eines Sechsecks (Zwölfecks)

Gegeben: Kreis mit Durchmesser d, Sechseck

1. Kreisbögen mit Radius $r = d/2$ um A ziehen.
2. Kreisbögen mit Radius $r = d/2$ um B ziehen.
3. Die Verbindungslinien ergeben ein Sechseck.

Gegeben: Kreis mit Durchmesser d, Zwölfeck

1. Zusätzlich zu A und B die Punkte C und D festlegen.
2. Kreisbögen mit Radius $r = d/2$ um A, B, C und D ziehen.
3. Die Verbindungslinien ergeben ein Zwölfeck.

G1

Linienarten

DIN ISO 128-24:2022-02

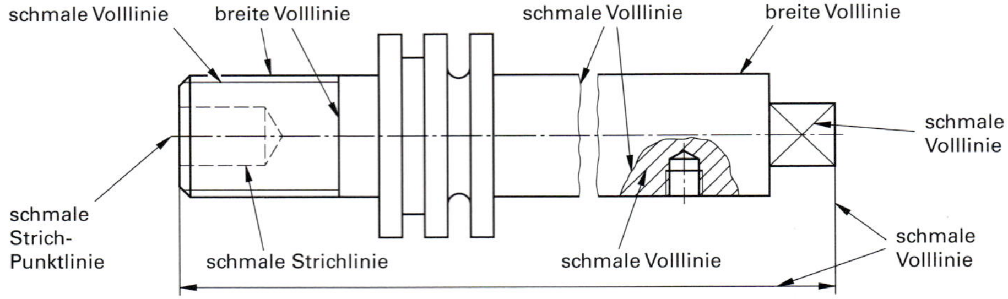

Linienart	Anwendung (Auszug)	Breite für Liniengruppe 0,7	0,5	0,35
Volllinie, breit	Sichtbare Kanten, sichtbare Umrisse Gewindespitzen Grenze der nutzbaren Gewindelänge Darstellung in Diagrammen, Karten und Flussbildern Schnittpfeillinien	0,7	0,5	0,35
Volllinie, schmal	Lichtkanten bei Durchdringungen Maßlinien, Maßhilfslinien Hinweis- und Bezugslinien Schraffuren Umrisse eingeklappter Schnitte Kurze Mittellinien Gewindegründe Maßlinienbegrenzungen und Ursprungskreise Diagonalkreuze zur Kennzeichnung ebener Flächen Biegelinien an Roh- und bearbeiteten Teilen Umrahmung von Einzelheiten Projektionslinien	0,35	0,25	0,18
Strichlinie, schmal	Verdeckte Kanten Verdeckte Umrisse	0,35	0,25	0,18
Strichlinie, breit	Kennzeichnung von Bereichen mit zulässiger Oberflächenbehandlung, z. B. Wärmebehandlung	0,7	0,5	0,35
Strich-Punkt-Linie, schmal	Mittellinien Symmetrielinien Lochkreise	0,35	0,25	0,18
Strich-Punkt-Linie, breit	Kennzeichnung von Bereichen geforderter Oberflächenbehandlung, z. B. Wärmebehandlung Kennzeichnung von Schnittebenen	0,7	0,5	0,35
Freihandlinie, schmal	Manuell dargestellte Begrenzung von Teil- oder unterbrochenen Ansichten/Schnitte, wenn die Begrenzung keine Mittellinie ist	0,35	0,25	0,18
Zickzacklinie, schmal	Mit Zeichenautomaten dargestellte Begrenzung von Teil- oder unterbrochenen Ansichten/Schnitte, wenn die Begrenzung keine Mittellinie ist	0,35	0,25	0,18
Strich-Zweipunkt-Linie, schmal	Umrisse benachbarter Teile Endstellungen beweglicher Teile Umrisse vor der Formgebung	0,35	0,25	0,18

Isometrische Projektion und besondere Darstellungen

Normalprojektionen — DIN ISO 5456-2:1998-04

Projektionsmethode – bevorzugt zu verwenden

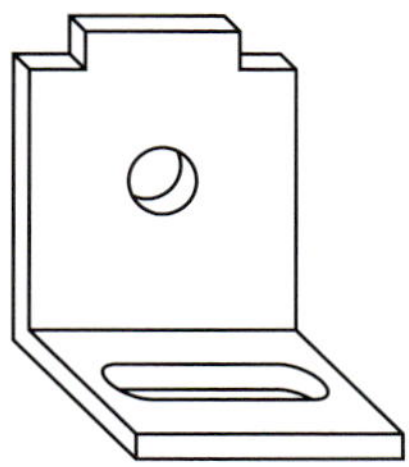

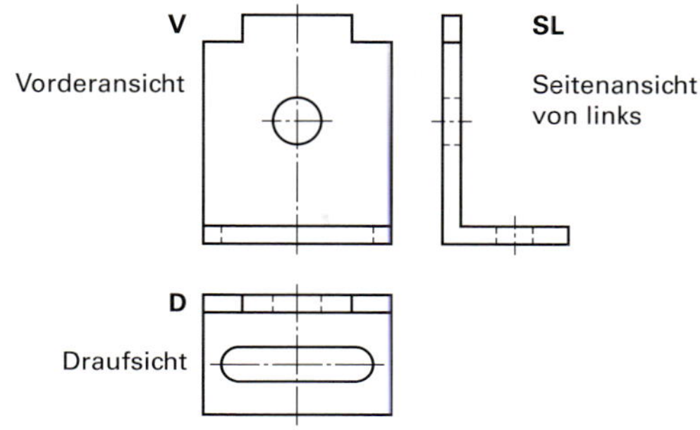

Der darzustellende Gegenstand scheint zwischen Beobachter und den Koordinatenebenen zu liegen.

Sinnbild

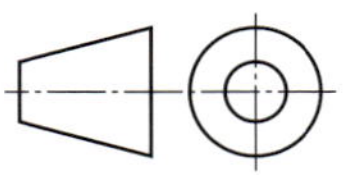

	Ansicht	Lage
V	Vorderansicht	Aussagekräftigste Ansicht
D	Draufsicht	Unterhalb der Vorderansicht
SL	Seitenansicht von links	Rechts neben der Vorderansicht
SR	Seitenansicht von rechts	Links neben der Vorderansicht
U	Untersicht	Oberhalb der Vorderansicht
R	Rückansicht	Links oder rechts der Vorderansicht

Projektionsmethode – Anwendung in englischsprachigen Staaten, z. B. USA

Der darzustellende Gegenstand scheint vom Beobachter aus gesehen hinter den Koordinatenebenen zu liegen.

Sinnbild

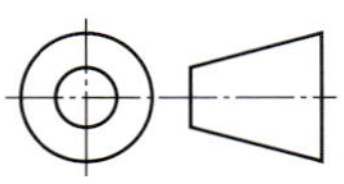

	Ansicht	Lage
V	Vorderansicht	Aussagekräftigste Ansicht
D	Draufsicht	Oberhalb der Vorderansicht
SL	Seitenansicht von links	Links neben der Vorderansicht
SR	Seitenansicht von rechts	Rechts neben der Vorderansicht
U	Untersicht	Unterhalb der Vorderansicht
R	Rückansicht	Links oder rechts der Vorderansicht

Axonometrische Projektionen — DIN ISO 5456-3:1998-04

Dimetrische Projektion

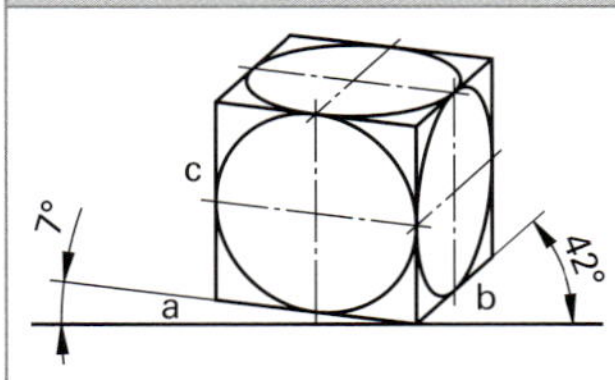

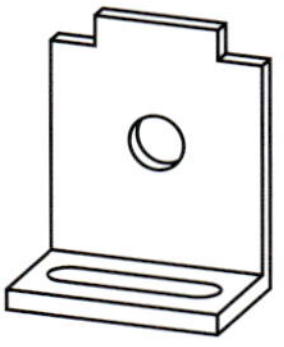

- Diese Projektion wird gewählt, wenn eine Ansicht besonders hervorgehoben werden soll.
- Das Verhältnis der Seiten a : b : c beträgt 1/2 : 1 : 1.
- Waagerechte Kanten verlaufen in einem Winkel von 7° und 42°.

Isometrische Projektion

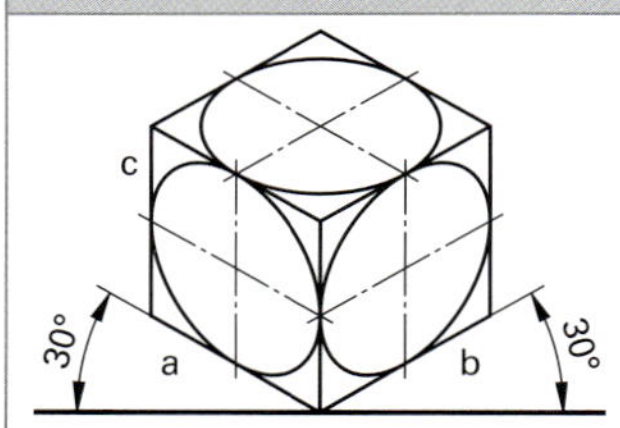

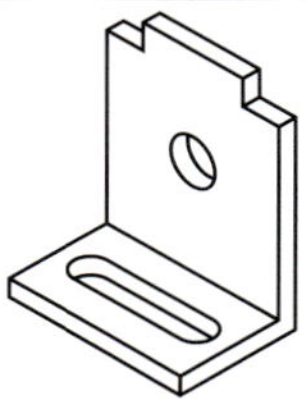

- Diese Projektion wird gewählt, wenn alle drei Ansichten im Wesentlichen erfasst werden sollen, sowie bei Rohrleitungsschemen.
- Das Verhältnis der Seiten a : b : c beträgt 1 : 1 : 1.
- Waagerechte Kanten verlaufen in einem Winkel von 30°.
- Die Darstellung erfolgt verzerrt.

G1

Isometrische Projektion und besondere Darstellungen (Fortsetzung)

Axonometrische Projektionen (Fortsetzung) DIN ISO 5456-3:1998-04

Isometrische Projektion – Darstellungsregeln

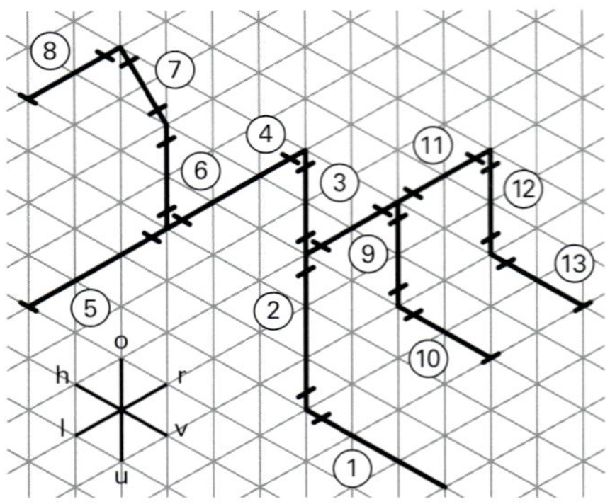

- Die Darstellung erfolgt anhand einer isometrischen Rasterung und nicht maßstäblich. Längere Abschnitte werden verkürzt, kürzere werden länger dargestellt.
- Senkrechte Leitungen werden mit senkrechten o-u-Linien dargestellt.
- Waagerechte Leitungen nach links oder rechts werden unter 30° mit l-r-Linien eingetragen.
- Waagerechte Linien nach vorne oder hinten werden unter 30° mit v-h-Linien eingetragen.
- Schräge Leitungen werden im Verhältnis 2 : 1 gezeichnet. Eine genauere Verdeutlichung kann mit einem Hilfsdreieck erfolgen.
- Rohrverbindungen werden durch kurze Querstriche dargestellt.
- Rohrstrecken werden in Fließrichtung fortlaufend nummeriert.

Darstellungsregeln

Unterbrochene Ansichten

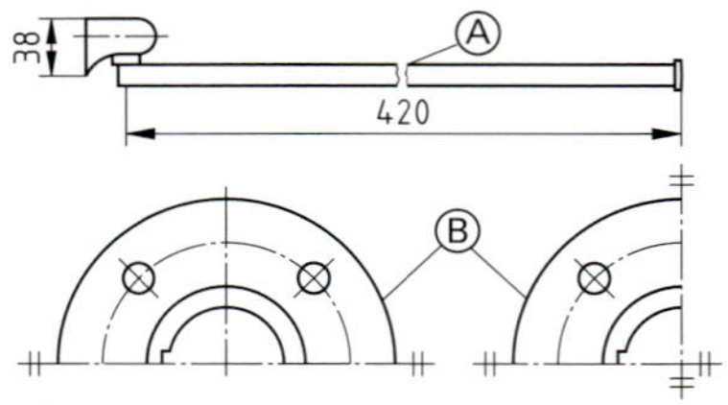

A Um Platz zu sparen, können Gegenstände abgebrochen oder unterbrochen dargestellt werden. Die Bruchkanten sind mit einer schmalen Zickzack- oder Freihandlinie eng aneinander auszuführen.

B Bei symmetrischen Werkstücken kann auch nur eine Hälfte oder ein Viertel der Gesamtansicht dargestellt werden. Die Symmetrielinie wird durch zwei kurze parallele Striche gekennzeichnet.

Ursprüngliche Formen/Lage beweglicher Bauteile

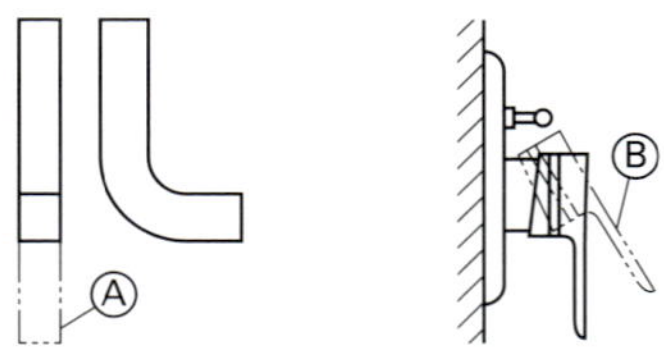

A Die ursprüngliche Form von gebogenen Werkstücken wird mit einer schmalen Strich-Zweipunkt-Linie ausgeführt.

B Die alternativen Lagen bzw. Endlagen beweglicher Teile werden mit einer schmalen Strich-Zweipunkt-Linie ausgeführt.

Vereinfachte Durchdringungen

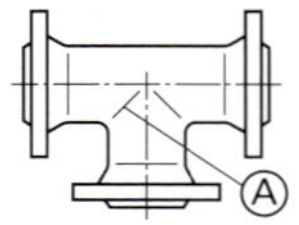

A Gerundete Übergänge von Durchdringungen können vereinfacht durch schmale Volllinien dargestellt werden. Die schmalen Volllinien berühren die Umrisse nicht.

Angrenzende Teile

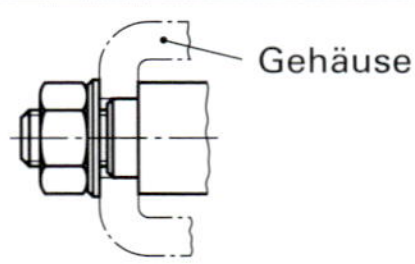

A Angrenzende Umrisse werden mit einer schmalen Strich-Punkt-Linie gezeichnet, wenn diese zum Verständnis der Zeichnung beitragen.

G1

Schnittdarstellungen

DIN ISO 128-40/-44/-50:2002-05

Vollschnitt, Halbschnitt, Teilschnitt

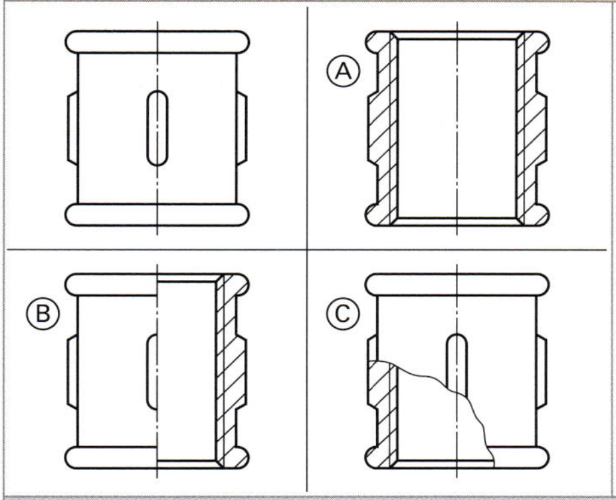

In einer Schnittdarstellung wird durch eine gedachte Ebene das Werkstück durchgeschnitten und dargestellt und somit das Innere deutlicher gemacht. Es werden folgende Schnitte unterschieden:

A Vollschnitt: Die Schnittfläche liegt in einer Ebene (vorzugsweise Werkstückhälfte).

B Halbschnitt: Von einem symmetrischen Werkstück wird eine Hälfte in der Ansicht und die andere Hälfte im Schnitt gezeichnet.

C Teilschnitt: Nur ein Teil des Werkstückes wird geschnitten.

Schraffur bei Schnitten

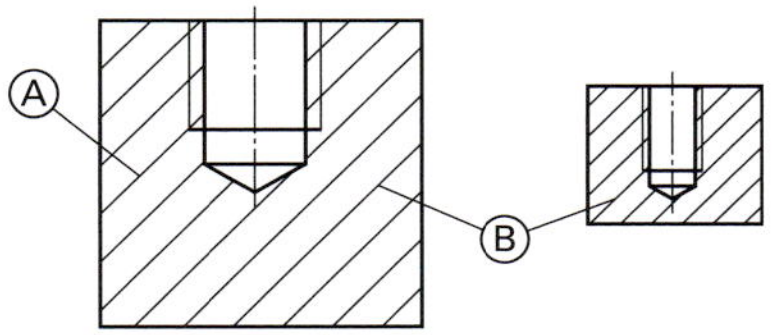

A Die Schnittflächen werden mit schmalen parallelen Volllinien unter 45° rechts zur Achse schraffiert.

B Der Abstand der Schraffurlinien beträgt in der Regel 5 mm. Bei sehr kleinen oder großen Schnittflächen ist der Abstand der Größe anzupassen.

Unterschiedliche Bauteile im Schnitt

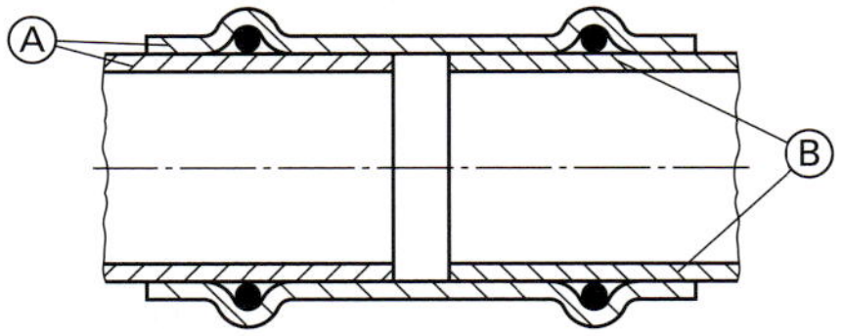

A Unterschiedliche Bauteile werden entweder durch verschiedene Schraffurrichtungen oder durch unterschiedliche Abstände der Schraffurlinien kenntlich gemacht.

B Schnittflächen gleicher Werkstücke sind immer in gleicher Art zu schraffieren.

Normteile im Schnitt

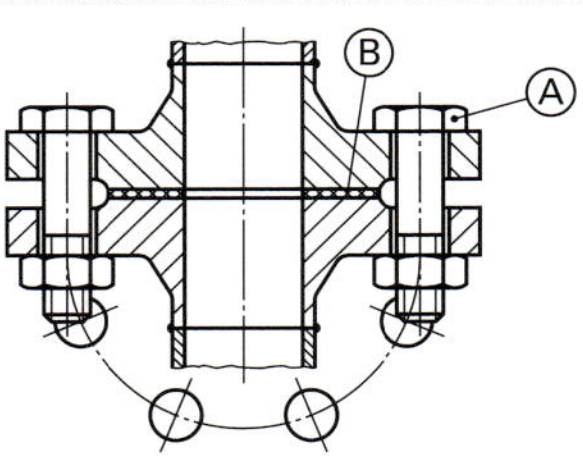

A Normteile wie z. B. Niete, Schrauben, Muttern, Stifte, Keile, Federn usw. werden in einer Schnittzeichnung in der Regel nicht im Schnitt dargestellt.

B Dichtungen werden in der Grundschraffur für Kunststoffe ausgeführt.

Schnittverläufe

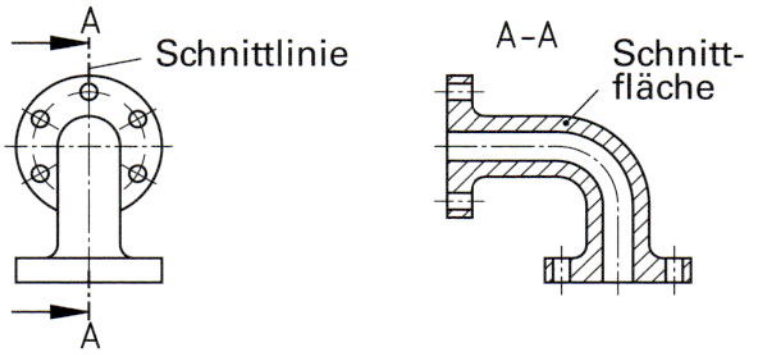

A Bei nicht eindeutigem Schnittverlauf muss dieser durch eine breite Strich-Punkt-Linie gekennzeichnet werden. Die Blickrichtung wird durch zwei Pfeile angedeutet.

Maßeintragung DIN EN ISO 129-1: 2022-02

Maßlinien

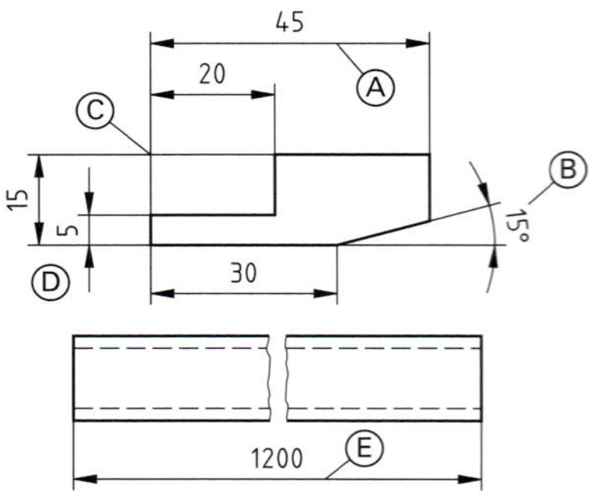

A Maßlinien werden als schmale Volllinien ausgeführt.

B Maßlinien werden wie folgt eingetragen:
- bei Längenmaßen parallel zur bemaßenden Länge
- bei Winkel- und Bogenmaßen als Kreisbogen um den Mittel- bzw. Scheitelpunkt

C Das Schneiden von Maßlinien ist zu vermeiden. Ist das Schneiden nicht vermeidbar, werden sie ohne Unterbrechung gezeichnet.

D Maßlinien sollen einen Mindestabstand von 10 mm von Körperkanten und 7 mm untereinander haben.

E Bei unterbrochen gezeichneten Werkstücken wird die Maßlinie nicht unterbrochen.

Maßlinienbegrenzung

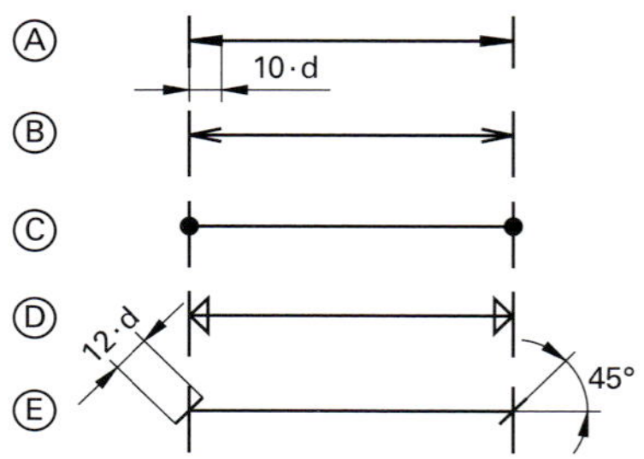

Begrenzung durch:	Anwendung:
A geschwärzter Pfeil	Regelfall
B offener Pfeil	bei rechnerunterstützt angefertigten Zeichnungen
C Punkt	bei Platzmangel
D offener Pfeil (90°)	fachbezogen für Bauzeichnungen
E Schrägstrich	fachbezogen für Bauzeichnungen

Maßhilfslinien

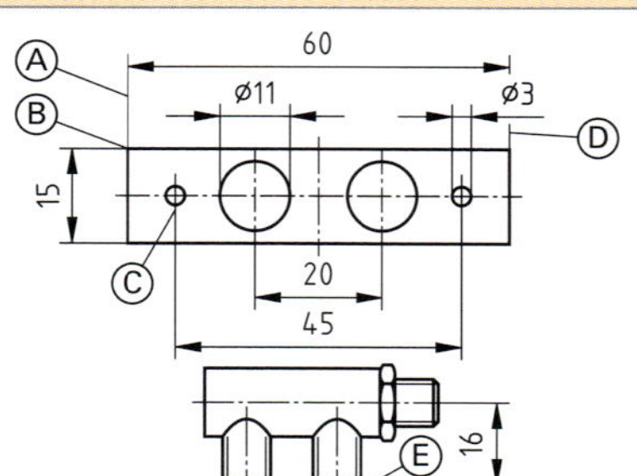

A Maßhilfslinien werden als schmale Volllinien ausgeführt.

B Maßhilfslinien werden rechtwinklig zu der zu bemaßenden Länge gezeichnet.

C Mittellinien dürfen als Maßhilfslinie verwendet werden. Dann ist die Mittellinie außerhalb der Körperkanten als schmale Volllinie zu zeichnen.

D Maßhilfslinien dürfen unterbrochen werden, wenn ihre Fortsetzung eindeutig erkennbar ist.

E Die Maßhilfslinie darf innerhalb einer Ansicht zur Bemaßung auseinanderliegender gleicher Formelemente durchgezogen werden.

Maßzahlen

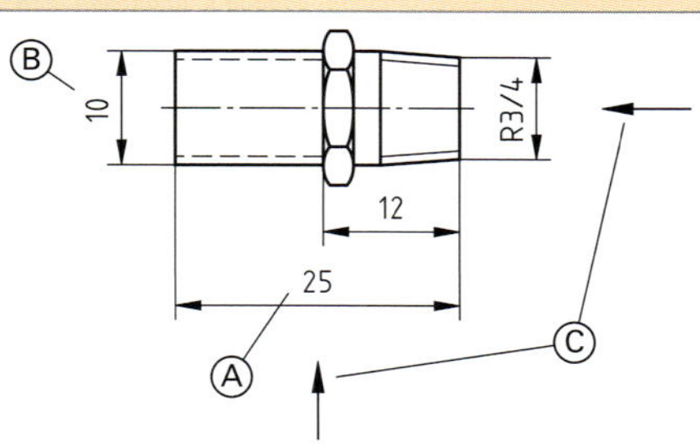

A Maßzahlen sind in Normschrift nach DIN EN ISO 3098 über den Maßlinien einzutragen. Die Maßlinie wird nicht unterbrochen.

B Die Maße werden in mm ohne Einheit eingetragen. Bei Ausnahmen ist die Einheit einzutragen.

C Die Maße sind in der Regel so einzutragen, dass sie in den Hauptleserichtungen von unten und von rechts lesbar sind.

D Es ist zugelassen, Maße in Leselage des Schriftfeldes einzutragen. Dann werden für die Maßeintragung die vertikalen Maßlinien unterbrochen.

Maßeintragung (Fortsetzung) DIN EN 129-1: 2022-02

Symbole vor Maßzahlen

∅	Durchmesser	SW	Schlüsselweite	*t*	Dicke	∩	**Bogenmaß**
R	Radius	□	Quadrat	◯→	**Gestreckte Länge**	*s* ∅	**Kugeldurchmesser**

Eintragung von Maßen

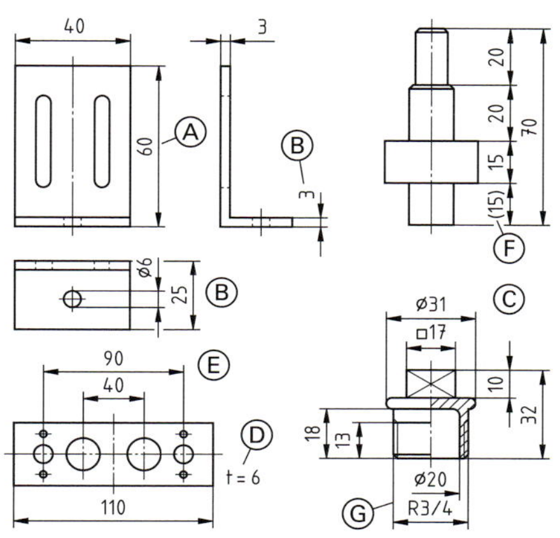

A Jedes Maß ist nur einmal einzutragen.

B Bei mehreren Ansichten erfolgt die Maßeintragung dort, wo die Form des Werkstückes am besten erkennbar ist. Die Bemaßung verdeckter Kanten ist zu vermeiden.

C Zusammenhängende Maße sind möglichst zusammenhängend einzutragen.

D Wird nur eine Ansicht gezeichnet, wird die Werkstückdicke mit dem Buchstaben *t* (engl. thickness) angegeben.

E Die Bemaßung sollte über zwei Bezugskanten erfolgen, bei symmetrischen Werkstücken über die Mittellinie.

F Geschlossene Maßketten sind zu vermeiden. Wenn aus fertigungstechnischen Gründen erforderlich, muss ein Maß in Klammern gesetzt werden.

G Gewindeangabe, siehe nächste Seite.

Kreise und Radien

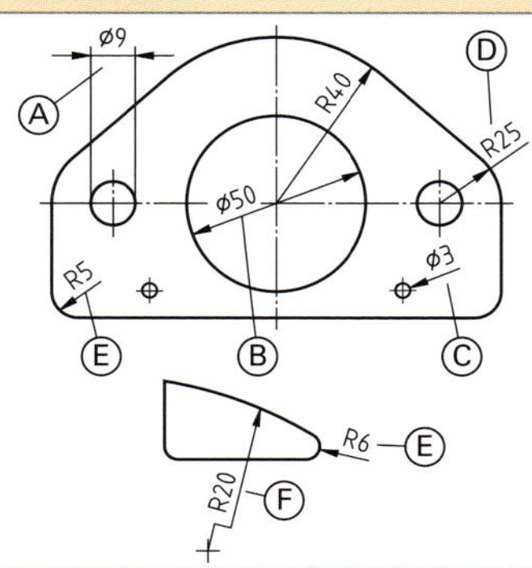

A Das Durchmessersymbol ∅ wird immer vor die Maßzahl gesetzt.

B Die Durchmesserbemaßung erfolgt durch zwei Maßpfeile.

C Bei Platzmangel dürfen die Maße mit nur einem Maßpfeil an die Formelemente gesetzt werden.

D Das Radiussymbol *R* wird immer vor die Maßzahl gesetzt.

E Bei der Radienbemaßung sind die Maßlinien vom Mittelpunkt (oder aus dessen Richtung) von innen oder außen mit nur einem Maßpfeil an den Kreisbogen zu zeichnen.

F Bei großen Radien mit einem Mittelpunkt außerhalb der Zeichnung darf die Maßlinie rechtwinklig zweimal abgeknickt und verkürzt gezeichnet werden.

Fasen und Senkungen

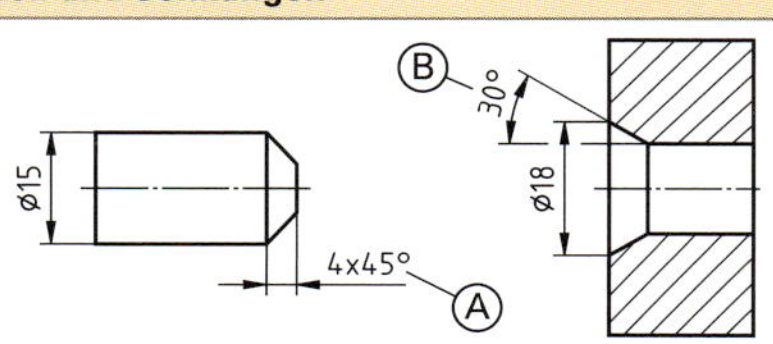

A Fasen und Senkungen mit einem Winkel von 45° können vereinfacht durch Fasenbreite X 45° bemaßt werden, z. B. 3 X 45°.

B Bei allen anderen Winkeln sind der Winkel und die Fasenbreite (bzw. der Senkungsdurchmesser) anzugeben.

Neigung und Verjüngung

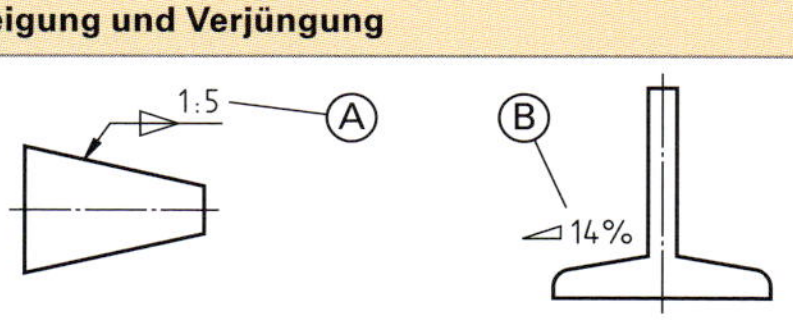

A Vor der Maßzahl ist das Symbol für die Neigung anzugeben. Die Lage des Symbols muss der Richtung der Neigung entsprechen.

B Bei Verjüngung wie **A** mit entsprechendem Symbol.

G1

Maßeintragung (Fortsetzung)

Quadrat und Schlüsselweite

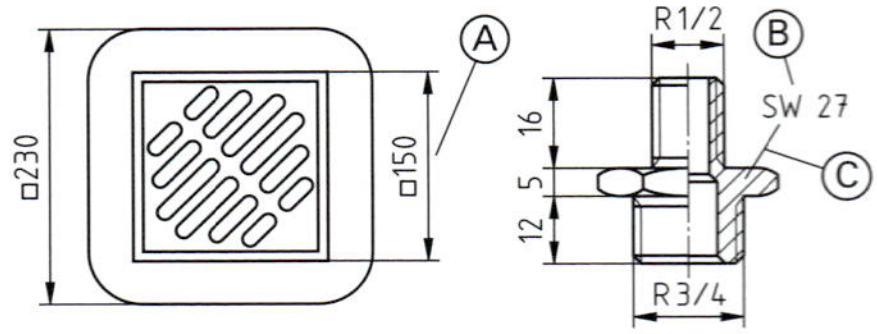

A Das Vierkantsymbol □ wird vor die Maßzahl gesetzt.

B Die Großbuchstaben SW für Schlüsselweite werden vor die Maßzahl gesetzt.

C Schlüsselweiten können auch mit Bezugslinien (schmale Volllinien) angegeben werden.

Gewinde

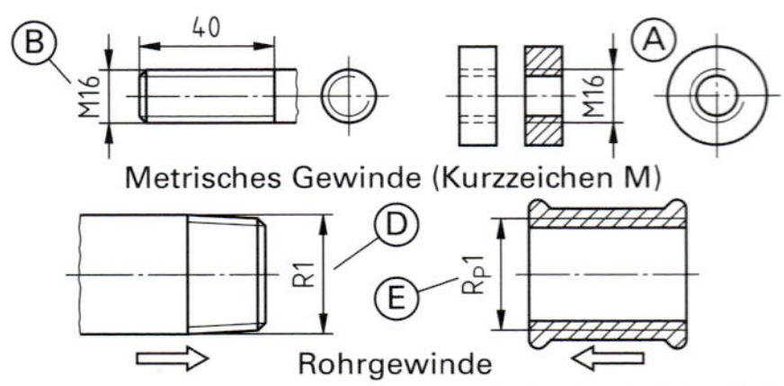

A Für genormte Gewinde werden die Kurzzeichen nach DIN 202 und der Nenndurchmesser angegeben.

B M metrische Gewinde

C G Withworth-Rohrgewinde (zylindrisch, nicht dichtend)

D R Withworth-Rohraußengewinde (kegelig)

E Rp Withworth-Rohrinnengewinde (zylindrisch)

Abwicklung von Körpern (schräg geschnittener Rohrabzweig)

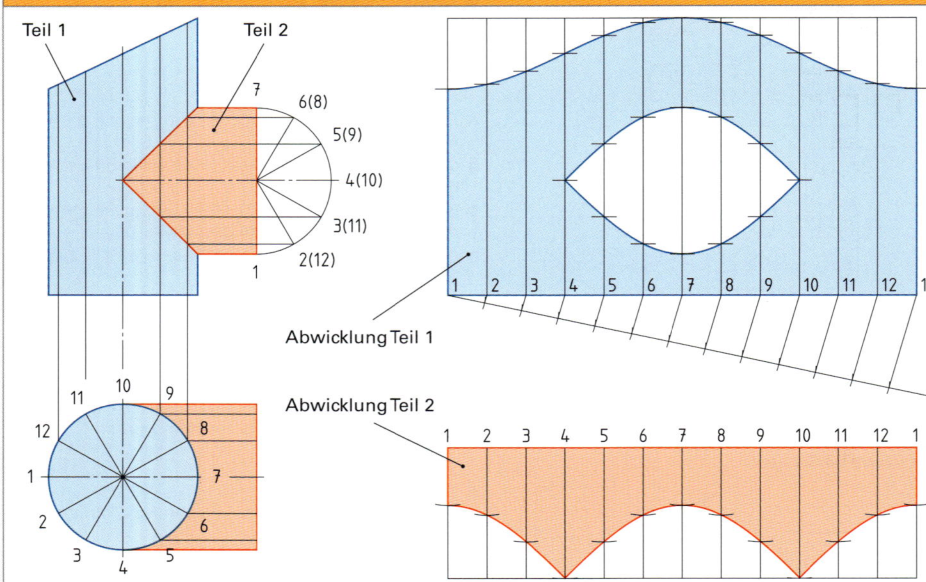

Konstruktion der Durchdringungskurve

- Kreis in der Draufsicht in 12 Teile teilen.
- Abzweig mit Hilfskreis versehen (6er-Teilung).
- Schnittpunkte ergeben die Durchdringungskurve.

Konstruktion der Abwicklung (Teil 1)

- Zeichnen der Umfangslänge von $l = d \cdot \pi$.
- Teilen der Umfangslänge in 12 Teile.
- Längen aus der Vorderansicht übernehmen und auf den Hilfslinien eintragen (Nummerierung beachten).

Konstruktion der Abwicklung (Teil 2)

- Zeichnen der Umfangslänge von $l = d \cdot \pi$.
- Teilen der Umfangslänge in 12 Teile.
- Längen aus der Vorderansicht übernehmen und auf den Hilfslinien eintragen (Nummerierung beachten).

Planungsstufen, Bauzeichnungen, Maßstäbe

DIN 1356-1: 2024-04

Planungsstufe	Beschreibung	Zeichnung	Maßstäbe
Grundlagen-ermittlung-	Ermittlung der Voraussetzungen der Bauaufgabe	Lagepläne enthalten neben dem zubebauenden Grundstück die Nachbargrundstücke, Gebäude und Straßen.	1 : 500 1 : 1000
Vorentwurfs-planung	Erarbeiten der wesentlichen Teile einer Lösung der Bauaufgabe	Vorentwurfszeichnungen enthalten wesentliche Angaben über Lage, Abmessungen und Aussehen des Gebäudes.	1 : 200 1 : 500
Entwurfs-planung	Erarbeiten der endgültigen Lösung der Bauaufgabe	Entwurfszeichnungen enthalten alle Angaben über Größe, Aussehen und technische Ausstattung des Gebäudes.	1 : 100 (1 : 200)
Genehmigungs-planung	Erarbeiten und Einreichen der Planungen für die erforderlichen Genehmigungen	Bauvorlagezeichnungen sind Entwurfszeichnungen mit allen zur Genehmigung notwendigen Angaben.	1 : 100[1)]
Ausführungs-planung	Erarbeiten und Darstellen der ausführungsreifen Lösung der Bauaufgabe	Ausführungszeichnungen enthalten alle für die Bauausführung notwendigen Maße und Angaben.	1 : 50
		Detailzeichnungen stellen Einzelheiten wie z. B. Durchbrüche genauer dar.	1 : 20, 1:10, 1:5

[1)] Zu wählen nach Vorgaben (z. B. Landesbauordnung) der einzelnen Länder

Ansichten und Schnitte

DIN 1356-1: 2024-04

Ostansicht

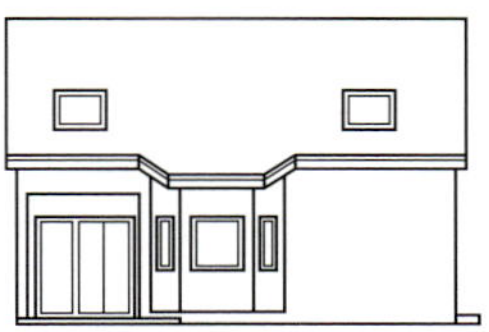
Südansicht

Ansicht – Maßstäbliche Darstellung der äußeren Gebäudeform in allen 4 Himmelsrichtungen.

Draufsicht – Maßstäbliche Darstellung der Gebäudeform von oben aus gesehen.

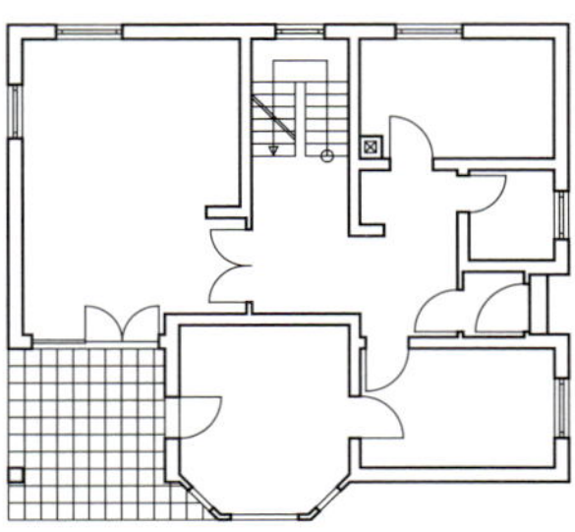

Grundriss – Ist die Draufsicht des unteren Teils des waagerecht geschnittenen Gebäudes.

Die Schnittebene soll so gewählt werden, dass möglichst viele Türen, Fenster usw. geschnitten werden (meist Augenhöhe).

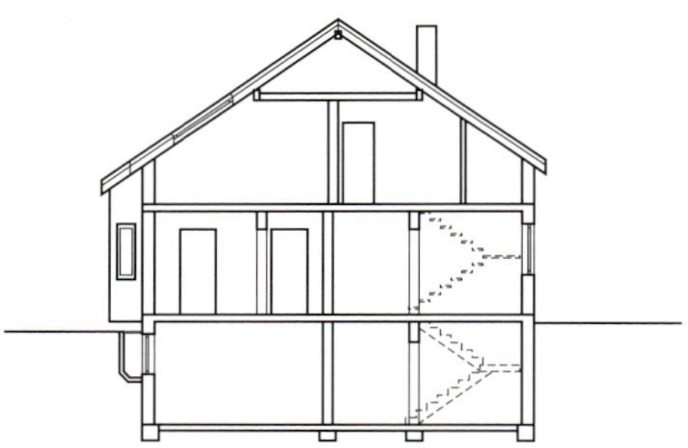

Schnitt – Ist die Ansicht des hinteren Teils des senkrecht geschnittenen Gebäudes.

Die Schnittebene soll so gewählt werden, dass möglichst viele Türen, Fenster usw. geschnitten werden.

Kennzeichnung von Schnittflächen

DIN 1356-1:2024-04, DIN ISO 128-3: 2022-03

Anwendung	Kennzeichnung	Anwendung	Kennzeichnung	Anwendung	Kennzeichnung
Boden (gewaschen)	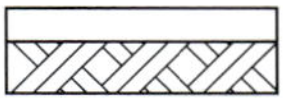	Textilbeton		Vollholz, quer	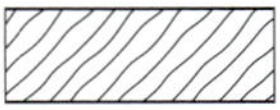
Kies	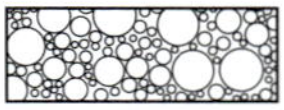	Mauerwerk	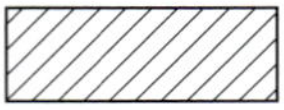	Vollholz längs	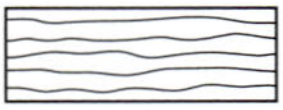
Sand		Mauerwerk (Bimsbaustoffe)	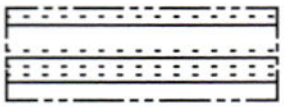	Glas	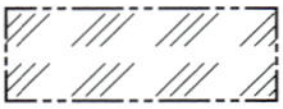
Beton (unbewehrt)	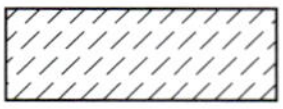	Mörtel, Putz	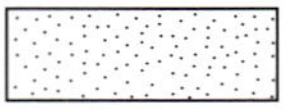	Dämmstoff	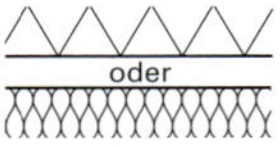
Beton (bewehrt)		Kunstoffe	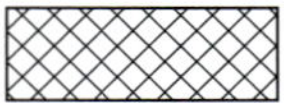	Abdichtungen (z. B. Dampfsperre)	
WU-Beton	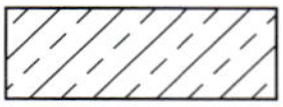	Metall		Dichtstoffe	

Linienarten in Bauzeichnungen

DIN 1356-1: 2024-04, DIN EN ISO 128-2: 2023-06

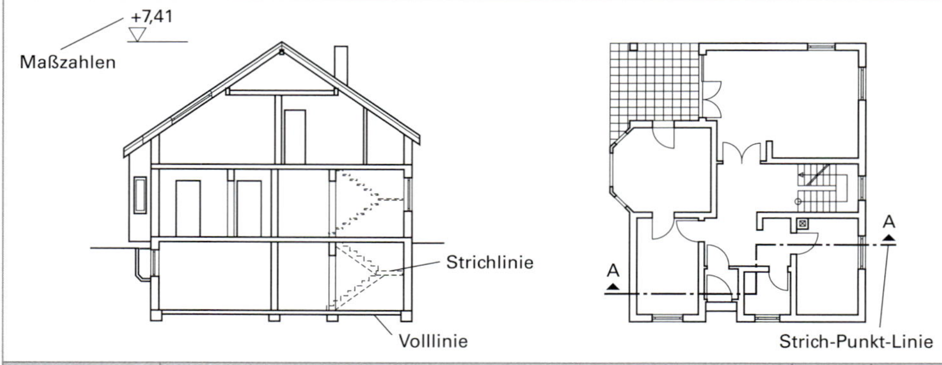

Linienart	Anwendungsbereich ↓ Breite für Liniengruppe →	II[1]	III[2]
Volllinie (breit)	Begrenzung von Schnittflächen	0,5	1
	Sichtbare Kanten und Umrisse von Bauteilen, Begrenzung von Schnittflächen von schmalen oder kleinen Bauteilen	0,35	0,5
	Maßlinien, Maßhilfslinien, Hinweislinien, Lauflinien, Begrenzung von Ausschnittdarstellungen, vereinfachte Darstellung	0,25	0,35
Strichlinie	Verdeckte Kanten und Umrisse von Bauteilen	0,35	0,5
Strich-Punkt-Linie (schmal)	Kennzeichnung der Lage von Schnittebenen	0,5	1,0
	Achsen	0,25	0,35
Punktlinie (schmal)	Bauteile vor bzw. über der Schnittebene	0,35	0,5
Maßzahlen	Schriftgröße	3,5	5,0

[1] Liniengruppe II bei Maßstäben < 1 : 100, [2] Liniengruppe III bei Maßstäben > 1 : 50

Maßeintragung und Schnittverlauf — DIN 1356-1: 2024-04

Bemaßung

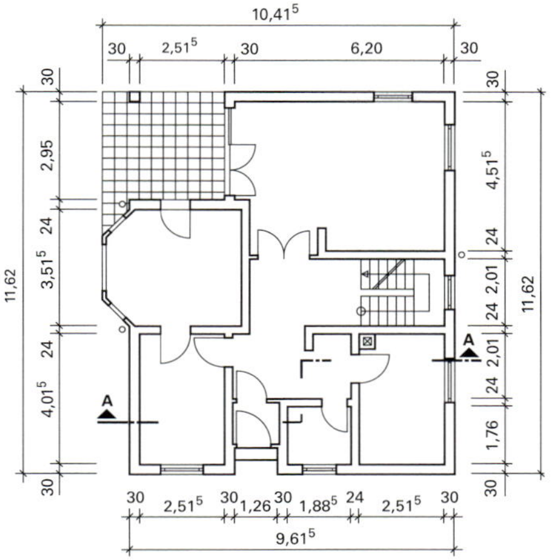

A Maßlinien sind als Volllinien parallel zu den zu bemaßenden Strecken zu zeichnen.

B Maßzahlen werden über den Maßlinien so angeordnet, dass sie von unten und von rechts lesbar sind.

C Die Maßlinienbegrenzung besteht aus Punkten oder Schrägstrichen.

D Maßhilfslinien sind von den Körperkanten abzusetzen.

E Maßketten sind entsprechend der Lage der zu bemaßenden Teile von innen nach außen anzuordnen. Die zusammenfassenden Maße stehen außen.

F Die Breite von Türen, Fenstern und sonstigen Öffnungen wird über der Maßlinie, die Höhe unter der Maßlinie eingetragen.

G Vereinfacht dürfen Rechteckquerschnitte durch Angabe ihrer Seitenlängen in Bruchform (z. B. 12/16) bemaßt werden.

Maßeinheiten

Maßeinheit	Maße unter 1 m		Maße über 1 m
cm	30	88.5[1)]	388.5[1)]
m und cm	30	88^5	388^5
mm	300	885	3885

[1)] Punkt darf durch Komma ersetzt werden.

Die zu wählenden Maßeinheiten richten sich nach der Bauart und der Größe des Maßes (nebenstehende Tabelle).

Die angewendeten Maßeinheiten sind zweckmäßigerweise im Schriftfeld anzugeben.

Höhenmaße

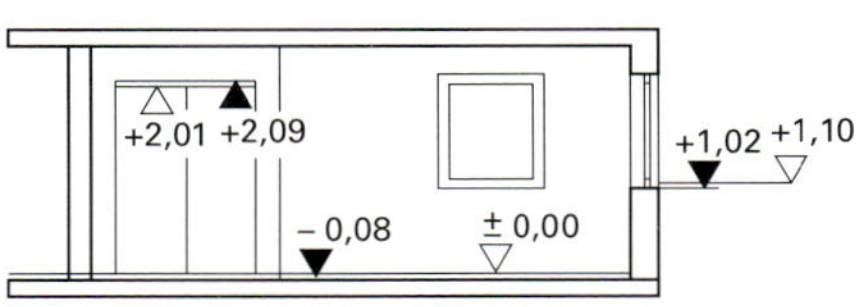

A Höhenmaße können in Grundrissen und Schnitten auch ohne Maßlinie durch gleichseitige Dreiecke dargestellt werden.

B Die Vorzeichen + oder – beziehen sich auf die Höhenlage $\sqrt{\pm}$ 0,00 (vorzugsweise: Oberkante des Fertigfußbodens im Eingangsbereich).

C Es sind folgende Zeichen zu verwenden:

Höhenangabe	Oberfläche	Unterfläche
Fertigkonstruktion	▽	△
Rohkonstruktion	▼	▲

Kennzeichnung des Schnittverlaufes

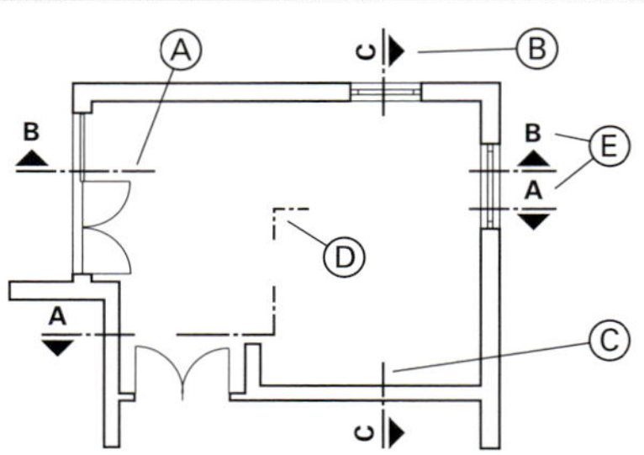

A Der Schnittverlauf ist im Grundriss durch Strichpunktlinien zu kennzeichnen.

B Die Blickrichtung wird mit schwarzen Dreiecken gekennzeichnet.

C Der Schnittverlauf muss nicht durchgehend markiert werden.

D Verspringt der Schnitt, so ist die Stelle des Versprunges anzugeben.

E Bei mehr als einem Schnitt ist jeder Schnitt eindeutig mit großen Buchstaben zu kennzeichnen.

Darstellung von Treppen

DIN 1356-1: 2024-04

Einläufige Treppe	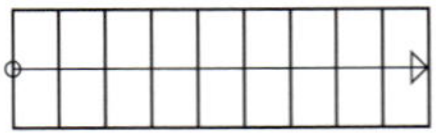	Treppenlauf, horizontal geschnitten, mit Darstellung des Laufes unterhalb der Schnittebene	
Zweiläufige Treppe	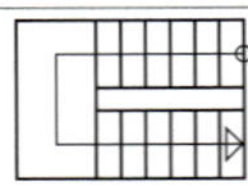	Treppenlauf, horizontal geschnitten, mit darüber liegendem Lauf	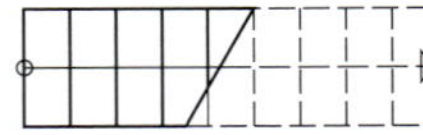
Spindeltreppe	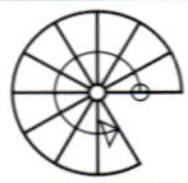	Rampe (geschnittene Rampen werden sinngemäß wie geschnittene Treppen dargestellt)	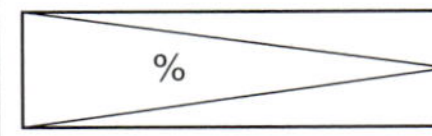

Darstellung von Türen

DIN 1356-1: 2024-04

Öffnungsarten von Türen im Grundriss

Drehtür, einflügelig, rechts	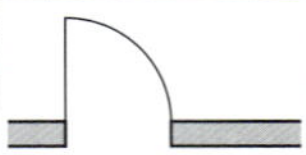	Drehtür, einflügelig, links	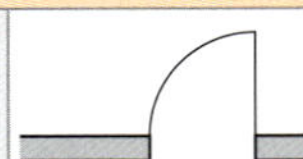	Schiebetür	
Drehtür, zweiflügelig		Drehtür, zweiflügelig gegeneinanderschlagend	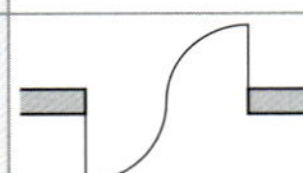	Falttür, Faltwand	
Pendeltür, einflügelig	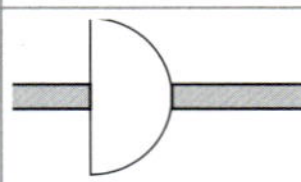	Pendeltür, zweiflügelig		Hebe-Schiebetür	
Hebe-Drehtür	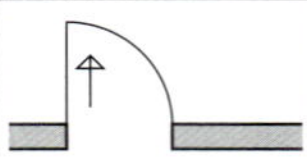	Drehtür		Schwingtür	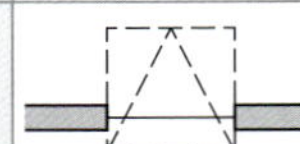

Öffnungsarten von Türen und Fenstern in der Ansicht

Drehflügel		Dreh-Kippflügel		Schwingflügel	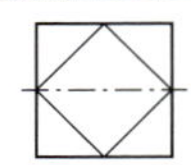
Kippflügel	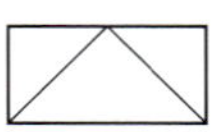	Hebe-Drehflügel		Wendeflügel	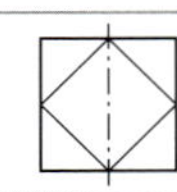
Klappflügel	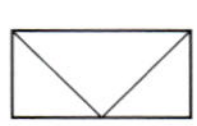	Schiebeflügel, vertikal	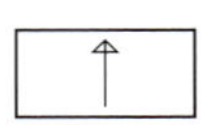	Schiebeflügel, horizontal	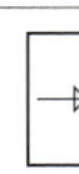
Hebe-Schiebeflügel		Festverglasung	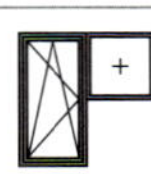		

Darstellung abgehängter Decken

DIN 1356-1: 2024-04

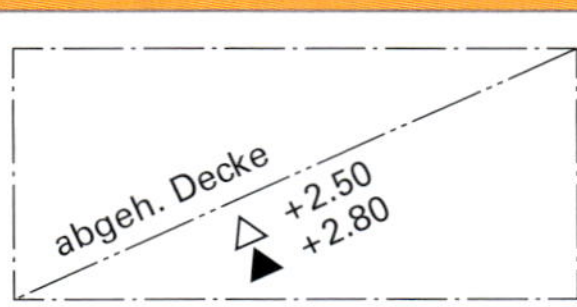

Abgehängte Decken werden im Grundriss mit einer Strich-Zweipunt-Linie gekennzeichnet, welche die Deckenfläche diagonal durchquert. Die Linie wird durch die Angaben „abgeh. Decke“ und Höhe der Unterfläche gekennzeichnet.

G1

Abkürzungen in Bauzeichnungen

DIN 1356-1: 2024-04

DG	Dachgeschoss	RFB	Rohfußboden	WD	Wanddurchbruch
OG	Obergeschoss	FFB	Fertigfußboden	WS	Wandschlitz
EG	Erdgeschoss	UK	Unterkante	DD	Deckendurchbruch
KG	Kellergeschoss	OK	Oberkante	DSo	Deckenschlitz (Oberseite)
BR	Brüstung	RD	Rohrdurchführung	NN	Höhe bezügl. normal Null

Darstellung von Schlitzen und Aussparungen

DIN 1356-1: 1995-02

Bezeichnung	Wanddurchbruch	Wandschlitz senkrecht	Wandschlitz waagerecht	Deckendurchbruch	Deckenschlitz	Rohrdurchführung
Maßangabe	WD A/B	WS A/B/C	WS A/B/C	DD A/B	DSo b/t/h	RD ∅ d
Ansicht (Aufriss)						
Grundriss						

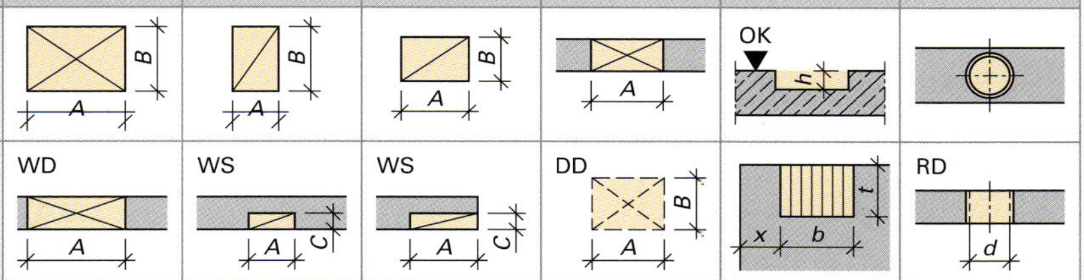

Maße für Schlitze und Aussparungen in cm

DIN 1053: 1996-11

Ausführung	Lotrecht[1]								horizontal[2] und schräg	
	im Verbund gemauert				nachträglich hergestellt				nachträglich hergestellt	
Wanddicke *d*	Breite *b*	Tiefe *t*	Abstand von Öffnungen	Abstand von untereinander	Breite *b*	Tiefe *t*	Abstand von Öffnungen	Abstand von untereinander	Länge unbeschränkt Tiefe[4] *t*	Länge[3] < 125 Tiefe *t*
> 11^5	–				< 10	< 1			–	–
> 17^5	< 26	< 6			< 10	< 3			< 1	< 2,5
> 24	< 38^5	< 12^5	2 x *b* bzw. > 36^5	> *b*	< 15	< 3	> 11^5	> *b*	< 2,5	< 2,5
> 30	< 38^5	< 12^5			< 20	< 3			< 3	< 3
> 36^5	< 38^5	< 12^5			< 20	< 3			< 3	< 3

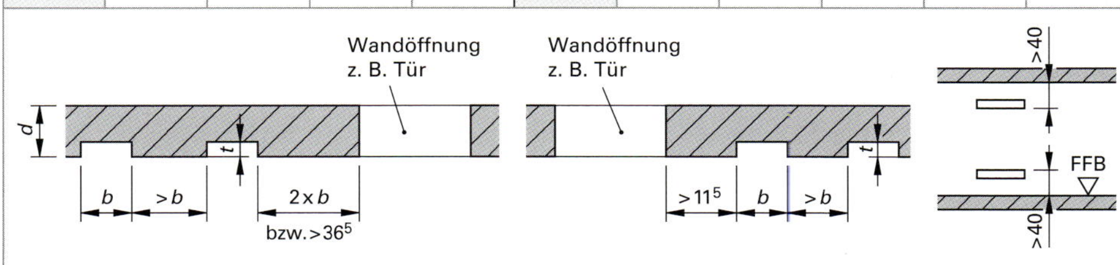

[1] Lotrechte Schlitze sind auch ohne Nachweis zulässig, wenn die Querschnittsschwächung (auf 1 m Wandlänge bezogen) nicht mehr als 6% beträgt.

[2] Der Abstand zur Decke oder zum Fußboden muss unter 0,4 m liegen. Sie sind nicht zulässig bei Langlochziegeln.

[3] Der Mindestabstand in Längsrichtung von Öffnungen beträgt 0,49 m, vom nächsten Schlitz zweifache Schlitzlänge.

[4] Bei Einsatz von Werkzeugen, die das genaue Einhalten der Tiefe gewährleisten, darf die Tiefe um 1 cm erhöht werden. Dann dürfen auch in Wänden größer 24 cm gegenüberliegende Schlitze mit einer Tiefe von 1 cm ausgeführt werden.

Zeichnen von Sinnbildern

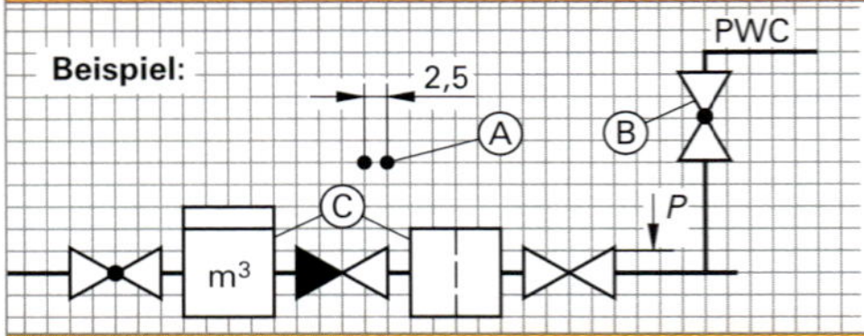

A Symbole dem Rastermaß *M* = 2,5 mm anpassen.

B Symbole können gedreht und gespiegelt werden, wenn sie nicht lageabhängig sind.

C Symbole, wenn möglich, den tatsächlichen Größenverhältnissen anpassen.

Sinnbilder Trinkwasserinstallation

DIN EN 806: 2001-12

Leitungen

Wasserleitung[1]	 *	Leitungskreuz	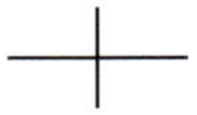	Dehnungsbogen	
Trinkwasserleitung, kalt (Nennweite 50)	 PWC 50	Leitungsgefälle (nach links 5%)	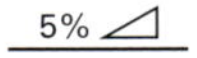 5%	Stopfbuchsen-kompensator	
Trinkwasserleitung, warm (Nennweite 32)	 PWH 32	Übergang in der Nennweite (von DN 50 auf DN 40)	 50 40	Leitungsfestpunkt	
Trinkwasserleitung, warm, Zirkulation (Nennweite 40)	 PWH-C40	Übergang des höchsten Systemüberdruckes	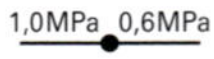 1,0MPa 0,6MPa	Leitungsbefestigung mit Gleitführung	
Trinkwasser, kalt, Schlauchleitung (Nennweite 15)	 PWC15	Übergang im Werkstoff (von Stahl auf Kupfer)	 St Cu	Wand- oder Deckendurchführung mit Schutzrohr	
Abzweig, einseitig		Elektrische Trennung, Isolierstück	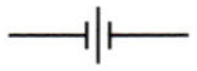	Wand- oder Deckendurchführung mit Schutzrohr und Abdichtung	
Abzweig, beidseitig		Potenzialausgleich, Erdung		Leitungsabschluss	

1) Der Stern wird ersetzt durch:

PW	Trinkwasserleitung	PWH-C	Trinkwasserleitung, warm, Zirkulation
PWC	Trinkwasserleitung, kalt	NPW	Nichttrinkwasser
PWH	Trinkwasserleitung, warm	TI	Wärmedämmung

Leitungsverläufe

Rohrleitung in Grundrissdarstellung		Rohrleitung aufwärts verlaufend	 +	Rohrleitung abwärts verlaufend	 –
Rohrleitung hindurchgehend	 + –	Fließrichtung nach oben	 +	Fließrichtung von oben	 +
Abzweig, einseitig, nach oben und unten	 + –	Fließrichtung nach unten	 –	Fließrichtung von unten	 –

Unlösbare und lösbare Rohrverbindungen

Rohrverbindung		Flanschverbindung	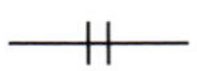	Schnellkupplung	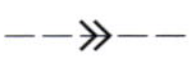
Gewindeverbindung		Geschweißte oder gelötete Verbindung	 *	Schnellkupplung mit zwei gleichen Kupplungsteilen	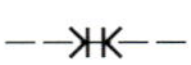

Sinnbilder Trinkwasserinstallation (Fortsetzung) — DIN EN 806: 2001-12

Absperr- und Drosselarmaturen					
Absperrarmatur		Eckventil		Eckhahn	
Geradsitzventil		Dreiwegeventil		Druckminderer	*p*
Kugelhahn		Dreiwegeventil als Mischventil		Druckminderer (altes Sinnbild nach DIN 1988)	
Schieber		Vierwegeventil		Anschlussvorrichtung	
Absperrklappe		Kolbenschieber		Ventilanbohrschelle	
Sicherungsarmaturen					
Sicherungsarmatur[1]	*	Sicherungsgruppe		Rohrtrenner	
Rückflussverhinderer		Rohrentlüfter		Freier Auslauf	
Absperrventil mit Rückflussverhinderer (KFR-Ventil)		Rohrbelüfter		Rohrunterbrecher	
Sicherheitsventil (federbelastet)		Sicherheitsventil, Temperaturablassventil	T	Rohrbruchsicherung	

[1] Der Stern wird durch die Abkürzung der eingesetzten Sicherungsarmatur ersetzt.

Wasserbehandlungsanlagen					
Filter		Dosiergerät	CHD	Umkehrosmoseanlage	RO
Filter (altes Sinnbild nach DIN 1988)	FIL	Enthärtungsanlage	SOF	Nitratentfernungsanlage	NIT
Einrichtungen mit rotierenden Teilen					
Pumpe		Geschirrspüler		Druckerhöhungsanlage	
Waschmaschine		Wäschetrockner			
Mess- und Regeleinrichtungen					
Messgerät mit Anzeige		Durchflussmessgerät	m^3/s	Messgerät (allgemein)	*
Thermometer	°C	Wasserzähler	m^3	Steuerleitung	
Manometer	Pa	Wärmemessgerät	Wh	Anschlussstelle für Mess- oder Regeleinrichtung	

Sinnbilder Trinkwasserinstallation (Fortsetzung) — DIN EN 806: 2001-12

Antriebe für Armaturen					
Hydraulischer Antrieb, einfach wirkend		Antrieb durch Schwimmer		Antrieb durch Hand	
Antrieb durch Membrane, einfach wirkend	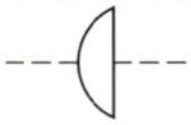	Antrieb durch Gewichtsbelastung	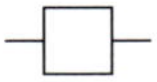	Antrieb durch Elektromotor	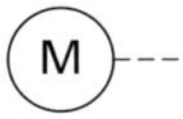
Antrieb durch Fluide, einfach wirkend	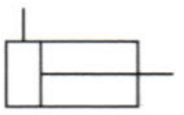	Antrieb durch Federbelastung		Antrieb durch Elektromagnet	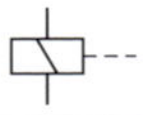
Trinkwassererwärmer und Trinkwasserbehälter					
Durchlauferhitzer, direkt beheizt[1]		Durchlauferhitzer, solar beheizt		Durchlauferhitzer, elektrisch beheizt	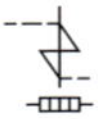
Speicherwasser-erwärmer, direkt beheizt[1]	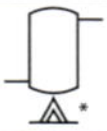	Speicherwasser-erwärmer, solar beheizt	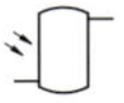	Speicherwasser-erwärmer, elektrisch beheizt	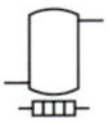
Speicherwasser-erwärmer, indirekt beheizt[2]		Speicherwasser-erwärmer, indirekt durch zwei Heiz-systeme beheizt[2]	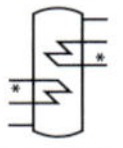	Trinkwasser-behälter[3]	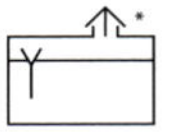
Brandschutzanlagen					
Feuerlöschleitung		Wasservorhang		Unterflurhydrant	
Sprinkler		Wandhydrant		Überflurhydrant	
Sonstige Symbole					
Membran-ausdehungsgefäß		Wasserstrahlpumpe	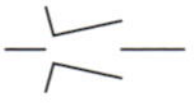	Trichter	
Entnahmestellen und Zubehör					
Auslaufventil, Entleerungsventil		Mischbatterie	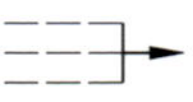	Brause	
Standauslaufventil		Standmischbatterie	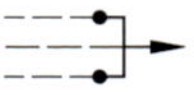	Schlauchbrause	
Wandauslaufventil		Wandmischbatterie	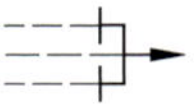	Druckspüler mit Rohrunterbrecher	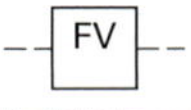
Auslaufventil mit Schnellkupplung und Schlauchver-schraubung	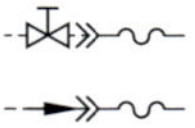	Selbstschluss armatur		Spülkasten	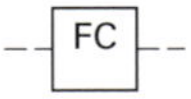

[1] Der Stern wird ersetzt durch:
- O ölbefeuert
- G gasbefeuert
- C feststoffbefeuert
- D fernwärmebeheizt

[2] Der Stern wird ersetzt durch:
- HW-C Heizungswasser-Kreislauf
- HW-S (R) Heizungswasser-Zulauf (Rücklauf)
- HW-PS (PR) Heizungswasser-Primärzulauf (-rücklauf)
- HW-SS (SR) Heizungswasser-Sekundärzulauf (-rücklauf)
- DHW-S (R) Fernheizwasser Zulauf (Rücklauf)

[3] Der Stern wird durch die Abkürzung der eingesetzten Sicherungsarmatur ersetzt.

G1

Sanitäre Ausstattungsgegenstände (oben Aufriss, unten Grundriss)					DIN 1986-100: 2016-12
Badewanne		Sitzwaschbecken (Bidet)		Ausgussbecken	
Duschwanne		Urinal		Spülbecken, einfach	
Waschtisch Handwaschbecken		Klosettbecken		Spülbecken, doppelt	
Abwassertechnik					DIN 1986-100: 2016-12
Abwasser- und Lüftungsleitungen					
Schmutzwasserleitung DS: Druckleitung	DS	Richtungshinweis: hindurchgehend		Reinigungsrohr mit runder oder rechteckiger Öffnung	
Regenwasserleitung DR: Druckleitung	DR	Richtungshinweis: beginnend und abwärts verlaufend		Reinigungsverschluss	
Mischwasserleitung		Richtungshinweis: von oben kommend und endend		Rohrendverschluss	
Lüftungsleitung		Richtungshinweis: beginnend und aufwärts verlaufend		Geruchverschluss[1]	
Lüftungsleitung mit Richtungshinweisen		Nennweitenänderung	100 / 125	Belüftungsventil	
Fallleitung		Werkstoffwechsel		[1] Darstellung im Aufriss	
Abläufe, Abscheider, Abwasserhebeanlagen, Schächte (oben Aufriss, unten Grundriss)					
Ablauf oder Entwässerungsrinne ohne Geruchverschluss		Stärkeabscheider	St St	Rückstauverschluss für fäkalienhaltiges Abwasser	
Ablauf oder Entwässerungsrinne mit Geruchverschluss		Benzinabscheider (Abscheider für Leichtflüssigkeiten)	B B	Kellerentwässerungspumpe	
Ablauf mit Rückstauverschluss für fäkalienfreies Abwasser		Heizölabscheider (Abscheider für Leichtflüssigkeiten)	H H	Fäkalienhebeanlage	
Schlammfang	S S	Heizölsperre	H Sp H Sp	Schacht mit offenem Durchfluss	
Fettabscheider	F F	Rückstauverschluss für fäkalienfreies Abwasser		Schacht mit geschlossenem Durchfluss	

G1

Gastechnik

DVGW-TRGI 2021-12

Gas-Leitungen

Wand-/Deckendurchführung mit Schutzrohr		Leitung		Gas-Schlauchleitung	
Wand-/Deckendurchführung mit Schutzrohr und Abdichtung		Leitung Abzweig		Nennweitenübergang	20 / 25
Elektrische Trennung Isolierstück		Leitungsabschluss		Werkstoffübergang z. B. Hartlötverb.	St / Cu
Potentialausgleich Erdung		Lösbare Verbindung		Übergang Systembetriebsdruck	100 hPa / 23 hPa

Gas-Armaturen/Bauelemente

Gaszähler (Einstutzen) **G**	Σm³	thermisch auslösende Absperreinrichtung **TAE**		Gasströmungswächter **GS**	
Gaszähler (Zweistutzen) **G**	Σm³	Absperreinrichtung kombiniert mit **TAE**	T	Absperreinrichtung (Durchgang) **AE**	
Gasdruckregelgerät **GR**		Sicherheitsgassteckdose **GSD** (z. B. 9 kW)	9kW	Anbohrschelle	

Gas-Geräte

Gas-Durchlaufwasserheizer **DWH**		Gas-Vorratswasserheizer **VWH**		Gas-Kombiwasserheizer **KWH**	
Gas-Heizkessel **HK**	G	Gas-Heizstrahler **HS**		Gas-Raumheizer **RH**	
Gas-Herd **H**		Gas-Heizherd **HH**		Gas-Kühlschrank **KS**	G
Gas-Wäschetrockner **WT**		Gas-Terrassenstrahler **TS**		Gas-Blockheizkraftwerk **BHKW**	BHKW

Heizungstechnik

DIN 28 000-4: 2014-07

Heizkessel		Membranausdehnungsgefäß		Brandschutzklappe	
Brenner		Umwälzpumpe		Rückschlagklappe	
Wärmeverbraucher		Heizkörper		Kondensatableiter	
Hausverteiler		Konvektor		Schmutzfänger	
Wärmetauscher		Rohrregister		Dampfkessel	

Lüftungs- und Klimatechnik

DIN EN 12 792: 2004-01

Luftverteilung					
Starre Luftleitungen oval rund rechteckig	oval ø a x b	Starre Luftleitungen mit Wärmedämmung außen innen	XXXX XXXX	starre Luftleitungen mit Schalldämmung außen innen	
Flexible Luftleitungen		Zuluftdurchlass		Fortluftdurchlass	
Bogen 90°, 45° usw.		Abzweig (Verteilung)		Übergang, plötzlich gleichmäßig	
Drosselklappe		Luftdichte Drosselklappe		Schalldämpfer	
Verteilungselement		Aufteil-Umschaltklappe		Rückschlagklappe	
Überströmklappe		Rauchschutzklappe		Brandschutzklappe	
Brand- und Rauchschutzklappe		Regler für konstanten Luftvolumenstrom		Regler für variablen Luftvolumenstrom	
Beipassklappe		Ventilator (allgemein)		Radialventilator	
Axialventilator		Luftfilter		Jalousieklappe	
Wetterschutzgitter		Strömungsgleichrichter		Fettfangfilter	
Luftbehandlung					
Mischkammer		Luftkühler		Ventilator-Konvektor	
Mischkammer mit konstantem (geregeltem) Volumenstrom		Luftbefeuchter		Luftwärmer	
Regelung					
Messfühler		Regler		Stellantrieb	
Sinnbilder nach DIN 1946-1 (2004 durch DIN EN 12792 ersetzt)					
Kältemittelverdichter		Wärmerückgewinnung	Δp ϑ φ	Wärmepumpe	
Kanalfühler: Druck, Temperatur, relative Feuchte	ϑ φ	Raumfühler: Temperatur, relative Feuchte	*	Außenfühler: Temperatur, relative Feuchte	ϑ φ

Steuerungs- und Regeleinrichtungen — DIN 19227: 1991-02

Aufnehmer für Durchfluss, allgemein	F	Venturidüse		Venturirohr	F
Aufnehmer für Temperatur, allgemein	T	Thermoelement		Widerstands-thermometer	T
Aufnehmer für Druck, allgemein	P	Widerstands-aufnehmer für Druck		Membran-aufnehmer für Druck	P
Signal- oder Messumformer, allgemein	* *	Sollwerteinsteller		Verstärker	▷
Anzeiger, allgemein		Anzeiger, analog	∩	Anzeiger, digital	#
Regler, allgemein		PID-Regler		PI-Regler	PI

Elektrotechnik — DIN EN 60617: 1997-08

Gleichstrom Wechselstrom	— ~	Schutzerde		Spannungs-messgerät	V
Wechsel- oder Gleichstrom		Masse		Strommessgerät	A
Sternschaltung Dreieckschaltung	Y △	Widerstand, allgemein		Leistungsmessgerät	W
Reihenschaltung Parallelschaltung		Widerstand, veränderbar		Wattstundenzähler	Wh
Leitung, Kabel		Widerstand, temperatur-abhängig	ϑ	Schließer, Schalter, allgemein	
Leitung, auf Putz Leitung, im Putz		Spule, Wicklung, Induktivität		Öffner	
Abzweig von Leitern		Transformator mit zwei Wicklungen		Heizwiderstand	
Steckverbindung		Halbleiterdiode		Warmwasser-speicher	
Neutralleiter		Wechselrichter	~	Durchlauferhitzer	
Schutzleiter		Gleichrichter	~	Speicherheizgerät	
Drei Leiter, ein Neutralleiter, ein Schutzleiter		Kondensator, allgemein		Maschine, allgemein	○
		Sicherung, allgemein		C: Umformer G: Generator	C G
Erde		Lampe, allgemein		M: Motor MS: Synchronmotor	M MS

Darstellung von Schweiß- und Lötnähten

DIN EN ISO 2553: 2022-07

Eintragung

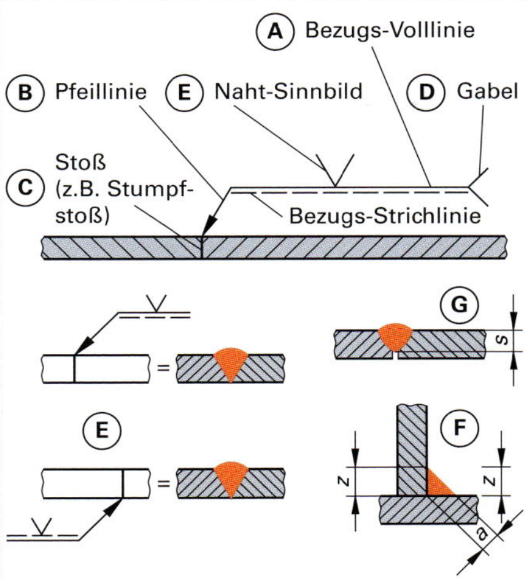

A Bezugslinie. Diese besteht aus der Bezugs-Volllinie und der Bezugs-Strichlinie. Nur bei beidseitig angeordneten Nähten entfällt die Bezugs-Strichlinie.

B Pfeillinie. Diese verbindet die Bezugslinie mit dem Stoß.

C Stoß. Lage der zu verbindenden Teile zueinander.

D Gabel. In dieser können zusätzliche Angaben gemacht werden.

E Symbol. Wird das Symbol auf der Bezugs-Volllinie angeordnet, befindet sich die Naht auf der Pfeilseite. Bei Anordnung auf der Bezugshilfslinie auf der Gegenseite.

F Die Nahtdicke wird mit *a* und die Schenkeldicke mit *z* angegeben.

G Die Einbrandtiefe wird mit *s* angegeben. (Bei Kehlnähten mit tiefem Einbrand.)

Grundsymbole

Bördelnaht			HY-Naht			Liniennaht		
I-Naht			U-Naht			Steilflanken-naht		
V-Naht			HU-Naht			Halbsteil-flankennaht		
HV-Naht			Gegenlage			Schrägnaht		
Y-Naht			Kehlnaht			Stichnaht		

Zusammengesetzte Symbole

Doppel-V-Naht (X-Naht)			Doppel-Y-Naht			Doppel-HV-Naht (K-Naht)		
V-Naht mit Gegenlage			Doppel-HY-Naht			Doppelkehl-Naht		
V-Naht flach			Doppel-U-Naht			I-Naht von beiden Seiten		

Zusatzsymbole

Bündig			Konkav (hohl)			Ringsum-Naht (Kehlnaht)	
Konvex (gewölbt)			Nahtübergänge kerbfrei			Baustellen-Naht	

Werkstoffe: Anforderungsprofil und Eigenschaften

Die Eigenschaften eines Werkstoffes müssen dem Anforderungsprofil des Bauteils entsprechen.

Anforderungsprofil (Beispiele)

Beanspruchungsbereich	Wirkung auf das Bauteil
Festigkeitsbeanspruchung	Verfomungen, evtl. Bruch
Korrosionsbeanspruchung	Reaktionen mit anderen Stoffen führen zu Stoffverlust.
Tribologische Beanspruchung	Reibung und Verschleiß ergeben Werkstoff- und Energieverluste.
Thermische Beanspruchung	Erweichung in der Wärme, Versprödung in der Kälte, Wärmedehnung

Eigenschaftsprofil (Beispiele)

Bereich	Eigenschaftskennwerte
Mechanische Eigenschaften Widerstand gegen Zerreißen, Verhalten bei Verformung	Streckgrenze R_e, Zugfestigkeit R_m, E-Modul E, Bruchdehnung A in %, Brucheinschnürung Z in %
Thermische Eigenschaften Verhalten bei tiefer und bei hoher Temperatur	Kerbschlagarbeit KV, Zeitstandfestigkeit
Technologische Eigenschaften Verhalten beim Gießen, Löten, Schweißen, Härten, Tiefziehen etc.	Schwindmaß, Gießtemperatur, Tiefung t, Härtetiefen
Chemische Eigenschaften Beständigkeit gegen Wasser und sonstige angreifende Stoffe	Korrosionsgeschwindigkeit

Einteilung der Werkstoffe

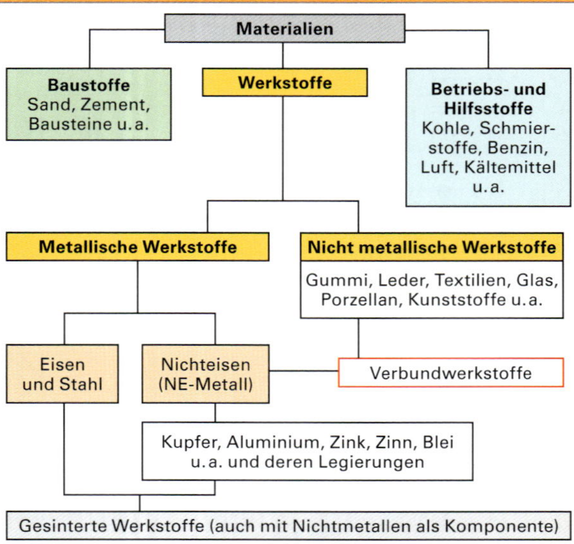

In der **Stoffkunde** wird hinsichtlich der Einteilung zwischen verschiedenen Begriffen unterschieden. Ausgangsstoff der **Materialien** sind im Wesentlichen die **Rohstoffe**. Dies sind unverarbeitete Stoffe natürlicher oder synthetischer Herkunft.

Man unterscheidet:

- **mineralische Rohstoffe** (z. B. Eisenerz),
- **pflanzliche und tierische Rohstoffe** (z. B. Holz, Fette),
- **fossile Rohstoffe** (z. B. Erdöl, Kohle).

Nebenstehende Grafik zeigt die **Einteilung der Materialien**.

Es ist erkennbar:

Zwischen Werkstoffen, Baustoffen und Hilfsstoffen wird unterschieden. Eine scharfe Abgrenzung ist nicht möglich.

Beispiel:

Material	Baustoff	Werkstoff
Stahl	als Einlage im Stahlbetonbau	als Maschinenteil oder als Anlagenteil
Kunststoff	Dämmstoff (z. B. PU-Schaum)	als Gehäuse einer Pumpe

G1

Von der Feinstruktur zur Grobstruktur und zum Gefüge

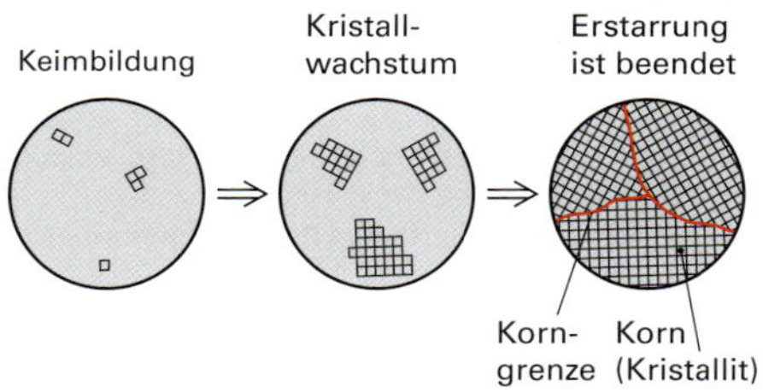

Beim Entstehen eines Kristalls bilden sich zunächst **Elementarzellen**, die auch als **Keime** bezeichnet werden. Dies geschieht bei der

Schmelztemperatur = Erstarrungstemperatur

Der Entzug von Wärmeenergie fördert das Kristallwachstum. Es entstehen die **Körner** (verkrüppelte Kristalle, die als **Kristallit** bezeichnet werden). Es ist von der Anzahl der Keime abhängig, ob **Grobkorn** oder **Feinkorn** entsteht.

Begriff	Abbildung	Bemerkung
Atom, Ion	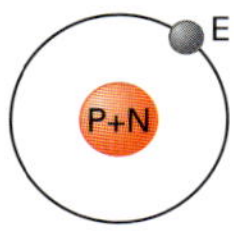	Bestehend aus **Atomkern** mit **Protonen** (+) und **Neutronen** (elektrisch neutral) sowie den **Elektronen** (–) in der Atomhülle. Ein **Ion** ist ein elektrisch nicht neutrales Atom: **Kation (+)** → Elektronenmangel **Anion (–)** → Elektronenüberschuss
Elementarzelle	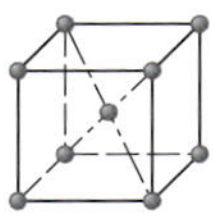	Atome (Ionen) bilden beim Abkühlen der Schmelze Kristalle, die sich aus den Elementarzellen (krz, kfz, …, tetragonal etc.) zusammensetzen. Einige Metalle (z. B. Eisen) wechseln in Abhängigkeit von der Temperatur die Gitterform, was man als **Polymorphie** (Vielgestaltigkeit) bezeichnet. Bezeichnung z. B. bei Eisen: α-Eisen, β-Eisen, …

häufige Elementarzellen:

Atomgitter	Aufbau	a_0 in nm (Nanometer) technisch bedeutsamer Elemente				
kubisch raumzentriert (krz)	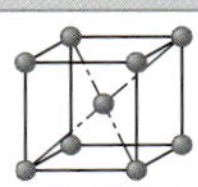	α-Eisen (α-Fe)	Molybdän (Mo)	Wolfram (Wo)	Tantal (Ta)	Chrom (Cr)
		0,287	0,314	0,315	0,329	0,287
kubisch flächenzentriert (kfz)	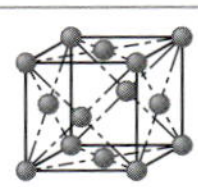	Aluminium (Al)	γ-Eisen (γ-Fe)	Kupfer (Cu)	Nickel (Ni)	Blei (Pb)
		0,404	0,365	0,361	0,352	0,490
hexagonal (hex)	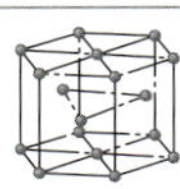	**Beispiele**	Magnesium (MG)	Titan (Ti)	Zink (ZN)	

Begriff	Abbildung	Bemerkung
Netzebene	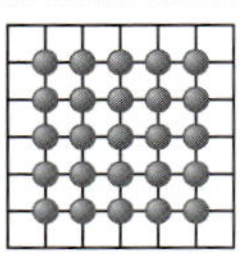	Sie zeigt die nebeneinanderliegenden Elementarzellen in einer Ebene und sie wird auch **Gitterebene** genannt. Man spricht auch vom **Atomgitter** und ggf. vom **Ionengitter**. Die Netzebenen sind mit Röntgenstrahlen, die etwa die Wellenlänge in der Größenordnung der Gitterkonstanten a_0 haben, sichtbar zu machen. Bei der Netzebene handelt es sich also gewissermaßen um einen Schnitt durch die Gesamtheit aller Elementarzellen.
Körner (Kristallite)	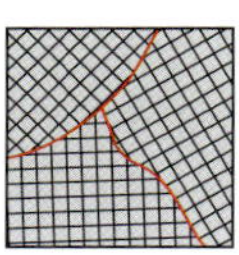	Korn nennt man den bei der Erstarrung entstandenen Kristall. Da sich die (Kristallite) Kristalle beim Wachstum – wenn sie eine bestimmte Größe erreicht haben – gegenseitig behindern, können sie nicht ungehindert weiterwachsen und dadurch „verkrüppeln" sie. Ein solch verkrüppeltes Kristall (Korn) wird auch als **Kristallit** bezeichnet. Es ist von der **Keimzahl** (Anzahl der entstandenen Keime/Flächeneinheit) abhängig, ob **Grobkorn** oder **Feinkorn** entsteht. Die Körner sind mit einem Auflichtmikroskop nachweisbar.
Gefüge	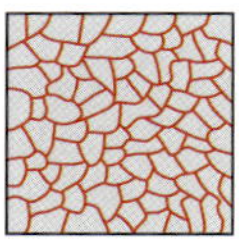	Mit dem bloßen Auge an der Metallbruchfläche – je nach Korngröße – mehr oder weniger gut sichtbar. Unter dem Gefüge versteht man die **Gesamtheit aller Körner**. **Werkstoffe mit feinkörnigem Gefüge haben eine große Festigkeit.**

G1

Zweistofflegierungen und Zustandsschaubilder

Mit Legierungen erhält man Werkstoffe, deren Eigenschaften dem Anforderungsprofil entsprechen.

Gezielt erreicht man Verbesserungen von (z. B.):

- Festigkeit
- thermischer Beständigkeit
- Korrosionsbeständigkeit
- elektrischer Leitfähigkeit
- Verschleißfestigkeit
- Härte
- Dehnbarkeit
- Wärmeleitfähigkeit u. a.

Beim Herstellen werden die Komponenten gemeinsam eingeschmolzen. Dies setzt Schmelzpunkte der Komponenten voraus, die relativ dicht beieinanderliegen. Ist dies nicht der Fall, dann können die Komponenten ggf. pulvermetallurgisch, d. h. durch Sintern, zusammengebracht werden.

Man nennt solche Legierungen **Pseudolegierungen**.

Bei den Zweistofflegierungen unterscheidet man **Grundtyp I** und **Grundtyp II**

Grundtyp I

Die Teilchen des Legierungselementes bleiben beim Erstarren gleichmäßig im Kristallgitter des Grundmetalls verteilt (gelöst). Daraus resultieren die Bezeichnungen Mischkristall, homogene Legierung, feste Lösung.

Einlagerungsmischkristalle

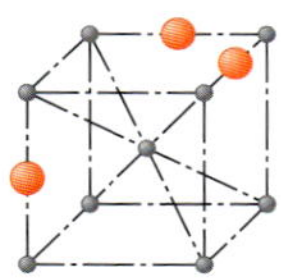

Austauschmischkristalle

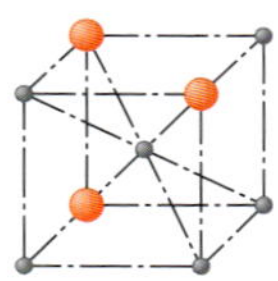

Grundtyp II

Die Komponenten sind nur im flüssigen Zustand voll löslich. Im festen Zustand liegt bei jeder Konzentration der Komponenten ein **Kristallgemisch** vor. Je nach Größe der Kristalle kann man diese manchmal mit dem bloßen Auge sehen. Die Beurteilung des Gefüges geschieht mit einem Metallmikroskop.

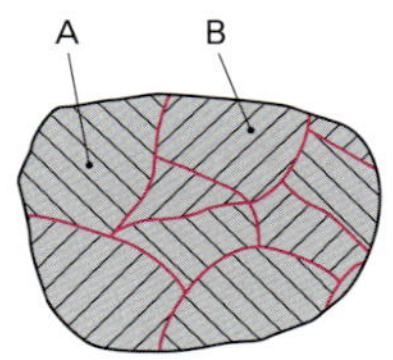

Bezeichnungen für Typ II:
Eutektische Legierung
Inhomogene Legierung
Heterogene Legierung

Bei der eutektischen Legierungen existiert im Zustandsdiagramm ein tiefster Punkt, der **eutektische Punkt**.

Als Beispiel für Typ II:
Abkühlungskurven und Zustandsdiagramm einer Blei (Pb)-Bismut (Bi)-Legierung

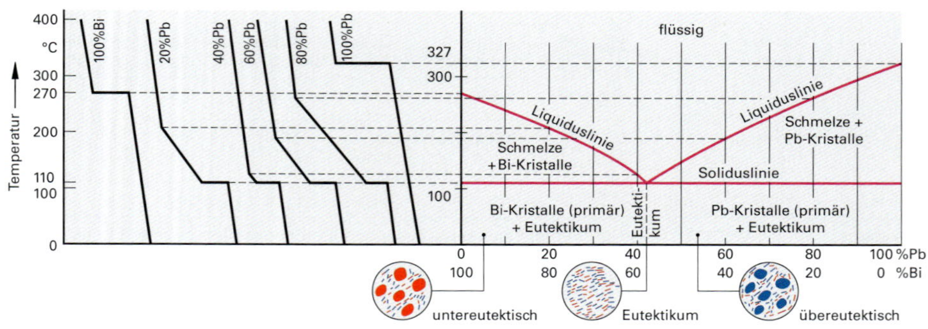

Als Beispiel für Typ I:
Beispiel Cu/Ni = 30/70:

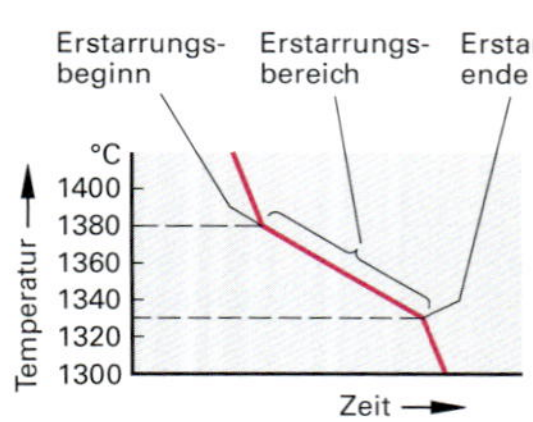

Abkühlungskurven und Zustandsschaubild Cu/Ni:

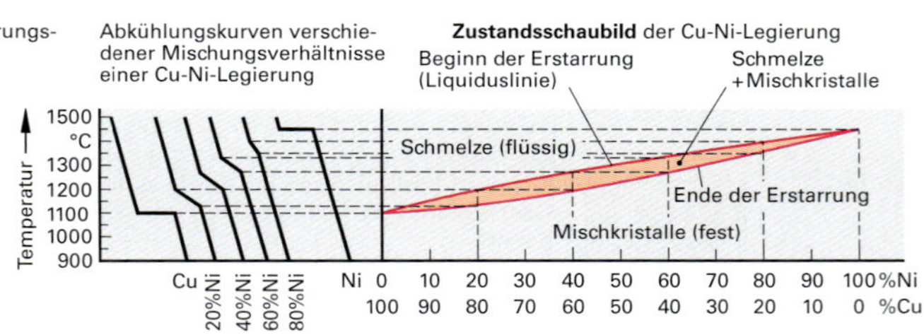

Element Symbol	Schmelzpunkt in °C bei p_n	Siedepunkt in °C bei p_n	Dichte in kg/dm^3	Wichtige Beispiele für Eigenschaften und Anwendungen
Legierungsmetalle (Auswahl)				
Aluminium Al	659	2519	2,7	Leichtmetall, gut dehnbar, niedrige Schmelztemperatur, gute elektrische Leitfähigkeit, gute Wärmeleitfähigkeit, Folien, Maschinen und Fahrzeugbau, Metallbau
Blei Pb	327	1749	11,3	Weich, gut dehnbar, hohe Dichte, relativ edel in der Spannungsreihe, für Akkumulatoren, Legierungsmetall für Weichlote
Cadmium Cd	321	767	8,64	Insbesondere die Dämpfe sind krebserregend, deswegen als Legierungsmetall für Lote verboten, für Akkumulatoren, als Legierungsmetall
Chrom Cr	1903	2671	7,2	Sehr beständig gegen Säuren, Legierungsmetall für Stähle, galvanisches Verchromen, Katalysator bei chemischen Synthesen
Cobalt Co	1495	2927	8,9	Ferromagnetisch, ähnelt Eisen und Nickel, korrosionsbeständig, als Legierungsmetall insbesondere für Hartmetalle geeignet
Eisen Fe	1536	2861	7,85	Grundbestandteil von Stahl, gut dehn- und schmiedbar, ferro-magnetisch, wichtigstes Gebrauchs- und Legierungsmetall
Kupfer Cu	1083	2562	8,9	Weich, beste elektrische und Wärmeleitfähigkeit, wichtige Legierungsmetall (Kupferlegierungen), für Rohrleitungen, Behälter, Dachrinnen und Dachbleche
Molybdän Mo	2623	4639	10,3	Sprödes Schwermetall, gut dehn- und verformbar, sehr hoher Schmelz- und Siedepunkt, bei tiefen Temperaturen supraleitend, hitzebeständig, Legierungsmetall
Nickel Ni	1455	2913	8,9	Ähnelt Cobalt und Eisen, ferromagnetisch, gut verformbar, als Legierungselement zur Stahlveredelung, korrosionsbeständig
Titan Ti	1668	3287	4,5	Leichtmetall, dehn- und schmiedbar, Legierungselement für hitzebeständige und feste Stähle, für Weltraumfahrt, Reaktortechnik, Medizintechnik (Gelenke)
Vanadium V	1910	3407	6,1	Legierungselement für Stahl, gut dehnbar, Verunreinigungen machen es spröde und hart, Legierungen haben große Härte und Stoßfestigkeit.
Wolfram W	3422	5555	19,3	Gut verformbar, beständig gegen Wasser und nicht oxidierende Säuren, bei tiefen Temperaturen supraleitend, wichtiges Legierungselement, sehr hitzebeständig
Zink Zn	419	907	7,13	Weich und dehnbar, für Bleche und Drähte geeignet, Oberflächenschutz von Baustahl durch Verzinken, mit Kupfer legiert erhält man Messing.
Zinn Sn	232	2602	7,29	Gut walzbar (Stanniol), Legierungselement für Weichlote (Lötzinn), als Lagermetall geeignet, Verpackungsfolien, Lametta
Nicht metallische Legierungselemente (Auswahl)				
Kohlenstoff C	3547	4830	3,5	Wichtiger Legierungsbestandteil von Stahl, sehr gute Leitfähigkeit, Auskleidungen von Schmelztiegeln, Schmiermittel, Elektroden, Kohlebürsten
Phosphor P	44,1	280,5	1,82	Man unterscheidet weißen, roten und schwarzen Phosphor, setzt bei Cu-Loten den Schmelzpunkt herab, für Zündhölzer, für Düngemittel, erhöht Festigkeit bei Stahl.
Silicium Si	1414	3265	2,33	Erhöht bei Stahl Festigkeit, Dehngrenze, Korrosionsbeständigkeit, verschlechtert Schweißbarkeit und Zerspanbarkeit, Rohmaterial für Mikrochips

Eisenwerkstoffe

Eisenwerkstoffe

Eisen-Gusswerkstoffe

Eisen-Gusswerkstoffe enthalten als Hauptbestandteil Eisen, aber deutlich **mehr Kohlenstoff als 2 %**. Sie können weitere Legierungselemente enthalten. **Die Weiterverarbeitung erfolgt durch Gießen.**

Stahl

Stähle sind Werkstoffe, deren **Hauptbestandteil** ebenfalls **Eisen** ist und die im Allgemeinen **weniger als 2,06 % Kohlenstoff** enthalten. In der Regel sind noch weitere Elemente enthalten. **Die Weiterverarbeitung erfolgt durch Umformen**, z.B. durch Walzen, Tiefziehen, Treiben etc.

Eisen-Gusswerkstoffe

DIN EN ISO 1560: 2011-05

Eisen-Gusswerkstoffe bieten bei hoher Qualität oft wirtschaftlichere Lösungen als Schmiede- oder Schweißkonstruktionen, auch bei der Serienfertigung von Teilen mit hohem Anforderungsprofil.

Ausgangsstoffe sind Roheisen, Stahlschrott, Gussbruch sowie **Ferrolegierungen** (Legierungen aus Eisen und einem hohen Anteil von Legierungsmetall).

Sortenbezeichnung:
- Gusseisen mit Lamellengrafit (EN-GJL)
- Gusseisen mit Kugelgrafit (EN-GJS)
- Temperguss weiß (EN-GKMW)
- Temperguss schwarz (EN-GJMB)
- Stahlguss (GS)

Sortenbezeichnung	Gefüge	Eigenschaften	Anwendung
Gusseisen mit Lamellengrafit (EN-GJL)		Hohe Druckfestigkeit, günstig in Gießbarkeit und Zerspanbarkeit, hohes Dämpfungsvermögen Dichte 7,25 kg/dm³ Schmelzpunkt 1150 … 1250 °C Zugfestigkeit 100 … 350 N/mm² Bruchdehnung etwa 1 % Schwindmaß 1 %	Maschinengestelle, Getriebe- und Kurbelgehäuse, Bremsbacken SML-Rohr
Gusseisen mit Kugelgrafit (EN-GJS)		Hohe Bruchdehnung, große Bruchfestigkeit, Randschichthärtung möglich Dichte 7,2 kg/dm³ Zugfestigkeit 400 … 900 N/mm² Bruchdehnung 22 … 1 % Schwindmaß 0,5 … 1,2 %	Kurbelwellen, Radkörper, Zahnräder, Pumpen- und Turbinengehäuse
Weißer Temperguss (GJMW)	Entkohlend geglüht, wobei der Kohlenstoffgehalt vom Rand ausgehend von Null bis zu einem Maximalwert zunimmt. Die Bruchfläche ist metallisch hell.	Rohgussanalysen von Temperguss (siehe Tabelle unten) Größere Zähigkeit und Festigkeit als Gusseisen mit Lamellengrafit, gute Gießbarkeit, Sondergüten sind schweißbar. Weißer Temperguss hat Stahleigenschaften, d.h., er ist auch schmiedbar.	Im Maschinen- und Anlagenbau: Hebel, Fittings, Ventilgehäuse u.a. Im Fahrzeugbau: Pleuelstangen, Kolben, Lenksäulen u.a. **Tempergussteile sind äußerst kostengünstige Massenteile.**
Schwarzer Temperguss (GJMB)	Nicht entkohlend über mehrere Tage geglüht. Bruchfläche ist schwarz.		
Stahlguss (GS)	Stahlguss ist in **Formen gegossener Stahl**. Seine Eigenschaften richten sich nach dem Verwendungszweck, z.B. hitzebeständiger Stahl, korrosionsbeständiger Stahl, Stahl für tiefe Temperaturen etc. In der Bezeichungsweise (→ Werkstoffnormung) unterscheidet man insbesondere zwischen unlegierten, niedriglegierten und hochlegierten Stählen.		

Rohgussanalysen von Temperguss

Sorte	C	Si	Mn	S in %
GJMB (GTS)	2,5	1,3	0,45	0,12
GJMW (GTW)	3,2	0,6	0,45	0,12 … 0,25

Gussarten

G-	Gusswerkstoff (allgemein)	GTS-	Schwarzer Temperguss
GG- oder GGL-	Gusseisen mit Lamellengrafit (Grauguss)	GTW-	Weißer Temperguss
GGG-	Gusseisen mit Kugelgrafit (Sphäroguss)	GS-	Stahlguss

G1

Einteilung von Gusseisen

DIN EN ISO 1560: 2011-05

Neue Bezeichnungen für Gusseisen nach DIN EN 1560:

Nach **DIN EN 1560** kann Gusseisen durch **Werkstoffkurzzeichen** oder durch **Werkstoffnummern** bezeichnet werden.

Die **Bezeichnung durch Kurzzeichen** darf höchstens 6 Positionen haben, die **Bezeichnung nach Werkstoffnummern** umfasst 9 Positionen. Dies ist die Regelkennzeichnung.

Tabelle 1: Schlüssel für die Bezeichnung nach Werkstoffnummern

Position	1	2	3	4	5	6	7	8	9
Zeichen	E	N	–	L	L	n	n	n	n

L Großbuchstabe
n arabische Ziffern

Position 1 bis 3: EN- für Europanorm

Position 4: Die Buchstaben GJ sind zu verwenden (G steht für Guss, J für Eisen)

Position 5: Grafitstruktur nach Tabelle 3

Position 6: Hauptmerkmal nach Tabelle 2 (einstellige Zahl)

Position 7 und 8: Zweistellige Zahl von 00 bis 99, die den Werkstoff angibt und von der europäischen Kommission auf Antrag vergeben wird.

Position 9: Einstellige Zahl für besondere Werkstoffanforderungen (siehe Tabelle 4).

Tabelle 2: Hauptmerkmal

0	Reserve
1	Zugfestigkeit
2	Härte
3	chem. Zusammensetzung
4	Reserve
5	Reserve
6	Reserve
7	Reserve
8	Reserve
9	Reserve

Beispiel:

EN-GJS-500-7	EN-:		Position 1 bis 3
	G:	Guss	Position 4
	J:	Eisen	Position 4
	S:	Grafitstruktur kugelig (siehe Tabelle 3)	Position 5
	500:	Zugfestigkeit R_m in N/mm^2	(→ Stahl)
	7:	Rohgussstück	Position 9

Tabelle 3: Grafitstruktur

L	lamellar (blättrig)
S	kugelig
M	Temperkohle
V	vermikular (warmartig)
H	grafitfrei (Hartguss), ledeburitisch
Y	Sonderstruktur, in der jeweiligen Werkstoffnorm angegeben
(Entkohlend geglühter Temperguss eingeschlossen.)	

Tabelle 4: Besondere Anforderungen für den einzelnen Werkstoff

0	keine besonderen Anforderungen
1	getrennt gegossenes Probestück
2	angegossenes Probestück
3	einem Gussstück entnommenes Probestück
4	Schlagzähigkeit bei Raumtemperatur
5	Schlagzähigkeit bei tiefer Temperatur
6	festgelegte Schweißneigung
7	Rohgussstück
8	wärmebehandeltes Gussstück

Die **Werkstoffnummern für Temperguss** sind entsprechend der **DIN EN 1560** aufgebaut. Verbindliche Aussagen macht die **DIN EN 1562**.

Nachfolgend sind **Beispiele** (Auswahl) für die Bezeichnung der Eisen-Gusswerkstoffe zu finden. Verbindlich sind grundsätzlich die neuesten Normen.

Gusseisen mit Lamellengrafit (Grauguss)

Gusseisensorte		Alter Kurzname	Erwartungswerte	
Kurzname	Nummer		Zugfestigkeit R_m in N/mm^2	Bruchdehnung A in %
EN-GJL-150	EN-JL1020	GG-15	80 ... 180	0,8 ... 0,3
EN-GJL-200	EN-JL1030	GG-20	115 ... 230	0,8 ... 0,3
EN-GJL-250	EN-JL1040	GG-25	155 ... 250	0,8 ... 0,3
EN-GJL-300	EN-JL1050	GG-30	195 ... 270	0,8 ... 0,3

In der nebenstehenden Tabelle sind Zugfestigkeit (Bruchfestigkeit) R_m und Bruchdehnung A angegeben, und zwar in einem Bereich von ... bis. Damit wird dem **Größeneinflussparameter** der Bauteile Rechnung getragen, d.h. dass mit zunehmender Bauteilgröße die Gestaltfestigkeit zurückgeht.

Einteilung von Gusseisen (Fortsetzung)

Gusseisen mit Kugelgrafit (Auswahl)

Gusseisensorte Kurzname	Nummer	Alter Kurzname
EN-GJS-400-15U	EN-JS1072	GGG-40
EN-GJS-600-3U	EN-JS1092	GGG-60
EN-GJS-800-2U	EN-JS1112	--

Temperguss (Auswahl)

Gusseisensorte Kurzname	Nummer	Alter Kurzname	Probendurchmesser *d* in mm
Entkohlend geglühter Temperguss (Weißer Temperguss)			
EN GJ MW-400-5	EN-JM1030	GTW-40-05	6…15

Stahl

DIN EN 10020: 2000-07

Stähle sind die am meisten verwendeten metallischen Werkstoffe. Ihre Eigenschaften können für weitere Anwendungsbereiche angepasst werden. Sie können von **sehr weich und gut verformbar bis sehr hart und spröde** hergestellt werden.

Methoden zur Veränderung der Stahleigenschaften:
- Legieren
- Warmbehandeln (Härten, Glühen, Vergüten, ...)
- Kaltverformen (Walzen, Ziehen, Biegen, ...)

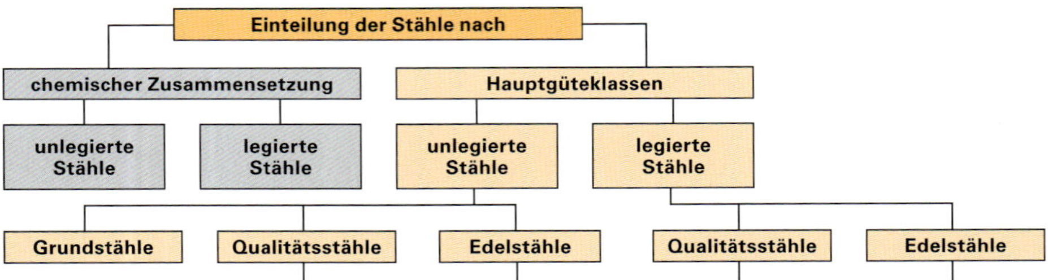

Qualitätsstähle und Edelstähle

Der Unterschied Qualitätsstahl/Edelstahl ist vor allem damit begründet, dass sich Edelstähle durch

- sorgfältigere Herstellung,
- höheren Reinheitsgrad,
- verbesserte Desoxidation,
- genauere Zusammensetzung,
- verbesserte Härtbarkeit

auszeichnen.

Unlegierte Stähle

Kein Legierungselement erreicht den Grenzwert nebenstehender Tabelle.

Legierte Stähle

Mindestens ein Legierungselement erreicht den Grenzwert, der nebenstehender Tabelle und

Stahlsorten entsprechen nicht der Definition für nichtrostende Stähle.

Nicht rostende Stähle

Chromgehalt mind. 10,5 %
Kohlenstoffgehalt max. 1,2 %

Die **nicht rostenden Stähle** sind in einer eigenen Gruppe zusammengefasst. Es sind legierte Stähle, die nicht in Qualitäts- oder Edelstähle unterteilt werden.

Die Einteilung der Stähle erfolgt auch in die Gruppen **Baustähle** und **Werkzeugstähle**.

Element		Grenzwert in %
Al	Aluminium	0,30
B	Bor	0,0008
Bi	Bismut (Wismut)	0,10
Co	Cobalt	0,30
Cr	Chrom	0,30
Cu	Kupfer	0,40
La	Lanthanide (einzeln gewertet)	0,10
Mn	Mangan	1,65
Mo	Molybdän	0,08
Nb	Niob	0,06
Ni	Nickel	0,30
Pb	Blei	0,40
Se	Selen	0,10
Si	Silicium	0,60
Te	Tellur	0,10
V	Vanadium	0,10
W	Wolfram	0,30
Zr	Zirkonium	0,05
sonstige (mit Ausnahme von Kohlenstoff, Phosphor, Schwefel und Stickstoff) jeweils		0,10

G1

Stahlbezeichnungen nach Gefügeart, Verwendungszweck, Warmbehandlungsverfahren etc.				
Warmarbeitsstähle Kaltzähe Stähle Kaltumformstähle Warmumformstähle Tiefziehstähle	Warmfeste Stähle Kesselstähle Austenitische Stähle Kaltarbeitsstähle	Werkzeugstähle Baustähle Feinkornbaustähle Vergütungsstähle Einsatzstähle	Nitrierstähle Federstähle Automatenstähle etc.	Heute gibt es für die verschiedensten Verwendungen etwa 2500 verschiedene Stähle.

Bezeichnungssystem für Stähle mit **Kurznamen → DIN EN 10027-1: 2017-01**

Benennung der Stähle

Hauptsymbole	
Kennbuchstabe	**Kennzahl**

- Kennbuchstaben für die
  - Verwendung
  - chem. Zusammensetzung
- Kennzahl
  - kennzeichn. Eigenschaften
  - Zusammensetzung

Zusatzsymbole für Stähle	
Gruppe 1	**Gruppe 2**

Gruppe 1: Verwendung und mechanische Eigenschaften oder physikalische Eigenschaften

Gruppe 2: Chemische Zusammensetzung. Je nach Hauptsymbol unterschiedliche Angaben

Zusatzsymbole für Stahlerzeugnisse

Symbol für:
- besondere Anforderungen
- Art des Überzuges
- Behandlungszustand

Kurznamen von Stählen nach der chemischen Zusammensetzung:

Man unterscheidet 4 Stahlgruppen:
- Unlegierte Stähle mit einem Mangangehalt < 1 %
- Legierte Stähle, sofern der Gehalt jedes Legierungselementes unter 5 % liegt.
- Legierte Stähle, wenn der Gehalt eines Legierungselementes mehr als 5 % beträgt.
- Schnellarbeitsstähle

Beispiel:

S235 J2 G3

Aus den Tabellen der **DIN EN 10027-1** ergibt sich:

(S)	Stahlbaustahl
(235)	R_e = 235 N/mm²
(J2)	Kerbschlagarbeit bei – 20 °C ist 27 Nm
(G3)	vollberuhigt gegossen

Unlegierte Stähle mit einem Mangangehalt < 1 %

Hauptsymbole	Zusatzsymbole	
C und **Kennzahl** für Kohlenstoffgehalt (Kennzahl = Kohlenstoffgehalt in % · 100)	**E** maximaler S-Gehalt **R** Bereich des S-Gehaltes **C** besondere Eignung zum Kaltumformen **G** andere Merkmale	**S** für Federn **U** für Werkzeuge **W** für Schweißdraht **D** zum Drahtziehen

Beispiel:

C35E

C = 0,35 %

E = maximaler Schwefelgehalt

Legierte Stähle, sofern der Gehalt jedes Legierungselementes unter 5 % liegt:

Der Kurzname besteht aus:
- Kennzahl für den 100-fachen Kohlenstoffgehalt
- den chemischen Symbolen für die Legierungselemente
- den mit Faktoren multiplizierten Gehalten der Legierungselemente (nebenstehende Tabelle)

Legierungselement	Faktor
Cr, Co, Mn, Ni, Si, W	4
Al, Cu, Mo, Pb, Ta, Ti, V	10
C, N, P, S	100
B	1000

Beispiel:

16MnCr5

16/100 = 0,16 % C

5/4 = 1,25 % Mn

Der Cr-Gehalt ist nicht angegeben.

Schnellarbeitsstähle

Kurzname	chemische Zusammensetzung in %						Härte in HRC
	C	Cr	W	Mo	V	Co	
HS 3-3-2	0,99	4,15	2,85	2,75	2,35	–	62 … 63
HS 6-5-2-5	0,88	4,15	6,35	4,95	1,85	–	64 … 66
HS 12-1-4-5	1,37	4,15	12,0	0,85	3,75	4,75	65 … 67
HS 10-4-2-10	1,27	4,15	10,25	3,75	3,25	10,5	65 … 67

G1

Kupfer und Kupferlegierungen

DIN EN 1412: 2017-01

C für Kupfer — **C 383 H**

Erzeugnisse		Werkstoffnummer		Werkstoffgruppe
B	Werkstoffblöcke zum Umschmelzen	Kupfer	000-009	
C	Gusserzeugnisse	Niedrig legierte Kupferlegierungen (Legierungselemente kleiner 5%)	100-199	A oder B
F	Schweißzusatzwerkstoffe und Hartlote	Kupfer Sonderlegierungen (Legierungselemente größer 5%)	200-299	C oder D E oder F
M	Vorlegierungen	Kupfer-Aluminium-Legierungen	300-349	G
R	Raffiertes Kupfer in Rohform	Kupfer-Nickel-Legierungen	35-399	H
		Kupfer-Nickel-Zink-Legierungen	400-449	J
S	Werkstoffe in Form von Schrott	Kupfer-Zinn-Legierungen	450-499	K
		Kupfer-Zink-Legierungen, Zweistoffleg.	500-599	L oder M
W	Knetlegierung	Kupfer-Zink-Blein-Legierungen	600-699	N oder P
		Kupfer-Zink-Legierungen, Mehrstoffleg.	700-799	R oder S

Handelsnamen von Kupferlegierungen

• **Bronze**	Legierung aus Kupfer und Zinn	• **Messing**	Sammelbezeichnung für Legierungen aus Kupfer (mehr als 50%) und Zink
• **Duran-Metall**	Kupfer-Zink-Legierung mit weniger als 50% Kupfer	• **Neusilber**	auch Alpaka, Pakfong, Nickelin): Legierung aus Kupfer, Nickel und Zink
• **Isabellin**	Kupfer-Nickel-Mangan-Legierung	• **Rotguss**	Gut gießbare Legierung aus Kupfer, Zink, Zinn und Blei
• **Konstantan**	Kupfer-Nickel-Legierung		

Gruppen von Kupferlegierungen

- Kupfer-Zink-Legierungen (Messing)
- Kupfer-Zink-Legierungen mit weiteren Zusätzen (Sondermessing)
- Kupfer-Zinn-Legierungen (Bronze)
- Kupfer-Nickel-Zink-Legierungen (Neusilber)
- Kupfer-Zink-Zinn-Legierungen (Neusilber)

u. a. (meist ohne Sonderbezeichnungen).

Niedrig legiertes Kupfer

Maximal 5% Zusatz verschiedener Elemente wie Ni, Si, Cr, Cd u.a. verändern die Eigenschaften wie z.B. Festigkeit, Rekristallisationstemperatur, Leitfähigkeit, Schmelzpunkt u.a. Mindest-Cu-Gehalt 95%.

Nebenstehendes Bild zeigt z.B. den Einfluss verschiedener Legierungselemente und Schmutzteilchen auf die elektrische Leitfähigkeit von Kupfer.

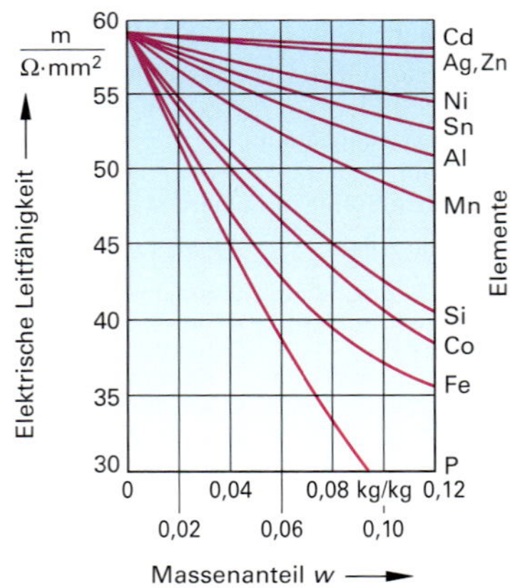

Hochlegierte Kupferlegierungen mit großer technischer Bedeutung

Bronze	Messing	Rotguss	Neusilber
Außer 60 bis 98% Cu noch Al, Sn, Pb (dann Bleibronze, Zinnbronze etc.), auch **Mehrstoffbronze**. Pb fördert die Zerspanbarkeit, Ni die Festigkeit. Hohe Korrosionsbeständigkeit und Verschleißfestigkeit. Gleitlager mit guten Notlaufeigenschaften, Schneckenräder, Fittings im Rohrleitungsbau.	Mindestens 50% Cu. Je mehr Zn, desto kleiner die Leitfähigkeit. Unterscheiden: **Gussmessing** und **Knetmessing**. R_m ist groß (310 bis 460 N/mm²). **Sondermessing** mit Zusätzen wie Ni, Mn, Fe, Sn, Al, Pb u.a. – Armaturen, Uhrenteile, Antennen, Formstücke in der Sanitärinstallation, hohe Kerbempfindlichkeit.	Cu 80 bis 90%, Zinn 1,5 bis 11%, Zink 1 bis 9%, daneben auch geringe Pb- und Ni-Anteile. Gut gießbar, gute Gleiteigenschaften, kavitationsbeständig, verscheißfest. Gleitlager, hydraulische Anlagen, Zahnräder, Schneckenräder, diverse Fittings.	40 bis 70% Cu, 20 bis 45% Zn, 10 bis 30% Ni. Silberweißes Aussehen. Für Reißzeuge, Schrauben, für feinmechanische Geräte und Uhrengehäuse, medizinische Geräte.
		Als **hochlegiert** bezeichnet man Kupferlegierungen, wenn der Kupfergehalt mindestens 50% beträgt.	

G1

Aluminium und Aluminiumlegierungen

Aluminium und chemische Zusammensetzung von Aluminiumlegierungen

Die wichtigsten **Gusslegierungen** (Auswahl)

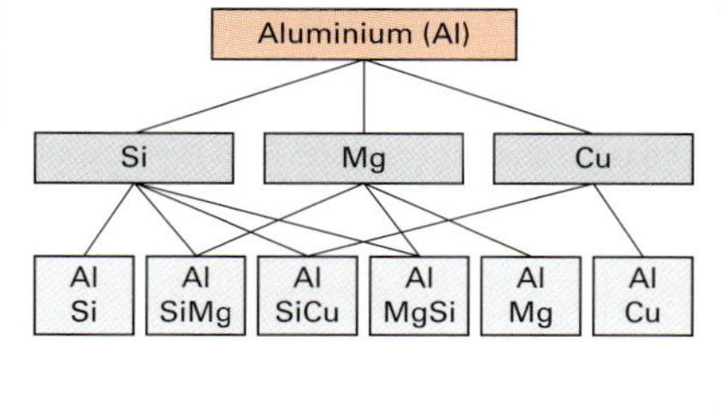

Die wichtigsten **Knetlegierungen** (Auswahl)

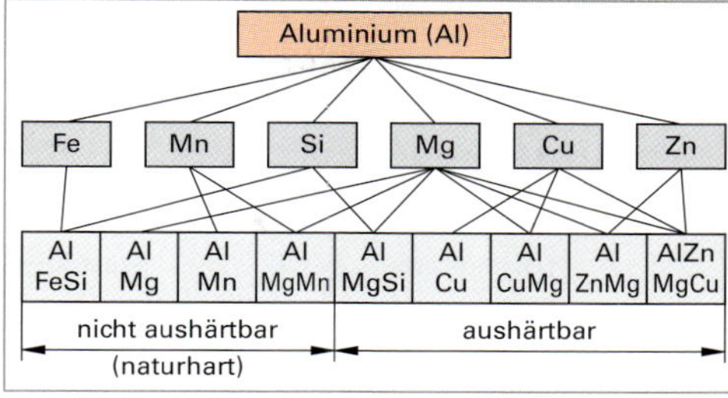

Numerisches Bezeichnungssystem nach DIN EN 573-1

EN AW-6063

- europäische Norm — EN
- Aluminium — A
- Knetlegierung (bei Gusslegierung: C) — W
- Seriennummer (von Euopäischer Kommission vergeben und verwaltet) — 6063

Zu unterscheiden: **aushärtbare Legierungen**
nicht aushärtbare Legierungen

Die **Seriennummer** lässt Rückschlüsse auf die chemische Zusammensetzung, d. h. auf die **Hauptlegierungselemente,** zu:

- Aluminium mit mind. 99,9% Al — 1xxx (Serie 1000)
- Kupfer — 2xxx (Serie 2000)
- Mangan — 3xxx (Serie 3000)
- Silicium — 4xxx (Serie 4000)
- Magnesium — 5xxx (Serie 5000)
- Magnesium und Silicium — 6xxx (Serie 6000)
- Zink — 7xxx (Serie 7000)
- sonstige Elemente — 8xxx (Serie 8000)
- nicht verwendete Serie — 9xxx (Serie 9000)

Verwendung und Eigenschaften von Aluminiumlegierungen (Auswahl)

Werkstoff-Kurzname Werkstoffnummer	Werkstoff-zustand	0,2%-Dehngrenze $R_{p0,2}$ in N/mm²	Zugfestigkeit R_m in N/mm²	Bruchdehnung A_{50} in %	Besondere Eigenschaften Verwendung
Nicht aushärtbare Al-Knetwerkstoffe					
EN AW-Al99,5 **EN AW-1050A**	O weich H28 hart	mind. 20 mind. 110	60 … 95 mind. 140	~ 25 ~ 3	preisgünstig, korrosionsfest, wenig zugfest, Bleche, Bänder, Fließpressteile
EN AW-Al Mg3 **EN AW-5754A**	O weich H38 hart	mind. 80 mind. 230	180 … 250 mind. 290	~ 17 ~ 3	meerwasserbeständig, polierfähig, Behälter, Rohrleitungen, Beschläge
Aushärtbare Al-Knetlegierungen					
AN AW-Al MgSi **EN AW-6060**	T4 geglüht T66 gehärtet	mind. 60 mind. 160	mind. 120 mind. 225	~ 16 ~ 8	preisgünstig, gut schweißbar und anodisierbar, Fenster, Türen, Tragkonstruktionen
EN AW Al Zn 4,5 Mg1 **EN AW-7020**	T6 ausgehärtet	mind. 275	mind. 340	~ 10	härtet nach dem Schweißen selbsttätig wieder aus, Schweißkonstruktionen
EN AW-Al Zn 5,5MgCu **EN AW-7075**	O weich T6 gehärtet	mind. 165 mind. 400	max. 275 mind. 540	~ 10 ~ 6	höchste Festigkeit, geringe Korrosionsbeständigkeit, hochbeanspruchte Bauteile
Al-Gusswerkstoffe					
EN AC-Al Si12 **EN AC-44200**	F Gusszustand	mind. 80	mind. 170	~ 6	sehr gut vergießbar, korrosionsbeständig, Gussstücke aller Art

Kunststoffe

Allgemeine Eigenschaften

Vorteile	Nachteile
• geringe Dichte (zwischen 1 kg/dm³ und 2 kg/dm³) • korrosionsbeständig • hohe Beständigkeit gegnüber Säuren und Laugen • elektrisch isolierend (nicht leitend) • flexibel und elastisch	• geringere Festigkeit • hohe Wärmeausdehnung und damit zu berücksichtigende Längenausdehnung • zum Teil brennbar • zeitabhängige Veränderung der Festigkeit (kriechen) • zum Teil nicht kratzfest bei Sanitärobjekten

	Thermoplaste	Elastomere	Duroplaste
Bearbeitung	Thermoplaste erweichen oberhalb einer festen Temperatur, da die Makromoleküle schwach miteinander verbunden sind.	Elastomere bestehen aus Makromolekülen, welche miteinander verknäult und an wenigen Stellen weitmaschig vernetzt sind.	Da die Moleküle fest vernetzt sind, erfolgt keine Erweichung in Abhängigkeit von der Temperatur.
Innere Struktur		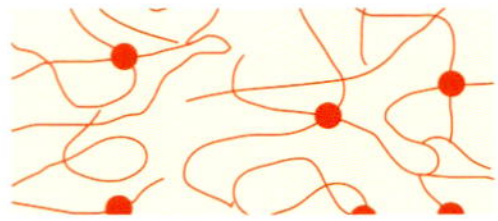	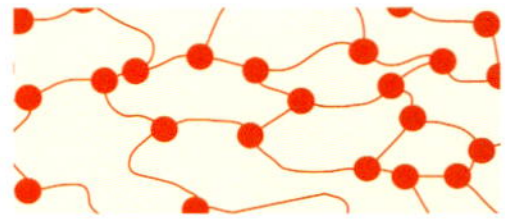
Eigenschaften	warm umformbar schweißbar zerspanbar klebbar	hohe Elastizität hohes Dehnvermögen nicht umformbar nicht schweißbar klebbar	nicht umformbar nicht schweißbar zerspanbar klebbar
Recycling	gut recycelbar	nicht recycelbar	nicht recycelbar
Beispiele	• Polyamid • Polycarbonat • Lineare Polyester • Polyphenylene • Polyphenylenoxid PPO modifiziert • Polyphenylsulfid PPS • Polyphenylenether PPE • Polyethylen PE • Polypropylen PP • Polyvinylchlorid PVC • Polymethylmethacrylat PMMA • Polyoxymethylen POM • Polystyrol PS • Styrol-Butadien-Copolymer SB • Styrol-Acrylnitril-Copolymer SAN • Styrol-Acrylnitril/Acrylester-Propfcopolymer ASA • Acrylnitril-Butadien-Styrol/Propfcopolymer ABS • Polytretrafluorethylen PTFE • Fluorhaltige Thermoplaste PCTFE/PVDF/PVF/PETFE • Polyarylamid PAA • Thermoplastische Polyimide	• Naturkautschuk NR • Polybutadien BR • Styrol-Butadien-Kautschuk SBR • Acrylnitil-Butadien-Kautschuk NBR • Chloropren-Kautschuk CR • Isoprenkautschuk IR • Isopren-Isobutylen-Copolymere, Butylkautschuk IIR • Halogenierte Copolymere aus Isopren und Isobutylen BIIR, CIIR • Ethylen-Propylen-Kautschuk EPDM, EPM • Ethylen-Vinylacetat-Copolymere EAM • Chloriertes Polyethylen CM und Chlorsulfoniertes Polyethylen CSM • Acrylatkautschuk ACM • Epichlorhydrin-Kautschuk CO, ECO, ETER • Fluorkautschuk FKM • Silikonkautschuk Q • Polysulfidkautschuk TM • Urethankautschuk AU	• Phenol-Formaldehydharz PF • Melaminformaldehydharz MF • Harnstoff-Formaldehyd UF • Ungesättigte Polyesterharze UP • Polyimide PI • Silikonharz SI • Epoxidharze EP

Kurzzeichen für Kunststoffe

DIN EN ISO 1043-1: 2016-09

PD – H – D

Basispolymere | 1. besondere Eigenschaft | 2. besondere Eigenschaft

Basispolymere (Auswahl entsprechend **DIN EN 1043-1**)		Besondere Eigenschaften (Auswahl nach **DIN EN 1043-1**)			
CA	Celluloseacetat	A	amorph	P	thermoplastisch
PE	Polyethylen	B	bromiert	R	hart
AMMA	Acrylnitril-Methylmethacrylat	E	verschäumt	S	gesättigt
PVC	Polyvinylchlorid	D	Dichte	T	temperaturbeständig
SI	Silikon	F	flüssig	U	ultra
UP	ungesättigter Polyester	H	hoch	U	auch weichmacherfrei
MF	Melamin-Formaldehyd	I	schlagzäh	V	sehr
PMMA	Polymethylmethycrylat	L	linear oder niedrig	W	Gewicht
ABS	Acrylnitril-Butadien-Styrol-Copolymer	P	weichmacherhaltig	X	vernetzt, vernetzbar

Kunststoffe in der Versorgungstechnik (Auswahl)

Werkstoff	Bezeichnung	Art[1]	Verwendung	Eigenschaften
ABS	Acrylnitril-Butadien-Styrol	T	Abwasserrohre, Formstücke für Abwasser	zähelastisch und schlagfest, heißwasserbeständig bis 100 °C, steck- und klebbar
PA	Polyamid	T	Maschinengehäuse	hart und schlagfest
PB	Polybutylen	T	Rohre für Kalt-, Warm- und Heizungswasser	warmfest bis ca. 95 °C, kältebeständig, beständig gegen Chemikalien
PE-HD	Polyethylen Hohe Dichte	T	Rohre für Abwasser, Kaltwasser und Gasleitungen, Spülkästen	hart und druckfest, beständig gegen Chemikalien, gut schweißbar
PE-X	Polyethylen vernetzt	T	Rohre für Kalt-, Warm- und Heizungswasser	warmfest bis ca. 95 °C, kältebeständig, beständig gegen Chemikalien
PMMA	Polymethylmethacrylat	T	Schaugläser, Waschtische, Bade- und Duschwannen	heißwasserbeständig bis 100 °C, glatte Oberfläche, beständig gegen viele Laugen und Säuren
PP	Polypropylen	T	Abwasserrohre	heißwasserbeständig bis 95 °C, formstabil, beständig gegen Chemikalien
PVC-C	Polyvinylchlorid chloriert	T	Rohre für Kalt- und Warmwasser, Ventile Druckrohrleitungen,	fest, steif, gut kleb- und schweißbar, warmfest bis 95 °C,
PVC-U	Polyvinylchlorid hart	T	Abwasserrohre (KG-Rohre), Regenfallleitungen	fest, steif, hart, gut kleb- und schweißbar, beständig gegen viele Laugen und Säuren
PUR	Polyurethan	D	Wärmedämmung	gute Isolationseigenschaften
UP	Ungesättigte Polyesterharze	D	Klebstoff, Badewannen	hohe Festigkeit und Härte, gute Warmfestigkeit, gute Verschleißfestigkeit
CR	Chloropren-Kautschuk	E	Bautenabdichtungen, Kabelummantelungen	gute Witterungsbeständigkeit, Versprödung bei niedrigen Temperaturen

[1] T Thermoplast D Duroplast E Elastomer

Verbundwerkstoffe, Sinterwerkstoffe

Bei **Verbundwerkstoffen** werden verschiedene Werkstoffe zu einem Ganzen (Verbund) verknüpft. Dadurch ergeben sich in der Regel:

- bessere Funktion
- höhere Leistungen
- Werkstoffeinsparungen
- Energieeinsparungen
- Kostenreduzierung

Man unterscheidet im Wesentlichen folgende **Verbundarten**:

- Schichtverbundwerkstoffe

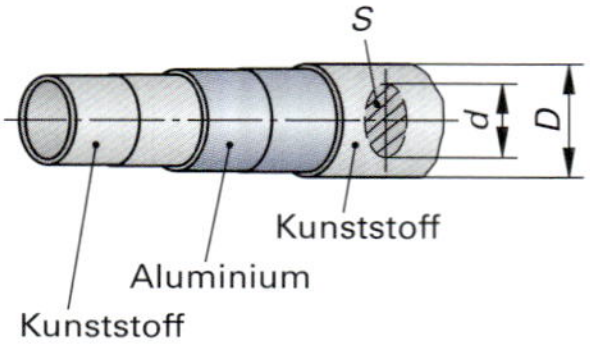

- Faserverbundwerkstoffe
- Teilchenverbundwerkstoffe
- Durchdringungsverbundwerkstoffe

Verbundwerkstoffe zeichnen sich durch hohe **Festigkeit** und **Elastizität** aus. Sie sind also zäh (fest plus elastisch = zäh) und gleichzeitig in der Regel sehr **leicht**.

Verbundart	Schema	Beispiele
Schichtverbund	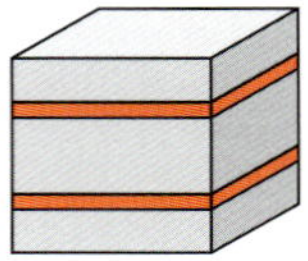	Bauplatten aus Holz in Sandwichbauweise (Tischlerplatte), mit Kunststoff ummantelte Rohrleitung, Hartpapier, Kunstharzpressholz (z.B. bei Skiern), Verbunddämmkonstruktion. Man unterscheidet Verstärkungs- und Deckschichten.
Faserverbund	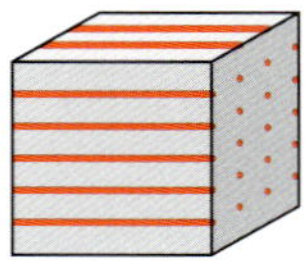	Dünne gerichtete oder regellos eingelegte Fasern, meist als Glasfasern oder Kohlenstofffasern, auch Al_2O_3-Fasern als Einlage in Kolben von Hochleistungs-Verbrennungsmotoren. Glasfaserverstärkter Kunststoff
Teilchenverbund	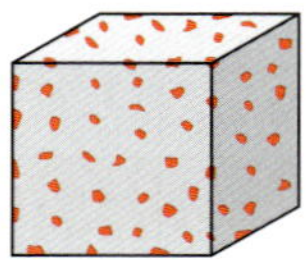	Kleinste Kristalle oder amorphe Körperchen sind fein verteilt im Grundwerkstoff eingelagert. In Hartmetall sind z.B. Wolfram-Carbidteilchen (WC) in Cobalt eingelagert. Auch in Filtermaterial (Wasser- oder Kältemittel-Filter).
Durchdringungsverbund	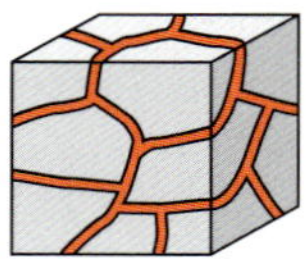	Netzartige Durchdringung des Grundwerkstoffes durch einen porösen Stoff. Dadurch kann Kunststoff elektrisch leitend gemacht werden. Weiteres Beispiel: kunststoffgebundene Schleifscheiben.

Sinter-Werkstoffe

DIN EN ISO 3252: 2023-06

Sinter-Werkstoffklassen	
• Sintereisen bzw. Sinterstahl ohne Cu-Anteil und mit bis 1% Cu	Kennziffer: 0
• Sinterstähle mit 1% bis 5% Cu sowie mit mehr als 5% Cu	Kennziffer: 1, 2, 3
• Sinterstähle mit und ohne Cu und mehr als 6% anderer Legierungselemente	Kennziffer: 4
• Sinter-Kupferlegierungen mit mehr als 60% Cu	Kennziffer: 5
• Sinterbuntmetalle, die nicht in Kennziffer 5 enthalten sind	Kennziffer: 6
• Sinterleichtmetalle (z.B. Sinteraluminium)	Kennziffer: 7

Sintern ist in den Bereich der **Pulvermetallurgie** einzuordnen. Nach **DIN EN ISO 3252** werden Sintermetalle entsprechend nebenstehender Tabelle eingeteilt.

Verfahren:

- Pulvergewinnung und Mischung (Metalle und Nichtmetalle)
- Formgebung und hohe Verdichtung
- Sintern (zusammenbacken bei hoher Temperatur)

Hartmetalle sind Sinterwerkstoffe (Teilchenverbund) aus harten Carbidteilen (z.B. Wolframcarbid WC) und einem zähen Bindemetall. Meist ist dies Cobalt.

Prüfen, Messen, Lehren – Grundbegriffe

Prüfen ist das Vergleichen von Merkmalen eines Produktes mit den geforderten Eigenschaften. Das Prüfen kann subjektiv durch Sinneswahrnehmung (z. B. Augenmaß) oder objektiv durch Messen oder Lehren erfolgen.

Messen ist das Vergleichen einer Länge oder Form eines Produktes mit einem Messgerät. Das Ergebnis ist ein Messwert.

Lehren ist das Vergleichen eines Produktes mit einer Lehre. Als Ergebnis liegt die Aussage „gut" oder „Ausschuss" vor.

Längen- und Formprüfmittel

Prüfmittel

- **Messgeräte**
  - **Maßverkörperungen**
    - Gliedermaßstab
Genauigkeit 1 mm 
    - Bandmaß
Genauigkeit 1 mm 
    - Stahlmaßstab
Genauigkeit 1 mm 
  - **Anzeigende Messgeräte**
    - Messschieber
Genauigkeit: 1/10 mm oder 1/20 mm 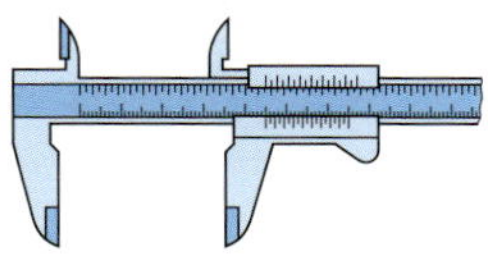
    - Laser 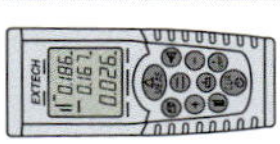
Genauigkeit ± 1,5 mm
- **Lehren**
  - Winkel (Formlehre) 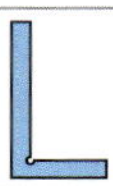
  - Fühlerlehre (Maßlehre) 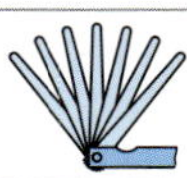
  - Blechlehre (Maßlehre) 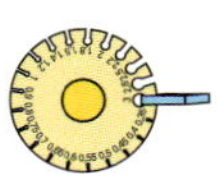

Richtungsprüfmittel (Beispiele)

Richtwaage (Wasserwaage)		In einem Aluminium- oder Holzkörper ist ein gebogenes, nicht ganz mit Flüssigkeit gefülltes Glasröhrchen eingelassen. Die verbleibende Gasblase wandert immer zum höchsten Punkt.
Schlauchwaage	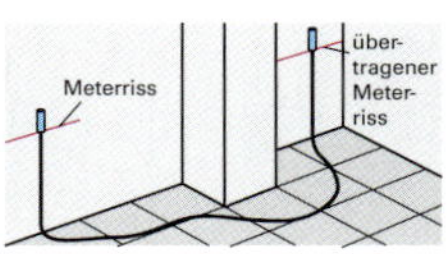	In miteinander verbundenen Röhren liegt der Flüssigkeitspegel auf gleicher Höhe. Damit können Maße übertragen werden.
Nivelliergerät	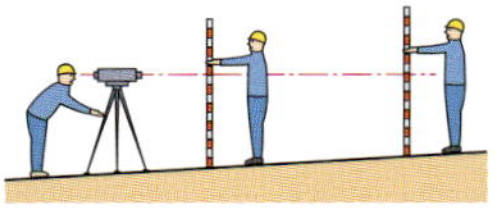	Das Nivelliergerät besteht aus einem waagerecht ausgerichteten Fernrohr. Mithilfe von Messlatten wird die Messung im Gelände vorgenommen.
Lot	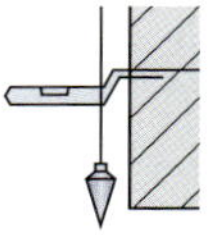	Das Lot ist ein an einer Schnur befestigtes kegeliges Gewicht, welches aufgrund der Erdanziehung immer lotgerecht nach unten zeigt.

Einteilung der Fertigungsverfahren

DIN 8580: 2022-12

Urformen	Umformen	Trennen	Fügen	Beschichten	Stoffeigenschaft ändern
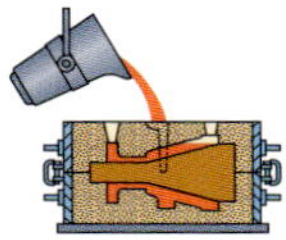	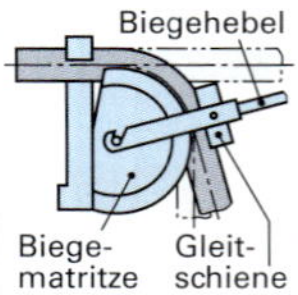	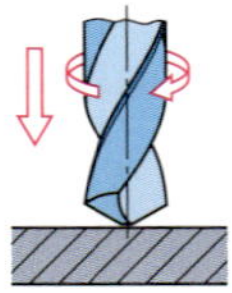	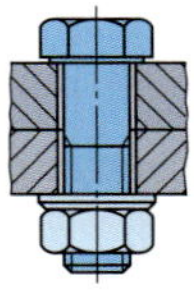		
Herstellen eines Körpers aus formlosem Stoff	Formänderung eines festen Körpers durch plastisches Verformen	Formänderung eines festen Körpers durch Aufhebung des Zusammenhaltes	Verbinden von zwei oder mehreren Werkstücken	Aufbringen einer festhaftenden Schicht	Ändern der Eigenschaft eines festen Stoffes
z. B. Gießen, Extrudieren	z. B. Biegen, Abkanten	z. B. Bohren, Sägen, Schleifen	z. B. Schweißen, Löten, Schrauben	z. B. Lackieren, Galvanisieren	z. B. Härten, Nitrieren

Sägen

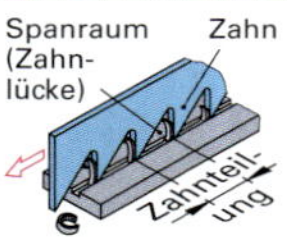	Das Sägen ist ein spanendes Arbeitsverfahren mit geradliniger oder kreisförmiger Schnittbewegung. Die Sägeblätter sind in Abhängigkeit vom zu bearbeitenden Werkstoff und vom Sägeverfahren auszuwählen. Wesentliche Bestimmungsgrößen sind: Zahnteilung, Freischnitt, Zahnform und Schneidengeometrie

Zahnteilung	Abstand von Zahnspitze zu Zahnspitze		
	fein	**mittel**	**grob**
Anwendung	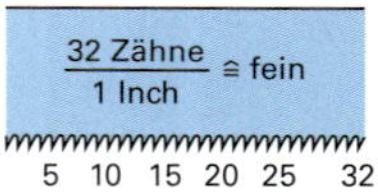	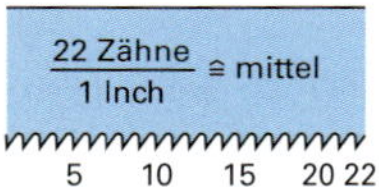	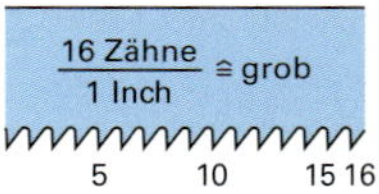
	Dünnwandige Rohre und Profile, Bleche	Dickwandige Rohre und Profile, Stahl, Messing	Vollmaterial, Baustahl, Kupfer, Aluminium

Freischnitt	Verhindert ein Verklemmen des Sägeblattes		
	gewelltes Sägeblatt	**geschränktes Sägeblatt**	**gestauchtes Sägeblatt**
Anwendung	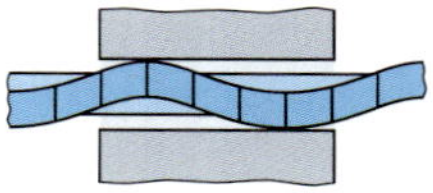	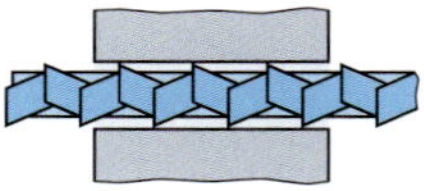	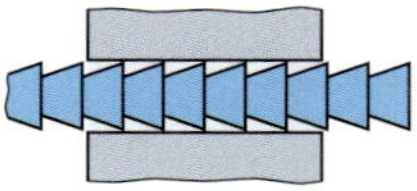
	Handsägeblätter, feine Zahnteilungen	Maschinensägeblätter, mittlere und grobe Zahnteilungen	

Schneidengeometrie und Zahnformen				
	Bogenzähne		**Winkelzähne**	
Anwendung	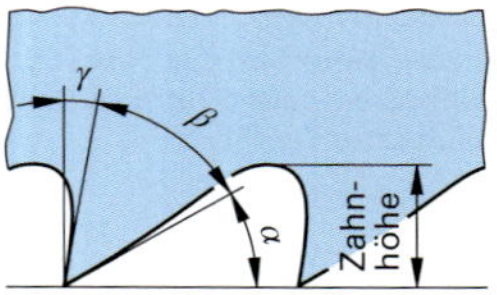	Keilwinkel $\beta = 50°$ Spanwinkel $\gamma = 10°$ Freiwinkel $\alpha = 30°$	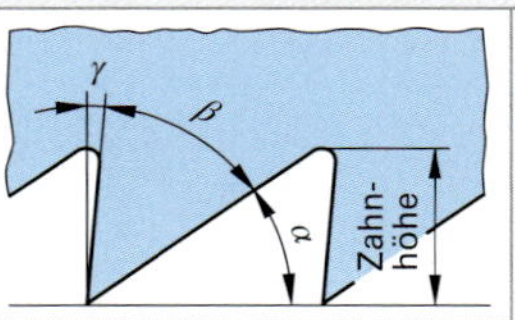	Keilwinkel $\beta = 50°$ Spanwinkel $\gamma = 5°$ Freiwinkel $\alpha = 35°$
	Maschinensägeblätter		Handsägeblätter	

Bohren

Schneidengeometrie

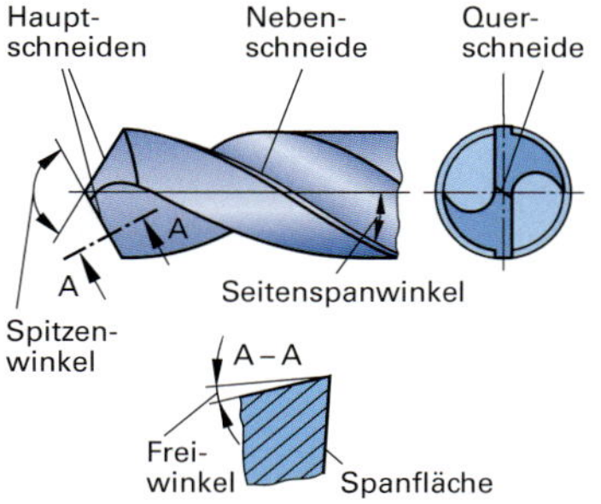

Bohrertypen

Typ		für Werkstoff	σ[1]	γ_f[2]
N	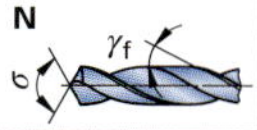	**normal**: weicher Stahl, nicht rostender Stahl, Grauguss, Messing	118°	20° … 30°
H	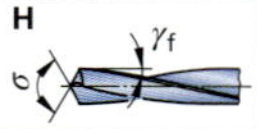	**hart und spröde**: hochfester Stahl, Gestein, Marmor, Hartgummi	118° (80°)	10° … 13°
W	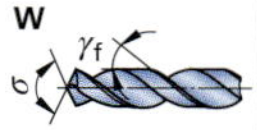	**weich und langspanend**: Aluminium, Kupfer, Zinklegierungen	130°	30° … 40°

[1] Spitzenwinkel σ-Regelausführungen
[2] Seitenspanwinkel γ_f abhängig vom Bohrerdurchmesser

Schnittgeschwindigkeit beim Bohren

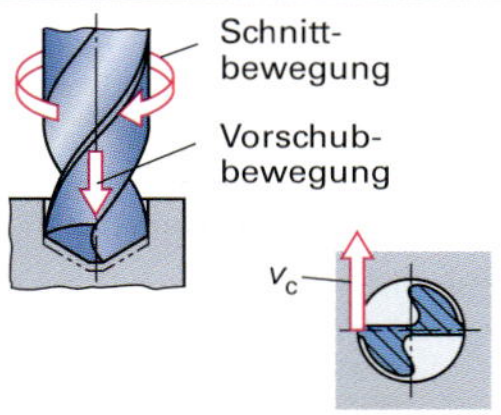

v_c Schnittgeschwindigkeit in m/min
d Bohrerdurchmesser in mm
n Drehfrequenz (Drehzahl) in 1/min
1000 Umrechnungszahl in mm/m

$$v_c = \frac{d \cdot \pi \cdot n}{1000}$$

Schnittgeschwindigkeit v_c und Vorschub *f* für Spiralbohrer aus Schnellarbeitsstahl (HSS)

Werkstoff	Zugfestigkeit R_m in N/mm²	Schnittgeschwindigkeit v_c in m/min	Vorschub *f* in mm je Umdrehung bei Bohrerdurchmesser *d* in mm			
			6	10	16	25
Eisenmetalle						
Unlegierte Stähle	< 400	30 … 35	0,12	0,20	0,25	0,40
	< 600	20 … 30	0,10	0,16	0,20	0,30
	< 800	15 … 25	0,08	0,12	0,16	0,25
Legierte Stähle	< 800	15 … 25	0,06	0,08	0,12	0,20
	< 1000	10 … 20	0,04	0,06	0,10	0,16
Nicht rostende Stähle	< 900	6 … 12	0,04	0,06	0,10	0,16
Stahl, gehärtet		3 … 5	0,04	0,06	0,10	0,16
Gusseisen	< 220	15 … 22	0,10	0,16	0,20	0,30
	< 320	10 … 15	0,08	0,12	0,16	0,25
Nichteisenmetalle						
Kupfer, rein	< 290	35 … 70	0,12	0,20	0,25	0,40
Kupferlegierungen (Messing, Rotguss)	< 290	35 … 70	0,12	0,20	0,25	0,40
Aluminium-Knetlegierungen	< 400	35 … 100	0,16	0,25	0,40	0,50
Aluminium-Gusslegierungen	< 600	30 … 70	0,12	0,20	0,25	0,40
Kunststoffe						
Thermoplaste (PVC, PMMA, PP, PE)	–	30 … 100	0,12	0,20	0,25	0,40
Duroplaste (EP, UF, MF)	–	20 … 40	0,12	0,20	0,25	0,40

Bohren (Fortsetzung)

Schnittgeschwindigkeit v_c und Vorschub f für Spiralbohrer mit Hartmetall-Wendeschneidplatten

	Werkstoff	Zugfestigkeit R_m in N/mm²	Schnittgeschwindigkeit v_c in m/min	Vorschub f in mm je Umdrehung bei Bohrerdurchmesser d in mm: 6	10	16	25
Eisenmetalle	Unlegierte Stähle	< 600	150 … 200	0,04	0,08	0,12	0,16
		< 800	100 … 150	0,04	0,08	0,12	0,12
	Legierte Stähle	< 800	80 … 120	0,04	0,06	0,10	0,12
		< 1000	60 … 100	0,03	0,04	0,08	0,10
	Nicht rostende Stähle	< 900	60 … 100	0,03	0,03	0,08	0,08
	Stahl, gehärtet	40 … 68[1]	5 … 30	0,02	0,03	0,06	0,06
	Gusseisen	< 220	80 … 100	0,05	0,08	0,12	0,16
		< 320	60 … 80	0,04	0,06	0,10	0,12
NE-Metalle	Kupfer, rein	< 290	100 … 150	0,02	0,04	0,08	0,10
	Kupferlegierungen (Messing, Rotguss)	< 290	100 … 150	0,04	0,06	0,10	0,12

[1] Angabe der Härte in HRC

Drehfrequenz (Drehzahl)-Diagramm

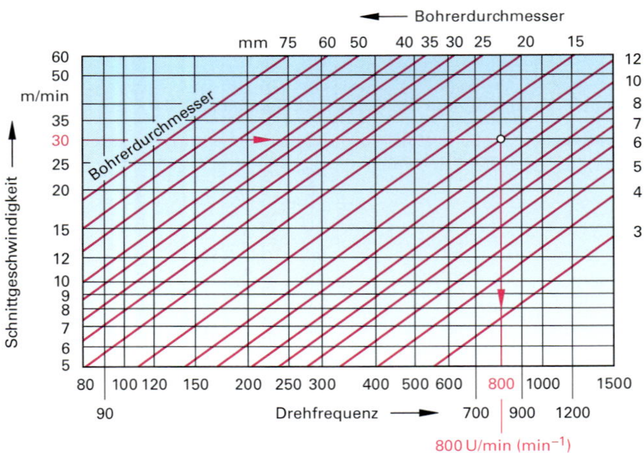

Ablesebeispiel:

Gegeben:
- Zu bohrender Werkstoff: S 235 JR (unlegierter Stahl R_m < 400 N/mm²)
- Bohrer HSS, d = 12 mm

Gesucht:
Drehfrequenz n

Lösungsweg:

v_c aus Tabelle ermitteln

v_c = 30 m/min

n aus nebenstehendem Diagramm ablesen

Ergebnis:
n **= 800 1/min**

Hauptnutzungszeit und Vorschubweg

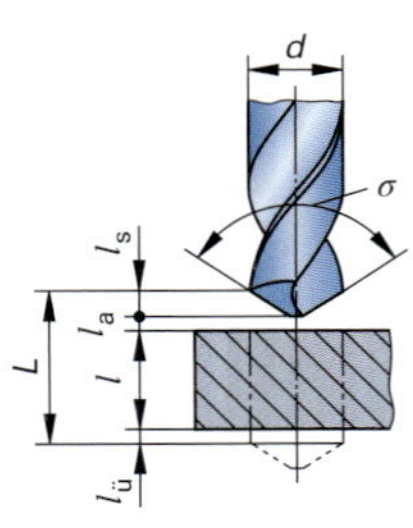

- t_h Hauptnutzungszeit in min
- l_f Vorschubweg in mm
- f Vorschub je Umdrehung in mm
- n Drehfrequenz (Drehzahl) in 1/min
- i Anzahl der Bohrungen
- l Bohrungstiefe in mm
- l_a Anlauflänge in mm
- $l_ü$ Überlauflänge in mm
- l_s Anschnittlänge in mm

Hauptnutzungszeit

$$t_h = l_f \cdot i / (n \cdot f)$$

Vorschubweg

$$l_f = l_s + l_a + l + l_ü$$

Anschnittlänge

$$l_s = 0{,}3 \cdot d \text{ (für } \sigma = 118°)$$

Schleifen

Schleifmittel

DIN ISO 525: 2022-01

Zeichen	Schleifmittel	Härte (Mohs)[1]	Verwendung
SL	Schmiergel	8	Bearbeiten und Polieren von Stahl, Holz
A	Normalkorund	9,0	Unlegierte Stähle, Gusswerkstoffe
	Halbedelkorund	9,0	Legierte Stähle, Werkzeugstähle
	Edelkorund	9,0 – 9,2	Hochlegierte Stähle, gehärtete Stähle
C	Siliciumkarbid	9,5 – 9,7	Hartmetalle, Gestein, Glas, Weiche Werkstoffe (Aluminium, Kupfer, Kunststoffe)
B	Bornitrid	9,8	Hochlegierte Stähle, Schnellarbeitsstähle HSS
D	Diamant	10	Glas, Keramik, Hartmetall, Abrichten von Schleifscheiben

[1] Die Ritzhärte der Oberfläche wird auf einer Skala von 1 (Talk) bis 10 (Diamant) angegeben.

Körnung

DIN ISO 525: 2022-01

Die Körnung ist ein Maß für die Größe des Schleifkorns. Sie bestimmt wesentlich die Schleifleistung und die Oberflächengüte.

Körnungsnummer	Bezeichnung	Bearbeitungsart
6 bis 24	grob	Schruppschleifen
30 bis 60	mittel	Schruppschleifen
70 bis 220	fein	Feinschleifen
240 bis 1200	sehr fein	Feinschleifen

Bindung

DIN ISO 525: 2022-01

In der Bindung werden die Schleifkörner eingelassen.

Bindungsart		Einsatzgebiete
Keramische Bindung	V	maschinelle Schleifverfahren
Kunstharzbindung	B	dünne Schleifscheiben
Kunstharzbindung – faserverstärkt	BF	Trennscheiben
Metallbindung	M	Werkzeugschleifen mit Diamant
Gummibindung	R	Trennscheiben

Gefüge

DIN ISO 525: 2022-01

Zu Spanaufnahme und Abtransport werden ausreichend große Poren benötigt.

Gefüge	Kenn-Nr.
geschlossenes	0 bis 4
normales	5 bis 7
offenes	8 bis 11
sehr offenes (poröses)	12 bis 30

Härtegrad

DIN ISO 525: 2022-01

Er ist ein Maß für die Kornhaftigkeit der Bindung.

Härtegrad	Bezeichnung	Härtegrad	Bezeichnung
A B C D	äußerst weich	P Q R S	hart
E F G	sehr weich	T U V W	sehr hart
H I Jot K	weich	X Y Z	äußerst hart
L M N O	mittel		

Arbeitshöchstgeschwindigkeit

DIN ISO 525: 2022-01

Farbkennzeichnung auf der Scheibe	blau	gelb	rot	grün	grün/gelb	grün/rot
Arbeitshöchstgeschwindigkeit in m/s	50	63	80	100	125	140

Bezeichnung von Schleifscheiben

41 – 125 x 2,5 x 22,23 A 36 H 8 BF 80

- 41: Form
- 125: Außen-∅
- 2,5: Breite
- 22,23: Innen-∅
- A: Schleifmittel (Korund)
- 36: Körnung (mittel)
- H: Härtegrad (weich)
- 8: Gefüge (offen)
- BF: Bindung
- 80: Arbeitshöchstgeschwindigkeit

Thermisches Trennen (Brennschneiden)

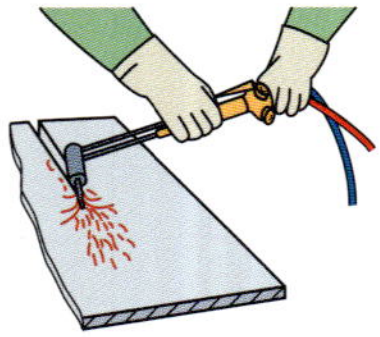

Durch Brennschneiden werden unlegierte und niedriglegierte Stähle thermisch getrennt. Aluminium oder Kupfer eignet sich aufgrund der hohen Wärmeleitfähigkeit nicht für das Brennschneiden.

Das Brennschneiden erfolgt durch einen Schneidbrenner oder durch einen Einsatz, der auf das Griffstück des Schweißbrenners aufgeschraubt wird.

Blechdicke *s*	Schneiddüse	Schnittfugenbreite	Sauerstoffdruck		Acetylendruck	Sauerstoffverbrauch	Acetylenverbrauch	Schneidgeschwindigkeit	
			Schneiden	Heizen				Qualitätsschnitt	Trennschnitt
mm	mm	mm	bar	bar	bar	m^3/h	m^3/h	m/min	m/min
5			2,0			1,67	0,27	0,69	0,84
8	3…10	1,5	2,5	2,0	0,2	1,92	0,32	0,64	0,78
10			3,0			2,14	0,34	0,60	0,74
10			2,5			2,46	0,36	0,62	0,75
15	10…25	1,8	3,0	2,5	0,2	2,67	0,37	0,52	0,69
20			3,5			2,98	0,38	0,45	0,64
25			4,0			3,20	0,40	0,41	0,60
30	25…40	2,0	4,3	2,5	0,2	3,42	0,42	0,38	0,57
35			4,5			3,54	0,44	0,36	0,55

Fügeverbindungen

Einteilung der Fügeverbindungen

Die Fügeverbindungen werden nach der Art des Zusammenhaltes an der Fügestelle in kraftschlüssige, stoffschlüssige und formschlüssige Verbindungen eingeteilt. Zusätzlich werden die Fügeverbindungen in lösbare und unlösbare Verbindungen eingeteilt. Bei unlösbaren Verbindungen muss zum Lösen die Verbindung zerstört werden.

Wirkprinzipien von Fügeverbindungen

Kraftschlüssige Verbindungen

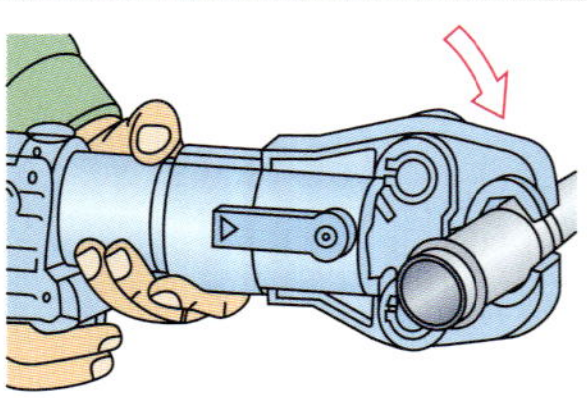

Pressverbindung

Die Kraftübertragung erfolgt durch Reibungskräfte.

Beispiele:

- Pressverbindung (unlösbar)
- Schraubverbindung (lösbar)
- Klemmverbindung (lösbar)

Stoffschlüssige Verbindungen

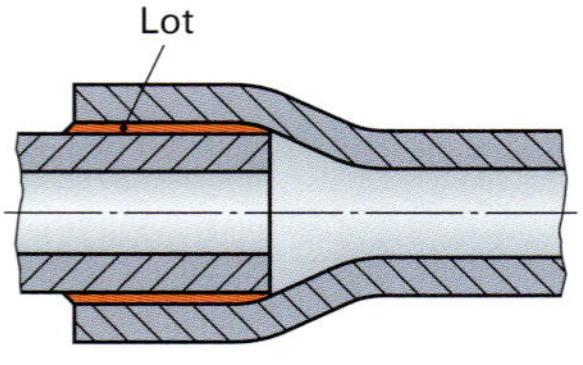

Lötverbindung

Die Verbindung wird durch Molekularkräfte erzeugt.

Beispiele:

- Lötverbindung (unlösbar)
- Schweißverbindung (unlösbar)
- Klebverbindung (unlösbar)

Formschlüssige Verbindungen

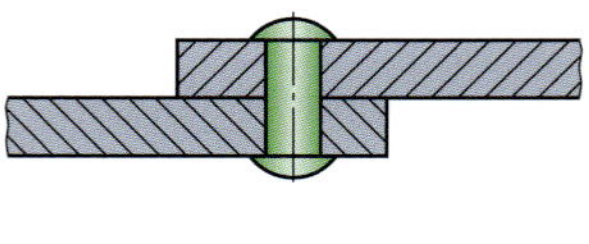

Nietverbindung

Die Verbindung erfolgt durch das Ineinandergreifen geometrisch bestimmter Formen.

Beispiele:

- Nietverbindung (unlösbar)
- Bördelverbindung (unlösbar)
- Passfederverbindung (lösbar)

Whitworth-Rohrgewinde

Übersicht

	Benennung	Profil	Anwendung	Nenngrößen	Norm
G	Rohrgewinde, zylindrisch	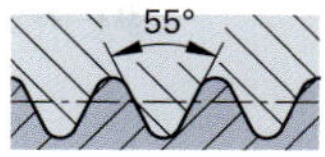	Rohrgewinde, nicht im Gewinde dichtend	1/8 – 6 inch	DIN EN ISO 228
Rp	Zylindrisches Rohrgewinde (Innengewinde)	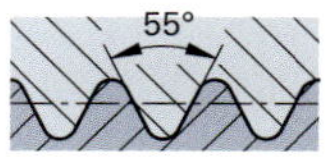	Rohrgewinde, im Gewinde dichtend für Gewinderohre	1/16 – 6 inch	DIN EN 10226-1
R	Kegeliges Rohrgewinde (Außengewinde)	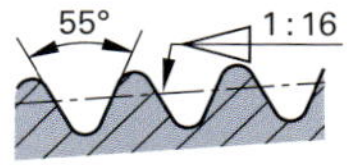	Fittings, Rohrverschraubungen	1/8 – 1 1/2 inch	DIN 3858

Whitworth-Rohrgewinde für Gewinderohre und Fittings (Maße in mm) DIN EN 10226-1: 2004-10

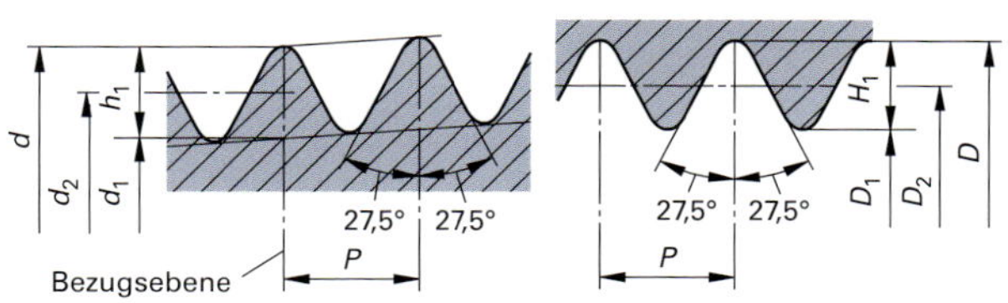

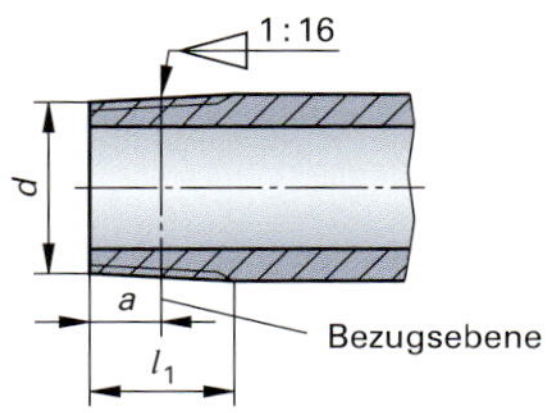

P	Steigung
l_1	Nutzbare Gewindelänge
a	Abstand zur Bezugsebene
$d = D$	Nenndurchmesser
$d_1 = D_1$	Kerndurchmesser
$d_2 = D_2$	Flankendurchmesser
$h_1 = H_1$	Gewindetiefe ($h_1 = H_1 = 0{,}640327 \cdot P$)

DN	Kurzzeichen außen	Kurzzeichen innen	Einschraublänge t in mm	Nutzb. Gewindelänge l_1 in mm	Abstand a in mm	Nenn-∅ in mm $d = D$	Kern-∅ in mm $d_1 = D_1$	Flanken-∅ in mm $d_2 = D_2$	Steigung P	Gangzahl / Zoll Z	Gewindetiefe in mm $h_1 = H_1$
6	R 1/8	Rp 1/8	7	6,5	4,0	9,728	8,566	9,147	0,907	28	0,581
8	R 1/4	Rp 1/4	10	9,7	6,0	13,157	11,445	12,301	1,337	19	0,856
10	R 3/8	Rp 3/8	10	10,1	6,4	16,662	14,950	15,806	1,337	19	0,856
15	R 1/2	Rp 1/2	13	13,2	8,2	20,955	18,631	19,793	1,814	14	1,162
20	R 3/4	Rp 3/4	15	14,5	9,5	26,441	24,117	25,279	1,814	14	1,162
25	R 1	Rp 1	17	16,8	10,4	33,249	30,291	31,770	2,309	11	1,479
32	R 1 1/4	Rp 1 1/4	19	19,1	12,7	41,910	38,952	40,431	2,309	11	1,479
40	R 1 1/2	Rp 1 1/2	19	19,1	12,7	47,803	44,845	46,324	2,309	11	1,479
50	R 2	Rp 2	24	23,4	15,9	59,614	56,656	58,135	2,309	11	1,479
65	R 2 1/2	Rp 2 1/2	27	26,7	17,5	75,184	73,226	73,705	2,309	11	1,479
80	R 3	Rp 3	30	29,8	20,6	87,884	84,926	86,405	2,309	11	1,479
100	R 4	Rp 4	36	35,8	25,4	113,03	110,172	111,551	2,309	11	1,479
125	R 5	Rp 5	40	40,1	28,6	138,43	135,472	136,951	2,309	11	1,479
150	R 6	Rp 6	40	40,1	28,6	163,83	160,87	162,351	2,309	11	1,479

G2

Metrische ISO-Gewinde

DIN 13: 1999-11

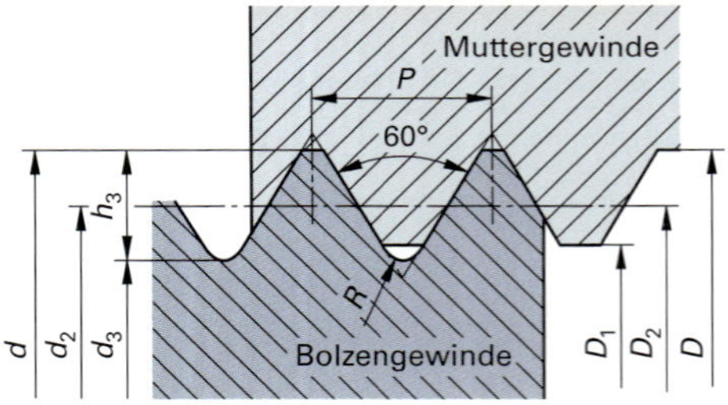

P	Steigung
β	Flankenwinkel (60°)
S	Spannungsquerschnitt
SW	Schlüsselweite

Bolzengewinde		**kleine Buchstaben**
d	Nenndurchmesser	$d = D$
d_2	Flankendurchmesser	$d_2 = D_2$ $d_2 = d - 0{,}649519 \cdot P$
d_3	Gewindetiefe Bolzen	$d_3 = d - 1{,}226869 \cdot P$
h_3	Gewindetiefe	$h_3 = 0{,}613435 \cdot P$
Muttergewinde		**große Buchstaben**
D	Nenndurchmesser	$D = d$
D_1	Kerndurchmesser	$D_1 = d - 2 \cdot H_1$
D_2	Flankendurchmesser	$D_2 = d_2$
H_1	Gewindetiefe	$H_1 = 0{,}541266 \cdot P$

Metrische ISO-Gewinde, Regelgewinde

DIN 13: 1999-11; Maße in mm

Gewinde-bezeichnung (Nenn-∅) $d = D$	Steigung P	Flanken-∅ in mm $D_2 = d_2$	Kern-∅ in mm Bolzen d_3	Kern-∅ in mm Mutter D_1	Gewindetiefe in mm Bolzen h_3	Gewindetiefe in mm Mutter H_1	Spannungs-querschnitt S in mm²	Schlüssel-weite in mm SW[1]	Kernloch-bohrer-∅ in mm
M5	0,8	4,480	4,019	4,134	0,491	0,433	14,2	8	4,2
M6	1	5,350	4,773	4,917	0,613	0,541	20,1	10	5
M8	1,25	7,188	6,466	6,647	0,767	0,677	36,6	13	6,8
M10	1,5	9,026	8,160	8,376	0,920	0,812	58,0	16	8,5
M12	1,75	10,863	9,853	10,106	1,074	0,947	84,3	18	10,2
M16	2	14,701	13,546	13,835	1,227	1,083	157	24	14
M20	2,5	18,376	16,933	17,294	1,534	1,353	245	30	17,5
M24	3	22,051	20,319	20,752	1,840	1,624	353	36	21
M30	3,5	27,727	25,706	26,211	2,147	1,894	561	46	26,5

[1] für Schrauben und Muttern nach DIN EN ISO 4014

Metrische ISO-Gewinde, Feingewinde

DIN 13-4: 1999-11; Maße in mm

Gewinde-bezeichnung $d \times P$	Flanken-∅ in mm $d_2 = D_2$	Kern-∅ in mm Bolzen d_3	Kern-∅ in mm Mutter D_1	Gewinde-bezeichnung $d \times P$	Flanken-∅ in mm $d_2 = D_2$	Kern-∅ in mm Bolzen d_3	Kern-∅ in mm Mutter D_1
M6 × 0,75	5,513	5,080	5,188	M16 × 1,5	15,026	14,160	14,376
M8 × 1	7,350	6,773	6,917	M20 × 1,5	19,026	18,160	18,376
M10 × 0,75	9,513	9,080	9,188	M24 × 1,5	23,026	22,160	22,376
M12 × 1	11,350	10,773	10,917	M24 × 2	22,701	21,546	21,835
M14 × 1,5	13,026	12,160	12,376	M30 × 1,5	29,026	28,160	28,376
M16 × 1	15,350	14,773	14,917	M30 × 2	28,701	27,546	27,835

Grundlagen der SHK-Technik und der Betriebswirtschaftslehre

Schraubenbezeichnungen

DIN 962: 2013-4

Sechskantschraube ISO 4014 M12 × 80 – 8.8

- Benennung: Sechskantschraube
- ISO-Haupt-Nr.: ISO 4014
- Gewinde-Nenn-∅: M12
- Nennlänge: 80
- Festigkeitsklasse: 8.8

Schrauben nach DIN EN erhalten in der Bezeichnung die ISO-Hauptnummer.

	DIN EN Norm:	**ISO-Hauptnummer = DIN EN-Hauptnummer**	**- 20.000**
Beispiel:	DIN EN 24014	ISO-Hauptnummer = DIN EN 24014	- 20.000 = ISO 4014

Festigkeitsklassen von Schrauben

DIN ISO 898-1: 2013-05

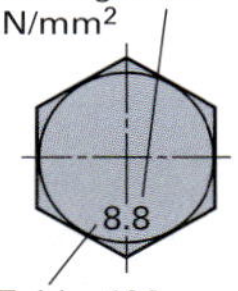

Festigkeits-klasse	3.6	4.6	4.8	5.6	5.8	6.8	8.8	9.8	10.9	12.9
Zugfestigkeit R_m in N/mm²	300	400		500		600	800	900	1000	1200
Streckgrenze[1] R_e in N/mm²	180	240	320	300	400	480	640	720	900	1080
Bruchdehnung A in %	25	22	14	20	10	8	12	10	9	8

[1] Ab der Festigkeitsklasse 8.8 wird anstelle der Streckgrenze die Dehngrenze angege-ben.

Festigkeitsklassen von Muttern

DIN ISO 898-2: 2023-02

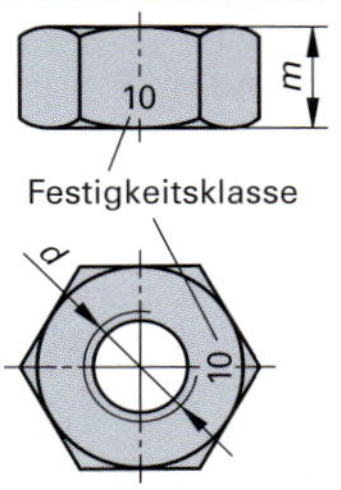

Festigkeitsklasse Mutterhöhe m > 0,8 · *d*		4	5	6	8	9	10	12
Zugfestigkeit R_m in N/mm²		400	500	600	800	900	1000	1200
Zugehörige Schraube	Festigkeits-klasse	3.6 / 4.6 / 4.8		5.6 / 5.8 /	8.8	9.8	10.9	12.9
	Größe	M20 – M36	M5 – M36	M5 – M36	M5 – M36	M5 – M16	M5 – M36	M5 – M16

Muttern – Übersicht

Sechskantmutter DIN ISO 4032	Sechskantmutter mit Flansch DIN EN 1661	Hutmutter DIN 1587	Flügelmutter DIN 313	Zweilochmutter DIN 547
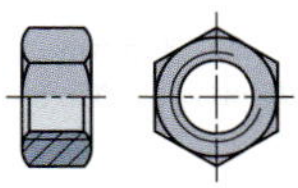	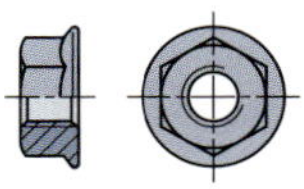	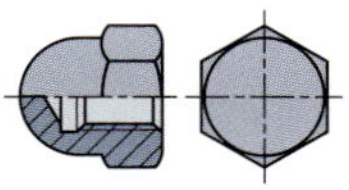	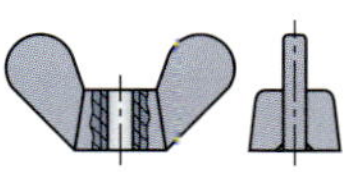	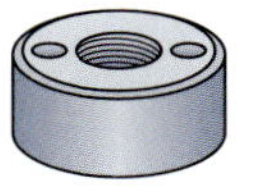

Sechskantmuttern Typ 1

DIN EN ISO 4032: 2023-12

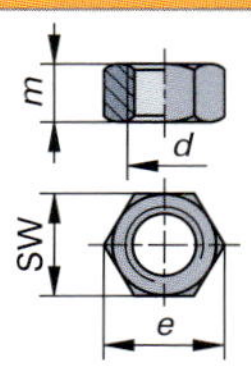

Gewinde		M5	M6	M8	M10	M12	M16	M20	M24	M30
d	in mm	5	6	8	10	12	16	20	24	30
m_{max}	in mm	4,7	5,2	6,8	8,4	10,8	14,8	18,0	21,5	25,6
SW	in mm	8	10	13	16	18	24	30	36	46
e	in mm	8,8	11,1	14,4	17,8	20,0	26,8	33,0	39,6	50,9

Schrauben – Übersicht (Auswahl)

Bild	Ausführung / Norm	Bild	Ausführung / Norm
Sechskantschrauben			
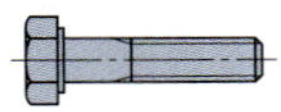	mit Schaft und Regelgewinde M1,6 – M64 DIN EN ISO 4014	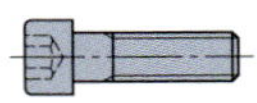	mit Regelgewinde bis zum Kopf M1,6 – M64 DIN EN ISO 4017
Zylinderschrauben			
	mit Innensechskant M1,6 – M36 DIN EN ISO 4762	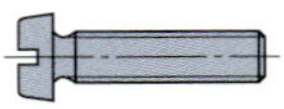	mit Schlitz M1,6 – M10 DIN EN ISO 1207
Senkschrauben			
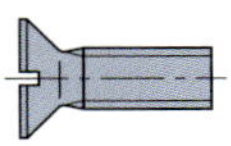	Senkschraube mit Schlitz M1,6 – M10 DIN ISO 2009	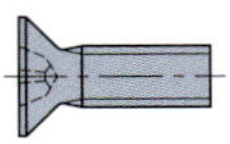	Senkschraube mit Kreuzschlitz M1,6 – M10 DIN EN ISO 7046
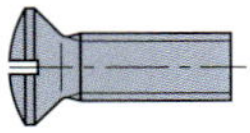	Linsen-Senkschraube mit Schlitz M1,6 – M10 DIN ISO 2010	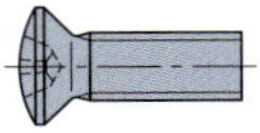	Linsen-Senkschraube mit Kreuzschlitz M1,6 – M10 DIN EN ISO 7047
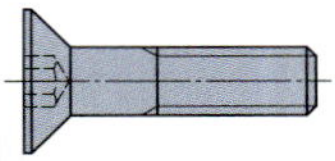	Senkschraube mit Innen- sechskant M3 – M20 DIN ISO 10642	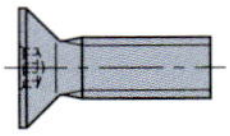	Senkschraube mit Innentorx
Blechschrauben			
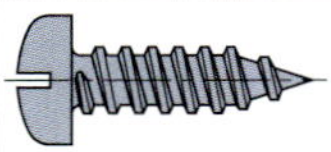	Linsen-Blechschraube mit Schlitz DIN ISO 1481	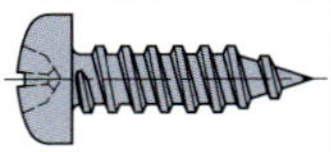	Linsen-Blechschraube mit Kreuzschlitz DIN ISO 7049
	Linsensenk-Blechschraube mit Schlitz DIN ISO 1483		Linsensenk-Blechschraube mit Kreuzschlitz DIN ISO 7051
	Senk-Blechschraube mit Schlitz DIN ISO 1482		Senk-Blechschraube mit Kreuzschlitz DIN ISO 7050
Bohrschrauben mit Blechschraubgewinde			
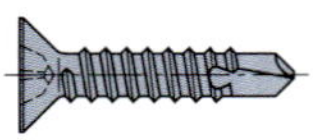	Senk-Bohrschraube mit Kreuzschlitz DIN EN ISO 15482	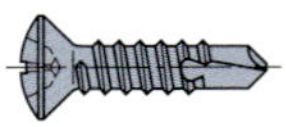	Linsensenk-Bohrschraube mit Kreuzschlitz DIN EN ISO 15483
Gewindestifte			
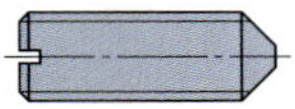	mit Schlitz und Spitze M1,6 – M12 DIN EN 27434		mit Innensechskant und Spitze M1,6 – M24 DIN 914
Verschlussschrauben			
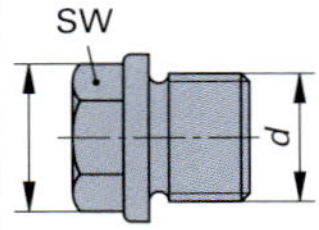	mit Bund und Außensechskant M10 × 1 – M52 × 1,5 DIN 910 Rohrgewinde R $^{1}/_{8}$ – R 1 $^{1}/_{2}$ DIN 906	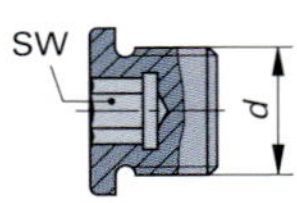	mit Bund und Innensechskant M10 × 1 – M52 × 1,5 DIN 908 Rohrgewinde R $^{1}/_{8}$ – R 1 $^{1}/_{2}$ DIN 906

Schrauben – Übersicht (Auswahl) (Fortsetzung)

Sechskantschrauben mit Schaft

DIN EN ISO 4014: 2022-10

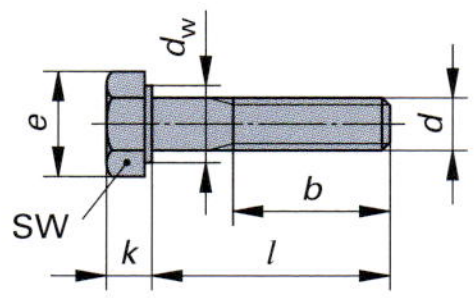

d	M5	M6	M8	M10	M12	M16	M20	M24	M30
SW	8	10	13	16	18	24	30	36	46
k_{max}	3,5	4	5,3	6,4	7,5	10	12,5	15	18,7
d_w	6,9	8,9	11,6	14,6	16,6	22	27,7	33,3	42,8
e	8,8	11,1	14,4	17,8	20	26,2	33	39,6	50,9
b	16	18	22	26	30	38	46	54	66
l von	25	30	40	45	50	65	80	90	110
bis	50	60	80	100	120	160	200	240	300

Sechskantschrauben mit Gewinde zum Kopf

DIN EN ISO 4017: 2022-10

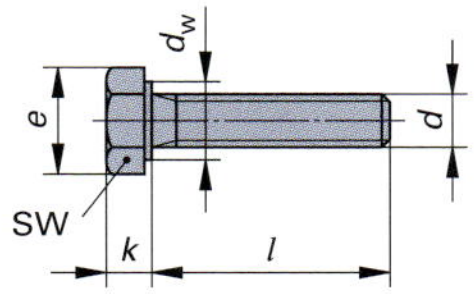

d	M5	M6	M8	M10	M12	M16	M20	M24	M30
SW	8	10	13	16	18	24	30	36	46
k_{max}	3,5	4	5,3	6,4	7,5	10	12,5	15	18,7
d_w	6,9	8,9	11,6	14,6	16,6	22	27,7	33,3	42,8
e	8,8	11,1	14,4	17,8	20	26,2	33	39,6	50,9
l von	10	12	16	20	25	30	40	50	60
bis	50	60	80	100	120	100	200	200	200

Senkschrauben mit Kreuzschlitz (Form H/Z)

DIN EN ISO 7046: 2011-12

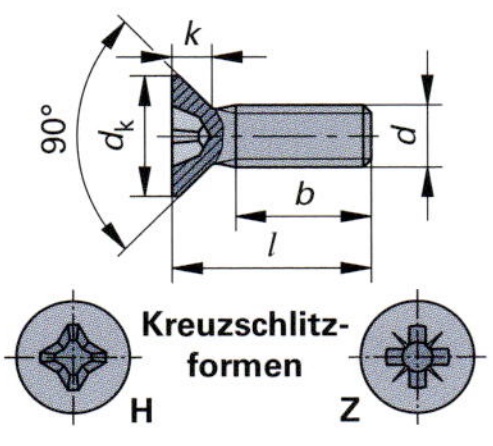

		M2,5	M3	M4	M5	M6	M8	M10
d_k	**max**	4,7	5,5	8,4	9,3	11,3	15,8	18,3
a	**max**	0,9	1,0	1,4	1,6	2,0	2,5	3
k	**max**	1,5	1,7	2,7	2,7	3,3	4,7	5
m	**Form H**	2,9	3,2	4,6	5,2	6,8	8,9	10
m	**Form Z**	2,8	3,0	4,4	4,9	6,6	8,8	9,8
l	von	3	4	5	6	8	10	12
	bis	25	30	40	50	60	60	60

Senk-Blechschrauben
Linsensenk-Blechschrauben mit Kreuzschlitz

DIN ISO 7050: 2011-11
DIN ISO 7051: 2011-11

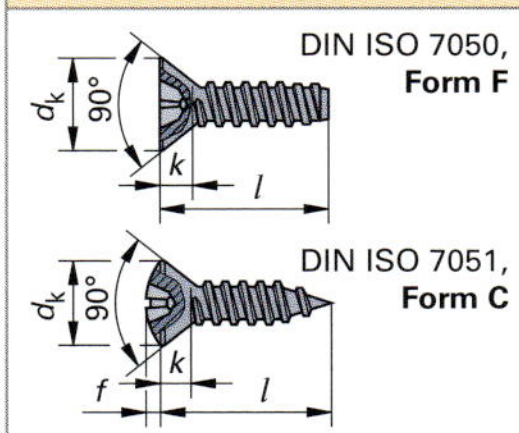

Gewindegröße		ST2,9	ST3,5	ST4,2	ST4,8	ST5,5	ST6,3
d		2,9	3,53	4,22	4,8	5,46	6,25
d_k		5,5	7,3	8,4	9,3	10,3	11,3
k		1,7	2,4	2,6	2,8	3	3,2
f		0,9	1,2	1,4	1,5	1,7	2
l	von	6,5	9,5	9,5	9,5	13	13
	bis	19	25	32	32	38	38

Bohrschrauben mit Schraubgewinde

DIN EN ISO 15481/82/83: 2000-02

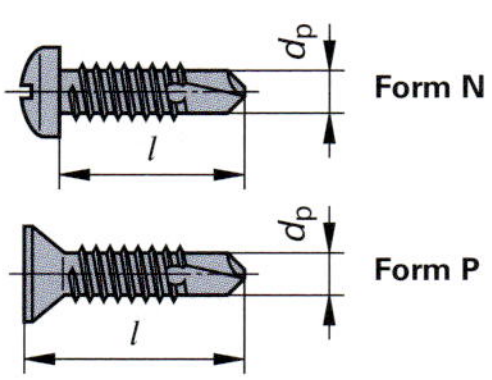

Gewindegröße		ST2,9	ST3,5	ST4,2	ST4,8	ST5,5	ST6,3
d		2,9	3,53	4,22	4,8	5,46	6,25
d_p		2,3	2,8	3,6	4,1	4,8	5,8
l	von	9,5	9,5	13	16	19	19
	bis	19	25	38	50	50	50
Blechdicke *s*	von	0,7	0,7	1,8	1,8	1,85	2
	bis	1,9	2,3	3	4,4	3	6

Flache Scheiben mit Fase, normale Reihe

DIN EN ISO 7090: 2000-11

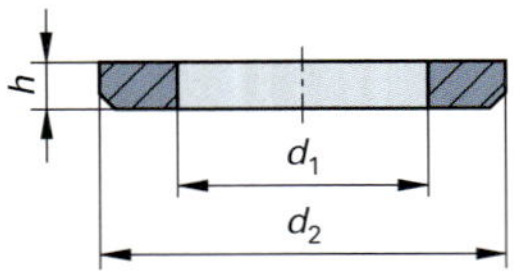

Für Gewinde	M5	M6	M8	M10	M12	M16	M20	M24	M30
d_1 (mm)	5,3	6,4	8,4	10,5	13,0	17,0	21,0	25,0	31,0
d_2 (mm)	10,0	12,0	16,0	20,0	24,0	30,0	37,0	44,0	56,0
h (mm)	1	1,6	1,6	2	2,5	3	3	4	4

Scheiben mit Härteklasse 200 HV für Sechskantschrauben mit Festigkeitsklasse < 8.8 (siehe Seite 119)

Scheiben mit Härteklasse 300 HV für Sechskantschrauben mit Festigkeitsklasse < 10.9 (siehe Seite 119)

Pressverbindungen

Pressverbindungen sind unlösbare kraftschlüssige Verbindungen.
Es werden radiale und axiale (Schiebehülsenverpressung) Pressverbindungen unterschieden.

	Radiale Verpressung	Axiale Verpressung
Prinzip	Das Pressfitting wird mithilfe eines Presswerkzeuges am Umfang zur Rohrmitte hin verpresst und durch einen Dichtring abgedichtet. 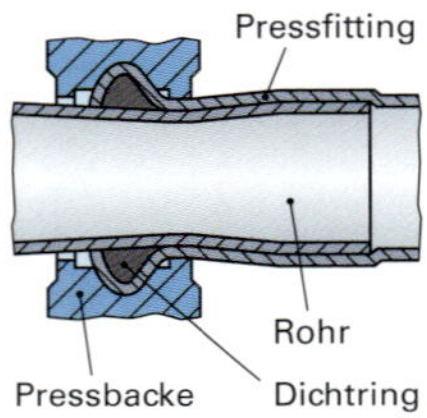	Eine Schiebehülse wird mithilfe eines Presswerkzeuges auf ein aufgeweitetes Rohr aufgeschoben. 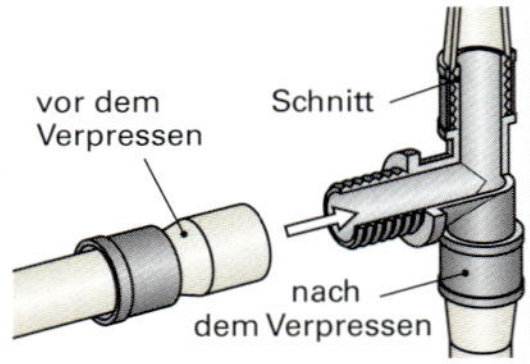 Damit erfolgt ein Verklemmen des Rohres zwischen Hülse und Einschiebestutzen.
Anwendung	Kupferrohre, Edelstahlrohre, Kunststoffrohre und Verbundrohre in der Trinkwasserinstallation, Gasinstallation und Heizungsinstallation	Kunststoffrohre und Verbundrohre in der Trinkwasserinstallation, Fußbodenheizung, Heizkörperanbindung
Arbeitsschritte zur Herstellung	1. Rohr trennen, entgraten und kalibrieren 2. Fitting ohne Öl oder Fette bis zum Anschlag aufschieben 3. Einstecktiefe markieren 4. Presswerkzeug mit entsprechender Pressbacke rüsten 5. Pressbacken genau und rechtwinklig aufsetzen, Einstecktiefe kontrollieren 6. Verpressen	1. Rohr trennen 2. Schiebehülse auf das Rohr schieben 3. Rohr mit Spezialwerkzeug (Expander) aufweiten 4. Fitting auf den Einschiebstutzen schieben 5. Presswerkzeug (Schiebezange) mit entsprechender Pressbacke rüsten 6. Hülse mit dem Presswerkzeug bis zum Anschlag aufschieben

Platzbedarf beim Pressen (Herstellerangaben)

Rohrdurchmesser	Pressen zwischen Rohrleitungen		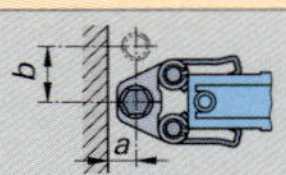		Pressen zwischen Wand und Rohr		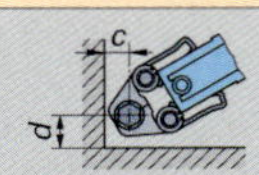	
	Netzgerät		Akkugerät		Netzgerät		Akkugerät	
d_a (mm)	a (mm)	b (mm)	a (mm)	b (mm)	c (mm)	d (mm)	c (mm)	d (mm)
12	20	50	25	55	25	65	30	40
15	20	50	25	60	25	65	30	40
18	20	55	25	60	25	76	30	40
22	25	60	25	65	30	80	30	40
28	25	70	25	65	30	85	30	40
35	30	85	–	–	50	95	–	–
42	45	100	–	–	50	115	–	–
54	50	115	–	–	55	140	–	–

Lötverbindungen

Unter **Löten** wird das Verbinden von gleichen oder verschiedenen Metallen durch einen Zusatzwerkstoff (Lot) verstanden, wobei der Grundwerkstoff nicht aufgeschmolzen wird.

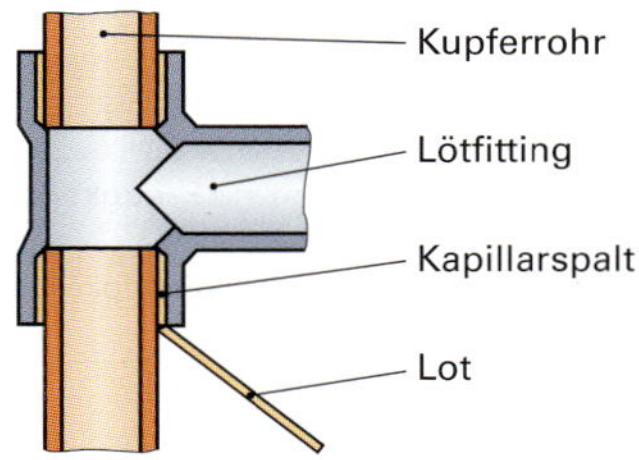

Es wird dabei unterschieden:
Weichlöten (Arbeitstemperaturen < 450 °C) und
Hartlöten (Arbeitstemperaturen > 450°C)

Arbeitsschritte zur Kupferrohrlötung:

1. Rohr trennen und entgraten
2. Rohr kalibrieren, um den Kapillarspalt herzustellen
3. Lötflächen reinigen und je nach Lot Flussmittel auftragen
4. Lötstelle gleichmäßig erwärmen
5. Lot abschmelzen
6. Flussmittelreste entfernen

Weichlöten

Einsatzgebiete: Trinkwasserinstallation (Trinkwasserrohre bis einschließlich 28 x 1,5 dürfen aus Korrosionsschutzgründen nur weich gelötet werden!), Regenrinnen, Dachbleche

Flussmittel zum Weichlöten – Bezeichnung — DIN EN ISO 9454: 2016-07

Die Kurzbezeichnung des Flussmittels besteht aus drei Kennziffern und einem Buchstaben.

Beispiel:

Flussmitteltyp —— 3. 1. 2. 4 —— Halogenidanteil
Flussmittelbasis —— (1) / (2) —— Flussmittelaktivator

1.	Kennziffer Flussmitteltyp	2.	Kennziffer Flussmittelbasis	3.	Kennziffer Flussmittelaktivator	Halogenidanteil in Masse-%
1	Harz	1 2	Kolofonium (Harz) ohne Kolofonium (Harz)	1 2 3	ohne Aktivator mit Halogenen aktiviert ohne Halogene aktiviert	1 < 0,01 2 < 0,15 3 0,15 – 2,0 4 > 2,0
2	Organisch	1 2	wasserlöslich nicht wasserlöslich			
3	Anorganisch	1	Salze	1 2	mit Ammoniumchlorid ohne Ammoniumchlorid	
		2	Säuren	1 2	Phosphorsäure andere Säuren	
		3	alkalisch	1	Amine und/oder Ammoniak	

Flussmittel zum Weichlöten

ISO 9454	Alte Bezeichnung	Rückstände wirken	Verwendung
3.2.2.x	F – SW 11	stark korrosiv	Löten von Titanzink, Klempnerei
3.1.1.x	F – SW 12		Löten von Kupfer
3.2.1.x	F – SW 13		Löten von Kupfer und Kupferlegierungen
3.1.1.x	F – SW 21	bedingt korrosiv	Kupferrohrinstallation, Klempnerei
3.1.2.x	F – SW 22		Kupferrohrinstallation
2.1.2.x	F – SW 25		
1.1.1.x	F – SW 31	nicht korrosiv	Bleilötungen, Klempnerei

Weichlote für Installations- und Klempnerarbeiten — DIN EN ISO 9453: 2021-01

Kurzzeichen	Schmelztemperatur °C	Verwendung	Werkstoffe
S – Sn97Cu3	227 ... 310	Kupferrohrinstallation, Klempnerarbeiten	Kupfer/Kupfer
S – Sn96Ag4	221 ... 228	Kupferrohrinstallation	Kupfer/Rotguss, Messing
S – Sn97Ag3	221 ... 230	Kupferrohrinstallation	Kupfer/Rotguss, Messing
S – Pb70Sn30	183 ... 255	Blech- und Klempnerarbeiten	Blei, verzinktes Stahlblech
S – Pb60Sn40	183 ... 235		

G2

Hartlöten

Einsatzgebiete: Erdgas-, Flüssiggas- und Heizölleitungen, Solaranlagen
Heizungsleitungen bei Anlagen mit Vorlauftemperaturen > 110 °C

Flussmittel zum Hartlöten
DIN EN ISO 18496: 2021-12

Kurzzeichen	Alte Bezeichnung	Rückstände wirken	Verwendung
FH10	F – SH1	korrosiv	Vielzweckflussmittel
FH11	F – SH1a		Aluminiumhaltige Kupferlegierungen
FH12	–		Nicht rostende Stähle
FH20	–	korrosiv	Vielzweckflussmittel
FH21	F – SH2	nicht korrosiv	Vielzweckflussmittel
FL10	F – LH1	korrosiv	Aluminiumwerkstoffe
FL20	F – LH2	nicht korrosiv	Aluminiumwerkstoffe

Hartlote für Installationsarbeiten
DIN EN ISO 17672: 2017-01

Kurzzeichen	alte Bezeichnung DIN EN 1044	Schmelz-temperatur °C	Verwendung / Einschränkung	Werkstoffe
CuP 179	CP 203	710 ... 890	nicht in ammoniakhaltiger Umgebung (Tierställe) verwendbar – Korrosionsgefahr	Kupfer / Kupfer
CuP 279	CP 105	645 ... 825		Kupfer / Rotguss, Messing
Ag 145	AG 104	640 ... 680	Gas- und Flüssiggasleitungen, Trinkwasserleitungen ab 35 × 1,5, Heizungsrohre	Stahl / Stahl
Ag134	AG 106	630 ... 730		Kupfer / Kupfer
Ag 244	AG 203	675 ... 735		Rotguss, Messing

Schweißen

Unter Schweißen wird das Verbinden von Metallen mit oder ohne Verwendung von Zusatzwerkstoff verstanden, wobei der Grundwerkstoff aufgeschmolzen wird.

Übersicht über Schweißverfahren (Auswahl)
DIN EN ISO 4063: 2023-07

Schweißverfahren	Nummer		Wärmeeinbringung durch
Gasschmelz schweißen (Autogen-schweißen)	311	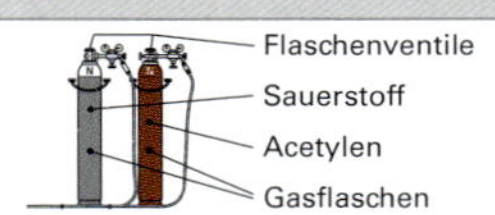	Acetylen-Sauerstoff-Gemisch
Lichtbogen handschweißen E	111	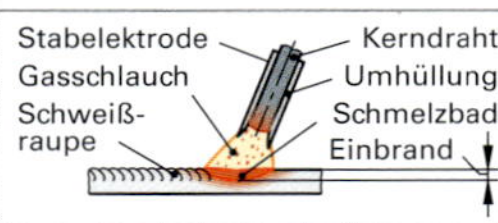	Elektrischer Lichtbogen zwischen der abschmelzenden Stabelektrode und dem Werkstück
Metall-Aktivgas-schweißen MAG	135	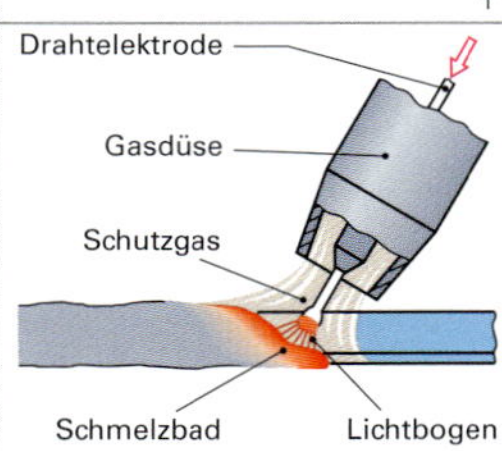	Elektrischer Lichtbogen zwischen der abschmelzenden Drahtelektrode und dem Werkstück unter aktivem Schutzgas (z. B. CO_2 oder CO_2/Argon-Gemisch)
Metall-Inertgas-schweißen MIG	131		Elektrischer Lichtbogen zwischen der abschmelzenden Drahtelektrode und dem Werkstück unter inertem Schutzgas (z. B. Argon, Helium)
Wolfram-Inertgas-schweißen WIG	141	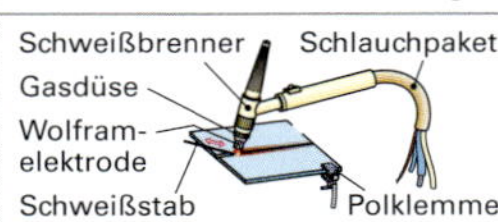	Elektrischer Lichtbogen zwischen der nicht abschmelzenden Wolframelektrode und dem Werkstück unter inertem Schutzgas (z. B. Argon, Helium)

Gasschmelzschweißen

Kennzeichnung von Druckgasflaschen

DIN EN 1089-3: 2011-10

Gasart	Kennfarbe Flaschenschulter	alt	Ventilanschluss DIN 477-1	Volumen V_{Fl} in l	Druck P in bar	Füll-menge
Sauerstoff	weiß	blau	R 3/4	10 40 50	200 150 200	2000 l 6000 l 10000 l
Acetylen	kastanienbraun	gelb	Spannbügel	40 50	18 19	6,3 kg 10 kg
Propan	–	rot	W 21,80 x 1/14 LH	10 50	8,53	4,25 kg 21,25 kg
Wasserstoff	rot			10 50	200	1800 l 8900 l
Stickstoff	schwarz	grün	W 24,32 x 1/14	40 50	150 200	6000 l 10000 l
Kohlendioxid	grau	grau	W 21,80 x 1/14	13,4 40	57,29	10 kg 30 kg
Argon Helium	dunkelgrün braun			10 50	200	2000 l 10000 l
Druckluft	–		Rp 5/8 Innengewinde	40 50	150 200	6000 l 10000 l

Sauerstoff- und Acetylenverbrauch

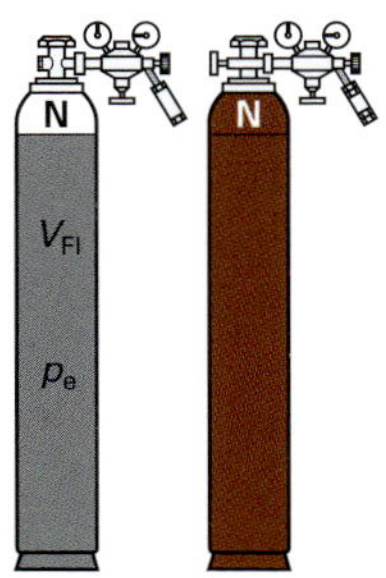

ΔV	Sauerstoffverbrauch in l; dm^3
V	Gasflaschenvolumen in l; dm^3
p_1	Druck vor der Gasentnahme in bar
p_2	Druck nach der Gasentnahme in bar
p_{amb}	Umgebungsdruck (1 bar) in bar

Sauerstoffverbrauch

$$\Delta V = \frac{V \cdot (p_1 - p_2)}{p_{amb}}$$

ΔV	Acetylenverbrauch in l; dm^3
V_F	gelöstes Gasvolumen in l; dm^3
p_1	Druck vor der Gasentnahme in bar
p_2	Druck nach der Gasentnahme in bar
p_F	Fülldruck der Gasflasche in bar
V_A	Acetoninhalt in l; dm^3
25	Umrechnungszahl in 1/bar

Acetylenverbrauch

$$\Delta V = \frac{V_F \cdot (p_1 - p_2)}{p_F}$$

1 Liter Aceton löst bei einem bar 25 Liter Acetylen.

$$V_F = 25 \cdot V_A \cdot p_F$$

Schweißstäbe für das Gasschmelzschweißen

DIN EN ISO 20378: 2018-12

Kurz-name	Anwendungsbereich	Stahlsorten	Schweißverhalten		
			Spritzer	Poren	Fließ-verhalten
O I	Bleche, Rohre	S235, S275	viel	ja	dünnfließend
O II	Behälter	S235, S275, P235GH, P265GH	wenig	ja	weniger dünnfließend
O III	Rohrleitungen	S235, S275, P235GH, P265GH	keine	nein	zähfließend
O IV	Kessel, Rohrleitungen, warmfest bis 530 °C	S235, S355, S275, P235, 235GH, 265GH, P295GH, 16Mo3	keine	nein	zähfließend
O V	Kessel, Rohrleitungen, warmfest bis 570 °C	13CrMo4-5, 16CrMo3	keine	nein	zähfließend

Lieferformen – Durchmesser: 1,6; 2; 2,5; 3; 4; 5 mm; Länge: 1 m

G2

Metallschutzgasschweißen

Drahtelektroden und Schweißgut zum Metallschutzgasschweißen für unlegierte Stähle

DIN EN ISO 14341: 2020-12

Norm-Nr. —— **EN 440 – G 42 3 M21 G3Si1**

Metall-Schutzgasschweißen —— G

Kennziffer für Festigkeit

Kennziffer	R_e in N/mm²	R_m in N/mm²	A in %
35	355	440 … 570	22
38	380	470 … 600	20
42	420	500 … 640	20
46	460	530 … 680	20
50	500	560 … 720	18

R_e: Mindest-Streckgrenze, R_m: Zugfestigkeit
A: Bruchdehnung

Kennziffer für Kerbschlagarbeit

Kennziffer	Min. Kerbschlagarbeit 47 J bei °C
Z	keine Anforderungen
A	+ 20
0	0
2	– 20
3	– 30
4	– 40
5	– 50
6	– 60

Chemische Zusammensetzung der Drahtelektroden

Kennzeichen	Verwendetes Gas nach DIN EN ISO 14341: 2020-12
2Si1	Jede vereinbarte Zusammensetzung 0,5 … 0,8 % Si, 0,9 … 1,3 % Mn
3Si1	0,7 … 1,0 % Si, 1,3 … 1,6 % Mn
3Si2	1,0 … 1,3 % Si, 1,3 … 1,6 % Mn
2Ti	0,4 … 0,8 % Si, 0,9 … 1,4 % Mn, 0,05 … 0,25 % Ti
3Ni1	0,5 … 0,9 % Si, 1,0 … 1,6 % Mn, 0,08 … 1,5 % Ni
2Ni2	0,4 … 0,8 % Si, 0,8 … 1,4 % Mn, 2,1 … 2,7 % Ni
2Mo	0,3 … 0,7 % Si, 0,9 … 1,3 % Mn, 0,4 … 0,6 % Mo
4Mo	0,5 … 0,8 % Si, 1,7 … 2,1 % Mn, 0,4 … 0,6 % Mo
2Al	0,3 … 0,5 % Si, 0,9 … 1,3 % Mn, 0,35 … 0,75 % Al

Kennzeichen für Schutzgase

DIN EN ISO 14175: 2008-06

Schutzgas-Gruppe		Kurzbezeichnung	Zusammensetzung in Volumen-%					Wirkung	Anwendung
			CO_2	O_2	Ar[1]	He	H_2		
Reduktionsgase	R	R1	–	–	Rest	–	> 0 … 15	reduzierend	**WIG**, für hochleg. Stähle
		R2	–	–	Rest	–	> 15 … 35		
Inerte Gase	I	I1	–	–	100	–	–	reduzierend	**MIG**, **WIG**, für hochleg. Stähle, Al- und Cu-Legierungen
		I2	–	–	–	100	–		
		I3	–	–	Rest	> 0,95	–		
Mischgase	M1	M11	> 0 … 5	–	Rest	> 0 … 5	–	schwach oxidierend	**MAG** für mittel- bis niedrigleg. Stähle
		M12	> 0 … 5	–	Rest	–	–	↓	
		M13	–	> 0 … 3	Rest	–	–	↓	
	M2	M21	> 5 … 25	–	Rest	–	–	↓	**MAG** für mittel- bis niedrigleg. Stähle
		M22	–	> 3 … 10	Rest	–	–	↓	
		M23	> 0 … 5	> 3 … 10	Rest	–	–	↓	
	M3	M31	> 25 … 50	–	Rest	–	–	↓	**MAG** für niedrig- bis unleg. Stähle
		M32	–	> 10 … 15	Rest	–	–	↓	
		M33	> 5 … 50	> 8 … 15	Rest	–	–	↓	
Kohlenstoffdioxid	C	C1	100	–	–	–	–	stark oxidier.	**MAG** für unleg. Stähle
		C2	Rest	> 0 … 30	–	–	–		

[1] Argon kann außer bei I3 bis 95 % durch Helium ersetzt werden.

Grundlagen der SHK-Technik und der Betriebswirtschaftslehre

Kleben und Klebstoffe

Kurzzeichen der Klebstoffarten		Vorbehandlung der Klebflächen	
DK	Dispersions-Klebstoffe	Stahl	Reinigen, Entfetten, Spülen, Trocknen, Aufrauen, z. B. durch Schleifen
LK	Lösungsmittel-Klebstoffe	Stahl, verzinkt	Reinigen, falls erforderlich Entfetten, Spülen, Trocknen
KK	Kontakt-Klebstoffe	Al-Werkstoffe	Reinigen, Entfetten, Spülen, Trocknen, Aufrauen, falls erforderlich Beizen
ZK	Zweikomponenten-Reaktionsklebstoffe	Cu-Werkstoffe	Reinigen, Entfetten, Spülen, Trocknen, Aufrauen
EK	Einkomponenten-Reaktionsklebstoffe	Kunststoffe	Reinigen, Entfetten, Spülen, Trocknen, Aufrauen, ggf. Beizen, Abflämmen
SK	Schmelz-Klebstoffe	Glas	Entfetten

Klebstoff-Auswahltabelle

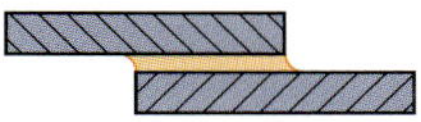

	Metalle: Eisen/Stahl-Bauteile u. Bleche roh, grundiert, verzinkt	Metalle: Al-Werkstoffe roh, eloxiert	Metalle: Kupferblech Bleiblech	Metalle: Andere Metalle	Kunststoffe: Hart-PVC	Kunststoffe: Weich-PVC Kunstleder	Kunststoffe: Acrylglas Polycarbonatglas	Kunststoffe: Polystyrol	Kunststoffe: Formaldehydharze Pressmassen	Kunststoffe: Polyesterharz Epoxidharz Polyurethanharz	Kunststoffe: SBR-Kautschuk Butyl-Kautschuk EPDM-Kautschuk	Kunststoffe: Polystyrol-Hartschaum	Kunststoffe: Polyurethan-Weich- und Hartschaum	sonstige Werkstoffe: Glas, Keramik, Steingut	sonstige Werkstoffe: Beton, Mauerwerk	sonstige Werkstoffe: Holz, Holzwerkstoffe
Metalle: Eisen/Stahl-Bauteile u. Bleche roh, grundiert, verzinkt; Al-Werkstoffe roh, eloxiert; Kupferblech Bleiblech; Andere Metalle	Bevorzugt **ZK** auf Basis EP, PUR, UP Daneben **EK** auf Basis CY und **KK** auf Basis CR				**EK** auf Basis CY **KK** auf Basis CR, NR, BR				**ZK** auf Basis EP, PUR, UP **KK** auf Basis CR		**KK** auf Basis BR, CR und NR	**KK** auf Basis BR, CR und NR		**KK** auf Basis BR, CR und NR		
Kunststoffe: Hart-PVC; Weich-PVC Kunstleder					PVC-Spezialkleber (Tetrahydrofuran)				**ZK** auf Basis EP, PUR, EK auf Basis CY		**KK** auf Basis CR, BR			**ZK** auf Basis EP, PUR		
Acrylglas Polycarbonatglas					**ZK** auf Basis EP, PUR, KK auf Basis CR, EK auf Basis CY											
Polystyrol					**ZK**, **KK**			**ZK** auf Basis EP, PUR; **KK** auf Basis CR								
Formaldehydharze Pressmassen; Polyesterharz Epoxidharz Polyurethanharz								Bevorzugt: **ZK** auf Basis EP, PUR, UP Daneben: **KK** auf Basis BR, CR; SK auf Basis EP								
SBR-Kautschuk Butyl-Kautschuk EPDM-Kautschuk									**KK** auf Basis BR, CR, NR							
Polystyrol-Hartschaum; Polyurethan-Weich- und Hartschaum										**KK** auf Basis BR, CR, NR						
Glas, Keramik, Steingut														ZK EK	EK	
Beton, Mauerwerk															DK	
Holz, Holzwerkstoffe																DK KK

Klebstoffbasis	
BR	Polybutadien
CR	Chloropren-Kautschuk
CY	Polychloroprene
EP	Epoxidharze
PUR	Polyurethan
NR	Naturkautschuk
UP	Ungesättigte Polyester

ZK Zweikomponentenklebstoffe EK Einkomponentenklebstoffe KK Kontaktklebstoffe

Dübel

Sicherheitsrelevanz, bauaufsichtlichte Zulassung

Besteht eine Gefahr für Leib und Leben oder kann ein wesentlicher wirtschaftlicher Schaden eintreten (generell bei Befestigung von Bauteilen, die Teil einer tragenden Konstruktion sind)?

- **ja** → Sind die Anwendungsbedingungen durch Zulassung gedeckt?
  - **ja** → Ausführung nach Zulassung
  - **nein** → Zustimmung im Einzelfall durch einen Sachverständigen
- **nein** → Ausführung nach handwerklichen Regeln

Dübel – Einsatzgebiete

Dübelwerkstoff: Haftungsart:	Kunststoff	Metall	Untergrund
Reibschluss Spreizdübel	Rohrleitungen ohne beson dere Anforderungen, Sani-	Rohrleitungen mit besonderen Anforderungen, brandsichere	Vollziegel
Formschluss Hohlraumdübel	tärapparate, Zubehör im Bad, allg. Anwendungen	Befestigung von Gas- und Löschwasserleitungen	Loch-/Hohlkammersteine
Stoffschluss Reaktionsanker[1]		Bei hohen Belastungen, bei schwierigen porenhaltigen Untergründen	Beton

[1] „Dübel und Schraube" aus Stahl für größere Lasten werden als Anker bezeichnet.

Dübelauswahl nach Verankerungsgrund (Auswahl)

Verankerungsgrund		Naturstein	Beton	Mauerwerk		Leichtbauwerkstoffe	
• geeignet – nicht geeignet **Dübel**			(normal)	Vollziegel	Loch-/Hohlkammersteine	Porenbeton	Gipskarton
Nylondübel		•	•	•	–	–	–
Universaldübel		•	•	•	•	•	•
Metallspreizdübel		•	•	•	•	•	–
Gipskartondübel	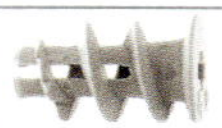	–	–	–	–	–	•
Porenbetondübel		–	–	–	–	•	–
Schwerlastanker		–	•	–	–	–	–
Reaktionsanker		–	•	–	–	–	–
Injektionsanker	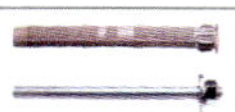	•	–	–	•	•	–
Grundlochbohrung durch:		Hammerbohren	Hammerbohren	Schlagbohren	Drehbohren	Drehbohren	Drehbohren

G2

Dübel (Fortsetzung)

Beanspruchung von Dübeln

Zug	Querkraft	Schrägzug	Statisch	Dynamisch
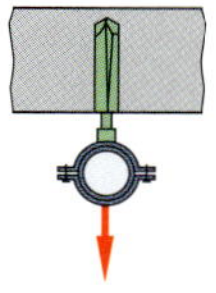	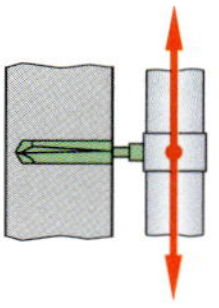	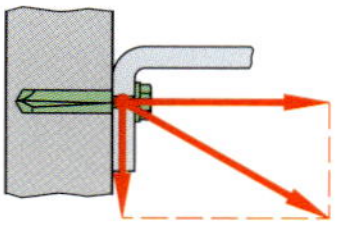	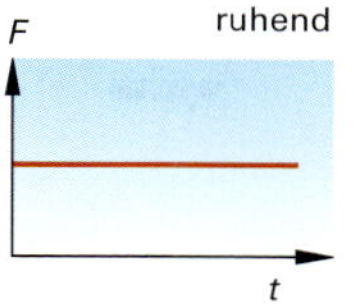	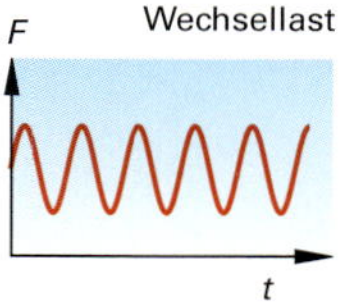

Empfohlene Last für Nylon- und Gasbetondübel in kN

		Nylondübel							Gasbetondübel		
Durchmesser	**(mm)**	**5**	**6**	**8**	**10**	**12**	**14**	**16**	**20**	**10**	**12**	**14**
Beton	> B25	0,30	0,50	0,80	1,40	2,00	3,00	4,00	5,50	–	–	–
Vollsteine	> 15 N/mm²	0,30	0,50	0,80	1,20	1,60	2,00	–	–	–	–	–
Lochsteine	> 15 N/mm²	0,20	0,25	0,35	0,45	0,55	0,70	–	–	–	–	–
Porenbeton GPB2		0,04	0,08	0,15	0,20	0,25	0,35	0,50	0,70	0,3	0,3	0,5
Gips/Bims	> 5 N/mm²	0,08	0,12	0,20	0,35	0,50	0,75	0,95	1,20	–	–	–
Min. Achsabstand	(mm)	50	60	80	100	120	140	160	200	100	150	150
Min. Randabstand	(mm)	25	30	40	50	60	70	80	100	80	100	100
Min. Bohrlochtiefe	(mm)	35	40	50	65	75	85	95	105	65	70	85

Empfohlene Last für Universaldübel in kN

		Kunststoff						Metall				
Durchmesser	**(mm)**	**5**	**6**	**8**	**10**	**12**	**14**	**5**	**6**	**8**	**10**	**12**
Beton	> B25	0,4	0,8	1	1,6	2,3	2,5	–	–	–	–	–
Vollsteine	> 12 N/mm²	0,3	0,5	0,7	1,4	1,7	1,7	–	–	–	–	–
Lochsteine	> 12 N/mm²	0,1	0,2	0,2	0,3	0,3	0,4	0,35	0,37	0,52	0,55	0,55
Porenbeton PB2		0,05	0,1	0,1	0,15	0,2	0,35	0,20	0,22	0,40	0,52	0,55
Gips/Bims	> 5 N/mm²	0,1	0,1	0,1	0,1	0,1	0,1	0,22	0,30	0,40	–	–
Min. Achsabstand	(mm)	60	70	80	100	130	160	60	70	80	100	130
Min. Randabstand	(mm)	30	35	40	50	65	80	30	35	40	50	65
Min. Bohrlochtiefe	(mm)	40	50	60	75	80	90	35	37	43	65	75

Empfohlene Last für Metallanker für Beton > B25 in kN

Durchsteckanker

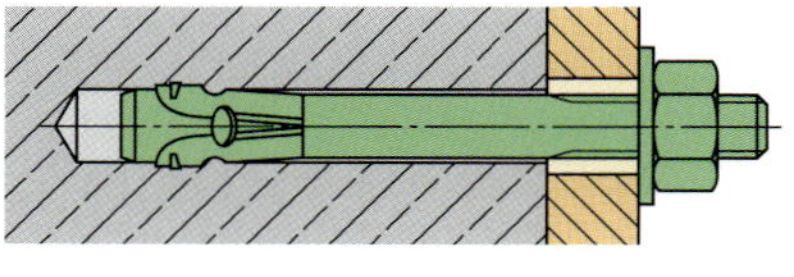

Durchmesser (mm)	**M8**	**M10**	**M12**	**M16**
Zulässige Kraft in kN	1,5	2,5	3,5	6,0
min. Achsabstand (mm)	16	20	24	32
min. Randabstand (mm)	10	15	18	24
Bohrtiefe	70	75	90	110

Schwerlastanker

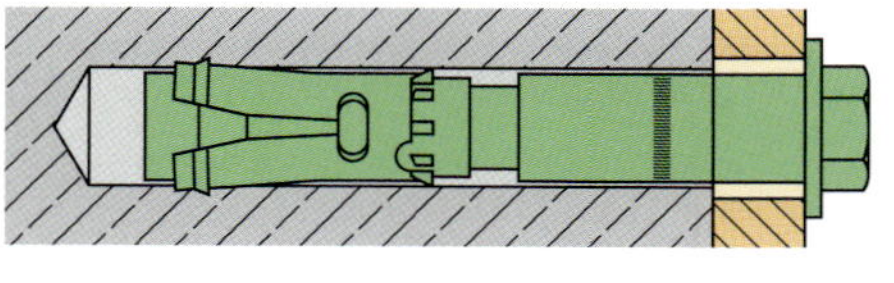

Durchmesser (mm)	**M8**	**M10**	**M12**	**M16**
Zulässige Kraft in kN	2,5	3,5	6,0	9,0
min. Achsabstand (mm)	20	24	32	40
min. Randabstand (mm)	15	18	24	30
Bohrtiefe	70	85	95	125

G2

Rohrbefestigungselemente

Montageschiene

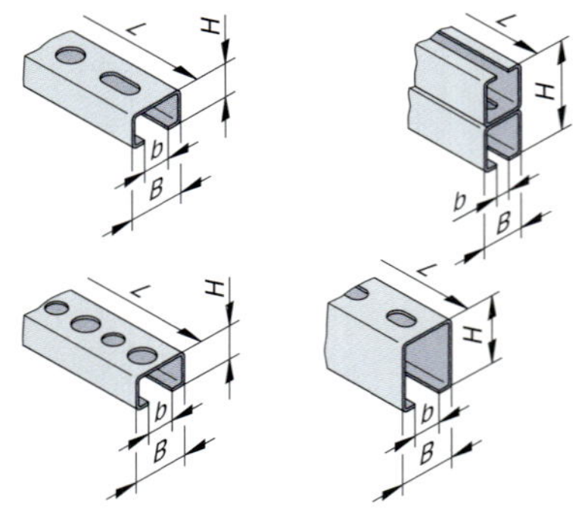

Breite *B* mm	Höhe *H* mm	Länge *L* m	Stärke *b* mm	I_y[1] cm^4	I_z[2] cm^4	W_x[3] cm^3	W_y[4] cm^3
27	18	2, 3, 6	1,25	0,36	0,96	0,34	0,71
28	30	2, 3	1,75	1,77	2,09	1,02	1,49
30	15	2, 3	2,0	0,28	1,47	0,35	0,98
38	40	2, 3, 6	2,0	5,39	6,18	2,40	3,25
40	60	4,6	3,0	21,6	13,5	6,58	6,77
40	120	6	3,0	117,0	27,1	19,51	13,54

[1] Trägheitsmoment (Y-Achse)
[2] Trägheitsmoment (z-Achse)
[3] Widerstandsmoment (X-Achse)
[4] Widerstandsmoment (y-Achse)

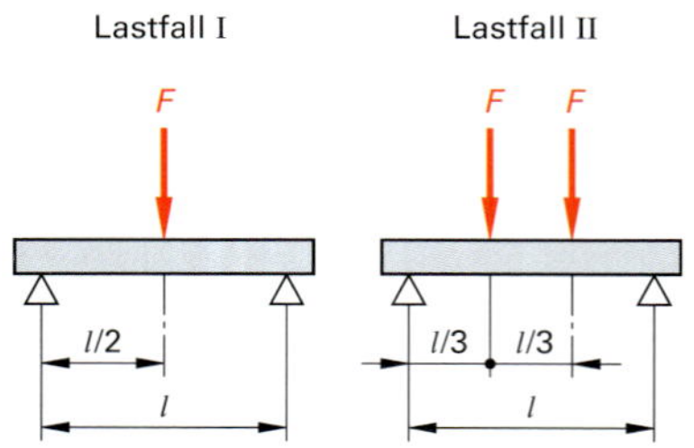

Beispiel für Montageschiene 28/30

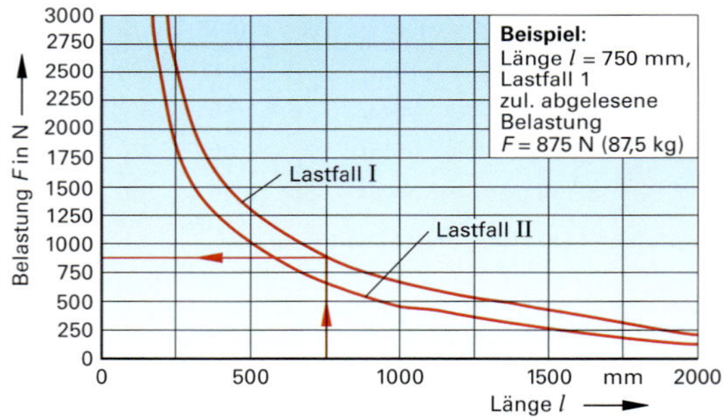

Auslegerkonsole

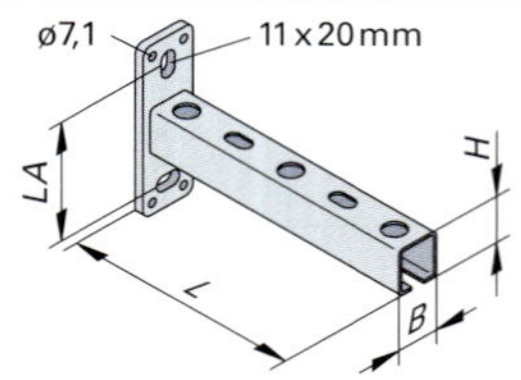

Profilmaße mm	Grundplattenmaße mm	Länge cm	Lochabstand mm
27/18	120 × 40 × 4	20, 30	79
28/30	120 × 40 × 4	20, 32, 44	79
38/40	120 × 40 × 6	20, 36, 44, 52, 60, 80, 100	79
40/60	144 × 70 × 6	60, 80, 100	103

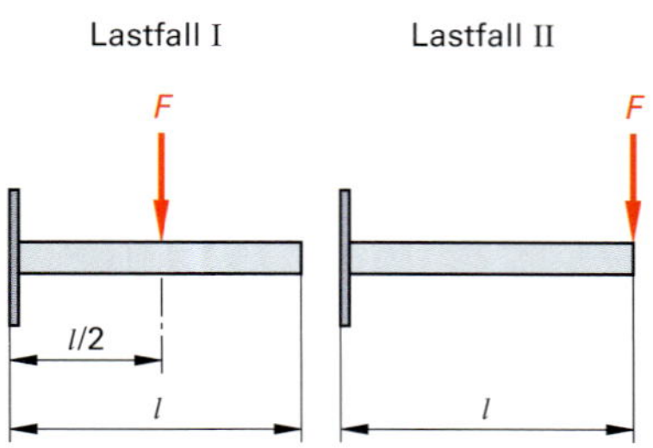

Beispiel für Auslegerkonsole 28/30

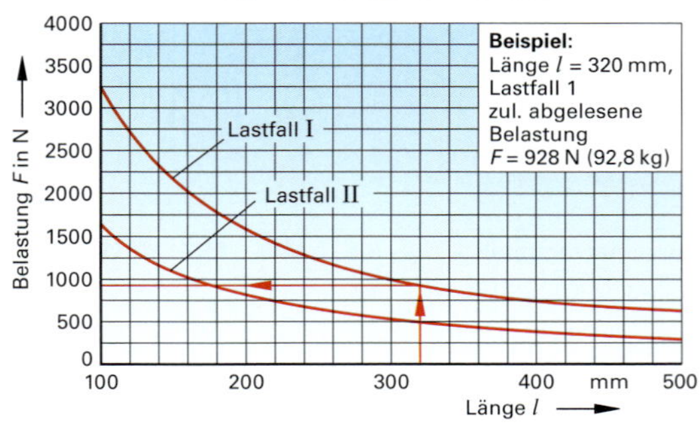

Rohrbefestigungselemente (Fortsetzung)

Winkelkonsole

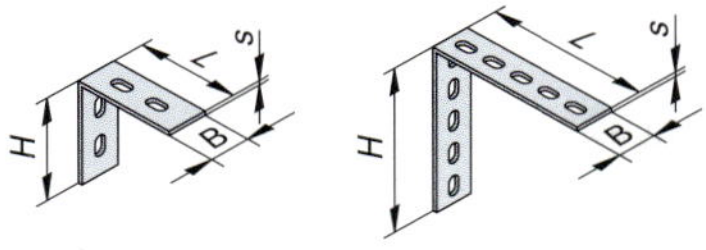

Für Profil	Länge *L* mm	Höhe *H* mm	Breite *B* mm	Stärke *s* mm	max. Kraft
38/40, 41/21,	100	100	40	4	4
41/41, 40/60,	200	200	40	4	3
40/120	207	165	40	4	2,5

Montagewinkel für Montageschienen

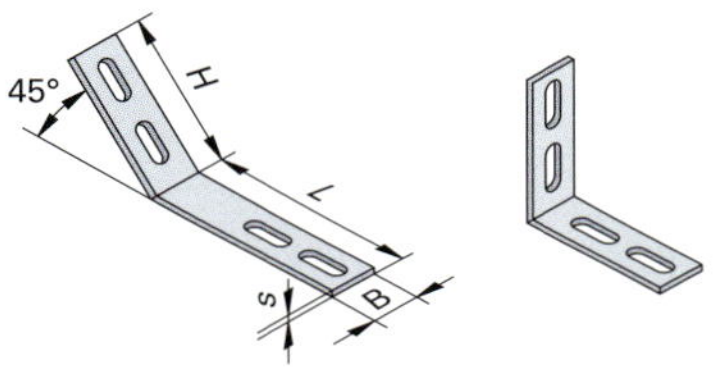

Für Profil	Winkel	Länge *L* mm	Breite *B* mm	Stärke *s* mm	Höhe *H* mm
27/40, 28/30,	45°	100	25	4	75
30/15	90°	80	25	4	75
38/40, 41/21,	45°	105	40	6	75
41/41, 40/60,	90°	105	40	6	75
40/120	90°	85	40	6	40

Verbindungsplatten für Montageschienen

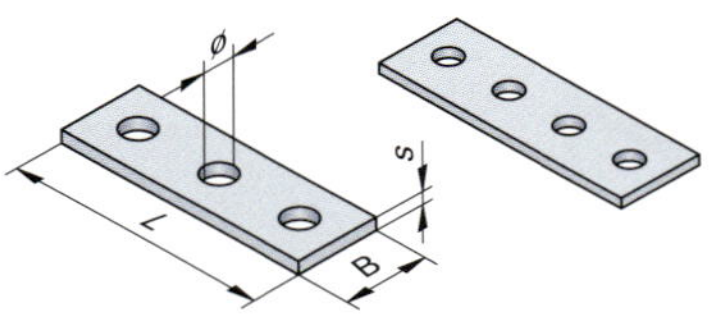

Für Profil	Länge *L* mm	Breite *B* mm	Stärke *s* mm	Loch-∅ mm	Anzahl der ∅
38/40, 41/21,	40	40	6	14	1
41/41, 40/60,	80	40	6	14	2
40/120	136	40	6	14	3
	184	40	6	14	4

Verbindungsplatte für Montageschienen

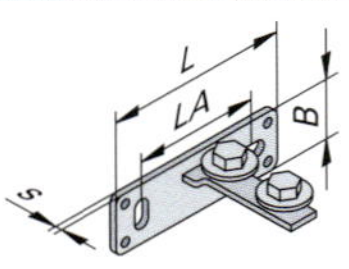

Für Profil	Länge *L* mm	Breite *B* mm	Stärke *s* mm	Lochabstand *LA* mm
27/18, 28/30,	120	40	4	79
30/15	120	40	4	79
38/40, 40/60	120	40	4	79

Teleskopflansch

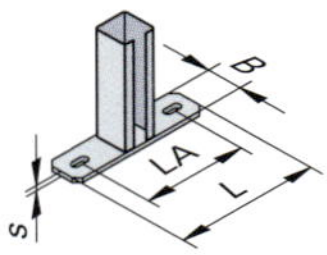

Für Profil	Länge *L* mm	Breite *B* mm	Stärke *s* mm	Lochabstand *LA* mm
38/40	145	40	6	105
40/60, 40/120	145	70	6	105

Pendelaufhängung

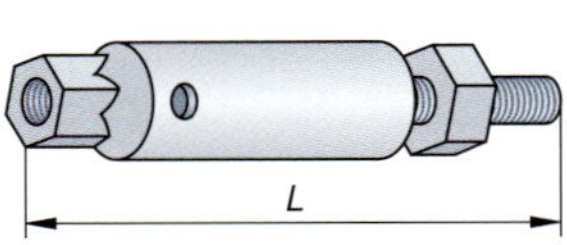

Gewinde	Länge *L* mm	Höhen-regulie-rung	Auslen-kung	max. statische Last kN
M8	74	25	12	2,4
M10	78	25	12	3,0
M12	89	25	12	3,5

Gleitelement GL

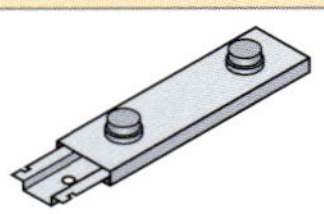

Anschluss-gewinde	Schiebe-weg	max. Rohr-∅	max. Kraft kN	
			hängend	stehend
R 3/4	165	200	3,5	4

Rohrbefestigungselemente (Fortsetzung)

Hammerkopfschraube

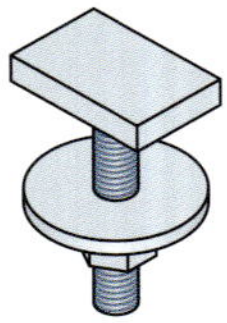

Gewinde	Länge	Breite
M8	30, 40, 60	23
M10	25, 30, 40, 60	23

Hammerkopfgewindeplatte

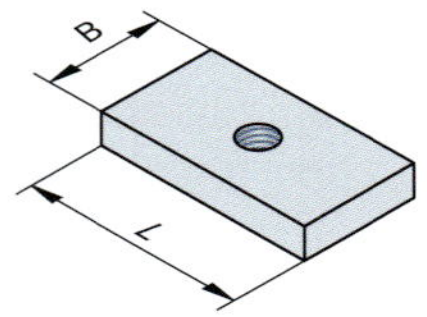

Gewinde	Länge	Breite
M6, M8 M10	22	13
M6, M8 M10	39	16

Trägerklammer

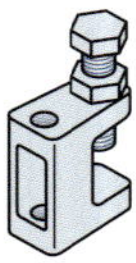

Gewinde	Spann-bereich	F_{max}
M8	0 ... 23	2,5
M10	0 ... 20	2,5
M12	0 ... 26	3,5

Trägerkralle

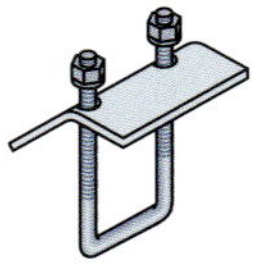

Gewinde	Klemm-stärke	F_{max}
M6	0 ... 29	2,8
M8	0 ... 24	5,4
M10	0 ... 24	6,5

Stockschraube

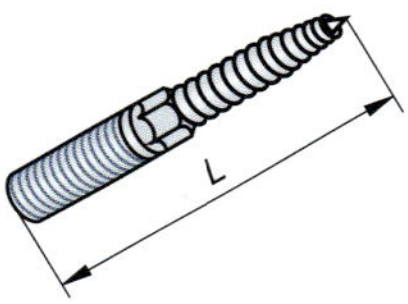

Gewinde	Länge in mm
M6	80
M8	50, 60, 80, 100, 120, 140, 180
M10	60, 80, 100, 120, 140, 180

Gewindestifte

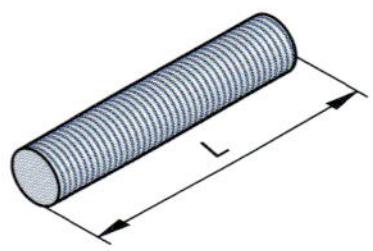

Gewinde	Länge in mm
M8	25, 40, 50, 60, 80, 90, 100, 150
M10	25, 40, 60, 80, 100, 120, 150, 200
M12	

Doppelhalteplatte

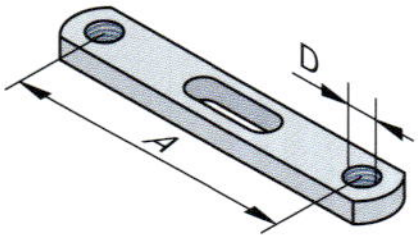

Gewinde	Abstand *A* in mm
M8	65, 85, 105
M8	65 – 105 (variable Schiebeplatte)

Gewindestange

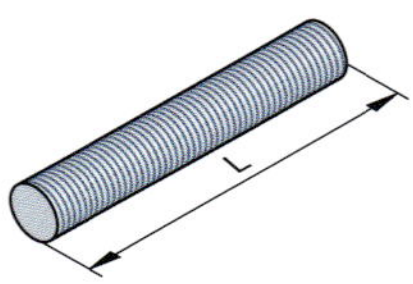

Gewinde	Länge in mm
M6, M8, M10, M12, M16	1000
M8, M10, M12	2000

Grundplatte

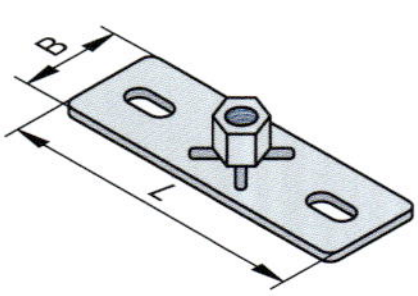

Gewinde	Anmessungen $L \cdot B \cdot H$
M8	80 × 30 × 3
M10	
M12	120 × 40 × 4
R 1/2	
R 3/4	120 × 40 × 4

Verlängerungsmuffe

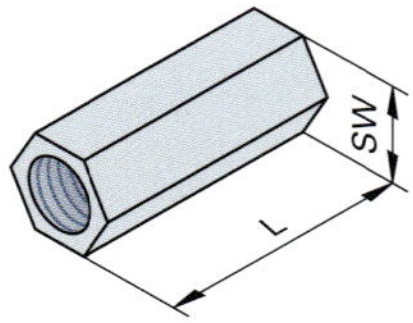

Gewinde	Länge mm	Schlüs-selw.
M6	25	10
M8	30	11
M10	30	13
M12	30	17
M12	40	17

Reduzierstück

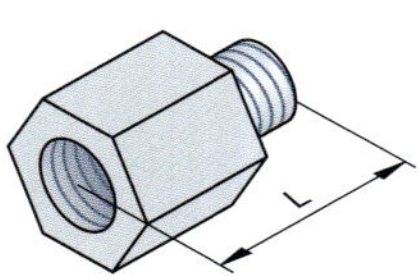

Innen-gewinde	Außen-gewinde	Länge mm
M6	M8	20
M8	M6	19
M10	M8	23
M12	M10	25
R 1/2	M10	29

Reduziermuffe

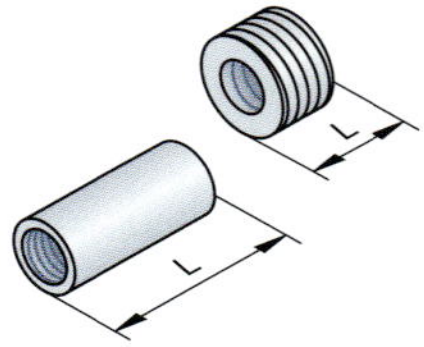

Innen-gewinde	Außen-gewinde	Länge mm
M10	M8	40
M12	M10	40
R 1/2	M10	10
R 1/2	M12	10
R 3/4	M10	10

Rohrschellen

Gelenkrohrschellen mit niedrigen Anschlussgewinden

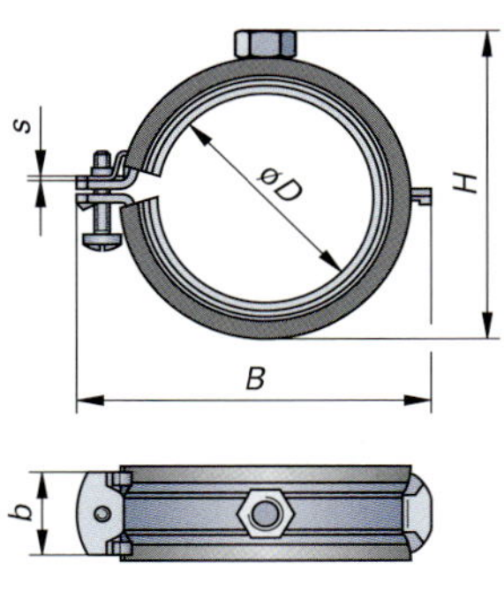

Nenngröße R	Spannbereich *D* mm	Anschlussgewinde	Mutterhöhe mm	Rohrschellenmaße				max. statische Last kN
				b mm	*s* mm	*B* mm	*H* mm	
1/4	12 … 15	M8	6,8	20	1,25	48	35	0,6
3/8	15 … 19	M8	6,8	20	1,25	52	40	0,6
1/2	20 … 24	M8	6,8	20	1,25	58	45	0,6
3/4	25 … 30	M8	6,8	20	1,25	63	49	0,6
1	32 … 37	M8	6,8	20	1,25	72	57	0,8
1 1/4	40 … 45	M8	6,8	20	1,50	79	66	0,8
1 1/2	48 … 53	M8	6,8	20	1,50	88	76	0,8
–	54 … 58	M8	6,8	20	1,50	94	82	0,8
2	59 … 63	M8	6,8	20	1,50	99	85	0,8

Gelenkrohrschellen mit hohen Anschlussgewinden

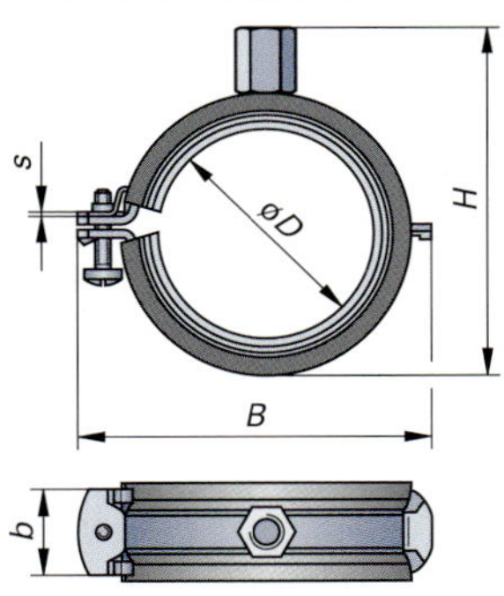

Nenngröße R	Spannbereich *D* mm	Anschlussgewinde	Mutterhöhe mm	Rohrschellenmaße				max. statische Last kN
				b mm	*s* mm	*B* mm	*H* mm	
1/4	12 … 15	M8/M10	17	20	1,25	48	46	0,6
3/8	15 … 19	M8/M10	17	20	1,25	52	51	0,6
1/2	20 … 24	M8/M10	17	20	1,25	58	56	0,6
3/4	25 … 30	M8/M10	17	20	1,25	63	60	0,6
1	32 … 37	M8/M10	17	20	1,25	72	68	0,8
1 1/4	40 … 45	M8/M10	17	20	1,50	79	76	0,8
1 1/2	48 … 53	M8/M10	17	20	1,50	88	86	0,8
–	54 … 58	M8/M10	17	20	1,50	94	92	0,8
2	59 … 63	M8/M10	17	20	1,50	99	95	0,8

Zweiteilige Rohrschellen FRS

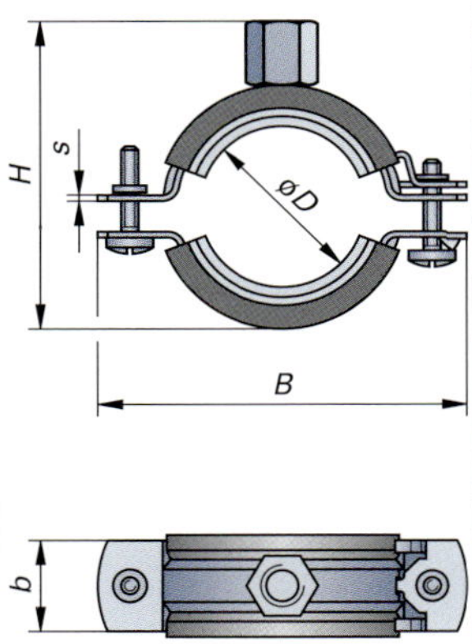

Nenngröße R	Spannbereich *D* mm	Anschlussgewinde	Mutterhöhe mm	Rohrschellenmaße				max. statische Last kN
				b mm	*s* mm	*B* mm	*H* mm	
1/4	12 … 15	M8/M10	17	20	1,25	58	48	0,8
3/8	15 … 19	M8/M10	17	20	1,25	61	51	0,8
1/2	20 … 24	M8/M10	17	20	1,25	66	56	0,8
3/4	25 … 30	M8/M10	17	20	1,25	72	62	0,8
1	32 … 37	M8/M10	17	20	1,25	79	67	0,8
1 1/4	40 … 45	M8/M10	17	20	1,50	86	78	1,0
1 1/2	48 … 53	M8/M10	17	20	1,50	94	83	1,0
–	54 … 58	M8/M10	17	20	1,50	101	89	1,0
2	59 … 64	M8/M10	17	25	2,00	114	96	1,4
–	68 … 73	M8/M10	17	25	2,00	124	108	1,4
2 1/2	74 … 78	M8/M10	17	25	2,00	124	108	1,8
3	89 … 103	M8/M10	17	25	2,00	142	125	1,8
4	108 … 116	M8/M10	17	25	2,00	169	154	1,8

Rohrschellen (Fortsetzung)

Massivrohrschellen FRS M

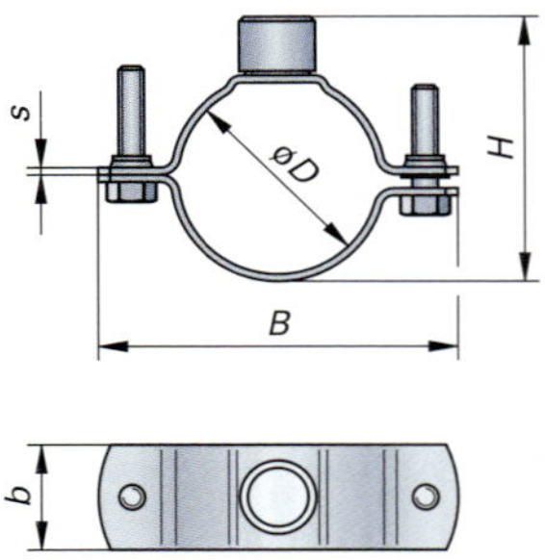

Nenngröße R	Spannbereich *D* mm	Anschlussgewinde	Mutterhöhe mm	Rohrschellenmaße				max. statische Last kN
				b mm	*s* mm	*B* mm	*H* mm	
$^3/_8$	14…18	R $^1/_2$	15	30	2,00	67	43	2,4
$^1/_2$	19…23	R $^1/_2$	15	30	2,00	71	48	2,4
$^3/_4$	24…29	R $^1/_2$	15	30	2,00	79	55	2,4
1	33…36	R $^1/_2$	15	30	2,00	89	63	2,4
1 $^1/_4$	40…45	R $^1/_2$	15	30	2,00	92	71	2,4
1 $^1/_2$	47…52	R $^1/_2$	17	30	2,00	104	79	2,4
2	58…63	R $^1/_2$	17	34	2,00	112	87	2,4
2 $^1/_2$	74…84	R $^1/_2$	17	34	2,00	138	103	2,4
3	89…92	R $^1/_2$	17	34	2,00	142	122	2,4

Lüftungsschellen LGS

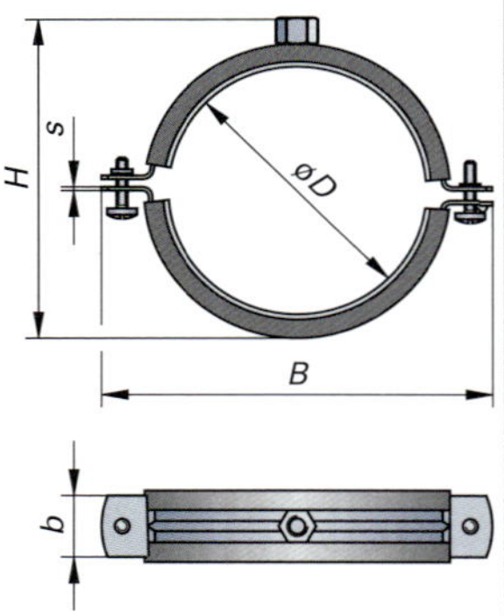

Nenngröße mm	Anschlussgewinde	Mutterhöhe mm	Rohrschellenmaße				max. statische Last kN
			b mm	*s* mm	*B* mm	*H* mm	
80	M8/M10	17	25	1,5	124	106	0,6
90	M8/M10	17	25	1,5	134	120	0,6
100	M8/M10	17	25	1,5	145	131	0,6
112	M8/M10	17	25	1,5	157	143	0,6
125	M8/M10	17	25	1,5	170	157	0,6
140	M8/M10	17	25	1,5	185	168	0,6
150	M8/M10	17	25	1,5	195	180	0,6
160	M8/M10	17	25	1,5	205	192	0,6
180	M8/M10	17	25	1,5	225	211	0,6
200	M8/M10	17	25	1,5	245	230	0,6

Befestigungsabstände für Rohrschellen bei 60 °C in m

DN	Gewinde-/ Siederohr	Edelstahlrohr	Kupferrohr	Metallverbundrohr	PE-Rohr	PB-Rohr	PP-Rohre	PVC-C-Rohr
8	2,00	–	1,00	–	–	–	–	–
10	2,25	1,30	1,25	1,00	0,50	0,25	0,65	0,70
12	–	–	1,25	1,00	–	–	–	–
15	2,75	1,50	1,50	1,00	0,60	0,30	0,70	0,85
20	3,00	2,00	2,00	1,50	0,65	0,35	0,75	0,95
25	3,50	2,30	2,25	2,00	0,75	0,40	0,85	1,10
32	3,75	2,80	2,75	2,00	0,85	0,50	0,95	1,30
40	4,25	3,00	3,00	2,50	0,95	0,60	1,05	1,45
50	4,75	3,50	3,50	2,50	1,05	0,75	1,20	1,65
65	5,50	4,30	4,00	–	1,15	–	1,30	1,70
80	6,00	4,80	4,75	–	1,30	–	1,45	1,85
100	6,00	5,00	5,00	–	1,40	–	1,60	–
125	6,00	5,00	–	–	1,55	–	1,80	–

Übersicht der Prozesse im SHK-Betrieb

Hauptprozesse	Unterprozesse	Beispiele
Material-versorgung	Bedarf und Quellen klären Anfragen und entscheiden Kaufverträge schließen Leistungsstörungen handhaben	– Speziellen Kundenwunsch erfragen – Angebote auswerten – Verbindlich ein Fahrzeug kaufen – Reklamation durchführen
Leistungs-erstellung	Auftrag analysieren und planen Fertigen und montieren Kontrollieren, dokumentieren Nachbetreuung des Kunden	– Heizkörper auslegen – Waschtisch einplanen – Dichtheitsprüfung durchführen – Kunden zum Geburtstag gratulieren
Marketing und Vertrieb	Markt erkunden Marketing betreiben Wirksamkeit kontrollieren Vertrieb organisieren	– Anzahl der Haushalte mit Solar erfassen – Für Wartungsverträge werben – Umsatzzunahme durch Werbung – Verkaufsbüro gestalten
Leiten und Verwalten	Betrieb strukturieren und organisieren Planung, Steuerung und Kontrolle Rechnungswesen und Controlling Bauvertragsrecht	– Neuen Azubi fürs nächste Jahr einstellen – Projekt leiten – Liquidität sichern – Betrieb für eine Ausschreibung anbieten

Einflussfaktoren des Umfeldes

Material- und Finanzmittelfluss des SHK-Betriebes im Markt

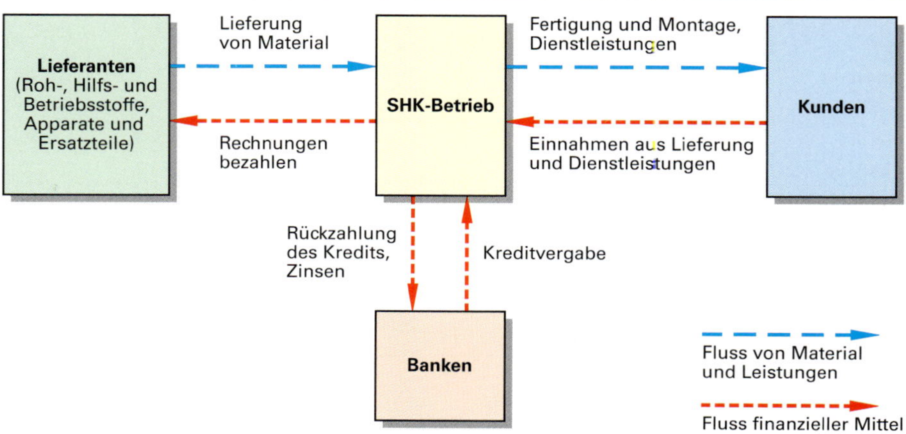

Ablauf der Materialbeschaffung

Bedarf klären (was, wie viel, wann, wo, wer?) → Lieferanten finden und Angebote einholen → Angebote vergleichen, Material bestellen → Ware prüfen (Art, Menge, Qualität) → Rechnung prüfen und bezahlen

Beschaffungsmarkt erkunden und Lieferanten finden

Informationsbeschaffung

Notwendigkeit:
- Wenn Lieferant nicht bekannt
- Über technische Neuheiten informiert sein
- Preise vergleichen/verhandeln

Informationsquellen:
- Internet (z. B. **www.werliefertwas.de**)
- Fachmessen, -tagungen und -zeitschriften
- Vertreter, Kataloge, Prospekte, Firmenbesuche
- Großhändler

Bezugspreise berechnen

Angebote	A	B	C
Berechnung			
Listenpreis			
– Rabatt			
= Zieleinkaufspreis			
– Skonto			
= Bareinkaufspreis			
+ Bezugskosten (Fracht u.a.)			
= Bezugspreis			

Nicht geldbezogene Faktoren

Nr.	Beispiele für Kriterien
1	Qualität (Lackierung fehlerfrei?)
2	Lieferzeit (rechtzeitig zu Montagetermin?)
3	Liefertreue (Terminüberschreitungen?)
4	Montage (problemlos?)
5	Information (Wartungspläne vorhanden?)
6	Kundenservice (schnell und gut?)
7	Ersatzteile (vorrätig beim Lieferanten?)
8	Benutzerfreundlichkeit (handlich?)

Begriffe: Rabatt: Preisnachlass, den der Lieferant gewährt
Skonto: vereinbarter Abzug bei fristgerechter Zahlung

Nutzwertanalyse: Auswahl eines Lieferanten (Beispieldaten)

Kriterium (zu obigem Beispiel)	Gewichtungsfaktor G	Lieferant A		Lieferant B		Lieferant C	
		Punkte P	G · P	Punkte P	G · P	Punkte P	G · P
Bezugspreis	40	2	80	3	120	1	40
Qualität	10	3	30	2	20	3	30
Lieferzeit	10	2	20	2	20	3	30
Liefertreue	3	2	6	3	9	3	9
Montage	2	2	4	2	4	3	6
Information	5	3	15	3	15	3	15
Kundenservice	5	2	10	2	10	3	15
Ersatzteile	5	2	10	1	5	3	15
Benutzerfreundlichkeit	20	2	40	2	40	3	60
Summe	**100**		**215**		**243**		**220**

Punktevergabe: sehr gut: 3; gut: 2; akzeptabel: 1

Ergebnis: Der Lieferant B hat die höchste Gesamtpunktzahl. Bei ihm sollte bestellt werden!

Kaufvertrag (Erfüllungs- und Verpflichtungsgeschäft)

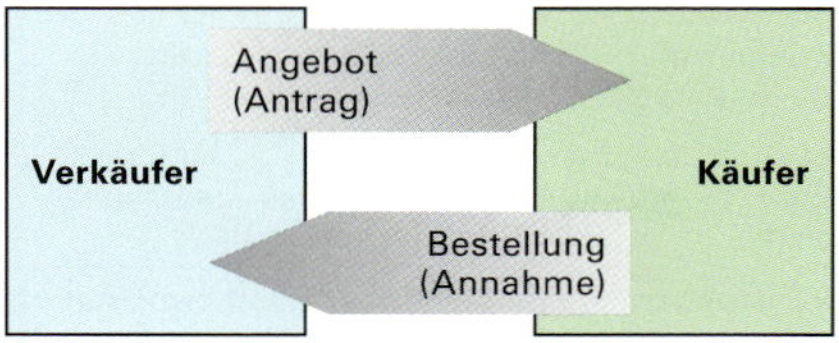

oder

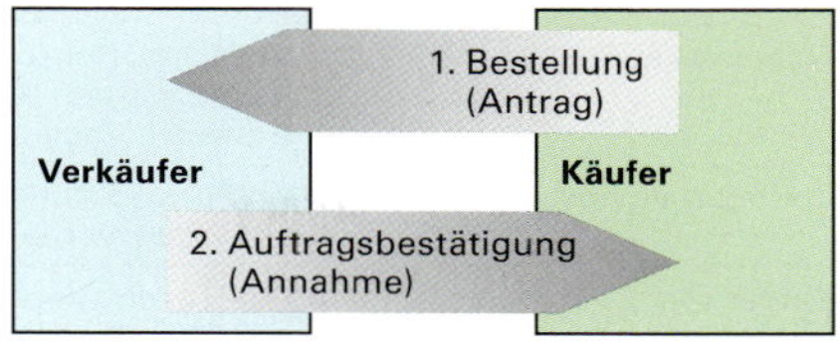

Verpflichtungsgeschäft (§ 433 BGB) BGB: **B**ürgerliches **G**esetz-**B**uch

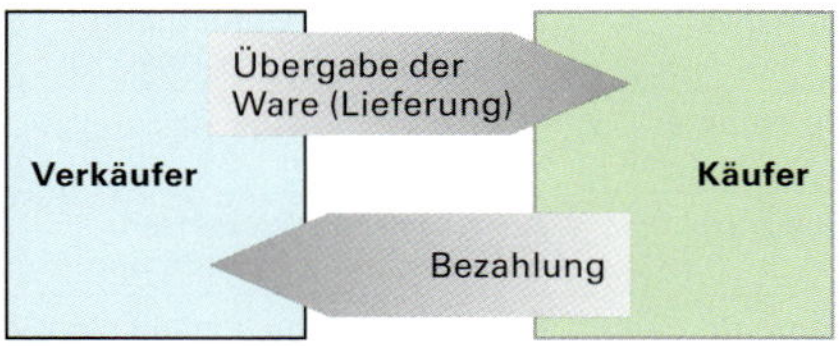

Erfüllungsgeschäft (§ 929 BGB)

Verpflichtungen

des **Verkäufers**:
- Lieferung der Ware
- (ohne Mängel, termingerecht)
- Annahme des Kaufpreises
- Eigentumsübertrag

des **Käufers**:
- Ware annehmen
- Ware prüfen
- Zahlung des Kaufpreises (termingerecht)

Leistungsstörungen aus Verträgen (Auswahl)

Störungen ausgehend vom Verkäufer

Lieferungsverzug

Rechte des Käufers:	Operator
Lieferung (auf Erfüllung bestehen) Schadenersatz (durch Verzug)	und
Rücktritt vom Vertrag (nach Frist) Schadenersatz (Nichterfüllung)	und
Schadenersatz bei Teillieferung	oder
Schadenersatz statt Lieferung	

Mangelhafte Ware[1]

Rechte des Käufers:	Operator
Ohne Fristsetzung: Nacherfüllung Anspruch auf Ersatz von Schäden	und
Erfolglose Nacherfüllung nach Frist: Rücktritt vom Vertrag Minderung Schadenersatz	 oder oder

Voraussetzung: Fälligkeit angemahnt (außer Fix- oder Zweckkauf; Schuld des Verkäufers)

Störungen ausgehend vom Käufer

Annahmeverzug

Rechte des Verkäufers:	Operator
Lieferung (Vertragserfüllung) Ersatz des Verzugsschadens	und
Ablehnung/Rücktritt vom Vertrag Schadenersatz (Nichterfüllung)	und
Selbsthilfeverkauf	
Hinterlegung der Ware Klage sowie Ersatz Mehraufwand	

Zahlungsverzug

Rechte des Verkäufers	Operator
Auf Recht auf Zahlung bestehen Ersatz des Verzugsschadens	und
Rücktritt vom Vertrag (nach Frist) Ablehnung der Zahlung Schadenersatz (Nichterfüllung)	und und
Ablehnung Zahlung (nach Frist) Schadenersatz	und

[1] Ware kann Sachmängel (fehlerhafte, aber nutzbare Ware, unnutzbare fehlerhafte Ware, Abweichung von zugesicherter Eigenschaft, Falschlieferung, Zuweniglieferung) und Rechtsmängel (mit Rechten Dritter belastet) aufweisen.

Kundenaufträge im SHK-Bereich

Auftragsart	Merkmale bzw. Unterteilung	Beispiele
Neuinstallation	Schächte, Rohrtrassen u. a. können frei belegt werden, keine alten Installationen, Gewerk komplett neu	Komplette energie- und wassertechnische Ausrüstung eines EFH
Erweiterungsinstallation	An Zu- und Abführungsleitungen anbinden, vorhandenene Gewerke	Installation eines zusätzlichen Waschtisches im Bad
Sanierung	Austausch alter Komponenten, Neues in alte Bausubstanz einfügen	Einbau neuer Gastherme mit Solarunterstützung
Instandhaltung	**Inspektion** (Besichtigung, Prüfung und Messen)	Sichtprüfung der Rohrleitungen
	Wartung (Zustand und Funktion des Systems erhalten)	Austausch der Opferanode, Reinigen der Gastherme
	Instandsetzung (Auswechseln defekter Komponenten)	Umwälzpumpe der Heizungsanlage ersetzen
Störungsbeseitigung	Ungeplante Ereignisse zwingen zum schnellen Handeln, Zeitdruck.	Abflusssystem freisetzen, Notmaßnahmen durchführen
Beratung und Konzeption	Durchführen einer Dienstleistung für den Kunden, Planen, Berechnen	Energieberatung, Planen eines neuen Bades

Ablauf der Leistungserstellung

Allgemeiner und vollständiger Handlungsprozess bei der Abwicklung eines Kundenauftrages

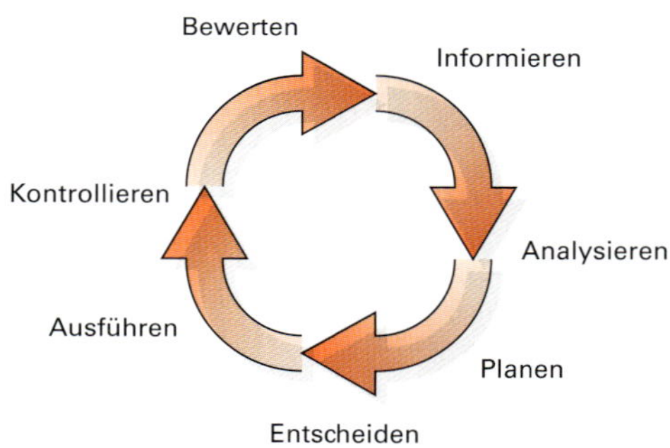

Beispiel: Störungsbeseitigung

Informieren	Dringlichkeit, Gefährdung Personen/Sachen klären
Analysieren	Machbarkeit prüfen, sind Geräte und Material vorhanden?
Planen	Monteur, Fahrzeug und Ausrüstung einplanen
Entscheiden	Nach Situation vor Ort über Vorgehen entscheiden
Ausführen	Sofortmaßnahmen durchführen
Kontrollieren	Auf Funktion und Sicherheit prüfen, Protokoll erstellen
Bewerten	Folgearbeiten abschätzen und mit Kunden besprechen

Kundenkontakte

Typ	Merkmale des Kunden	Empfohlenes Verhalten
Bestimmer	Hat klare Vorstellungen, will Recht behalten, leicht ungeduldig, will besondere Leistung	Zuhören, schnell konkret werden und Arbeiten erledigen, exklusives Anbieten
Bewahrer	Bleibt gerne bei Bewährtem, lehnt Neuheiten zuerst ab, sparsam, ordnungsliebend	Vorteile und Nutzen klar darstellen, geduldig sein, Arbeiten erklären
Genießer	Legt Wert auf Service, bevorzugt Komplettangebote, Interesse an Zubehör, großzügig	Arbeitszeiten optimieren, andere Gewerke einbeziehen, Zubehör zeigen
Toleranter	Ist offen und flexibel, zeigt Verständnis und gibt sich kompromissbereit, vergleicht Preise	Ist interessiert an Sonderangeboten, will umfassend informiert werden
Perfektionist	Kontrolliert jede Leistungserstellung genau, stellt viele Fragen, mag keine Kompromisse	Verständnis zeigen und Fragen nachkommen, ausführliche Übergabe

Allgemeine Grundsätze des Umganges mit Kunden

Freundlich und natürlich sein, nicht hektisch oder aggressiv reagieren, gepflegt auftreten, Verschmutzung der Einrichtung vorbeugen und vermeiden, zügig arbeiten, nicht beim Kunden essen oder trinken.

G2

Phasen der Leistungserstellung für einen Kunden

Phasen	Prozessdetails	Formblätter
Vom ersten Kontakt zum Kundenauftrag		
Erkundung und Konkretisierung	Kundeninformationen sammeln; Wünsche des Kunden erfragen; Randbedingungen feststellen	Checkliste
Erstellung eines Angebots	Angebot erstellen Bestandteile: – Anschreiben – Leistungsverzeichnis	Anschreiben; Leistungsverzeichnis
Auftragsklärung	Auftrag erst starten, wenn alle Details geklärt sind und der Kunde beauftragt.	
Auftragsabwicklung		
Vorbereitungsarbeiten	Benötigtes Material für den Auftrag ermitteln, anfragen und bestellen	Materialliste
Fertigung und Montage	Arbeitsvorgänge planen	
Übergabe an den Kunden	Leistungserstellung mit Kunden abstimmen und Mitarbeiter zuteilen	
	Abnahme vorbereiten	Abnahme- und Übergabeprotokoll
Abrechnung	Zeiten und Material für den Auftrag erfassen und ggf. vom Kunden abzeichnen lassen.	Betriebsinterne Abrechnung
Nachbetreuung des Kunden (after sales)		
Service anbieten	Darum bemühen, dass der Kunde zum Stammkunden wird.	Aktuelles Angebot
Kundenkontakt halten	Aktionen zur Kundenbindung anstreben (z. B. Wartungsverträge)	

Formblätter:

Checkliste	Kunde:	Datum:
Heizung	Typ	Alter
	Abgasanlage	Querschnitt
Heizkörper	Typ/Anzahl	Regelung

Mustermann 58332 Schwelm
Gas- und Wasserinstallateurmeister Neuestr. 6

Sehr geehrter Herr Kaufmann,
Bezug nehmend auf unser Gespräch biete ich Ihnen hiermit die Lieferung und Montage einer Gasetagenheizung an.

Mustermann 58332 Schwelm
Gas- und Wasserinstallateurmeister Neuestr. 6

Betr.: Lieferung und Montage einer Gasetagenheizung, Herr Kaufmann, Kirchstr. 12, 58256 Ennepetal

Leistungsverzeichnis

Pos.	Menge	Beschreibung	E-Preis

Materialliste für Auftrag: Kaufmann, Kirchstr. 12, 58256 Ennepetal
Bestellung bei Lieferant: Borgers & Schmitz

Abnahme- und Übergabeprotokoll Datum:
Objekt: Gasetagenheizung Kunde:
Hiermit wird bestätigt, dass der Kunde in die Bedienung des technischen Objektes umfassend eingewiesen wurde.
Folgende Unterlagen wurden dem Kunden ausgehändigt:

Mustermann 58332 Schwelm
Gas- und Wasserinstallateurmeister Neuestr. 6

Betriebsinterne Abrechnung
Auftrag: Nr. 07342, Kaufmann, Kirchstr. 12, 58256 Ennepetal
Arbeitsnachweis:

Datum	Stunden	Name	Tätigkeit

Materialnachweis:

Mustermann 58332 Schwelm
Gas- und Wasserinstallateurmeister Neuestr. 6

Aktuelles Angebot: Inspektion der Gasleitung und Gasheizung
Sehr geehrter Herr Kaufmann,
Sie sind Betreiber einer Gasetagenheizung. Um Wirtschaftlichkeit, Zuverlässigkeit und Dichtheit der Anlage dauerhaft sicherzustellen, …

G2

Grundbegriffe	
Marktforschung	Systematische Analyse von Informationen des Marktes (Angebot und Nachfrage, Preise, Konkurrenzsituation, Produkte, Neuentwicklungen und Trends)
Marketing	Tätigkeiten eines Unternehmens mit dem Ziel, den Absatz von Produkten und/oder Dienstleistungen durch Ausrichtung auf die Bedürfnisse der Kunden zu steigern.
Vertrieb	Organisation und Abwicklung aller Verkaufstätigkeiten (von Beratung über Transport bis Kundenservice)

Unterprozesse der Marktforschung im SHK-Betrieb und Beispiele	
Marktanalyse/ Markterkundung	Sammeln und Untersuchen der Informationen von Kunden, Messen, Fachzeitschriften, Konkurrenten u. a.
Marktbeobachtung	Kontinuierliche Verfolgung der für den eigenen Betrieb wichtigen Marktbedingungen.
Marktprognose	Aufbereitung von gewonnenen Marktdaten und Ableiten von Vorhersagen für den eigenen Betrieb.

Fragebogen für die Marktanalyse (Beispiel)

Kundenbefragung		Untersuchungsbereich	Wartungsvertrag EFH
Nr.	Frage	Ergebnis der Befragung	Aktion
1	Nehmen Sie regelmäßig Inspektion und Wartung Ihrer technischen Installation vor?	Nicht regelmäßig	Als potenziellen Kunden vermerken
2	Wenn ja unter Nr.1: Wer macht das? In welchen Zeitabständen? Was wird gemacht?	Hausbesitzer; nur wenn Probleme auftreten; Austausch	Kontaktperson finden
3	Haben Sie Interesse/Bedarf an rechtlichen Informationen (Vorschriften) zu diesem Thema?	Ja	In Liste aufnehmen für Informationsmaterial
4	Haben Sie häufiger Störungen ihrer haustechnischen Installation?	ca. 1-mal je Jahr	Info über eigenen Eilservice geben
5	Sind Sie an praktischen Tipps und Methoden zur Selbsthilfe interessiert?	Ja	Einladung zur Hausmesse im Juli
6	Haben Sie sich mit dem Thema „regelmäßige Wartung durch einen Fachmann" bereits beschäftigt?	Nein	In Liste aufnehmen für Informationsmaterial
7	Dürfen wir Ihnen den Vorschlag für einen Instandhaltungsvertrag unterbreiten?	Kunde unsicher bzgl. Kosten u. Zuständigkeit	Nicht relevant (siehe 2)

Marktprognose im SHK-Betrieb

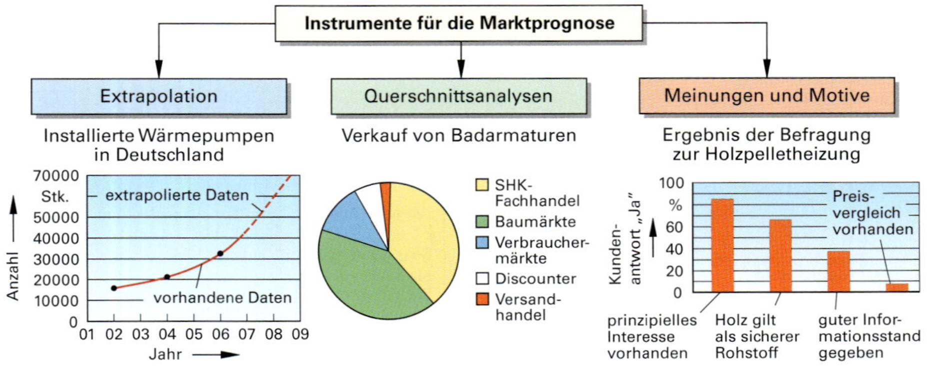

Instrumente des Marketings im SHK-Betrieb; Begriffe

Begriff	Erklärung
Produkt- und Sortimentpolitik	Leistungserstellung: Ausprägung des Leistungsangebots, Erschließung neuer Tätigkeitsbereiche, Abgrenzung von der Konkurrenz durch Kundendienstleistungen, Serviceangebot und Garantien
	Handel: alle Maßnahmen und Entscheidungen, die Art und Umfang der Waren betrifft, Anbieten von Zusatzartikeln und Serviceleistungen
Kommunikationspolitik	Werbeaktivitäten zur Steigerung des Umsatzes durch neue Kunden, Kundenbindung und Imagepflege, Förderung von Kultur, Sport u.a.
Preis- und Konditionenpolitik	Gestaltung der Preise sowie Lieferungs- und Zahlungsbedingungen
Distributionspolitik	Entscheidungen zur Gestaltung der Absatzorganisation

Produkt-/Sortimentanalyse

Zuordnung im Lebenszyklus, Absatzprognose der einzelnen Produkte

↓

Analyse der Deckungsbeiträge, Umsatz und Gewinnanteile bestimmen

↓

Auswirkung auf einzelne Marktsegmente, Servicepolitik, gesetzliche Bestimmungen

↓

Festlegung zu Umfang, Zeitpunkt, Information, Unternehmenszielen

Begriffe der Sortimentpolitik

Sortimentsbreite
- Enges Sortiment: wenige Produktarten (z.B. nur Solarkollektoren einer Bauart)
- Breites Sortiment: viele Produktarten (z.B. alle Bauarten und Firmen von Solarkollektoren)

Sortimentstiefe
- Tiefes Sortiment: Angebot des Sanitärfachhandels für alle technischen Artikel der Badausrüstung
- Flaches Sortiment: nur wenige Artikel für Badausrüstung (z.B. Baumarkt)

Sortimentsdiversifikation
- Vertikal: Firma für Heizung- und Sanitärinstallation stellt eigene Designröhrenheizkörper her.
- Horizontal: Firma für Heizung- und Sanitärinstallation bietet zusätzlich Energieberatung an.

Produktlebenszyklus

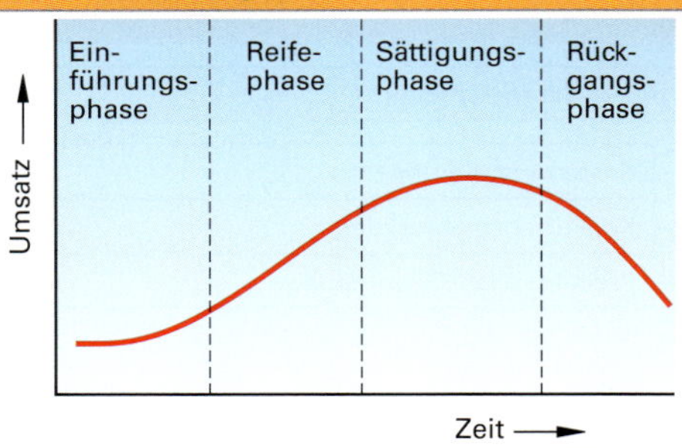

Produktelimination, Beispieltest

Kriterium	Ja /Nein
Sinkender Umsatz am Gesamtumsatz?	Ja
Sinkender Deckungsbeitrag?	Ja
Änderung des Kundenbedarfs?	Ja
Negativer Einfluss auf Firmenimage?	Ja
Produktneuerungen auf dem Markt?	Ja
Erfüllung geltender Vorschriften?	Nein
Ungünstige Verarbeitung / Montage?	Nein

Service im SHK-Betrieb

Phase	Ausprägungen und Ziele
Vom ersten Kontakt zum Kundenauftrag	Beratung: Kundenwünsche aufnehmen, unaufdringlich Lösungsvorschläge aufzeigen, Ziel ⇒ Kunden gewinnen.
Auftragsabwicklung	Kundenorientierte und professionelle Durchführung: zielgerichtet informieren, Termine einhalten, Garantieleistungen zügig und kostenneutral für den Kunden abwickeln, Zusatzleistungen anbieten (z.B. Entsorgung von Altgeräten), Ziel ⇒ Kundenzufriedenheit
Nachbetreuung des Kunden	Kundenkontakt halten und Zusatzleistungen bieten (z.B. Kulanz), Ziel ⇒ Kundenbindung

Kommunikationspolitik: Arten der Werbung für SHK-Betriebe

Unterscheidungsmerkmale	Art der Werbung
Ziel der Werbung	**Einführungswerbung**: Bekanntmachung eines neuen Produkts
	Expansionswerbung: Bekanntheitsgrad und Umsatz sollen erhöht werden.
	Erhaltungswerbung: Verteidigung des Marktanteils gegen Konkurrenz
Zahl der Werbenden	**Alleinwerbung**: Die Firma wirbt allein unter ihrem Namen.
	Gemeinschaftswerbung: Mehrere Firmen oder der SHK-Verband werben.
Zielgruppe	**Direktwerbung**: Der Werbegemeinte wird persönlich angesprochen.
	Massenwerbung: Anonyme Empfänger erhalten Werbung (Werbebrief).

Regeln für Werbung

Grundsätze
- Wahrheit
- Wirksamkeit
- Wirtschaftlichkeit

Gestaltung
- Einheitlichkeit
- Originalität
- Aktualität
- Gezieltheit

Ablauf einer Werbemaßnahme

1. Festlegen von Zielen, Zahl der Werbenden, Zielgruppe und Budget
2. Planen der Werbemittel und Werbeträger, Zeitplan erstellen
3. Durchführung der Werbemaßnahme
4. Kontrolle des Werbeerfolgs

Preis- und Konditionenpolitik für SHK-Betriebe

Ziele der Preispolitik
- Sicherung der Existenz ⇒ kurzfristiger Ansatz
- Gewinnmaximierung ⇒ Preis-Kosten-Optimum
- Absatzsteigerung ⇒ Niedrigpreise
- Marktabschöpfung ⇒ Hochpreis bei Neuheit

Arten der Preispolitik
- Kostenorientierung
- Konkurrenzorientierung
- Preis-Mengen-Orientierung

Preisdifferenzierung
- persönlich
- mengenbezogen
- räumlich
- saisonal
- sozial
- umweltorientiert

Distributionspolitik

Organisation
- äußere: zentral, dezentral
- innere: produktorientiert, kundenorientiert, funktionsorientiert

Rechtsformen

Rechtsformen im Handwerk

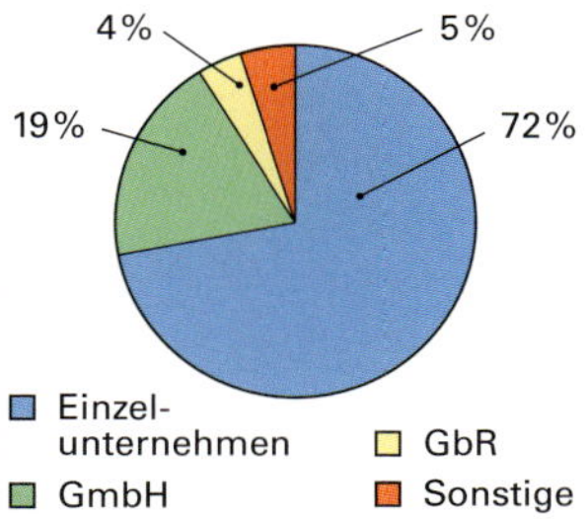

Übersicht wichtiger Rechtsformen und Beispiele

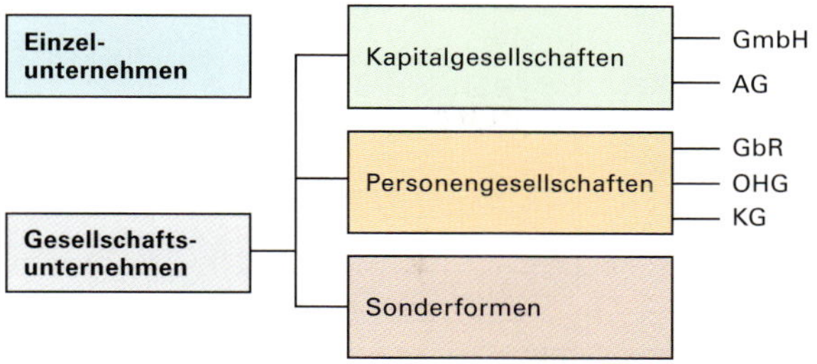

Vergleich ausgewählter Rechtsformen und typischer Ausprägung im SHK-Bereich

Kriterien	Einzelunternehmen	GmbH
Art der Leistungserstellung	Einzelfertigung, kleinere Gewerke (Spezialisierung)	alle Größenordnungen
Planerische Tätigkeit	gering	umfangreich
Unternehmensgröße	meist < 10 Personen	meist > 10 Personen
Örtlich oder überregional	örtlich	überregional
Art der Geschäftsführung	Einzelperson (Meister)	Geschäftsführer
Umfang und Art der Haftung	unbeschränkt (auf Betriebs- und Privatvermögen)	beschränkt (auf Gesellschaftsvermögen)
Besteuerung	Einkommensteuer (Meister)	Körperschaftsteuer und Einkommenssteuer der Gesellschafter
Gewinnverteilung	Meister kann frei verfügen	an Gesellschafter (anteilig)
Kapitalbeschaffung	Selbstfinanzierung durch Einzelperson, Bankkredite	Nachschusszahlungen der Gesellschafter, neue Gesellschafter, Bankkredite
Umfang der Rechnungsführung	gering	aufwändiger
Gründung	Eintrag in Handelsregister und Handwerksrolle der Handwerkskammer	Minimum 25 000 € Einlage als Stammkapital, Eintrag ins Handelsregister

Organisation im SHK-Handwerk

Regional	Fachlich	Betriebsintern
Kreishandwerkerschaft ⇒ Vertretung aller Innungen auf Kreisebene	**Innungen** ⇒ freiwillige Mitgliedschaft, berufsspezifisch	**Aufbauorganisation** ⇒ Festlegung von Weisungsbefugnissen
Handwerkskammer ⇒ Pflichtmitgliedschaft ⇒ überwacht Ausbildung	**Innungsverbände** (Landes-/Bundesebene) ⇒ Zusammenschluss der Innungen	**Ablauforganisation** ⇒ Prozessgestaltung (was, wer, wo, wann?)

Aufbauorgansition im SHK-Handwerk (Beispiel)

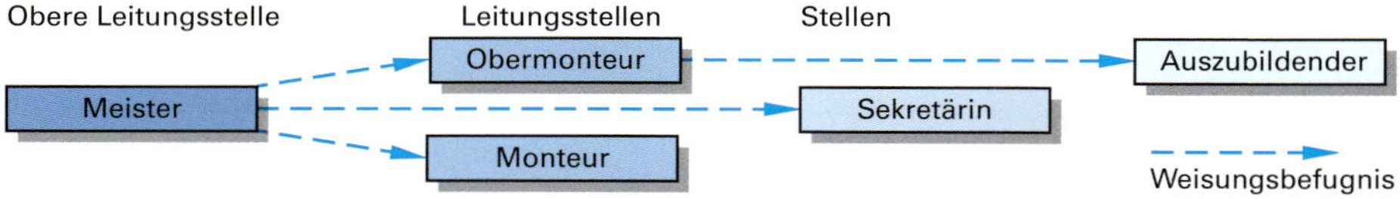

G2

Ablauforganisation und Einsatzplanung im SHK-Handwerk

Organisationsmittel für die Einsatzplanung
- Tabellen
- Balkendiagramme
- Magnettafeln
- Planungssoftware

Kriterien zur Einsatzplanung	Wichtige Bedingungen
Terminzusagen	stets einhalten
Dringlichkeit	möglichst vorziehen
Auslastung	wenig Leerlauf
Belastungen	Schmutz, Fäkalien
Wege	sinnvolle Reihenfolge
Alternativen	lohnende Aufträge vorrangig
Kenntnisse	ggf. Spezialisten rufen
Abschluss	möglichst Auftrag beenden

Projektmanagement im SHK-Bereich

Projekt (vergl. DIN 69901):
Vorhaben, das durch die Einmaligkeit der Bedingungen in ihrer Gesamtheit gekennzeichnet ist.

Beispiel: Komplexer Kundenauftrag

Alle Gewerke (Dachdecker, Sanitär, Klempner, Elektriker) aus einer Hand; erhöhter Planungs- und Koordinierungsaufwand; interdisziplinäre Zusammenarbeit; Termindruck

Prozessgestaltung

Projektanalyse	Festlegung der Bedingungen und Ziele	Strukturierung; Beauftragung Einzelgewerke	Steuerung und Kontrolle; Abschluss
Realisierbarkeit Wirtschaftlichkeit Risikobewertung Deckung mit Unternehmensziel (Referenz)	Projektname Kosten Ressourcen Qualität Kosten	Unterprojekte definieren Vorgänge festlegen Abläufe planen Unteraufträge vergeben	Prozess auf Erfüllung der Vorgaben prüfen Reaktion bei Abweichungen Abschluss und Übergabe

Qualitätsmanagement im SHK-Betrieb

Qualität	Das Ergebnis der gesamten betrieblichen Prozesse; in allen Phasen der Auftragsbearbeitung muss die Qualität (Dienstleistung, Material und Verarbeitung) den Kundenwünschen (in den Punkten Ausführung und Nutzen) entsprechen, um Kundenzufriedenheit zu erreichen.
Qualitätsmanagement	Organisation der betrieblichen Aktivitäten zum Erreichen und Sichern von Qualität.

Voraussetzungen für erfolgreiches betriebliches Qualitätsmanagement:
- Qualitätsziele bestimmen
- Qualitätssicherungssystem verwenden
- Verantwortlichkeiten festlegen
- Dokumentation und Kontrolle

Ziele des Qualitätsmanagements:
- Kontinuierliche Verbesserung aller betrieblichen Prozesse
- Kostenreduzierung
- Einbeziehung aller Mitarbeiter(innen)
- Konzentration auf Kunden
- Vermeidung von Risiken

Qualitätssicherungssyteme

Elemente des Qualitätsmanagement-Systems DIN EN ISO 9000 ff (Kernnormen)

9000: 2015	Grundlagen und Begriffe
9001: 2015	Anforderungen
9004: 2018	Leitfaden zur Leistungsverbeserung
19011: 2018	Leitfaden zur Auditierung

Modell der DIN EN ISO 9000 ff

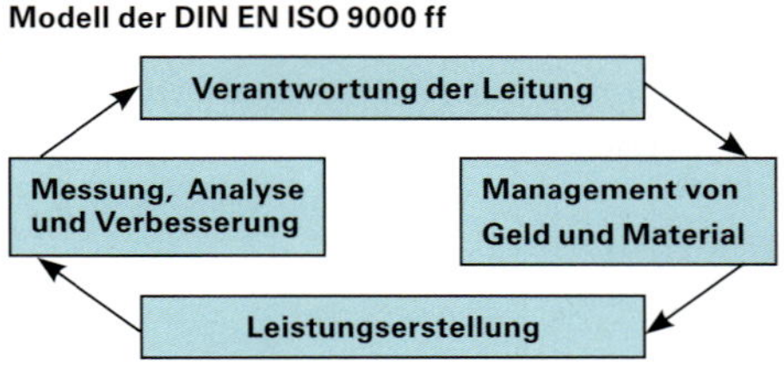

Überblick

- Betriebliches Rechnungswesen
  - Buchführung
  - Kostenrechnung und Kalkulation
  - Betriebsstatistik
  - Betriebsplanungsrechnung

Randbedingungen der Buchführung

Verpflichtung zur ordnungsgemäßen und lückenlosen Erfassung aller Geschäftsvorfälle
Handelsgesetzbuch (HGB) für Kaufleute
GmbH-Gesetz

Basis zur Besteuerung
Steuergesetze (EstG, UstG, AO, GewStG)

Grundlage für Unternehmensanalyse (z. B. bei Kreditvergabe), Controlling und Betriebsvergleiche (z. B. der Fachverbände SHK)

Klassifikation von Belegen

- **Belegarten**
  - natürlich
    - extern
      - Kreditoren – z. B. Rechnung von Lieferanten
      - Finanzbereich – z. B. Überweisungen auf Konto
    - intern
      - Debitoren – z. B. Rechnungen an Kunden
      - Vorgangsbuchungen – z. B. Entnahmen aus dem Lager
  - künstlich – z. B. Kundengespräch von Telefonzelle
  - allgemein – z. B. Arbeitsverträge, Geschäftsbriefe

Grundregel: Keine Buchung ohne Beleg!

Bearbeitung von Buchungsbelegen

Prüfung der Richtigkeit → Festlegung der Belegart → Vergabe der Belegnummer → Kontierung → Archivierung

Belegnummernsystem

Bedeutung des Belegnummernsystems:

- Das Belegnummernsystem ist die Ordnungssystematik für Buchungsbelege.
- Es ist nicht vorgeschrieben und kann speziell auf den Betrieb zugeschnitten werden.
- Das Belegnummernsystem muss eindeutig und durchgängig sein.
- Die Nummern des Belegnummernsystems werden aus den Kontenklassen abgeleitet.

Grundregel: Nur Originalbelege verwenden!

Beispiel: Reparatur eines Kundendienstfahrzeuges

4	500	2015	01071	300
Kontenklasse (z. B. betriebliche Aufwendungen)	Konto der Kontenklasse (z. B. Fahrzeuge)	Geschäftsjahr	Lfd. Beleg-Nr.	Kostenstelle

Kontenrahmen (Beispiel für einen SHK-Betrieb)

⇒ Übersicht, die die verwendeten Konten der Buchführung eines Betriebes sachlich geordnet darstellt.

⇒ Es ist sinnvoll, sich an vereinheitlichte Kontenrahmen (z. B. SKR3 der DATEV oder Einheitskontenrahmen des deutschen Handwerks) anzulehnen. Dieses ermöglicht u. a. Betriebsvergleiche.

Konto-klasse	Bezeichnung
0	Anlage-, Kapitalkonten
1	Finanzkonten
2	Neutrale Aufwendungen u. Erträge
3	Wareneingangs- u. Bestandskonten
4	Betriebliche Aufwendungen
5	Buchungen für den Bereich der
6	Kosten-/Leistungsrechnung
7	Bestandskonten für Erzeugnisse
8	Erlöskonten
9	Außerordentliche/betriebsfremde Aufwendungen und Erträge, GUV, Bilanz u. a.

Bestandskonten

Erfolgskonten

Konten der Kontenklasse 4	
4000	Fertigungsmaterial
4100	Personalkosten
4200	Hilfs- u. Betriebsstoffe
4300	Strom, Wasser, Gas
4400	Steuern u. Versicherungen
4500	Fahrzeugkosten
...	...

Bilanz

Wichtige Grundlagen:

- Darstellung der Vermögens- und Finanzlage, der Eigen-/Fremdkapitalstruktur sowie von Jahresüberschuss/-fehlbetrag eines Betriebes zum Stichtag
- Pflicht zur Erstellung z. B. nach HGB
- Grundsätze: Vollständigkeit, Klarheit, Wahrheit, Einhaltung von Bewertungsgrundsätzen
- Bilanzgleichung: *Vermögen = Kapital*

Aktiva	Passiva
Anlagevermögen (Sach-/Finanzanlagen)	Eigenkapital
Umlaufvermögen (Vorräte, Forderungen, Kasse, Bankgutaben)	Fremdkapital (Darlehen, Verbindlichkeiten aus Lieferungen und Leistungen)
Aktive Rechnungsabgrenzungsposten	Passive Rechnungsabgrenzungsposten
Vermögen	**Kapital**

Gewinn- und Verlustrechnung (betriebswirtschaftlicher Erfolg)

Wichtige Grundlagen:

- Pflichtbestandteil des Jahresabschlusses (z. B. nach HGB)
- Darstellungen als Kontenform oder Staffelform
- Gliederungsarten als Umsatz- oder Gesamtkostenverfahren
- Grundsätze sind Vollständigkeit, Klarheit, Einhaltung von Bewertungsgrundsätzen
- Verfahren der Gewinnermittlung zur Steuerfestlegung:
  - Betriebskostenvergleich (auf Basis der Bilanz)
  - Einnahme-Ausgabe-Rechnung (für Kleingewerbetreibende)
  - Nach Durchschnittswerten
  - Schätzung des Gewinns

Berechnungsschema in Staffelform nach Gesamtkostenverfahren:

	Gesamterlöse aus Leistungserstellung
+	Gesamterlöse aus Handel
=	**Betriebsleistung der betrachteten Periode**
–	Fremdleistungen
–	Materialeinsatz für Leistungserstellung
–	Einsatz von Handelswaren
–	Sondereinzelkosten des Betriebs
–	Personalkosten (Löhne, Gehälter, Nebenkosten)
–	kalkulatorische und sonstige Kosten
=	**betriebswirtschaftlicher Erfolg**

Begriffe und Abgrenzungen der Kostenrechnung

Kosten	Werteverbrauch, bewerteter Abgang von Gütern oder Dienstleistungen für die betriebliche Leistungserstellung
Leistungen	Wertezuwachs, bewertetes Ergebnis der betrieblichen Tätigkeit
Auszahlungen	Abfluss liquider Mittel
Aufwand	Periodisierter, bewerteter Verbrauch von Gütern oder Dienstleistungen

Abgrenzungen	Beispiele
Auszahlungen erfolgsunwirksam | erfolgswirksam zahlungswirksam | zahlungsunwirksam	• Rückzahlung eines Kredites: erfolgsunwirksame Zahlung, keine Berücksichtigung in der Gewinn- und Verlustrechnung • Abschreibung eines Firmenwagens: zahlungsunwirksam, kalkulatorische Kosten (Teil des Gesamtaufwandes)
Gesamtkosten Grundkosten | Kalkulatorische Kosten Kalkulatorische Kosten: – Anderskosten – Zusatzkosten	• Kalkulatorische Kosten: Abschreibungen (Anderskosten) und kalkulatorische Miete (Zusatzkosten) • Grundkosten: Personal- oder Materialkosten
Gesamtaufwand Neutraler Aufwand | Zweckaufwand Neutraler Aufwand: – betriebsfremd – außergewöhnlich – periodenfremd – bewertungsbedingt	• Neutraler Aufwand: entsteht nicht im Rahmen des normalen Betriebsablaufes • Zweckaufwand: Aufwendungen, die gleichzeitig Kosten sind
Kostenarten • nach Zurechenbarkeit: Einzelkosten, Gemeinkosten • nach Beschäftigungsgrad: Variable Kosten, Fixe Kosten	• Einzelkosten: sind einem Auftrag direkt zuzuordnen (z. B. Waschtisch) • Gemeinkosten: können einem Auftrag nicht direkt zugeordnet werden (z. B. Wartung Kundendienstfahrzeug) • Variable Kosten: abhängig von der Menge (z. B. Gasverbrauch beim Löten)

Teilgebiete der Kostenrechnung

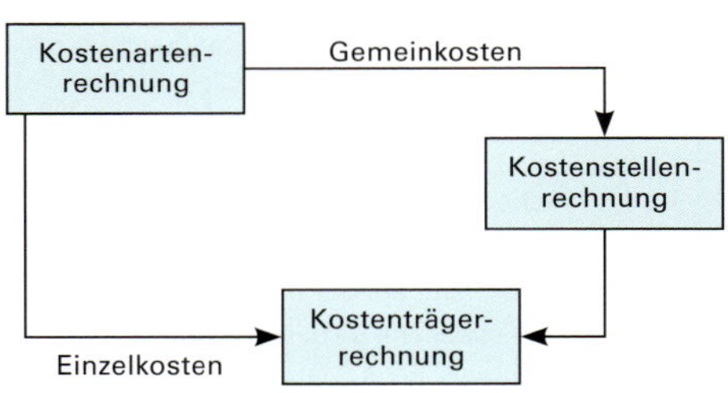

Typ	Aufgaben
Kostenartenrechnung	Erfassung der Kosten (z. B. Personal-, Materialkosten) und Unterteilung (s. o. bei Kostenarten)
Kostenstellenrechnung	Systematische Zuordnung (s. h. bei BAB = Betriebsabrechnungsbogen) der Gemeinkosten nach Verursacherprinzip auf Kostenstellen
Kostenträgerrechnung	Zuweisung von Kosten zu Produkten oder Aufträgen (sogenannten Kostenträgern)

G2

Betriebsabrechnungsbogen (BAB)

	Hilfskostenstellen	Hauptkostenstellen		
		Material (M)	Fertigung (F)	Verwaltung und Vertrieb (V)
Primäre Gemeinkosten		**1. Verteilung primärer Gemeinkosten nach Verursachungsprinzip**		
Sekundäre Gemeinkosten	→ → → **2. Innerbetriebliche Leistungsverrechnung (Verteilung auf Hauptkostenstellen)**			
		3. Ermittlung der Gesamtgemeinkosten (GK) je Hauptkostenstelle		

4. Berechnung von Zuschlagsätzen

Berechnung	Materialgemeinkosten (MGK)/ Materialeinzelkosten	Fertigungsgemeinkosten (FGK)/ Fertigungseinzelkosten	Verwaltungsgemeinkosten/ Herstellkosten

Herstellkosten = Materialeinzelkosten + MGK + Fertigungseinzelkosten + FGK

Kalkulation im SHK-Betrieb – Übersicht

Bereiche

Handel	Leistungserstellung
z. B. Verkauf einer Armatur	z. B. Material und Installation einer neuen Gastherme

Abhängigkeit vom Verlauf der Auftragsabwicklung:

Angebotskalkulation → Auftragskalkulation → Nachkalkulation

Lohngruppen und Stundenlohn nach Tarifvereinbarung

Lohngruppe	Bezeichnung	Stundenlohn, Beispieldaten in Anlehnung an Tariflöhne der IG Metall (€ / Stunde)
1	Montageleiter	18,97
2	Obermonteur	17,67
3	Selbstständiger Monteur	16,38
4	Gruppenmonteur	15,60
5	Monteur	13,70
6	Hilfsmonteur	13,05
7	Helfer	12,30

Zusammensetzung von Personalkosten

- Lohnkosten
  - Tariflohn
  - Auslösung
  - Zulagen – z. B. für Gefahr oder Erschwernis
  - Zuschläge – z. B. für Feiertage
  - Lohnnebenkosten
    - tarifliche Sozialaufwendungen
    - betriebliche Sozialaufwendungen
    - gesetzliche Sozialaufwendungen

Zuschlagskalkulation

		Bereich
	Materialeinzelkosten	Materialversorgung
	+ MGK	
	= **Materialkosten**	
+	Fertigungslöhne	Leistungserstellung
	+ FGK	
	= **Fertigungskosten**	
+	VGK	Verwaltung und Vertrieb
	+ Sondereinzelkosten	

= **Selbstkosten**
\+ Wagnis- und Gewinnzuschlag
\+ Provisionen, Skonto, Rabatte
= **Netto-Angebotspreis**
\+ Mehrwertsteuer
= **Brutto-Angebotspreis**

Stundenverrechnungssatz

Berechnungsgang	Beispieldaten
Stundenlohn	13,70 €
+ Lohnzuschlag[1]	25,03 €
= Stundenverrechnungssatz (intern)	38,73 €
+ Zuschlag für Wagnis und Gewinn	3,87 €
= Stundenverrechnungssatz (für das Angebot)	42,60 €

[1] Bei Leistungserstellung ohne Materialeinsatz (Kundendienstleistung) werden alle Gemeinkosten des Betriebes auf den Stundenlohn aufgeschlagen. Der Lohnzuschlag ist dann höher als bei Kundenaufträgen mit Materialeinsatz und getrenntem MKZ (Materialkostenzuschlag).

Einheitspreiskalkulation (Beispieldaten)

Daten für die Materialbeschaffung von den Lieferanten nach Kundenstückliste

Pos. Nr.	Bezeichnung	Listenpreis
1	Waschtisch	46,40 €
2		
3		
...		

Aus Kalkulations-Datenbank: Zeiten für Fertigung und Montage der Pos. Nr. 1

Pos. Nr.	1	2	3	...
Menge				
Listenpreis [€]	46,40			
Rabatt [%]	25			
Skonto [%]	2			
Multiplikator für Materialbeschaffung	1,05			
Einkaufspreis für Material [€]	35,57			
Materialzuschlag [%]	6			
Wagnis- und Gewinnzuschlag [%]	10			
Multiplikator für Verkauf	1,3			
Materialverkaufspreis	53,64			
Fertigungs- und Montagezeit [min]	120			
„Stunden"verrechnungspreis [€/min]	0,8			
Lohnkosten [€]	96,00			
Einheitspreis [€]	149,64			
+ Sondereinzelkosten für den Kundenauftrag				

Controlling im SHK-Betrieb

Begriff: Systematisches Beschaffen und Aufbereiten von Informationen des Betriebes und Umfelds, um den SHK-Betrieb zu steuern und zielgerichtet Entscheidungen in allen Unternehmensbereichen treffen zu können. Dabei stehen die Sicherung und Entwicklung der Firma im Mittelpunkt. Es werden Kennzahlen berechnet, die auch für Betriebsvergleiche Anwendung finden.

Kennzahlen der betrieblichen Tätigkeit

Kennzahl		Beispiele und Bedeutung
Leistungsfähigkeit	$= \frac{\text{betriebliche Leistung}}{\text{Einsatzmenge}}$	Betriebsleistung je produktiv Beschäftigtem bzw. je produktiver Arbeitsstunde.
Wirtschaftlichkeit	$= \frac{\text{Leistung}}{\text{Kosten oder Ertrag/Aufwand}}$	Rechnung für Kunden beträgt 5 291,00 €, die Herstellkosten sind in Höhe von 4 810,00 € angefallen, Wirtschaftlichkeit ist 1,1.
Eigenkapitalrentabilität	$= \frac{\text{Gewinn}}{\text{Eigenkapital}}$	Entspricht der prozentualen Verzinsung des vom Unternehmer eingesetzten Eigenkapitals.
Gesamtkapitalrentabilität	$= \frac{\text{Gewinn + Fremdkapitalzinsen}}{\text{Eigenkapital + Fremdkapital}}$	Fremdkapital erwirtschaftet Teil des Gewinns und Zinsen. Verwendung zur Entscheidung über Aufnahme von Fremdkapital.
Umsatzrentabilität	$= \frac{\text{Gewinn}}{\text{Umsatzerlöse}}$	Wird als „Umsatzverdienstrate" interpretiert, d. h., sinkt der Wert der Kennzahl, ist die Gewinnspanne rückläufig.

Kennzahlen der Kosten- und Leistungsstruktur

Kennzahl		Hinweise
Spezifische Fixkosten	$= \frac{\text{Gesamte Fixkosten}}{\text{Anzahl produktiver Stunden}}$	Die Kennzahlen geben Hinweise auf die Kostenstruktur der betrieblichen Tätigkeit. Solange die spezifischen Fixkosten geringer als der spezifische Deckungsbeitrag sind wird es einem positiven Jahresüberschuss aus der handwerklichen Tätigkeit geben.
Spezifischer Deckungsbeitrag	$= \frac{\text{Betriebsleistung – Variable Kosten}}{\text{Anzahl produktiver Stunden}}$	

Kennzahlen der Bilanz und betrieblichen Stabilität

Kennzahl		Hinweise
Verschuldungsgrad	$= \frac{\text{Fremdkapital}}{\text{Eigenkapital}}$	Struktur der Finanzierung des Unternehmens, der Verschuldungsgrad hat einen starken Einfluss auf die Eigenkapitalrentabilität.
Vorratsquote	$= \frac{\text{Vorräte}}{\text{Gesamtvermögen}}$	Gibt Aufschluss über Bindung von Kapital im Lager; sollte möglichst gering sein.
Forderungsquote	$= \frac{\text{Forderungen}}{\text{Gesamtvermögen}}$	Die Kennzahlen geben Informationen zu Zahlungswilligkeit der Kunden, Zahlungsfähigkeit des eigenen Unternehmens. Die laufende Beobachtung dieser Kennzahlen ist notwendig, um die Existenz der Firma zu sichern und eine evtl. drohende finanzielle Unterdeckung frühzeitig zu erkennen.
Liquidität 1. Grades	$= \frac{\text{Flüssige Mittel}}{\text{Kurzfristiges Fremdkapital}}$	
Liquidität 2. Grades	$= \frac{\text{Flüssige Mittel + Forderungen}}{\text{Kurzfristiges Fremdkapital}}$	
Deckungsgrad	$= \frac{\text{Eigenkapital + Langfristiges Fremdkapital}}{\text{Anlagevermögen}}$	Finanzierung langfristig im Unternehmen gebundener Vermögenswerte.

Vertragsarten

Bauherr
Auftraggeber

Vertrags-
verhältnis
←→

Unternehmer
Auftragnehmer

Möglichkeiten der Regelungen des Vertragsverhältnisses:

- Werkvertrag (Herstellung eines Werkes, Veränderung einer Sache, Dienstleistung) nach BGB
- Vergabe- und Vertragsordnung für Bauleistungen (VOB)

Werkvertrag und VOB[1]: Abgrenzung und Ausschluss

- Das BGB ist ein Gesetz, die VOB hat den Charakter einer Norm.
- Die Anwendung der VOB in einem Vertrag setzt das Einverständnis und die Kenntnis beider Vertragspartner über das Normenwerk sowie deren ausdrückliche Nennung als wesentlicher Betragsbestandteil voraus.
- Ein Vertrag auf gleichzeitiger Basis von BGB und VOB ist unzulässig. Es gilt in diesem Fall ausschließlich das BGB.
- Die Verwendung der VOB ist bei Vergabe von Bauleistungen durch Bund, Länder, Gemeinden u. Ä. vorgeschrieben.
- Privatpersonen können prinzipiell zwischen den Vertragswerken frei wählen.

[1] Verdingungsordnung für Bauleistungen

Werkvertrag (§§ 631 ff. BGB)

- Der **Auftragnehmer** schuldet dem Auftraggeber die Herstellung eines Werkes (unbewegliche Sachen z. B. auf handwerklicher Leistung, Instandhaltung, nicht körperliche Werke wie z. B. Planungsunterlagen). Er hat das Werk zu erstellen und tritt in Vorleistung.
- Der **Auftraggeber** schuldet dem Auftragnehmer einen Werklohn. Die Fälligkeit des Werklohnes tritt mit Abnahme des Werkes durch den Auftraggeber ein.
- **Abgrenzungen**:
  - Beim Kaufvertrag ist nicht die Herstellung, sondern die Beschaffung einer Sache Vertragsbestandteil.
  - Beim Dienstvertrag ist lediglich eine Tätigkeit zu verrichten. Diese ist nicht wie beim Werkvertrag an einen bestimmten Erfolg gebunden.

VOB 2019 und Ergänzungsband 2023

Teile	Bestandteile	Details und Hinweise für den SHK-Bereich
VOB Teil A: Allgemeine Bestimmungen für die Vergabe von Bauleistungen VOB Teil B: Standardvertragsbedingungen VOB Teil C: technische Vertragsbedingungen	Basisparagrafen, § 1 bis § 22 Anhang I, Anforderungen an die Geräte, die für den elektronischen Empfang der Anträge auf Teilnahme und für die Angebote verwendet werden. Anhang TS, Technische Spezifikationen Technische Spezifikationen, Begriffsbestimmungen	Arbeiten des SHK-Bereichs zählen zu den Bauleistungen. Vergabeverfahren: • Öffentliche Ausschreibung • Beschränkte Ausschreibung • Freihändige Ausschreibung • Öffentlicher Teilnahmewettbewerb Vertragsarten und Vergütung: • Leistungsvertrag (Einheits-, Pauschalvertrag) • Stundenlohnvertrag • Selbstkostenerstattungsvertrag Beschreibung der Leistung: • Technische Spezifikation • Leistungsbeschreibung mit Leistungsverzeichnis • Leistungsbeschreibung mit Leistungsprogramm Inhalt sind Reglungen zu Ausführungsfristen, Vertragsstrafen, Gewährleistung u. a.

Werkvertrag und VOB: Abgrenzung und Ausschluss (Fortsetzung)

VOB 2019 und Ergänzungsband 2023 (Fortsetzung)

Teile	Bestandteile	Details und Hinweise für den SHK-Bereich
DIN 1961: 2016-09; VOB Teil B: Allgemeine Bestimmungen für die Ausführung von Bauleistungen	§ 1 bis § 18	⇒ Pflichten des Auftraggebers (Auswahl): • Mitwirkung • Koordinierung und Bereitstellung von Genehmigungen ⇒ Pflichten des Auftragnehmers (Auswahl): • Erfüllung unter eigener Verantwortung • Anordnungen des Auftraggebers Folge zu leisten (Ausnahmen: Verletzung gesetzlicher oder behördlicher Vorschriften; Entstehen von (Folge-)Schäden) • Hinweisen auf und Anzeigen von Bedenken beim Bauherrn • Schützen der Bauleistungen vor Beschädigung und Diebstahl bis zur Abnahme • Ausführen der Leistung durch eigenen Betrieb oder Einholen der Genehmigung vom Auftragnehmer bei Fremdvergabe • Einhalten von Vertragsfristen Enthält Regelungen zu Kündigung, Haftung, Abnahme, Mängelansprüche, Abrechnung, Streitigkeiten u.a. Bezieht VOB Teil C als Bestandteil des Vertragswerkes mit ein. Bei Widersprüchen im Vertragswerk gilt folgende Reihenfolge • Leistungsbeschreibung • Besondere oder zusätzliche Vertragsbedingungen • Allgemeine Vertragsbedingungen für Bauleistungen
VOB Teil C: Allgemeine Technische Vertragsbedingungen für Bauleistungen (ATV)	DIN 18299: 2019-09 DIN 18336: 2019-09 DIN 18338: 2019-09 DIN 18339: 2019-09 DIN 18340: 2023-09 DIN 18379: 2019-09 DIN 18380: 2019-09 DIN 18381: 2019-09 DIN 18382: 2019-09 u.a.	Allgemeine Reglungen für Bauarbeiten aller Art Abdichtungsarbeiten Dachdeckungs- und Dachabdichtungsarbeiten Klempnerarbeiten Trockenbauarbeiten Raumlufttechnische Anlagen Heizungsanlagen und zentrale Wassererwärmungsanlagen Gas-, Wasser- und Entwässerungsanlagen innerhalb von Gebäuden Nieder- und Mittelspannungsanlagen bis 36 kV

Beispiel ATV[1]**:**

[1] Allgemeine technische Vertragsbedingungen

Gas-, Wasser- und Entwässerungsanlagen innerhalb von Gebäuden (vgl. DIN 18381: 2019-09)

Bedeutung: Beachtung dieser ATV ist Voraussetzung für eine ordnungsgemäße Leistungsbeschreibung gemäß VOB Teil A.

Aufbau:

Kapitel	Inhalt	Hinweise, Bemerkungen
0	Hinweise für das Aufstellen der Leistungsbeschreibung	Angaben zur Baustelle und zur Ausführung; Einzelangaben bei Abweichungen von den ATV; Einzelangaben zu Nebenleistungen und besondere Leistungen; Abrechnungseinheiten
1	Geltungsbereich	Anschluss von Entwässerungskanalarbeiten und Druckrohrleitungen innerhalb von Gebäuden
2	Stoffe, Bauteile	Korrosionsschutz, Beschilderung, MSR, Gebäudeautomation
3	Ausführung	Planungsunterlagen, Normen und technische Regeln, mitzuliefernde Unterlagen
4	Nebenleistungen, besondere Leistungen	Schlitze, Gerüste, Schutzmaßnahme u.a.; Planungsleistungen, Untersuchungen von Boden, Wasser etc.
5	Abrechnung	Ermittlung nach Leistung, Längenmaße und Masse

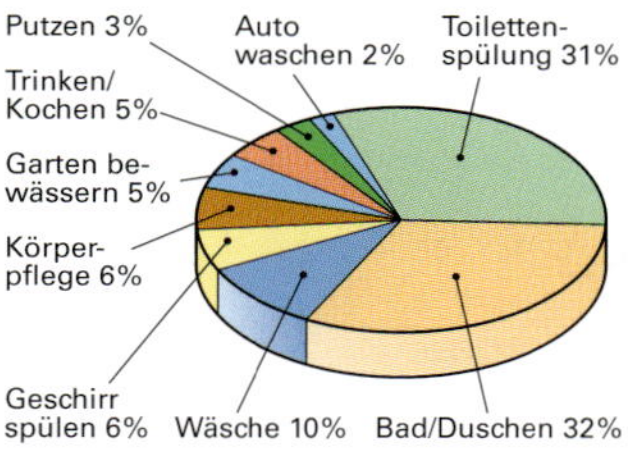

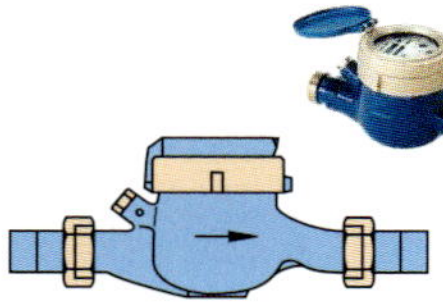

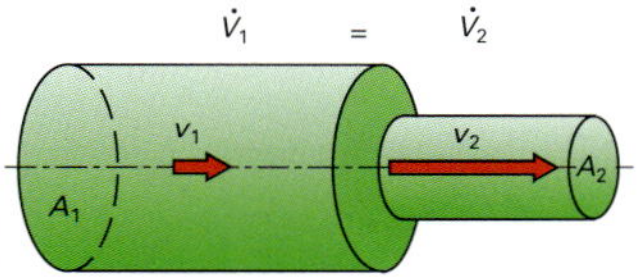

$$\dot{V}_1 = \dot{V}_2$$
$$A_1 \cdot v_1 = A_2 \cdot v_2$$

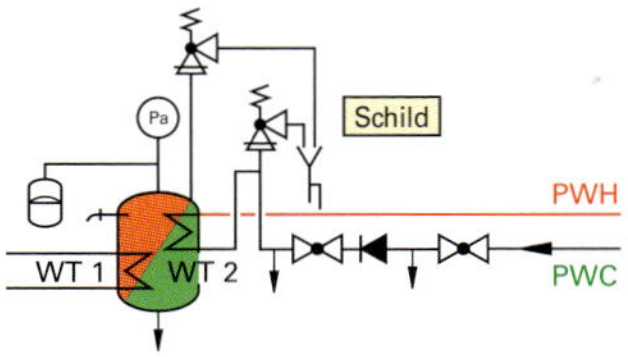

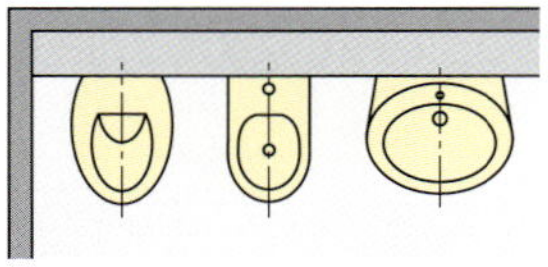

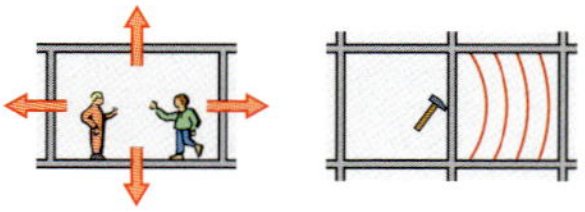

TW

Trinkwasser – Verbrauch, Kosten, Herkunft

Wasserabgabe an private Haushalte in Deutschland

Jahr	Einwohner	Abgabe in *l* je Einwohner und Tag
2023	84000000	128
2013	80716000	120
2007	82218000	122
2001	82440000	127
1995	81818000	132
1991	80275000	144

Quelle: Statistisches Bundesamt Deutschland
Stand: 12.03.2024

Trinkwasseraufteilung im Haushalt

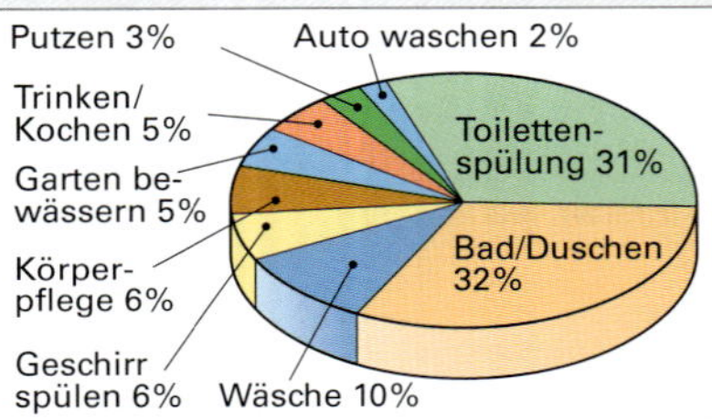

Wasserabgabe an private Haushalte nach Bundesländern

Bundesland	Einwohner 2019	Abgabe in *l* je Einwohner und Tag
Nordrhein-Westfalen	17947200	138
Hamburg	1847300	140
Schleswig-Holstein	2903800	129
Bayern	13124700	134
Niedersachsen	7993600	138
Bremen	681200	119
Hessen	6288100	129
Rheinland-Pfalz	4093900	126
Baden-Württemberg	11100400	125
Berlin	3669500	120
Saarland	986900	119
Mecklenburg-Vorpommern	1608100	117
Brandenburg	2521900	120
Sachsen-Anhalt	2194800	106
Thüringen	2133100	94
Sachsen	4072000	97

Quelle: Statistisches Bundesamt Deutschland, Stand: 31.12.2019

Wasserverbrauch, -preis international

Land (Quelle: OFWAT, OECD 2007)	Verbrauch in *l* je Einwohner und Tag (einschl. Kleingewerbe)	Preis je m³ in Euro	Land (Quelle: OFWAT, OECD 2007)	Verbrauch in *l* je Einwohner und Tag (einschl. Kleingewerbe)	Preis je m³ in Euro
Belgien	107	1,03	Großbritannien	148	1,25
Deutschland	125	1,80	Schweden	190	0,62
Niederlande	125	1,15	Italien	213	0,73
Dänemark	131	1,74	USA	295	0,55

Erhebung der öffentlichen Wasserversorgung, Wassergewinnung (1000 cbm)

Jahr	Bundesländer	Wasserarten (in m³)			
		Grundwasser	Quellwasser	Uferfiltrat, angereichertes Grundwasser	Fluss-, Seen- und Talsperrenwasser
2022	Baden-Württemberg	370118	119955	10545	198631
	Bayern	627215	181220	75885	26268
	Berlin	66248	–	162982	–
	Brandenburg	130492	–	9059	–
	Bremen	13401	–	–	–
	Hamburg	115871	–	–	–
	Hessen	275995	38480	44722	37
	Mecklenburg-Vorpommern	82002	–	2970	12809
	Niedersachsen	486436	8323	2039	71955
	Nordrhein-Westfalen	570198	22333	407464	207896
	Rheinland-Pfalz	182902	28173	42306	5390
	Saarland	58866	2166	–	4240
	Sachsen	63242	12252	66468	141149
	Sachsen-Anhalt	52844	543	17571	902
	Schleswig-Holstein	183150	–	–	160
	Thüringen	48232	15618	288	53679
	Insgesamt	3327212	429063	842299	723116

Wassergewinnung: Die regionale Zuordnung erfolgt über den Standort des Wasserversorgungsunternehmens.

Merkmale von Trinkwasser (Rechtsvorschriften)

EU-Richtlinie (1998-11) über die Qualität von Wasser für den menschlichen Gebrauch

Infektionsschutzgesetz (IfSG: 2000-07) §37 Beschaffenheit von Wasser für den menschlichen Gebrauch sowie von Schwimm- und Badebeckenwasser, Überwachung	Trinkwasserverordnung (TrinkWV: 2001--05) über die Beschaffenheit des Trinkwassers und des Wassers für Lebensmittelbetriebe, Anforderungen an Versorgungsanlagen, Überwachung der Zusatzstoffe bei der Aufbereitung und erlaubte Rückstände nach der Aufbereitung	Lebensmittel- und Bedarfsgegenständegesetz (LMBG: 2002-06) über die allgemeine Beschaffenheit des Trinkwassers, gesundheitliche und hygienische Anforderungen und Zusatzstoffe

Zentrale Trinkwasserversorgung

Zentrale Anforderungen aus DIN 2000: 2017-02

- Trinkwasser muss frei von Krankheitserregern sein und darf keine gesundheitsschädigenden Eigenschaften haben.
- Trinkwasser muss farblos, klar, geruchslos, keimarm, appetitlich sein und zum Genuss anregen.
- Trinkwasser und die damit in Berührung stehenden Werkstoffe sollen so aufeinander abgestimmt sein, dass keine Korrosionsschäden hervorgerufen werden.

Diese Anforderungen gelten als erfüllt, wenn:
- die allgemein anerkannten Regeln der Technik,
- die mikrobiologischen Anforderungen,
- die chemischen Anforderungen,
- die Indikatorparameter,

eingehalten werden.

Chemische Parameter (TrinkWV:2023, Anlage 2, Teil 1) – bleiben im Leitungsnetz konstant

Parameter	Grenzwert	Einheit	Parameter	Grenzwert	Einheit
Acrylamid	0,0001	mg/*l*	Nitrat	50	mg/*l*
Benzol	0,001	mg/*l*	Pestizide	0,0001	mg/*l*
Bor	1	mg/*l*	Pestizide gesamt	0,0005	mg/*l*
Bromat	0,01	mg/*l*	Quecksilber	0,001	mg/*l*
Cyanid, gesamt	0,05	mg/*l*	Selen	0,01	mg/*l*
1,2-Dichlorethan	0,003	mg/*l*	Tetrachlorethen und Trichlorethen	0,01	mg/*l*
Fluorid	1,5	mg/*l*			

Chemische Parameter (TrinkWV:2023, Anlage 2, Teil 2) – können sich im Leitungsnetz erhöhen

Antimon	0,005	mg/*l*	Nickel	0,02	mg/*l*
Benzo-(a)-pyren	0,00001	mg/*l*	Nitrit	0,5	mg/*l*
Cadmium	0,003	mg/*l*	Polyzyklische aromatische Kohlenwasserstoffe	0,0001	mg/*l*
Epichlorhydrin	0,0001	mg/*l*	Trihalogenmethane (THM)	0,05	mg/*l*
Kupfer	2	mg/*l*	Vinylchlorid	0,0005	mg/*l*

Indikatorparameter (TrinkWV:2023, Anlage 3)

Geschmack, qualitativ	Für den Verbraucher annehmbar und ohne anormale Veränderung		Geruchsschwellenwert	Für den Verbraucher annehmbar und ohne anormale Veränderung	
Ammonium	0,5	mg/*l*	Aluminium	0,2	mg/*l*
Chlorid	250	mg/*l*	Mangan	0,05	mg/*l*
Clostridium perfringens einschl. Sporen	0	Anzahl/ 100 m*l*			
Eisen	0,2	mg/*l*			
Färbung (SAK436nm)	0,5	1/m			

Zentrale Trinkwasserversorgung (Fortsetzung)

Indikatorparameter (TrinkWV:2023, Anlage 3) (Fortsetzung)

Parameter	Grenzwert	Einheit	Parameter	Grenzwert	Einheit
Natrium	200	mg/*l*	Trübung	1,0	NTU
Organisch gebundener Kohlenstoff (TOC)	Ohne anormale Veränderung	mg/*l* $CaCO_3$	Calcitlösekapazität	5	mg/*l*
Oxidierbarkeit	5	mg/*l* O_2	Sulfat	250	mg/*l*

Mikrobiologische Parameter (TrinkWV:2023, Anlage 1, Teil 1)

Parameter	Grenzwert	Einheit
Escherichia coli (E.coli), Enterokokken, Coliforme Bakterien	0	Anzahl/100 ml

Wasserhärte

Härtebereiche nach dem Waschmittel- und Reinigungsgesetz (WMRG 2007)

Härtebereich	Gesamthärte in mmol/*l*	Gesamthärte in °dH
weich	bis 1,5	bis 8,4
mittel	1,5 bis 2,5	8,4 bis 14
hart	> 2,5	> 14

Umrechnung für die Einheiten der Wasserhärte

	°dH	°e	°f	ppm	mmol/*l*
Deutsche Grad 1°dH =	1	1,253	1,78	17,8	0,1783
Englische Grad 1 °e =	0,798	1	1,43	14,3	0,142
Französische Grad 1 °f =	0,560	0,702	1	10	0,1
$CaCO_3$ (USA) 1 ppm =	0,056	0,07	0,1	1	0,01
mmol/*l* (SI) 1 mmol/*l* =	5,6	7,02	10,00	100,0	1

Gesamthärte des Wassers

Carbonathärte
↓
Erwärmen bis 100 °C
↓
Wasserstein
↓
Calciumcarbonat = Kalk
Magnesiumcarbonat

Nichtcarbonathärte
↓
Erwärmen über 100 °C (Verdampfen)
↓
Kesselstein
↓
Calciumsulfat
Magnesiumsulfat
Calciumchlorid
Calciumnitrat

Carbonathärte = temporäre Härte

Nichtcarbonathärte = permanente Härte oder bleibende Härte

Carbonathärte entsteht durch Auflösung von Kalk $CaCO_3$ durch Anwesenheit von Kohlensäure CO_2:

$$CaCO_3 \text{ (Kalk)} + CO_2 + H_2O \rightarrow Ca^{2}+ + 2\ HCO_3^-$$

Entfernung der Wasserhärte

Entcarbonisierung	Ionenaustausch	Vollentsalzung
Mit dieser Maßnahme wird nur die Carbonathärte verringert. Dem Wasser wird Calciumhydroxid als „Kalkwasser" zugegeben, was eine entsprechende chemische Reaktion zur Folge hat.	Ionenaustauscher, die mit Kochsalz regeneriert werden, sind in der Lage, Calcium- und Magnesiumionen gegen Natriumionen auszutauschen. Kalkabscheidungen werden verhindert.	Eine Vollentsalzung wird durch eine Kombination von Kationen- und Anionenaustauschern erreicht. Einsatz überall da, wo Wasser in reiner Form benötigt wird, z.B. als Kesselspeisewasser.

Trinkwasseraufbereitung

Anforderungen DIN EN 806-2: 2005-06, DIN 50930-6: 2001-08

Der Einbau einer Wasserbehandlungsanlage innerhalb von Gebäuden hat den Zweck, Korrosion und Steinbildung zu verhindern. Sie sollte nicht dazu dienen, falsche Planung oder ungeeignete Werkstoffauswahl auszugleichen. Dem Austausch und/oder der Verbesserung der Planung ist der Vorzug zu geben, wo immer dies möglich ist.

Eine Wasserbehandlungsanlage ist einzubauen, wenn sie vom Fachmann/Verbraucher als erforderlich erachtet wird und zur Veränderung der Wasserbeschaffenheit hinsichtlich enthaltener gelöster Stoffe, Korrosionswahrscheinlichkeit, Neigung zur Steinbildung und unwesentlicher organischer und anorganischer Bestandteile führt.

Trinkwasseraufbereitung (Fortsetzung)

Trinkwasserbehandlungsverfahren

Verfahren	Einsatzgebiete
Filter	Rückhaltung von Partikeln wie z. B. Sandkörner, Gewindespäne, Hanfreste
Enthärtungs-anlagen	Entgegenwirkung von Kalkablagerungen aus dem Trinkwasser in Leitungen und Behältern
Dosieranlagen	Verhinderung von Kalkablagerung und Korrosionsschäden durch Zugabe von Chemikalien (z. B. Phosphate, Silicate)
Physikalische Behandlung	Stabilisierung der Kalkteilchen, so dass sie sich nicht in Leitungsanlagen ablagern
Umkehrosmose	Reduzierung der im Wasser gelösten Salze
Desinfektion	In ausgedehnten Leitungssystemen in Wohn-, öffentlichen oder gewerblichen Gebäuden

Nicht rückspülbarer mechanischer Filter (Herstellerangaben)

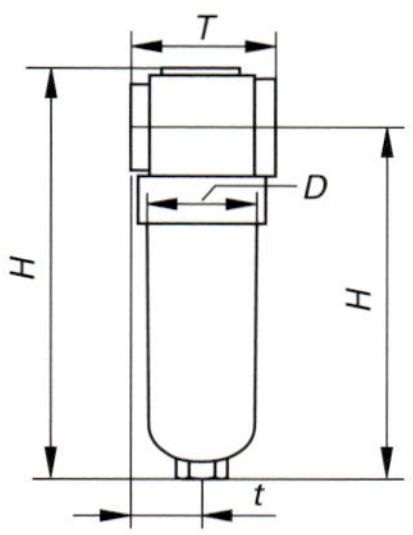

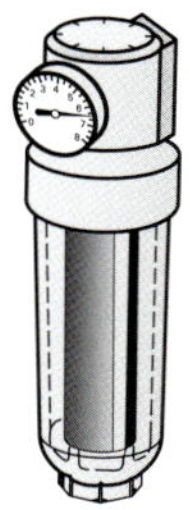

Anschlussgröße DA74C	R	1"
Gewicht	ca. kg	3,2
Baumaße mm	H	294
	h	256
	T	150
	t	66
	D	105
Durchfluss bei Δp = 0,2 bar	m^3/h	4,6
k_{VS}-Wert	m^3/h	10,8
DIN / DVGW Registriernr. (in Verbindung mit drehbarem Anschlussstück)		ist beantragt

Einbauort: Unmittelbar nach dem Wasserzähler, vor und nach dem Filter Absperrventile einbauen

Anwendung: Der Feinfilter verhindert das Einspülen von Fremdpartikeln, wie z. B. Hanfreste und Sandkörner.

Rückspülbarer mechanischer Filter (Herstellerangaben)

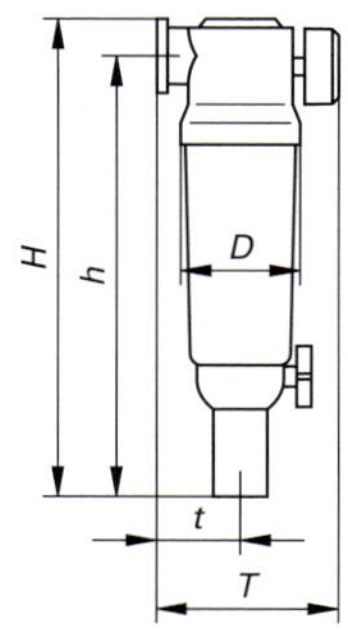

Anschlussgröße	R	3/4	1	1¼
Nennweite	DN	20	25	32
Masse (kg)			3,2	
Baumaße mm	*T*		147	
	t		68	
	H		398	
	h		363	
	D		97	
Durchfluss bei Δp = 0,2 bar	m^3/h	4,4	4,4	5,0
k_{VS}-Wert		9,8	9,8	11,2
Betriebsüberdruck			min. 1,5 bar, max. 16 bar	
Betriebstemperatur			max. 40 °C	

Einbauhinweise: in waagrechte oder senkrechte Rohrleitungen mit Filtertasse nach unten, unmittelbar nach dem Wasserzähler, vor und nach dem Filter Absperrventile

Anwendung: Beim Filtern wird nur der große untere Bereich von außen nach innen von Wasser durchströmt. Beim Öffnen des Kugelventils zum Rückspülen wird der gesamte Filtereinsatz nach unten gedrückt, die Rückspülung erfolgt mit gefiltertem Wasser des oberen Bereichs und reinigt den unteren Bereich.

Zubehör

Rückspülautomatik	Drehbares Anschlussstück für waagerechten und senkrechten Einbau	Rotguss-Filtertasse für Temperaturen bis 70 °C und 25 bar Betriebsdruck

Trinkwasseraufbereitung (Fortsetzung)

Aktivkohlefilter (Herstellerangaben)

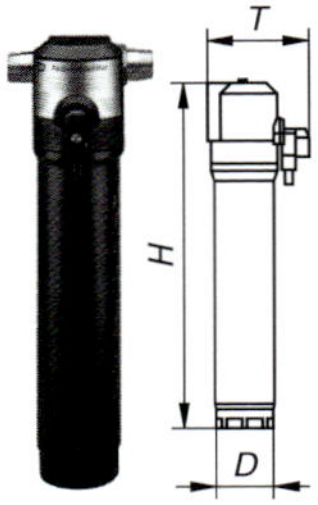

Einbauort: nach dem Filter

Anwendung: Entfernt Korrosions- und Schmutzpartikel, organische Schadstoffe, Chlor und CKWs, Geruch und Verfärbungen, Pestizide, Herbizide und Blei

Wartung: Austausch der Patrone nach 180 m³ Wasserdurchsatz

Betriebsüberdruck	min. 2 bar, max. 16 bar
Betriebstemperatur	max. 30 °C
Filterfeinheit	20 µm
Einbaulage	senkrecht
Durchflussleistung	2,0 m³/h bei Δp 1,0 bar
Standzeit	max. 180 m³ (abhängig von der Wasserqualität)
Nennweite	DN 20 – DN 32
Baumaße in mm *H*	556
T	177,5
D	105

Enthärtungsanlage mit Ionenaustauschverfahren (Herstellerangaben)

Einbauort: nach Wasserzähleranlage und Filter

Anwendung: Schutz von Wasserleitungen und Warmwasserbereiter vor Kalkbelägen

Wartung: jährlich, bei Gemeinschaftsanlagen halbjährlich

Betriebsdruck	3 bis 7 bar	Flanschanschluss	DN 20 – DN 30
Betriebstemperatur	max. 30 °C	Nennkapazität	0,9 mol
Durchflussleistung	1,7 m³/h	Kapazität je kg Salz	5 mol
Druckverlust bei Nenndurchfluss	0,45 bar	Salzvorrat	40 kg
Fließdruck nach der Anlage	min. 2 bar	Baumaße Salzbehälter (*B* x *T* x *H*) in mm	390 x 390 x 465
Elektr. Anschlussleistung	15 W	Baumaße Enthärtungsanlage (*B* x *T* x *H*) in mm	340 x 255 x 455
Netzanschluss	230 V/50 Hz		

Mineralstoff-Dosiergeräte (Herstellerangaben)

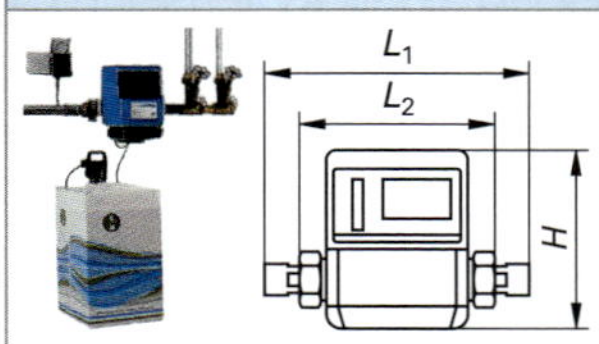

Einbauort: zentral nach Wasserzähleranlage und Filter oder in der Zuleitung zum Warmwasserbereiter

Anwendung: Verminderung von Korrosionsvorgängen, Verhinderung von Kalkausfällung, Sanierung von Rohrleitungen in Altbauten

Wartung: jährliche Revision der Dosierpumpe

Anschlussgewinde	R 1	R 1 ¼	R 1 ½	R 2
Betriebsgewicht (kg)	6,3	6,5	7,7	12,0
Baumaße (mm) L_1	277	292	315	356
L_2	190	190	190	240
H	260	260	260	260
Wandabstand bis Mitte Rohrleitung	min. 55 mm			
Arbeitsbereich (*l*/h)	30–6000	30–10000	50–20000	80–30000
Zulässiger Dauerdurchfluss	ca. 50 % des max. Arbeitsbereichs			
Druckverlust bei max. Durchfluss (bar)	0,5	0,8	0,8	0,8
Wassertemperatur	5 °C bis 30 °C			
Elektr. Anschlussleistung	15 W			
Netzanschluss	230 V / 24 V / 50 Hz			
Dosiermenge	100 m*l*/m³			
Saughöhe	max. 1,2 m			

Dosiermittel

Ein dem Wasser hinzudosierter Mineralstoff legt sich an die Innenwände der Rohrleitungen an und verhindert so, dass Wasser seine aggressive Wirkung gegenüber dem Metall entfaltet.
Für Trinkwasser sind begrenzte Zusätze von Phosphaten zur Verhinderung von Steinbildung und Korrosionsschäden lebensmittelrechtlich zugelassen.
Für die Auswahl der eingesetzten Mineralstofflösung müssen folgende Faktoren berücksichtigt werden: pH-Wert, Karbonathärte und Gesamthärte des Wassers sowie eingesetzter Rohrwerkstoff.

Trinkwasseraufbereitung (Fortsetzung)

Physikalische Wasserbehandlung (Herstellerangaben)

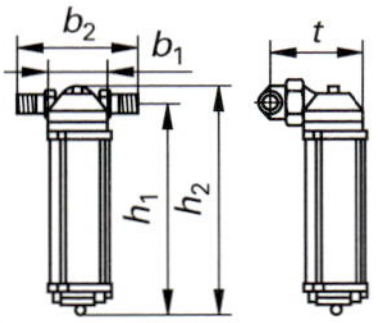

Anschlussgewinde		R 1	R 1 ½
Gewicht (kg)		10	21
Baumaße (mm)	b_1	110	360
	b_2	206	476
	h_1	430	430
	h_2	480	490
	t	199	211
Min./max. Durchfluss (l/min)		1,5/34	6/67
Leistungsaufnahme/Stand-by (W)		40/5	
Netzanschluss		230 V/50 Hz	
Wirkeinheiten		1	2
Kapazität je Wirkeinheit (m^3)		570 ± 30	
Max. Vordruck (bar)		10	
Druckverlust bei max. Durchfluss (bar)		0,2	0,3
Max. Umgebungstemperatur (°C)		40	

Einbauort: nach dem Filter

Anwendung: Das permanentmagnetische Funktionsprinzip wandelt Kalk in frei bewegliche Nanokristalle um, die mit dem Wasser ausgespült werden und sich nicht an den Rohrleitungen ablagern.

Wartung: Austausch der Wirkeinheit nach Kapazitätsgrenze

Umkehrosmose-Anlagen (Herstellerangaben)

Permeatleistung (l/h)		120	360	1100	1500
Rohwasser (l/h)		160	480	1470	2200
Anschlussnennweite	Rohwasser	R ¾			
	Permeat/Konzentrat	R ¾/R ¾	R ¾/DN 20		
Min. /max. Druck (bar)		2,5/6			
Salzrückhalterate (%)		ca. 95			
Netzanschluss		230 V/50 Hz			
Leistungsaufnahme (kW)		0,4	0,4	1,1	1,1
Min./max. Umgebungstemperatur (°C)		5/35			
Baumaße (mm)	Breite	475	475	475	475
	Tiefe	450	590	590	730
	Höhe	800	800	1285	1285
Gewicht (kg)		85	105	140	170

Einbauort: nach dem Filter, vor einer Dosieranlage (wenn das Wasser mit silikathaltigen oder filmbildenden Wirkstoffen behandelt wird), in der Nähe eines salzwasserbeständigen Abflusses

Anwendung: Die Anlage dient zur Entsalzung von Wasser. Das aufbereitete, weitgehend von gelösten und nicht gelösten Wasserinhaltsstoffen (z. B. Salze, Kolloide, Feststoffe, Keime, Pyrogene) befreite Wasser (Permeat) dient unter anderem als: Wasser für Laborzwecke, Wasch- und Spülwasser, Wasser zur Getränkeherstellung, Produktionswasser in der Pharmazie, Trink- und Brauchwasser.

Wartung: regelmäßige Funktionsüberwachung, regelmäßige Reinigung in Abhängigkeit von den Betriebsbedingungen, Überprüfung der elektrischen Sicherheit alle 4 Jahre

UV-Entkeimungsanlage (Herstellerangaben)

Einbauort: nach dem Filter

Anwendung: Entkeimung von Trink- oder Brauchwasser

Wartung: jährlicher Austausch des UV-Strahlers

Durchflussleistung	0,6 m^3/h	3,0 m^3/h
Nennweite	DN 20	DN 25
Strahler	Nutzungsdauer 8760 h	
Bestrahlungsstärke	400 J/m^2	
Netzanschluss	230 V/50 Hz	
Wassertemperatur	max. 25 °C	
Einbaulage	senkrecht	
Freiraum oberhalb Armatur	570 mm	920 mm

Trinkwasser-Versorgungsanlage

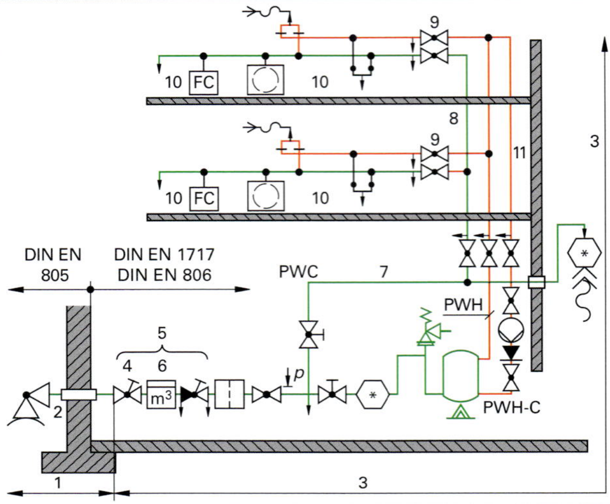

Leitungslage:

1 Anschlussleitung
2 Eintrittsstelle
3 Verbrauchsleitung
4 Hauptabsperrarmatur
5 Wasserzähleranlage
6 Wasserzähler
7 Sammelzuleitung, Verteilleitung
8 Steigleitung
9 Stockwerksleitung
10 Einzelzuleitung
11 Zirkulationsleitung

(*) Sicherungsarmatur, allgemein

PWC (potable water cold) Trinkwasser kalt

PWH (potable water hot) Trinkwasser warm

PWH-C (potable water hot-circulation) Warmwasserzirkulationsleitung

Trinkwasseranschluss

Einzel- und Mehrspartenhauseinführungen (Herstellerangaben)

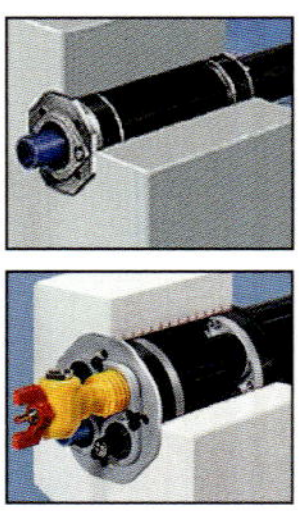

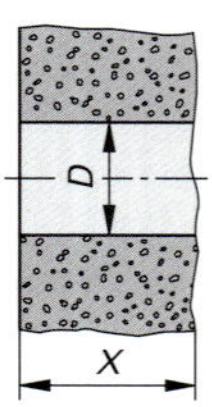

	Einzel	Mehrsparten
D (mm)	100	199 ... 203
X (mm)	min. 130, stufenlose Einstellung auf die Wanddicke	
Rohrweiten	Wasser (DN 25/ DN 32/DN 40/ DN 50 mm) Gas (DN 25)	Wasser (DN 25/DN 32/DN 40/DN 50 mm) Gas (DN 25/DN 32/DN 40) Elektro (25 – 27/26 – 30 mm) Kommunikation (8 – 10/10 – 12/12 – 14/14 – 16 mm)

Trockeneinbausystem (ohne Mörtel bzw. Harz), gas- und wasserdicht bis min. 1,5 bar, Ausführungen auch in Sondergrößen.
Bauformen für Gebäude mit und ohne Keller

Hauswasserzähler (Mehrstrahl-Flügelradzähler)

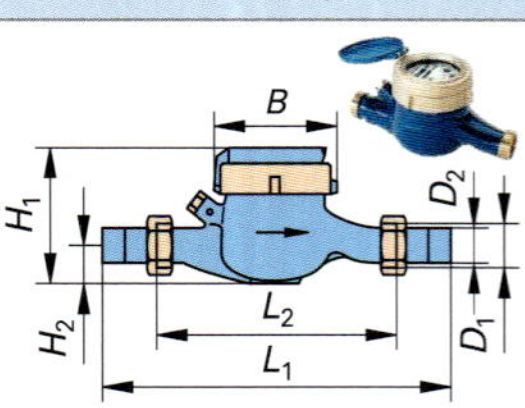

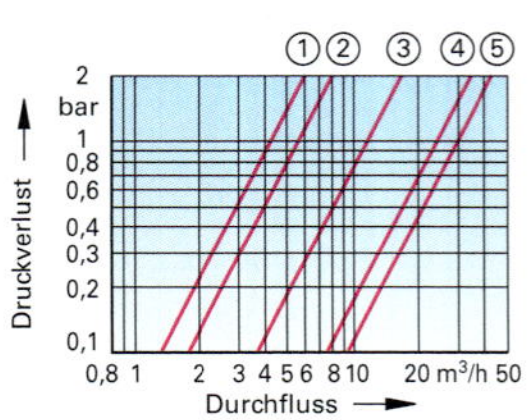

Nenndurchfluss	Q_n (m³/h)	1,5	2,5	6	10	15
Nennweite	D_2 (R)	½	1	1 ¼	1 ½	2
Gewinde-Zähler	D_1 (R)	¾	1 ¼	1 ½	2	2 ½
Baulänge o. Verschr.	L_2 (mm)	170	175	260	300	300
Baulänge m. Verschr.	L_1 (mm)	255	293	378	438	438
Q_{max} (m³/h)		3	5	12	20	30
Q_{min} (*l*/min)		15	25	60	100	450
Druckverlust bei Q_{max}	*p* (bar)	0,5	0,8	1	0,7	1
Baumaße	H_1 (mm)	125	125	145	170	190
	H_2 (mm)	45	40	50	80	75
	B (mm)	95	95	100	131	165
Gewicht (kg)		1,7	1,8	2,7	5,4	5,4
Max. Betriebsüberdruck (bar)		16	16	16	16	16
Max. Temperatur (°C)		30	30	30	30	30

Lieferformen: Trockenläufer/Nassläufer, Impulsausgang zur Fernabfrage, Warmwasserzähler, Bauformen für Einbau in Steigrohr

Trinkwasseranschluss (Fortsetzung)

Wasserzählerbügel (Herstellerangaben)

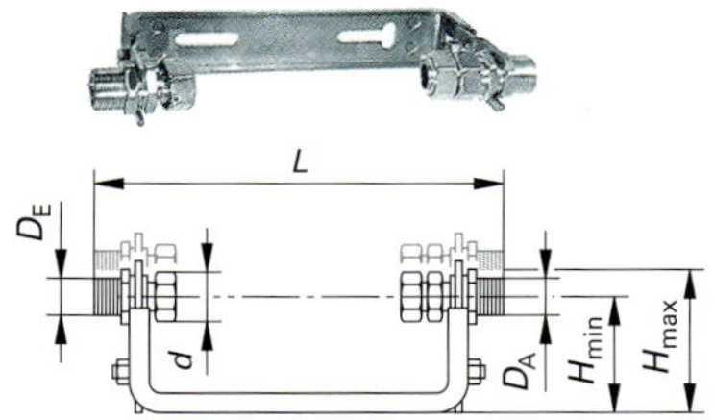

Q_n (m³/h)	2,5	2,5	2,5	6	6	10
D Eingang (R)	3/4	1	1 ¼	1 ¼	1 ½	1 ½
D Ausgang (R)	1	1	1 ¼	1 ¼	1 ½	1 ½
d (R)	1	1	1	1 ¼	1 ½	2
L (mm)	190	190	190	260	260	300
H_{min} (mm)	90	90	90	90	90	140
H_{max} (mm)	130	130	130	130	130	165

Einbauart: waagrecht oder senkrecht

Großwasserzähler Woltmannzähler (Herstellerangaben)

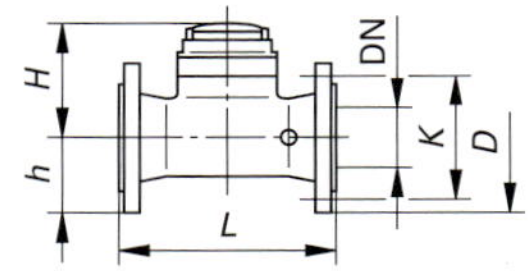

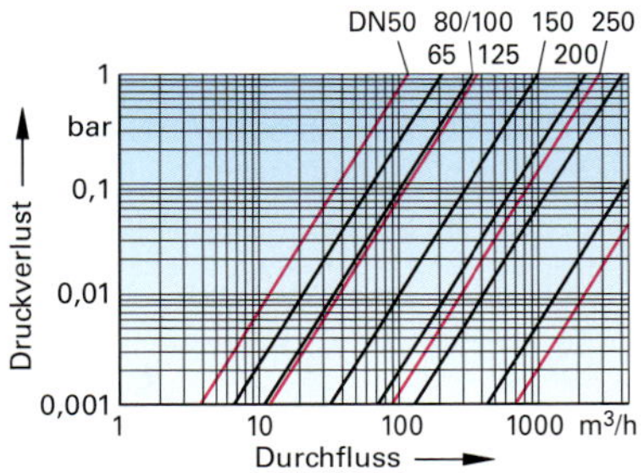

Nenndurchfluss Q_n	(m³/h)	25	40	60	150
Größter Durchfluss	(m³/h)	50	80	120	300
Kurzzeitig max. Durchfluss	(m³/h)	70	110	180	350
Zul. Dauerbelastung	(m³/h)	35	55	90	175
Q_{min}	(m³/h)	1,2	1,2	1,8	3,5
Anschlussweite	DN	50/65	80	100	150
Länge	*L* (mm)	200	225	250	300
Höhe	*H* (mm)	125	125	135	165
	h (mm)	83	95	105	135
Flanschanschluss	*D* (mm)	185	200	220	285
Lochkreis	*K* (mm)	145	160	180	240
Anzahl Schrauben (Stk.)		4	8 (4)	8	8
Max. Betriebsüberdruck (bar)		16	16	16	16
Masse (kg)		10	11,6	14,8	24,8

Lieferformen: Kaltwasser bis 30 °C, Heißwasser bis 130 °C, Nachrüstung mit Kontakt- oder Impulsgeber zur Fernabfrage

Druckminderer (Herstellerangaben)

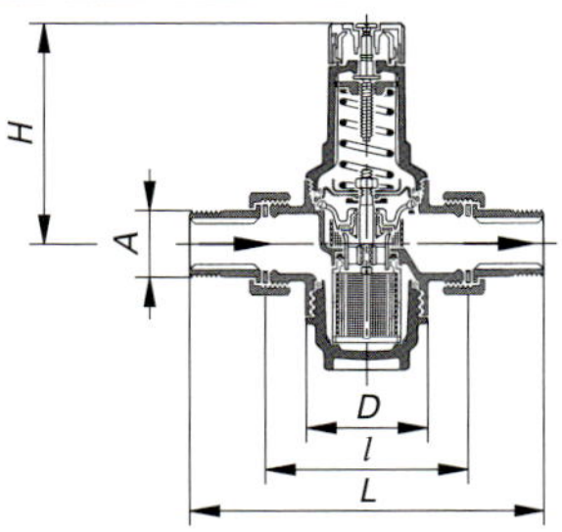

Nenngröße (DN)		15	20	25	32	40	50
Anschlussmaß	A (R)	½	¾	1	1 ¼	1 ½	2
Baumaße	*L* (mm)	132	143	161	190	220	255
bei Lötanschluss	*L*1 (mm)	106	117	135	170	205	240
	l (mm)	75	75	87	105	130	140
	H (mm)	123	123	121	176	176	180
	D (mm)	58	58	58	SW75	SW75	SW75
Spitzendurchfluss (m³/h) Wohngebäude (v = 2 m/s)		1,3	2,3	3,6	5,8	9,1	14
Spitzendurchfluss (m³/h) Gewerbe (v = 3 m/s)		1,8	3,3	5,4	8,6	13,7	21,2

Durchflussdiagramm

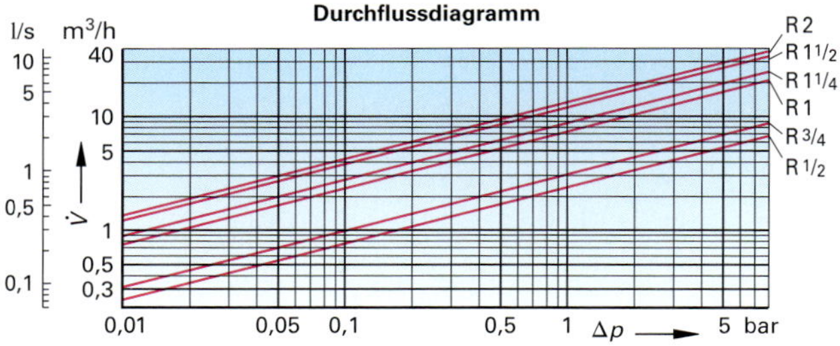

Einbauvorschriften DIN EN 806-2:

- Einbauort in der Regel nach der Wasserzähleranlage
- Absperrmöglichkeiten und Anschlussstellen für Druckmessgeräte vor und nach dem Druckmindererventil vorsehen
- Einstellung 25 % unter dem Ansprechdruck des SV
- Umgehungsleitungen sind ebenfalls mit einem Druckmindererventil zu versehen

TW

Trinkwasseranschluss (Fortsetzung)

Filterkombination mit Druckminderer

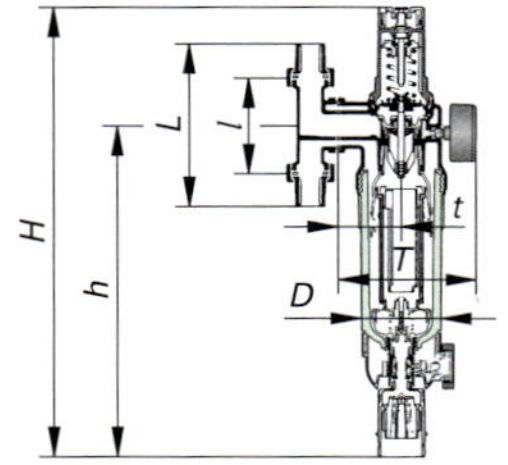

Anschlussgröße R		3/4	1	1 1/4
k_{VS}	[m³/h]	5,5	6,0	6,5
Baumaße (mm)	*H*	395	395	395
	h	285	285	285
	L	162	184	203
	l	90	100	105
	T	150	150	150
	t	66	66	66
	D	105	105	105
Masse (kg)		ca. 2,9	ca. 3,5	ca. 3,8

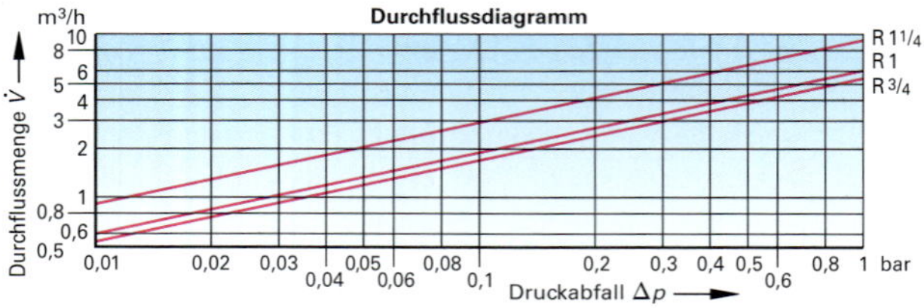

Vordruck max. 16 bar

Hinterdruck 1,5 – 6,0 bar

Betriebstemperatur max. 30 °C

Einbauhinweise:
nach dem Wasserzähler einbauen, Filtertasse senkrecht nach unten, vor und nach der Armatur Absperrventile, gerade Nachlaufstrecke von l = 5 × d_i

Absperrarmaturen

Geradsitzventile	Schrägsitzventile	Kolbenschieber	Kugelhähne

hoch ◄—— Druckverlust ——► niedrig

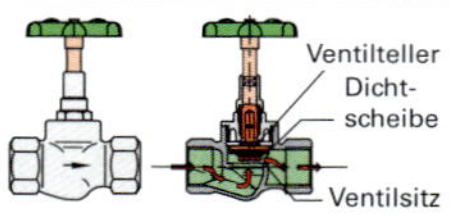

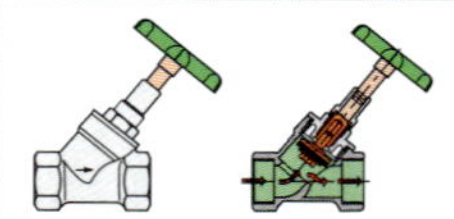

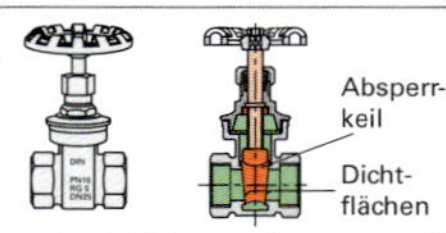

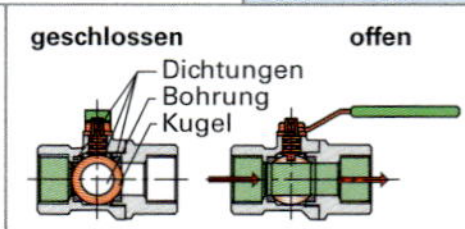

Frostsichere Außenarmatur

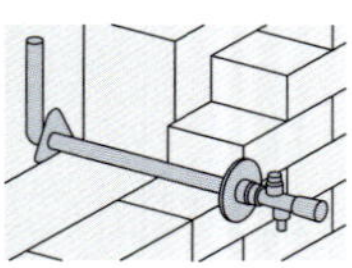

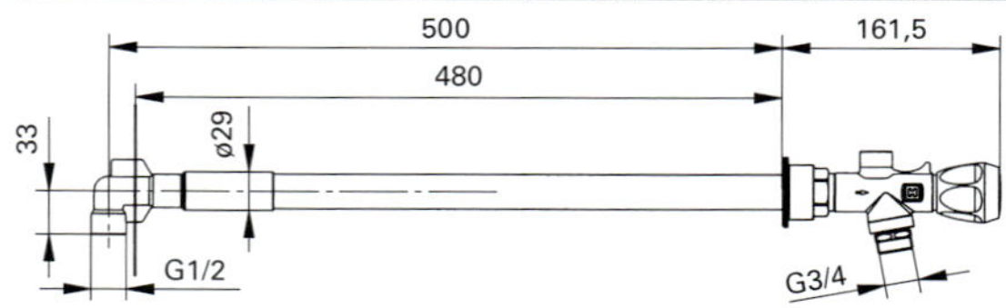

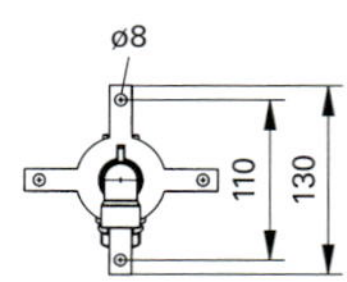

Die frostsichere Außenarmatur wird in Gartenleitungen für Schlauchanschlüsse eingesetzt. Dabei ist der Drehgriff im Außenbereich und der Ventilsitz, verbunden über die Ventilspindel, im Innenbereich.

Schrägsitzventile (Herstellerangaben)

Ausführungen: Freistromventil oder Freistromventil mit integriertem Rückflussverhinderer (KFR-Ventil), mit oder ohne Entleerungsöffnung, Schallschutz nach DIN EN ISO 3822 Armaturengruppe I, max. Wassertemperatur 120 °C, Spindelabdichtung durch doppelten O-Ring, wartungsfrei.
Die Freistromventile können bei Bedarf durch Wechseln des Oberteils in KFR-Ventile umgerüstet werden.

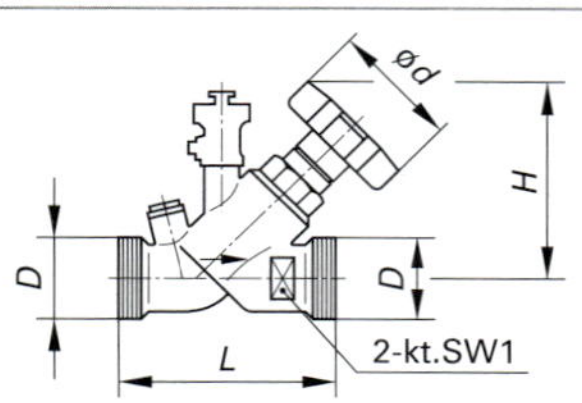

Ein- und Ausgang: Außengewinde nach DIN ISO 228

DN		15	20	25	32	40	50	65	80
D	(R)	3/4	1	1 1/4	1 1/2	1 3/4	2 3/8	3	3 1/2
L	(mm)	84	95	110,5	124	139,5	158	205	234
Ø d	(mm)	50	50	65	80	80	80	110	110
SW1	(mm)	24	30	36	41	50	60	–	–
$H_{max.}$	(mm)	89,5	99,5	104	124	136	155	255	266

Absperrarmaturen (Fortsetzung)

Ein- und Ausgang: Innengewinde nach EN 10226

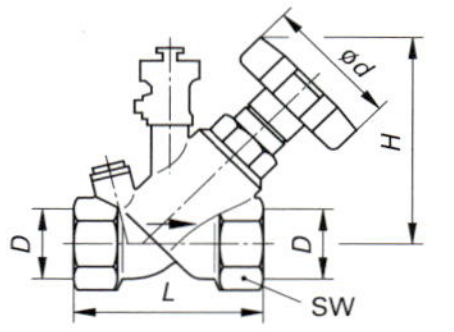

DN		15	20	25	32	40	50
D	(Rp)	1/2	3/4	1	1 1/4	1 1/2	2
L	(mm)	66,5	76,5	91,5	110	120	150
$H_{max.}$	(mm)	89	102	104	124	136	155
Ø *d*	(mm)	50	50	65	80	80	80
SW	(mm)	27	32	41	50	55	70

Eingang: Lötanschluss; **Ausgang:** Außengewinde nach DIN ISO 228, Überwurfmutter und Löttülle

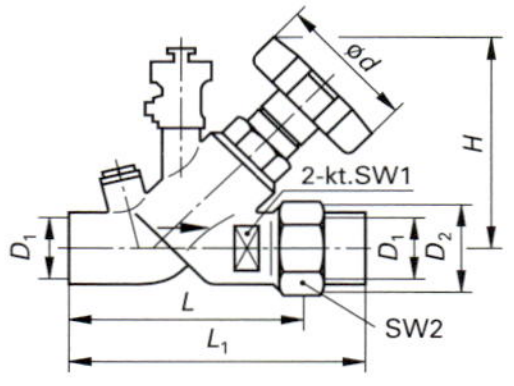

D_1	(mm)	18	22	28	35	42	54
D_2	(Rp)	¾	1	1 ¼	1 ½	1 ¾	2 ⅜
L	(mm)	81	95	111	130	148,5	170
L_1	(mm)	103	120	140	164	187,5	214
Ø *d*	(mm)	50	50	65	80	80	80
SW1	(mm)	24	30	36	41	50	60
SW2	(mm)	30	37	46	52	58	75
$H_{max.}$	(mm)	89,5	99,5	104	124	136	155

Ein- und Ausgang: Außengewinde nach DIN ISO 228, Überwurfmuttern und Löttüllen

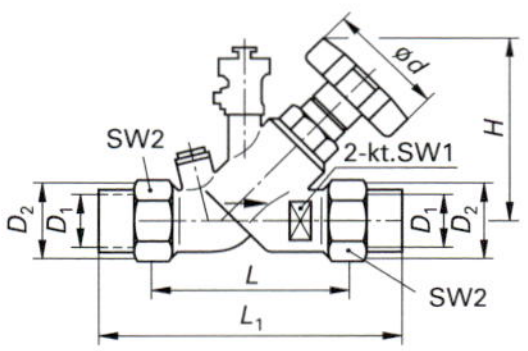

D_1	(mm)	18	22	28	35	42	54
D_2	(Rp)	3/4	1	1 1/4	1 1/2	1 3/3	2 3/8
L	(mm)	84	95	110,5	124	139,5	158
L_1	(mm)	128	139	160,5	182	218,5	246
Ø *d*	(mm)	50	50	65	80	80	80
SW1	(mm)	24	30	36	41	50	60
SW2	(mm)	30	37	46	52	58	75
$H_{max.}$	(mm)	89,5	99,5	104	124	136	155

Ein- und Ausgang: Außengewinde DIN ISO 228 zum Anschluss von dickwandigen Kunststoffrohren

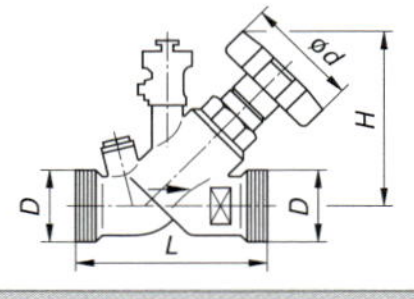

D	(R)	1	1 ¼	1 ½	2	2 ½	2 ¾
L	(mm)	94	104	115,5	132	147,5	165
Ø *d*	(mm)	50	50	65	80	80	80
SW1	(mm)	24	30	36	41	50	60
$H_{max.}$	(mm)	89,5	99,5	104	124	136	155

Eingang: Innengewinde DIN EN 10226; **Ausgang:** Außengewinde Überwurfmutter und Gewindetülle

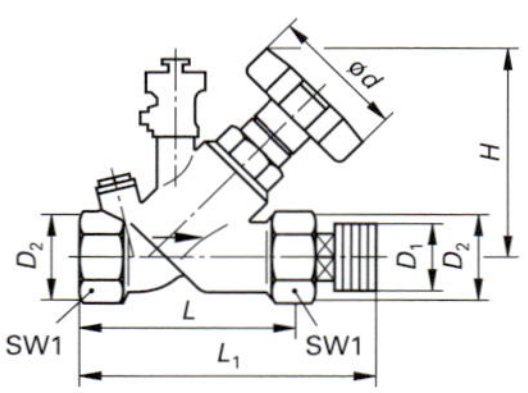

D_1	(R)	½	¾	1	1 ¼	1 ½	2
D_2	(Rp)	¾	1	1 ¼	1 ½	1 ¾	2 ⅜
L	(mm)	78,5	91,5	104,5	121,5	135,5	157
L_1	(mm)	111,5	127,5	146,5	169,5	186,5	214
Ø *d*	(mm)	50	50	65	80	80	80
SW1	(mm)	27	32	41	50	55	70
SW2	(mm)	30	37	46	52	58	75
$H_{max.}$	(mm)	89,5	99,5	104	124	136	155

Tülle mit Außengewinde (Rotguss)

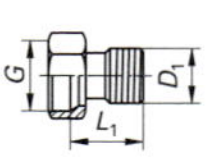

G		⅜	1	1 ¼	1 ½	1 ¾	2 ⅜
L_1	(mm)	31	34	40	46	49	55
D_1	R	½	¾	1	1 ¼	1 ½	2

Tülle mit Innengewinde

linkes Maß: *G*
rechtes Maß: R_p

DN	15	20	25	32	65	80
Rp	½	¾	¾	1 ¼	2 ½	3
G	¾	1	1 ¼	1 ½	3	3 ½

Absperrarmaturen (Fortsetzung)

Durchflussdiagramm (Herstellerangaben)

Freistromventile

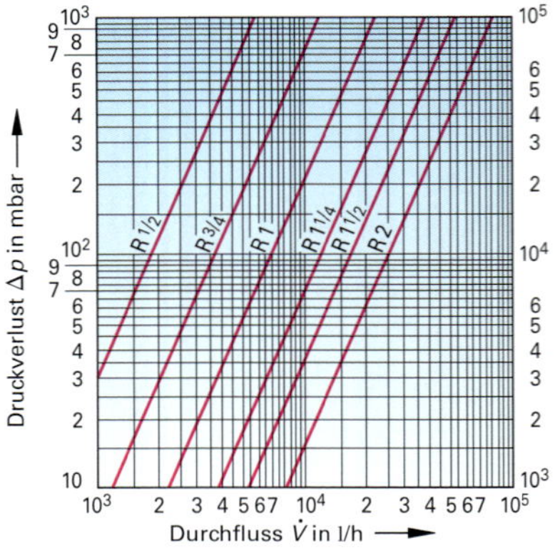

KFR-Ventile

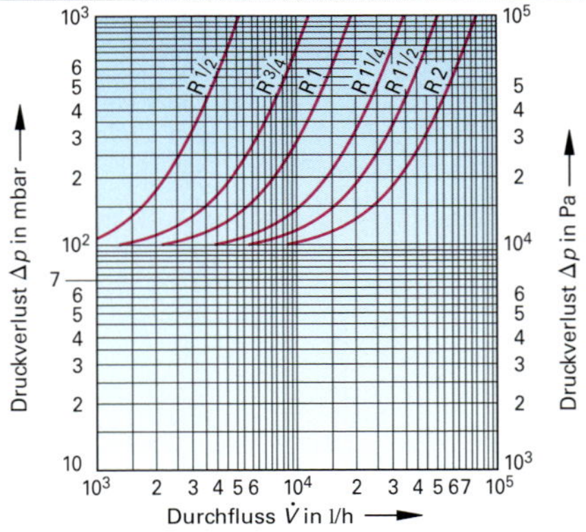

Unterputzarmaturen

Geradsitzventile, Kolbenschieber Pressverbindung[1] (Herstellerangaben)

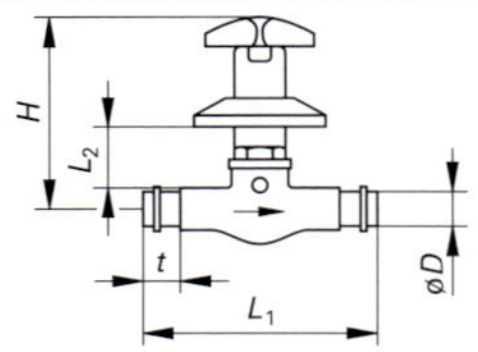

		Geradsitzventil				Kolbenschieber	
DN		**12**	**15**	**20**	**22**	**12**	**20**
D	(mm)	15	18	22	28	15	22
L_1	(mm)	90	100	101	110	98	100
L_{2max}	(mm)	50	50	50	55	62	62
H	(mm)	100	105	105	112	110	113
t	(mm)	26,5	28,5	28,5	28,5	26,5	28,5

[1] PN 10, Temperaturbeständigkeit 90 °C

Geradsitzventile, Kolbenschieber Innengewinde nach DIN EN 10226-1 (Herstellerangaben)

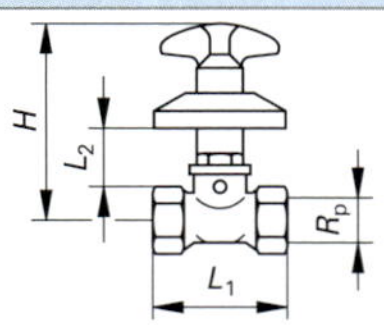

		Geradsitzventil			Kolbenschieber		
DN		**15**	**20**	**25**	**15**	**20**	**25**
Rp		½	¾	1	½	¾	1
L_1	(mm)	66	74	91,5	65	75	90
L_{2max}	(mm)	30	30	35	52	52	58
H	(mm)	113	118	126	111	114	128

Geradsitzventil Lötanschluss nach DIN EN 1213 (Herstellerangaben)

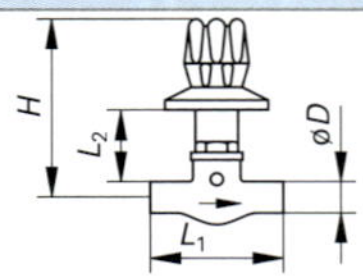

DN		**12**	**15**	**20**	**25**
Ø *D*	(mm)	15	18	22	28
L_1	(mm)	67	70	76	105
L_{2max}	(mm)	34	32	35	41
H	(mm)	113	113	118	126

Eckregulierventile

Eckregulierventil DN15 (Herstellerangaben)

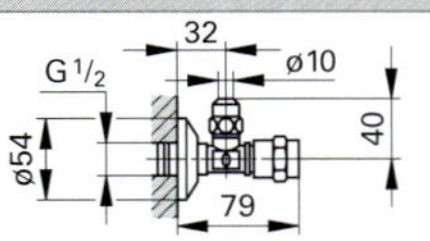

Selbstdichtendes Anschlussgewinde R ½, Quetschverschraubung mit Längenausgleich und Schubrosette

Kombi-Eckventil DN15 (Herstellerangaben)

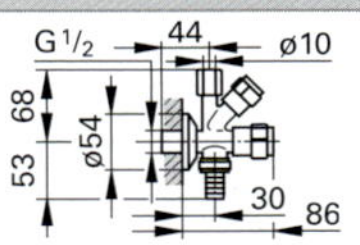

Abgang R ⅜ absperrbar zur Armatur, R ¾ absperrbar zur Spül- bzw. Waschmaschine mit Rückflussverhinderer und Schubrosette

TW

Auslaufarmaturen

Waschtisch-, Bidet- und Spültischarmaturen (Herstellerangaben)

Waschtisch Einhand Einlochbatterie DN15

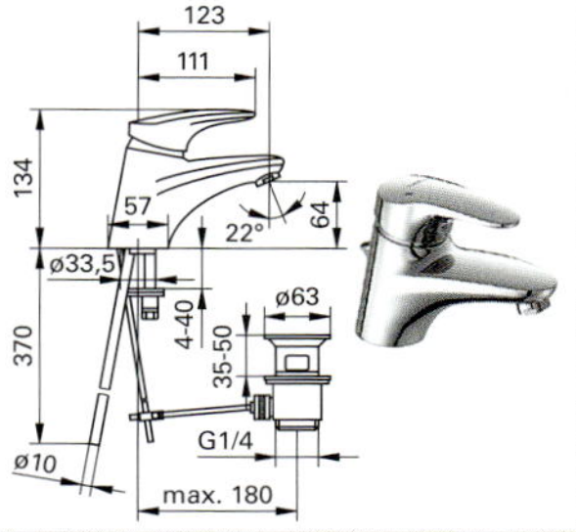

Durchflussmenge 13 *l*/min bei 3 bar Fließdruck, Ablaufgarnitur und Zugbetätigung, Wasserbremse bei 50 % der Wassermenge, einstellbare Heißwassersperre und Wassermengenbegrenzung bis 6 *l*/min

Waschtisch Zweigriff Einlochbatterie DN15

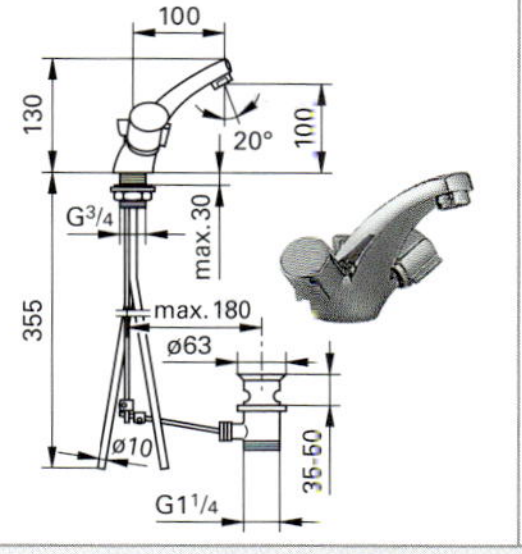

Durchflussmenge 13 *l*/min bei 3 bar Fließdruck, Ablaufgarnitur und Zugbetätigung, Bedienungsgriffe wärmegedämmt, Auslauf starr

Waschtisch Elektronikbatterie DN15

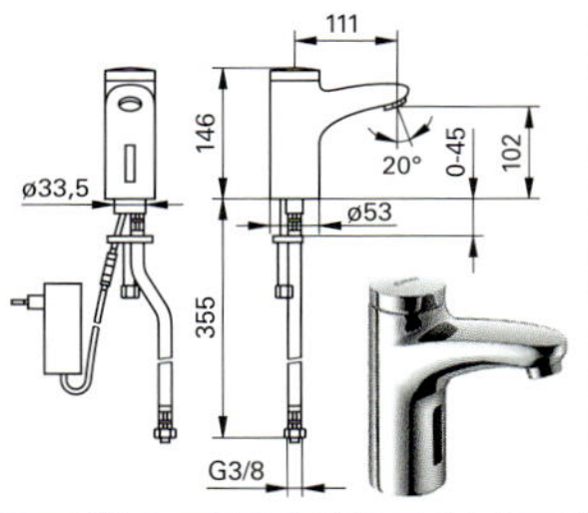

Berührungslos elektronisch gesteuert (Infrarot), Durchflussmenge 6 *l*/min bei 3 bar Fließdruck, Nachlaufzeit 1 … 6 sec. einstellbar, Netzteil 230 V/50 – 60 Hz, Betriebsspannung 6 V

Waschtisch Einhand Einlochbatterie DN15

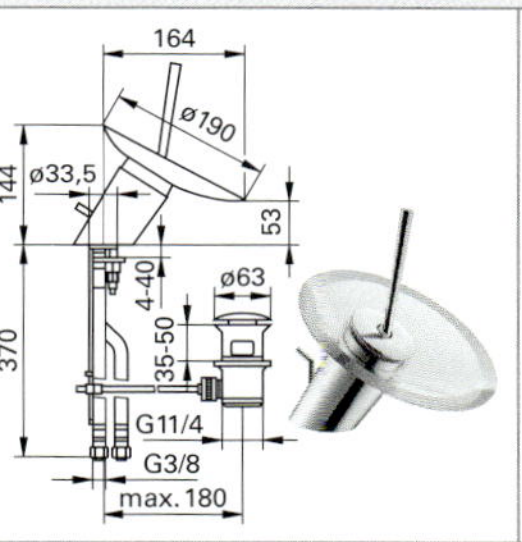

Schmutzabweisendes Sicherheitsglas, Wasserbremse bei 50 % der Wassermenge, Ablaufgarnitur und Zugbetätigung

Bidet Einhand Einlochbatterie DN15

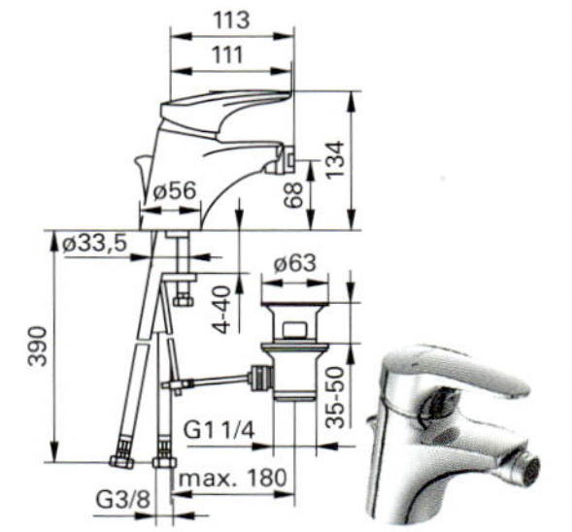

Durchflussmenge 13 *l*/min bei 3 bar Fließdruck, Ablaufgarnitur und Zugbetätigung, Auslauf mit Kugelgelenk, Wasserbremse bei 50 % der Wassermenge, einstellbare Heißwassersperre und Wassermengenbegrenzung bis 6 *l*/min

Spültisch Einhand Einlochbatterie DN15

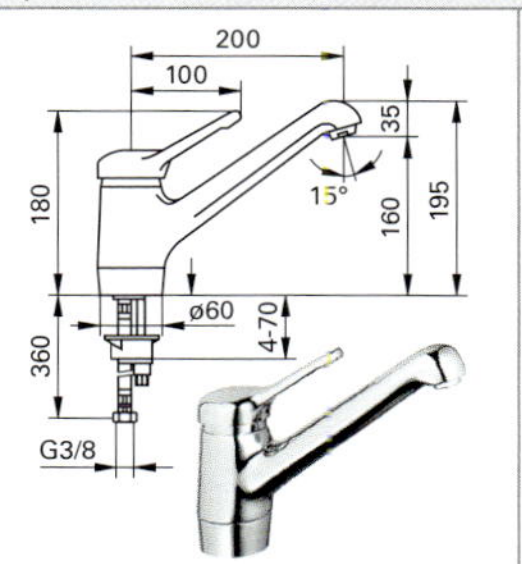

Durchflussmenge 12,5 *l*/min bei 3 bar Fließdruck, Montage für Arbeitsplatten bis 70 mm, Wasserbremse bei 50 % der Wassermenge, einstellbare Heißwassersperre und Wassermengenbegrenzung bis 6 *l*/min

Duschwannenarmaturen (Herstellerangaben)

Wellness-Duschsystem mit Thermostatmischbatterie

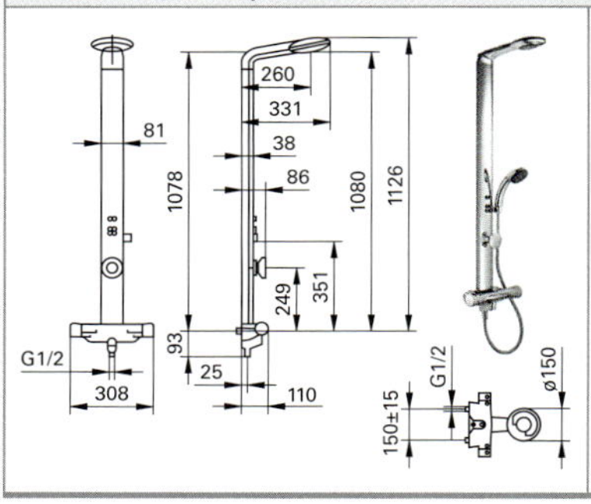

Durchflussmenge 15 *l*/min bei 3 bar Fließdruck, Metallprofil verchromt mit integrierter Verrohrung, hydraulische Tastenumstellung

Wandstangenset mit Einhand-Brausebatterie

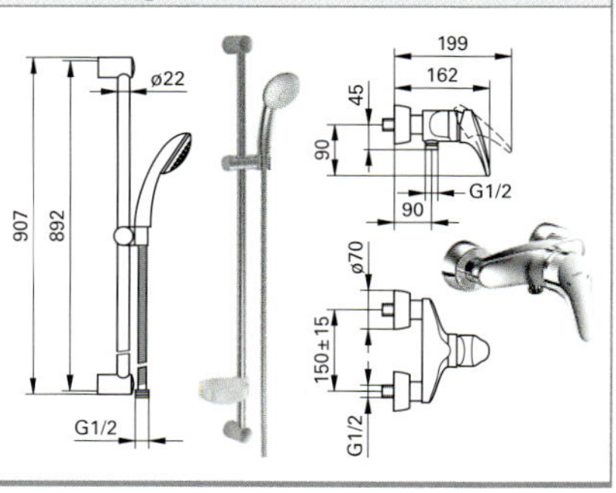

Auslaufarmaturen (Fortsetzung)

Badewannenarmaturen (Herstellerangaben)

Einhand Wannenbatterie

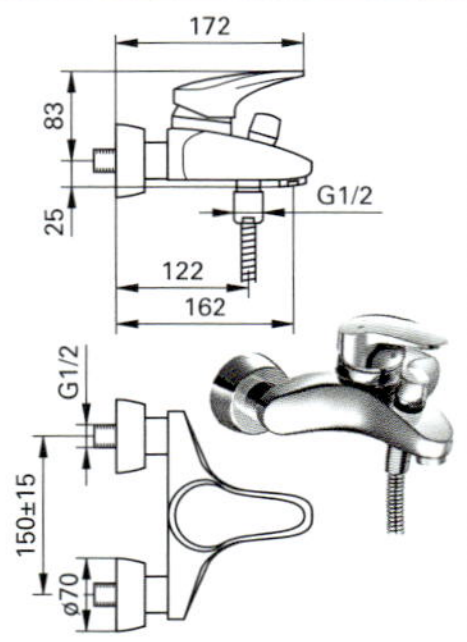

Durchflussmenge Auslauf/Brause 20/19 *l*/min bei 3 bar Fließdruck, Wasserbremse bei 50 % der Wassermenge, einstellbare Heißwassersperre und Wassermengenbegrenzung bis 6 l/min, eigensicher gegen Rückfließen nach DIN EN 1717

Wannen-Thermostat-Batterie

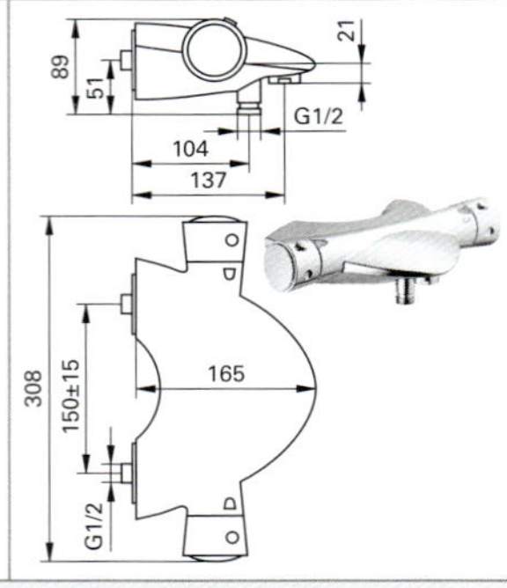

Durchflussmenge Auslauf/Brause 20/21 *l*/min bei 3 bar Fließdruck, Temperaturwählgriff mit Feinrasterung, wärmeentkoppeltes Metallgehäuse, Sicherheitssperre gegen Verbrühen bei 38 °C, eigensicher gegen Rückfließen nach DIN EN 1717

Wannen Zu- und Ablaufgarnitur

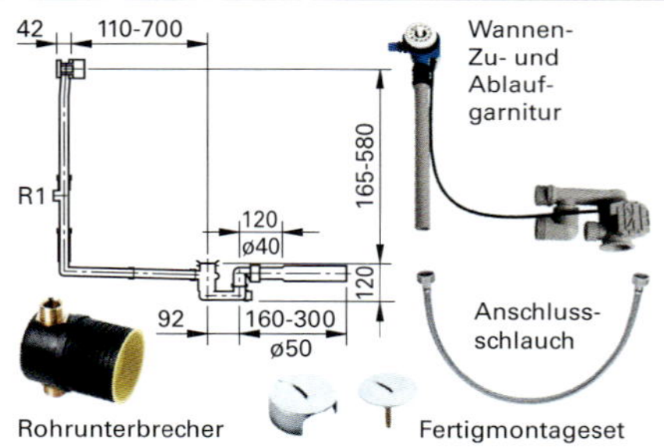

Für Badewannen aus Guss, Stahl und Kunststoff, Geruchverschluss um 360° schwenkbar, mit Rohrunterbrecher Bauform A2, Fertigmontageset und Anschlussschlauch

3-Loch-Wannenrandsystem

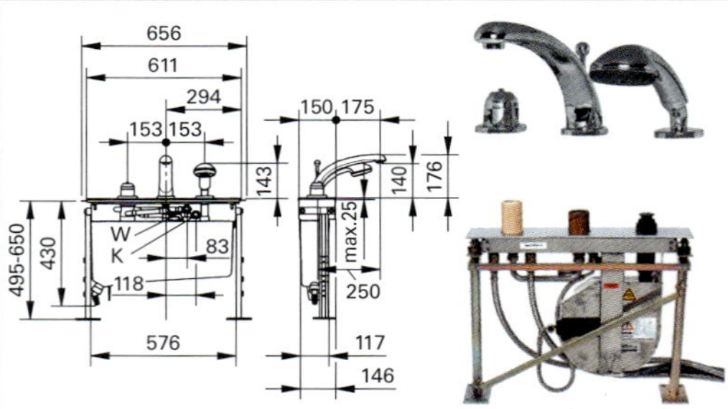

Standmontage, Einbauhöhe stufenlos von 495 mm bis 650 mm, Höhen- und Neigungsverstellung, Rollbox mit automatischer Schlauchrückführung, eigensicher gegen Rückfließen nach DIN EN 1717

Unterputzeinbaukörper und Funktionseinheit Einhand-Wannenbatterie

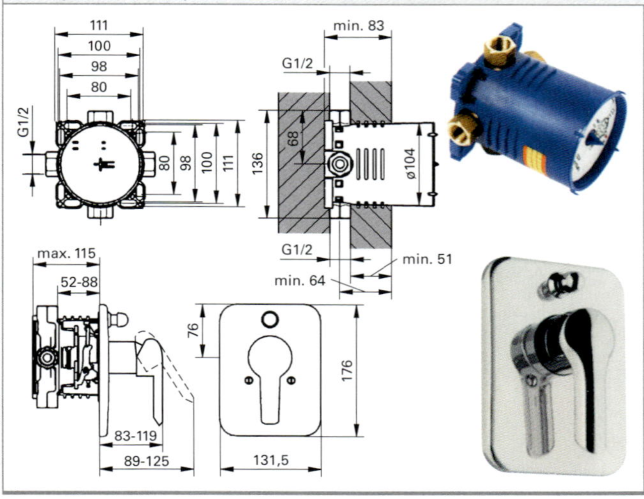

Grundeinheit:
Einbautiefe 83 … 108 mm, Montagebox und Bauschutzkappe aus Kunststoff mit Dichtmanschette, eigensicher gegen Rückfließen nach DIN EN 1717

Funktionseinheit mit Umstellung:
Durchflussmenge Brause/Wanne 30/30 *l*/min bei 3 bar Fließdruck und freiem Auslauf, automatische Rückstellung Brause-Wanne, Schalldämpfer, Wasserbremse bei 50 % der Wassermenge, einstellbare Heißwassersperre und Wassermengenbegrenzung bis 6 *l*/min

TW

Flüssigkeitskategorien

DIN EN 1717: 2011-08

Zunehmende Gefährdung →

Kategorie	Beschreibung mit Beispielen
1	Wasser für den menschlichen Gebrauch, das direkt aus einer Trinkwasserinstallation entnommen wird.
	z. B. Trinkwasser unter hohem Druck
2	Flüssigkeit, die keine Gefährdung der menschlichen Gesundheit darstellt. Flüssigkeiten, die für den menschlichen Gebrauch geeignet sind, einschließlich Wasser aus einer Trinkwasserinstallation, das eine Veränderung in Geschmack, Geruch, Farbe oder Temperatur (Erwärmung oder Abkühlung) aufweisen kann.
	z. B. Wasser aus Getränkeautomaten (Kaffee, Säfte, Suppen)
3	Flüssigkeit, die eine Gesundheitsgefährdung für Menschen durch die Anwesenheit eines oder mehrerer weniger giftiger Stoffe darstellt.
	z. B. verunreinigtes Wasser aus Bade- und Duschwannen mit Schlauchbrause im häuslichen Bereich oder aus Reinigungsautomaten für Getränkeleitungen in Gaststätten
4	Flüssigkeit, die eine Gesundheitsgefährdung für Menschen durch die Anwesenheit eines oder mehrerer giftiger oder besonders giftiger Stoffe oder einer oder mehrerer radioaktiver, mutagener oder kanzerogener Substanzen darstellt.
	z. B. verunreinigtes Wasser aus Bade- und Duschwannen mit Schlauchbrause in Krankenhäusern und Pflegeheimen, aus chemischen Reinigungsapparaten oder aus Film- und Fotoentwicklungsmaschinen ohne DVGW-Prüfzeichen
5	Flüssigkeit, die eine Gesundheitsgefährdung für Menschen durch die Anwesenheit von mikrobiellen oder viruellen Erregern übertragbarer Krankheiten darstellt.
	z. B. verunreinigtes Wasser Tiertränken oder Waschmaschinen

Die Abgrenzung zwischen Kategorie 3 und 4 ist LD_{50} = 200mg/kg Körpergewicht. Die Bezeichnung LD50 gibt die orale Dosis des Giftstoffes an, die erforderlich ist, um 50% der damit kontaminierten Versuchsratten zu töten.

Sicherungseinrichtungen im häuslichen Bereich

Entnahmestellen und Apparate	Erlaubte Sicherungseinrichtungen im häuslichen Bereich
Entnahmestelle mit Brause an Waschbecken, Spülbecken, Dusche, Badewanne; ausgenommen WC und Bidet	Sicherungseinrichtungen geeignet für Kategorie 2 und EB, ED, HC
Badewanne mit Einlauf unterhalb der Oberkante[1]	Sicherungseinrichtungen geeignet für Kategorie 3
Entnahmearmatur mit Schlauchverschraubung im häuslichen Bereich[1] [2]	Sicherungseinrichtungen geeignet für Kategorie 3
Beregnungsanlage für Grünflächen, Unterfluranlage[1]	Sicherungseinrichtungen geeignet für Kategorie 4

[1] Der Einbauort der Sicherungseinrichtung muss über dem maximalen Betriebswasserspiegel sein.
[2] Vorgesehen für Waschen, Reinigen oder Gartenbewässerung.

Flüssigkeitskategorie von Wärmeträgern im Trinkwassererwärmer

Flüssigkeitskategorie des Wärmeträgers	1 und 2		3		4 und 5	
Ausführungsart des Trinkwassererwärmers	Im Schadensfall an der Entnahmestelle gasförmiger Austritt des Wärmeträgers möglich					
	ja	nein	ja	nein	ja	nein
D (Zwischenmedium)	🔵	🔵	🔵	🔵	🔵	🔵
C (korrosionsbeständig, gesichert)	🔵	🔵	🔵	🔵	🔴	🔴
B (korrosionsbeständig)	🔵	🔵	🔴	1)	🔴	🔴
A (korrosionsgeschützt)	2)		🔴	🔴	🔴	🔴

🔵 zugelassen 🔴 nicht zugelassen

[1] nur zulässig, wenn $p_{e,zul} \leq 3$ bar ist
[2] zulässig außer bei heizseitig automatischer Nachfülleinrichtung oder Fernheizung

TW

Flüssigkeitskategorie von Wärmeträgern im Trinkwassererwärmer (Fortsetzung)

Einbauort der Sicherungsarmaturen

Die Sicherungseinrichtungen müssen im häuslichen Bereich Bestandteil der Entnahmearmaturen und Apparate sein. Sofern dieses aus bestimmten technischen Gründen nicht erfolgt ist, müssen diese an der Anschlussstelle in die Installation eingebaut werden, um den Schutz des Trinkwassers sicherzustellen.

Sicherungseinrichtungen mit Flüssigkeitskategorien

Sicherungseinrichtung		Flüssigkeitskategorie 1	2	3	4	5
AA	Ungehinderter, freier Auslauf	–	● grün	● grün	● grün	● grün
AB	Freier Auslauf mit nicht kreisförmigem Überlauf (uneingeschränkt)	–	● grün	● grün	● grün	● grün
AC	Freier Auslauf mit belüftetem Tauchrohr und Überlauf, Mitlauf	–	● grün	● grün	● rot	● rot
AD	Freier Auslauf mit Injektor	–	● grün	● grün	● grün	● grün
AF	Freier Auslauf mit kreisförmigem Überlauf (eingeschränkt)	–	● grün	● grün	● grün	● rot
AG	Freier Auslauf mit Überlauf durch Versuch mit Unterdruckprüfung bestätigt	–	● grün	● grün	● rot	● rot
BA	Rohrnetztrenner mit kontrollierbarer Mitteldruckzone (Systemtrenner)	● grün	● grün	● grün	● grün	● rot
CA[1]	Rohrtrenner mit unterschiedlichen, nicht kontrollierbaren Druckzonen	● grün	● grün	● grün	● rot	● rot
DA[1]	Rohrbelüfter in Durchgangsform	● gelb	● gelb	● gelb	● rot	● rot
DB	Rohrunterbrecher Typ A2 mit beweglichen Teilen	● gelb	● gelb	● gelb	● gelb	● rot
DC	Rohrunterbrecher Typ A1 mit ständiger Verbindung zur Atmosphäre	● gelb	● gelb	● gelb	● gelb	● gelb
EA	Kontrollierbarer Rückflussverhinderer	● grün	● grün	● rot	● rot	● rot
EB	Nicht kontrollierbarer Rückflussverhinderer	● grün	● grün [2]	● rot	● rot	● rot
GA	Rohrtrenner, nicht durchflussgesteuert	● grün	● grün	● grün	● rot	● rot
GB	Rohrtrenner, durchflussgesteuert	● grün	● grün	● grün	● grün	● rot
HA[1]	Schlauchanschluss mit Rückflussverhinderer	● grün	● grün	● gelb	● rot	● rot
HB	Rohrbelüfter für Schlauchanschlüsse	● gelb	● gelb	● rot	● rot	● rot
HC[1]	Automatischer Umsteller	● grün	● grün [2]	● rot	● rot	● rot
HD	Rohrbelüfter für Schlauchanschlüsse, kombiniert mit Rückflussverhinderer (Armaturenkombination)	● grün	● grün	● gelb	● rot	● rot

Sicherungseinrichtungen mit atmosphärischer Belüftung (z. B. AA, BA, CA, GA, GB, ...) dürfen nicht eingebaut werden, wenn die Gefahr einer Überflutung besteht. [1] Die Sicherungseinrichtungen sind in Deutschland nicht gebräuchlich. [2] Im häuslichen Bereich bis Flüssigkeitskategorie 2 zulässig.

● (grün) deckt das Risiko ab
● (rot) deckt das Risiko nicht ab
● (gelb) deckt das Risiko nur ab, wenn p = atm
– trifft nicht zu

Darstellung von Sicherungseinrichtungen

Mögliche Darstellung von Sicherungseinrichtungen nach DIN EN 1717 in Zeichnungen (Beispiel)

Symbol mit Sechseck und Buchstabenkombination[1]	Symbol für die Sicherungsarmatur	Symbol für die gesamte Sicherungseinrichtung
	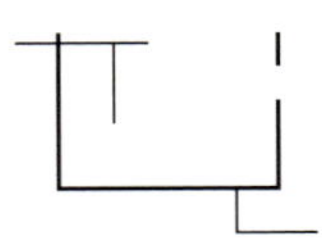	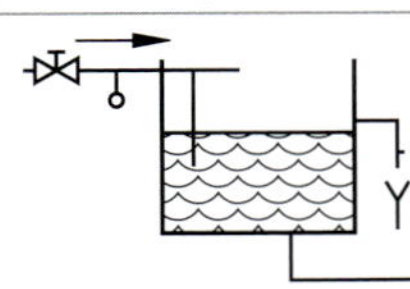

[1] Diese Darstellung ist für eine eindeutige Zuordnung der Sicherungseinrichtung ausreichend.

Einsatzbeispiele für Sicherungseinrichtungen

Entnahmestelle, Apparat	Beispiele für die Auswahl von Sicherungseinrichtungen für den häuslichen und nicht häuslichen Bereich, DIN 1988-100: 2011-08														
	AA	AB	AC	AD	AF	AG	BA	DB	DC	EA	EB	GA	GB	HB	HD
Symbol															
Aktivkohlefilter bei chemischen Apparaten	🟢	🟢	🔴	🟢	🔴	🔴	🔴	🔴	🟡	🔴	🔴	🔴	🔴	🔴	🔴
Badelifter, Öffnungen und Funktionsteile über Wannenrand	🟢	🟢	🔴	🟢	🟢	🔴	🟢	🟡	🟡	🔴	🔴	🔴	🟢	🔴	🔴
Badelifter, Öffnungen und Funktionsteile unter Wannenrand	🟢	🟢	🔴	🟢	🔴	🔴	🔴	🔴	🟡	🔴	🔴	🔴	🔴	🔴	🔴
Bade- und Duschwanne im häuslichen Bereich mit Schlauchbrause	🟢	🟢	🟢	🟢	🟢	🟢	🟢	🟡	🟡	🟢	🟢	🟢	🟢	🟡	🟢
Bade- und Duschwanne im nicht häuslichen Bereich (z. B. Krankenhaus, Pflegeheim)	🟢	🟢	🔴	🟢	🔴	🔴	🔴	🟡	🟡	🔴	🔴	🔴	🔴	🔴	🔴
Badewanneneinlauf unterhalb des Wannenrandes, häuslicher Bereich	🟢	🟢	🔴	🟢	🔴	🔴	🟢	🟡	🟡	🔴	🔴	🟢	🟢	🔴	🟡
Badewanneneinlauf unterhalb des Wannenrandes, nicht häuslicher Bereich	🟢	🟢	🔴	🟢	🔴	🔴	🔴	🔴	🟡	🔴	🔴	🔴	🔴	🔴	🔴
Chemischer Reinigungsapparat	🟢	🟢	🔴	🟢	🟢	🔴	🟢	🟡	🟡	🔴	🔴	🔴	🟢	🔴	🔴
Druckerei, Reproduktionsbetrieb, fotografischer Betrieb	🟢	🟢	🔴	🟢	🟢	🔴	🟢	🟡	🟡	🔴	🔴	🔴	🟢	🔴	🔴
Entnahmearmatur mit Schlauchverschraubung im häuslichen Bereich (Gartenventil)	🟢	🟢	🟢	🟢	🟢	🟢	🟢	🟡	🟡	🔴	🔴	🟢	🟢	🔴	🟡
Feinfilter < 80 µm, Fischbecken, Fleisch und Fisch verarbeitende Maschinen	🟢	🟢	🔴	🟢	🔴	🔴	🔴	🔴	🟡	🔴	🔴	🔴	🔴	🔴	🔴
Frisörsalon, Rückwärtswaschanlage	🟢	🟢	🟢	🟢	🟢	🟢	🟢	🟡	🟡	🟢	🟢	🟢	🟢	🟡	🟢
Geschirrspülbrause mit Rückholfeder	🟢	🟢	🔴	🟢	🔴	🔴	🔴	🔴	🟡	🔴	🔴	🔴	🔴	🔴	🔴
Getränkeautomat, z. B. Kaffee, Säfte	🟢	🟢	🟢	🟢	🟢	🟢	🟢	🟡	🟡	🟢	🔴	🟢	🟢	🔴	🟢

🟢 deckt das Risiko ab
🟡 deckt das Risiko nur ab, wenn p = atm am Einbauort
🔴 deckt das Risiko nicht ab

Einsatzbeispiele für Sicherungseinrichtungen (Fortsetzung)

Entnahmestelle, Apparat	Beispiele für die Auswahl von Sicherungseinrichtungen für den häuslichen und nicht häuslichen Bereich, DIN 1988-100: 2011-08														
	AA	AB	AC	AD	AF	AG	BA	DB	DC	EA	EB	GA	GB	HB	HD
Symbol															
Gläserspüleinrichtungen, z. B. an Schanktischen	grün	grün	rot	grün	rot	rot	rot	rot	gelb	rot	rot	rot	rot	rot	rot
Heizungsfülleinrichtung, Wasser ohne Inhibitoren	grün	grün	grün	grün	grün	grün	grün	gelb	gelb	rot	rot	grün	grün	rot	gelb
Heizungsfülleinrichtung, Wasser mit Inhibitoren	grün	grün	rot	grün	grün	rot	grün	gelb	gelb	rot	rot	rot	grün	rot	rot
Hochdruckreiniger mit Chemikalienzugabe	grün	grün	rot	grün	grün	rot	grün	gelb	gelb	rot	rot	rot	grün	rot	rot
Melkmaschinen, Spülautomat mit Desinfektionsmittelzugabe	grün	grün	rot	grün	grün	rot	grün	gelb	gelb	rot	rot	rot	rot	rot	rot
Regenwassernutzung	grün	grün	rot	grün	rot	rot	rot	rot	gelb	rot	rot	rot	rot	rot	rot
Reinigungsgerät für Getränkeleitungen in Gaststätten	grün	grün	grün	grün	grün	grün	grün	gelb	gelb	rot	rot	rot	rot	rot	rot
Schlauchbrause in der Küche, häuslicher Bereich	grün	grün	grün	grün	grün	grün	grün	gelb	gelb	grün	grün	grün	grün	rot	grün
Schwimm- und Badebecken, Füllen und Nachfüllen	grün	grün	rot	grün	rot	rot	rot	rot	gelb	rot	rot	rot	rot	rot	rot
Schwimm- und Badebecken mit Aufbereitung und Desinfektion	grün	grün	rot	grün	grün	rot	grün	gelb	gelb	rot	rot	rot	grün	rot	rot
Spülvorrichtung und Reinigungsgerät für Abwasserleitungen	grün	grün	rot	grün	rot	rot	rot	rot	gelb	rot	rot	rot	rot	rot	rot
Umkehrosmoseanlagen	grün	grün	rot	grün	rot	rot	rot	rot	gelb	rot	rot	rot	rot	rot	rot
Unterwassermassageanlage	grün	grün	rot	grün	rot	rot	rot	rot	gelb	rot	rot	rot	rot	rot	rot
Feuerlöschanlage zur Selbsthilfe	grün	grün	grün	grün	grün	grün	grün	gelb	gelb	rot	rot	grün	grün	rot	gelb
Viehtränkebecken	grün	grün	rot	grün	rot	rot	rot	rot	gelb	rot	rot	rot	rot	rot	rot
WC-Becken, Urinal, Bidet	grün	grün	rot	grün	rot	rot	rot	rot	gelb	rot	rot	rot	rot	rot	rot
Zahnarztausrüstung, Füllwasser für Mundspülung	grün	grün	rot	grün	rot	rot	rot	rot	rot	rot	rot	rot	rot	rot	rot

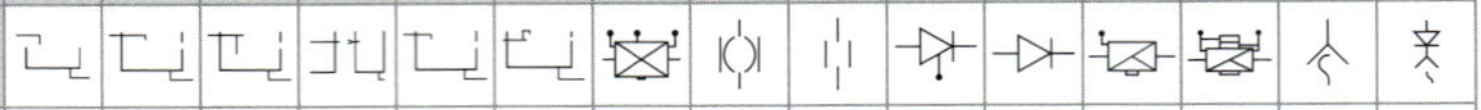

● (grün) deckt das Risiko ab
● (gelb) deckt das Risiko nur ab, wenn p = atm am Einbauort
● (rot) deckt das Risiko nicht ab

Sicherungseinrichtungen nach DIN EN 1717: 2011-08

Freier Auslauf (ungehindert)

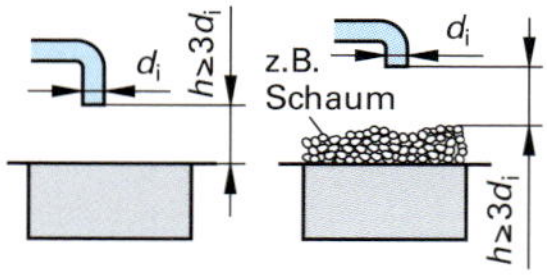

Einbauregeln:
- Zulauf sicher und fest anbringen
- Freier Wasserstrahl senkrecht nach unten
- Abstand zwischen Zulauf und Betriebswasserspiegel: h ≥ 3 d_i min jedoch ≥ 20 mm
- Nicht in Räumen mit Überflutungsgefahr

Symbol:

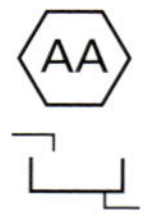

Systemtrenner

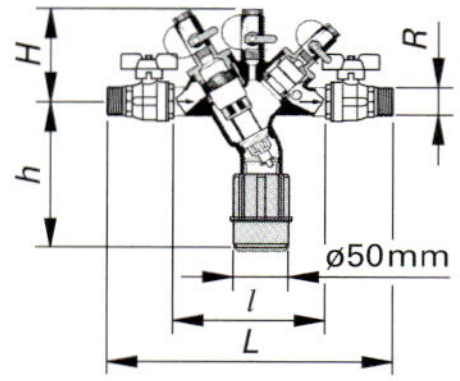

Anschlussgröße R	½	¾	1	1¼	1½	2
Spitzendurchfluss bei Δp = 1,0 bar (m^3/h)	3,0	3,5	4,0	8,7	13,6	21,2
Baumaße (mm) L	307	322	349	454	477	526
l	135	140	146	220	220	230
H	80	80	80	284	184	284
h	138	138	138	162	162	162
Masse ca. (kg)	1,95	2,2	2,5	6	6,5	7,4

Anwendungsbeispiele:
- Chemikalien-Zumischvorrichtung
- Heizungsfülleinrichtung bei Wasser mit Inhibitoren
- Labortische
- Schwimmbecken

Einbauregeln:
- Armatur muss ständig zugänglich sein
- Nicht in Räumen mit Überflutungsgefahr
- Waagerechter Einbau, Zugang zu Druckmessstellen
- Schutz vor Frost und hohen Temperaturen
- Einbauort in gut belüfteter Umgebung

Symbol:

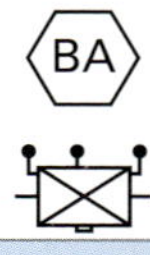

Rohrunterbrecher A2 PN = 10 bar

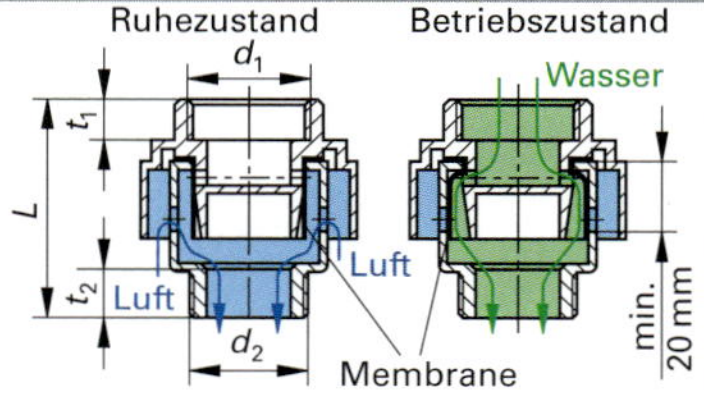

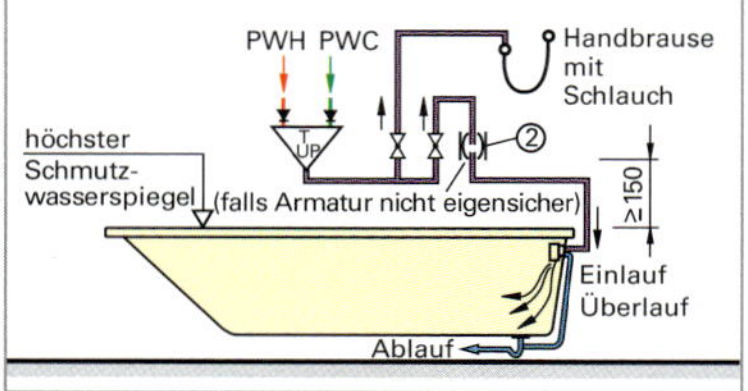

Eingang		Außengewinde		Innengewinde	
Anschlussgewinde d_1	Rp	1/2	3/4	1/2	3/4
Ausgangsgewinde d_2 (außen)	R	1/2	3/4	1/2	3/4
Baumaße (mm)	L	49	65	49	65
	t_1	14	15	10	11
	t_2	12	13	12	13
k_{VS}	(m^3/h)	0,95	0,97	0,95	0,97

Einbauregeln:
- Einbauhöhe $h \geq$ 150 mm über dem höchstmöglichen Wasserspiegel
- Einbauort in gut belüfteter Umgebung
- Ausgangsseitige Leitungen so herstellen, dass
- kein Aufstau des Wassers erfolgen kann.

Symbol:

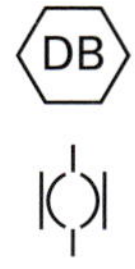

Rohrunterbrecher A1 PN = 10 bar

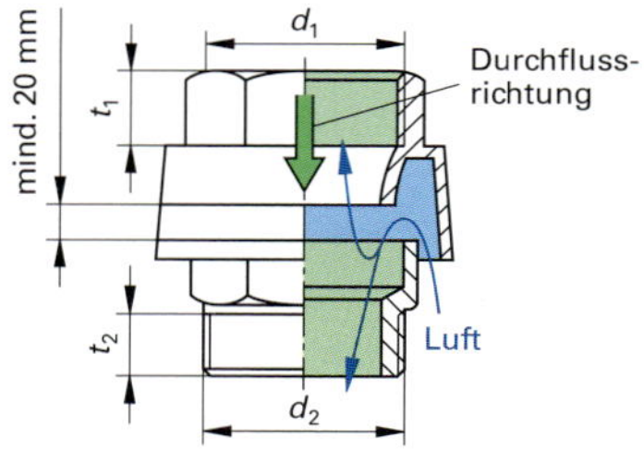

Einbauregeln:
- Einbauhöhe $h \geq$ 150 mm über dem höchstmöglichen Wasserspiegel
- Nachfolgend kein Absperrorgan
- Senkrechter Einbau

Anschluss d_1/d_2	Rp	1/2	3/4
Baumaße (mm)	L	91	88
	t_1	11	12
	t_2	9	10
	D	43,5	43,5
k_{VS}	(m^3/h)	0,95	1,02

Anwendungsbeispiele:
- In Druckspülern fest integriert (Fäkalienspülung)
- Nachfüllung Regenwasseranlagen
- Laborarmaturen in bakteriologischen Labors

Symbol:

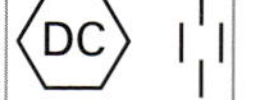

TW

Sicherungseinrichtungen (Fortsetzung)

Rohrtrenner EA1 (Einbauart 1) Durchflussstellung

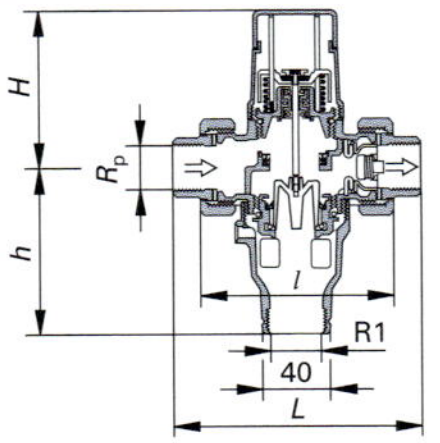

Anschlussgröße	Rp	½	¾	1	1¼	1½	2
Baumaße (mm)	*L*	151	153	159	216	228	241
	l	105	105	105	150	160	165
	H	105	107	107	162	161	154
	h	124	122	122	157	158	165
Masse ca.	(kg)	1,4	1,6	1,8	4,3	4,9	5,3
Nenndurchfluss (m^3/h) bei Δp = 0,3 bar		2,5	3,3	4,5	7	10	15
k_{VS}	(m^3/h)	4,5	6	8	13	18	27

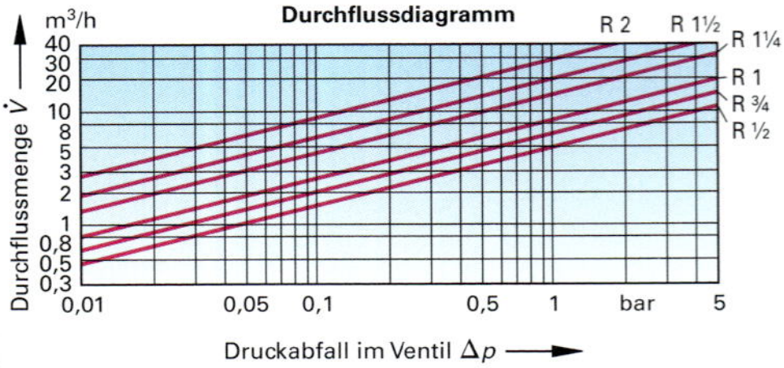

Ansprechdruck wahlweise 0,5, 1,0, 1,5 oder 2,0 bar

Einbauregeln:
- Absperrventile vorsehen
- Auf gute Zugänglichkeit achten
- Waagerecht mit Federhaube nach oben
- Nach dem Rohrtrenner keine Wasserzuleitungen
- Federkraft entspricht statischer Höhe *h* in m + 5 m.

Symbol:

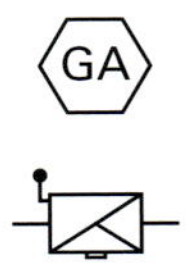

Anwendungsbeispiele:
Bade- und Duschwanne mit Schlauchbrause im häuslichen Bereich, Enthärtungs- und Entsäuerungsanlage ohne DVGW-Prüfzeichen, Entnahmestelle im Garten, Getränkeautomat, Kochkessel, Druckgarautomat, Heizungsfülleinrichtung ohne DVGW-Prüfzeichen mit Wasser ohne Inhibitoren, Klimagerät

Rohrtrenner EA2 (Einbauart 2), Durchflussstellung nur bei Entnahme

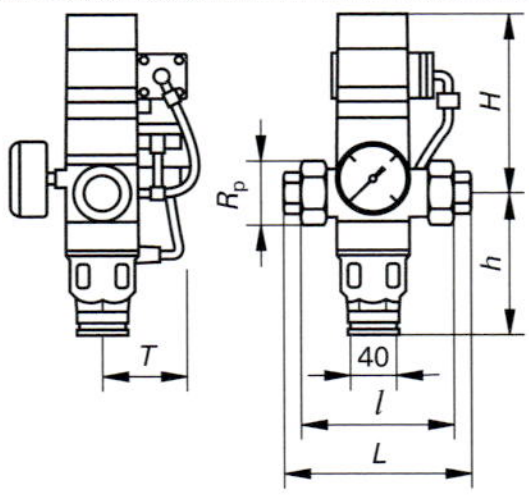

Anschlussgröße	Rp	1/2	3/4	1	1 1/4	1 1/2	2
Baumaße (mm)	*L*	151	153	159	216	228	241
	l	105	105	105	150	160	165
	H	153	155	155	232	231	224
	h	125	123	123	155	159	166
	T	76	80	80	93	93	98
Masse ca.	(kg)	1,4	1,6	1,8	4,3	4,9	5,3
Nenndurchfluss (m^3/h) bei Δp = 0,3 bar		2,2	3,1	3,6	8,9	12,5	14,3
k_{VS}	(m^3/h)	2,5	3,5	4,0	10,0	14,0	16,0

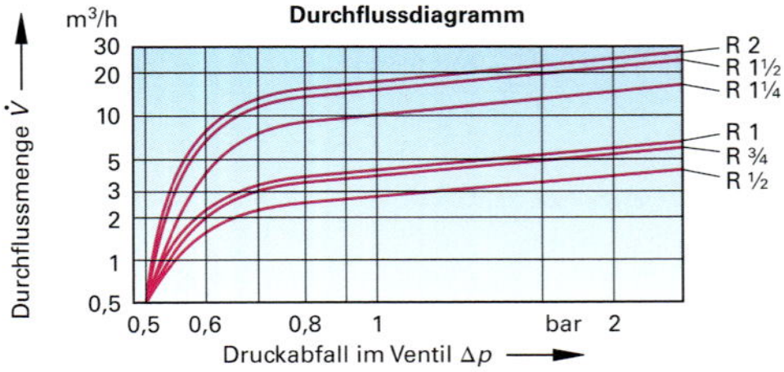

Einbauregeln:
- Absperrventile vorsehen
- Auf gute Zugänglichkeit achten
- Waagerecht mit Federhaube nach oben
- Die Menge des zu erwartenden Rückfließens darf nicht das Entleerungsvolumen übersteigen.

Symbol:

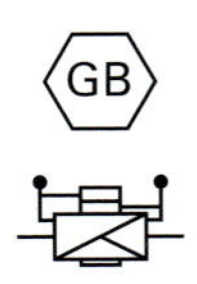

Anwendungsbeispiele:
Fahrzeugwaschanlagen, Filmentwicklungsmaschinen, galvanische Bäder, Dosiereinrichtungen, Kühlkreisläufe nach Klasse 4

Rohrtrenner EA3 (Einbauart 3)

Bauart: Aufbau und Funktionsweise identisch wie EA2.
Einbau jedoch mindestens 300 mm über dem höchstmöglichen Wasserspiegel.

Hinweis:
in DIN EN 1717 nicht mehr vorgesehen

Sicherungseinrichtungen (Fortsetzung)

Kontrollierbarer Rückflussverhinderer (Herstellerangaben)

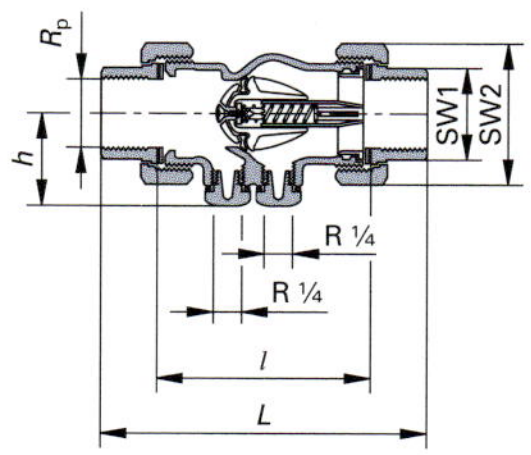

Anschlussgröße Rp		½[1]	¾	1	1¼	1½	2
Mit Löttülle (mm)		15	22	28	35	42	54
k_{VS} (m³/h)		4,5	9,1	17,0	28,0	38,0	60,0
Baumaße (mm)	L	106	120	139	161	171	201
	l	60	72	85	95	103	125
	h	34	34	40	45	47	57
	SW1	24	30	38	46	52	66
	SW2	37	46	52	64	76	88
Nenndurchfluss (m³/h)		2,3	3,1	7,7	10,8	15,5	25,2
Masse ca. (kg)		0,4	0,6	0,8	1,3	2,0	2,6

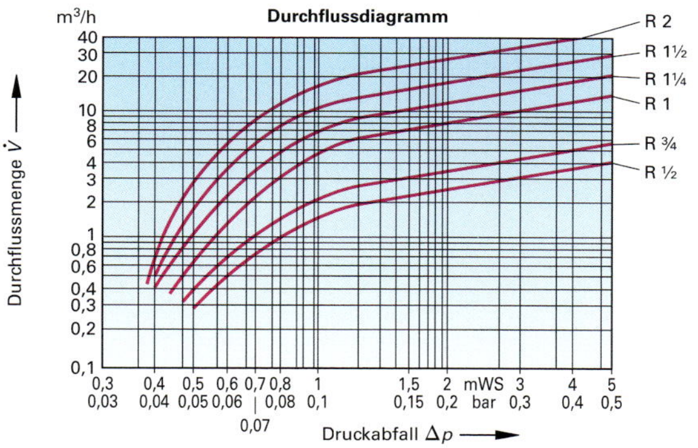

Prüf- und Entleerungsschraube R = ¼
[1] ohne Entleerungsschraube

Einbauregeln:
- Die Armatur muss komplett zugänglich sein.
- Fließrichtung beachten
- möglichst waagerechter Einbau (damit kann die Feder schließen, wenn kein Wasser strömt)

Symbol:

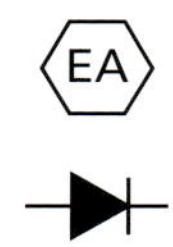

Anwendungsbeispiele: nach der Wasserzähleranlage (Schutz vor Rückfließen von Wasser aus Verbrauchsanlagen), nach Druckerhöhungsanlagen, vor Wassererwärmungsanlagen.

Rohrbelüfter, Bauform C (Herstellerangaben)

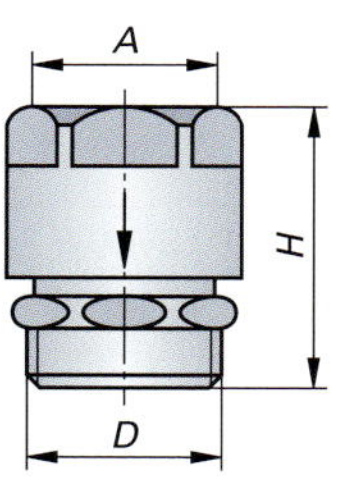

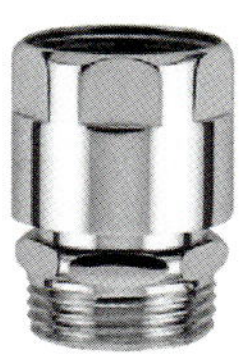

Anschlussgröße A Rp	½	¾	1
Höhe H (mm)	41	43	52

Einbauregeln:
- Einbauhöhe $h > 250$ mm über höchstmöglichem Wasserspiegel
- kein ständiges Rückdrücken zulässig
- senkrechter Einbau
- nachfolgende Leitung flexibel und entfernbar
- nachfolgend kein Absperrorgan

Symbol:

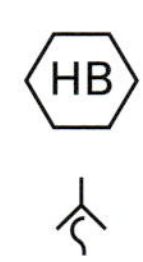

Sicherungskombination Rohrbelüfter Bauform C mit Rückflussverhinderer (Herstellerangaben)

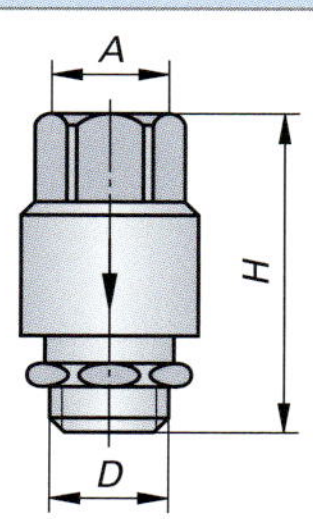

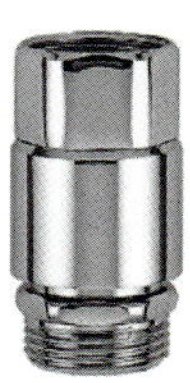

Anschlussgröße A Rp	½	¾	1
Höhe H (mm)	59	61	81

Einbauregeln:
- Einbauhöhe $h > 250$ mm über höchstmöglichem Wasserspiegel
- kein ständiges Rückdrücken zulässig
- senkrechter Einbau
- nachfolgende Leitung flexibel und entfernbar
- nachfolgend kein Absperrorgan

Symbol:

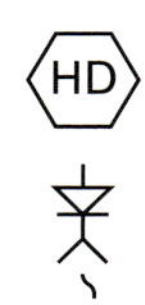

Inspektions- und Wartungsplan

DIN EN 806-5: 2012-04

	Inspektion			Wartung		
Anlagenteil, Apparat	**monatlich**	**jährlich**	**Durchführung**	**monatlich**	**jährlich**	**Durchführung**
Freier Auslauf	6	–	1) 2)	–	–	–
Rohrunterbrecher	–	1	1) 2)	–	–	–
Rohrtrenner EA2, EA3	6	–	1) 2)	–	1	–
Rohrtrenner EA1	6	–	1) 2)	–	1	–
Rückflussverhinderer 4)	–	1	1) 2)	–	–	–
Rohrbelüfter	–	1	1) 2)	–	1	–
Sicherheitsventil	6	–	1) 2)	–	–	2)
Druckminderer	–	1	1) 2)	–	1	2)
Druckerhöhungsanlage	6	–	2)	–	1	2)
Filter, rückspülbar	6	–	1) 2)	6	–	1) 2)
Filter, nicht rückspülbar	6	–	1) 2)	6	–	1) 2)
Dosiergerät	2	–	1) 2)	6	–	2)
Enthärtungsanlage	2	–	1) 2)	6 3)	1	2)
Trinkwassererwärmer	2	–	2)	–	1	–
Löschwasserversorgung	1	–	1) 2)	–	–	–
Brandschutzeinrichtung	6	–	1) 2)	–	–	–
Leitungsanlage	–	1	2)	–	1	–
Kaltwasserzähler	–	1	1)	–	6	2)
Warmwasserzähler	–	1	1)	–	5	2)

1) Betreiber   2) Installationsunternehmen, Hersteller oder Wasserversorgungsunternehmen
3) bei Gemeinschaftsanlagen
4) Nichtkontrollierbarer Rückflussverhinderer müssen all 10 Jahre ausgetauscht werden.

„monatlich" und „jährlich" bedeuten Zeitintervalle, z. B. 6: alle 6 Monate.

Rohrwerkstoffe in der Trinkwassertechnik

Rohrwerkstoff	Gängige Verbindungstechniken	Technische Regeln	
		Rohre	**Rohrverbindungen**
Schmelztauchverzinkte Eisenwerkstoffe (früher: Feuerverzinkter Stahl) 1)	Gewindeverbindung, Klemmverbindung	DIN EN 10255 DIN EN 10240	DIN EN 10242
Nichtrostender Stahl	Pressverbindung	DVGW W 541	DVGW W 534
Kupfer	Lötverbindung, Press-, Klemm-, Steckverbindung,	DIN EN 1057 DVGW GW 392	DIN EN 1254, DVGW GW 2, DVGW GW 6, DVGW GW 8, DVGW W 534
Innenverzinntes Kupfer	Pressverbindung, Steckverbindung	DIN EN 1057 DVGW GW 392	DIN EN 1254, DVGW GW 2, DVGW GW 6, DVGW GW 8, DVGW W 534
PE-X (vernetztes Polyethylen)	Klemmverbindung (Metall)	DIN 16892, DIN 16893, DVGW W 544	DVGW W 534
PP (Polypropylen)	Schweißverbindung	DIN 8077, DIN 8078, DVGW W 544	DIN 16962 DVGW W 534
PB (Polybuten)	Schweißverbindung, Klemmverbindung	DIN 16968, DIN 16969, DVGW W 544	DIN 16831, DVGW W 534
PVC-C (chloriertes Polyvinylchlorid)	Klebverbindung	DIN 8079, DIN 8080, DVGW W 544	DIN 16832, DVGW W 534
Verbundrohre	Press-, Klemm-, Steckverbindung	DVGW W 542	DVGW W 534

1) nicht geeignet für PWH (TWW)

Rohre und Rohrverbindungen

Rohre aus unlegiertem Stahl zum Schweißen und Gewindeschneiden — DIN EN 10255: 2007-07

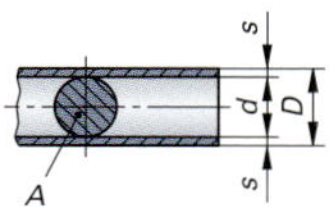

Zeichen	Bedeutung	Einheit
D	Außendurchmesser	mm
d	Innendurchmesser	mm
s	Wanddicke	mm
A	Querschnittsfläche	cm^2
R	Whitworth-Rohrgewinde	Zoll
$A_{O'}$	Rohroberfläche pro m	m^2/m
V'	Inhalt pro m	*l*/m
m'	Masse pro m	kg/m

Rohrbeschreibung	
Fertigungsverfahren	nahtlos S, geschweißt W
Lieferart	vorwiegend *l* = 6 oder 6,4 m
Gewinde	Whitworth-Rohrgewinde DIN EN 10226-1 S. 117

DN	6	8	10	15	20	25	32	40	50	65	80	100	125	150
R	1/8	1/4	3/8	1/2	3/4	1	1 1/4	1 1/2	2	2 1/2	3	4	5	6
D	10,2	13,5	17,2	21,3	26,9	33,7	42,4	48,3	60,3	76,1	88,9	114,3	139,7	165,1
$A_O{}'$	0,032	0,042	0,054	0,067	0,085	0,106	0,133	0,152	0,189	0,239	0,279	0,359	0,439	0,519
Mittlere Rohrreihe M (Farbkennzeichnung blau)														
s	2,0	2,3	2,3	2,6	2,6	3,2	3,2	3,2	3,6	3,6	4,0	4,5	5,0	5,0
d	6,2	8,9	12,6	16,1	21,7	27,3	36,0	41,9	53,1	68,9	80,9	105,3	129,7	155,1
A	0,30	0,62	1,25	2,04	3,70	5,85	10,18	13,79	22,15	37,28	51,40	87,09	132,10	188,90
V'	0,03	0,06	0,12	0,20	0,37	0,59	1,02	1,38	2,21	3,73	5,14	8,71	13,20	18,90
m'	0,40	0,64	0,84	1,21	1,56	2,41	3,10	3,56	5,03	6,42	8,36	12,20	16,60	19,80
Schwere Rohrreihe H (Farbkennzeichnung rot)														
s	2,6	2,9	2,9	3,2	3,2	4,0	4,0	4,0	4,5	4,5	5,0	5,4	5,4	5,4
d	5,0	7,7	11,4	14,9	20,5	25,7	34,4	40,3	51,3	67,1	78,9	103,5	128,9	154,3
A	0,20	0,47	1,02	1,74	3,30	5,19	9,29	12,76	20,67	35,36	48,89	84,13	130,50	187,00
V'	0,02	0,05	0,10	0,17	0,33	0,52	0,93	1,28	2,07	3,54	4,89	8,41	13,05	18,70
m'	0,49	0,77	1,02	1,44	1,87	2,93	3,79	4,37	6,19	7,93	10,30	14,50	17,90	21,30

Bestellbeispiel Gewinderohr nach DIN EN 10255

Nahtloses Stahlrohr nach DIN EN 10255, schwere Reihe, R 11/4, Außen-Ø 42,4 mm, Wanddicke 4,0 mm, konisches Außengewinde mit der Oberfläche, die ein Verzinken mit der Qualität A.1[1] erlaubt, Länge 3,2 m.

[1] Überzüge je nach Trinkwasserqualität in den Qualitätsstufen A.1, A.2, A.3 nach DIN 10 240.

3,2 m	S-Rohr	R 1¼ Reihe H (oder: 42,4 x 4,0)	DIN EN 10255	Optionen 1 und 7

Tempergussfittings (Herstellerangaben) — DIN EN 10242: 1995-03

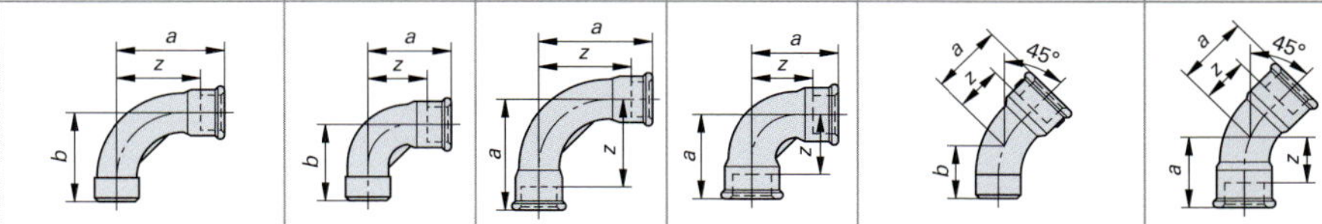

R_p	Bogen 90° lang I + A: a	Bogen 90° lang I + A: b	Bogen 90° lang I + A: z	Bogen 90° kurz I + A: a	Bogen 90° kurz I + A: z	Bogen 90° lang I + I: a	Bogen 90° lang I + I: z	Bogen 90° kurz I + I: a	Bogen 90° kurz I + I: z	Bogen 45° lang I + A: a	Bogen 45° lang I + A: b	Bogen 45° lang I + A: z	Bogen 45° lang I + I: a	Bogen 45° lang I + I: z
½	55	48	42	45	32	55	42	45	32	36	30	23	36	23
¾	69	60	54	50	35	69	54	50	35	43	36	28	43	28
1	85	75	68	63	46	85	68	63	46	51	42	34	51	34
1¼	105	95	86	76	57	105	86	76	57	64	54	45	64	45
1½	116	105	97	85	66	116	97	85	66	68	58	49	68	49
2	140	130	116	102	78	140	116	102	78	81	70	57	81	57
2½	176	165	149	115	88	176	149	115	88	99	86	72	99	72
3	205	190	175	127	97	205	175	127	97	113	100	83	113	83

TW

TW

Rohre und Rohrverbindungen (Fortsetzung)

Tempergussfittings (Herstellerangaben) (Fortsetzung) DIN EN 10242: 1995-03

	Bogen 30° I + A			Bogen 30° I + I		Winkel 90° egal I + I		Winkel 90° egal A + I			Überspringbogen I + I			T-Stück egal I + I + I	
	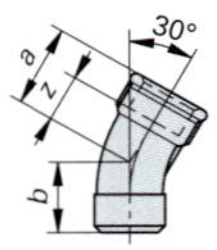			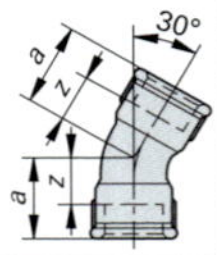		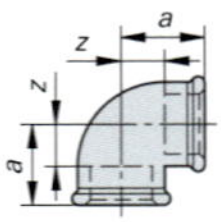		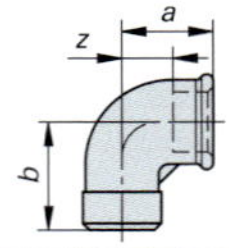			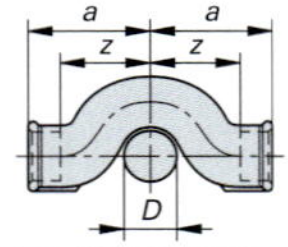			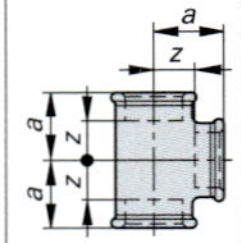	
R_p	*a*	*b*	*z*	*a*	*z*	*a*	*z*	*a*	*b*	*z*	*a*	R_p	*z*	*a*	*z*
3/8	–	–	–	–	–	19	12	25	32	15	38	3/8	28	25	15
½	30	24	17	30	17	28	15	28	37	15	47	½	34	28	15
¾	36	30	21	36	21	33	18	33	43	18	55	¾	40	33	18
1	44	36	27	44	27	28	21	38	52	21	70	1	53	38	21
1 ¼	52	44	33	52	33	45	26	45	60	26	85	1 ¼	66	45	26
1 ½	56	46	37	56	37	50	31	50	65	31	–	–	–	50	31
2	66	54	42	66	42	58	34	58	74	34	–	–	–	58	34

T-Stück Abzweig reduziert I + I + I						T-Stück Abzweig und Durchgang reduziert I + I + I								
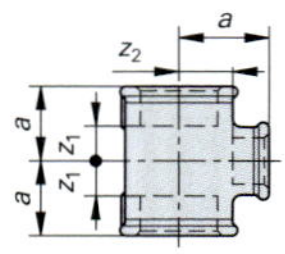						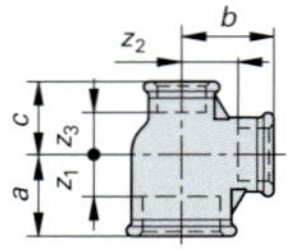								
$R_{p1/3}$	R_{p2}	*a*	*b*	z_1	z_2	R_{p1}	R_{p2}	R_{p3}	*a*	*b*	*c*	z_1	z_2	z_3
½	3/8	26	26	13	16	½	3/8	3/8	26	26	25	13	16	15
¾	3/8	28	28	13	18	¾	3/8	½	28	28	26	13	18	13
¾	½	30	31	15	18	¾	½	3/8	30	31	26	15	18	16
1	3/8	30	32	13	22	¾	½	½	30	31	28	15	18	15
1	½	32	34	15	21	1	½	½	32	34	28	15	21	15
1	¾	35	36	18	21	1	½	¾	32	34	30	15	21	15
1 ¼	½	34	38	15	25	1	¾	½	35	36	31	18	21	18
1 ¼	¾	36	41	17	26	1	¾	¾	35	36	33	18	21	18
1 ¼	1	40	42	21	25	1 ¼	½	1	34	38	32	15	25	15
1 ½	½	36	42	17	29	1 ¼	¾	¾	36	41	33	17	26	18
1 ½	¾	38	44	19	29	1 ¼	¾	1	36	41	35	17	26	18
1 ½	1	42	46	23	29	1 ¼	1	¾	40	42	36	21	25	21
1 ½	1 ¼	46	48	27	29	1 ¼	1	1	40	42	38	21	25	21
2	¾	40	50	16	35	1 ½	½	1 ¼	36	42	34	17	29	15
2	1	44	52	20	35	1 ½	¾	1 ¼	38	44	36	19	29	17
2	1 ¼	48	54	24	35	1 ½	1	1	42	46	38	23	29	21
2	1 ½	52	55	28	36	1 ½	1	1 ¼	42	46	38	23	29	21
2 ½	¾	45	59	18	44	1 ½	1 ¼	1	46	48	42	27	29	25
2 ½	1	47	60	20	43	1 ¼	1 ½	1 ¼	46	48	45	27	29	26
2 ½	1 ¼	52	62	25	43	2	½	1 ½	38	48	38	14	35	19
2 ½	1 ½	55	63	28	44	2	¾	1 ½	40	50	38	16	35	19
2 ½	2	61	66	34	42	2	1	1 ½	44	52	42	20	35	23
3	¾	48	66	18	51	2	1 ¼	1 ¼	48	54	45	24	35	26

T-Stück I + A + I			
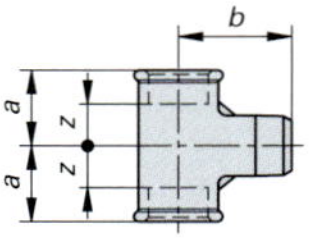			
R_p	*a*	*b*	*z*
3/8	22	31	12
½	25	38	12
¾	33	45	18
1	39	53	22

Muffe I + I					
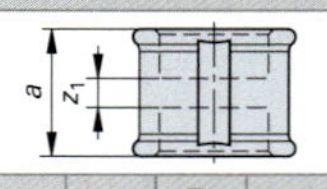					
R_p	*a*	z_1	R_p	*a*	z_1
1/8	25	11	1	45	11
¼	27	7	1 ¼	50	12
3/8	30	10	1 ½	55	17
½	36	10	2	65	17
¾	39	9	2 ½	74	20

Muffe mit Rechts- und Linksgewinde I + I					
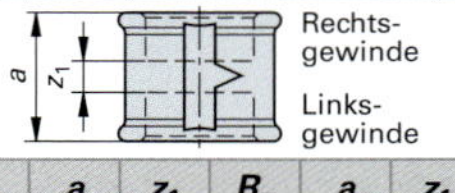					
R_p	*a*	z_1	R_p	*a*	z_1
3/8	30	10	1	45	11
½	36	10	1 ¼	50	12
¾	39	9	1 ½	55	17

Rohre und Rohrverbindungen (Fortsetzung)

Tempergussfittings (Herstellerangaben) (Fortsetzung) — DIN EN 10242: 1995-03

Doppelnippel A + A

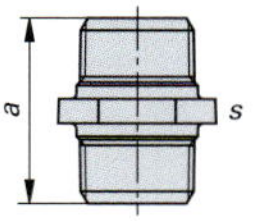

R	a	s	R	a	s
1/8	29	17	1 1/4	57	50
1/4	36	19	1 1/2	59	55
3/8	38	22	2	68	70
1/2	44	28	2 1/2	75	85
3/4	47	33	3	83	100

Doppelnippel mit Rechts- und Linksgewinde A + A

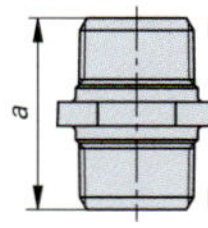

R	a	s	R	a	s
3/8	38	22	1 1/4	57	50
1/2	44	28	1 1/2	59	55
3/4	47	33	2	68	70

Stopfen mit Rand

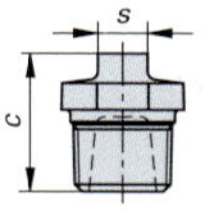

R	c	s	R	c	s
1/8	20	7	1 1/4	47	22
1/4	24	8	1 1/2	47	22
3/8	28	10	2	53	27
1/2	32	11	2 1/2	64	32
3/4	37	17	3	71	36

Kappe

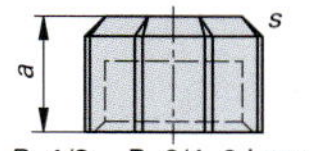

R_p 1/8 – R_p 3/4 6-kant
R_p 1 – R_p 4 8-kant

R	c	s	R	a	s
1/8	14	14	1 1/4	36	47
1/4	17	17	1 1/2	36	53
3/8	18	22	2	37	68
1/2	24	26	2 1/2	41	86
3/4	26	32	3	50	96

Edelstahlrohre dünnwandig und schutzgasgeschweißt (Herstellerangaben) — DIN 17455: 2002-12

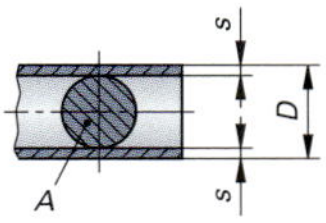

DN	Kenngröße	
D	Außendurchmesser	mm
s	Wanddicke	mm
A	Querschnitt	cm²
t	Einstecktiefe	mm
V'	Rohrinhalt pro Meter	l/m
m'	Masse pro Meter	kg/m
A_O'	Oberfläche pro Meter	m²/m

Rohrbeschreibung

Werkstoff: rostbeständiger, austenitischer Stahl (X5 CrNiMo 17122)

Lieferlängen: Stangen von 6 m Länge

Verbindungstechnik: Pressen

Anforderungen: nach DVGW Arbeitsblatt W 541

Oberfläche: innen und außen metallisch blank

DN	12	15	20	25	32	40	50	65	80	100
D	15	18	22	28	35	42	54	76,1	88,9	108
s	1,0	1,0	1,2	1,2	1,5	1,5	1,5	2,0	2,0	2,0
A	1,327	2,011	3,017	5,147	8,042	11,946	20,428	40,828	56,612	91,609
V'	0,133	0,201	0,302	0,514	0,804	1,194	2,042	4,083	5,661	8,495
m'	0,351	0,425	0,649	0,837	1,258	1,521	1,972	3,711	4,352	5,308
A_O'	0,047	0,057	0,069	0,088	0,110	0,132	0,170	0,204	0,279	0,340

Edelstahl-Pressfittings (Herstellerangaben) — DVGW-Arbeitsblatt W 534: 2004-05

Bogen 90° Press + Press

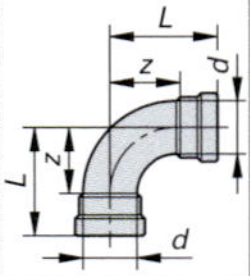

Bogen 90° Press + A

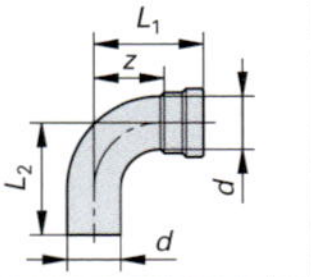

Bogen 45° Press + Press

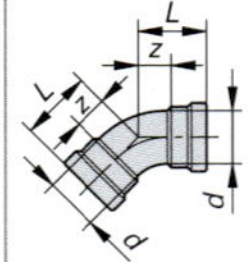

Bogen 45° Press + A

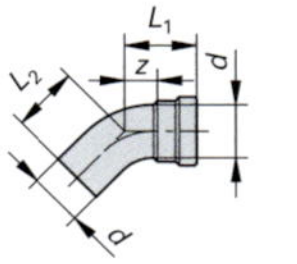

Muffe

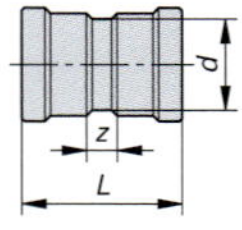

Schiebemuffe

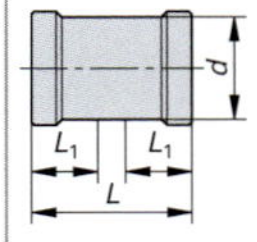

	Bogen 90° Press + Press		Bogen 90° Press + A			Bogen 45° Press + Press		Bogen 45° Press + A			Muffe		Schiebemuffe	
d	*z*	*L*	*z*	L_1	L_2	*z*	*L*	*z*	L_1	L_2	*z*	*L*	*L*	L_1
15,0	26	48	26	48	53	13	35	13	35	39	13	57	80	22
18,0	36	58	30	52	63	18	40	15	37	47	13	57	80	22
22,0	44	67	37	60	77	22	45	17	40	53	15	61	80	23
28,0	48	72	48	72	82	21	45	21	45	55	12	60	95	24
35,0	60	86	60	86	96	28	54	28	54	64	13	65	105	26
42,0	71	107	71	107	117	33	69	33	69	79	12	84	120	36
54,0	92	132	92	132	142	44	84	44	84	94	12	92	135	40
76,1	99	149	99	149	147	46	96	46	93	96	25	125	125	50
88,9	115	165	115	165	162	52	102	52	99	102	25	125	125	50

TW

Rohre und Rohrverbindungen (Fortsetzung)

Edelstahl-Pressfittings (Herstellerangaben) (Fortsetzung) DVGW-Arbeitsblatt W 534: 2004-05

T-Stück

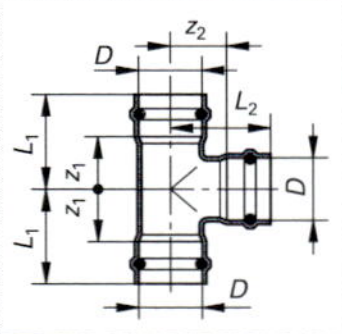

D	z_1	z_2	L_1	L_2
15	19	21	41	43
18	21	22	43	44
22	24	26	47	49
28	28	29	52	53
35	34	34	60	60
42	32	32	68	68
54	39	39	79	79

T-Stück reduziert

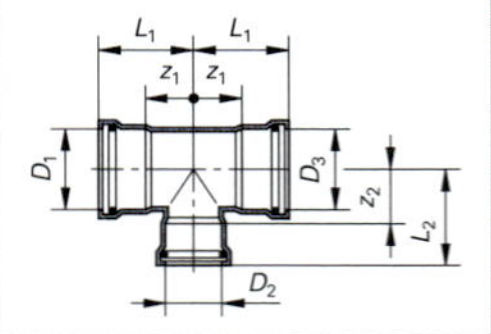

D_1	D_2	D_3	z_1	z_2	L_1	L_2
18	18	15	21	22	43	44
18	15	18	21	22	43	44
22	15	22	22	22	45	47
22	18	18	21	25	44	47
22	18	22	22	24	45	46
22	22	15	24	24	47	47
28	15	28	21	28	45	50
28	18	28	25	28	45	50
28	22	22	22	29	46	52
28	22	28	23	26	47	53
35	15	35	19	32	45	54
35	18	35	19	35	45	54
35	22	35	21	33	47	46
35	28	35	27	32	53	56
42	18	42	19	34	55	56
42	22	42	19	36	55	59
42	28	42	25	35	61	59
42	35	42	25	37	61	63
54	22	54	18	42	58	65
54	28	54	21	41	61	65
54	35	54	25	43	65	69
54	42	54	29	38	69	74
64	22	64	25	40	68	63
64	28	64	27	40	70	64
64	35	64	32	43	75	69
64	42	64	35	44	78	80
64	54	64	41	44	84	84
76,1	22	76,1	24	46	74	69
76,1	28	76,1	27	46	77	70
79,1	35	76,1	30	47	80	73
76,1	42	76,1	34	49	84	85
76,1	54	76,1	40	50	90	90
88,9	22	88,9	24	53	74	76

T-Stück mit Außengewindeabzweig

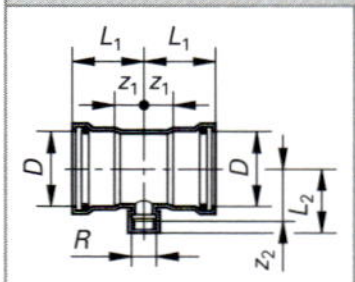

D	R	z_1	z_2	L_1	L_2
15	½	21	22	43	35
18	½	21	21	43	36
18	¾	24	20	46	36
22	½	22	19	45	32
22	¾	24	18	47	33
28	½	21	22	45	35
28	¾	28	21	52	36
28	1	28	25,4	52	40,5
35	½	19	26	45	39
42	½	19	29	55	42
54	½	18	35	58	48
64	¾	27	45	70	57
64	2	32	49	75	61
76,1	¾	22	50	72	65
76,1	2	40	49	90	73

Winkel mit Innengewinde

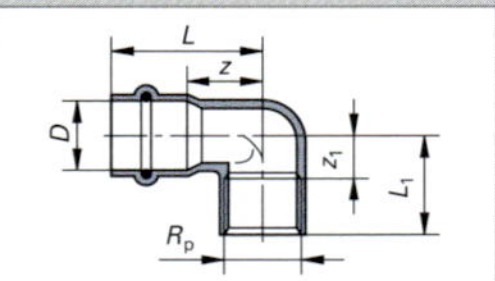

D	R_p	z_1	z_2	L_1	L_2
15	½	22,5	11	44,5	26
18	¾	24,5	11,2	46,5	27,5
22	¾	25,5	13,2	48,5	29,5
28	1	30	16,4	54	35,5
35	1 ¼	35,5	20,1	61,5	41,5

Winkel mit Außengewinde

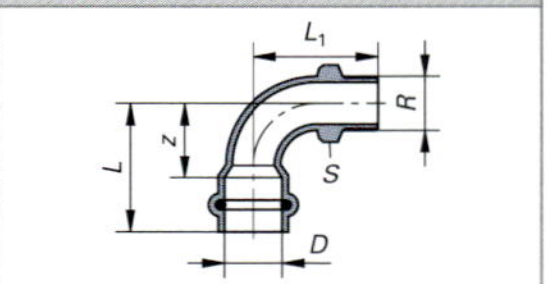

D	R	z_1	L_1	L_2	S
15	½	26	48	45	22
18	¾	30	52	52	27
22	¾	37	60	61	27
28	1	48	72	77	36
35	1 ¼	60	86	91	45

Verschraubung, flachdichtend

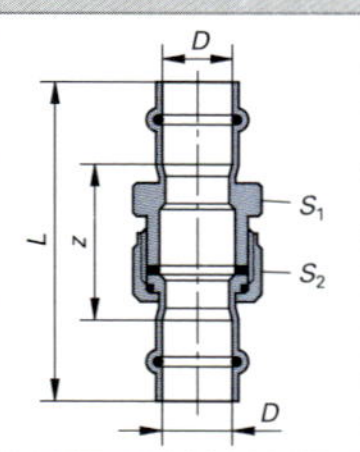

D	z	L	S_1	S_2
15	38	82	30	30
18	38,5	82,5	27	30
22	46,5	92,5	36	37
28	51,5	99,6	46	46
35	57,5	109,5	50	53
42	66,3	138,3	55	59,6
54	70,5	150,5	70	77,6

Verschraubung, flachdichtend mit Außengewinde

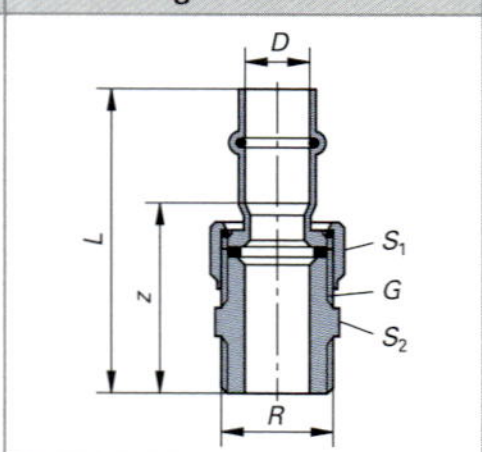

D	R	G	z	L	S_1	S_2
15	½	3/4	42	64	30	27
18	¾	3/4	45	67	30	27
22	1	1	53	76	37	34
28	1	1	60	84	37	34
35	1 ¼	1 ½	62	88	53	50
42	1 ½	1 ¾	64	100	60	55
54	2	2 ⅜	77	117	78	72

Verschr., flachdichtend mit Innengewinde

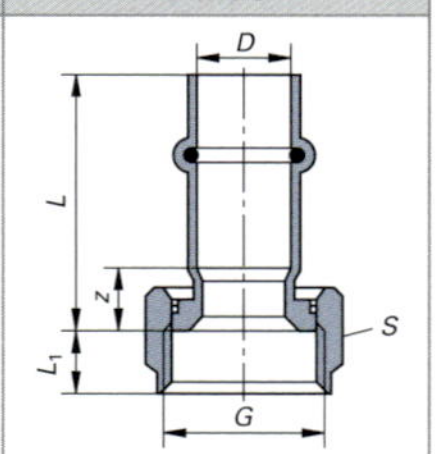

D	G	z	L	L_1	S
15	½	20	42	7	24
18	¾	13	35	9	30
22	1	15	38	9	37
28	1	24	48	9	37
35	1 ½	17	43	11	53
42	1 ¾	21	57	11	60
54	2 ½	26	66	16	84

Winkel mit Wandscheibe

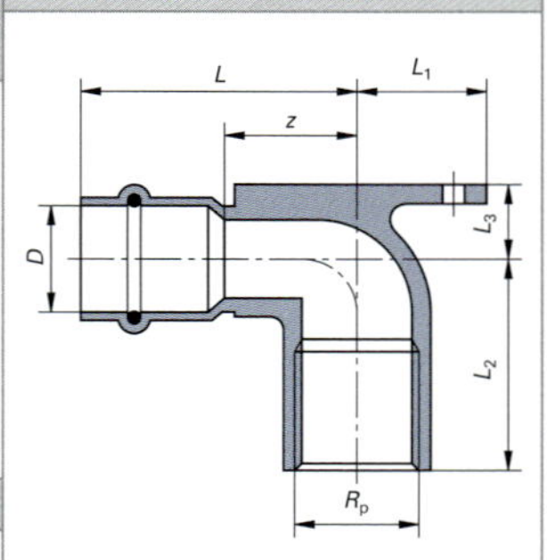

D	R_p	z	L	L_1	L_2	L_3
15	½	22,5	44,5	12,5	26	12
18	½	22	44	12,5	26	13,5
22	½	23	46	12,5	26	17
22	¾	25	48	15	29,5	17
28	1	30,5	54,5	18,8	35,5	20,5

Rohre und Rohrverbindungen (Fortsetzung)

Kupferrohre für Wasser- und Gasleitungen

DIN EN 1057: 2010-06

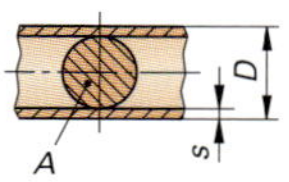

DN	Kenngröße	–
D	Außendurchmesser	mm
s	Wanddicke	mm
d	Innendurchmesser	mm
A	Querschnitt	cm^2
t	Einstecktiefe	mm
V'	Rohrinhalt pro Meter	l/m
m'	Masse pro Meter	kg/m
A_O'	Oberfläche pro Meter	m^2/m

Lieferform	D	Zustand R_m MPa[1)]	Lieferlängen
Stangen	12 … 28	R250 halbhart	5 m
	6 … 133	R290 hart	5 m
	159, 219, 267		3 m oder 5 m
Ringe[2)]	6 … 22	R220 weich	25 m oder 50 m

1) 1 MPa entspricht 1 N/mm^2
2) Ringaußendurchmesser 500 bis 900 mm

DN	4	6	8	10	12	15	20	25	32	40	50	–	65	80	100
D	6	8	10	12	15	18	22	28	35	42	54	64	76,1	88,9	108
s	1	1	1	1	1	1	1	1,5	1,5	1,5	2	2	2	2	2,5
d	4	6	8	10	13	16	20	25	32	39	50	60	72,1	84,9	103
A	0,13	0,28	0,50	0,79	1,33	2,01	3,14	4,91	8,04	11,95	19,6	28,3	40,8	56,6	83,3
V'	0,01	0,03	0,05	0,08	0,13	0,20	0,31	0,49	0,80	1,20	1,96	2,83	4,08	5,66	8,33
m'	0,14	0,20	0,25	0,31	0,39	0,48	0,59	1,11	1,41	1,70	2,91	3,47	4,14	4,86	7,37
A_O'	0,02	0,03	0,03	0,04	0,05	0,06	0,07	0,09	0,11	0,13	0,17	0,20	0,24	0,28	0,34
t	5,8	6,8	7,8	8,6	10,6	12,6	15,6	18,4	23,0	27,0	32,0	32,5	33,5	37,5	47,5

Bestellbeispiel Kupferrohr

500 m innenverzinntes Kupferrohr in Ringen nach DIN EN 1057 mit einem Außendurchmesser von 22 mm und einer Wanddicke von 1 mm im Festigkeitszustand R220 (weich) mit DVGW-Prüfzeichen und mit RAL-Gütezeichen:

500 m	Kupferrohr	innenverzinnt	DIN EN 1057	R220	22 x 1,0 mm	25 m Ring	DVGW	RAL

Wärmegedämmte Kupferrohre

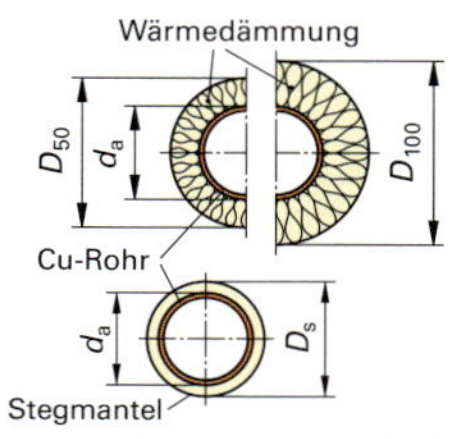

D	mm	6	8	10	12	15	18	22	28	35	42	54
D_s	mm	10	12	14	16	19	22	27	–	–	–	–
D_{50}[1)]	mm	–	–	–	26	29	32	26	33	40	48	60
D_{100}[2)]	mm	–	–	–	33	37	41	46	64	72	91	116
l_{Ab}[3)]	mm	120	120	120	120	150	180	120	160	160	200	200

1) Wärmedämmung = 50% nach EnEV
2) Wärmedämmung = 100% nach EnEV
3) Abmantelungslänge

Lötfittings für Kupferrohre (Herstellerangaben)

Werkstoffe	
Rotguss	G-CuSn5ZnPb (DIN 1705)
Kupfer (Cu)	SF-Cu (DIN 1787)
Messing	Cu-Zn39Pb2, Cu-Zn40Pb2 (DIN 17660)

Größenbezeichnungen reduzierter Fittings

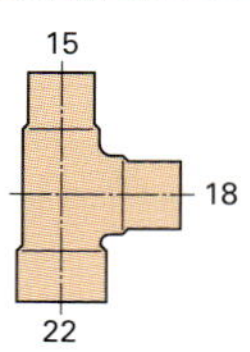

Muffe 22-18-15

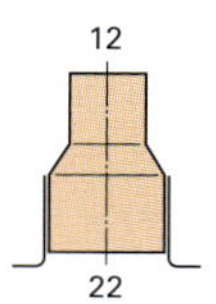

Muffe 22-12

Legende für Fittingangaben		
a, b, c, l	Baulängen	mm
h, z	Einbaumaß	mm
s	Schlüsselweite	–
I	innenlötend für Rohraußendurchmesser D	–
A	außenlötend für Rohraußendurchmesser D	–
R_p	zylindrische Innengewinde DIN 2999	Zoll
AG	Außengewinde	Zoll
IG	Innengewinde	Zoll

TW

Rohre und Rohrverbindungen (Fortsetzung)

Lötfittings für Kupferrohre (Herstellerangaben) (Fortsetzung)

Bogen 90° I + A und I + I, Cu

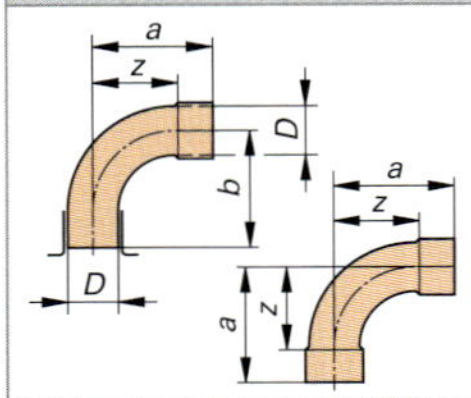

D	a	b	z
8	17,5	19,5	10
10	21	21	13
12	23,5	23,5	15
14	27	27	17
15	29	29	18
18	34,5	35	22
22	42	42	27
28	52	52	34
35	66	67	43
42	81	83	54
54	105	107	73

Bogen 45° I + A und I + I, Cu

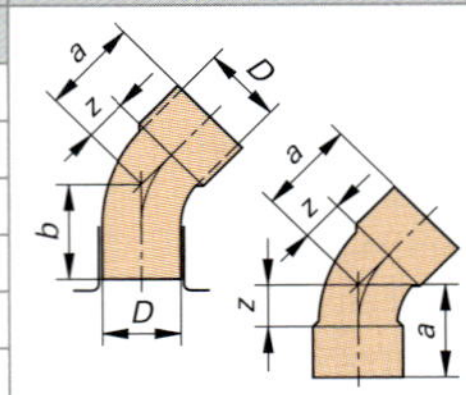

D	a	b	z
8	12	–	4
10	13,5	15,5	6
12	15	15	7
15	18	18	8
18	20,5	20,5	8
22	25	25	10
28	31	31	13
35	38	38	15
42	44	46	17
54	56	58	24
76,1	68	–	32

Bogen 180° I + I, Cu

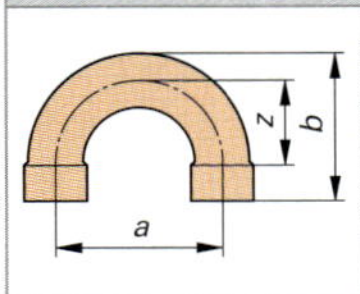

D	a	b	z
10	30	29	16
12	36	33	18
15	48	44,5	26
18	54	48,5	27
22	57	55,5	29
28	72	67,5	35
35	105	95	55
42	125	115,5	68
54	154	136	77

Ausdehnungsbogen I + I, Cu

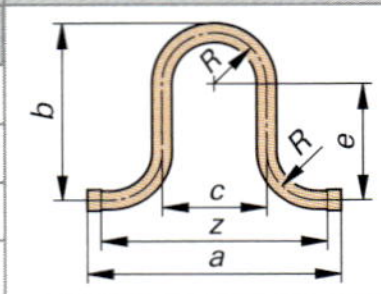

D	a	b	c	e	R	z
15	110	111	44	89	22	88
18	130	133	52	107	26	104
22	162	163	65	131	33	130
28	202	207	82	166	41	164

Überspringbogen I + I, Cu

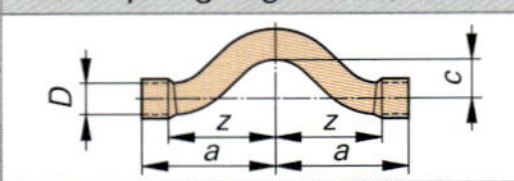

D	a	c	z
12	49,5	20	41
15	57	20	47
18	63,5	20	51
22	73,5	20	58

Überbogen I + I, Cu

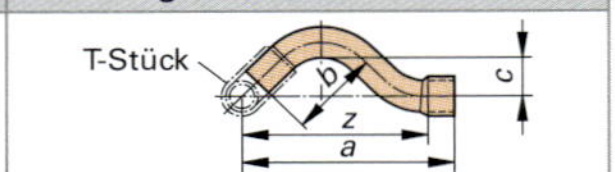

D	a	b	c	z
12	82,5	40	20	74
15	93	40	20	83
18	102,5	45	20	90
22	117,5	50	20	102

Reduktion, kurz A + I, Messing

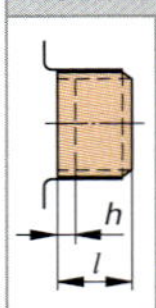

D	l	h	D	l	h
10 x 8	11	3	17 x 15	16	4
12 x 10	12	3	18 x 15	16	4
15 x 12	14	4	18 x 17	16	2
15 x 14	14	2	22 x 18	19	5

Reduktion, lang A + I, Cu

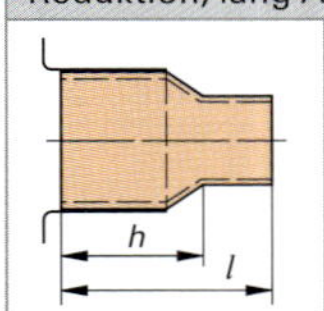

D	l	H
22 x 12	30,5	22
22 x 15	34	24
22 x 18	35	23
28 x 12	43	35
28 x 18	39	27
28 x 22	42	27
35 x 15	53	43
35 x 22	48	33
35 x 28	53	35
42 x 28	60	42
42 x 35	60	37
54 x 35	72,5	50
76,1 x 35	88	65
76,1 x 54	84	50
88,9 x 76,1	86	50
108 x 88,9	102	62

D	l	h
10 x 6	19	12
10 x 8	17	10
12 x 6	22	15
12 x 10	19,5	12
14 x 12	23	15
15 x 10	23,5	16
15 x 12	24	16
15 x 8	25	17
17 x 18	32	18
18 x 12	27	19
18 x 15	29	19

Übergangsstück I + AG, Strangguss

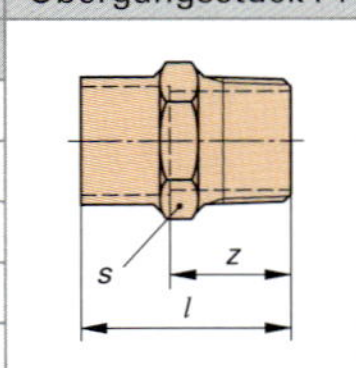

D x R	l	s	z
8 x ¼	19	12	12
8 x 3/8	25	12	17
10 x ¼	25	14	17
10 x 3/8	26	14	19
10 x ½	28	14	14
12 x ¼	23	16	16
12 x 3/8	25	16	18
12 x ½	28	16	15
14 x 3/8	27	18	15
14 x ½	27	19	15
15 x 3/8	27	18	15
15 x ½	27	19	15
15 x ¾	30	19	19
18 x ½	28	21	15
18 x ¾	30	22	17
22 x ½	32	26	16
22 x ¾	31	27	15
22 x 1	33	26	16
28 x ¾	41	27	22
28 x 1	36	32	17
35 x 1	45	39	20
35 x 1¼	43	40	18
42 x 1½	51	50	22
54 x 2	65	60	31
76,1 x 2½	71	83	35
88,9 x 3	78	97	40

Übergangsstück A + AG, Strangguss

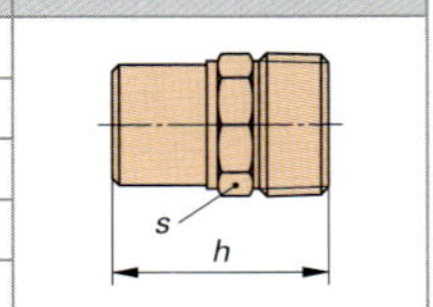

D x R	h	s
12 x ½	32	16
12 x ¾	29	14
15 x ½	32	16
18 x ½	32	19
22 x ½	36	22
22 x ¾	42	22
28 x 1	50	34
35 x 1¼	58	40
42 x 1½	62	–
54 x 2	73	–

Rohre und Rohrverbindungen (Fortsetzung)

Lötfittings für Kupferrohre (Herstellerangaben) (Fortsetzung)

Winkel I + IG, Rotguss

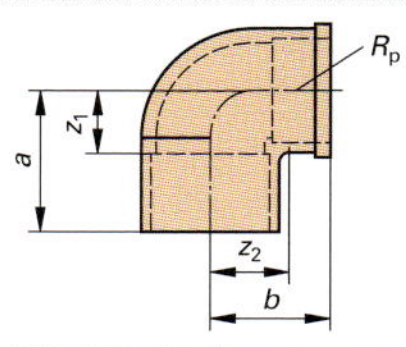

D x R_p	a	b	z_1	z_2
10 x ½	22	18	13	7
12 x ⅜	18	16	9	7
12 x ½	20	19	11	8
15 x ⅜	21	19	9	10
15 x ½	22	21	11	10
15 x ¾	26	23	14	10
18 x ½	24	22	11	11
18 x ¾	28	24	14	11
22 x ½	27	24	11	13
22 x ¾	30	26	14	13
28 x ¾	34	30	11	17
28 x 1	38	31	18	16

Winkel I + AG, Rotguss

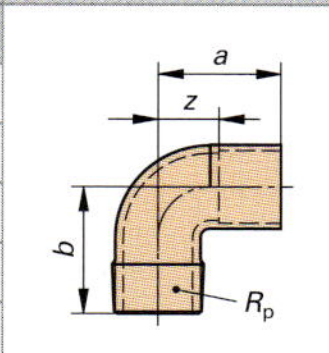

D x R_p	a	b	z
12 x ⅜	17	23	7
12 x ½	19	25	9
15 x ½	22	27	10
18 x ½	24	28	10
18 x ¾	25	30	11
22 x ¾	28	33	11
28 x 1	34	39	14
35 x 1¼	42	51	19
42 x 1½	53	56	25
54 x 2	65	65	31

Kappe, Cu

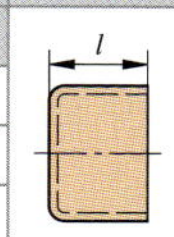

D	l
8	7
10	8
12	11
14	14
15	11
18	13
22	16
28	22
35	28
42	27
54	32
76,1	77

T- egal, Cu

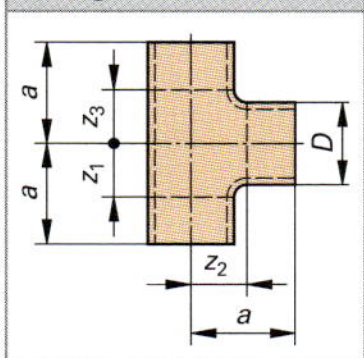

D	a	z_1/z_3	z_2
6	13	7	8
8	13	6	6
10	15	7	7
12	17	8	9
14	18,5	8	9
15	20	10	10
18	23	11	11
22	26,5	11	14
28	36,5	18	18
35	44,5	22	22
42	52	25	25
54	64	32	32
76,1	82	46	46
88,9	94	54	54
108	114	64	64

T – reduziert, Cu

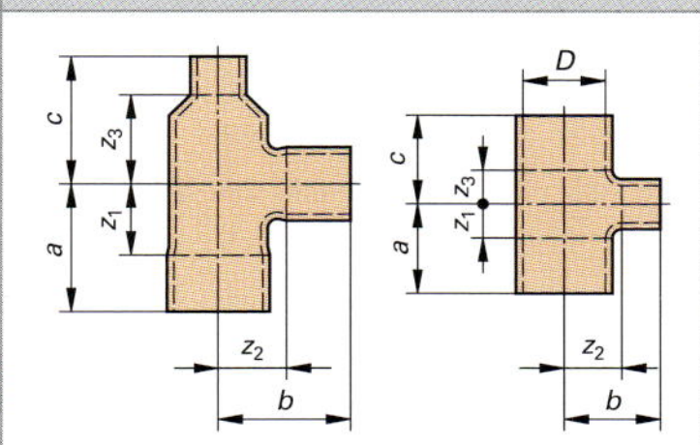

D	a	b	c	z_1	z_2	z_3
8 x 6 x 8	13	13,5	13	6	8	6
10 x 8 x 10	15	16	15	7	9	7
10 x 10 x 8	15	15	16	7	7	9
10 x 12 x 10	18	17	18	11	9	11
12 x 8 x 12	17	17,5	17	8	11	8
12 x 10 x 10	17	17	18,5	8	9	11
12 x 15 x 12	21	20	21	13	10	13
15 x 10 x 12	19	20,5	20	8	13	13
15 x 12 x 12	19	18	20	8	10	12
15 x 18 x 15	27,5	23,5	27,5	17	11	17
18 x 10 x 18	20,5	19,5	20,5	8	12	8
18 x 12 x 15	21	19,5	21,5	8	11	11
18 x 15 x 15	20,5	21	24,5	8	11	14
22 x 10 x 22	24	24	24	7	13	20
22 x 12 x 18	24	27,5	29	9	19	17
22 x 15 x 18	24	26	29	9	16	17
22 x 22 x 15	26,5	29,5	32	11	14	22
22 x 22 x 18	26,5	29,5	32,5	11	14	20
28 x 15 x 18	32,5	35	33	14	25	23
28 x 18 x 15	33,3	34	33,3	15	20	23
28 x 22 x 15	32,5	33	33	14	18	23
28 x 22 x 22	32,5	33	35	14	18	20
35 x 12 x 35	32	29	32	9	20	9
35 x 18 x 35	41	40	41	18	28	18
35 x 22 x 35	41	40	41	18	25	18
35 x 35 x 22	44,5	44,5	44	22	22	29
42 x 15 x 42	43,5	44,5	43,5	17	34	17
42 x 28 x 42	43,5	43,5	43,5	17	25	17
54 x 22 x 54	54,5	53	54,5	23	38	23
54 x 35 x 54	54,5	53	54,5	23	30	23
76,1 x 35 x 76,1	82	81	82	46	56	46
88,9 x 54 x 88,9	78	90	78	38	56	38
108 x 54 x 108	113	106	113	63	72	63
108 x 76,1 x 108	113	106	113	63	70	63

Winkel mit 3-Flügel-Flansch

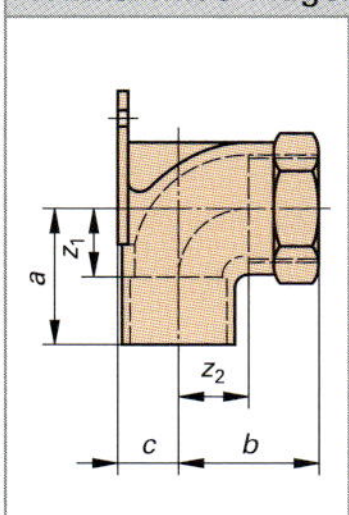

D x R_p	a	b	c	k	z_1	z_2
10 x ½	22	18	7	40	13	7
12 x ⅜	20	17	9	34	10	8
12 x ½	20	19	9	40	11	8
15 x ⅜	21	19	10	34	10	10
15 x ½	22	21	11	40	11	10
18 x ½	24	22	12	40	11	11
22 x ¾	21	26	14	50	14	13
28 x 1	39	32	17	60	19	17

Lötflansch, Rotguss, Anschlussmaße DIN 2501

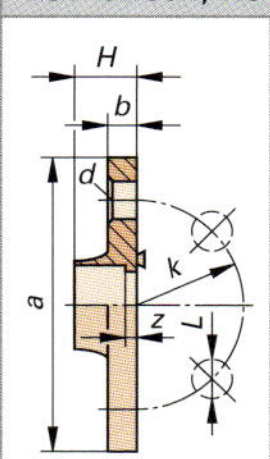

l_0 Lochanzahl

D	DN	a	z	k	d	H	b	l_0
22	20	105	4	75	14	23	14	4
28	25	115	4	85	14	25	14	4
35	32	140	4	100	18	30	18	4
42	40	150	6	110	18	34	18	4
54	50	165	6	125	18	38	18	4
76	65	185	8	145	18	40	18	4
89	80	200	10	160	18	48	18	8
108	100	220	10	180	18	58	18	8

Rohre und Rohrverbindungen (Fortsetzung)

Kupfer-Pressfittings (Herstellerangaben)

Bogen 90°, Cu, I + I und I + A

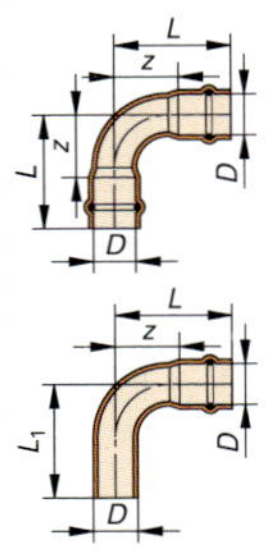

D	z	L	L_1
12	14	32	34
15	18	40	42
18	22	44	46
22	26	49	51
28	34	58	60
35	42	68	70
42	50	86	88
54	65	105	107
64	84	127	127

Bogen 45°, Cu, I + I und I + A

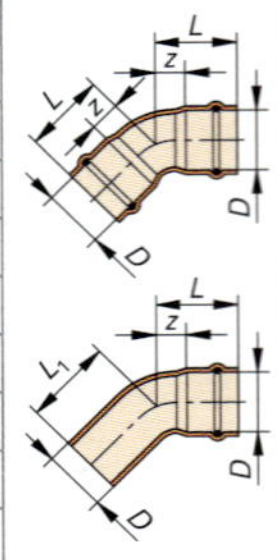

D	z	L	L_1
12	6	24	26
15	8	30	32
18	9	31	33
22	11	34	36
28	14	38	40
35	17	43	45
42	21	57	63
54	27	67	74
64	39	82	82

T-Stück, Cu

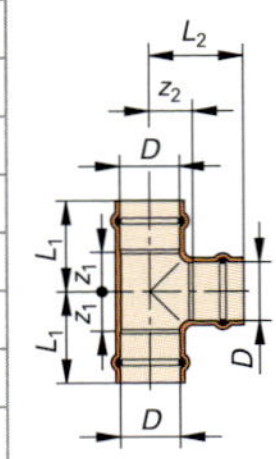

D	z_1	z_2	L_1	L_2
12	12	9	36	27
15	19	11	41	33
18	20	13	42	35
22	22	15	45	38
28	24	19	48	43
35	26	22	52	48
42	29	29	65	65
54	35	35	75	75
64	46	47	89	90

T-Stück, Cu, reduziert

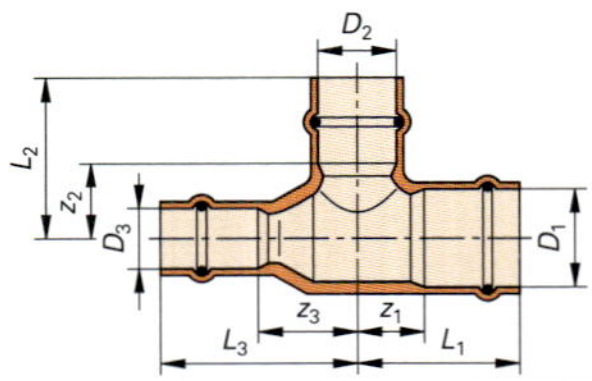

D_1	D_2	D_3	z_1	z_2	z_3	L_1	L_2	L_3
12	15	12	20	10	20	38	32	38
15	12	12	17	12	21	39	30	39
15	12	15	17	12	17	39	30	39
15	15	12	19	11	23	41	33	41
18	12	15	17	13	21	39	31	43
18	12	18	17	13	17	39	31	39
18	15	15	19	13	23	41	35	45
18	15	18	19	13	19	41	35	41
18	18	15	20	13	25	42	35	47
22	12	22	16	15	16	39	33	39
22	15	15	18	15	25	41	37	47
22	15	18	18	15	22	41	37	44
22	15	22	18	15	18	41	37	41
22	18	15	19	15	28	41	37	50
22	18	18	19	15	25	42	37	47
22	18	22	19	15	19	42	37	42
22	22	15	22	15	29	45	38	51
28	15	22	17	19	23	41	41	46
28	15	28	17	19	17	41	41	41
28	18	22	18	19	24	42	41	47
28	18	28	18	19	18	42	41	42
28	22	22	21	19	27	45	42	50
28	22	28	21	19	21	45	42	45
28	28	22	24	19	30	48	43	53
35	15	35	18	22	18	44	44	44
35	18	35	18	22	18	44	44	44
35	22	28	20	22	29	46	45	53
35	22	35	20	22	20	46	45	46
35	28	28	23	22	32	49	46	56
42	22	42	17	29	17	53	52	53
42	28	42	19	29	19	55	53	55
42	35	42	22	29	22	58	55	58
54	28	54	23	35	23	63	59	63
54	35	54	28	35	28	68	61	68
64	35	64	32	43	32	75	69	75

Muffe, Cu

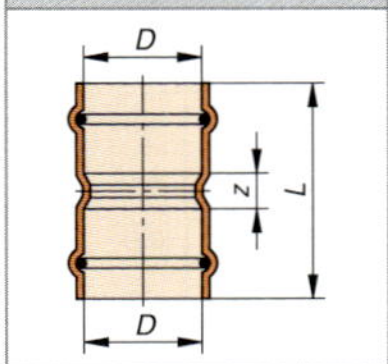

D	z	L
12	6	42
15	6	50
18	10	54
22	10	56
28	10	58
35	10	62
42	12	84
54	12	92
64	24	110

T-Stück, Rotguss, Abzweig Außengewinde

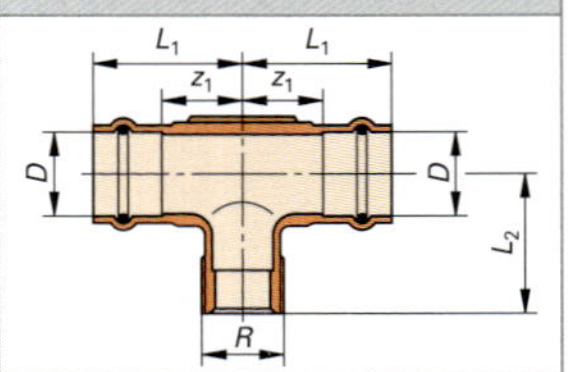

D	R	z_1	L_1	L_2
18	¾	23	45	40
22	¾	27	50	42
28	¾	27	50	45
35	¾	25	50	45
42	¾	19	55	50
54	¾	26	66	55
54	1	29	69	63
54	1¼	32	72	66

T-Stück, Rotguss, Abzweig Innengewinde

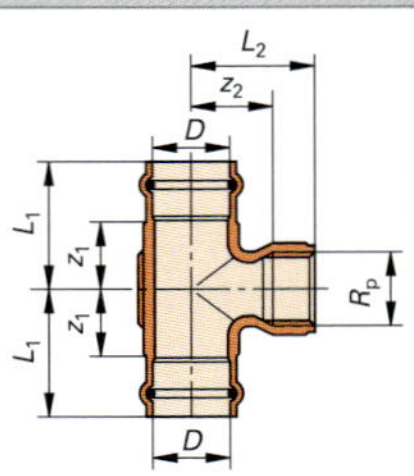

D	R_p	z_1	z_2	L_1	L_2
12	½	23	20	40	35
15	⅜	21	24	43	35
18	½	23	25	45	40
22	½	25	28	49	43
22	¾	25	29	49	45
28	½	25	31	49	46
28	¾	29	34	53	50

Winkel mit Wandscheibe, Rotguss

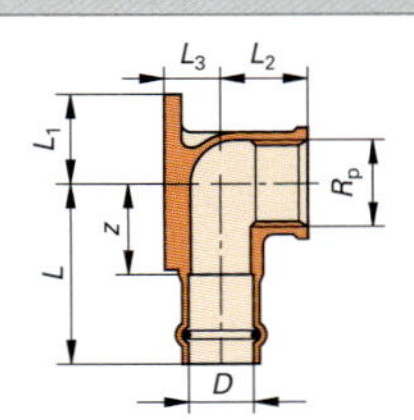

D	R_p	z	L	L_1	L_2	L_3
12	½	23	40	25	20	11
15	½	24	46	21	22	13
18	½	24	46	21	22	14
18	¾	28	50	21	24	16
22	½	29	52	21	24	18
22	¾	29	52	30	29	21

Rohre und Rohrverbindungen (Fortsetzung)

Rohrkenngrößen Kunststoff — ISO 4065: 1996-12

Wanddicke s in mm	Rohrserienzahl	Durchmesser/Wanddicken-Verhältnis (Standard Dimension Ratio)
$s = \frac{D}{2\,S + 1}$	$S = \frac{D - s}{2\,s}$	$SDR = 2\,S + 1 \approx \frac{D}{s}$

Zulässige Betriebsüberdrücke p_s Trinkwasserinstallation W 544 (Betriebsfähigkeit 50 Jahre)

Werkstoff	PVC-C			PE-X		PP-R			PB		
Güteanforderung DIN	8080			16892		8078			16968		
Rohrmaße DIN	8079			16893		8077			16969		
Rohrserienzahl S	10	6,3	4	5	3,2	5	2,5	2	8	5	4
p_s bei 20 °C bar	10,0	16,0	25,0	12,5	20	12,9	25,7	32,4	11,4	18,1	22,8
p_s bei 60 °C bar	4,5	7,0	11,4	8,1	12,8	6,4	12,7	16,0	7,5	11,9	15,0

Vollständige Kennzeichnung nach DIN EN 1452-2, DVGW-Arbeitsblatt W 544

Kunststoffrohr aus chloriertem Polyvinylchlorid (PVC-C)

Herstellerzeichen	DIN, DIN EN oder DVGW Registriernummer	Rohrtyp Werkstoff	D x s	Rohrserie S oder SDR	Herstelldatum	Maschinennummer

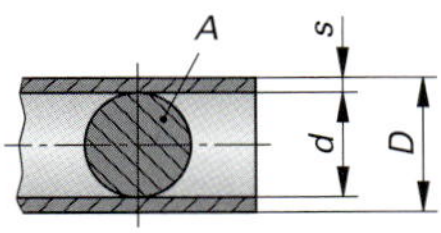

DN	Nenndurchmesser	–
D	Außendurchmesser	mm
s	Wanddicke	mm
d	Innendurchmesser	mm
A	Querschnitt	cm^2
V'	Rohrinhalt pro Meter	l/m
m'	Masse pro Meter	kg/m

Werkstoff	Chloriertes Polyvinylchlorid PVC-C 250
Lieferform	Festlängen von 3 m bis 5 m und Ringbunde
Anwendung	Trinkwasser Hausinstallation bis 70 °C

S	DN	12	15	20	25	32	40	50	65	80
	D	16	20	25	32	40	50	63	75	90
10 (PN 10)	s	–	–	1,5	1,5	1,9	2,4	3,0	3,5	4,3
	d	–	–	22,0	29,0	36,2	45,2	57,0	68,0	81,4
	A	–	–	3,80	6,61	10,29	16,05	25,52	36,32	52,04
	V'	–	–	0,38	0,66	1,03	1,61	2,55	3,63	5,20
	m'	–	–	0,193	0,251	0,387	0,611	0,945	1,320	1,930
6,3 (PN 16)	s	1,2	1,5	1,9	2,4	3,0	3,7	4,7	5,6	6,7
	d	13,6	22,0	21,2	27,2	34,0	42,6	53,6	63,8	76,6
	A	1,45	3,80	3,53	5,81	9,08	14,25	22,56	31,97	46,08
	V'	0,15	0,38	0,35	0,58	0,91	1,43	2,26	3,30	4,61
	m'	0,099	0,151	0,234	0,379	0,589	0,896	1,420	2,010	2,880

Bestellbeispiel 40 m Kunststoffrohr, Rohrserienzahl S4 (SDR9), D = 50 mm, s = 5,6 mm

40 m	Rohr	PVC-C 250	DIN 8079	S4 (SDR9)	50 x 5,6

Fittings PVC-C (Herstellerangaben)

Winkel 90°, Winkel 45°, Muffe

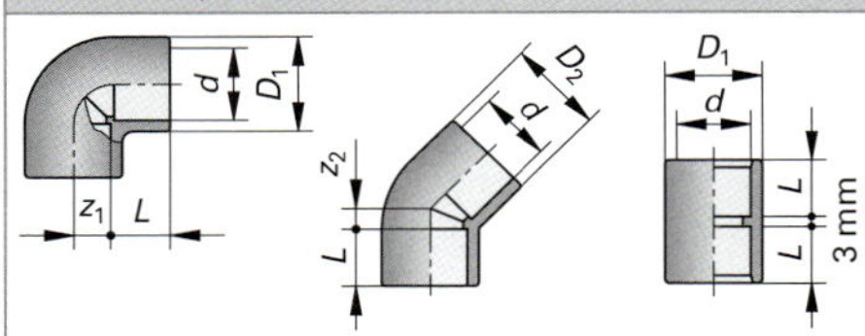

DN	12	15	20	25	32	40	50
d	16	20	25	32	40	50	63
D_1	22	27	33	41	50	61	75
D_2	21	28	33	41	50	61	76
L	14	16	19	22	26	31	38
z_1	9,0	11,0	15,0	17,0	22,0	27,0	34,0
z_2	5,0	5,5	6,0	7,5	10,5	11,5	14,0

TW

Rohre und Rohrverbindungen (Fortsetzung)

Fittings PVC-C (Herstellerangaben) (Fortsetzung)

T-Stück egal

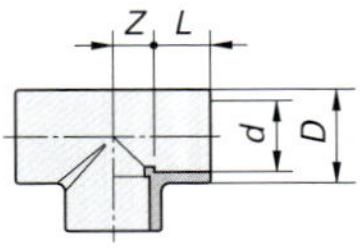

DN	12	15	20	25	32	40	50	65	80
d	16	20	25	32	40	50	63	75	90
D	22	27	33	41	50	61	76	91	109
L	14	16	19	22	26	31	38	44	51
Z	9,0	11,0	14,0	18,0	22,0	27,0	34,0	40,5	48,5

T-Stück reduziert

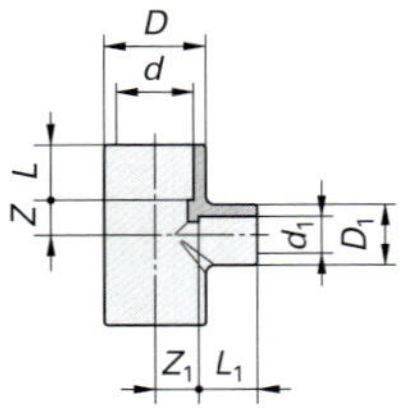

d	25	32	32	40	40	50	50	63	63	75	90
d_1	20	20	25	20	25	25	32	25	32	25	25
D	33	41	41	50	50	61	61	76	76	91	109
D_1	28	28	34	29	34	35	42	36	43	33	33
L	19	22	22	26	26	31	31	38	38	44	51
L_1	16	16	19	16	19	19	22	19	22	16	16
Z	14,0	17,5	17,5	22,0	22,0	27,0	27,0	33,5	33,5	40,5	48,5
Z_1	14,0	17,5	17,5	22,0	22,0	27,0	27,0	33,5	33,5	39,0	46,0

Verschraubung mit Klebemuffen, O-Ring EPDM

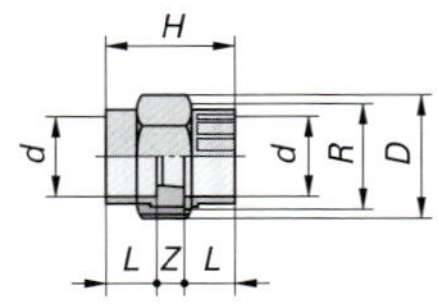

d	16	20	25	32	40	50	63	75	90
R/Tr	3/4	1	1 1/4	1 1/2	2	2 1/4	2 3/4	108 x 5	128 x 5
D	33	41	50	58	72	79	98	123	140
H	41	45	51	57	67	79	98	110	125
L	14	16	19	22	26	31	38	44	51
Z	13	13	13	13	15	17	22	22	23

Reduktion

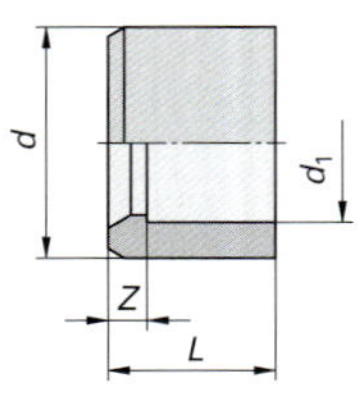

d	20	25	32	32	40	40	40	50	50	63
d_1	16	20	20	25	20	25	32	32	40	32
L	16	19	22	22	26	26	26	31	31	38
Z	2,0	3,0	6,0	3,0	10,0	7,0	4,0	9,0	5,0	16,0
d	**63**	**63**	**75**	**75**	**90**	**90**	**90**	**110**	**110**	**110**
d_1	40	50	50	63	50	63	75	63	75	90
L	38	38	44	44	51	51	51	61	61	61
Z	11,5	7,0	12,0	6,0	20,0	13,0	7,0	23,0	17,0	9,0

Klebemuffe mit Gewindeanschluss, metallringverstärkt

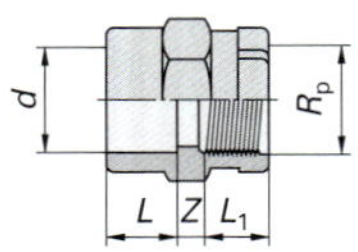

d	16	20	25	32	40	50	63
R_p	3/8	1/2	3/4	1	1 1/4	1 1/2	2
L	14	16	19	22	26	31	38
L_1	11,4	15,0	16,3	19,1	21,4	21,4	25,7
Z	5,6	4,0	5,0	6,0	5,0	8,0	7,5

T-Stück 90° mit Klebemuffen und Gewindeanschluss

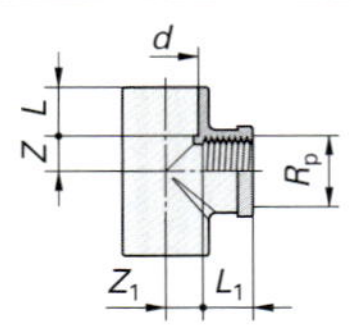

d	16	20	25	32	40	50	63
R_p	3/8	1/2	3/4	1	1 1/4	1 1/2	2
L	14	16	19	22	26	31	38
L_1	11,4	15,0	16,3	19,1	21,4	21,4	25,7
Z	9,0	12,0	15,0	18,0	21,5	27,0	33,5
Z_1	11	13	17	21	27	37	46

Rohre und Rohrverbindungen (Fortsetzung)

Metallverbundrohre (Herstellerangaben)

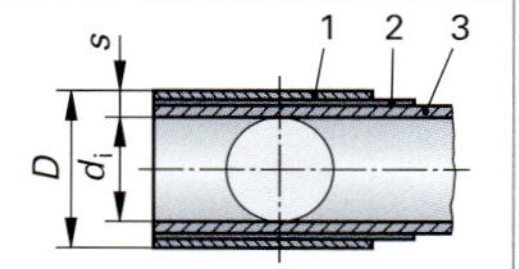

Zeichen	Bedeutung	Einheit
D	Außendurchmesser	mm
s	Wanddicke	mm
d_i	Innendurchmesser	mm
A	Querschnitt	cm^2
V'	Rohrinhalt pro Meter	l/m
m'	Masse pro Meter	kg/m

Werkstoffe	(Schichten 1/2/3) PE-HD / Al / PE-Xb	
Ausdehnungskoef. in mm/m · K		0,026
Max. Betriebstemperatur in °C		70
Max. Betriebsdruck in bar		10
Lieferlängen:	DN 12 … DN 65: 5-m-Stangen	
	DN 12 … DN 20: 50-m-Ring	
	DN 12, DN 15: 100-m-Ring	
Eigenschaften		
Diffusionsdicht		

DN	12	15	20	25	32	40	50	65
d_i	11,5	15	20	26	33	42	54	65,6
D	16	20	26	32	40	50	63	75
s	2,25	2,5	3,0	3,0	3,5	4,0	4,5	4,7
A	1,04	1,78	3,14	5,31	8,55	13,85	22,90	33,80
V'	0,103	0,176	0,314	0,531	0,855	1,385	2,290	3,380
m'	0,125	0,185	0,300	0,415	0,595	0,840	1,110	1,450

Fittings für Pressverbindungen Metallverbundrohr (Herstellerangaben)

90°-Winkel, T-Stück (egal), Kupplung (Werkstoff PVDF), Verschraubung (Werkstoff Rotguss)

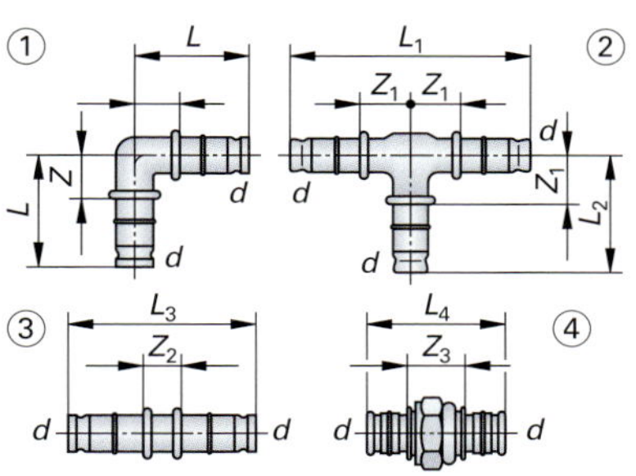

DN	12	15	20	25	32	40	50	65
d	16	20	26	32	40	50	63	75
L	4,4	5,1	5,5	6,4	7,6	8,8	12	14,6
Z	1,8	2,2	2,2	2,6	3,2	3,8	4,8	5,9
L_1	9,6	10,1	11	12,8	15,2	17,6	23,2	29,3
L_2	4,8	5,1	5,5	6,4	7,6	8,8	11,6	14,6
Z_1	2,2	2,2	2,2	2,6	3,2	3,8	4,8	5,9
L_3	6,8	7,3	7,9	9	10,4	11,7	15,6	19,5
Z_2	1,6	1,6	1,4	1,4	1,7	1,8	2	2,1
L_4	9,1	9,9	11	11,5	13,1	14,3	20,8	–
Z_3	4,1	4,4	4,6	5,8	6,3	6,7	7,4	–

T-Stück reduziert (Werkstoff PVDF)

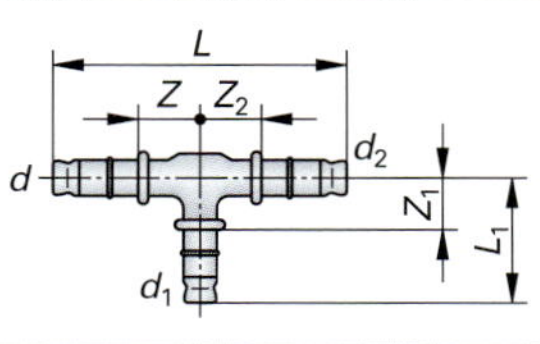

d	d_1	d_2	L	L_1	Z	Z_1	Z_2
16	20	16	9,6	5,1	2,2	2,2	2,2
20	16	20	10,1	4,8	2,2	2,2	2,2
20	15	16	9,9	5,1	2,2	2,2	2,2
20	16	16	9,9	4,8	2,2	2,2	2,2
20	26	20	11,3	5,5	2,8	2,2	2,8
26	16	26	10	5,2	1,7	2,6	1,7
26	20	26	11	5,7	2,2	2,8	2,2
26	26	20	11,5	5,8	2,2	2,2	2,8
26	20	20	10,9	5,7	2,2	2,8	2,5
32	16	32	11,6	5,5	2	2,9	2
32	20	26	11,5	6	2,2	3,1	2,2
32	26	26	11,7	5,9	2,3	2,6	2,3
32	20	32	11,6	6	2	3,1	2
32	26	32	12,2	5,9	2,3	2,6	2,3
40	20	40	13,2	6,4	2,2	3,5	2,2
40	26	40	13,8	6,5	2,5	3,2	2,5
40	32	40	14,4	7,2	2,8	3,2	2,8
50	26	50	15,4	7,1	2,7	3,8	2,7

Reduktion (Werkstoff PVDF)

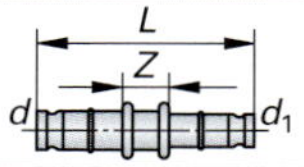

d	d_1	L	Z	d	d_1	L	Z	d	d_1	L	Z	d	d_1	L	Z
20	16	7,1	1,6	26	20	7,8	1,6	32	26	8,5	1,4	40	32	9,7	1,5
26	16	7,5	1,6	32	20	8,5	1,8	40	26	9,2	1,5	50	40	11,1	1,7

Übergang mit Außengewinde, Übergang mit Innengewinde (Werkstoff Rotguss)

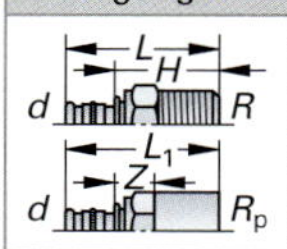

d	R/R_p	H	L	L_1	Z	d	R/R_p	H	L	L_1	Z	d	R/R_p	H	L	L_1	Z
16	½	2,9	5,4	5,6	1,8	20	¾	3,1	5,9	6,1	1,9	32	1	3,6	6,4	6,7	2,2
16	¾	3,1	5,7	5,9	1,7	26	¾	3,2	6,4	6,6	1,9	32	1 ¼	3,9	6,6	7,4	2,3
20	½	3	5,7	5,9	1,8	26	1	3,5	6,7	7,1	2,2	40	1	3,7	7,1	7,5	2,4

TW

Inbetriebnahme von Trinkwasseranlagen

Prüfen von Trinkwasserleitungsanlagen (Metall und Kunststoff) — DIN EN 806-4: 2010-06

Vorgehensweise und Art des Werkstoffs

Es ist dafür zu sorgen, dass das System entlüftet ist. Das System ist mit Wasser zu befüllen, wobei sicherzustellen ist, dass die gesamte Luft entfernt ist; alle Entleerungen und Wasserentnahmen sind zu schließen.

Der ausgewählte Prüfdruck, der dem 1,1-Fachen des höchsten Systembetriebsdrucks entspricht, ist durch Pumpen aufzubringen.

Verfahren A:

- Linear elastische Werkstoffe, (d.h. Metalle)
- Elastische Werkstoffe (PVC-U, PVC-C usw.) sowie Mehrschichtverbundrohre
- Viskoelastische Werkstoffe mit DN ≤ 63 (d.h. PP, PE, PE-X, PA, PB usw.)
- Kombiniertes System mit DN ≤ 63 (Metalle und Kunststoffe)

Verfahren B oder C

(wenn nicht anders angegeben, darf der Installateur zwischen Prüfverfahren B oder C wählen):

- Viskoelastische Werkstoffe mit DN > 63 (d.h. PP, PE, PE-X, PA, PB usw.)
- Kombiniertes System mit DN > 63 (Metalle und Kunststoffe)

Verfahren der hydrostatischen Druckprüfung

A

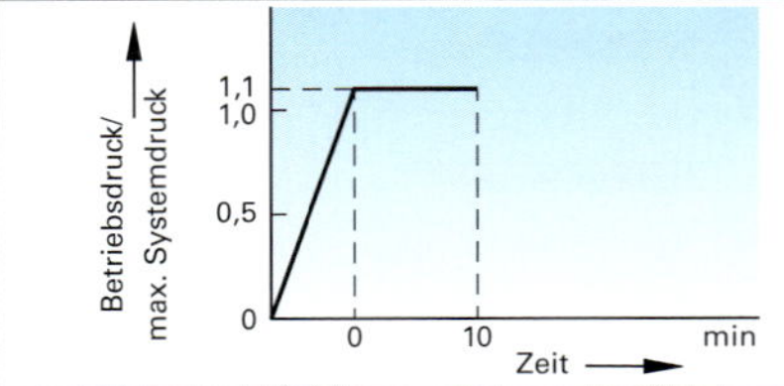

B

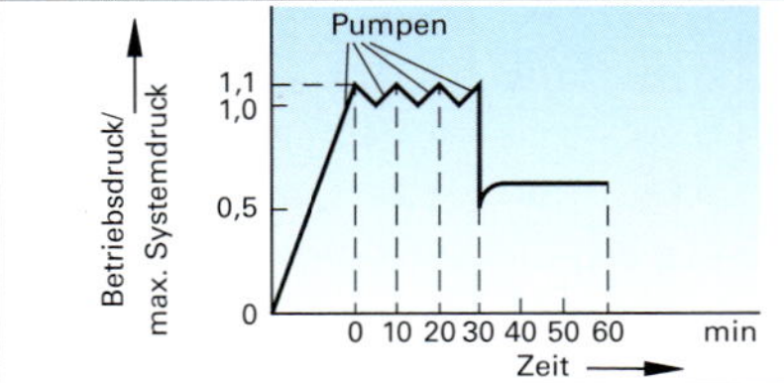

C

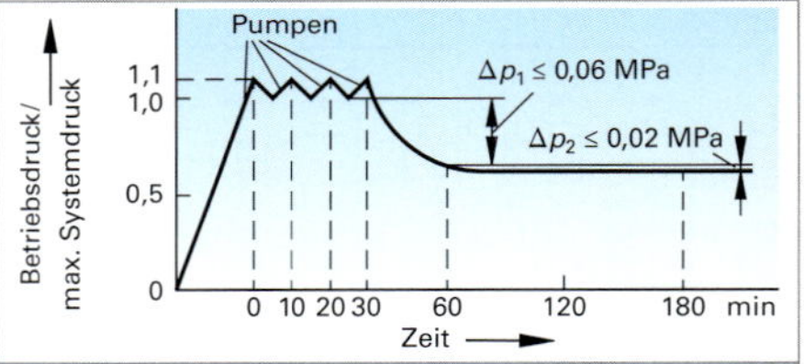

Spülen von Trinkwasserleitungen mit Druckluft-Wasser-Gemisch

Ziel (unabhängig von der Werkstoffwahl)

- Sicherung der Trinkwassergüte (Hygiene)
- Reinigung der Rohrinnenoberflächen
- Vermeidung von Funktionsstörungen an Armaturen und Apparaten

Zeitpunkt

unmittelbar im Anschluss an die Druckprüfung

Durchführung

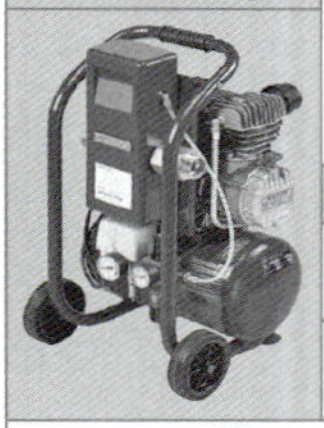

Die Kalt- und Warmwasserleitungen sind getrennt mit einem ölfreien Luft-Wasser-Gemisch intermittierend unter Druck zu spülen. Es sollte angestrebt werden, mit dem gefilterten Trinkwasser aus der Versorgungsleitung so zu spülen, dass eine Mindestfließgeschwindigkeit von 0,5 m/s in der größten zu spülenden Rohrleitung erreicht wird. Dazu muss eine Mindestanzahl von Entnahmearmaturen geöffnet sein:

Nennweite DN	25	32	40	50	65	80	100
Mindest-Volumenstrom bei voller Füllung der Verteilungsleitung in *l*/min	15	25	38	59	100	151	236
Mindestanzahl der zu öffnenden Entnahmestellen DN15	1	2	3	4	6	9	14

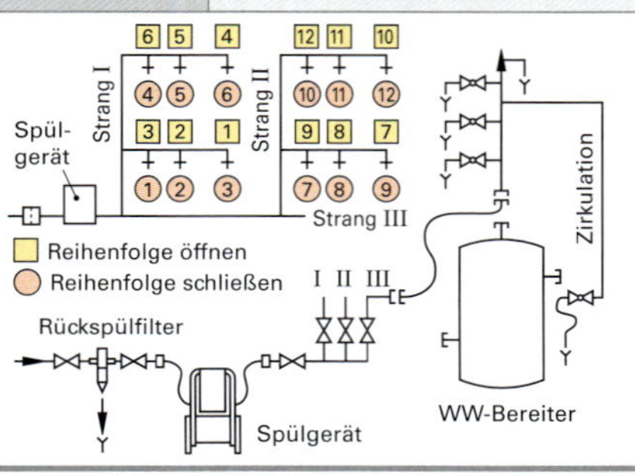

Je nach Anlagengröße und Leitungsführung ist abschnittsweise zu spülen. Die Leitungslänge je Spülabschnitt soll 100 m nicht überschreiten.

Dabei sollte die Spülrichtung von unten nach oben und die Spülfolge strangweise vom nächstgelegenen (I) zum entferntesten (III) Strang eingehalten werden.

Jeder Strang wird stockwerksweise von unten nach oben gespült. Die Stockwerksleitung wird mit der dem Steigestrang entlegensten Entnahmestelle geöffnet (vgl. Skizze).

Je Meter Leitungslänge sollte die Spüldauer mindestens 15 Sekunden betragen und insgesamt je Entnahmestelle mindestens 2 Minuten. Die Entnahmestellen werden in umgekehrter Reihenfolge nacheinander geschlossen.

Verfahrensablauf zur Dimensionierung		DIN EN 806-3: 2006-07 oder DIN 1988-300
DIN EN 806-3 oder DIN 1988-300		
Installationsart	Normalinstallation[1)]	Alle Installationen
Beschreibung	Wohnungsbau mit Ein- und Zweifamilienhäusern	alle weiteren Installationen, incl. industrieller und gewerblicher Bereich
Berechnungsart	Vereinfachtes Verfahren zur Bestimmung der Rohrinnendurchmesser nach DIN EN 806-3 (S. 237)	Berechnungen nach DIN 1988-300 (S. 188)

[1)] Als Normal-Installationen werden Installationen bezeichnet,
- deren Entnahmearmaturen keinen größeren Entnahmearmaturendurchfluss aufweisen als in Tabelle (vgl. unten) aufgeführt,
- deren Art der Nutzung keinen höheren Spitzendurchfluss erwarten lässt, als sich nach dem Diagramm (vgl. unten) ergibt,
- die keine Dauerverbraucher mit Trinkwasser versorgen. Als Dauerverbraucher gilt eine Entnahme länger als 15 min.

Entnahmearmaturendurchflüsse Q_A, Q_{min} und Belastungswerte LU

Entnahmestelle	Q_A in l/s	Q_{min} in l/s	Belastungswert LU
Waschtisch, Handwaschbecken, Bidet, Spülkasten	0,1	0,1	1
Haushalts-Küchenspüle, -Waschmaschine[1)], Geschirrspülmaschine, Ausgussbecken, Duschbrausekopf	0,2	0,15	2
Urinaldruckspüler	0,3	0,15	3
Badewannenauslauf	0,4	0,3	4
Entnahmearmatur für Garten/Garage	0,5	0,4	5
Gewerbe-Küchenspüle DN20, -Badewannenauslauf	0,8	0,8	8
Druckspüler DN20	1,5	1,0	15

[1)] Für Gewerbe-Waschmaschinen nach Angabe des Herstellers.

Verhältnis von Spitzendurchfluss Q_D zum Belastungswert LU für Normalinstallationen

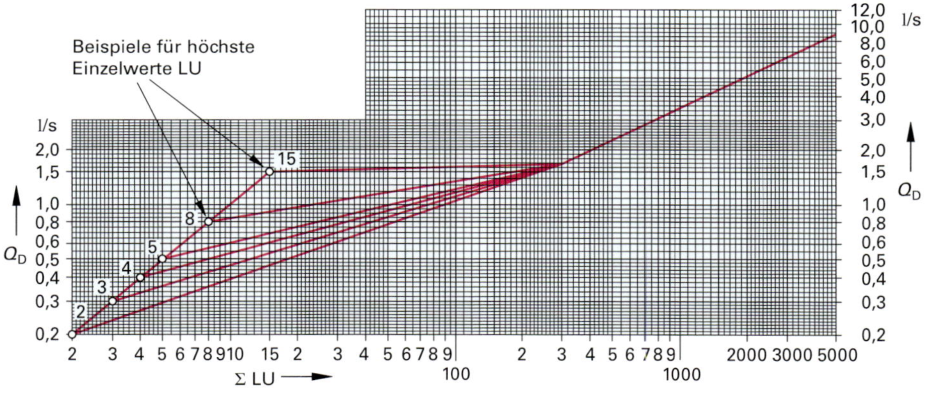

Vergleich DIN EN 806-3 mit DIN 1988-300

Nach DIN EN 806-3 wird ein vereinfachtes Dimensionierungsverfahren angewandt, das ausschließlich für „Normalinstallationen" verwendet werden darf. Nicht berücksichtigt werden die tatsächlichen Druckverhältnisse, sowie die Bemessung von Zirkulationssystemen.

DIN 1988-300 beschränkt den Anwendungsberich der DIN EN 806-3. Danach dürfen lediglich die Rohrdurchmesser für Kalt- und Wamrwasserverbrauchsleitungen in Wohngebäuden mit bis zu 6 Wohnungen nach DIN 806-3 bestimmt werden, sofern der Versorgungsdruck ausreicht und die Hygiene sichergestellt ist.

Vereinfachtes Verfahren

DIN EN 806-03: 2006-07

Verfahrensschritte	Hinweise
1. Ermittlung der Belastungswerte für die Teilstrecken bis zur entferntesten Armatur. 2. Addition der Belastungswerte. 3. Abhängig vom Rohrwerkstoff die Rohrinnendurchmesser aus Tabelle entnehmen.	Mit der Teilstrecke an der entferntesten Armatur beginnen. $LU_{max} = \Sigma LU$ Die Wahrscheinlichkeit gleichzeitiger Nutzung ist in der Tabelle schon berücksichtigt.

Belastungswerte für die Bemessung der Rohrinnendurchmesser

Feuerverzinkte Stahlrohre

LU_{max}	6	16	40	160	300	600	1600
Größter Einzelwert LU	4	15	–	–	–	–	–
d_i in mm	16	21,6	27,2	35,9	41,8	53	68,8
Max. Rohrlänge in m	10	6	–	–	–	–	–

Kupferrohre

LU_{max}	1	2	3	3	4	6	10	20	50	165	430	1050	2100
Größter Einzelwert LU	–	–	2	–	–	4	5	8	–	–	–	–	–
d_i in mm	10			13			16	20	25	32	39	50	72,1
Max. Rohrlänge in m	20	7	5	15	9	7	–	–	–	–	–	–	–

Rohr aus nicht rostendem Stahl

LU_{max}	3	4	6	10	20	50	165	430	1050	2100
Größter Einzelwert LU	–	–	4	5	8	–	–	–	–	–
d_i in mm	13			16	19,6	25,6	32	39	51	72,1
Max. Rohrlänge in m	15	9	7	–	–	–	–	–	–	–

PE-X Rohre

LU_{max}	1	2	3	4	5	8	16	35	100	350	700
Größter Einzelwert LU	–	–	–	–	4	5	8	–	–	–	–
d_i in mm	8,4		11,6			14,4	18,0	23,2	29	36,2	45,6
Max. Rohrlänge in m	13	4	9	5	4	–	–	–	–	–	–

PB Rohre

LU_{max}	1	2	3	3	4	6	13	25	55	180	500	1100
Größter Einzelwert LU	–	–	2	–	–	4	5	8	–	–	–	–
d_i in mm	9,4			13			16,2	20,4	26	32,6	40,8	51,4
Max. Rohrlänge in m	20	7	5	15	9	7	–	–	–	–	–	–

PP Rohre

LU_{max}	1	2	3	3	4	6	13	30	70	200	540	970
Größter Einzelwert LU	–	–	2	–	–	4	5	8	–	–	–	–
d_i in mm	10,6			13,2			16,6	21,2	26,6	33,2	42	50
Max. Rohrlänge in m	20	12	8	15	9	7	–	–	–	–	–	–

PVC-C Rohre

LU_{max}	3	4	5	10	20	45	160	420	900
Größter Einzelwert LU	–	–	4	5	8	–	–	–	–
d_i in mm	12,0			15,4	19,4	24,8	31	38,8	49,2
Max. Rohrlänge in m	10	6	5	–	–	–	–	–	–

PE-X/AL/PE-HD bzw. PE-MD/AL/PE-HD Rohre (Verbundrohre)

LU_{max}	3	4	5	6	10	20	55	180	540	1300
Größter Einzelwert LU	–	–	4	5	5	8	–	–	–	–
d_i in mm	11,5/12,0			14	15	20	26	33	42	54
Max. Rohrlänge in m	9	5	4	–	–	–	–	–	–	–

Berechnungsbeispiel nach DIN EN 806-3: 2006-07

Situationsbeschreibung

Die Kaltwasserleitung vom Untergeschoss zu den Entnahmestellen ist für Kupferrohre zu bemessen. In jeder der 6 Wohnungen sind folgende Entnahmestellen installiert:

1 Klosett mit Spülkasten, 1 Badewanne, 1 Waschtisch, 1 Küchenspüle.

Im Keller zweigt 1 Entnahmearmatur für den Garten ab.

Strangschema PWC

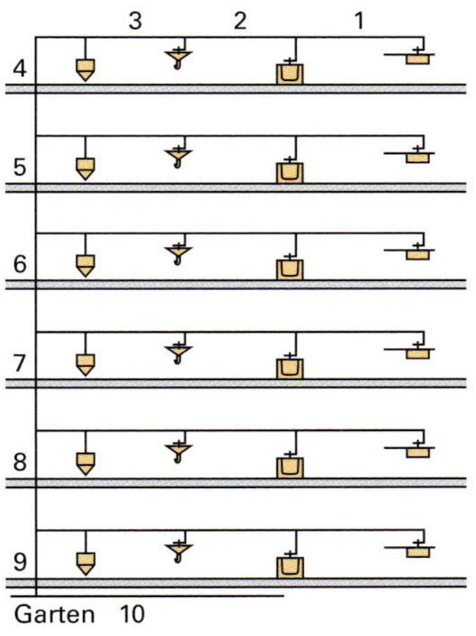

Lösung (LU aus Tabelle S. 187, d_i aus Tabelle S. 188)

Teilstrecke	Angeschlossen	LU	Σ LU	d_i	DN
1	1 Küchenspüle	2	2	10	10
2	1 Küchenspüle 1 Badewanne	2 4	6	13	12
3	1 Küchenspüle 1 Badewanne 1 Waschtisch	2 4 1	7	16	15
4	1 Küchenspüle 1 Badewanne 1 Waschtisch 1 Spülkasten	2 4 1 1	8	16	15
5	2 Wohnungen	2 x 8	16	20	20
6	3 Wohnungen	3 x 8	24	25	25
7	4 Wohnungen	4 x 8	32	25	25
8	5 Wohnungen	5 x 8	40	25	25
9	6 Wohnungen	6 x 8	48	25	25
10	6 Wohnungen 1 Gartenleitung	6 x 8 5	53	32	32

Berechnungen nach DIN 1988-300: 2012-05

Grundlegende Verfahrensschritte

G1.	Berechnungsdurchflüsse $\dot{V}_R$ der Entnahmearmaturen ermitteln (S. 190).
G2.	Summendurchflüsse ermitteln und den Teilstrecken zuordnen (S. 190).
G3.	Spitzendurchfluss aus dem Summendurchfluss ermitteln (S. 191).
G4.	Verfügbare Druckdifferenz für Rohrreibung und Einzelwiderstände ermitteln (S. 192).
G5.	Rohrdurchmesser für den ungünstigsten Fließwerg wählen (S. 193).
G6.	Neue verfügbare Druckgefälle und dann die Rohrdurchmeser für den nächsten ungünstigen Strömungsweg wählen (S. 194).
G7.	G6 wiederholen bis alle Teilstecken bemessen sind.

Grundsätzlich sind für die Bemessung der Rohrdurchmesser die Angaben der Hersteller über die Berechnungsdurchflüsse und die Mindestfließdrücke (die für die Ermittlung der verfügbaren Druckgefälle für die Rohrreibung R_v benötigt werden) der Entnahmearmaturen zu berücksichtigen. Die in der nachfolgenden Tabelle angegebenen Referenzwerte dürfen nur unter den dort genannten Voraussetzungen verwendet werden.

Wird unmittelbar vor der Entnahmearmatur ein Einzeltrinkwassererwärmer installiert, ist dessen Druckverlust als Apparatedruckverlust zu erfassen. Bei Speichern (Einzeltrinkwassererwärmer) darf er vernachlässigt werden, bei Durchflusstrinkwassererwärmern (Einzeltrinkwassererwärmer) sind die Druckverluste nach den Angaben des Herstellers zu berücksichtigen.

TW

Berechnung nach DIN 1988-300: 2012-05 (Fortsetzung)

G1. Berechnungsdurchflüsse $\dot{V}_R$ in l/s

Art der Entnahmestelle		DN	Mindestfließdruck $P_{min\,Fl}$ MPa	Berechnungdurchfluss $\dot{V}_R$ in l/s
Auslaufventile	ohne Strahlregler[1]	15	0,05	0,30
		20	0,05	0,50
		25	0,05	0,30
	mit Strahlregler	10	0,10	0.05
		15	0,10	0,15
Mischarmaturen[2) 3)]	für Duschwanne	15	0,10	0,15
	Badewanne	15	0,10	0,15
	Küchenspüle	15	0,10	0,07
	Waschbecken	15	0,10	0,07
	Sitzwaschbecken	15	0,10	0,07
Maschine für Haushalte	Waschmaschine (DIN EN 60456)	15	0,05	0,15
	Geschirrspülmaschine (nach DIN EN 50242)	15	0,05	0,07
WC-Becken und Urinale	Füllventil für Spülkasten (DIN EN 14124)	15	0,05	0,13
	Druckspüler (manuell) für Urinal (DIN EN 12451)	15	0,10	0,30
	Druckspüler (elektronisch) für Urinal (DIN EN 15091)	15	0,10	0,30
	Druckspüler für WC	20	0,12	1,00

Wichtige Hinweise: Die Hersteller müssen den Mindestfließdruck und die Berechnungsdurchflüsse auf der Kalt- und auf der Warmwasserseite (bei Mischarmaturen) angeben. Grundsätzlich sind für die Bemessung der Rohrdurchmesser die Angaben der Hersteller zu berücksichtigen, die zum Teil erheblich von den in dieser Tabelle angegebenen Werten abweichen können. Dabei ist wie folgt vorzugehen: Liegen die Herstellerangaben für den Mindestfließdruck und den Berechnungsdurchfluss unter den in der Tabelle genannten Werten gibt es zwei Optionen:

- Ist die Trinkwasser-Installation aus hygienischen und wirtschaftlichen Gründen für die geringeren Werte zu bemessen, muss dieses Vorgehen mit dem Bauherrn vereinbart und die Auslegungsvoraussetzungen für die Entnahmestellen (Mindestfließdruck, Berechnungsdurchfluss) in die Bemessung aufgenommen werden.
- Wird die Trinkwasser-Installation nicht für die geringeren Werte bemessen, sind die Tabellenwerte zu berücksichtigen.

Liegen die Herstellerangaben **über** den in der Tabelle genannten Werten, **muss** die Trinkwasser-Installation mit den Herstellerwerten bemessen werden.

1) Ohne angeschlossene Apparate (z. B. Rasensprenger)
2) Der angegebene Berechnungsdurchfluss ist für den kalt- und warmwasserseitigen Anschluss in Rechnung zu stellen.
3) Eckventile für z. B. Waschtischarmaturen und S-Anschlüsse für z. B. Dusch- und Badewannenarmaturen sind als Einzelwiderstände oder im Mindestfließdruck der Entnahmearmatur zu berücksichtigen.

G2. Zuordnen der Summendurchflüsse $\Sigma\dot{V}_R$ zu den Teilstrecken (Beispiel)

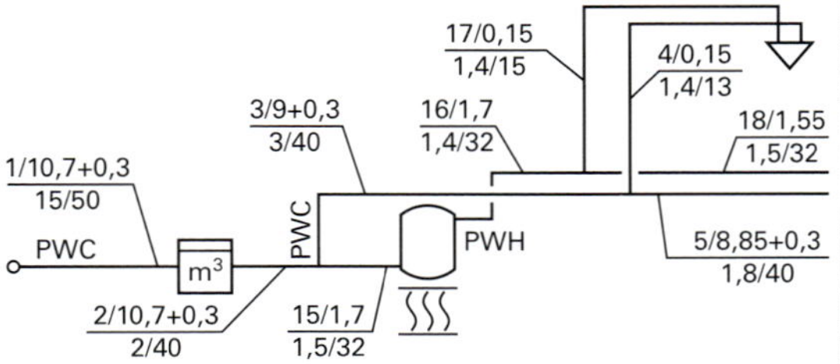

Entgegen der Fließrichtung werden die Berechnungsdurchflüsse addiert und die so erhaltenen Summendurchflüsse den Leitungsabschnitten zugeordnet.

An der Abzweigstelle der Kaltwasserleitung zum Trinkwassererwärmer addieren sich die Summendurchflüsse der Kalt- und Warmwasserseite.

Die Nummerierung der Teilstrecken ist freigestellt.

Ablesebeispiel:

$$\frac{5/8{,}85 + 0{,}3}{1{,}8/40} = \frac{\text{Nr. der Teilstrecke/Summendurchfluss } \Sigma\dot{V}_R \text{ in } l/s + \text{Dauerdurchfluss in } l/s}{\text{Länge der Teilstrecke in m/Nennweite DN oder Rohrinnendurchmesser in mm}}$$

TW

Berechnung nach DIN 1988-300: 2012-05 (Fortsetzung)

G2. (Fortsetzung)

Bei der Berechnung von Leitungsanlagen sind grundsätzlich alle Entnahmestellen mit ihren Berechnungsdurchflüssen einzusetzen. Hiervon ausgenommen ist der Fall, wenn eine Nutzungseinheit (NE) ein zweites Waschbecken, eine Duschwanne zusätzlich zur Badewanne, ein Sitzwaschbecken ein Urinal oder Zapfventile in Vorräumen von Toilettenanlagen vorhanden ist. Sie werden im Summendurchfluss nicht berücksichtigt.

G3. Spitzendurchfluss $\dot{V}_S$ in *l*/s

Da im allgemeinen nicht damit zu rechnen ist, dass sämtliche angeschlossene Entnahmestellen gleichzeitig voll geöffnet sind gilt folgende Gleichung:

$$\dot{V}_S = a \cdot (\Sigma \dot{V}_R)^b - c \qquad \text{für } 0{,}2 \le \Sigma \dot{V}_R \le 500 \; l/s$$

Gebäudetyp / Konstante	a	b	c
Wohngebäude	1,48	0,19	0,94
Bettenhaus im Krankenhaus	0,75	0,44	0,18
Hotel	0,70	0,48	0,13
Schule	0,91	0,31	0,38
Verwaltungsgebäude	0,91	0,31	0,38
Einrichtung für Betreutes Wohnen, Seniorenheim	1,48	0,19	0,94
Pflegeheim	1,40	0,14	0,92

Hierzu bestehen die nachstehenden Ausnahmen:

Nutzungseinheiten (NE)	Erfahrungsgemäß sind in Fließrichtung zum Ende der Strangleitung hin und in der Stockwerksverteilung von Nes die Durchflüsse nach obiger Gleichung zu hoch, weil nicht mehr als zwei Entnahmestellen zugleich z. B. in einem Bad geöffnet sind. Deshalb wird der Spitzendurchfluss in jeder Teilstrecke eine NE maximal dem Summendurchfluss der beiden größten an der Teilstrecke installierten Entnahmestellen gesetzt (gilt auch für die Fälle in einer NE, bei denen sich nach obiger Gleichung ein kleinerer Durchfluss ergibt). Wird an eine Teilstrecke (z. B. in der Steigleitung) eine zweite NE angeschlossen, addieren sich die Spitzendurchflüsse der beiden Nes, sofern der sich damit ergebende Spitzendurchfluss kleiner als der nach obiger Gleichung berechnete. Andernfalls ist der Spitzendurchfluss nach obiger Gleichung zu bestimmen.
Dauerverbraucher	Der Durchfluss bei Dauerverbrauch wird zum Spitzendurchfluss der anderen Entnahmestellen addiert. Als Dauerverbrauch werden Wasserentnahmen mit einer Dauer von mehr als 15 min angesehen, z. B. Gartensprengventil.
Reihenanlagen	Grundlage für die Berechnung ist der Summendurchfluss. Mit dem Betreiber ist die Gleichzeitigkeit der Wasserentnahme festzulegen. Die Spitzendurchflüsse der Reihenanlage und andere Teilbereiche im Gebäude sind zu addieren, wenn sie gleichzeitig auftreten können.
Sonderbauten, Gewerbe- und Indutrieanlagen	Für Sonderbauten (d. h. andere als in obeiger Tabelle genannten Gebäudetypen) und Trinkwasser-Installationen in Gewerbe- und Industrieanlagen sind besondere Betrachtungen über die Gleichzeitigkeit der Wasserentnahme anzustellen. In Industrie-, Landwirtschafts-, Gärtnerei-, Schlachthof-, Molkerei-, Wäschereibetrieben, Großküchen, öffentlichen Bädern usw. muss der Spitzendurchfluss in Absprache mit dem Betreiber der Anlage aus dem Summendurchfluss ermittelt werden. Dies gilt auch für Teilbereiche von Trinkwasser-Installationen, z. B. Gewerbebetriebe in Wohnhäusern. Die Spitzendurchflüsse der Teilbereiche der Trinkwasser-Installation sind zu addieren, wenn sie zeitlich zusammenfallen.

Berechnung nach DIN 1988-300: 2012-05 (Fortsetzung)

G4. Verfügbare Druckdifferenz für Rohrreibung und Einzelwiderstände

Nr.	Benennung	Zeichen	Einheit	Hinweise
1	Mindestversorgungsdruck	p_{minV}	mbar	Versorgungsdruck oder Druck nach dem Druckminderer
2	Druckverlust aus geodätischem Höhenunterschied	Δp_{geo}	mbar	1 mWs ≈ 100 mbar = 100 hPa
3	Druckverlust in Apparaten (Beispiele)			
	Wasserzähler	Δp_{WZ}	mbar	(S. 157)
	Filter	Δp_{FIL}	mbar	(S. 154)
	Enthärtungsanlage	Δp_{EH}	mbar	(S. 155)
	Dosieranlage	Δp_{DOS}	mbar	(S. 155)
	Gruppen-Trinkwassererwärmer	Δp_{TE}	mbar	(S. 203)
4	Mindestfließdruck	p_{minFL}	mbar	an der hydraulisch ungünstigsten, meist höchstgelegenen Entnahmestelle
5	Druckverlust der Stockwerks- und Einzelzuleitungen	Δp_{St}	mbar	(S. 191)
6	Summe der Druckverluste aus Nr. 2 bis Nr. 5	$\Sigma \Delta p$	mbar	
7	Verfügbar für Druckverlust aus Rohrreibung und Einzelwiderständen, Wert aus Nr. 1 minus Wert aus Nr. 6	Δp_{verf}	mbar	$\Delta p_{verf} = p_{minV} - \Sigma \Delta p$ (Zeile 1 – Zeile 6)
G5.	**Verfügbares Rohrreibungsdruckgefälle ermitteln**			
8	Geschätzter Anteil für Einzelwiderstände bei … %	Δp_{zverf}	mbar	Erfahrungswerte für Wohngebäude: 40…60 % von der für Rohrreibung und Einzelwiderstände verfügbaren Druckdifferenz Δp_{verf}
9	Verfügbar für Druckverlust aus Rohrreibung	Δp_{Rverf}	mbar	$\Delta p_{Rverf} = \Delta p_{verf} - \Delta p_{z\,verf}$ (Zeile 7 – Zeile 8)
10	Leitungslänge	l_{ges}	m	Länge von der Messstelle p_{minV} bis zur hydraulisch ungünstigsten Entnahmestelle
11	Verfügbares Rohrreibungsdruckgefälle	R_{verf}	mbar/m	

G6. Rohrdurchmesser wählen und Rohrreibungsdruckgefälle sowie zugehörige rechnerische Fließgeschwindigkeit ermitteln

Mit dem nach Zeile 11 (G5) bestimmten verfügbaren Rohrreibunsdruckgefälle können mithilfe der Tabellen (S. 193 bis S. 197) die funktionsgerechten Rohrdurchmesser bestimmt werden. Es sind Rohrdurchmesser auszuwählen, die dem verfügbaren Rohrreibungsdruckgefälle möglichst nahe kommen.

Bei der Auswahl der Rohrdurchmesser ist zu überprüfen, ob die maximale rechnerische Geschwindigkeit bei den zugeordneten Spitzendurchflüssen nicht überschritten wird (siehe Tabelle unten).

Leitungsabschnitt		Max. rechnerische Geschwindigkeit in m/s bei einer Fließdauer ≤ 15 min	> 15 min
Anschlussleitungen		2	2
Verbrauchsleitungen	Verbrauchsleitungen mit druckverlust armen Durchgangsarmaturen ($\zeta \leq 2{,}5$)[1]	5	2
	Verbrauchsleitungen mit Durchgangsarmaturen mit höherem Verlustbeiwert ($\zeta > 2{,}5$)[2]	2,5	2

[1] z. B. Kolbenschieber nach DIN 3500, Kugelhahn, Schrägsitzventil nach DIN 3502 (ab DN20)
[2] z. B. Geradsitzventil nach DIN 3512

Berechnung nach DIN 1988-300: 2012-05 (Fortsetzung)

Richtwerte für Druckverluste in Stockwerksleitungen und Einzelzuleitungen (aus Stahl, nicht rostendem Stahl, Kupfer, PVC)

Stockwerksleitung			Einzelzuleitung				Druckverlust Δp_{St}[1] in Klammern: abzugsfähige Druckdifferenz je m Leitungslänge $l_{St} + l_{EZ} < 10$ m								
Längster Fließweg $l_{St} = 7$ m			Längster Fließweg $l_{EZ} = 3$ m				Zentrale Trinkwassererwärmung						Gruppentrinkwassererwärmung		
							PWC			PWH			PWC und PWH		
			Entnahmearmatur mit $\dot{V}_R < 0{,}5$ l/s		Entnahmearmatur mit $\dot{V}_R \geq 0{,}5$ l/s		Kolbenschieber	Schrägsitzventil	Geradsitzventil	Kolbenschieber	Schrägsitzventil	Geradsitzventil	Kolbenschieber	Schrägsitzventil	Geradsitzventil
$\dot{V}_R$ l/s	DN	d_i mm	DN	d_i mm	DN	d_i mm	mbar (mbar/m)	mbar (mbar/m)	mbar (mbar/m)	mbar (mbar/m)	mbar (mbar/m)	mbar (mbar/m)	mbar (mbar/m)	mbar (mbar/m)	mbar (mbar/m)
< 0,5	12	13	15	13	–	–	1100 (90)	–	–	400 (30)	450 (30)	550 (30)	1200 (80)	–	–
			10	10	–	–	1500 (90)	–	–	500 (30)	550 (30)	650 (30)	1600 (80)	–	–
	15	16	15	13	–	–	600 (40)	700 (40)	850 (40)	200 (15)	250 (15)	300 (15)	700 (30)	–	–
			10	10	–	–	950 (40)	1000 (40)	1200 (40)	350 (15)	400 (15)	450 (15)	1000 (30)	–	–
	20	20	15	13	–	–	300 (20)	350 (20)	400 (20)	100 (5)	150 (5)	200 (5)	350 (15)	400 (15)	450 (15)
			10	10	–	–	600 (20)	650 (20)	700 (20)	200 (5)	250 (5)	300 (5)	700 (15)	750 (15)	850 (15)
≥ 0,5	20	20	15	13	20	20	1100 (80)	1200 (80)	–	–	–	–	1200 (80)	1300 (80)	–
			10	10	20	20	1300 (80)	1400 (80)	–	–	–	–	1400 (80)	1500 (80)	–
	25[2]	25[2]	15	13	25	25	400 (20)	450 (20)	600 (20)	–	–	–	450 (20)	500 (20)	650 (20)
			10	10	25	25	750 (20)	800 (20)	950 (20)	–	–	–	800 (20)	850 (20)	950 (20)

Erläuterung des längsten Fließweges

bei zentraler Trinkwassererwärmung

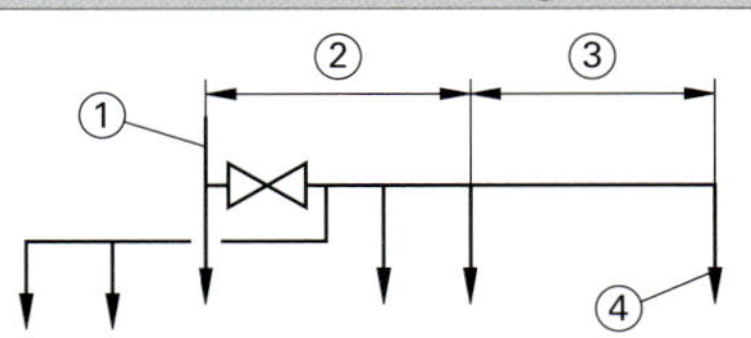

1 Steigleitung PWC oder PWH
2 Stockwerksleitung
3 Einzelzuleitung
4 von der Steigleitung entfernteste Entnahmearmatur

bei Gruppentrinkwassererwärmung

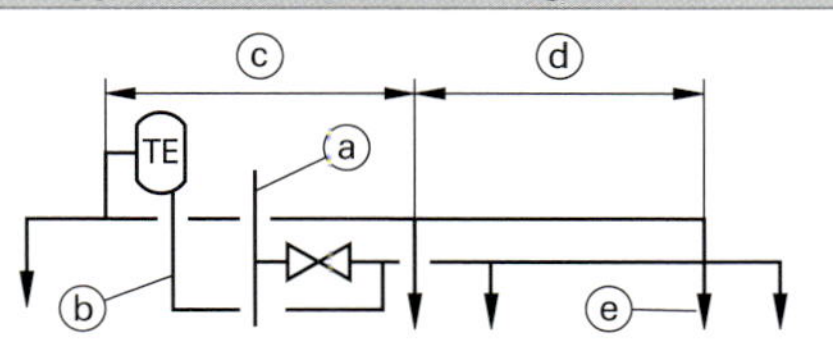

a Steigleitung PWC
b, c Stockwerksleitung PWC und PWH
d Einzelzuleitung
e von der Steigleitung entfernteste Entnahmearmatur

[1] Der Mindestfließdruck, Druckverluste in Trinkwassererwärmern und Wohnungswasserzählern sind in den Werten nicht enthalten.

[2] Teilstrecken bis zum Anschluss von Entnahmearmaturen mit $\dot{V}_R \geq 20$ l/s. Daran anschließende Teilstrecke DN 20 oder $d_i = 20$ mm.

Berechnung nach DIN 1988-300: 2012-05 (Fortsetzung)

Richtwerte für Druckverluste in Stockwerks-Verteilern einschließlich Stockwerks-Absperrarmaturen bei Berechnungsdurchfluss der größten Entnahmearmatur $\dot{V}_R$ < 0,5 l/s

		Druckverlust								
		Zentrale Trinkwassererwärmung						Gruppentrinkwassererwärmung PWC und PWH		
		PWC			PWH					
Absperrarmatur	Waschmaschine	Kolbenschieber	Schrägsitzventil	Geradsitzventil	Kolbenschieber	Schrägsitzventil	Geradsitzventil	Kolbenschieber	Schrägsitzventil	Geradsitzventil
DN		mbar	mbar	mbar	mbar	mbar	mbar	mbar	mbar	mbar
20	mit	160	180	250	110	120	170	210	240	350
	ohne	60	80	120	40	50	70	90	110	170
25	mit	150	160	180	100	110	120	200	210	250
	ohne	60	70	80	30	40	50	90	100	120

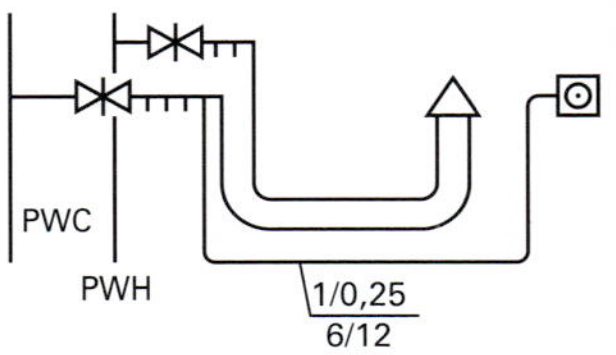

Ablesebeispiel

Vorgaben: Trinkwasserleitung kalt bei zentraler Trinkwassererwärmung, Waschmaschine an Trinkwasserleitung kalt, Geradsitzventil DN 20, Berechnungsdurchfluss der Entnahmearmatur mit der hydraulisch ungünstigsten Einzelzuleitung $\dot{V}_R$ = 0,25 l/s, Rohrart PE-X-Rohr DN12, l_{EZ} = 6 m

Ergebnis: Δp_{St} = 250 mbar + 524 mbar = 774 mbar ≈ 780 mbar

Richtwerte für Druckverluste in Einzelzuleitungen aus PE-X-Rohren der Nennweite DN 12, einschließlich Richtungsänderungen und Anschlussfittings

$\dot{V}_R$ 1)	v 2)	Länge l_{EZ} der Einzelzuleitung in m										
		1	2	3	4	5	6	7	8	9	10	11
l/s	m/s	Druckverlust ($l_{EZ} \cdot R + Z$) der Einzelzuleitung in mbar										
0,07	0,7	17	24	31	38	45	52	57	66	72	79	86
0,10	0,9	32	45	57	70	83	96	109	121	134	147	160
0,13	1,2	54	74	94	114	134	154	174	194	214	234	254
0,15	1,4	72	98	124	150	177	203	229	255	281	307	333
0,20	1,9	129	172	216	259	303	346	390	433	477	520	564
0,22	2,1	156	208	259	311	363	415	467	518	570	622	674
0,25	2,4	200	265	329	394	459	524	589	653	718	783	848
0,30	2,8	274	364	454	544	634	723	813	903	993	1083	1173
0,40	3,8	490	642	793	944	1096	1247	1398	1549	1700	1852	2003
0,50	4,7	746	973	1200	1428	1655	1882					

1) Durchfluss in den Einzelzuleitungen ≙ $\dot{V}_s$ 2) Rechnerische Fließgeschwindigkeit in den Einzelzuleitungen

Zirkulationsleitungsberechnung nach DVGW W551/W553 (S. 255)

Grundlegende Verfahrensschritte

Z1. Berechnung der Wärmeverluste der Warmwasseranlage

Z2. Ermittlung der Volumenströme/Dimensionierung

Z3. Hydraulischer Abgleich des Rohrnetzes

Randbedingungen:

- Mindestdimension der Zirkulationsleitung beträgt 10 mm.
- Maximal zulässige Strömungsgeschwindigkeit ist 1 m/s.
- Maximal zulässige Temperaturdifferenz zwischen Speicherein- und -austritt beträgt 5 Kelvin, damit zur Vermeidung von Legionellenbildung ein ausreichend hohes Temperaturniveau gewährleistet wird.

Druckverluste in Rohrleitungen

Rohre aus unlegiertem Stahl (Gewinderohre):
Rohrreibungsdruckgefälle *R* und rechnerische Fließgeschwindigkeit *v* DIN EN 10255: 2007-07

	DN 10		DN 15		DN 20		DN 25		DN 32		DN 40		DN 50		DN 65		DN 80	
d_i in mm	12,5		16,0		21,6		27,2		35,9		41,8		53,0		68,8		80,8	
$\dot{V}_S$ in l/s	*R* mbar/m	*v* m/s	*R* mbar/m	*v* m/s	*R* mbar/m	*v* m/s	*R* mbar/m	*v* m/s	*R* mbar/m	*v* m/s	*R* mbar/m	*v* m/s	*R* mbar/m	*v* m/s	*R* mbar/m	*v* m/s	*R* mbar/m	*v* m/s
0,05	3,4	0,4	1,8	0,3	0,4	0,2												
0,10	12,3	0,8	3,5	0,5	0,8	0,3	0,9	0,3	0,2	0,2	0,1	0,1						
0,15	26,6	1,2	7,5	0,7	1,6	0,4												
0,20	46,2	1,6	12,9	1,0	2,8	0,5	0,9	0,3	0,2	0,2	0,1	0,1						
0,30	101,6	2,4	28,0	1,5	6,0	0,8	1,9	0,5	0,5	0,3	0,2	0,2						
0,40	178,3	3,3	43,8	2,0	10,3	1,1	3,2	0,7	0,8	0,4	0,4	0,3						
0,50	276,5	4,1	75,4	2,5	15,8	1,4	4,8	0,9	1,2	0,5	0,6	0,4	0,2	0,2	0,0	0,1	0,0	0,1
0,60	396,1	4,9	107,7	3,0	22,5	1,6	6,8	1,0	1,7	0,6	0,8	0,4						
0,70			145,7	3,5	30,3	1,9	9,2	1,2	2,2	0,7	1,0	0,5						
0,80			189,5	4,0	39,3	2,2	11,9	1,4	2,9	0,8	1,3	0,6						
0,90			239,0	4,5	49,4	2,5	14,9	1,5	3,6	0,9	1,7	0,7						
1,00			294,2	5,0	60,7	2,7	18,3	1,7	4,4	1,0	2,0	0,7	0,6	0,5	0,2	0,3	0,1	0,2
1,20					86,6	3,3	26,0	2,1	6,2	1,2	2,9	0,9						
1,40					117,5	3,8	35,2	2,4	8,3	1,4	3,8	1,0						
1,50					134,6	4,1	40,2	2,6	9,5	1,5	4,4	1,1	1,3	0,7	0,4	0,4	0,2	0,3
1,60					152,8	4,4	45,6	2,8	10,8	1,6	4,9	1,2						
1,80					192,8	4,9	57,5	3,1	13,6	1,8	6,2	1,3						
2,00					237,4	5,5	70,7	3,4	16,7	2,0	7,6	1,5	2,3	0,9	0,6	0,5	0,3	0,4
2,20	DN 100		DN 125		DN 150		85,3	3,8	20,0	2,2	9,1	1,6						
2,50	d_i = 105,3 mm		d_i = 130,0 mm		d_i = 155,4 mm		109,0	4,3	25,7	2,5	11,7	1,8	3,4	1,1	0,9	0,7	0,4	0,5
2,70							127,7	4,6	29,9	2,7	13,6	2,0						
3,00	0,2	0,3	0,1	0,2	0,0	0,2	157,2	5,2	36,7	3,0	16,7	2,2	4,9	1,4	1,3	0,8	0,6	0,6
3,20									41,7	3,2	18,9	2,3						
3,50									49,7	3,5	22,5	2,6	6,6	1,6	1,7	0,9	0,8	0,7
3,70									55,5	3,7	25,1	2,7						
4,00	0,3	0,5	0,1	0,3	0,0	0,2			64,7	4,0	29,2	2,9	8,5	1,8	2,2	1,1	1,0	0,8
5,00	0,4	0,6	0,1	0,4	0,1	0,3			100,4	4,9	45,3	3,6	13,2	2,3	3,4	1,3	1,5	1,0
6,00	0,6	0,7	0,2	0,5	0,1	0,3					64,8	4,4	18,8	2,7	4,9	1,6	2,1	1,2
7,00	0,7	0,8	0,3	0,5	0,1	0,4					87,9	5,1	25,4	3,2	6,6	1,9	2,9	1,4
8,00	1,0	0,9	0,3	0,6	0,1	0,4							33,1	3,6	8,5	2,2	3,7	1,6
9,00	1,2	1,0	0,4	0,7	0,2	0,5							41,7	4,1	10,7	2,4	4,7	1,8
10,00	1,5	1,1	0,5	0,8	0,2	0,5							51,3	4,5	13,2	2,7	5,8	2,0
12,00	2,1	1,4	0,7	0,9	0,3	0,6			DN 125		DN 150				18,9	3,2	8,2	2,3
13,00	2,5	1,5	0,8	1,0	0,3	0,7		$\dot{V}_S$ in l/s	d_i = 130,0 mm		d_i = 155,4 mm				22,1	3,5	9,0	2,5
14,00	2,8	1,6	1,0	1,1	0,4	0,7									25,5	3,8	11,1	2,7
15,00	3,2	1,7	1,1	1,1	0,4	0,8		55	13,8	4,1	5,5	2,9			29,3	4,0	12,7	2,9
17,00	4,1	2,0	1,4	1,3	0,6	0,9		60	16,4	4,5	6,5	3,2			37,5	4,6	16,2	3,3
20,00	5,7	2,3	1,9	1,5	0,8	1,1		65	19,3	4,9	7,6	3,4					22,3	3,9
30,00	12,5	3,4	4,2	2,3	1,7	1,6		80			11,5	4,2						
40,00	22,1	4,6	7,4	3,0	3,0	2,1		90			14,5	4,7						
50,00			11,5	3,8	4,6	2,6		95			16,1	5,0						

TW

Druckverluste in Rohrleitungen (Fortsetzung)

Rohre aus nichtrostenden Stählen:
Rohrreibungsdruckgefälle *R* und rechnerische Fließgeschwindigkeit *v*

DVGW – Arbeitsblatt W541: 2004-10
DIN EN 10088: 2005-09

	DN 10		DN 12		DN 15		DN 20		DN 25		DN 32		DN 40		DN 50	
d_i in mm	10,0		13,0		16,0		20,0		25,0		32,0		39,0		50,0	
$\dot{V}_S$ in l/s	*R* mbar/m	*v* m/s	*R* mbar/m	*v* m/s	*R* mbar/m	*v* m/s	*R* mbar/m	*v* m/s	*R* mbar/m	*v* m/s	*R* mbar/m	*v* m/s	*R* mbar/m	*v* m/s	*R* mbar/m	*v* m/s
0,1	25,4	1,3	7,3	0,8	2,7	0,5	1,0	0,3	0,3	0,2						
0,2	85,5	2,5	24,5	1,5	9,1	1,0	3,3	0,6	1,1	0,4	0,3	0,2	0,1	0,2	0,0	0,1
0,3	175,2	3,8	49,9	2,3	18,5	1,5	6,5	1,0	2,1	0,6						
0,4	292,5	5,1	83,1	3,0	30,8	2,0	10,8	1,3	3,6	0,8	1,1	0,5	0,4	0,3	0,1	0,2
0,5			123,6	3,8	45,7	2,5	16,0	1,6	5,3	1,0						
0,6			171,1	4,5	63,2	3,0	22,2	1,9	7,3	1,2	2,3	0,7	0,9	0,5	0,4	0,3
0,7			225,5	5,3	83,2	3,5	29,1	2,2	9,5	1,4						
0,8					105,6	4,0	37,0	2,5	12,0	1,6	3,8	1,0	1,5	0,7	0,5	0,4
0,9					130,3	4,5	456	2,9	14,8	1,8						
1,0					157,4	5,0	55,1	32	17,9	2,0	5,7	1,2	2,2	0,8	0,7	0,5
1,1							65,3	3,5	21,2	2,2						
1,2							76,3	3,8	24,8	2,4	7,8	1,5	3,1	1,0	0,9	0,6
1,3							88,1	4,1	28,6	2,6						
1,4							100,6	4,5	32,7	2,9	10,3	1,7	4,0	1,2	1,2	0,7
1,5							113,9	4,8	37,0	3,1						
1,6							127,9	5,1	41,5	3,3	13,1	2,0	5,1	1,3	1,6	0,8
1,7									46,3	3,5						
1,8									51,2	3,7	16,2	2,2	6,3	1,5	1,9	0,9
1,9									56,5	3,9						
2,0									62,0	4,1	19,5	2,5	7,6	1,7	2,3	1,0
2,1									67,6	4,3						
2,2									73,5	4,5	23,1	2,7	9,0	1,8	2,6	1,1
2,3									79,6	4,7						
2,4									86,0	4,9	27,0	3,0	10,5	2,0	3,1	1,2
2,5									92,5	5,1						
2,6											31,2	3,2	12,1	2,2	3,6	1,3
2,8											35,7	3,5	13,8	2,3	4,1	1,4
3,0											40,4	3,7	15,6	2,5	4,6	1,5
3,2											45,3	4,0	17,5	2,7	5,2	1,6
3,4											50,6	4,2	19,5	2,8	5,8	1,7
3,6											56,1	4,5	21,6	3,0	6,5	1,8
3,8											61,8	4,7	23,8	3,2	7,1	1,9
4,0											67,8	5,0	26,2	3,3	7,7	2,0
4,2											74,1	5,2	28,6	3,5	8,4	2,1
4,4													31,0	3,7	9,2	2,2
4,6													33,6	3,9	10,0	2,3
5,0													39,1	4,2	11,6	2,5
6,0													54,4	5,0	16,1	3,1
7,0															21,3	3,6
8,0															27,0	4,1
9,0															33,5	4,6
10,0															40,6	5,1

Druckverluste in Rohrleitungen (Fortsetzung)

Kupferrohr: Rohrreibungsdruckgefälle *R* und rechnerische Fließgeschwindigkeit *v* DIN EN 1057: 2010-06

DN	10		12		15		20		25		32		40		50		–	
d_i in mm	10,0		13,0		16,0		20,0		25,0		32,0		39,0		50,0		60,0	
$\dot{V}_S$ in l/s	*R* mbar/m	*v* m/s	*R* mbar/m	*v* m/s	*R* mbar/m	*v* m/s	*R* mbar/m	*v* m/s	*R* mbar/m	*v* m/s	*R* mbar/m	*v* m/s	*R* mbar/m	*v* m/s	*R* mbar/m	*v* m/s	*R* mbar/m	*v* m/s
0,05	7,7	0,64	2,2	0,38	0,8	0,25	0,3	0,16	0,1	0,10								
0,07	13,7	0,89	4,0	0,53	1,5	0,35	0,5	0,22	0,2	0,14								
0,10	25,4	1,3	7,3	0,8	2,7	0,5	1,0	0,3	0,3	0,2								
0,20	85,5	2,5	24,5	1,5	9,1	1,0	3,2	0,6	1,1	0,4	0,3	0,2	0,1	0,2	0,0	0,1	0,0	0,1
0,30	175,2	3,8	49,9	2,3	18,5	1,5	6,4	1,0	2,2	0,6								
0,40	292,5	5,1	83,1	3,0	30,8	2,0	10,6	1,3	3,7	0,8	1,1	0,5	0,4	0,3	0,1	0,2	0,1	0,1
0,50			123,0	3,8	45,7	2,5	15,7	1,6	5,4	1,0								
0,60			171,0	4,5	63,2	3,0	21,7	1,9	7,5	1,2	2,3	0,7	0,9	0,5	0,3	0,3	0,1	0,2
0,70			225,0	5,3	83,2	3,5	28,5	2,2	9,8	1,4								
0,80					105,6	4,0	36,2	2,5	12,4	1,6	3,8	1,0	1,5	0,7	0,5	0,4	0,2	0,3
0,90					130,3	4,5	44,6	2,9	15,3	1,8								
1,00					157,4	5,0	53,9	3,2	18,5	2,0	5,7	1,2	2,2	0,8	0,7	0,5	0,3	0,4
1,20							74,7	3,8	25,6	2,4	7,8	1,5	3,1	1,0	0,9	0,6	0,4	0,4
1,40							98,4	4,5	33,7	2,9	10,3	1,7	4,0	1,2	1,2	0,7	0,5	0,5
1,60							125,0	5,1	42,8	3,3	13,1	2,0	5,1	1,3	1,6	0,8	0,6	0,6
1,80									52,8	3,7	16,2	2,2	6,3	1,5	1,9	0,9	0,8	0,6
2,00									63,9	4,1	19,5	2,5	7,6	1,7	2,3	1,0	1,0	0,7
2,20									75,8	4,5	23,1	2,7	9,0	1,8	2,7	1,1	1,1	0,8
2,40									88,7	4,9	27,0	3,0	10,5	2,0	3,2	1,2	1,3	0,8
2,60	DN 65		DN 80		DN100		DN 125		DN 150		31,2	3,2	12,1	2,2	3,7	1,3	1,5	0,9
2,80	d_i = 72,1 mm		d_i = 84,9 mm		d_i = 103 mm		d_i = 127 mm		d_i = 153 mm		35,7	3,5	13,8	2,3	4,2	1,4	1,8	1,0
3,00											40,4	3,7	15,6	2,5	4,7	1,5	2,0	1,1
3,20											45,3	4,0	17,5	2,7	5,3	1,6	2,2	1,1
3,40											50,6	4,2	19,5	2,8	5,9	1,7	2,5	1,2
3,60											56,1	4,5	21,6	3,0	6,6	1,8	2,7	1,3
3,80											61,8	4,7	23,8	3,2	7,2	1,9	3,0	1,3
4,00	1,4	1,0	0,6	0,7	0,2	0,5	0,1	0,3	0,0	0,2	67,8	5,0	26,2	3,3	7,9	2,0	3,3	1,4
5,00	2,0	1,2	0,9	0,9	0,4	0,6	0,1	0,4	0,1	0,3			39,1	4,2	11,8	2,5	4,9	1,8
6,00	2,8	1,5	1,3	1,1	0,5	0,7	0,2	0,5	0,1	0,3			54,4	5,0	16,4	3,1	6,8	2,1
7,00	3,7	1,7	1,7	1,2	0,7	0,8	0,2	0,6	0,1	0,4					21,7	3,6	9,0	2,5
8,00	4,7	2,0	2,2	1,4	0,9	1,0	0,3	0,6	0,1	0,4					27,6	4,1	11,5	2,8
9,00	5,9	2,2	2,7	1,6	1,1	1,1	0,4	0,7	0,2	0,5					34,2	4,6	14,2	3,2
10,00	7,1	2,4	3,2	1,8	1,3	1,2	0,5	0,8	0,2	0,5					41,4	5,1	17,2	3,5
11,00	8,4	2,7	3,8	1,9	1,5	1,3	0,6	0,9	0,2	0,6							20,4	3,9
12,00	9,9	2,9	4,5	2,1	1,8	1,4	0,6	0,9	0,3	0,7							23,9	4,2
13,00	11,4	3,2	5,2	2,3	2,0	1,6	0,7	1,0	0,3	0,7							27,6	4,6
14,00	13,0	3,4	5,9	2,5	2,3	1,7	0,9	1,1	0,4	0,8							31,6	5,0
15,00	14,8	3,7	6,7	2,6	2,6	1,8	1,0	1,2	0,4	0,8								
20,00	24,9	4,9	11,3	3,5	4,5	2,4	1,6	1,6	0,7	1,1								
30,00					9,3	3,6	3,4	2,4	1,4	1,6								
40,00					15,7	4,8	5,7	3,2	2,3	2,2								
50,00							8,6	3,9	3,5	2,7								

Druckverluste in Rohrleitungen (Fortsetzung)

PVC-U Rohr:
Rohrreibungsdruckgefälle *R* und rechnerische Fließgeschwindigkeit *v* (PN16) DIN EN 1452: 2009-10

DN	10		15		20		25		32		40		50		65		80	
d_i in mm	13,6		17,0		21,2		27,2		34,0		42,6		53,6		63,8		76,6	
$\dot{V}_S$ in l/s	*R* mbar/m	*v* m/s	*R* mbar/m	*v* m/s	*R* mbar/m	*v* m/s	*R* mbar/m	*v* m/s	*R* mbar/m	*v* m/s	*R* mbar/m	*v* m/s	*R* mbar/m	*v* m/s	*R* mbar/m	*v* m/s	*R* mbar/m	*v* m/s
0,10	6,0	0,7	2,1	0,4	0,7	0,3	0,2	0,2	0,4	0,1	0,0	0,1						
0,20	20,2	1,4	7,0	0,9	2,4	0,6	0,7	0,3	0,3	0,2	0,1	0,1						
0,30	41,6	2,1	14,2	1,3	4,9	0,8	1,5	0,5	0,5	0,3	0,2	0,2						
0,40	69,8	2,8	23,7	1,8	8,2	1,1	2,5	0,7	0,9	0,4	0,3	0,3						
0,50	104,4	3,4	35,4	2,2	12,2	1,4	3,7	0,9	1,3	0,6	0,4	0,4	0,1	0,2	0,1	0,2	0,0	0,1
0,60	145,5	4,1	49,1	2,6	16,9	1,7	5,1	1,0	1,8	0,7	0,6	0,4						
0,70	192,8	4,8	64,9	3,1	22,3	2,0	6,7	1,2	2,3	0,8	0,8	0,5						
0,80			82,7	3,5	28,3	2,3	8,5	1,4	2,9	0,9	1,0	0,6						
0,90			102,5	4,0	35,0	2,5	10,5	1,5	3,6	1,0	1,2	0,6						
1,00			124,2	4,4	42,3	2,8	12,7	1,7	4,3	1,1	1,5	0,7	0,5	0,4	0,2	0,3	0,1	0,2
1,25					63,5	3,5	16,3	2,2	6,5	1,4	2,2	0,9	0,7	0,6	0,3	0,4	0,1	0,3
1,50					88,6	4,2	26,3	2,6	8,9	1,7	3,0	1,1	1,0	0,7	0,4	0,5	0,2	0,3
1,75					117,5	5,0	34,8	3,0	11,8	2,0	4,0	1,3	1,3	0,8	0,6	0,5	0,2	0,4
2,00							44,4	3,4	15,0	2,2	5,1	1,4	1,7	0,9	0,7	0,6	0,3	0,4
2,25	DN 100		DN 125		DN 150		55,1	3,9	18,6	2,5	6,3	1,6	2,1	1,0	0,9	0,7	0,4	0,5
2,50	d_i = 93,6 mm		d_i = 119,2 mm		d_i = 136,2 mm		66,7	4,3	22,5	2,8	7,5	1,8	2,5	1,1	1,1	0,8	0,4	0,5
2,75							79,6	4,7	26,8	3,1	9,0	2,0	3,0	1,2	1,3	0,9	0,5	0,6
3,00	0,2	0,4	0,1	0,3	0,0	0,2	93,3	5,2	31,4	3,3	10,5	2,1	3,5	1,3	1,5	0,9	0,6	0,7
3,25									36,3	3,6	12,2	2,3	4,0	1,4	1,7	1,0	0,7	0,7
3,50									41,6	3,9	13,9	2,5	4,6	1,6	2,0	1,1	0,8	0,8
3,75									47,2	4,2	15,7	2,7	5,2	1,7	2,2	1,2	0,9	0,8
4,00	0,4	0,6	0,1	0,4	0,1	0,3			53,1	4,4	17,7	2,8	5,8	1,8	2,5	1,3	1,0	0,9
4,25									59,8	4,7	19,8	3,0	6,5	1,9	2,8	1,3	1,2	0,9
4,50									66,0	5,0	21,9	3,2	7,2	2,0	3,1	1,4	1,3	1,0
4,75											24,2	3,4	7,9	2,1	3,4	1,5	1,4	1,0
5,00	0,6	0,7	0,2	0,4	0,1	0,3					26,6	3,5	8,7	2,2	3,7	1,6	1,6	1,1
5,50											31,6	3,9	10,3	2,4	4,4	1,7	1,8	1,2
6,00	0,8	0,9	0,3	0,5	0,1	0,4					37,1	4,2	12,1	2,7	5,2	1,9	2,2	1,3
6,50											43,0	4,6	14,0	2,9	6,0	2,0	2,5	1,4
7,00	1,1	1,0	0,3	0,6	0,2	0,5					49,3	4,9	16,1	3,1	6,9	2,2	2,8	1,5
7,50													18,2	3,3	7,8	2,3	3,2	1,6
8,00	1,4	1,2	0,4	0,7	0,2	0,5							20,5	3,5	8,8	2,5	3,6	1,7
8,50													22,9	3,8	9,8	2,7	4,0	1,8
9,00	1,7	1,3	0,5	0,8	0,3	0,6							25,5	4,0	10,9	2,8	4,5	2,0
0,00	2,1	1,5	0,6	0,9	0,3	0,7							30,9	4,4	13,2	3,1	5,4	2,2
11,00	2,4	1,6	0,8	1,0	0,4	0,8							36,9	4,9	15,7	3,4	6,5	2,4
15,00	4,3	2,2	1,3	1,3	0,7	1,0									27,8	4,7	11,4	3,3
20,00	7,3	2,9	2,2	1,8	1,2	1,4											19,3	4,3
30,00	15,3	4,4	4,7	2,7	2,5	2,1												
40,00			8,0	3,6	4,2	2,7												
50,00			12,1	4,5	6,3	3,4												

Druckverluste in Rohrleitungen (Fortsetzung)

PE-Xb/AL/PE-HD Verbundrohr (Herstellerangaben)
Rohrreibungsdruckgefälle *R* und rechnerische Fließgeschwindigkeit *v*

DN	12		15		20		25	
d_i in mm	11,5		15,5		20		26	
$\dot{V}_S$ in l/s	R mbar/m	v m/s	R mbar/m	v m/s	R mbar/m	v m/s	R mbar/m	v m/s
0,05	4,1	0,5	1,2	0,3	0,3	0,2	0,1	0,1
0,10	13,6	1,0	3,8	0,6	1,0	0,3	0,3	0,2
0,15	27,7	1,4	7,8	0,8	2,0	0,5	0,6	0,3
0,20	46,2	1,9	12,9	1,1	3,3	0,6	0,9	0,4
0,25	68,8	2,4	19,1	1,4	4,8	0,8	1,4	0,5
0,30	95,5	2,9	26,4	1,7	6,6	1,0	1,9	0,6
0,35	126,1	3,4	34,8	2,0	8,7	1,1	2,5	0,7
0,40	160,7	3,9	44,2	2,3	11,1	1,3	3,1	0,8
0,45	199,1	4,3	54,6	2,5	13,6	1,4	3,9	0,8
0,50	241,4	4,8	66,0	2,8	16,4	1,6	4,7	0,9
0,60			91,9	3,4	22,8	1,9	6,4	1,1
0,70			121,6	4,0	30,0	2,2	8,5	1,3
0,80			155,2	4,5	38,2	2,5	10,8	1,5
0,90	DN 32		DN 40		47,3	2,9	13,3	1,7
1,00	5,0	1,2	1,6	0,7	57,2	3,2	16,0	1,9
1,20	6,9	1,4	2,2	0,9	79,7	3,8	22,3	2,3
1,40	9,1	1,6	2,9	1,0	105,7	4,5	29,4	2,6
1,60	11,6	1,9	3,6	1,2	DN 50		37,5	3,0
1,80	14,4	2,1	4,5	1,3	1,4	0,8	46,5	3,4
2,00	17,4	2,3	5,4	1,4	1,6	0,9	56,3	3,8
2.20	20,6	2,6	6,4	1,6	1,9	1,0	65,9	4,1
2,40	24,2	2,8	7,5	1,7	2,3	1,1	77,3	4,5
2,60	28,0	3,0	8,7	1,9	2,6	1,1	89,5	4,9

DN	32		40		50	
d_i in mm	32		41		51	
$\dot{V}_S$ in l/s	R mbar/m	v m/s	R mbar/m	v m/s	R mbar/m	v m/s
2,80	32,0	3,3	9,9	2,0	3,0	1,2
3,00	36,3	3,5	11,2	2,2	3,3	1,3
3,20	40,8	3,7	12,6	2,3	3,7	1,4
3,40	45,6	4,0	14,1	2,5	4,2	1,5
3,60	50,7	4,2	15,6	2,6	4,6	1,6
3,80	56,0	4,4	17,3	2,7	5,1	1,7
4,00	61,5	4,7	19,0	2,9	5,5	1,8
4,20	67,3	4,9	20,7	3,0	6,0	1,8
4,40	73,3	5,1	22,6	3,2	6,5	1,9
4,60			24,5	3,3	7,1	2,0
4,80			26,4	3,5	7,6	2,1
5,00			28,5	3,6	8,2	2,2
5,20					8,7	2,3
5,40					9,3	2,4
5,60					10,0	2,5
5,80					10,6	2,5
6,00					11,2	2,6
6,20					11,9	2,7
6,40					12,6	2,8
6,60					13,3	2,9
6,80					14,0	3,0
7,00					14,7	3,1
8,00					18,6	3,5

D7. Druckverluste aus Einzelwiderständen Z über Verlustbeiwert $\zeta = 1$ 1)

Rechnerische Fließgeschwindigkeit *v* in m/s	Druckverlust Z für $\zeta = 1$ in mbar	Rechnerische Fließgeschwindigkeit *v* in m/s	Druckverlust Z für $\zeta = 1$ in mbar	Rechnerische Fließgeschwindigkeit *v* in m/s	Druckverlust Z für $\zeta = 1$ in mbar	Rechnerische Fließgeschwindigkeit *v* in m/s	Druckverlust Z für $\zeta = 1$ in mbar
0,1	0,1	1,3	8,5	2,5	31,3	3,7	68
0,2	0,2	1,4	9,8	2,6	33,8	3,8	72
0,3	0,5	1,5	11,3	2,7	36,5	3,9	76
0,4	0,8	1,6	12,8	2,8	39,2	4,0	80
0,5	1,3	1,7	14,5	2,9	42,1	4,1	84
0,6	1,8	1,8	16,2	3,0	45	4,2	88
0,7	2,5	1,9	18,1	3,1	48	4,3	92
0,8	3,2	2,0	20	3,2	51	4,4	97
0,9	4,1	2,1	22,1	3,3	55	4,5	101
1,0	5	2,2	24,2	3,4	58	4,6	106
1,1	6,1	2,3	26,5	3,5	61	4,7	110
1,2	7,2	2,4	28,8	3,6	65	4,8	115

1) bei $p = 999{,}7\ kg/m^3$ in Abhängigkeit von der rechnerischen Fließgeschwindigkeit *v*

Richtwerte für Nennweiten von Zirkulations-Sammelleitungen

Warmwasserleitung	DN 20	DN 25	DN 32	DN 40	DN 50	DN 65	DN 80	DN 100
Zirkulationsleitung	DN 12	DN 12	DN 12	DN 20	DN 25	DN 25	DN 25	DN 32

Druckverluste in Rohrleitungen (Fortsetzung)

Graphische Symbole und Richtwerte für Verlustbeiwerte von Einzelwiderständen[1]

Symbol (vereinfacht)	Einzelwiderstand	DN	Verlustbeiwert ζ[2]
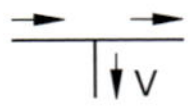	Abzweig, Stromtrennung		1,3
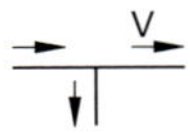	Abzweig, Durchgang bei Stromtrennung		0,9
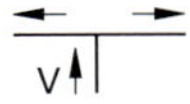	Abzweig, Gegenlauf bei Stromtrennung		1,5
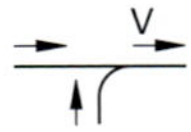	Abzweig, bogenförmig, Stromvereinigung		0,4
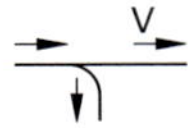	Abzweig, bogenförmig, Durchgang bei Stromtrennung		0,3
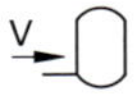	Eintritt in Behälter nach DIN 30600		1,0
	Sammlereintritt		1,0
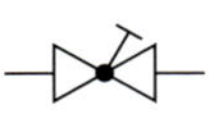	Schrägsitzventile (DN)	15	3,5
		20	2,5
		25…50	2,0
		65	0,7
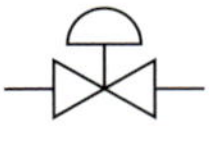	Membranventile (DN)	15	10,0
		20	8,5
		25	7,0
		32	6,0
		40…100	5,0
	Richtungsänderung durch Winkel oder Bogen		0,7
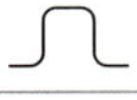	Dehnungsbogen		1,0
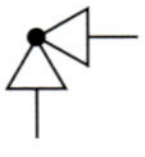	Eckventile (DN)	10	7,0
		15	4,0
		20	2,0
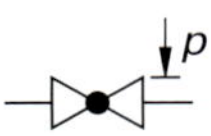	Druckminderer voll geöffnet		30,0

Symbol (vereinfacht)	Einzelwiderstand	DN	Verlustbeiwert ζ[2]
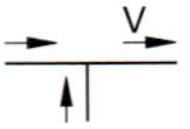	Abzweig, Stromvereinigung		0,9
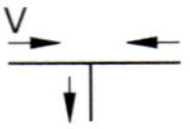	Abzweig, Gegenlauf bei Stromvereinigung		3,0
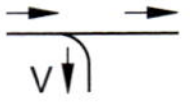	Abzweig, bogenförmig, Stromtrennung		0,9
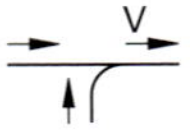	Abzweig, bogenförmig, Durchgang bei Stromvereinigung		0,2
	Ventilanbohrschelle		5,0
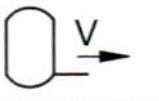	Austritt aus Behälter, Speicher		0,5
	Verteileraustritt		0,5
	Geradesitzventile (DN)	15	10,0
		20	8,5
		25	7,0
		32	6,0
		40…100	5,0
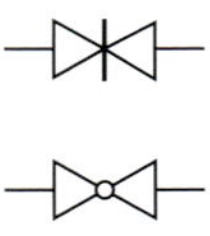	Absperrschieber, Kolbenschieber, Kugelhähne (DN)	10…15	1,0
		20…25	0,5
		32…150	0,3
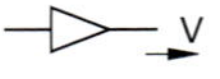	Reduzierstück nach DIN 30600 Reg.-Nr. 580		0,4
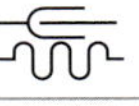	Kompensator nach DIN 2425 Teil 1		2,0
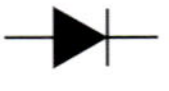	Rückflussverhinderer (DN)	15…20	7,7
		25…40	4,3
		50	3,8
		65…100	2,5
	Durchgangsventil mit Rückflussverhinderer (DN)	20	6,0
		25…50	5,0

[1] Für hier nicht aufgeführte Einzelwiderstände gelten die Angaben der Hersteller.

[2] Der Verlustbeiwert ist jeweils dem Strom (Teilstrom) zugeordnet, dessen rechnerische Fließgeschwindigkeit im grafischen Symbol mit „V" gekennzeichnet ist.

Druckerhöhungsanlagen (DEA)

DIN EN 806-2: 2005-06

Allgemeines: Eine Druckerhöhung kann notwendig sein, wenn unter normalen Bedingungen der Versorgungsdruck für den erforderlichen Fließdruck an der Entnahmestelle nicht ausreicht. Der Einsatz von Druckerhöhungspumpen sollte so gering wie möglich gehalten werden, z. B. durch Versorgung der unteren Geschosse mit dem vorhandenen Leitungsdruck. Versorgung über Druckerhöhungsanlage (DEA) nur für die Geschosse, in denen der Versorgungsdruck nicht ausreicht.

Planungsgrundsätze: Es ist zu untersuchen, ob die Druckerhöhungsanlage für ein ganzes Gebäude erforderlich wird, oder ob sie nur für die Stockwerke in Frage kommt, die mit dem Fließdruck der öffentlichen Wasserversorgung nicht ständig beliefert werden können. Im Grenzfall ist die Notwendigkeit einer Druckerhöhungsanlage durch eine differenzierte Berechnung nachzuweisen (DIN 1988-3 S. 258)

Anschlussarten: Es wird nach mittelbarem (indirektem) und unmittelbarem (direktem) Anschluss unterschieden. Der unmittelbare Anschluss ist dem mittelbaren Anschluss vorzuziehen, da hier durch das geschlossene System eine gesundheitliche Beeinträchtigung des Trinkwassers von außen nicht zu befürchten ist. Der mittelbare Anschluss ist dann notwendig, wenn eine Verbindung mit anderen Anlagen oder Kontakt mit anderen Stoffen erfolgt, wie z. B. Industriebetrieb.

Ausführungsarten von DEA, Förderdruck, mittleres Druckgefälle

DIN 1988-500: 2011-02

Mehrere DEA, so dass jede Druckzone eine eigene DEA zugeordnet bekommt

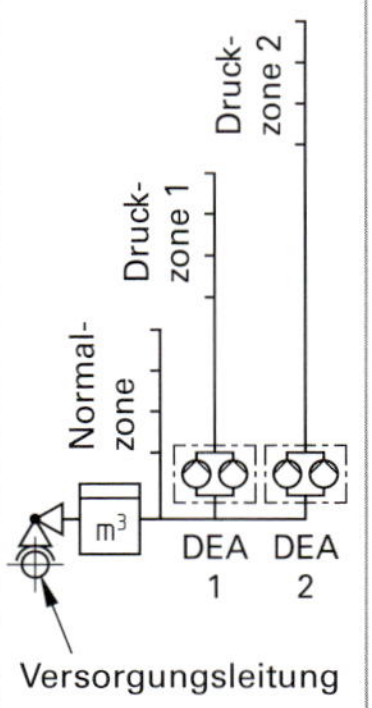

Eine DEA mit einem zentralen Druckminderer für jeweils eine Druckzone

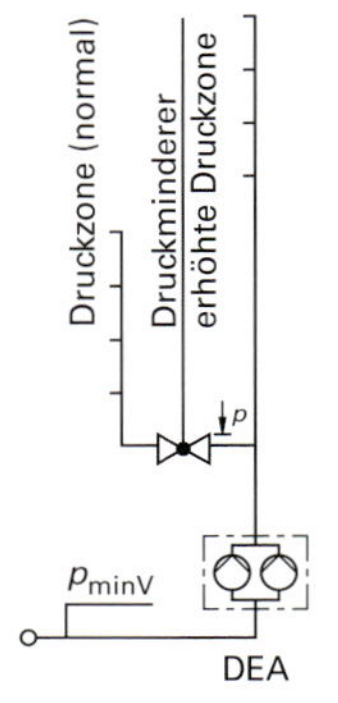

Eine DEA mit Druckminderern an den Abzweigen der unteren Geschosse

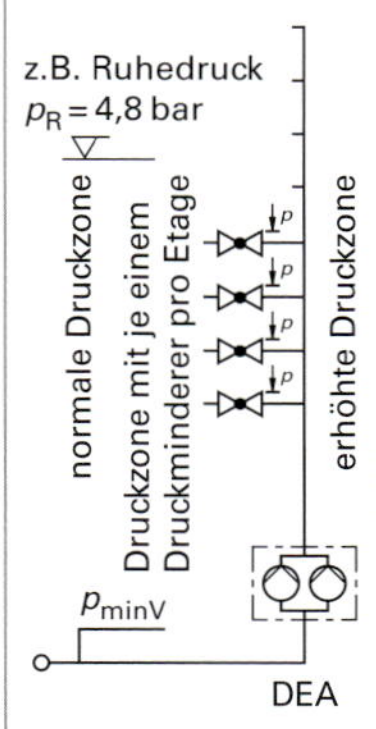

Pumpenförderhöhe der DEA

$$\Delta p_p = [\Delta p_{geo} + p_{minFL} + \Sigma(l \cdot R + Z) + \Delta p_{WZ} + \Delta p_{Ap}] - p_{minV}$$

Δp_p	Förderdruck der DEA
Δp_{geo}	Verlust aus geodätischem Höhenunterschied
p_{minFL}	Mindestfließdruck an der Entnahmestelle
$\Sigma(l \cdot R + Z)$	Verlust durch Rohrreibungswiderstände
Δp_{WZ}	Verlust durch Wasserzähler
Δp_{Ap}	Verlust durch Apparate
p_{minV}	Mindestversorgungsdruck

Mittleres Druckgefälle nach DEA

Rohrlänge DEA bis ungünstigste Entnahmestelle l_{nach} in m	30	80	> 80
$\Delta p/l$ in mbar/m	20	15	10

Druckerhöhungsanlage (DEA), Installationsbeispiel

DIN EN 806-2: 2005

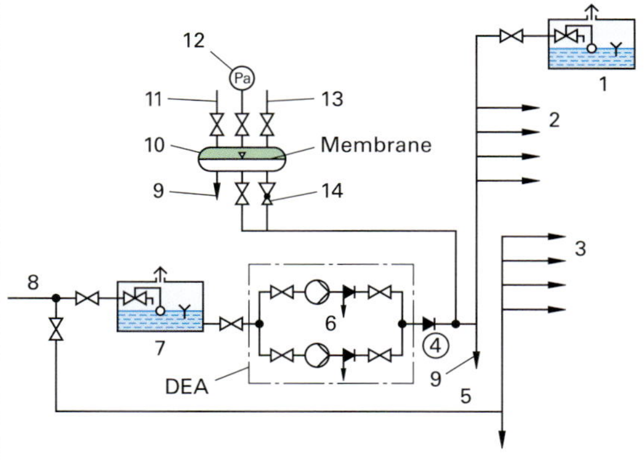

1. Wasserbehälter (falls erforderlich)
2. Entnahmestellen mit Druckerhöhung
3. Entnahmestellen ohne Druckerhöhung
4. Leitung mit Druck der DEA
5. Leitung mit Versorgungsdruck
6. Druckerhöhungsanlage
7. Vorbehälter (falls erforderlich)
8. Gebäudeanschlussleitung
9. Entleerung
10. Druckbehälter (falls erforderlich)
11. zum Druckschalter
12. Druckmessgerät
13. Druckluftleitung vom Kompressor
14. Druckminderer

Druckerhöhungsanlagen (Fortsetzung) — DIN EN 806-2: 2005-06

Richtwerte[1] für den maximalen Wasserbedarf von verschiedenen Gebäudetypen

Wohngebäude	[1)2)] Hotels und Krankenhäuser, [3)4)] Bürobauten und Kaufhäuser

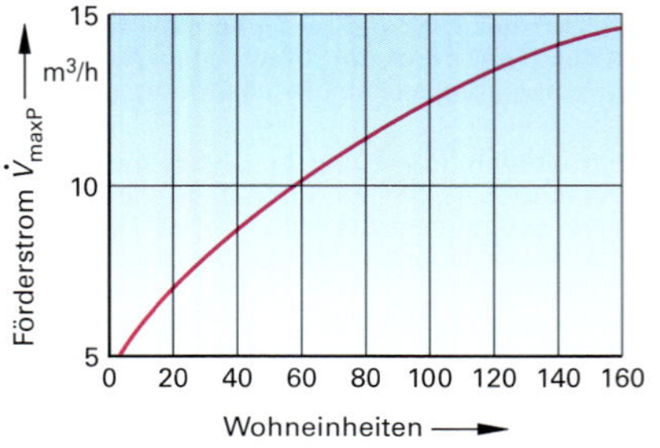

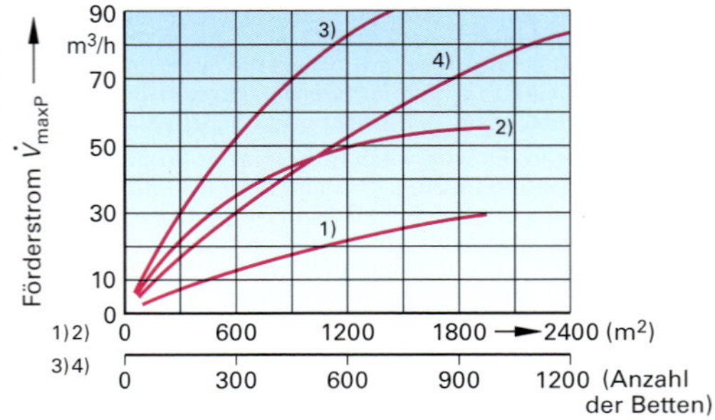

[1] Entspricht dem Spitzenvolumenstrom $\dot{V}_s$, für Feuerlöschzwecke legt die Brandschutzbehörde den Förderstrom fest.

Maximaler Förderstrom in der Anschlussleitung zur Druckerhöhungsanlage in m³/h

Nennweiten der Gebäudeanschlussleitungen		25	32	40	50	65	80	100	150	200	250	300
Max. Gesamtdurchfluss zur DEA u. zu Verbrauchseitungen ohne DEA	$v_{ges} \leq 2$ m/s	3,5	5,8	9,2	14	22	40	60	128	224	353	500
Max. zulässige Förderströme bei unmittelbarem Anschluss einer DEA ohne vordruckseitigen Druckbehälter	$\Delta v_{zul} \leq 0{,}15$ m/s[2)]	0,26	0,43	0,7	1,1	1,8	2,7	3,5	10	17	27	38
	$\Delta v_{zul} \leq 0{,}5$ m/s[3)]	0,88	1,45	2,3	3,5	6	10	15	32	56	88	125

Um unmittelbaren Anschluss ohne vordruckseitigen Druckbehälter an DEA zu ermöglichen, dürfen die durch Ein- und Ausschalten von DEA-Pumpen erzeugten Unterschiede der Fließgeschwindigkeiten in der Anschlussleitung:

[2)] den Wert $\Delta v_{zul} \leq 0{,}15$ m/s durch eine Einzelpumpe nicht überschreiten
[3)] den Wert $\Delta v_{zul} \leq 0{,}5$ m/s durch gleichzeitiges Abschalten aller Betriebspumpen nicht überschreiten

Auslegung einer Druckerhöhungsanlage (DEA)

Zentrale Trinkwasserversorgung	Zentrale Feuerlöschwasserversorgung
Anschlussart und maximalen/minimalen Versorgungsdruck mit zuständigem Wasserversorgungsunternehmen klären.	
Gesamt-Trinkwasserbedarf nach DIN 1988-300 bestimmen (S. 236). $\dot{V}_{DEA} = \dot{V}_S$	Örtliche Verhältnisse und Vorschriften der Brandschutzbehörde klären.
Förderdruck Δp_p der DEA nach Bauplan und DIN 1988-3 berechnen.	
Auswahl der DEA nach Herstellerangaben aus Kennlinienfeld vornehmen.	

Druckbehältervolumen (Vordruckseite)

Förderstrom der DEA $\dot{V}_{maxP}$ in m³/h	≤ 7	>7 ≤ 15	> 15
Gesamtvolumen des Druckbehälters auf der Vorderseite der Pumpen V_S in m³	0,3	0,5	0,75

Druckwasserbehälter (Herstellerangaben) — DIN 4810: 1991-09

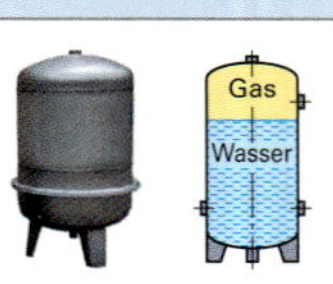

Volumen in *l*	4	6	12	50	100	150	200	300	500	750
D in mm	206	206	270	380	480	550	550	550	750	750
H in mm	205	267	312	670	833	946	1159	1540	1620	2200
Anschluss	R 3/4	R 3/4	R 3/4	R 1	R 1	R 1	R 1	R 2	R 2	R 2
Masse in kg	2,7	3,6	5,2	16,8	25	40	47	92	127	190

TW

Ermittlung des Wärmebedarfs

Trinkwassererwärmungssysteme

Merkmale	Durchflusssystem	Speichersystem
Prinzip	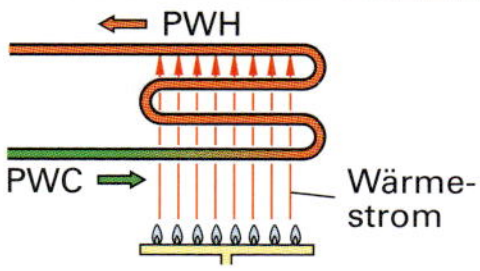	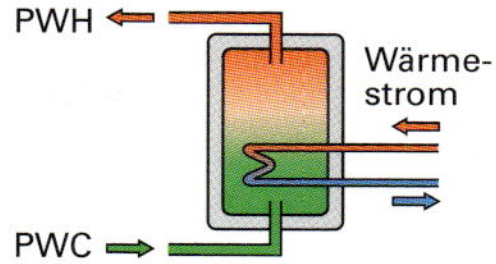
Platzbedarf	klein	groß
Leistungsaufnahme	hoch	gering
Wärmeverluste	keine Verluste im Bereitschaftsbetrieb	Verluste abhängig von der Dämmung
Entnahmestrom	begrenzt	groß
Entnahmemenge	unbegrenzt	begrenzt, abhängig vom Volumen

Arten der Warmwasserversorgung

Merkmale	Zentral	Dezentral	
		Gruppenversorgung	Einzelversorgung
Prinzip	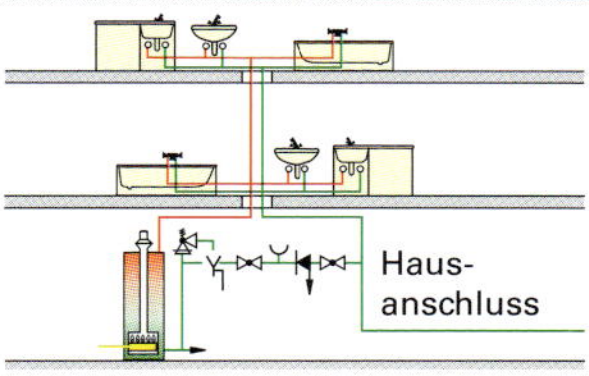	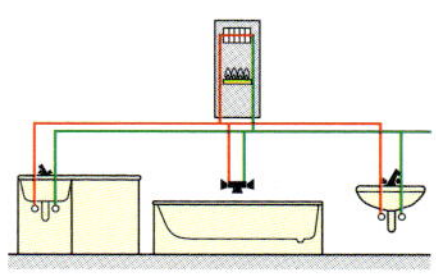	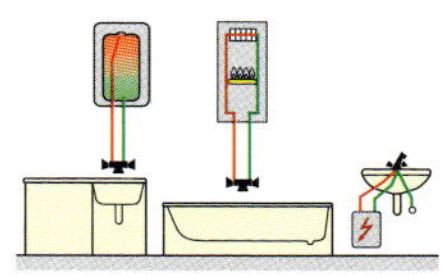
Energieart (Beispiele)	Öl, Erdgas, Flüssiggas, Wärmepumpen, Solar, Fernwärme	Erdgas	Strom, Erdgas

Ermittlung der Bedarfskennzahl *N* — DIN 4708-2: 1994-04

Notwendige Unterlagen

a) Grundriss-Zeichnungen aller Geschosse der Gebäude, die zentral mit erwärmtem Wasser zu versorgen sind, aus denen alle Zapfstellen ersichtlich sind

b) Angaben über Art, Anzahl und Größe der sanitären Einrichtungen

c) Anzahl der Personen je Wohnung (bzw. Personenzahl nach Tabelle, wenn Belegung unbekannt)

Statistische Belegungszahl

Raumzahl *r*	1	1 ½	2	2 ½	3	3 ½	4	4 ½	5	5 ½	6	6 ½	7
Belegungszahl *p*	2,0[1)]	2,0[1)]	2,0[1)]	2,3	2,7	3,1	3,5	3,9	4,3	4,6	5,0	5,4	5,6

[1)] Wenn in dem zu versorgenden Wohngebäude überwiegend 1- und/oder 2-Zimmerwohnungen vorhanden sind, ist die Belegungszahl *p* für diese Wohnungen um 0,5 zu erhöhen.

$$N = \frac{\text{Wärmebedarf aller anrechenbaren Zapfstellen}}{\text{Wärmebedarf einer Einheitswohnung}}$$

$$N = \frac{\Sigma\,(n \cdot p \cdot v \cdot w_v)}{(f_{3,5} \cdot w_v)_{\text{Einheitswohnung}}}$$

$$N = \frac{\Sigma\,(n \cdot p \cdot v \cdot w_v)}{(3{,}5 \cdot w_v)_{\text{Einheitswohnung}}}$$

$$N = \frac{\Sigma\,(n \cdot p \cdot v \cdot w_v)}{(3{,}5 \cdot 5820)} \leq N_L$$

- N Bedarfskennzahl
- N_L Leistungskennzahl (Herstellerangaben)
- n Anzahl gleicher Wohneinheiten
- v Anzahl der Zapfstellen je Wohnung (Normal oder Komfortausstattung)
- w_v Zapfstellenbedarf (Entnahme) in Wh
- p Tatsächliche Belegungszahl, mindestens statistische Belegungszahl
- r Raumzahl (ohne Küche, Bad, Flur)

Einheitswohnungen (Bedingungen)

Raumkennzahl	r = 4
Belegungszahl	p = 3,5
Zapfstellenbedarf	w_v = 5820
Zapfstelle (Badewanne)	NB1

TW

Ermittlung des Wärmebedarfs (Fortsetzung)

Zapfstellenbedarf w_v

Benennung der Zapfstelle bzw. der sanitären Ausstattung	Kurz-zeichen	Entnahmemenge v_E je Benutzung[2] in l	Zapfstellenbedarf w_v Entnahme in Wh
Badewanne	NB 1	140	5820
Badewanne	NB 2	160	6510
Kleinraum-Wanne und Stufenwanne	KB	120	4890
Großraum-Wanne (1800 mm x 750 mm)	GB	200	8720
Brausekabine[3] mit Mischbatterie und Sparbrause	BRS	40[1]	1630
Brausekabine[3]) mit Mischbatterie und Normalbrause[4]	BRN	90[1]	3660
Brausekabine mit Mischbatterie und Luxusbrause[5]	BRL	180[1]	7320
Waschtisch	WT	17	700
Bidet	BD	20	810
Handwaschbecken	HAT	9	350
Spüle für Küchen	SP	30	1160

1) Entspricht einer Benutzungszeit von 6 Minuten.
2) Bei Badewannen gleichzeitig Nutzinhalt.
3) Nur zu berücksichtigen, wenn Badewanne und Brausekabine räumlich getrennt sind, d. h. eine gleichzeitige Benutzung möglich ist.
4) Armaturen-Durchflussklasse A nach DIN EN 200;
5) Armaturen-Durchflussklasse C nach DIN EN 200

Sanitäre Ausstattung der Wohnung

		Vorhandene Ausstattung	Bei der Bedarfsermittlung zu berücksichtigen
Normal-ausstattung	Bad Küche	1 Badewanne (NB 1) oder 1 Brausekabine (BRN) 1 Waschtisch (WT) 1 Küchenspüle (SP)	1 Badewanne (NB 1) bleibt unberücksichtigt bleibt unberücksichtigt
Komfort-ausstattung	Bad Küche	1 Badewanne[1] 1 Brausekabine[1] 1 Waschtisch[1] 1 Bidet Küchenspüle	wie vorhanden (NB 2, KB oder GB) wie vorhanden (BRN oder BRL)[6] bleibt unberücksichtigt bleibt unberücksichtigt bleibt unberücksichtigt
	Gäste-zimmer	1 Badewanne oder 1 Brausekabine 1 Waschtisch 1 Bidet	wie vorhanden (NB 1, NB 2, KB oder GB) mit 50 % von w_v wie vorhanden (BRS, BRN oder BRL) mit 100 % von w_v wie vorhanden (WT) mit 100 % von w_v[7] wie vorhanden (BD) mit 100 % von w_v[8]

6) Größe abweichend von der Normalausstattung.
7) Wird berücksichtigt, wenn von der Anordnung her eine gleichzeitige Benutzung mit der Wanne möglich ist.
8) Wird berücksichtigt, soweit dem Gästezimmer keine Badewanne oder Brausekabine zugeordnet ist.

Statistischer Warmwasserbedarf

Waschen, Putzen von:	°C	Liter	Minuten
Hände/Gesicht	37	4 … 6	3 … 5
Zähne	37	1	3 … 4
Füße	38	20 … 25	5 … 7
Ober-/Unterkörper	38	8 … 10	8 … 10
Körper ganz	39	35 … 40	12 … 15
Kopf	37	10 … 20	8 … 12
Nassrasur	40	2 … 4	3 … 4
Kleinwäsche	40	5 … 15	8 … 12
Geschirr	55	30 … 40	10 … 15
Hausputz	35	25 … 30	3 … 4

Warmwasserbedarf im Haushalt

Entnahmestelle	Wassermenge je Nutzung in l	Wassertempe-ratur in °C
Spüle	8 … 16	60
Badewanne	120 … 150	40
Dusche	30 … 50	40
Waschbecken	10 .. 15	40
Handwaschbecken	2 … 5	40

Warmwasserbedarf nach VDI-Richtlinie 2067

Der durchschnittliche Warmwasserbedarf im Haushalt beträgt 30 Liter/ Person x Tag (45 °C) bzw. 20 Liter/Person x Tag (60 °C).

TW

Ermittlung des Wärmebedarfs (Fortsetzung)

Speicher-Wassererwärmer, indirekt beheizt (Herstellerangaben)

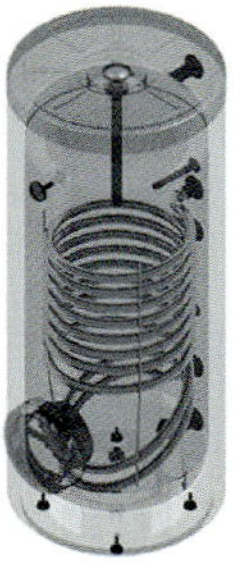

Technische Daten	Einheit	Ausführungen						
Inhalt	l	120	160	200	300	400	500	600
Max. Betriebsüberdruck	bar	10						
Max. Betriebstemperatur	°C	95						
Oberfläche Wärmetauscher	m²	0,60	0,85	1,00	1,40	1,70	2,10	2,90
WT-Inhalt	*l*	3,20	3,95	5,95	6,60	8,16	12,2	17,7
WT-Rohrdurchmesser	mm	32						
WT-Heizleistung (PV 80 °C, 35 K)	kW	20	27	30	44	55	63	70
Dauerleistung 10/45 °C Speicher geladen 65 °C	*l*/h/ 45 °C	491	663	737	1081	1351	1543	1720
Energetische Stillstandsverluste	kWh/ 24 h	1,50	1,70	2,00	2,40	2,80	3,30	3,60
Volumenstrom Primär	m³/h	2,0	2,0	2,0	3,0	3,0	3,0	3,0
Druckverlust Primär	mbar	119	182	223	138	180	223	75
Leistungskennzahl N_L	–	2	3	3,6	11	15	19	28

Auswahl des Wassererwärmers (mit Formblatt nach DIN 4708-2: 1994-04)

Ablesebeispiel:

Gesamtwohnungszahl 21

5 Wohnungen 1½ Zimmer mit Dusche, Waschtisch und Küchenspüle

5 Wohnungen 2½ Zimmer mit Bad, Waschtisch und Küchenspüle

5 Wohnungen 3 Zimmer mit Bad, Waschtisch und Küchenspüle

6 Komfort-Wohnungen 4 Zimmer mit Bad, Dusche mit Luxusbrause, Waschtisch, Bidet und Küchenspüle (Bad und Dusche gleichzeitig nutzbar)

Lfd. Nr. der Wohnungsgruppe	Raumzahl	Wohnungszahl	Belegungszahl		Zu berücksichtigende Zapfstellen (je Wohnung)					
					Zapfstellenzahl	Kurzzeichen	Zapfstellenbedarf in Wh	in Wh	in Wh	Bemerkungen
	r	n	p	$n \cdot p$	v		w_v	$v \cdot w_v$	$n \cdot p \cdot v \cdot w_v$	
1	1,5	5	2	10	1	NB 1	5820	5820	58200	NB 1 statt BRN
2	2,5	5	2,3	11,5	1	NB 1	5820	5820	66930	
3	3	5	2,7	13,5	1	NB 1	5820	5820	78570	
4	4	6	3,5	21	1	NB 2	6510	6510	136710	NB 2 statt NB 1
					1	BR L	7320	7320	153720	

$$N = \frac{\Sigma\,(n \cdot p \cdot v \cdot w_v)}{(3{,}5 \cdot 5820)} = \frac{494\,130\ \text{Wh}}{20\,370\ \text{Wh}} = 24{,}26 \leq N_L$$

aus Herstellertabelle oben: Speicherinhalt 600 *l*

TW

Zirkulation, Begleitheizung

Arbeitsblatt DVGW W551, W553

Nach Arbeitsblatt W551 steht die Vermeidung des Legionellenwachstums im Vordergrund. Das Arbeitsblatt gilt für Neuanlagen (Planung, Errichtung und Betrieb) von Trinkwassererwärmungs- und den zugehörigen Leitungsanlagen. Weiterhin werden umfangreiche Sanierungsmaßnahmen wie thermische Desinfektion, chemische Desinfektion, UV-Bestrahlung, bautechnische Maßnahmen und mikrobiologische Untersuchungen und Bewertungen detailliert beschrieben.

Kleinanlagen: Ein-/Zweifamilienhäuser und Trinkwassererwärmer ≤ 400 *l* und Leitungslänge ≤ 3 *l*

Großanlagen z.b. Altenheime, Krankenhäuser, Hotels oder Schulen: Anlagen mit Speicher- oder zentralen Durchfluss-Trinkwassererwärmern mit einem Inhalt ≥ 400 *l* und/oder ≥ 3 *l* in jeder Rohrleitung zwischen dem Abgang Trinkwassererwärmer und der letzten Entnahmestelle. Großanlagen müssen mit 60 °C Warmwassertemperatur betrieben werden und bei Wiedereintritt in den Trinkwassererwärmer darf die Temperaturdifferenz ($\Delta\vartheta$) 5 K nicht überschreiten. Die Zirkulationspumpe darf für höchstens 8 Stunden täglich abgeschaltet werden.

Arbeitsblatt W553 regelt die Auslegung von Zirkulationssystemen in zentralen Trinkwassererwärmungsanlagen und kann in drei Bemessungsverfahren unterschieden werden:

- ein **Kurzverfahren** für kleine Anlagen (z. B. Ein- und Zweifamilienhäuser), ohne Berechnungen
- ein **vereinfachtes Verfahren** für alle Anlagengrößen mit relativ einfachen Berechnungen
- ein **differenziertes Verfahren** für alle Anlagengrößen mit einer besseren Annäherung an die wirklichen Betriebsverhältnisse.

Kurzverfahren nach Arbeitsblatt DVGW W553

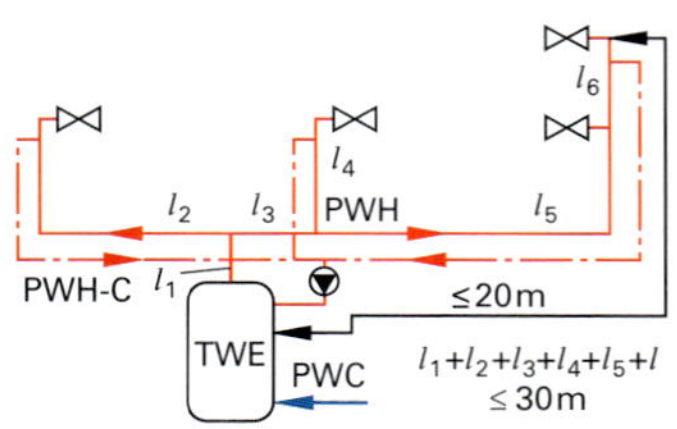

Verfahren wird bei kleineren Anlagen wie z.B. in Ein- und Zweifamilienhäusern angewendet. Die Länge aller vom Umlauf betroffenen Versorgungsleitungen darf 30 m nicht überschreiten und der längste Fließweg für eine Zirkulationsleitung sollte nicht länger als 20 m sein.

→ d_{min} Zirkulation DN10[1] und Zirkulationspumpe mit DN15

[1] Wird die Zirkulationsleitung in Kupfer verlegt, so ist ein Nachweis zu erbringen, dass die maximal zulässige Fließgeschwindigkeit nicht mehr als 0,5 m/s beträgt.

Vereinfachtes Verfahren nach Arbeitsblatt DVGW W553

Diese Methode kann für jede Anlagengröße angewendet werden. Sie hat den Vorteil, dass bei einiger Übung auch ohne EDV die Größe der Systembauteile schnell und praxisnah bestimmt werden kann. Vor allem der Verzicht auf die differenzierte Berechnung der Wärmeströme und Druckverluste vereinfacht die gesamte Rechnung.

1. Ermittlung der Wärmeverluste der PWH-Leitungen

Wärmeverlust aller Warmwasserleitungen

$$\dot{Q}_W = l_{w,K} \cdot \dot{q}_{w,K} + l_{w,S} \cdot \dot{q}_{w,S}$$

Wärmeverlust der im Keller verlegten Warmwasserleitungen $\dot{q}_{w,K}$ = 11 W/m

Wärmeverlust der im Schacht verlegten Warmwasserleitungen $\dot{q}_{w,S}$ = 7 W/m

2. Berechnung des Förderstrom s der Zirkulationspumpe

Förderstrom der Zirkulationspumpe in m³/h

$$\dot{V}_P = \frac{\dot{Q}_w}{p \cdot c \cdot \Delta\vartheta_w}$$

Annahmen:
Temperaturdifferenz bis zum Abgang der Zirkulationsleitung $\Delta\vartheta_w$ = 2 K
p = 1 kg/*l*
c = 1,2 Wh/kg K

3. Berechnung der Teilströme

Volumenstrom der abzweigenden Teilstrecke

$$\dot{V}_a = \dot{V} \frac{\dot{Q}_a}{\dot{Q}_a + \dot{Q}_d}$$

Volumenstrom für den Durchgangsweg

$$\dot{V}_d = \dot{V} \frac{\dot{Q}_d}{\dot{Q}_a + \dot{Q}_d}$$

oder

$$\dot{V}_d = \dot{V} - \dot{V}_a$$

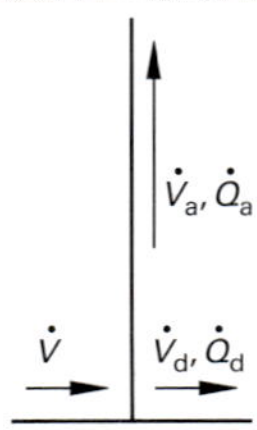

Mit dem Förderstrom der Zirkulationspumpe und den Wärmeverlusten in den Abzweig- und Durchgangswegen der Warmwasserverteilung können – beginnend am Wassererwärmer – die Teilströme an jedem Knotenpunkt des Verteilungssystems berechnet werden.

Zirkulation, Begleitheizung (Fortsetzung)

Vereinfachtes Verfahren nach Arbeitsblatt DVGW W553 (Fortsetzung)

4. Bestimmung der Nennweiten für die Zirkulationsleitungen

Mit einer empfohlenen Geschwindigkeit von 0,2 bis 0,5 m/s werden mit dem Volumenstrom die Nennweiten für die Zirkulationsleitungen und deren Druckgefälle für die Rohrreibung mithilfe von *R*-Wert-Tabellen ermittelt.

Ein Mindestdurchmesser von 10 mm ist für die Zirkulationsleitung vorzusehen.

5. Berechnung des Förderdruckes der Zirkulationspumpe

Förderdruck

$$\Delta p_{Pu} = 1{,}2 \ldots 1{,}4 \cdot \sum (R \cdot l + Z) + \Delta p_{Einbauten}$$

Für den ungünstigsten Leitungsweg muss die Pumpe die Druckverluste durch Reibung und Einzelwiderstände überwinden. Dabei sind insbesondere die teilweise hohen Ansprechdrücke der Rückflussverhinderer zu beachten.

Umlenkungen und Abzweige werden pauschal mit einem Zuschlag von 20 ... 40 % dazugerechnet.

6. Wahl der Zirkulationspumpe

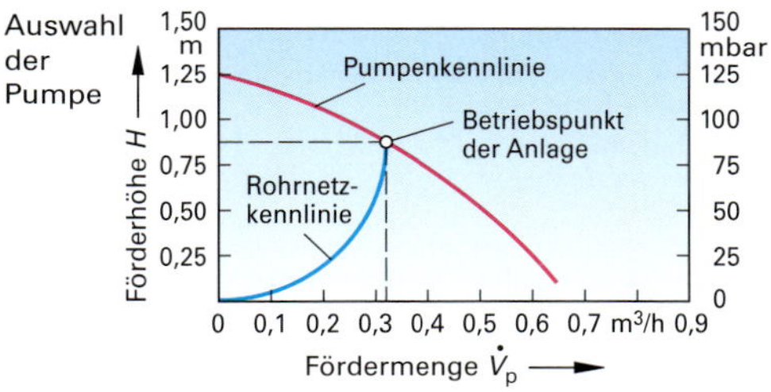

Die Kennlinie der Pumpe sollte im rechnerischen Betriebspunkt (Wertepaar berechneter Förderstrom und berechneter Förderdruck) oder darüber liegen. Im letztgenannten Fall ist sicherzustellen, dass Geschwindigkeitsgrenzen nicht überschritten werden.

Den besten Wirkungsgrad hat die Pumpe, wenn der Betriebspunkt im mittleren Bereich der Pumpenkennlinie liegt.

7. Strangabgleich durch Strangregulierventile

Damit die gewünschten Temperaturen in den einzelnen Strängen erreicht werden und alle Stränge den gleichen Druckverlust erhalten, wird die überschüssige Druckdifferenz in allen anderen Strängen gleichermaßen durch voreingestellte Strangregulierventile abgebaut.

Der ermittelte überschüssige Druckverlust wird mit dem Durchfluss des jeweiligen Stranges in das Voreinstelldiagramm des Ventilherstellers übertragen und der Voreinstellwert bestimmt.

Zirkulationspumpen (Herstellerangaben)

Kennlinienfeld einer Pumpenserie

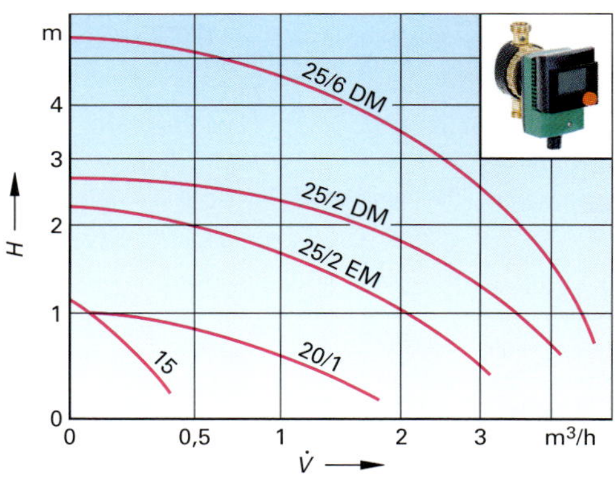

Technische Basisdaten (je nach Pumpentyp)

Nennweiten	DN	15 ... 25
Zulässige Umgebungstemperatur	°C	40
Max. Trinkwassertemperatur	°C	< 65 (kurzzeitig für 2 Stunden < 70)
Max. Betriebsdruck	bar	10
Drehzahl	1/min	1700 ... 2700

Sonderausstattungen

Pumpe mit integrierter Zeitschaltuhr, Temperaturkontrolle und einer Routine zur Erkennung und Unterstützung einer kesselseitigen thermischen Desinfektionsschaltung.

Display zur Anzeige von Pumpendaten und Fehlercodes.

TW

Zirkulation, Begleitheizung (Fortsetzung)

Inliner-System

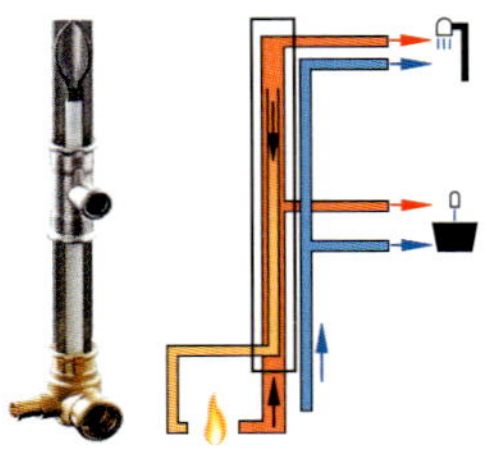

Bauart	Integration der Zirkulations-Rücklaufleitung in die Warmwasserleitung.
Dimension	Außenrohr DN25 oder DN32, Innenrohr PE-Xc 14 x 1,5
Vorteil:	Verbesserte Trinkwasserhygiene aufgrund geringerer Kaltwassererwärmung. Energieeinsparung aufgrund geringerer Warmwasserabkühlung. Wegfall der Wärmedämmung für Zirkulationsleitung. Zurückfließendes Wasser wird bereits durch aufsteigendes Wasser erwärmt.

Elektrische Begleitheizung

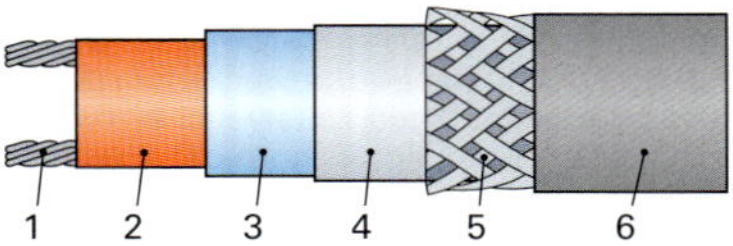

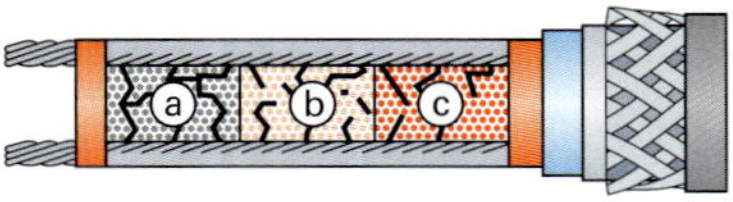

1	Versorgungsleiter (verzinntes Kupfer)
2	Parallelheizleiter (selbstregelnd)
3	Elektrische Isolierung
4	Isolierhülle (z. B. Aluminiumfolie)
5	Schutzgeflecht (verzinnte Kupferlitze)
6	Schutzmantel (Kunststoff)

Anwendungsbereiche in der Gebäudetechnik

- Warmwasser Temperaturhaltung
- Selbstregelndes Dachrinnenband zum Schutz vor Frostschäden an Dachrinne und Fallleitung
- Selbstregelndes Frostschutzsystem für Rohrleitungen in frostgefährdeten Bereichen
- Sprinklerleitungen

Funktionszustand	
a kalt	Kunststoffgefüge zieht sich zusammen, Widerstand sinkt, da über die vorhandenen Kohlenstoffteilchen ein Stromleiternetz entsteht, Strom wird in Wärme umgesetzt.
b Erwärmung	Bei Erwärmung dehnt sich das Kunststoffgefüge aus, Stromleiternetz wird mehr und mehr unterbrochen, Widerstand steigt und Heizleistung sinkt ab.
c Solltemperatur	Stromleiternetz wird durch Ausdehnung fast vollständig unterbrochen, Heizleistung sinkt gegen Null.

Heizbandtypen (Herstellerangaben)

Anwendungsbereich	Einfamilienhaus	Mehrfamilienhaus	Krankenhäuser, Altersheime, Hotels
Heizbandtyp	 z. B.: HWAT-L	 z. B.: HWAT-M	 z. B.: HWAT-R
max. Einsetztemperatur	65 °C	65 °C	80 °C
Haltetemperatur	45 °C	65 °C	70 °C
Nennleistung	7 W/m bei 45 °C	9 W/m bei 65 °C	12 W/m bei 70 °C
Max. Heizkreislänge	180 m	100 m	100 m

Heizleistung in Abhängigkeit der Rohrtemperatur

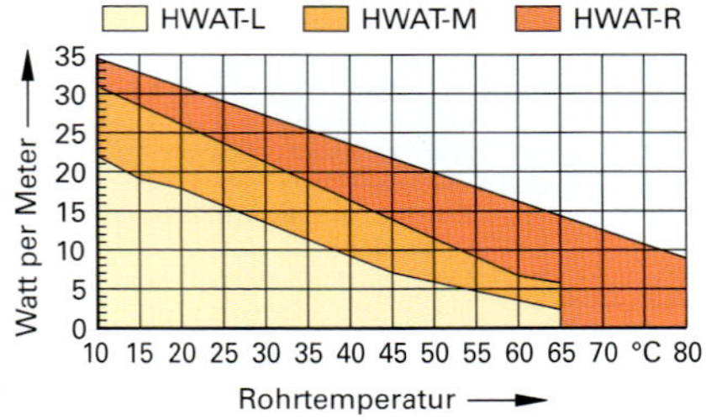

Dämmstärken[1] bei λ = 0,035 W/(mK)		
DN	*R*	Dämmstärke in mm
15	½	20
20	¾	20
25	1	30
32	1 ¼	30
40	1 ½	40
50	2	50

[1] Die Dämmstärken müssen der EnEV Anhang 5 Abs. 1, Zeile 1–3 entsprechen.

Anschlüsse und Arten von Trinkwassererwärmern

DIN 1988-200: 2012-05

Offene Trinkwassererwärmer

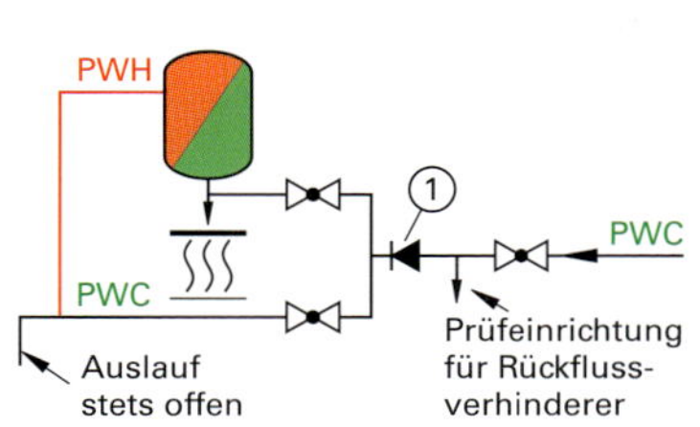

1 Rückflussverhinderer sind nur für Speicher-Wassererwärmer, deren Nenninhalt größer als 10 Liter ist, notwendig

- Offene Trinkwassererwärmer mit Speisegefäßen sollen aus hygienischen Gründen zur Erwärmung von Trinkwasser vermieden werden. Das Speisegefäß muss gegebenenfalls eine dem Inhalt der Anlage entsprechende Größe erhalten, um die sich beim Erwärmen des Trinkwassers ergebende Volumenvergrößerung aufnehmen zu können.
- Der Durchfluss muss begrenzt werden. Je nach Speicherinhalt sind vom Hersteller Höchstwerte vorgeschrieben. Dies kann durch das Einstellen an einer Drosselschraube, Einlegen von Drosselscheiben oder Drosselschläuchen in der Trinkwasserleitung zur Armatur erfolgen.

Geschlossene Trinkwassererwärmer, unmittelbar beheizt, über 10 Liter Inhalt

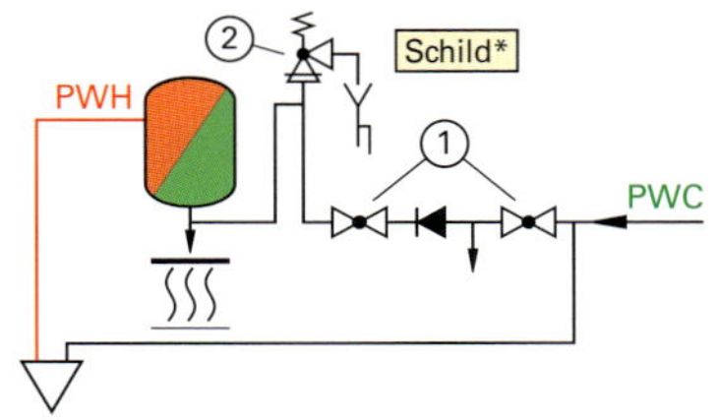

1 Bei geschlossenen Trinkwassererwärmern ist zum Prüfen und Auswechseln des Rückflussverhinderers in erreichbarer Nähe davor und dahinter je eine Absperrvorrichtung anzubringen. Bei wandmontierten Trinkwassererwärmern bis 150 Liter Inhalt kann auf das zweite Absperrventil verzichtet werden.

2 Als Sicherheitsventil für Speicher kleiner 5000 *l* ist ein federbelastetes Membransicherheitsventil einzubauen; diese darf nicht absperrbar sein und sollte oberhalb des Behälters eingebaut sein.

Geschlossene Trinkwassererwärmer, mittelbar beheizt, über 10 Liter Inhalt

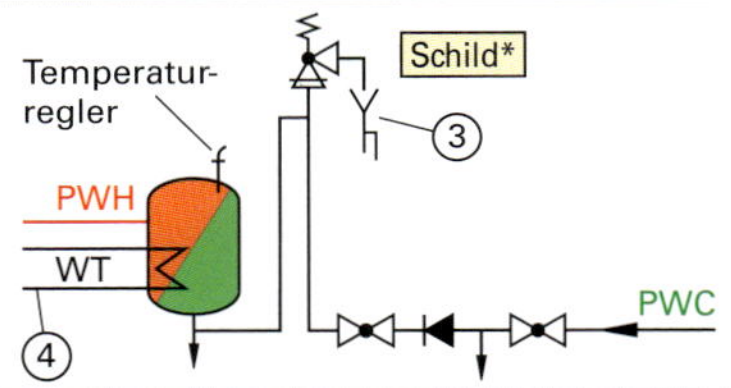

1 (siehe oben)

2 (siehe oben)

3 im Betriebsfall darf zwischen Wärmeträger beziehungsweise Zwischenmedium und dem Trinkwasser kein Kontakt bestehen

4 Bei der mittelbaren Beheizung wird die Wärme der Energieträger an einen Wärmeträger (Wasserdampf, Heizwasser, Arbeitsmittel von Solaranlagen oder Wärmepumpen) abgegeben, der dann das Trinkwasser erwärmt.

Geschlossener Trinkwassererwärmer, unmittelbar mit Zwischenmedium beheizt

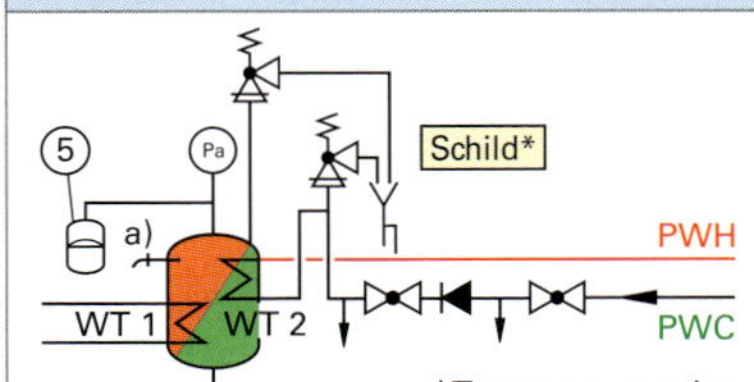

a) Temperaturregler

Durchfluss-Wassererwärmer

1 (siehe oben) **2** (siehe oben)

3 (siehe oben) **4** (siehe oben)

5 Mit einem für Trinkwasser zugelassenen MAG kann das Ausdehnungswasser aufgefangen werden. Einbauanweisung beachten, damit kein stagnierendes Wasser entsteht.

Geschlossener Trinkwasserwärmer, mittelbar mit Zwischenmedium beheizt

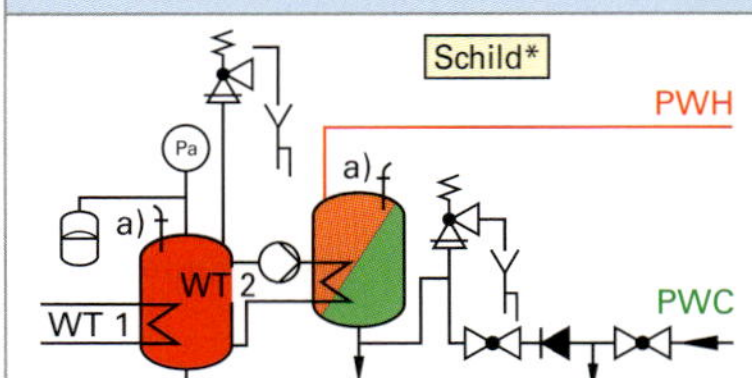

a) Temperaturregler

Speicher-Wassererwärmer

1 (siehe oben) **2** (siehe oben)

3 (siehe oben) **4** (siehe oben)

Eine besondere Variante der mittelbaren Beheizung ist der Zwischenmedium-Wärmetauscher. Hierbei werden die Wärmeübertragungsflächen der Wärmeträger- und der Trinkwasserseite durch ein zusätzliches Sicherheitssystem voneinander getrennt.

***Schild-Schriftzug:** Während der Beheizung kann aus Sicherheitsgründen Wasser aus der Entlastungsleitung austreten. Nicht verschließen!

TW

Anschlüsse und Apparate (Fortsetzung)

Vorgeschriebene Armaturen in der Kaltwasserleitung vor TWE

Anforderungen nach DIN 4753 und DIN 1988-200

1	Absperrventil
2	Baumustergeprüftes Druckminderventil falls p_{PWC} > zul. p_{PWH}
3	Prüfventil zur Überprüfung des Rückflussverhinderers
4	Rückflussverhinderer bei einem Nenninhalt > 10 *l*
5	Manometeranschlussstutzen (ab 1000 *l* Speicherinhalt fest eingebauten Manometer erforderlich)
6	Absperrventil ab 120 *l* Speicherinhalt
7	Baumustergeprüftes Membran-Sicherheitsventil mit Abblaseleitung mindestens in der Größe des Austritts am Sicherheitsventil
8	Entleerungseinrichtung bei Nennvolumen > 15 *l*
8a	Zapfen bei offenem Kleinspeicher
9	Trinkwassererwärmer geschlossen
9a	Trinkwassererwärmer offen

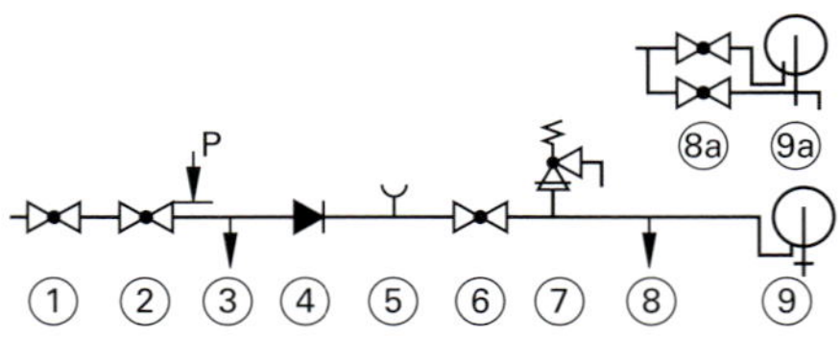

Sicherheitsventile für geschlossene Trinkwassererwärmer

Jeder geschlossene Trinkwassererwärmer ist mit mindestens einem zugelassenen (TÜV-Prüfzeichen) Membran-Sicherheitsventil auszurüsten. Bis 5000 *l* Nennvolumen dürfen nur federbelastete Membran-Sicherheitsventile verwendet werden. Ausnahme: Durchflusswassererwärmer mit einem Nennvolumen ≤ 3 *l*.

Nennweite der Sicherheitsventile (Auslegung)

Nennvolumen *l*	Min. Ventilgröße[2)] DN (R)	Max. Heizleistung kW
≤ 200	15 (½)	75
> 200 ≤ 1000	20 (¾)	150
> 1000 ≤ 5000	25 (1)	250

[2)] Größe des Eintrittsanschlusses

Einbauhinweise

- Einbau in Kaltwasserleitungen oberhalb des Trinkwassererwärmers.
- Zwischen Sicherheitsventil und Trinkwassererwärmer keine Absperrarmaturen, Verengungen oder Siebe anordnen.
- Zulaufleitung mindestens in gleicher Nennweite wie das Sicherheitsventil.

Sicherheitsgruppe

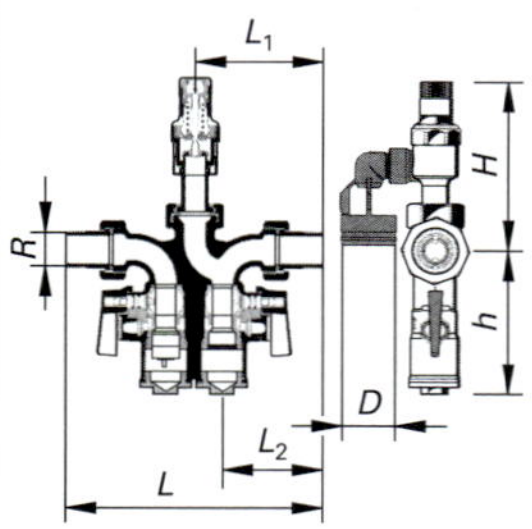

Anschlussgröße	*R*		½	¾	1
Trichterdurchmesser	*D*	mm	40	40	40
Baumaße	*L*	mm	178	186	204
	L_1	mm	89	93	102
	L_2	mm	68,5	72,5	81,5
	H	mm	124,5	124,5	124,5
	h	mm	105,5	105,5	105,5
Masse ca.		kg	1,64	1,70	1,96

Funktion: Vereinigung von Rückflussverhinderer, Absperrventilen, Prüfstutzen und Membransicherheitsventil. Die Absperrventile dienen dazu, den Rückflussverhinderer zu prüfen bzw. zu warten.

Instandhaltung	Maßnahme	Zeitabstand	Durchführung
Inspektion RV	Funktionsprüfung duch Öffnen des Prüfstopfens und Schließen des unteren Absperrventils.	1 x jährlich	Betreiber
Inspektion Sicherheitsventil	Funktionskontrolle durch Überprüfen der Ansprechfähigkeit: Während des Betriebs der Anlage die Anlüftvorrichtung betätigen. Nach Loslassen der Anlüfteinrichtung muss das Ventil wieder schließen und das anstehende Wasser vollständig abfließen.	alle 6 Monate	Betreiber oder Installationsunternehmen
Wartung	Liegt eine Funktionsstörung vor, so kann durch mehrmaliges Betätigen der Anlüftvorrichtung eine Instandsetzung versucht werden. Gelingt das nicht, ist eine Instandsetzung zu veranlassen.	1 x jährlich	Installationsunternehmen

Anschlüsse und Apparate (Fortsetzung)

Membran-Druckausdehnungsgefäße für Trinkwasser

Wasser dehnt sich bei Erwärmung aus. Da Wasser inkompressibel ist, führt dies zwangsläufig zu einem erhöhten Druck. Um den Speicher-Wassererwärmer und das nachgeschaltete Rohrleitungsnetz vor Schäden durch einen zu hohen Druck zu schützen, ist ein Sicherheitsventil vorzusehen. Aus diesem kann – nach DIN EN 806 – Wasser austreten, wenn der Speicher aufgeheizt wird. Die Menge des austretenden Kaltwassers aus dem Sicherheitsventil richtet sich nach der Warmwasser-Entnahmemenge und ist in starkem Maße anlagenbedingt zu sehen.

Um das austretende Wasser nicht ungenutzt verlorengehen zu lassen, kann ein spezielles Trinkwasserausdehnungsgefäß (Kaltwasserausdehngefäß) nach DIN 4807 eingesetzt werden, dass das Ausdehnungsvolumen des Speicher-Wassererwärmers aufnimmt.

Diese Ausdehnungsgefäße werden von Kaltwasser „durchströmt" und somit wird der Inhalt ausgetauscht. Eine Stagnation und dadurch Keim- bzw. Legionellenbildung wird dadurch wirksam verhindert.

Ausdehnungsgefäß

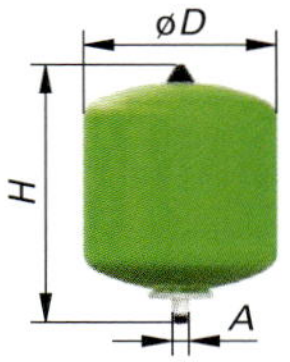

Nennvolumen in l	Ø D mm	H mm	A	Masse kg
8	206	330		2,7
12	280	310		3,7
18	280	395	R ¾	4,7
25	280	505		5,7
33	354	466		6,5

Durchströmungsarmatur mit T-Stück

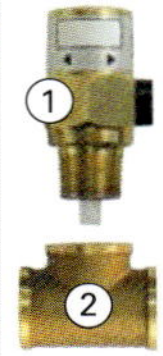

Funktion	
Absperrung des Ausdehnungsgefäßes, Entleerung und Durchströmung	
Anschlussmaße	
1	beidseitig R ¾
2	¾ – ¾ – ¾

Auswahl des Ausdehnungsgefäßes nach dem Nennvolumen der Anlage

V_{Sp} in l	90	100	120	130	150	180	200	250	300	400	500	600	700	800	900	1000
p_{SV} in bar	Nennvolumen des Ausdehnungsgefäßes															
6	8	8	8	8	8	12	12	12	18	25	25	33	33	60	60	60
8	8	8	8	8	8	8	8	12	12	18	18	25	25	33	33	33
10	8	8	8	8	8	8	8	8	12	18	18	18	25	25	25	33

Schutz des Trinkwassers vor Legionellen

Was sind Legionellen und wo kommen sie natürlicherweise vor?

Legionellen sind bewegliche Stäbchenbakterien mit einer durchschnittlichen Länge von 2 bis 5 µm und einem Durchmesser von 0,5 bis 0,8 µm. Sie kommen weltweit verbreitet hauptsächlich in Oberflächenwässern vor.

Wie verhalten sich Legionellen im Wasser?

Wenige Legionellen sind auch im kalten Grundwasser vorhanden. Bis zu Temperaturen von etwa 20 °C vermehren sie sich nur sehr langsam und es besteht kaum Erkrankungsrisiko. Zwischen 30 °C und 40 °C ist die Vermehrungsgeschwindigkeit optimal. Ab einer Wassertemperatur von 60 °C findet in der Regel eine schnelle Abtötung statt.

Vermehrungsorte für Legionellen sind Wuchsbeläge oder Biofilme in Filtern, aber auch Ablagerungen durch Kalkausfall, Schlämme oder Korrosionsprodukte in Rohrleitungen und Trinkwassererwärmern.

Welche Erkrankungen werden durch Legionellen verursacht?

Die „Legionärskrankheit" zeigt sich in einer schweren Lungenentzündung, die unbehandelt in 15 bis 20 % der Fälle tödlich verläuft. Die Inkubationszeit beträgt 2 bis 10 Tage. In Deutschland gibt es jährlich 1000 bis 2000 Todesfälle. Das „Pontiac-Fieber" ist eine fiebrige, grippeähnliche Erkrankung, die meist ohne Lungenbeteiligung binnen weniger Tage abheilt. In Deutschland werden jährlich ca. 100 000 Erkrankungen geschätzt.

Auf welche Weise kann man sich mit Legionellen infizieren?

Als Hauptinfektionsweg ist das Einatmen erregerhaltiger, lungengängiger Aerosole aus dem Warmwasserbereich anzusehen. Somit stellen insbesondere Duschen aber auch Aerosole an Auslaufarmaturen Gefahrenquellen dar. Weiterhin sind Bereiche gefährdet, in denen eine Wasserversprühung oder -verrieselung wie in Schwimmbädern an künstlichen Wasserfällen, Fontänen oder Rutschen stattfindet. Gefährdet sind vor allem ältere und kranke Personen. Aber auch Raucher und Diabetiker.

Quelle: Bayerisches Landesamt für Gesundheit und Lebensmittelsicherheit

TW

Schutz des Trinkwassers vor Legionellen (Fortsetzung)

Konzentration an Legionellen

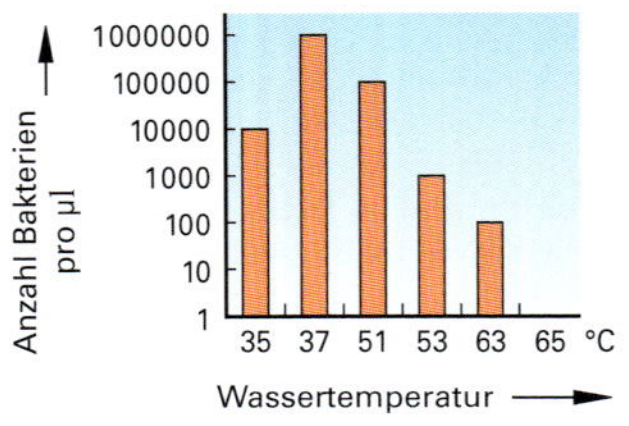

Klassifizierung der Legionellenkonzentration

Anzahl der Legionellen KBE/100 ml	Bemerkungen
1	OK
1 – 100	OK
100 – 1000	Sanierung innerhalb eines Jahres erforderlich
1001 – 10000	Kurzfristige Sanierung erforderlich
Mehr als 10000	Direkte Gefahrenabwehr erforderlich; Nutzungsverbot

Schutzmaßnahmen

- Kaltwasser vor Erwärmung schützen (Dämmen)
- Stagnationszeiten gering halten
- Trinkwassererwärmer so klein wie möglich und nur so groß wie nötig dimensionieren
- Endstränge vor Entnahmestellen dürfen maximal 3 Liter Inhalt haben
- Trinkwassererwärmer mit Inhalt über 3 Liter müssen 60 °C an jeder Stelle einhalten können
- Thermische Desinfektion muss möglich sein
- Mindesttemperatur am Erwärmer 60 °C
- Zirkulation oder Begleitheizung bei Leitungsinhalten > 3 Liter
- Maximale Temperaturdifferenz von 5 K zwischen Erwärmer und Entnahmestelle
- Thermostat Zirkulationsregulierventil verwenden
- In öffentlichen Gebäuden Probenahmearmaturen vorsehen
- Inbetriebnahme- und Einweisungsprotokoll erstellen und bestätigen lassen
- Auf Betreiberpflichten schriftlich hinweisen

Rohrlängen für ein Wasservolumen von 3 Litern (Kupfer)

Dimension	Länge in m	Dimension	Länge in m
12 x 1	ca. 38	22 x 1	ca. 9,5
15 x 1	ca. 22,5	28 x 1,5	ca. 6
18 x 1	ca. 15	35 x 1,5	ca. 3,5

Risikofaktoren zur Kontamination des Kalt- und Warmwassernetzes

- Nicht sachgerechte Planung (z. B. Überdimensionierung von Speicher und Leitungen),
- nicht regelmäßig genutzte Leitungsteile mit stagnierendem Wasser,
- mangelhafte, nicht fachgerechte Installation,
- Verwendung ungeeigneter Materialien und Bauteile,
- nicht bestimmungsgemäßer Betrieb,
- erhöhte Temperaturen im Kaltwasserbereich von deutlich mehr als 20 °C,
- nicht sachgerechte Inbetriebnahme.

Legionellenprophylaxe

Partikelschutz	Durch den Einbau von Filtern werden die Verschlammung von Boilern und Leitungen sowie Lochfraßkorrosion vermieden.
Kalkschutz	Durch den Einbau von Kalkschutzsystemen können die Biofilmbildung und Nährstoffversorgung der Legionellen minimiert werden.
Korrosionsschutz	Die Rauigkeit der Rohroberfläche nimmt durch Korrosion zu, so dass Biofilmanlagerungen besser erfolgen können.

Vorgehensweise zur Sanierung von legionellenverseuchten Trinkwassererwärmern oder belasteten Leitungsanlagen

1. Verdacht der Legionellenkontamination

→ Rücksprache mit dem Hygieneinstitut über mögliche Untersuchungen

→ Aufnahme des Verdachtsfalles durch
- Ortsbegehung
- Entnahme von Wasserproben
- Durchführung der Untersuchungen usw.

2. Feststellung der Art der Legionellenverseuchung

- in der gesamten PWH-Anlage auftretend → Sanierungsplan aufstellen, entsprechend Art, Grad oder Konzentration des Befalls
- nur lokal auftretend, wie z. B. im TWE → Mehrfaches Hochheizen der Anlage θ > 60 °C und abgestorbene Bakterien ausspülen

3. Sanierungsmaßnahmen

→ physikalische
→ chemische
→ thermische
} Behandlung

oder

→ Neuinstallation der gesamten PHW-Anlage

Schutz des Trinkwassers vor Legionellen (Fortsetzung)

Trinkwassernetz mit Probenahmestellen (nach DVGW-W551: 2004-04)

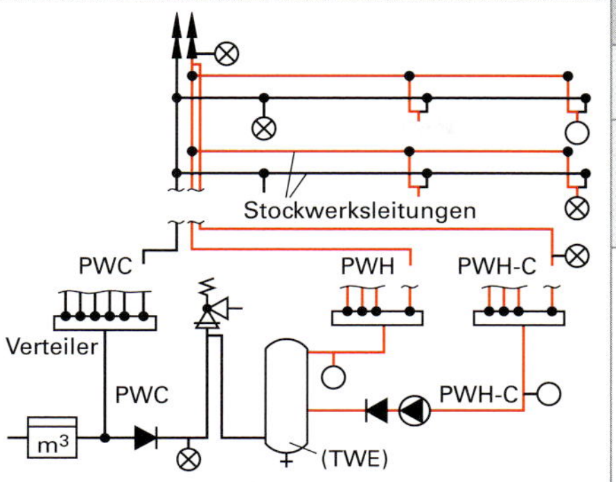

Probennahmestellen (Mindestumfang)	
○	Orientierende Untersuchung (eingeschränktes Probenahmeschema)
⊗	Zusätzliche Probenahmestellen bei weitergehenden Untersuchungen (Anzahl der erforderlichen Proben ist abhängig von Größe, Ausdehnung und Verzweigung des Systems).

PWC	Trinkwasser kalt
PWH	Trinkwasser warm
PWH-C	Trinkwasser warm – Zirkulationsleitung
(TWE)	Trinkwassererwärmer

Wärmedämmung von Trinkwarmwasserleitungen

<table>
<tr><th colspan="3">Dämmstärke Trinkwasserleitungen warm</th></tr>
<tr><th colspan="2">Dämmstärke Heizungsleitungen</th><th></th></tr>
<tr><td>an Außenluft grenzend</td><td rowspan="3">200 %</td><td rowspan="3">200 %</td></tr>
<tr><td>in frei belüfteten Tiefgaragen</td></tr>
<tr><td>in nichtbeheizten ungedämmten Dachräumen</td></tr>
<tr><td>in unbeheizten Räumen und Kellerräumen</td><td rowspan="6">100 %</td><td rowspan="7">100 %</td></tr>
<tr><td>in Außenbauteilen (Wände, Decken ...)</td></tr>
<tr><td>in Bauteilen zwischen einem unbeheizten und beheizten Raum</td></tr>
<tr><td>in Schächten und Kanälen</td></tr>
<tr><td>Verteilleitungen zur Versorgung mehrerer unterschiedlicher Nutzer</td></tr>
<tr><td>im Fußboden verlegte Leitungen gegen Erdreich</td></tr>
<tr><td>in Bauteilen zwischen beheizten Räumen verschiedener Nutzer</td><td rowspan="6">50 %</td></tr>
<tr><td>in Wand- und Deckendurchbrüchen (Abschottungsbereich)</td><td rowspan="5">50 %</td></tr>
<tr><td>im Kreuzungsbereich von Leitungen</td></tr>
<tr><td>an Leitungsverbindungsstellen</td></tr>
<tr><td>an zentralen Leitungsverteilern</td></tr>
<tr><td>an Armaturen</td></tr>
<tr><td>im Fußbodenaufbau (auf der Rohdecke, unter Estrich)</td><td>6 mm</td><td>100 %</td></tr>
<tr><td>in beheizten Räumen eines Nutzers und absperrbar</td><td>keine Anforderung</td><td>nicht relevant für Trinkwasser warm</td></tr>
<tr><td>Stichleitungen bis zu einem Wasserinhalt von 3 Litern, die weder in den Zirkulationskreislauf einbezogen noch mit elektrischer Begleitheizung ausgestattet sind und sich in beheizten Räumen befinden</td><td>nicht relevant für Heizungsanlagen</td><td>keine Anforderung</td></tr>
<tr><td colspan="3">Rohrleitungen von Solaranlagen unterliegen nicht dem Gebäudeenergiegesetz (GEG), Erzeugung und Verbrauch von Solarenergie sind CO_2-neutral. Rohrleitungen von Solaranlagen sind jedoch ebenfalls so zu dämmen, dass die erzeugte Energie der Anlage ohne wesentliche Verluste genutzt werden kann.</td></tr>
</table>

TW

Wärmedämmung von Trinkwarmwasserleitungen (Fortsetzung)

Umrechnung der Dämmstoffdicken in mm in Abhängigkeit von Wärmeleitfähigkeit und Rohrdurchmesser

λ W/(mK)	DN 15	DN 20	DN 25	DN 32	DN 40	DN 50
0,025	11	12	18	18	25	32
0,030	15	16	23	28	33	42
0,035	20	20	30	30	40	50
0,040	26	25	38	46	53	67
0,045	33	32	48	57	66	83

- Beim Dämmmaterial muss λ vom Hersteller angegeben werden.
- Die Dämmstoffdicken können nach dieser Tabelle umgerechnet werden.
  Beispiel: DN 32, λ = 0,025 W/(mK) ergibt 18 statt 30 mm Dämmstoffdicke bei λ = 0,035 W/(mK)
- Je geringer der λ-Wert, desto geringer die erforderliche Dämmstoffdicke.

Wärmedämmung von Wärmeverteilungs- und Warmwasserleitungen sowie Armaturen nach GEG, Anlage 8 (zu § 69, § 70, § 71 Absatz 1)

Zeile	Art der Leitungen/Armaturen	Mindestdicke der Dämmschicht bezogen auf eine Wärmeleitfähigkeit von λ = 0,035 W/(mK)
1	Innendurchmesser bis 22 mm	20 mm
2	Innendurchmesser über 22 mm bis 35 mm	30 mm
3	Innendurchmesser über 35 mm bis 100 mm	gleich Innendurchmesser
4	Innendurchmesser über 100 mm	100 mm
5	Leitungen und Armaturen nach den Zeilen 1 bis 4 in Wand- und Deckendurchbrüchen, im Kreuzungsbereich von Leitungen, an Leitungsverbindungsstellen, bei zentralen Leitungsnetzverteilern	½ der Anforderungen der Zeilen 1 bis 4
6	Leitungen und Armaturen nach den Zeilen 1 bis 4, die nach dem 31. Januar 202 in Bauteilen zwiaxhwn beheizten Räumen verschiedener Nutzer verlegt werden.	½ der Anforderungen der Zeilen 1 bis 4
7	Leitungen und Armaturen nach Zeile 6, die sich in einem Fußbodenaufbau befinden	6 mm
8	Wärmeverteilungs- und Warmwasserleitungen, die an Außenluft grenzt	das Zweifache der Anforderungen der Zeilen 1 bis 4

Vorgedämmte Rohre (Herstellerangaben)

Kunststoff- oder Mehrschichtverbundrohr gedämmt mit Kompakt-Dämmhülse. Dämmung: geschlossenzelliger Kompakt-Polyethylenschaum mit einem Wärmeleitkoeffizient von $\lambda_{40°C}$ = 0,036 W/(mK), Faser-Polsterlage aus fest miteinander vernadelten Fasern.

Artikelkurzbezeichnung	Mehrschichtverbundrohr		Kunststoffrohr		Bauhöhe	
	d_a mm	DN	d_a	DN	ca. mm	Dämmung
Dämmschichtdicke 10 mm						
KDH 10-15	16	12	16	10/12	30	50 %
KDH 10-18	18	12	18	12	33	50 %
KDH 10-18	20	15	20	15	36	50 %
KDH 10-22	25	20	25	20	40	50 %
Dämmschichtdicke 20 mm						
KDH 20-15	16	12	16	10/12	43	100 %
KDH 20-18	18	12	18	12	46	100 %
KDH 20-22	20	15	20	15	50	100 %
KDH 20-28	25	20	25	20	56	100 %

Planungsgrundlagen für Bäder und WC-Räume

VDI 6000; 2022-07-Entwurf

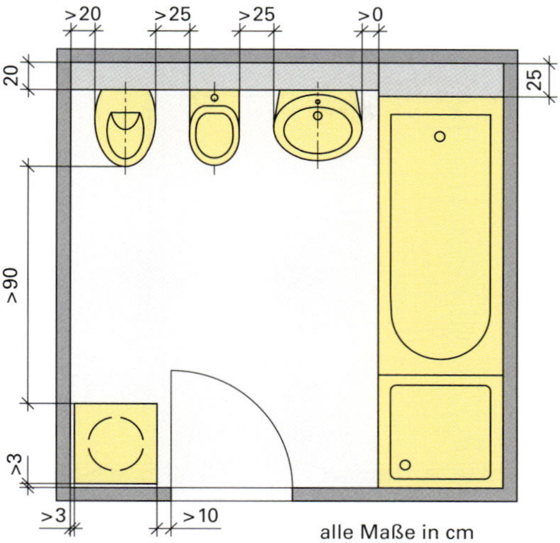

alle Maße in cm

- Die Anordnung und Auswahl der Gegenstände werden durch die baulichen Gegebenheiten sowie die Anforderungen und Bedürfnisse des Menschen bestimmt.
- Die nach **VDI 6000** festgelegten Seitenabstände und Bewegungsflächen sind einzuhalten und möglichst größer zu bemessen.
- Den Anforderungen an den Schallschutz ist mit schallschutzgerechter Planung und Installation Rechnung zu tragen.
- Sanitärobjekte mit tiefliegendem Abwasseranschluss (z. B. Bade- und Duschwannen) sind möglichst nah an der Fallleitung anzuordnen.
- Ästhetische Aspekte sowie die Grundlagen der Raum-, Farb- und Lichtwirkungen berücksichtigen.
- Eine fliesengerechte Installation ist vorzusehen.

Seitliche Abstände von Stellflächen in Bädern und WC-Räumen in cm

Einrichtungsgegenstände		Wasch-tisch ETW	Wasch-becken HWB	Dusch-wanne DU	Bade-wanne BW	Klosett WCu	Bidet SWD	Urinal UB	Wasch-maschine WM
		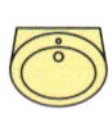		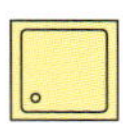			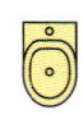		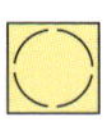
Abmessungen in cm (Richtmaße)	B: T: H:	70 60	45 35	90 75 16/8,5	170 75 55	40 60	40 60	40 40	60 60 50
EWT	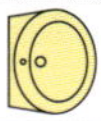	20	–	15	15	20	25	20	20
HWB	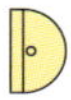	–	–	20	20	20	25	20	20
DU	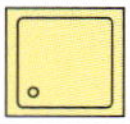	15	20	–	15	20	25	20	3
WCu		20	20	20	20	–	25	20	20
SWB	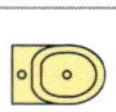	25	25	25	25	25	–	25	25
UB		20	20	20	20	20	25	–	20
Seitenwand		20	20	–	–	20 25[1]	25 25[1]	20 25[1]	

[1] Bei Wänden auf beiden Seiten.

TW

Bewegungsflächen nach VDI 6000: 2022-07-Entwurf

Planungsgrundsätze

Bewegungsflächen sind die zur Nutzung der sanitären Einrichtungen mindestens erforderlichen Flächen.

Sie ergeben sich aus den Mindestabständen und einer Tiefe von 75 cm vor dem Gegenstand.

Bei Badewannen ist eine Breite von 90 cm vorzusehen.

Die Flächen dürfen sich überschneiden, jedoch nicht in Sanitärobjekte, Heizkörper oder Badmöbel hineinragen.

Bei Waschmaschinen und Wäschetrocknern (Frontlader) ist eine Tiefe von 90 cm vorzusehen.

Wenn möglich, Waschmaschine/Wäschetrockner im Hauswirtschaftsraum/Keller vorsehen.

Planungsbeispiel Duschbad

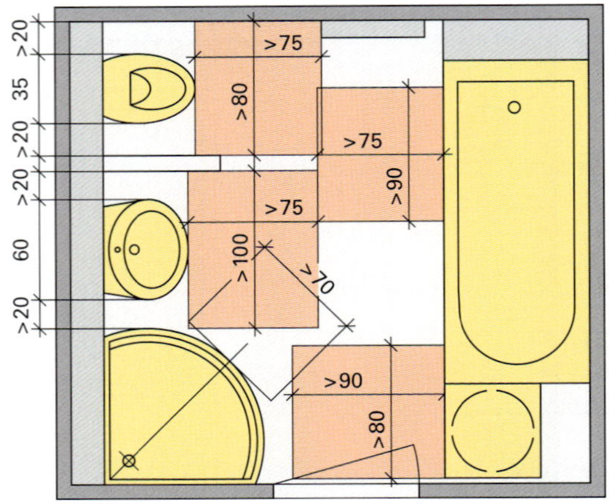

alle Maße in cm

Planungsbeispiel Gäste-WC

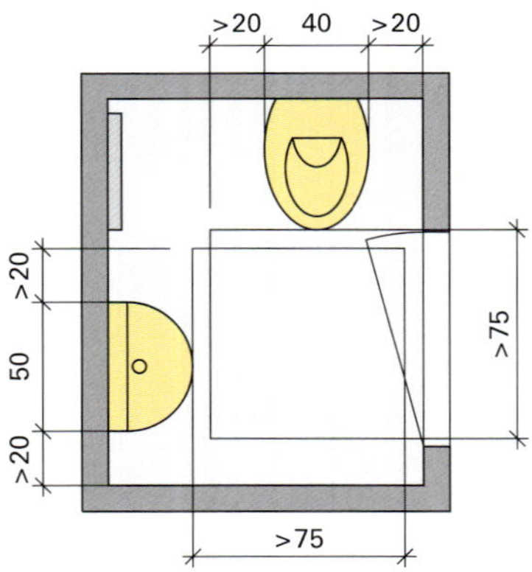

Planungsbeispiel Badmodernisierung

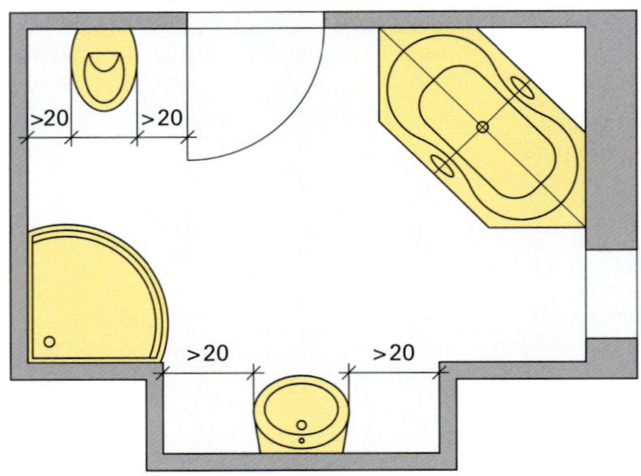

Innenliegendes Hotelbad

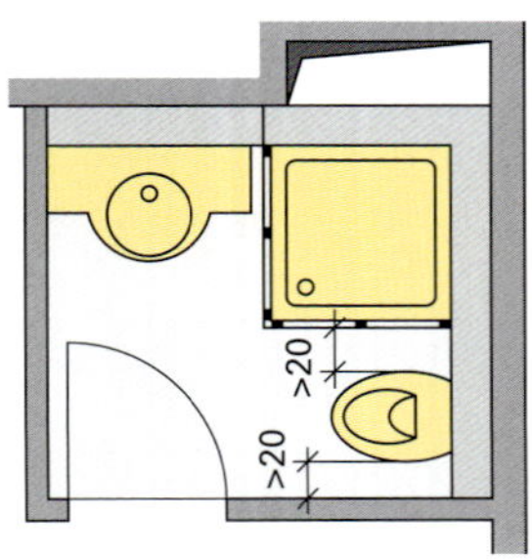

Sanitäreinheit für kleine Betriebe, Läden

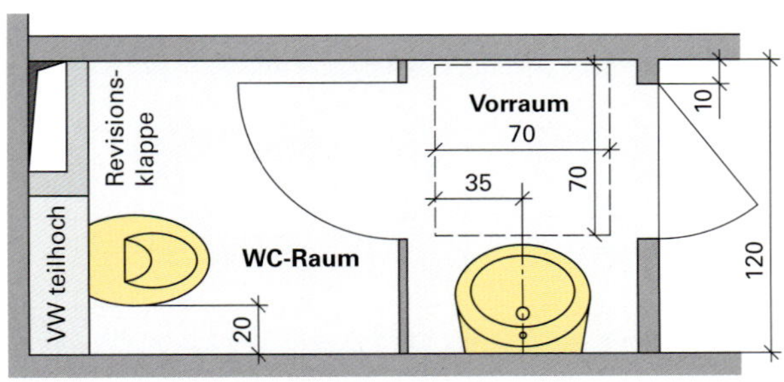

alle Maße in cm

Sanitäre Mindestausstattung in Wohnungen

	Sanitäre Gegenstände	Zusätzliche Empfehlungen	Einrichtungsgegenstände
Bad	Waschtisch Badewanne WC-Becken	Duschwanne, Urinal, Bidet, zusätzlicher Waschtisch (bei mehr als 3 Personen)	Waschmaschine Badmöbel
WC-Raum	Waschbecken bzw. Waschtisch WC-Becken	Urinal Duschwanne	evtl. Badmöbel

Einrichtungsgegenstände für unterschiedliche Gebäude

Einrichtungs-gegenstände	**Waschtisch ETW**	**Klosett WC**	**Urinal UB**	**Ausgussbecken AB**
	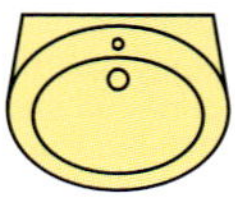	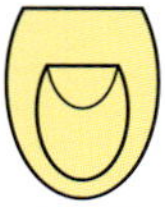		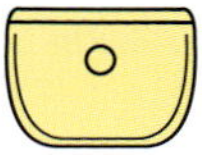
Schulen				
WC – Jungen	1 x für 40 Jungen	1 x für 20 Jungen	1 x für 10 Jungen	1 x
WC – Mädchen	1 x für 40 Mädchen	1 x für 10 Mädchen	–	1 x
WC – Lehrer	1 x für 20 Lehrer	1 x für 20 Lehrer	1 x für 20 Lehrer	–
WC – Lehrerinnen	1 x für 20 Lehrerinnen	1 x für 10 Lehrerinnen	–	–
Hotels				
WC – Herren	1 x je 5 WCs	1 x je 15 Betten	1 x je 15 Betten	–
WC – Damen	1 x je 5 WCs	1 x je 10 Betten	–	–
Baderaum	1 x Badewanne, 1 x Duschwanne, 1 WC, 1 x Waschtisch, 1 x Bidet empfohlen			
Bürogebäude				
WC – Herren	1 x je 5 WCs	1 x für 15 Männer oder 100 m² Nutzfläche	1 x für 10 Männer oder 150 m² Nutzfläche	1 x
WC – Damen	1 x je 5 WCs	1 x für 10 Frauen oder 100 m² Nutzfläche	–	1 x
Büro	1 x je 10 Personen oder 100 m² Nutzfläche	–	–	–

Gaststätten

Sanitärgegenstände		**Anzahl der Sitzplätze**							
		30	60	80	120	170	220	330	430
Herren	WC	1	1	2	2	3	4	5	7
	Urinal	1	3	4	5	6	7	10	12
	Waschbecken	1	1	2	2	3	4	5	6
Damen	WC	1	2	3	4	5	7	12	16
	Waschbecken	1	2	2	3	4	5	6	7

Betriebe E-DIN 18228, Arbeitsstättenrichtlinie 37-1 (1977)

	Anzahl der Personen/Anzahl der Sanitärgegenstände									
Herren	10	25	50	75	100	130	160	190	220	250
WC	1	2	3	4	5	6	7	8	9	10
Urinal	1	2	3	4	5	6	7	8	9	10
Damen	10	20	35	50	65	80	100	120	140	160
WC	1	2	3	4	5	6	7	8	9	10
Bidet	1	1	1	2	2	2	3	3	3	3

Werkstoffe für Sanitärgegenstände

	Werkstoffe	Verwendung	Vorteile	Nachteile
Keramische Werkstoffe	Sanitärporzellan	Waschbecken und Klosetts, Urinalbecken, Bidets	leicht zu reinigen, glashart, beständig gegen Säuren und Laugen, unempfindlich gegen Temperaturwechsel, hohe Festigkeit, sehr geringe Wasseraufnahme, viele verschiedene Farben lieferbar	bruchempfindlich, nicht stoß- und schlagfest, nur mit speziellen Reinigern zu pflegen
	Feuerton, Steinzeug	gebrannte Waschbottiche, Waschrinnen, Ausgussbecken, Laborspülen	beständig gegen Säuren und Laugen, widerstandsfähig, robust	ungleichmäßige Oberfläche, Optik
Kunststoffe	PMMA (Polymethyl-Methacrylat)	Bade- und Duschwannen, Waschtische, Badmöbel, Duschabtrennungen	hochglänzend, hautsympathisch, heißwasser-, laugen- und säurenbeständig, schalldämmend, gut polierbar, korrosionsbeständig, rutschfeste und porenfreie Oberfläche, leichter Werkstoff, stoß- und schlagfest	nicht beständig gegen Alkohol und Lösungsmittel (z. B. Nagellackentferner), kratzempfindlich
Metallische Werkstoffe	nichtrostender Stahl	Waschbecken, Urinale, Klosetts, Duschwannen, medizinische Bäder, Sanitärinstallation im öffentlichen Bereich	glatte und harte Oberfläche, stoß- und schlagfest, beständig gegen Reinigungs- und Desinfektionsmittel, leicht zu reinigen	hoher Preis, hohes Gewicht
	emaillierter Stahl	Bade- und Duschwannen, Waschbecken	Überzug allseitig, korrosionsbeständig	hohes Gewicht, Emaille ggf. nicht stoßfest

Farbtöne von Sanitärobjekten (Glanzfarben)

Basisfarben		Sonderfarben (Auswahl)			
Weiß		Ägäis		Greenwich	
Pergamon		Jasmin		Calypso	
Manhattan		Natura		Beige	

Farb- und Raumgestaltung von Bädern

Grundlagen der Farbgestaltung

Grundsätze:
- Je größer die Fläche, desto weniger Intensität der Farbe ist erforderlich.
- Vermeidung von zu vielen Farben, Stilen und Oberflächen.

Farben	**Weiß**	**Gelbtöne**	**Weiß/Anthrazit oder Granitgrau-Kombination**
Beispiel:			
Stimmungen Ausdrucksformen	zeitlos, dauerhaft	sonnig, freundlich	elegant, luxuriöses Ambiente

Grundlagen der Raumgestaltung

Bauliche Gegebenheiten	**Empfehlungen**	**Beispiele**
Niedrige Räume	• hellere Decken • Verwendung vertikaler Muster oder Streifen • indirekte Beleuchtung zur Decke	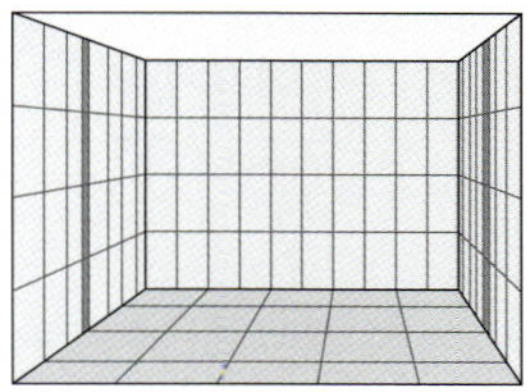
Hohe Räume	• oberer Rand ohne Fliesen • dunklere Decken • Verwendung horizontaler Muster oder Streifen	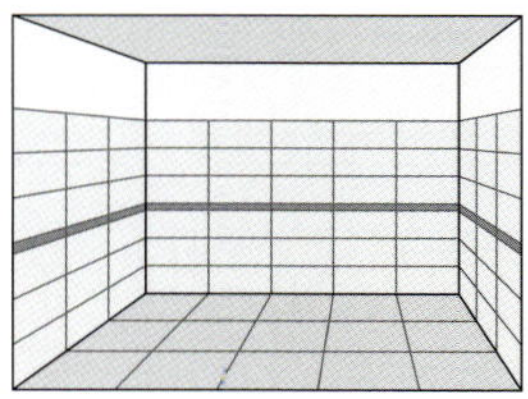
Kleine Räume	• große Fliesen mit vereinzeltem Muster • Diagonalverlegung • Decke mit Längs- oder Quermuster	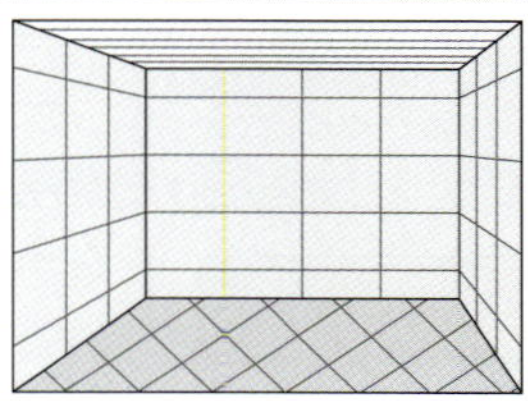
Große Räume	• kleine Fliesen • Randdesign auf Boden oder Wänden	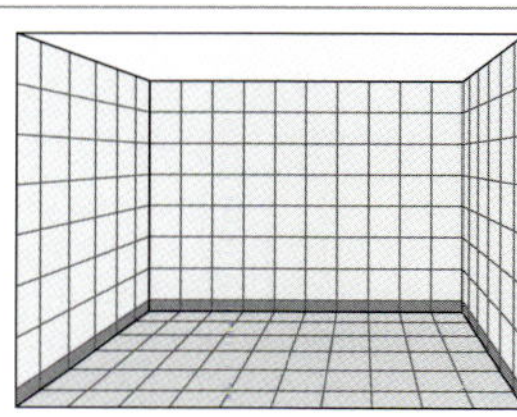

TW

Maße, Montagemaße sanitärer Einrichtungsgegenstände

Waschtische/Waschbecken, Maße und Montagehöhen, Herstellerangaben in mm

Waschtisch

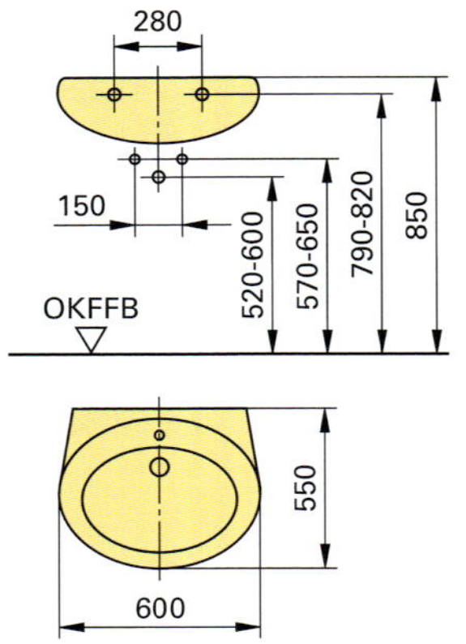

Waschtisch mit Halbsäule

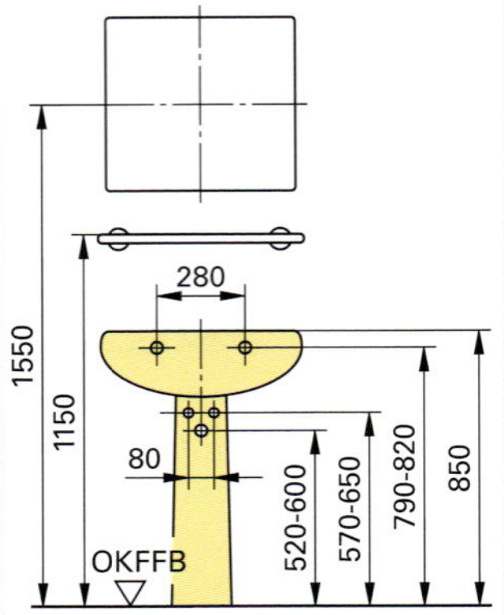

Hand-Waschbecken

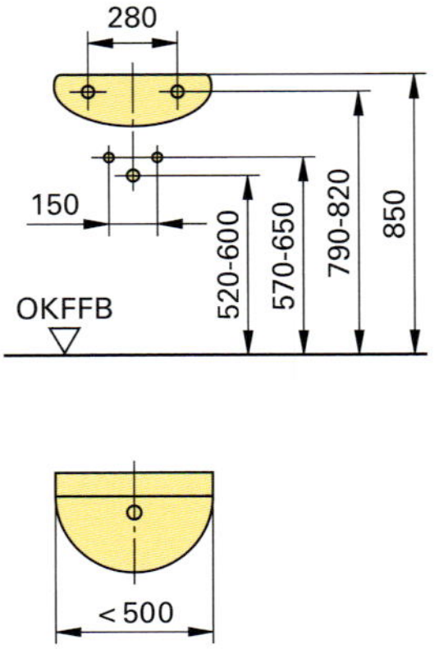

Montagehöhen für unterschiedliche Benutzer (Richtwerte in mm)	Oberkante Waschtisch/ Waschbecken	Spiegelmitte	Handtuchhalter
Erwachsene	850	1550	850
Ältere Menschen, Rollstuhlfahrer	800	1200	800
Kinder bis 7 Jahre	600	1200	600
Kinder bis 10 Jahre	800	1300	800

Badewannen, Maße und Montagehöhen, Herstellerangaben in mm

Normalwanne

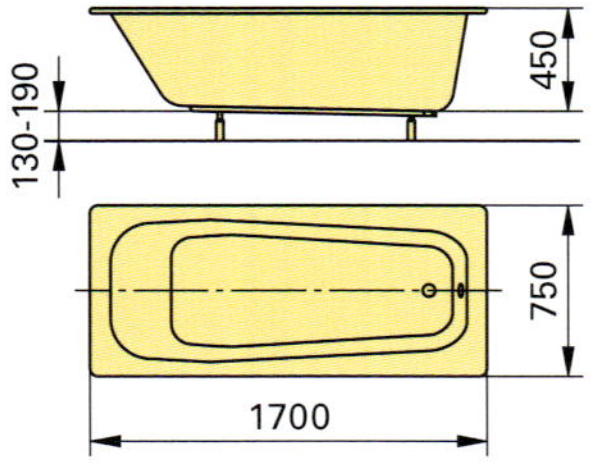

Raumsparwanne

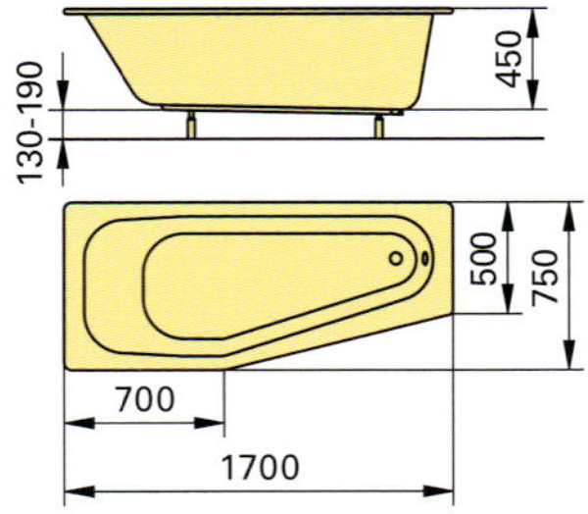

Sechseckwanne

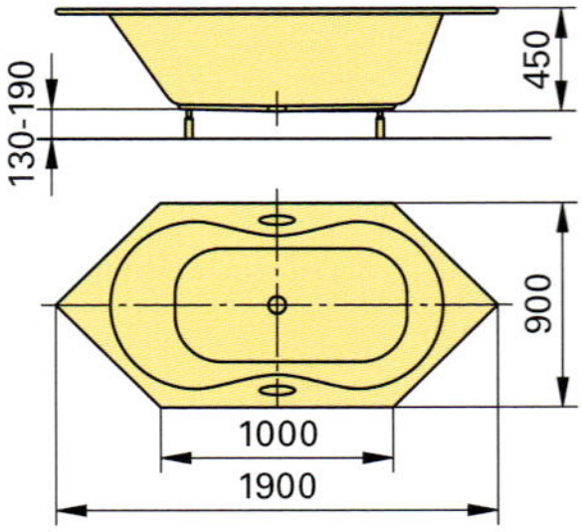

Luxuswanne

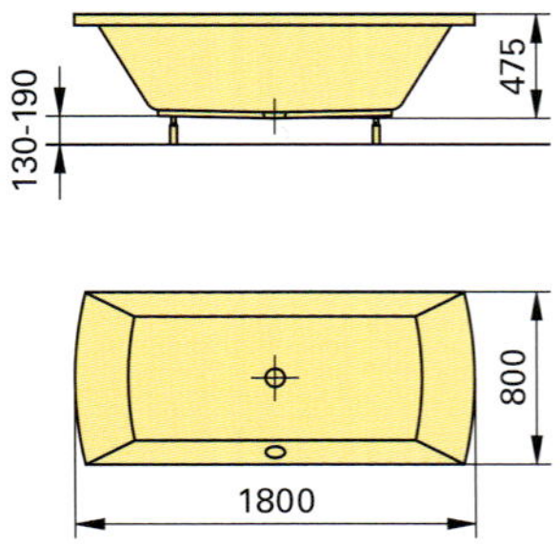

Eckwanne

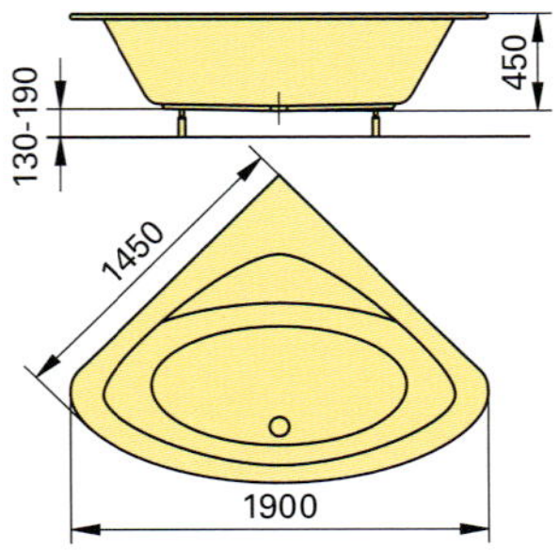

Ovalwanne

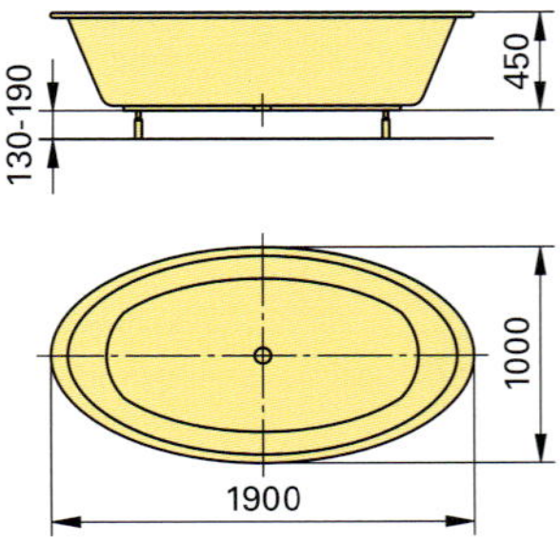

Maße, Montagemaße sanitärer Einrichtungsgegenstände (Fortsetzung)

Duschwannen, Maße Herstellerangaben in mm

Normalform

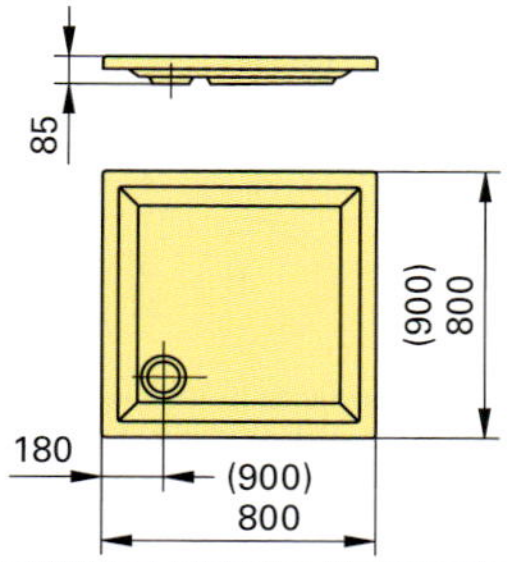

Viertelkreisform

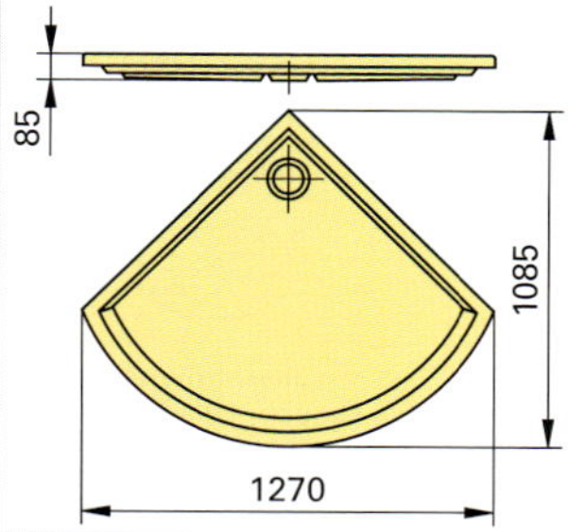

Fünfeckform

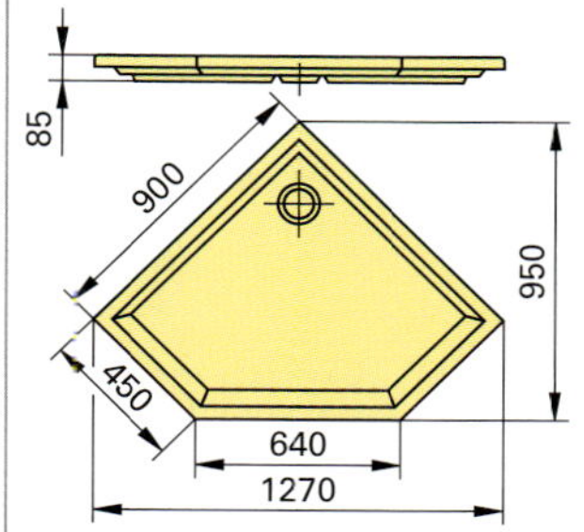

Richtmaße einer Duschanlage mit Wanne

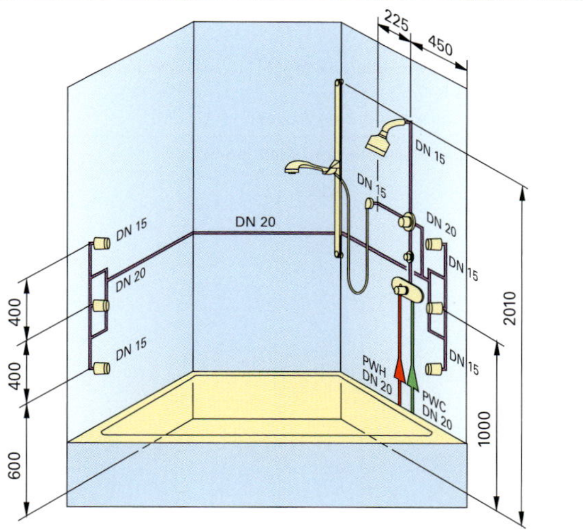

Duschwannen

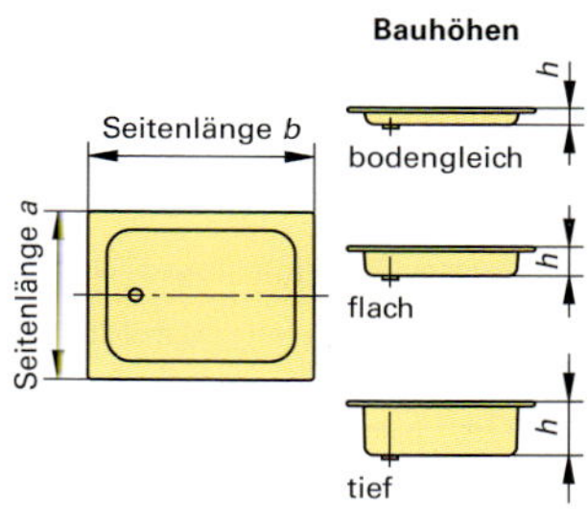

Duschwannen: Grundmaße in cm

Seitenlänge *a*	Seitenlänge *b*	Höhe *h*
70	85, 90, 100	2,5 … 6,5 (superflach) 6,5 … 16 (flach) 22 … 28 (tief)
80	80, 90, 100	
90	90, 100, 120	
100	100, 120	
120	120	

Sitzwaschbecken, Maße, Herstellerangaben in mm

Sitzwaschbecken – wandhängend

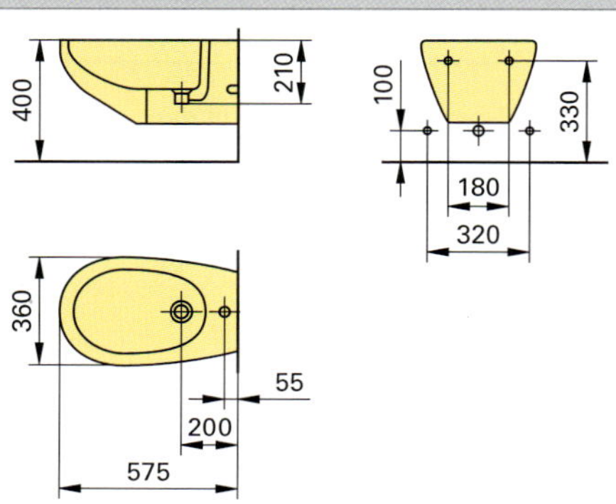

Sitzwaschbecken – bodenstehend

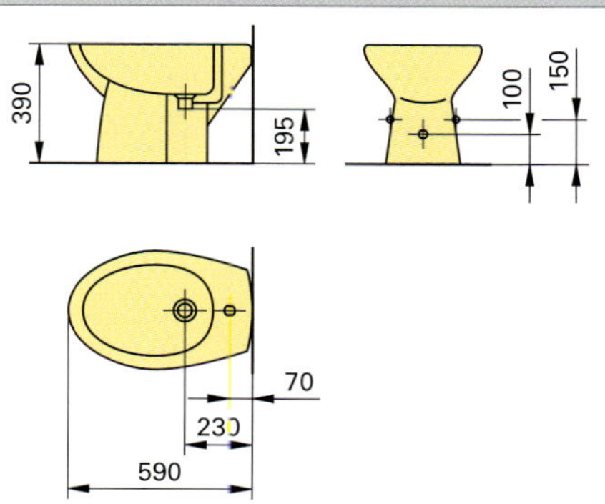

TW

Maße, Montagemaße sanitärer Einrichtungsgegenstände (Fortsetzung)

Klosettanlagen, Bauformen

	Flachspülklosett	Tiefspülklosett	Zungenklosett
Darstellung	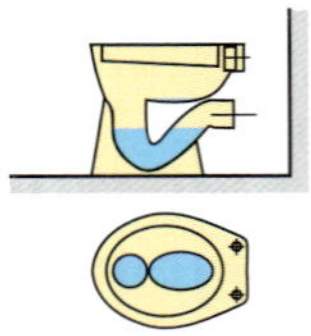	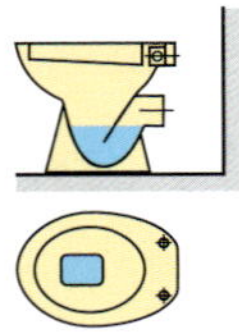	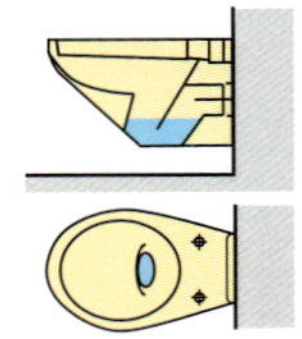
Beschreibung	Die Fäkalien fallen in eine wassergefüllte Mulde.	Die Fäkalien fallen direkt in das Wasser des Geruchsverschlusses.	Funktion wie beim Tiefspülklosett. Durch die vorgeformte Wand (Zunge) wird Spritzwasser vermindert.
Vorteile	• mögliche Kontrolle des Stuhls im Krankheitsfall	• starke Verminderung der Geruchsbelästigung • geringere Beckenverschmutzung	• wie beim Tiefspülklosett, jedoch mit vermindertem Spritzwasser
Nachteile	• Geruchsbelästigung • starke Verschmutzung des Beckeninnenraums	• keine Kontrolle des Stuhls möglich • zurückspringendes Wasser	• keine Kontrolle des Stuhls möglich

Klosett- und Urinalanlagen, Maße und Montagehöhen, Herstellerangaben in mm

Klosett – bodenstehend mit Aufputz-Spülkasten

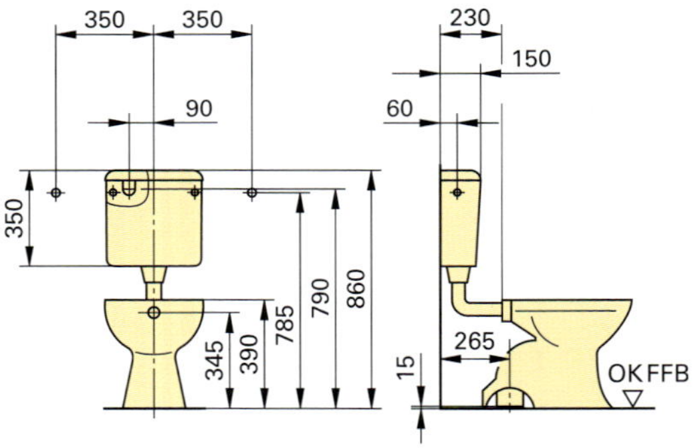

Klosett – wandhängend

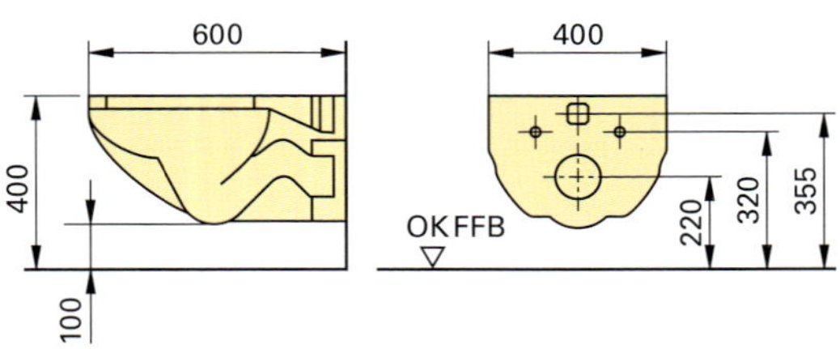

Die Montagehöhe von 400 mm gilt als Richtwert und ist dem Fliesenraster anzupassen. Bei Behinderten mit Hüftleiden ist eine Montagehöhe von mindestens 450 mm anzustreben.

Urinal

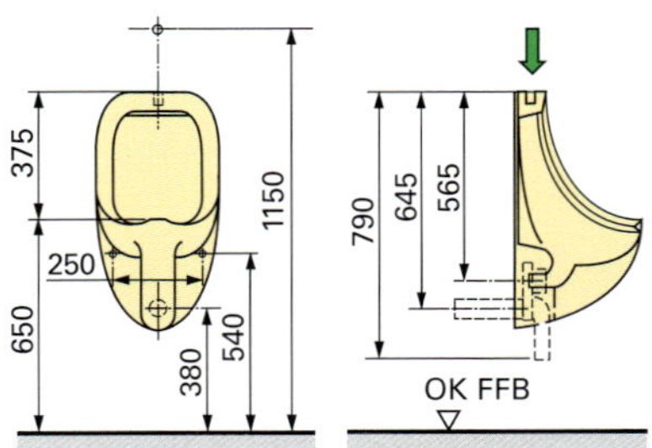

alle Maße in mm

Im öffentlichen Bereich ist die Spülung berührungslos (optoelektronisch oder radarelektronisch) auszuführen.

Installationssysteme

	Massivbau		Trockenbau			
	Inwand-installation	Vorwand-installation	Inwand-installation	Vorwandinstallation vor Massiv-wand	Vorwandinstallation vor Ständer-werk	Freistehende Installation
	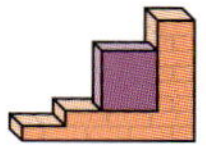	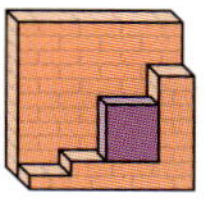	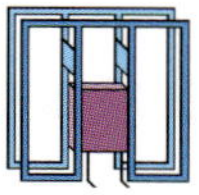	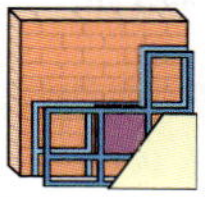	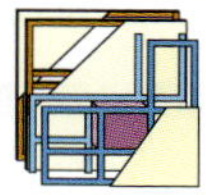	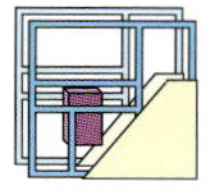
Tragsysteme mit Montageelementen			X	X	X	X
Selbsttragende Montageelemente			X	X	X	
Montageelemente für nass gemauerte Vorwandinstallation		X				
Selbsttragende Installationsbausteine	X	X	X	X	X	

Vorwandsystem Beispiel

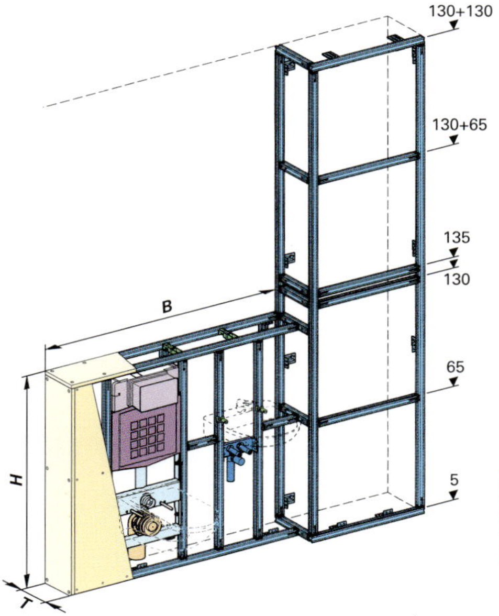

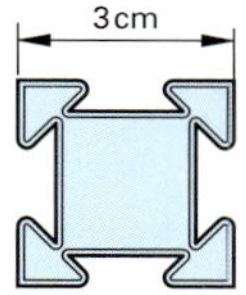

GIS-Profil = 3 cm

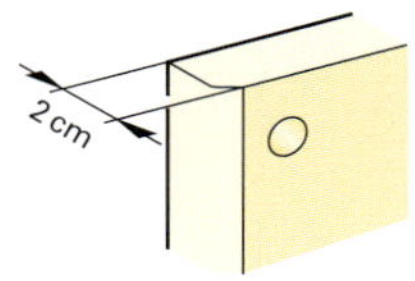

GIS-Paneel = 2 cm

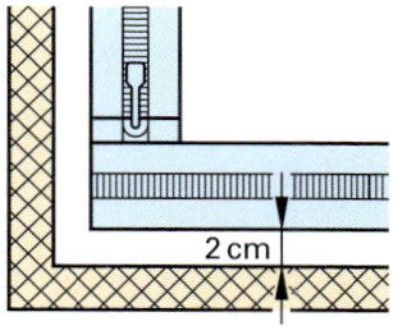

Boden-, Wand- und Deckenabstand = 2 cm

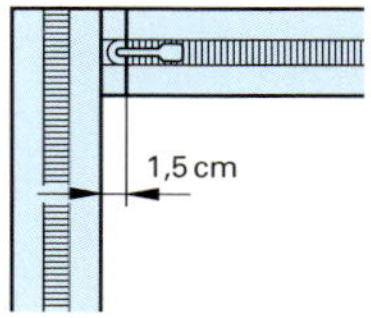

2 Profilverbinder = 3 cm

Profilberechnung mit vereinfachten Maßen

Waagerechte (L) = Breite der Wand (B) minus 4 cm
Senkrechte (L) = Höhe der Wand (H) minus 13 cm
Zwischenprofile (L) = Lichtes Maß (X) minus 3 cm

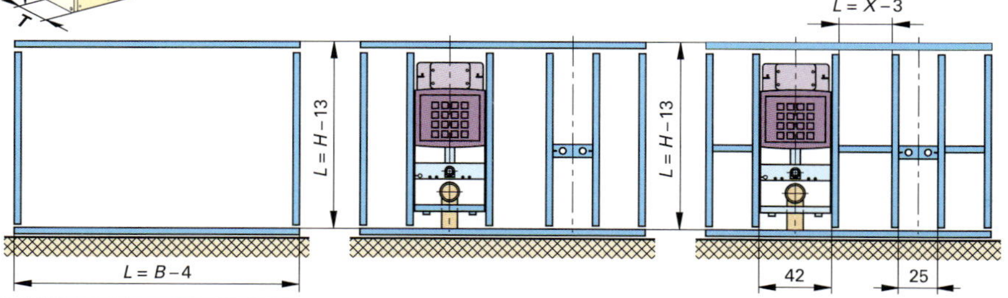

TW

Fliesengerechte Installation

Bei der fliesengerechten Installation werden alle Sanitärobjekte entweder auf Fugenkreuz oder Fliesenmitte ausgerichtet. Voraussetzung für diese Installation ist eine genaue Absprache zwischen Bauherrn/Architekten, Fliesenleger und Anlagenmechaniker. Dabei sind die Fliesenmaße festzulegen und in einem Fliesenplan einzutragen. Von Bedeutung ist der Meterriss und an welchem Punkt der Fliesenleger beginnt.

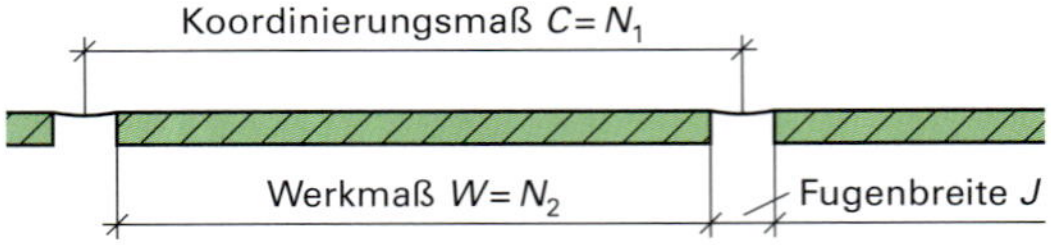

Bei Fliesen mit Vorzugsmaßen wird immer das Koordinierungsmaß **C** (Fliese + 1 x Fuge) angegeben. Bei Verwendung von nichtmodularen Fliesen wird das Werkmaß **W** (Fliese) angegeben.

Definitionen Koordierungsmaß C, Werkmaß W und Nennmaß N	Modulare Vorzugsmaße C in cm	Nichtmodulare Maße W in cm
Koordierungsmaß C: Werkmaß W + Fuge J Werkmaß W: Herstellungsmaß Nennmaß N: Bezeichnung der Fliese in cm modular: $N_1 = W + J$ nichtmodular: $N_2 = W$ Modulare Maße sind Maße, welche ein Vielfaches oder einen Teiler von 100 bilden.	10 × 10 15 × 15 20 × 10 20 × 20 30 × 30	10 × 10 15 × 7,5 15,2 × 15,2 25 × 25 40 × 30

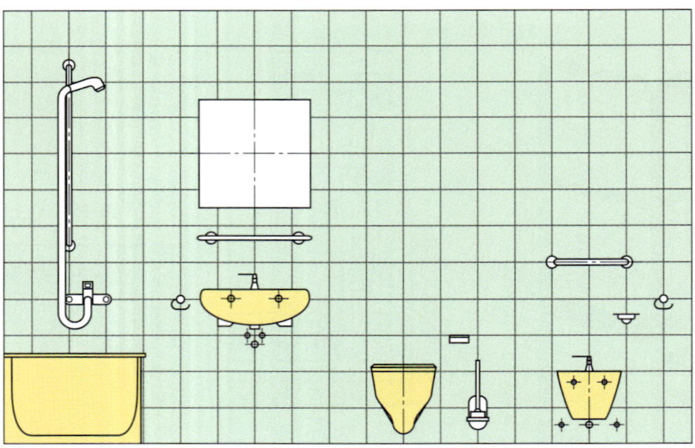

Beispiel für eine fliesengerechte Installation für Fliesen mit dem Vorzugsmaß C 20 × 20:

Das Herstellungsmaß der Fliese beträgt 198 × 198 mm. Die übliche Fugenbreite beträgt 2 mm (bei Fliesen größer 30 cm beträgt die Fugenbreite 4 mm).

Elastische Fugen in Sanitärräumen

Aufgaben:	Ausgleich von Spannungen	Abdichtung gegen Feuchtigkeit
Dichtstoffe:	• Fugenzementbrei • elastische Montagestreifen • Schalldämmplatten (WCs)	• essigvernetzendes Silikon (für Fliesen, Sanitärkeramik, Glas) • neutralvernetzendes Silikon (universell einsetzbar)

Ausführungsgrundsätze:

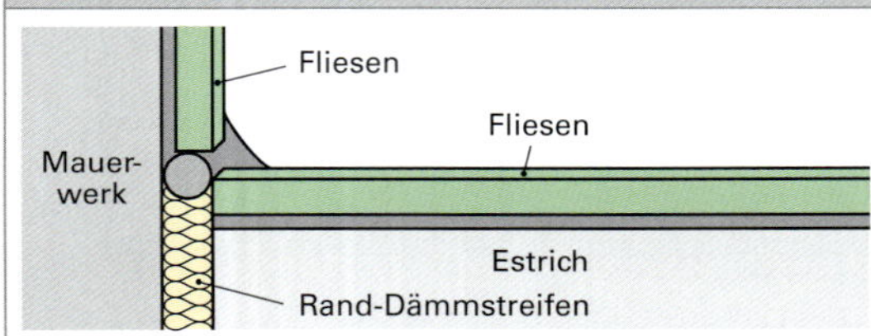

- Herstellerangaben beachten.
- Saugende Untergründe mit Haftgrundierung vorbehandeln.
- Fuge darf nicht breiter sein, als sie tief ist (ggf. mit Schaumstoffstreifen hinterfüllen).
- Nach erfolgter Abdichtung Oberfläche glätten.
- Fuge vor Reinigung zwei Tage durchhärten lassen.

Barrierefreie Installation

VDI 18040-1: 2023-02

Benutzerkreis

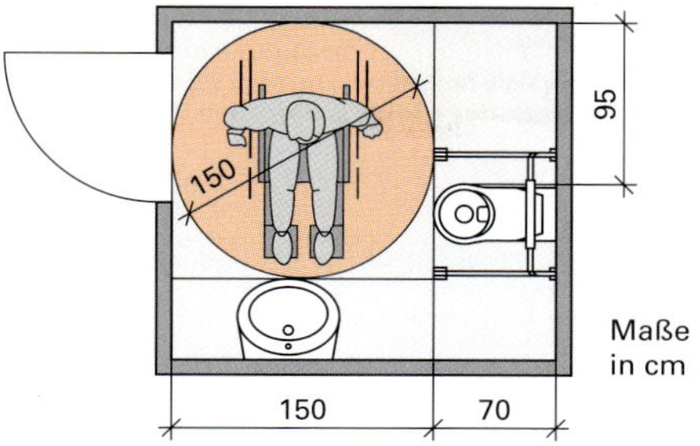

Mit der barrierefreien Installation werden die Bedürfnisse folgender Personengruppen berücksichtigt:

- Rollstuhlbenutzer
- Gehbehinderte
- Menschen mit sonstigen Behinderungen
- Blinde und Sehbehinderte
- Hörgeschädigte
- Ältere Menschen
- Kinder

Allgemeine Anforderungen

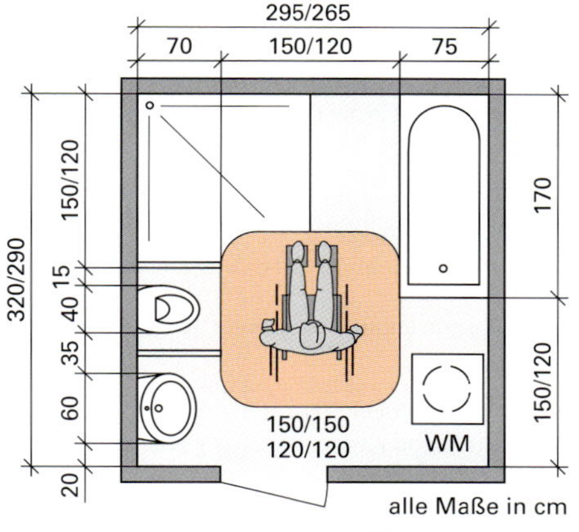

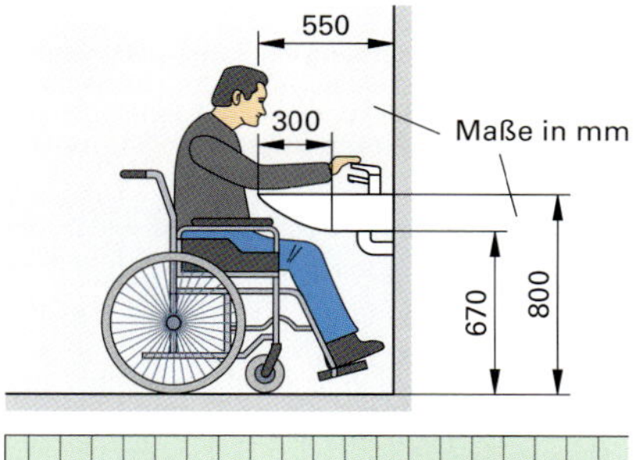

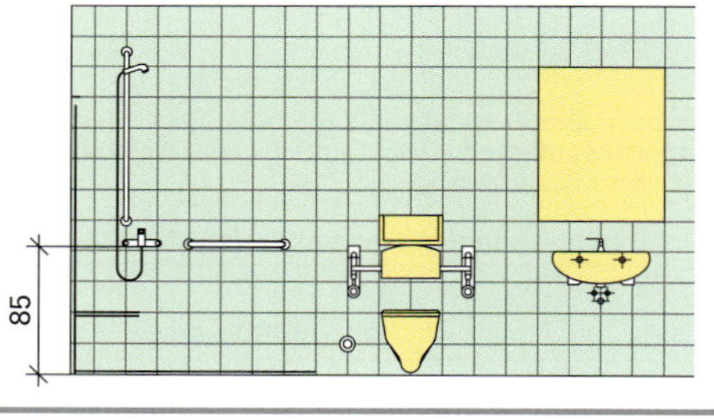

Barrierefrei (öffentlicher Bereich)

- Eine Bewegungsfläche von 150 cm x 150 cm vor Waschtisch, Klosett, Badewanne und als Wendemöglichkeit in jedem Raum vorsehen.
- Die Türen sollen eine Höhe von 205 cm und eine Breite von min 90 cm aufweisen.

Barrierefrei, bedingt rollstuhlgerecht (privater Bereich)

- Eine Bewegungsfläche von 120 cm x 120 cm vor Waschtisch, Klosett, Badewanne und als Wendemöglichkeit in jedem Raum vorsehen.
- Die Türen sollen eine Höhe von 205 cm und eine Breite von 80 cm aufweisen.

Toilette

- Da das Klosett von mindestens einer Seite anfahrbar sein muss, ist eine seitliche Bewegungsfläche von mindestens 95 cm vorzusehen.
- Die Sitzhöhe darf 48 cm nicht überschreiten.
- Auf jeder Seite der Toilette müssen Haltegriffe montiert sein.

Waschtisch

- Für Rollstuhlbenutzer muss der Waschtisch bis zu einer Tiefe von 55 cm voll unterfahrbar sein.
- Beinfreiheit muss in einer Höhe von 67 cm und in der Tiefe von 30 cm gegeben sein.
- Die Höhe Oberkante vom Waschtisch soll 80 cm nicht überschreiten.

Duschplatz/Badewanne

- Der Duschplatz muss stufenlos befahrbar sein.
- Haltegriffe und Armaturen sind in 85 cm Höhe zur Oberkante Fertig-Fußboden zu installieren.
- Armaturen sind mit einem Mindestabstand von 50 cm zu einer Ecke zu installieren.

Brandschutz

Gesetze, Verordnungen, Technische Regeln

In Deutschland ist die Verantwortung für den Brandschutz den Bundesländern übertragen. Diese regeln den Brandschutz durch **Verordnungen und Gesetze**. Deshalb wird der Brandschutz nur an wenigen Stellen in bundeseinheitlichen Gesetzen behandelt.

VDI-Richtlinie 3819 „Brandschutz in der Gebäudetechnik" (01.02) ermöglicht eine umfassende Übersicht (auch auf die Bundesländer bezogen) mit einer **Zusammenstellung aller relevanten Gesetze, Verordnungen und technischen Regeln.**

Ausgewählte Inhalte der DIN 4102: 1998-05

Baustoffklassen (DIN 4102-1)	Klasse	Bauaufsichtliche Benennung
Entsprechend ihrem Brandverhalten werden die Baustoffe in **Baustoffklassen** eingeteilt. Die Kurzzeichen und Benennungen nebenstehender Tabelle dürfen nur verwendet werden, wenn das Brandverhalten auf der Grundlage der **DIN 4102** ermittelt wurde.	**A** A1 A2	Nicht brennbare Baustoffe
Die Baustoffklassen werden ausschließlich auf der Grundlage der DIN 4102 ermittelt.	**B** B1 B2 B3	Brennbare Baustoffe schwer entflammbare Baustoffe normal entflammbare Baustoffe leicht entflammbare Baustoffe

Baustoffe, die nach den **Landesbauordnungen** unter den Begriff **Bauprodukt** fallen, bedürfen einer allgemeinen **bauaufsichtlichen Zulassung.** Die Ermittlung der Brandklassen erfolgt in der **Ofenprüfung** nach **DIN 4102-1** (fünf Proben 40 mm × 40 mm × 50 mm) und/oder der **Brandschachtprüfung** nach **DIN 4102-15** und/oder der **Prüfung der Rauchentwicklung** nach **DIN 4102-1.**

Klasse	**Brandverhalten** (Tabelle 1) nach **DIN 4102-1**
A1	Wärmeabgabe unbedenklich (Anstieg der Prüf-Ofentemperatur < 50 °C), entzündbare Gase dürfen nicht entstehen, d.h. keine **Entflammung**,
A2	Wärmeabgabe und Brandausbreitung sehr gering, entzündbare Gase sehr gering, Rauchentwicklung unbedenklich,
B1	schwer entflammbar: In der Brandschachtprüfung darf sich die Brandausbreitung nicht wesentlich über einen Primärbrandbereich (z.B. Papierkorb in einer Raumecke) erstrecken,
B2	normal entflammbar: Kriterium ist die Kantenbeflammung bzw. Flächenbeflammung – hervorgerufen durch einen Brenner – vor Ende der 20. Sekunde,
B3	leicht entflammbar: Brennbare Stoffe, die nicht B1 oder B2 sind, gelten als B3.

Kann das Brandverhalten des Baustoffs nach **DIN 4102-1** klassifiziert werden, dann ist von einer anerkannten **Materialprüfungsanstalt** (Land oder Bund, s. Erläuterungen in **DIN 4102-3**) ein **Prüfzeugnis** zu erstellen.

Die **Kennzeichnung der Baustoffklassen** ist auf den Baustoffen selbst, auf einem Beipackzettel, oder auf der Verpackung oder auf dem Lieferschein bzw. einer Anlage zum Lieferschein anzubringen.

Brandverhalten (Tabelle 2) nach **DIN 4102-2**	**Feuerwiderstandsklasse**	**Feuerwiderstandsdauer** in min
Raumabschließende Bauteile müssen während der **Feuerwiderstandsdauer** den Durchgang des Feuers verhindern. Die **Prüfkriterien** der **DIN 4102-2** sind einzuhalten, z.B. die Durchbiegungsgeschwindigkeit.	F 30 F 60 F 90 F 120 F 180	≥ 30 ≥ 60 ≥ 90 ≥ 120 ≥ 180

Bei statisch bestimmt gelagerten Bauteilen, die ganz oder überwiegend auf Biegung (→ Statik, Festigkeitslehre) beansprucht werden, darf die **Durchbiegungsgeschwindigkeit** während der Feuerwiderstandsdauer (30 min, 60 min, 90 min, 120 min, 180 min) nicht überschritten werden.

l Stützweite in cm
h (statische) Höhe des Bauteils in cm
Δf Durchbiegungsintervall in cm
Δt Zeitintervall in min
$\Delta f/\Delta t$ Durchbiegungsgeschwindigkeit in cm/min

Durchbiegungsgeschwindigkeit (DIN 4102-2)

$$\frac{\Delta f}{\Delta t} = \frac{l^2}{9000 \cdot h}$$

TW

Brandschutz (Fortsetzung)

Bei nicht unter Gebrauchslast prüfbaren **Stahlstützen** darf die Stahltemperatur an keiner Messstelle den Wert 500 °C überschreiten.

Das Zeugnis der Klassifizierung (**Prüfzeugnis**) sieht einen Abschnitt „**Besondere Hinweise**" vor. Hier sind zusätzliche verallgemeinernde oder einschränkende Angaben über die **Gültigkeit der Klassifizierung** aufzuführen. Dazu gehören insbesondere Angaben über eine mögliche Beeinträchtigung durch zusätzliche Bekleidungen.

Anmerkung: Durch übliche Anstriche oder Beschichtungen bis zu etwa 0,5 mm Dicke werden die Bauteile in ihrer Feuerwiderstandsdauer nicht beeinträchtigt.

Bei den Brandversuchen nach **DIN 4102-2** muss die mittlere Temperatur im Brandraum entsprechend der **Einheits-Temperaturzeitkurve**, kurz **ETK** (s. Tabelle und Bild), innerhalb eines in der Norm festgelegten Toleranzbereiches (bei einer Prüfdauer von 30 min ± 10 %, bei längerer Prüfdauer ± 5 %) ansteigen. Die ETK wird nach der folgenden Gleichung ermittelt:

T Brandtemperatur in K
T_0 Temperatur der Probeköper bei Versuchsbeginn in K
t Zeit in min

Differenz $T - T_0$

$$T - T_0 = 345 \lg (8\,t + 1)$$

Einheits-Temperaturzeitkurve

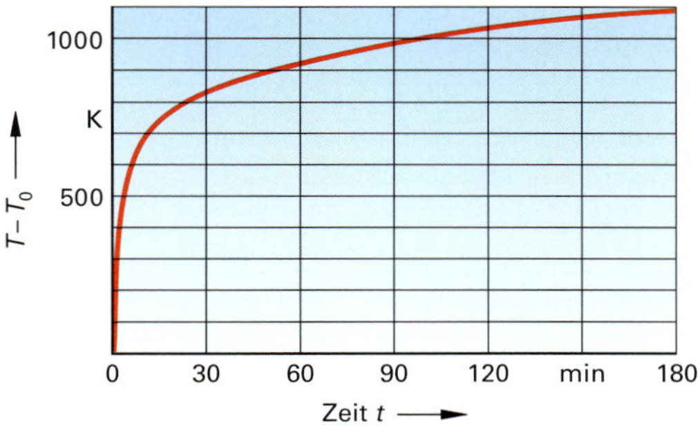

T in min	$(T - T_0)$ in K
0	0
5	556
10	658
15	719
30	822
60	925
90	986
120	1029
180	1090
240	1133
360	1194

In der **Kurzbezeichnung** sieht **DIN 4102** eine **Kombination aus Baustoffklasse und Feuerwiderstandsklasse** vor. Außerdem können bei der Angabe der Feuerwiderstandsklasse statt dem Buchstaben F andere Buchstaben verwendet werden, und zwar:

F → Wände, Decken, Stützen, Balken, Treppen
W → nicht tragende Außenwände, Brüstungen, Schürzen

T → Türen, Tore
L → Lüftungsleitungen
R → Rohrleitungen
I → Installationsschächte und -kanäle
G → Verglasungen
K → Klappen für Lüftungsleitungen

Beispiel:

F 90 – A

Feuerwiderstandsklasse F 90 und aus nicht brennbaren Baustoffen

L 120 – AB

Lüftungsleitung mit Feuerwiderstandsklasse F 120 und in wesentlichen Teilen aus nicht brennbaren Baustoffen

Beispiel:

T 180 – A Brandschutztür

TW

Brandklassen, Feuerlöscher, Löschmittel

DIN EN 2: 2005-01

Brandklassen		Bauart Feuerlöscher						
		Pulver Glut	Pulver	Pulver Metall	Wasser	Schaum	Kohlendioxid	Fett
A	Brennbare feste Stoffe (flammen- und glutbildend)	✓	✗	✗	✓	✓	✗	✓
B	Brennbare flüssige Stoffe (flammenbildend)	✓	✓	✗	✗	✓	✓	✗
C	Brennbare gasförmige Stoffe (flammenbildend)	✓	✓	✗	✗	✗	✗	✗
D	Brennbare Leichtmetalle (ausgenommen Alkalimetalle)	✗	✗	✓	✗	✗	✗	✗
F	Fettbrände (pflanzliche und tierische Öle und Fette)	✗	✗	✗	✗	✗	✗	✓

Brandklasse	Löschmittel
A	Wasser, Schaum und Pulver
B	Schaum, Kohlendioxid, Pulver (für den Küchenbereich siehe Brandklasse F)
C	Pulver (Gasbrände nicht ablöschen, wenn Gas nicht abgestellt werden kann)
D	Metallbrandpulver
F	Fettbrandlöscher mit Aufschrift: „Geeignet zum Löschen von Speiseöl oder -fett"

Feuerlösch- und Brandschutzanlagen

Hydrantenanlagen	Löschwasserleitungen	Anlagen mit offenen Düsen	Sprinkleranlage (SK-Anlage)
Unterflurhydrant (DIN 3221), Überflurhydrant (DIN 3222), Wandhydrant	nasse Steigleitung, trockene Steigleitung, nass/trockene Steigleitung	Sprühwasserlöschanlage (SP-Anlage), Behälter-Berieselungsanlage	Nass-Sprinkleranlage (N) Trocken-Sprinkleranlage (T) Trockenschnell-Sprinkleranlage (TS) Tandem-Sprinkleranlage (TD) vorgesteuerte Sprinkleranlage (V)

Löschwasserverteilsysteme

DIN 1988-600: 2010-12, DIN 14462: 2012-09

Nassanlage (N)

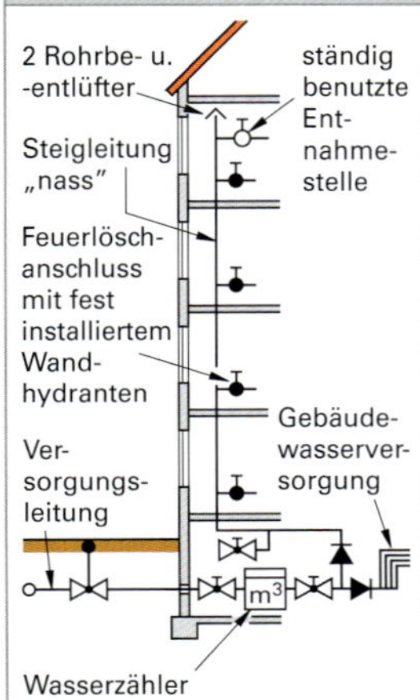

Trockenanlage (T)

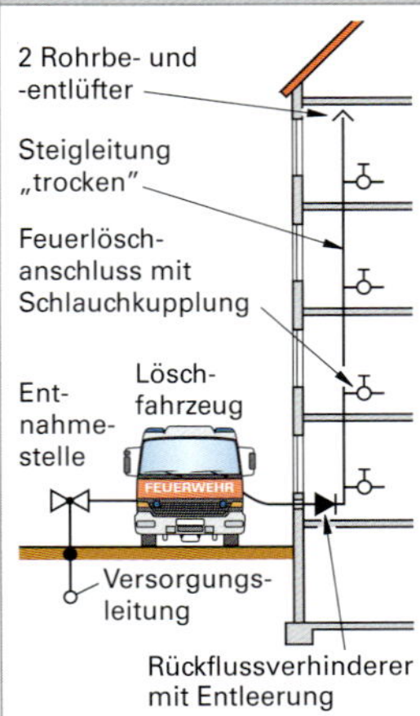

Trockenschnellanlage (TS)

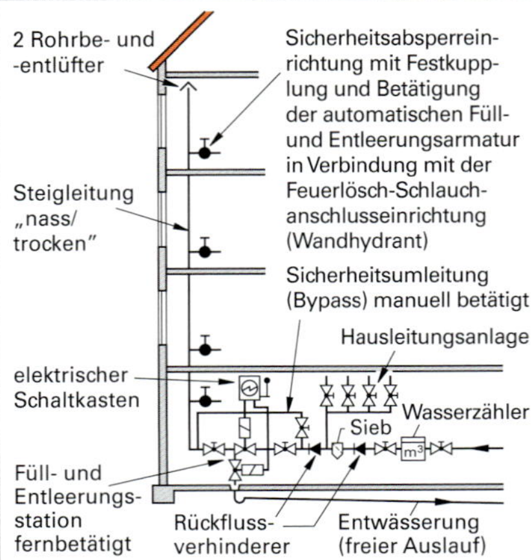

Schmelzlot- und Glasfasssprinkler

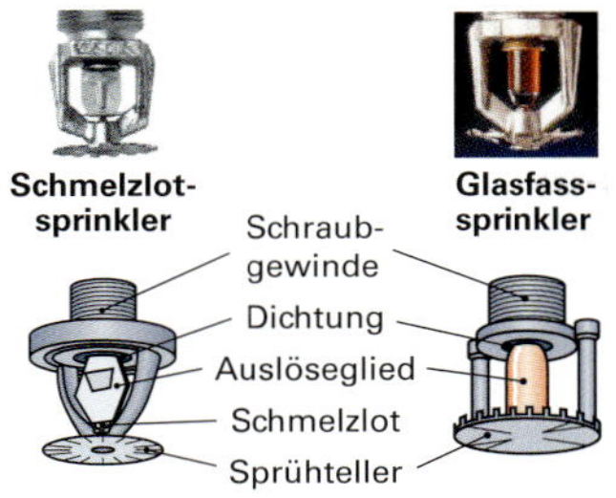

Schmelzlotsprinkler		Glasfasssprinkler	
Öffnungstemperatur	Farbe	Öffnungstemperatur	Farbe
57 … 77 °C	farblos	57 °C	orange
80 … 107 °C	weiß	68 °C	rot
121 … 149 °C	blau	79 °C	gelb
163 … 191 °C	rot	93 °C/100 °C	grün
204 … 246 °C	grün	141 °C	blau
260 … 302 °C	orange	182 °C	malve
320 … 343 °C	orange	227 °C/260 °C/343 °C	schwarz

Funktionsschema einer Sprinkleranlage

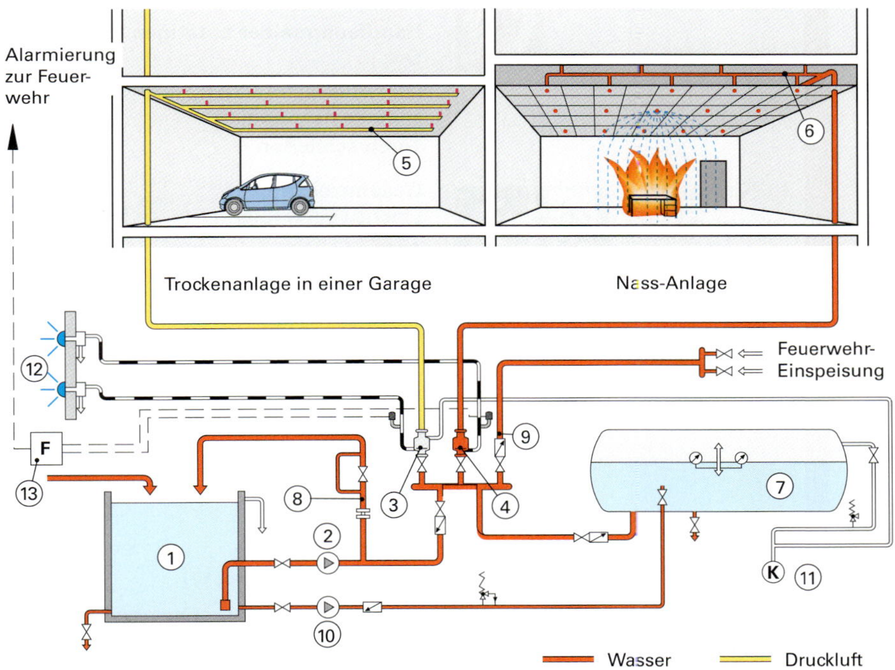

1	Löschwasserbehälter mit Zuleitung	8	Pumpen-Kontrollleitung
2	Sprinkler-Pumpe	9	Einspeiseleitung der Feuerwehr
3	Trocken-Alarmventilstation	10	Behälter Füllpumpe
4	Nass-Alarmventilstation	11	Kompressor
5	Sprinkler-Tockenrohrnetz	12	Mechanische Alarmglocken
6	Sprinkler-Nassrohrnetz	13	Elektrische Alarmgebung
7	Druckluft-, Wasserbehälter		

Verhalten im Brandfall – Brandschutzordnung A (Muss in jedem Gebäude aushängen!)

Brände verhüten

Feuer, offenes Licht und Rauchen verboten

Verhalten im Brandfall

Ruhe bewahren

Brand melden

Notruf 112
Handfeuermelder betätigen
Ort:
Gefährdete Personen warnen
Hilflose mitnehmen
Türen schließen

In Sicherheit bringen

Gekennzeichneten Fluchtwegen folgen
Aufzug nicht benutzen
Auf Anweisungen achten

Löschversuche unternehmen

Feuerlöscher benutzen

Wandhydranten benutzen

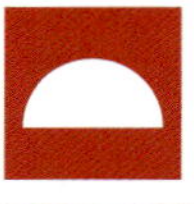

Einrichtung zur Brandbekämpfung benutzen (Löschdecke)

Ruhe bewahren, um Angst und Panik zu vermeiden. Die Alarmierung der Feuerwehr sollte immer eine der ersten Maßnahmen sein. Während der Anfahrt der Feuerwehr können weitere Maßnahmen ergriffen werden.	Das In-Sicherheit-bringen der Angehörigen und der eigenen Person geht vor jede Brandbekämpfung. Den Brand nur bekämpfen, wenn man selbst nicht in Gefahr kommt.
Weitere wichtige Verhaltensregeln	
• Türen schließen, damit sich Rauch und Feuer nicht ausbreiten können.	• Niemals blindlings aus dem Fenster springen.
• Keine Aufzüge benutzen, da Erstickungsgefahr durch Brandrauch droht.	• Schlüssel zu allen Räumen bereithalten und der Feuerwehr den nächsten Weg zur Brandstelle zeigen.
• Bemerkbar machen, wenn der Fluchtweg abgeschnitten ist.	• Alle Mitarbeiter müssen sich über den Sinn, Zweck und die Handhabung der im Gebäude vorhandenen Brandmelde- und Brandschutzeinrichtungen informieren.

Schall

Das Schallspektrum

Infraschall	→ $f \leq$ 16 Hz	**Ultraschall**	→ 20000 Hz $\leq f \leq 10^{10}$ Hz
hörbarer Schall	→ 16 Hz $\leq f$ 20000 Hz	**Hyperschall**	→ 16 Hz $\leq f \leq 10^{13}$ Hz

Schallgeschwindigkeit

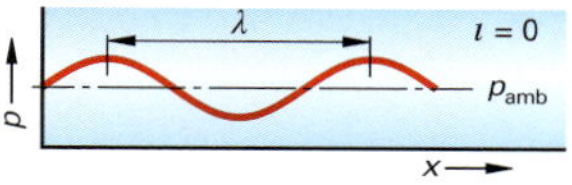

c	Schallgeschwindigkeit in m/s	$c = \lambda \cdot f$
λ	Wellenlängen in m	$f = 1/T$
f	Frequenz in Hz	
T	Schwingungsdauer in s	

Schalldruck und Schallpegel

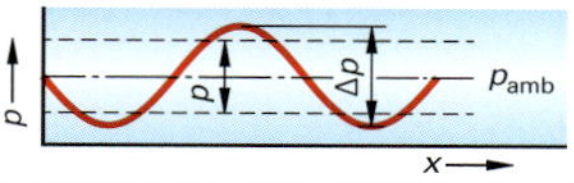

p	effektiver Schalldruck in Pa	$p = \Delta p/\sqrt{2}$
L_p	Schalldruckpegel in dB	$L_p = 20 \cdot \lg(p/p_0)$
p_0	Bezugsschallleistung für Luft in Pa	$p_0 = 2 \cdot 10^{-5} = 0{,}00002$ Pa

Schallleistung und Schallleistungspegel

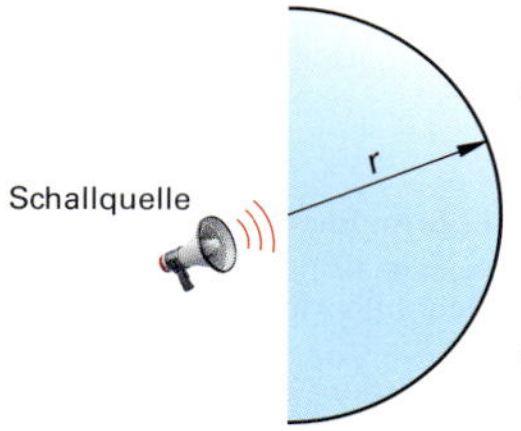

P	Schallleistung in W	$P = p_2 \cdot A_o/Z$
p	effektiver Schalldruck in Pa	$L_p = 20 \cdot \lg(p/p_0)$
A_o	Kugeloberfläche in m²	
r	Abstand von der Schallquelle in m	
Z	Schallwellenwiderstand in der Luft in N · s/m³	$A_o = 4\pi r^2$ Z = 413 N · s/m³ bei 20 °C Lufttemperatur
L_p	Schalldruckpegel in dB	
p_0	Bezugsschallleistung für Luft in Pa	$p_0 = 1$ pW $= 10^{-12}$ W

Kurven gleicher Lautstärke

Zusammenhang von Dezibel und Phon

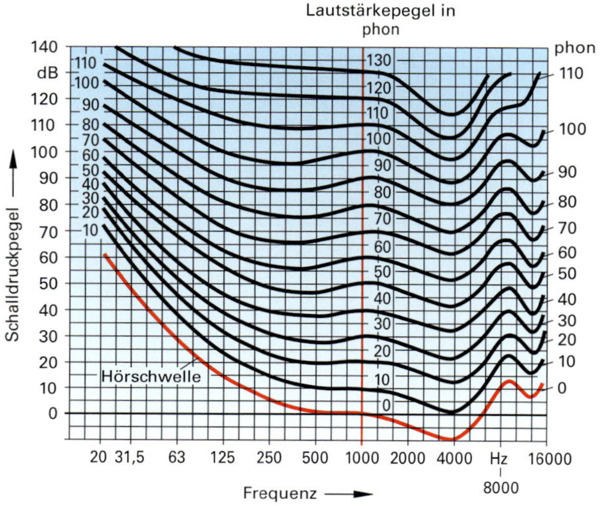

Nebenstehendes Bild zeigt **Kurven gleicher Lautstärke**. Ebenso wie aus der **Hörfläche** ist zu ersehen:

> Die subjektive Empfindung der Schalllautstärke ist vom Schalldruck **und** der Frequenz abhängig.

Die **Phonskala** reicht von 0 phon (Hörschwelle) bis 130 phon (Schmerzschwelle). Nur beim **Normalton** (f = 1000 Hz) stimmen die Zahlenwerte des Schalldruckpegels in dB mit dem Lautstärkepegel in phon überein

TW

Schallschutz

Reflexion, Absorption, Dissipation und Transmission von Schallenergie

Nebenstehendes Bild zeigt eine durch ein Hindernis (z. B. Wand) **gestörte Schallausbreitung**.

$$\varrho + \alpha = 1$$

$$\varrho + \tau + \delta = 1$$

$$\alpha = \tau + \delta$$

$$\alpha \leq 1 \quad \varrho \leq 1 \quad \tau < 1 \quad \delta < 1$$

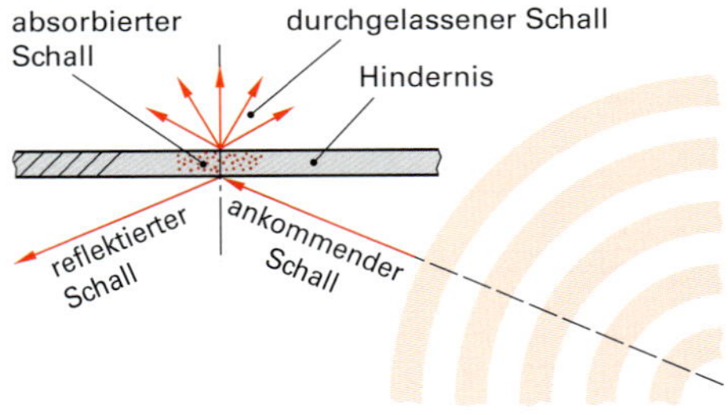

Schallreflexionsgrad ϱ → Maß für die **reflektierte Schallintensität**
Schallabsorptionsgrad α → Maß für die **absorbierte Schallintensität**
Schalltransmissionsgrad τ → Maß für die **durchgelassene Schallintensität**
Schalldissipationsgrad δ → Maß für die **„verloren gegangene" Schallintensität**

Schallschutzmaßnahmen

Die **Lärmreaktionen** des Menschen (und auch der Tiere) reichen von der **Lästigkeitsempfindung** bis hin zur **Gesundheitsschädigung** und sie machen sehr oft krank und deshalb Maßnahmen erforderlich, die zur **Verringerung von Lärmeinwirkungen** führen. Alle diese Maßnahmen werden unter dem Begriff **Schallschutz** zusammengefasst. Man unterscheidet grundsätzlich:

Schallschutzmaßnahmen

am Ort der Lärmentstehung,
z. B. Kapselung der Schallquelle, Schallschutzwände, Schalldämpfer

am Ort der Lärmeinwirkung,
z. B. Gehörschutzstöpsel, Schallschutzhelme, Schallschutzanzüge

Unter **Schallschutz** versteht man Maßnahmen, die die Weiterleitung von Schall verhindern bzw. vermindern.

Streng genommen wird wie folgt unterschieden:
Schalldämpfung (→ Absorption von Schallenergie)
Schalldämmung (→ Reflexion von Schallenergie)
Ein Maß für beide Wirkprinzipien (Dämpfung und Dämmung) ist das **Schalldämm-Maß** R.

P_1 auftreffende Schallleistung in W
P_2 Schallleistung, die den Schalldämpfer (Schalldämmung) passiert in W
τ Schalltransmissionsgrad
ΔL_p Schalldruckpegeldifferenz in dB
S Flächengröße einer (schallgedämmten) Trennwand in m²
A_{eq} äquivalente Absorptionsfläche in m²

Denkt man sich die gesamte Rauminnenfläche in absolut reflektierende und absolut absorbierende Anteile aufgeteilt, dann nennt man den total absorbierenden Anteil die **äquivalente Absorptionsfläche** A_{eq}.

Schalldämm-Maß

$$R = 10 \cdot \lg \frac{P_1}{P_2}$$

$$R = 20 \cdot \lg \frac{1}{\tau}$$

$$R = \Delta L_p + 10 \cdot \lg \frac{S}{A_{eq}}$$

Beispiel:

$P_1 = 1{,}3$ kW; $P_2 = 920$ W; $R = ?$

$$\mathbf{R} = 10 \cdot \lg \frac{P_1}{P_2} = 10 \cdot \lg \frac{1300\ \text{W}}{920\ \text{W}} = \mathbf{1{,}501}$$

Schallarten und Schallschutzmaßnahmen:

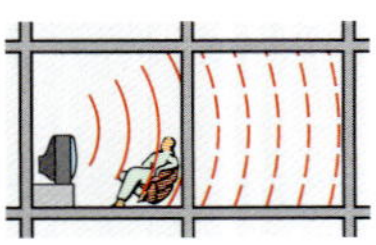
Luftschallübertragung

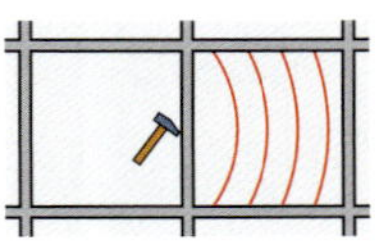
Körperschallübertragung

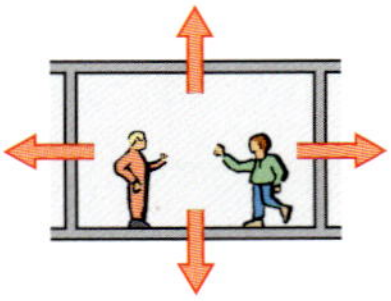
Trittschallübertragung

Trittschall entsteht beim Begehen oder ähnlicher Anregung einer Decke als **Körperschall** und wird teilweise als **Luftschall** abgestrahlt. Trittschall ist also eine besondere Art von Körperschall.

Schallschutz

DIN 4109/A1 2001-01

Lärmquellen – Lärmwirkung – Schutzbedürftige Räume

Lärmquellen	dB (A)	Lärmwirkungen
Probelauf von Düsenflugzeug	120	Gehörschädigung auch nach kurzer Einwirkung möglich
Rockband, Disco	110	**schmerzhaft**
manipuliertes Fahrzeug	100	**unerträglich**
Kreissäge, Moped	90	Gehörschädigung ab 85dB (A) am Ohr des Betroffenen
hochbelastete Autobahn, tags	80	
Hauptverkehrsstraße, tags	70	Risikoerhöhung für Herz/Kreislauferkrankungen ab 65dB (A)
Zimmerlautstärke Radio	60	**laut**
normale Unterhaltung	50	Kommunikationsstörungen Lern und Konzentrationsstörungen im Innenraum
Hintergrundschall in der Stadt	40	Beeinträchtigung von Erholung, Ruhe, Schlaf (Dauerschallpegel)
Ticken eines Weckers	30	
Blätterrauschen	20	**leise**
normales Atmen	10	**still**

Schutzbedürftige Räume im Sinne der DIN 4109 sind:

- Wohn- und Schlafräume
- Kinderzimmer
- Arbeitsräume/Büros
- Unterrichtsräume/Seminarräume

Die Anwendung der DIN 4109 erfolgt unabhängig vom Gebäudetyp, jedoch immer bei Vorhandensein von schutzbedürftigen Räumen im Gebäude, z.B. Hotels, Altenwohnheime, Bürogebäude, Seminarzentren usw.

Bei Wohnungen findet die DIN 4109/A1 im eigenen Wohnbereich keine Anwendung, sondern nur zu den schutzbedürftigen Räumen fremder Wohnungen.

Der Fachplaner muss gemäß VOB-C DIN 18381: 2002-01 alle Maßnahmen des Schallschutzes als besondere Leistung ausschreiben.

TW

Schallschutzstufen VDI 4100

Art der Geräuschemission	Wahrnehmung der Geräusche aus der Nachbarwohnung. Abendlicher Grundgeräuschpegel von 20 dB(A) vorausgesetzt		
	SSt I[1]	SSt II[2]	SSt III[3]
Laute Sprache	verstehbar	im allgemeinen verstehbar	im allgemeinen nicht verstehbar
Sprache mit angehobener Sprechweise	im allgemeinen verstehbar	im allgemeinen nicht verstehbar	nicht verstehbar
Sprache mit normaler Sprechweise	im allgemeinen nicht verstehbar	nicht verstehbar	nicht hörbar
Gehgeräusche	im allgemeinen störend	im allgemeinen nicht mehr störend	nicht störend
Geräusche aus haustechnischen Anlagen	unzumutbare Belästigungen werden im allgemeinen vermieden	gelegentlich störend	nicht oder nur selten störend
Hausmusik laut eingestellte Rundfunk- und Fernsehgeräte, Parties	deutlich hörbar		im allgemeinen hörbar

[1] entspricht etwa den Mindestanforderungen der DIN 4109
[2] entspricht etwa den Vorschlägen für einen erhöhten Schallschutz des Beiblatt 2, DIN 4109
[3] erfordert sehr hohen baulichen Aufwand, z.B. zweischalige Trennwände

Schallschutzmaßnahmen, Reduktion von Luft- und Körperschallübertragung

Fachgerechte Rohrverlegung

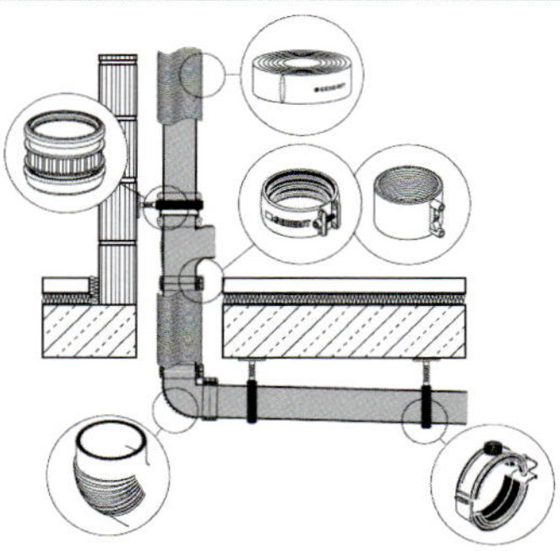

Schallentkoppelte Sanitärgegenstände

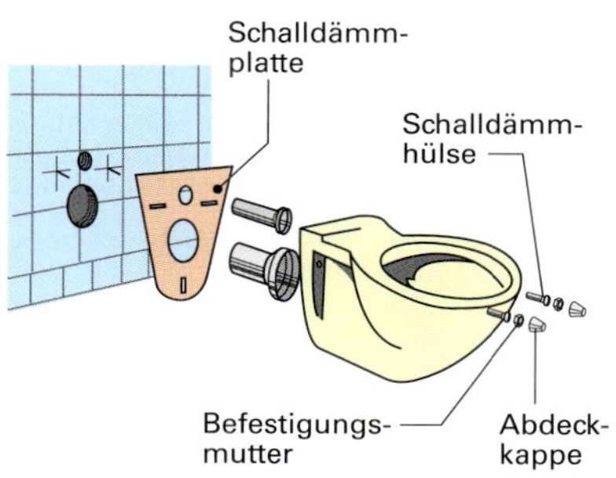

Schallschutz (Fortsetzung) DIN 4109/A1 2001-01

Schallschutzmaßnahmen, Reduktion von Luft- und Körperschallübertragung (Fortsetzung)

Vorwandinstallation	Kapselung und Dämmung	Geräuscharme Armaturen

P	Prüfzeugnis
A	mit besonderen Auflagen
IX	Kennzeichen Bauteilgruppe
1234	Nummer des Prüfzeugnisses
I	Armaturengruppe
S	Durchflussklasse

Schallschutzklassen im Wohnungsbau (Deutsche Gesellschaft für Akustik e.V.) 2009

Die Klassifizierung von Wohneinheiten mittels Schallschutzklassen ermöglicht die transparente Beurteilung der geplanten und ausgeführten baulichen Qualität hinsichtlich ihrer schalltechnischen Eigenschaften.

Kriterien

- Luft- und Trittschall aus fremden Wohneinheiten oder Treppenhäusern
- Außengeräusche
- Geräusche von Wasserinstallationen aus fremden Wohneinheiten
- Geräusche von haustechnischen Anlagen (hierzu zählen auch Heizungs- und Lüftungsanlagen im eigenen Wohnbereich)
- Nutzergeräusche durch Körperschallübertragung aus fremden Wohneinheiten
- Luft- und Trittschall im eigenen Wohnbereich
- Geräusche von Wasserinstallationen im eigenen Wohnbereich

Klasse	Beschreibung
A*	Wohneinheit mit sehr gutem Schallschutz, die ein ungestörtes Wohnen nahezu ohne Rücksichtnahme gegenüber den Nachbarn ermöglicht.
A	Wohneinheit mit sehr gutem Schallschutz, die ein ungestörtes Wohnen ohne große Rücksichtnahme gegenüber den Nachbarn ermöglicht.
B	Wohneinheit mit gutem Schallschutz, die bei gegenseitiger Rücksichtnahme zwischen den Nachbarn ein ruhiges Wohnen bei weitgehendem Schutz der Privatsphäre ermöglicht.
C	Wohneinheit mit gegenüber der Klasse D wahrnehmbar besserem Schallschutz, in der die Bewohner bei üblichem rücksichtsvollen Wohnverhalten im allgemeinen Ruhe finden und die Vertraulichkeit gewahrt bleibt.
D	Wohneinheit mit einem Schallschutz, der die Anforderungen der DIN 4109:1989-11 für Geschosshäuser mit Wohnungen und Arbeitsräumen im Wesentlichen erfüllt (Ausnahmen: siehe II.3) und damit die Bewohner in Aufenthaltsräumen im Sinne des Gesundheitsschutzes vor unzumutbaren Belästigungen durch Schallübertragung aus fremden Wohneinheiten und von außen schützt. Es kann nicht erwartet werden, dass Geräusche aus fremden Wohneinheiten oder von außen nicht mehr wahrgenommen werden. Dies erfordert gegenseitige Rücksichtnahme durch Vermeidung unnötigen Lärms. Die Anforderungen setzen voraus, dass in benachbarten Räumen keine ungewöhnlich starken Geräusche verursacht werden.
E	Wohneinheit mit einem Schallschutz, der die Anforderungen der DIN 4109:1989-11 nicht erfüllt. Belästigungen durch Schallübertragung aus fremden Wohneinheiten und von außen sind möglich; besondere Rücksichtnahme ist unbedingt erforderlich. Die Vertraulichkeit ist nicht mehr gegeben.
F	Wohneinheit mit einem schlechten Schallschutz, der deutlich unter den Anforderungen der DIN 4109:1989-11 liegt. Mit Belästigungen durch Schallübertragung aus fremden Wohneinheiten und von außen muss auch bei bewusster Rücksichtnahme gerechnet werden; Vertraulichkeit kann nicht erwartet werden.
EW 1	Schallschutz im eigenen Wohnbereich, bei welchem Vertraulichkeit nicht erwartet werden kann.
EW 2	Schallschutz im eigenen Wohnbereich, bei welchem ein Mindestmaß an Vertraulichkeit gewährleistet werden kann und erhebliche Störungen vermieden werden.

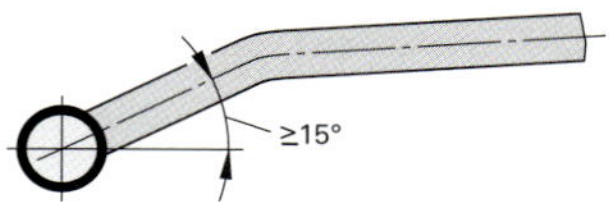

Grundlagen der Abwassertechnik

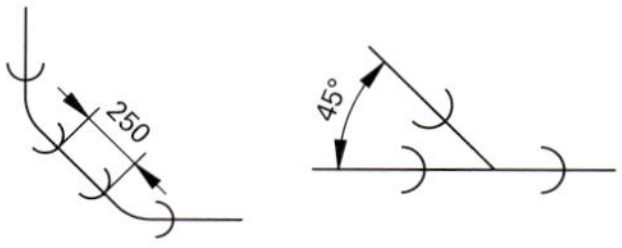

Verlegerichtlinien für Abwasserleitungen

Abwasser- und Abscheideanlagen

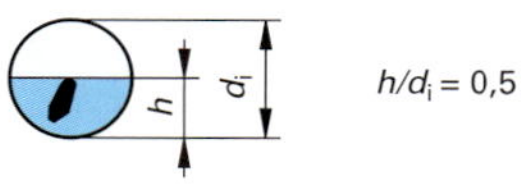

Dimensionierung abwassertechnischer Anlagen

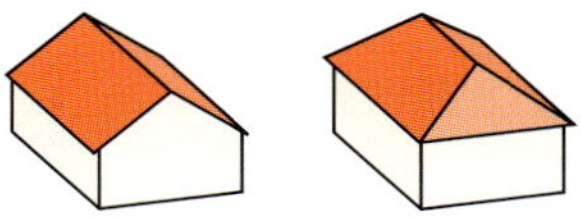

Grundlagen der Klempnertechnik

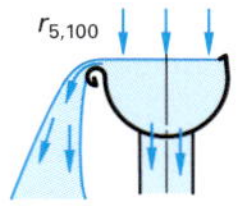

Dimensionierung von Regenwasserleitungen

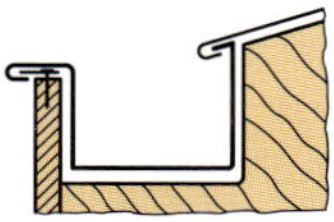

Dachrinnen, Rinnenhalter, Fallrohre und Stutzen

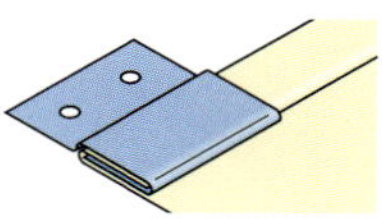

Hafte, Klammern, Scharen und Querfalze

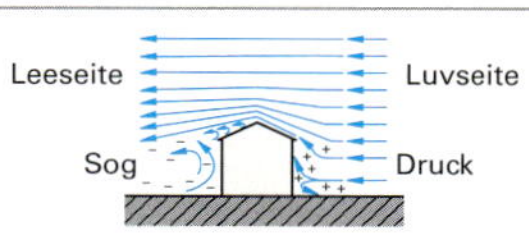

Windsoglasten bei Dächern

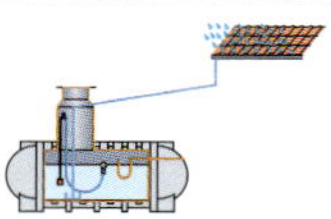

Regenwassernutzung

AW

AW

Abwasseranlagen

Arten von Abwässern, Schmutz- und Regenwasser

Häusliche Abwässer		Industrielle Abwässer	Regenwasser
Abwasser aus Küchen, Waschküchen, Badezimmern, Toiletten und Ähnliches		Abwasser durch industriellen/gewerblichen Gebrauch verändert, Kühlwasser.	Wasser aus natürlichem Niederschlag, nicht durch Gebrauch verunreinigt.
Grauwasser	Schwarzwasser		
fäkalienfrei	fäkalienhaltig		
Abwasser			
Wasser, welches durch Gebrauch verändert ist, und jedes in die Entwässerungsanlage fließende Wasser.			

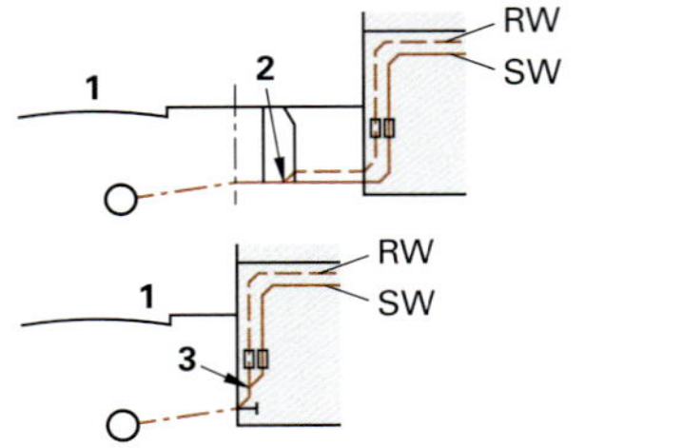

1 Straße
2 Zusammenführung von Schmutz- und Regenwasser nur außerhalb vom Gebäude zulässig
3 Ausnahme: Grenzbebauung

Normen (Auszug)

Bezeichnung	Inhalt
DIN EN 12056	Schwerkraftentwässerungsanlagen innerhalb von Gebäuden
Teil 1	Allgemeine und Ausführungsanforderungen
Teil 2	Schmutzwasseranlagen, Planung und Berechnung
Teil 3	Dachentwässerung, Planung und Bemessung
Teil 4	Abwasserhebeanlagen – Planung und Bemessung
Teil 5	Installation und Prüfung, Anleitung für Betrieb, Wartung und Gebrauch
DIN EN 752	Entwässerungssysteme außerhalb von Gebäuden
DIN 1986	Entwässerungsanlagen für Gebäude und Grundstücke
Teil 3	Regeln für Betrieb und Wartung
Teil 4	Verwendungsbereiche von Abwasserrohren und -formstücken verschiedener Werkstoffe
Teil 30	Instandhaltung
Teil 100	Zusätzliche Bestimmungen zu DIN EN 752 und DIN EN 12056

Systemübersicht (I – IV)

System	Gültigkeitsbereich
I	(gilt in Deutschland) Einzelfallleitungen mit teilbefüllten Anschlussleitungen, Füllungsgrad 0,5
II	Einzelfallleitungen mit Anschlussleitungen geringer Abmessung, Füllungsgrad 0,7
III	Einzelfallleitungen mit vollgefüllten Anschlussleitungen, Füllungsgrad 1,0
IV	Anlagen mit getrennten Fallleitungen, z. B. getrennt für Grau- und Schwarzwasser

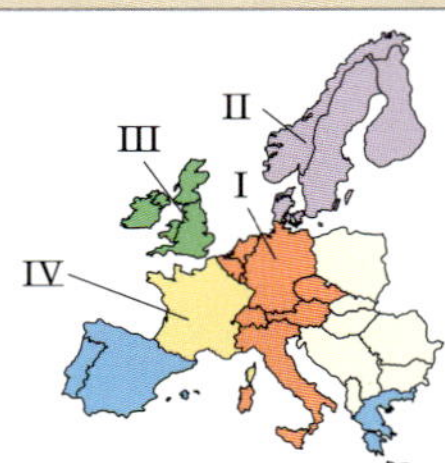

Schutz vor Überflutung

Entwässerungsart	Schutz
Wasserentnahmestelle innerhalb von Gebäuden	Jeder Wasserentnahmestelle innerhalb von Gebäuden, außer denen für Feuerlöschzwecke und für Wasch- und Geschirrspülmaschinen, muss ein Ablauf zugeordnet sein. Ablaufstellen, deren Ablauföffnungen verschlossen werden können, wie z. B. bei Waschtischen, Spülen, Badewannen, müssen einen freien Überlauf (bei Duschwannen gilt hierfür auch ein Standrohr) mit ausreichendem Abflussvermögen haben. Waschtische ohne Überläufe (z. B. in Krankenhäusern) müssen ein nicht verschließbares Ablaufventil oder einen Bodenablauf in unmittelbarer Nähe haben.

Abwasseranlagen (Fortsetzung)

Schutz vor Überflutung (Fortsetzung)

Entwässerungsart	Schutz
Bodenabläufe	• Bodenabläufe sind wasserdicht in die Flächenabdichtung einzubauen (siehe DIN 18195-5). • Sanitärräume in Gebäuden, die für einen wechselnden Personenkreis bestimmt oder allgemein zugänglich sind (z. B. Hotels, Schulen, Sportstätten, Gaststätten), müssen einen Bodenablauf mit Geruchverschluss enthalten. Bäder in Wohnungen sollten einen Badablauf erhalten. Ein bodengleicher Duschbereich kann einen Badablauf ersetzen. • Die ständige Erneuerung des Sperrwassers in einem Badablauf ist durch Anschluss eines – häufig benutzten – Entwässerungsgegenstandes sicherzustellen. • Bodenabläufe, bei denen viel Sinkstoffe (z. B. in der Lebensmittelverarbeitung oder anderen gewerblichen Anlagen) anfallen, müssen genügend große Schmutzeimer besitzen. • Rinnenabläufe sind mit Rosten zu versehen.

Füllungsgrad

Füllungsgrad		Ursache	Folgen
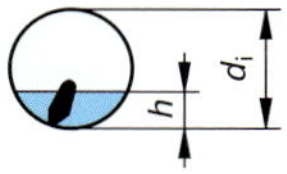	$h/d_i < 0{,}5$	zu große Nennweite, zu großes Gefälle	Verstopfung durch ungenügende Schwemmwirkung
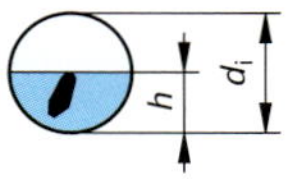	$h/d_i = 0{,}5$	Nennweite und Gefälle gemäß DIN 1986-100	Schwimmtiefe und Lüftung günstig
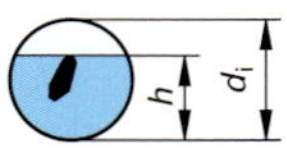	$h/d_i > 0{,}5$	zu kleine Nennweite, zu kleines Gefälle	ungünstige Lüftung, Absaugung der Geruchverschlüsse

Gefälle

Mindestgefälle		Maximalgefälle
Anschlussleitung unbelüftet	1 %	Das Gefälle sollte 5 % nicht überschreiten, da ansonsten die Ablaufgeschwindigkeit zu groß wird. Abhilfe: Sturzstrecken oder Abtreppungen
Anschlussleitung belüftet	0,5 %	
Grund- und Sammelleitungen innerhalb von Gebäuden	0,5 %	
Grundleitungen außerhalb von Gebäuden	1 : DN	

Verlegerichtlinien für liegende Leitungen innerhalb von Gebäuden

Innerhalb von Gebäuden soll auf Grundleitungen verzichtet werden. Dies vereinfacht Inspektion und Sanierung.

Anschlüsse an Sammelanschlussleitungen, Sammelleitungen und Grundleitungen sollten geneigt von oben erfolgen (Neigung nicht unter 15°).

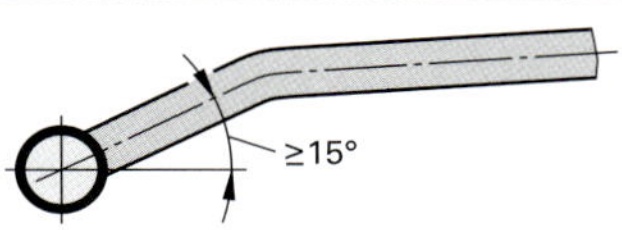

Richtungsänderungen von Grund- oder Sammelleitungen dürfen nur mit Bögen ≤ 45° ausgeführt werden. Statt einem Bogen mit 09° zwei Bögen mit 45°.

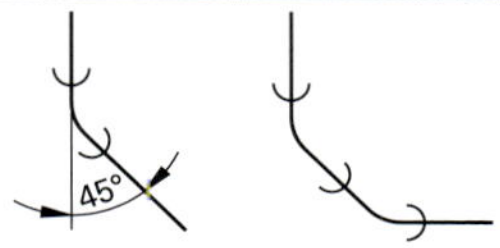

In Grund- und Sammelleitungen dürfen nur Abzweige mit höchstens 45° eingebaut werden.

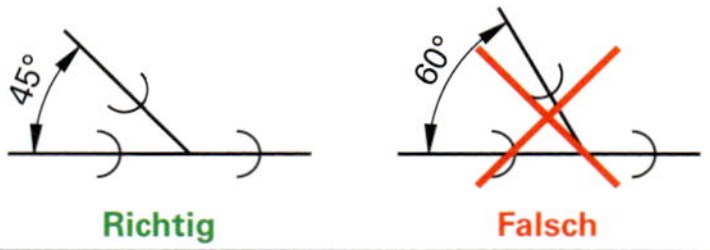

In liegenden Leitungen sind Doppelabzweige unzulässig.

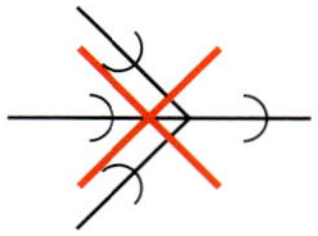

Abwasseranlagen (Fortsetzung)

Verlegerichtlinien liegende Leitungen innerhalb von Gebäuden (Fortsetzung)

In liegenden Abwasserleitungen sollen exzentrische Übergangsstücke scheitelgleich eingebaut werden.

in Grundleitungen erlaubt (bessere Inspizierbarkeit)

Vorteil: keine Rückspülung und bessere Belüftung

Benachbarte Anschlussleitungen sind so zu verlegen, dass Fremdeinspülungen vermieden werden.

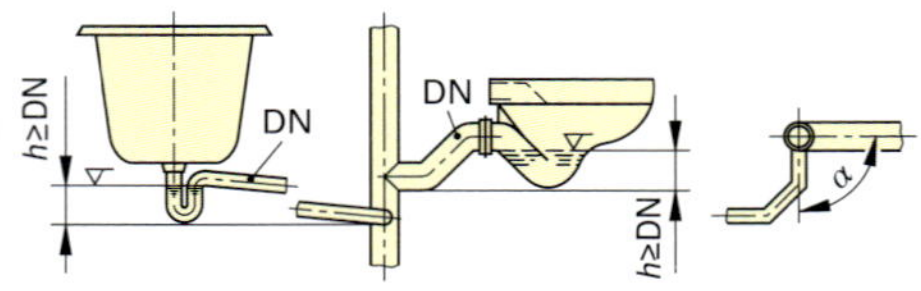

Bei der Gefahr von Fremdeinspülung aus Klosettbecken in z. B. Anschlussleitungen von Bade- und Duschwannen sind zusätzlich folgende Maße einzuhalten.

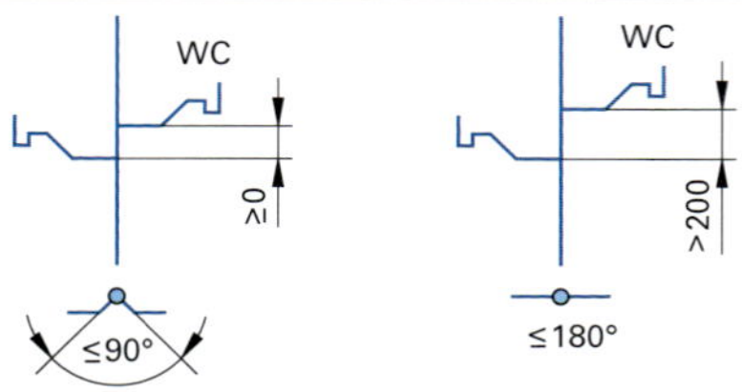

Zwei Klosetts dürfen gegenüberliegend angeschlossen werden. Ist ein Klosett und andere Entwässerungsgegenstände angeschlossen, sind nur Doppelzweige mit Innenradius oder 45° Einlaufwinkel erlaubt.

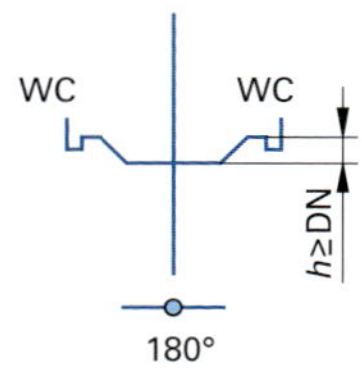

Anschlüsse ≤ DN70 an Fallleitungen müssen mit 88° ± 2° Abzweigen bzw. mit Abzweigen mit Innenradius angeschlossen werden.

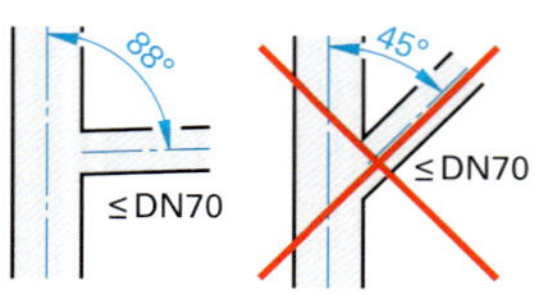

Anschlussleitungen > DN70 dürfen auch mit 45° an die Fallleitung angeschlossen werden. Hinsichtlich einer guten Belüftung der Fallleitung und der Anschlussleitung ist ein Anschluss von 88° mit Innenradius am günstigsten.

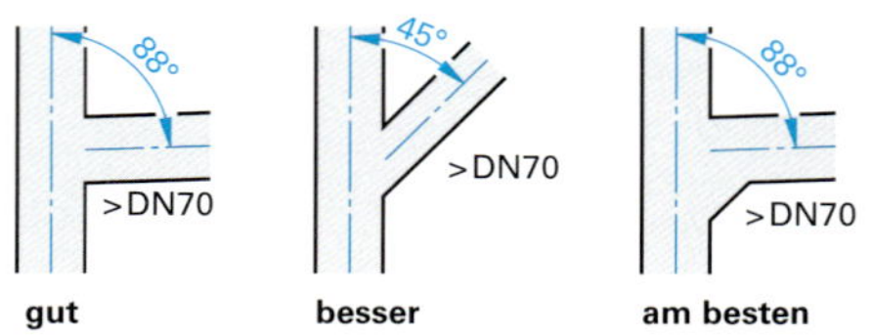

Verlegerichtlinien für Fallleitungen

- Schmutzwasserfallleitungen sind ohne Nennweitenänderung möglichst geradlinig durch die Geschosse bis über Dach zu führen.
- Nebeneinanderliegende Wohnungen dürfen nur dann an eine gemeinsame Schmutzwasserfallleitung angeschlossen werden, wenn sowohl für den Schall- als auch für den Brandschutz die erforderlichen Maßnahmen berücksichtigt werden.

Richtungsänderungen bei Schmutzwasserfallleitungen

Bei Fallleitungen, die nicht mehr als drei Geschosse durchlaufen bzw. nicht länger als 10 m sind, kann die Umlenkung in die liegende Leitung mit einem Bogen 88° ± 2° ausgeführt werden.

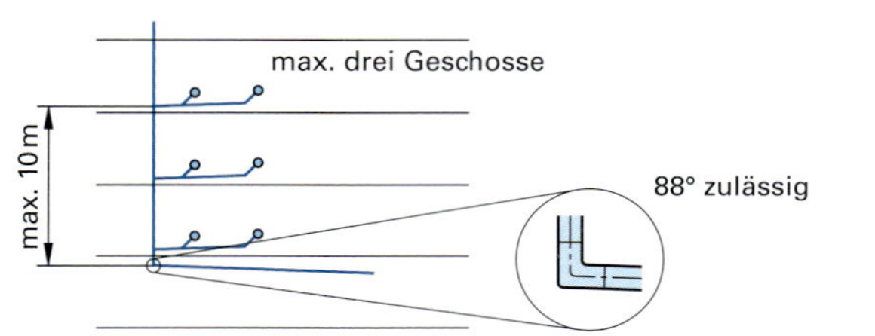

Abwasseranlagen (Fortsetzung)

Richtungsänderungen bei Schmutzwasserfallleitungen (Fortsetzung)

Druckverhältnisse in Fallleitungen

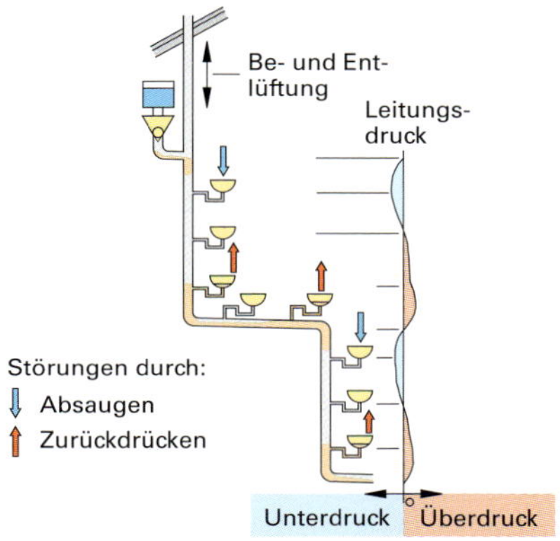

Bei Fallleitungen, die mehr als acht Geschosse durchlaufen bzw. länger als 22 m sind, müssen bei Fallleitungsverziehungen und beim Übergang einer Fallleitung in eine liegende Leitung Umgehungsleitungen eingebaut werden.

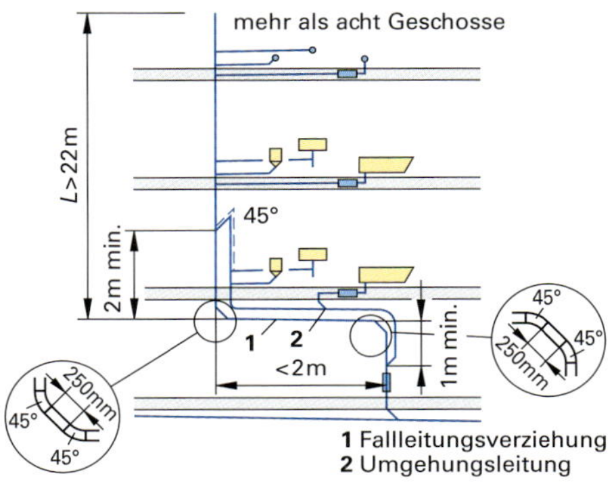

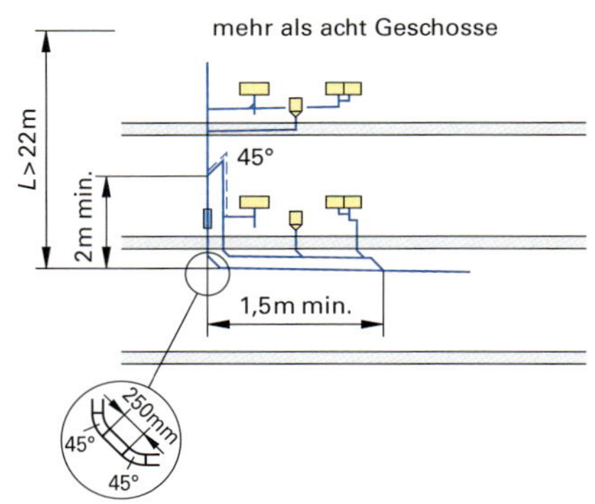

Bei Fallleitungen, die vier bis acht Geschosse durchlaufen bzw. 10 m bis 22 m lang sind, sind folgende Maße und Verlegeregeln zu beachten.

Variante ohne Umgehungsleitung

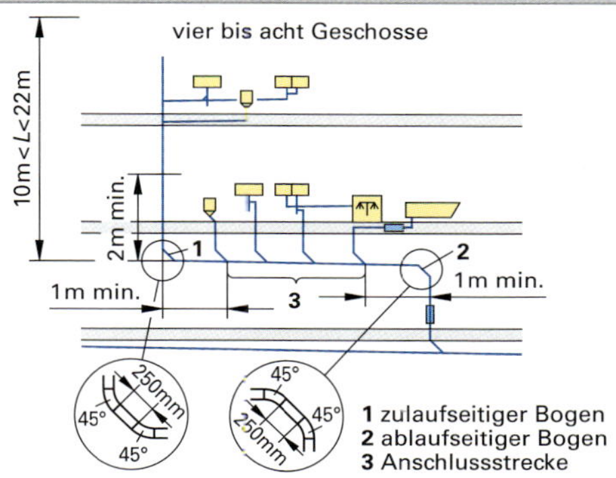

Variante mit Umgehungsleitung

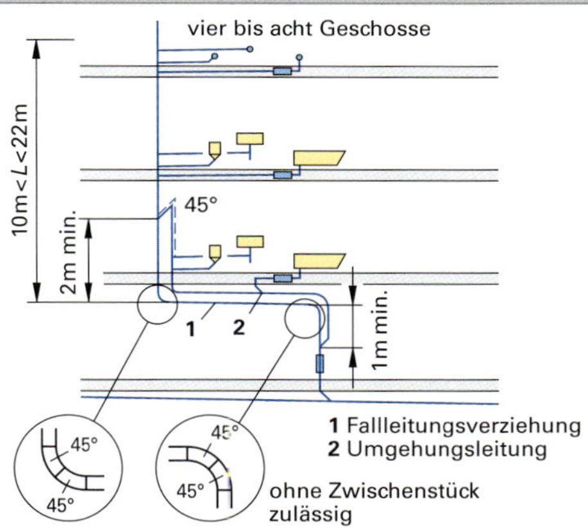

Variante mit Umlüftung

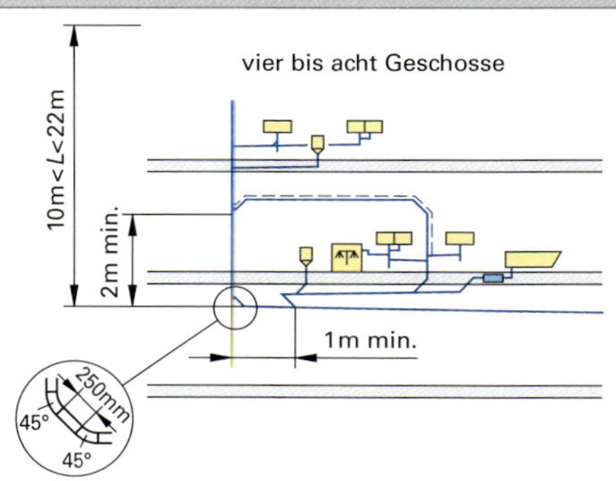

Abwasseranlagen (Fortsetzung)

Mehrfach verzogene Fallleitungen (Terrassenhäuser)

Die Entwässerungsgegenstände sind möglichst an liegende Leitungen anzuschließen

Variante mit direkter Nebenlüftung	Variante mit indirekter Nebenlüftung
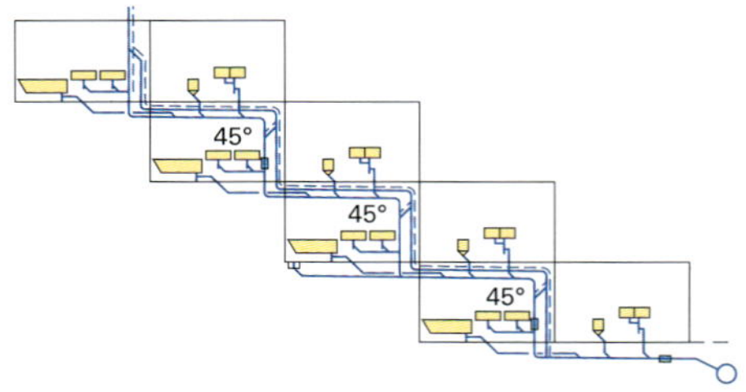	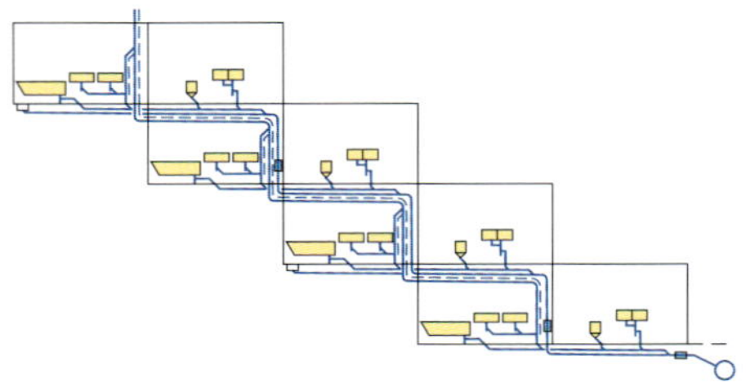

Lüftungsarten und Verlegeregeln

Entwässerungsanlage mit Hauptlüftung

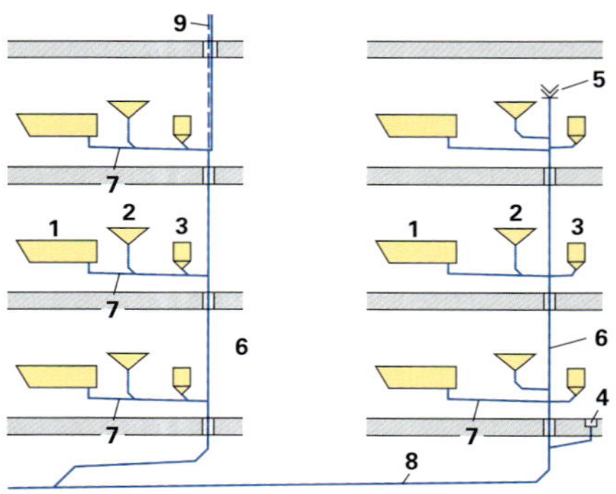

1 Badewanne
2 Waschtisch
3 Klosett
4 Bodenablauf
5 Belüftungsventil
6 Schmutzwasserfallleitung
7 Anschlussleitung
8 Grundleitung
9 Hauptlüftung

Verlegeregeln

Grundsätzlich muss jede Fallleitung als Lüftungsleitung bis über Dach geführt werden.

Ausnahme: In Ein- und Zweifamilienhäuser können Belüftungsventile anstelle von Fallleitungen eingesetzt werden, wenn mindestens eine Fallleitung über Dach geführt wird.

In rückstaugefährdeten Bereichen und für die Lüftung von Behältern, z. B. Hebeanlagen, dürfen jedoch keine Belüftungsventile eingesetzt werden.

Grund- und Sammelleitungen in Anlagen ohne Fallleitungen sind mit mindestens einer Lüftungsleitung über Dach zu versehen.

Die Be- und Entlüftung zwischen dem öffentlichen Kanal und der Lüftungsöffnung über Dach darf nicht durch Einbauten, z. B. Geruchverschlüsse, unterbrochen werden.

Unbelüftete und belüftete Anschlussleitungen, Nebenlüftung, Umlüftung, Belüftungsventil

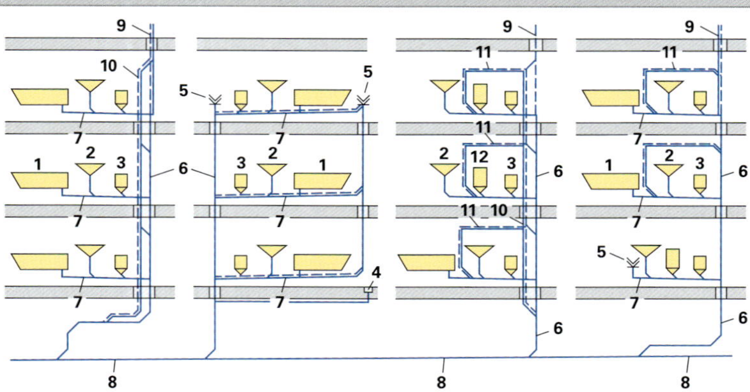

1 Badewanne
2 Waschtisch
3 Klosett
4 Bodenablauf
5 Belüftungsventil
6 Schmutzwasserfallleitung
7 Anschlussleitung
8 Grundleitung
9 Hauptlüftung
10 Nebenlüftung
11 Umlüftung
12 Urinal

Abwasseranlagen (Fortsetzung)

Lüftungsarten und Verlegeregeln (Fortsetzung)

Endrohre, Anschluss an die Dachhaut

Als Endrohre von Lüftungsleitungen sind nur Bauteile zu verwenden, die einen fach- und funktionsgerechten Anschluss an die Dachhaut ermöglichen.

Die Mitbenutzung von Abwasserleitungen zur Raumentlüftung ist unzulässig. Die Mündung muss mindestens 1 m oberhalb oder 2 m seitlich eines Fensters von Aufenthaltsräumen erfolgen.

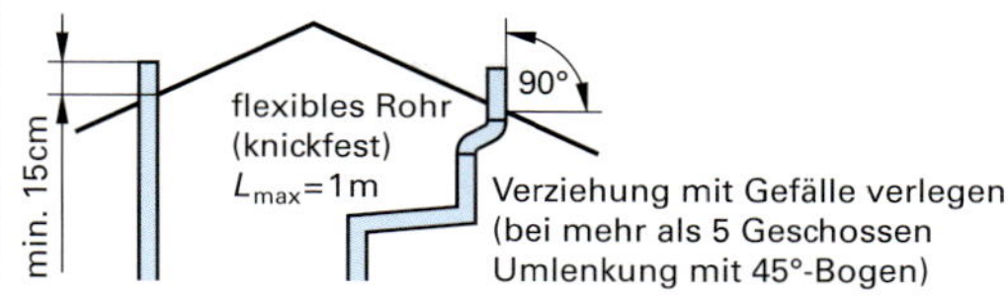

Dimensionierung von Lüftungsleitungen

Einzel- und Sammelhauptlüftungen

Einzel-Hauptlüftungsleitungen sind mit der Nennweite der zugehörigen Fallleitung auszuführen.

Der Querschnitt einer Sammel-Hauptlüftung muss mindestens so groß sein wie die Hälfte der Summe der Einzelquerschnitte der Einzel-Hauptlüftung.

Die Nennweite der Sammel-Hauptlüftung muss jedoch, ausgenommen bei Einfamilienhäusern, mindestens eine Nennweite größer als die größte Nennweite der zugehörigen Einzel-Hauptlüftung sein.

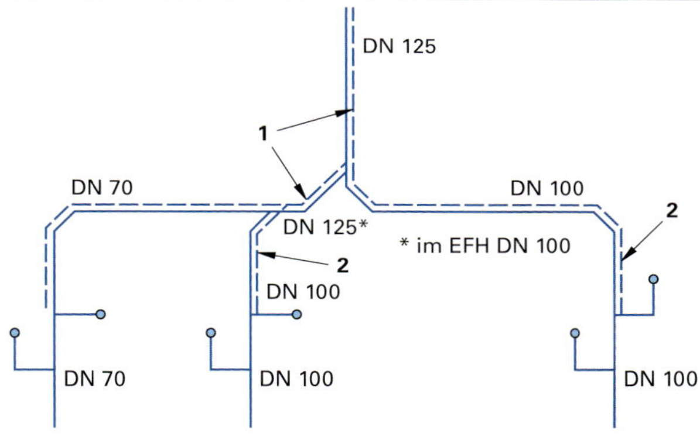

1 Sammel-Hauptlüftung **2** Einzel-Hauptlüftung

Umgehungsleitung

Die Umgehungsleitung ist in der gleichen Nennweite wie die Fallleitung, jedoch höchstens in DN100, auszuführen.

Der Lüftungsteil ist wie folgt zu bemessen:

Umgehung	Belüftung
DN 50	DN 40
DN 70/80	DN 50
DN 90/100	DN 60

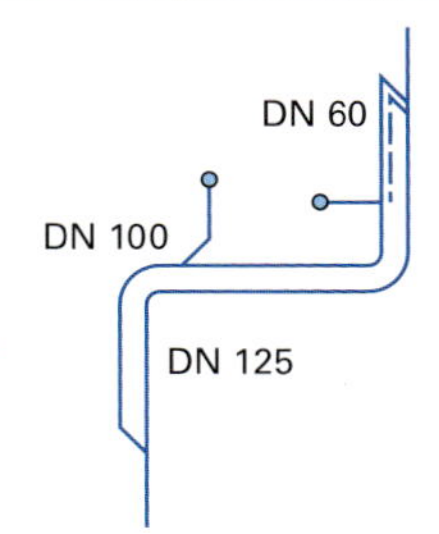

Umlüftungsleitung

Die Umlüftungsleitung ist in der gleichen Nennweite auszuführen, wie die damit belüftete Sammel-Anschlussleitung an der Einmündung in die Fallleitung, höchstens jedoch in DN70. Der Leitungsquerschnitt bis zum Beginn der Umlüftung ist ebenfalls in dieser Nennweite auszuführen.

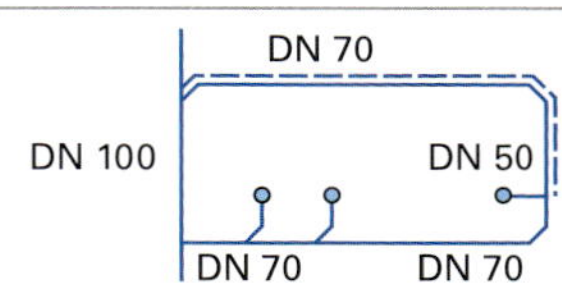

Rückstausicherungen

Ablaufstellen unterhalb der Rückstauebene sind durch automatisch arbeitende Abwasserhebeanlagen mit Rückstauschleife nach DIN EN 12056-4 gegen Rückstau aus dem Kanal zu sichern. Es sind nur folgende Typen zulässig.

Anwendungsbereich	Zur Anwendung freigegebene Typen von Rückstauverschlüssen nach DIN EN 13564-1
Fäkalienfreies Abwasser, Niederschlagswasser	Typen 2, 3 und 5
Fäkalienhaltiges Abwasser	Typ 3 mit Kennzeichnung „F“
Regenwassernutzungsanlagen[1]	Typen 0, 1, 2

[1] Nur für Überläufe von Erdspeichern, die an einen Regenwasserkanal angeschlossen werden, zulässig (siehe DIN 1989-1).

Abwasseranlagen (Fortsetzung)

Rückstauverschluss

Ein Rückstauverschluss kann eingesetzt werden, wenn

- Gefälle zum Kanal besteht,
- die Räume von untergeordneter Nutzung sind, d.h., dass keine wesentlichen Sachwerte oder die Gesundheit der Bewohner bei Überflutung der Räume beeinträchtigt werden,
- der Benutzerkreis klein ist und diesem ein WC oberhalb der Rückstauebene zur Verfügung steht,
- bei Rückstau auf die Benutzung der Ablaufstelle verzichtet werden kann.

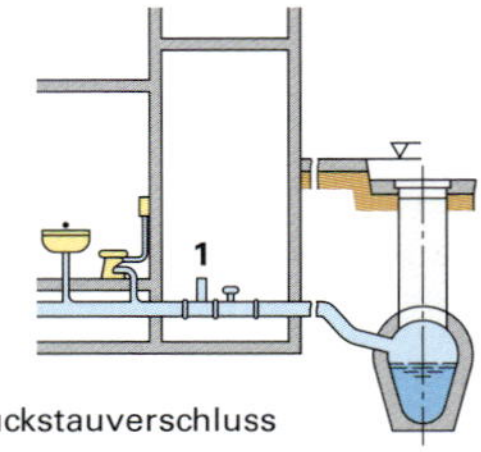

1 Rückstauverschluss

Rückstaudoppelverschluss für fäkalienfreies Abwasser

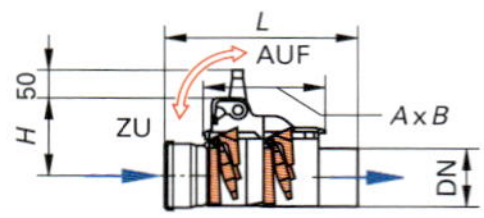

DN		100	125	150	200
L	(mm)	355	405	450	530
H	(mm)	180 + 25	240 + 40	240 + 40	278 + 50
A x *B*	(mm)	205 x 155	270 x 200	270 x 200	353 x 248

Automatischer Rückstauverschluss für fäkalienhaltiges und fäkalienfreies Abwasser

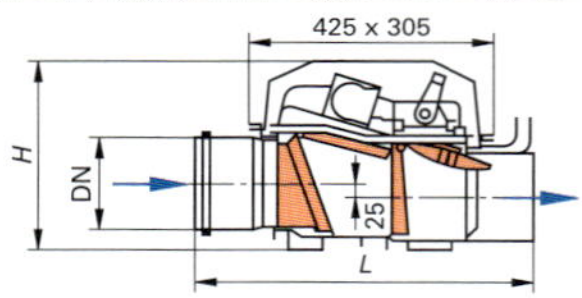

DN		100	125	150
L	(mm)	545	555	585
H	(mm)	343	343	343

Bauformen: Einbau in freiliegende Leitungen, Einbau in Bodenplatte, auch mit Bodenablauf

Ergänzung: Der Rückstauverschluss lässt sich mit einer Pumpe nachrüsten, so dass auch während eines Rückstaus eine Entwässerung möglich ist.

Inspektion (monatlich): Prüfen der Funktion des Betriebsverschlusses, betätigen des Notverschlusses durch Schließen und Öffnen.

Wartung (halbjährlich): Entfernen von Schmutz und Ablagerungen, Prüfen von Dichtungen und Dichtflächen auf einwandfreien Zustand, gegebenenfalls Austausch der Dichtungen, Kontrolle der Mechanik der beweglichen Abdichtorgane, gegebenenfalls Nachfetten (weitere Hinweise DIN 1986-3).

Hebeanlage mit Rückstauschleife

WC-Fördersystem zur begrenzten Verwendung

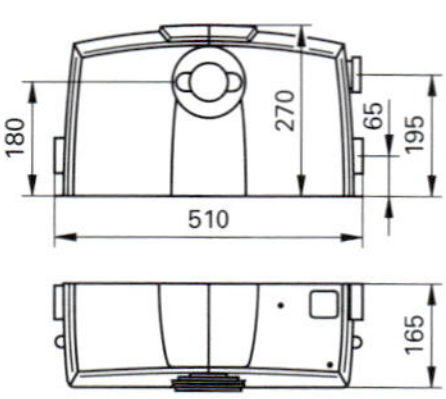

Schmutzwasserhebeanlage für fäkalienfreies Abwasser

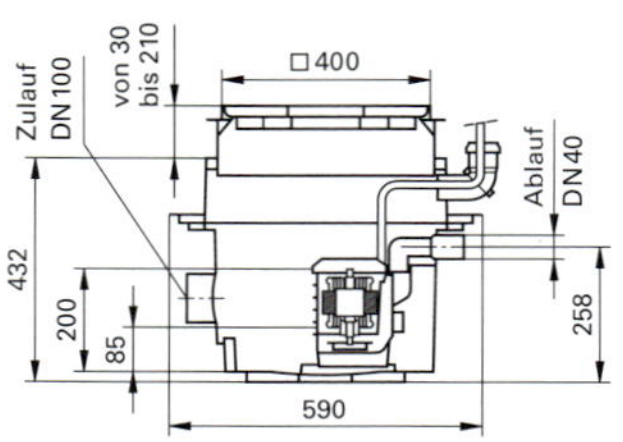

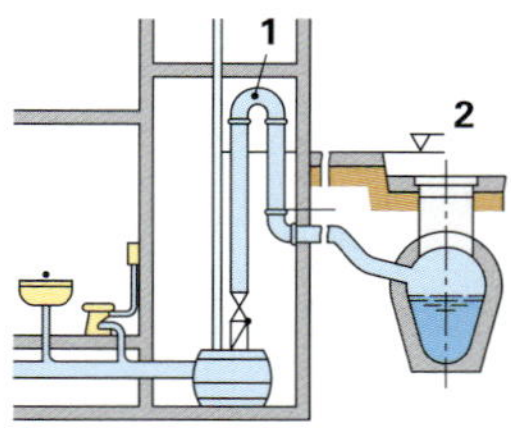

1 Rückstauschleife
2 Rückstauebene einschließlich Gehwege, Seitenstreifen

Hebeanlage für fäkalienfreies- und fäkalienhaltiges Abwasser (Herstellerangaben)

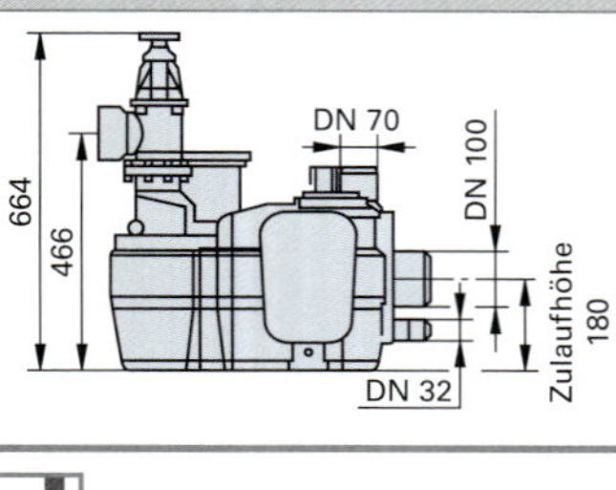

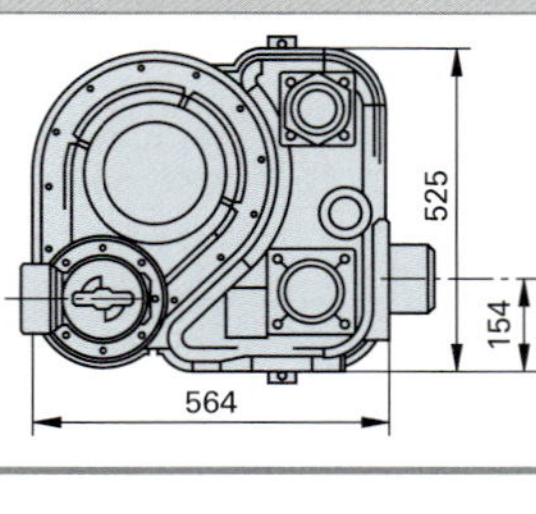

Abwasseranlagen (Fortsetzung)

Hebeanlage mit Rückstauschleife (Fortsetzung)

Inspektion (monatlich): Prüfen auf Betriebsfähigkeit durch Beobachtung von mindestens zwei Schaltzyklen, Kontrolle auf Dichtheit und äußere Korrosion.

Wartung (alle 3 Monate in gewerblichen Betrieben, alle 6 Monate in Mehrfamilienhäusern, jährlich in Einfamilienhäusern): Prüfen der Verbindungsstellen auf Dichtigkeit durch Absuchung des Umfelds von Anlagen und Armaturen, Betätigen der Schieber, Prüfung auf Leichtgängigkeit, gegebenenfalls Nachstellen und Einfetten, Öffnen und Reinigen des Rückflussverhinderers (Kontrolle von Sitz und Kugel/Klappe), Ölstandsprüfung, visuelle Kontrolle des elektrischen Teils der Anlage, Durchspülung der Anlage mit Wasser (alle 2 Jahre).

Anfertigung eines Protokolls (weitere Hinweise DIN 1986-3)

Sinkstoffabscheider, Leichtflüssigkeitsabscheider, Fettabscheider

Sinkstoffabscheider

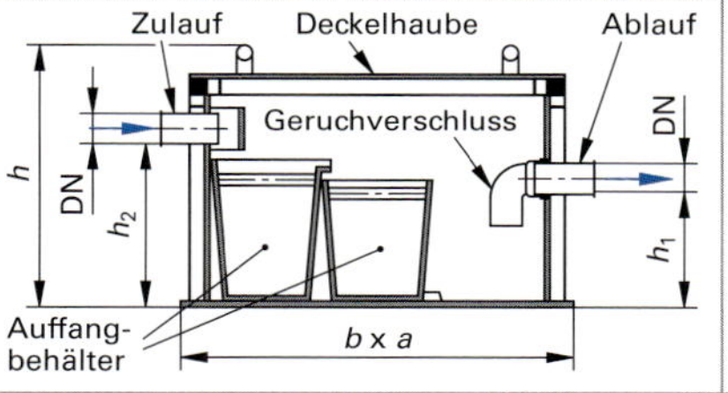

DN	a mm	b mm	h mm	h_1 mm	h_2 mm	Behältervolumen in l
50	400	570	470	195	295	13
70	650	800	596	255	373	51

Freie Aufstellung in frostgeschützten Räumen

Sinkstoffabscheider zum Einbau ins Erdreich

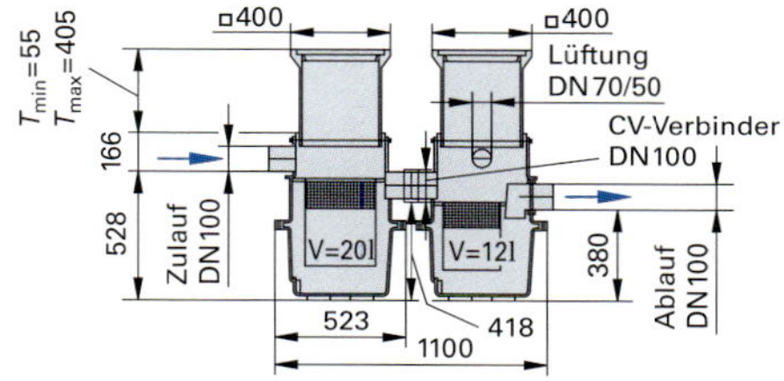

Bei der Auslegung der Behältergröße sind folgende Parameter von Bedeutung:

Schmutzwasserabfluss, Dichte der Schwerstoffe, Teilchengröße, Menge der abzuscheidenden Schwerstoffe.

Entsorgungsintervalle: spätestens bei 50% Füllung der Auffangbehälter.

Leichtflüssigkeitsabscheider (Öl- und Benzinabscheider)

Auszug aus DIN 1999-100: 2016-12

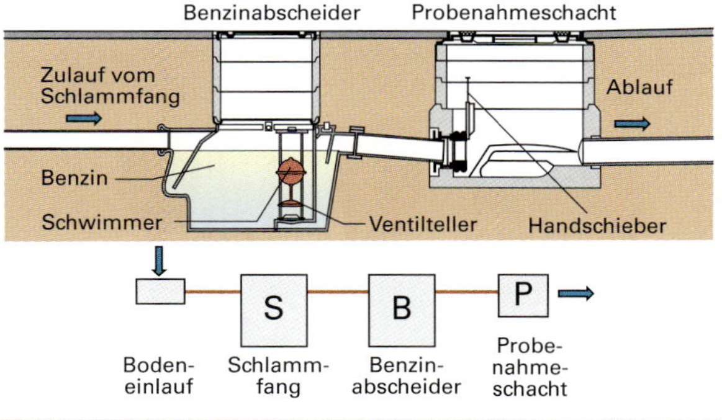

Entsorgung: Entfernung von Leichtflüssigkeit und Schlamm bei 80% Füllung Leichtflüssigkeit bzw. 50% Füllung Schlamm.

Überprüfung: Alle 5 Jahre Komplettentleerung, Reinigung und Prüfung auf ordnungsgemäßen Betrieb durch Sachverständigen.

Wartung: halbjährliche Kontrolle des selbsttätigen Abschlusses und der Alarmeinrichtung, Entleerung und Reinigung falls nötig, Reinigung der Probenahmeeinrichtung, führen des Betriebstagebuches durch Sachkundigen. Dimensionierung siehe Installations- und Heizungstechnik – Technische Mathematik, Seite 165 f

Fettabscheider kombiniert mit Schlammfang

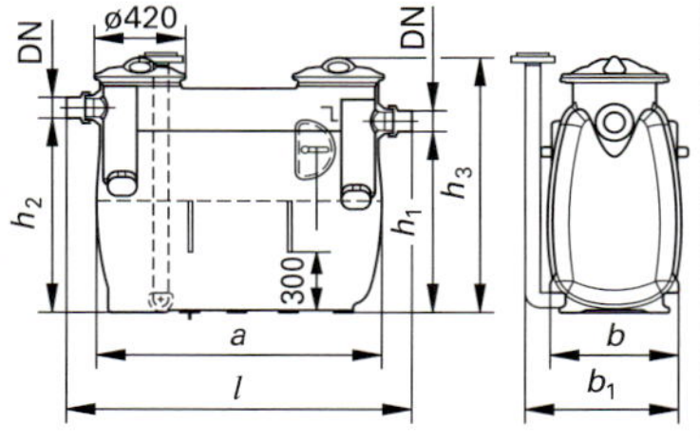

Abscheiderinhalt in l	DN	a mm	l mm	b mm	b_1 mm	h_1 mm	h_2 mm	h_3 mm
212	100	1030	1250	670	840	930	1000	1310
354	100	1500	1810	730	840	930	1000	1310
567	150	1600	1850	990	1080	1130	1200	1560
794	150	2430	2700	990	1080	1130	1200	1560

Entsorgung: mindestens monatliche Entleerung oder bei Überschreitung der Speicherfähigkeit. **Überprüfung:** mind. alle 5 Jahre. **Wartung:** monatliche Reinigung mit vollständiger Entleerung. Dimensionierung siehe Installations- und Heizungstechnik – Technische Mathematik, Seite 162 ff

AW

Abwasserkanäle und Formstücke (PVC-U)

KG-Rohre PVC-U (Herstellerangaben)

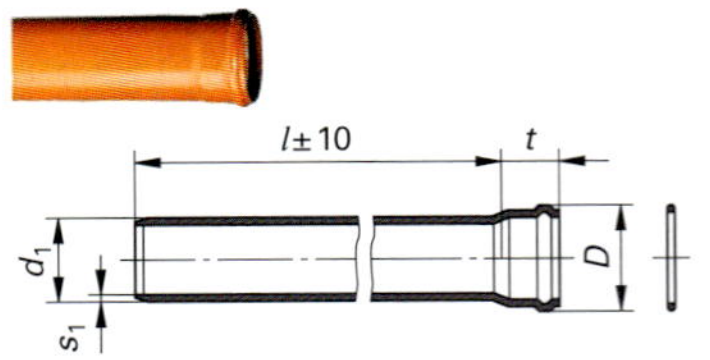

Rohreigenschaften	
Lieferlängen	DN 110 ... 200: 0,5 m DN 110 ... 500: 1 m, 2 m und 5 m
Verbindung	Steckmuffe mit werkseitig vormontiertem Ring
Werkstoff	PVC-U nach DIN EN 1401
Dichtung	Gummiring nach DIN 4060/EN 681-1
α	0,00008 1/K

DN	110	125	160	200	250	315	400	500
D	128	145	183	226	287	355	445	567
s_1	3,2	3,2	4,0	4,9	6,1	7,7	9,8	12,2
d_1	110	125	160	200	250	315	400	500
t	76	82	100	120	140	160	190	220

D	Rohraußendurchmesser (Muffe)	mm
d_1	Rohrinnendurchmesser	mm
s_1	Wanddicke	mm
t	maximale Einstecktiefe	mm
α	Längenausdehnungskoeffizient	1/K

Bögen

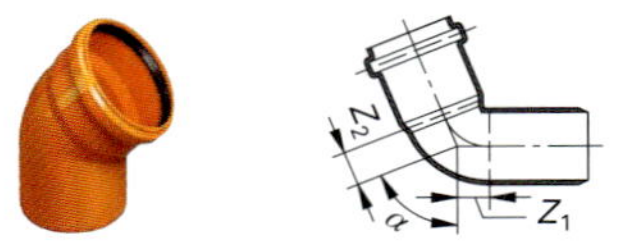

Winkel	15°		30°		45°		67,5°		87,5°	
DN	Z_1	Z_2	Z_1	Z_2	Z_1	Z_2	Z_1	Z_2	Z_1	Z_2
110	9	14	17	21	25	29	42	43	59	60
125	10	14	20	25	30	33	45	49	67	68
160	13	19	24	30	36	42	58	64	83	87
200	15	23	38	46	46	54	–	–	105	113

Übergangsrohr

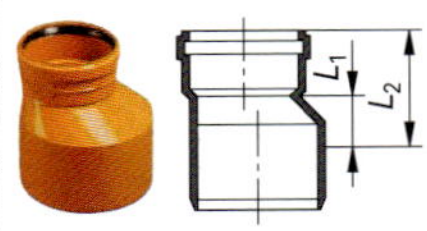

DN	L_1	L_2
125-110	14	87
160-110	46	118
160-125	18	86
200-160	48	143

Überschiebemuffen

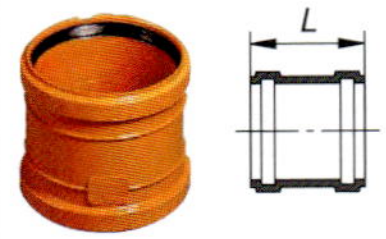

DN	L
110	105
125	117
160	138
200	212

Einfachabzweige 45°, 87,5°

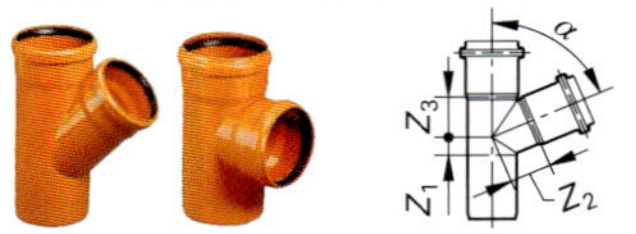

DN	45°			87,5°		
	Z_1	Z_2	Z_3	Z_1	Z_2	Z_3
100-100	25	134	134	59	62	62
125-100	26	148	141	59	70	63
125-125	39	152	152	66	70	70
150-100	12	168	159	60	87	65
150-125	24	177	172	67	87	72
150-150	53	197	197	84	89	89
200-100	57	204	246	61	106	67
200-125	57	211	246	71	108	87
200-150	57	229	246	86	108	91
200-200	57	246	246	105	111	111
250-150	9	261	244	90	134	100
250-200	42	282	273	132	136	143
300-150	– 33	354	304	93	164	143
300-200	27	318	342	166	170	178

Reinigungsrohr

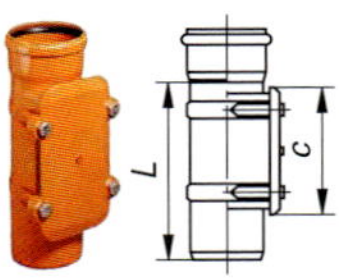

DN	c	L
110	225	359
125	256	365
160	282	394
200	332	494

Anschluss an Gussrohr

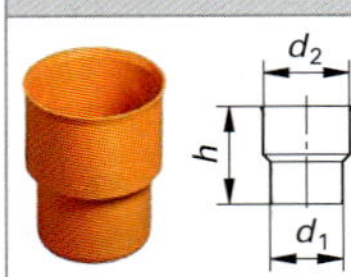

d_1	d_2	h
110	124	149
125	151	166
160	176	182
200	226	222

Anschluss an Steinzeugrohr

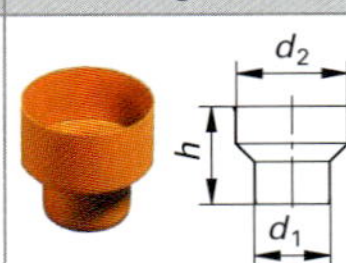

d_1	d_2	h
110	159	165
125	191	185
160	220	200
200	278	225

Kanalschächte

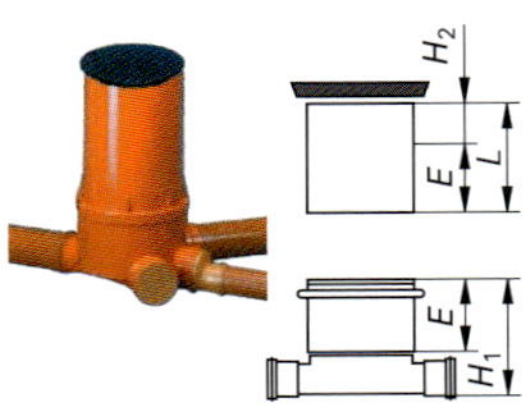

Schachtmaße	
H1	455 mm
E	233 mm
Steigrohr-länge in mm	Einbautiefe in mm
500	722
750	972
1000	1222
1500	1722

Rohre und Formstücke HT

Rohre mit Steckmuffe

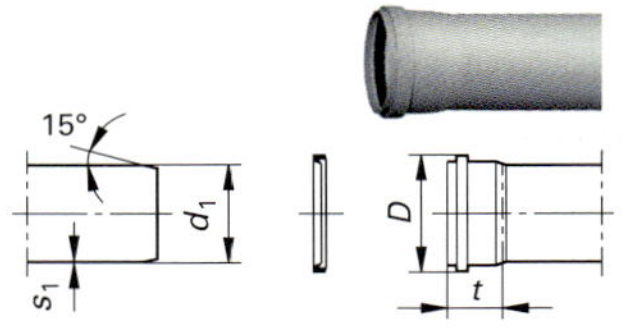

Rohreigenschaften

Lieferlängen in mm	150, 250, 500, 1000, 2000
Verbindung	Steckmuffe mit werkseitig vormontiertem Ring
Werkstoff	Polypropylen (PP) hochwärmestabilisiert nach DIN 8078, schwer entflammbar
Dichtung	Gummiring nach DIN 4060
α	0,00015 1/K

DN	40	50	70	100	125	150
D	54	64	89	128	145	184
s_1	1,8	1,8	1,9	2,7	3,1	3,9
d_1	40	50	75	110	125	160
t	58	58	61	72	75	83

D	Rohraußendurchmesser (Muffe)	mm
d_1	Rohrinnendurchmesser	mm
s_1	Wanddicke	mm
t	maximale Einstecktiefe	mm
α	Längenausdehnungskoeffizient	1/K

Bögen

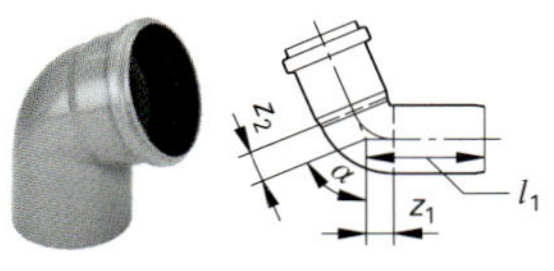

Winkel α	15°			30°			45°			67,5°			87,5°		
DN	z_1	z_2	l_1	z_1	z_2	l_1	z_1	z_2	l_1	z_1	z_2	l_1	z_1	z_2	l_1
40	5	8	66	7	11	69	10	14	72	16	20	78	23	26	85
50	5	9	68	9	12	71	12	16	75	20	23	82	28	31	90
70	7	11	73	12	15	78	18	21	83	28	31	93	40	43	105
100	9	14	85	17	21	92	25	29	101	40	44	116	57	61	133
125	10	15	92	19	23	100	28	33	110	46	50	127	65	70	147
150	13	19	113	24	30	123	36	42	136	–	–	–	83	89	183

Rohre ohne Steckmuffe

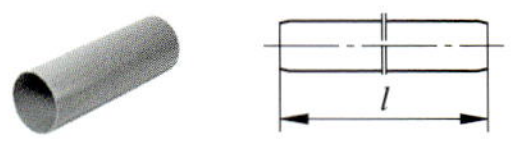

Lieferlängen	DN 40 … DN 15 l = 5000 mm

Siphonbogen

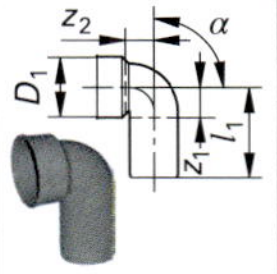

DN	d_1	z_1	z_2	l_1
40-30	40	27	20	89
40-40	50	26	20	89
50-40	50	31	25	94
50-50	60	31	25	94

Doppelsiphonbogen

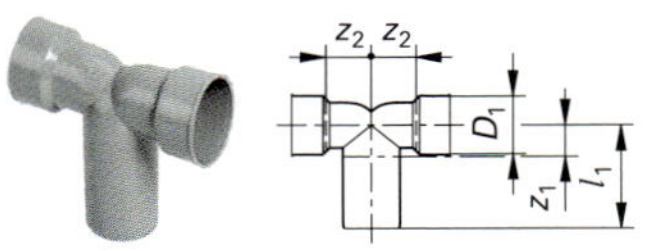

DN	d_1	z_1	z_2	l_1
40-50-40	50	27	39	90

Einfachabzweige 45°, 67,5°, 87,5°

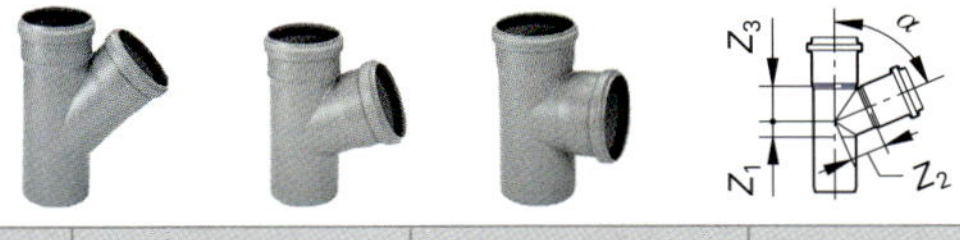

DN	45°				67,5°				87,5°			
	z_1	z_2	z_3	l_1	z_1	z_2	z_3	l_1	z_1	z_2	z_3	l_1
40-40	10	49	49	121	16	33	33	110	23	25	25	109
50-40	5	56	54	122	14	39	35	112	23	30	25	109
50-50	12	61	61	136	20	41	41	122	28	30	30	119
70-50	–1	79	74	139	14	54	46	115	27	43	31	113
70-70	18	91	91	174	26	59	59	152	40	43	43	148
100-50	–17	104	91	149	8	73	54	135	28	60	32	133
100-70	1	116	409	185	22	78	67	163	40	60	45	160
100-100	25	134	134	234	40	86	86	201	57	62	62	194
125-100	18	144	141	243	38	93	89	210	58	69	63	204
125-125	28	152	152	266	–	–	–	–	65	70	70	266
150-100	1	168	159	265	31	112	96	232	58	86	64	237
150-125	12	176	169	280	39	115	104	280	66	87	71	280

Doppelabzweig

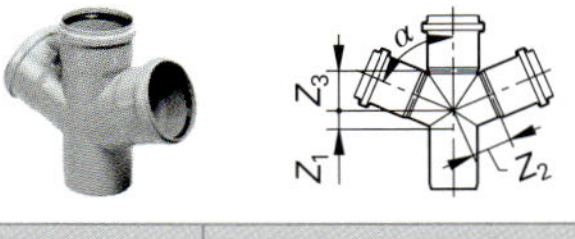

DN	67,5°			
	z_1	z_2	z_3	l_1
50-50-50	20	41	41	124
70-70-70	28	59	59	153
100-50-50	8	73	54	135
100-70-70	22	78	67	163
100-100-100	40	86	86	201

Eck-Doppelabzweig

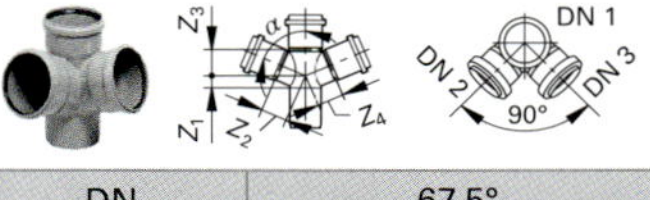

DN	67,5°				
	z_1	z_2	z_3	z_4	l_1
100-100-100	40	86	86	86	102

AW

Rohre und Formstücke HT (Fortsetzung)

Reduktion, exzentrisch

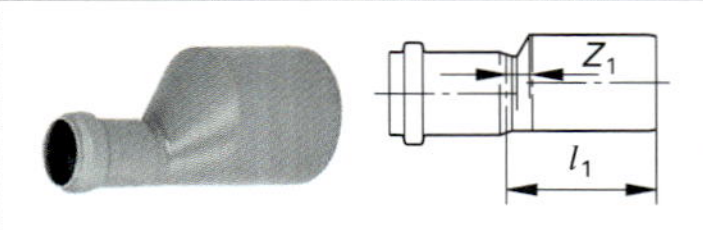

DN	z_1	l_1	DN	z_1	l_1
50-40	12	73	100-70	26	101
70-50	20	86	125-100	15	101
100-50	40	115	150-100	34	137

Doppelmuffe

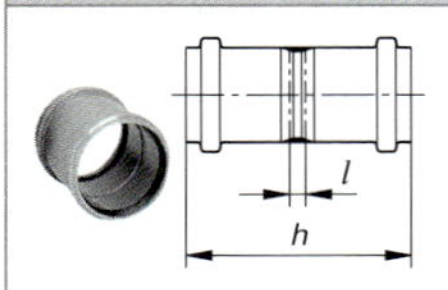

Langmuffen

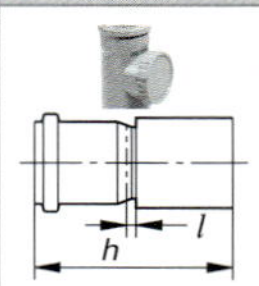

Reinigungsrohr

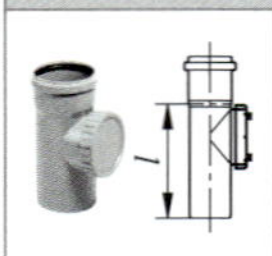

Endkappen

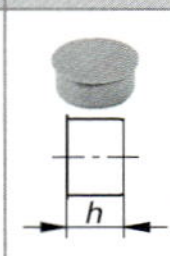

Anschlussstück Metallrohr

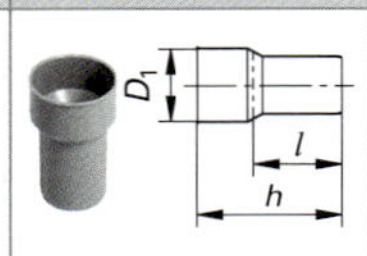

Anschlussstück Gussrohr

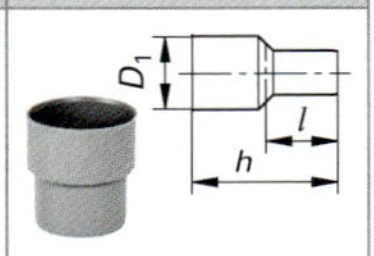

	Doppelmuffe		Langmuffen		Reinigungsrohr	Endkappen	Anschlussstück Metallrohr			Anschlussstück Gussrohr		
DN	***h***	***l***	***h***	***t***	***l***	***H***	D_1	***h***	***l***	D_1	***h***	***l***
40	125	9	239	174	–	39	50	107	72	–	–	–
50	125	9	163	110	146	39	60	118	72	72	140	70
70	144	22	254	183	192	39	–	–	–	92	142	71
100	170	26	257	186	228	46	–	–	–	124	158	83
125	177	27	–	–	236	50	–	–	–	–	–	–
150	196	30	–	–	303	58	–	–	–	–	–	–

Rohre und Formstücke PE-HD

DIN EN 1519-1: 2019-07

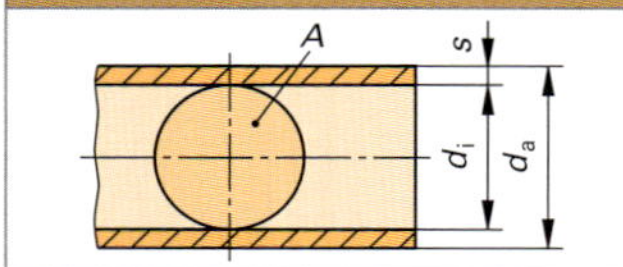

d_i	Innendurchmesser	mm
s	Wanddicke	mm
A	Querschnittsfläche	cm^2
m'	spezifische Masse	kg/m
V'	spezifisches Volumen	l/m
k	maximale Kürzung	cm

DN	30	40	50	56	70	90	100	125	150	200	250
d_i	26	34	44	50	69	83	101,4	115,2	147,6	187,6	234,4
s	3	3	3	3	3	3,5	4,3	4,9	6,2	6,2	7,8
A	5,3	9	15,2	19,6	37,3	54,1	80,7	104,5	171,1	276,4	431,5
m'	0,26	0,33	0,42	0,47	0,65	0,91	1,35	1,75	2,84	4,42	6,95

Rohreigenschaften	
Verbindung	Stumpfschweißen, Schweißen mit Elektromuffen, Muffenverbindungen mit Steck- und Langmuffen, Flansch- und Schraubverbindungen
Beständigkeit	pH 2 … 12

Bogen 90°

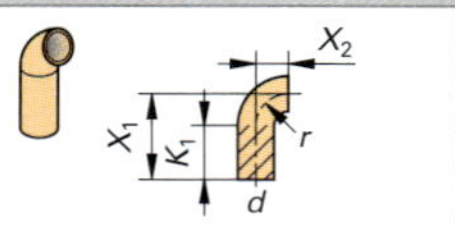

Bogen 88,5°

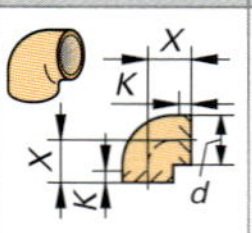

Bogen 45°

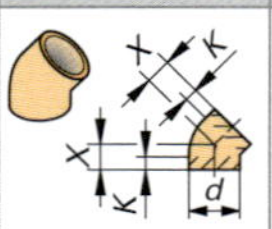

Bogen 30°

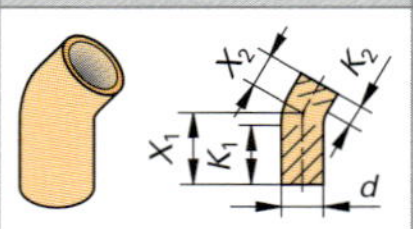

Bogen 15°

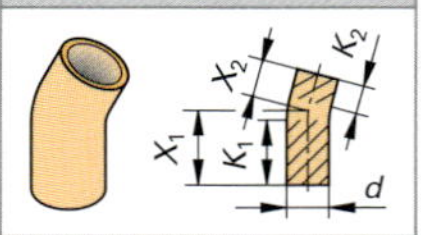

		Bogen 90°				Bogen 88,5°		Bogen 45°		Bogen 30°				Bogen 15°			
DN	d_d mm	X_1 cm	X_2 cm	K_1 cm	r cm	X cm	K cm	X cm	K cm	X_1 cm	X_2 cm	K_1 cm	K_2 cm	X_1 cm	X_2 cm	K_1 cm	K_2 cm
30	32	10	3	7	3	–	–	–	–	–	–	–	–	–	–	–	–
40	40	15	3	12	3	–	–	4	2	–	–	–	–	–	–	–	–
50	50	18	4	14	4	6	2	4,5	2	–	–	–	–	–	–	–	–
56	56	21	4	17	4	6,5	2	4,5	2	–	–	–	–	–	–	–	–
70	75	21	7	14	7	7,5	2	5	2	–	–	–	–	–	–	–	–
90	90	24	9	15	9	8	2	5,5	2	–	–	–	–	–	–	–	–
100	110	27	10	17	10	9,5	2,5	6	2,5	19,5	8,5	15,5	4,5	18	7	15,5	4,5
125	125	20	11	9	11	10	2,5	6,5	2,5	12	9	7,5	4,5	10,5	7,5	7,5	4,5
150	160	20	14,5	6	14	12	2,5	6,9	2	9,5	9,5	4,5	4,5	7,5	7,5	4,5	4,5

Rohre und Formstücke PE-HD (Fortsetzung)

Abzweig 45°

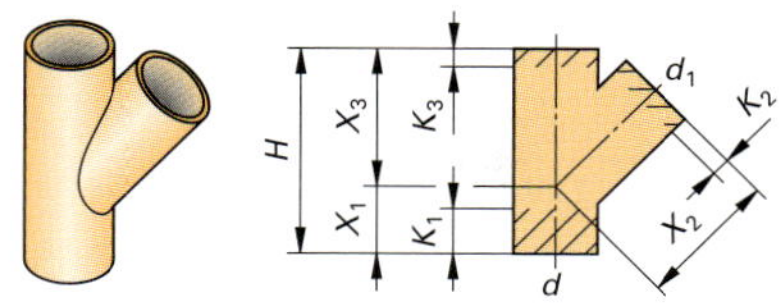

Abzweig 88,5°

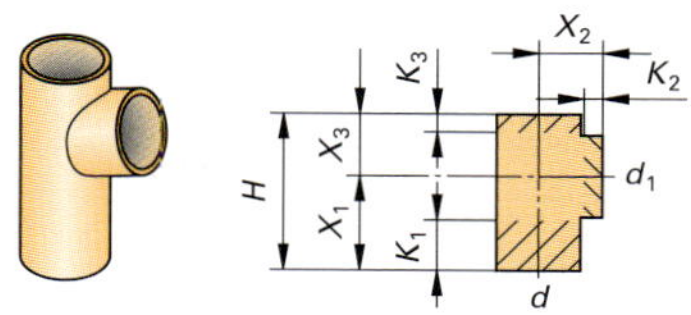

			Abzweig 45°						Abzweig 88,5°					
DN	d mm	d_1 mm	X_1 cm	$X_{2,3}$ cm	H cm	K_1 cm	K_2 cm	K_3 cm	X_1 cm	$X_{2,3}$ cm	H cm	K_1 cm	K_2 cm	K_3 cm
30-30	32	32	3,5	7	10,5	2	2	2	5	3,5	8,5	2,5	1	1
40-40	40	40	4,5	9	13,5	2,5	3	3	7,5	5,5	13	4,5	2,5	2,5
50-40	50	40	5,5	11	16,5	4	4,5	4,5	9	6	15	6	2,5	3
50-50	50	50	5,5	11	16,5	3,5	2	2	9	6	15	5,5	2,5	2,5
56-50	56	50	6	12	18	4	3	3	10,5	7	17,5	7	3	3,5
56-56	56	56	6	12	18	4	2,5	2,5	10,5	7	17,5	6,5	3	3
70-70	75	75	7	14	21	4	2,5	2,5	10,5	7	17,5	5,5	2,5	2,5
90-50	90	50	8	16	24	8	4	5	–	–	–	–	–	–
90-70	90	75	8	16	24	6,5	3	3,5	–	–	–	–	–	–
90-90	90	90	8	16	24	5	2	2	12	8	20	6,5	2,5	2,5
100-50	110	50	9	18	27	9,5	5	5,5	13,5	9	22,5	9,5	2,5	5
100-70	110	75	9	18	27	7,5	3	3,5	13,5	9	22,5	8,5	2,5	3,5
100-90	110	90	9	18	27	6,5	2,5	3	13,5	9	22,5	7,5	2,5	3
100-100	110	110	9	18	27	5,5	2	2	13,5	9	22,5	6,5	2	2
125-50	125	50	–	–	–	–	–	–	15	10	25	11	2,5	6
125-70	125	75	10	20	30	9,5	4	5	15	10	25	10	2,5	4,5
125-100	125	110	10	20	30	7	2,5	2,5	15	10	25	8	2	3
150-100	160	110	12,5	25	37,5	11	4,5	5,5	21	14	35	13,5	4,5	6
150-125	160	125	12,5	25	37,5	10	4	5	21	14	35	12,5	4,5	5

Reduktion, exzentrisch

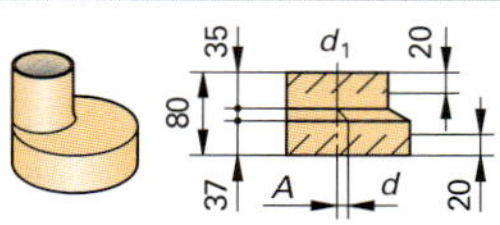

DN	d mm	d_1 mm	A mm
50-40	50	40	0,5
56-50	56	50	0,3
70-50	75	50	1,25
70-56	75	56	0,95
100-50	110	50	2,9
100-56	110	56	2,6
100-70	110	75	1,6
100-90	110	90	0,9
125-70	125	75	2,3
125-100	125	110	0,7
150-125	160	125	1,6

Langmuffe

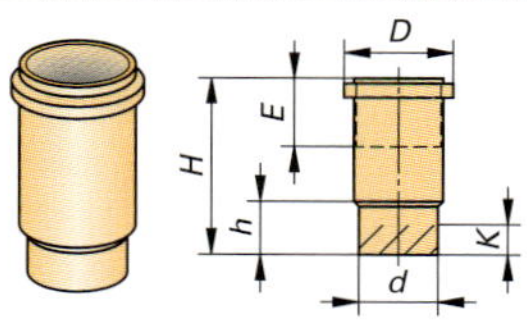

DN	d mm	D mm	E_{min} mm	H mm	h mm	K mm
30	32	50	70	85	10	0
40	40	66	70	233	65	55
50	50	80	70	233	65	55
56	56	86	70	233	65	55
125	125	162	70	239	65	55
150	160	202	70	240	70	55
200	200	247	170	400	125	110
250	250	293	170	425	168	110
300	315	362	170	458	170	110

Steckmuffe

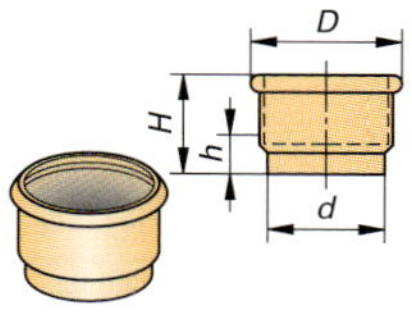

DN	d mm	D mm	H mm	h mm
30	32	–	–	–
40	40	57	63	20
50	50	67	63	20
56	56	72	63	20
70	75	92	88	25
90	90	108	88	25
100	110	131	88	25
125	125	149	88	25
150	160	188	123	30

Bundbuchse

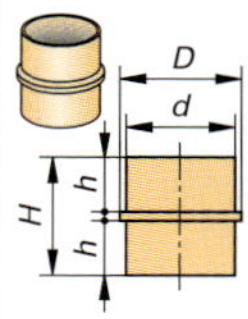

D mm	H mm	h mm
38	52	24
47	68	32
57	68	32
65	58	27
90	72	34
103	92	44
120	117	56
–	–	–
–	–	–

AW

Schallgedämmte Abwasserrohre und Formstücke PP-mineralverstärkt (Herstellerangaben)

Rohr mit glatten Enden

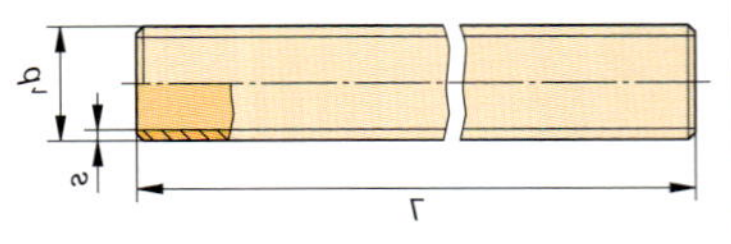

DN	50	70	90	100	125	150
d_1	52	78	90	110	135	160
s	2,8	4,9	5,1	5,3	5,6	6,3
L	2000	3000	3000	3000	3000	3000
m'	0,65	1,75	2,04	2,65	3,44	4,59
V'	1,6	3,6	5,0	7,7	12,0	17,0

d_1	Außendurchmesser	mm
s	Wanddicke	mm
L	Länge	m
m'	spezifische Masse	kg/m
V'	spezifisches Volumen	l/m

Rohreigenschaften	
Wärmebeständigkeit	bis 90 °C
Verarbeitung	steck-, kleb- und spanbar
Schallschutz	16 dB(A) nach DIN 4109 erfüllt (Schallschutz im Hochbau)

Rohr mit Muffe

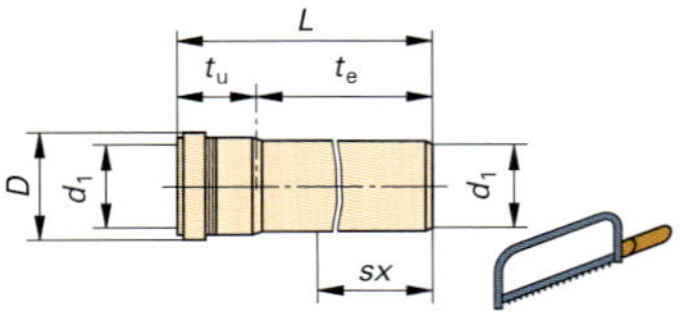

DN	50	50	70	90	90	100	125	150
d_1	52	52	78	90	90	110	135	160
D	63	63	97	113	113	132	159	187
t_u	48	48	54	55	55	60	65	71
t_e	150	250	250	150	250	250	250	250
L	198	298	304	205	305	310	316	321
x	100	200	173	75	175	172	167	160

Doppelmuffe

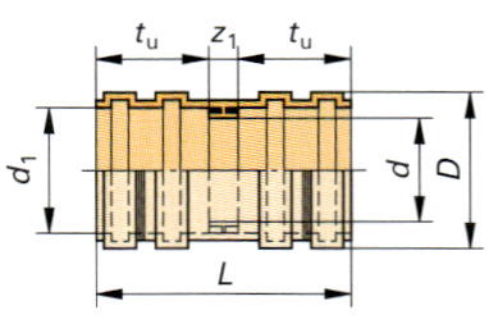

DN	50	70	90	100	125	150
d_1	52	78	90	110	135	160
d	42	64	75	95	119	142
D	63	97	113	132	159	187
z_1	13	13	12	14	14	14
t_u	46	54	58	62	68	78
L	105	121	128	137	150	170

Bögen 15°, 30°, 45°, 87°

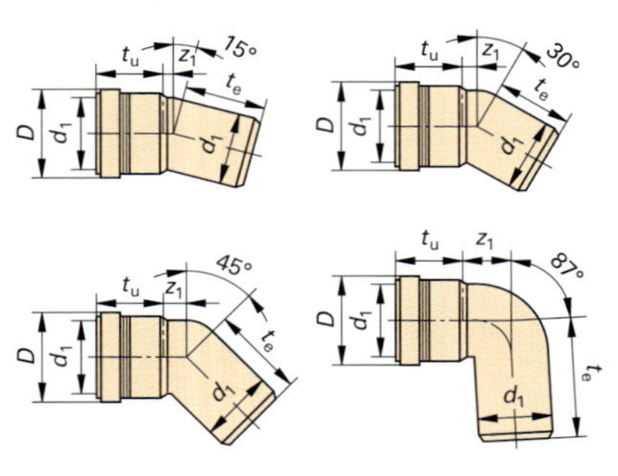

DN		50	70	90	100	125	150
d_1		52	78	90	110	135	150
D		63	97	113	132	159	187
t_u		48	54	55	60	65	71
15°	z_1	11	15	18	21	23	30
	t_e	57	62	70	72	80	93
30°	z_1	11	15	18	21	23	30
	t_e	61	67	76	80	89	104
45°	z_1	16	21	33	29	33	42
	t_e	66	73	79	88	98	116
87°	z_1	33	43	57	61	70	89
	t_e	83	95	103	120	135	163

Bogen 67°

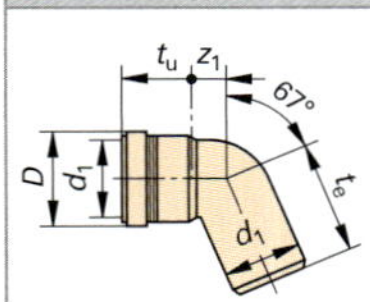

DN	50	70	90	100
d_1	52	78	90	110
D	63	97	113	132
z_1	24	36	42	49
t_u	48	54	55	60
t_e	74	88	95	107

Bogen 90°

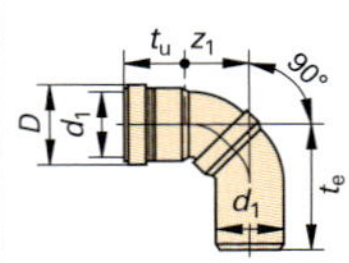

DN	50	70	100
d_1	52	78	110
D	63	97	132
z_1	49	69	86
t_u	47	52	58
t_e	74	88	107

Schallgedämmte Abwasserrohre und Formstücke (Herstellerangaben) (Fortsetzung)

Abzweig 45°

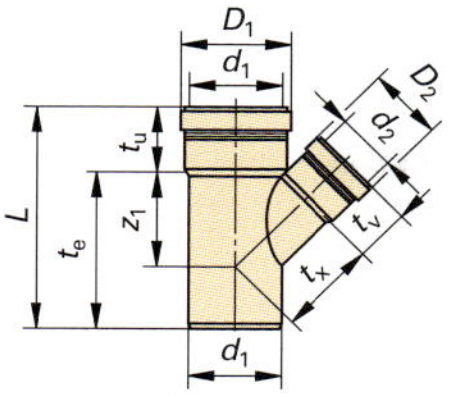

DN	d_1	d_2	D_1	D_2	Z_1	t_u	t_e	t_v	t_x	L
50×50	52	52	63	63	64	48	130	48	64	178
70×50	78	52	63	97	77	54	138	48	79	192
70×70	78	78	97	97	91	54	165	54	91	210
90×50	90	52	65	113	31	55	123	47	46	178
90×90	90	90	113	113	51	55	159	55	51	214
100×50	110	52	132	132	32	60	133	48	56	193
100×70	110	78	132	132	45	60	149	54	60	209
100×100	110	110	132	132	62	60	183	60	62	243
125×70	135	78	159	159	45	65	156	54	72	221
125×100	135	110	159	159	63	65	191	60	74	256
125×125	135	135	159	159	75	65	215	65	75	280
150×100	160	110	187	187	64	71	202	60	86	273
150×125	160	135	187	187	76	71	227	65	87	298
150×150	160	160	187	187	89	71	252	71	89	323

Abzweig 87°

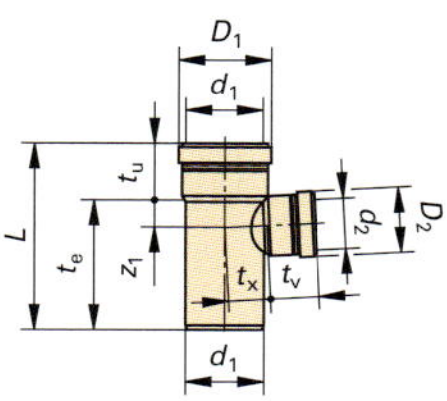

DN	d_1	d_2	D_1	D_2	Z_1	t_u	t_e	t_v	t_x	L
50×50	52	52	63	63	29	48	113	48	29	161
70×50	78	52	63	97	31	54	123	48	40	177
70×70	78	78	97	97	43	54	139	54	43	103
90×50	90	52	65	113	83	55	140	47	91	195
90×90	90	90	113	113	110	55	197	55	119	252
100×50	110	52	132	132	93	60	146	48	101	206
100×70	110	78	132	132	109	60	174	54	116	234
100×100	110	110	132	132	134	60	223	60	134	283
125×70	135	78	159	159	122	65	186	54	132	251
125×100	135	110	159	159	144	65	232	60	140	207
125×125	135	135	159	159	162	65	261	65	162	326
150×100	160	110	187	187	159	71	240	60	168	311
150×125	160	135	187	187	174	71	266	65	181	337
150×150	160	160	187	187	104	71	310	71	104	381

Abzweig 67°

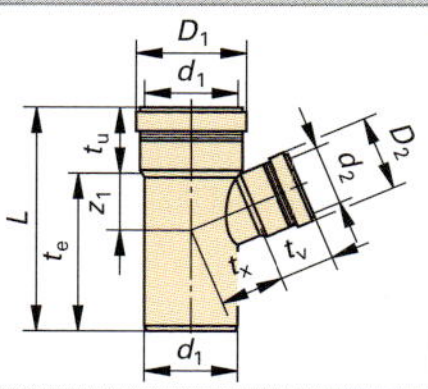

Abzweig 87° mit Innenradius

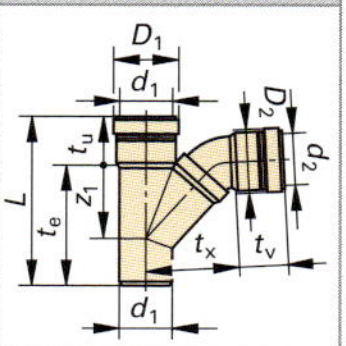

DN	50×50	70×70	100×70	100×100	70×70	100×100
d_1	52	78	110	110	78	110
d_2	52	78	78	110	78	110
D_1	63	97	97	132	97	132
D_2	63	97	132	132	97	132
Z_1	40	58	65	81	91	134
t_u	48	54	60	60	54	60
t_e	115	113	155	188	165	223
t_v	48	54	54	60	54	60
t_x	40	58	75	81	116	155
L	163	167	215	248	219	283

Doppelklebmuffe

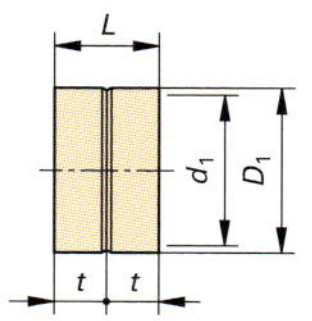

DN	d_1	D_1	t	L
50	52	58	22	47
70	78	82	30	61
90	90	97	25	54
100	110	115	35	73
125	135	140	38	79
150	160	167	42	88

Reduzierung

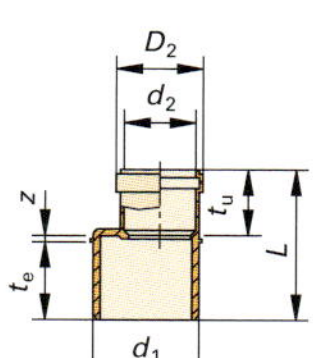

DN	d_1	d_2	D_1	t_u	t_e	z	L
70-50	78	52	63	48	55	5	108
90-50	90	52	65	47	59	2	130
90-70	90	78	99	51	59	6	116
100-50	110	52	63	48	63	4	115
100-70	110	78	97	54	63	4	121
100-90	110	90	113	58	61	5	124
125-100	135	110	132	57	70	5	134
150-100	160	110	132	57	80	4	144
150-125	160	135	159	62	80	4	149
200-150	200	160	183	69	99	3	201

Schallgedämmte Abwasserrohre und Formstücke (Herstellerangaben) (Fortsetzung)

Umlüftungsbogen 135°

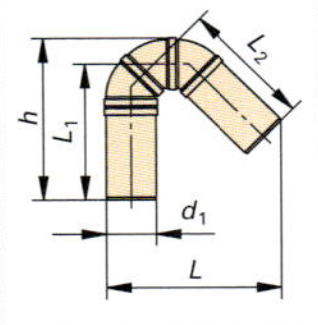

DN	100
d_1	110
L	384
L_1	299
L_2	281
h	355

Doppelabzweig 45°

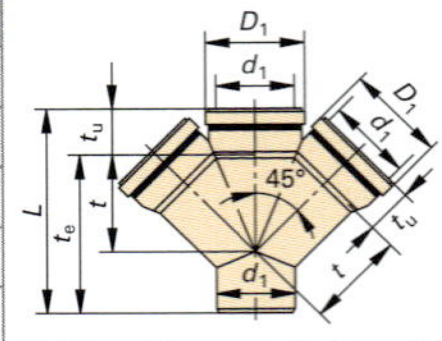

DN	100
d_1	110
D_1	132
t	130
t_u	60
t_e	223
L	283

Doppelabzweig 87°

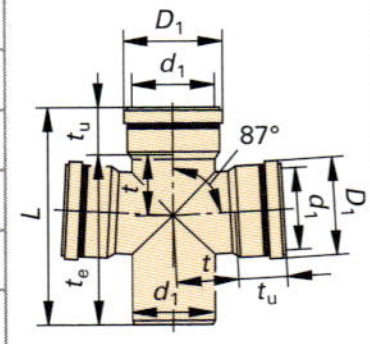

DN	90	100
d_1	90	110
D_1	113	132
t	51	62
t_u	55	60
t_e	159	183
L	214	243

Schachtabzweig 87°, links und rechts

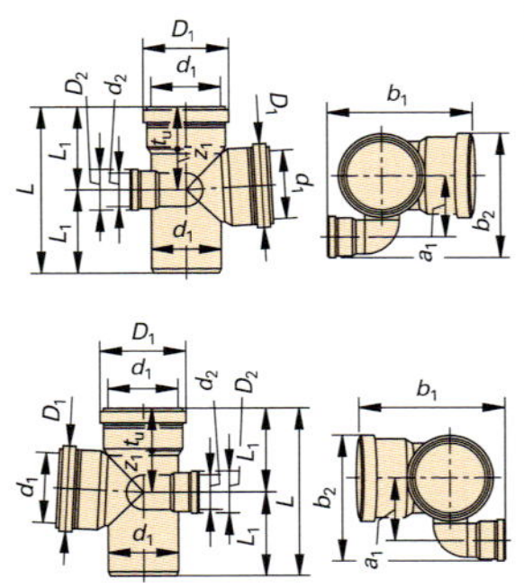

DN	100 x 50 x 100
d_1	110
D_1	52
d_2	63
D_2	132
Z_1	32
t_u	60
a_1	93
b_1	200
b_2	187
L	240
L_1	120

Kombinationsabzweig 87°, links und rechts

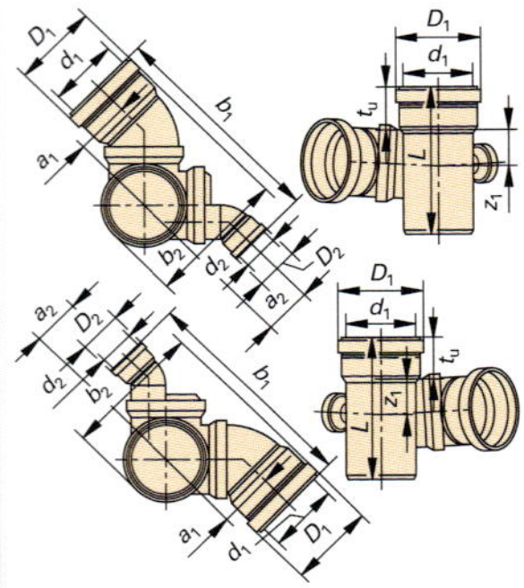

DN	100 x 50	100 x 70
d_1	110	110
D_1	52	78
d_2	63	97
D_2	132	132
Z_1	32	32
t_u	60	60
a_1	83	83
b_1	75	86
b_2	344	348
L	211	211
L_1	243	243

Bodenabläufe, Geruchverschlüsse

Bodenabläufe

Abdichtungen	Bodenabläufe sind wasserdicht einzubauen bzw. an Bauwerksabdichtungen nach DIN 18195 und/oder mit Verbundabdichtungen nach ZDB-Merkblatt (Zentralverband Deutsches Baugewerbe) anzuschließen.	
Belastungsklassen	Klasse K bis 300 kg	Für begehbare Boden-, Bad- und Deckenabläufe innerhalb von Gebäuden.
Werkstoffe	Kunststoff, Metall-Kunststoff-Verbund, Edelstahl, Grauguss	

Ablauf für Anschluss an SML-Rohr (Herstellerangaben)

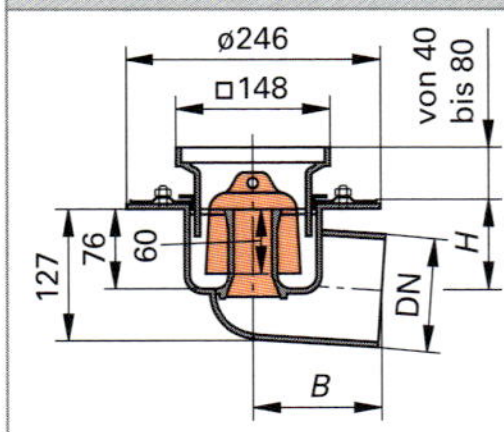

DN	50	70	80	100
B	245	134	134	148
H	120	109	108	92

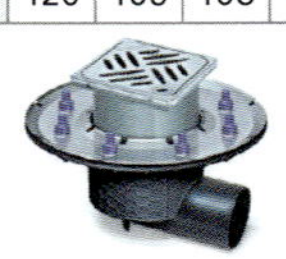

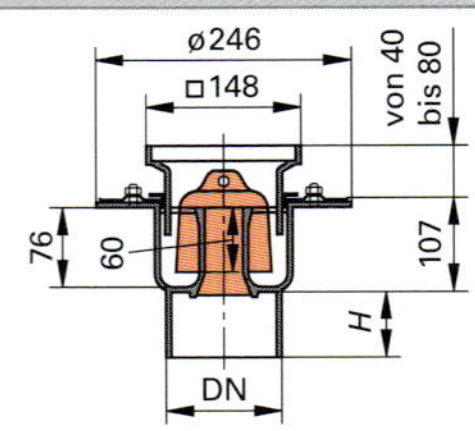

DN	50	70	80	100
H	100	110	110	110

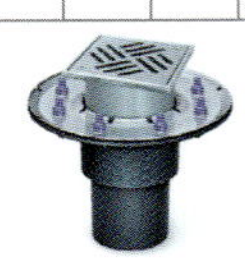

Ablauf an HT-Rohr mit Dünnbettabdichtung

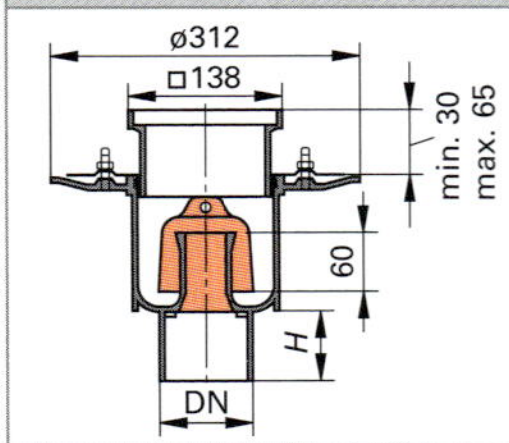

DN	50	70	100
H	100	110	110

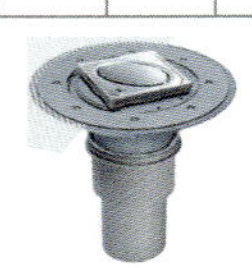

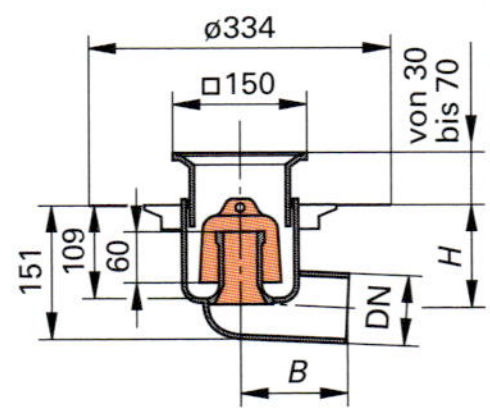

DN	70	100
B	134	148
H	109	92

AW

Bodenabläufe, Geruchverschlüsse (Fortsetzung)

Kellerabläufe aus Kunststoff mit Geruchverschluss (Herstellerangaben)

Beschreibung	Bodeneinlauf	Bodeneinlauf, 2 Zuläufe DN50, 1 Zulauf DN 70
• Auslauf seitlich 2,5° • Herausnehmbarer Geruchverschluss und Schlammeimer • Höhenverstellbares Aufsatzstück • Umrüstbar zum Rückstaudoppelverschluss	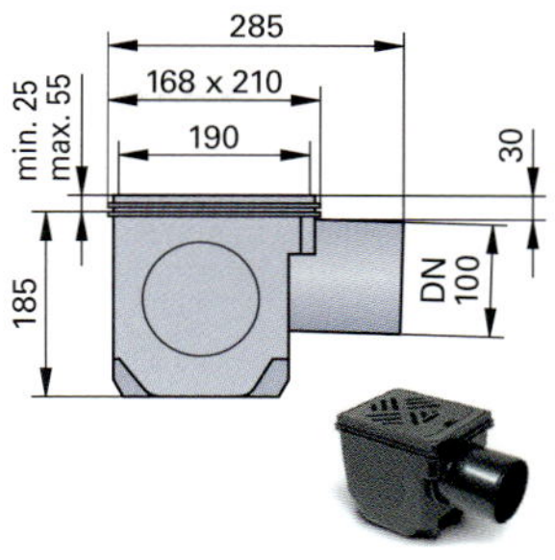	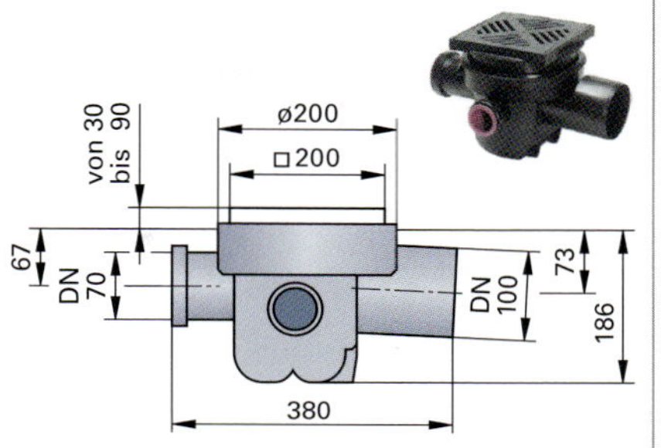

Geruchverschlüsse

Universalgeruchverschluss	Unterputz-Geruchverschluss für Waschtisch
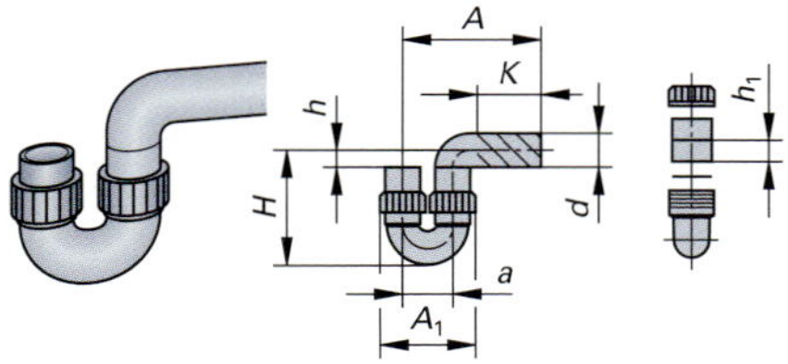	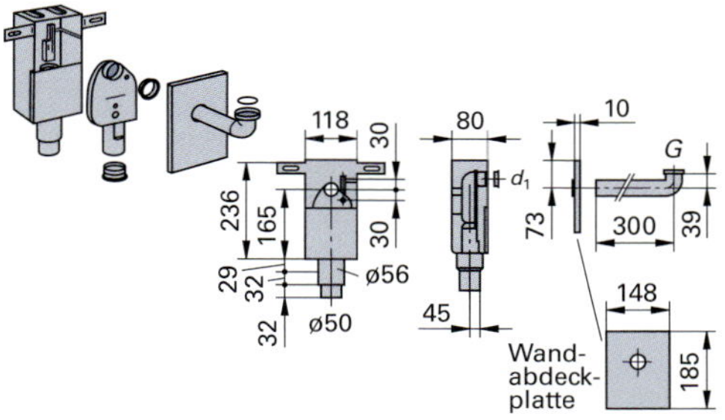

DN	d mm	A mm	A_1 mm	a mm	H mm	h mm	h_1 mm	K mm	d mm	d_1 DN	G R	Oberfläche
70	75	345	250	135	295	70	34	140	50	32	1 ¼	weiß-alpin, Edelstahl, hochglanz-verchromt
100	110	460	310	160	315	60	56	220	56			

Waschtisch-Ablauf

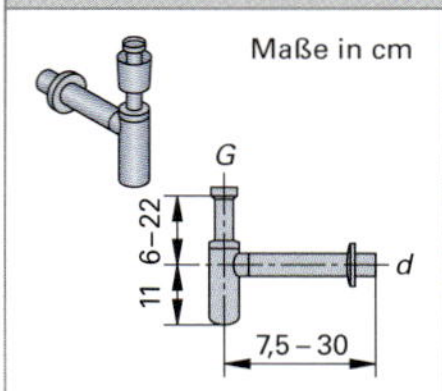

d mm	G Zoll
32	1 ¼
40	
Oberfläche	
weiß-alpin hochglanz-verchromt	

Regenrohr-Geruchverschluss

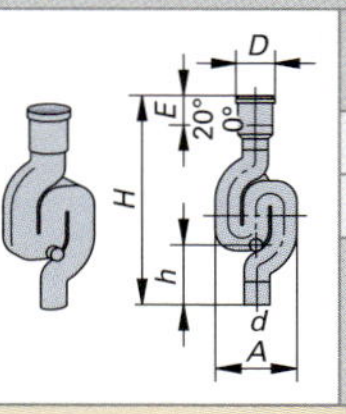

DN	d mm	D mm	A mm	E mm	H mm	h mm
70	75	105	198	70-	655	167
100	110	144	288	105	800	228
Merkmale:	UV-beständig; Langmuffe; Reinigungsöffnung 50 mm					

Prüfen von Freispiegelleitungen

Was wird geprüft?	Alle neu verlegten Entwässerungsanlagen im Erdreich sind auf Dichtheit zu überprüfen. Diese Dichtheitsprüfung ist gemäß den Prüfrichtlinien DIN EN 1610 durchzuführen.
Prüfmedium	Die Prüfung auf Dichtheit von Rohrleitungen, Schächten und Inspektionsöffnungen ist entweder mit Luft (Verfahren „L“) oder mit Wasser (Verfahren „W“) durchzuführen. Die getrennte Prüfung von Rohren und Formstücken, Schächten und Inspektionsöffnungen, z.B. Rohre mit Luft und Schächte mit Wasser, darf erfolgen. Im Falle von Verfahren L ist die Anzahl der Korrekturmaßnahmen und Wiederholungsprüfungen bei Versagen unbegrenzt. Im Falle einmaligen oder wiederholten Nichtbestehens der Prüfung mit Luft ist der Übergang zur Wasserprüfung zulässig, und das Ergebnis der Prüfung mit Wasser ist dann allein entscheidend.

Prüfen von Freispiegelleitungen (Fortsetzung)

Prüfen mit Wasser (Verfahren W)

Prüfablauf	Rohrleitung mit Absperrblasen abdichten. Rohrleitungen bis Oberkante Gelände mit Wasser füllen.		
Prüfdruck	An der tiefsten Stelle: p_{min} = 100 mbar; p_{max} = 500 mbar		
Prüfdauer	t = 30 min: In dieser Zeit ablaufendes Wasser nachfüllen.		
Prüf-ergebnis	zugeführtes Wasser[1)] während der Prüfdauer messen.	0,15 l/m² 0,20 l/m² 0,40 l/m²	für Rohrleitungen für Rohrleitungen + Schächte für Schächte + Inspektionsöffnungen

[1)] Wassermenge pro m² benetzte Rohroberfläche

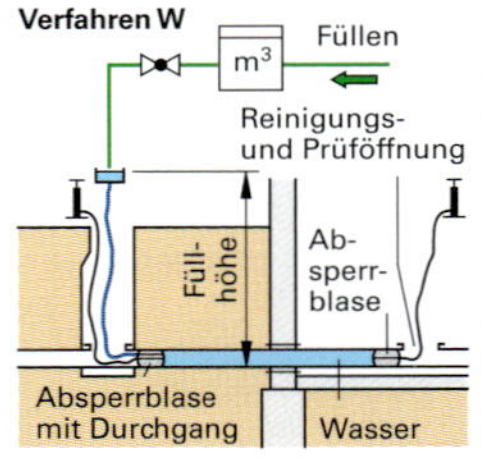

Inspektions- und Wartungsmaßnahmen (Auszug aus DIN 1986-3: 2004-11)

Anlagenteil	Maßnahme	Durchführung	Zeitspanne
Abwasserleitungen, Lüftungsleitungen und Verbindungsstellen	Inspektion	visuelles Prüfen aller sichtbaren Leitungen auf Zustand, Dichtheit, Befestigung und Außenkorrosion	1 Jahr
Absperreinrichtungen, Schieber	Inspektion	Prüfen auf Zustand und äußerliche Korrosion	1 Monat
	Wartung	Prüfen auf Funktion und Dichtheit	6 Monate
Reinigungsverschlüsse, Reinigungsöffnungen	Inspektion	Visuelles Prüfen auf Dichtheit, Befestigung und Zugänglichkeit. Wird der Verschluss geöffnet, ist beim Wiederverschließen auf richtige Lage und Sauberkeit der Dichtflächen und genügenden Anzug von Verschluss- oder Deckelbefestigungen zu achten, damit die Wasser- und Geruchsdichtheit beim Verschließen wiederhergestellt wird.	1 Jahr
Abläufe	Inspektion, gegebenenfalls Wartung	Prüfen auf ungehinderten Ein- und Ablauf auch etwaiger Seiteneinläufe und Dichtheit. Reinigung von Schmutzfängen und Öffnungen in den Einlaufrosten, besonders bei Hof- und Kellerabläufen.	6 Monate oder nach Bedarf in geringeren Zeitspannen
Dachabläufe und Notüberläufe	Inspektion, gegebenenfalls Wartung	Prüfen auf ungehinderten Ein- und Ablauf auch der Notüberläufe. Reinigung der Schmutzfänge und Einlaufroste, gegebenenfalls Funktionskontrolle der Beheizung. Bei Dachabläufen für das Druckentwässerungssystem ist auf korrekten Sitz der Funktionsteile zu achten. Fehlende oder defekte Teile sind zu ersetzen.	6 Monate, insbesondere im Herbst
Dachrinnen/Regenwasserfallleitungen	Inspektion	Prüfen auf ordnungsgemäßen Zustand, Sauberkeit, gegebenenfalls Beheizung und Schutzanstrich	6 Monate, insbesondere im Herbst
	Wartung	Kontrolle der Dehnungs- und Längenausgleicher, Reinigung der Rinnen, Kehlen, Traufen und Laubfänge	
Geruchverschlüsse	Inspektion, gegebenenfalls Wartung	Kontrolle des Wasserstands der Geruchverschlüsse, gegebenenfalls Auffüllen mit Wasser. Reinigen schmutzwasserführender Geruchverschlüsse	bei Bedarf, insbesondere bei wenig benutzten Ablaufstellen
	Wartung	Reinigung der Regenrohrgeruchsverschlüsse	bei Bedarf, mind. 1 Jahr
Rückstauverschlüsse	siehe Kap. Rückstauverschluss		
Abwasserhebeanlagen	siehe Kap. Hebeanlagen mit Rückstauschleifen		

Dimensionierung der Abwasseranlage

Grundlage der Dimensionierung ist DIN EN 12056-2, ergänzt durch die nationale DIN 1986-100.
Die folgende Bemessungsmethode gilt für alle Schwerkraftentwässerungsanlagen, die häusliche Abwässer ableiten. Entwässerungsanlagen, die gewerbliche Abwässer ableiten, z. B. Entwässerung von Schwimmbädern oder Industriegebäuden, müssen individuell bemessen werden.
In Deutschland ist der Systemtyp I (Einzelfallleitungen mit teilbefüllten Anschlussleistungen, Füllungsgrad 0,5) zu verwenden (S. 237).

Ziel der Bemessung der Abwasseranlage

Folgende funktionale Anforderungen sollen erreicht werden:

- Zulässiger Sperrwasserverlust < 25 mm.
- Das Sperrwasser darf weder durch Unterdruck abgesaugt
- noch durch Überdruck herausgedrückt werden.
- Selbstreinigung der Abwasserleitung.

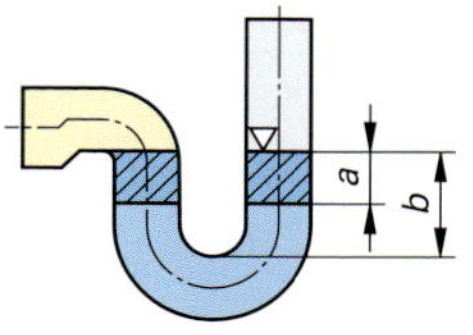

a Sperrwasserverlust < 25 mm
b Sperrwasserhöhe in mm

Schmutzwasserabfluss $\dot{V}_{ww}$

$$\dot{V}_{ww} = K \cdot \sqrt{\sum DU}$$

$\dot{V}_{ww}$ Schmutzwasserabfluss in l/s (waste water)
K Abflusskennzahl
$\sum DU$ Summe der Anschlusswerte (design unit)

Anschlusswerte und Nennweite von Einzelanschlussleitungen — DIN 1986-100: 2016-12

Entwässerungsgegenstand	Anschlusswert DU	Einzel-Anschlussleitung
Waschbecken, Bidet	0,5	DN 40
Dusche ohne Stöpsel	0,6	DN 50
Dusche mit Stöpsel	0,8	DN 50
Einzelurinal mit Spülkasten	0,8	DN 50
Einzelurinal mit Druckspüler	0,5	DN 50
Standurinal	0,2	DN 50
Urinal ohne Wasserspülung	0,1	DN 50
Badewanne	0,8	DN 50
Küchenspüle und Geschirrspülmaschine mit gemeinsamem Geruchverschluss	0,8	DN 50
Küchenspüle	0,8	DN 50
Geschirrspüler	0,8	DN 50
Waschmaschine bis 6 kg	0,8	DN 50
Waschmaschine bis 12 kg	1,5	DN 56/60
WC mit 4,0-/4,5-Liter-Spülkasten	1,8	DN 80/DN 90
WC mit 6,0-Liter-Spülkasten/Druckspüler	2,0	DN 80 bis DN 100
WC mit 7,5-Liter-Spülkasten/Druckspüler	2,0	[1]
WC mit 9,0-Liter-Spülkasten/Druckspüler	2,5	DN 100
Bodenablauf DN 50	0,8	DN 50
Bodenablauf DN 70	1,5	DN 70
Bodenablauf DN 100	2,0	DN 100

[1] Klosetts mit 7,5-Liter-Spülungen sind im Anwendungsbereich dieser Norm nicht gebräuchlich. Aus diesem Grunde wurde dem Entwässerungsgegenstand in der Tabelle keine Nennweite für die Einzelanschlussleitung zugeordnet. Auf Grund aktueller Entwicklungen wurden Bemessungsregeln für Klosettanlagen mit 4,0/4,5 Liter Spülwasservolumen in das System I aufgenommen. In Untersuchungen wurde nachgewiesen, dass Klosettanlagen, die für 4,0/4,5 und für 6 Liter Spülwasservolumen geeignet sind, mit Nennweiten DN 80 bzw. DN 90 angeschlossen werden können.

Dimensionierung der Abwasseranlage (Fortsetzung)

Typische Abflusskennzahlen K

DIN EN 12056-2: 2001-01

Gebäudeart	K
unregelmäßige Benutzung, z. B. in Wohnhäusern, Pensionen, Büros	0,5
regelmäßige Benutzung, z. B. in Krankenhäusern, Schulen, Restaurants, Hotels	0,7
häufige Benutzung, z. B. in öffentlichen Toiletten und/oder Duschen	1,0
spezielle Benutzung, z. B. Labor	1,2

Gesamtschmutzwasserabfluss $\dot{V}_{tot}$

$$\dot{V}_{tot} = \dot{V}_{WW} + \dot{V}_{C} + \dot{V}_{P}$$

$\dot{V}_{tot}$ Gesamtschmutzwasserabfluss in l/s
$\dot{V}_{WW}$ Schmutzwasserabfluss in l/s
$\dot{V}_{C}$ Dauerabfluss in l/s
$\dot{V}_{P}$ Pumpenförderstrom in l/s

Zulässiger Schmutzwasserabfluss $\dot{V}_{max}$ und Nennweite DN (System I)

Aus EN 12056-2: 2001-01

Unbelüftet		Belüftet	
$\dot{V}_{max}$ l/s	DN l/s	$\dot{V}_{max}$ l/s	DN Anschluss/Belüftung
0,40	[1]	0,60	[1]
0,50	40[3]	0,75	50/40
0,80	50[3]	1,50	60/40
1,00	60[3]	2,25	70/50
1,50	70[3]	3,00	80/50[2]
2,00	80[2]	3,40	90/60[3]
2,25	90[3]	3,75	100/60
2,50	100[3]		

1) nicht erlaubt   2) keine Klosetts
3) nicht mehr als zwei Klosetts und nicht mehr als eine 90° Gesamtrichtungsänderung

Anwendungsgrenzen bei Einzelanschlussleitungen (System I)

Größen	Unbelüftet	Belüftet
Max. Rohrlänge *L*	4,0 m	10,0 m
Max. Anzahl von 90°-Bögen	3[1]	keine Begrenzung
Max. Absturzhöhe *H* (mit 45° oder mehr Neigung)	1,0 m	3,0 m
Mindestgefälle	1 %	0,5 %

1) Anschlussbogen nicht eingeschlossen

unbelüftet

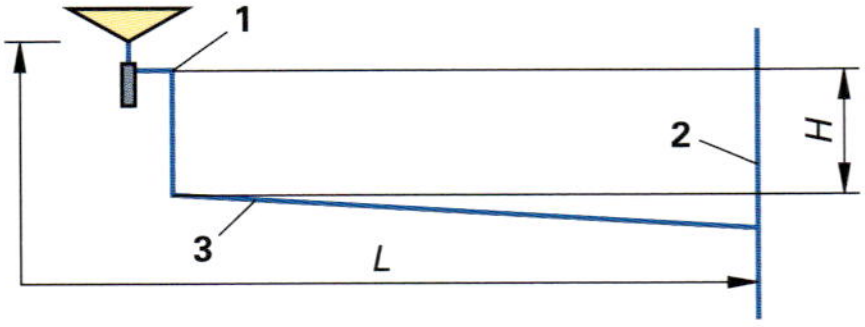

belüftet

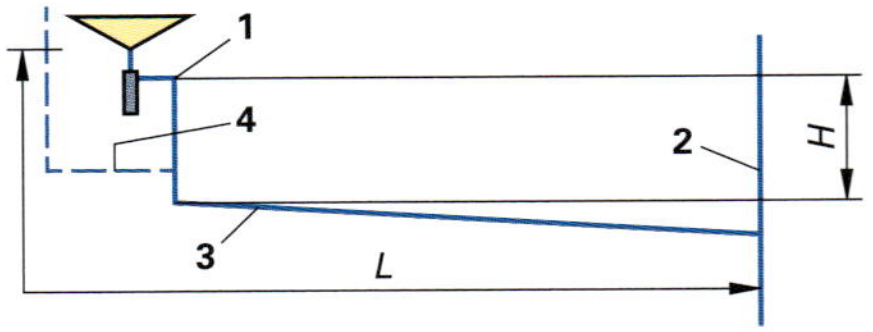

1 Anschlussbogen, 2 Fallleitung, 3 Anschlussleitung, 4 Umlüftung

Minimale Luftmenge für Belüftungsventile in Anschlussleitungen

$$\dot{V}_{a} = \dot{V}_{tot}$$ [1]

$\dot{V}_{a}$ minimale Luftmenge in l/s
$\dot{V}_{tot}$ Gesamtschmutzwasserabfluss in l/s

1) gilt für System I

Dimensionierung der Abwasseranlage (Fortsetzung)

Bemessung von unbelüfteten Sammelanschlussleitungen

DN	$D_{i,min}$ mm	K = 0,5	K = 0,7	K = 1,0	Max. Rohrlänge m
		∑ DU l/s	∑ DU l/s	∑ DU l/s	
50	44	1,0	1,0	0,8	4,0
56/60	49/56	2,0	2,0	1,0	4,0
70[1]	68	9,0	4,6	2,2	4,0
80	75	13,0[2]	8,0[2]	4,0	10,0
90	79	13,0[2]	10,0[2]	5,0	10,0
100	96	16,0	12,0	6,4	10,0

[1] keine Klosetts [2] maximal zwei Klosetts

Anwendungsgrenzen für unbelüftete Sammelanschlussleitungen

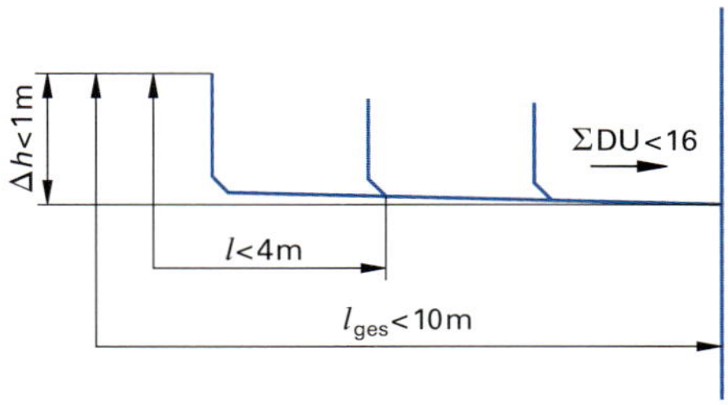

- Innerhalb der unbelüfteten Sammelanschlussleitung darf die Einzelanschlussleitung nicht länger als 4 m werden.
- Innerhalb eines Fließweges dürfen maximal drei 90°-Umlenkungen (ohne Anschlussbogen) vorhanden sein.
- Mindestgefälle 1 cm/m
- l_{ges} < 4,0 m (DN 50 bis DN 70)
- l_{ges} < 10,0 m (DN 80 bis DN 100)
- Summe der Anschlusswerte darf nicht größer als 16 sein.

Können die Bedingungen nicht erfüllt werden, muss die Sammelanschlussleitung belüftet werden. Die Bemessung muss in diesem Fall nach den Regeln für Sammelleitungen erfolgen.

Zulässiger Schmutzwasserabfluss und Nennweite für Fallleitungen

DIN EN 12056-2: 2001-01

Schmutzwasserfallleitung mit Hauptlüftung (System I)	Ohne Nebenlüftung $\dot{V}_{max}$ (l/s)		Nebenlüftung	Mit Nebenlüftung $\dot{V}_{max}$ (l/s)	
	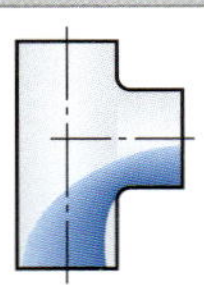	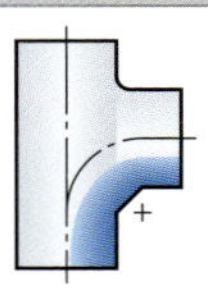		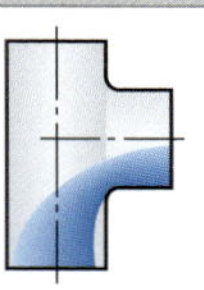	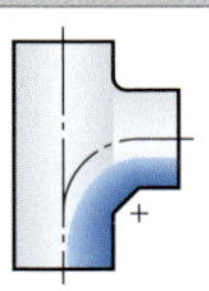
DN	Abzweige	Abzweige mit Innenradius	DN	Abzweige	Abzweige mit Innenradius
60	0,5	0,7	50	0,7	0,9
70[1]	1,5	2,0	50	2,0	2,6
80[2]	2,0	2,6	50	2,6	3,4
90	2,7	3,5	50	3,5	4,6
100[3]	4,0	5,2	50	5,6	7,3
125	5,8	7,6	70	12,4	10,0
150	9,5	12,4	80	14,1	18,3
200	16,0	21,0	100	21,0	27,3

[1] Es dürfen nicht mehr als vier Küchenablaufstellen an eine gesonderte Fallleitung DN70 (Küchenstrang) angeschlossen werden. [2] Bei Verwendung von Klosettanlagen mit 4,0 l bis 6,0 l Spülwasservolumen kann die Nennweite für Fallleitungen mindestens DN 80 betragen. [3] Mindestnennweite bei Anschluss von Klosetts (Ausnahme [2]).

Dimensionierung der Abwasseranlage (Fortsetzung)

Bemessung von Sammel- und Grundleitungen

Abflussvermögen von Entwässerungsleitungen bei einem Füllungsgrad von $h/d_i = 0,5$

Gefälle	DN 80 d_i = 75 mm		DN 100 d_i = 96 mm		DN 125 d_i = 113 mm		DN 150 d_i = 146 mm		DN 200 d_i = 184 mm		DN 225 d_i = 207 mm		DN 250 d_i = 230 mm		DN 300 d_i = 290 mm	
I cm/m	$\dot{V}_{max}$ l/s	v m/s	$\dot{V}_{max}$ l/s	v m/s	$\dot{V}_{max}$ l/s	v m/s	$\dot{V}_{max}$ l/s	v m/s	$\dot{V}_{max}$ l/s	v m/s	$\dot{V}_{max}$ l/s	v m/s	$\dot{V}_{max}$ l/s	v m/s	$\dot{V}_{max}$ l/s	v m/s
0,50			1,8	0,5	2,7	0,5	5,4	0,6	10,0	0,8	13,7	0,8	18,1	0,9	33,4	1,0
0,60			1,9	0,5	3,0	0,6	5,9	0,7	11,0	0,8	15,0	0,9	19,8	1,0	36,7	1,1
0,70	1,1	0,5	2,1	0,6	3,2	0,6	6,4	0,8	11,8	0,9	16,2	1,0	21,4	1,0	39,6	1,2
0,80	1,1	0,5	2,2	0,6	3,5	0,7	6,8	0,8	12,7	1,0	17,3	1,0	22,9	1,1	42,4	1,3
0,90	1,2	0,6	2,4	0,7	3,7	0,7	7,3	0,9	13,4	1,0	18,4	1,1	24,3	1,2	45,0	1,4
1,00	1,3	0,6	2,5	0,7	3,9	0,8	7,7	0,9	14,2	1,1	19,4	1,2	25,7	1,2	47,4	1,4
1,10	1,4	0,6	2,6	0,7	4,1	0,8	8,0	1,0	14,9	1,1	20,4	1,2	26,9	1,3	49,8	1,5
1,20	1,4	0,6	2,7	0,8	4,2	0,8	8,4	1,0	15,5	1,2	21,3	1,3	28,1	1,4	52,0	1,6
1,30	1,5	0,7	2,9	0,8	4,4	0,9	8,7	1,0	16,2	1,2	22,1	1,3	29,3	1,4	54,1	1,6
1,40	1,5	0,7	3,0	0,8	4,6	0,9	9,1	1,1	16,8	1,3	23,0	1,4	30,4	1,5	56,2	1,7
1,50	1,6	0,7	3,1	0,8	4,7	0,9	9,4	1,1	17,4	1,3	23,8	1,4	31,5	1,5	58,2	1,8
2,00	1,8	0,8	3,5	1,0	5,5	1,1	10,9	1,3	20,1	1,5	27,5	1,6	36,4	1,8	67,2	2,0
2,50	2,0	0,9	4,0	1,1	6,1	1,2	12,2	1,5	22,5	1,7	30,8	1,8	40,7	2,0	75,2	2,3
3,00	2,2	1,0	4,4	1,2	6,7	1,3	13,3	1,6	24,7	1,9	33,7	2,0	44,6	2,1	82,4	2,5
3,50	2,4	1,1	4,7	1,3	7,3	1,5	14,4	1,7	26,6	2,0	36,4	2,2	48,2	2,3	–	–
4,00	2,6	1,2	5,0	1,4	7,8	1,6	15,4	1,8	28,5	2,1	39,0	2,3	51,5	2,5	–	–
4,50	2,8	1,2	5,3	1,5	8,3	1,6	16,3	2,0	30,2	2,3	41,3	2,5	–	–	–	–
5,00	2,9	1,3	5,6	1,6	8,7	1,7	17,2	2,1	31,9	2,4	–	–	–	–	–	–

Abflussvermögen von Entwässerungsleitungen bei einem Füllungsgrad von $h/d_i = 0,7$

Gefälle	DN 80 d_i = 75 mm		DN 100 d_i = 96 mm		DN 125 d_i = 113 mm		DN 150 d_i = 146 mm		DN 200 d_i = 184 mm		DN 225 d_i = 207 mm		DN 250 d_i = 230 mm		DN 300 d_i = 290 mm	
I cm/m	$\dot{V}_{max}$ l/s	v m/s	$\dot{V}_{max}$ l/s	v m/s	$\dot{V}_{max}$ l/s	v m/s	$\dot{V}_{max}$ l/s	v m/s	$\dot{V}_{max}$ l/s	v m/s	$\dot{V}_{max}$ l/s	v m/s	$\dot{V}_{max}$ l/s	v m/s	$\dot{V}_{max}$ l/s	v m/s
0,50	1,5	0,5	2,9	0,5	4,6	0,6	9,0	0,7	16,7	0,8	22,8	0,9	30,2	1,0	55,8	1,1
0,60	1,7	0,5	3,2	0,6	5,0	0,7	9,9	0,8	18,3	0,9	25,0	1,0	33,1	1,1	61,2	1,2
0,70	1,8	0,5	3,5	0,6	5,4	0,7	10,7	0,9	19,8	1,0	27,1	1,1	35,8	1,2	66,1	1,3
0,80	1,9	0,6	3,7	0,7	5,8	0,8	11,5	0,9	21,2	1,1	29,0	1,2	38,3	1,2	70,7	1,4
0,90	2,1	0,6	4,0	0,7	6,1	0,8	12,2	1,0	22,5	1,1	30,7	1,2	40,6	1,3	75,0	1,5
1,00	2,2	0,7	4,2	0,8	6,5	0,9	12,8	1,0	23,7	1,2	32,4	1,3	42,8	1,4	79,1	1,6
1,10	2,3	0,7	4,4	0,8	6,8	0,9	13,5	1,1	24,9	1,3	34,0	1,4	45,0	1,4	83,0	1,7
1,20	2,4	0,7	4,6	0,8	7,1	0,9	14,1	1,1	26,0	1,3	35,5	1,4	47,0	1,5	86,7	1,8
1,30	2,5	0,7	4,8	0,9	7,4	1,0	14,6	1,2	27,1	1,4	37,0	1,5	48,9	1,6	90,3	1,8
1,40	2,6	0,8	5,0	0,9	7,7	1,0	15,2	1,2	28,1	1,4	38,4	1,5	50,8	1,6	93,7	1,9
1,50	2,7	0,8	5,1	1,0	7,9	1,1	15,7	1,3	29,1	1,5	39,7	1,6	52,5	1,7	97,0	2,0
2,00	3,1	0,9	5,9	1,1	9,2	1,2	18,2	1,5	33,6	1,7	45,9	1,8	60,7	2,0	112,1	2,3
2,50	3,4	1,0	6,7	1,2	10,3	1,4	20,3	1,6	37,6	1,9	51,4	2,0	67,9	2,2	125,4	2,5
3,00	3,8	1,1	7,3	1,3	11,3	1,5	22,3	1,8	41,2	2,1	56,3	2,2	74,4	2,4	–	–
3,50	4,1	1,2	7,9	1,5	12,2	1,6	24,1	1,9	44,5	2,2	60,9	2,4	–	–	–	–
4,00	4,4	1,3	8,4	1,6	13,0	1,7	25,8	2,1	47,6	2,4	–	–	–	–	–	–
5,00	4,9	1,5	9,4	1,7	14,6	1,9	28,8	2,3	–	–	–	–	–	–	–	–

Dimensionierung der Abwasseranlage (Fortsetzung)

Bemessung von Sammel- und Grundleitungen (Fortsetzung)

Abflussvermögen von Entwässerungsleitungen bei einem Füllungsgrad von $h/d_i = 1,0$

Gefälle	DN 80 d_i = 75 mm		DN 100 d_i = 96 mm		DN 125 d_i = 113 mm		DN 150 d_i = 146 mm		DN 200 d_i = 184 mm		DN 225 d_i = 207 mm		DN 250 d_i = 230 mm		DN 300 d_i = 290 mm	
I cm/m	$\dot{V}_{max}$ l/s	v m/s	$\dot{V}_{max}$ l/s	v m/s	$\dot{V}_{max}$ l/s	v m/s	$\dot{V}_{max}$ l/s	v m/s	$\dot{V}_{max}$ l/s	v m/s	$\dot{V}_{max}$ l/s	v m/s	$\dot{V}_{max}$ l/s	v m/s	$\dot{V}_{max}$ l/s	v m/s
0,50			3,5	0,5	5,4	0,5	10,8	0,6	20,0	0,8	27,3	0,8	36,2	0,9	66,9	1,0
0,60			3,9	0,5	6,0	0,6	11,8	0,7	21,9	0,8	30,0	0,9	39,7	1,0	73,3	1,1
0,70	2,1	0,5	4,2	0,6	6,5	0,6	12,8	0,8	23,7	0,9	32,4	1,0	42,9	1,0	79,3	1,2
0,80	2,3	0,5	4,5	0,6	6,9	0,7	13,7	0,8	25,3	1,0	34,7	1,0	45,9	1,1	84,8	1,3
0,90	2,4	0,6	4,7	0,7	7,3	0,7	14,5	0,9	26,9	1,0	36,8	1,1	48,7	1,2	90,0	1,4
1,00	2,6	0,6	5,0	0,7	7,7	0,8	15,3	0,9	28,4	1,1	38,8	1,2	51,3	1,2	94,9	1,4
1,10	2,7	0,6	5,2	0,7	8,1	0,8	16,1	1,0	29,8	1,1	40,7	1,2	53,8	1,3	99,5	1,5
1,20	2,8	0,6	5,5	0,8	8,5	0,8	16,8	1,0	31,1	1,2	42,5	1,3	56,2	1,4	104,0	1,6
1,30	2,9	0,7	5,7	0,8	8,8	0,9	17,5	1,0	32,4	1,2	44,3	1,3	58,6	1,4	108,2	1,6
1,40	3,1	0,7	5,9	0,8	9,2	0,9	18,2	1,1	33,6	1,3	46,0	1,4	60,8	1,5	112,4	1,7
1,50	3,2	0,7	6,1	0,8	9,5	0,9	18,8	1,1	34,8	1,3	47,6	1,4	62,9	1,5	116,3	1,8
2,00	3,7	0,8	7,1	1,0	11,0	1,1	21,7	1,3	40,2	1,5	55,0	1,6	72,7	1,8	134,4	2,0
2,50	4,1	0,9	7,9	1,1	12,3	1,2	24,3	1,5	45,0	1,7	61,5	1,8	81,4	2,0	150,4	2,3
3,00	4,5	1,0	8,7	1,2	13,5	1,3	26,7	1,6	49,3	1,9	67,4	2,0	89,2	2,1	164,8	2,5
3,50	4,9	1,1	9,4	1,3	14,5	1,5	28,8	1,7	53,3	2,0	72,9	2,2	96,4	2,3	–	–
4,00	5,2	1,2	10,1	1,4	15,6	1,6	30,8	1,8	57,0	2,1	77,9	2,3	103,0	2,5	–	–
4,50	5,5	1,2	10,7	1,5	16,5	1,6	32,7	2,0	60,5	2,3	82,7	2,5	–	–	–	–

Anwendungsgrenzen bei Sammel- und Grundleitungen

	Sammel-/Grundleitungen	Grundleitungen (Schmutz- bzw. Mischwasser)
	innerhalb des Gebäudes	außerhalb des Gebäudes (DIN EN 752)
Füllungsgrad	$h/d_i = 0,5$	$h/d_i = 0,7$
	• Hinter der Einleitung eines Volumenstroms aus einer Abwasserhebeanlage können die Leitungen mit einem Füllungsgrad von $h/d_i = 0,7$ bemessen werden.	• Hinter der Einleitung eines Volumenstroms aus einer Abwasserhebeanlage kann die Grundleitung hinter einem Schacht mit offenem Durchfluss. Für einen Füllungsgrad von $h/d_i = 1,0$ bemessen werden. • Mischwasserleitungen ab DN150 können hinter einem Schacht mit offenem Durchfluss für die Vollfüllung ohne Überdruck ($h/d_i = 1,0$) bemessen werden.
Fließgeschwindigkeit	$v_{min} = 0,5$ m/s	$v_{min} = 0,7$ m/s; $v_{max} = 2,5$ m/s
Mindestgefälle	$I = 0,5$ cm/m	$I = 1 : \text{DN}$

Wenn der Gesamtschmutzwasserabfluss $\dot{V}_{tot} < 2,0$ l/s ist, kann die Bemessung der Sammelleitung nach den Regeln für Sammelanschlussleitungen erfolgen.

Die Grundleitung kann bis zum nächstgelegenen Schacht außerhalb vom Gebäude in der Mindestnennweite DN80 ausgeführt werden, wenn die hydraulische Berechnung dies zulässt (empfohlen wird jedoch DN100).

Dachgestaltung

Bezeichnungen am Dach

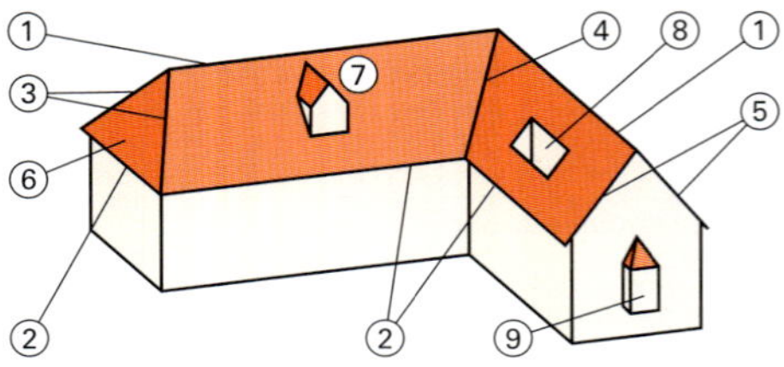

1 First: oberste, waagerechte Dachkante
2 Traufe: unterste, waagerechte Dachkante
3 Grat: Außenstoß zweier Dachflächen
4 Kehle: Innenstoß zweier Dachflächen
5 Ortgang: Übergang von Dach zu Giebel
6 Walm: schräger dreieckiger Giebelabschluss
7 Gaube: Dachöffnung mit senkrechtem Fenster
8 Loggia: kleiner Freisitz als Dacheinbau
9 Erker: Vorbau an der Fassade

Dachformen

Satteldach	Walmdach	Krüppelwalmdach	Mansarddach	Pultdach
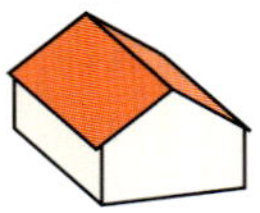	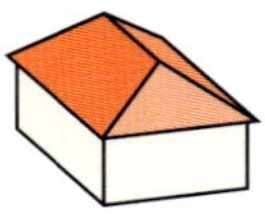	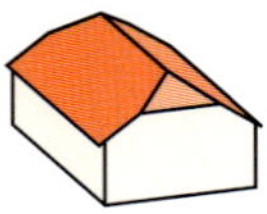	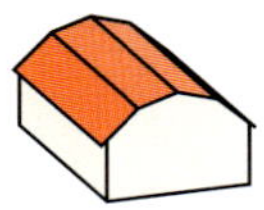	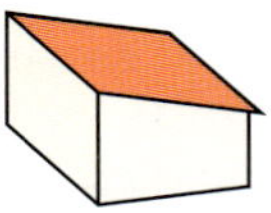
Sheddach	**Zylinderdach**	**Zeltdach**	**Turmdach**	**Kegeldach**
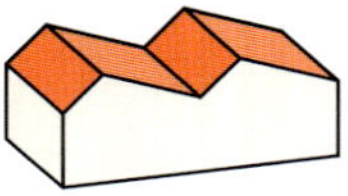	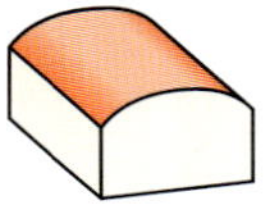	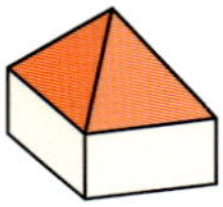	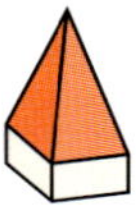	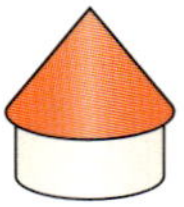

Dachöffnungen

Dachflächenfenster	Satteldachgaube	Tonnengaube	Fledermausgaube	Spitzgaube

Begriffe

An-/Abschluss	Besondere Ausbildungen der Deckung oder Bekleidung an abschließenden, angrenzenden, aufgehenden oder durchdringenden Bauteilen.
Coil	Ein Bandblech gerollt. Häufige Lieferform ca. 30 m Länge, 600 mm Breite und 0,7 mm Dicke, Masse etwa 100 kg.
Hafte	Blech zur Befestigung der Deckbleche an der Unterkonstruktion.
Regensicher	Eine Deckung ist regensicher, wenn Niederschlag abgeleitet wird, ohne die Dachkonstruktion zu schädigen. Wird z. B. erreicht durch ausreichende vertikale oder horizontale Überdeckung in Verbindung mit Gefälle.
Scharen	Bahnen der Deckbleche.
Scharbreite	Deckbreite der eingebauten Schar. Wird errechnet aus der Bandbreite abzüglich der seitlichen Kantungen.
Scharlänge	Decklänge der eingebauten Schar. Wird errechnet aus der Bandlänge abzüglich der first- und traufseitigen Kantungen.
Traufblech	Abschlussblech an der Traufe. Rinneneinlaufblech oder Tropfblech.
Unterkonstruktion	Alle Schichten des Dachaufbaus zur Auflage und Befestigung der Scharen.
Vorstoßblech	Haftstreifen oder Haftwinkel, der zur indirekten Befestigung dient.
Wasserdicht	Eine Deckung ist wasserdicht, wenn kein Niederschlag und auch kein treibendes Regenwasser, Stauwasser oder Flugschnee in die Dachkonstruktion eindringen kann. Wird z. B. erreicht durch Doppelfalz mit Dichtband oder Schweißen.
Wasserfalz	Rückkantung, die das Eindringen von auftreibendem Wasser verhindert.

Dachneigung von Metalldächern

„Fachregeln des Klempnerhandwerks 2009"

Dachneigung in Grad	Dachneigung in Prozent	Bezeichnung	Mindestdachneigung für
< 3°	5 %	Sonderkonstruktion	rollennahtgeschweißte Edelstahldeckung[1]
≥ 3° – 7°	5 % – 13 %	Flachdach	Doppelstehfalzdeckung[2], Leistendeckung
≥ 7° – 25°	13 % – 47 %	flachgeneigtes Dach	Bleideckung mit Hohl- oder Holzwulst
≥ 25°	≥ 47 %	Steildach	Winkelstehfalzdeckung[3]

[1] Im Dachneigungsbereich < 3° müssen bei allen anderen Metallen bzw. Edelstahl gefalzt Zusatzmaßnahmen ergriffen werden, z. B. Dichtbandeinlagen, Falzerhöhung oder Unterdach.
[2] Zusatzmaßnahmen empfohlen.
[3] Bei erhöhten Anforderungen ≥ 35°, z. B. in schneereichen Gebieten oder exponierten Lagen.

Dachaufbau der Metalldächer

„Fachregeln des Klempnerhandwerks 2009"

Belüftetes Metalldach

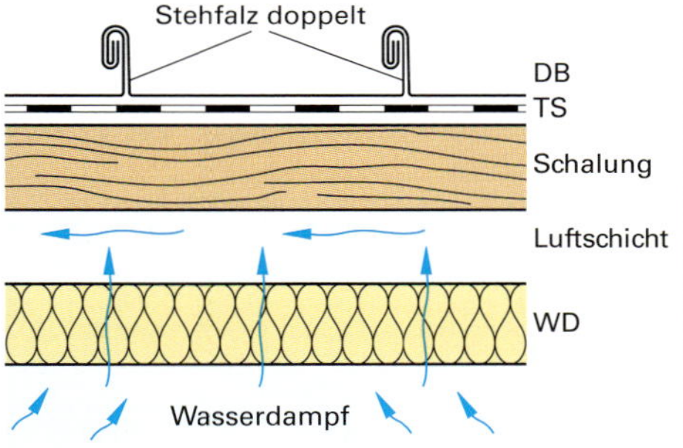

Der aus den Innenräumen durch die Geschossdecke in den Dachraum diffundierte Wasserdampf wird durch die Querlüftung ins Freie transportiert.

Unbelüftetes Metalldach

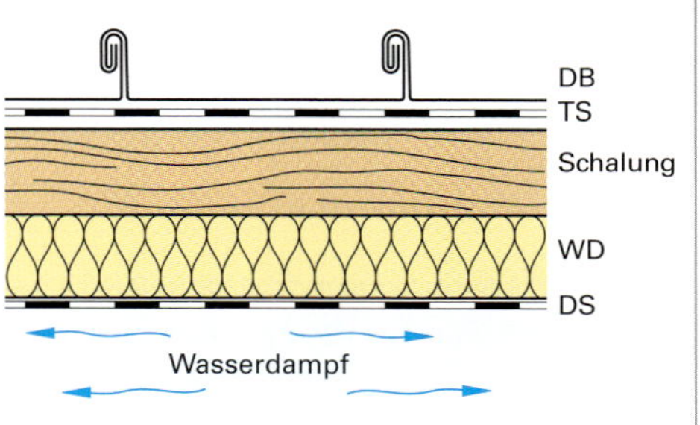

Der Wasserdampf wird nicht in den Dachraum gelassen, sondern seitlich über die Fenster oder Diffusion durch die Wände abgeleitet.

Schicht	Symbol	Aufgabe
Deckblech	DB	Schützt das Gebäude vor Witterungseinflüssen aller Art und hält die Wärmedämmung trocken.
Trennschicht	TS	Soll das Metall auf der Unterseite von der Unterkonstruktion trennen, dient als Vordeckung des Gebäudes und schützt die Scharen gegen mögliche schädigende Einflüsse von der Unterkonstruktion.
Wärmedämmschicht	WD	Schützt gegen Wärmeverluste und Aufheizung, vermeidet starke Temperaturunterschiede in der Dachkonstruktion und verhindert, dass der Wasserdampf bis auf den Taupunkt abkühlt.
Dampfsperre	DS	Verhindert die Diffusion von Wasserdampf, z. B. in die Wärmedämmung. Ausführung muss absolut winddicht erfolgen.

Be- und Entlüftung bei belüfteten Metalldächern

„Fachregeln des Klempnerhandwerks 2009"

Dachneigung	Mindesthöhe des Luftraumes in mm	Schlitzbreite in mm	Größe der Be- und Entlüftungsöffnungen bezogen auf die Dachfläche	
			Freie Zuluftöffnung	Freie Abluftöffnung
< 3°	150	60	1/200 (0,5 %)[2]	1/200 (0,5 %)[2]
≥ 3° – 15°	80	40	1/500 (0,2 %)	1/400 (0,25 %)
≥ 15°	40	30	1/500 (0,2 %)	1/400 (0,25 %)
≥ 3° – ≤ 10°[1]	100	60	1/500 (0,2 %)	1/400 (0,25 %)

[1] Bei Querlüftung Traufe zu Traufe ohne Firstlüftung oder Belüftung kritischer Bereiche.
[2] Alternativ umlaufender Lüftungsschlitz von mindestens 2 cm Breite.

Korrosion bei Klempnerarbeiten

„Fachregeln des Klempnerhandwerks 2009"

Einflüsse aus der Umgebung bei Dächern, Rinnen und allgemeinen Bauklempnerarbeiten	Chemische Reaktion mit Feuchtigkeit
Stehendes Wasser und Niederschläge[1]	schwach sauer (pH = 4,5 – 5,5)[1]
Sekundäres Schwitzwasser und Tauwasser unter dem Blech[1]	schwach sauer (pH = 4,5 – 5,5)[1]
Emissionen und Kondensat von Gasfeuerungen	sauer[2]
Emissionen und Kondensat von Ölfeuerungen	stark sauer[2]
Emissionen und Kondensat von Kohlefeuerungen	sauer[2]
Faulgase aus Lüftungsrohren von Schmutzwasserfallleitungen	bis stark sauer
Beton, Kalk- und Zementmörtel (frisch erstellt oder mit häufiger Feuchtigkeitseinwirkung), Abschwemmungen von Faserzement[1]	alkalisch
Gipshaltige Mörtel und Baustoffe	sauer
Salzhaltige Holzschutzmittel, Kesseldruckimprägnierung	alkalisch bis sauer
Kiesschüttungen, Sand und Ausgleichsschüttungen[1]	alkalisch bis sauer[2]
Humus durch Dachbegrünungen[1]	alkalisch bis sauer[2]
Abbauprodukte von ungeschützten Bitumenbahnen oder Bitumenprodukten	stark sauer (pH = 1,8 – 2,5)[2]
Organische Ablagerungen (z. B. Laub)	schwach alkalisch bis sauer[2]

[1] Bei Titanzink, Aluminium und Blei zusätzlich fehlenden Luftzutritt zum Werkstoff beachten.
[2] Zusätzliche Anreicherungsvorgänge je nach Einbau- und Umgebungsbedingungen möglich.

Korrosionsschutz bei Klempnerarbeiten

„Fachregeln des Klempnerhandwerks 2009"

Werkstoff	Korrosionsschutzmaßnahmen bei Werkstoffkontakt mit				
	Atmosphäre	Sand/Kies	Zement	Bitumen	Humus
Zink	nicht nötig	erforderlich[2]	erforderlich[2]	erforderlich	–[1]
Kupfer	nicht nötig	empfohlen	empfohlen[3]	empfohlen	erforderlich[2]
Aluminium	nicht nötig	empfohlen	erforderlich[2]	empfohlen	–[1]
Verzinkter Stahl	empfohlen	–[1]	–[1]	–[1]	–[1]
Edelstahl a) 1.4301 b) 1.4401 c) 1.4510	nicht nötig	nicht nötig	nicht nötig	nicht nötig	a) erforderlich b) nicht nötig c) erforderlich
Blei	nicht nötig	erforderlich[2]	–[1]	erforderlich	–[1]

[1] Dieser Werkstoff ist für diesen Anwendungsbereich nicht geeignet.
[2] Bei ständiger Feuchtigkeitseinwirkung unter Luftabschluss nur begrenzt geeignet.

Werkstoffkombinationen bei Klempnerarbeiten

„Fachregeln des Klempnerhandwerks 2009"

Kombination	Zink	Kupfer	Aluminium	Verzinkter Stahl[1]	Edelstahl	Blei
Zink	x	–	x	x	x	x
Kupfer	–	x	–	–[2]	x	x
Aluminium	x	–	x	x	x	x
Verzinkter Stahl[1]	x	–[2]	x	x	x	x
Edelstahl	x	x	x	x	x	x
Blei	x	x	x	x	x	x

[1] Stahlstifte von Hohlniete sind im Außenbereich unzulässig.
[2] Kupferniete bei verzinkten Stahlblechen zulässig.

x = zulässig
– = nicht zulässig

Schallschutz bei Metalldachkonstruktionen „Technische Regeln“ 2006-05“

Wichtige schalldämmende und schalldämpfende Maßnahmen bei Metalldächern

- Vermeidung starrer Verbindungen zwischen Dach/Decke und Innenverkleidung.
- Verwendung von Baustoffen mit hohem Flächengewicht.
- Vermeidung von Werkstoffen mit hoher dynamischer Steifigkeit (z. B. Hartschaum).
- Sauber und plan aufliegende Scharen ohne Beulenbildung. Vermeidung von Hohlräumen.

Deckenart und Darstellung	Schall-dämmwert	Eignung
Konstruktionen mit biegeweichen Schalen (Angabe in cm)		
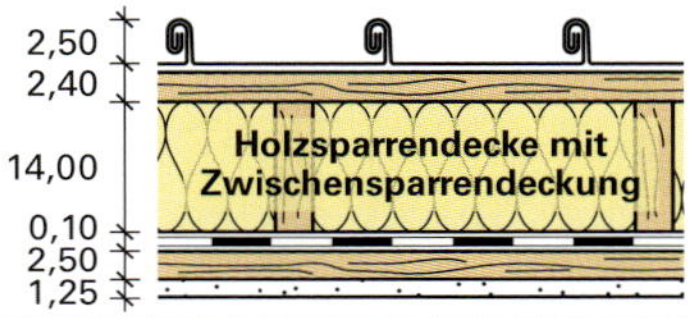 6 Stehfalzbleche 5 Holzschalung 4 Mineralfaserdämmung (DZ, WH) 3 Dampfbremse 100 m 2 Traglattung 1 Gipskartonplatten 12,5 mm	30 dB(A)	nicht ausreichend
 6 Stehfalzbleche 5 Holzschalung 24 mm 4 Grundlattung 3 Hartschaumplatten 2 Dampfsperre 1 Spanplatte / GK / Rauhspund	32 dB(A)	nicht ausreichend
Dachkonstruktion aus Holz		
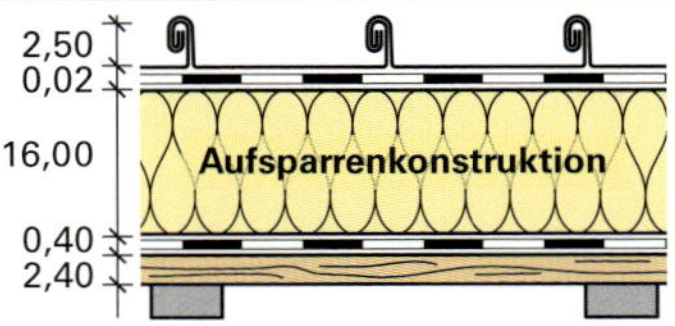 5 Stehfalzbleche 4 Trennlage 3 Mineralfaser 140 kg/m³, DAD-dm 2 Bitumendampfsperrbahn 1 Holzschalung 24 mm	45 dB(A)	ausreichend
Stahlleichtbaukonstruktion		
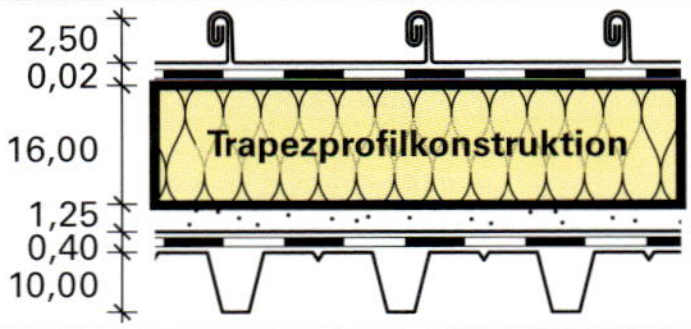 6 Stehfalzbleche 5 Unterspannbahn 4 Mineralfaser 040 DAD-dh 3 Gipskartonplatten 2 Dampfbremse PYE G 200 S4 1 Trapezblech	46 dB(A)	ausreichend
Betondächer		
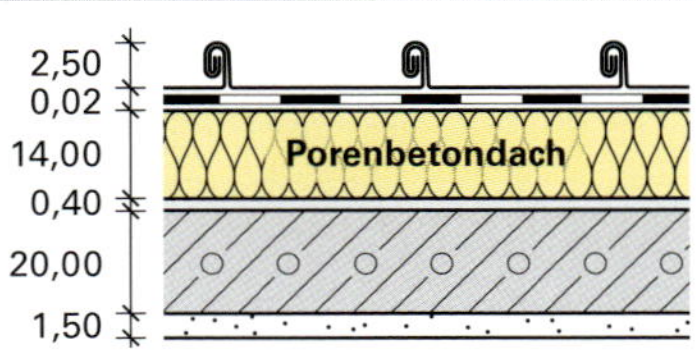 6 Stehfalzbleche 5 Trennlage 4 Mineralfaser 140 kg/cbm, DAD-dh 3 AL 01,V60-S4 2 Porenbeton Ppl 800 1 Gipsputz	44 dB(A)	ausreichend
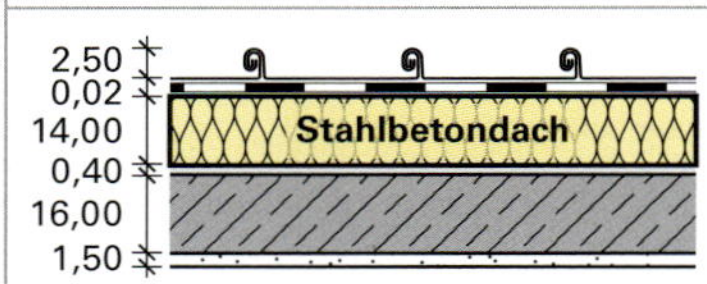 6 Stehfalzbleche 5 Trennlage 4 Mineralfaser 140 kg/cbm, DAD-dh 3 AL 01,V60-S4 2 Stahlbeton 1 Gipsputz	54 dB(A)	ausreichend

AW

Bemessung von Dachrinnen und Regenfallrohren nach DIN EN 12056-3: 2003-08 und DIN 1986-100: 2016-12

Vereinfachtes Berechnungsverfahren für vorgehängte Rinnen.
Für innenliegende Rinnen wird dringend die Verwendung entsprechender Software empfohlen.

1. Schritt: Vorgaben	**1.1 Erstellung des Entwässerungskonzeptes** • Auswahl der Rinnenform • Bestimmen der Position und Zahl der Regenfallrohre • Verlegung mit oder ohne Gefälle • Abfluss in Entwässerungslage über Misch- oder Trennsystem bzw. Notüberlauf	→ S. 261
	1.2 Ermittlung der Regenspende $r_{5/5}$ oder $r_{5/100}$ • Ermittlung des Gebäudestandortes • Auswahl der Regenspende	→ S. 257
	1.3 Ermittlung des Abflussbeiwertes *C* • Ermittlung, ob wasserundurchlässige Dachfläche oder begrünte Dachfläche vorliegt	→ S. 258
	1.4 Berechnung der wirksamen Dachfläche *A* • Entscheidung, ob mit oder ohne Windeinwirkung berechnet wird	→ S. 258
2. Schritt: Bemessung der Dachrinnen und Regenfallrohre	**2.1 Berechnung des Regenwasserabflusses $\dot{V}_r$** • $\dot{V}_r = r_{D/T} \cdot C \cdot A$ r = maximale Regenspende T = Jährlichkeit (alle T-Jahre vorkommend) D = Minuten (Dauer des Regenereignisses) C = Abflussbeiwert A = wirksame Dachfläche	→ S. 259
	2.2 Bemessung des Rinnenquerschnittes • Länge der Rinne für jeden Ablauf ermitteln • Gefälle der Regenrinne ermitteln • Richtungsänderungen der Rinne beachten • Für jeden Ablauf das Nennmaß der Teilrinne ermitteln	→ S. 259
	2.3 Bemessung des Regenfallrohres • Entscheidung, ob mit oder ohne Einlauftrichter angeschlossen wird • Entscheidung, ob lotrechte oder liegende Regenfallleitung vorliegt • Entscheidung, ob Laubfangkorb vorgesehen ist • Für jeden Ablauf Regenfallrohr bemessen	→ S. 259
3. Schritt: Kontrolle	**3. Überprüfung der Bemessung der Rinnenquerschnitte und der Regenfallrohre** • Entscheidung, ob die Regenrinnen alle den gleichen Zuschnitt haben sollen • Entscheidung, ob die Regenfallrohre alle das gleiche Nennmaß haben sollen • Bei Abweichungen zurück zu 1.1	→ S. 262

Regenspenden ausgewählter Orte nach DIN 1986-100: 2016-12					
Standort des Gebäudes	**$r_{5/5}$ in l/(s · ha)**	**$r_{5/100}$ in l/(s · ha)**	**Standort des Gebäudes**	**$r_{5/5}$ in l/(s · ha)**	**$r_{5/100}$ in l/(s · ha)**
Aachen	**266**	463	**Ingolstadt**	**303**	527
Aschaffenburg	**293**	529	**Kaiserslautern**	**342**	626
Augsburg	**352**	684	**Karlsruhe**	**339**	630
Aurich	**277**	506	**Kiel**	**243**	437
Bad Kissingen	**395**	790	**Koblenz**	**333**	630
Bad Salzufflen	**339**	630	**Köln**	**341**	693
Bad Tölz	**444**	767	**Konstanz**	**345**	623
Bamberg	**303**	527	**Leipzig**	**365**	682
Bayreuth	**346**	644	**Lindau**	**356**	642
Berlin	**331**	582	**Lingen**	**357**	681
Bielefeld	**285**	533	**Lübeck**	**276**	477
Bocholt	**255**	432	**Lüdenscheid**	**333**	630
Bonn	**285**	533	**Magdeburg**	**307**	581
Braunschweig	**330**	633	**Mainz**	**322**	637
Bremen	**246**	434	**Mannheim**	**328**	586
Bremerhaven	**314**	580	**Mönchengladbach**	**266**	463
Chemnitz	**331**	582	**München**	**356**	642
Cottbus	**348**	686	**Münster**	**293**	529
Cuxhaven	**290**	532	**Neubrandenburg**	**365**	682
Dessau	**300**	531	**Neustadt/Weinstr.**	**342**	626
Dortmund	**339**	630	**Nürnberg**	**339**	630
Dresden	**333**	630	**Oberstorf**	**382**	728
Duisburg	**300**	531	**Osnabrück**	**340**	649
Düsseldorf	**330**	633	**Paderborn**	**333**	630
Eisenach	**280**	492	**Passau**	**345**	623
Emden	**271**	506	**Pforzheim**	**333**	630
Erfurt	**277**	463	**Regensburg**	**348**	686
Erlangen	**330**	633	**Rosenheim**	**440**	775
Essen	**314**	527	**Rostock**	**252**	435
Frankfurt/Main	**339**	630	**Saarbrücken**	**280**	492
Garmisch Partenkirchen	**303**	519	**Schweinfurt**	**333**	630
Gera	**336**	627	**Schwerin**	**280**	492
Göppingen	**284**	489	**Siegen**	**325**	634
Görlitz	**339**	630	**Speyer**	**318**	587
Göttingen	**333**	630	**Stuttgart**	**405**	782
Halle/Saale	**300**	531	**Trier**	**352**	684
Hamburg	**266**	463	**Ulm**	**293**	529
Hanau	**348**	686	**Villingen-Schwenn.**	**389**	729
Hannover	**266**	463	**Würzburg**	**386**	795
Heidelberg	**328**	586	**Zwickau**	**331**	582

$r_{5/5}$ = 5-Minuten-Regenspende in l/(s · ha), die einmal alle 5 Jahre erwartet werden muss.
$r_{5/100}$ = 5-Minuten-Regenspende in l/(s · ha), die einmal alle 100 Jahre erwartet werden muss.
Im Normalfall wird mit $r_{5/5}$ bemessen, wenn sichergestellt ist, dass bei Eintritt des Jahrhundertregens keine Gebäudeschäden durch überströmendes Wasser entstehen können. Ansonsten muss mit den Werten des Jahrhundertregens $r_{5/100}$ bemessen werden.

AW

Abflussbeiwert *C* nach DIN 1986-100: 2016-12

Wasserundurchlässige Flächen	Abflussbeiwert *C*	Teildurchlässige oder schwach ableitende Flächen	Abflussbeiwert C
Dachflächen > 3° Dachneigung Metall- und Pfannendächer	1,0	Betonsteinpflaster in Sand oder Schlacke verlegt	0,7
Betonflächen	1,0	Flächen mit Pflaster und Fugenanteil > 15 %	0,6
Rampen	1,0	Wassergebundene Flächen	0,5
Befestigte Flächen mit Fugendichtung	1,0	Kinderspielplätze mit Teilbefestigungen	0,3
Schwarzdecken (Asphalt)	1,0	Sportflächen mit Dränung und Kunststoff-Flächen	0,6
Kiesschüttdächer	0,5	Sportflächen mit Dränung und Tennenflächen	0,4
Begrünte Dachflächen für Intensivbegrünung	0,3	Sportflächen mit Dränung und Rasenflächen	0,3
Begrünte Dachflächen für Extensivbegrünung ≥ 10 cm Aufbaudicke	0,3	Parkanlagen und Vegetationsflächen, Schotter- und Schlackeboden	0,0
Begrünte Dachflächen für Extensivbegrünung < 10 cm Aufbaudicke	0,5	Einfahrten mit Rasengittersteinen, Wege mit wassergebundener Decke	0,0

Wirksame Dachfläche *A* nach DIN EN 12056-3: 2003-08

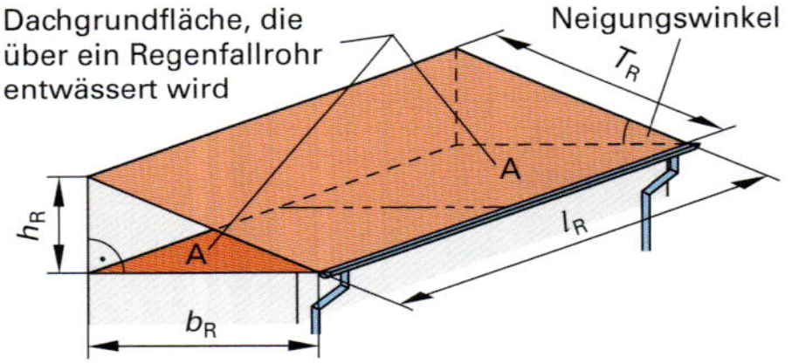

Windeinwirkung[1]	Wirksame Dachfläche *A*
Ohne Windeinwirkung: Regen senkrecht zur Dachfläche	$A = b_R \cdot l_R$
Mit Windeinwirkung: Schlagregen ≥ 26° zur Senkrechten	$A = T_R \cdot l_R$

[1] Die Windeinwirkung wird nur berücksichtigt, wenn regelmäßig mit Schlagregen zu rechnen ist.

Abflussvermögen vorgehängter Dachrinnen bei Gefälle = 0 %

DIN EN 12056-3: 2003-08, Fachinformation ZVSHK

[2] Das Abflussvermögen verringert sich um 15 % bei Richtungsänderungen der Rinne ≥ 10°.

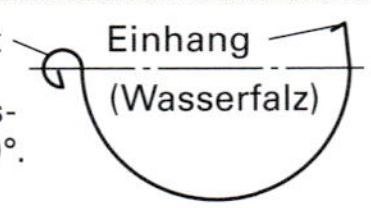

halbrunde Rinne

Kastenrinne

Länge in m	Abflussvermögen[2] $\dot{V}_r$ in l/s (halbrunde Rinne)					Abflussvermögen[2] $\dot{V}_r$ in l/s (Kastenrinne)			
	Nenngröße					Nenngröße			
	250	285	333	400	500	250	333	400	500
5	1,07	1,65	2,64	4,63	8,66	1,02	2,38	3,96	7,23
6	1,05	1,62	2,60	4,58	8,66	1,00	2,33	3,90	7,15
7	1,03	1,59	2,56	4,51	8,64	0,98	2,30	3,85	7,06
8	1,01	1,57	2,52	4,46	8,53	0,96	2,26	3,79	6,98
9	0,99	1,54	2,49	4,41	8,43	0,93	2,22	3,74	6,90
10	0,97	1,51	2,45	4,35	8,35	0,91	2,18	3,69	6,82
12	0,93	1,46	2,38	4,25	8,20	0,87	2,11	3,58	6,66
14	0,89	1,41	2,31	4,15	8,04	0,84	2,04	3,48	6,50
16	0,86	1,36	2,24	4,05	7,89	0,80	1,97	3,39	6,36
18	0,83	1,32	2,18	3,96	7,75	0,77	1,91	3,30	6,21
20	0,80	1,28	2,12	3,87	7,60	0,74	1,85	3,21	6,07

Abflussvermögen von runden und quadratischen Fallleitungen

DIN EN 12056-3: 2001-01, Fachinformation ZVSHK

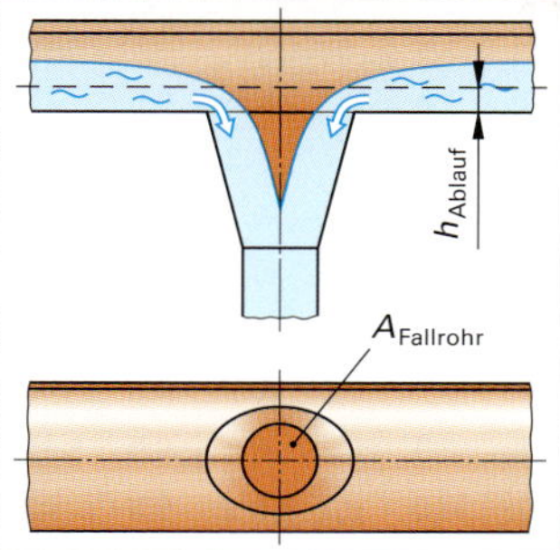

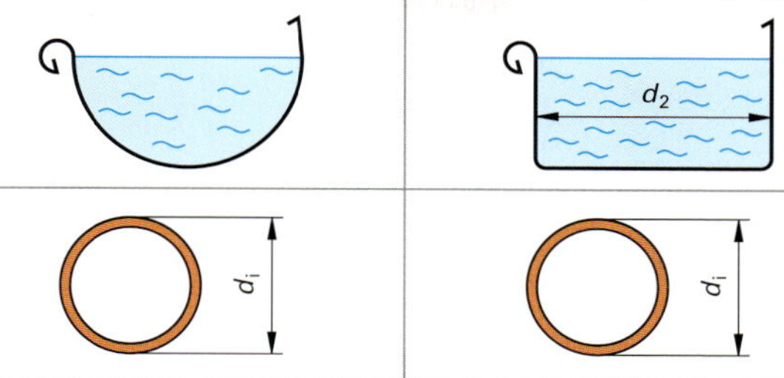

Rinne Nennmaß	Fallleitungsdurchmesser d_i in mm	Ohne Einlauftrichter: Abflussvermögen[1) $\dot{V}$ in l/s	Mit Einlauftrichter: Abflussvermögen[1) $\dot{V}$ in l/s	Ohne Einlauftrichter: Abflussvermögen[1) $\dot{V}$ in l/s	Ohne Einlauftrichter: Abflussvermögen[1) $\dot{V}$ in l/s
250	60	1,5	1,8	0,7	1,3
250	80	2,0	2,2	1,1	1,8
280	80	2,6	3,0	–	–
280	100	3,0	3,3	–	–
333	80	4,0	5,0	1,4	2,8
333	100	4,5	5,3	2,2	3,5
400	100	6,8	9,0	2,8	4,6
400	120	7,4	9,3	3,7	5,5
500	100	10,5	–	–	–
500	120	12,0	–	4,4	7,4
500	150	14,5	–	5,9	9,3

[1)] Laubfangkörbe im Ablaufstutzen reduzieren das Abflussvermögen der Fallleitung um 50%.

Beispielrechnung nach Tabelle S. 257

1.1 Erstellung des Entwässerungskonzeptes

- Vorgehängte halbrunde Rinne ohne Gefälle
- Ein Regenfallrohr am Ende der Rinne
- Abfluss über lotrechtes Fallrohr im Mischsystem
- Notüberlauf über Rinnenwulst
- Einlauf über Trichter

1.2 Ermittlung der Regenspende $r_{5/5}$

- Gebäudestandort Hamburg
- Regenspende $r_{5/5}$ **= 266 l/(s · ha)**

1.3 Ermittlung des Abflussbeiwertes *C*

- Metalldach Abflussbeiwert $C = 1$

1.4 Berechnung der wirksamen Dachfläche *A*

- Kein windstarker Standort, $A = 60\,m^2$

2.1 Berechnung des Regenwasserabflusses $\dot{V}_r$

- $\dot{V}_r = r_{5/5} \cdot C \cdot A$
  $= 266\ l/(s \cdot ha) \cdot 1 \cdot 60\,m^2 \cdot 1/10000 = 1{,}60\ l/s$

2.2 Bemessung des Rinnenquerschnittes

- Rinnenlänge 12 m, $\dot{V}_r = 1{,}60$ l/s → **Nennmaß 333** (geeignet bis 2,38 l/s)

2.3 Bemessung des Regenfallrohres

- Nennmaß Rinne 333 → zugeordnete Fallleitung **Nennmaß 80** (zulässig bis 5,0 l/s, mit Trichter)

3. Überprüfung der Nennmaße

- Da das Dach symmetrisch ist und beide Rinnen gleich lang sind: identische Nennmaße.

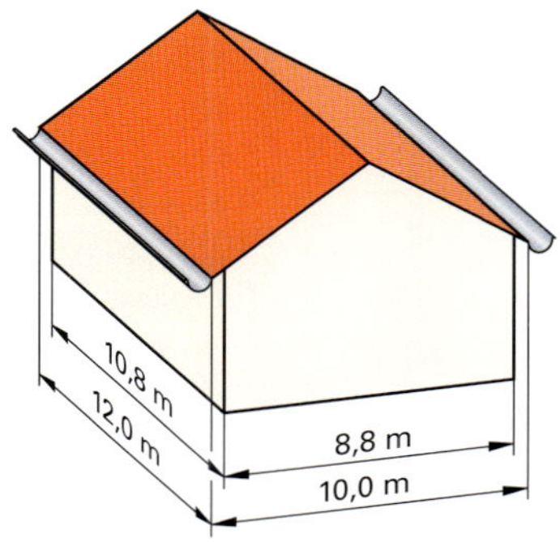

Dachrinnen (Maße)

DIN EN 612: 2005-04, DIN 1986-100: 2016-12

Halbrunde Dachrinne

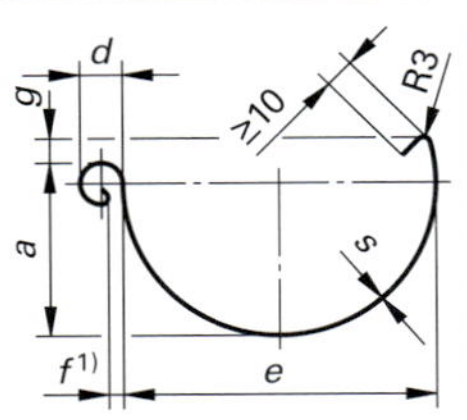

Kastenförmige Dachrinne

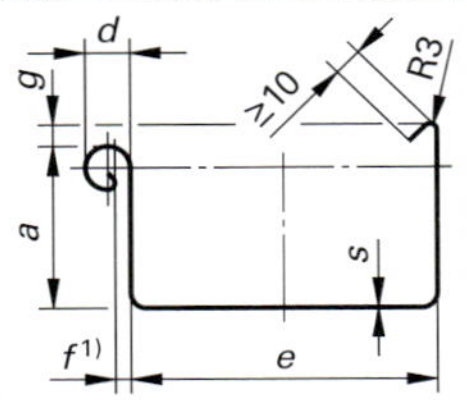

Form	Nenngröße	Teiligkeit	Angaben in mm a	e	d	g	Nenndicke *s* in mm Zn	Cu	Al	St	NRS	*A* in mm²
Halbrunde Dachrinne	200	10	40	80	16	8	0,65	0,6	0,7	0,6	0,5	25
	250	8	50	105	18	10	0,65	0,6	0,7	0,6	0,5	43
	280	7	55	127	18	11	0,70	0,6	0,7	0,6	0,5	63
	333	6	55	153	20	11	0,70	0,6	0,7	0,6	0,5	92
	400	5	65	192	22	11	0,80	0,7	0,8	0,7	0,6	145
	500	4	75	250	22	21	0,80	0,7	0,8	0,7	0,6	245
Kastenförmige Dachrinne	200	10	42	70	16	8	0,65	0,6	0,7	0,6	0,5	29
	250	8	55	85	18	10	0,65	0,6	0,7	0,6	0,5	47
	333	6	75	120	20	10	0,70	0,6	0,7	0,6	0,5	90
	400	5	90	150	22	10	0,80	0,7	0,8	0,7	0,6	135
	500	4	110	200	22	20	0,80	0,7	0,8	0,7	0,6	220

1) Das Maß *f* beträgt einheitlich ≤ 3 mm.

Bei besonderen Beanspruchungen durch klimatische oder bauliche Gegebenheiten können spezielle Wulst- oder Wasserfalzausführungen erforderlich werden.

Rinnenhalter (alle Maße in mm)

DIN EN 612: 2005-04, DIN 1986-100: 2016-12

Form **FFH** mit 2 Federn

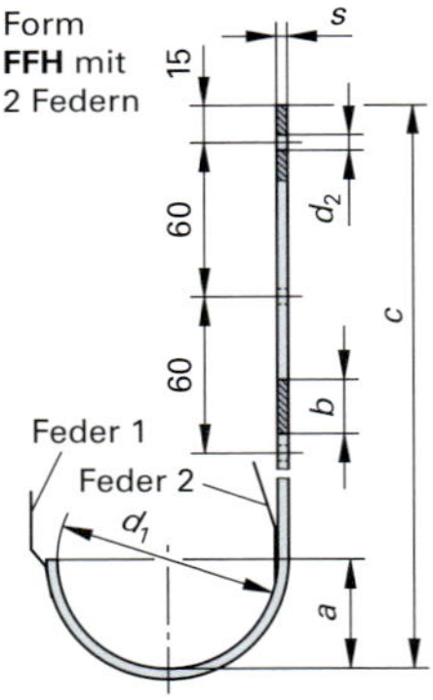

für Kastenrinnen Form **FFK**

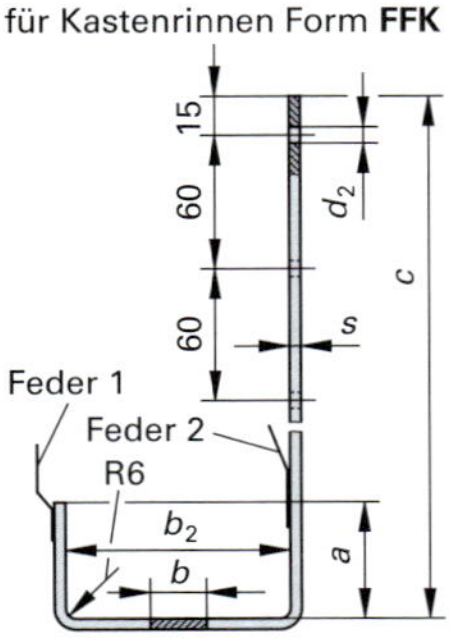

Form **NFK** mit Nase und Feder 2

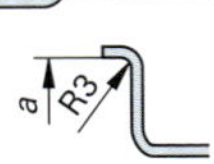

Nenngröße	Höhe *c* des Rinnenhalters		Querschnittmaße *b* x *s* der Beanspruchungskategorie 1	2	3	4	Lichte Weite d_1	Höhe *a* Form FFH[1]	NFH
200	230	270	25×4	25×4	25×4	–	80	37	40
250	280	330	25×4	30×4	25×6	–	105	50	53
	410	500	25×4	–	–	–			
280	290	350	30×4	30×5	25×6	25×8	127	61	64
	390	480	30×4	–	–	–			
333	300	370	30×5	25×6	40×5	30×8	153	74	77
	450	–	30×5	–	–	–			
400	340	430	30×5	40×5	25×8	30×8	192	93	96
	410	–	30×5	–	–	–			
500	375	515	40×5	40×5	30×8	30×8	250	122	125
	c		1	2	3	4	b_2	FFK[2]	NFK
200	230	270	25×4	25×4	25×4	–	70	31	34
250	280	330	25×4	30×4	25×6	–	85	44	47
333	300	370	30×5	25×6	40×5	30×8	120	62	65
400	330	420	30×5	40×5	25×8	30×8	150	77	80
500	350	490	40×5	40×5	30×8	30×8	200	97	100

1) 8 mm kürzer bei *s* = 6 mm und 8 mm. 2) 10 mm kürzer bei *s* = 6 mm und 8 mm.

Beanspruchungskategorien für Rinnenhalter

Halterabstand	Beanspruchung normal	hoch
700 ± 40	1	3
800 ± 40	2	4
900 ± 40	3	–

Bohrungsdurchmesser d_2 für Rinnenhalter

Rinnenhalterdicke *s*	Bohrung d_2
≤ 5 mm	6 mm
> 5 mm	7 mm

Einteilung von Dachrinnen

Einteilung nach der Lage am Bau

Außenliegende Rinne

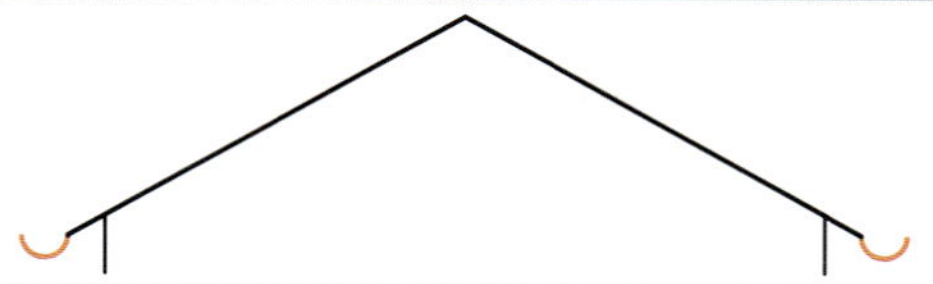

Innenliegende Rinne

Einteilung nach der Form

Halbrunde Rinne

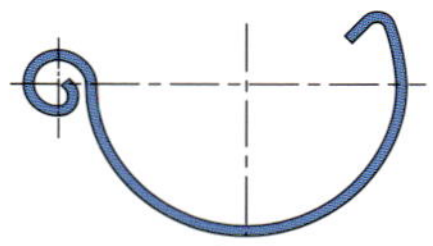

Kastenrinne

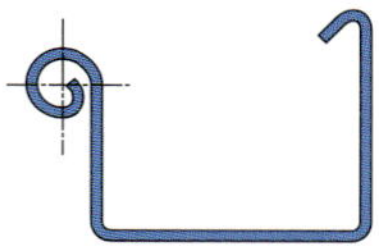

Trapezrinne

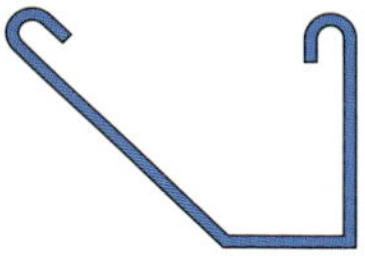

Einteilung nach der baulichen Situation

Vorgehängte Rinne

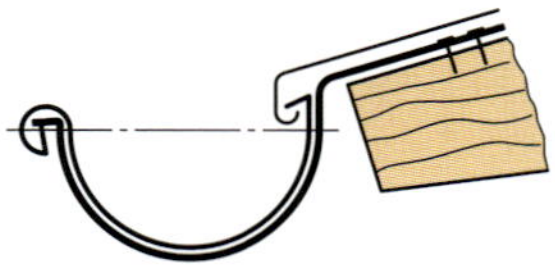

Attikarinne

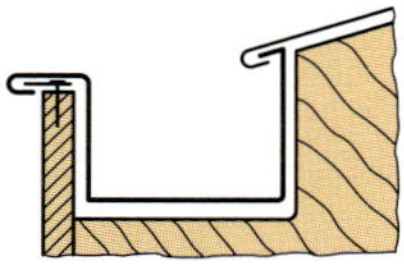

Eingelegte Rinne

Einteilung nach der Anbringung

Hängerinne

Standrinne

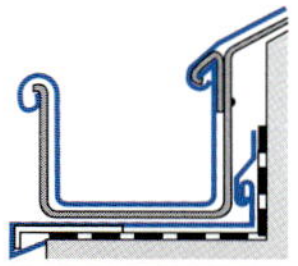

Liegerinne

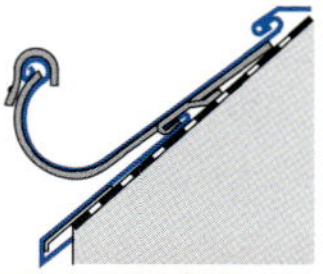

Regenrinnen-Teiligkeit

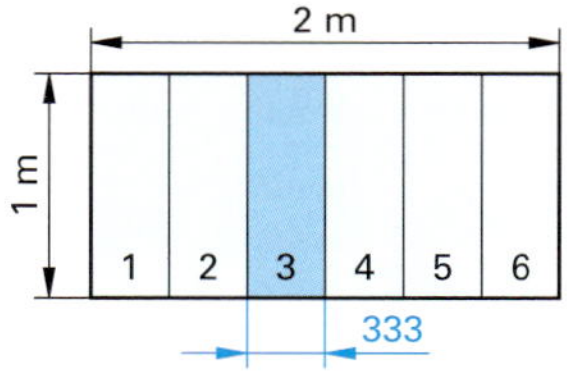

Ausgangsgröße bildet eine Normblechtafel mit den Maßen 2000 mm × 1000 mm. Diese Tafel wird verschnittlos in Streifen von 1000 mm Länge zugeschnitten. Die Teiligkeit bildet die Grundlage für die Größe der Rinnen und der Fallrohre.

Teiligkeit	Zuschnitt in mm
10	200
8	250
7	285
6	333
5	400
4	500

Regenrinnen-Notüberlauf

Bemessungsregen

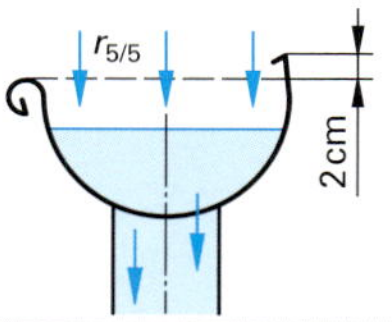

Jahrhundertregen

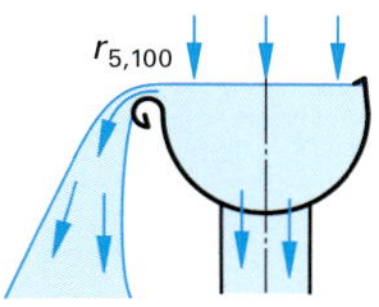

Regenrinnen sind so auszulegen, dass die jeweilige Bemessungsregenspende $r_{5/5}$ sicher ablaufen kann. Als Notüberlauf wird die Wulstseite der Rinne 2 cm tiefer montiert.

AW

DIN-Bezeichnung Dachrinne

DIN EN 612: 2005-05

DIN-Bezeichnung einer Hängedachrinne am Beispiel:
Halbrunde Hängedachrinne EN 612 – 333 – Cu – Y

Normungs-grundsatz	Beschreibung der Querschnittsform und der Art des Produktes	Nummer der Norm	Zuschnitt	Werk-stoff	Wulst-klasse
Beispiel	halbrunde Hängedachrinne	EN 612	333	Kupfer	Y

DIN-Bezeichnung Regenfallrohr

DIN EN 612: 2005-05

DIN-Bezeichnung eines Regenfallrohrs am Beispiel:
Rundes Fallrohr EN 612 – 100 – Zn – X

Normungs-grundsatz	Beschreibung der Querschnittsform und der Art des Produktes	Nummer der Norm	Durch-messer	Werk-stoff	Nahtüber-lappung
Beispiel	Fallrohr mit kreisförmigem Querschnitt	EN 612	100	Zink	X

Regenfallrohre – Maße

DIN EN 612: 2005-05

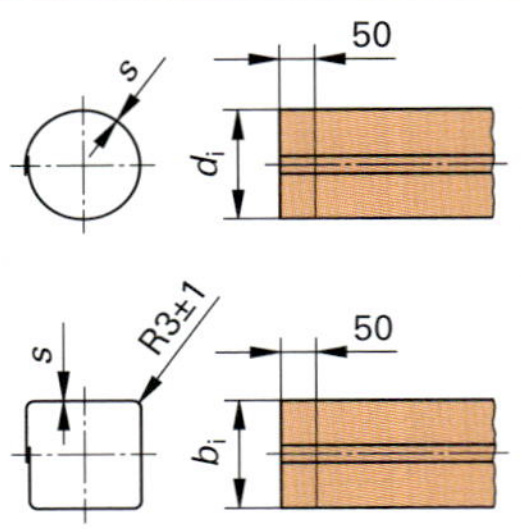

Nenn-größe	Durch-messer *d* bzw. Weite *b* in mm	Quer-schnitt A_1 ○ in cm^2	Quer-schnitt A_2 □ in cm^2	Nenndicke *s* in mm				
				Zn	Cu	Al	St	NRS
60	60	28	36	0,65	0,6	0,7	0,6	0,5
70	70	38	49	0,65	0,6	0,7	0,6	0,5
80	80	50	64	0,65	0,6	0,7	0,6	0,5
100	100	79	100	0,65	0,6	0,7	0,6	0,5
120	120	113	144	0,7	0,7	0,7	0,7	0,6
125	125	122	156	0,7	0,7	0,7	0,7	0,6
150	150	177	225	0,7	0,7	0,7	0,7	0,6

Regenfallrohre – Nähte

DIN EN 612: 2005-05

Gelötete Überlappung

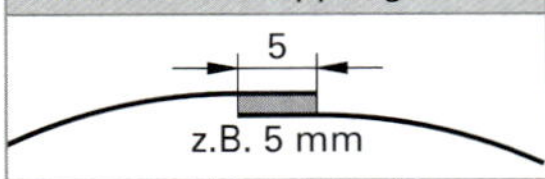

Gefalzte Überlappung

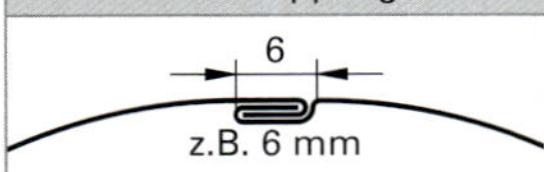

Ausführung der Nähte	Werkstoff					Nahtüberlappung	
	Zn	Cu	Al	St	NRS	Klasse X min.	Klasse Y min.
Weichgelötet	x	x	–	–	–	5 mm	1 mm
Hartgelötet	–	x	–	–	–	3 mm	3 mm
Gefalzt	x	x	x	x	x	6 mm	6 mm
Geschweißt	x	x	x	x	x	abhängig vom Schweißverfahren	

Trichterförmige Rinneneinhangstutzen für halbrunde Rinnen

DIN EN 612: 2005-05

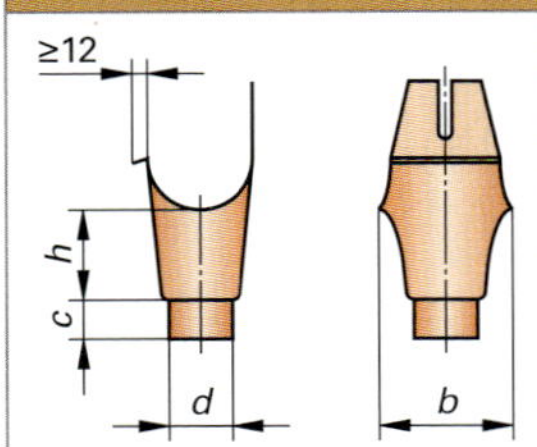

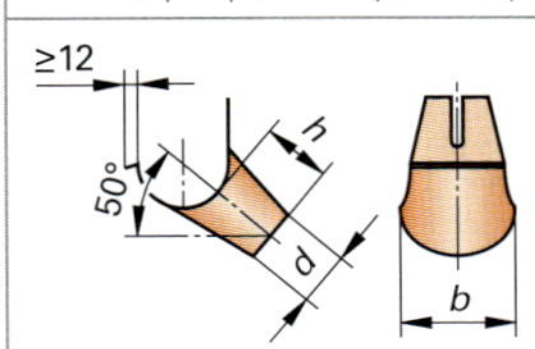

Nenngröße		Außen-durch-messer *d*	Breite[1] *b* in mm	Höhe[1] *h* in mm	Einsteck-tiefe[1] *c* in mm
Halbrunde Rinne	kreisförmiges Rohr				
200	60	58	115	60	35
250	80	78	140	65	40
280	80	78	165	80	40
333	100	98	185	95	45
400	120	118	210	105	50
280	80	105	120	80	–
333	100	125	140	93	–
400	120	140	170	113	–

[1] Mindestgröße

Haftausführungen bei Blechbedachungen

Name	Zeichnung	Name	Zeichnung
Maschinenhaft als Festhaft	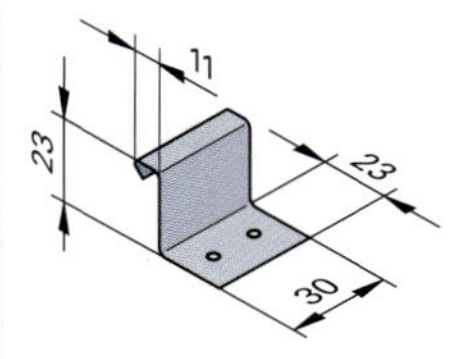	Maschinenhaft als Schiebehaft	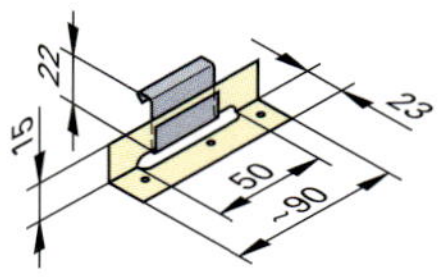
Hosen- oder Flügelhaft als Festhaft	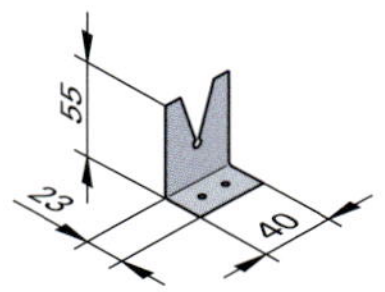	Hosen- oder Flügelhaft als Schiebehaft	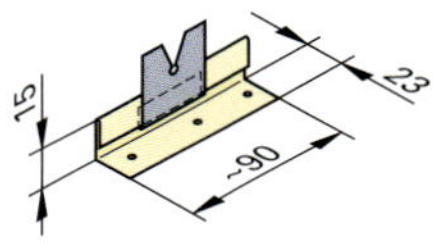
Zahnhaft	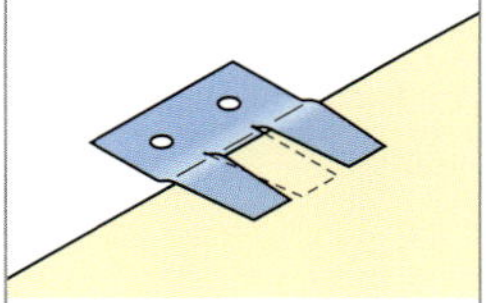	Zahnhaftleiste	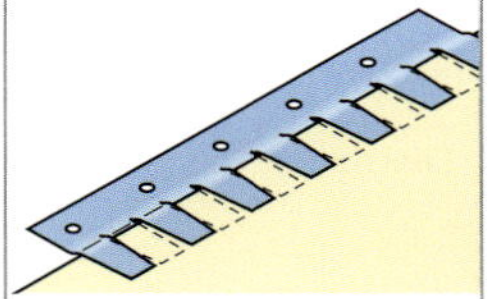
Plattenhaft	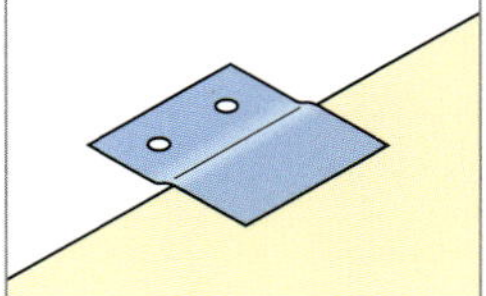	Hakenhaft	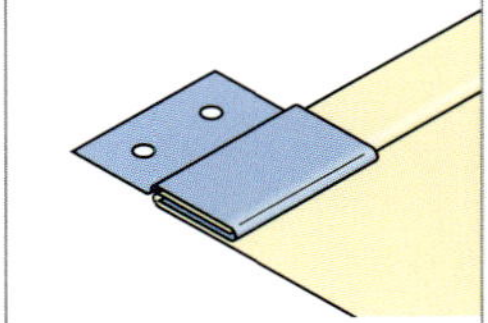

Anordnung der Schiebehafte

Neigung < 3°	Neigung ≥ 3° – 10°	Neigung > 10° – 30°	Neigung > 30°
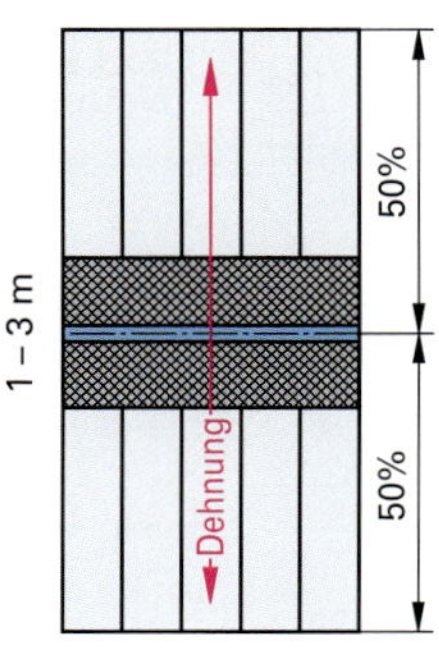	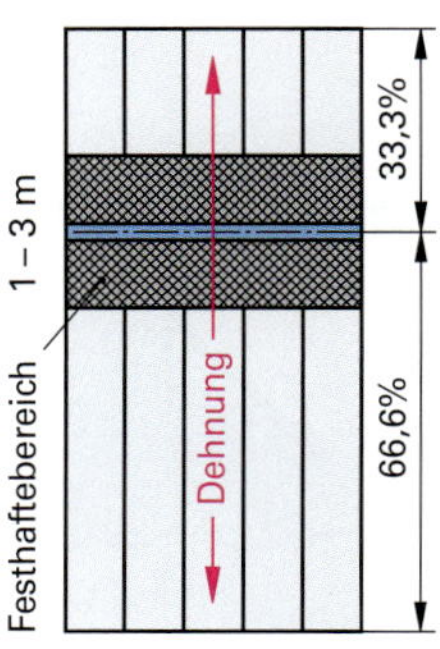	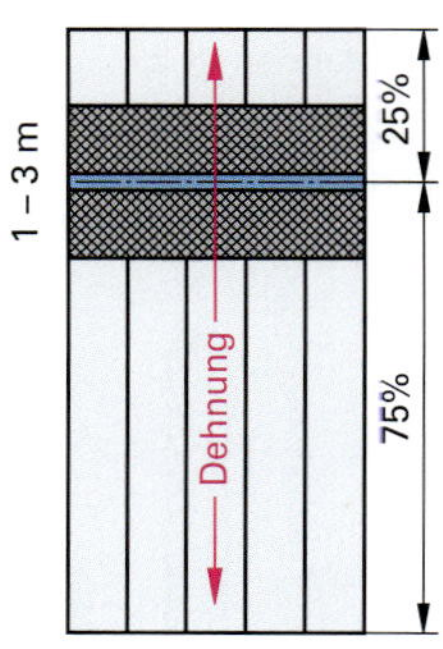	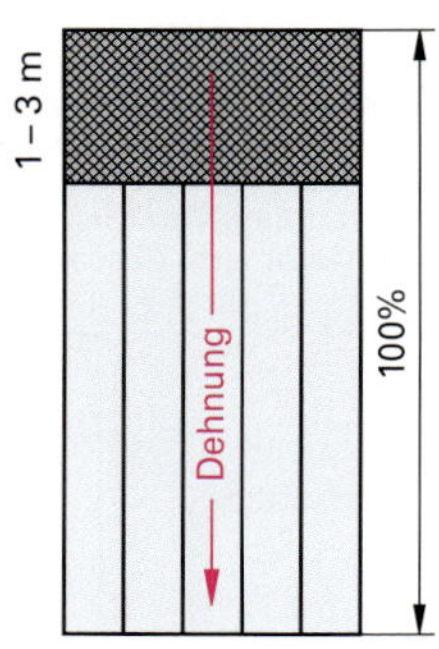

Die Festhafte werden auf einer Länge von 1 – 3 Metern gemäß den oben stehenden Abbildungen angeordnet. Bei Verwendung von überlangen Scharen, Schneefang- oder Solarsystemen, befestigt auf den Scharen, ist die Anzahl der Festhafte den Belastungen anzupassen.

AW

Hafte und Befestigungsmittel, Anforderungen

„Fachregeln des Klempnerhandwerks 2009"

Werkstoff des Deckbleches[1]	Hafte		Befestigungsmittel[2]			
			geraute Nägel[3]		Senkkopfschrauben	
	zugelassener Werkstoff	Dicke in mm	Werkstoff	Maße in mm × mm	Werkstoff	Maße in mm × mm
Titanzink	Titanzink	≥ 0,7	verzinkter Stahl	≥ 2,8×25	verzinkter Stahl	≥ 4×25
	verzinkter Stahl	≥ 0,6				
	Edelstahl	≥ 0,4	Edelstahl	≥ 2,8×25	Edelstahl	≥ 4×25
Kupfer	Kupfer	≥ 0,6	Kupfer	≥ 2,8×25	Kupfer-Zink-Legierung	≥ 4×25
					Kupfer	≥ 4×25
	Edelstahl	≥ 0,4	Edelstahl	≥ 2,8×25	Edelstahl	≥ 4×25
Aluminium	verzinkter Stahl	≥ 0,6	verzinkter Stahl	≥ 2,8×25	verzinkter Stahl	≥ 4×25
	Edelstahl	≥ 0,4	Edelstahl	≥ 2,8×25	Edelstahl	≥ 4×25
Verzinkter Stahl	verzinkter Stahl	≥ 0,6	verzinkter Stahl	≥ 2,8×25	verzinkter Stahl	≥ 4×25
	Edelstahl	≥ 0,4	Edelstahl	≥ 2,8×25	Edelstahl	≥ 4×25
Edelstahl	Edelstahl	≥ 0,4	Kupfer	≥ 2,8×25	Kupfer-Zink-Legierung	≥ 4×25
			Edelstahl	≥ 2,8×25	Kupfer	≥ 4×25
					Edelstahl	≥ 4×25
Blei	Kupfer	≥ 0,4	Kupfer	≥ 2,8×25	Kupfer-Zink-Legierung	≥ 4×30
					Kupfer	≥ 4×30
	Edelstahl	≥ 0,7	Edelstahl	≥ 2,8×25	Edelstahl	≥ 4×30

[1] Die erforderliche Nenndicke der Schalung bei Dachdeckungen beträgt bei Blei mindestens 30 mm, bei allen anderen Werkstoffen mindestens 24 mm.
[2] Je Haft mindestens 2 Stück mit einer Einbindetiefe von mindestens 20 mm.
[3] Zulässig sind auch gerillte Nägel aus Edelstahl nach DIN 1052, Tragfähigkeitsklasse III.

Klammern als Befestigungsmittel

Wenn anstelle der oben angeführten Nägel und Schrauben Klammern als Befestigungsmittel verwendet werden, müssen vergleichbare Auszugswerte erreicht werden. Diese Forderung wird erfüllt durch Verwendung von Klammern mindestens 1,5 mm dick und Klammerspitzenausbildung als Sägeschnitt.

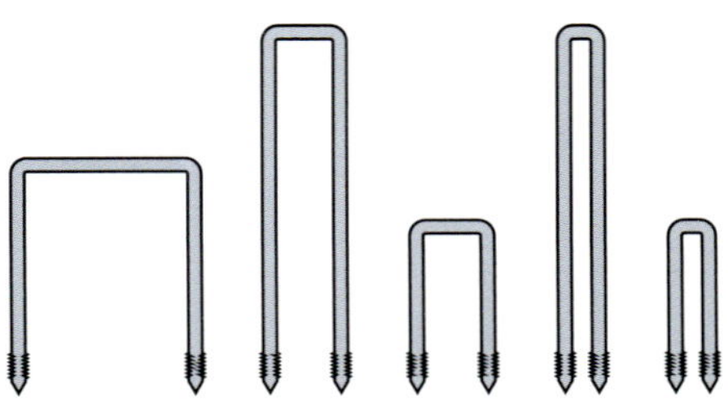

Kamineinfassung

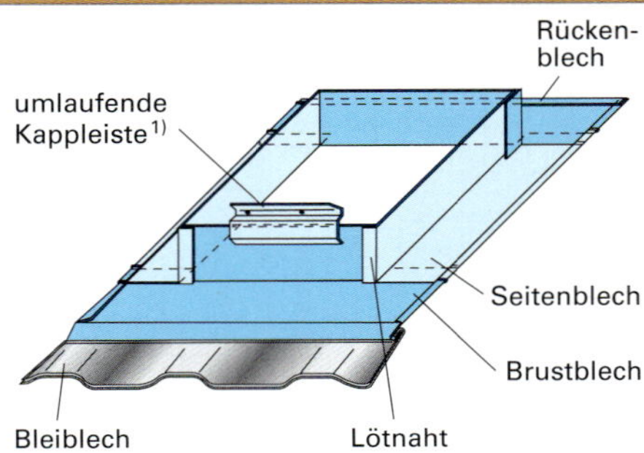

[1] Kappleisten (Überhangstreifen) dürfen nur bei mindestens dreischaligen Schornsteinen in die Wand oder die Fuge eingelassen werden.

Mindest-Werkstoffdicken der Deckbleche

„Fachregeln des Klempnerhandwerks 2009“

Gebäudetraufhöhe	0 m bis 8 m					8 m bis 20 m				20 m bis 100 m		
Bandbreite in mm	600	670	700	800	1000	600	670	700	800	600	670	700
Scharenbreite in mm	520	590	620	720	920	520	590	620	720	520	590	620
Werkstoff	Mindestwerkstoffdicken[1] in mm											
Titanzink	0,7	0,7	0,7	0,8	–	0,7	0,7	0,7	–	0,7	0,7	–
Kupfer	0,6	0,6	0,6	0,7	–	0,6	0,6	0,6	–	0,6	0,6	–
Aluminium	0,7	0,7	0,8	0,8	–	0,7	0,7	0,8	–	0,7	0,7	–
Verzinkter Stahl	0,6	0,6	0,6	0,6	0,7	0,6	0,6	0,6	0,6	0,6	0,6	0,6
Edelstahl	0,4	0,5	0,5	–	–	0,4	0,5	0,5	–	0,4	0,5	–
Blei	2,0	2,0	2,0	–	–	2,25	2,25	2,25	2,5	2,5	2,5	2,5

– Die Verwendung ist unzulässig.
[1] Für größere Höhen oder Turmdeckung ist das Merkblatt „Turmdeckung in der Klempnertechnik“ des ZVSHK maßgebend.

Maximale Scharenlängen

Werkstoff	Maximale Scharenlänge[1] in m
Titanzink	10
Kupfer	10
Aluminium	10
Verzinkter Stahl	14
Edelstahl	14
Blei	1,5

[1] In der Praxis ist eine Überschreitung der maximalen Scharenlänge, nach Absprache mit dem Hersteller, möglich und üblich.

Einfalzverluste für Bänder

Bandbreite in mm	Aufkantungen in mm	Deckfläche in m² je m	Verlust in %
600	45 + 35	0,52	15,4
670	45 + 35	0,59	13,6
700	45 + 35	0,62	12,9
800	45 + 35	0,72	11,1
1000	45 + 35	0,92	8,7

Beispiel für das Deckmaß bzw. Achsmaß

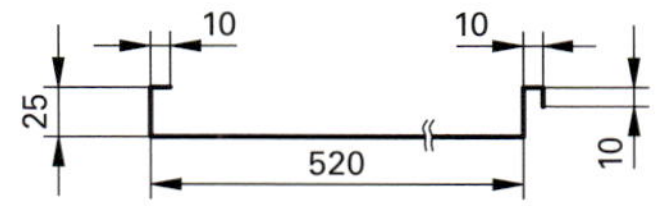

Falzarten

Längsfalze

Winkelstehfalz

Doppelstehfalz

Querfalze

Einfacher Querfalz

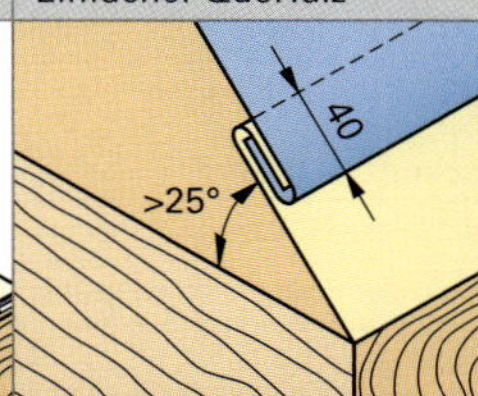

Rollfalz

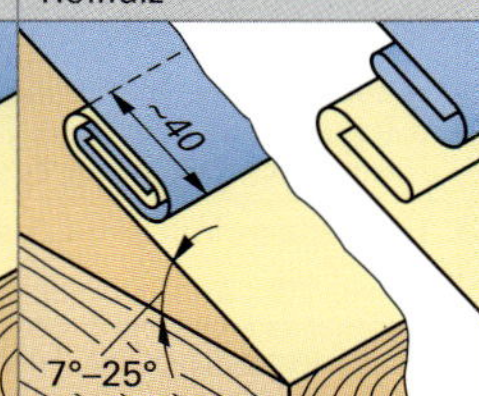

Wasserdichte Quernähte und Verbindungen

„Fachregeln des Klempnerhandwerks 2009“

Verbindung	Titanzink	Kupfer	Aluminium	Verzinkter Stahl	Edelstahl	Blei
Weichlöten	x	–	–	–	–	x
Hartlöten	–	x	–	–	–	–
Schutzgasschweißen	–	x	x	–	x	x
Einreihig nieten und weichlöten	–	x	–	x	x	–
Versetzt nieten mit Dichteinlage	–	x	x	x	x	–
Doppelter Falz mit Dichteinlage	–	x	x	x	–	–
Mindestüberdeckung in mm	10 – 15	40	40	40	40	40

x zugelassen – nicht zugelassen

Querverbindungen der Scharen

„Fachregeln des Klempnerhandwerks 2009“

Dachneigung	Anforderung	Ausführungen	Zeichnung
3° – 7°	wasserdicht	• Weich- und Hartlöten • Schweißen • einreihig Nieten • und Weichlöten • Nieten mit Dichtband • Falzen mit Dichtband	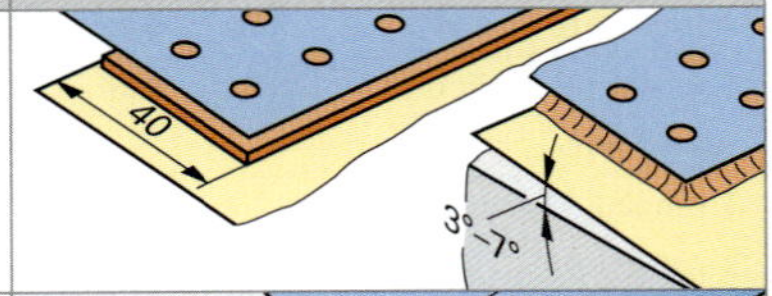
> 7° – 25°	regensicher	• doppelter Querfalz	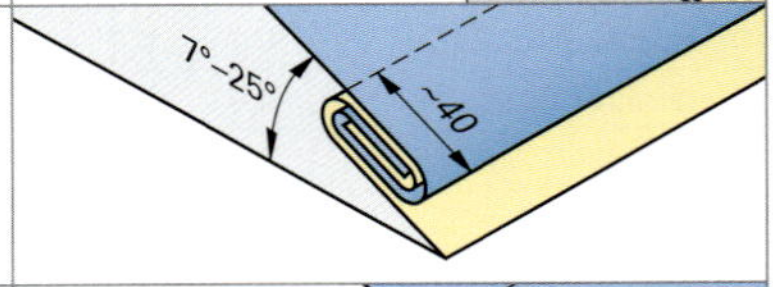
≥ 10°	regensicher	• einfacher Querfalz mit Zusatzfalz	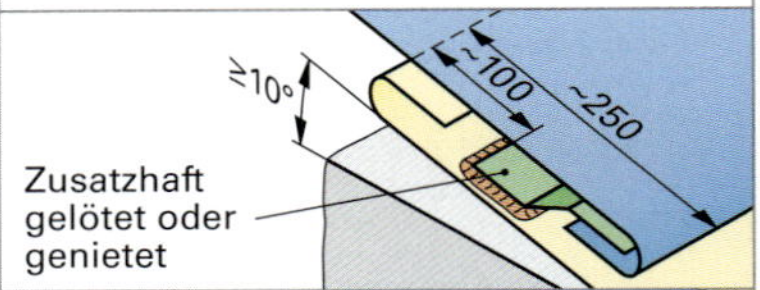
> 25°	regensicher	• einfacher Querfalz	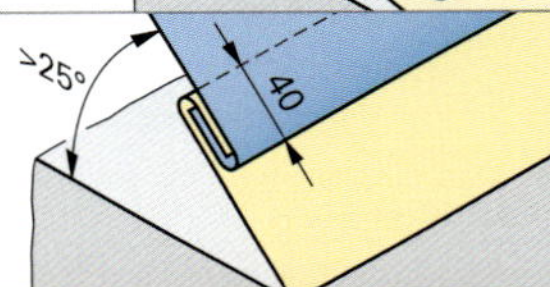

Maximale Abstände von Bewegungsausgleichern

„Fachregeln des Klempnerhandwerks 2009“

Einsatzbereich	Abstand[1]
• eingeklebte Einfassungen und Winkelanschlüsse • Rinneneinhänge • Dachrandeinfassungen in der Wasserebene • eingeklebte Shedrinnen in der Wasserebene	• 6 m bei allen Werkstoffen
• Mauerabdeckungen • Dachrandabschlüsse außerhalb der Wasserebene • innenliegende, nicht eingeklebte Dachrinnen mit Zuschnitt > 500 mm	• 8 m bei Titanzink, Kupfer und Aluminium • 14 m bei verzinktem Stahl und Edelstahl
• innenliegende, nicht eingeklebte Dachrinnen • mit Zuschnitt ≤ 500 mm • Hängedachrinnen mit Zuschnitt > 500 mm	• 10 m bei allen Werkstoffen
• Hängedachrinnen mit Zuschnitt ≤ 500 mm	• 15 m bei allen Werkstoffen

[1] Für die Abstände von Ecken oder Festpunkten gelten jeweils die halben Längen.

Schornsteinkopfbekleidungen

Merkblatt: „Bekleiden von Oberflächen am Schornstein“

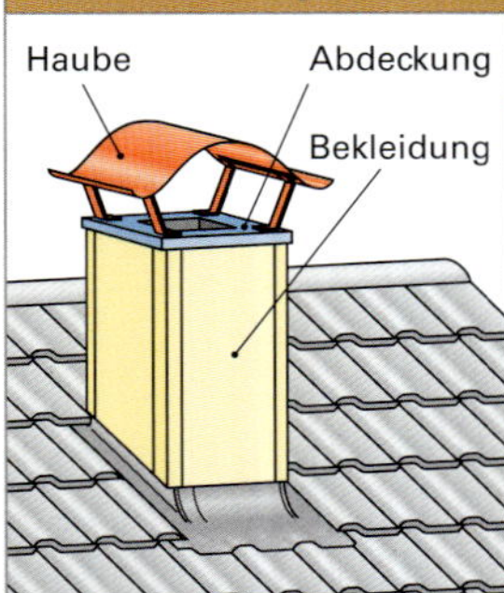

	Bekleidung			Abdeckung			Haube		
Feuerung	Öl	Gas	Holz	Öl	Gas	Holz	Öl	Gas	Holz
Titanzink	x	x	x	–	–	–	–	–	–
Kupfer	x	x	x	–	–	x[1]	x[1]	x[1]	x[1]
Aluminium	x	x	x	x[2]	x[2]	x[2]	x[2]	x[2]	x[2]
Verzinkter Stahl	–	x	x	–	–	–	–	–	–
Edelstahl	x	x	x	x	x	x	x	x	x
Blei	x	x	x	x	x	–	–	–	–

[1] Korrosionsbeständige Kupferlegierungen
[2] Korrosionsbeständige Aluminiumlegierungen

x zugelassen
– nicht zugelassen

Windsoglasten bei Dächern

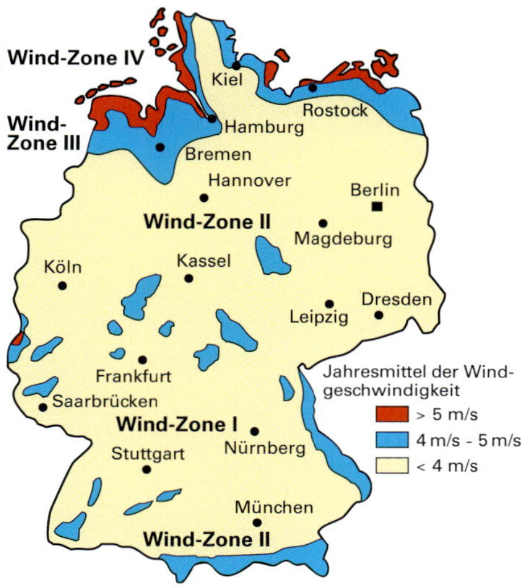

Flächeneinteilung Flach-, Sattel- und Trogdach

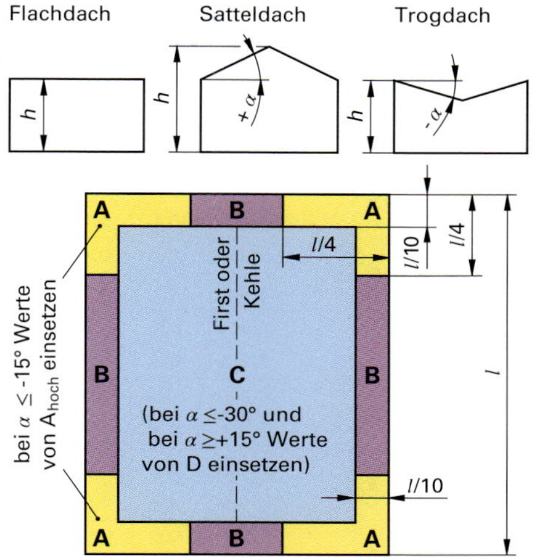

Flächeneinteilung Pultdach

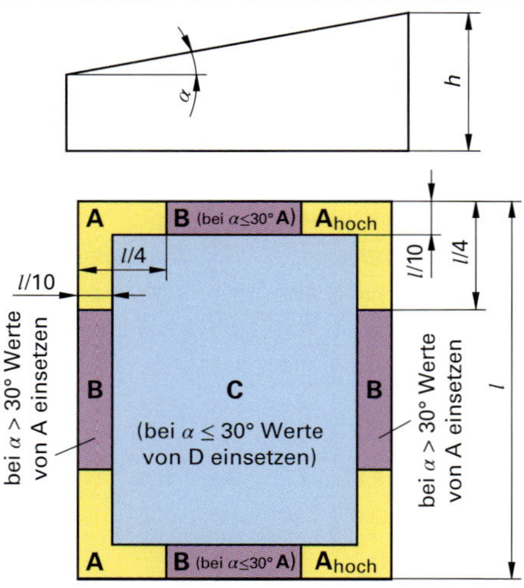

Flächeneinteilung Walmdach

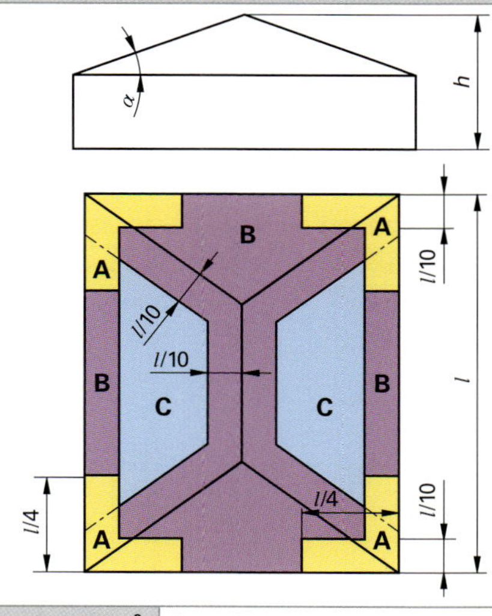

Dachneigung α		Gebäude-traufhöhe h in m	Maximale Windsoglasten in N/m²		
Grad	Prozent		Eck-bereich A	Rand-bereich B	Innenbe-reich C + D
0° bis 20°	0% bis 47%	0 – 10	2400	1350	450
		10 – 20	3840	2160	720
		20 – 50	5280	2970	990
20° bis 35°	47% bis 70%	0 – 10	1350	825	450
		10 – 20	2160	1320	720
		20 – 50	2970	1815	990

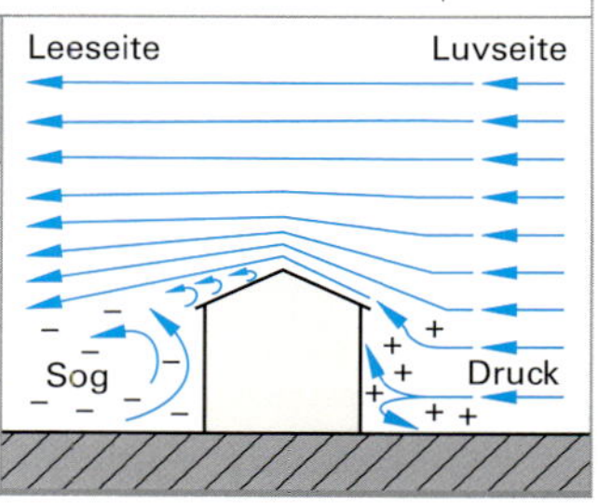

AW

Maximaler Abstand in mm und Mindestanzahl/m² der Hafte													
Windzone WZ 1 für Edelstahlhafte mit zulässiger Haftbelastung von 400 N/Haft													
Gebäudehöhe		**bis 10 m**				**10 m bis 20 m**				**20 m bis 50 m**			
Bandbreite in mm		**600**	**670**	**700**	**800**	**600**	**670**	**700**	**800**	**600**	**670**	**700**	**800**
Scharenbreite[1] in mm		**520**	**590**	**620**	**720**	**520**	**590**	**620**	**720**	**520**	**590**	**620**	**720**
Dach $\alpha \leq 30°$	A_{hoch}	330	290	270	240	250	220	210	180	180	160	150	130
		5,9	5,9	5,9	5,9	7,6	7,6	7,6	7,6	10,7	10,7	10,7	10,7
	A	380	330	320	270	290	260	250	210	210	180	180	150
		5,1	5,1	5,1	5,1	6,6	6,6	6,6	6,6	9,2	9,2	9,2	9,2
	B	470	420	400	340	370	320	310	260	260	230	220	190
		4,1	4,1	4,1	4,1	5,3	5,3	5,3	5,3	7,4	7,4	7,4	7,4
	C	500	500	500	500	500	500	500	440	440	380	370	310
		3,8	3,4	3,2	2,8	3,8	3,4	3,2	3,2	4,4	4,4	4,4	4,4
	D	500	500	500	460	490	430	410	350	350	310	290	250
		3,8	3,4	3,2	3,0	3,9	3,9	3,9	3,9	5,5	5,5	5,5	5,5
Dach $\alpha > 30°$	A_{hoch}	400	350	330	290	250	220	210	180	180	160	150	130
		4,9	4,9	4,9	4,9	7,6	7,6	7,6	7,6	10,7	10,7	10,7	10,7
	A	500	500	500	460	490	430	410	350	350	310	290	250
		3,8	3,4	3,2	3,0	3,9	3,9	3,9	5,5	5,5	5,5	5,5	5,5
	B	470	420	400	340	370	320	310	260	260	230	220	190
		4,1	4,1	4,1	4,1	5,3	5,3	5,3	5,3	7,4	7,4	7,4	7,4
	C	500	500	500	500	500	500	500	440	440	380	370	310
		3,8	3,4	3,2	2,8	3,8	3,4	3,2	3,2	4,4	4,4	4,4	4,4
	D	500	500	500	500	500	500	470	410	400	350	340	290
		3,8	3,4	3,2	2,8	3,8	3,4	3,4	3,4	4,8	4,8	4,8	4,8
Windzone WZ 2 für Edelstahlhafte mit zulässiger Haftbelastung von 400 N/Haft													
Gebäudehöhe		**bis 10 m**				**10 m bis 20 m**				**20 m bis 50 m**			
Bandbreite in mm		**600**	**670**	**700**	**800**	**600**	**670**	**700**	**800**	**600**	**670**	**700**	**800**
Scharenbreite[1] in mm		**520**	**590**	**620**	**720**	**520**	**590**	**620**	**720**	**520**	**590**	**620**	**720**
Dach $\alpha \leq 30°$	A_{hoch}	270	240	220	190	210	180	170	150	150	130	120	110
		7,2	7,2	7,2	7,2	9,4	9,4	9,4	9,4	13,1	13,1	13,1	13,1
	A	310	270	260	220	240	210	200	170	170	150	140	120
		6,2	6,2	6,2	6,2	8,1	8,1	8,1	8,1	11,3	11,3	11,3	11,3
	B	390	340	330	280	300	260	250	220	210	190	180	150
		5,0	5,0	5,0	5,0	6,5	6,5	6,5	6,5	9,0	9,0	9,0	9,0
	C	500	500	500	470	500	440	420	360	360	310	300	260
		3,8	3,4	3,2	3,0	3,9	3,9	3,9	3,9	5,4	5,4	5,4	5,4
	D	500	460	430	370	400	350	330	290	280	250	240	210
		3,8	3,7	3,7	3,7	4,8	4,8	4,8	4,8	6,8	6,8	6,8	6,8

Zeichenerklärung: A und A_{hoch} = Eckbereich; B = Dachrand, C und D = Dachmitte

[1] Die Scharenbreite ergibt sich, wenn man von der Bandbreite die seitlichen Aufkantungen für den Stehfalz abzieht. Zum Beispiel Bandbreite 600 mm – (Unterdecker 35 mm + Oberdecker 45 mm) = 520 mm Scharenbreite. Die Höhe der seitlichen Aufkantungen und damit der Scharenbreite kann besonders beim Einsatz von Profiliermaschinen etwas variieren. In jedem Fall muss aber der fertige Doppelstehfalz eine Mindesthöhe von 23 mm aufweisen.

[2] Der angegebene Haftabstand in mm ist als Mittelwert über einen Bereich von 3 m einzuhalten.

Maximaler Abstand in mm und Mindestanzahl/m² der Hafte (Fortsetzung)

Windzone WZ 2 für Edelstahlhafte mit zulässiger Haftbelastung von 400 N/Haft (Fortsetzung)

Gebäudehöhe		bis 10 m				10 m bis 20 m				20 m bis 50 m			
Bandbreite in mm		**600**	**670**	**700**	**800**	**600**	**670**	**700**	**800**	**600**	**670**	**700**	**800**
Scharenbreite[1] in mm		**520**	**590**	**620**	**720**	**520**	**590**	**620**	**720**	**520**	**590**	**620**	**720**
Dach $\alpha > 30°$	**A_{hoch}**	320	290	270	230	210	180	170	150	150	130	120	110
		5,9	5,9	5,9	5,9	9,4	9,4	9,4	9,4	13,1	13,1	13,1	13,1
	A	500	460	430	370	400	350	330	290	280	250	240	210
		3,8	3,7	3,7	3,7	4,8	4,8	4,8	4,8	6,8	6,8	6,8	6,8
	B	390	340	330	280	300	260	250	220	210	190	180	150
		5,0	5,0	5,0	5,0	6,5	6,5	6,5	6,5	9,0	9,0	9,0	9,0
	C	500	500	500	470	500	440	420	360	360	310	300	260
		3,8	3,4	3,2	3,0	3,9	3,9	3,9	3,9	5,4	5,4	5,4	5,4
	D	500	500	500	430	460	400	380	330	330	290	280	240
		3,8	3,4	3,2	3,2	4,2	4,2	4,2	4,2	5,9	5,9	5,9	5,9

Windzone WZ 3 für Edelstahlhafte mit zulässiger Haftbelastung von 400 N/Haft

Gebäudehöhe		bis 10 m				10 m bis 20 m				20 m bis 50 m			
Bandbreite in mm		**600**	**670**	**700**	**800**	**600**	**670**	**700**	**800**	**600**	**670**	**700**	**800**
Scharenbreite[1] in mm		**520**	**590**	**620**	**720**	**520**	**590**	**620**	**720**	**520**	**590**	**620**	**720**
Dach $\alpha \leq 30°$	**A_{hoch}**	270	240	220	190	210	180	170	150	150	130	120	110
		7,2	7,2	7,2	7,2	9,4	9,4	9,4	9,4	13,1	13,1	13,1	13,1
	A	310	270	260	220	240	210	200	170	170	150	140	120
		6,2	6,2	6,2	6,2	8,1	8,1	8,1	8,1	11,3	11,3	11,3	11,3
	B	390	340	330	280	300	260	250	220	210	190	180	150
		5,0	5,0	5,0	5,0	6,5	6,5	6,5	6,5	9,0	9,0	9,0	9,0
	C	500	500	500	470	500	440	420	360	360	310	300	260
		3,8	3,4	3,2	3,0	3,9	3,9	3,9	3,9	5,4	5,4	5,4	5,4
	D	500	460	430	370	400	350	330	290	280	250	240	210
		3,8	3,7	3,7	3,7	4,8	4,8	4,8	4,8	6,8	6,8	6,8	6,8
Dach $\alpha > 30°$	**A_{hoch}**	270	240	220	190	170	150	140	120	120	110	100	90
		7,2	7,2	7,2	7,2	11,2	11,2	11,2	11,2	15,8	15,8	15,8	15,8
	A	430	380	360	310	330	290	280	240	240	210	200	170
		4,5	4,5	4,5	4,5	5,8	5,8	5,8	5,8	8,2	8,2	8,2	8,2
	B	320	280	270	230	250	220	210	180	180	160	150	130
		6,0	6,0	6,0	6,0	7,7	7,7	7,7	7,7	10,9	10,9	10,9	10,9
	C	500	470	450	390	410	370	350	300	290	260	250	210
		3,8	3,6	3,6	3,6	4,6	4,6	4,6	4,6	6,5	6,5	6,5	6,5
	D	490	430	410	360	380	340	320	280	270	240	230	200
		3,9	3,9	3,9	3,9	5,0	5,0	5,0	5,0	7,1	7,1	7,1	7,1

Zeichenerklärung: A und A_{hoch} = Eckbereich; B = Dachrand, C und D = Dachmitte

[1] Die Scharenbreite ergibt sich, wenn man von der Bandbreite die seitlichen Aufkantungen für den Stehfalz abzieht. Zum Beispiel Bandbreite 600 mm – (Unterdecker 35 mm + Oberdecker 45 mm) = 520 mm Scharenbreite. Die Höhe der seitlichen Aufkantungen und damit der Scharenbreite kann besonders beim Einsatz von Profiliermaschinen etwas variieren. In jedem Fall muss aber der fertige Doppelstehfalz eine Mindesthöhe von 23 mm aufweisen.

[2] Der angegebene Haftabstand in mm ist als Mittelwert über einen Bereich von 3 m einzuhalten.

AW

Regenwasserspeicher

Tankgröße in Liter (Richtwert)

Garten in m² ⇒ / Personen ⇓	0	100	200	300	500	700
0	–	2700	2700	2700	2700	3750
2	2700	2700	3750	3750	4800	6500
4	4800	4800	6500	6500	7500	7500
6	6500	7500	7500	9600	9600	9600

Anforderungen für den Tank

- kühl (unter 16 °C kaum Keimwachstum)
- frostsicher (günstig im Erdreich)
- Schutz vor Licht- und UV-Einfall
- Auftriebssicher
- Schutz vor Rückstau, Faulgasen, Druckaufbau, eindring. Tieren

Tankarten

Außenspeicher (Erdspeicher)

Betonspeicher

- eignen sich für den Einbau in Verkehrs- und Stellflächen
- hohe Stabilität für Außenbereich
- unempfindlich bei hohem Grundwasserspiegel
- hoher Montageaufwand durch Kraneinsatz

PE-Speicher

- geringes Gewicht ermöglicht günstigen Transport
- einfaches Absetzen in der Baugrube
- sind meist anschlussfertig mit integriertem Filter, Zu- und Überlauf

Erdspeicher sind immer den Innenspeichern vorzuziehen, da sie auch als natürliche Klimaanlage dienen.

Innenspeicher

- Geeignet für Nachrüstung, Sanierung, aber auch im Neubau, wo auf Erdarbeiten verzichtet werden soll.
- Batteriebauweise aus mehreren Speichern ermöglicht ein flexibles Volumen.
- Speicher im Innenbereich benötigen einen Überlauf oberhalb der Rückstauebene.

Belastbarkeitsklassen

Klasse	Abdeckung	Art der Fläche	Belastung in kN
A	begehbar	Fußgängerwege, Radwege	15
B	bedingt befahrbar	PKW-Parkflächen	50
C	beschränkt befahrbar	bis 0,5 m in eine Fahrbahn hineinragend	125
D	befahrbar	Straßenfahrbahnen, LKW-tauglich	400

Trinkwassernachspeisung

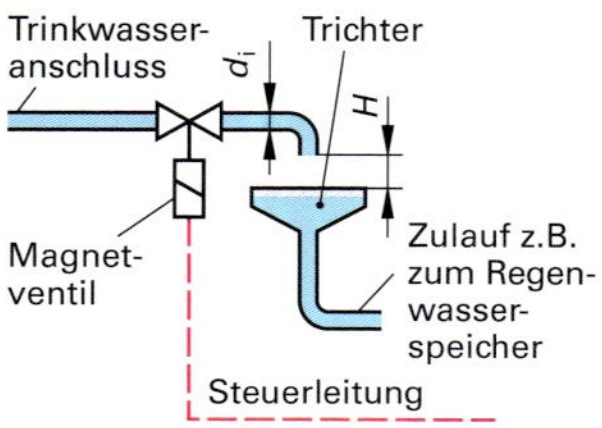

- Die direkte Verbindung der Leitungssysteme für Trinkwasser und Regenwasser ist unzulässig, um einer eventuellen Trinkwasserverunreinigung durch Keime aus dem Regenwasser vorzubeugen.
- Rückschlagventile, Rohrtrenner sowie Rohrunterbrecher sind zur Trennung nicht zugelassen.
- Doppelanschlüsse an WC-Spülkästen sind nicht zugelassen.
- $H > 3 \times 2\ d_i$, mindestens jedoch 20 mm.
- Die Nachspeisemenge sollte ½ Tagesbedarf nicht überschreiten.

Filterarten (Zulauf zum Speicher)

Fallrohrfilter

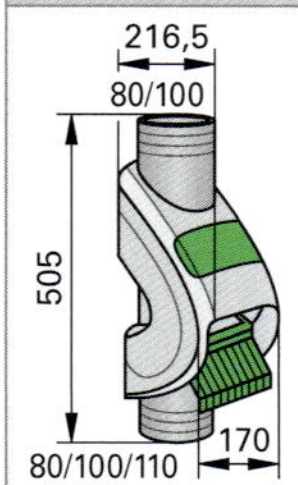

Filter für Erdeinbau mit Teleskopverlängerung

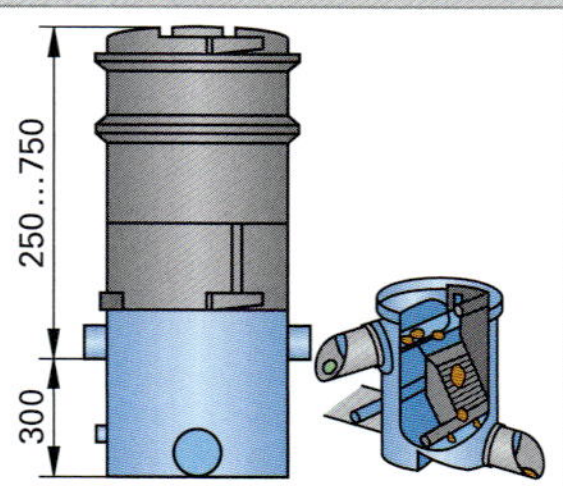

Kriterien für die Auswahl des Filtersystems im Speicherzulauf (nach DIN 1989 Teil 2)

- gute Zugänglichkeit
- einfache Reinigung ohne Folgekosten
- Wartung muss schnell und ohne großen Aufwand zu erledigen sein.
- wartungsarm
- frostsicherheit
- kein Verstopfen bzw. Zusetzen des Filters, kein Verkeimen, kein Verpilzen, kein Veralgen (lichtdichte Bauweise)
- Maschenweite 0,3 ... 1,8 mm

Bei fachgerechter Installation der Filter kann auf weitere Filterung in der Saug- und Druckleitung verzichtet werden. Hier können Störungen im Anlagenbetrieb (Pumpenschäden, Bakterienwachstum) auftreten.

Regenwasserspeicher (Fortsetzung)

Filter (Ansaugung aus dem Speicher)

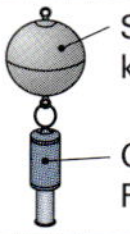

Zum Ansaugen von sauberem, bereits vorgefiltertem Regenwasser
Maschenweite des Filtergewebes: 1,2 mm
Schwimmkugel: PE
Filterkörper: Edelstahl

Anschluss	Filteroberfläche	Schwimmerkugel
R 1, R 1¼	165 cm^2	⌀ 15 cm
R 1½, R 2	380 cm^2	⌀ 15 cm

Leitungssystem

Saugleitung

- kurz, gerade mit leichter Steigung zur Pumpe
- DN der Saugleitung zur Pumpe ≥ DN Anschlussstutzen der Pumpe
- Fußventil gegen Rückströmen einbauen
- Wasserentnahme ca. 10 cm unter Wasseroberkante
- Werkstoff nicht transparent und nicht korrosiv
- kein Feinfilter in der Saugleitung

Druckleitung

- Verbindung von Trink- und Betriebswasser ist nicht zulässig (vgl. Trinkwassernachspeisung S. 280).
- Dimensionierung und Druckprüfung wie Trinkwasserleitung
- Schutz gegen Temperatureinfluss (Dämmung)
- statt Druckausgleichsgefäß druckgeregelte Pumpe verwenden
- korrosionsfeste Werkstoffe verwenden
- Kennzeichnung von Leitungen und Zapfstellen

Kennzeichnung und Sicherheitseinrichtungen

Dauerhafte Kenzeichnung der Zapfstellen mit „Kein Trinkwasser“

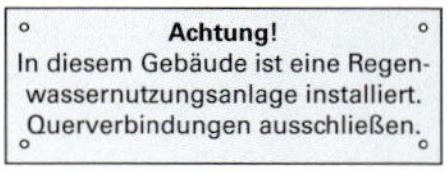

Hinweisschild auf die Regenwasseranlage an der Hauptabsperrung der TW-Versorgung

Kennzeichnung der Betriebswasserleitung

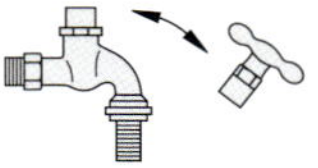

Sicherungseinrichtungen für Außenzapfstellen gegen unbefugtes Benutzen

Inspektions- und Wartungsintervalle

DIN 1989-1: 2002-04

Anlagenteil, Apparat	Inspektion		Wartung	
	monatlich	jährlich	monatlich	jährlich
Regenwasserspeicher	3			10
Kontrollschacht/Reinigungsschacht, Filtersysteme	3		6	1[3)]
Betriebswasserpumpe, Systemsteuerung, Schaltelemente, Nachspeisung, Trockenlaufschutz, Druckhaltung, Fußventil und Saugkorb				1
Freier Auslauf		1		1
Wasserinhaltsanzeige	1			1
Wasserzähler, Frischwassernachspeisung Wasserzähler, Regenwasserentnahme	1 1			6 6
Rückflussverhinderer		1		1
Hebeanlage	1		3[1)]/6[2)]	1[3)]
Geruchverschlüsse, Bodenabläufe	3/6			1
Regenwassereinläufe, Dachrinnen, Regenfallrohre	6			1
Reinigungsöffnungen, -verschlüsse		1		1
Rückstauverschlüsse	1		6	
Druck- und Ablaufschläuche	6			1
Spüleinrichtungen (Spülkasten, WC)		1		1
Rohrleitungen, Zu-, Ab-, Überlauf-, Entleerungs-, Frischwassernachspeise- und Betriebswasserleitungen		1		1
Entnahmearmaturen		1		1

1) in gewerblichen Betrieben 2) in Mehrfamilienhäusern 3) in Einfamilienhäusern

Regenmengen

Jahresniederschläge für Deutschland/Schweiz/Österreich (langjährige Mittelwerte)

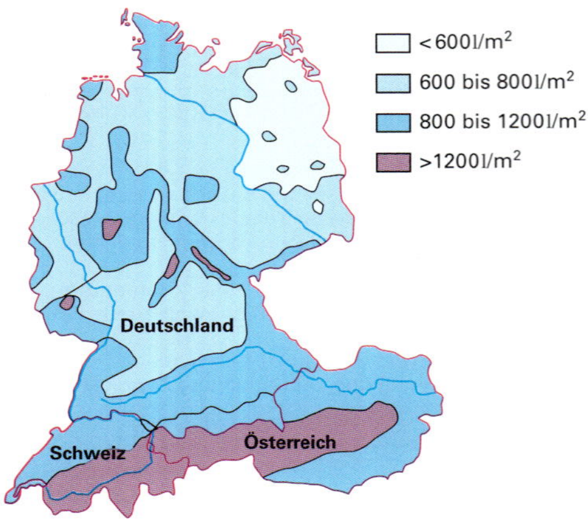

Quelle: Deutscher Wetterdienst

Mittlere Jahresniederschläge ausgewählter Orte in mm/Jahr (1 mm entspricht 1 Liter/m²)			
Aachen	806	Kassel	696
Augsburg	824	Kempten	1275
Bayreuth	675	Kiel	752
Berlin	593	Köln	804
Bremen	713	Konstanz	839
Cottbus	573	Leipzig	586
Dortmund	840	Magdeburg	521
Dresden	668	München	920
Düsseldorf	757	Münster	747
Erfurt	528	Nürnberg	627
Essen	893	Passau	934
Frankfurt/M.	655	Regensburg	643
Freiburg	933	Schwerin	625
Görlitz	673	Siegen	1008
Halle	476	Stuttgart	670
Hamburg	744	Ulm	744
Hannover	644	Würzburg	597

Regenwasserertrag E_R

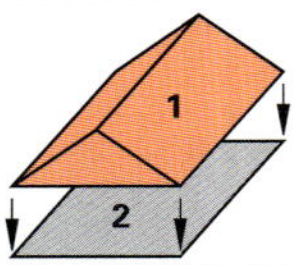

1 Dachfläche
2 projizierte Dachfläche (Grundfläche des Hauses + Dachüberstände)

E_R Regenwasserertrag in l/a
A Dachgrundfläche in m²
h_N Jahresniederschlag in l/m²
e Ertragsbeiwert Tab. Seite 274
η Filterwirkungsgrad, z. B. 0,9

Jährlicher Regenwasserertrag

$$E_R = A \cdot e \cdot h_N \cdot \eta$$

Betriebswasserbedarf BWa

Gebäudeart		Sparinstallation	Normale Installation
Wohnhaus	Toilettenspülung Pd	24 Liter	45 Liter
	Waschmaschine Pd	10 Liter	20 Liter
	Gartenbewässerung $\dot{V}s$	–	0,2 … 0,55 Liter/m²
Bürogebäude	Toilettenspülung Pd	12 Liter	20 … 30 Liter
Schule, Sportanlage	Toilettenspülung Pd	6 Liter	5 … 10 Liter
	Beregnungsanlage $\dot{V}s$	–	0,55 Liter/m²

BW_a Betriebswasserbedarf pro Jahr in l
BW_P Betriebswasserbedarf für Personen l/(P · a)
Pd Wasserbedarf je Person und Tag in l/d
n Anzahl der Personen
BW_A Jährlicher Betriebswasserbedarf für Gartenanlage in l/(m² · a)
A Gartenfläche in m²
V_s spez. Wassermenge in l/m²

Jährlicher Betriebswasserbedarf

$$BW_a = BW_P + BW_A$$

Betriebswasserbedarf, personenbezogen

$$BW_P = Pd \cdot n \cdot 365\,\text{d/a}$$

Betriebswasserbedarf für Außenanlage

$$BW_P = A \cdot V_s \cdot 365\,\text{d/a}$$

Tankgröße

V_n Tankinhalt in l
BW_a Betriebswasserbedarf in l/a
E_R Regenwasserertrag in l/a

$$\mathbf{V_n = BW_a \cdot 0{,}06\,a}$$

wenn $BW_a < E_R$

oder

$$\mathbf{Vn = E_R \cdot 0{,}06\,a}$$

wenn $E_R < BW_a$

Möglichkeiten der Regenwassernutzung

Wasserverbrauch in l pro Person und Tag

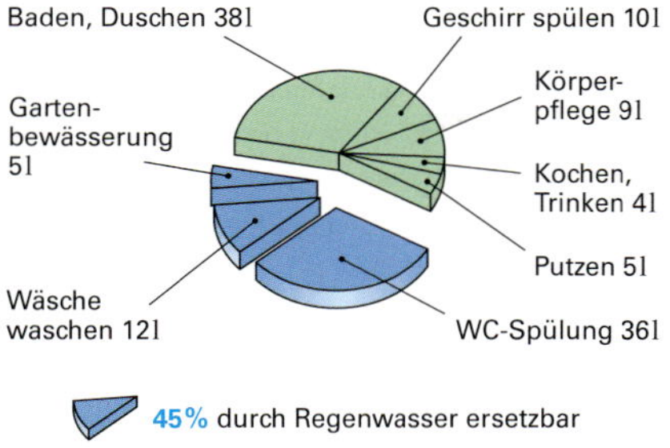

Vorteile der Regenwassernutzung

- Entlastung von Kanalisation und Kläranlage
- Einsparung von Trinkwasser
- Einsparung von Waschmittel und Enthärter beim Waschen
- Einsparung von Trinkwasser- und evtl. Abwassergebühren
- weiches Wasser für optimale Gartenbewässerung
- Dämpfung der Hochwasserspitzen

Nachteile der Regenwassernutzung

- zusätzliches Versorgungssystem notwendig
- eventuell verunreinigtes Dachwasser
- Verwechslungsgefahr der Zapfstellen
- lange Amortisationszeit

Rechtliche Rahmenbedingungen

Vorschriften	Inhalte (Auszug); Einzelheiten sind bei den entsprechenden Behörden zu erfragen.
AVBWasserV § 3	Antrag auf Teilbefreiung vom Anschluss- und Benutzungszwang, Anzeigepflicht vor Errichtung der Anlage beim kommunalen Wasserversorger
AVBWasserV § 14	Kommunaler Wasserversorger ist berechtigt, Kundenanlagen nach ihrer Inbetriebnahme zu überprüfen.
Trinkwasserverordnung 2001	Kennzeichnungspflicht der Betriebswasserleitungen, strikte Trennung von Trink- und Betriebswassernetz, einem Mieter muss die Wahlmöglichkeit zwischen Trink- und Regenwasser zum Wäschewaschen gegeben werden.
DIN 1989, DIN EN 806, DIN EN 1717	Technische Ausführungsvorschriften für Regenwassernutzungsanlagen, freier Auslauf, Frischwassernachspeisung
EN 12056, EN 476, DIN 1986-100	Überlauf, Rückstau
DIN EN 752	Entwässerung außerhalb von Gebäuden
Örtliche Trinkwassersatzung	Überlauf, Versickerung, Größe der Anlage, Baugenehmigung, Gebühren

Aufbau einer Regenwassernutzunganlage

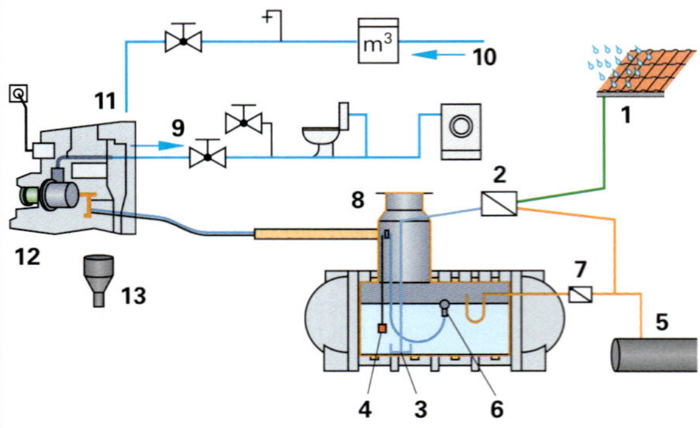

1 Dachablauf
2 Filter
3 Beruhigter Zulauf
4 Füllstandsmessung
5 Versickerung oder Kanal
6 Schwimmende Entnahme
7 Froschklappe, Kleintierschutz
8 Zisterne
9 Verbrauchsleitung Regenwasser
10 Trinkwasser
11 Nachspeisung mit freiem Auslauf
12 Hauswasserwerk
13 Überlauftrichter

Ertragsbeiwerte verschiedener Dacharten

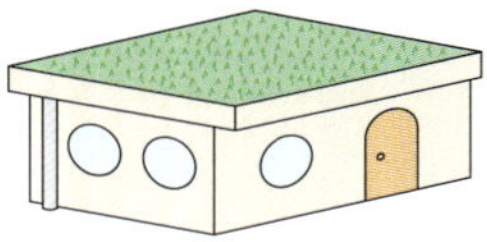	Gründach intensiv: $e = 0,3$
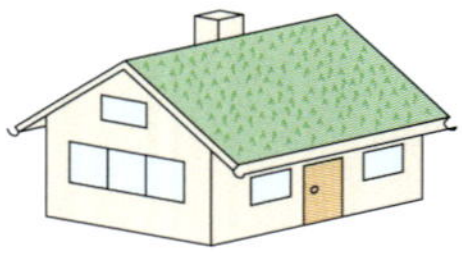	Gründach extensiv: $e = 0,5$
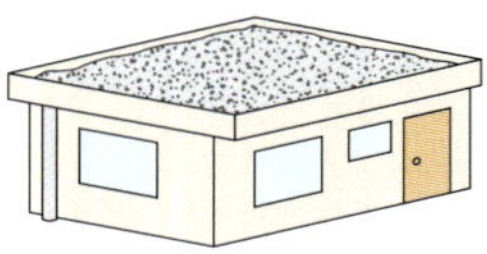	Flachdach, bekiest: $e = 0,6$
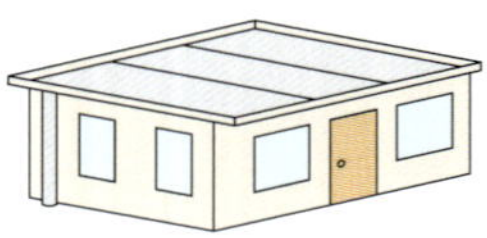	Flachdach, unbekiest: $e = 0,8$
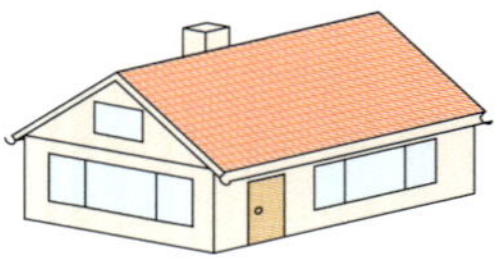	geneigtes Hartdach: $e = 0,8$
	Pflasterfläche: $e = 0,5$ Asphaltbelag: $e = 0,8$

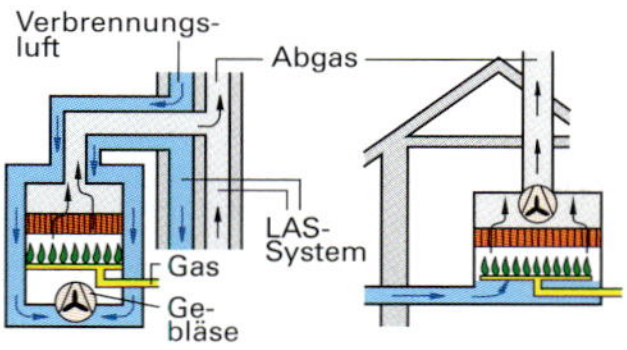

Aufbau von Erdgasanlagen

Verbrennungsluftversorgung und Abgasführung

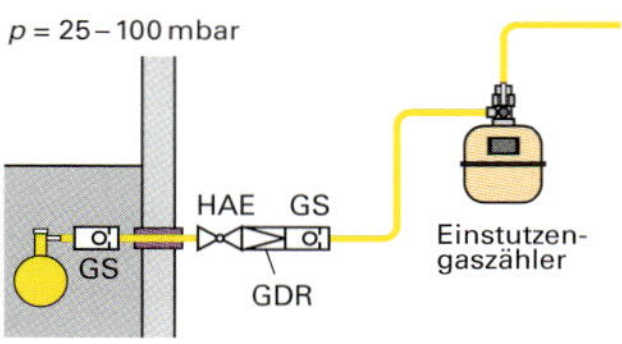

Bemessung von Rohrleitungen

Gasarmaturen

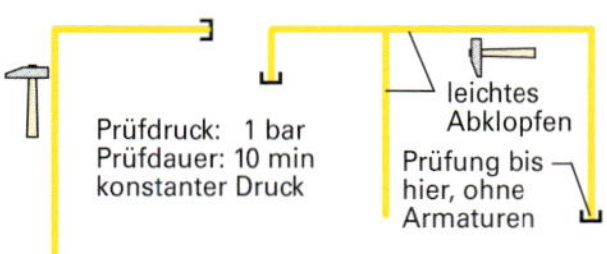

Inbetriebnahme von Gasanlagen

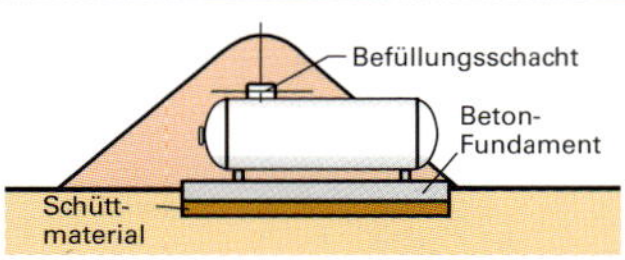

Flüssiggasanlagen und Flüssiggaslagerung

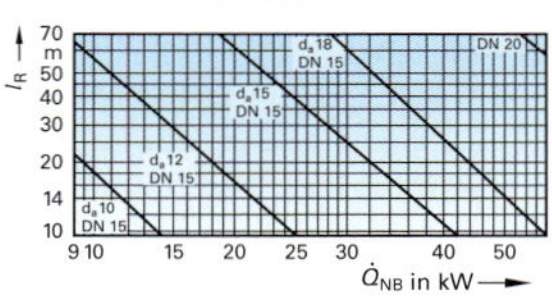

Bemessung von Flüssiggasleitungen

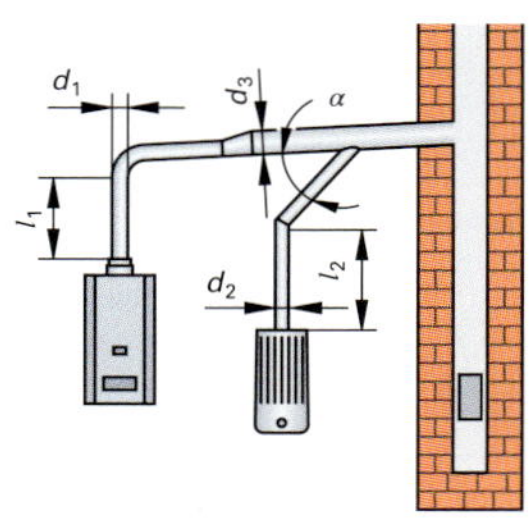

Abgasführung

Rohrweitenberechnung

Aufbau von Erdgasanlagen

TRGI 2018: 2018-09

Leitungsteile und Armaturen von Kundenanlagen

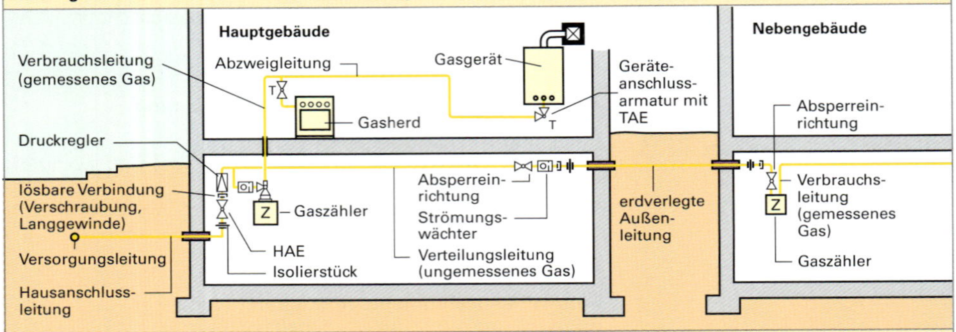

Zuständigkeitsbereiche in Gasanlagen

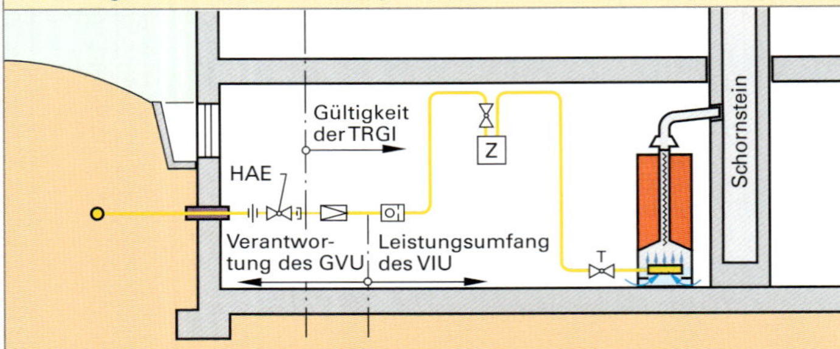

Das GVU (Gas-Versorgungs-Unternehmen) ist bis zum Druckregler verantwortlich, ab hier das VIU (Vertrags-Installations-Unternehmen). Die TRGI gilt ab der HAE (Haupt-Absperr-Einrichtung), für Niederdruck (pe = ≤ 100 mbar und Mitteldruck (pe ≤ 1000 mbar).

Rohrverbindungsarten, Beispiele

Verbindung mit der Gas-Versorgungsleitung

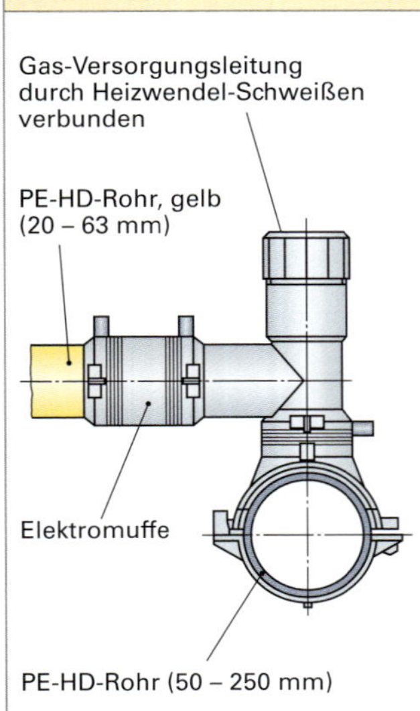

Gewindeverschraubung mit konischem Außengewinde und zylindrischem Innengewinde

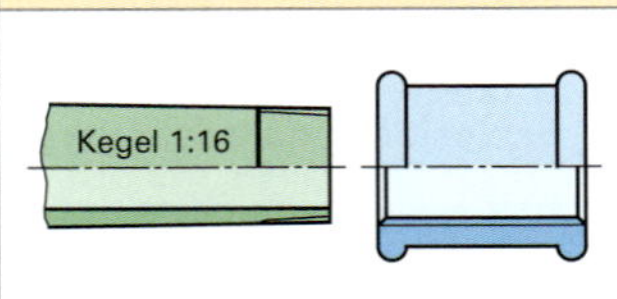

Winkelverschraubung, konisch dichtend

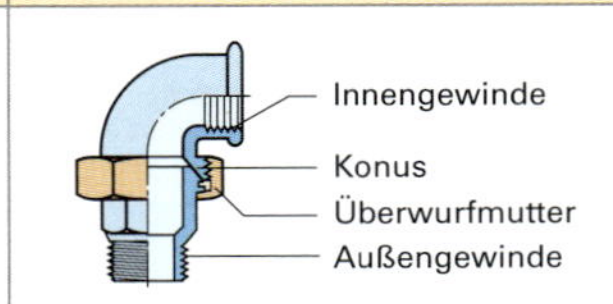

Schneidringverschraubung

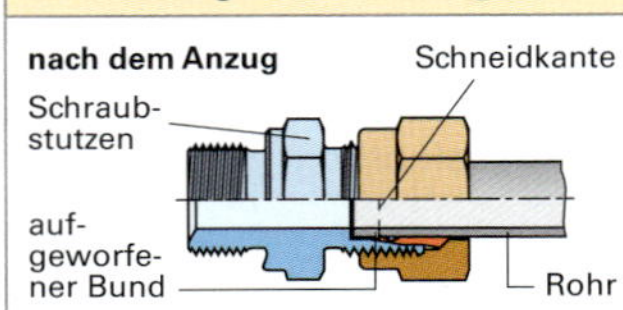

Verschraubung, flach dichtend

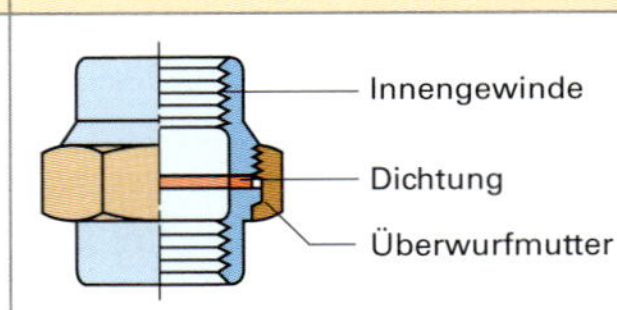

Klemmringverschraubung

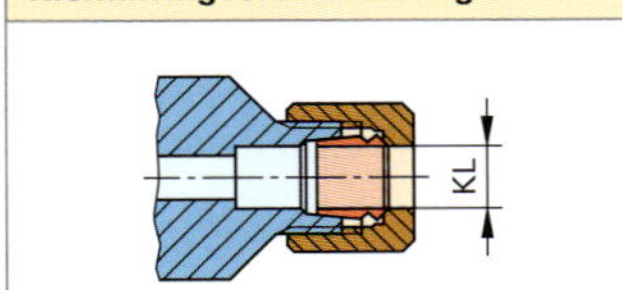

Pressverbindung

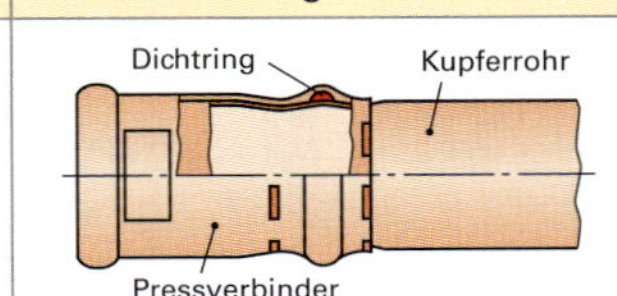

Rohre sowie Form- und Verbindungsstücke für Gasleitungen

TRGI 2018: 2020-02

Art	Werkstoff	EN/DIN	Außenleitungen frei- verlegt	Außenleitungen erd- verlegt	Innenleitungen[1]	Betriebsdruck ≤ 100 mbar	Betriebsdruck > 100 mbar
Rohr	Stahl	10255, 10208-1,	x	x	x	x	x
		10216-1,	x	x	x	x	x
		10217-1,	x	x	x	x	x
Verbindungsstück		1092, 10242, 10253-1 10241, DIN 3387-1[2]	x	x	x	x	x
Rohr	Kupfer	1057[5], GW 392 (A)	x	x	x	x	x
Verbindungsstück		G 5614 (P)					
		DIN 3387-1, GW 2	x	x	x	x	x
Rohr	Präzisionsstahl	10305[3] Teil 1 – 3	–	–	x	x	x
Verbindungsstück		DIN 3387[2] Teil 1 – 2	–	–	x	x	x
Rohr	Kunststoff PE 80 u. PE 100 PE-Xa, PE-Xb, PE-Xc	GW 335 – A2, A3	–	x	–	x	x
Verbindungsstück		VP 640 (P)	–	x	–	x	x
		GW 335 – B2	–	x	–	x	x
Verbindungen	Schlauchleitungen[4]	3383 – 1	–	–	–	x	–
		3384	–	–	x	x	x

[1] Gilt auch für Geräteanschlussleitungen
[2] zugfest und thermisch erhöht belastbar
[3] Mindestwanddicke bis $d_a = 20$ s = 1,5 mm, $d_a > 20$ s = 2,0 mm
[4] Nur als Geräteanschlussleitungen, $l_{max} = 400$ mm
[5] Mindestwanddicken beachten, Tabelle

Mindestwanddicke s bei Kupfer

d_a [mm]	s [mm]	d_a [mm]	s [mm]
≤ 22	1,0	89 < da ≤ 108	2,5
22 < da ≤ 42	1,5	> 108	3,0
42 < da ≤ 89	2,0		

Rohrverbindungen für Gasleitungen

DVGW TRGI 2018: 2018-09

Rohr- und Verbindungsstücke, Werkstoffe

Lösbare Verbindungsart	EN/DIN/ Technische Regel	Außenleitungen frei- verlegt	Außenleitungen erd- verlegt	Innenleitungen	Betriebsdruck ≤ 100 mbar	Betriebsdruck > 100 mbar
Verschraubung	10226-1	x	x	x	x	x
Zählerverschraubung	3376-1, 3376-2	x	–	x	x	–
Flanschverbindung	16963-4, 16963-11	–	x	–	x	x
	1092-1, 1092-2	x	x	x	x	x
	1092-3	x	x	x	x	x
PE-HD-Klemmverbindungen	VP 600	–	x	–	x	x
Unlösbare Verbindungsart	**EN / DIN / Technische Regel**	**Außenleitungen frei- verlegt**	**Außenleitungen erd- verlegt**	**Innenleitungen**	**Betriebsdruck ≤ 100 mbar**	**Betriebsdruck > 100 mbar**
Gewinderohrverbindung	10226 bis DN 50	x	x	x	x	x
Schweißverbindung[1]	10255, 10216-1, 10217-1	x	x	x	x	x
Hartlötverbindung (Kupfer)	GW 2 (A)	x	x	x	x	x
Pressverbindungen	G 5614 (P)	x	-	x	x	x
Metallene Press-/Schiebehülsenverbindung	G 5600-1	–	x	–	x	x
PE-HD-Schweißverbindung	G 472 (A), GW 335-B2	–	x	–	x	x

[1] Wanddicke < 4,0 mm DVS-Richtlinie 1902-1
≥ 4,0 mm DVGW GW 350 (A), Anforderungsstufe B, Schweißqualifikation DIN EN ISO 9606-1

GT

Dichtungsmaterialien für Gasleitungen

Dichtstoff	DIN	Temperaturbereich	Druckbereich [bar]
Elastomere	EN 549, 682	– 20 °C bis + 150 °C	≤ 0,2
	3535, T3	– 20 °C bis + 50 °C	≤ 40
	3535, T1	– 20 °C bis + 80 °C	≤ 4
Thermoplaste	EN 751-2	– 20 °C bis + 70 °C	≤ 5
	EN 751-3	– 20 °C bis + 125 °C	≤ 5
Gummi-Kork, synthetische Fasern	3535 T 5 –A	– 20 °C bis + 100 °C	≤ 1
	3535 T5 -C	– 20 °C bis + 150 °C	≤ 4
synt. Fasern, Graphit, PTFE	3535 T6 – FA, GR, PTFE	– 20 °C bis + 150 °C	≤ 100

Äußerer Korrosionsschutz bei Gasleitungen

Werkstoff	Innenleitung	Außenleitung, frei verlegt	Außenleitung, erdverlegt
Stahl	**werkseitig**		
	Rohre mit Zinküberzug Tempergussgewindefittings (Schmelztauchverzinkung)	Zinküberzug; Umhüllung mit Polyethylen, Duroplasten oder Bitumen; Epoxidharzbeschichtung	Umhüllung mit Polyethylen (DIN 30670) oder Polypropylen DIN 30675)
	nachträglich		
	Korrosionsschutzbinden, Beschichtungen, Überzüge	Korrosionsschutzbeschichtungen DIN EN ISO 12944-1 bis -8 Korrosionsschutzbinden oder Schrumpfmaterialien	
nicht-rostender Stahl	Kunststoffummantelung bei Auf- und Unterputz-verlegung	**werkseitig**	Kunststoffummantelung nach DIN 30672, Beanspruchungsklasse A
		nachträglich	Korrosionsschutzbinden oder Schrumpfmaterialien, Klasse A und B
Kupfer	Unter Putz verlegt mindestens mit Kunststoffüberzug	**werkseitig**	Kunststoffummantelung DIN EN 13349
		nachträglich	gleichwertige Nachisolierng an Verbindungsstellen, Korrosionsschutzbinden DIN 30672

Kennzeichnung von Gasgeräten — DIN EN 437: 2019-04 — Geräteschild nach Gasgeräterichtlinie

Kategorie	Kennzeichnung	Geeignet für	Hersteller
I Eingasgerät	I_{2ELL}	Erdgas E und LL	Fabrikationsnummer
II Mehrgasgerät	$II_{2ELL3B/P}$	Erdgas E und LL	Handelsbezeichnung
	II_{2EBP}	Butan/Propan	Gasgerätekategorie
III Allgasgerät*)	$III_{1a2E+3B}$	Gruppe a der 1. Gasfamilie,	Gasart, Prüfgas, Anschlussdruck
*) keine Anwendung in Deutschland		Erdgas E und Butan/Propan	Stromversorgung CE-Kennzeichnung

Beispiel für Kategorie: DE, cat I_{2ELL}, Art B_{31} Hierbei bedeuten:
DE: Bestimmungsland (Deutschland), cat I_{2ELL}: Gerätekategorie, Art B_{31}: Bauart

Beispiel für Gasart, Prüfgas, Anschlussdruck: 2E, G20 – 20 mbar
2E: Eingestellt auf Erdgas, Prüfgas G20: CH_4, 20 mbar: Anschlussdruck

Beispiel für CE-Kennzeichnung: CE 0085 AP 1111
CE: CE-Kennzeichen, 0085: Ländercode für Deutschland, AP Jahreszahl codiert 1994

Aufschlüsselung Ländercode			Aufschlüsselung Jahreszahl				Gerätekategorie
Ländercode	**Kürzel**	**Nr.**	**Erster Buchstabe und Jahrzehnt**				A: Gasgeräte ohne Abgasanlage, raumluftabhängig
Deutschland	DE	0085	A		1990 bis 1999		
Dänemark	DK	0048	B		2000 bis 2009		
Frankreich	FR	0049	C		2010 bis 2019		B: Gasgeräte mit Abgasanlage, raumluftabhängig
Großbritannien	GB	0086	**Zweiter Buchstabe und Jahr**				
Italien	IT	0051	L	0	Q	5	
Niederlande	NL	0433	M	1	R	6	C: Gasgeräte mit Abgasanlage, raumluftunabhängig
Österreich	AT	0064	N	2	S	7	
Portugal	PT	0063	O	3	T	8	
Spanien	ES	0099	P	4	U	9	Aufschlüsselung wie oben

GT

Gasgerätearten nach Luft- und Abgasführung

TRGI 2018: 2020-02

Einteilung der Gasgeräte

Art A Gasgeräte ohne Abgasanlage

- **Art A_1** ohne Gebläse
- **Art A_2** mit Gebläse hinter dem Brenner/Wärmetauscher
- **Art A_3** mit Gebläse vor dem Brenner

Art B Gasgeräte mit Abgasanlage[1] **(raumluftabhängig)**

- **Art B_1** mit Strömungssicherung
- **Art B_2** ohne Strömungssicherung
- **Art B_3** ohne Strömungssicherung mit verbrennungsluftumspültem Abgasweg
- **Art B_4** mit Strömungssicherung, Abgasleitung und Windschutzeinrichtung
- **Art B_5** ohne Strömungssicherung, sonst wie Art B_4

Art C Gasgeräte mit Abgasanlage und Verbrennungsluft aus dem Freien[2) 5)] **(raumluftunabhängig)**

- **Art C_1** Luftzufuhr und Abgasführung waagerecht durch die Außenwand.
- **Art C_3** Luftzufuhr und Abgasführung senkrecht durch das Dach.
- **Art C_4** Luftzufuhr und Abgasführung über ein Luft-Abgas-System (LAS). Abgasführung im Unterdruckbereich.
- **Art C_5** Luftzufuhr durch die Außenwand und Abgasführung über Dach.
- **Art C_6** Luftzufuhr und Abgasführung je nach Herstellerangaben oder baurechtlicher Zulassung.
- **Art C_8** Luftzufuhr durch die Außenwand, Abgasführung in mehrfach belegter, bauseitiger Abgasanlage im Unterdrucksystem.
- **Art C_9** Luftzufuhr und Abgasführung senkrecht durch das Dach. Luftansaugung und Abgasauslass befinden sich im gleichen Druckbereich.
- **Art $C_{(10)}$** wie C_4, Abgasführung bis ins Freie im Überdruckbereich.
- **Art $C_{(11)}$** wie $C_{(10)}$, jedoch mit zum Gerät gehörendem Luft-Abgas-System.
- **Art $C_{(12)}$** wie C_8, Abgasführung jedoch im Überdruckbereich.
- **Art $C_{(13)}$** wie $C_{(12)}$, jedoch mit zugehöriger Abgasleitung. Die Abgasausmündungen befinden sich in unterschiedlichen Druckbereichen.
- **Art $C_{(14)}$ + Art $C_{(15)}$** bisher sind keine Prüfanforderungen definiert.

Gas-Geräte-Art	Verbrennungsluft-versorgung	Abgasführung	Abgasüberwachung (AÜE)
A	direkt aus dem Aufstellraum	in den Aufstellraum	AS[3]
B	direkt aus dem Aufstellraum	über Abgasanlage ins Freie	AS / BS[4]
C	direkt aus dem Freien	über Abgasanlage ins Freie	ohne

1) Der erste Index hinter dem Buchstaben beschreibt die Art der Abgasführung, Der zweite Index die Anordnung des Abgasventilators **(Bilder, Seite 286).**

2) Gasgeräte der **Art C_2** und der **Art C_7** haben in Deutschland derzeit keine baurechtlich Zulassung.

3) Raumluftüberwachungeinrichtung **„AS"** (atmosphere sensity) für Gasgeäte Art A, Art B_1 und Art B_4. Hierbei dient das CO_2 als Messwert. Gaszufuhr wird bei Überschreitung eines vorgegebenen CO-Wertes gestoppt.

4) AÜE thermische Abgasüberwachungseinrichtung „BS" (blocked safety) für Gasgeäte Art B_1 und Art B_4. Gaszufuhr wird automatisch gestoppt, wenn an der Strömungssicherung in gefährdender Menge Abgas austritt.

5) Gasgeräte mit „X-Kennzeichnung" erfüllen die erhöhten Dichtheitsanforderungen im Abgasweg, dadurch keine zusätzlichen Anforderungen an die Aufstellbedingungen **(Bilder, Seite 286).**

Gasgeräte Bauart A (ohne Abgasanlage)

Bauart A_1

Gasherd

Bauart A_3

Einbaubackofen

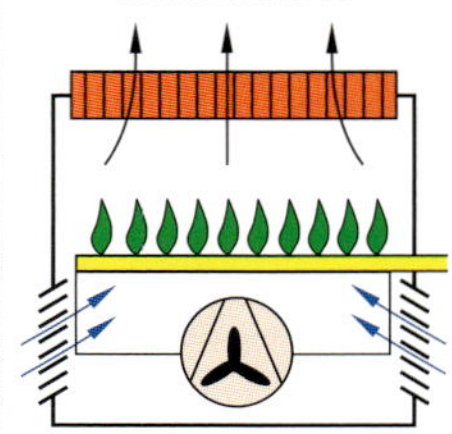

GT

Aufstellbedingungen für Gasgeräte

TRGI 2018: 2018-09

Verbrennungsluftversorgung und Abgasführung von Gasgeräten Art B und C (Auswahl)

Gasgeräte Bauart B_1 (mit Abgasführung, raumluftabhängig)

Bauart B_{11}

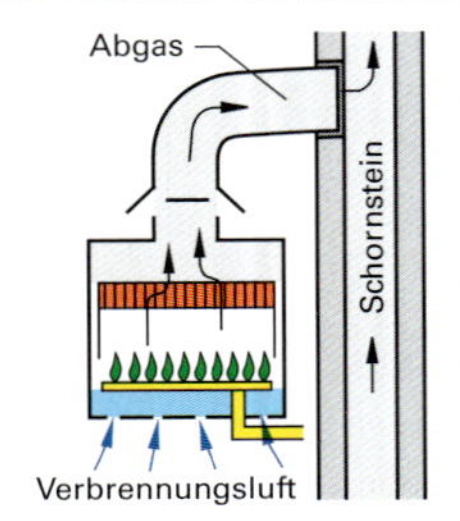

Bauart B_{13}

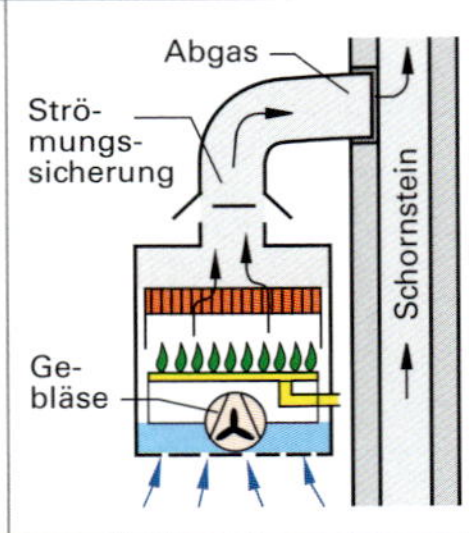

Gasgeräte Bauart B_2 und B_3 (ohne Strömungssicherung)

Bauart B_{22}

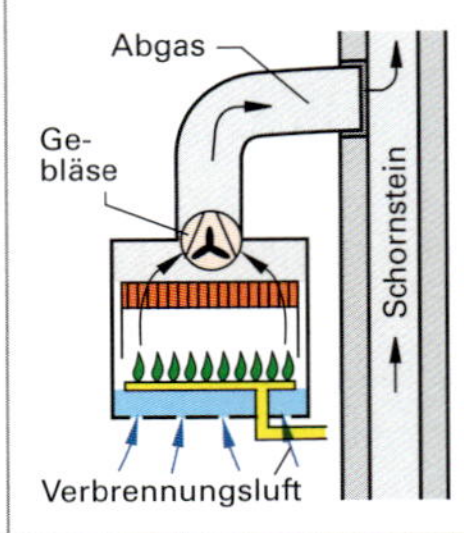

Bauart B_{32}

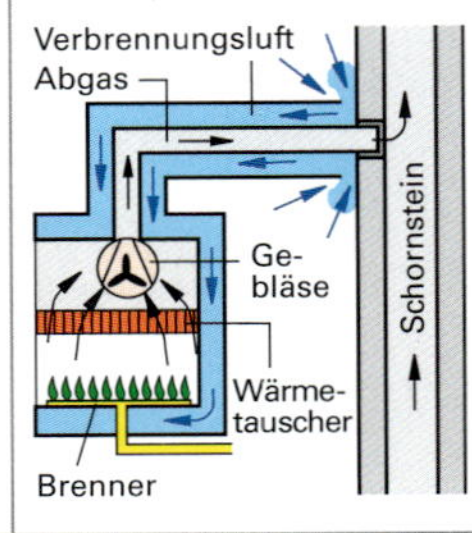

Gasgeräte B_{43}

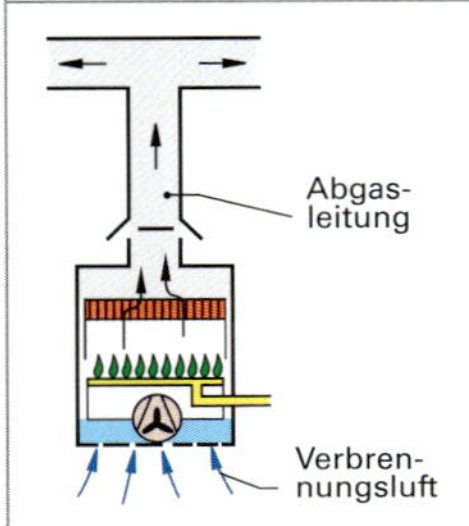

Gasgeräte B_{52}

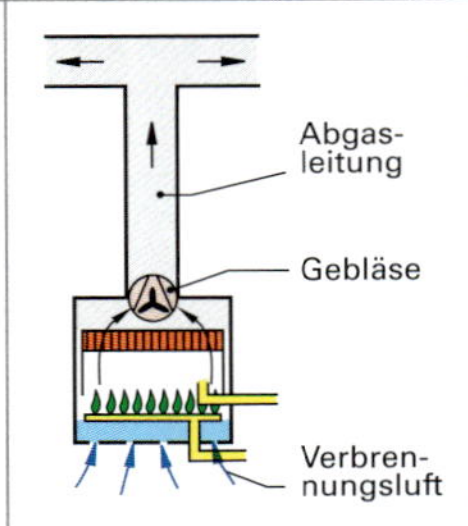

Gasgeräte Bauart C (mit Abgasführung, raumluftunabhängig)

Bauart C_{11}

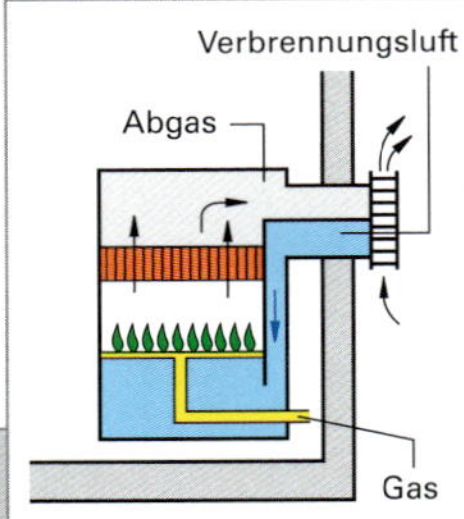

Bauart C_{33x}

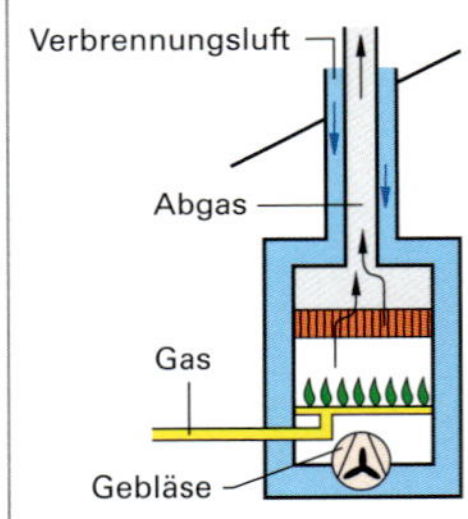

Gasgeräte Bauart C (mit Abgasführung, raumluftunabhängig)

Bauart C_{43x}

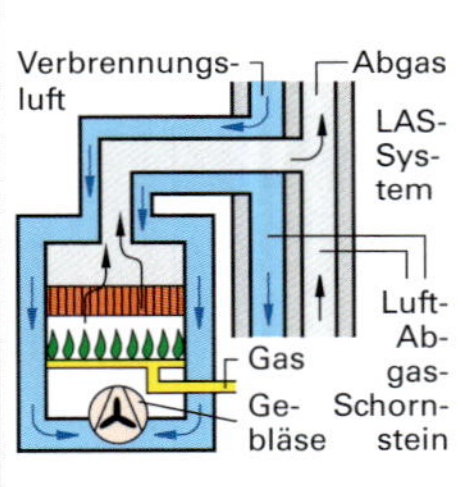

Bauart C_{52x}

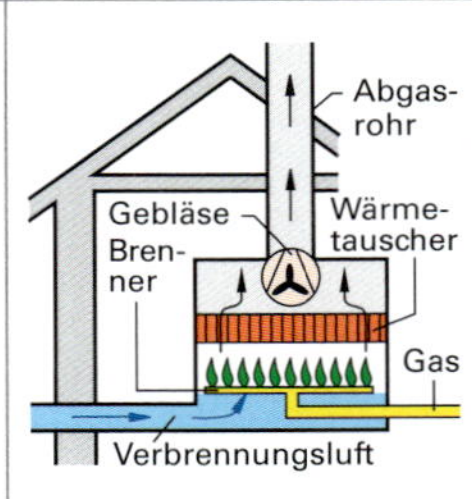

Bauart C_{63x}

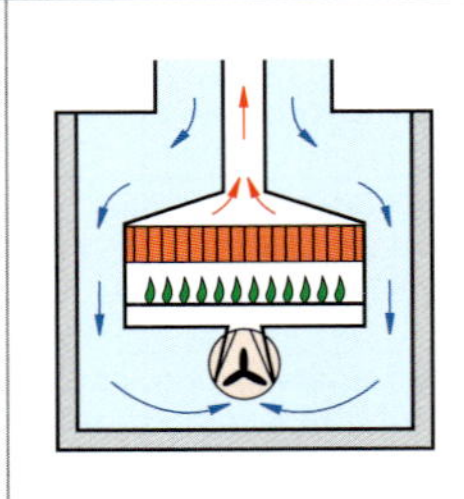

Bauart C_{83x}

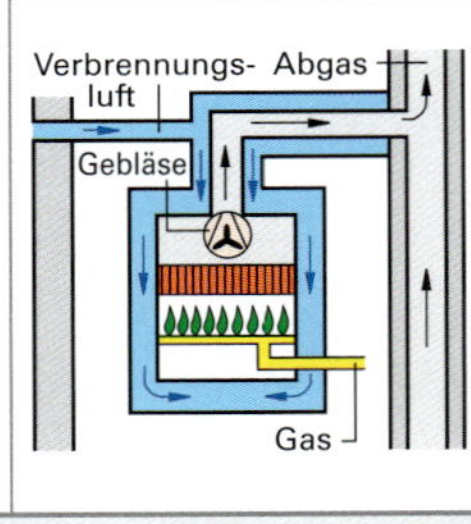

Bauart C_{92x}

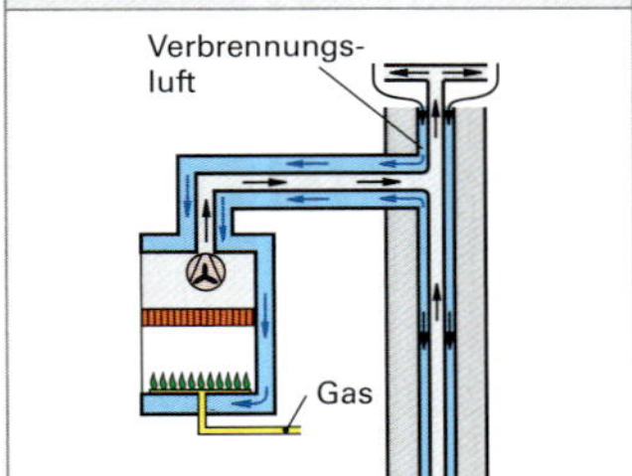

Bauart $C_{(11)2x}$

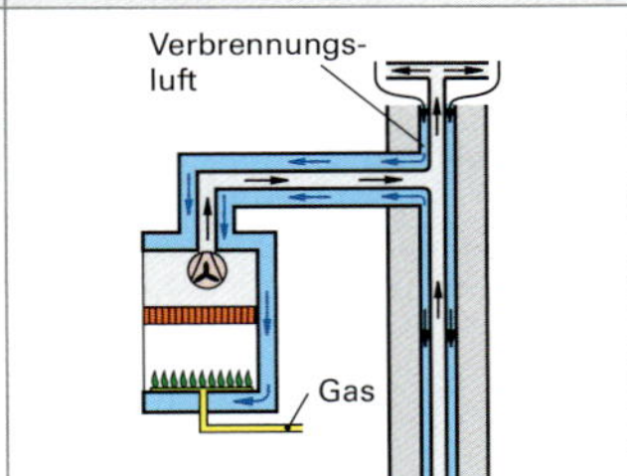

Bauart $C_{(13)2x}$

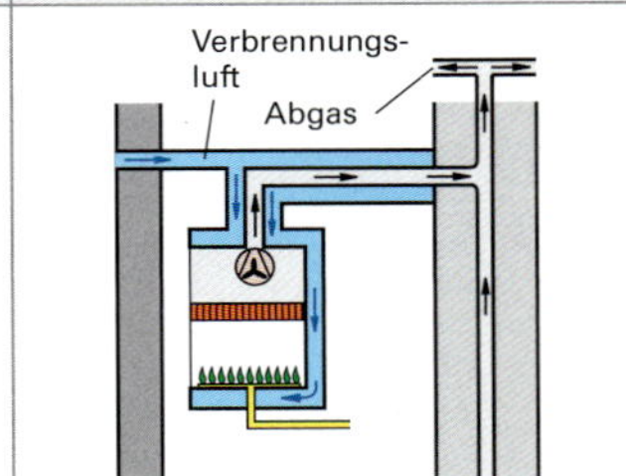

Aufstellbedingungen für Gasgeräte — TRGI 2018: 2018-09

Unzulässig	Gasgeräte Art A	Gasgeräte Art B	Gasgeräte Art C
• Treppenhäuser und allgemein zugängliche Flure, die als Rettungsweg dienen (Ausnahme: 1- und 2-Familien-Häuser) • Lagerräume für leichtentzündliche/explosionsgefährliche Stoffe und Garagen (Außer Gasgeräte C)	• sicherer Luftwechsel notwendig • Gas-Haushaltskochgeräte bis 11 kW in mindestens $20\,m^3$ großen Aufstellraum mit mind. 1 Tür oder Fenster ins Freie, LBOs beachten • DWH nur mit AS (CO_2-Stop) • A_1 nicht in Räumen mit offenem Kamin	• Nicht im Bad/WC ohne Außenfenster mit Lüftung über Sammelschacht (außer wenn Abgase in den Abluftschacht der Einzelanlage eingeführt werden) • Nicht in Räumen mit offenen Kaminen • Bei Luftabsaugung durch Ventilatoren: nur, wenn sichergestellt ist, dass Brenner und Lüftung nicht gleichzeitig in Betrieb sind (Verriegelung) • B_1 nicht bei Entlüftung über Einzelschachtanlage	• C_X unbegrenzt • C ohne X mit Öffnung $150\,cm^2$ oder 2 mal $75\,cm^2$ ins Freie • C_1 nur, wenn Ableitung der Abgase über das Dach unmöglich • C_{11} unmittelbar an der Außenwand • Bei $C_{1,3,4,5,8\text{ - }(15)}$ nur bei Verwendung der Originalteile des Herstellers (Teil der Feuerstätte)

Verbrennungsluftversorgung von Gasgeräten der Bauart A

Verbrennungsluftversorgung über Aufstellraum, wenn: $V > 20\,m^3$, Leistung < 11 kW, Öffnung ins Freie, Feuerungsverordnung (FeuVo) der einzelnen Bundesländer beachten.

Verbrennungsluftversorgung von Gasgeräten der Bauart B — TRGI 2018: 2018-09

Aufstellort	Schutzziel 1: Sicherung des Anfahrzustandes (bis 50 kW)	Schutzziel 2: Sicherung des Betriebszustandes
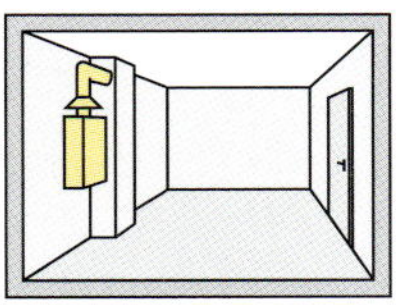	$V_{Aufstellraum} \geq 1\,m^3/kW$ Nennleistung, sonst ⇓	Raum- und Verbrennungsluft-Verbund $q_{Beb} = \sum \dot{Q}_{NL} \cdot 1{,}6\,m^3/h \cdot kW$ q_{Bed} Verbennungsluftbedarf in m^3/h $\sum \dot{Q}_{NL}$ Gesamtnennleistung in kW ⇓
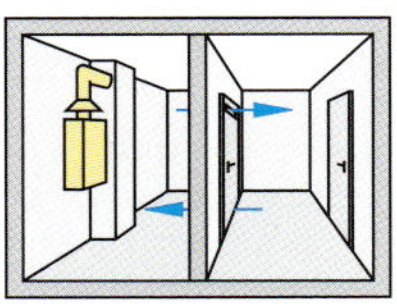	$V_{Aufstellraum} + V_{Nachbarraum} \geq 1\,m^3/kW$, wenn dazwischen 2 Lüftungsöffnungen von je $150\,cm^2$ angebracht sind, sonst ⇓	Erweiterung des Raumvolumens durch unmittelbaren oder mittelbaren Verbrennungsluftverbund mit anrechenbaren Nennleistungen durch: • Einbeziehen weiterer Räume • Bearbeitung der Türen Oder: Anbringung von 2 mal $75\,cm^2$ oder 1 mal $150\,cm^2$ Öffnungen ins Freie
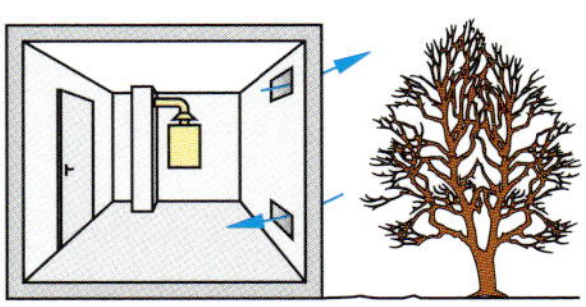	Anbringung von 2 mal $75\,cm^2$ oder 1 mal $150\,cm^2$ ins Freie	

Verbrennungsluftverbund

unmittelbarer (direkter) Verbrennungsluftverbund

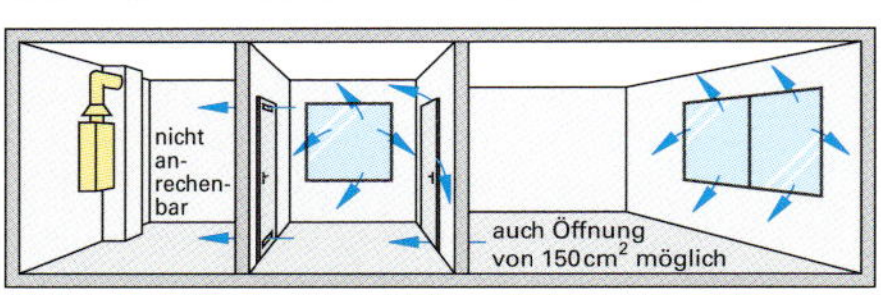

mittelbarer (indirekter) Verbrennungsluftverbund

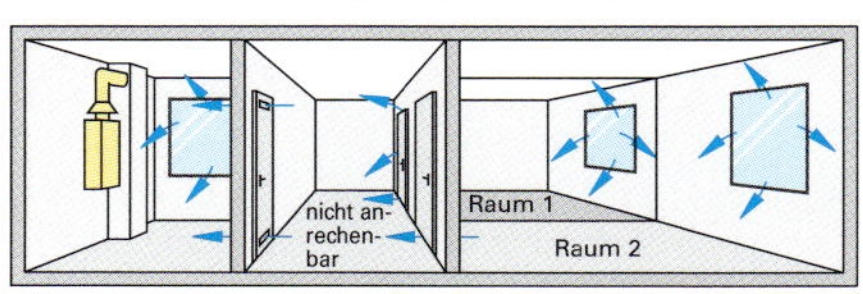

Verbrennungsluftverbund (Fortsetzung)

Nachweis von Schutzziel 1: Nur für Gasgeräte Art B_1 und Art B_4: RLV ≥ 1:1.

Nachweis von Schutzziel 2: Für alle Gasgeräte Art B_1 bis Art B_5.

$q_{Bed} \leq q_{VL,\,anr}$

$$q_{Bed} = \sum \dot{Q}_{NL} \cdot 1{,}6\ m^3/h \cdot kW$$

$$q_{VL,anr} = V_R \cdot n$$

$$n = f_{wirk} \cdot n_{50} \cdot 0{,}1857$$

q_{Bed}	Verbrennungsluftbedarf in m^3/h
$\sum \dot{Q}_{NL}$	Gesamtnennleistung in kW
$q_{VL,\,anr}$	anrechenbarer Verbrennungsluft-Volumenstrom in m^3/h
V_R	Raumvolumen in m^3
n	Luftwechselrate nach Haustyp in 1/h
f_{wirk}	Korrekturfaktor je nach Gebäudeart
n_{50}	Auslegungswert der Luftwechselrate in 1/h
$f_{wirk} = 0{,}7$	für eingeschossige Wohnung
$f_{wirk} = 0{,}8$	für mehrgeschossige Wohnung

Tabelle 1: Haustyp je nach Gebäudealter und Gebäudebauart

Wohngebäude nach Herstellungsjahr und Ausstattung mit oder ohne Wohnraumlüftung WRL	Auslegungswert des Luftwechsels n_{50}	**eingeschossige Wohnung** Korrekturfaktor $f = 0{,}7$		**mehrgeschossige Wohnung** Korrekturfaktor $f = 0{,}8$	
		Haustyp	**Luftwechselrate**	**Haustyp**	**Luftwechselrate**
Wohngebäude ab 2002 mit kontrollierter WRL für Ein- und Mehrfamilienhäuser	1,0 1/h	1	0,13 1/h	2	0,15 1/h
Wohngebäude ab 2002 mit freier Lüftung für Ein- und Mehrfamilienhaus Wohngebäude vor 2002 aber mit Verbesserung an der Luftdurchlässigkeit der Gebäudehülle, nach 2002 für Mehrfamilienhäuser	1,5 1/h	3	0,19 1/h	4	0,22 1/h
Wohngebäude wie vor, jedoch als Einfamilienhaus	2,0 1/h	5	0,26 1/h	6	0,30 1/h
Wohngebäude vor 2002 errichtet als Ein- oder Mehrfamilienhäuser ohne Änderung der Luftdurchlässigkeit **(Entspricht der bisherigen 4 m³/kW-Regel)**	3,0 1/h	7	0,4 1/h	7	0,4 1/h

Tabelle 2: Nachweis von Schutzziel 2

Wohnungs-/Gebäudedaten			Verbrennungsluft-Versorgung q_{VL}					
				Innentüren mit 3-seitiger Dichtung				
Raumart/ Raum-Nr.	Raumvolumen V in m^3	Referenzwert je nach Haustyp	Aufstellungsraum/ Volumenstrom m^3/h	Kurve 1 in m^3/h	Kurve 2 in m^3/h	Kurve 3 in m^3/h	zusätzliche Öffnung z. B. ALD in m^3/h	$\sum$ Volumenstrom $\sum q_{VL}$ in m^3/h
Verbrennungsluft-Versorgung							$\sum q_{VL}$	

Verbrennungsluftverbund (Fortsetzung)

Tabelle 1: Auslegungswerte und anrechenbarer Verbrennungsluftverbund q_{VL} in m³/h

Eingeschossige Wohnung			Mehrgeschossige Wohnung			Referenzwert nach TRGI 2008	Verbrennungsluft – Volumenstrom durch Infiltration q_{VL} in m³/h					
Korrekturfaktor für Infiltrationsanteile f: f = 0,7			f = 0,8			f = 0,7	Aufstellraum mit Tür oder Fenster zum Öffnen ins Freie sowie Innetür mit Verbennungsluftöffnung von mindestens 150 cm² freiem Querschnitt	Innentür ohne umlaufende Dichtung		Innentür mit 3seitig umlaufender Dichtung		
Auslegungswert n_{50} 1,0 1/h	1,5 1/h	2,0 1/h	Auslegungswert n_{50} 1,0 1/h	1,5 1/h	2,0 1/h	Auslegungswert n_{50} 0,4 1/h		Kurve 2	Kurve 3	Kurve 1	Kurve 2	Kurve 3
errechneter Luftwechsel n 0,13 1/h	0,19 1/h	0,26 1/h	errechneter Luftwechsel n 0,15 1/h	0,22 1/h	0,30 1/h	errechn. Luftwechsel n 0,40 1/h		Türblatt	Türblatt 1,0 cm	Türblatt	Türblatt 1,0 cm	Türblatt 1,5 cm
								ungekürzt	gekürzt	ungekürzt	gekürzt	gekürzt
Raumvolumen V in m³ HT 1	HT 3	HT 5	Raumvolumen V in m³ HT 2	HT 4	HT 6	Raumvolumen V in m³ Haustyp 7	Kurve 4 m³/h	m³/h	m³/h	m³/h	m³/h	m³/h
25	17	12	21	15	11	8	3,2	3,0	3,0	2,7	3,0	3,0
31	21	15	27	18	13	10	4,0	3,8	3,8	3,4	3,8	3,8
37	25	18	32	22	16	12	4,8	4,5	4,6	3,7	4,5	4,6
43	29	22	37	25	19	14	5,6	5,1	5,3	4,2	5,1	5,3
49	34	25	43	29	21	16	6,4	5,9	6,1	4,5	5,9	6,1
55	38	28	48	33	24	18	7,2	6,6	6,9	5,0	6,6	6,9
62	42	31	53	36	27	20	8,0	7,4	7,5	5,3	7,4	7,5
68	46	34	59	40	29	22	8,8	8,0	8,3	5,6	8,0	8,3
74	51	37	64	44	32	24	9,6	8,6	9,1	5,8	8,6	9,1
80	55	40	69	47	35	26	10,4	9,3	9,8	6,1	9,3	9,8
86	59	43	75	51	37	28	11,2	9,9	10,6	6,2	9,9	10,6
92	63	46	80	55	40	30	12,0	10,6	11,4	6,6	10,6	11,4
98	67	49	85	58	43	32	12,8	11,2	12,0	6,7	11,2	12,0
105	72	52	91	62	45	34	13,6	11,7	12,6	6,9	11,7	12,6
111	76	55	96	65	48	36	14,4	12,3	13,4	7,0	12,3	13,4
117	80	58	101	69	51	38	15,2	13,0	14,1	7,0	13,0	14,1
123	84	62	107	73	53	40	16,0	13,6	14,9	7,2	13,6	14,9
129	88	65	112	76	56	42	16,9	14,1	15,5	7,4	14,1	15,5
135	93	68	117	80	59	44	17,6	14,6	16,2	7,5	14,6	16,2
142	97	71	123	84	61	46	18,4	15,0	17,0	7,5	15,0	17,0
148	101	74	128	87	64	48	19,2	15,7	17,6	7,7	15,7	17,6
154	105	77	133	91	67	50	20,0	16,2	18,2	7,7	16,2	18,2
160	109	80	139	95	60	52	20,8	16,6	18,9	7,8	16,6	18,9
166	114	83	144	98	72	54	21,6	17,1	19,5	7,8	17,1	19,5
172	118	86	149	102	75	56	22,4	17,6	20,0	8,0	17,6	20,0
178	122	89	155	105	77	58	23,2	18,1	20,8	8,0	18,1	20,8
185	126	92	160	109	80	60	24,0	18,6	21,4	8,2	18,6	21,4
191	131	95	165	113	83	62	24,8	19,0	22,1	8,2	19,0	22,1
197	135	98	171	116	85	64	25,6	19,4	22,7	8,2	19,4	22,7
203	139	102	176	120	88	66	26,4	19,8	23,4	8,2	19,8	23,4
209	143	105	181	124	91	68	27,2	20,3	23,8	8,3	20,3	23,8
215	147	108	187	127	93	70	28,0	20,6	24,5	8,3	20,6	24,5
222	152	111	192	131	96	72	28,8	21,1	25,1	8,3	21,1	25,1
228	156	114	197	135	99	74	29,6	21,4	25,6	8,5	21,4	25,6
234	160	117	203	138	101	76	30,4	21,8	26,2	8,5	21,8	26,2
240	164	120	208	142	104	78	31,2	22,2	26,7	8,5	22,2	26,7
246	168	123	213	145	107	80	32,0	22,6	27,4	8,5	22,6	27,4
252	173	126	219	149	109	82	32,8	22,9	27,8	8,5	22,9	27,8

GT

Verbrennungsluftverbund (Fortsetzung)

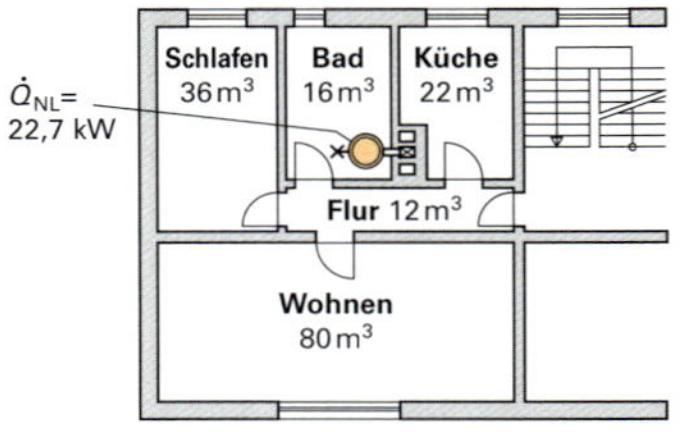

Bild 1: Etagenwohnung

Beispiel:

In einer Etagenwohnung soll im Bad ein DWH Art $B_{1.1}$ installiert werden (Bild 1).

$\dot{Q}_{NL}$ = 22,7 kW, Türen mit 3-seitig umlaufender Dichtung.

Gebäudedaten: Mehrfamilien-Wohnhaus, Baujahr 2001, zwischenzeitlich keine baulichen Änderungen am Gebäude.

Führen Sie den Nachweis für Schutzziel 1 und Schutzziel 2.

Schutzziel 1: Abgasverdünnung im Anfahrzustand

Lösung:

Das Raum-Leistungs-Verhältnis RLV muss ≥ 1 m³/kW sein. Deshalb Raumverbund zum direkt benachbarten Flur herstellen. 2 Gitter mit je 150 cm² freiem Querschnitt in die Tür einbauen.

$RLV_{Bad} = V_R : \dot{Q}_{NL} = 16\ m^3 : 22{,}7\ kW = 0{,}7\ m^3/kW$

$RLV_{Flur} = V_R : \dot{Q}_{NL} = 12\ m^3 : 22{,}7\ kW = 0{,}5\ m^3/kW$

$RLV_{Ges} = RLV_{Bad} + RLV_{Flur} = 0{,}7\ m^3/kW + 0{,}5\ m^3/kW$ **RLV_{Ges} = 1,2 m³/kW** > 1,0 m³/kW (ausreichend)

Schutzziel 2: Verbrennungsluftversorgung im Betriebszustand

Lösung:

$q_{Bed} = \dot{Q}_{NL} \cdot 1{,}6\ m^3/kW$ $q_{Bed} = 22{,}7\ kW \cdot 1{,}6\ m^3/kW$ **q_{Bed} = 36,3 m³/kW** (Verbrennungsluftbedarf)

Festlegung für Verbrennungsluft-Versorgung q_{VL}

f = 0,7 (eingeschossige Wohnung), Luftwechselrate n = 0,40 1/h, Haustyp 7 (Baujahr vor 2002)

Werte: Haustyp: Seite 282, Tabelle 1, q_{VL}: Seite 283, Tabelle 1

Tabelle 1: Nachweis von Schutzziel 2, Lösung

Wohnungs-/Gebäudedaten			Verbrennungsluft-Versorgung q_{VL}					
				Innentüren mit 3-seitiger Dichtung				
Raumart/ Raum-Nr.	Raumvolumen V in m³	Referenzwert je nach Haustyp	Aufstellungsraum/ Volumenstrom m³/h	Kurve 1 in m³/h	Kurve 2 in m³/h	Kurve 3 in m³/h	zusätzliche Öffnung z. B. ALD in m³/h	$\sum$ Volumenstrom $\sum q_{VL}$ in m³/h
Bad	16	16,0	6,4	–	–	–	–	6,4
Flur	12	–	–	–	–	–	–	–
Schlafen	36	36,0	14,4	–	12,3	–	–	12,3
Küche	22	22,0	8,8	–	8,0	–	3,0	11,0
Wohnen	80	80,0	32	8,5	–	–	–	8,5
Verbrennungsluft-Versorgung							$\sum q_{VL}$	38,2

q_{VL} = 38,2 m³/h ≥ q_{Bed} = 36,3 m³/h (ausreichend)

Ermittlung der Rohrdurchmesser im Diagrammverfahren

TRGI 2018: 2018-09

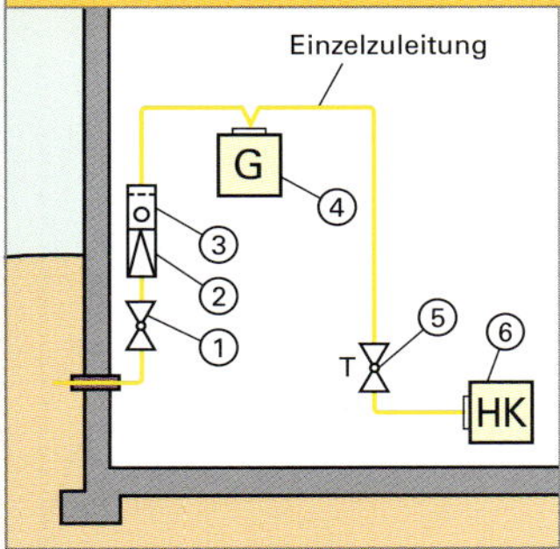

1 Hauptabsperreinrichtung, HAE
2 Gas-Druckregelgerät, GR
3 Gas-Strömungswächter, GS
4 Gaszähler (Einstutzen), G
5 Absperreinrichtung mit TAE
6 Gasheizkessel, HK

Das Diagrammverfahren ist für die vereinfachte Bestimmung der Rohrweiten.

Es wird angewandt, wenn im Gebäude nur eine Einzelzuleitung benötigt wird, wie z.B. Anschluss für einen Gasheizkessel, Kombi-Wasserheizer oder Gasherd.

Bemessung von Einzelzuleitungen aus Kupfer, DIN EN 1057 oder Edelstahl GW 541

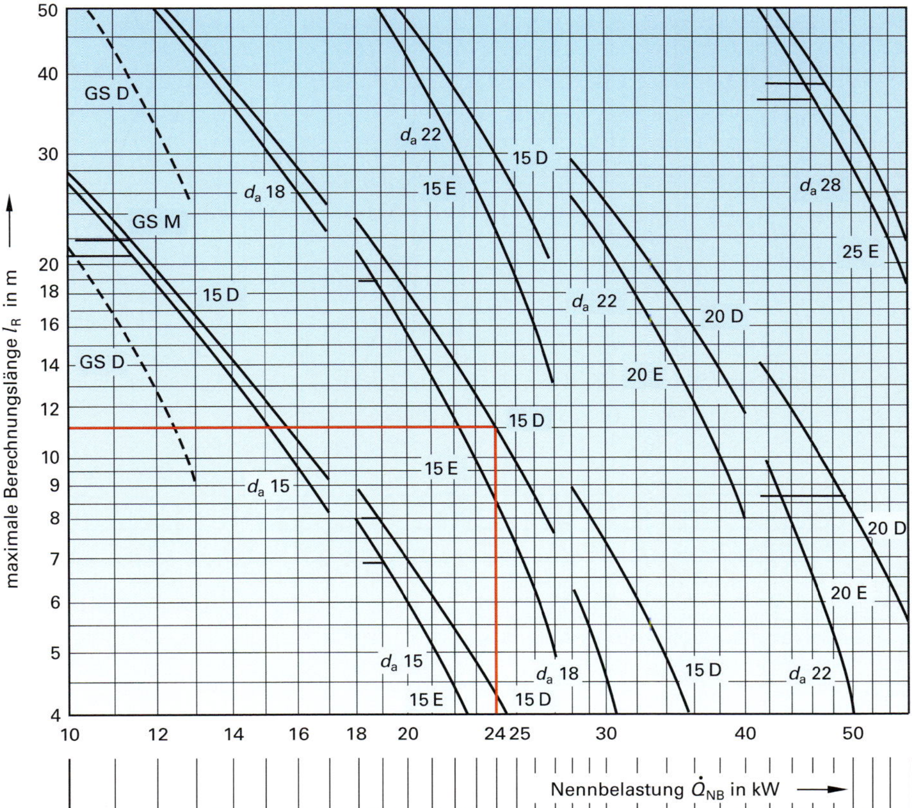

Strömungswächter GS 2,5	GS 4	GS 6	GS 10
Gaszähler: G 2,5		G 4	G 6

Ablesebeispiel zu Aufgabe 1, Seite 292:

Lösung:
Kupferrohr DIN EN 1057, d_a 18
Anschlußarmatur DN 15, Rohrlänge l = 11,0 m

Ermittlung der Rohrdurchmesser im Diagrammverfahren (Fortsetzung) — TRGI 2018: 2018-09

Bemessung von Einzelzuleitungen aus Stahl, DIN EN 10255 mittlere Reihe

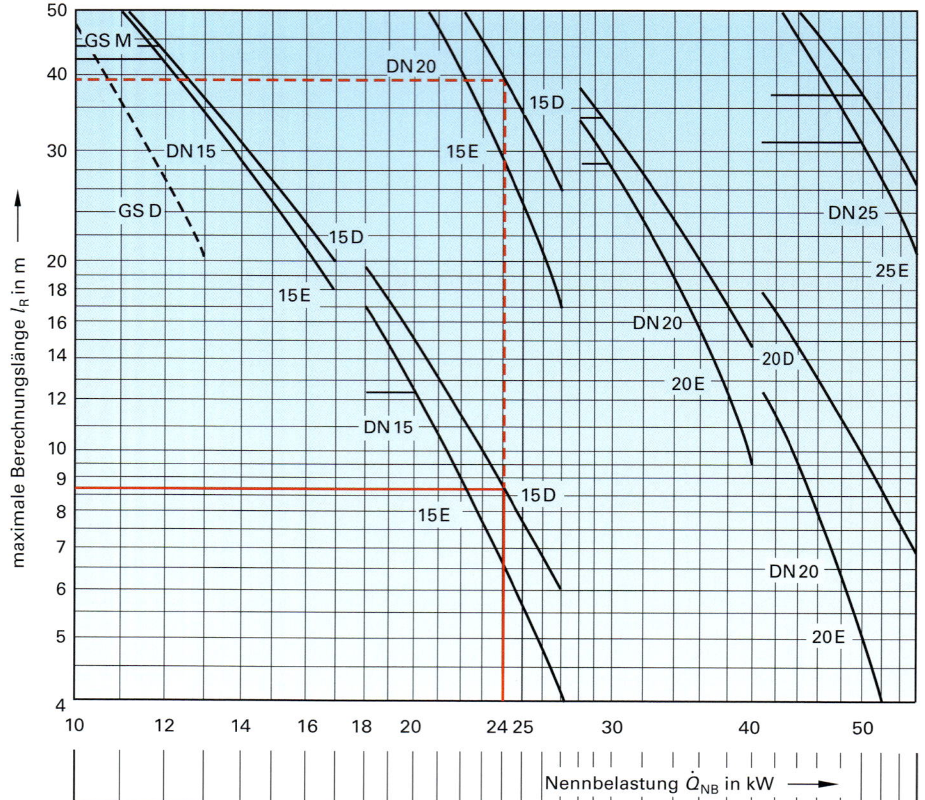

Strömungswächter: GS 2,5	GS 4	GS 6	GS 10
Gaszähler: G 2,5		G 4	G 6

Ablesebeispiel für eine Einzelzuleitung an einen Gasheizkessel für ein Mehrfamilienhaus. Rohrwerkstoff Gewinderohr, DIN EN 10255 mittlere Reihe, (Bild rechts).

Lösung:

a) l_R = Rohrlänge + Zuschlag für Fittings
l_R = 9,3 m + 5 x l_w = 9,3 m + 5 x 0,3 m **l_R = 10,8 m**

b) Diagramm 1, Stahlrohr DIN EN 10 255, mittlere Reihe.
Bei $\dot{Q}_{NB}$ = 24,0 kW nach oben bis zur Kurve DN 15, dann waagerecht nach links, ergibt die maximale Rohrlänge **l = 8,6 m, Nennweite DN 15. Nicht ausreichend!**

Im gleichen Diagramm, bei gleicher Ausgangssituation weiter nach oben fahren bis Rohrweite DN 20, Anschlussarmatur DN 15, waagerecht nach links ⇒ **maximale Rohrlänge 38,0 m ⇒ zulässig!**

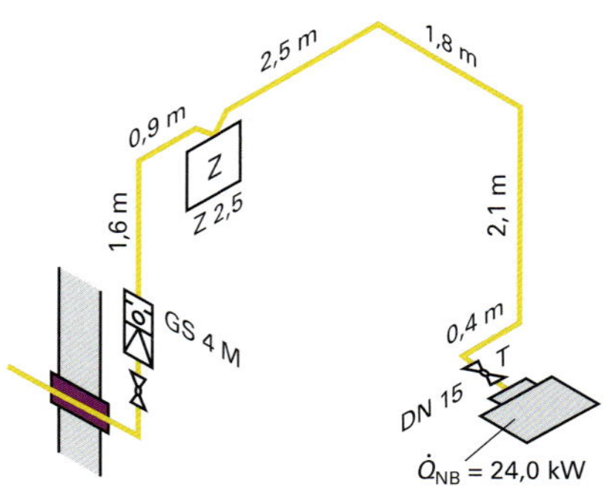

Raumschema für Heizkesselanschluss

Ermittlung der Rohrdurchmesser im Diagrammverfahren (Fortsetzung) TRGI 2018: 2018-09

Bemessung von Einzelzuleitungen aus Wellrohr, DIN EN 15266

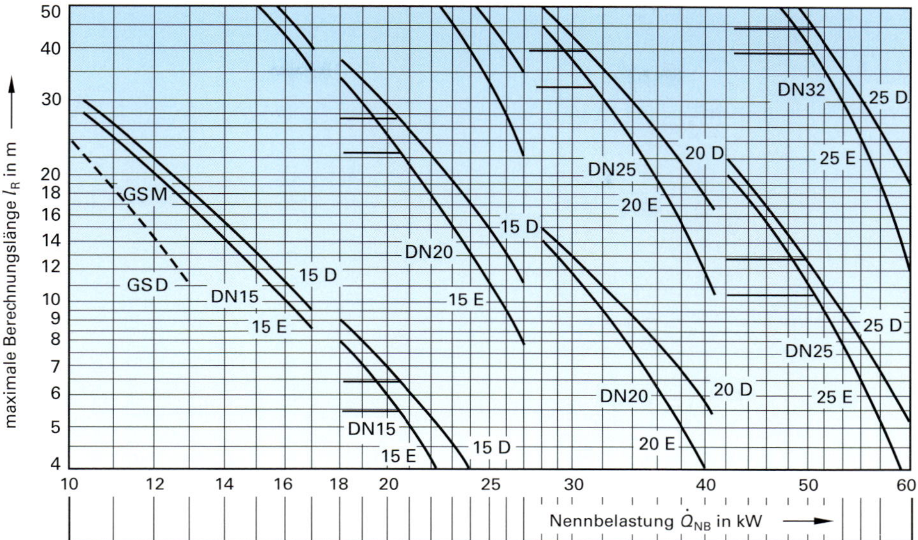

Strömungswächter:	GS 2,5	GS 4	GS 6	GS 10
Gaszähler:	G2,5		G 4	G 6

Berechnungsgang zur Rohrleitungsbemessung im Tabellenverfahren TRGI 2018: 2018-09

1. Der Gesamtdruckverlust bis zum Ausgang der Geräteanschlussarmatur soll nicht mehr als 300 Pa (3 mbar) betragen.
2. Der Gesamtdruckverlust ergibt sich aus der Summe der Einzeldruckverluste im ungünstigsten Leitungsstrang.
3. Der Gesamtdruckverlust ergibt sich durch Rohrreibung, Reibung an Einbauteilen sowie Höhenunterschiede (Dichteunterschiede).
4. Durch die Bemessung ist die Funktion des Gasströmungswächters sicherzustellen.
5. Es stehen 2 Verfahren zur Verfügung:
   - Tabellenverfahren und
   - Diagrammverfahren

Berechnungsbeispiel zur Rohrleitungsbemessung

In einem Wohngebäude werden ein Komi-Wasser-Heizer und ein Gasherd installiert (siehe Bild rechts). Die Geräte sollen mit einer Rohrleitung aus Stahl DIN EN 10255 mittlere Reihe angeschlossen werden. Bestimmen Sie im Tabellenverfahren:

a) Größe und Druckverlust des Gaszählers

b) Größe und Druckverlust des Gasströmungswächters

c) Nennweiten der einzelnen Leitungsabschnitte

Lösung:
Die Lösung wird anhand des Tabellenverfahrens mit Hilfe des Formblattes (TRGI 2018, Formblatt 1.2., S. 288) ermittelt.

Strangschema, Gasversorgung

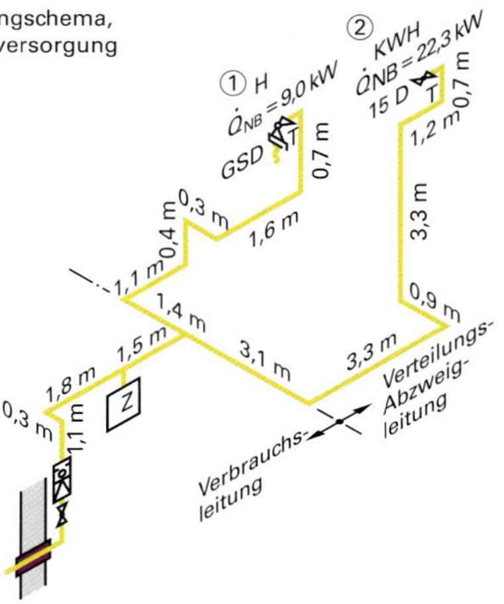

GT

Rohrweitenbemessung, Tab.-Verfahren, Beispiel Seite 293

Rohrweitenberechnung Tabellenverfahren, 2 Gasgeräte

Auftrag/Bauherr: ....

Rohrart: Stahl DIN EN 10255, mittlere Reihe

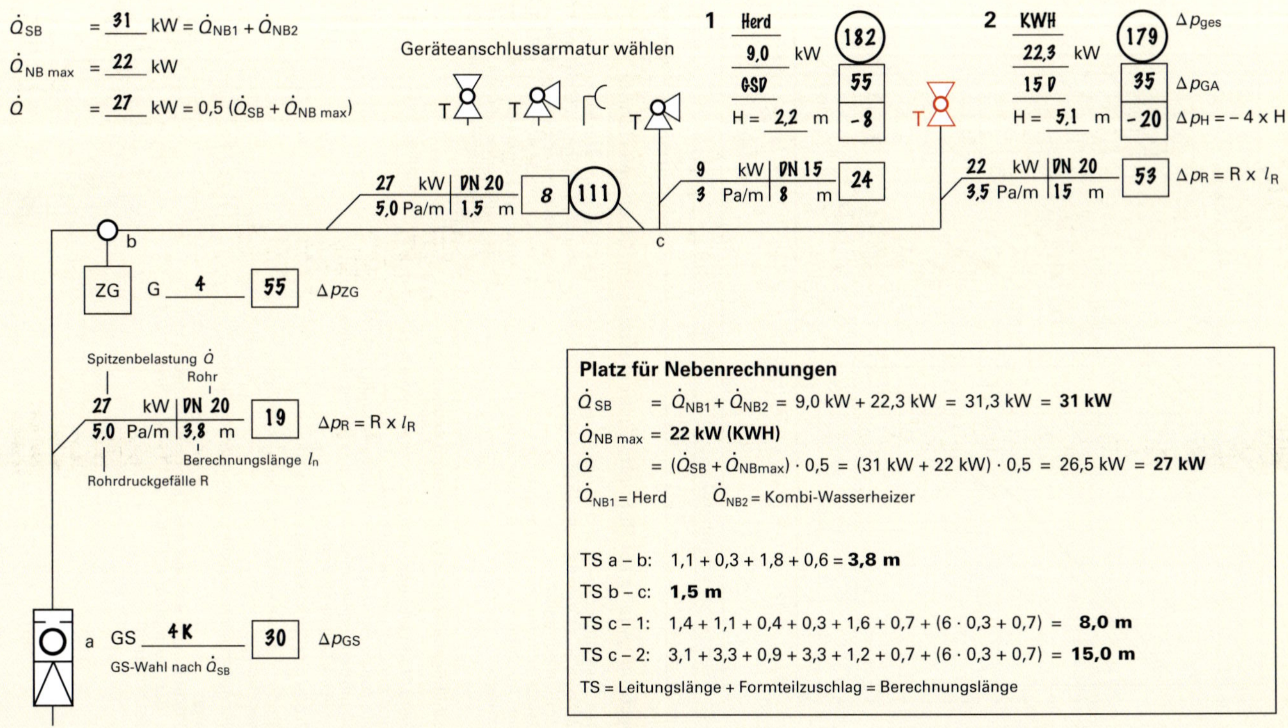

Platz für Nebenrechnungen

$\dot{Q}_{SB}$ = $\dot{Q}_{NB1} + \dot{Q}_{NB2}$ = 9,0 kW + 22,3 kW = 31,3 kW = **31 kW**

$\dot{Q}_{NB\,max}$ = **22 kW (KWH)**

$\dot{Q}$ = $(\dot{Q}_{SB} + \dot{Q}_{NBmax}) \cdot 0{,}5$ = (31 kW + 22 kW) · 0,5 = 26,5 kW = **27 kW**

$\dot{Q}_{NB1}$ = Herd $\dot{Q}_{NB2}$ = Kombi-Wasserheizer

TS a – b: 1,1 + 0,3 + 1,8 + 0,6 = **3,8 m**

TS b – c: **1,5 m**

TS c – 1: 1,4 + 1,1 + 0,4 + 0,3 + 1,6 + 0,7 + (6 · 0,3 + 0,7) = **8,0 m**

TS c – 2: 3,1 + 3,3 + 0,9 + 3,3 + 1,2 + 0,7 + (6 · 0,3 + 0,7) = **15,0 m**

TS = Leitungslänge + Formteilzuschlag = Berechnungslänge

Ermittlung der Rohrdurchmesser in Gasanlagen (Tabellenverfahren) DVGW-TRGI 2018: 2018-09

Druckverluste und Rohrdruckgefälle für metallene Leitungen in Abhängigkeit von der Nennbelastung $\dot{Q}_{NB}$ – Einzelzuleitungen und Abzweigleitungen

Tabelle 1: Kupferrohr DIN 1057 und Edelstahlrohr GW 541

	Rohraußendurchmesser d_a							
R	**15**	**18**	**22**	**28**	**35**	**42**	**54**	**64**
Pa/m	$\dot{Q}$	[kW]						
0,4			4	11	20	36	75	118
0,6			6	14	26	45	96	150
0,8		3	8	16	31	54	113	177
1,0		4	9	19	35	61	129	200
1,2		5	10	21	39	68	142	220
1,4		6		23	42	74	154	240
1,6	3		11	24	46	79	166	250
1,8		7	12	26	49	85	177	275
2,0	4		13	29	53	92	193	300
2,5	5	8	15	33	61	105	215	340
3,0		9	17	36	67	116	240	375
3,5	6	10	18	39	73	126	260	405
4,0		11	20	43	80	138	285	445
5	**7**	**13**	**23**	**49**	**91**	**157**	**325**	**505**
6	8	14	26	54	100	173	355	555
7	9	16	28	59	109	188	385	600
8		17	30	64	117	200	415	645
9	10	18	32	68	125	215	445	690
10	**11**	**20**	**35**	**74**	**136**	**230**	**480**	**750**
12	12	22	39	81	150	255	530	820
14	13	24	42	88	163	275	575	890
16	14	26	46	95	175	300	615	955
18	15	28	49	101	186	315	655	1020
20	16	29	52	107	197	335	695	1080

Tabelle 2: Wellrohr DIN EN 15266

	Nennweite DN					
R	**15**	**20**	**25**	**32**	**40**	**50**
Pa/m	$\dot{Q}$	[kW]				
0,4		3	8	16	29	53
0,6		5	10	20	36	66
0,8		6	12	23	42	77
1,0	3	7	13	26	47	86
1,2		8	14	28	52	94
1,4	4		16	31	56	101
1,6		9	17	33	60	108
1,8		10	18	35	63	115
2,0	5	11	19	38	68	124
2,5		12	22	42	77	139
3,0	6	13	24	46	84	151
3,5		14	26	50	90	163
4,0	7	15	28	54	98	177
5	**8**	**17**	**32**	**61**	**110**	**199**
6	9	19	34	67	120	215
7		21	37	72	129	230
8	10	22	40	77	138	245
9	11	23	42	81	146	260
10	**12**	**25**	**45**	**87**	**157**	**280**
12	13	28	50	95	171	305
14	14	30	53	103	184	330
16	15	32	57	109	197	350
18	16	34	60	116	205	370
20	17	36	64	122	215	390

Tabelle 3: mittelschwere Gewinderohre DIN 10255

	Nennweite DN						
R	**15**	**20**	**25**	**32**	**40**	**50**	**65**
Pa/m	$\dot{Q}$	[kW]					
0,4		6	12	27	41	80	164
0,6		8	15	34	52	100	205
0,8	3	9	18	40	61	118	240
1,0	4	11	21	46	70	134	270
1,2	5	12	23	50	76	147	300
1,4		13	25	54	83	159	320
1,6	6	14	27	58	89	171	345
1,8		15	29	62	95	182	365
2,0	7	16	31	68	103	192	400
2,5	8	18	35	77	116	220	450
3,0	9	20	39	84	128	240	490
3,5		22	42	91	138	260	530
4,0	10	24	46	100	151	285	580
5	**12**	**28**	**52**	**112**	**170**	**325**	**655**
6	13	30	57	123	187	355	715
7	14	33	62	133	200	380	775
8	15	35	67	143	215	410	825
9	16	37	71	152	225	435	875
10	**17**	**41**	**77**	**164**	**245**	**470**	**950**
12	19	45	84	180	270	515	1030
14	21	48	91	194	290	555	1110
16	22	52	97	205	310	590	1190
18	24	55	104	220	330	630	1260
20	25	58	109	230	350	660	1330

Tabelle 4: schwere Gewinderohre DIN 10255

	Nennweite DN						
R	**15**	**20**	**25**	**32**	**40**	**50**	**65**
Pa/m	$\dot{Q}$	[kW]					
0,4		4	11	23	37	72	152
0,6		7	13	30	47	91	191
0,8		8	15	35	55	107	225
1,0	3	9	17	40	62	122	250
1,2		10	19	44	69	134	275
1,4	4	11	21	48	74	145	300
1,6		12	23	51	80	155	320
1,8	5	13	24	55	85	165	340
2,0		14	26	60	92	179	370
2,5	6	16	30	67	105	200	420
3,0		17	33	74	115	220	460
3,5	7	19	36	80	124	240	495
4,0	8	21	39	88	136	260	540
5	**9**	**23**	**44**	**99**	**153**	**295**	**610**
6	10	26	49	109	168	320	665
7	11	28	53	118	181	350	720
8	12	30	56	126	194	370	770
9	13	32	60	134	205	395	815
10	**14**	**35**	**65**	**145**	**220**	**425**	**885**
12	15	38	71	159	240	465	965
14	17	41	77	171	260	505	104
16	18	44	83	183	280	540	1110
18	19	47	88	195	295	570	1180
20	20	50	93	205	315	605	1240

Direkter Abgleich GS M
Druckverluste für Armaturen und Rohrdruckgefälle

Tabelle 1: Gasströmungswächter GS
Druckverlust Δp in Pa

GS	2,5	4	6	10
2,5	162	63	28	10
4	–	162	72	26
6	–	–	162	58
10	–	–	–	162

Tabelle 2: Gaszählergruppe G
Druckverlust Δp in Pa

GS	G 2,5	G 4	G 6	G 10
2,5	138	86	63	42
4	306	174	113	60
6	652	354	217	97
10	1760	930	550	217

Tabelle 3: Geräteanschlussarmaturen mit TAE

Eckform E [Δp in Pa]						**Durchgangsform D** [Δp in Pa]				
GS	GSD	DN 15	DN 20	DN 25	DN 32	**GS**	DN 15	DN 20	DN 25	DN 32
2,5	36	207	73	26	–	**2,5**	106	26	10	–
4	92	531	188	66	21	**4**	271	66	26	9
6	207	1194	423	148	46	**6**	609	148	58	20
10	576	3318	1176	411	129	**10**	1690	411	162	57

Tabelle 4: Absperreinrichtungen ohne TAE

Eckform E [Δp in Pa]					**Durchgangsform D** [Δp in Pa]				
GS	DN 15	DN 20	DN 25	DN 32	**GS**	DN 15	DN 20	DN 25	DN 32
2,5	106	36	13	–	**2,5**	52	13	–	–
4	271	92	33	10	**4**	133	33	13	–
6	609	207	75	23	**6**	299	75	29	10
10	1690	576	207	64	**10**	829	207	81	28

Tabelle 5: Rohrdruckgefälle R [Pa/m]

Kupfer- und Edelstahlrohr						**Wellrohr**					
GS	d_a 15	d_a 18	d_a 22	d_a 28	d_a 35	**GS**	DN 15	DN 20	DN 25	DN 32	DN 40
2,5	88	33	13	–	–	**2,5**	103	24	8	–	–
4	199	74	28	8	–	**4**	257	60	20	6	–
6	405	151	57	16	6	**6**	572	133	43	12	4
10	1000	371	141	39	14	**10**	1573	365	118	33	11

Tabelle 6: Rohrdruckgefälle R [Pa/m]

Stahlrohr, mittlere Reihe						**Stahlrohr, schwere Reihe**					
GS	DN 15	DN 20	DN 25	DN 32	DN 40	**GS**	DN 15	DN 20	DN 25	DN 32	DN 40
2,5	45	10	–	–	–	**2,5**	67	13	–	–	–
4	108	23	7	–	–	**4**	161	31	10	–	–
6	233	50	15	4	–	**6**	351	66	21	5	–
10	626	131	40	10	5	**10**	943	176	55	12	6

Direkter Abgleich GS K
Druckverluste für Armaturen und Rohrdruckgefälle

Tabelle 1: Gasströmungswächter GS Druckverlust Δp in Pa

GS	2,5	4	6	10
2,5	105	41	18	–
4	–	105	47	17
6	–	–	105	38
10	–	–	–	105

Tabelle 2: Gaszählergruppe G Druckverlust Δp in Pa

GS	G 2,5	G 4	G 6	G 10
2,5	100	67	51	38
4	209	123	84	49
6	434	240	151	74
10	1150	614	367	151

Tabelle 3: Geräteanschlussarmaturen mit TAE

Eckform E [Δp in Pa]						**Durchgangsform D** [Δp in Pa]				
GS	GSD	DN 15	DN 20	DN 25	DN 32	GS	DN 15	DN 20	DN 25	DN 32
2,5	23	135	48	17	–	2,5	69	17	–	–
4	60	344	122	43	13	4	176	43	17	–
6	135	775	275	96	30	6	395	96	38	13
10	374	2150	763	267	83	10	1100	267	105	37

Tabelle 4: Absperreinrichtungen ohne TAE

Eckform E [Δp in Pa]					**Durchgangsform D** [Δp in Pa]				
GS	DN 15	DN 20	DN 25	DN 32	GS	DN 15	DN 20	DN 25	DN 32
2,5	69	23	–	–	2,5	34	–	–	–
4	176	60	22	–	4	86	22	–	–
6	395	135	48	15	6	194	48	19	–
10	1100	374	135	42	10	538	135	53	18

Tabelle 5: Rohrdruckgefälle R [Pa/m]

Kupfer- und Edelstahlrohr						**Wellrohr**					
GS	d_a 15	d_a 18	d_a 22	d_a 28	d_a 35	GS	DN 15	DN 20	DN 25	DN 32	DN 40
2,5	60	23	9	–	–	2,5	67	16	5	–	–
4	136	51	20	6	–	4	168	39	13	4	–
6	277	103	39	11	4	6	373	87	28	8	3
10	682	253	96	27	9	10	1025	238	77	22	7

Tabelle 6: Rohrdruckgefälle R [Pa/m]

Stahlrohr, mittlere Reihe						**Stahlrohr, schwere Reihe**					
GS	DN 15	DN 20	DN 25	DN 32	DN 40	GS	DN 15	DN 20	DN 25	DN 32	DN 40
2,5	30	7	–	–	–	2,5	45	9	–	–	–
4	72	16	5	–	–	4	107	21	7	–	–
6	154	33	10	3	–	6	232	44	14	3	–
10	412	87	27	7	3	10	619	116	36	8	4

Gaszähler

DIN EN 1359: 2017-11

Größe	DN[1)]	$\dot{V}_{min}$	$\dot{V}_{max}$	Abmessungen Maximal [mm]					
		[m³/h]	[m³/h]	B_1	B_2	A	H	T	S
G 2,5	25	0,025	4	194	–	–	215	157	67
G 4	25	0,040	6	270	350	250	300	300	100
G 6	25	0,060	10	270	350	250	370	320	110
G 10	40	0,100	16	425	425	280	450	340	120
G 16	40	0,160	25	425	425	280	450	340	150
G 25	50	0,250	40	475	475	335	550	460	180
G 40	80	0,400	65	620	875	510	780	500	200
G 65	80	0,650	100	650	900	640	900	600	250

1) Für 1- und 2-Stutzen-Zähler, darüber hinaus sind Varianten möglich.

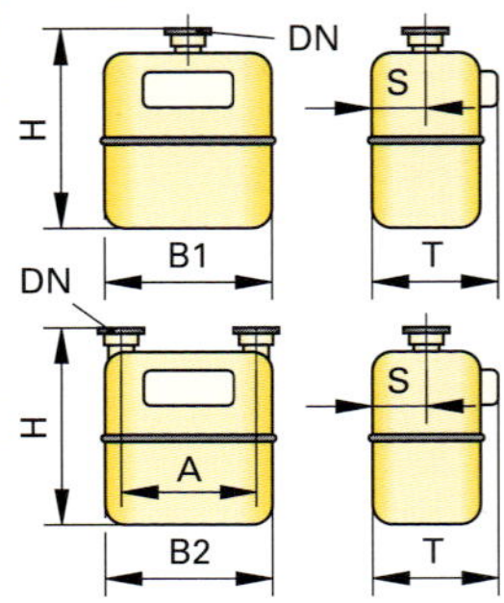

Gas-Kugelhahn für Gaszähler, Eckform

Zweirohrzähler

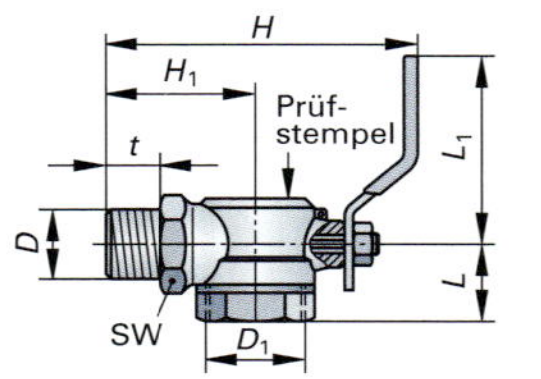

DN	D [R]	D_1 [Rp]	t [mm]	H [mm]	H_1 [mm]	L [mm]	L_1 [mm]	SW [mm]
20	¾	¾	16,3	102	43	34	98	32
25	1	1	19,1	112	53	38	98	41
32	1 ¼	1 ¼	21,4	113	60	45	136	50
40	1 ½	1 ½	21,4	126	65	51	136	55
50	2	2	25,7	135	74	60	136	70

Einrohrzähler

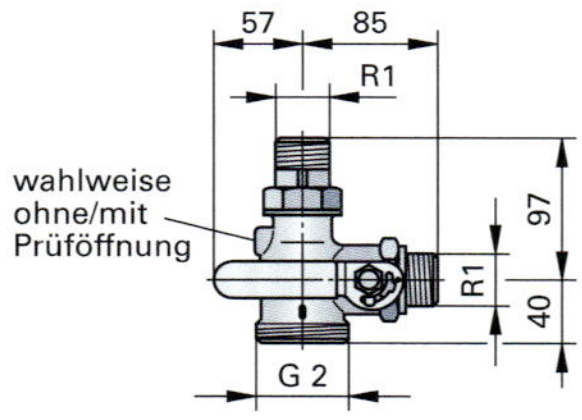

Gasschlauch

Anschlussmaß R_p 1/2

l [mm]
500
800
1000
1250
1500

Gas-Feinfilter (Maße)

DN	R
15	½
20	¾
25	1
32	1 ¼
40	1 ½
50	2

Gas-Kugelhahn (Auswahl)

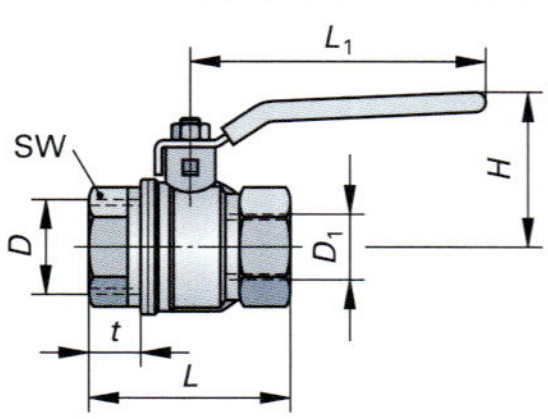

DN	D [Rp]	D_1 [mm]	L [mm]	L_1 [mm]	H [mm]	t [mm]	SW [mm]
15	½	15	59	100	43	15	25
20	¾	19	64	120	50	16,3	31
25	1	24	81	120	54	19,1	40
32	1 ¼	30	93	158	73	21,4	49
40	1 ½	38	102	158	79	21,4	54
50	2	48	121	158	86	25,7	68,5

Thermisch auslösende Absperreinrichtung (TAE)

Zum Absperren der Gasleitung bei Überschreitung eines Temperaturbereiches von 92 °C bis 100 °C. Einbau unmittelbar vor dem Gasgerät.

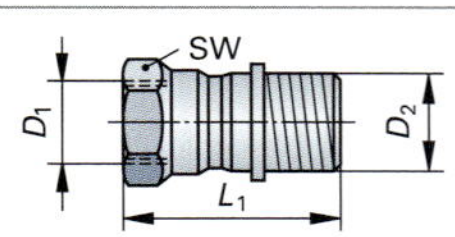

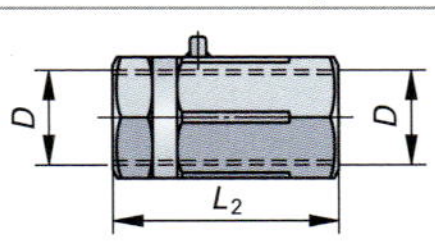

DN	D, D_1 Rp	D_2 R	SW [mm]	L_1 [mm]	L_2 [mm]
15	½	½	27	40	45
20	¾	¾	32	50	55
25	1	1	41	55	60
32	1 ¼	1 ¼	55	100	100

Auswahl und Druckverluste für Gasströmungswächter

Tabelle 1: Gasströmungswächter GS
Auswahl und Mindestnennweiten[1)]

GS	ein Gasgerät $\dot{Q}_{SB}$ (kW)	mehrere Gasgeräte $\dot{Q}_{SB}$ (kW)	Kupfer Edelstahlr. d_a	Stahlrohr DN	Wellrohr DN	Geräteanschlussarmatur DN
2,5	bis 17	bis 21				
4	18–27	22–34				
6	28–41	35–51	18	20	20	15
10	42–68	52–86	22	20	25	20
16	69–110	87–138	28	25	32	25

1) bei GS K max 10 m Berechnungslänge

Tabelle 2: Gasströmungswächter GS
Druckverluste

Δp (Pa)	GS 2,5 $\dot{Q}_{SB}$ (kW)	GS 4 $\dot{Q}_{SB}$ (kW)	GS 6 $\dot{Q}_{SB}$ (kW)	GS 10 $\dot{Q}_{SB}$ (kW)
10	10	17	25	43
15	12	20	30	50
20	14	23	34	57
25	15	25	38	63
30	17	27	41	69
35	18	29	44	74
40	19	31	47	79
45	20	33	50	83
50	21	34	51	86

Druckverluste für Gaszähler und für Formteile

Tabelle 3: Zählergruppe (Balgengaszähler)

Δp (Pa)	G 2,5 $\dot{Q}_{SB}$ (kW)	G 4 $\dot{Q}_{SB}$ (kW)	G 6 $\dot{Q}_{SB}$ (kW)	G 10 $\dot{Q}_{SB}$ (kW)
30	5	8	10	17
35	10	14	18	30
40	13	18	23	39
45	15	21	28	47
50	17	24	32	53
55	19	27	35	59
60	21	29	38	64
65	22	31	41	69
70	24	33	44	73
75	25	35	46	77
80	26	37	49	81
85	28	39	51	85
90	29	40	53	89

Tabelle 4: Längenzuschlag für Formteile

	d_a DN	bis 28 bis 25	35 32	42 40	54 50	64 65
T-Abgang	l_{TA} [m]	0,7	1,0	1,5	2,0	2,5
90°-Winkel	l_W [m]	0,3	0,5	0,7	1,0	1,2

Druckverluste für Geräteanschlussarmatur mit integrierter TAE

Δp_{GA} [Pa]	Eckform (E), DN							Δp_{GA} [Pa]	Eckform (E), DN						
	GSD[1)]	15	20	25	32	40	50		GSD[1)]	15	20	25	32	40	50
	Nennbelastung $\dot{Q}_{NB}$ [kW]								Nennbelastung $\dot{Q}_{NB}$ [kW]						
5	3	7	12	20	37	58	75	50	–	19	32	55	98	154	198
10	4	9	15	26	48	75	96	55	9	20	34	57	103	161	207
15	5	11	18	31	57	89	114	60	–	21	35	60	107	168	216
20	–	12	21	36	64	100	130	65	–	22	37	62	112	174	225
25	6	14	23	40	71	111	143	70	10	–	38	64	116	181	233
30	–	15	25	43	77	121	156	75	–	23	39	67	120	187	241
35	7	16	27	46	83	130	167	80	11	24	41	69	124	193	248
40	–	17	29	49	89	138	178	85	–	25	42	71	128	199	256
45	8	18	31	52	94	146	188	90	–	26	44	74	133	207	267

1) Gassteckdose mit R ½-Anschluss ≙ DN12

Druckverluste für Geräteanschlussarmatur mit integrierter TAE

Δp_{GA} [Pa]	Durchgangsform (Gilt auch für einzelne TAE) (D), DN							
	15	20	25	32	40	50	65	80
	Nennbelastung $\dot{Q}_{NB}$ [kW]							
5	10	21	33	56	83	135	237	335
10	13	27	43	73	108	175	306	433
15	16	32	51	86	127	207	362	513
20	18	36	58	97	144	235	410	581
25	20	40	64	108	160	259	454	643
30	21	44	69	117	173	282	493	699
35	23	47	74	126	186	303	530	750
40	25	50	79	134	198	322	564	799
45	26	53	84	141	210	341	596	845
50	27	55	88	149	220	358	627	888
55	29	58	92	156	231	375	656	929
60	30	60	96	162	240	391	684	969
65	31	63	100	169	250	406	711	1007
70	32	65	103	175	259	421	737	1043

GT

Druckverluste für Absperreinrichtungen ohne TAE

Eckform E[1)]

Δp_{AE} [Pa]	DN 15	DN 20	DN 25	DN 32	DN 40	DN 50
	Nennbelastung $\dot{Q}_{NB}$ [kW]					
5	10	18	29	53	82	106
10	13	23	38	68	106	137
15	16	27	45	81	126	162
20	18	31	51	92	143	183
25	20	34	56	101	158	203
30	21	37	61	110	172	221
35	23	39	66	118	184	237
40	25	42	70	126	196	252
45	26	44	74	133	207	267
50	27	47	78	140	218	280

[1)] Druckverluste gelten auch für Magnetventile.

Durchgangsform D

Δp_{AE} [Pa]	DN 15	DN 20	DN 25	DN 32	DN 40	DN 50	DN 65	DN 80
	Nennbelastung $\dot{Q}_{NB}$ [kW]							
5	15	29	47	79	118	191	332	470
10	19	38	61	103	152	247	429	608
15	22	45	72	121	180	292	508	719
20	25	51	82	138	204	331	576	816
25	28	56	90	152	225	366	637	902
30	31	61	98	165	245	398	692	980
35	33	66	105	178	263	428	744	1053
40	35	70	112	189	280	455	792	1121
45	37	74	119	200	296	481	837	1185
50	39	78	125	210	312	506	880	1246

Prüfung und Inbetriebnahme von Gasleitungen

Dichtheitsprüfung von Gasleitungen bis 100 hPa Betriebsdruck

TRGI 2018: 2018-09

	Belastungsprüfung (Vorprüfung)	Dichtheitsprüfung (Hauptprüfung)
Zweck	Feststellen von Materialfehlern an Rohrleitungen und Fittings durch Druckabfall oder Überbeanspruchung	Feststellung von kleinsten Undichtigkeiten an Gewinden und Verschraubungen
Zeitpunkt	Vor dem Streichen, Dämmen, Verputzen oder Verdecken	• Bevor neu verlegte Leitungen gestrichen, gedämmt, verputzt oder verdeckt werden • Vor Wiederinbetriebnahme stillgelegter Leitungen • Bei außer Betrieb gesetzten Leitungen
Leitungsteil	Neuverlegte Leitungen ohne Armaturen (mit Armaturen wenn PN 1)	Alle Leitungsteile mit Armaturen
Prüfdruck	1000 mbar, 0,1 MPa	150 mbar, 150 hPa
Prüfgas	Luft, N_2 oder CO_2 (kein O_2)	
Prüfdauer	10 Minuten	mind. 10 Minuten, je nach Leitungsvolumen
Vorgehensweise	Nachdem der Prüfdruck erreicht ist, darf er innerhalb der Prüfzeit nicht abfallen, Leitungen abklopfen.	Nachdem der Prüfdruck erreicht ist, wartet man bis zum Temperaturausgleich (ca. 10 Minuten), danach darf er während der Prüfdauer nicht fallen (ohne abklopfen).
Messgerät	Manometer oder elektr. Druckmessung, Messgerät: Mindestauflösung von 100 mbar	U-Rohr-Manometer oder elektronische Druckmessung, Mindestauflösung 0,1 mbar

Druckabfall und Leckmenge

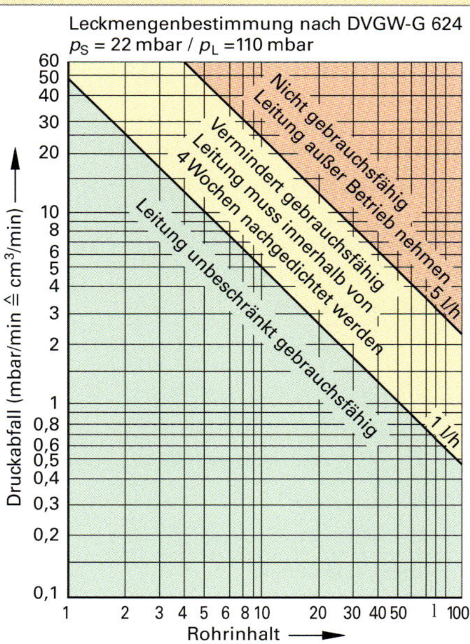

Rohrinhalt nach Durchmesser und Länge

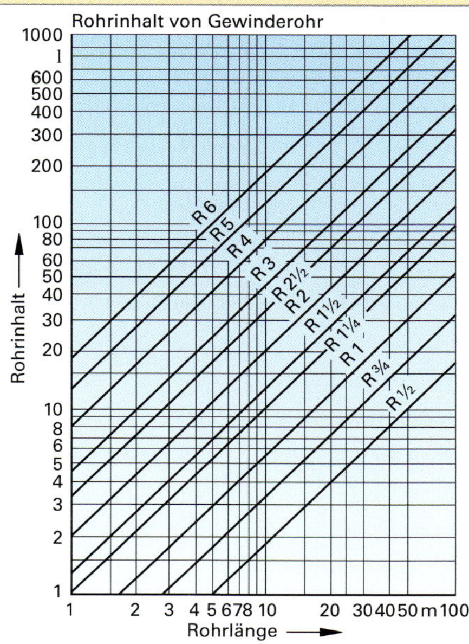

Bewertung der Leckmengenmessung

Gasleckmenge	Auswirkung auf die Benutzbarkeit
< 1,0 *l*/h	Unbeschränkte Gebrauchsfähigkeit.
≥ 1,0 *l*/h bis 5 *l*/h	Verminderte Gebrauchsfähigkeit, Lecksuche und Instandsetzung innerhalb von 4 Wochen, dann erneute Hauptprüfung.
> 5 *l*/h	Keine Gebrauchsfähigkeit, Anlage ist unverzüglich außer Betrieb zu nehmen.

Prüfung und Inbetriebnahme von Gasleitungen (Fortsetzung)

Inbetriebnahme von Gasleitungen

TRGI 2018: 2018-09

Art der Leitungsanlage	Neu verlegt	Stillgelegt	Außer Betrieb genommen	Kurzzeitig außer Betrieb
Unmittelbar vor dem Einlassen	1. Kontrolle, ob Belastungs- und Dichtheitsprüfung durchgeführt sind. 2. Sichtkontrolle, ob alle Leitungsöffnungen dicht verschlossen sind.	Optische Prüfung, dann Dichtheitsprüfung	Kontrolle der Verwahrungen, dann Dichtheitsprüfung	Kontrolle der Verwahrungen
		Bereits verputzte Leitungsteile werden nicht wieder freigelegt		
Einlassvorgang	Entlüftung (Entfernen der Luft/des inerten Gases aus der Leitung) durch Schlauch ins Freie oder Abbrennen an der Kochstelle (für Lüftung im Raum sorgen).			
Sicherheit beim Einlassen	Für genügende Belüftung sorgen, nicht rauchen, alle anderen Geräte/Feuerstätten sind ausser Betrieb.			
Unmittelbar nach dem Einlassen	Prüfung mit schaumbildenden, nicht korrodierenden Mitteln (Schlussprüfung)			Kontrolle der Verwahrungen

Dichtheitsprüfung von Mitteldruckleitungen (0,1 bis 1 bar, > 100 hPa bis 0,1 MPa)

TRGI 2018: 2018-09

	Belastungs- und Dichtheitsprüfung kombiniert
Zweck	Feststellen von Materialfehlern an Rohrleitungen und Fittings durch Druckabfall oder Überbeanspruchung sowie kleinsten Undichtigkeiten an Verschraubungen.
Zeitpunkt	Vor dem Streichen, Isolieren, Verputzen oder Verdecken
Leitungsteil	Neuverlegte Leitungen mit Armaturen, jedoch ohne Gas-Druckregelgeräte, Gaszähler und Gasgeräte mit Regel- und Sicherheitsarmaturen (PN mindestens Prüfdruck)
Prüfdruck	3 bar, 0,3 MPa
Prüfgas	Luft, N_2 oder CO_2 (kein O_2)
Prüfdauer	2 Stunden (Bei Leitungen über 2000 *l* Inhalt 15 Minuten mehr je weitere 100 *l*)
Vorgehensweise	Nach Aufbringen des Prüfdruckes (max. 2 bar/min.) auf Temperaturausgleich warten (ca. 3 Stunden)
Messgerät	Gleichzeitig ein Druckmessschreiber Klasse 1 sowie ein Manometer Klasse 0.6 Messbereich ca. 1,5 x Prüfdruck)

Abnahmeprotokoll über Belastungs- und Dichtheitsprüfung von Gasleitungen

Projekt/Bauherr: ....

Fachfirma: ....

max. Betriebsdruck: .... mbar

Prüfung der Gasleitung: ☐ Gesamtleitung ☐ in .... Teilabschnitten

Prüfmedium: ☐ Luft ☐ Stickstoff ☐ ....

Alle Leitungsenden mit metallenen Stopfen, Kappen oder Blindflanschen verschlossen.

1. Belastungsprüfung	2. Dichtheitsprüfung
1.1 Armaturen	2.1 ☐ Armaturen eingebaut
☐ eingebaut (Nenndruck ≥ Prüfdruck)	2.2 ☐ Prüfdruck 150 mbar
☐ ausgebaut	2.3 ☐ Prüfzeit ..... min (nach Leitungsvolumen)
1.2 ☐ Prüfdruck pü = 1,0 bar	2.4 ☐ Prüfdruck nicht gefallen
1.3 ☐ Prüfzeit 10 min	2.5 ☐ Anlage dicht
1.4 ☐ Prüfdruck nicht gefallen	
.... Ort / Datum	.... Stempel / Unterschrift des Prüfers

GT

Aufbau von Flüssiggasanlagen

TRF 2021: 2021-04

Leitungsteile und Armaturen, ortsfeste Behälter (Beispiel)

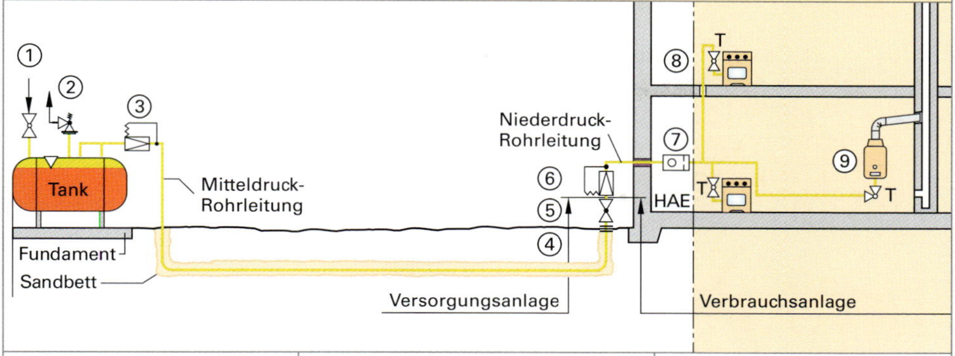

1 Füllstutzen 2 Sicherheitsventil 3 Druckregler 1. Stufe	4 Isolierstück 5 Hauptabsperreinrichtung 6 Druckregler 2. Stufe	7 Gasströmungswächter 8 Gerätearmatur mit TAE 9 Gasgerät

Ortsbewegliche Behälter (Beispiel)

Mindestabstände zu Wärmequellen		
Wärmestrahlungsquellen	**Mindestabstände ohne Strahlungsschutz [cm]**	**Mindestabstände mit Strahlungsschutz [cm]**
von Heizgeräten, Feuerstätten und ähnlichem	70	30
von Heizkörpern bei $\vartheta_V < 60\,°C$	50	10
von Gasherden und ähnlichen Wärmequellen	30	10

Aufstellrichtlinien von Flüssiggasflaschen		
Kleinstflasche	**Kleinflasche**	**Großflasche**
	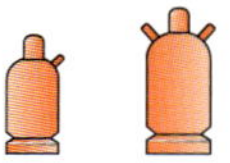	
• Kein Sicherheitsventil, kein Druckregler, Leitungen sind mit p_{PR} = 75 bar zu prüfen. • Geeignet für Baustellenarbeiten	• Aufstellen in Aufenthaltsbereichen erlaubt • Wenn m ≤ 16 kg, je Wohnung maximal 2 Flaschen, je Raum maximal 1 Flasche (keine Flaschenaufstellung in Schlafzimmern, Treppenräumen, Fluren, Durchfahrten und unterhalb der Erdgleiche) • Die Temperatur ist unterhalb von 40 °C zu halten.	• Bei einer Entnahme von mehr als 0,6 kg/h ist eine Flaschenbatterie anzulegen (bis max. 2 x 8 Flaschen)
	Sicherheitsventil am Entnahmeventil	
Aufbewahrung nur stehend, Ventile mit Verschlussmutter und Verschlusskappe		

Flüssiggaslagerung im Freien – ortsfeste Flüssiggasbehälter

TRF 2021: 2021-04

Art	Ausführungsbeispiel und explosionsgefährdete Bereiche	Aufstellregeln
oberirdisch	siehe Abbildung unten	• Standsicheres Fundament • Schutz vor unzulässiger Erwärmung (weißer Anstrich) • Schutz vor mechanischen Einwirkungen • Schutz vor dem Zutritt Unbefugter • Mindestabstand 5 m oder Schutzwand • Bei mehreren Behältern: Abstand > 0,4 m
erdgedeckt	siehe Abbildung unten	• Baugrube entsprechend der Behältergröße • Boden in der Grube verdichtet • Einbringung eines Sandbettes von 20 cm Dicke • 80 cm Mindestabstand von Gebäudefundamenten, Kellerwänden, unterirdischen Kabeln und sonstigen Leitungen • Erddeckung allseits mindestens 50 cm • Bitumenumhüllung mit kathodischem Korrosionschutz
halboberirdisch	siehe Abbildung unten	• Baugrube in Eigenarbeit herstellbar • 20 cm dickes Sandbett • 80 cm Mindestabstand von Gebäudefundamenten, Kellerwänden unterirdischen Kabeln und sonstigen Leitungen • Bitumenumhüllung mit kathod. Schutz

oberirdisch:

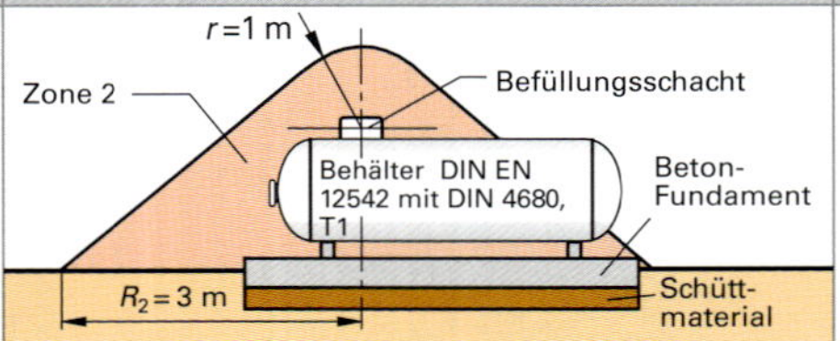

erdgedeckt:

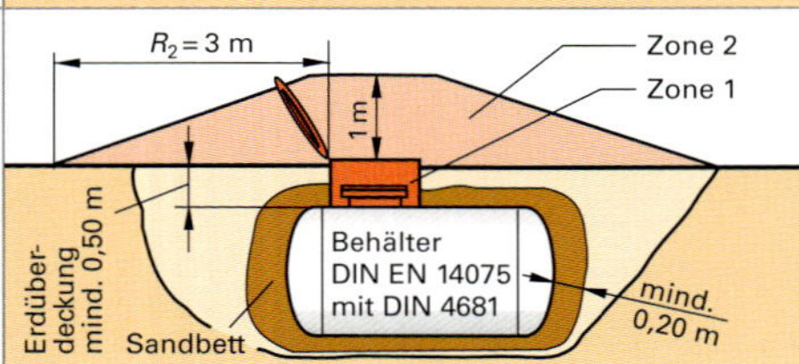

halboberirdisch:

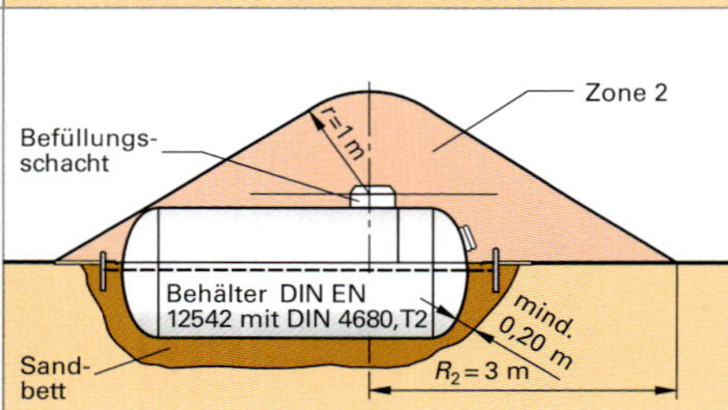

Regeln für die Zoneneinteilung 1 und 2

Während des Befüllungsvorganges dürfen sich in den explosionsgefährdeten Bereichen keine Zündquellen befinden. Es dürfen nur explosionsgeschützte Geräte verwendet werden.
Zone 1: Geräte Kategorie 1 oder Kategorie 2
Zone 2: Geräte Kategorie 1, 2 oder 3

Oberirdische Flüssiggasbehälter, Grundplatte

Inhalt [*l*]	A [mm]	B [mm]	C [mm]
1775	1550	2475	3000
2700	1550	2460	3000
4850	2000	4255	4800

Inhalt [*l*]	D [mm]	E [mm]	Behälter Gew. kg
1775	850	1200	440
2700	950	1200	640
4850	950	1200	1050

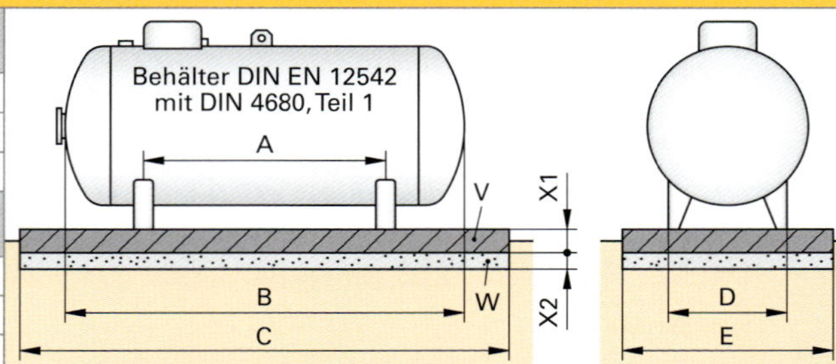

Aufstellung in Räumen

Ausführungsbeispiel

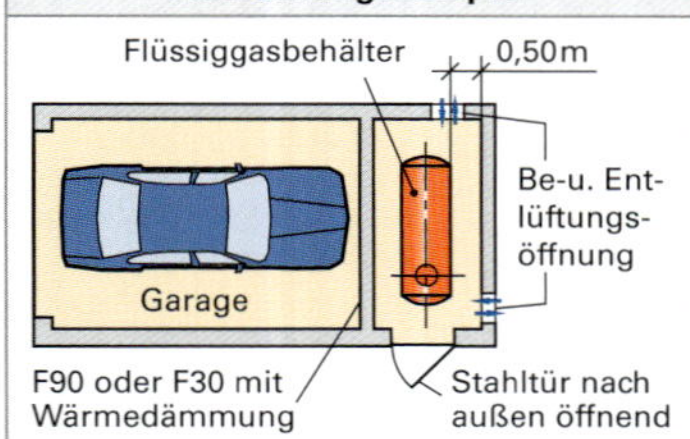

Aufstellregeln

- Raumausführung in feuerhemmender Bauweise
- Be- und Entlüftungsöffnungen direkt ins Freie
- Fußboden darf allseitig nicht unter Erdgleiche liegen
- Türen ins Freie feuerhemmend und nach außen aufschlagend
- Keine Öffnungen zu Nachbarräumen
- Keine Zündquellen oder brennbaren Stoffe im Raum
- Keine Kelleröffnung, Kanäle oder Schächte im Raum
- Kennzeichnung: „Feuer, offenes Licht und Rauchen verboten"
- Lüftungsöffnungen nicht verschließbar, eine über dem Fußboden und eine unter der Decke.

Klassifizierung der Druckregelgeräte für Flüssiggasbehälter — DIN 4811

Druckregelgeräte für Stufe 2

Klasse[1]	PS in bar	Eingangsdruck in bar	Druckbereich in bar	Ausgangsdruck in bar	OPSO Ansprechdruck in bar	PRV Ansprechdruck in bar	AD Sicherheitsmembrane	DEV
B 2	1,0	0,25	0,149 – 0,325	0,05	0,12	0,15	nein	zulässig
B 2 – t	1,0	0,25	0,149 – 0,325	0,05	0,12	nein	ja	nicht zul.
B 3/4	2,5	0,70	0,417 – 0,910	0,05	0,12	0,15	nein	zulässig
B 3/4 – t	2,5	0,70	0,417 – 0,910	0,05	0,12	nein	ja	nicht zul.

[1] Die Regelgerätekombinationen sind bindend, d. h. Druckregelgerät A 2 darf nur zusammen mit Gerät B 2 oder B 2 – t eingebaut werden. A3 mit B3/4 oder B3/4-t und A4 mit B3/4 oder B3/4-t

Flüssiggaslagerung – ortsbewegliche Flüssiggasbehälter — TRF 2021

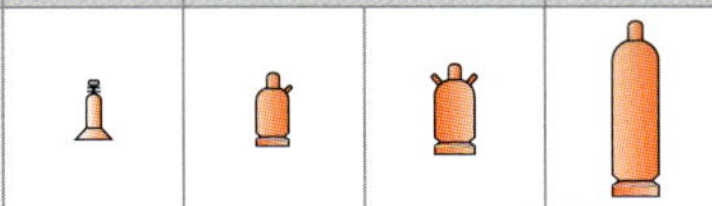

Merkmale	Kleinstflasche	Kleinflasche	Kleinflasche	Großflasche
Füllmasse [kg]	0,425	5	11	33
Gasvolumen [l]	220	2750	6050	18150
Flaschenvolumen [l]	1,0	12,3	27,2	79
Masse voll [kg]	2,225	11,6	24,1	68,5
Außendurchmesser [mm]	85	229	300	318
Gesamthöhe [mm]	320	485	574	1287
Prüfdruck [bar]	225	30	30	30

Druckregelgeräte für Flaschenanlagen

Der Flaschendruck wird ein- oder zweistufig auf den Anschlussdruck geregelt.

Druckregelgeräte:
Klasse F 1, F 1 – t, F2

Anschluss:
eingangsseitig ⇒ unmittelbar an das Flaschenventil
ausgangsseitig ⇒ mit Schlauchleitung nach DIN 4815-2, Druckklasse 0,2; 10 oder 30 an die Rohrleitung.

Kleinflaschendruckregelgeräte

Explosionsgefährdete Bereiche für Flaschenanlagen — TRF 2021

Mehrflaschenanlagen im Freien[1]

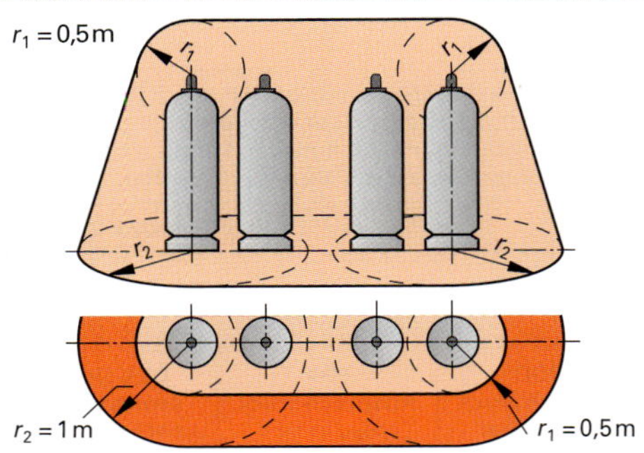

Innerhalb der explosionsgefährdeten Bereiche:
- keine Lagerung von brennbaren oder explosionsgefährdenden Stoffen,
- keine ungeschützten Luft- oder Lichtschächte, Kelleröffnungen, Kanal- oder Bodeneinläufe,
- potenzielle Zündquellen sind zu vermeiden.

[1] Bei Mehrflaschenanlagen kann aus mehreren Flaschen gleichzeitig Gas entnommen werden.

Mehrflaschenanlagen in Flaschenschränken[2]

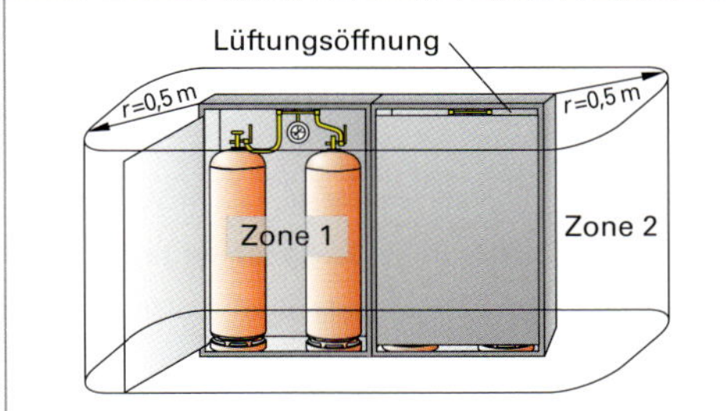

Anforderungen an Flaschenschränke:
- innerhalb des Flaschenschrankes besteht Explosionszone 1,
- außerhalb des Schrankes Explosionszone 2,
- aus nichtbrennbarem Material herstellen,
- Sicherheitskennzeichen anbringen,
- 2 Luftöffnungen von je > 100 cm2, eine unmittelbar oberhalb des Bodens, eine im oberen Teil,
- Abstand zu Kanälen u. Kelleröffnungen a ≥ 0,5 m.

[2] Im Freien aufgestellte Flaschen sind gegen den Zugriff von Unbefugten zu sichern, wie z. B. abschließbare Flaschenschränke.

Aufbau von Flüssiggasanlagen und Lagerung von Flüssiggas

Anforderungen an die Aufstellung von Flüssiggasanlagen — TRF 2021

Maßnahmen zur Reduzierung des Abstandes zu Kanälen, Schächten, Öffnungen

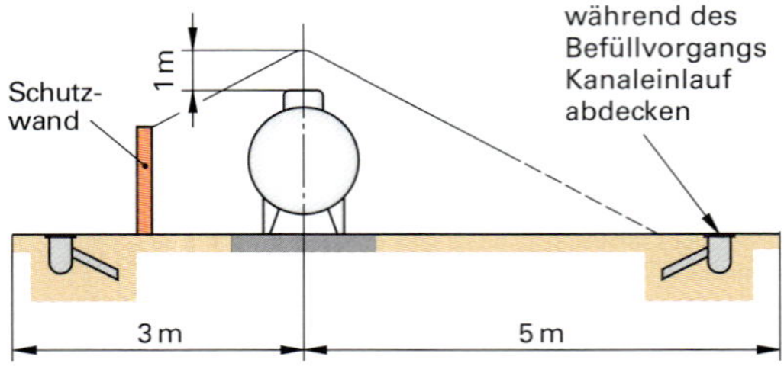

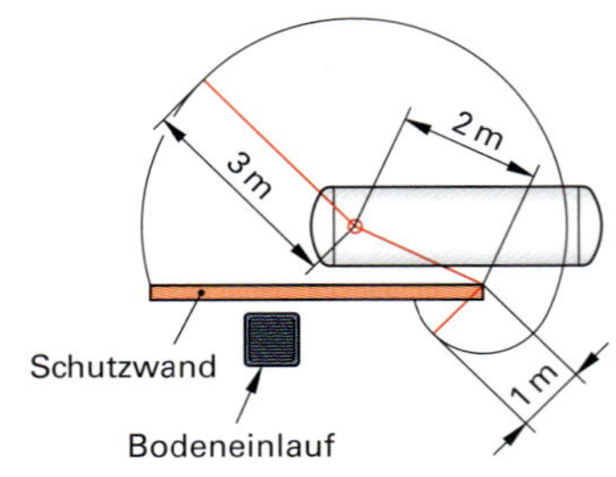

Zusätzliche Maßnahmen bei Gelände mit Gefälle

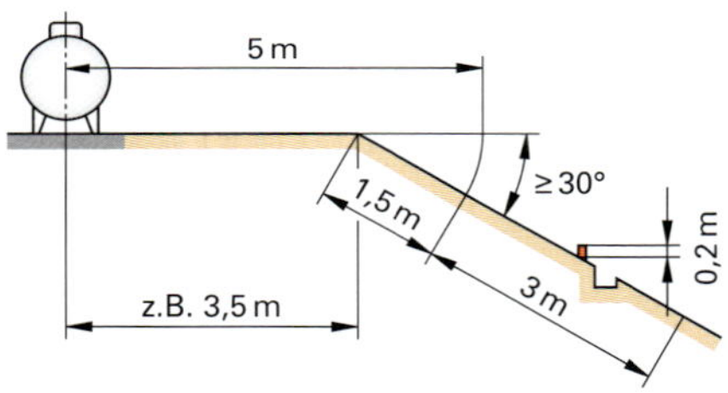

Max. Gasentnahme [kg/h] oberirdischer Behälter

Behälterinhalt (kg)	1200	2100	2900
Kurzzeitig[1] im Sommer	35	65	86
Kurzzeitig im Winter	7	13	17
Periodisch[2] im Sommer	14	25	35
Periodisch im Winter	3	5	7
Dauerentnahme Sommer	11	18	24
Dauerentnahme Winter	2	4	5

[1] 20 Minuten; [2] 50 % der Maximalentnahme

Abstände zu Brandlasten[1]

Breite der Brandlast	Abstand des Flüssiggasbehälters zur Brandlast[2]
≤ 3,5 m	5,0 m
4 m	5,5 m
5 m	6,4 m
6 m	7,2 m
7 m	8,0 m
8 m	8,7 m
9 m	9,5 m
10 m	10,2 m
11 m	10,9 m
12 m	11,6 m

[1] Brennbare Gegenstände/Objekte, wie z. B. KFZ-Werkstatt, Holzhäuser, Lagerschuppen.
[2] Abstand kann durch Schutzwand oder Strahlungsschutzblech verringert werden.

Druckregelgeräte in Flüssiggasanlagen — TRF 2021: 2021-04

Klassizifierung der Druckregelgeräte[1] für Flüssiggasbehälter — DIN 4811

Druckregelgeräte für Stufe 1

Klasse	PS	Ausgangsdruck p_d in bar	Stufen	OPSO Ansprechdruck p_{OPSO} in bar	PRV Ansprechdruck p_{PRV} in bar	DEV Druck entlastungsventil, DIN 4811
AB 1[2]	25	0,05	2	0,12	0,15	zulässig
A 2	25	0,25	1	0,50	0,90	nicht zulässig
A 3	25	0,70	1	2,0	2,5	nicht zulässig
A 4	25	0,70	1	1,0	1,5	nicht zulässig

[1] Die Druckregelung erfolgt zweistufig auf den Anschlussdruck von 50 mbar. Beide Druckstufen einschließlich der Sicherheitseinrichtungen können auch in einem Gerät vereinigt sein.
[2] Die Druckregelung erfolgt zweistufig in einem Gerät.

Rohre für Flüssiggasleitungen

TRF 2021

Rohre aus Kupfer, nahtlos gezogen, DIN EN 1057, GW 392 (A)

Außen-∅ in mm	6	8	10	12	15	18	22	28	35	42
Wanddicke in mm	1,0	1,0	1,0	1,0	1,0	1,0	1,0	1,0	1,2	1,2

Präzisionsstahlrohre, DIN EN 10305-1 bis DIN EN 10305-3

Außen-∅ in mm	–	8	10	12	15	18	22	28	35	–
Wanddicke in mm	–	1,0	1,0	1,0	1,5	1,5	1,5	2,0	2,0	–

Stahlrohre

Nennweite DN	6	8	10	15	20	25	32	40	50	65
Außen-∅ in mm	10,2	13,5	17,2	21,3	26,9	33,7	42,4	48,3	60,3	76,1
Wanddicke s in mm										
DIN EN 10255, Reihe M	2,0	2,3	2,3	2,6	2,6	3,2	3,2	3,2	3,6	3,6
DIN EN 10255, Reihe H	2,6	2,9	2,9	3,2	3,2	4,0	4,0	4,0	4,5	4,5
DIN EN 10220, nahtlos	2,0	2,0	2,0	2,0	2,3	2,6	2,6	2,6	2,9	2,9
DIN EN 10220, geschw.	2,0	2,0	2,0	2,0	2,0	2,0	2,3	2,3	2,3	2,6

Kunststoffrohre, nur erdgedeckt (PE 80 und PE 100, DVGW GW 335 A) und Innenleitungen (DVGW VP 632)

Außen-∅ in mm	16	20	25	32	40	50	63	75	90	110
Wanddicke in mm	1,5	1,9	2,3	2,9	3,7	4,6	5,8	6,9	8,2	10,0

Rohrverbindungen für Flüssiggasleitungen

Unlösbare Verbindungen

Kupferrohre	**Stahlrohre**	**Kunststoffrohre**
Hartlötverbindung nach DVGW-GW392 und DVGW GW2 für Rotgussfittings bis DN 32. Über DN 32 nur Schweißen. Pressverbindung DVGW VP 614 zulässig. Weichlötung nicht zulässig.	Schweißverbindung nach DVGW – Arbeitsblatt GW 350 in Verbindung mit DIN EN 12732. Gewinderohre EN 10255 M + H. Nahtlose und geschweißte Stahlrohre DIN EN 10220.	Nur Form- und Verbindungsstücke nach DVGW G 472 zulässig. Übergänge von PE-HD auf Stahl oder Kupfer nur erdgedeckt. Mehrschichtverbundrohr mit Rohrverbinder nach DVGW VP 625.

Gewindeverbindung

Gewindeverbindung nach DIN EN 10226-1 bis DN 50, Dichtheit durch metallische Flächenpressung. Betriebsdruck in der Gasphase pzul ≤ 1,0 bar. Nur zulässig für Gewinderohre DIN EN 10255 mittlere u. schwere Reihe.

Lösbare Verbindungen

Schneidring- und Klemmringverschraubung DIN 3387-1 und 2

Zulässig bei Niederdruck- und Mitteldruckleitungen bis DN 32. Nur zur Verbindung von Präzisionsstahlrohren. Kennzeichnungspflicht des Herstellers mit Kennzeichen und Werkstoffgruppe.

Flanschverbindungen, Mindestanforderungen an Schrauben, Muttern und Dichtungen

- verzinkte Sechskantschrauben nach DIN EN 4014/20898, Festigkeitsklasse 5.6 nach AD Merkblatt W7
- Sechskantmuttern nach DIN EN 4034 aus Stahl, Festigkeitsklasse 5-2 nach AD Merkblatt W7
- Dichtungen PN 25/40 nach DIN 1514-1, DIN EN 682 und DIN 3535-6

Rohre für Flüssiggas-Innenleitungen[1)]

Stahlrohre nach DIN EN 10255, DIN 2442, DIN EN 10220, DIN EN 10208-1 Verbindungsstücke nach DIN EN 1092-1, DIN EN 10242, DIN EN 10241	keine Verlegung unter Putz
Kupferrohre nach DIN EN 1057 Verbindungsstücke nach DVGW GW 2 (A)	Verlegung unter Putz möglich
Präzisionsstahlrohre nach DIN EN 10305-1 bis 10305-3 Verbindungsstücke nach DIN EN 3387-1 und 3387-2	keine Verlegung unter Putz
Kunststoffe, Verbundrohr nach DVGW VP 632 (P) mit Verbinder VP 625 (P)	

1) Betriebsdrücke $p_{ü} < 100\,\text{mbar}$

GT

Prüfung und Inbetriebnahme von Flüssiggasleitungsanlagen

TRF 2021: 2021-04

Prüfung von Nieder- und Mitteldruckanlagen

	Festigkeitsprüfung	Abnahmeprüfung
Zweck	Feststellen von Materialfehlern an Rohrleitungen und Fittings	Feststellung von kleinsten Undichtigkeiten an Gewinden und Verschraubungen
Zeitpunkt	Vor dem Anbringen von Korrosionsschutz, Verputzen oder Abdecken	Unmittelbar vor der Inbetriebnahme
Leitungsteil	Neuverlegte Leitungen ohne Armaturen mit geschlossenen Ventilen am Abnehmer und dem Behälter	Alle Leitungsteile bis zu den Einstellgliedern der Verbraucher
Prüfdruck	1,1-facher zulässiger Betriebsüberdruck (p_{zul}), mindestens 1000 mbar	P_{zul} 100 mbar - 150 mbar
Prüfmedium	Luft, Stickstoff (N_2), Wasser (mit dem 1,3-fachen p_{zul})	Luft oder Stickstoff
Prüfdauer	10 Minuten für Temperaturausgleich und 10 min kostanter Druck	
Vorgehensweise	Nach Druckbeaufschlagung 10 Minuten warten, dann messen, nach weiteren 10 Minuten noch einmal messen. Der Druck darf nicht fallen.	
Messgerät	Druckprüfgerät mit Manometer Klasse 1, Messgenauigkeit mind. 1 %, Messbereich 0–6 bar	

Rohrweitenbestimmung für Flüssiggasleitungen

TRF 2021: 2021-04

Niederdruckleitungen Δp < 100 mbar

Zur Dimensionierung der Leitungsquerschnitte stehen das Diagrammverfahren oder das Tabellenverfahren für unterschiedliche Werkstoffe zur Verfügung.

Bedingungen für das Diagrammverfahren:

Leitung für nur **ein** Gasgerät **ohne** Gaszähler

oder **ein** Gasgerät **mit** Gaszähler

[1] Formstücke müssen in Leitungslängen gemäß Tabelle umgerechnet werden.

Formteilzuschlag[1] l_W

Nennweite	Formstück	DN ≤ 25 da ≤ 28	DN 32 da 35	Hinweise
T-Stück, Abzweig	l_{TA}	0,7 m	1,0 m	Durchgang l_{TD} = 0
Bogen 90°	l_W	0,3 m	0,8 m	Kupfer, Stahl
Winkel 90°	l_W	0,7 m	1,0 m	Präzisionsstahl, PE

Die Diagramme beinhalten den Druckverlust für Rohrleitung, Gerätearmatur und Gasströmungswächter. Vom Ausgang des Druckreglers bis nach der Geräteanschlussarmatur stehen als Druckvedust für Rohre, Formstücke und Armaturen insgesamt $\Delta\ p_{ges} \leq 5{,}0$ mbar (500 Pa) zur Verfügung.

Einzelzuleitung **ohne** Gaszähler für Kupfer- oder Edelstahlrohr	Einzelzuleitung **mit** Gaszähler für Kupfer- oder Edelstahlrohr

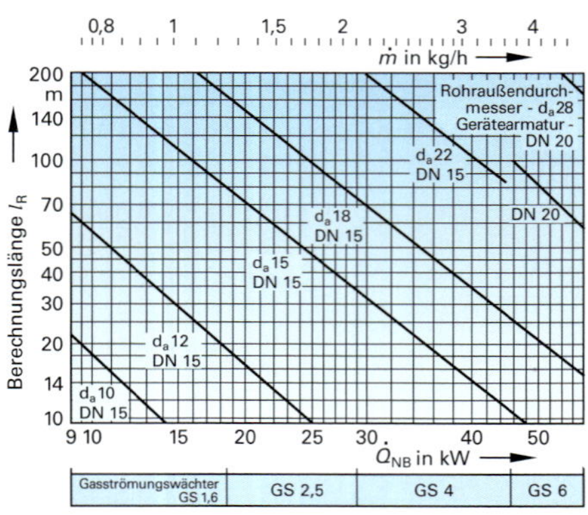

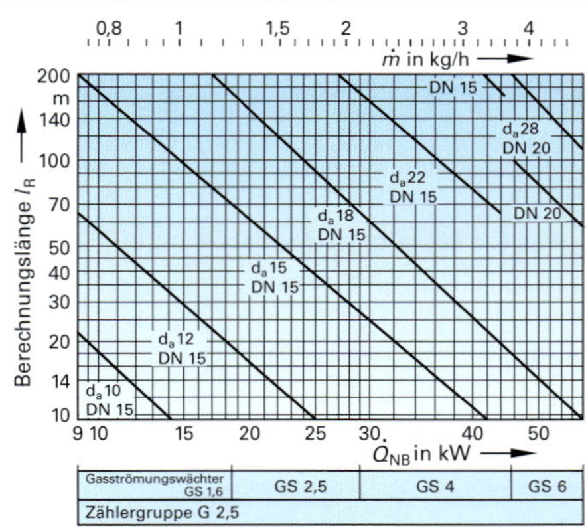

Rohrweitenbestimmung für Flüssiggasleitungen (Fortsetzung) TRF 2021: 2021-04

Einzelzuleitung **ohne** Gaszähler Präzisionsstahlrohr	Einzelzuleitung **mit** Gaszähler Präzisionsstahlrohr

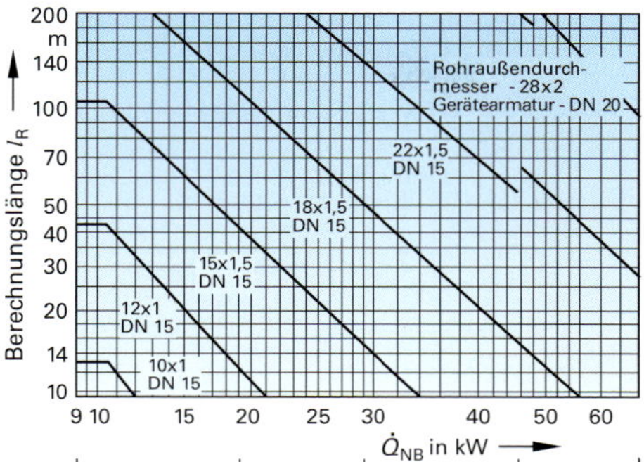

Gasströmungswächter GS 1,6	GS 2,5	GS 4	GS 6

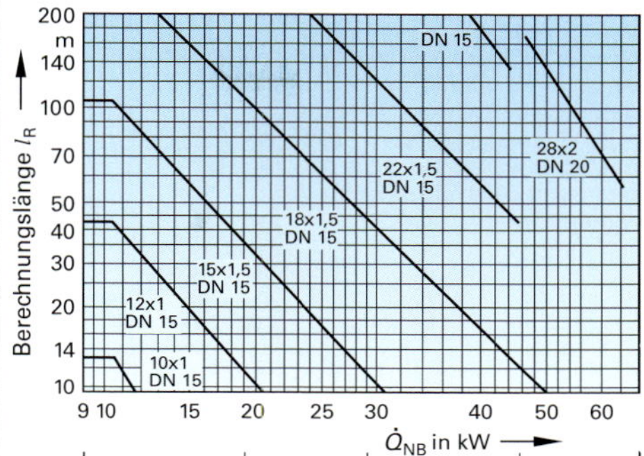

Gasströmungswächter GS 1,6	GS 2,5	GS 4	GS 6
Zählergruppe	G 2,5		

Rohrweitenbestimmung für Mitteldruckleitungen $\Delta p > 100$ mbar

Mitteldruckleitung ist die Leitung nach dem Mitteldruckregler bis zu dem oder den Niederdruckreglern. Sind beide Regler unmittelbar miteinander verbunden, gibt es keine Mitteldruckleitung.

Da in Mitteldruckanlagen ausreichend Druck für die Druckverluste in den Rohrleitungen zur Verfügung steht, kann auf die genaue Bestimmung der Berechnungslängen verzichtet werden, d.h. der Zuschlag für Form- und Verbindungsstücke entfällt. Dafür wird der ungünstigste Fließweg in der Regel nach oben gerundet.

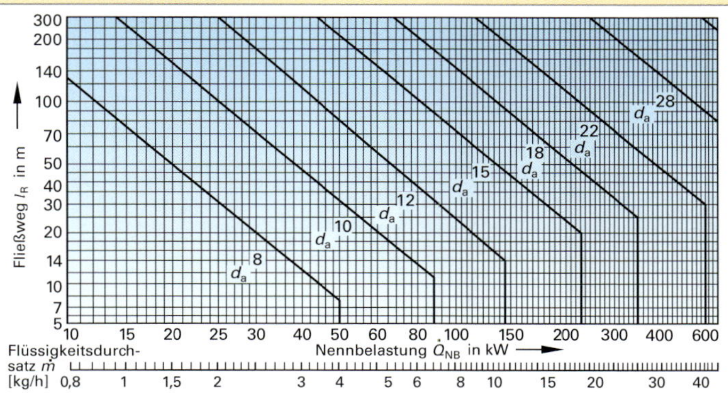

Rohrauswahl Mitteldruck, Kupfer- oder Edelstahlrohr

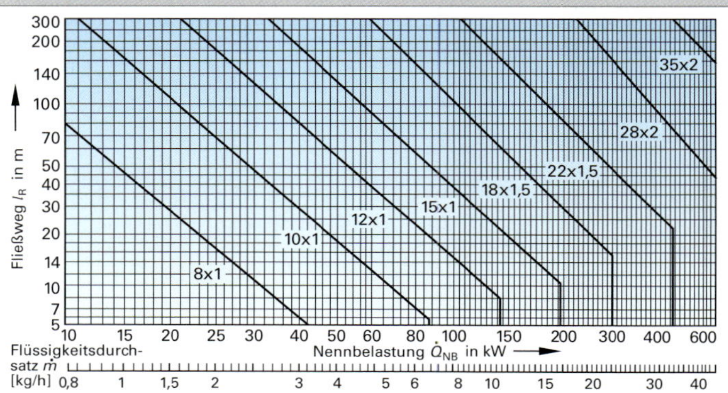

Rohrauswahl Mitteldruck, Präzisionsstahlrohr

Rohrweitenbestimmung für Flüssiggasleitungen (Fortsetzung)

TRF 2021: 2021-04

Niederdruckleitungen $\Delta p < 100$ mbar, Tabellenverfahren

Das Tabellenverfahren wird eingesetzt, wenn innerhalb einer Wohnung mehrere Gasgeräte installiert werden. Außerdem, wenn in Wohngebäuden mehrere Etagen mit Flüssiggasgeräten ausgestattet werden und die Abrechnung über einzelne Gaszähler erfolgt.

Mindestgröße für Gasströmungswächter und Mindestnennweiten für Gasleitungen

Gasströmungswächter			Gasleitungen		
Typ / Größe	ein Gasgerät	mehrere Gasgeräte	Mindestnennweite der Gasleitung		
GS K	Nennbelastung $\dot{Q}_{NB}$ in kW	Nennbelastung $\dot{Q}_{SB}$ in kW	Cu-Rohr, Edelstahl	Präzisionsstahlrohr	Stahlrohr
GS 1,6	bis 18	bis 25	d_a 12	12 × 1,0	DN 10
GS 2,5	19 bis 28	26 bis 40	d_a 12	15 × 1,5	DN 10
GS 4	29 bis 45	41 bis 64	d_a 15	18 × 1,5	DN 15
GS 6	46 bis 67	65 bis 96	d_a 18	22 × 1,5	DN 20
GS 10	68 bis 112	97 bis 160	d_a 22	28 × 2,0	DN 25

Rohrdruckgefälle bei Gleichzeitigkeitsfaktor $f_G = 1$

Gasströmungswächter GS					**Gaszähler G (Balgengaszähler)**				
Druckverlust Δp_{GS} in Pa	Größe				Druckverlust Δp_{ZG} in Pa	Größe			
	Nennbelastung $\dot{Q}_{NB}$ in kW					Nennbelastung $\dot{Q}_{NB}$ in kW			
	GS 1,6	GS 2,5	GS 4	GS 6		G 2,5	G 4	G 6	G 10
10	12	19	31	47	30	10	15	18	30
15	15	23	37	56	35	18	26	32	53
20	17	26	42	64	40	24	33	41	69
25	18	29	47	71	45	28	40	49	81
30	20	32	51	76	50	32	45	55	92
35	22	34	55	83	60	40	56	69	115
40	23	36	58	88	70	46	64	78	131
45	24	38	62	93	80	51	71	87	145
50	25	40	64	96	90	55	77	94	157

Absperrarmaturen ohne TAE

DIN EN 331

Druckverlust Δp in Pa	**Eckhahn, DN**				**Durchgangshahn, DN**					**Magnetventil, DN**			
	10	15	20	25	8	10	15	20	25	6	12	20	25
	Nennbelastung $\dot{Q}_{NB}$ in kW				Nennbelastung $\dot{Q}_{NB}$ in kW					Nennbelastung $\dot{Q}_{NB}$ in kW			
2	6	12	20	34	6	10	17	34	55	3	9	27	63
4	8	15	26	44	8	13	22	44	71	4	12	35	99
6	10	18	31	52	10	15	26	52	84	5	15	41	127
8	11	20	35	59	11	17	29	59	95	6	17	47	153
10	14	24	42	70	14	21	35	70	110	7	18	57	175
15	16	29	50	83	16	25	41	83	133	–	20	68	196
20	18	33	56	94	18	28	47	94	151	8	22	77	215
25	20	36	62	104	20	31	52	104	167	9	23	96	232
30	22	39	68	113	22	34	56	113	182	–	24	94	249
35	24	42	73	122	24	36	61	122	195	10	26	106	273
40	26	45	78	130	26	39	65	130	208	11	29	121	302
45	27	48	82	137	27	41	68	137	220	12	31	134	329
50	29	51	88	148	29	44	74	148	236	–	33	147	354

Rohrweitenbestimmung für Flüssiggasleitungen (Fortsetzung) TRF 2021: 2021-04

Rohrdruckgefälle bei Gleichzeitigkeitsfaktor $f_G = 1$

Geräteanschlussarmaturen mit TAE DIN 3586

Druckverlust Δp_{GA} in Pa	Steckdose **GSD** $\dot{Q}_{NB}$ [kW]	Eckhahn, DN					Durchgangshahn, DN				
		10	15	20	25	32	10	15	20	25	32
		Nennbelastung $\dot{Q}_{NB}$ in kW					Nennbelastung $\dot{Q}_{NB}$ in kW				
5	6,0	7,0	13	22	38	69	11	19	38	61	104
10	8,0	9,0	17	29	50	89	14	24	50	79	134
15	9,0	11	20	35	59	106	17	29	59	94	159
20	10	13	23	39	67	120	19	33	67	107	180
25	11	14	26	43	74	132	21	36	74	118	200
30	12	15	28	47	80	144	23	39	80	128	217
35	13	17	30	51	86	155	25	42	86	138	233
40	14	18	32	54	92	165	27	45	92	147	248
45	15	19	34	57	97	174	28	48	97	155	262
50	16	20	37	62	105	188	31	51	105	167	282
60	18	22	40	67	114	204	33	56	114	181	307
70	19	24	43	72	122	219	36	60	122	195	330
80	20	25	46	77	130	233	38	64	130	208	351
90	21	27	48	81	138	247	40	68	138	219	371
100	23	28	51	85	145	259	42	71	145	231	390

Druckverluste für Kupfer- und Edelstahlrohre

R in Pa/m	l_F[1] in m	da 8	10	12	15	18	22
		Nennbelastung $\dot{Q}_{NB}$ in kW					
0,6	–	–	0,7	1,8	4,6	8,3	16
0,8	–	–	1,0	2,4	5,5	9,9	18
1,0	350	0,4	1,2	3,0	6,3	11	21
1,2	290	–	1,4	3,5	6,9	12	23
1,4	250	0,5	1,7	3,6	7,6	14	25
1,6	220	–	1,9	3,9	8,2	15	27
1,8	195	0,6	2,1	4,2	9,0	16	29
2,0	175	0,7	2,5	4,6	9,5	17	32
2,5	140	0,9	2,8	5,2	11	19	36
3,0	116	1,1	3,1	5,8	12	21	39
3,5	100	1,3	3,3	6,3	13	23	43
4,0	87	1,5	3,6	6,8	14	25	46
4,5	77	1,7	3,9	7,2	15	27	49
5,0	70	1,9	4,2	7,9	16	29	53
6	58	2,1	4,7	9,0	18	32	59
7	50	2,2	5,1	9,5	20	35	64
8	43	2,4	5,5	10	21	37	69
9	38	2,6	5,9	11	23	40	73
10	35	2,8	6,4	12	25	43	80
12	29	3,1	7,1	13	27	48	88
14	25	3,4	7,7	14	29	52	95
16	21	3,7	8,3	15	32	56	102
18	19	4,0	9,0	16	34	59	109
20	17	4,3	9,6	18	37	65	118
25	14	4,9	11	20	42	73	134
30	11	5,5	12	22	46	81	148
35	10	5,9	13	24	50	88	160

Druckverluste für Präzisionsstahlrohr

R in Pa/m	l_F[1] in m	8 × 1	10 × 1	12 × 1	15 × 1,5	18 × 1,5	22 × 1,5	28 × 2
		Nennbelastung $\dot{Q}_{NB}$ in kW						
0,6	–	–	0,7	1,8	3,8	6,5	13	24
0,8	–	–	1,0	2,4	4,2	7,7	15	29
1,0	350	0,4	1,2	3,0	4,7	9,0	17	32
1,2	290	–	1,4	3,5	5,2	10	19	36
1,4	250	0,5	1,7	3,5	5,6	11	20	39
1,6	220	–	1,9	3,6	6,1	–	22	41
1,8	195	0,6	2,1	3,9	6,5	12	23	44
2,0	175	0,7	2,5	4,2	7,0	13	25	48
2,5	140	0,9	2,8	4,8	8,0	15	29	54
3,0	116	1,1	2,8	5,3	9,0	16	31	59
3,5	100	1,3	3,1	5,7	9,5	18	34	64
4,0	87	1,5	3,3	6,2	10	19	36	68
4,5	77	1,7	3,5	6,6	11	20	39	73
5,0	70	1,9	3,8	7,1	12	22	42	79
6	58	2,1	4,2	7,8	13	24	46	86
7	50	2,1	4,6	8,5	14	26	49	93
8	43	2,2	4,9	9,0	15	28	53	100
9	38	2,3	5,2	10	16	30	56	106
10	35	2,5	5,7	11	17	32	61	114
12	29	2,8	6,2	12	19	35	67	125
14	25	3,0	6,7	13	21	38	72	135
16	21	3,2	7,2	13	22	40	77	144
18	19	3,4	7,7	14	23	43	82	153
20	17	3,7	8,3	15	25	46	88	166
25	14	4,2	9,0	17	29	52	99	186
30	11	4,6	10	19	31	57	108	200
35	10	5,0	11	21	34	62	117	215

[1] l_F = Fließlängenweg als Summe aller Teilstrecken l_R $l_F = \Sigma l_{R1} + l_{R2} + \ldots$

GT

Abgas-Verbindungsstücke und Material

Verbindungsstücke zwischen Wärmeerzeuger und Schornstein (Abgasleitung)

Querschnittsfläche und Maße

$\dot{Q}_{NL}$	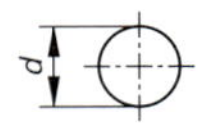		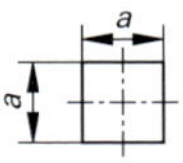		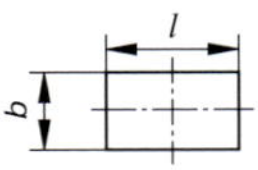		
[kW]	A [cm²]	d [cm]	A [cm²]	a cm	A [cm²]	l [cm]	b [cm]
≤ 2,8	20	5	25	5	24	6	4
≤ 4,2	28	6	36	6	35	7	5
≤ 5,9	38	7	49	7	48	8	6
≤ 9,1	50	8	64	8	70	10	7
≤ 13,2	62	9	81	9	77	11	7
≤ 17,4	80	10	100	10	104	13	8
≤ 21,6	95	11	121	11	126	14	9
≤ 27,2	115	12	144	12	150	15	10
≤ 34,9	135	13	169	13	176	16	11
≤ 43,9	150	14	196	14	204	17	12
≤ 52,3	180	15	225	15	247	19	13

Material

Werkstoff	Durchmesser	Dicke
Stahl [mm]	80 bis 160	0,6
Aluminium [mm]	80 bis 100 110 bis 160	0,7 1,0
Faserzement [mm]	≥ 80	7,0

Verlegeregeln

- keine Verlegung in Fluchtwegen
- keine Verlegung in andere Geschosse
- nicht durch andere Wohnungen
- nicht durch Räume, in denen leicht entzündliche oder explosive Stoffe lagern
- nicht in der Schornstein ragen lassen
- keine Verlegung in Wänden, Schächten oder unzugänglichen Hohlräumen
- keine Verlegung durch Einbaumöbel

Zusammenführung von Verbindungsstücken

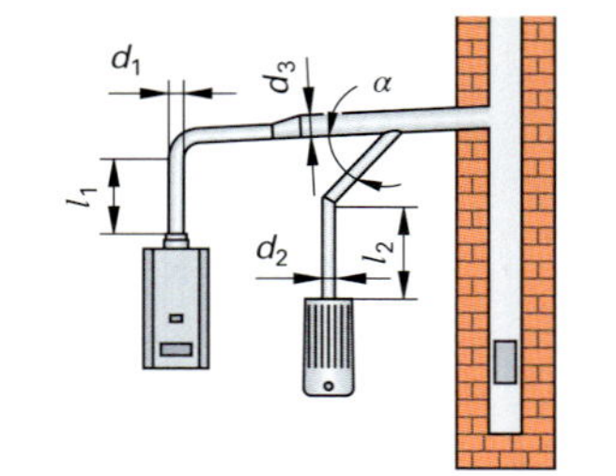

Zu beachten: $\alpha \leq 45°$, l_1, l_2: lotrechte Anlaufstrecke ≥ 500 mm bei Gasverbrauchseinrichtung ohne Gebläse. Ermittlung von d_1, d_2 nach Tabelle oben, d_3 wird nach Betriebsart bestimmt:

1) Wechselseitiger Betrieb:
d_3 = max. (d_1, d_2), der größere Einzeldurchmesser zählt.

2) Gleichzeitiger Betrieb:

$$d_3 = \sqrt{0{,}8 \cdot (d_1^2 + d_2^2)}$$

Abgasführung über Dach

TRGI 2018: 2018-09

Gasgeräte der Bauart C mit einer maximalen Nennwärmeleistung von 50 kW

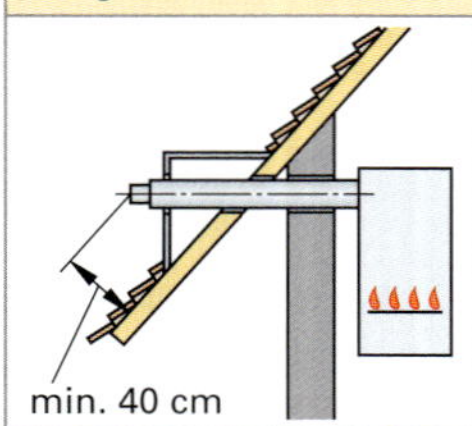

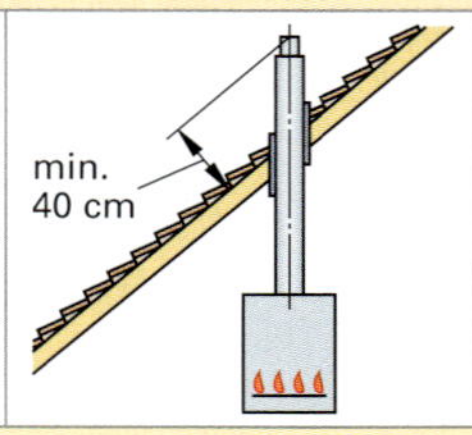

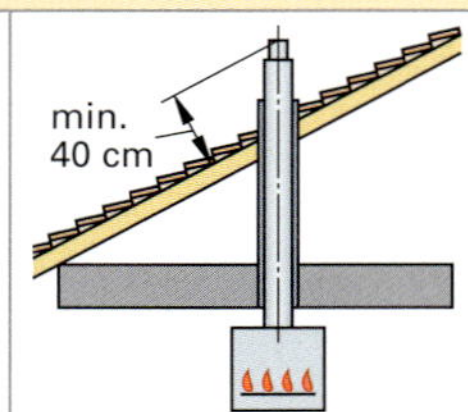

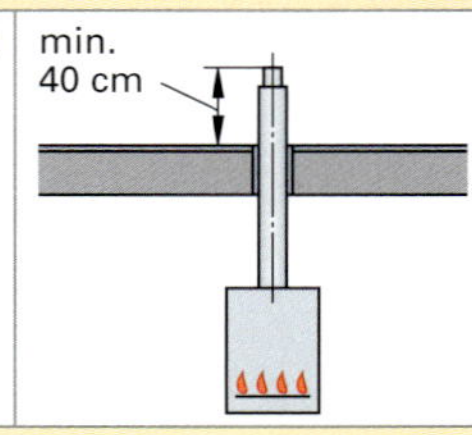

Alle anderen Gasfeuerstätten

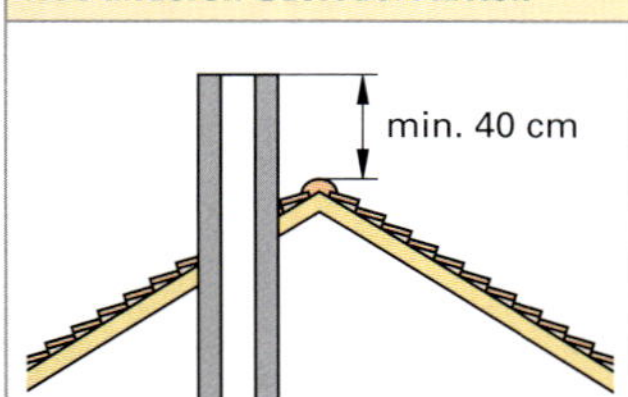

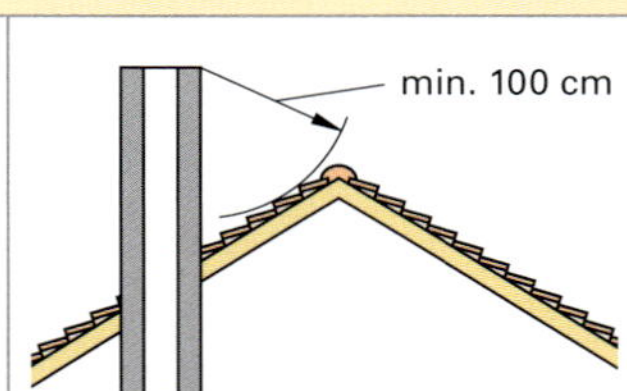

Bedingung

Die Abgassysteme müssen Dachaufbauten, Öffnungen zu Räumen, ungeschützte Bauteile aus brennbaren Stoffen um mindestens 1 m überragen oder 1,5 m von ihnen entfernt sein.

Mündungen an der Fassade

TRGI 2018: 2018-09

Allgemeine Festlegungen

Unzulässig in	Mindestabstände	Gasgeräte Art C_{11}	Gasgeräte Art C_{12} und C_{13}
• Schutzzonen für brennbare und explosive Stoffe • Durchgängen und Durchfahrten • Luft- und Lichtschächten • engen Traufgassen • Loggien und Laubengängen • Ecklagen von Innenhöfen (Nicht C_{12}, C_{13}) • in Innenhöfen, wenn deren Länge oder Breite kleiner als die Höhe des höchsten angrenzenden Hauses • auf Balkonen • unter auskragenden Bauteilen	• Mündungen an Gebäudevorsprüngen aus brennbaren Baustoffen – seitlich und nach unten ≥ 0,5 m – nach oben ≥ 1,5 m – nach gegenüber ≥ 1,0 m • Mündungen nahe der Geländeoberfläche – Rohrunterkante nach unten ≥ 0,3 m • Mündungen an begehbaren Flächen – bis 2,0 m Höhe mit nicht brennbaren Baustoffen gegen Beschädigung sichern – Gasgeräte + Gebläse, Abstand Rohrunterkante nach unten ≥ 2,0 m	• Mindestabstände der Mündungen: – untereinander, seitlich und nach oben ≥ 2,5 m – zu Lüftungsöffnungen, Fenstern, die geöffnet werden können und Türen, nach oben ≥ 5,0 m (Ausnahme Außenwand-RH mit Emissionen NO_x (0 %) ≤ 150 mg/kWh genügt ein Abstand nach oben von 0,3 m) • Fassadenfläche pro Mündung ≥ 16 m² • Mengenbegrenzung – max. 4 Abgasmündungen übereinander.	• Mindestabstände zu Lüftungsöffnungen – seitlich ≥ 2,5 m – nach oben ≥ 5,0 m • Zu Balkonen – seitlich ≥ 1,5 m – nach unten ≥ 2,5 m – nach oben ≥ 5,0 m • Zu Fenstern und Fassadentüren – Zwei Abgasmündungen, deren Abstand untereinander waagerecht weniger als 5 m beträgt, werden als Zweiergruppe betrachtet. Zu jeder weiteren Mündung muss a ≥ 5,0 m sein.

Mindestabstände zu Fenstern und Fassadentüren – Eine Abgasmündung in der Fassade

Glatte Fassade	Fassade mit Vorsprung ($z > 0{,}1$ m, $y < 5$ m)[1]	Fassade in Ecklage Querfassade ohne Fenster ($w \geq 0{,}5$ m, $e \leq 5$ m)[1]	Fassade in Ecklage Querfassade mit Fenster ($w \geq 0{,}5$ m, $f \leq 5$ m)[1]
$a > 0{,}5$ m, $b \geq 1{,}0$ m, $c \geq 5{,}0$ m	$a > 0{,}75$ m, *b, c, d* wie glatte Fassade	**wenn $0{,}5 < w \leq 1$ m:** $a \geq 0{,}5$ m; $e \geq 0{,}5$ m **wenn $w > 1$ m:** $e \geq 1{,}0$ m	**wenn $0{,}5 < w \leq 1$ m:** $a \geq 0{,}5$ m; $f \geq 2{,}5$ m **wenn $w > 1$ m:** $f \geq 2{,}5$ m
		$a \geq 0{,}75$ m; *c, d, e* wie glatte Fassade	
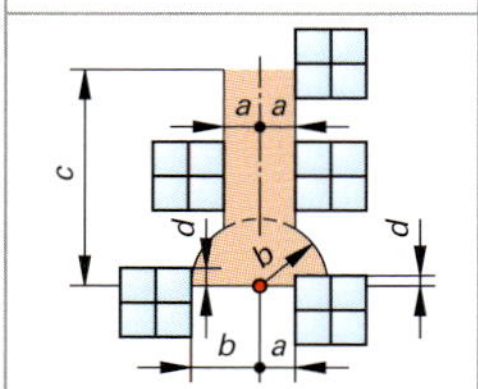	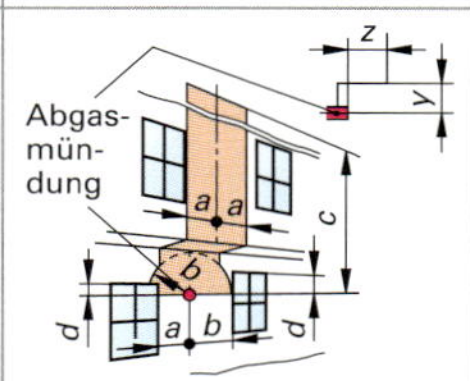	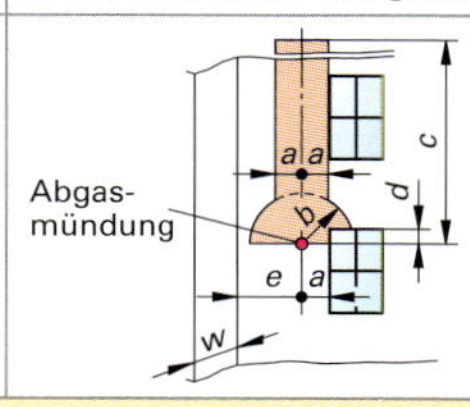	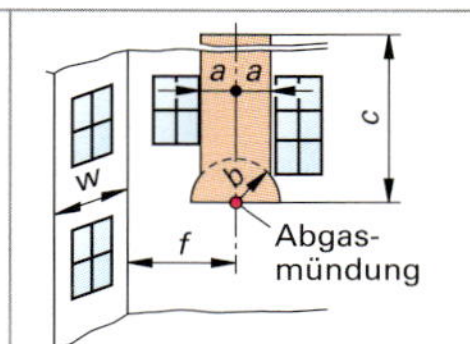 Ist *w* kleiner als 0,5 m

Zwei Abgasmündungen in der Fassade

$a_u \geq 0{,}5$ m, $a_o \geq 0{,}02\,x^2 - 0{,}289\,x + 1{,}447$ *x*: senkrechter Abstand der Abgasmündungen in [m] $b \geq 1{,}0$ m, $c \geq 5{,}0$ m	$a_o \geq 2{,}1805$ m, da $x = 0$ m $a_o \geq 0{,}02\,x^2 - 0{,}4335\,x + 2{,}1805$ $c \geq 5{,}0$ m	**$0{,}5 < w \leq 1$ m:** $e_o = e_0$ ($w > 1$)	**$0{,}5 < w \leq 1$ m:** $f \geq 2{,}5$ m
		$a_u \geq 0{,}5$ m, $a_o \geq 0{,}03\,x^2 - 0{,}4335\,x + 2{,}180$	
		wenn $w > 1$ m: $e_o \geq 0{,}04\,x^2 - 0{,}578\,x + 2{,}894$	**wenn $w > 1$ m:** $f \geq 2{,}5$ m, $b \geq 1{,}0$ m, $c \geq 5$ m,
		$a_u \geq 0{,}75$ m, $a_o \geq 0{,}03\,x^2 - 0{,}4335\,x + 2{,}1805$[2]	
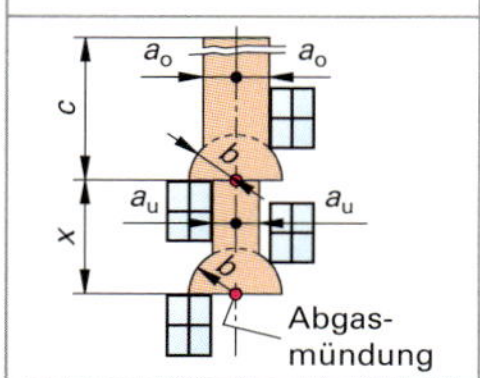	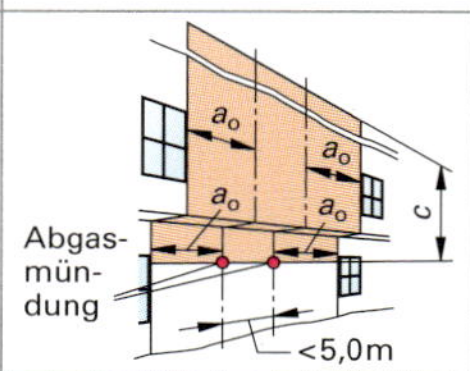	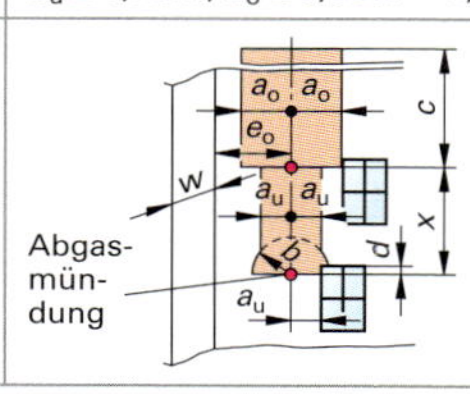	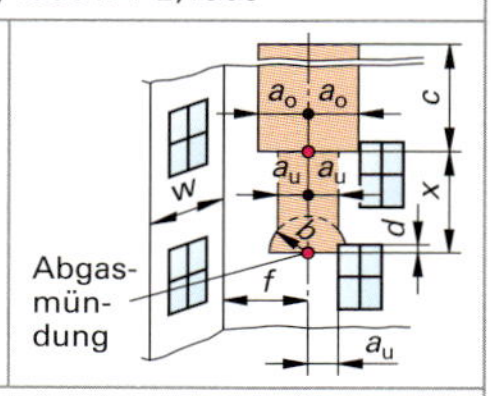

[1] Sonst wie glatte Fassade, [2] *b, c, d* wie glatte Fassade

GT

Rohrweitenberechnung Tabellenverfahren, 1 Gasgerät

Auftrag/Bauherr: ....

Rohrart: ....

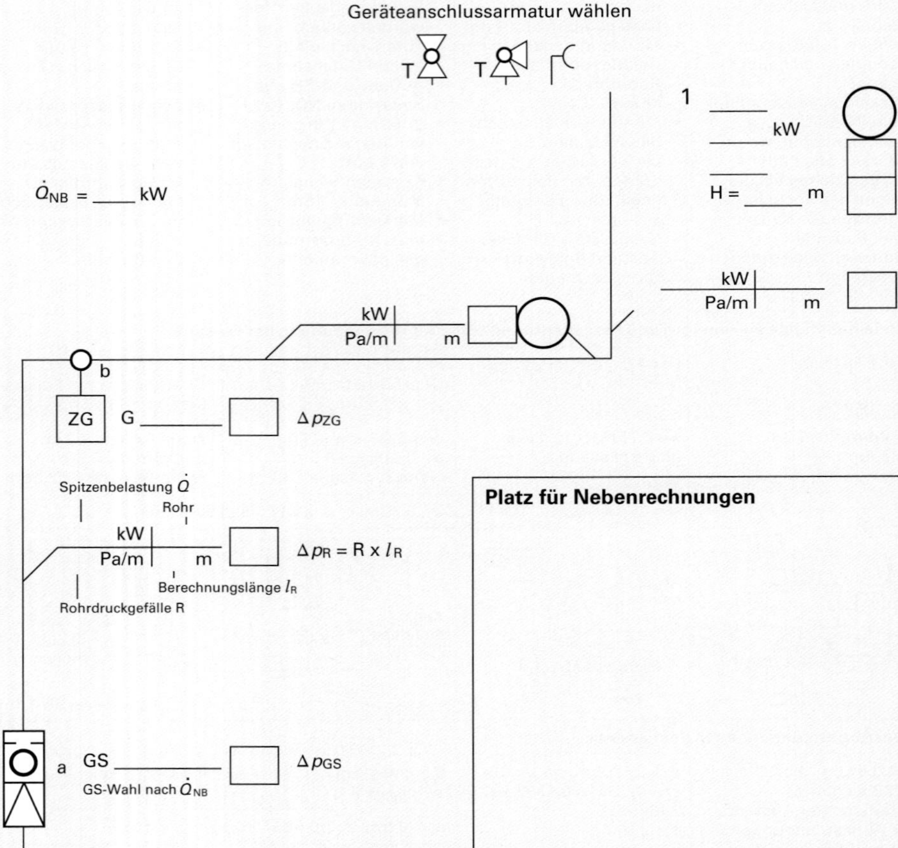

Platz für Nebenrechnungen

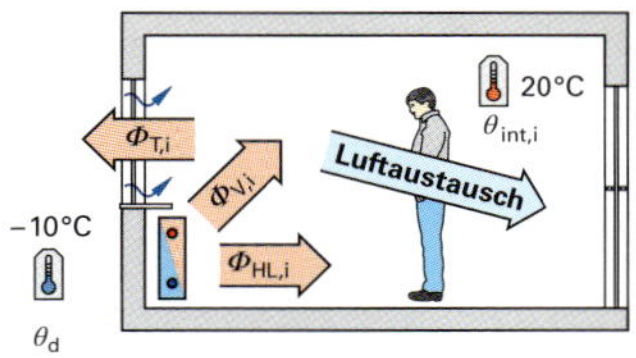

Allgemeine Grundlagen

Norm-Heizlast

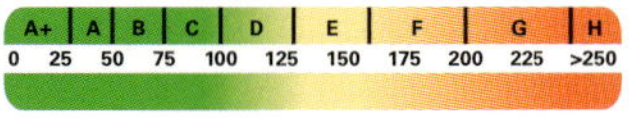

Gebäudeenergiegesetz

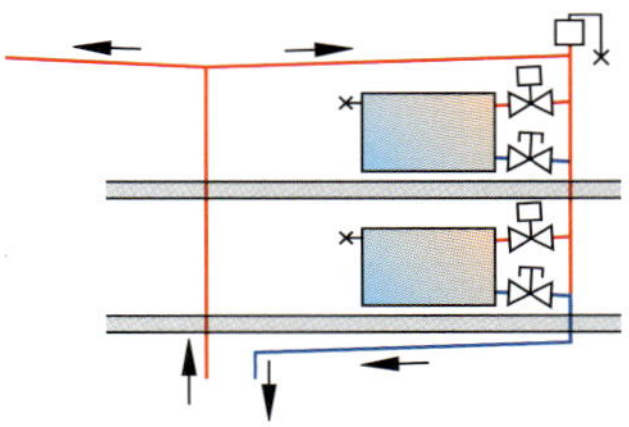

Raumheizeinrichtungen

Rohrnetz

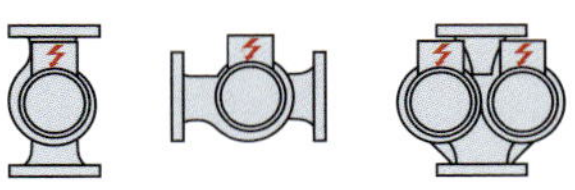

Heizungspumpen

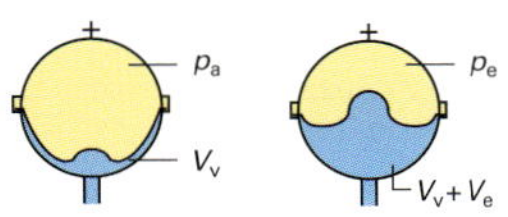

Sicherheitstechnische Ausrüstung

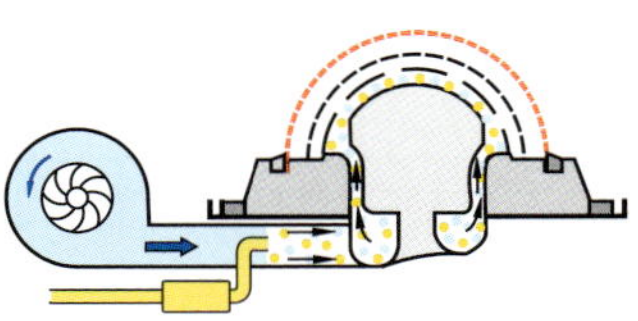

Heizungsregelung

Wärmeversorgungsanlagen

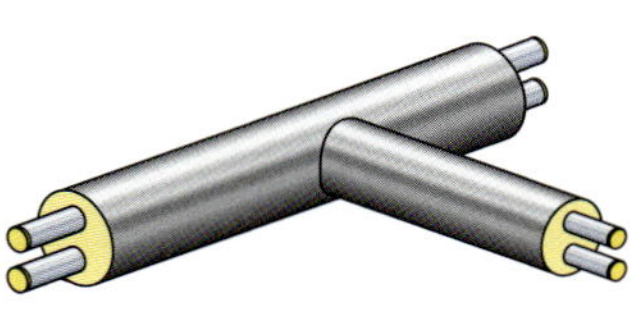

Nah- und Fernwärmeversorgung

Dampfkesselanlagen

Planung, Ausführung, Betrieb und Kosten

Allgemeine Hinweise, Auftragsplanung und -durchführung

Erster Kontakt zwischen Kunde und Betrieb

Auftragsanalyse

- Erwartungen und Kundenwünsche klären
- Gegebenheiten durch „Vor-Ort-Begutachtung" feststellen (Bauausführung, Nutzung)
- Geltungsbereich des Gebäudeenergiegesetzes (GEG) abklären
- Betriebswirtschaftliche und technische Voraussetzungen prüfen
- Umweltbewusstsein abschätzen
- Energieversorgung und -beratung
- Auf Förderprogramme und Einsparmöglichkeiten hinweisen (Energieausweis)

Angebotserstellung

- Kalkulation mehrerer Angebote erstellen (Begründung der Preisunterschiede: Betriebskosten, Komfort, Qualität, Umwelt u.a.)
- Erweiterungsmöglichkeiten formulieren
- Sanierungsvorschläge bei Altbauten erarbeiten

Auftragserteilung durch den Kunden

Auftragsplanung

- Objektbeschreibung, Bau- und Lagepläne sichten und ggf. berechneten Heizwärmebedarf nach Gebäudeenergiegesetz (GEG) anfordern
- Jahresheizwärmebedarf abschätzen, Energieträger wählen
- Wärmeerzeuger, Heizkörper wählen
- Regelungsart und Art der Brauchwassererwärmung wählen
- Wärmedurchgangskoeffizienten beim Statiker oder Bauphysiker erfragen oder ermitteln, Norm-Heizlast nach DIN EN 12831 berechnen
- Wärmeerzeuger auslegen, Brauchwassererwärmer und Heizflächen bemessen
- Rohrsystem und Verteilungsart wählen
- Strangschema aufstellen, Rohrtrassenführung in Zusammenarbeit mit dem Architekten festlegen und Rohrplan erstellen
- Brennstofflager, Wärmespeicher, sicherheitstechnische Einrichtungen, Mess- und Anzeigegeräte, Ausdehnungsgefäß, Wärmedämmung wählen und auslegen
- Montagepläne erstellen (Grundrisse, Leitungsschema, Details)
- Schlitz- und Durchbruchsplan, Massenauszug (Teilverzeichnis), Leistungsverzeichnis erstellen, Kapazitäten und Termine planen

Auftragsdurchführung

- Zusammen- und Bereitstellen der Materialien, Werkzeuge, Maschinen, Werk- und Hilfsstoffe
- Baustellenbesprechung und Einteilung des Montagepersonals
- Berücksichtigung von Änderungen durch Kunden bzw. örtlichen Gegebenheiten und diese in Arbeitsablauf einbeziehen
- Sorgfältiger Montageablauf (Arbeitssicherheit, Funktion etc.)
- Überprüfen der fach- und sachgerechten Ausführung, Einregulierung, hydraulischer Abgleich
- Inbetriebnahme und Übergabe an den Kunden

Auftragsauswertung

- Aufmaß erfassen, Rechnung erstellen, Kundenkartei aktualisieren, Wartungs- und Serviceangebote dem Kunden offerieren

Kennzeichen von Heizungsanlagen	
Merkmal	**Beispiel**
Verwendete Energie	Festbrennstoff (Koks, Holz, Hackschnitzel, Pellets), Öl, Gas, Strom, Erdwärme, Solareinstrahlung
Aufstellungsort	Einzel-, Zentral-, Fern- und Nahwärmeheizung
Wärmeerzeuger	**Heizwärme mit Flamme (Heizkessel):** Brennwert-, Niedertemperatur- und Standardkessel **Heizwärme flammenlos:** Blockheizkraftwerk, Wärmepumpe, Solaranlage, Brennstoffzelle, Elektro-Speicherheizung
Wärmeträger	Warmwasser, Heißwasser, Wasserdampf, Luft, (elektrischer Strom)
Wasserumlauf	Umwälzpumpen (u. a. in DDR bis ca. 1980 Schwerkraftheizung)
Systemdruck	Offene (heute nicht mehr)/geschlossene Anlage Niederdruck-, Hochdruckanlage
Heizungswasserführung	Einrohr-, Zweirohr-, Tichelmannsystem
Verteilung Vorlaufwasser	Untere, obere, etagenweise Verteilung, Stockwerksheizung
Wärmeabgabe	Radiatoren-, Konvektoren-, Rohr-, Fußboden-, Wand-, Decken-, Luftheizungen und kombinierte Abgabe
Anforderungskriterium	**Anspruch**
Grundaufgabe	**Komfortanlagen:** Schaffung eines von der Witterung unabhängigen Raumklimas, das von dem Raumnutzer als behaglich empfunden wird. **Industrieanlagen:** Herstellung des für die Fertigung oder Lagerung von Produkten günstigen Raumklimas.
Komfort/Behaglichkeit	Temperaturverteilung im Raum, einfache Bedienung, Vermeidung von Geräuschen und Gerüchen, schnelle Anpassung (Regelbarkeit), geringe Staubumwälzung, ausreichend Warmwasser
Ökonomie	Geeignete Auswahl des Heizsystems und Energieträgers unter Anlagenerstellungs- oder Betriebskosten, regelmäßige Wartung, niedrige Verluste, Einbindung des Warmwassererwärmers
Anlagenbetrieb	Störungsfrei, hohe Zuverlässigkeit, wartungsarm, Beachtung einschlägiger Vorschriften
Ökologie	Energetische Effizienz, minimale Emissionswerte, Nutzung von alternativen Energien, umweltgerechte Entsorgung
Art der Heizanlage	**Ausführung**
Wohnungen	Örtliche Heizung, Warmluftheizung, Warmwasserzentral- oder Stockwerksheizung oder eine Kombination mehrerer Systeme
Gebäudeanlagen	Z. B. Fabriken, Krankenhäuser: Heizung der Gebäude und gesamte Wärmeversorgung z. B. Warmwasserversorgung für Koch- und Waschzwecke, Dampf für Kochkessel und Fabrikation inkl. Wärmerückgewinnung und Krafterzeugung
Auswahlfaktor	**Kriterium**
Verwendungszweck	Wohn-, Geschäfts-, Krankenhäuser, Altenheime, Fabriken
Benutzung	Dauer, Anzahl der Personen, gewerblich, öffentlich
Brennstoffart	Vorschriften (örtliche Gemeindesatzung), Anschlussmöglichkeiten Gasleitung/Fernheizung,
Kosten	Investition, Betrieb, Verbrauch, Kapital
Verfügbare Geldmittel	Eigenmittel, Förderprogramme
Alternative Energie	Wärmepumpen, solarunterstützte Heizsysteme
Vorschriften	Behördliche Vorschriften, Rechtsverordnungen, Verwaltungsvorschriften, Sicherheitsrichtlinien, Normen
Umweltschutz	Begrenzung der Emission/Immission, Schutz von Erdreich, Grund- und Oberflächenwasser, sparsame Nutzung

Heizungsarten

Heizungsart	Kurzbeschreibung	Anwendung
Stockwerks-heizungen	Übergang von örtlichen Heizungen zur Zentralheizung: Aufstellung eines Kleinkessels, zweckmäßig als Gasumlaufheizer/ Therme in Küche oder Diele mit Radiatoren in einzelnen Räumen, Küchenkessel oft mit Warmwasserspeicher über oder neben dem Kessel kombiniert, ähnliches für Kachelofen, Mehrzimmerheizungen: erzeugen keine gleichmäßige Wärmeverteilung wie Stockwerks-heizungen	Wohnungen
Zentral-heizungen (Sammel-heizung)	Außerhalb der Wohnungen befindliche Feuerstätten. Erzeugte Wärme wird unter Zwischenschaltung eines Wärmeträgers den einzelnen Räumen zugeführt, Unterscheidung der Wärmeträger: **Warmwasser-, Dampf- und Luftheizungen**	Wohnungen
Wasser-heizungen	**Offene Anlage**n bis 110 °C Vorlauftemperaturen (werden heute nicht mehr gebaut) **Geschlossenen Anlagen** bis 105 °C Vorlauftemperaturen **Vorteile:** Zentrale Regelbarkeit, hygienisch günstige niedrige Oberflächen-temperaturen, Einfachheit der Bedienung, große Betriebssicherheit	Wohnhäuser, Krankenanstalten, Schulen, Bürohäuser
Dampf-heizungen[1]	**Niederdruckdampfheizung < 1 bar** **Vorteile:** etwas geringere Anlagenkosten, schnelle Aufheizzeit, geringe Einfriergefahr, einfache Wärmemessung **Nachteile:** geringe Regelbarkeit, hohe Heizkörpertemperaturen, aufgrund Dauerheizbetrieb Brennstoffmehrkosten	Fabriken, Kasernen, Hallen, Ausstellungsräume (in Deutschland nicht gebräuchlich)
	Hochdruckdampfheizung > 1 bar **Vorteile:** Vorteil nur für Industrie/Medizin: Sterilisationstemperatur, auch für Befeuchtung (Lüftung) **Nachteile:** hohe Anlagenkosten (Rohrleitungen, Kessel), hohe, hygienisch ungünstige Heizkörpertemperaturen, schwierige Regelung, umständliche Kondensatwirtschaft, strenge Vorschriften der Bauaufsicht, große Wärmeverluste	Fabriken, in denen für Krafterzeugung oder Fabrikation hoher Dampfdruck benötigt wird
	Vakuumdampfheizung: 0,2 … 1 bar absoluter Dampfdruck **Vorteile:** geringe Heizkörpertemperaturen, leichte zentrale Regelung, schnelle Rückführung des Kondensats zum Kessel **Nachteile:** hohe Anschaffungs- und Bedienungskosten, sorgfältige Montage (Dichtheit der Anlage)	In Verbindung mit Kraftanlagen (früher häufig in den USA)
Luftheizungen	Direkt beheizt mit Öl, Gas oder festen Brennstoffen Über ein Zwischenmedium mit Dampf, Heiß- oder Warmwasser Sonderbauart ist die Decken-Strahlungsheizung	Kirchen, Ausstel-lungshallen, Säle, Turnhallen, Werk-stätten, Theater, Büros
Fernheizung	Heizkraftwerk übernimmt die Heizung mehrerer größerer Gebäude-blocks wie Stadtteile, Blockheizkraftwerke übernehmen Strom- und Wärmeversorgung	Stadtteile, Krankenanstalten, Fabriken, Hoch-schulinstitute

[1] Mit der EU-Druckgeräterichtlinie gibt es diese Unterscheidung nicht mehr, lediglich Dampfheizung.

Richtlinien zum Immissionsschutz

Bundes-Immisionsschutzverordnung (BImSchV: 2011-10)
Technische Anleitung zur Reinhaltung der Luft (TA-Luft: 2011-10)

Geltungsbereich der gesetzlichen Regelwerke zur Luftreinhaltung

Umweltschutzbestimmungen nach Anlagengröße (Feuerungswärmeleistung in MW)

Feuerungsanlagen für	1. BImSchV	Geltungsbereich gemäß 4. BImSchV	
	nicht genehmigungsbedürftig	TA Luft genehmigungsbedürftig	13. BImSchV genehmigungsbedürftig
feste Brennstoffe	< 1	1 … < 50	≥ 50
Heizöl EL[1]	< 20 < 1	20 … < 50 1 … < 50	≥ 50 ≥ 50
Erdgas[2]	< 20 < 10	20 … < 50 10 … < 50	≥ 50 ≥ 50
feste, flüssige oder gasförmige Stoffe	< 0,1	0,1 … < 1	≥ 1

BImSchV/TA Luft – Emissionswerte für Feuerungsanlagen in mg/m³

Schadstoff	Brennstoff			
	Kohle[1]	Heizöl[2]	Heizöl nach DIN 51603[3]	Gas[4]
Staub	< 5,0 MW 50 > 5,0 MW 20 < 2,5 MW 100	50 50	Rußzahl < 1 keine Ölderivate	öffentliches Netz[5] 5 sonstige Gase 10
CO	150	80	80 (kein Emissionswert)	öffentliches Netz 50 sonstige Gase 50
NO_x	Holz 250 Wirbelschicht 300 sonstige Feuerung < 10 MW 500 > 10 MW 400	350	t < 110 °C 180 p < 0,05 MPa t = 110 … 210 °C 200 p = 0,05 … 1,8 MPa t > 210 °C 250 p > 1,8 MPa	öffentliches Netz t < 110 °C p < 0,05 MPa 100 t = 110 … 210 °C p = 0,05 … 1,8 MPa 110 t > 210 °C p > 1,8 MPa 150 sonstige Gase 200
SO_2	Wirbelschicht 350 Steinkohle 130 0 sonstige Brennstoffe 100 0	850	850 (kein Immissionswert)	Flüssiggas 6 öffentliches Netz 10 Kokereigas 50 Bio-/Klärgas 350 Hochofengas 200 Koksofengas 350 sonstige Gase 35
O_2-Gehalt im Abgas (Vol.-%)	bei Kohle, Koks, Kohlebriketts 7 bei Torf, Naturbelassenem Holz 11	3	3	3

[1] sowie Koks einschließlich Petrolkoks, Kohlebriketts, Torfbriketts, Brenntorf und naturbelassenes Holz [2] sowie emulgiertes Naturbitumen [3] sowie Methanol, Ethanol, naturbelassene Pflanzenöle oder Pflanzenölethylester [4] Raffineriegas, Synthesegas, Erdölgas, Klärgas, Biogas, naturbelassenes Gas, Flüssiggas, oder Wasserstoff [5] einschließlich Flüssiggas, Wasserstoff, Raffineriegas, Klärgas, Biogas

BImSchV – Allgemeine Anforderungen für Heiz- und Gasfeuerungsanlagen[1]

Emissionen Stickstoffoxid in mg/kWh	Nennleistung in kW		
	≤ 120	>120 … 400	> 400[2]
Heizöl EL	110	120	185
Gas der öffentlichen Gasversorgung	60	80	120

[1] **Begrenzung der Abgasverluste** → S. 312 [2] Nutzungsgrad von 94 % darf nicht unterschritten werden.

HT

Grenzwerte Feuerungsanlage fester Brennstoffe[1)] — BImSchV: 2021-10

Anlage	ab 22.03.2010										ab 31.12.2014			
Brennstoffe[1)]	1 … 3a		4 , 5		5a			6, 7		8 …13	1 … 5a	6, 7		8 …13
Nennleistung (kW)	4 … 500	> 500	4 … 500	> 500	4 … 500	> 500	30 … 100	100 … 500	> 500	4 … 100	≥ 4	30 … 500	> 500	4 … 100
Staub (g/m³)	0,09		0,10		0,06		0,10				0,20			
CO_2 (g/m³)	1,0	0,5	1,0	0,5	0,8	0,5	0,8	0,5	0,3	1,0	0,4	0,4	0,3	0,4

[1)] 1/2: Steinkohlen-/Braunkohlen/-koks/-briketts 3: Brenntorf 3a: Grillholzkohlen/-briketts 4/5: naturbelassenes stückiges/nichtstückiges Holz 5a: Presslinge naturbelassenen Holzes 6: gestrichenes/lackiertes/beschichtetes Holz 7: Sperrholz/Span-/Faserplatten/verleimtes Holz 8: Stroh/pflanzliche Stoffe 9: Heizöl EL 10: Gase öffentlicher Gasversorgung/naturbelassenes Erd-/Erdölgas 11: Klär-/Biogas 12: Koksofen-/gruben-/Stahl-/Hochofen-/Raffinerie-/Synthesegas 13: sonstige nachwachsende Rohstoffe

Aufstellen von Feuerstätten (Wärmeerzeugern)

Feuerstätte	Beispiel/Symbol	Aufstellen unzulässig in
Alle Feuerstätten	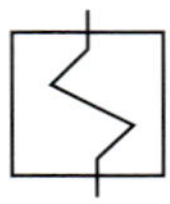	1. Treppenräumen 2. Räumen zwischen notwendigen Treppenräumen und Ausgängen ins Freie und notwendigen Fluren 3. Garagen, ausgenommen raumluftunabhängige Feuerstätten, deren Oberflächentemperatur bei Nennleistung nicht mehr als 300 °C beträgt
Feuerstätte		**Aufstellen zulässig, wenn**
Raumluftabhängig (siehe Seiten 275 und 276)	Gasherd 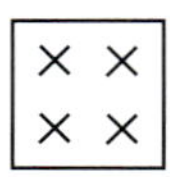	1. ein gleichzeitiger Betrieb der Feuerungsstätten und Luft absaugenden Anlagen (Lüftung-/Warmluftheizungsanlagen, Dunstabzugshauben, Abluft-Wäschetrockner) durch Sicherheitseinrichtungen verhindert wird 2. die Abgase der Feuerstätte über die Luft der absaugenden Anlage abgeführt wird 3. kein gefährlicher Unterdruck entstehen kann
Für gasförmige Brennstoffe • mit Strömungssicherung	Gasheizkessel 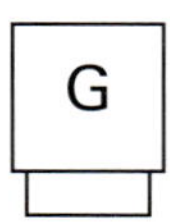	1. der Mindestrauminhalt 1 m³/kW aufweist, gegebenenfalls durch einen Verbrennungsluftverbund 2. zwei Öffnungen ins Freie (unten und oben) mit jeweils mindestens 75 cm² Mindestquerschnitt
• ohne Flammen überwachung		stündlich ein fünffacher Luftwechsel sichergestellt ist
Für Flüssiggas		Behälteraufstellung im Freien: Oberirdisch, halboberirdisch und erdgedeckt möglich. Sicherheitszonen beachten. Aufstellung in Räumen siehe Seite 304.
In der Nähe von brennbaren Baustoffen	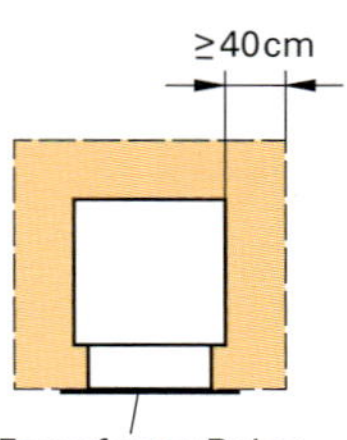	1. keine höheren Temperaturen als 85 °C auftreten 2. Mindestabstände vom Hersteller oder ≥ 40 cm Abstand eingehalten werden 3. Fußböden aus brennbaren Baustoffen durch einen Belag aus nicht brennbaren Baustoffen geschützt werden und der Belag sich mindestens 50 cm nach vorn und 30 cm seitlich über die Feuerungsöffnung hinaus erstreckt 4. von der Feuerungsraumöffnung offener Kamine nach oben und seitlich ein Abstand ≥ 80 cm besteht (bei belüftetem Strahlungsschutz ≥ 40 cm)

Aufstell- und Heizraum

FeuVO

Ausführung von Aufstellräumen

Verbrennungsluftversorgung		raumluftabhängig			raumluftunabhängig	
Brennstoff		fest	flüssig	gasförmig	gasförmig Gasfeuerstätten Art C[1]	
Gesamtnennwärmeleistung $\dot{Q}_{NL}$ in kW	≤ 35	Öffnung $A \geq 150\,cm^2$ ins Freie oder mindestens eine Außentüre oder ein zu öffnendes Außenfenster und Rauminhalt $V > 4\,m^3$ pro kW Gesamtnennleistung			Gerätetyp **ohne** „x“[2] Öffnung $A \geq 150\,cm^2$ ins Freie führend (s. Seite 275)	Gerätetyp **mit** „x“[2] Feuerstätte mit Schutzmaßnahmen ausstatten, die ein Eindringen von Abgasen verhindern
	35 ... 50	Öffnung $A \geq 150\,cm^2$ ins Freie führend				
	> 50	**siehe Heizraum**	Öffnung $A \geq 150\,cm^2$ ins Freie führend pro kW Gesamtnennleistung > 50 kW + $2\,cm^2$ mehr Fläche			

[1] C: raumluftunabhängige Verbrennungsluftversorgung
[2] x: abgasdichte Ausführung

Berechnung des Mindestquerschnittes A_{min} > 50 kW (Brennstoffe: flüssig/gasförmig)

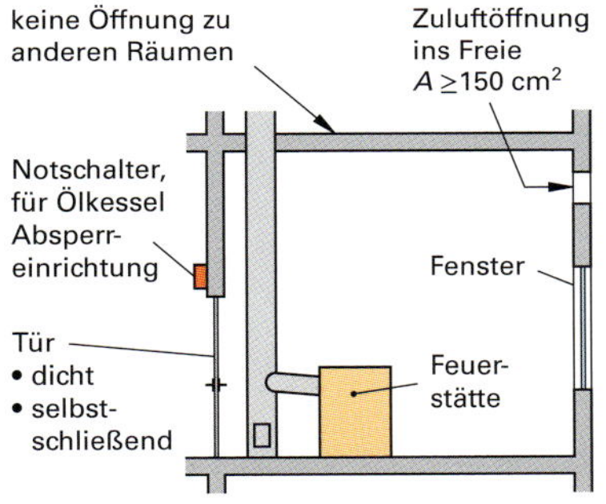

A_{min} Mindestquerschnitt der Zuluftöffnung in cm^2
$\sum \dot{Q}_{NL}$ Gesamt-Nennleistung in kW

$$A_{min} = 150\,cm^2 + (\sum \dot{Q}_{NL} - 50\,kW) \cdot 2\,cm^2/kW$$

Für $\sum \dot{Q}_{NL} \leq 50$ kW: $A_{min} = 150\,cm^2$

Anwendung: (graph. Ermittlung → S. 292)

Nennleistung $\dot{Q}_{NL} = 80$ kW

$A_{min} = 150\,cm^2 + (\sum \dot{Q}_{NL} - 50\,kW) \cdot 2\,cm^2/kW$

$A_{min} = 150\,cm^2 + (80\,kW - 50\,kW) \cdot 2\,cm^2/kW$

$A_{min} = 210\,cm^2$

Anforderungen an Heizräume

- **Erforderlich für feste Brennstoffe mit Gesamt-Nennleistung > 50 kW.**
- Verbrennungsluftversorgung durch obere und untere Öffnung ins Freie mit $A \geq 150\,cm^2$ oder Leitungen ins Freie mit strömungstechnisch äquivalentem Querschnitt.
- Pro kW Gesamtnennwärmeleistung mehr als 50 kW zusätzlich $2\,cm^2$ mehr Fläche.
- Wände, Decken und Böden sowie Lüftungsleitungen müssen feuerbeständig sein (F90).
- Dürfen nicht mit Aufenthalts- und Treppenräumen in Verbindung stehen.

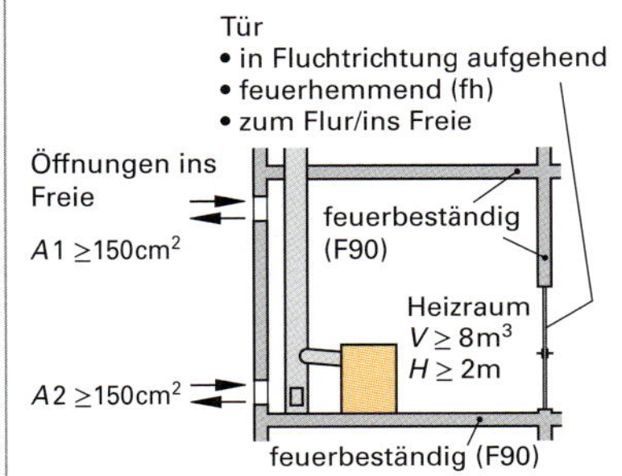

A_{ges} lichter Querschnitt der Öffnung ins Freie in cm^2
A_1 obere Öffnung in cm^2
A_2 untere Öffnung in cm^2
$\sum \dot{Q}_{NL}$ Gesamt-Nennleistung in kW

$$A_{ges} = 300\,cm^2 + (\sum \dot{Q}_{NL} - 50\,kW) \cdot 2\,cm^2/kW$$

A_1 und A_2 müssen nicht gleich groß sein.

HT

Verbrennungsluftleitungen für Heizräume

Querschnittsbemessung (150 cm² bis 50 kW)	Mindestquerschnitt für Zuluftleitungen > 50 kW (300 cm² bis 50 kW; bei > 50 kW: 2,5 cm²/kW)
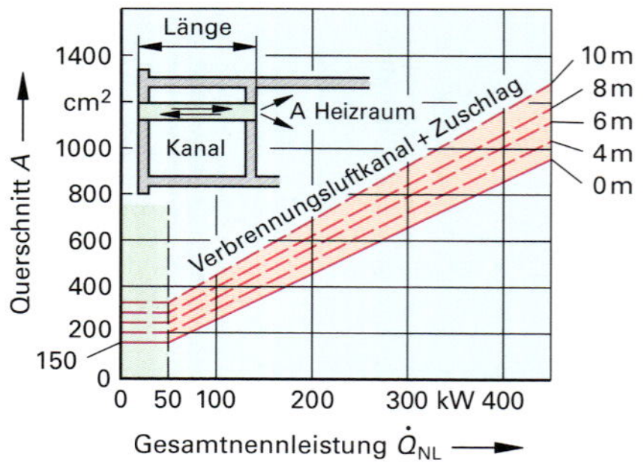	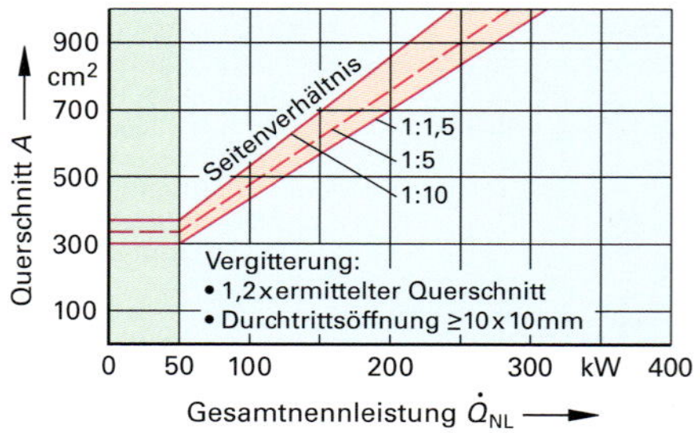

Abluftquerschnitt bei Heizräumen

VDI 2050: 2013-11

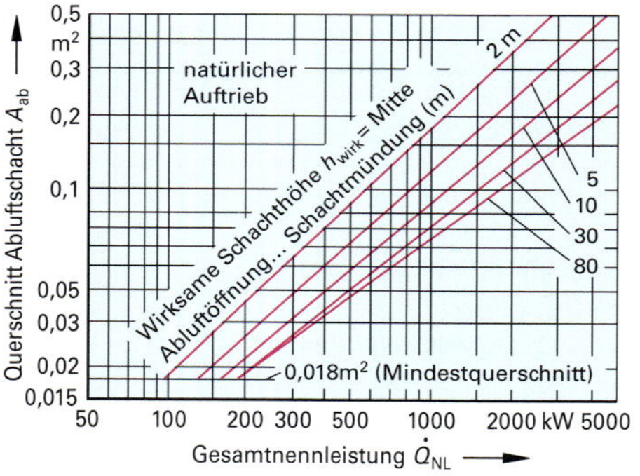

Gültigkeit des Diagramms:

- Verbrennungsluft mit $\dot{V}$ > 0,5 m³/(h · kW) aus Heizraum.
- Bei Zuführung aus dem Freien: 1,5 · $\dot{Q}_{NL}$.
- Abluftschacht darf nicht mit anderen Lüftungsleitungen verbunden sein.
- Abluftschacht unabsperrbar und keine Übertragung von Feuer und Rauch möglich.
- Bei erforderlichem Winkel (≤ 30°) muss der Querschnitt A_{ab} um 5 % größer gewählt werden.
- Gerade Schächte mit Rechteckquerschnitt: längere Seite ≤ 1,5-fach der kürzeren Seite.

Brennstofflagerräume

Brennstoff	Anforderung
Lagermengen	• feste Brennstoffe ≥ 15000 kg • Heizöl und Dieselkraftstoff in Behältern ≥ 5000 l (max. 100 000 l) • Flüssiggas in Behältern > 16 kg (max. 6500 l Flüssiggas je Brennstofflagerraum und 30 000 l Flüssiggas je Gebäude oder Brandabschnitt)
flüssige Brennstoffe	• Möglichkeit der Lüftung und aus dem Freien durch Feuerwehr beschäumbar • Bodenabläufe mit Heizölsperren oder Leichtflüssigkeitsabscheidern • Kennzeichnung „HEIZÖLLAGERUNG" oder „DIESELKRAFTSTOFFLAGERUNG" im Zugang
Flüssiggas	• ständig wirksame Lüftung • elektrische Anlagen müssen dem Gerätesicherheitsgesetz für elektrische Anlagen in explosionsgefährdeten Räumen entsprechen • keine Öffnungen zu anderen Räumen, ausgenommen Öffnungen für Türen und keine offenen Schächte und Kanäle • Fußböden nicht allseitig unterhalb der Geländeoberfläche • keine Öffnungen in Fußböden • Kennzeichnung „FLÜSSIGGASANLAGE" im Zugang

Bestandteile, Angebot und Abnahme der Heizungsanlage

Heizungskomponenten

Abgasanlage (S. 306)	Heizflächen (S. 358ff.)	Rohrleitungen (S. 379ff.)
• DIN 18160 Abgasanlagen – Teil 1: Planung und Ausführung • DIN 18160 Abgasanlagen – Teil 5: Einrichtungen für Schornsteinfegerarbeiten, Anforderungen, Planung und Ausführung • DIN EN 13384 Abgasanlagenberechnung	• Radiatoren • Rohrheizkörper • Konvektoren • Flachheizkörper • Flächenheizkörper • Luftheizungen	• Frühzeitige Rohrplanung • Mauerschlitze unter Putz (Aussparungen nach DIN 1053-1) • Wärmeschutz (Mindest-Wärmedämmschichten nach EnEV) • Hochhäuser zweckmäßig mit besteigbaren Rohrschächten • Montagedauer bei Neuanlagen überschlägig: Anzahl der Kessel und Heizkörper multipliziert mit 1,5 Tagen

Ausschreibung

Ausschreibungstyp	Beschreibung
Öffentlich	Veröffentlichung in Zeitungen, Amtsblättern, teilnehmende Prüfung erst nach Submission
Beschränkt	beschränkte Anzahl an vorher geprüften Bewerbern

Leistungsverzeichnis	Erforderliche Unterlagen
Positionelle Leistungsbeschreibung mit Standardleistungsbuch LB 040 Heizungs- und zentrale Brauchwassererwärmungsanlagen mit Texten für alle Bauelemente mit 5 Textteilen: Textteil T1 mit 3 Zahlen, Textteil T2 mit 2 Zahlen, Textteil T3 mit 2 Zahlen } in der Regel beschreibender Text Textteil T4 mit 2 Zahlen, Textteil T5 mit 2 Zahlen } in der Regel Angaben über Abmessungen	• Entwurfsprogramm – Pläne, die Folgendes ersichtlich machen: – Lage des Gebäudes mit Himmelsrichtung und näherer Umgebung – Grundrissen – Dicke, Art der Wände, Decken, Fensterbrüstungen, Höhe der Räume – Bauart der Fenster und Türen – Dicke und Bauart des Daches – Brennstoffart – Art der Warmwasserbereitung • Innentemperaturen der Räume • Lage des Kessel- und Brennstoffraumes sowie Schornsteins, Art des Brennstoffs • Stromart und Spannung (230/400 V) • Lüftungs- und Klimaanlage

Abnahme

Allgemeine Vorgehensweise	Prüfung der Heizungsanlage
• Druck- und Dichtheitsprüfung (Warmwasseranlagen mit Wasser füllen, Dichtheit prüfen, Abblasedruck des Sicherheitsventils prüfen) • Dampfheizanlagen mit Wasser füllen, mit Abblasedruck des Sicherheitsventils prüfen • Probeheizung: – Alle Heizkörper warm – Dichtheit der Ventile und Rohrleitung – Einwandfreies Arbeiten der Sicherheitseinrichtungen und Verbrennungsregler – Schornsteinzug – Anzeige der Instrumente • Ordnungsgemäße Funktion und Vollständigkeit der Heizungsanlage nach VDI 3809	• Sicherheit • Schallschutz • Wärmeschutz • Energieeinsparung • Immissionsschutz Einweisung des Bedienungspersonals und Übergabe der vertragrechtlich vereinbarten Unterlagen (s. Beispiel nach VDI 3809 bzw. DIN 18380, VOB Teil C, Nr. 3.7)

Wirtschaftlichkeit und Kosten einer Heizungsanlage

Kostenberechung der Wärmeversorgungsanlage (vergl. Beispiel → S. 327) VDI 2067 Blatt 1: 2012-09

Kostenart	Kostenträger	
Investitionskosten[1]	• Wärmeerzeuger (Heizkessel, Warmwassererzeuger, Sicherheitseinrichtungen) • Regelung • Wärmeverteilungssystem • Brennstofflagerung (z. B. Tank)[2]	• Schornstein/Abgasführung • Gashausanschluss und Gasinstallation (nur bei Gasheizung) • Montage der Anlage • Elektroinstallation
Betriebskosten	• Reinigung und Überprüfung (Schornstein und Abgasführung) • Wartung des Heizkessels • Versicherungsprämien[2] (Brennstofflagerrisiko)	• Heizkostenabrechung[3] • Gebühren für TÜV-Abnahme (z. B. Tank)[2] • Reinigung und Wartung des Brennstofftanks[2]
Kapitalkosten[4]	• Kalkulatorische Zinsen	• Kreditzinsen
Verbrauchskosten[5]	• Energiekosten (Brennstoffkosten)	• Kosten Hilfsenergie (z. B. Strom)

[1] beim Anlagenkauf [2] entfällt bei Gasheizung/Wärmepumpe [3] bei Mehrfamilienhäusern [4] kalkulatorisch 8 % Zinsen (wenn über Kredite finanziert, tatsächliche Zinsen ansetzen) [5] durch Verbraucher beeinflussbar

Heizkostenvergleich verschiedener Heizungssysteme

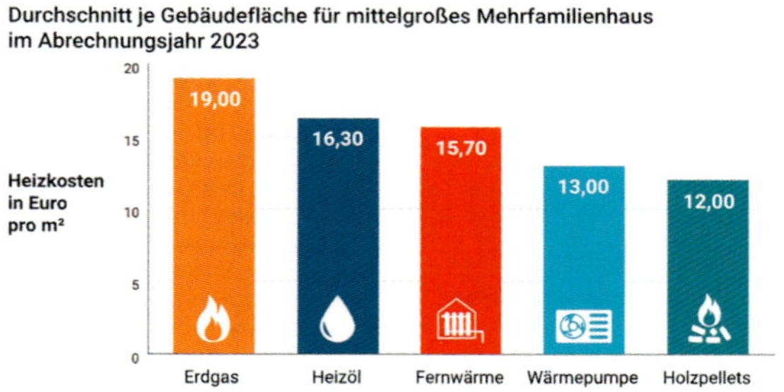

Quelle: co2online gemeinnützige Beratungsgesellschaft mbH, Hochkirchstraße 9, 10829 Berlin

Richtpreise für Heizungen in Neubauten (ohne Nebenkosten)

Heizungstyp	Kosten €/kW	Heizungstyp	Kosten €/kW
Elektrische Heizgeräte	25 … 35	Eiserne Öfen mit automatischer Regelung	75 … 100
Gasheizöfen	150 … 200	El. Speicherofenheizung mit Verdrahtung	300 … 400
Öleinzelöfen	125 … 350	El. Fußbodenspeicherheizung	350 … 400
Kachelgrundöfen	150 … 200	Umlaufgaswasserheizer mit Heizkörper	450 … 600

Investitionskosten pro kW für Ein- und Zweifamilienhaus

Heizsystem	Kosten €/kW	Heizsystem	Kosten €/kW
Fernheizung	500	Nachtstromspeicher (Einzelofen)	450
Gasheizung	600	Bivalente Wärmepumpe mit Gas-/Ölkessel	950
Ölheizung	650	Bivalente Gasmotor-Wärmepumpe	1350

Investitionskosten für Wassererwärmungsysteme[1]

Speicher-System	Kosten in €	Durchfluss-Prinzip	Kosten in €
El. Speicher 400 l	1000 … 1500	Gasdurchflusserwärmer	500 … 1000
Gasbeheizter Speicher	1000 … 1250	Durchflusserwärmer im Öl-/Gaskessel	750 … 1000
Speicher im Öl-/Gaskessel	1750 … 2000	El. Durchflusserwärmer (21 kW)	750 … 1250
Wärmepumpenspeicher	2000 … 2250	Fernwärme mit Übergabestation	750 … 1250

[1] ungefähre Ansätze für Ein-/Zweifamilienhaus, 4–5 Zimmer, Küche und Bad

Heizkostenverordnung 2023-10

§ 1 Anwendungsbereich

- für den Betrieb zentraler Heizungs-/zentraler Warmwasserversorgungsanlagen
- für eigenständig gewerbliche Lieferung von Wärme und Warmwasser durch den Gebäudeeigentümer auf die Nutzer der mit Wärme/Warmwasser versorgten Räume

§ 4 Pflicht zur Verbrauchserfassung

(1) Gebäudeeigentümer hat den anteiligen Verbrauch der Nutzer zu erfassen.
(2) Räume mit Ausstattungen zur Verbrauchserfassung versehen, Nutzer muss dies dulden.
(3) Ausgenommen: Gemeinschaftlich genutzte Räume (ohne Schwimmbäder/Saunen).
(4) Nutzer berechtigt, vom Gebäudeeigentümer Erfüllung dieser Verpflichtungen zu verlangen.

§ 5 Ausstattung zur Verbrauchserfassung

(1) Anteiliger Wärmeverbrauch: Wärmezähler/Heizkostenverteiler/andere Ausstattungen
(2) Bei ungleicher Ausstattung: Vorerfassung vom Gesamtverbrauch auf die Anteile der Gruppen von Nutzern, deren Verbrauch mit gleichen Ausstattungen erfasst wird.

§ 6 Pflicht zur verbrauchsabhängigen Kostenverteilung

(1) Verbrauchserfassung nach Maßgabe der §§ 7 bis 9 auf die einzelnen Nutzer verteilt. Mitteilung: i. d. R. innerhalb eines Monats; keine gesonderte Mitteilung: a) bei Speicherung des Ableseergebnisses über längeren Zeitraum b) Einbau eines Warmwasserzählers
(2) § 5 Abs. 2: Kosten ≥ 50 % am Gesamtverbrauch auf die Nutzergruppen aufteilen
(3) § 4 Abs. 3 Satz 2: Kosten aufteilen nach Verhältnis der erfassten Anteile am Gesamtverbrauch auf die Gemeinschaftsräume und die übrigen Räume
(4) Abrechnungsmaßstäbe bleiben Gebäudeeigentümer überlassen. Er kann diese einmalig für künftige Abrechnungszeiträume durch Erklärung gegenüber den Nutzern ändern.

§ 7 Verteilung der Kosten der Versorgung mit Wärme

(1)

Bedingungen	Verteilerschlüssel		
	30 : 70	40 : 60	50 : 50
Anforderungen der Wärmeschutzverordnung vom 16. August 1994 nicht erfüllt und Öl- oder Gasheizung und freiligende Leitungen der Wärmeverteilung überwiegend gedämmt	muss	nicht zulässig	nicht zulässig
alle anderen	zulässig	zulässig	zulässig

(2) Betriebskosten: verbrauchte Brennstoffe u. Lieferung, Betriebsstrom, Bedienung, Überwachung/Pflege der Anlage, regelmäßige Prüfung der Betriebsbereitschaft/-sicherheit einschließlich Einstellung durch Fachmann, Reinigung, Messungen nach Bundes-Immissionsschutzgesetz, Erfassung und Aufteilung des Wärmeverbrauchs, Mietkosten für Erfassungsgeräte sowie ggf. Kosten für Öltankreinigung, Berechnung, Aufteilung u. Verbrauchsanalyse (der vergangenen 3 Jahre)

§ 8 Verteilung der Kosten der Versorgung mit Warmwasser

(1) Betriebskosten: 50 % ... 70 % nach erfasstem Warmwasserverbrauch, die übrigen Kosten nach der Wohn- oder Nutzfläche verteilen
(2) Betriebskosten: Wasserversorgung, -erwärmung, -verbrauch, Grundgebühren u. Zählermiete, Zwischenzähler, hauseigene Wasserversorgungsanlage u. -aufbereitungsanlage

§ 9 Verteilung der Kosten mit Wärme und Warmwasser bei verbundenen Anlagen

Spätestens ab 31.1.2013 Messung des tatsächlichen Verbrauchs mit Wärmezählern. Ausnahme, wenn die Wärmeversorgungsleitungen bei Kompaktanlagen unzugänglich sind oder wenn die Rohre aufgeschnitten werden müssen, um den Wärmezähler mit den erforderlichen Temperaturfühlern einzubauen.

Ausnahmefälle: Wenn weder die Wärmemenge noch die verbrauchte Wassermenge ermittelt werden kann, gilt:

Q gemessene Wärmemenge kWh
A_{wohn} Wohnfläche m^2

Ausnahmefälle:

$$Q = 32\ \text{kWh/m}^2 \cdot A_{wohn}$$

Nutzungsdauer und Aufwand für Anlagenteile

VDI 2067 Blatt 1: 2012-09

Anlagenkomponente		Annuitätsfaktor bei Zinssatz q [%]: 5 %, Zinsfaktor [–]: 1,05	rechn. Nutzungsdauer T_N [a]	Aufwand Instandsetzung f_K [%]
Wärmeerzeuger + Regelung				
Erdgas/Flüssiggas/Bio-Erdgas	Brennwertgerät	0,1005	18	1,5
Heizöl	Brennwertgerät	0,1005	18	1,5
Heizöl	NT-Kessel	0,1002	20	2,0
Fern-/Nahwärme	Regelung	0,1002	20	2,0
Strom	Wärmepumpe	0,1102	20	3,0
Pellets	Pelletkessel	0,1002	20	2,0
Pellets	autom. Beschickung	0,0860	25	1,5
Trinkwassererwärmung	Speicher	0,0810	25	1,0
	Solaranlage	0,0852	20	0,5
	E-Durchlauferhitzer	0,1063	15	1,0
Zeolith-Gaswärmepumpe	Gesamtsystem	0,1022	18	1,7
Mikro-Blockheizkraftwerk, Stirlingmotor (Erdgas/Bio-Erdgas)[1]		0,1055	18	2,0
Mikro-Blockheizkraftwerk, Ottomotor (Erdgas/Bio-Erdgas)		0,1105	18	2,5
Leitungssystem	Heizflächen	0,0751	30	1,0
	Warmwasser	0,0910	25	2,0
Hausanschluss		0,0648	50	1,0
Heizöl-/Pelletlagerung		0,0751	30	1,0
Flüssigbehälter		0,1005	18	1,5
Sonstige Baukosten/Schornstein		0,0648	50	1,0
Gas-/Öl-/Elektroinstallation		0,0648	50	1,0
Zu-/Abluftanlage mit Wärmerückgewinnung	Wärmeübertrager	0,0882	20	2,0
	Kanäle	0,0882	20	0,0
Blockheizkraftwerk	Motor-BHKW	0,1487	17	6,0

[1] Rechenansatz für Mikro-BHKW mit Stirlingmotor angepasst gegenüber der VDI 2067

Verbrauchsgebundene Kosten

Brennstoffverbrauch der zentralen Warmwasserversorgungsanlage (Heizkostenverordnung § 9)

(→ Seite 325)

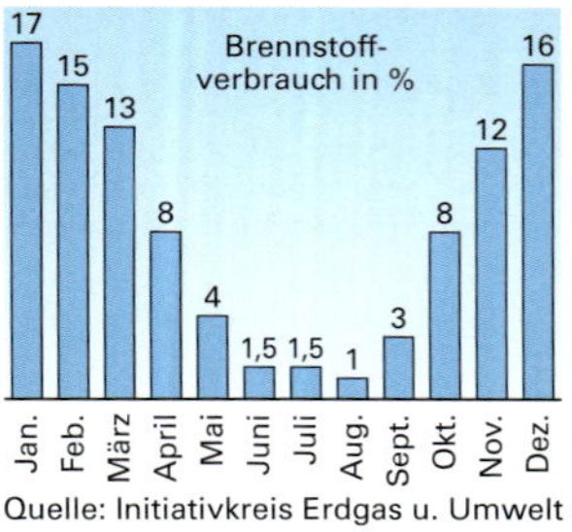

Quelle: Initiativkreis Erdgas u. Umwelt

B	Brennstoffverbrauch in m^3, dm^3 zentrale TWW-Versorgung in kg
2,5	Konstante für Wirkungsgrad TWW-Bereitung
V	gemessenes Volumen des benötigten TWW in m^3
ϑ_w	mittlere Temperatur des TWW (55 °C, max. 60 °C) in °C
10 °C	mittlere Kaltwassertemperatur
H_i	Heizwert in kWh/m^3
Q	gemessene Wärmemenge kWh

Brennwertbezogen mit Erdgas: Q mit Faktor 1,11 multiplizieren
Eigenständige gewerbl. Nutzung: Q durch 1,15 dividieren

Brennstoffverbrauch

$$B = \frac{2{,}5 \cdot V \cdot (\vartheta_w - 10)}{H_i}$$

Wärmemenge

$$Q = 2{,}5 \cdot V \cdot (\vartheta_w - 10\,°C)$$

Vollkosten für Heizungs- und Warmwassersystem[1] — nach VDI 2067: 2012-09

Positionen (Bsp. Gas-Brennwert Dachzentrale → S. 324)		A = Investitionen				B = Kapitaldienst[2]	
1. Wärmeerzeuger (inkl. Regelung)		3.200,00 €		· Annuitätsfaktor	=	258	€/a
2. Warmwasserspeicher 150 Liter		1.500,00 €		· Annuitätsfaktor	=	121	€/a
3. Leitungssystem, Heizflächen	Heizung	4.800,00 €		· Annuitätsfaktor	=	360	€/a
4. Schornstein bzw. LAS-Dachdurchführung		500,00 €		· Annuitätsfaktor	=	32	€/a
5. Hausanschlusskosten/Baukostenzuschuss		1.900,00 €		· Annuitätsfaktor	=	123	€/a
6. Gas-/Elektroinstallation		800,00 €		· Annuitätsfaktor	=	52	€/a
7. Förderung (nur im Gebäudebestand)		–635,00 €					
8. Investition Summe A		**12.065,00 €**					
9. Kapitalgebundene Kosten Summe B						**946**	**€/a**
10. Jahres-Heizwärmebedarf	Q_h	50,0	$kWh/m^2 \cdot a$	· Fläche	=	7500	kWh/a
11. Jahres-Trinkwasserwärmebedarf	Q_{tw}	12,5	$kWh/m^2 \cdot a$	· Fläche	=	1857	kWh/a
12. Jahreswärmebedarf *Qa*	**Summe**	62,5	$kWh/m^2 \cdot a$	· Fläche		9357	kWh/a
13. Jahresnutzungsgrad Wärmeübergabe/Regelung	η_{ce}	Heizung				0,98	
14. Jahresnutzungsgrad Verteilung	$\eta_{d,h}$	Heizung				0,97	
15. Jahresnutzungsgrad Wärmeerzeugung	$\eta_{g,h}$	Heizung				1,04	
16. Jahresnutzungsgrad Verteilung	$\eta_{d,tw}$	TWE				0,70	
17. Jahresnutzungsgrad Speicherung	$\eta_{s,tw}$	TWE				0,85	
18. Jahresnutzungsgrad Wärmeerzeugung	$\eta_{g,tw}$	TWE				0,88	
19. Anlagenaufwandszahl			**1,44**				
a) Verhältnis Brennwert/Heizwert Erdgas						1,11	kWh/l
b) Heizwert Heizöl EL	$H_{i,Öl}$					10,081	kWh/kg
c) Heizwert Pellets	$H_{i,Pellets}$					4,90	kWh/kg
d) Heizwert Flüssiggas	$H_{i,LPG}$					12,87	kWh/kg
20. Jahres-Heizenergiebedarf	Q_H	Heizung				7586	kWh/a
21. Jahresbrennstoffbedarf Heizung	$B_{a,H}$	Heizung				8420	kWh/a
22. Jahresenergiebedarf TWW	Q_{TW}	TWE				3546	kWh/a
23. Jahresbrennstoffbedarf TWW	$B_{a,TW}$	TWE				3936	kWh/a
24. Gesamt-Jahresbrennstoffbedarf	B_a		**Summe**			**12.392**	**kWh/a**
25. Jahresprimärenergiebedarf						**89,85**	$kWh/(m^2 \cdot a)$
26. Grundkosten						165	€/a
27. Arbeitskosten						714	€/a
28. Hilfsenergiekosten (je nach Anlage: 82 – 164 €/a)						99	€/a
29. Verbrauchsgebundene Kosten			**Summe**			**978**	**€/a**
30. Schornsteinfeger						25	€/a
31. Wartung						100	€/a
32. Versicherung/Überwachung (Richtwerte: 0 – 60 €/a)						0	€/a
33. Betriebsgebundene Kosten			**Summe**			**125**	**€/a**
34. Jahresgesamtkosten			**Gesamtsumme**			**2.049**	**€/a**

1.–7.	Annuitätsfaktoren → S. 324	11.	Wert EnEV Neubau	24.	= 22 + 23
		12.	Summe 10 + 11	25.	= 12A · 19
1.–3.+7.	Werte SHK-Handwerker	13.–19.	Stand der Technik bzw. DIN V 4701-10	26.+ 27.	Werte GVU
4.	Werte Architekt/Planer				
5.	Werte Energieberater	20.	= 10B/(13 · 14 · 15)	29.	= ∑ (26 + 27 + … + 28)
7.	Werte Energieberater	21.	hier: = 20 · 19a	30.–32.	Anhaltswerte
9.	∑ kapitalgeb. Kosten	22.	=11B/(16 · 17 · 18)	33.	= ∑ (30 + 31 + 32)
10.	Wert vom Planer	23.	hier: = 22 · 19a	34.	= ∑ (9 + 29 + 33)

[1] Quelle: ASUE 2011; vgl. → S. 324

HT

Jährliche Energiekosten von Heizungs- und TWW-Anlagen

Jahresnutzungsgrad Kessel $\eta_{ges,h}$, Brennstoffbedarf B_a und Brennstoffkosten K — VDI 2067: 2012-09

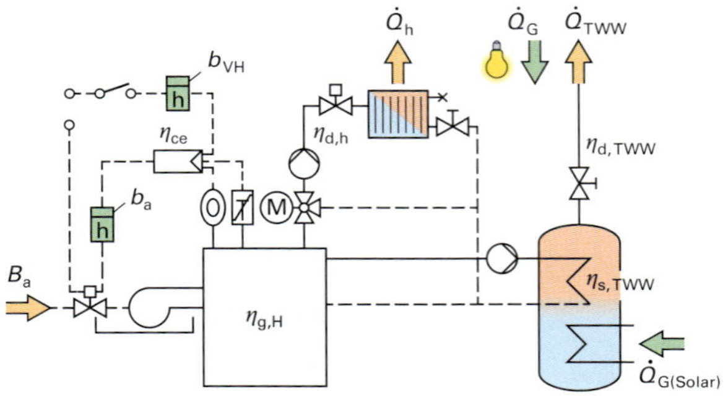

Jahresnutzungsgrad des Kessels

$$\eta_{ges,\,H} = \frac{\eta_{g,\,H}}{1 + q_B\left(\frac{b_a}{b_{VH}\,.\,f} - 1\right)}$$

$q_B = 0{,}01 \ldots 0{,}3$ (Betriebsbereitschaftsverluste nach VDI 2067)

b_a (Betriebsbereitschaftszeit):
Heizung: ca 4.000 … 6.500 h/a
Heizung und PWH: 8760 h/a

Jahresbrennstoffkosten

$$K = B_a \cdot EP$$

Jahreswärmebedarf

$$Q_a = Q_h + Q_{tww}$$ in kWh/a

Jahres-Heizwärmebedarf

$$Q_h = f \cdot b_{VH} \cdot \dot{Q}_{N,\,Geb}$$ mit Überschlag

$$\dot{Q}_{N,\,Geb} = \dot{q}_{max} \cdot A_{Wohn}$$

Jahres-Trinkwasserwärmebedarf

$$Q_{tww} = V_a \cdot c \cdot \Delta\vartheta$$

mit $c = 1{,}163$ Wh/(kg · K)

Endenergiebedarf

$$Q_E = Q_H + Q_{TWW}$$ in kWh/a

Jahres-Heizenergiebedarf

$$Q_H = Q_h / \eta_{ges,h}$$

mit $\eta_{ges,h} = \eta_{ce} \cdot \eta_{d,h} \cdot \eta_{g,h}$

Jahresenergiebedarf TWW

$$Q_{TWW} = Q_{tww} / \eta_{ges,tww}$$

mit $\eta_{ges,tww} = \eta_{ce} \cdot \eta_{d,tww} \cdot \eta_{s,tww}$

Gesamt-Jahresbrennstoffbedarf

$$B_a = B_{a,H} + B_{a,TWW}$$ in kWh/a, kg/a, l/a

Jahresbrennstoffbedarf Heizung

$$B_{a,H} = f \cdot b_{VH} \cdot \dot{Q}_{N,\,Geb} / (H_{i,B} \cdot \eta_{ges,h})$$

ggf. Gewinne aus Umwelt Q_G

Jahresbrennstoffbedarf TWW

$$B_{a,TWW} = V_a \cdot c \cdot \Delta\vartheta / (H_{i,B} \cdot \eta_{ges,tww})$$

ggf. Gewinne aus Umwelt $\dot{Q}_G$

$\Delta\vartheta$	Temperaturdifferenz für Wasser in K
A_{Wohn}	bewohnte Fläche in m²
b_{VH}	Jahresvollnutzungsstunden in h/a
f	Umrechnungsfaktor Jahresvollnutzungsstunden andere Orte
$\dot{Q}_{N,\,Geb}$	Norm-Heizlast Gebäude in kW
$\dot{q}_{max}$	maximaler spezifischer Wärmebedarf in W/m²
V_a	Jahresbedarf TWW in m³

Jahresnutzungsgrade:

$\eta_{ges,h/tww}$	Gesamtwirkungsgrad Heizung/TWW
η_{ce}	– Wärmeübergabe/Regelung
$\eta_{d,h/tww}$	– Verteilung Heizung/TWW
$\eta_{g,h/tww}$	– Wärmeerzeugung Heizung/TWW
$\eta_{s,tw}$	– Speicherung TWW
H_i	Heizwert (fest, flüssig) in kWh/kg bzw. kWh/l
$H_{i,B}$	Betriebsheizwert (gas, flüssig) in kWh/m³
EP	Energiepreis in €/l €/m³, €/kg (vgl. S.280 Techn. Mathematik)

Jahresvollnutzungsstunden b_{VH} (Anhaltswerte) für Heizungsanlagen (Düsseldorf)

Gebäudeart	b_v in h/a
Einfamilienhaus	2100
Mehrfamilienhaus	2000
Bürohaus	1700
Krankenhaus	2400
Schule, einschichtiger Unterricht	1100
Schule, mehrschichtiger Unterricht	1300

Umrechnungsfaktor f für Jahresvollnutzungsstunden b_{VH} (Ausschnitt)

Stadt	f [–]	Stadt	f [–]
Berlin	1,116	Frankfurt (M)	1,078
Bremen	1,054	Freiburg	1,054
Chemnitz	1,140	Hamburg	1,070
Dortmund	1,023	Hannover	1,078
Düsseldorf	**1,000**	München	1,163
Dresden	1,068	Stuttgart	1,054

Spezifischer Wärmebedarf von Gebäuden $\dot{q}_{max}$ in W/m² unterschiedlicher Altersklassen (Erfahrungswerte)

Normwert	1969 … 1973	1974 … 1977	1978 … 1982	1982 … 1994	1994 … 2004	ab 2005
Einfamilienhaus	150	115	95	75	60	40
Reihenendhaus	130	110	90	70	55	35
Reihenmittelhaus	120	100	85	65	50	30
Mehrfamilienhaus	105	75	65	60	45	30

Jährliche Energiekosten von Heizungs- und TWW-Anlagen (Fortsetzung)

VDI 2067 Blatt 12: 2017-04

Warmwasserbedarf V_a (Richtwert pro Person und Tag) und erforderliche Wärmemenge Q_D

Anspruchskategorie	V_a in m^3/(Pers · a) bei		Q_D in kWh bei $\vartheta = 10\,°C$
	$\vartheta = 60\,°C$	$\vartheta = 45\,°C$	
Einfach	10 … 20	15 … 30	0,6 … 1,2
Gehoben	20 … 40	30 … 60	1,2 … 2,4
Komfortabel	40 … 80	60 … 120	2,4 … 4,8

Gesamtbedarf – Wasser- und Wärmebedarf für erwärmtes Trinkwasser VDI 2067 Blatt 12: 2017-04

Gesamtbedarf **je nach Ausstattung**	personenbezogener Gesamt-Nutzwarmwasserbedarf bei der Nutztemperatur ϑ_N [1]		personenbezogener Gesamt-Nutzenergiebedarf	
d: täglich a: jährlich	$V_{N,ges,d}$ l/d	$V_{N,ges,a}$ m^3/a	$q_{N,ges,d}$ kWh/d	$q_{N,ges,a}$ kWh/a
Dusche, Waschtisch, Geschirrspülmaschine mit KW-Anschluss[2]	15 … 47	5,2 … 16,2	0,5 … 1,6	190 … 570
Mittelwert	31	10,7	1,1	380
Zusätzlicher Bedarf				
• Spülen nur von Hand	4	1,3	0,2	60
• Bidet	3 … 6	1,0 … 2,1	0,1 … 0,2	40 … 70
Wanne normal, Waschtisch, Geschirrspülmaschine mit KW-Anschluss[2]	33 … 36	11,4 … 19,3	1,1 … 1,9	400 … 680
Mittelwert	34	15,7	1,5	540
Zusätzlicher Bedarf				
• Spülen nur von Hand	4	1,3	0,2	60
• Bidet	3 … 6	1,0 … 2,1	0,1 … 0,2	40 … 70
Wanne groß, Waschtisch, Geschirrspülmaschine mit KW-Anschluss[2]	48 … 71	16,6 … 19,3	1,1 … 1,9	580 … 860
Mittelwert	59	20,7	2,1	720
Zusätzlicher Bedarf				
• Spülen nur von Hand	4	1,3	0,2	60
• Bidet	3 … 6	1,0 … 2,1	0,1 … 0,2	40 … 70
Wanne normal und Dusche, Waschtisch, Geschirrspülmaschine mit KW-Anschluss[2]	22 … 54	7,5 … 18,6	0,7 … 1,9	270 … 650
Mittelwert	38	12,7	1,3	460
Zusätzlicher Bedarf				
• Spülen nur von Hand	4	1,3	0,2	60
• Bidet	3 … 6	1,0 … 2,1	0,1 … 0,2	40 … 70

[1] siehe Tafel 1: VDI 2067 Blatt 12: 2017-04 [2] Rest wird von Hand gespült

Warmwasserbedarf und Nutztemperatur

Bedarfsfall	TWW-Bedarf in l	Sanitärgegenstand	Nutztemp. ϑ_N in °C
Duschbad	30 … 50	Dusche/Duschbad	37
Vollbad	150 … 180	Badewanne	38
Händewaschen	3 … 10	Waschtisch	37
Geschirrspülen	10 … 15	Geschirrspüler	50
Heißgetränk	1 … 2	–	100

Jährliche Energiekosten von Heizungs- und TWW-Anlagen (Fortsetzung)

Richtwerte für den Warmwasserbedarf V_a in gewerblichen und öffentlichen Einrichtungen

Anwendung	Liter pro Tag	Bezogen auf
Hotelzimmer mit Bad/Dusche	95 … 140/50 … 100	Gast
Hallenbad	40	Benutzer
Saunaanlage	100	Benutzer
Gemeinschaftswaschanlage in Industrie/Turnhallen/Wohnheimen	30/40/60	Benutzer
Kindergarten, Waschtisch	2,5	Kind
Friseurbetrieb für Herren/Damen	40/100	Nassplätze

Jährlicher Brennstoffverbrauch $B_a = \varphi \cdot \dot{Q}_N$ in älteren Heizungsanlagen

Brennstoff	Heizwert H_i		Dimensionen	Brennstoffverbrauch	
	MJ/kg MJ/m³	kWh/kg kWh/m³		allgemein	b_v = 1600 h
Heizöl EL	42,7	11,86	kg/a	$0{,}105 \cdot b_v \cdot \dot{Q}_N$	$168 \cdot \dot{Q}_N$
Heizöl S	41,0	11,40	kg/a	$0{,}110 \cdot b_v \cdot \dot{Q}_N$	$176 \cdot \dot{Q}_N$
Ferngase	17,3	4,80	m³/a	$0{,}260 \cdot b_v \cdot \dot{Q}_N$	$416 \cdot \dot{Q}_N$
Erdgas E	37,5	10,40	m³/a	$0{,}120 \cdot b_v \cdot \dot{Q}_N$	$192 \cdot \dot{Q}_N$
Erdgas LL	31,7	8,80	m³/a	$0{,}142 \cdot b_v \cdot \dot{Q}_N$	$227 \cdot \dot{Q}_N$
Elektrischer Strom (η = 0,95)	3,6	1,0	kWh/a	$1{,}05 \cdot b_v \cdot \dot{Q}_N$	$1680 \cdot \dot{Q}_N$

Richtwerte Brennstoffverbrauchswert φ je kW max. Wärmebedarf in älteren Heizungsanlagen

Gebäudeart	Pellets kg/a	Heizöl EL kg/a	Ferngas m³/a	Erdgas m³/a
Wohnhäuser	340 … 410	170 … 205	400 … 450	180 … 220
Bürogebäude	340 … 410	170 … 205	400 … 450	180 … 220
Schulen, einschichtig	240 … 300	120 … 150	300 … 350	140 … 180

Spezifische Brennstoffkosten je MWh Nutzwärme[1)]

Brennstoff	Einheit	Heizwert H_i kWh/Einheit	Einheitspreis €	Nutzungsgrad η [–]	Kosten €/MWh
Heizöl EL (1 l = 0,86 kg)	l	10,00		0,80	
Heizöl S	kg	11,40		0,80	
Erdgas L	m³	4,80		0,80	
Erdgas E	m³	10,40		0,80	
Fernwärme	kWh	1,00		0,95	
Nachtstrom	kWh	1,00		0,95	
Tagstrom	kWh	1,00		0,95	
Luft-Wasser-Wärmepumpe	kWh	1,00		0,95	

1) Objektbezogene Preise sind für jeden Anwendungsfall einzeln zu erfassen.

Wirkungsgrade Warmwassererzeugung $\eta_{g,tww}$ unterschiedlicher TWW-Heizer: Verbrauch 200 l/d mit ϑ = 45 °C

TWW-System, Energieträger	$\eta_{g,tww}$	TWW-System, Energieträger	$\eta_{g,tww}$
Ölkessel, Speicher/DWH	0,45/0,60	Gas-DWH mit/ohne Zündflamme	0,60/0,80
Erdgas, Speicher/DWH	0,45/0,60	Umlauf-Gaswasserheizer	0,70
Erdgas-/ölbeheizter Speicher	0,50/0,50	Fernheizung, Speicher/DWH	0,85/0,95

Anhaltswerte für Verteilungsnutzungsgrad η_V

Heizungsart, Wärmeerzeugung (WE)	$\eta_{d,h}$ [–]	Heizungsart, Wärmeerzeugung (WE)	$\eta_{d,h}$ [–]
Stockwerksheizung, dezentrale WE	1,00	Zentrale WE im Gebäude	0,96
Stockwerksheizung, zentrale WE	0,98	Blockheizung für mehrere Gebäude	0,93

Zusammensetzung der Heizkosten bei Zentralheizungsanlagen

Verbrauchsabhängige Kosten – Ermittlung der Wärmemenge mit Wärmezählern

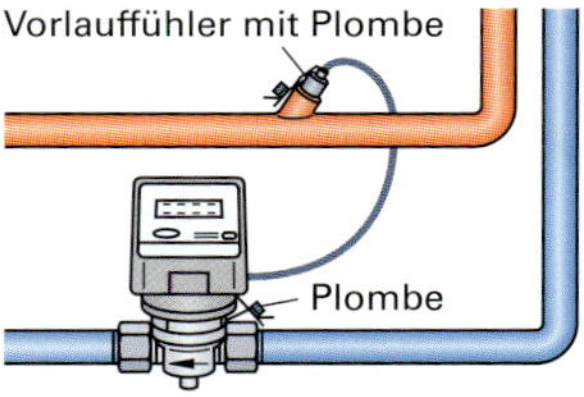

Messung der Vorlauf- und Rücklauftemperatur sowie der Durchflussmenge und Ermittlung der Wärmemenge aus

$$Q = \dot{V} \cdot \varrho \cdot c \cdot \Delta\vartheta$$

Q Wärmemenge in kWh
$\dot{V}$ Volumenstrom in m^3/h
ϱ Dichte in kg/m^3
c spezifische Wärmekapazität des Heizungswassers in Wh/(kg · K)
$\Delta\vartheta$ Temperaturunterschied zwischen Vor- und Rücklauf in K

Messfehler bei Wärmemengenzählern

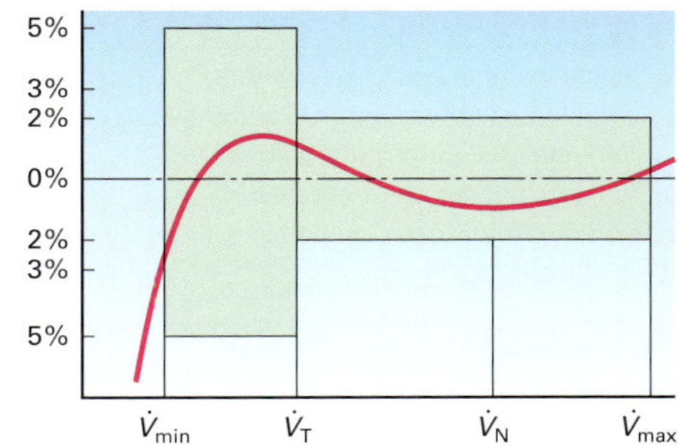

Dargestellt ist der Messfehler in Abhängigkeit vom Volumenstrom (qualitativ):

$\dot{V}_{min}$ Minimalvolumenstrom, Fehler bis ± 5 %
$\dot{V}_T$ Trenngrenze: 2 % < Fehler < 5 %
$\dot{V}_N$ Dauerbelastung, Fehler bis ± 2 %
$\dot{V}_{max}$ Maximaldurchfluss kurzzeitig

Eigenschaften von Wärmemengenzählern

- Eichpflicht alle 5 Jahre
- Einsatz bei geschlossenen Heizkreisen
- Volumenstrommessung
- Temperaturmessung durch Thermoelemente oder Widerstandsthermometer
- Fernübertragung möglich

Verbrauchsabhängige Kosten – Ermittlung der Wärmemenge mit Heizkostenverteilern[1)]

Elektronisch

Verdunstung

Funktionsprinzip

- Elektronisch:
  Ermittlung des Verbrauchs aus der Heizkörper- und Raumtemperatur
- Verdunstung:
  Eine Flüssigkeit verdunstet in einem offenen Röhrchen und gibt je nach Menge den Verbrauch an.

Verbrauchsunabhängige Kosten

- Betriebskosten
- Kosten durch Bedienung, Reinigung
- Schornsteinfegerkosten
- Wartung (ohne Reparatur- und Ersatzteilkosten)
- Kosten der Verbrauchserfassung/Abrechnung
- Mietkosten für Erfassungsanlage
- Reinigung von Öltanks

1) Anbringung auf 2/3 der Höhe in der Mitte

Monatliche Heizkosten-Vorauszahlung (Anhaltswerte)

Preis je €/l oder €/m^3	Beheizte Wohnfläche in m^2								
	35	45	55	65	75	85	95	105	120
0,5	29	38	46	54	63	71	79	88	100
0,54	32	41	50	59	68	77	86	95	108
0,58	34	44	53	63	73	82	92	102	116
0,62	36	47	57	67	78	88	98	109	124
0,66	39	50	61	72	83	94	105	116	132
0,70	41	53	64	76	88	99	111	123	140
0,74	43	56	68	80	93	105	117	130	148
0,78	46	59	72	85	98	111	124	137	156
0,82	48	62	75	89	103	116	130	144	164
0,86	50	65	79	93	108	122	136	151	172
0,90	53	68	83	98	113	128	143	158	180

Aufteilung der Heizkosten bei Nutzerwechsel (ohne Zwischenablesung)

Monat	Promilleanteil	
	je Monat	je Tag
Januar	170	5,48
Februar	150	5,36
März	130	4,19
April	80	2,67
Mai	40	1,29
Juni – August	zus. 40	0,43
September	30	1,00
Oktober	80	2,58
November	120	4,00
Dezember	160	5,16

HT

Verbrennung

Verbrennung des Kohlenstoffs	Verbrennung des Wasserstoffs	Verbrennung des Schwefels
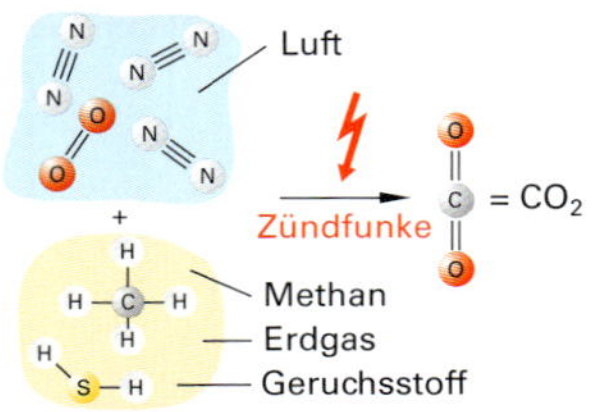	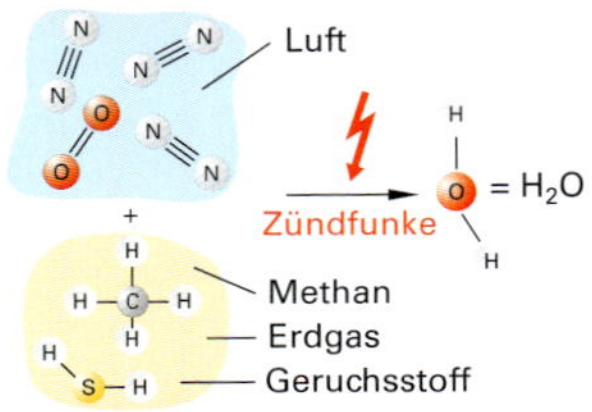	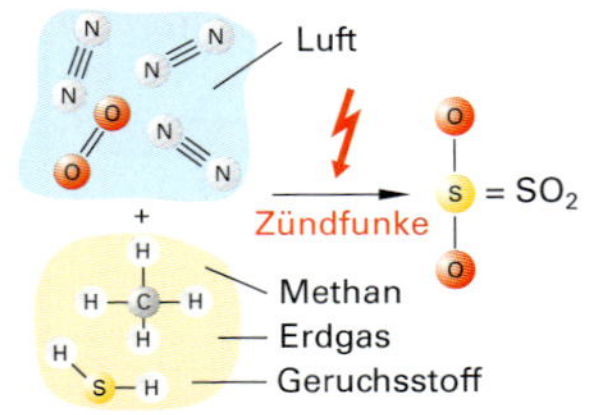

Verluste und Wirkungsgrade

Verluste von Wärmeerzeugung zur -verteilung

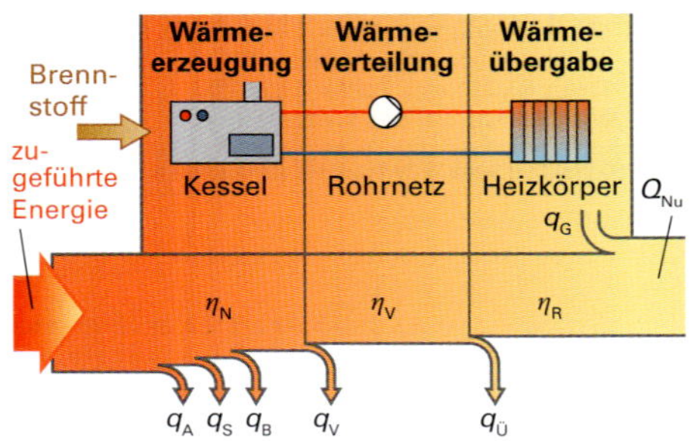

Art der Wärmeverluste

- q_A Abgasverluste (mit Wasserdampf)[1)]
- q_S Strahlungsverluste durch Wärmeabstrahlung
- q_B Verluste im Bereitschaftsbetrieb
- q_V Verluste bei der Wärmeverteilung

Bei der Wärmeübergabe entstehen weitere Verluste durch Fehlbedienung, Überdimensionierung ($q_ü$). Wärmegewinne durch Einstrahlung (q_G).

Wirkungsgrade

- η_N Wirkungsgrad des Wärmeerzeugers
- η_V Wirkungsgrad der Wärmeverteilung
- η_R Raumnutzungsgrad

Abgasverluste und feuerungstechnischer Wirkungsgrad

Abgasverluste (nach Messung des CO_2- oder O_2-Gehaltes im Abgas, Zahlenwertgleichung)

ϑ_A	Abgastemperatur in °C
ϑ_L	Verbrennungslufttemperatur in °C
A_1, A_2, B	Verbrennungsbeiwerte
q_A	Abgasverlust in %
η_F	feuerungstechnischer Wirkungsgrad in %

$$\eta_F = 100\,\% - q_A$$

$$q_A = (\vartheta_A - \vartheta_L) \cdot \left(\frac{A_1}{CO_2} + B\right)$$ nach CO_2-Gehalt

$$q_A = (\vartheta_A - \vartheta_L) \cdot \left(\frac{A_2}{21 - O_2} + B\right)$$ nach O_2-Gehalt

Verbrennungsbeiwerte

Beiwert	Brennstoffart		
	Heizöl	Erdgas	Flüssiggas
A_1	0,50	0,37	0,42
A_2	0,68	0,66	0,63
B	0,007	0,009	0,008

Beispiel zur Ermittlung des Abgasverlustes:

Erdgaswärmeerzeugung mit folgenden Daten:
$\vartheta_A = 190\,°C$, $\vartheta_L = 18\,°C$, $CO_2 = 9{,}8\,\%$

$$\Rightarrow q_a = (190\,°C - 18\,°C) \cdot \left(\frac{0{,}37}{9{,}8} + 0{,}009\right) = 8{,}04\,\%$$

$$\eta_F = 100\,\% - 8{,}04\,\% = 91{,}96\,\%$$

Zulässige Abgasverluste für öl- und gasförmige Brennstoffe [%]

Nennleistung [kW]	Einbaudatum der Anlage			
	bis 31.12.82	bis 30.09.88	ab 01.10.88	ab 01.01.98
> 4 ≤ 25	15	14	12	11
> 25 ≤ 50	14	13	11	10
> 50	13	12	10	9

Anlagenwirkungsgrad

Der Gesamtwirkungsgrad ergibt sich aus allen beteiligten Verlusten zu:

$$\eta_{ges} = 100\,\% - q_A - q_S - q_B - q_V$$

Nutzungsgrad, Normnutzungsgrad und Jahresnutzungsgrad

Nutzungsgrad	Gibt den Wirkungsgrad in der tatsächlichen Nutzung wieder.
Normnutzungsgrad	Gibt den unter Laborbedingungen ermittelten Wirkungsgrad an.
Jahresnutzungsgrad	Gibt den über ein Jahr aus der Nutzung entstehenden Wirkungsgrad an.

Prozess zur Bestimmung der Norm-Heizlast[1), 2)] — DIN EN 12831: 2017-09

Berechnungsverfahren[2)]

1. Vorbereitung	**1.1 Ermittlung der Außentemperatur:** • Norm-Außentemperatur • Jahresmittel der Außentemperatur	→ **S. 338**
	1.2 Definition eines jeden Raumes im Gebäude • unbeheizt • beheizt: Norm-Innentemperaturen ermitteln	→ **S. 339**
	1.3 Berechnung der Werte für die Wärmedurchgangskoeffizienten (*U*-Werte) unter Berücksichtigung von Wärmebrücken	→ **S. 329**
2. Norm-Heizlast der beheizten Räume	**2.1 Berechnung der Transmissionswärmeverluste:** Norm-Transmissionswärmeverlustkoeffizient x Norm-Temperaturdifferenz	→ **S. 333**
	2.2 Berechnung der Lüftungswärmeverluste: Norm-Lüftungswärmeverlustkoeffizient x Norm-Temperaturdifferenz	→ **S. 335**
	2.3 Berechnung der gesamten Wärmeverluste = Norm-Heizlast eines beheizten Raumes: **Norm-Transmissionswärmeverlustkoeffizient** + Norm-Lüftungswärmeverluste	→ **S. 333**
Auslegungs-Heizlast	• Berechnung der zusätzlichen Aufheizleistung[2b)] zum Ausgleich unterbrochener Beheizung eines Raumes: • Berechnung der Auslegungs-Heizlast eines Raumes: Norm-Heizlast Raum + Zusatzaufheizleistung	→ **S. 336**
3. Norm-Heizlast Gebäude	**3.1 Berechnung der Norm-Heizlast des Gebäudes:** • $\sum$ Norm-Transmissionswärmeverluste aller Räume[3)] • $\sum$ Norm-Lüftungswärmeverluste aller Räume $\sum$ Gesamt-Wärmeverluste = Norm-Heizlast Gebäude	→ **S. 337**
Auslegungs-Heizlast des Gebäudes	Berechnung der Auslegungs-Heizlast des Gebäudes = $\sum$ Auslegungs-Heizlast aller Räume	→ **S. 337**

1) Ersetzt die frühere DIN 4701-1 bis 3
2) Änderungen Beiblatt 1 DIN 12831: 2008-07 gegenüber 2004-04 und 2005-03:
a) Vereinfachtes Berechnungsverfahren aus dem Beiblatt gestrichen
b) Zusätzl. Aufheizleistung Φ_{RH} ist kein Bestandteil der Norm-Heizlast, Berechnungsverfahren bleiben bestehen und für neue Gebäude vereinfacht, Ausweisung in Formblatt nach Vereinbarung, Addition mit Norm-Heizlast ergibt die Auslegungsheizlast
c) Mindestluftwechsel bei den meisten Raumtypen 0,5 h^{-1}, bei $\Phi_{HL,\,Geb}$ ist $n_{min} \cdot \zeta = 0{,}5 \cdot 0{,}5 = 0{,}25$
d) Tabellenänderung z. B. b_u, e
e) Berechnung der Transmissionsverluste über die Bauteilinnenmaße (statt Außenmaße)
3) ohne den Wärmeverlust zwischen beheizten Räumen

HT

Grundlagen zur Heizlastberechnung

Erforderliche Unterlagen zur Heizlastberechnung

Art der Unterlagen		Mindestangaben
Pläne		
Lage		• Umgebungssituation: im Stadtkern oder in Gebieten mit aufgelockerter Bebauung, an Ufern, Küsten oder Kammlagen • Nordrichtung, Windangriffsmöglichkeiten, Art und Höhe der Nachbarbebauung: Gebäude frei stehend, ganz oder teilweise kommunal gebaut
Grundrisse im Maßstab 1:100/1:50	Ansichten im Maßstab 1:100	• Baumaße einschließlich der Fenster- und Türmaße (größte Rohbaumaße) • Nutzung der Räume und Rauminhalte
Schnitte im Maßstab 1:100/1:50		• Lichte Raumhöhen, Geschosshöhen (von Fußbodenoberkante zu Fußbodenoberkante), Brüstungshöhen, Fenster- und Türhöhen, Art und Ausführung des Daches
Baubeschreibungen		
Wände, Decken und sonstige Bauteile		• Wärmeleitwiderstände (alternativ: Aufbau, Schichtdicken, Rohdichten und verwendete Baustoffe) aller Bauteile
Fenster und Fenstertüren		• Konstruktion, Art der Verglasung, Rahmenmaterialien, Fugenlänge, Güteklassen nach DIN 18055: 2020-09 • Angaben zum Permanentlüfter (normal/sehr dicht schließend/vorhanden)
Rolläden		• Rollmechanik: Zugang von innen/außen
Fertigbauteile, nicht zu öffnende Fenster		• Längen der Einbaufugen • Angabe: mit/ohne garantierte Dichtheit
Außentüren		• Konstruktion, Material des Türblattes, Anteil und Art der Verglasung • Angaben zur Dichtheit
Innentüren		• Dichtheit: normal (ohne Schwelle)/dicht (mit Schwelle oder sonstigen Dichtungsvorrichtungen)

Begriffe und Formelzeichen der DIN 4701 und DIN EN 12831

Formel	Alte Bezeichnungen DIN 4701	Formel	Neue Bezeichnungen DIN EN 12831
k-Wert	Wärmedurchgangskoeffizient	U-Wert	Wärmedurchgangskoeffizient
$\dot{Q}$	Wärmestrom	Φ	Wärmefluss
$\dot{Q}_T$	Transmissionswärmebedarf	Φ_T	Transmissionswärmeverlust
$\dot{Q}_V$	Lüftungswärmebedarf	Φ_V	Lüftungswärmeverlust
$\dot{Q}_N$	Norm-Wärmebedarf	$\Phi_{HL/HL,\,Netto}$	Norm-Heizlast, Netto-Heizlast
$\dot{Q}_{N,Geb}$	Norm-Wärmebedarf Gebäude	$\Phi_{HL,\,Geb}$	Norm-Heizlast Gebäude
ϑ_a	Außentemperatur	θ_e	Außentemperatur (e: exterior)
ϑ_i	Innentemperatur	θ_{int}	Innentemperatur (int: interior)
ϑ_R	Innentemperatur beheizter Nachbarräume	$\theta_{int,\,j}$	Innentemperatur beheizter Nachbarräume
ϑ_{AL}	Temperatur über längere Kälteperiode	$\theta_{m,e}$	Jahresmittel der Außentemperatur
β	Luftwechsel	n	Luftwechselrate

Wärmedurchgang durch Bauteile und Temperaturverlauf

Wärmeübertragung

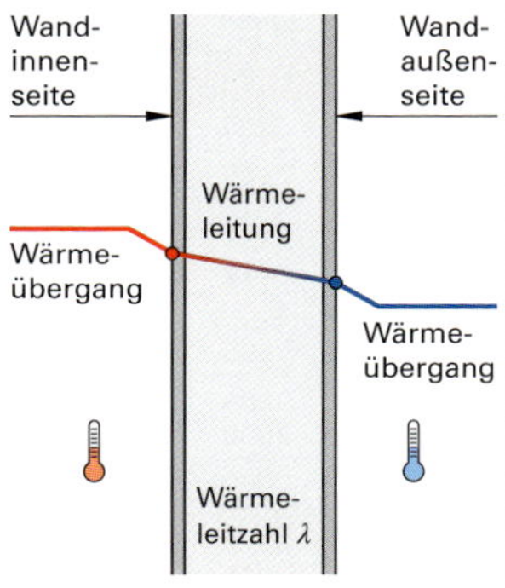

Der Wärmestrom erfolgt über drei Arten:

- **Wärmeleitung** durch die einzelnen Bauteilschichten
- **Wärmestrahlung**
- **Wärmeübergang** (Konvektion) von der Wandoberfläche an die angrenzende Luft (Innenraum und Außenwand sowie Außenwand und Außenluft bzw. Nebenraum)

Diese Form wird als Wärmedurchgang bezeichnet. Die Umfassungsflächen setzen dem Wärmestrom verschiedene Widerstände entgegen:

- **innerer Wärmeübergangswiderstand**
- **Wärmedurchlasswiderstand** (Wärmleitwiderstände)
- **äußerer Wärmeübergangswiderstand**

Indizes :

c: contact — e : exterior (außen)

i: interior (innen) — s: surface (Oberfläche)

Wärmedurchgangskoeffizient *U*-Wert

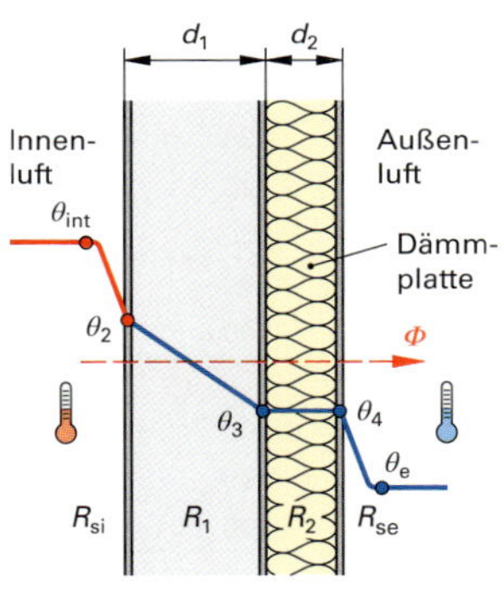

Je höher der Wärmedurchlasswiderstand *R*, desto besser ist die Wärmedämmeigenschaft.

Je höher der Wärmedurchgangskoeffizient *U*, desto schlechter ist die Wärmedämmeigenschaft.

U	Wärmedurchgangskoeffizient in W/(m² · K)
R_T	Wärmedurchgangswiderstand in m² · K/W
R_{si}	innerer Wärmeübergangswiderstand in m² · K/W
R_{se}	äußerer Wärmeübergangswiderstand in m² · K/W
$\sum R$	Summe der Wärmedurchlasswiderstände in m² · K/W
R	Wärmedurchlasswiderstand[1] in m² · K/W
d	Schichtdicke in m
λ	Wärmeleitfähigkeit in W/(m · K)

Wärmedurchgangskoeffizient

$$U = \frac{1}{R_T}$$

Wärmedurchgangswiderstand

$$R_T = R_{si} + \sum R + R_{se}$$

Wärmedurchlasswiderstand

$$R = \frac{d}{\lambda}$$

Beispiel: Zweischichtige Wand

$$R_T = R_{si} + R_1 + R_2 + R_{se} \qquad U = \frac{1}{R_T} \qquad U = \frac{1}{R_{si} + R_1 + R_2 + R_{se}}$$

[1] Auch Wärmedurchgangswiderstand genannt.

Wärmeübergangswiderstände R_s in m² · K/W			Wärmedurchlasswiderstände *R* ruhender Luftschichten[1] in m² · K/W[2]								
Richtung des Wärmstroms	R_{si}	R_{se}	*R* in m² · K/W nach Dicke der Luftschicht in mm: 0	5	7	10	15	25	50	100	300
aufwärts	0,10	0,04	0,00	0,11	0,13	0,15	0,16	0,16	0,16	0,16	0,16
horizontal[3]	0,13	0,04	0,00	0,11	0,13	0,15	0,17	0,18	0,18	0,18	0,18
abwärts	0,17	0,04	0,00	0,11	0,13	0,15	0,17	0,19	0,21	0,22	0,23

[1] Die Werte unter „horizontal" gelten für Richtungen des Wärmestromes von ± 30° zur horizontalen Ebene.

[2] Zwischenwerte können mittels linearer Interpolation ermittelt werden.

[3] Die Werte gelten bei einer Luftschicht, die von zwei Flächen begrenzt ist, die parallel zueinander und senkrecht zur Richtung des Wärmestromes verlaufen und einen Emissionsgrad von mindestens 0,8 besitzen sowie eine Dicke (in Wärmestromrichtung) von weniger als dem 0,1-fachen eines der anderen beiden Maße und höchstens 0,3 m besitzt.

Wärmeleitfähigkeit λ

DIN 4108-4: 2020-11, DIN EN ISO 10456: 2010-05

Stoffgruppe oder Anwendung	Dichte ϱ kg/m³	λ W/(m · K)
Putze, Mörtel und Estriche		
Putzmörtel aus Kalk, Kalkzement und hydr. Kalk	1800	1,0
Leichtputz	≤ 700 < 1300	0,25 0,56
Leichtmauermörtel nach DIN 1053-1	≤ 700 < 1000	0,21 0,36
Leichtmauermörtel	250 1000 1500	0,10 0,38 0,69
Zement-Estrich	2000	1,40
Anhydrit-Estrich	2100	1,20
Beton-Bauteile		
Leicht- und Stahlbeton	800 1400 2000	0,39 0,79 1,60
Dampfgehärteter	300	0,10
Porenbeton	1000	0,31
Leichtbeton mit nichtporigen Zuschlägen	1800	1,10
Bauplatten		
Porenbeton-Bauplatten	600	0,24
Porenbeton-Planbauplatten	500	0,16
Wandplatten aus Leichtbeton	900	0,32
Wandplatten aus Gips	900	0,41
Gipskartonplatten	900	0,25
Mauerwerk		
Vollziegel, Hochlochklinker, Keramikklinker	2000	0,96
Vollziegel, Hochlochziegel, Füllziegel	1800	0,81
Hochlochziegel mit Lochung	800	0,39
Hochloch-, Wärmedämmziegel	800	0,26
Plan-Wärmedämmziegel	800	0,24
Kalksandstein	1400	0,70
Hüttenstein	1400	0,58
Porenbeton-Planstein	300	0,10
Hohlblöcke	700	0,32
Hohlblöcke, Hohlwandplatten	700	0,36
Vollblöcke (Vbl) und Vbl-S; mit Normalmörtel NM	500 2000	0,29 0,89
Vollblöcke (V)	700	0,33
Vollsteine	500	0,32
Mauersteine	1000	0,70

Stoffgruppe oder Anwendung	Dichte ϱ kg/m³	λ W/(m · K)
Wärmedämmstoffe		
Mineralwolle	300	0,035
Polystyrol-Hartschaum	≥ 15	0,035
Polyurethan-Hartschaum	≥ 30	0,035
Phenolharz-Hartschaum	≥ 30	0,035
Mineralische und pflanzliche Faserdämmstoffe	8 500	0,035 0,050
Holzfaser-Dämmplatte	300 1000	0,09 0,24
Holzwolle-Leichtbauplatte	600	0,14
Holz und Holzwerkstoffe		
Sperrholz	700	0,17
Spanplatte	600	0,14
Holzfaserplatte	400	0,10
Beläge, Abdichtstoffe, Abdichtbahnen		
Kunststoff-Bodenbelag	1700	0,25
Filzunterlage	120	0,5
Korkfliesen	> 400	0,065
Teppichboden	200	0,06
Linoleum, Gummi	1200	0,17
Bitumendachbahnen	1200	0,17
Sonstige gebräuchliche Stoffe		
Blähton, Blähschiefer	≤ 400	0,16
Bimskies	≤ 1000	0,19
Marmor	2800	3,50
Schiefer	2400	2,20
Quarzglas	2500	1,00
Stahl	7800	50
Kupfer	8900	380
Aluminiumlegierungen	2800	160
Gusseisen	7500	50
Zink	7200	110
Lehmbaustoffe	500 2000	0,14 1,10
Polystyrol	1050	0,16
Polyamid	1150	0,25
Asphalt	2100	0,70
Bitumen (Membran/Bahn)	1100	0,23
Beton (mittlere Rohdichte)	2000	1,35
Beton mit 1 % armiert	2300	2,30
Erdreich (Ton, Schlick)	1500	1,50
Erdreich (Sand, Kies)	1900	2,00
Wasser bei 40 °C	990	0,63
Eis bei −10 °C	920	2,30
Gummi	1200	0,17

Wärmedurchlasswiderstand

Wärmedurchlasswiderstände *R* von Decken	DIN 4108-4: 2020-11	
Deckenart und Darstellung	**Dicke *s* in mm**	***R* in $m^2 \cdot K/W$ im Mittel**
Stahlbetonrippen- und Stahlbetonbalkendecken nach DIN 1045-1, DIN 1045-2: 2023-08 mit Zwischenbauteilen nach DIN 4158		
Stahlbetonrippendecke (ohne Aufbeton, ohne Putz) 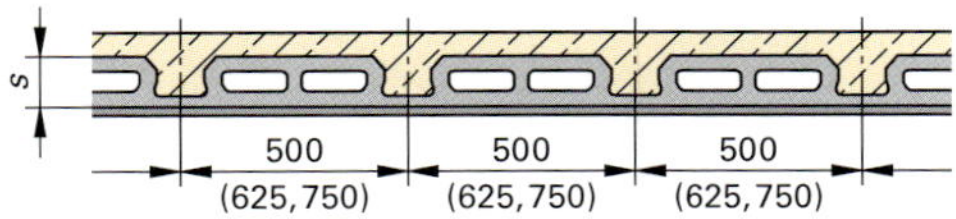	120 140 160 180 200 220 250	0,20 0,21 0,22 0,23 0,24 0,25 0,26
Stahlbetonbalkendecke (ohne Aufbeton, ohne Putz) 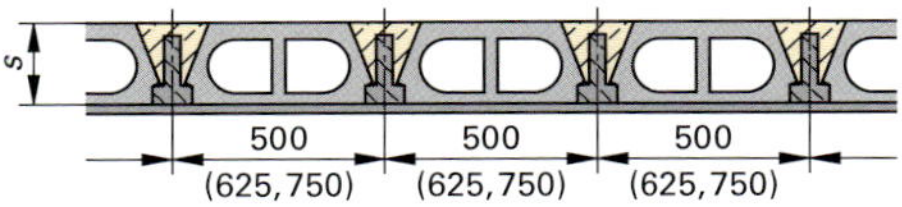	120 140 160 180 200 220 240	0,16 0,18 0,20 0,22 0,24 0,26 0,28
Ziegel als Zwischenbauteile nach DIN 4160 (ohne Aufbeton, ohne Putz)		
ohne Querstege 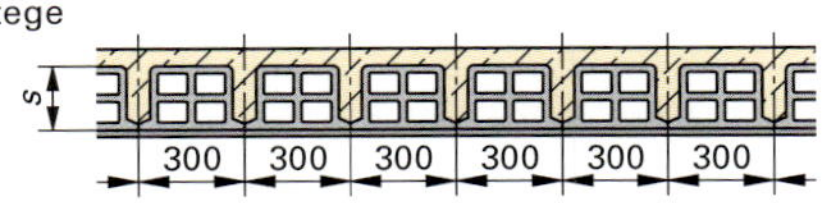	115 140 165	0,15 0,16 0,18
mit Querstegen 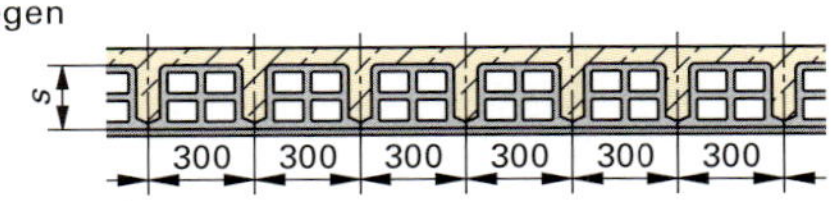	190 225 240 265 290	0,24 0,26 0,28 0,30 0,32
Stahlsteindecken nach DIN 1045-1, DIN 1045-2 aus Deckenziegeln nach DIN 4159: 2014-05		
Ziegel für teilvermörtelbare Stoßfugen nach DIN 4159 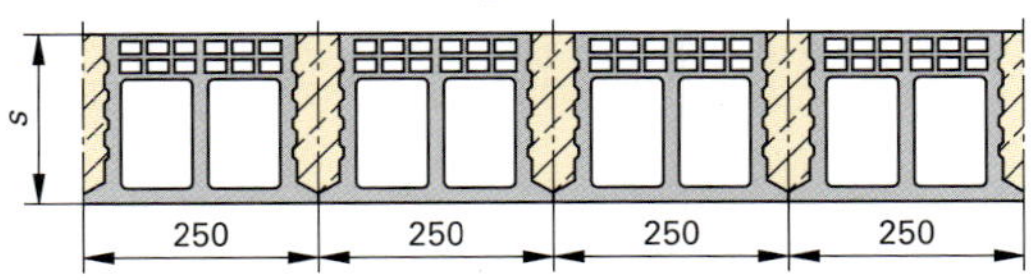	115 140 165 190 215 240 265 290	0,15 0,18 0,21 0,24 0,27 0,30 0,33 0,36
Ziegel für vollvermörtelbare Stoßfugen nach DIN 4159 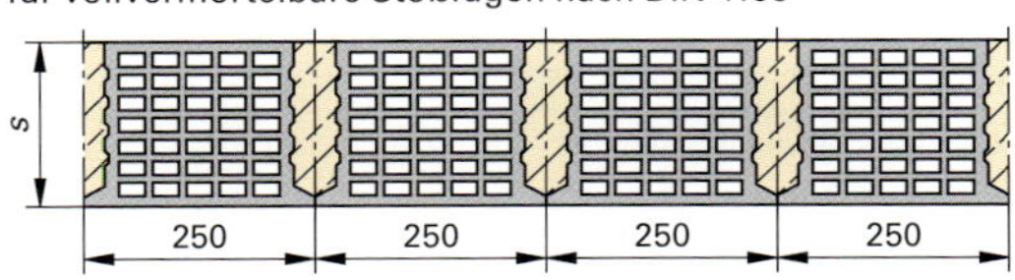	115 140 165 190 215 240 265 290	0,13 0,16 0,19 0,22 0,25 0,28 0,31 0,34
Stahlbetonhohldielen nach DIN 1045-1, DIN 1045-2		
(ohne Aufbeton, ohne Putz) 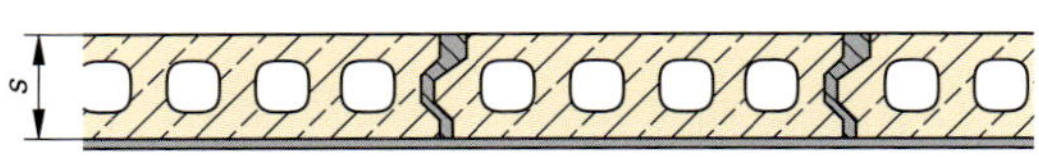	65 80 100	0,13 0,14 0,15

HT

Wärmedurchgangskoeffizient für Fenster und Fenstertüren

Bemessungswert des Wärmedurchgangskoeffizienten für Fenster und Fenstertüren

Ermittlung nach
- DIN EN ISO 10077-1 Anhang F.1 oder
- DIN 4108-4 Tabelle 6

Berechnung nach
- DIN EN ISO 10077-1 und ggf.
- DIN EN ISO 10077-2

Messung nach
- DIN EN ISO 12567-1

Nennwert

Korrektur für Randverbund und Sprossen sowie Verglasung ohne Überwachung

→ **Bemessungswert**

Dachflächenfenster: nur Messung nach DIN EN ISO 12567-2

Wärmedurchgangskoeffizient U_W[1] in W/(m² · K) von Fenstern und Fenstertüren — DIN 4108-4: 2020-11

Art der Verglasung	U_g[2] in W/(m² · K)	$U_{f,BW}$[3] in W/(m² · K)										
		0,8	1,0	1,2	1,4	1,8	2,2	2,6	3,0	3,4	3,8	7,0
Einfachscheibenverglasung	5,7	4,2	4,3	4,3	4,4	4,5	4,6	4,8	4,9	5,0	5,1	6,1
Zweischeiben-Isolierverglasung	3,0	2,4	2,5	2,6	2,6	2,7	2,9	3,0	3,1	3,3	3,4	4,2
	2,8	2,3	2,4	2,4	2,5	2,6	2,7	2,9	3,0	3,1	3,3	4,1
	2,6	2,2	2,2	2,3	2,4	2,5	2,6	2,8	2,9	3,0	3,1	4,0
	2,4	2,1	2,1	2,2	2,2	2,4	2,5	2,7	2,8	2,9	3,0	3,8
	2,2	1,9	2,0	2,0	2,1	2,2	2,3	2,5	2,6	2,8	2,9	3,7
	2,0	1,8	1,8	1,9	2,0	2,1	2,2	2,4	2,5	2,6	2,7	3,6
	1,8	1,6	1,7	1,8	1,8	1,9	2,1	2,2	2,4	2,5	2,6	3,4
	1,6	1,5	1,6	1,6	1,7	1,8	1,9	2,1	2,2	2,3	2,5	3,3
	1,4	1,4	1,4	1,5	1,5	1,7	1,8	2,0	2,1	2,2	2,3	3,1
	1,2	1,2	1,3	1,3	1,4	1,5	1,7	1,8	1,9	2,1	2,2	3,0
	1,0	1,1	1,1	1,2	1,3	1,4	1,5	1,7	1,8	1,9	2,0	2,9
Dreischeiben-Isolierverglasung	2,2	1,9	1,9	2,0	2,1	2,2	2,3	2,5	2,6	2,7	2,8	3,6
	2,0	1,7	1,8	1,9	1,9	2,0	2,2	2,3	2,5	2,6	2,7	3,5
	1,8	1,6	1,7	1,8	1,8	1,9	2,1	2,2	2,4	2,5	2,6	3,4
	1,6	1,5	1,6	1,6	1,7	1,8	1,9	2,1	2,2	2,3	2,5	3,3
	1,4	1,4	1,4	1,5	1,5	1,7	1,8	2,0	2,1	2,2	2,3	3,1
	1,2	1,2	1,3	1,3	1,4	1,5	1,7	1,8	1,9	2,1	2,2	3,0
	1,0	1,1	1,1	1,2	1,3	1,4	1,5	1,7	1,8	1,9	2,0	2,9
	0,8	0,9	1,0	1,1	1,1	1,3	1,4	1,5	1,7	1,8	1,9	2,7
	0,6	0,8	0,9	0,9	1,0	1,1	1,2	1,4	1,5	1,6	1,8	2,6

[1] Standardgröße 1,23 m × 1,48 m
[2] Nennwert des Wärmedurchgangskoeffizienten
[3] Bemessungswert des Wärmedurchgangskoeffizienten des Rahmens

Zuordnung der U_f-Werte von Einzelprofilen zum $U_{f,BW}$-Bemessungswert für Rahmen in W/(m² · K) — DIN 4108-4: 2020-11

$U_{f,BW}$ W/(m² · K)	0,8	1,0	1,2	1,4	1,8	2,2	2,6	3,0	3,4	3,8	7,0
U_f-Wert	< 0,90	0,90 … 1,1	1,1 … 1,3	1,3 … 1,6	1,6 … 2,0	2,0 … 2,4	2,4 … 2,8	2,8 … 3,2	3,2 … 3,6	3,6 … 4,0	≥ 4,0

Wärmedurchgangskoeffizient U_W in W/(m² · K) für Lichtkuppeln

Lichtkuppel	zweischalig	dreischalig
	3,5	2,5

Berechnung der Norm-Heizlast

Norm-Heizlast Φ_{HL} beheizter Raum in W

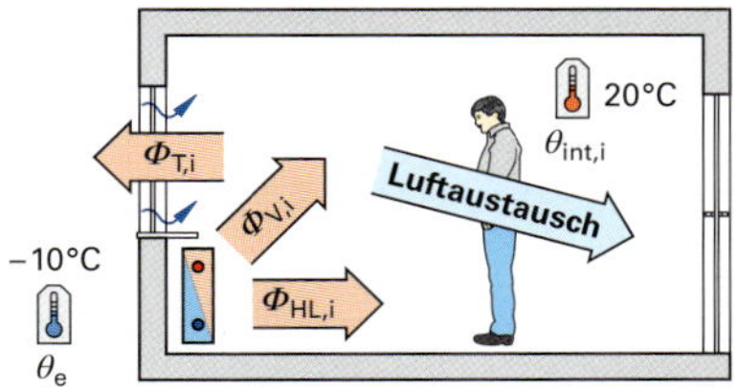

angegebene Temperaturen sind beispielhaft

$\Phi_{HL,i}$	Norm-Heizlast beheizter Raum (i) in W
$\Phi_{T,i}$	Norm-Transmissionswärmeverluste Raum (i) in W
$\Phi_{V,i}$	Norm-Lüftungswärmeverluste Raum (i) in W
$\theta_{int,i}$	Norm-Innentemperatur Raum (i) in °C
θ_e	Norm-Außentemperatur in °C

Norm-Heizlast Raum (i)

$$\Phi_{HL,i} = \Phi_{T,i} + \Phi_{V,i}$$

Norm-Transmissionswärmeverlust $\Phi_{T,i}$ beheizter Raum in W

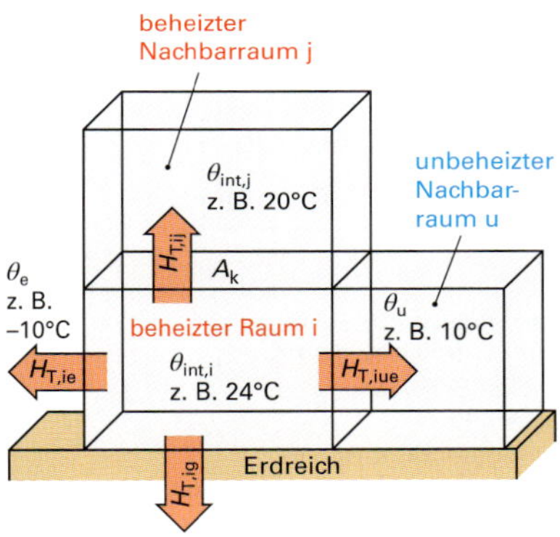

$\Phi_{T,i}$	Norm-Transmissionswärmeverlust beheizter Raum in W

Transmissionswärmeverlustkoeffizienten:

$H_{T,ie}$	zwischen beheiztem Raum (i) und äußerer Umgebung (e) durch Gebäudehülle in W/K
$H_{T,iue}$	vom beheiztem Raum (i) an die äußere Umgebung (e) durch den unbeheizten Raum (u) in W/K
$H_{T,ig}$	vom beheizten Raum (i) an das Erdreich (g) in W/K
$H_{T,ij}$	vom beheizten Raum (i) an benachbarten beheizten Raum (j) in W/K

Norm-Transmissionswärmeverlust beheizter Raum

$$\Phi_{T,i} = (H_{T,ie} + H_{T,iue} + H_{T,ig} + H_{T,ij}) \cdot (\theta_{int,i} - \theta_e)$$

Direkte Wärmeverluste $H_{T,ie}$ an die äußere Umgebung in W/K

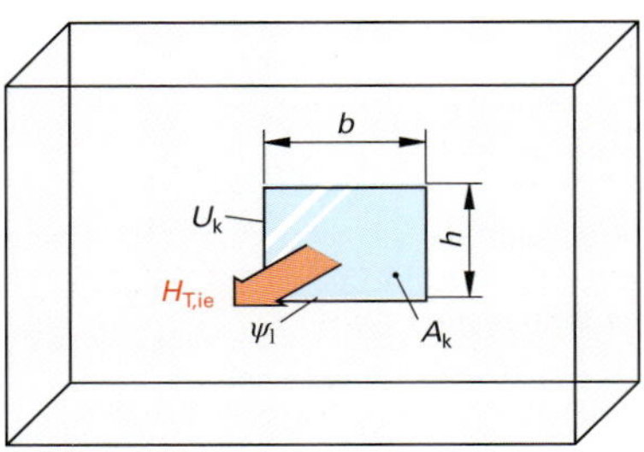

Beispiel Außenfenster:

$U_k = 2 \cdot b + 2 \cdot h$
$A_k = b \cdot h$

ψ_l nach folgenden Methoden bestimmen:

- überschlägig: Tabellenwert in EN ISO 14683: 2008-04
- Berechnung nach EN ISO 10211-2

In der Praxis wird f_c bzw. ΔU_{WB} für lineare Wärmebrücken verwendet.

$H_{T,ie}$	Transmissionswärmeverlustkoeffizient zwischen innerer (i) und äußerer Umgebung (e) in W/K
A_k	Fläche eines Bauteiles (k) in m^2
U_k	Wärmedurchgangskoeffizient des Elements (k) in $W/(m^2 \cdot K)$
e_k, e_l	witterungsbedingte Korrekturfaktoren (Anhaltswerte sind $e_k = 1$, $e_l = 1$)
ψ_l	längenbezogener Wärmedurchgangskoeffizient der Wärmebrücke in $W/(m \cdot K)$
l_l	Länge der längenbezogenen Wärmebrücke in m
U_{kc}	korrigierter Wärmedurchgangskoeffizient in $W/(m^2 \cdot K)$
f_c	Korrekturfaktor in $W/(m^2 \cdot K)$ (entspricht Wärmebrückenzuschlag ΔU_{WB} nach DIN V 4108-6: 2006-03 ab dem 1.1.2024 DIN V 18595) Neubau: 0,05 $W/(m^2 \cdot K)$, Altbau: 0,1 $W/(m^2 \cdot K)$ → S. 349

Wärmeverlust-Koeffizient $H_{T,ie}$

$$H_{T,ie} = \sum_k A_k \cdot U_k \cdot e_K + \sum_l \psi_l \cdot l_l \cdot e_l$$

oder vereinfachte Methode:

$$H_{T,ie} = \sum_k A_k \cdot (U_k + \Delta U_{WB})$$

mit $U_{kc} = U_k + \Delta U_{WB}$ und $\Delta U_{WB} = f_c$

Berechnung der Norm-Heizlast (Fortsetzung)

Indirekter Wärmeverlust $H_{T,iue}$ durch unbeheizte Nebenräume in W/K

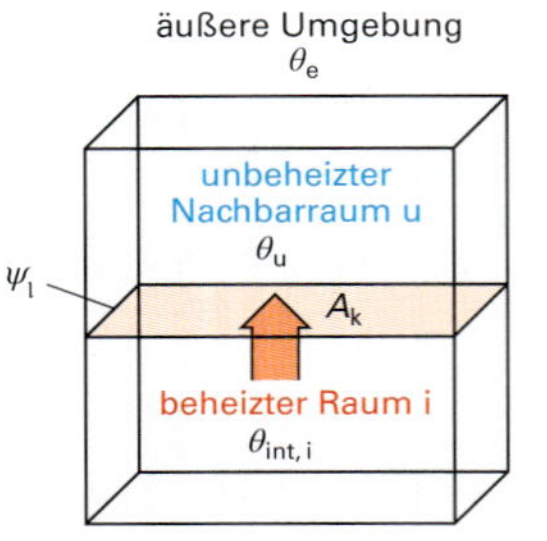

$l_l = 2 \cdot b + 2 \cdot l$
$A_k = b \cdot l$

Wärmebrücken bei unterschiedlichen Aufbauten von Wänden und Decken getrennt berechnen. In der Praxis wird meist ΔU_{wB} verwendet.

$H_{T,iue}$	Transmissionswärmeverlustkoeffizient zwischen beheiztem Raum (i) und äußerer Umgebung (e) durch einen unbeheizten Raum in W/K
A_k	Fläche des Bauelements (k) in m²
U_k	Wärmedurchgangskoeffizient des Elements (k) in W/(m² · K)
b_u	Temperaturreduktionsfaktor → S. 349
ψ_l	längenbezogener Wärmedurchgangskoeffizient der Wärmebrücke in W/(m · K)
l_l	Länge der längenbezogenen Wärmebrücke in m
H_{iu}	Wärmeverlustkoeffizient zwischen beheiztem Innenraum (i) und unbeheiztem Raum (u) in W/K
H_{ue}	Wärmeverlustkoeffizient zwischen unbeheiztem Raum (u) und der äußeren Umgebung (e) in W/K

Norm-Heizlast Raum (i)

$$H_{T,iue} = \sum_k A_k \cdot U_k \cdot b_u + \sum_l \psi_l \cdot l_l \cdot b_u$$

$$H_{T,iue} = \sum_k A_K \cdot b_u \cdot (U_k + \Delta U_{wB})$$

mit

$$b_u = \frac{\theta_{int,i} - \theta_u}{\theta_{int,i} - \theta_e}$$

oder

$$b_u = \frac{H_{ue}}{H_{iu} + H_{ue}}$$

Wärmeverluste $H_{T,ig}$ an das Erdreich in W/K

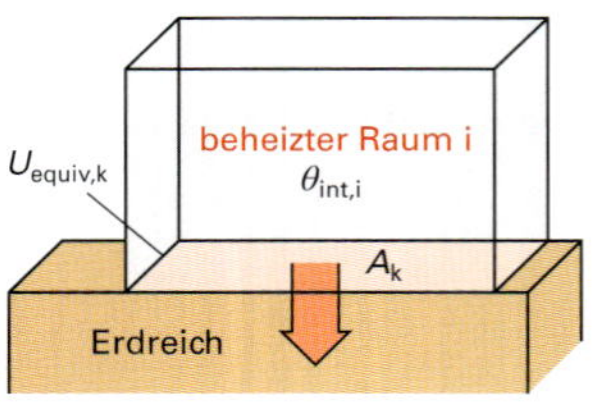

G_W	1,00	1,15
Abstand Grundwasserspiegel zum Fundament	> 1 m	< 1 m

$H_{T,ig}$	Transmissionswärmeverlustkoeffizient vom beheizten Raum (i) zum Erdreich (g) in W/K
f_{g1}	Korrekturfaktor jährlicher Schwankung der Außentemperatur, $f_{g1} = 1{,}45$
f_{g2}	Reduktionsfaktor für Temperaturdifferenz
$U_{equiv,k}$	äquivalenter Wärmeverlustkoeffizient des Bauteil k in W/(m² · K) → S. 348
G_w	Korrekturfaktor Tiefe zum Grundwasser
$\theta_{m,e}$	Jahresmittel der Außentemperatur in °C → S. 344

Wärmeverlust-Koeffizient $H_{T,ig}$

$$H_{T,ig} = f_{g1} \cdot f_{g2} \cdot \left(\sum_k A_k \cdot U_{equiv,k}\right) \cdot G_w$$

(gilt auch für Wand an Erdreich)

mit

$$f_{g2} = \frac{\theta_{int,i} - \theta_{m,e}}{\theta_{int,i} - \theta_e}$$

Wärmeverluste $H_{T,ij}$ zwischen beheizten Räumen unterschiedlicher Temperatur in W/K

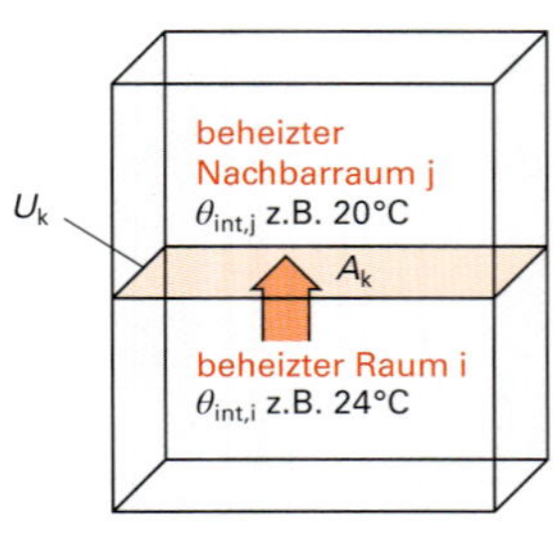

$H_{T,ij}$	Transmissionswärmeverlustkoeffizient zwischen beheiztem Raum (i) und beheiztem Nachbarraum (j) in W/K
f_{ij}	Temperaturreduktionsfaktor
A_k	Fläche des Bauelements (k) in m²
U_k	Wärmedurchgangskoeffizient Element (k) in W/(m² · K)
$\theta_{int,i}$	Norm-Innentemperatur beheizter Raum in °C
$\theta_{int,j}$	Norm-Innentemperatur beheizter Nachbarraum in °C
θ_e	Norm-Außentemperatur in °C

Wärmeverlust-Koeffizient $H_{T,ij}$

$$H_{T,ij} = \sum_k f_{ij} \cdot A_k \cdot U_k$$

mit

$$f_{ij} = \frac{\theta_{int,i} - \theta_{int,ij}}{\theta_{int,i} - \theta_e}$$

Berechnung der Norm-Heizlast (Fortsetzung)

Norm-Lüftungswärmeverluste $\Phi_{V,i}$ in W

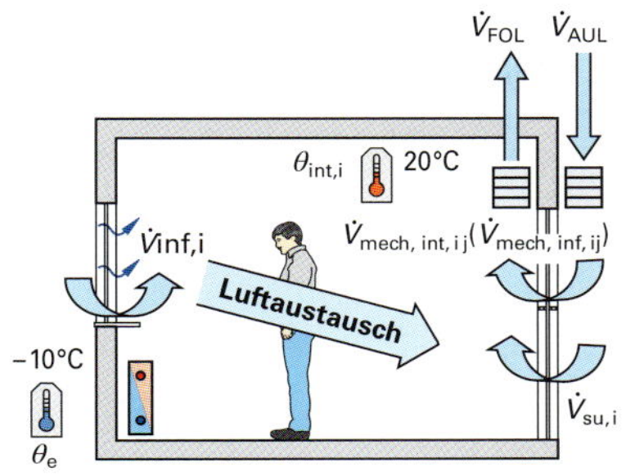

$\dot{V}_{FOL}$ Fortluftvolumenstrom
$\dot{V}_{AUL}$ Außenluftvolumenstrom

Hinweis: Fehlen die Angaben zur lufttechnischen Anlage, so wird der Lüftungswärmeverlust wie für eine Installation ohne Lüftungsanlage berechnet (natürliche Belüftung).

$\Phi_{V,i}$	Norm-Lüftungswärmeverlust beheizter Raum (i) in W
$H_{V,i}$	Norm-Lüftungswärmeverlust-koeffizient beheizter Raum (i) in W/K
$\theta_{su,i}$	Zulufttemperatur beheizter Raum (i) in °C
ϱ	Dichte der Luft bei $\theta_{int,i}$ in kg/m³
c_p	spezifische Wärmekapazität Luft bei $\theta_{int,i}$ in Wh/(kg · K)
$\dot{V}_i$	Luftvolumenstrom beheizter Raum (i) in m³/h
$\dot{V}_{inf,i}$	Luftvolumenstrom beheizter Raum (i) aufgrund von Infiltration (inf) in m³/h → S. 342
$\dot{V}_{min,i}$	hygienisch minimaler Luftvolumenstrom in m³/h → S. 342
$\dot{V}_{su,i}$	Zuluftvolumenstrom beheizter Raum (i) nach Lüftungsanlagedaten in m³/h → S. 342
$\dot{V}_{mech,inf,i}$	Überschuss Abluftstrom beheizter Raum (i) durch Außenluftvolumenstrom in m³/h → S. 342
$\dot{V}_{mech,inf,ij}$	Überschuss Abluftstrom beheizter Raum (i) überströmender Luft Nachbarraum (j) in m³/h → S. 342
$f_{v,i}$	Temperaturreduktionsfaktor der Zuluft
$f_{v,mech,inf,ij}$	Temperaturreduktionsfaktor für nachströmende Luft aus Nachbarräumen (j)

Norm-Lüftungswärmeverlust

$$\Phi_{V,i} = H_{V,i} \cdot (\theta_{int,i} - \theta_e)$$

mit

$$H_{V,i} = \dot{V}_i \cdot \varrho \cdot c_p$$

wenn c_p und ϱ konstant:

$$H_{V,i} = \dot{V}_i \cdot 0{,}34$$

Fall 1: ohne lufttechnisches System

$$\dot{V}_i = \max\,(\dot{V}_{inf,i}\ ,\ \dot{V}_{min,i})$$

Fall 2: mit lufttechnischer Anlage

$$\dot{V}_i = \dot{V}_{inf,i} + \dot{V}_{su,i} \cdot f_{v,su,i} + \dot{V}_{mech,inf,ie} + \dot{V}_{mech,inf,ij} \cdot f_{v,mech,inf,ij}$$

$\dot{V}_i$ muss mindestens gleich $\dot{V}_{min,i}$ sein

mit

$$f_{V,SU,i} = \frac{\theta_{int,i} - \theta_{su,j}}{\theta_{int,i} - \theta_e}$$

$f_{v,mech,inf,i} = 1$ (in der Regel)

Luftvolumenstrom – ohne Lüftungsanlage in m³/h

Hygienischer Mindestluftvolumenstrom $\dot{V}_{min,i}$ in m³/h

Raumart	n_{min} [h⁻¹]
bewohnter Raum	0,5
Küche ≤ 20 m³	1,0
Küche ≥ 20 m³	0,5
WC/Bad[1] mit Fenster	0,5
Büroraum	0,5
Besprechungszimmer	0,5
Schulraum	

[1] Innenliegend mit Lüftungsanlage rechnen

$\dot{V}_{min,i}$	hygienisch minimaler Luftvolumenstrom beheizter Raum (i) in m³/h
n_{min}	Mindestluftwechsel je Stunde in 1/h
V_i	Raumvolumen beheizter Raum (i) in m³

Mindestluftvolumenstrom $\dot{V}_{min,i}$

$$\dot{V}_{min,i} = n_{min} \cdot V_i$$

HT

Berechnung der Norm-Heizlast (Fortsetzung)

Infiltration durch die Gebäudehülle $\dot{V}_{inf,i}$ in m³/h

Faktor 2 berücksichtigt die n_{50}-Werte für das gesamte Gebäude.

$\dot{V}_{inf,i} > 0$

Typische Werte:

n_{50}:	2 … 9 h^{-1}
e_i:	0 … 0,09
ε_i:	1,0 bis 4 Geschosse sonst nach Höhe $(h/10)^{4/9}$

$\dot{V}_{inf,i}$	Luftvolumenstrom aufgrund Windanströmung und Auftriebsdrücken an der Gebäudehülle in m³/h	
n_{50}	Luftwechselrate je Stunde aufgrund Druckdifferenz von 50 Pa zwischen Innerem und Äußerem des Gebäudes in 1/h	→ S. 346
e_i	Abschirmkoeffizient	→ S. 346
ε_i	Höhenkorrekturfaktor Raum (i)	→ S. 346

Infiltrierter Luftvolumenstrom $\dot{V}_{inf,i}$

$$\dot{V}_{inf,i} = 2 \cdot V_i \cdot n_{50} \cdot e_i \cdot \varepsilon_i$$

Luftvolumenstrom – mit Lüftungsanlage in m³/h

Zuluftvolumenstrom des Raumes $\dot{V}_{ZUL,i}$ in m³/h

$\dot{V}_{ZUL}$ und θ_{ZUL} werden bei der Auslegung vom Anlagenplaner bestimmt.

$\dot{V}_{ZUL}$	Zuluftvolumenstrom des Raumes (i) in m³/h
θ_{ZUL}	Zuluftvolumentemperatur aus zentraler RLT-Anlage oder nachströmender Umgebungsluft in °C Bei Anlagen mit zentraler Zu-/Abluft mit Wärmerückgewinnung (WRG-Anlagen) kann $\theta_{u,i}$ über deren Rückwärmezahl berechnet werden.

Überschuss des Abluftstromes $\dot{V}_{mech,inf}$ in m³/h

In Wohngebäuden ist der Wert meist 0.

Sonst Ermittlung für das gesamte Gebäude und Aufteilung des Gesamtwertes auf die Zulufträume.

$\dot{V}_{mech,inf}$	Überschuss des Abluftstromes für das gesamte Gebäude in m³/h
$\dot{V}_{ABL}$	Überschuss des Abluftstromes für das gesamte Gebäude in m³/h
$\dot{V}_{ZUL}$	Zuluftvolumenstrom für das gesamte Gebäude in m³/h
V_i	Volumen des Raumes (i) in m³

Überschuss des Abluftstromes $\dot{V}_{mech,inf}$

$$\dot{V}_{mech,inf} = \max\left(\dot{V}_{ABL} - \dot{V}_{ZUL}\right)$$

$$\dot{V}_{mech,inf,i} = \dot{V}_{mech,inf} \frac{V_i}{\sum V_i}$$

Räume mit unterbrochenem Heizbetrieb[1)]

Zusätzliche Aufheizleistung $\Phi_{RH,i}$ in W

Typische Werte abhängig von:

- Innentemperaturabfall nach Nachtabsenkung (1 … 2 K) oder Wochenendabsenkung (3 … 7 K)
- Gebäudemasse (leicht, mittel, schwer)
- Wiederaufheizzeit in Stunde

$\Phi_{RH,i}$	Zusätzliche Aufheizleistung in W	
A_i	Fußbodenfläche beheizter Raum (i) in m²	
f_{RH}	Wiederaufheizfaktor	→ S. 347

Zusätzliche Aufheizleistung

$$\Phi_{RH,i} = A_i \cdot f_{RH}$$

1) Nach Beiblatt 1 DIN EN 12831: 2017-09 nicht zur Heizlast gehörig, zur Berechnung der Auslegungsleistung erforderlich, s. Hinweis → S. 333

Berechnung der Norm-Heizlast (Fortsetzung)

Norm-Heizlast Φ_{HL} eines Gebäudes

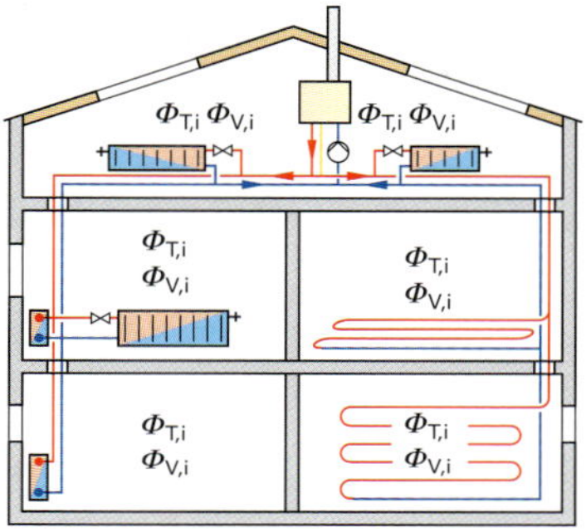

$\Phi_{HL,Geb}$	Norm-Heizlast eines Gebäudes in W
$\sum\Phi_{T,\,i}$	Summe der Transmissionswärmeverluste aller beheizten Räume in W
$\sum\Phi_{V,\,i}$	Summe der Lüftungswärmeverluste aller beheizten Räume in W
$\sum\Phi_{RH,\,i}$	Summe der zusätzlich benötigten Aufheizleistung (nach Absprache)[1] in W
η_v	Wirkungsgrad Wärmerückgewinnungsanlage
$\dot{V}_i$	Luftvolumenstrom beheizter Raum (i) in m³/h
$\dot{V}_{inf,i}$	Luftvolumenstrom beheizter Raum (i) aufgrund von Infiltration (inf) in m³/h
$\dot{V}_{min,i}$	hygienisch minimaler Luftvolumenstrom in m³/h
$\dot{V}_{su,i}$	Zuluftvolumenstrom beheizter Raum (i) in m³/h
$\dot{V}_{mech,inf,i}$	Überschuss Abluftstrom beheizter Raum (i) in m³/h

[1] Nach Beiblatt 1 DIN EN 12831: 2017-09 ist die zusätzliche Aufheizleistung nicht Bestandteil der Norm-Heizlast.

Norm-Heizlast eines Gebäudes

$$\Phi_{HL,\,Geb} = \sum\Phi_{T,\,i} + \sum\Phi_{V,\,i}$$

Auslegungs-Heizlast

$$\Phi_{HL,\,Geb,\,Ausl} = \sum\Phi_{T,\,i} + \sum\Phi_{V,\,i} + \sum\Phi_{RH,\,i}$$

ohne raumlufttechnische Anlagen (natürl. Belüftung)

$$\sum \dot{V}_i = \max\,(0{,}5 \cdot \sum \dot{V}_{inf,i},\ \sum \dot{V}_{min,i})$$

mit raumlufttechnischen Anlagen (mech. Belüftung)

$$\sum \dot{V}_i = 0{,}5 \cdot \sum \dot{V}_{inf,i} + (1-\eta_v)\cdot \sum \dot{V}_{su,i} + \sum \dot{V}_{mech,inf,i}$$

- Ohne Wärmerückgewinnungsanlage $\eta_v = 0$
- Auslegung des Wärmerzeugers: 24-Stunden Mittelwert
- Beheizung der Zuluft über verbundenes System: Heizlast dem verbundenen System anrechnen

Maße zur Berechnung der Norm-Heizlast

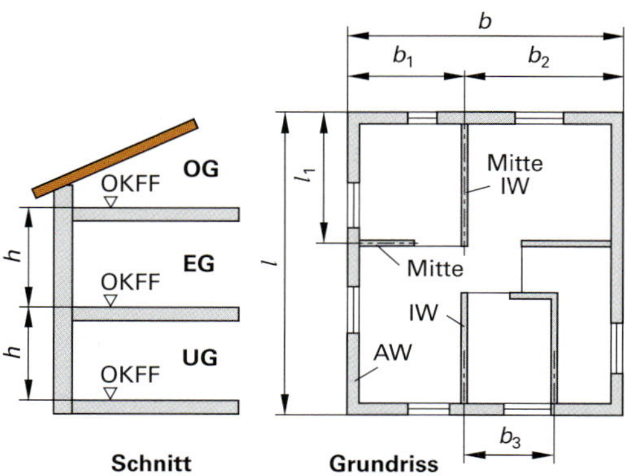

Längen und **Breiten:**
beziehen sich auf die äußeren Abmaße bzw. einschließlich halber Innenwände

Höhen:
Geschosshöhen (Oberkante Fertigfußboden bis Oberkante Fertigfußboden) ansetzen

Fenster und Türen:
Maueröffnungen angeben

Volumen:
mit lichten Innenmaßen rechnen

HT

Berechnung der Norm-Heizlast (Fortsetzung)

Norm-/Jahresmittel-Außentemperaturen θ_e/$\theta_{m,e}$ in °C (Auswahl) DIN/TS 12831-1: 2020-04

Stadt	θ_e	$\theta_{m,e}$	Stadt	θ_e	$\theta_{m,e}$	Stadt	θ_e	$\theta_{m,e}$
Aachen	–8,8	10,1	Heilbronn	–10,8	10,3	Passau	–11,8	9,2
Augsburg	–14,3	7,9	Herne	–8,5	10,5	Pforzheim	–11,8	9,1
Bamberg	–13,7	9,2	Hildesheim	–11,5	9,1	Plauen	–14,6	8,3
Berlin	–13,3	9,5	Hof	–15,0	7,3	Potsdam	–12,7	9,7
Bielefeld	–10,3	9,8	Hoyerswerda	–14,3	9,5	Ravensburg	–10,5	9,2
Bitterfeld	–13,6	9,7	Husum	–10,8	10,1	Regensburg	–13,3	8,7
Bochum	–8,4	10,5	Ingolstadt	–13,3	9,2	Remscheid	–9,4	9,3
Bonn	–9,1	10,3	Iserlohn	9,0	6,8	Rosenheim	–12,3	9,2
Braunschweig	–11,5	9,7	Jena	–13,3	9,3	Rostock	–10,7	9,3
Bremen	–9,5	9,6	Kaiserslautern	–10,1	9,8	Saarbrücken	–10,2	9,7
Chemnitz	–14,3	8,0	Karlsruhe	–10,7	10,1	Salzgitter	–11,9	9,5
Cottbus	–14,0	9,5	Kassel	–11,5	8,9	Schwäb.-Hall	–11,6	9,5
Darmstadt	–10,2	10,6	Kempten/Allg.	–14,2	7,6	Schwerin	–11,4	9,3
Dortmund	–9,1	9,9	Kiel	–8,7	9,0	Selb	–14,3	7,5
Dresden	–14,0	9,3	Koblenz	–10,1	9,4	Senftenberg	–14,2	9,5
Düsseldorf	–8,4	10,8	Königstein/Ta.	–10,9	9,0	Siegen	–10,2	9,1
Duisburg	–8,4	10,8	Leipzig	–13,6	9,7	Stade	–9,9	9,2
Eberswalde	–13,5	9,4	Leverkusen	–8,5	10,7	Stendal	–12,5	9,4
Eisenach	–12,2	9,5	Lübeck	–11,0	9,1	Stralsund	–10,8	8,9
Erfurt	–13,8	8,5	Lüneburg	–11,1	9,4	Straubing	–12,9	9,5
Erlangen	–13,2	9,5	Magdeburg	–12,6	9,4	Stuttgart	–11,8	9,2
Essen	–8,4	10,4	Mainz	–10,1	10,2	Torgau	–13,2	9,5
Finsterwalde	–13,8	9,4	Mannheim	–10,8	11,0	Trier	–9,5	10,1
Frankfurt/Main	–10,1	10,5	Meißen	–12,9	10,0	Tübingen	–11,9	9,0
Freiburg i. Br.	–11,0	9,5	Mühlheim/R.	–8,3	10,7	Ulm/Donau	–12,7	8,4
Garmisch-Par.	–15,3	7,0	München	–13,9	8,6	Weimar	–13,7	8,5
Gelsenkirchen	–8,3	10,6	Münster/West.	–9,3	10,2	Weißwasser	–14,6	9,4
Gera	–14,2	8,9	Neubrandenb.	–13,2	9,3	Wernigerode	–12,9	9,5
Gießen	–11,1	9,7	Neumünster	–9,2	9,2	Wetzlar	–11,3	9,3
Görlitz	–14,4	9,0	Neuruppin	–13,0	9,4	Wiesbaden	–9,6	10,8
Goslar	–12,9	8,8	Nienburg/We.	–10,5	10,1	Wilhelmshaven	–8,2	9,6
Gotha	–13,1	9,0	Nürnberg	–13,7	9,3	Wismar	–10,7	9,0
Göttingen	–12,3	8,9	Oberhausen/R.	–8,1	10,8	Wittenberg	–13,2	9,7
Greifswald	–11,8	9,0	Oberstdorf	–16,7	6,5	Wolfenbüttel	–11,7	9,5
Güstrow	–12,1	9,2	Oberwiesent.	–16,1	4,4	Wolfsburg	–11,8	9,5
Hagen	–9,7	9,3	Offenbach/M.	–10,3	10,6	Worms	–10,5	10,9
Halle/Saale	–14,0	9,6	Oldenburg	–9,5	9,5	Wuppertal	–9,7	9,4
Hamburg	–10,5	9,5	Oranienburg	–12,7	9,6	Würzburg	–11,4	9,8
Hannover	–11,3	9,8	Osnabrück	–9,8	10,0	Zweibrücken	–9,2	10,6
Heidelberg	–10,7	11,0	Paderborn	–10,7	9,4	Zwickau	–13,8	9,1

Berechnung der Norm-Heizlast (Fortsetzung)

Übersicht Klimazonen und Jahresmittel-Außentemperaturen in °C

Zone	Bezeichnung	Repräsentanzstation	$\theta_{m,e}$
1	Nordseeküste	Bremerhaven	9,0
2	Ostseeküste	Rostock-Warnemünde	8,4
3	Nordwestdeutsches Tiefland	Hamburg-Fuhlsbüttel	8,5
4	Nordostdeutsches Tiefland	Potsdam	9,5
5	Nordrhein-Westfälische Bucht und Emsland	Essen	8,1
6	Nördliche und westliches Mittelgebirge, Randgebiete	Bad Marienberg	6,8
7	Nördliche und westliches Mittelgebirge, zentrale Bereiche	Kassel	8,8
8	Oberharz und Schwarzwald, mittlere Lage	Braunlage	6,0
9	Thüringener Becken und sächsisches Hügelland	Chemnitz	7,9
10	Südöstliche Mittelgebirge bis 1000 m	Hof	6,3
11	Erzgebirge, Böhmer- und Schwarzwald oberhalb 1000 m	Fichtelberg	3,0
12	Oberrheingraben und unteres Neckartal	Mannheim	10,2
13	Schwäbisch-Fränkisches Stufenland und Alpenvorland	Passau	7,9
14	Schwäbische Alb und Baar	Stetten	6,8
15	Alpenland und Täler	Garmisch-Partenkirchen	6,8

Anhaltswerte Norm-Innentemperatur $\theta_{int,i}$ in °C

Gebäudeart/Raum	$\theta_{int,i}$ in °C	Bekleidung, Winter in clo[1]	Aktivität in met[2]	Vorausgesagte % Unzufriedener	Operative Temp. in °C[3]
Wohnungen, Hotelzimmer, WC-Räume	20	1,0	1,2	< 6 % < 10 % < 15 %	21,0 … 23,0 20,0 … 24,0 19,0 … 25,0
Badezimmer und alle anderen Räume für unbekleideten Bereich	24	0,2	1,6	< 6 % < 10 % < 15 %	24,5 … 25,5 23,5 … 26,5 23,0 … 27,0
Büro-/Konferenzräume Cafeterien/Restaurants Klassenräume/Auditorien	20	1,0	1,2	< 6 % < 10 % < 15 %	21,0 … 23,0 20,0 … 24,0 19,0 … 25,0
Kaufhäuser Museen/Galerien	16	1,0	1,6	< 6 % < 10 % < 15 %	17,5 … 20,5 16,0 … 22,0 19,0 … 23,0
Kirchen und unbeheizte Nebenräume in Wohngebäuden	15	1,5	1,3	< 6 % < 10 % < 15 %	16,5 … 19,5 15,0 … 21,0 4,0 … 22,0

1) clo (cloths): Einheit des Wärmedurchlasswiderstandes der Bekleidung 1 clo = 0,155 $m^2 \cdot K/W$
2) met (metabolic rate): Ruheenergieumsatz einer Person in sitzender Position 1 met = 58 W/m^2
3) Winter

Temperaturen von Nachbarräumen $\theta_{Nachbarraum}$ in °C

Wärmefluss beheizter Raum (i) an Nachbarraum:	$\theta_{Nachbarraum}$ in °C festgelegt zu
in gleicher Gebäudeeinheit	• z. B. zu Badezimmer, Verkaufsraum • z. B. zu Einfluss des vertikalen Temperaturgradienten
anderer Gebäudeeinheit (z. B. Apartment)	$(\theta_{int,i} + \theta_{m,e})/2$
eines separaten Gebäudes (beheizt/unbeheizt)	$\theta_{m,e}$

HT

Berechnung der Norm-Heizlast (Fortsetzung)

Luftwechsel bei 50 Pa Druckdifferenz n_{50}

Typ	Richtwerte für Luftdichtheit bei 50 PA	n_{50} h^{-1}
Ia	Errichtete Gebäude mit raumlufttechnischen Anlagen (auch Wohnungslüftungsanlagen)	1,5
Ib	Errichtete Gebäude ohne raumlufttechnische Anlagen	3
II	Errichtete Gebäude mit mittlerer Dichtheit	4
III	Fälle, die nicht den v. g. Kategorien entsprechen, z. B. Wohngebäude im Bestand	6
IV	Vorhandensein offensichtlicher Undichtheiten, wie z. B. offene Fugen in der Luftdichtheitsschicht oder die wärmeübertragende Umfassungsfläche (sehr undicht)	10

Abschirmkoeffizient *e*

Abschirmung	Hinweise zum Gebäude	*e* nach Anzahl dem Wind ausgesetzter Fassade[1]		
		0	1	> 1
keine	in windreichen Gegenden, Hochhäusern, Stadtzentren	0	0,03	0,05
moderat	frei, umgeben von Bäumen/anderen Gebäuden, Vorstädte	0	0,02	0,03
gut	mittlere Höhe in Stadtzentren, in frei bewaldeten Regionen	0	0,01	0,02

[1] Ebenso Fassaden ohne Öffnungen (Außenfenster, -türen) können evtl. Undichtigkeiten aufweisen.

Höhenkorrekturfaktor ε nach Höhe *h* beheizter Raum

	Höhe *h* (Raummitte bis Erdreichniveau) in m									
	0 … 10	10 … 20	20 … 30	30 … 40	40 … 50	50 … 60	60 … 70	70 … 80	80 … 90	90 … 100
ε	1,0	1,2	1,5	1,7	2,0	2,1	2,3	2,4	2,6	2,8

Unterbrochener Heizbetrieb – Wiederaufheizfaktor f_{RH} → S. 341

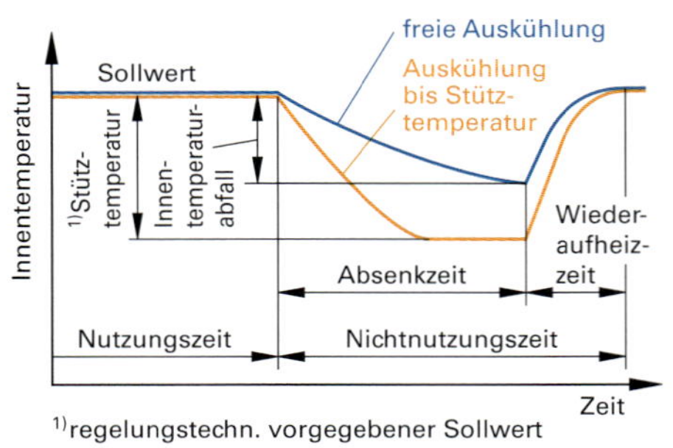

[1]regelungstechn. vorgegebener Sollwert

Vereinfachte Annahme für f_{RH}:
- Raumhöhe < 3,5 m
- Geringer Luftwechsel während der Aufheizphase
- Höhreres Wärmeschutzniveau gemäß EnEV
- Mittlere minimale Außentemperatur – 5 °C

Zusätzl. Aufheizleistung Φ_{RH} nicht erforderlich, wenn:
- Keine Absenkung an kältesten Tagen erfolgt (durchgehender Heizbetrieb)
- Zusätzliche Leistungen durch andere Normen abgedeckt werden.

Innentemperaturabfall $\Delta\theta_{RH}$ bei Altbauten in K

$$\Delta\theta_{RH} = (\theta_{int,i} - \theta'_e) \cdot (1 - e^{tAbs/\tau})$$

mit

$$\tau = C_{wirk} / H_{Abs}$$

$$H_{Abs} = H_T + 0{,}34 \cdot V_i \cdot n_{Abs}$$

$\Delta\theta_{RH}$	Innentemperaturabfall in K
$\theta_{int,i}$	Norm-Innentemperatur in °C
θ'_e	mittlere Außentemperatur in °C
t_{Abs}	Absenkzeit in h
τ	Gebäude-/Raumzeitkonstante in h
C_{wirk}	wirksame Wärmespeicherfähigkeit in Wh/K
H_{Abs}	Wärmeverlustkoeffizient in Absenkphase in W/K
V_i	Raumvolumen in m^3
n_{Abs}	Luftwechsel im Absenkbetrieb in h^{-1}

HT

Berechnung der Norm-Heizlast (Fortsetzung)

Wiederaufheizfaktor f_{RH} in W/m² bei Vorgabe der Innentemperaturabfälle[1] — DIN EN 12831, Beiblatt 1: 2017-07

Wiederaufheizzeit t_{auf} in h	f_{RH} in W/m² bei Luftwechselzahl der Wiederaufheizphase n = 0,1 h⁻¹/Wert 0,5 h⁻¹ [2]									
	Angenommener Innentemperaturabfall während der Nachtabsenkung in K									
	1		2		3		4		5	
	Gebäudemasse (l: leicht, s: mittelschwer, schwer)[3]									
	l	s	l	s	l	s	l	s	l	s
0,5	12/14	12/18	27/29	28/35	39/44	44/53	50/58	60/69	–	–
1	8/10	8/14	18/21	21/28	26/32	34/43	33/41	48/56	–	–
2	5/7	5/11	10/13	15/22	15/21	25/33	20/28	35/43	43/47	85/94
3	3/5	3/10	7/10	12/19	9/15	20/27	14/21	29/37	33/37	75/84
4	2/4	2/9	5/8	10/17	7/13	18/25	10/17	26/34	28/31	72/76

[1] Bei Altbauten mit niedrigem Wärmeschutzniveau muss erst eine überschlägige Ermittlung von $\Delta\theta_{RH}$ auf Basis der Formel nach DIN EN 822 erfolgen → S. 346

[2] Hinweis zu n = 0,1 h⁻¹ in Tabelle „Wiederaufheizfaktor f_{RH} in W/m² aufgrund Nutzerprofil" → siehe unten

[3] Leichte Bauweise (abgehängte Decken auf aufgeständertem Böden, Wände in Leichtbauweise: C_{wirk} = 15 Wh/(m³ · K) · V_e, mittelschwere/schwere Gebäudemassen (Betondecken/-böden mit Wänden in Leichtbauweise bzw. Mauerwerk/Beton): C_{wirk} = 50 Wh/(m³ · K) · V_e mit V_e: Brutto-Raum-/Gebäudevolumen

Wiederaufheizfaktor f_{RH} in W/m² aufgrund Nutzungsprofil[1]

Nichtnutzungszeit in h	Luftwechsel in h⁻¹ [2]	Gebäudemasse	Wiederaufheizfaktor f_{RH} nach						
			Absenkzeit t_{abs} in h						
			7,5	7	6	5	4	2	–
			Wiederaufheizzeit t_{auf} in h						
Wohnen			0,5	1	2	3	4	6	–
8	0,1	l	63	34	14	5	0	0	–
		s	16	10	3	0	0	0	–
	0,5	l	47	43	21	10	3	0	–
		s	26	16	8	2	0	0	–
Büro o.ä.			13,5	13	12	11	10	8	2
			0,5	1	2	3	4	6	12
14	0,1	l	88	50	28	17	11	3	0
		s	38	29	18	12	7	1	0
	0,5	l	91	50	28	10	12	5	0
		s	76	43	29	21	15	5	0
Wohnen, Büro			61,5	61	60	59	58	56	50
			0,5	1	2	3	4	6	12
62	0,1	l	92	55	32	23	17	10	2
		s	> 100	100	86	73	64	52	31
	0,5	l	92	55	32	22	17	10	2
		s	> 100	> 100	> 100	94	84	70	45
z.B. Urlaub			167,5	167	166	165	164	162	156
			0,5	1	2	3	4	6	12
168	0,1/0,5	l	92	55	32	23	17	10	2
		s	> 100	> 100	> 100	> 100	95	81	57

[1] nach DIN EN 12831 Bbl.1: 2017-09

[2] während der Absenkung n_{abs} = 0,1 h⁻¹: geschlossene Fenster/Türen

Berechnung der Norm-Heizlast (Fortsetzung)

Äquivalenter Wärmeübergangskoeffizient U_{equiv}: Verluste an das Erdreich[1]

Anwendungsfall	U_{equiv}-Wert in (W/m² · K) erdreiche Bodenplatte					
	B'-Wert in m[1]	keine Dämmung	U_{Boden} in (W/m² · K) 2	1	0,5	0,25
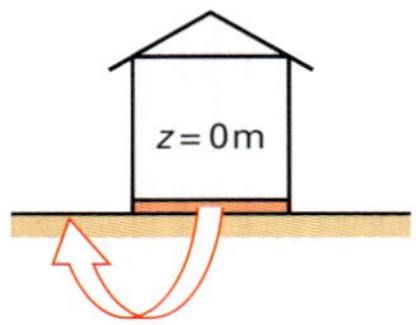	2	1,30	0,77	0,55	0,33	0,17
	4	0,88	0,59	0,45	0,30	0,17
	6	0,68	0,48	0,38	0,27	0,17
	8	0,55	0,41	0,33	0,25	0,16
	10	0,47	0,36	0,30	0,23	0,15
	12	0,41	0,32	0,27	0,21	0,14
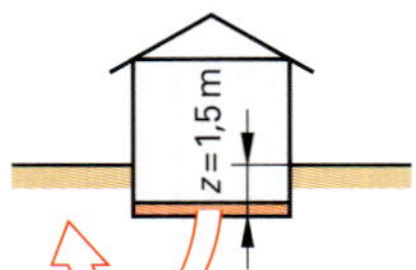	2	0,86	0,58	0,44	0,28	0,16
	4	0,64	0,48	0,38	0,26	0,16
	6	0,52	0,40	0,33	0,25	0,15
	8	0,44	0,35	0,29	0,23	0,15
	10	0,38	0,31	0,26	0,21	0,14
	12	0,34	0,28	0,24	0,19	0,14
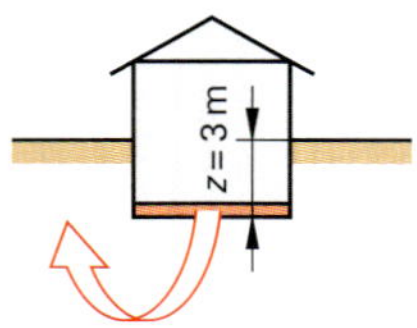	2	0,63	0,46	0,35	0,24	0,14
	4	0,51	0,40	0,33	0,24	0,14
	6	0,43	0,35	0,29	0,22	0,14
	8	0,37	0,31	0,26	0,21	0,14
	10	0,32	0,27	0,24	0,19	0,13
	12	0,29	0,25	0,22	0,18	0,13

Anwendungsfall	U_{Wand} (W/m² · K)	U-Wert in (W/m² · K) erdberührte Wand z = 0 m	z = 1 m	z = 2 m	z = 3 m
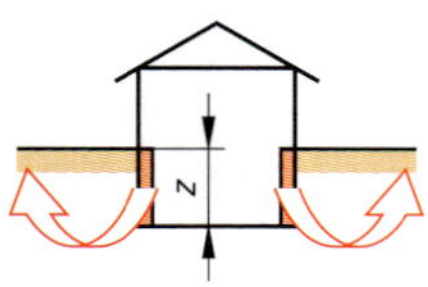	0,00	0,00	0,00	0,00	0,00
	0,50	0,44	0,39	0,35	0,32
	0,75	0,63	0,54	0,48	0,43
	1,00	0,81	0,68	0,59	0,53
	1,25	0,98	0,81	0,69	0,61
	1,50	1,14	0,92	0,78	0,68

Anwendung:

$z = 1{,}5\,m$, $U_{Boden} = 1\ W/(m^2 \cdot K)$

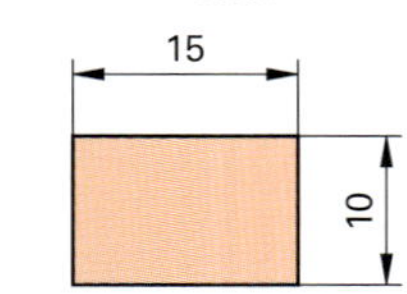

$A_g = 150\ m^2$
$P = 50\ m$
$B' = 6\ m$

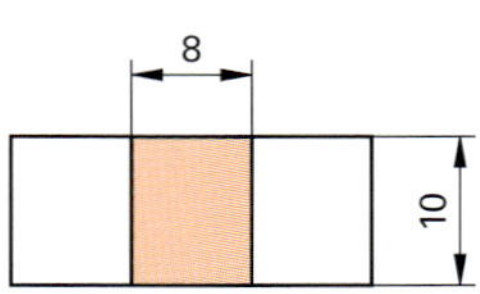

$A_g = 80\ m^2$
$P = 16\ m$
$B' = 10\ m$

B' Parameter in m
A_g Fläche der Bodenplatte in m²
P Umfang jeweilige Bodenplatte in m (Reihenhaus: Länge der Außenwände)

B'-Wert

$$B' = \frac{A_g}{0{,}5 \cdot P}$$

[1] U_c-Werte ≥ 0,5 W/(m² · K): U_{equiv} raumweise bestimmen; Wärmeleitfähigkeit Boden $\lambda_g = 2{,}0\ W/(m^2 \cdot K)$

Berechnung der Norm-Heizlast (Fortsetzung)

Temperatur-Reduktionsfaktor b_u für unbeheizte Nachbarräume

Nachbarräume

Anzahl Außenwände	Äußere Türen	b_u
1	–	0,4
1	ja	0,5
2	–	0,5
2	ja	0,6
3 (auch Treppenräume)		0,8

Kellerräume

	b_u
ohne Fenster/äußere Türen	0,4
mit Fenster/äußere Türen	0,5

Innenliegende Treppenräume

Gebäudehöhe	Geschoss	b_u
< 20 m	EG u. KG	0,45
	1. OG	0,30
	über 1. OG	0,25
> 20 m	EG u. KG	0,65
	1. OG	0,47
	2. OG	0,38
	3. ... 4. OG	0,33
	5. ... 7. OG	0,29
	über 7. OG	0,26

Geschlossene Dachräume

Dachaußenfläche	U_{ue} in W/(m² · K)	U_{iu} in W/(m² · K)	b_u
undicht $n = 2{,}5\ h^{-1}$	5	1,25 0,63	0,88 0,94
	2,5	1,25 0,63	0,81 0,89
dicht $n = 0{,}5\ h^{-1}$	5	1,25 0,63	0,86 0,92
	2,5	1,25 0,63	0,76 0,86
	1,0	1,25 0,63	0,58 0,73
	0,5	1,25 0,63	0,49 0,66
	0,25	1,25 0,63	0,40 0,60

Aufgeständerter Boden

	b_u
Boden über Kriechraum	0,80

Korrekturfaktor f_c (Wärmebrückenzuschlag ΔU_{WB})[1]

Bedingung zu den Wärmebrücken	fc in W/(m² · K)	U_C
Ohne bauseitige Berücksichtigung von Wärmebrücken	0,10	$U_C = U + \Delta U_{WB}$[2]
Mit Ausführung der Bauteilanschlüsse (DIN 4108-2)	0,05	
Detail. Nachweis Wärmebrückenzuschläge (DIN EN ISO 10211)	$f_c = (\sum \psi_l \cdot l_l \cdot e_l) \cdot A_l$	

[1] gilt für alle Bauteile nach Anzahl wärmeübergreifender Gebäudehülle (Dach, Außenwand, Türen, Keller, Bodenplatten, erdberührte Flächen) [2] ΔU_{WB} ist dem physikalischen U-Wert der Außenfläche zu addieren

Hinweise zum Ausfüllen des Formblattes (→ S. 350)

Spalte	Anmerkung	Spalte	Anmerkung
1	Himmelsrichtungen: N, O, S, W H: horizonal	9	Außenluft: e, Nachbarraum: beheizt b/ unbeheizt u, Erdreich: g
2	A: Außen, I: Innen, W: Wand, F: Fenster, T: Tür, D: Decke, F: Fußboden, DA: Dach	10	Angrenzende Temperaturen der Nachbarräume → S. 345
3	z. B. Anzahl der Fenster	11	$e_{k,l} = 1$, → S. 339, b_u → S. 349, f_{gz}/f_{ij} → S. 340
4/5	Innenmaße → S. 343	12	U-Werte: DIN V 4108-6 → S. 335 ff.
6	Erfassung aller Flächen (Spalte 4 x 5)	13, 14	→ S. 348, 349
7, 8	Nettofläche = Bruttofläche – Abzugsfläche	15	→ S. 339, 340
		16	$\Phi_T = H_T \cdot (\theta_{int} - \theta_e)$

Berechnung der Norm-Heizlast (Fortsetzung)

Anwendung mit Formblatt[1) 2)] DIN EN 12831 Bbl.1: 2017-09

Gebäude:

U-Werte in W/(m² . K)

AF	1,40
AW 41 cm	0,34
AW 36 cm	0,33
AT Glas	1,40
IW 11,5 cm	1,88
FB	0,58

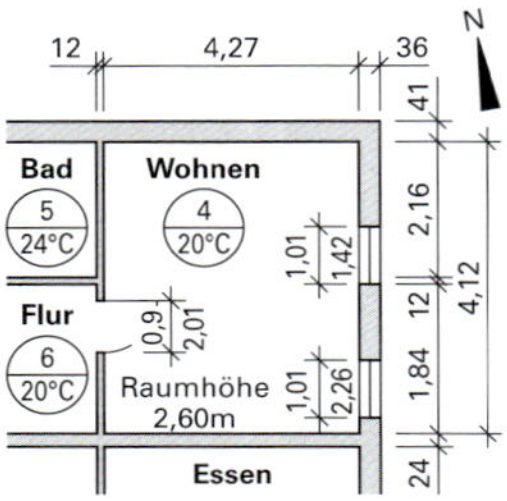

Wohneinheit: – | **Geschoss: EG** | **Raum-Nr./Name: 4, Wohnen**

Norm-Innentemp.	θ_{int} = 20	°C	
Norm-Außentemp.	θ_e = – 14	°C	
Abmessungen			
Raumbreite	b_R = 4,27	m	
Raumlänge	l_R = 4,12	m	
Raumfläche	A_R = 17,59	m²	
Geschosshöhe	h_G = 2,86	m	
Deckendicke	d = 0,26	m	
Raumhöhe	h_R = 2,60	m	
Raumvolumen	V_R = 45,74	m³	
Erdreich			
Tiefe ins Erdreich	z = 0,00	m	
Erdreich ber. Umf.	P = 9,34	m	
Grundwassertiefe	T = 5,00	m	
B'-Wert raumweise	B' = 4,67	m	

Infiltration			
Luftdichtheit	n_{50}	= 3,00	h^{-1}
Koeff. Abschirmklasse	e	= 0,03	–
Höhe über Erdreich	h	= 1,43	m
Höhen-Korrekturfaktor	ε	= 1,00	–
Mechanische Belüftung			
Zuluft-Volumenstrom	$\dot{V}_{su}$	= –	m³
– Temperatur	θ_{su}	= –	°C
– Korrekturfaktor	$f_{V,su}$	= –	–
Abluftvolumenstrom	$\dot{V}_{ex}$	= –	m³/h
Überströmung			
Nachbarräume	$\dot{V}_{mech,inf,ij}$	= –	m³/h
– Temperatur	$\theta_{mech,inf,ij}$	= –	°C
– Temp.-Red.-faktor	$f_{V,mech,int,ij}$	= –	–
mech. Infiltration von außen	$\dot{V}_{mech,inf,ij}$	= –	m³/h

1	2	3	4	5	6	7	8	9	10	11	12	13	14	15	16
Orientierung	Bauteil	Anzahl	Breite	Länge/Höhe	Bruttofläche	Abzugsfläche	Nettofläche	grenzt an	angrenzende Temperatur	Korrektur-faktoren	*U*-Wert	Korrekturwert Wärmebrücken	korrigierter *U*-Wert	Wärmeverlust-koffizient	Transmissions-wärmeverlust
		n	b	l/h	A_{Brutto}	A_{Abzug}	A_{Netto}	e/u	θ_u/θ_b	e/b_u	U	ΔU_{WB}	$U_{c/equiv}$	H_T	Φ_T
		–	m		m²			g/b	°C	f_{g2}/f_{ij}	W/(m² · K)			W/K	W
N	AW	1	4,69	2,86	13,4	–	13,4	e	–	1,00	0,34	0,05	0,39	5,23	178
O	AW	1	4,65	2,86	13,3	3,7	9,6	e	–	1,00	0,33	0,05	0,38	3,64	124
	AF	1	1,01	1,42	1,4	–	1,4	e	–	1,00	1,40	0,05	1,45	2,08	67
	AT	1	1,01	2,26	2,3	–	2,3	e	–	1,00	1,40	0,05	1,45	3,31	113
W	IW	1	2,63	2,86	7,5	–	7,5	ij	24	–0,12	1,88	–	1,88	–1,66	–57
H	FB	1	4,49	4,65	21,8	–	21,8	g	–	0,34	0,58	0,05	0,32	3,42	116
Transmissionswärmeverlust H_T und Φ_T														**16,02**	**545**

Mindest-Luftvolumenstrom	→ S. 341	$\dot{V}_{min} = V_R \cdot n_{min}$	= 22,9 m³/h	264
natürliche Infiltration	→ S. 342	$\dot{V}_{inf} = 2 \cdot V_R \cdot n_{50} \cdot e \cdot \varepsilon$	= 8,2 m³/h	
mechanischer Zuluftvolumenstrom	→ S. 342	$\dot{V}_{su} \cdot f_{v,su}$	= – m³/h	
mechanisch infiltrierter Volumenstrom	→ S. 342	$\dot{V}_{mech,inf,e} \cdot \dot{V}_{mech,inf,ij} \cdot f_{v,mech,inf,ig}$	= – m³/h	–
therm. wirksamer Luftvolumenstrom		$\dot{V}_{therm}$	= **22,9** m³/h	–
Lüftungswärmeverlust	→ S. 341	H_V/Φ_V	**7,78**	**264**
Norm-Heizlast	→ S. 343	Φ_{HL} spez.: 46,0 W/m² spez.: 17,7 W/m³		**809**
Zusatz-Aufheizleistung	→ S. 342	$\Phi_{RH} = A_R \cdot f_{RH} =$ m² · W/m²		
Auslegungs-Heizleistung	→ S. 343	$\Phi_{HL,Ausl}$		**809**

1) Hinweise zum Formblatt auf S. 349 unten, **Stellen hinter dem Komma: keine** – θ, Φ; **eine** – A, V, $\dot{V}$, spez. Φ_{HL}; **zwei** – l, b, h, d, U, H_T, H_V

HT

Transmissionsheizlast im Bestand

Transmissionsheizlast je m² an verschiedene Flächen[1) 2)]

		Transmissionsheizlast in W/m² an				
Außenluft		74	51	33	17	5
Erdreich/unbeheizter Raum		44	30	21	10	3
U-Wert in W/(m² · K)		2,50 … 1,70	1,69 … 1,20	1,19 … 0,70	0,69 … 0,30	< 0,29
Konstruktion der Dämmung		• ohne extra Wärmedämmung	• mit max. 1 … 2 cm Dämmung	• „sehr schlecht" und „schlecht" plus ca. 3 … 6 cm Dämmung • „normal" plus ca. 3 … 6 cm Dämmung	• „sehr schlecht" und „schlecht" plus ca. 6 … 12 cm Dämmung • „normal" plus ca. 6 … 12 cm Dämmung	• „sehr schlecht" und „schlecht" plus ca. 12 … 30 cm Dämmung
Außenwandfläche	Baujahr	< 1948	1949 … 1977	1978 … 1994	> 1995	Niedrigenergiehaus
	Art	Vollziegel bis 38 cm Fachwerk	Vollziegel 38 … 51 cm, Gitterziegel 24 cm	Bimshohlsteine, Gitterziegel 36 cm	Konstruktion mit Dämmschichten	Konstruktion mit Dämmschichten
Decken-/Dachfläche	Baujahr	< 1948	1949 … 1958	1959 … 1977	1978 … 1983	> 1984
	Art	Stahlsteindecke/-betondecke Steildach mit Ziegel und Putz	Stahlbetonflachdach Steildach mit Putz u. Bimsvollsteinen zwischen Sparren	Holzbalkendecke Steildach verputzt mit Heraklithplatten	Stahlbeton mit Schaumglas und Kiesschüttung	mit Dämmschichten
Boden-/Kellerdeckenfläche	Baujahr	–	< 1918	1919 … 1977	> 1978	Niedrigenergiehaus
	Art	Feldsteine, Stahlbeton, Stahlplatten mit Gussgehalt	gemauertes Gewölbe mit Dielen	Holzbalkendecke mit Stahlbeton mit Schlackenschüttung, Stahlbeton mit Trittschall und Estrich	Konstruktion mit Dämmschichten	Konstruktion mit Dämmschichten

[1)] Gilt für eine Außentemperatur $\theta_e = -14\,°C$. Andere Außentemperatur: Korrekturfaktor → S. 352
[2)] Transmissionsheizlast für Fenster und Türen sowie Lüftungsheizlast → S. 352

Anwendung:

Raumheizlast für ein Wohnzimmer in einem Altbau. Raum mit 20 m² Grundfläche, 27 m² Außenwand (Vollziegel 24 cm ohne Dämmung) und 2,8 m² Fenster (Einfachverglasung, dicht, keine Lüftungsanlage). Andere Begrenzungsflächen grenzen an gleich temperierte Innenräume:

Raumheizlast: $\Phi_{HL,i} = 27\,m^2 \cdot 74\,W/m^2 + 2{,}8\,m^2 \cdot 140\,W/m^2 + 20\,m^2 \cdot 17\,W/m^2 =$ **2730 W**

Werte in rot s. oben und Seite 352

HT

Transmissions- und Lüftungsheizlast im Bestand

Transmissionsheizlast je m² an Fenster/Türen[1)]

		Transmissionsheizlast in W/m² an			
Außenluft		140	74	51	33
Erdreich/unbeheizter Raum		84	44	30	21
***U*-Wert in W/(m² · K)**		5,50 ... 2,50	2,49 ... 1,70	1,69 ... 1,20	1,19 ... 0,70
Fesnter und Türen	**Baujahr**	< 1977	< 1984	> 1984	Niedrigenergie-/ Passivhaus
	Art	Einfach- verglasung	Doppel-/Isolier- verglasung	doppeltes Wärmeschutzglas	dreifaches Wärmeschutzglas

Lüftungsheizlast je m² Grundfläche[1)]

Lüftungsheizlast in W/m²	32	23	17	8
Luftwechsel in h^{-1}	1,00 ... 1,7	0,69 ... 0,60	0,59 ... 0,40	0,39 ... 0,10
Raumart	Raucherräume, Zulufträume bei Lüftungs- anlagen, WCs mit Außenluft- fenstern	normale Raumnutzung mit undichten Fenstern	normale Raumnutzung mit dichten Fenstern	Ablufträume bei Lüftungsanlagen

[1)] Gilt für eine Außentemperatur $\theta_e = -14\,°C$. Andere Außentemperatur: Korrekturfaktor s. u. verwenden.

Korrekturfaktor für die Heizlast bei anderer Außentemperatur θ_e

θ_e	Orte	Faktor
−18 °C	Fichtelberg, Garmisch-Partenkirchen, Mittelberg, Oberaudorf, Oberstdorf, Weihenstephan	1,11
−16 °C	Bamberg, Bayreuth, Berchtesgaden, Brocken, Burghaslach, Chemnitz, Cottbus, Doberlug-Kirchhain, Donaueschingen, Erlangen, Frankfurt/Oder, Freudenstadt, Görlitz, Göttingen, Großer Inselberg, Gschwend, Heidenheim, Hof, Kaltennordheim, Kirchheim/Teck, Mittenwald, Mühldorf, München, Münsingen, Nördlingen, Nürnberg, Plauen, Regensburg, Rosenheim, Sonneberg, St. Blasien, Torgau, Trostberg, Tübingen, Villingen, Weiden, Wernigerrode	1,06
−14 °C	Angermünde, Artem, Augsburg, Bad Herrenalb, Bad Hersfeld, Bad Kissingen, Bad Kohlgrube, Bad Nauheim, Bad Salzuflen, Badenweiler, Berlin, Birkenfeld, Blankenrath, Braunlage, Braunschweig, Brilon, Buchen, Clausthal, Coburg, Dresden, Erfurt, Gardelegen, Gera, Gilserberg, Grünow, Gütersloh, Halle, Hannover, Herchenhain, Hüll, Isny, Jena, Leipzig, Lindenberg, Magdeburg, Marnitz, Münchenberg, Neuglobsow, Neuruppin, Neustrelitz, Nürburg, Öhringen, Passau, Pommelsbrunn, Potsdam, Ravensburg, Rothenburg, Salzwedel, Ulm, Wahnsdorf, Wittenberg, Wittenberge, Witzenhausen, Zehdenick	1,00
−12 °C	Aachen, Alzey, Bad Ems, bad Kreuznach, Baden-Baden, Bergzabern, Boizenburg, Bremen, Darmstadt, Dillenburg, Dortmund, Elsdorf, Frankfurt/Main, Freiburg, Friedrichshafen, Geisenheim, Gelnhausen, Gießen, Goldberg, Greifswald, Hamburg, Hameln, Herford, Hilgenroth, Iserlohn, Karlsruhe, Kassel, Lüdenscheid, Mannheim, Münster, Neumünster, Neuwied, Pforzheim, Pirmasens, Saarbrücken, Schwerin, Stuttgart, Teterow, Trochtelfingen, Ueckermünde, Waren, Weilburg, Wertheim, Wildbad-Sommerberg, Worms, Wuppertal, Würzburg	0,94
−10 °C	Arkona, Aulendorf, Bensheim, Bernkastel, Boltenhagen, Bonn, Borkum, Bremerhaven, Cuxhaven, Duisburg, Düsseldorf, Emden, Essen, Heidelberg, Husum, Kiel, Kleve, Köln, Lingen, List auf Sylt, Lübeck, Neustadt, Norderney, Oldenburg, Putbus, Schleswig, St. Peter, Travemünde, Trier, Warnemünde, Wiesbaden	0,89

Entwicklung zum Gebäudeenergiegesetz GEG 2024 (Novellierung von 2020)

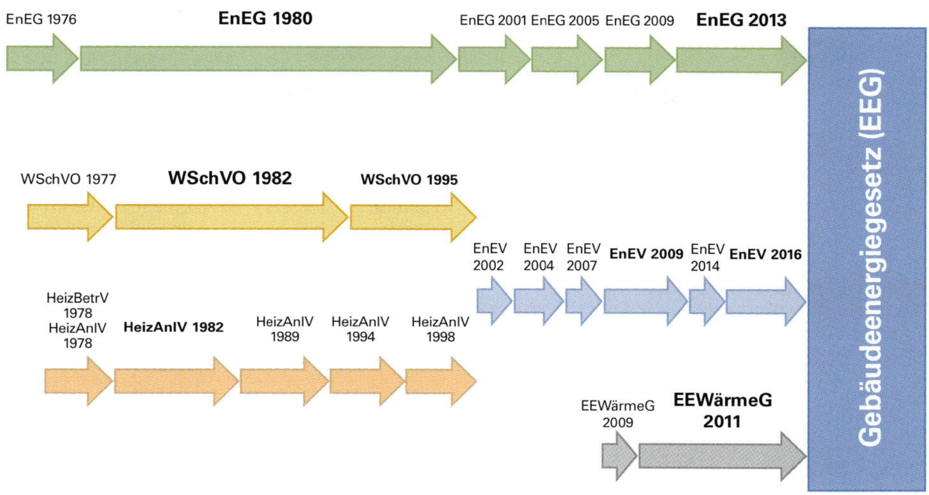

EnEG: Energieeinsparungsgesetz **EEWärmeG**: Energien-Wärmegesetz **EnEV**: Energieeinsparungsverordnung **WSchVO**: Wärmeschutzverordnung **HeizBetrV**: Heizungsbetriebsverordnung **HeizAnlV**: Heizanlagenverordnung **EEWärmeG**: Heizungsbetriebsverordnung

Wichtige Fakten GEG 2024			**GEG: 2024-01**
Fristen **≥ 65 % Erneuerbare Energien**	• **01.01.2024:** Novellierung GEG wirksam für Neubau(gebiete) • **30.06.2026:** Pflicht für Großstädte ab 100 TSD Einwohnerinnen und Einwohner • **30.06.2028:** kleinere Kommunen bis 100 TSD Einwohnerinnen und Einwohner • **Übergangslösungen:** Bestehende Gebäude und Neubauten außerhalb Neubaugebieten	**Energieberatung**	• **Unentgeltliche Energieberatung** bei wesentlichen Renovierungen **erforderlich**
		Energieausweise	• Pflicht für Verkäufer, Vermieter und Mak-ler • Energiebedarfsausweis oder Energie-verbrauchsausweis inkl. CO2-Emmissionen • Gültigkeitsdauer von **zehn Jahren**
Jahres-Primärenergiebedarf	• **Seit 01.01.2023** • maximal dem **0,55-fachen** des **KfW-Effizienzhaus 100-Referenzgebäudes** • Wärmeverlust Gebäudehülle darf max. **1,0-fache des** Referenzgebäudes betragen • **KfW-Effizienzhaus 40 QNG**	**Erzeugter Strom**	• **„Erfüllungsoption“** im Neubau • **Wärme-/Kältebedarf ≥ 15 %** • Nachweis PV-Anlage über Anlagengröße
Quartierlösungen	• **Bis 31.12.2025:** Betrachtung der Quartiere bzgl. Anschluss an Wärmenetz und Wärmequellen	**Energetische Bewertung von Gebäuden**	• **ausschließlich DIN V 18599** (DIN V 4108-6 und DIN V 4701-10 nicht mehr gültig!)

Klimafreundliches Heizen ab 01.01.2024

NEUBAU (Bauantrag ab dem 01.01.2024)		Bestand	
Im Neubaugebiet	Heizung mit mindestens 65 Prozent erneuerbaren Energien ausstatten	**Heizung funktioniert oder lässt sich reparieren**	Kein Heizungstausch vorgeschrieben
Außerhalb eines Neubaugebietes	Heizung mit mindestens 65 Prozent erneuerbaren Energien ausstatten	**Heizung ist kaputt – keine Reparatur möglich**	• Übergangslösungen anerkannt. • Umstieg auf Heizungen mit EE und Nutzung der Förderung möglich

Regeln für Bauvorhaben gemäß GEG 2020, GEG 2023, GEG 2024*)

Vorgaben Landesbauordnung (LBO)	Maßgebende Gesichtspunkte		Gültigkeit GEG		
	Stand des Vorhabens	Zeitpunkt	2020	2023	2024
Bauantrag	Bauantragstellung ist erfolgt	01.11.2020 – 31.12.2022	X		
		01.01.2023 – 31.12.2023		X	
		Ab 1.01.2024			X
Antrag auf Zustimmung	Antrag auf Zustimmung ist erfolgt	01.11.2020 – 31.12.2022	X		
		01.01.2023 – 31.12.2023		X	
		Ab 1.01.2024			X
Bauanzeige	Bauanzeige ist erfolgt	01.11.2020 – 31.12.2022	X		
		01.01.2023 – 31.12.2023		X	
		Ab 1.01.2024			X
Kenntnisgabe	Kenntnisgabe ist bei Behörde eingegangen	01.11.2020 – 31.12.2022	X		
		01.01.2023 – 31.12.2023		X	
		Ab 1.01.2024			X
Nicht genehmigungs- oder anzeigenbedürftig sowie anzeigenfrei	Bauausführung hat begonnen	01.11.2020 – 31.12.2022	X		
		01.01.2023 – 31.12.2023		X	
		Ab 1.01.2024			X

Bestandsheizungen austauschen oder ersetzen ab 01.01.2024*)

GEG (§ 71, Abs. 1, 8 und 9) und Wärmeplanungsgesetz 2024 (WPG 2024, § 4)

Kommune mit gemeldeten EW zum 1.01.2024	Pflicht nach WPG Wärmepläne (WP) zu erstellen	Zeitkorridor	Wärmepläne (WP)	Heizungs-Austausch/Ersatz Baubestand Pflicht zu 65 % EE	
				Anschluss an ein Wärmenetz	Alternative
Große Gemeinde: ≥ 100 Tsd. EW	bis 01.07.2026	01.01.2024 – 30.06.2026	nicht erstellt	Nein	1)
			erstellt	Ja gemäß WP	1 Monat nach Entscheidungsbekanntgabe: Pflicht 65 % EE 1)
	ab 01.07.2026	ab 01.07.2026	erstellt	Ja gemäß WP	
			nicht erstellt	Ja	2)
Kleine Gemeinde ≤ 100 Tsd. EW.	bis 01.07.2026: WP muss erstellt	01.01.2024 – 30.06.2026	nicht erstellt	Nein	1)
			erstellt	Ja gemäß WP	1 Monat nach Entscheidungsbekanntgabe: Pflicht 65 % EE 1)
	ab 01.07.2026: WP müssen erstellt sein	Ab 01.07.2026	erstellt	Ja gemäß WP	
			nicht erstellt	Ja	2)

1) ab 01.01.2024: Einbau einer Heizung mit l-/g-Brennstoff, dann ab 01.01.2030: 15 % EE, ab 01.01.2035: 30 % EE, ab 01.01.2040: 60 % EE mit Biomasse oder grünem/blauem Wasserstoff einschl., daraus hergestellter Derivate
2) 5 Jahre nach Pflichttermin ohne EE: Ausnahmen Etagen-/Hallenheizung, Einzelraumfeuerungsanlagen
*) In Anlehnung an https://geg-info.de/

Sanierung von Außenbauteilen

Bauteil	U-Werte in W/(m²K)	Mögliche bauliche Maßnahme
Decken gegen unbeheizte Keller, Bodenplatten [1]	0,50	4 – 5 cm starke Dämmung
Außenwand	0,24	12 – 16 cm starke Dämmung
Dachschrägen, Steildächer	0,24	14 – 18 cm starke Dämmung
Decken, die nach unten an Außenluft grenzen	0,24	14 – 18 cm starke Dämmung
Oberste Geschossdecke	0,24	14 – 18 cm starke Dämmung
Flachdächer	0,20	16 – 20 cm starke Dämmung
Dachflächenfenster	1,40	2-Scheiben-Wärmeschutzverglasung
Fenster [2]	1,30	2-Scheiben-Wärmeschutzverglasung
Verglasungen [3]	1,10	2-Scheiben-Wärmeschutzverglasung

[1] Aufbau/Erneuerung auf beheizter Seite [2] gesamtes Fenster [3] andere Werte für Sonderverglasung

Umsetzung 65 % EE in Neubauten

GEG: 2024-01

Solarthermische Anlagen	Wasserstoffhaltige Heizungen
Biomasseheizungen (z.B. Pelletheizungen)	Innovative Heizungssystem
Elektrische Wärmepumpen	Errichtung, Umbau, Erweiterung Gebäudenetztechnik
Brennstoffzellenheizungen	Gebäudenetzanschluss
Wärmenetzanschluss	Pelletheizungen

Heizungstausch bei bestehenden Gebäuden

GEG: 2024-01

Elektrische Wärmepumpen	Anschluss ans Wärmenetz
Hybridheizungen	Heizung auf der Basis von Solarthermie
H2-Ready-Gasheizungen	Biomasseheizung (z.B. Pelletheizung)

Gasheizung, die nachweislich erneuerbare Gase nutzt – mindestens zu 65 % Biomethan, biogenes Flüssiggas oder Wasserstoff

Bundesförderung für effiziente Gebäude

Fördermöglichkeiten bei Umstieg auf 65 % Erneuerbarer Energie (BEG EM)

Einzelmaßnahme	Zuschuss	Zuschlag	Bonus				Max.
			iSFO	Effizienz	Klimageschwindigkeit	Einkommen	
	%	€	%	%	%	%	%
Gebäudehülle	15	–	5	–	–	–	20
Anlagentechnik	15	–	5	–	–	–	20
Heizungsoptimierung zur:							
Effizienzverbesserung [1]	15	–	–	–	–	–	20
Emissionsminderung [2]	50	–	–	–	–	–	50
Solarthermische Anlagen	30	–	–	–	20	30	70
Biomasseheizungen	30	2.500 [3]	–	–	20	30	70
Wärmepumpen	30	–	–	–	20	20	70
Wasserstoffabhängige Heizung (Investitionsmehrausgaben)	30	–	–	–	20	20	70
Wärmenetzanschluss	30	–	–		20	20	70

[1] höchstens fünf Wohneinheiten/bei Nichtwohngebäuden mit höchstens 1.000 m² beheizter Fläche: u. a. hydraulische Abgleich inkl. Einstellung Heizkurve/Austausch Heizungspumpen/Anpassung Vorlauftemperatur und Pumpenleistung [2] Reduzierung Staubemissionen von Feuerungsanlagen für feste Biomasse bei Nennwärmeleistung ≥4 Kilowatt ausgenommen Einzelraumfeuerungsanlagen. [3] Einhaltung Emissionsgrenzwerts für Staub von 2,5 mg/m³ zusätzlicher pauschaler Zuschlag

Energieausweis

Neue Energieeffizienzklassen (Bandtacho) für den Endenergiebedarf nach Anlage 10

Roter Bereich beginnt bereits bei **ca. 250 kWh/(m² · a)**, bis dato > 400 kWh/(m² · a)

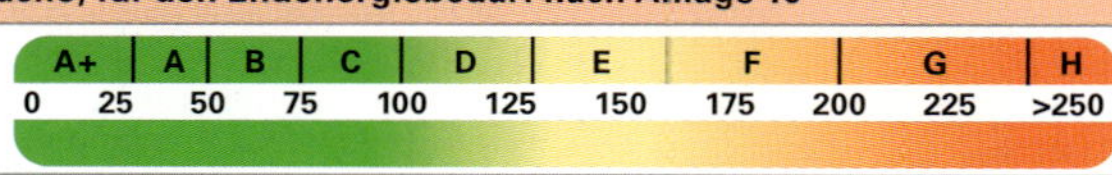

Anforderungen Wohngebäude

Ausführung des Referenzgebäudes

Dach
$U_{ref} = 0{,}20$ W/(m²K)

Außenwand
$U_{ref} = 0{,}28$ W/(m²K)

Außenfenster
$U_{ref} = 1{,}30$ W/(m²K)
$g_{ref} = 0{,}6$

Wärmebrückenzuschlag
$\Delta U_{WB} = 0{,}05$ W/(m²K)

Kellerwand
$U_{ref} = 0{,}35$ W/(m²K)

Bodenplatte/Kellerdecke
$U_{ref} = 0{,}35$ W/(m²K)

Außentür
$U_{ref} = 1{,}80$ W/(m²K)

Dachflächenfenster
$U_{ref} = 1{,}40$ W/(m²K)
$g_{ref} = 0{,}6$

Lichtkuppeln
$U_{ref} = 2{,}70$ W/(m²K)
$g_{ref} = 0{,}64$

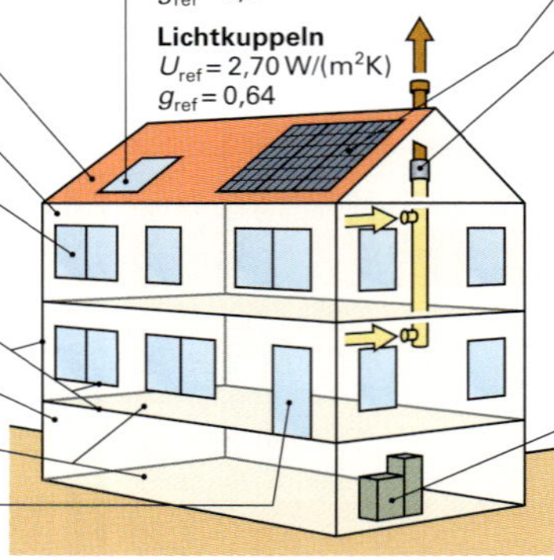

Solarkollektorunterstützung Warmwasserbedarf

Lüftungsanlage:
Zentrale Abluftanlage mit Außenwanddurchlässen (ALD), nicht bedarfsgeführt mit geregeltem DC-Ventilator.

- Anlagenluftwechsel $\eta_A = 0{,}4$ h^{-1}
- nutzungsbedingter Mindestaußenluftwechsel $\eta_{Nutz} = 0{,}5$ h^{-1}

Kühlung:
keine Gebäudeautomation Klasse C nach DIN V 1899-11: 2018-09

Heizung und Warmwasser
Ref. Brennwerttechnik 55/45°C

U_{ref} = Wärmedurchgangskoeffizient
g_{ref} = Gesamtenergiedurchlassgrad der Verglasung
ΔU_{WB} = Wärmebrückenzuschlag

Bauteil/System	Referenzausführung	
Luftdichtheit der Gebäudehülle	Bemessungswert n_{50}	Bei Berechnung nach • DIN V 4108-6: 2003-6: mit Dichtheitsprüfung • DIN V 18599-2: 2011-12: nach Kategorie I
Sonnenschutzvorrichtung	keine Sonnenschutzvorrichtung	
Heizungsanlage	• Wärmeerzeugung durch Brennwertkessel (verbessert), Heizöl EL, Aufstellung: – für Gebäude bis zu 500 m² Gebäudenutzfläche innerhalb der thermischen Hülle – für Gebäude mit mehr als 500 m² Gebäudenutzfläche außerhalb der thermischen Hülle • Auslegungstemperatur 55/45 °C, zentrales Verteilsystem der wärmeübertragenden Umfassungsfläche, innen liegende Stränge und • Anbindeleitungen, Standard-Leitungslängen nach DIN V 4701-10: 2003-08 Tab. 5.3 – 2, Pumpe auf Bedarf ausgelegt (geregelt, Δp konstant), Rohrnetz hydraulisch abgeglichen, Wärmedämmung der Rohrleitungen (S. 365) • Wärmeübergabe mit freien statischen Heizflächen, Anordnung an normaler Außenwand, Thermostatventile mit Proportionalbereich 1 K bzw. P-Regler	
Anlage zur Warmwasserbereitung (wenn elektrisch: Wohnungszentrale Anlage ohne Speicher)	• Zentrale Warmwasserbereitung • Gemeinsame Wärmebereitung mit Heizungsanlage • Solaranlage mit Flachkollektor nach 1998 sowie Speicher ausgelegt gemäß DIN V 18599-8 (2018-09) • Solaranlage mit Flachkollektor nur zur Trinkwassererwärmung nach DIN V 4701-10: 2003-08 Tab. 5.1 – 10 mit Speicher, indirekt beheizt (stehend), gleiche Aufstellung wie Wärmeerzeuger – Kleine Solaranlage bei $A_N < 500$ m² (bivalenter Solarspeicher) – Große Solaranlage bei $A_N > 500$ m² • Verteilsystem mit Zirkulation innerhalb der wärmeübertragenden Umfassungsfläche, innen liegende Stränge, gemeinsame Installationswand, Standard-Leitunglängen nach DIN V 4701-10: 2003-08 Tab. 5.1 –2	

HT

Anforderungen Wohngebäude (Fortsetzung)

Höchstwerte spezifischer Transmissionswärmeverluste H'_T[1]

Gebäudetyp	A_N in m²	Höchstwert des spezifischen Transmissionswärmeverlustes H'_T in W/(m² · K)
Freistehendes Wohngebäude	≤ 350 m²	0,40
	> 350 m²	0,50
Einseitig angebautes Wohngebäude[2]		0,45
Alle anderen Wohngebäude		0,65

[1] bezogen auf die wärmeübertragende Umfassungsfläche $H'_T = H_T/A$
[2] wenn von den vertikalen Flächen des Gebäudes in einer Himmelrichtung ≥ 80%-Anteil an anderes WG oder NWG mit $\theta_i \geq 19\,°C$

Gebäudenutzfläche A_N

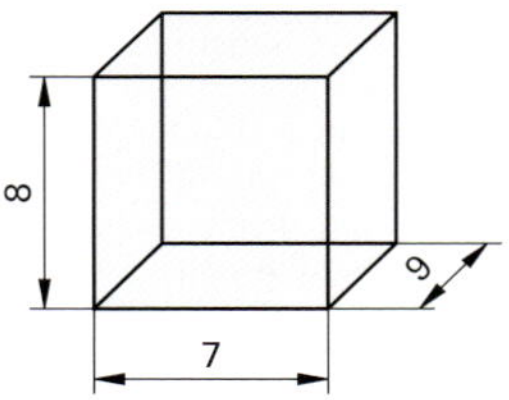

Gebäudenutzfläche

$$A_N = 0{,}32\,m^{-1} \cdot V_e$$

Geschossdeckenhöhe h_g
3 m < h < 2,5 m

$$A_N = \left(\frac{1}{h_g} - 0{,}04\,m^{-1}\right) \cdot V_e$$

A_N Gebäudenutzfläche in m²
V_e Beheiztes Gebäudevolumen in m³
h_g Geschossdeckenhöhe in m

Wohngebäude:

1. Umfassungsfläche — $A = [2 \cdot (7 \cdot 9) + 2 \cdot (7 \cdot 8) + 2 \cdot (8 \cdot 9)]\ m^2 = \mathbf{382\ m^2}$
2. Gebäudevolumen V_e — $\mathbf{V_e} = (7 \cdot 8 \cdot 9)\ m^3 = \mathbf{504\ m^3}$
3. Gebäudenutzfläche A_N — $\mathbf{A_N} = 0{,}32\,m^{-1} \cdot V_e = 0{,}32\,m^{-1} \cdot 504\,m^3 = \mathbf{161{,}3\ m^2}$
4. Höchstwert spez. Transmissions-Wärmeverlust H'_T — $\mathbf{H'_T} = 0{,}40\ W/(m^2 \cdot K)$
5. Höchstwert Transmissions-Wärmeverlustkoeffizient H_T — $\mathbf{H_T} = 0{,}40\ W/(m^2 \cdot K) \cdot 382\,m^2 = 152{,}8\ W/k$
6. Höchstwert Transmissions-Wärmeverlust $\dot{Q}_T$ (vgl. → S. 339) — z. B. Standort Köln $\theta_e = -10\,°C$ und $\theta_{int} = 20\,°C$
   $\dot{Q}_T = 152{,}8\ W/K\ (20\,°C - (-10\,°C))$
   $\mathbf{\dot{Q}_T} = 4.584\ W$

Effizienzhaus-Stufen und Förderung im Überblick (Quelle kfw.de)

Effizienzhaus	Primärenergiebedarf[1] in %	Transmissionswärmeverluste[1] in %	Max. Kredithöhe je Wohneinheit[2] in €	Tilgungszuschuss in %
40	40	55	120000	20
40 EE-[3]/NH[4]	40	55	150000	25
55	55	70	120000	15
55 EE-[3]/NH[4]	55	70	150000	20
70	70	85	120000	10
70 EE-[3]/NH[4]	70	85	150000	15
85	85	100	120000	5
85 EE-[3]/NH[4]	85	100	150000	10

[1] Vergleich zum Referenzgebäude nach GEG -> S. 356 [2] Wohnung/Wohneinheit: eigener Zugang, eine Küche/Kochnische, Badezimmer und Toilette mit dauerhafter Wohnnutzung geeignet und bestimmt. Einliegerwohnung zählt als separate Wohnung, wenn sie abgeschlossen ist. Sanierung: Anzahl der Wohnungen nach Sanierung. [3] EE (Erneuerbare-Energien-Klasse): Sanierung der Heizungsanlage mit erneuerbaren Energien oder teilweise bzw. ganze Nutzung unvermeidbarer Abwärme und damit Deckung der 65 % des Gebäude-Energiebedarfs [4] NH (Nachhaltigkeits-Klasse): bei Vergabe des staatlichen „Qualitätssiegels Nachhaltiges Gebäude"

Vereinfachtes Nachweisverfahren für ein zu errichtendes Wohngebäude

Voraussetzungen für die Anwendung des vereinfachten Nachweisverfahrens GEG § 31: 2024-01

Bereich	Bedingung	
Gebäudetyp	Zweckbestimmung überwiegend Wohnen einschließlich Wohn-, Alten oder Pflegeheime sowie ähnlich Einrichtungen	
Klimaanlage	Keine Ausstattung erlaubt	
Dichtheit des Gebäudes	Prüfung erforderlich und folgende Grenzwerte einzuhalten: Der bei einer Bezugsdruckdifferenz von 50 Pa gemessene Volumenstrom (m^3/h) darf folgenden Anteil des beheizten/gekühlten Luftvolumen des Gebäudes betragen	
	ohne RLT-Anlage	≤ 3-fach
	mit RLT-Anlage	≤ 1,5-fach
Sommerlicher Wärmeschutz	• Beim kritischen Raum (Raum mit der höchsten Wärmeeinstrahlung im Sommer) beträgt der Fensterflächenanteil bezogen auf die Grundfläche dieses Raums nicht mehr als 35 Prozent • Sämtliche Fenster in Ost-, Süd- oder Westorientierung (inklusive derer eines eventuellen Glasvorbaus) sind mit außen liegenden Sonnenschutzvorrichtungen mit einem Abminderungsfaktor $F_C \leq 0{,}30$ ausgestattet.	
Beheizte Bruttogrundfläche	$A_{BGF,\, Gebäude} = 115 - 2300\ m^2$	
Mittlere Geschosshöhe	$H_{Geschoss} = 2{,}5 - 3\ m$	
Kompaktheit des Gebäudes	Verhältnis Bruttoumfang U_{brutto} zur beheizten Grundfläche x ABGF $U_{brutto}^2 \leq 20\text{-fache} \times A_{BGF}$ Bei einem angebauten Gebäude ist in den Bruttoumfang auch derjenige Anteil einzurechnen, der an benachbarte beheizte Gebäude angrenzt.	
Beheizte Räume in mehreren Geschossen	• Die beheizten Bruttogeschossflächen aller Geschosse ohne Vor- oder Rücksprünge muss deckungsgleich sein. • Nur das oberste Geschoss darf eine kleinere beheizte Bruttogeschossfläche als das darunter liegende Geschoss besitzen. • Nicht mehr als sechs beheizte Geschosse.	
Fensteranteil	Max. Anteil an Fassadenfläche: Bei zweiseitig angebauten Gebäuden ≤ 35 Prozent Bei allen anderen Gebäuden ≤ 30 Prozent	
Gesamtfläche spezieller Fenstertüren	Max. Anteil an Fassadenfläche: Bei freistehenden Gebäuden und einseitig angebauten ≤ 4,5 Prozent Bei zweiseitig angebauten Gebäuden ≤ 5,5 Prozent	
Nördliche Richtung orientierte Fenster	Fläche $A_{F,N} \leq$ Mittelwert der Fensterflächen anderer Orientierungen	
Dachflächenfenstern, Lichtkuppeln und ähnlichen transparenten Bauteilen im Dachbereich	Summe der Dachfenster etc. $A_{\Sigma DF} \leq 6\ \%$ der gesamten Dachfläche	
Außentüren	Begrenzung des Anteils der Gesamtfläche der Außentüren ΣA_{AT} an der beheizten Bruttogrundfläche des Gebäudes $A_{BGF,\, Gebäude}$ • Ein- und Zweifamilienhäusern ≤ 2,7 % • ansonsten ≤ 1,5 %	

Bauteilanforderungen für zu errichtendes Wohngebäude

Anforderungen an die jeweiligen einzelnen Bauteile der thermischen Gebäudehülle[1]	GEG Anl. 5: 2024-01
Bauteil	**U-Wert in W/(m²K)**
Dachflächen, oberste Geschossdecke, Dachgauben	≤ 0,14
Fenster und sonstige transparente Bauteile	≤ 0,90
Dachflächenfenster	≤ 1,00
Außenwände, Geschossdecken nach unten gegen Außenluft:	≤ 0,20
Sonstige opake Bauteile (Kellerdecken, Wände und Decken zu unbeheizten Räumen, Wand- und Bodenflächen gegen Erdreich, etc.)	≤ 0,25
Türen	≤ 1,20
Lichtkuppeln und ähnliche Bauteile	≤ 1,50
Spezielle Fenstertüren	≤ 1,40
Vermeidung von Wärmebrücken	≤ 0,035

[1] Die Anforderungen sind über die gesamte Fläche des jeweiligen Bauteils einzuhalten. Zudem müssen die Anforderungen an die Ausführung von Wärmebrücken sowie an die Luftdichtheit der Gebäudehülle eingehalten werden.

Anforderungen an Nichtwohngebäude

Ausführung des Referenz-Nichtwohngebäudes GEG: 2024-01

Zeile	**Bauteil /System**	**Eigenschaft (1.1 ... 1.13)**	**Referenzausführung / Wert (Maßeinheit)**	
		Raum-Solltemperatur im Heizfall ≥ 19 °C /*(12 ... < 19 °C)*		
		Wärmedurchgangskoeffizient U in W/(m² · K)	Verglasung: Gesamtenergiedurchlassgrad $g_{\perp}$	Verglasung: Lichttransmissionsgrad τ_{D65}
1.1	Außenwand, Geschossdecke gegen Außenluft	0,28 / *0,35*	–	–
1.2	Vorhangfassade (s. 1.14)	1,40 / *1,90*	0,48 / *0,60*	0,72 / *0,78*
1.3	Wand gegen Erdreich, Bodenplatte, Wände und Decken zu unbeheizten Räumen (außer Abseitenwände nach 1.4)	0,35 / *0,35*	–	–
1.4	Dach (soweit nicht mehr unter Zeile 1.5), oberste Geschossdecke, Wände zu Abseiten	0,20 / *0,35*	–	–
1.5	Glasdächer	2,70 / *2,70*	0,63 / *0,63*	0,76 / *0,78*
1.6	Lichtbänder	2,40 / *2,40*	0,55 / *0,55*	0,48 / *0,48*
1.7	Lichtkuppeln	2,70 / *2,70*	0,64 / *0,64*	0,59 / *0,59*
1.8	Fenster, Fenstertüren (s. auch Zeile 1.14)	1,30 / *1,90*	0,60 / *0,60*	0,78 / *0,78*
1.9	Dachflächenfenster (s. auch Zeile 1.14)	1,40 / *1,90*	0,60 / *0,60*	0,78 / *0,78*
1.10	Außentüren	1,80 / *2,90*	–	–

HT

Anforderungen an Nichtwohngebäude (Fortsetzung)

Ausführung des Referenz-Nichtwohngebäudes (Fortsetzung) GEG: 2024-01

<table>
<tr><td rowspan="2">1.11</td><td rowspan="2">Bauteile in Zeilen 1.1 und 1.3 bis 1.10</td><td>Wärmebrückenzuschlag ΔU_{WB} in W/(m² · K)</td></tr>
<tr><td>0,05/0,1</td></tr>
<tr><td rowspan="2">1.12</td><td rowspan="2">Gebäudedichtheit</td><td>Bemessungswert n_{50}</td></tr>
<tr><td>Kategorie I (Tabelle 7 DIN V 18599-2: 2018-09)</td></tr>
<tr><td rowspan="2">1.13</td><td rowspan="2">Tageslichtversorgung bei Sonnen- und/oder Blendschutz</td><td>Tageslichtversorgungsfaktor $C_{TL,Vers,SA}$ DIN V 18599-4: 2011-12</td></tr>
<tr><td>• Kein Sonnen- oder Blendschutz vorhanden: 0,70
• Blendschutz vorhanden: 0,15</td></tr>
<tr><td>1.14</td><td>Sonnenschutzvorrichtung</td><td>Für das Referenzgebäude ist die tatsächliche Sonnenschutzvorrichtung des zu errichtenden Gebäudes anzunehmen; sie ergibt sich ggf. aus den Anforderungen zum sommerlichen Wärmeschutz nach Nr. 4 oder aus Erfordernissen des Blendschutzes. Soweit hierfür Sonnenschutzverglasung zum Einsatz kommt, sind für diese Verglasung folgende Kennwerte anzusetzen:
<table>
<tr><th>statt Zeile</th><th>Gesamtenergiedurchlassgrad $g_{\perp}$</th><th>Lichttransmissionsgrad τ_{D65}</th></tr>
<tr><td>1.2</td><td>0,35</td><td>0,58</td></tr>
<tr><td>1.8 und 1.9</td><td>0,35</td><td>0,62</td></tr>
</table></td></tr>
<tr><td>2</td><td>Solare Wärmegewinne über opake Bauteile</td><td>wie beim zu errichtenden Gebäude</td></tr>
<tr><td>3.1</td><td>Beleuchtungsart</td><td>direkt/indirekt mit elektronischem Vorschaltgerät und stabförmiger Leuchtstofflampe</td></tr>
<tr><td>3.2</td><td>Regelung der Beleuchtung

1) DIN V 18599-4:</td><td>
<table>
<tr><th rowspan="2">Zonen der Nutzung</th><th colspan="3">Kontrolle</th></tr>
<tr><th>Präsenz</th><th>Konstantlicht</th><th>tageslicht-abhg.</th></tr>
<tr><td>1 bis 4, 8, 12, 28, 31 und 36[1)]</td><td>–</td><td>einschließlich</td><td>Abschnitt 5.5.4[1)]</td></tr>
<tr><td>4, 15 bis 19, 21 und 31[1)]</td><td>Präsenzmelder</td><td></td><td>gedimmt, nicht ausschaltend[1)]</td></tr>
<tr><td>5, 9, 10, 14, 22.1 bis 22.3, 29, 27 bis 40</td><td>–</td><td>Abschnitt 5.4.6[1)]</td><td></td></tr>
<tr><td>sonstige</td><td>manuell</td><td>manuell</td><td></td></tr>
</table></td></tr>
<tr><td>4.1</td><td>Heizung (Raumhöhen ≤ 4 m) – Wärmeerzeuger</td><td>Brennwertkessel („verbessert“, nach 1994) nach DIN V 18599-5: 2018-09, Erdgas, Aufstellung außerhalb der thermischen Hülle, Wasserinhalt > 15 l/kW</td></tr>
<tr><td>4.2</td><td>Heizung (Raumhöhen ≤ 4 m) – Wärmeverteilung</td><td>• Bei statischer Heizung und Umluftheizung (dezentrale Nachheizung in RLT-Anlage):
Zweirohrnetz, außen liegende Verteilleitungen im unbeheizten Bereich, innen liegende Steigstränge, innen liegende Anbindeleitungen, Systemtemperatur 55/45 °C, hydraulisch abgeglichen, Δp konstant, Pumpe auf Bedarf ausgelegt, Pumpe mit intermittierendem Betrieb, keine Überströmventile, für den Referenzfall sind die Rohrleitungslänge und die Umgebungstemperaturen gemäß den Standardwerten nach DIN V 18599-5 : 2018-09 zu ermitteln.
• Bei zentralem RLT-Gerät:
Zweirohrnetz, Systemtemperatur 70/55 °C, hydraulisch abgeglichen, Δp konstant, Pumpe auf Bedarf ausgelegt, für den Referenzfall sind die Rohrleitungslänge und die Lage der Rohrleitungen wie beim zu errichtenden Gebäude anzunehmen.</td></tr>
</table>

Anforderungen an Nichtwohngebäude (Fortsetzung)		
Ausführung des Referenz-Nichtwohngebäudes (Fortsetzung)		GEG: 2024-01
4.3	Heizung (Raumhöhen ≤ 4 m) – Wärmeübergabe	• **Bei statischer Heizung:** freie Heizflächen an der Außenwand (bei Anordnung von Glasflächen mit Strahlungsschutz), P-Regler (1 K), keine Hilfsenergie • **Bei Umluftheizung (dezentrale Nachheizung in RLT-Anlage):** Regelgröße Raumtemperatur, hohe Regelgüte.
4.4	Heizung (Raumhöhen > 4 m)	**Dezentrales Heizsystem:** • Wärmeerzeuger gemäß DIN V 18599-5: 2018-09 Tab. 52: Dezentraler Wärmeerzeuger, nicht kondensierender Betrieb, Leistung 25–50 kW, Energieträger Erdgas, Leistungsregelgung 1 (einstufig od. mehrstufig/ modulierend ohne Anpassung der Verbrennungsluftmenge) • Wärmeübergabe gemäß DIN V 18599-5: 2018-09 Tab. 16 und 22: Radialventilator, Auslass horizontal, ohne Warmluftrückführung, Raumtemperaturregler, P-Regler
5.1	Warmwasser – zentrales System 2) berichtigt durch DIN V 18599-8: Berichtigung 1: 2013-05	Wärmeerzeuger: Solaranlage mit Flachkollektor in Standardausführung nach DIN V 18599-8: 2018-09 Tab. 62), jedoch abweichend auch für zentral warmwasserversorgte Nettogrundflächen > 3000 m² Restbedarf über den Wärmeerzeuger der Heizung Wärmespeicherung: bivalenter, außerhalb der therm. Hülle aufgeteilte Speicher nach DIN V 18599-8: 2018-09 Abschnitt 6.4.3 2) Wärmeverteilung: mit Zirkulation für den Referenzfall sind die Rohrleitungslänge und die Lage der Rohrleitungen wie beim zu errichtenden Gebäude anzunehmen.
5.2	Warmwasser – dezentrales System	Elektrischer Durchlauferhitzer, eine Zapfstelle und 6 m Leitungslänge pro Gerät bei Gebäudezonen, die einen Warmwasserbedarf von höchstens 200 Wh/cm²d) aufweisen
6.1	Raumlufttechnik – Abluftanlage	spezifische Leistungsaufnahme Ventilator $P_{SFP} = 1{,}0$ kW/(m³/s)
6.2	Raumlufttechnik – Zu- und Abluftanlage ohne Nachheiz- und Kühlfunktion	• Luftvolumenstromregelung Soweit für die Zonen der Nutzungen 4, 8, 9, 12, 13, 23, 24, 35, 37 und 40 nach DIN V 18599-10: 2011-12 eine Zu- und Abluftanlage vorgesehen wird, ist diese mit bedarfsabhängiger Luftvolumenstromregelung gemäß DIN V 18599-7: 2018-09 Abschnitt 5.8.1 auszulegen. • Spezifische Leistungsaufnahme: – Zuluftventilator $P_{SFP} = 1{,}0$ kW/(m³/s) – Abluftventilator $P_{SFP} = 1{,}0$ kW/(m³/s) Zuschläge nach DIN EN 16798-3: 2017-11 Abschnitt 9.5.2.2 können nur für den Fall von HEPA-Filtern, Gasfiltern oder Wärmerückführungsklassen H2 oder H1 angerechnet werden. • Wärmerückgewinnung über Plattenwärmeüberträger Temperaturänderungsgrad $\eta_{t,comp} = 0{,}6$ Zulufttemperatur 18 °C Druckverhältniszahl $f_P = 0{,}4$ • Luftkanalführung: innerhalb des Gebäudes • bei Kühlfunktion: Auslegung für 6/12 °C keine indirekte Verdunstungskühlung
6.3	Raumlufttechnik – Luftbefeuchtung	Für den Referenzfall ist die Einrichtung zur Luftbefeuchtung wie beim zu errichtenden Gebäude anzunehmen
6.5	Raumlufttechnik – Nur-Luft-Klimaanlagen	**Als Variabel-Volumenstrom-System ausgeführt:** Druckverhältniszahl $f_P = 0{,}4$ Luftkanalführung: innerhalb des Gebäudes

Anforderungen an Nichtwohngebäude (Fortsetzung)

Ausführung des Referenz-Nichtwohngebäudes (Fortsetzung) GEG: 2024-01

7	Raumkühlung	– **Kältesystem:** Kaltwasser Fan-Coil, Brüstungsgerät Kaltwassertemperatur 14/18 °C **Kaltwasserkreis Raumkühlung:** Überströmung 10 % spez. elektrische Leistung der Verteilung $P_{d,spez} = 30\ W_{el}/kW_{Kälte}$ hydraulisch abgeglichen, geregelte Pumpe, Pumpe hydraulisch entkoppelt, saisonale sowie Nacht- und Wochenendabschaltung nach DIN V 18599-7: 2018-09, Anhang D
8	Kälteerzeugung	**Erzeuger:** Kolben-/Scrollverdichter mehrstufig schaltbar, R134a, luftgekühlt **Kaltwassertemperatur:** – bei mehr als 5 000 m² mittels Raumkühlung konditionierter Nettogrundfläche, für diesen Konditionierungsanteil 14/18 °C – ansonsten 6/12 °C **Kaltwasserkreis Erzeuger inklusive RLT-Kühlung:** Überströmung 30 %, spez. elektrische Leistung der Verteilung $P_{d,spez} = 20\ W_{el}/kW_{Kälte}$, hydraulisch abgeglichen, ungeregelte Pumpe, Pumpe hydraulisch entkoppelt, saisonale sowie Nacht- und Wochenendabschaltung nach Verteilung außerhalb der konditionierten Zone. Der Primärenergiebedarf für das Kühlsystem und die Kühlfunktion der raumlufttechnischen Anlage darf für Zonen der Nutzungen 1 bis 3, 8, 10, 16, 18 bis 20 und 31 (DIN V 18599-7: 2018-09, Anhang D) nur zu 50 % angerechnet werden.
9	Gebäudeautomation	Klasse C nach DIN V 18599-10: 2018-09, Anhang D

Höchstwerte der Wärmedurchgangskoeffizienten für Nichtwohngebäude GEG: 2024-01

Bauteil	*U* in W/(m² · K) Zonen mit Raum-Solltemperaturen im Heizfall	
	≥ 19 °C	**von 12 … ≤ 19 °C**
Opake Außenbauteile[1]	0,28	0,50
Transparente Außenbauteile[1]	1,50	2,80
Vorhangfassade	1,50	3,00
Glasdächer, Lichtbänder, Lichtkuppel	2,5	3,10

[1] soweit nicht in Bauteilen der Zeilen 3 und 4 enthalten.

Bei der Berechnung des Mittelwerts des jeweiligen Bauteils sind die Bauteile nach Maßgabe ihres Flächenanteils zu berücksichtigen. Die Wärmedurchgangskoeffizienten von Bauteilen gegen unbeheizte Räume (außer Dachräumen) oder Erdreich sind zusätzlich mit dem Faktor 0,5 zu gewichten.

Bei der Berechnung des Mittelwerts der an das Erdreich angrenzenden Bodenplatten bleiben die Flächen unberücksichtigt, die mehr als 5 Meter vom äußeren Rand des Gebäudes entfernt sind. Die Berechnung ist für Zonen mit unterschiedlichen Raum-Solltemperaturen im Heizfall getrennt durchzuführen.

Für die Berechnung des Wärmedurchgangskoeffizienten der an das Erdreich grenzenden Bauteile ist DIN V 18599-2:2018-09, Abschnitt 6.1.4.3, und für opake Bauteile ist DIN 4108-4:2017-03 in Verbindung mit DIN EN ISO 6946:2008-04 anzuwenden.

Für die Berechnung des Wärmedurchgangskoeffizienten transparenter Bauteile sowie von Vorhangfassaden ist DIN 4108-4:2017-03 anzuwenden.

U_{max}-Werte bei erstmaligem Einbau, Ersatz und Erneuerung von Bauteilen

Bauteil	U_{max}[1] in W/(m² · K) für Wohn- und Nichtwohngebäude $\theta_{int} \geq 19$ °C	U_{max}[1] in W/(m² · K) Nichtwohngebäude $\theta_{int} = 12 \ldots < 19$ °C
Außenwände, Dachflächen einschl. Dachgauben, Wände gegen unbeheizten Dachraum, oberste Geschossdecken	0,24	0,35
Fenster, Fenstertüren ohne/mit Sonderverglasung	1,30/2,00[1]	1,90/2,80
Dachflächenfenster ohne/mit Sonderverglasung	1,40/2,00[1]	1,90/2,80
Verglasung/Sonderverglasung	1,10/1,60[1]	keine Anforderung
Vorhangfassaden ohne/mit Sonderglasung	1,50/2,30[1]	1,90/3,00
Dachflächen mit Abdichtung/Glasdächer	0,20/2,00	0,35/2,70
Wände gegen Erdreich oder unbeheizte Räume (Ausnahme Dachräume) sowie Decken nach unten gegen Erdreich oder unbeheizte Räume	0,30[4]	keine Anforderung
Fußbodenaufbauten	0,50[4]	keine Anforderung
Decken nach unten an Außenluft	0,24[4]	0,35

1) Unter Berücksichtigung neuer und vorhandener Bauteilschichten; für opake Bauteile DIN EN ISO 6946: 2008-04.
2) Technischen Produkt-Spezifikationen entnehmen oder gemäß den nach den Landesbauordnungen bekannt gemachten energetischen Kennwerten für Bauprodukte bestimmen.
3) nach DIN EN 13947:2007-07
4) nach DIN V 4108: 2003-06 Anhang E

Wärmedämmung – Leitungen

Wärmedämmung: Wärmeverteilungsanlagen/Armaturen GEG: 2024-01

Zeile[1]	Art der Leitung/Armaturen	Mindestdämmschichtdicke bei $\lambda = 0{,}035$ W/(m · K)[2]
aa)	$d_i \leq 22$ mm	20 mm
bb)	$d_i = 22 \ldots 35$ mm	30 mm
cc)	$d_i = 35 \ldots 100$ mm	gleich Innendurchmesser
dd)	$d_i \geq 100$ mm	100 mm
ee)	Leitungen und Armaturen der Zeilen 1 … 4 in Wand-/Deckendurchbrüchen, im Kreuzungsbereich von Leitungen, an Leitungsverbindungsstellen, bei zentralen Leitungsnetzverteilern	1/2 der Dämmschicht der Zeilen 1 … 4
ff)	Leitungen von Zentralheizungen der Zeilen 1 … 4, die nach dem 31.01.2002 in Bauteilen zwischen beheizten Räumen verschiedener Nutzer verlegt wurden.	1/2 der Dämmschicht der Zeilen 1 … 4
gg)	Leitungen nach Zeile 6 im Fußbodenaufbau	6 mm
hh)	Kälteverteilungs- und Kaltwasserleitungen sowie Armaturen von Raumlufttechnik- und Kälteklimasystemen	6 mm

1) nicht anwenden bei V' ≤ 3 l ohne Zirkulation/elektr. Begleitheizung
2) Mitteltemperatur 40 °C

aa) – dd) nicht anwenden bei Beeinflussung durch freiliegende Absperreinrichtung zwischen beheizten Räumen

HT

Heizkörperauslegung für Einrohrheizung nach Formblatt[1)]

Kenntnisse als Prämisse: • Norm-Heizlasten Heizkreis $\sum \dot{Q}_{HL}$, Räume $\dot{Q}_{HL,i}$ • Zugehörige Norm-Innentemperaturen ϑ_{int}	Nach DIN EN 12831: → S. 327ff. $\sum \dot{Q}_{HL}$ ϑ_{int} (Spalte 10)
1. Festlegung der Wärmeleistung $\dot{Q}_H$ der Heizkörper zur Deckung der Norm-Wärmeheizlast	ϑ_V und ϑ_R, $\Delta\vartheta_K = \vartheta_V - \vartheta_R$
2. Berechnung des Massenstroms $\dot{m}_K$ im Heizkreis	$\dot{m}_K = \frac{\sum \dot{Q}_{HL}}{c \cdot \Delta\vartheta_K}$ (Spalte 3)
3. Auswahl: Vor- und Rücklauftemperatur des Heizkreises	$\dot{Q}_{H1}, \dot{Q}_{H2} \ldots \dot{Q}_{Hx}$ (Spalte 2)
4. Entscheidung pro Heizkörper entweder a) konstante Temperaturdifferenz $\Delta\vartheta_H$ oder b) konstante Massenströme $\dot{m}_H$ mit Massenstromanteil p: prozentualer Anteil der Heizkörper am Heizkreismassenstrom	a) $\Delta\vartheta_K = \Delta\vartheta_H$ b) $\dot{m}_k = \dot{m}_H \cdot p$ mit $p = 25\,\%, \ldots 60\,\%$ (Spalte 4) Vermeidung großer Heizkörper < 0,4
5. Auslegung Heizkörper x: • Massenstrom $\dot{m}_H$	$\dot{m}_H = \dot{m}_K \cdot p$ (Spalte 5)
• Temperaturdifferenz $\Delta\vartheta_H$	$\Delta\vartheta_H = \frac{\dot{Q}_H}{c \cdot \dot{m}_H}$ (Spalte 6)
• Rücklauftemperatur ϑ_{RH}	$\vartheta_{RH} = \vartheta_{VHx} - \Delta\vartheta_{Hx}$ (Spalte 8)
• Mittlere Heizkörpertemperatur ϑ_{mHk}	$\Delta\vartheta_Ü = \frac{\vartheta_{VHx} + \vartheta_{RHx}}{2} - \vartheta_{int}$ (Spalte 11)
• Heizkörperübertemperatur $\Delta\vartheta_Ü$,	mit $\vartheta_{mH} = \vartheta_{VH} + \vartheta_{RH}$
• Umrechnungsfaktor f_u	$\Delta\vartheta_K = \frac{\dot{Q}_H}{c \cdot \dot{m}_K}$ (Spalten 13)
• Temperaturdifferenz Heizkreis $\Delta\vartheta_K$	f_u → S. 373 (Spalte 12)
• Vorlauftemperatur folgender Heizkörper ϑ_{VH2}	$\vartheta_{VH+1} = \vartheta_{VH} - \frac{\dot{Q}_H}{c \cdot \dot{m}_K}$ (Spalten 14/7)
• Wärmeleistung zur Auswahl des Heizkörpers $\dot{Q}_{Aus}$	$\dot{Q}_{Aus} = \vartheta_H \cdot 1/f_u$ (Spalte 15)

Heizkörperauslegung mit $\vartheta_V = 65\,°C$, $\vartheta_R = 55\,°C$ für Stockwerksheizung → S. 384, Bypass-Spezialventile → S. 397

1	2	3	4	5	6	7	8	9	10	11	12	13	14	15
Heizkörper x	Wärmeleistung des Heizkörpers	Massenstrom des Heizkreises	Massenstromanteil des Heizkörpers	Massenstrom im Heizkörper	Temperaturdifferenz im Heizköroer	Heizkörper-Vorlauftemperatur	Heizkörper-Rücklauftemperatur	Mittlere Temperatur im Heizkörper	Raumtemperatur	Wirksame Heizkörper-Übertemperatur	Umrechnungsfaktor	Temperaturdiff. Heizkreis	Heizkreistemp. nach Heizkörper	Geänderte Wärmeleistung Heizkörper
–	$\dot{Q}_H$	$\dot{m}_K$	p	$\dot{m}_H$	$\Delta\vartheta_H$	ϑ_{VH}	ϑ_{RH}	ϑ_{mH}	ϑ_{int}	$\Delta\vartheta_Ü$	f_u	$\Delta\vartheta_K$	ϑ_{VH2}	$\dot{Q}_{Aus}$
	W	kg/h	%	kg/h	K	°C	°C	°C	°C	K	–	K	°C	W
1	1800	424,7	35	148,7	10,4	65,0	54,6	59,8	20	39,8	0,75	3,6	61,4	2400
2	1600	424,7	35	148,7	9,3	61,4	52,1	56,8	20	36,8	0,68	3,2	58,2	2353
3	1700	424,7	35	148,7	9,8	58,2	48,4	53,3	20	33,3	0,58	3,4	54,8	2931
4	960	424,7	35	148,7	5,6	54,8	49,2	52,0	24	24,0	0,47	1,9	52,9	2043
5	1350	424,7	35	148,7	7,8	52,9	45,1	49,0	20	29,0	0,49	2,7	50,2	2755

Heizkörperauslegung für Zweirohrheizung nach Formblatt[1]

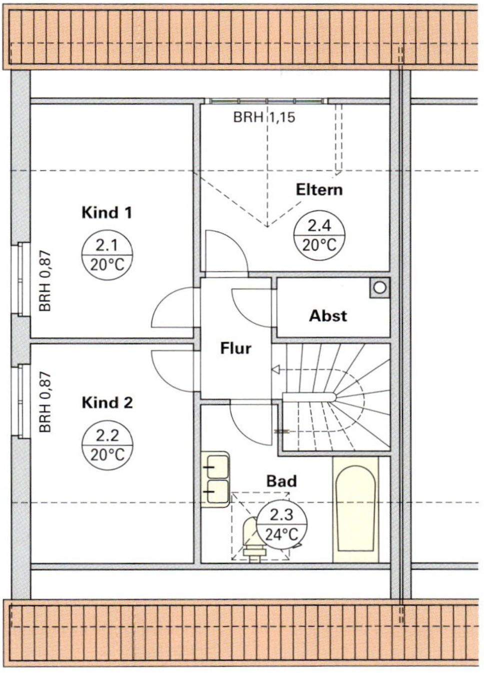

Kenntnisse:
- Norm-Wärmeheizlasten der Räume $\dot{Q}_{HL}$ → S. 327 ff.
- Zugehörige Norm-Innentemperaturen ϑ_i

1. Raumnummer, -bezeichnung und -heizlast in die Spalten 1–4 eintragen.

2. Umrechnungsfaktor f_u für Wärmeleistung normabweichender Betriebstemperaturen bestimmen (Spalte 5) → S. 363

3. Minderungsfaktor f_m aufgrund Nischeneinbau, zu erwartender Verkleidung, Lackierung etc. ermitteln (Spalte 6) → S. 362

4. Soll-Heizlast ermitteln (Spalte 7)
$\dot{Q}_{Aus} = \dot{Q}_{HL}/(f_u \cdot f_m)$

5. Heizkörper aus Tabellen ermitteln und Baugrößen sowie Ist-Normheizleistung anführen (Spalten 8 bis 12) → S. 364

6. Ggf. Gliederanzahl und Befestigung ermitteln und in Spalten 13 und 14 eintragen → S. 364–366

Heizkörperauslegung mit ϑ_V = 70 °C und ϑ_R = 55 °C

1	2	3	4	5	6	7	8	9	10	11	12	13	14
Raumnr.	Raumbezeichnung	Rauminnentemp.	Raumheizlast	Umrechnungsfaktor	Leistungsminderung	Soll-Norm-Heizleistung	Produkt/Modell	Bauhöhe	Bautiefe	Baulänge	Ist-Norm-Heizleistung	Gliederanzahl	Befestigungen
–		ϑ_{int}	$\dot{Q}_{HL}$	f_u	f_m[2]	$\dot{Q}_{Aus}/\dot{Q}_{HL}$		BH	BT	BL	$\dot{Q}_s$	z	(Art/ Anzahl)
–	–	°C	W	–	–	W	–	mm	mm	mm	W	–	–
2.1	Kind 1	20	953	0,81	1,0	1177	Typ 21, profil.	500	100	1200	1186	–	Ko./2[4]
2.2	Kind 2	20	953	0,81	1,0	1177	Typ 21, profil.	500	100	1200	1186	–	Ko./2
2.3	Bad[3]	24	660	0,74	1,0	892	Badheizkörper	1807	30	500	919	–	Ko./4
2.4	Eltern	20	596	0,81	1,0	736	Typ 11, profil.	500	59	1000	783	–	Ko./2

[1] Formblatt kann ebenso für die Einrohrheizung verwendet werden.
[2] In diesem Falle wurde keine Leistungminderung angenommen, daher der Faktor 1,0; wird die Leistung gemindert (Nischeneinbau), erhöht sich die erforderliche Soll-Leistung.
[3] Erhält zusätzliche Heizschlange im Fußboden mit $\dot{Q}_F$ = 230 W.
[4] Ko.: Konsole

HT

Untergruppen der Heizflächen

Radiatoren → S. 364	Konvektoren → S. 367	Flächenheizungen → S. 370	Luftheizgeräte
Stahlröhrenradiatoren Guss-/Stahlradiatoren Fensterbankradiatoren Badheizkörper Flachheizkörper	Schachtkonvektoren Sockelkonvektoren Unterflurkonvektoren Gebläsekonvektoren	Wandheizungen Deckenheizungen Fußbodenheizungen	Wandgeräte Deckengeräte Truhengeräte Mobile Geräte

Heizkörperberechnungen

Norm-Wärmeleistung des Heizkörpers $\dot{Q}_S$ in W

DIN EN 442-1: 2015-03

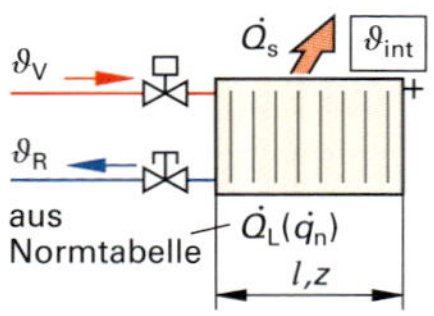

Normbedingungen:
$\vartheta_V = 75\,°C$
$\vartheta_R = 65\,°C$, $\vartheta_{int} = 20\,°C$

$\dot{Q}_S$ Norm-Wärmeleistung des Heizkörpers (HK) in W

$\dot{Q}_L$ spez. Normwärmeleistung pro Glied/Baulänge des Heizkörpers in W/Glied bzw. W/m (Herstellerunterlagen meist $\dot{q}_n$)

l Baulänge des Platten- oder Kompaktheizkörpers in m

z Anzahl der Glieder bei Radiatoren

Platten- oder Kompaktheizkörper

$$\dot{Q}_S = l \cdot \dot{Q}_L = l \cdot \dot{q}_n$$

Radiatoren

$$\dot{Q}_S = z \cdot \dot{Q}_L = z \cdot \dot{q}_n$$

Übertemperatur zwischen Raum und Heizkörper

DIN EN 442-1: 2015-03

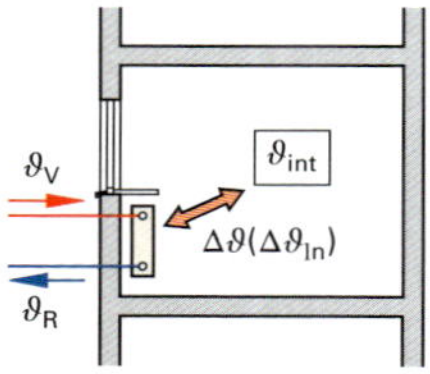

Normbedingungen s. o.:
$\Delta\vartheta_{ü,n} = 50{,}00$ K
$\Delta\vartheta_{ln,n} = 49{,}83$ K

$\Delta\vartheta_ü$ arithmetisch gemittelte Heizkörperübertemperatur in K

ϑ_V Vorlauftemperatur in °C

ϑ_R Rücklauftemperatur in °C

ϑ_{int} Norm-Innentemperatur in °C

ϑ_m mittlere Heizwassertemperatur in °C

$\Delta\vartheta_{ln}$ logarithmisch gemittelte Heizkörperübertemperatur in K, wenn: $(\vartheta_R - \vartheta_{int})/(\vartheta_V - \vartheta_{int}) < 0{,}7$

Für Norm-Niedertemperatur-Wärmeleistung gilt neue Referenztemperatur:

$$\Delta\vartheta_{30} = \frac{55\,°C + 45\,°C}{2} - 20\,°C = \mathbf{30\ K}$$

Arithmetisches Mittel

$$\Delta\vartheta_ü = \frac{\vartheta_V + \vartheta_R}{2} - \theta_{int}$$

mit mittlerer Heizwassertemperatur:
$\vartheta_m = (\vartheta_V + \vartheta_R)/2$

Logarithmisches Mittel

$$\Delta\vartheta_{ln} = \frac{\vartheta_V - \vartheta_R}{\ln\left(\dfrac{\vartheta_V - \vartheta_{int}}{\vartheta_R - \vartheta_{int}}\right)}$$

Umrechnungsfaktor f_u für Wärmeleistungen bei normabweichenden Betriebstemperaturen

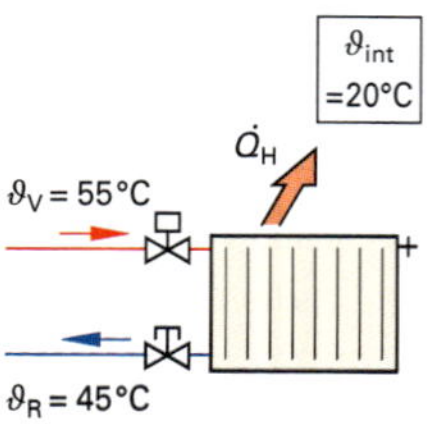

$\dot{Q}_H$ Heizkörperleistung bei Betriebsbedingungen in W (Φ_{HL} nach DIN EN 12 831)

$\dot{Q}_S$ Norm-Wärmeleistung des Heizkörpers in W

$\dot{Q}_{Aus}$ Leistung zur Auswahl des Heizkörpers in W

f_u Umrechnungsfaktor → S. 373

n Heizkörperexponent (aus Herstellerunterlagen)

$f_u < 1$: $\Delta\vartheta_Ü < 50$ K ergibt eine niedrigere HK-Leistung: Normwärmeleistung in Tabelle größer auswählen

$f_u > 1$: $\Delta\vartheta_Ü > 50$ K ergibt eine höhere HK-Leistung: Normwärmeleistung in Tabelle kleiner auswählen

Heizkörperleistung

$$\dot{Q}_H = \dot{Q}_{HL} = \dot{Q}_S \cdot f_u$$

Leistung zur Auswahl des Heizkörpers

$$\dot{Q}_{Aus} = \dot{Q}_S \cdot \frac{1}{f_u}$$

Umrechnungsfaktor

$$f_u = \left(\frac{\Delta\vartheta_{ln}}{\Delta\vartheta_{ln,n}}\right)^n$$

Heizkörperberechnungen (Fortsetzung)

Leistungsminderung

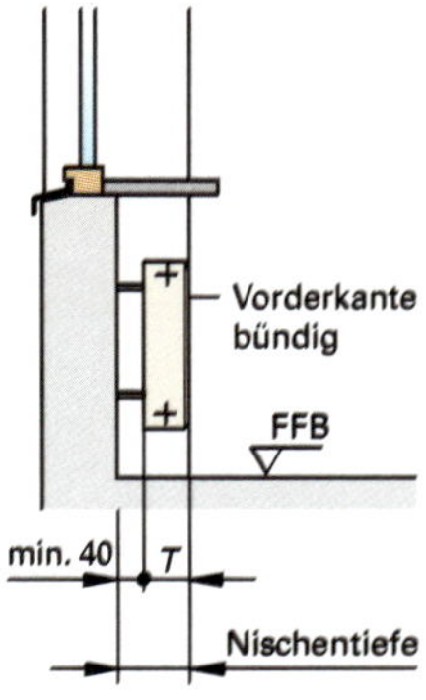

- $\dot{Q}_m$ geminderte Heizkörperleistung in W/Glied bzw. W/m
- $\dot{Q}_L$ spez. Normwärmeleistung pro Glied/Baulänge des Heizkörpers in W/Glied bzw. W/m
- f_m Gesamtminderungsfaktor
- f Minderungsfaktor
- f_1 Minderungsfaktor bei Nischeneinbau
- f_2 Minderungsfaktor bei Verkleidungen
- f_3 Minderungsfaktor bei Lackierungen bis 30% (Herstellerangaben)
- f_4 Minderungsfaktor bei Baulängen über 500 mm
- f_5 Minderungsfaktor für Temperaturspreizungen und Anschlussart
- m Leistungsminderung in %

Geminderte Heizkörperleistung

$$\dot{Q}_m = \dot{Q}_L \cdot f_m$$

Gesamtminderungsfaktor

$$f_m = f_1 \cdot f_2 \cdot f_3 \cdot f_4 \cdot f_5$$

→ S. 362

Minderungsfaktor

$$f = 1 - \frac{m}{100\,\%}$$

Tatsächliche Heizkörperleistung $\dot{Q}_H$ – Bestimmung der Heizkörpergröße

Wärmeleistung eines vorgegebenen Heizkörpers

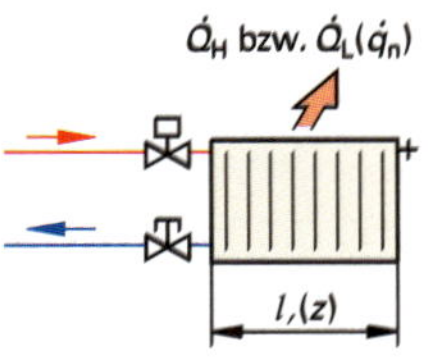

- $\dot{Q}_H$ Heizkörperleistung bei Betriebsbedingungen in W (Φ_{HL} nach DIN EN 12831)
- $\dot{Q}_L$ spez. Normwärmeleistung pro Glied/Baulänge des Heizkörpers in W/Glied bzw. W/m
- z Anzahl der Glieder des Radiators
- l Baulänge des Platten- oder Kompaktheizkörpers in m
- f_u Umrechungsfaktor → S. 363*
- f_m Gesamtminderungsfaktor

* Hinweis: Es gibt Hersteller und Fachbücher, die $\frac{1}{f_u}$ rechnen. Dort sind dann für Tabelle auf S. 363 die Kehrwerte maßgeblich.

Platten- oder Kompaktheizkörper

$$\dot{Q}_H = l \cdot \dot{Q}_L \cdot f_u \cdot f_m$$

Radiatoren

$$\dot{Q}_H = z \cdot \dot{Q}_L \cdot f_u \cdot f_m$$

Mindestmaße beim Heizkörpereinbau

Einbauart	Heizkörper freistehend	Heizkörper eingebaut	Heizkörper verkleidet
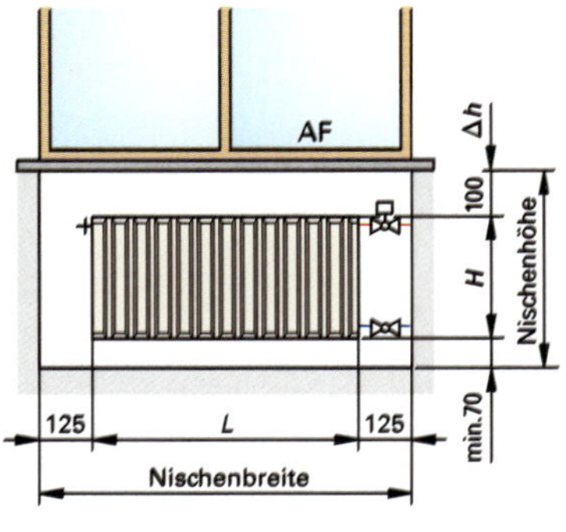	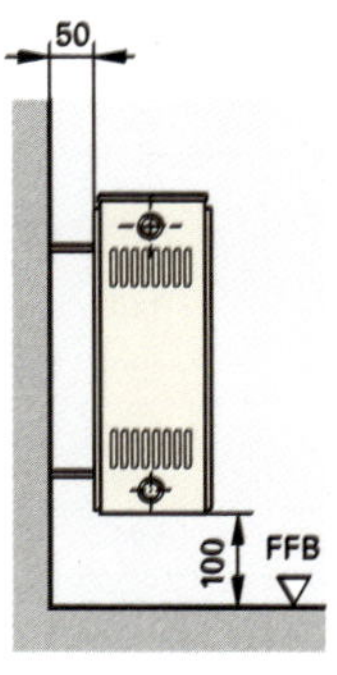	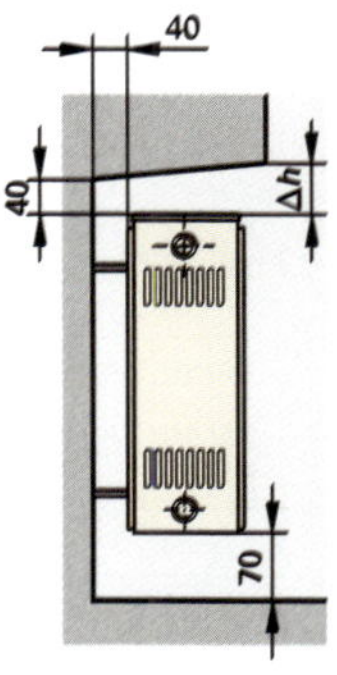	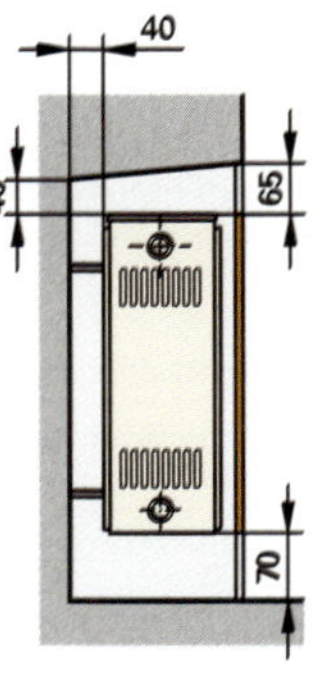

Minderungsfaktoren, Drücke

Leistungsminderung f_m

Leistungsminderung in % bei Nischeneinbau (f_1)

Bei Platten-/Fertigheizkörper bedeuten:
1. Ziffer: Anzahl der Heizplatten
2. Ziffer: Anzahl der Konvektorblechreihen

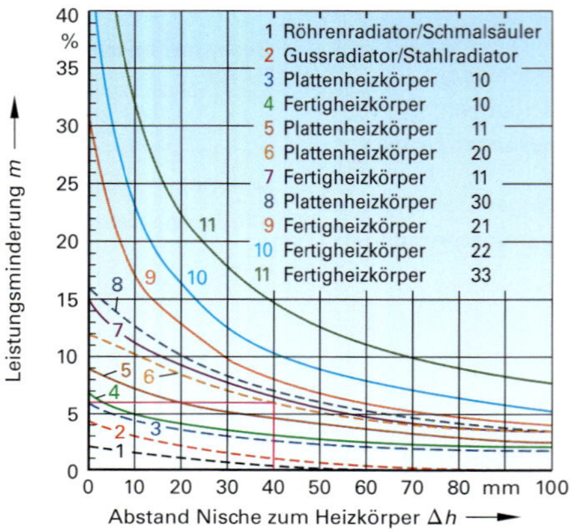

Leistungsminderungen in %

Für Verkleidungen (f_2)

Heizkörperart	%
Gliederheizkörper	4 ... 8
Plattenheizkörper	
einreihig, ohne Konvektorblech	5 ... 10
einreihig, mit Konvektorblech	4 ... 8

Für große Baulängen (f_4)

Baulänge in mm	%
500 ... 1000	1,0
1000 ... 1500	1,5
1500 ... 2000	2,5
2000 ... 2500	3,5

Große Temperaturspreizung nach Anschlussart (f_5)

$\Delta\theta = \theta_V - \theta_R$	Vorlauf oben Rücklauf unten	Vorlauf unten Rücklauf oben
10 K	0	4
20 K	0	12
30 K	3	18
50 K	5	25

Heizkörperanschlussvarianten und Minderleistungen

Zweirohrsysteme

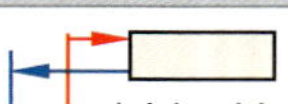

gleichseitig[1]

wechselseitig

reitend

Einrohrsysteme

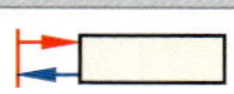

gleichseitig, senkrecht[2]

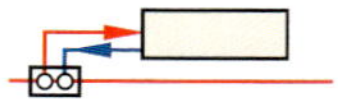

Einpunkt, auch mittig

reitend

Hohe Heizkörper

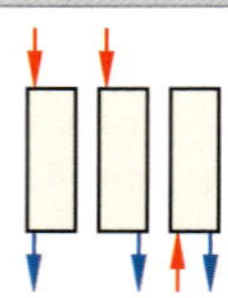

große Minderleistung bei Lamellenheizkörpern bis > 40 %

Gekoppelte Heizkörper

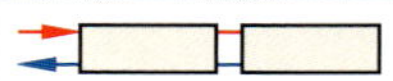

einseitig

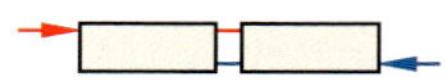

wechselseitig

[1] Minderleistung 5 ... 10 %
[2] Minderleistung 10 ... 15 %

Zulässige Drücke und Temperaturen verschiedener Radiatoren

Heizkörper	Druckstufe	Heizmittel	Max. Heizmitteltemp. in °C	Max. Betriebsüberdruck[1] in bar	Werksprüfdruck[2] in bar	Baustellenprüfdruck[1] [3] in bar
DIN Stahlradiator	PN 6	Wasser	120	6,0	10,0	–
Stahlröhrenradiator						
62 ... 136 mm	PN 12	Wasser	120	12,0	15,6	1,0 ... 15,6
178 ... 210 mm	PN 10	Wasser	120	10,0	13,0	1,0 ... 13,0
Einsäuler	PN 18	Wasser	120	18,0	23,4	1,0 ... 23,4
Fensterbankradiator	PN 10	Wasser	120	10,0	13,0	1,0 ... 10,0
Handtuchradiator	PN 10	Wasser	110	10,0	13,0	1,0 ... 13,0
Sonderform	PN 4	Wasser	110	4,0	5,2	1,0 ... 5,2
Flachheizkörper	PN 10	Wasser	120	10,0	13,0	1,0 ... 13,0
Konvektoren[3]	PN 4	Wasser	120	4,0	5,2	1,0 ... 5,2

[1] Am tiefsten Punkt des Heizkörpers
[2] min. Prüfdruck (Überdruck) = 1 bar, max. Prüfdruck (Überdruck): 1,3-faches des Anlagendruckes
[3] Unterschiedlich, Herstellerangaben beachten

Umrechnungsfaktor f_u

Umrechnungsfaktor f_u abweichender Auslegungstemperaturen[1)]

ϑ_V °C	ϑ_R °C	Raumtemperatur ϑ_i 10	12	15	18	20	22	24
90	85	1,77	1,72	1,63	1,54	1,48	1,43	1,37
	80	1,70	1,64	1,55	1,47	1,41	1,35	1,30
	75	1,62	1,56	1,48	1,39	1,33	1,28	1,22
	70	1,54	1,48	1,40	1,31	1,26	1,20	1,15
	65	1,46	1,40	1,32	1,23	1,18	1,12	1,07
	60	1,38	1,32	1,24	1,15	1,10	1,05	0,99
85	80	1,63	1,57	1,48	1,40	1,34	1,29	1,23
	75	1,55	1,49	1,41	1,32	1,27	1,21	1,16
	70	1,48	1,42	1,33	1,25	1,20	1,14	1,09
	65	1,40	1,34	1,26	1,17	1,12	1,07	1,01
	60	1,32	1,26	1,18	1,10	1,04	0,99	0,94
80	75	1,48	1,43	1,34	1,26	1,20	1,15	1,10
	70	1,41	1,35	1,27	1,19	1,13	1,08	1,03
	65	1,33	1,28	1,20	1,11	1,06	1,01	0,96
	60	1,26	1,20	1,12	1,04	0,99	0,93	0,88
	55	1,18	1,12	1,04	0,96	0,91	0,86	0,81
75	70	1,34	1,29	1,20	1,12	1,07	1,02	0,96
	65	1,27	1,21	1,13	1,05	1,00	0,95	0,90
	60	1,20	1,14	1,06	0,98	0,93	0,88	0,83
	55	1,12	1,07	0,99	0,91	0,86	0,81	0,76
	50	1,04	0,99	0,91	0,83	0,78	0,73	0,68
70	65	1,20	1,15	1,07	0,99	0,94	0,89	0,84
	60	1,13	1,08	1,00	0,93	0,87	0,82	0,77
	55	1,06	1,01	0,93	0,85	0,80	0,75	0,70
	50	0,99	0,93	0,86	0,78	0,73	0,68	0,63
	45	0,91	0,86	0,78	0,71	0,66	0,61	0,56

ϑ_V °C	ϑ_R °C	Raumtemperatur ϑ_i 10	12	15	18	20	22	24
65	60	1,07	1,02	0,94	0,86	0,81	0,76	0,71
	55	1,00	0,95	0,87	0,80	0,75	0,70	0,65
	50	0,93	0,88	0,80	0,73	0,68	0,63	0,58
	45	0,86	0,81	0,73	0,66	0,61	0,56	0,51
	40	0,78	0,73	0,66	0,58	0,54	0,49	0,44
60	55	0,94	0,89	0,81	0,74	0,69	0,64	0,60
	50	0,87	0,82	0,75	0,67	**0,63**	0,58	0,53
	45	0,80	0,75	0,68	0,61	0,56	0,51	0,47
	40	0,73	0,68	0,61	0,54	0,49	0,45	0,40
	35	0,66	0,61	0,54	0,46	0,42	0,37	0,33
55	50	0,81	0,76	0,69	0,62	0,57	0,53	0,48
	45	0,75	0,70	0,63	0,56	0,51	0,47	0,42
	40	0,68	0,63	0,56	0,49	0,45	0,40	0,36
	35	0,99	0,92	0,81	0,71	0,65	0,59	0,52
	30	0,54	0,49	0,42	0,35	0,30	0,26	0,21
	25	0,46	0,41	0,34	0,27	0,22	0,17	0,10
50	45	0,69	0,64	0,57	0,50	0,46	0,42	0,37
	40	0,63	0,58	0,51	0,44	0,40	0,36	0,32
	35	0,56	0,51	0,45	0,38	0,34	0,30	0,26
	30	0,49	0,45	0,38	0,31	0,27	0,23	0,19
45	40	0,57	0,53	0,46	0,40	0,35	0,31	0,27
	35	0,51	0,47	0,40	0,34	0,30	0,26	0,22
	30	0,45	0,40	0,34	0,28	0,24	0,20	0,16
	20	0,38	0,33	0,27	0,21	0,16	0,12	0,07
40	35	0,46	0,42	0,35	0,29	0,25	0,22	0,18
	30	0,40	0,36	0,30	0,24	0,20	0,16	0,13
	25	0,34	0,30	0,24	0,18	0,14	0,10	0,06

1) logarithmisch gerechnet

Umrechnungsfaktor f_u bei $\Delta\vartheta_{ü,n}$ = 50 K, Exponent n = 1,3

$\Delta\theta$	10 K	20 K	30 K	40 K	50 K	60 K	70 K
0 K	0,11	0,30	0,51	0,75	1,00	1,28	1,56
1 K	0,13	0,32	0,54	0,77	1,03	1,30	1,59
2 K	0,15	0,34	0,56	0,80	1,05	1,32	1,61
3 K	0,16	0,36	0,58	0,82	1,08	1,35	1,64
4 K	0,18	0,39	0,61	0,85	1,11	1,39	1,67
5 K	0,20	0,41	0,63	0,87	1,14	1,41	1,69
6 K	0,22	0,43	0,65	0,90	1,16	1,43	1,72
7 K	0,24	0,45	0,68	0,93	1,19	1,47	1,75
8 K	**0,26**	0,47	0,70	0,95	1,22	1,49	1,79
9 K	0,28	0,49	0,72	0,97	1,25	1,52	1,82

Hinweis:

In der Regel erfolgt die Heizkörperauswahl nach den Tabellen der Hersteller.

Bei diesen sind die Umrechnungsfaktoren bereits berücksichtigt.

HT

Radiatoren

Wärmeleistungen – Radiatoren in W/Glied[1)] bei θ_{int} = 20 °C, Exponent n = 1,24 … 1,33

Stahlröhrenradiatoren/Gliederheizkörper (Herstellerangaben)

2-Säuler

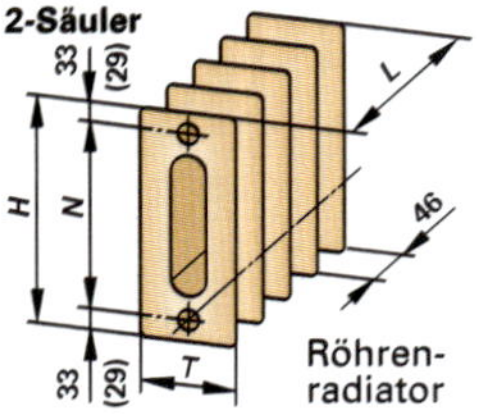

3-Säuler

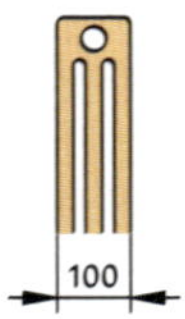

4-Säuler

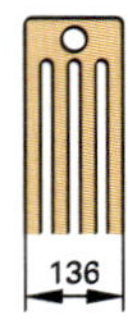

5-Säuler

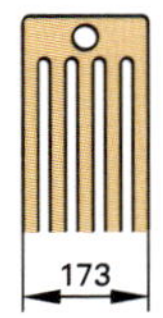

6-Säuler

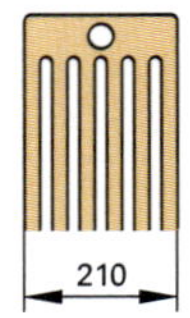

	2-Säuler				3-Säuler				4-Säuler				5-Säuler				6-Säuler			
z_{max} [2)]	64/20				64/20				60/20				55/17				46/14			
Höhe	Bautiefe T = 62 mm				T = 100 mm				T = 136 mm				T = 173 mm				T = 210 mm			
H	$\dot{Q}_L$ W/Glied		m	V	$\dot{Q}_L$ W/Glied		m	V	$\dot{Q}_L$ W/Glied		m	V	$\dot{Q}_L$ W/Glied		m	V	$\dot{Q}_L$ W/Glied		m	V
mm	75/65	55/45	kg	l	75/65	55/45	kg	l	75/65	55/45	kg	l	75/65	55/45	kg	l	75/65	55/45	kg	l
200	**15**	7	0,3	0,3	**20**	10	0,5	0,4	**28**	15	0,8	0,6	**35**	18	0,9	0,7	**42**	22	1,1	0,8
260	**21**	11	0,4	0,3	**28**	15	0,6	0,5	**37**	19	0,9	0,7	**45**	24	1,2	0,8	**54**	28	1,4	1,0
300	**24**	12	0,5	0,4	**32**	17	0,7	0,6	**42**	22	1,0	0,7	**52**	27	1,3	0,9	**61**	32	1,6	1,1
400	**31**	16	0,6	0,4	**42**	22	1,0	0,7	**55**	29	1,4	0,9	**68**	35	1,7	1,1	**81**	42	2,0	1,3
500	**38**	20	0,8	0,5	**52**	27	1,2	0,8	**68**	35	1,7	1,0	**84**	43	2,1	1,3	**99**	51	2,4	1,5
550	**42**	22	0,9	0,6	**56**	29	1,3	0,9	**74**	39	1,9	1,1	**91**	47	2,3	1,4	**108**	56	2,7	1,6
600	**45**	24	1,0	0,6	**61**	32	1,4	0,9	**80**	41	2,0	1,2	**99**	51	2,5	1,5	**117**	60	2,9	1,8
750	**55**	29	1,2	0,7	**74**	39	1,7	1,1	**97**	51	2,5	1,4	**120**	62	3,1	1,8	**143**	73	3,5	2,1
900	**64**	34	1,4	0,8	**87**	45	2,1	1,3	**114**	59	2,9	1,7	**141**	72	3,6	2,1	**167**	85	4,2	2,5
1000	**70**	37	1,6	0,9	**95**	49	2,3	1,4	**125**	64	3,2	1,8	**154**	79	3,9	2,3	**183**	93	4,6	2,7
1200	**83**	43	1,9	1,1	**115**	59	2,8	1,6	**147**	75	3,7	2,1	**179**	91	4,6	2,7	**210**	106	5,5	3,2
1500	**104**	54	2,3	1,3	**140**	71	3,4	2,0	**180**	101	4,4	2,6	**219**	111	5,6	3,3	**256**	129	6,8	4,0
1800	**124**	63	2,7	1,5	**166**	83	4,1	2,4	**213**	107	5,2	3,1	**259**	131	6,6	3,9	**303**	152	8,2	4,7
2000	**138**	70	3,0	1,7	**183**	92	4,5	2,6	**234**	118	5,8	3,4	**285**	144	7,3	4,3	**334**	169	9,1	5,2
2500	**171**	87	3,7	2,1	**225**	114	5,5	3,2	**289**	147	7,4	4,3	**352**	179	9,3	5,3	**412**	208	11,3	6,3
3000	**201**	103	4,4	2,5	**269**	137	6,4	3,9	**345**	176	8,9	5,1	**420**	215	11,3	6,4	**491**	251	13,6	7,5

1 gerundet 2) zweite Zahl: 2-Säuler ≥ H = 1100 mm, weitere ≥ 1000 mm

Guss-/Stahlradiatoren – 75/65/20 °C

DIN 4703-1: 1999-12

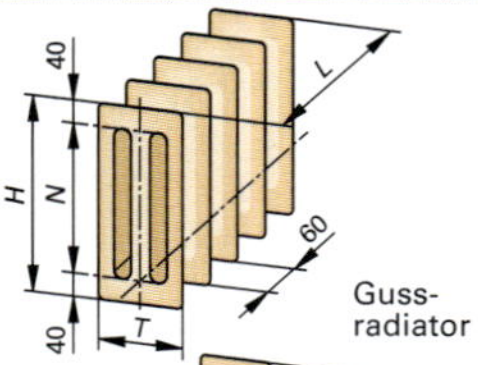

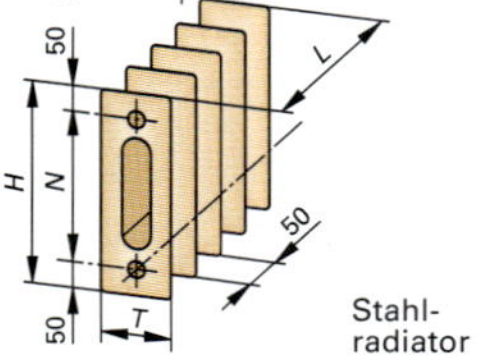

Bauhöhe H:
$H = N + 40/50$ mm
Bezeichnung: Bsp. 25/580/110, ($z/H/T$),
z = Gliederanzahl

Nabenabstand N mm	Bautiefe T mm	Wärmeleistung $\dot{Q}_L$ W/Glied		Masse m' kg/Glied		Wasserinhalt V' l/Glied		Anstrichfläche A' m²/Glied	
Guss/Stahl		Guss	Stahl	Guss	Stahl	Guss	Stahl	Guss	Stahl
200	250	69	58	4,70	1,54	0,90	0,97	0,185	0,106
350	70	41	–	2,30	–	0,40	–	0,090	–
	110	53	–	3,20	1,05	0,60	0,80	0,128	0,105
	160	70	56	4,30	1,46	0,80	0,98	0,185	0,155
	220	92	75	5,90	1,99	1,10	1,21	0,255	0,210
500	70	51	–	3,10	–	0,50	–	0,120	–
	110	69	55	4,50	1,37	0,80	0,88	0,180	0,140
	160	95	75	5,90	1,96	1,10	1,18	0,255	0,205
	220	122	96	7,50	2,68	1,30	1,57	0,345	0,285
600	160	111	–	7,00	–	1,20	–	0,306	–
900	70	84	–	5,20	–	0,80	–	0,205	–
	110	–	92	–	2,32	–	1,18	–	0,240
	160	154	118	9,90	3,30	1,50	1,72	0,440	0,345
	220	196	154	13,0	4,53	1,90	2,39	0,580	0,480

HT

Spezialradiatoren

Fensterbankradiatoren[1] (Herstellerangaben)

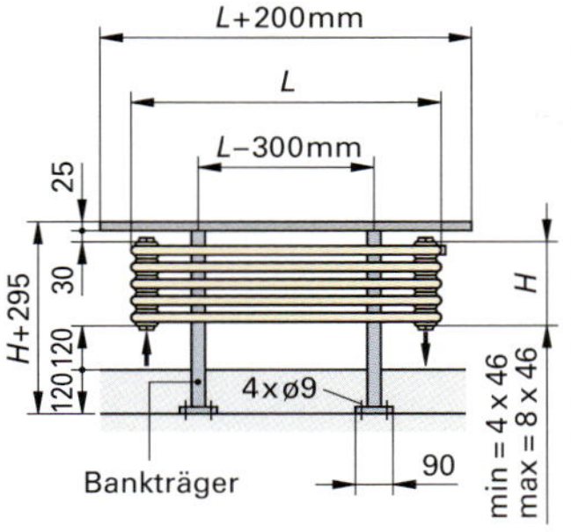

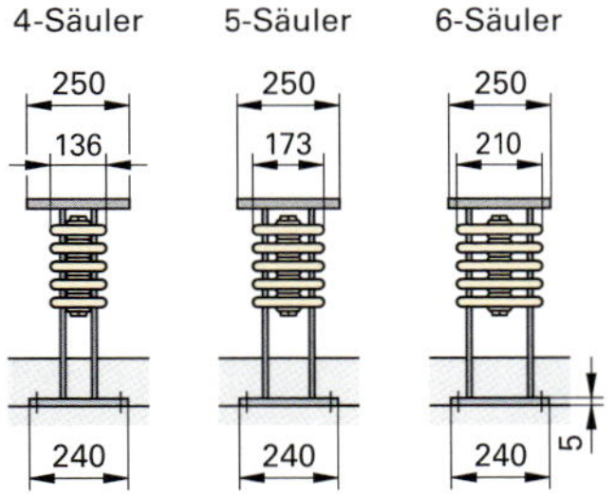

Baulänge L mm	Bauhöhe H mm	Bautiefe T mm	Wärmeleistung $\dot{Q}_L$ nach ϑ_V/ϑ_R bei ϑ_i = 20 °C: **75/65** W	70/55 W	55/45 W	Masse m kg	Wasserinhalt V l
1500	184	136	**766**	619	399	15,0	8,4
		173	**1130**	912	589	23,3	12,7
		210	**1342**	1084	700	27,9	15,2
	230	136	**1107**	894	577	23,3	12,9
		173	**1658**	1097	708	29,2	15,9
		210	**1600**	1292	834	34,9	19,0
	276	136	**1334**	1077	696	27,9	15,4
		173	**1577**	1273	822	35,0	19,0
		210	**1859**	1501	969	41,8	22,8
2000	184	136	**1226**	990	639	24,6	13,5
		173	**1516**	1224	790	30,8	16,7
		210	**1790**	1445	933	36,9	20,0
	230	136	**1439**	1162	750	30,8	16,9
		173	**1782**	1439	929	38,6	20,9
		210	**2121**	1713	1106	46,1	25,0
	276	136	**1713**	1383	893	36,9	20,2
		173	**2104**	1699	1097	46,3	25,0
		210	**2485**	2007	1296	55,3	30,0
2500	184	136	**1555**	1256	811	30,6	16,9
		173	**1936**	1563	1009	39,3	20,7
		210	**2307**	1863	1203	45,9	24,8
	230	136	**1864**	1505	972	38,3	20,9
		173	**2323**	1876	1211	47,9	25,9
		210	**2740**	2213	1429	57,4	31,0
	276	136	**2185**	1764	1139	45,9	25,0
		173	**2704**	2183	1410	57,5	31,0
		210	**3189**	2575	1663	68,8	37,2

[1] Exponent $n = 1{,}3$
Nabenabstand $N = H - 70$ mm
weitere Baulängen L:
1200 mm, 1800 mm, 3000 mm,
weitere Bautiefe T: 360 mm
Befestigung auf Rohfußboden oder Abdeckrosette auf Estrich

Badheizkörper[1] (Herstellerangaben)

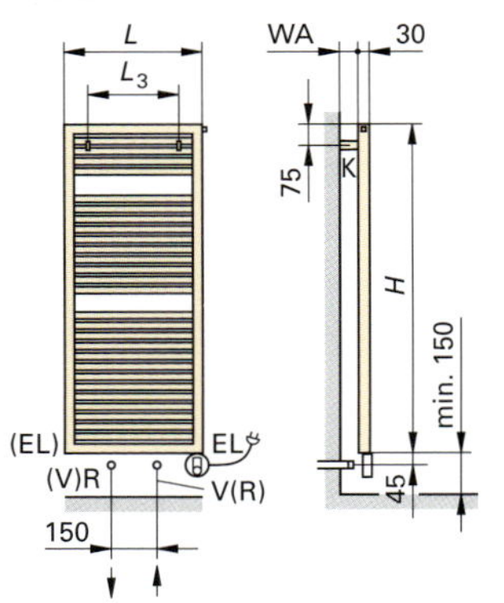

Bauhöhe H mm	Baulänge L mm	Wärmeleistung $\dot{Q}_L$ nach ϑ_V/ϑ_R bei ϑ_i = 24 °C: **75/65** W	70/55 W	55/45 W	$\dot{Q}_L$, E-Patrone $\dot{Q}$ W	Masse m kg	Wasserinhalt V l
763	450	**364**	258	158	300	7,8	3,8
	500	**401**	285	175	300	8,4	4,1
	600	**477**	340	209	300	9,6	4,8
1195	450	**553**	390	237	300	11,2	5,7
	500	**613**	434	265	600	12,1	6,2
	600	**735**	520	317	600	14,0	7,3
	750	**918**	652	399	600	16,8	8,9
1483	500	**752**	532	325	600	14,7	7,5
	600	**890**	684	428	600	16,9	8,7
	750	**1097**	840	511	900	20,2	10,6
1807	450	**831**	588	359	600	16,3	8,4
	500	**919**	651	397	900	17,7	9,2
	600	**1093**	776	475	900	20,5	10,8
	750	**1355**	967	597	1200	24,6	13,1
	1000	**1792**	1286	800	1200	31,6	17,1

[1] EL: Anschluss Elektro-Heizpatrone,
Anschluss auch seitlich/Raumteiler,
WA: Wandabstand 55 ... 65 mm
$L_3 = L - 200$ mm

Flachheizkörper, Befestigungen

Flachheizkörper (Herstellerangaben)

Typen und Größen

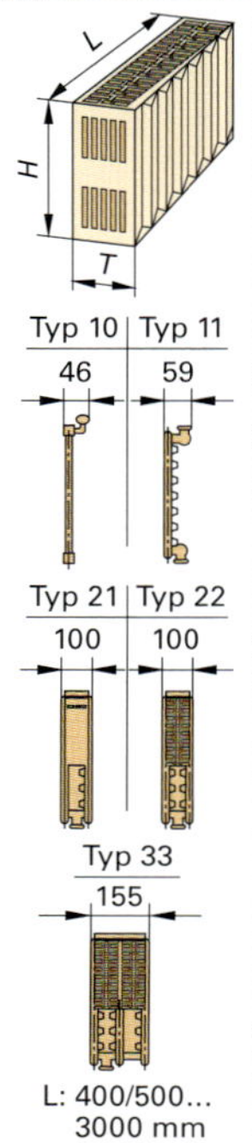

Höhe H mm	Typ	Glattwandige Flachheizkörper: Wärmeleistung $\dot{Q}_L$: $\vartheta_V/\vartheta_R/20\,°C$ **75/65** W/m	70/55 W/m	55/45 W/m	Exponent n –	Masse m' kg/m	Inhalt V' l/m	Profilierte Flachheizkörper: Wärmeleistung $\dot{Q}_L$: $\vartheta_V/\vartheta_R/20\,°C$ **75/65** W/m	70/55 W/m	55/45 W/m	Exponent n –	Masse m' kg/m	Inhalt V' l/m
300	10	**288**	268	181	1,29	8,3	1,8	**335**	312	215	1,24	5,6	1,8
	11	**487**	453	308	1,28	11,6	1,8	**551**	514	355	1,22	9,0	1,8
	21	**657**	610	410	1,31	15,5	3,6	**720**	670	455	1,27	12,9	3,6
	22	**902**	838	564	1,31	17,9	3,6	**959**	892	605	1,28	15,2	3,6
	33	**1299**	1208	817	1,27	25,4	5,4	**1381**	1285	870	1,28	22,7	5,4
500	10	**447**	416	280	1,29	13,1	2,7	**514**	478	325	1,27	8,7	2,7
	11	**749**	697	472	1,28	19,1	2,7	**840**	783	535	1,25	14,8	2,7
	21	**954**	885	592	1,33	25,1	5,4	**1063**	989	668	1,29	20,8	5,4
	22	**1339**	1243	834	1,31	29,0	5,4	**1441**	1340	906	1,29	24,8	5,4
	33	**1901**	1767	1189	1,30	42,4	8,1	**2081**	1935	1305	1,30	38,2	8,1
600	10	**524**	487	329	1,29	15,5	3,2	**602**	560	378	1,29	10,3	3,2
	11	**878**	817	553	1,28	22,7	3,2	**979**	911	619	1,27	17,6	3,2
	21	**1106**	1026	684	1,33	29,8	6,3	**1229**	1142	770	1,30	24,7	6,3
	22	**1549**	1438	963	1,32	34,4	6,3	**1666**	1549	1046	1,29	29,4	6,3
	33	**2201**	2044	1373	1,31	50,0	8,5	**2394**	2225	1498	1,30	43,9	9,5
900	10	**747**	695	470	1,29	22,7	4,5	**872**	811	547	1,29	15,1	4,5
	11	**1265**	1177	796	1,29	34,0	4,5	**1390**	1292	869	1,30	26,5	4,5
	21	**1599**	1483	987	1,34	44,0	9,0	**1723**	1598	1066	1,33	36,5	9,0
	22	**2164**	2008	1339	1,33	50,8	9,0	**2295**	2132	1433	1,31	43,3	9,0
	33	**3140**	2913	1942	1,33	72,3	13,5	**3214**	2982	1992	1,33	64,8	13,5

Anzahl der Befestigungen für Heizkörper (Herstellerangaben)

Röhrenheizkörper	**2 … 4 Säulen**						**5 … 6 Säulen**					
Anzahl Glieder z / Befestigungsart	23	24 … 41	42 … 58	59 … 76	77 … 93	101 … 110	23	24 … 41	42 … 58	59 … 76	77 … 93	94 … 100
Oben und unten: Wand-/ Bohrkonsole	4	6	8	10	12	14	6	8	10	12	14	16
Oben: Bohrkonsole	2	3	4	5	6	7	3	4	5	6	7	8
Unten: Distanzstück	2	3	3	4	4	4	3	5	5	8	10	10
Standkonsolen $H \leq 900\,mm$	2	3	4	5	6	7	3	4	5	6	7	8

Flachheizkörper	**Anzahl Befestigung nach *L***	
Baulänge *L*	≤ 1600 mm	≥ 1800 mm
Konsolen, Abstandshalter/Verlängerung, Sicherungsbügel	2	3

Guss-/Stahlradiatoren (nach Gliederzahl z)

z	< 15	< 20	16 … 30	21 … 30	21 … 40	31 … 45	41 … 60
Guss	ab 580/160	430/160, 580/70–110	ab 580/160	430/160, 580/70-11	–	–	–
Stahl	600/220, 1000/200	300/250, 450/220, 600-1000/110, 450-1000/160	600/220 1000/220	–	600-1000/110, 450-1000/160	600-1000/220	600-1000/110, 450-1000/160
Typ	2 Konsolen, 1 Halter		3 Konsolen, 2 Halter			4 Konsolen, 3 Halter	

HT

Konvektoren

Schachtkonvektoren für Bautiefe T = 150 mm[1] (Herstellerangaben)

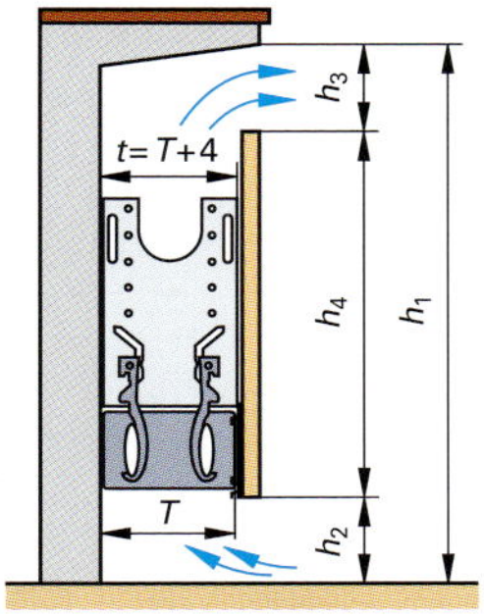

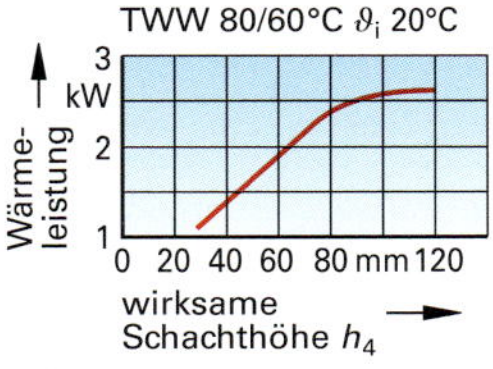

Länge	Wärmeleistung $\dot{Q}_L$ in W bei 75/65/20°C nach Nischenhöhe h_1, Schachthöhe h_4[2]						Masse m	Inhalt V
L mm	h_1: 400 h_4: 200	500 300	600 400	700 500	800 600	900 700	kg	l
1000	923	1113	1278	1407	1508	1580	13,1	1,3
1200	1129	1361	1562	1719	1844	1932	15,7	1,4
1400	1334	1608	1846	2032	2179	2283	18,2	1,6
1600	1642	1979	2272	2501	2682	2810	20,8	1,7
1800	1744	2103	2414	2657	2849	2985	23,4	1,8
2000	1949	2350	2698	2970	3184	3336	26,0	1,9
2200	2155	2598	2982	3282	3520	3688	28,6	2,1
2400	2360	2845	3266	3595	3855	4039	31,1	2,2
2600	2565	3093	3550	3908	4190	4390	33,7	2,3
2800	2770	3340	3834	4220	4525	4741	36,3	2,4

[1] Exponent n =1,41, max. Betriebsdruck 8 bar (120°C), Prüfdruck 0,5 bar, Baulänge L = 0,5 ... 5,6 m, Bauhöhe H = 70 mm (einlagig), H = 150 mm (zweilagig), Abstand zum Einbau der Verkleidung $t = T + 4$ mm, Heizmedium Wasser und Dampf , Anschluss; ein- oder wechselseitig (für T = 50 mm nur wechselseitig)

[2] in mm, h_2: Raumlufteintritt, h_3: Warmluftaustritt, je 100 mm

Schachtkonvektoren verschiedener Bautiefen T (Herstellerangaben)

Tiefe T	Wärmeleistung $\dot{Q}_L$ in W/m bei 75/65/20°C nach Schachthöhen h_1 in mm										Masse m'	Inhalt V'
mm	300	400	500	600	700	800	900	1000	1000	1200	kg/m	l/m
50	277	332	383	427	462	487	506	520	530	539	4,4	0,41
100	498	612	717	811	883	935	973	999	1018	1031	8,7	0,86
200	957	1204	1435	1642	1803	1922	2010	2069	2110	2143	17,4	1,76
250	1138	1434	1715	1955	2148	2276	2398	2478	2539	2590	21,7	2,21

Umrechnungsfaktoren f_u – Konvektoren bei $\Delta\vartheta_{Ü,n}$ = 50 K und ϑ_{int}

Ablesung:

$\dot{Q}_S$ = 2000 W, h_1 = 800 mm,
$\vartheta_V/\vartheta_R/\vartheta_i$ = 55/45/20 ⇒
$\mathbf{f_u = 2,05}$
$\dot{Q}_H = \dot{Q}_S \cdot f_u$
= 2000 W · 2,05
= **4100 W**
Wahl: $\dot{Q}_H$ = **4190 W**

θ_{int}	Umrechnungsfaktor fu bei ϑ_V/ϑ_R							
°C	50/40	55/45	60/50	70/65	75/65	90/70	110/60	110/70
15	2,00	1,65	1,37	1,08	0,87	0,69	0,69	0,56
18	2,38	1,88	1,53	1,18	0,95	0,74	0,74	0,60
20	2,68	2,05	1,65	1,26	1,00	0,77	0,77	0,62
22	2,98	2,26	1,80	1,35	1,06	0,81	0,81	0,65

Einbausituationen für Schachtkonvektoren

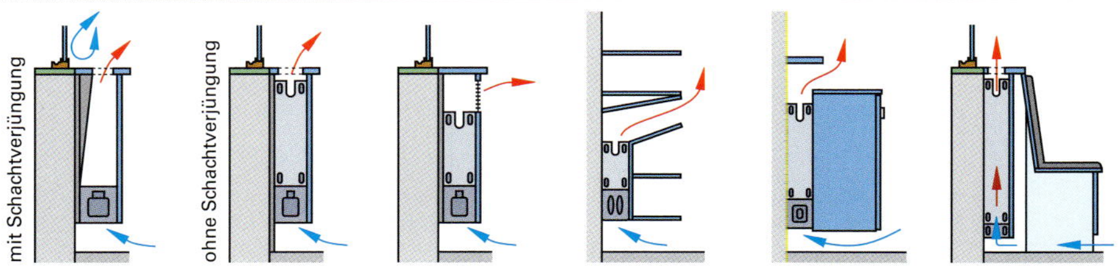

Konvektoren (Fortsetzung)

Mindestmaße für Unterflurkonvektoren[1] (Herstellerangaben)

Einbausituation		fensterseitig[2]					raumseitig[3]			mittig[4]	
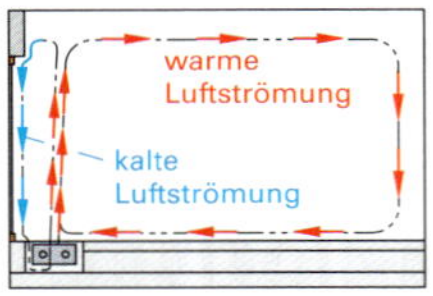		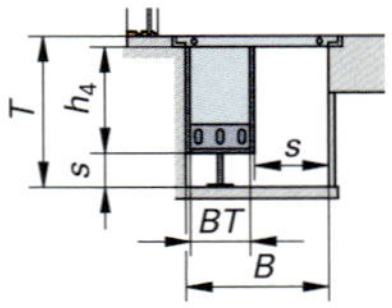					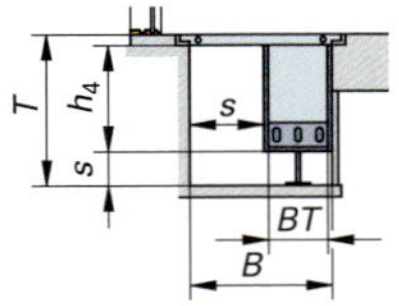			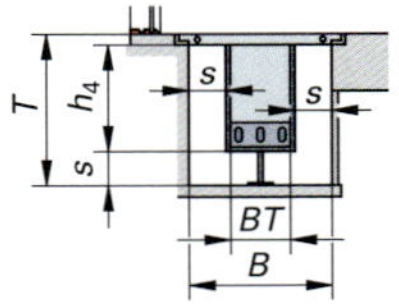	
$\dot{Q}_{Fenster}/\dot{Q}_{Konvektor}$ in %		0 … 20					70 … 100			20 … 70	
Minderungsfaktor f_u		0,8					0,8			0,75	
Konvektorbautiefe *BT*	mm	100	150	200	250	300	100	150	200	250	300
Opt. Luftschachtmaß *s*	mm	140	170	200	230	260	110	125	140	155	130
Opt. Schachttiefe $T + h_4$	mm	160	190	220	250	280	135	150	165	180	180
Schachtbreite *B*	mm	240	320	400	480	560	320	400	480	560	560
Rahmenmaß *A*	mm	290	370	450	530	608	370	450	530	608	608

[1] Baulängen: 500 … 5600 mm + ca. 200 mm für Anschlüsse, max. Schachthöhe h_4 = 500 mm [2] Abfallende Kaltluft und aufsteigende Warmluft bilden Warmluftschleier [3] Bei weiteren Abkühlungsflächen neben großem Fenster (Außenwand, Dachfläche, Fußboden) [4] Bei großem raumseitigen Wärmebedarf

Standardkonvektoren[1] (Herstellerangaben)

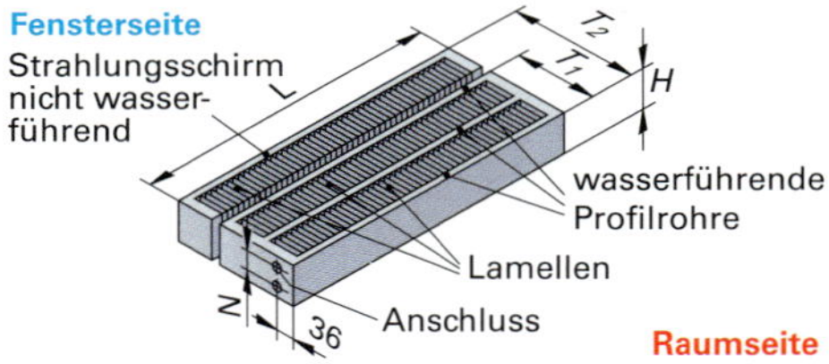

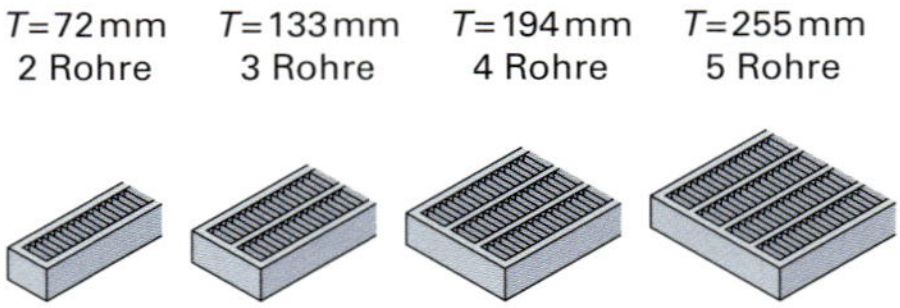

Baulängen *L*: 500 …6000 mm

Typ	ohne Strahlungsschirm							mit Strahlungsschirm						
Höhe	Tiefe	Wärmeleistung $\dot{Q}_L$ bei ϑ_V/ϑ_R/20 °C			Exponent	Masse	Inhalt	Tiefe	Wärmeleistung $\dot{Q}_L$ bei ϑ_V/ϑ_R/20 °C			Exponent	Masse	Inhalt
H	T_1	**75/65**	70/55	55/45	*n*	*m'*	*V'*	T_2	**75/65**	70/55	55/45	*n*	*m'*	*V'*
mm	mm	W/m	W/m	W/m	–	kg/m	l/m	mm	W/m	W/m	W/m	–	kg/m	l/m
70	72	**349**	283	184	1,24	7,4	1,25	133	**458**	373	246	1,20	10,6	1,17
140		**593**	436	278	1,22	11,8	2,10		**720**	584	378	1,21	15,0	2,04
210		**813**	549	343	1,22	16,1	2,90		**933**	748	475	1,22	19,3	2,90
280		**1025**	643	402	1,21	20,5	3,70		**1097**	879	560	1,24	23,6	3,7
70	133	**543**	482	316	1,30	13,5	2,58	194	**723**	586	385	1,26	19,6	2,53
140		**878**	705	450	1,29	22,1	4,10		**1145**	923	594	1,27	28,2	4,07
210		**1185**	893	555	1,29	30,7	5,60		**1372**	1143	720	1,28	36,7	5,60
280		**1486**	1077	664	1,29	39,3	7,20		**1796**	1252	777	1,29	45,3	7,20
70	194	**691**	661	432	1,40	19,6	3,90	255	**934**	763	500	1,31	28,4	3,90
140		**1127**	952	609	1,37	32,4	6,10		**1432**	1104	707	1,33	41,2	6,10
210		**1640**	1304	815	1,35	45,2	8,30		**1911**	1520	952	1,35	54,0	8,30
280		**2092**	1487	916	1,36	58,0	10,70		**2372**	1718	1069	1,34	66,8	10,70
70	255	**809**	835	549	1,35	25,7	5,20	316	**1110**	889	579	1,38	37,4	5,20
140		**1363**	1195	764	1,39	42,7	8,30		**1580**	1444	923	1,37	54,4	8,15
210		**1884**	1660	1034	1,40	59,8	11,10		**2167**	1890	1188	1,37	71,4	11,10
280		**2395**	1885	1155	1,41	76,8	14,40		**2870**	2270	1404	1,38	88,5	14,88

[1] maximale Betriebstemperatur 110 °C, Betriebsdruck 6/10 bar

Rohrheizkörper

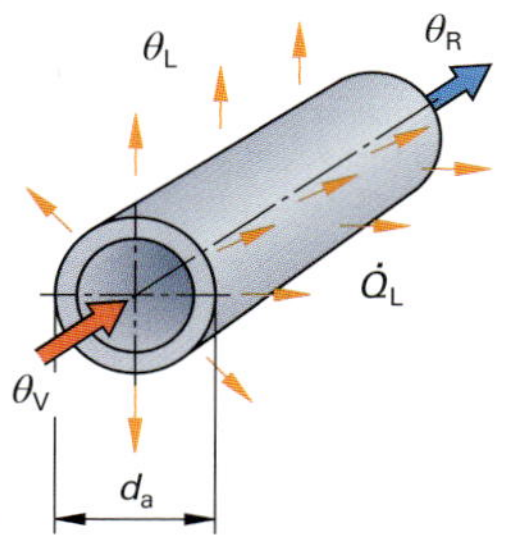

$\dot{Q}$	Wärmeabgabe von Rohren in W
$\dot{Q}_L$	spezifische Wärmeleistung von Rohren (s. unten) in W/m
l	Länge der Heizrohre in m
ϑ_m	mittlere Heizmediumtemperatur in °C
ϑ_V	Heizmittel-Vorlauftemperatur in °C
ϑ_R	Heizmittel-Rücklauftemperatur in °C
$\Delta\vartheta_m$	mittlere Temperaturdifferenz in K
ϑ_L	Umgebungstemperatur in °C
A	Rohroberfläche in m²
U	Wärmedurchgangskoeffizient in W/(m² · K)

Wärmeabgabe von Rohren

$$\dot{Q} = \dot{Q}_L \cdot l$$

$$\dot{Q} = A \cdot U \cdot \Delta\vartheta_m$$

Mittlere Heizmedium-temperatur

$$\vartheta_m = \frac{\vartheta_V + \vartheta_R}{2}$$

Mittlere Temperatur-differenz

$$\Delta\vartheta_m = \vartheta_m - \vartheta_L$$

Spezifische Wärmeleistung $\dot{Q}_L$ in W/m bei glatten unisolierten Rohren

Ablesebeispiel:

Rohrheizkörper, DN 25

Ges.: $\dot{Q}_L$ in W/m bei $\Delta\vartheta_m = 50$ K

Lösung:
$\dot{Q}_L = 64$ **W/m**

Rohrtyp	Gewinderohre DIN EN 10255				Stahlrohre DIN EN 10220			
Nennweite DN	15	20	25	32	40	50	65	80
Außen-∅	21,3	26,9	33,7	42,4	40,2	60,3	76,1	88,9
$\Delta\vartheta_m$ in K	spezifische Wärmeleistung $\dot{Q}_L$ in W/m an die Umgebung							
75	79	94	114	137	155	189	220	248
70	72	85	102	124	141	170	201	225
65	65	77	92	111	127	154	180	202
60	58	68	82	100	114	137	160	180
58	55	66	79	95	109	130	156	172
56	52	62	74	90	103	124	145	163
54	50	59	71	86	98	117	139	155
52	48	56	68	81	93	112	131	147
50	44	53	**64**	78	88	16	15	139
48	42	50	61	73	84	98	116	132
46	39	46	57	68	78	94	110	124
44	37	44	53	65	73	89	103	116
42	35	41	50	60	69	86	97	109
40	33	38	46	57	64	77	91	102

Rippenrohrheizkörper (Herstellerangaben)

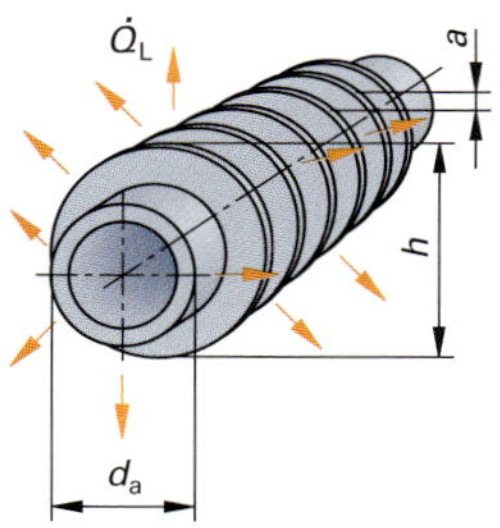

Nenn-weite	Rippen-höhe	U-Wert	spezifische Wärmeleistung $\dot{Q}_L$[1] und Heizoberfläche A'_o nach Rippenabstand a					
			a = 10 mm		a = 12 mm		a = 14 mm	
	h	U	$\dot{Q}_L$	A'_o	$\dot{Q}_L$	A'_o	$\dot{Q}_L$	A'_o
DN	mm	W/(m²·K)	W/m	m²/m	W/m	m²/m	W/m	m²/m
32	25 30	6,7 … 7,3 8,5 … 9,0	513 598	1,19 1,51	482 564	1,03 1,30	461 543	0,92 1,15
50	30 35	6,0 … 6,5 7,5 … 8,0	682 776	1,81 2,20	635 725	1,56 1,90	607 693	1,38 1,67
65	35 40	5,3 … 5,7 6,8 … 7,1	880 988	2,65 3,13	824 925	2,27 2,68	784 877	2,01 2,36

[1] spezifische Wärmeleistung bei 75/65/20 °C liegt im Vergleich zu glatten Rohren um ca. 3 bis 5 % höher, Exponent $n = 1{,}25$

HT

Deckenstrahlplatten

Verfahrensablauf zur Auslegung (Herstellerangaben)

1. Heizlast Φ_{HL} aus DIN EN 12831
2. Hauptrichtung parallel verlaufender Deckenstrahlbänder festlegen
3. Paneellänge l auswählen
4. Montagehöhe H festlegen
5. Anzahl n_{SB} der Strahlbänder ermitteln
6. Gesamte Paneellänge l_{ges} berechnen
7. Erforderliche Wärmeleistung pro Paneellänge $\dot{Q}_{L,erf}$ berechnen
8. Mittlere Übertemperatur $\Delta\vartheta_{ü}$ berechnen
9. Deckenstrahlplatten-Typ auswählen
10. Mindestmontagehöhe überprüfen H_{min}
11. Aufteilung und Anordnung: Wandabstand W und Paneelmittenabstand P
12. Paneelmittelabstand überprüfen $P \leq H$
13. Gesamtwärmeleistung $\dot{Q}_i$ überprüfen
14. Heizmitteltemperaturdifferenz $\Delta\vartheta_W$ berechnen
15. Anschluss wählen (wechsel-/einseitig)
16. Rohrführung festlegen (Parallel-/Reihenschaltung/Tichelmann)
17. water resistance
18. Mindest-Heizmittelmassenstrom $\dot{m}_{min}$ überprüfen
19. Wasserwiderstand Δp_W berechnen
20. Anzahl Befestigungspunkte/Aufhängesystem wählen, Mindestabhänghöhe prüfen

Wärmeleistung der Deckenstrahlplatten

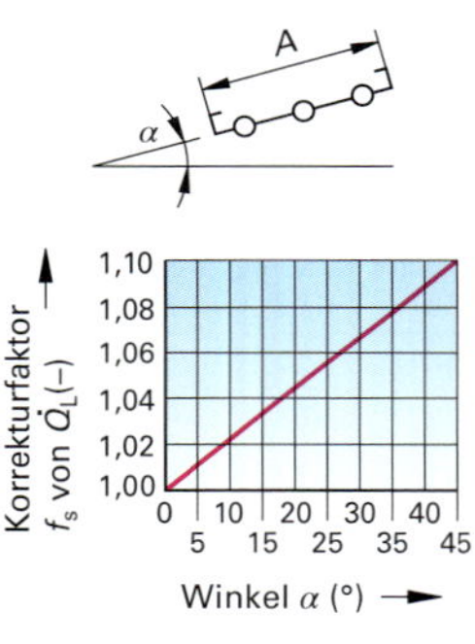

$\dot{Q}_i$	Gesamt-Wärmeleistung in W bei anderen Norm-Innentemperaturen
$\dot{Q}_L / \dot{Q}_{L,erf}$	spezifische/erforderliche Wärmeleistung der Deckenstrahlplatten in W/m
Φ_{HL}	Heizlast aus DIN EN 12831
f_A	Leistungskorrekturfaktor, S. 381
f_s	Korrekturfaktor Schräganordnung
l, l_{ges}	Paneel-, gesamte Paneellänge in m
n_{SB}	Anzahl der Strahlbänder
n_{AW}	Anzahl der Außenwände in Hauptausrichtung
B	Raumbreite in m

Gesamtwärmeleistung

$$\dot{Q}_i = \dot{Q}_L \cdot l_{ges} \cdot f_A \cdot f_s$$

Erf. Wärmeleistung

$$\dot{Q}_{L,erf} = \frac{\Phi_{HL}}{l_{ges}}$$

Anzahl der Strahlbänder

$$n_{SB} = \frac{B}{H} + n_{AW}$$

Gesamtwärmeleistung

$$l_{ges} = n_{SB} \cdot l$$

Paneelmitten- und Wandabstand

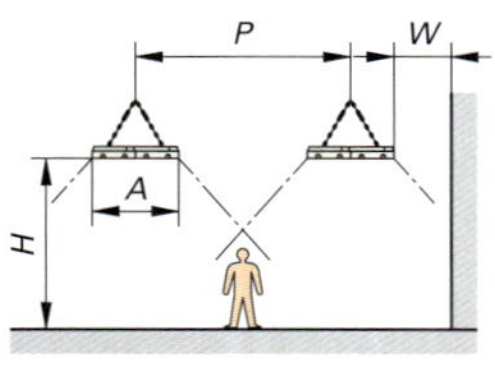

P	Paneelmittenabstand in m	
W	Wandabstand in m	
H	Montagehöhe in m (Hallenhöhe – 0,5 m)	
A	Paneelbreite in m	→ S. 381
L	Raumlänge in m	

Paneelmittenabstand

$$P = L - W$$

$P \leq H$

Wandabstand

$$W \approx H/4$$

Heizmittelmassenstrom und Wasserwiderstand

Mindestabhänghöhe in mm

Paneellänge L in m	$\Delta\vartheta_m$ in °C < 75	$\Delta\vartheta_m$ in °C < 100
10	200	210
20	220	240
30	240	270
40	270	310

m	Heizmittelmassenstrom in l/h
$\Delta\vartheta_W$	Temperaturdifferenz Heizmedium in K
c	spezifische Wärmekapazität des Heizmediums in Wh/(kg · K) (c_{Wasser} = 1,163 Wh/(kg · K))
$\dot{Q}_{L,Aus}$	ausgewählte spez. Wärmeleistung der Paneele in W/m
R	Druckverlustgefälle pro laufendem m Paneel in Pa/m
Z_A	Anschlussdruck in Pa

Heizmittelmassenstrom

$$\dot{m} = \frac{l \cdot \dot{Q}_{L,Aus}}{c \cdot \Delta\vartheta_W}$$

mit $\Delta\vartheta_W = \vartheta_V - \vartheta_R$

Wasserwiderstand

$$\Delta p_W = l \cdot R + Z_A$$

R → S. 381
Z_A → S. 381

Deckenstrahlplatten (Fortsetzung)

Leistungskorrekturfaktor f_A

ϑ_i	°C	10	12	14	16	18	20	22	24
f_A	–	0,94	0,95	0,96	0,97	0,99	1,00	1,01	1,03

Typ: Breite A in mm/Rohranzahl			**300/2**	**600/4**	**900/6**	**1200/8**
Normwärmleistung[1]	$\dot{Q}_n$	W/m	**151**	**282**	**408**	**534**
Wasserinhalt Paneel	V	l/m	1,1	2,2	3,3	4,4
Wasserinhalt Kammer	V_K	l/Stck	0,39	0,78	1,17	1,56
Gewicht Paneel	m	kg/m	7,5	15,0	22,5	30,0
Gewicht Kammer	m_K	kg/Stck	1,5	3,0	4,5	6,0

Befestigungs-/Aufhängschiene

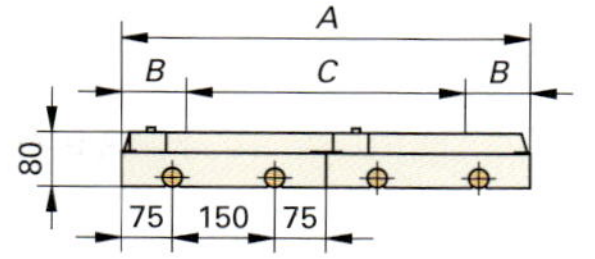

A	300	600	900	1200
B	108	108	108	108
C	84	384	684	984

Auslegungswärmeleistung $\dot{Q}_L$ in W/m[2] DIN EN 14037-1: 2016-12

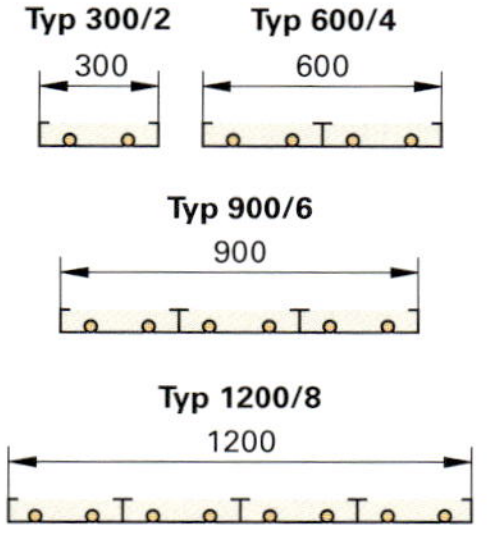

mittl. Übertemp. $\Delta\vartheta_ü$ in K	$\dot{Q}_L$ in W/m			
30	82	153	222	291
34	95	177	257	336
38	108	202	292	382
42	121	227	328	429
46	135	252	365	477
50	149	278	402	526
54	163	303	440	575
58	177	330	478	624
62	191	356	516	675
66	205	383	555	725
70	212	397	574	751
74	227	424	614	802
78	249	465	673	880
82	264	493	714	933
86	279	521	754	986
90	294	549	795	1039
92	309	577	836	1093
96	324	606	878	1147

[1] bei $\Delta\vartheta_ü = 55$ K, Exponent $n = 1{,}16$

[2] für Deckenstrahlband mit oberer Wärmedämmung
- Dicke 40 mm
- Rohdichte ca. 25 kg/m³
- $\lambda = 0{,}04$ W/(m · K)

Druckgefälle R in Pa/m

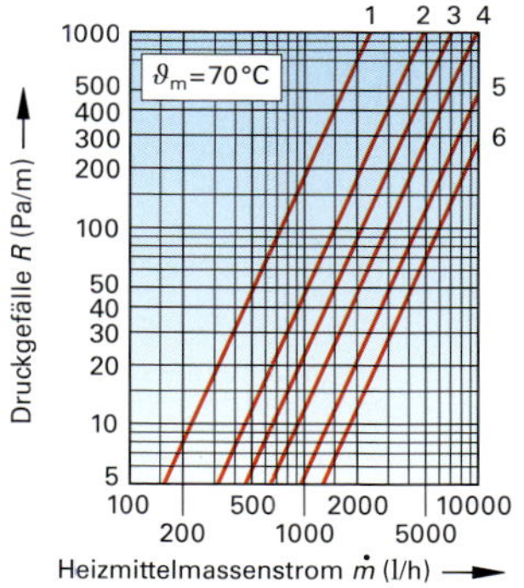

A	mm	300	600	900	1200
w	Kurve	2	4	5	6
e		1	2	3	4

w: wechselseitig, e: einseitig

Mindestheizmittelmassenstrom $\dot{m}_{min}$ in l/h[3]

Rücklauftemperatur ϑ_R in K	$\dot{m}_{min}$ in l/h			
30	404	808	1212	1616
40	332	664	996	1328
50	278	556	834	1112
60	238	476	714	952
70	204	408	612	816
80	178	356	534	712
90	158	316	474	632
100	138	276	414	552
110	126	252	378	504

[3] für wechselseitigen Anschluss, bei einseitigem halbieren sich die Werte
- wechselseitiger Anschluss: bei großem L für geringe Druckverluste
- einseitiger Anschluss: gleichmäßige Temperaturverteilung und kurze Rohrleitung

Mindestmontagehöhe H_{min} in m[4]

mittl. Übertemp. $\Delta\vartheta_ü$ in K	H_{min} in m			
30	–	–	–	3,6
40	–	–	3,2	3,8
50	–	3,1	3,4	4,1
60	3,0	3,3	3,7	4,5
70	3,2	3,5	4,0	4,9
80	3,4	3,7	4,3	5,2
90	3,6	4,0	4,6	5,6
100	3,8	4,2	4,9	5,9

[4] für $P \approx H$, aus Behaglichkeitsgründen einzuhalten, $H < 3$ m nur für Bereiche, in denen sich Personen kurzzeitig aufhalten oder die Heizmitteltemperatur niedrig ist

Anschlussdruck Z_A in Pa

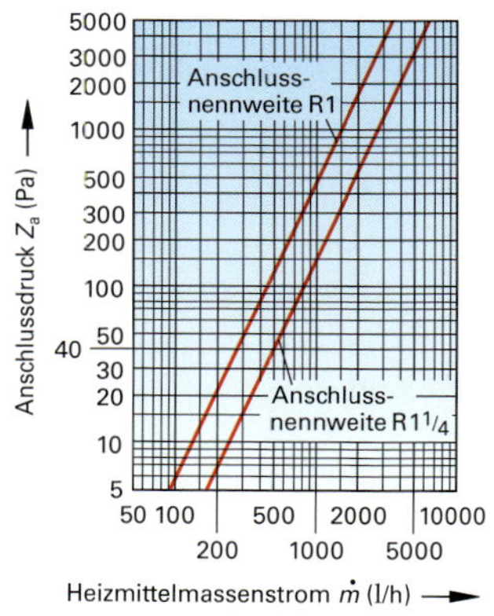

Fußbodenheizung – Auslegung

Auswahlkriterien für die Planung einer Fußbodenheizung

Dämmstoffe	Estrich	Bodenbeläge	Wärmeleistung	Auslegung
• DIN EN 1264 • Abweichende Dämmungsaufbauten • Ausnahmen • Trittschalldämmung	• Zementestrich • Calciumsulfatestrich • Estrichdicken • Bewehrung • Bewegungsfugen	• Keramische Beläge • Teppich • Parkett • Laminat • Aufbauhöhe	• Oberflächentemperatur • Grenzleistung • Wärmeleistung gemäß • DIN EN 1264	• Heizlast, zusätzl. Aufheizleistung • Randzonen, Stellflächen • Optimierung der Vorlauftemperatur • Verlegeformen • Temperaturspreizung • Rohrdurchmesser • Heizkreisgröße • Druckverluste

Auslegung – Verfahrensablauf nach Formblatt

(→ S. 383)

Zeile	Erläuterung	Hinweis
1 … 5	Raumnummer, -bezeichnung, Norm-Innentemperatur ϑ_i und der darunter liegenden Temperatur ϑ_u eintragen.	DIN EN 12831
6	Gesamte Fußbodenoberfläche $\boldsymbol{A}_F$ der Räume eintragen. Blindflächen $\boldsymbol{A}_B$ für feste Einrichtungsgegenstände (z. B. Kachelöfen, Bade- und Duschwannen) abziehen.	→ S. 374
7	Auslegungs-Wärmeleistung $\dot{\boldsymbol{Q}}_H$ aus der Norm-Heizlast DIN EN 12831 vermindert um den Transmissionswärmeverlust nach unten $\dot{\boldsymbol{Q}}_T$ berechnen.	→ S. 374
8	Spez. Auslegungs-Wärmestromdichte $\dot{\boldsymbol{q}}_{des}$ für die Räume berechnen.	→ S. 374
9	Wärmeleitwiderstand $\boldsymbol{R}_{\lambda,B}$ eintragen oder zur Auslegung einheitlich $\boldsymbol{R}_{\lambda,B}$ **= 0,10 (m² · K)/W** annehmen. Für Bäder gilt: $\boldsymbol{R}_{\lambda,B}$ **= 0,00 (m² · K)/W**	→ S. 375
10	Fußbodenfläche aufteilen in Aufenthalts- $\boldsymbol{A}_{AZ}$ und Randzonen $\boldsymbol{A}_{RZ}$ (max. Breite 1 m, bei Neubauten i. d. R. keine). Estrichfeldgrößen und Dehnungsfugen beachten. Aufteilung der Heizkreise ggf. unter Berücksichtigung der Anlagenhydraulik anpassen.	→ S. 374
11	Wärmestromdichten $\dot{\boldsymbol{q}}_{AZ/RZ}$ anteilig der (Teil-) Flächen $\boldsymbol{A}_{AZ/RZ}$ festlegen.	→ S. 374
12	Mittlere Fußbodenberflächentemperatur $\vartheta_{F,m}$ kontrollieren. Bei Überschreitung der max. Fußbodenoberflächentemperatur $\vartheta_{F,m}$ neu festlegen und Wärmstromdichten $\dot{\boldsymbol{q}}_{AZ/RZ}$ neu berechnen und in Tabelle korrigieren.	→ S. 375
13	Erforderliche Zusatzheizleistung $\dot{\boldsymbol{Q}}_{Zus}$ (z. B. Badheizkörper) berechnen.	→ S. 374
14	Auslegungs-Vorlaufübertemperatur $\Delta\vartheta_{V,des}$ für den Raum mit höchster Auslegungs-Wärmestromdichte $\dot{\boldsymbol{q}}_{des,max}$ (Bäder ausgenommen) bestimmen. Im Leistungsdiagramm für $\boldsymbol{R}_{\lambda,B}$ **= 0,10 m² · K)/W** und Spreizung $\sigma \leq$ **5 K** Verlegeabstand **VA** so wählen, dass $\dot{\boldsymbol{q}}_{des,max}$ unterhalb der Grenzkurve liegt. Auslegungs-Heizmittelübertemperatur $\Delta\vartheta_{H,des}$ ablesen. Auslegungs-Vorlaufübertemperatur $\Delta\vartheta_{V,des}$ ist für alle Räume identisch.	→ S. 375
15	Auslegungs-Vorlauftemperatur $\vartheta_{V,des}$ berechnen.	→ S. 375
16	Verlegabstände **VA**, ausgehend von der Wärmestromdichte, aus den Leistungsdiagrammen ablesen. Die Grenzkurve nicht überschreiten.	→ S. 375
17	Heizmittelübertemperatur $\Delta\vartheta_H$ übriger Räume aus dem Leistungsdiagramm ablesen.	→ S. 375
18	Temperaturspreizung σ_j der übrigen Heizkreise berechnen.	→ S. 375
19, 20	Wärmedurchgangswiderstände $\boldsymbol{R}_o$ nach oben und unten $\boldsymbol{R}_u$ bestimmen.	→ S. 376
21	Wärmestromdichte $\dot{\boldsymbol{q}}_u$ nach unten berechnen.	→ S. 377
22, 23	Gesamte Wärmeleistung $\dot{\boldsymbol{Q}}_F$ u. Auslegungs-Heizmittelstrom m_H je Heizkreis berechnen.	→ S. 377
24 … 26	Rohrlänge je Heizkreis $\boldsymbol{L}_H$, Länge der Anbindeleitung $\boldsymbol{L}_A$ und gesamte Rohrlänge je Heizkreis $\boldsymbol{L}_R$ berechnen.	→ S. 377
27	Druckverlust Δp_R mit Rohrreibungswiderstand $\boldsymbol{R}$ und Heizmittelstrom $\dot{m}_H$ bestimmen.	→ S. 378
28	Druckverlust Δp_V am Verteiler aus Druckverlustdiagramm entnehmen.	→ S. 378
29	Gesamt-Druckverlust Δp_{ges} je Heizkreis berechnen.	→ S. 378
30	Zu drosselnde Druckdifferenz Δp_D je Heizkreis ermitteln.	→ S. 378
31	Einstellwerte **VER** (Schnittpunkt $\dot{m}_H$ und Δp_D) im Druckverlustdiagramm ablesen.	→ S. 378

Fußbodenheizung – Auslegung (Fortsetzung)

Beispielberechnung mit Formblatt (Herstellerangaben)

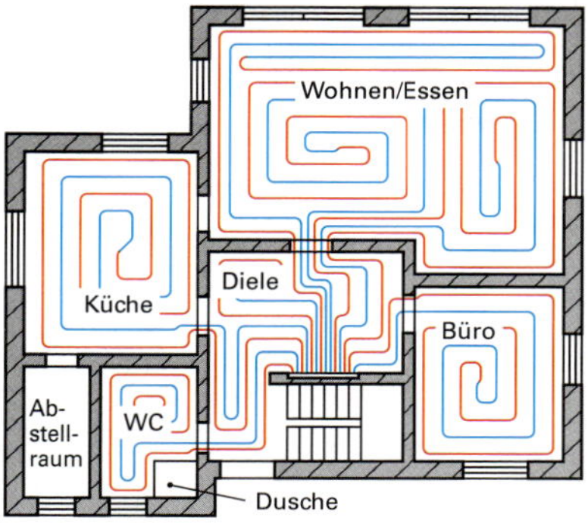

System:
PE-X Rohr 16 × 2, Trockenverlegung

Rohranordnung:
Heizkreis 4 (Randzone), andere Aufenthaltszone

Annahmen:
$R_{\lambda,B}$ = 0,10 (m² · K)/W,
Ausnahme: WC $R_{\lambda,B}$ = 0,00 (m² · K)/W, Spreizung $\sigma \leq 5$ K

R_u = 2,86 (m² · K)/W

R_0 = 0,23 (m² · K)/W Ausnahme: WC R_o = 0,13 (m² · K)/W

Temperatur darunter liegender Räume:
ϑ_u = 8 °C

Hydraulischer Abgleich:
Einregulierung mittels Reguliereinsätze am Rücklaufbalken

rote Zahlen: Berechnungen für 2 → S. 377, 7 → S. 375

1	Heizkreisnummer			1	2	3	4	5	6	7
2	Raumnummer			1	2	3	4			5
3	Raumbezeichnung			WC	Küche	Diele	Wohnen/Essen			Büro
4	Norm-Innentemperatur	ϑ_i	°C	24	20	20	20			20
5	Temp. darunter liegender Raum	ϑ_u	°C	8	8	8	8			8
6	Fußbodenoberfläche	A_F	m²	4,4	17,2	3,2	37,9			14,4
7	Auslegungs-Wärmeleistung	$\dot{Q}_F$	W	361	1032	186	2302			14,4
8	Auslegungs-Wärmestromdichte	$\dot{q}_{des}$	W/m²	82	60	58	61			**62**
9	Wärmeleitwiderstand	$R_{\lambda,B}$	(m² · K)/W	0	0,1	0,1	0,1			0,1
10	– Aufenthaltszone (A_Z)	A_{AZ}	m²	4,4	17,2	3,2		12,6	15,3	14,4
	– Randzone (R_Z)	A_{RZ}	m²	–	–	–	10	–	–	–
11	Wärmestromdichte (A_Z/R_Z)	$\dot{q}_{AZ/RZ}$	W/m²	82	60	58	74	56	56	62
12	Mittl. Fußbodenoberflächentemp.	$\vartheta_{F,m}$	°C	31,5	25,7	25,5	26,8	25,3	25,3	25,8
13	Erforderliche Zusatzheizleistung	$\dot{Q}_{Zus}$	W	–	–	–	–	–	–	–
14	Auslegungs-Vorlaufübertemp.	$\Delta\vartheta_{V,des}$	K	24						
15	Auslegungs-Vorlauftemperatur	ϑ_V	°C	44						
16	Verlegeabstand	VA	mm	100	200	200	100	200	200	200
17	Heizwasserübertemperatur	$\Delta\vartheta_H$	K	13,0	19,5	19,0	19,5	18,5	18,5	**21,0**
18	Temperaturspreizung Heizkreis	σ	K	17,9	9,0	9,2	9,0	10,1	10,1	5,0
19	Wärmedurchgangswid. nach oben	R_o	(m² · K)/W	0,13	0,23	0,23	0,23	0,23	0,23	0,23
20	Wärmedurchgangswid. nach unten	R_u	(m² · K)/W	2,86	2,86	2,86	2,86	2,86	2,86	2,86
21	Wärmestromdichte nach unten	$\dot{q}_u$	W/m²	9,3	9,0	8,9	10,2	8,70	8,70	9,2
22	Gesamtwärmeleistung Heizkreis	$\dot{Q}_F$	W	402	1187	214	842	815	990	1025
23	Auslegungs-Heizwasserstrom	$\dot{m}_H$	l/h	19	**113**	20	81	70	85	176
24	Rohrlänge je Heizkreis	L_H	m	44	86	16	100	63	77	72
25	Rohrlänge Anbindeleitung	L_A	m	12	10	1	12	8	11	6
26	Gesamte Rohrlänge je Heizkreis	L_R	m	56	96	17	112	71	88	78
27	Druckverlust Rohrleitung	Δp_R	mbar	2,6	109	0,8	70	34	58	195
28	Druckverlust Heizkreisverteiler	Δp_V	mbar	0,3	3,4	0,3	1,6	1,3	1,8	8,2
29	Gesamt-Druckverlust	Δp_{ges}	mbar	3	112	1	72	35	60	**203**
30	Zu drosselnde Druckdifferenz	Δp_D	mbar	200	**91**	202	131	168	143	0
31	Ventilvoreinstellung	VER	Umdr.	1	**2,5**	1	2,0	1,5	2	max

Fußbodenheizung – Auslegung (Fortsetzung)

Wärmeleistung $\dot{Q}_H$ in W und Wärmestromdichte $\dot{q}$ in W/m²

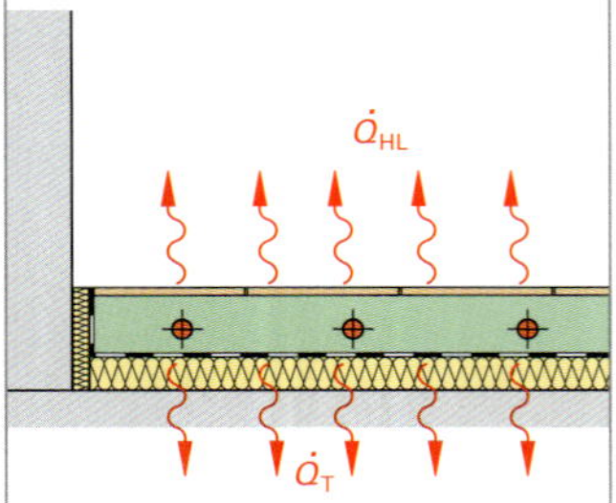

$\dot{Q}_{HL}'$	Bereinigte Heizlast in W
$\dot{Q}_{HL}$	Norm-Heizlast in W (DIN EN 12831)
$\dot{Q}_T$	Transmissionswärmeverlust nach unten in W
$\dot{Q}_H$	Auslegungs-Wärmeleistung in W
$\dot{q}_{ges}$	Auslegungs-Wärmestromdichte in W/m²
A_F	Fußbodenoberfläche in m²

Bereinigte Heizlast

$$\dot{Q}_{HL}' = \dot{Q}_{HL} - \dot{Q}_T$$

Auslegungs-Wärmeleistung

$$\dot{Q}_H = \dot{Q}_{HL}'$$

Auslegungs-Wärmestromdichte

$$\dot{q}_{ges} = \frac{\dot{Q}_H}{A_F}$$

Aufteilung der Heizflächen in Aufenthalts-/Randzonen

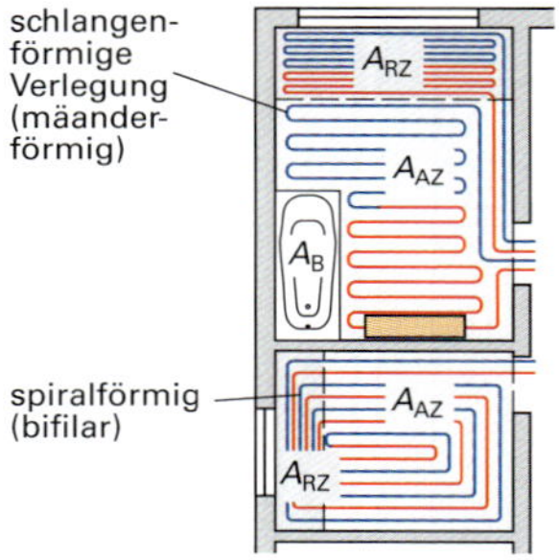

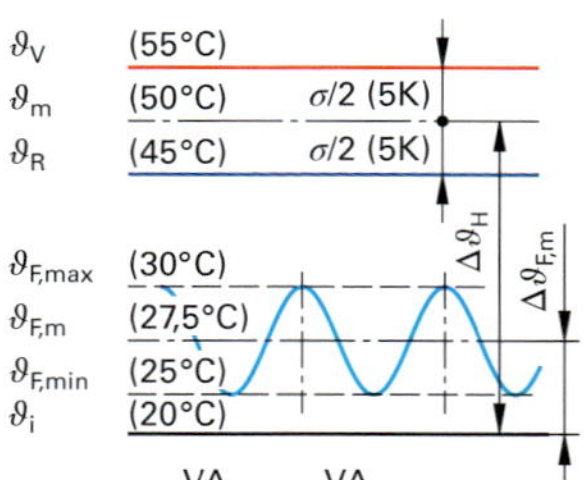

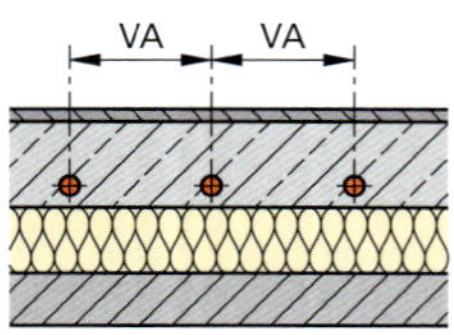

Temperaturangaben in Klammern beispielhaft und nicht maßstabsgetreu
VA: Verlegeabstand

A_{Az}	Fläche der Aufenthaltszone in m²
A_{Rz}	Fläche der Randzone in m²
A_B	Blindfläche in m²
$q_{AZ/RZ}$	Wärmestromdichte der Aufenthalts-/Randzone in W/m²
$\dot{Q}_{Zus}$	Zusatzwärmeleistung in W z. B. durch (Bad-)Heizkörper
$\dot{q}_{AZ/RZ,neu}$	Korrigierte Wärmstromdichte in W/m²
$\vartheta_{F,m}$	Mittlere Fußboden-Oberflächentemperatur in °C
$\vartheta_{F,max}$	Maximale Fußboden-Oberflächentemperatur in °C
$\Delta\vartheta_{F,m}$	Fußbodenübertemperatur in K
ϑ_i	Norm-Innentemperatur in °C
ϑ_V	Vorlauftemperatur in °C
ϑ_R	Rücklauftemperatur in °C
$\Delta\vartheta_H$	Heizmittelübertemperatur in K
ϑ_m	Heizmitteltemperatur in °C
$\Delta\vartheta_{V,des}$	Auslegungs-Vorlaufübertemperatur in K
σ	Temperaturspreizung in K

$$\sigma = \vartheta_V - \vartheta_R$$

Fläche der Aufenthaltszone

$$A_{AZ} = A_F - A_{RZ} - A_B$$

Wärmestromdichte (flächenanteilig)

$$\dot{q}_{ges} \cdot A_F = A_{AZ} \cdot q_{RZ} + A_{AZ} \cdot \dot{q}_{RZ}$$

Zusatzheizleistung

$$\dot{Q}_{Zus} = \dot{Q}_H - \dot{q}_{AZ/RZ,neu} \cdot A_{AZ/RZ}$$

Mittlere Fußboden-Oberflächentemperatur

$$\vartheta_{F,m} = \frac{(\vartheta_{F,max} + \vartheta_{F,min})}{2}$$

Fußbodenübertemperatur

$$\Delta\vartheta_{F,m} = \vartheta_{F,m} - \vartheta_i$$

Heizmittelübertemperatur

$$\Delta\vartheta_H = \vartheta_m - \vartheta_i$$

mit $\vartheta_m = (\vartheta_V + \vartheta_R)/2$

bzw. logarithmisch → S. 353

Vorlauftemperatur

$$\vartheta_V = \Delta\vartheta_{V,des} + \vartheta_i$$

Max. Temperaturen und Grenzwertwärmestromdichten

DIN EN 1264: 2021-08

Zonen, Räume	ϑ_i in °C	$\Delta\vartheta_{F,max}$ in K	$\vartheta_{F,max}$ in °C	$\dot{q}_{F,max}$ in W/m²
Aufenthalt	20	9	29	100
Bäder, Duschen	24	9	33	100
Randzonen	20	15	35	175

Fußbodenheizung – Auslegung (Fortsetzung)

Kontrolle der mittleren Fußboden-Oberflächentemperatur

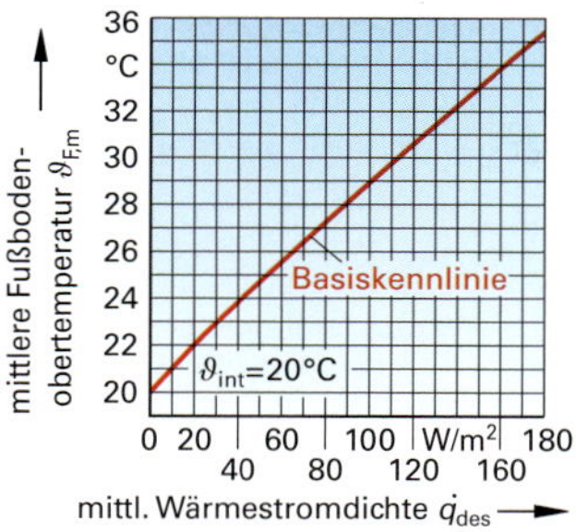

$\vartheta_{F,m}$ Mittl. Fußboden-Oberflächentemperatur in °C

ϑ_i Norm-Innentemperatur in °C

$\dot{q}_{AZ/RZ}$ Wärmestromdichte der Teilflächen in W/m²

$\dot{q}_{AZ/RZ,neu}$ Korrigierte Wärmestromdichte des Fußbodens in W/m²

Mittlere Fußboden-Oberflächentemperatur

$$\vartheta_{F,m} = \vartheta_i + \left(\frac{\dot{q}_{AZ/RZ}}{8,92}\right)^{\frac{1}{1,1}}$$

Korrigierte Wärmestromdichte (Basiskennlinie nach DIN EN 1264)

$$\dot{q}_{AZ/RZ,neu} = 8,92 \cdot (\vartheta_{F,m} - \vartheta_i)^{1,1}$$

Auslegung der Vorlaufübertemperatur $\Delta\theta_{V,des}$ in K

$\sigma/\Delta\theta_H$	1. auszulegender Raum mit höchstem $\dot{q}_{F,max}$	weitere auszulegende Räume j
≤ 0,5	$\Delta\vartheta_{V,des} = \Delta\vartheta_{H,des} + \sigma/2$	$\sigma_j = 2 \cdot (\Delta\vartheta_{V,des} - \Delta\vartheta_{H,j})$
> 0,5	$\Delta\vartheta_{V,des} = \Delta\vartheta_{H,des} + \frac{\sigma}{2} + \frac{\sigma^2}{(12 \cdot \Delta\vartheta_{H,des})}$	$\sigma_j = 3 \cdot \Delta\vartheta_{H,j} \left(1 + \sqrt{\frac{4 \cdot (\Delta\vartheta_{V,des} - \Delta\vartheta_{H,j})}{3 \cdot \Delta\vartheta_{H,j}}} - 1\right)$

Leistungsdiagramme (Herstellerangaben)

$R_{\lambda,B}$ = 0,10 (m² · K)/W

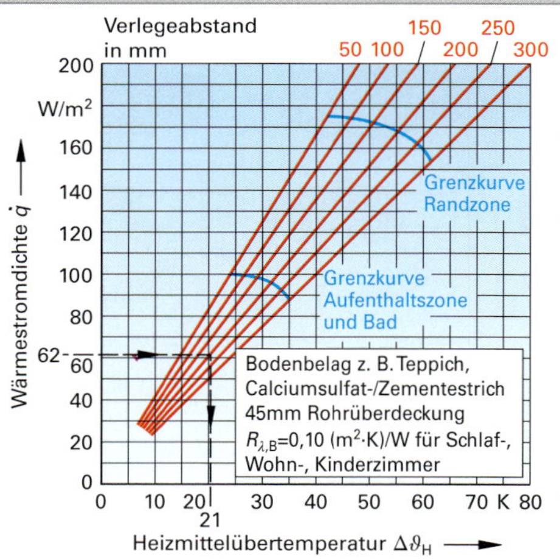

für $R_{\lambda,B}$ = 0,00 (m² · K)/W

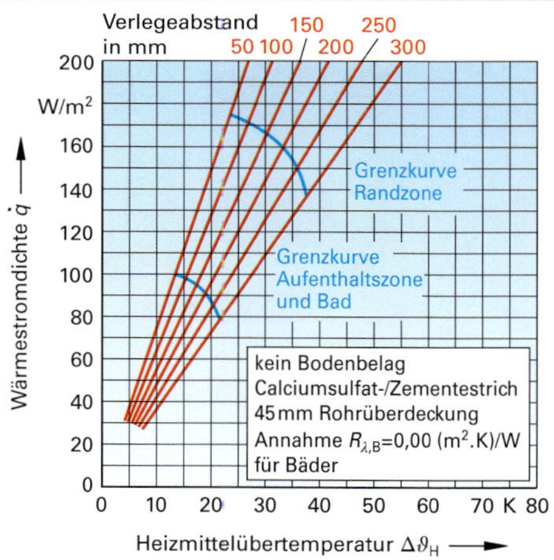

Verlegeabstand VA (Herstellerangaben)

Verlegeabstand VA und spezifische Rohrlänge L_0[1)]

VA	mm	50	100	150	200	250	300
L_0	m/m²	20	10	6,7	5	4	3,3

Verlegeabstand VA in mm nach Zone/Raum

$d_i \times s$	Aufenthalt	Rand	Bad
14×2 mm	150 … 200	50 … 100	50 … 100
16×2 mm	150 … 200	100	100 … 150

1) Die Biegeradien müssen eingehalten werden. Ggf. im Bereich der Wendeschleifen VA erhöhen.

Ablesebeispiel:

Geg.: $\dot{q}_{des}$ = 62 W/m² für Heizkreis 7 (Büro), S. 383
Ges.: $\Delta\vartheta_H$, VA
Lösung: aus Diagramm
$\Delta\vartheta_H$ = 21 K, VA = 200 mm

HT

Fußbodenheizung – Auslegung (Fortsetzung)

Fußbodenaufbau (Herstellerangaben) — DIN EN 1264-4: 2009-11

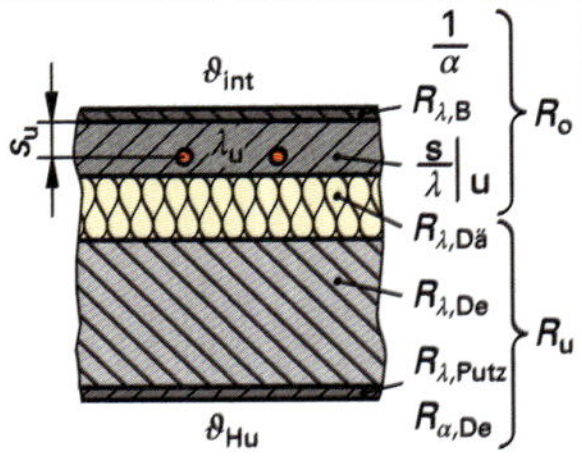

Übliche Standardwerte R_u:

Räume gleicher Nutzung: $R_u = 0{,}99\ (m^2 \cdot K)/W$
Räume ungleicher Nutzung: $R_u = 1{,}48\ (m^2 \cdot K)/W$
Decken mit $U = 0{,}50\ W/(m^2 \cdot K)$ $R_u = 2{,}00\ (m^2 \cdot K)/W$
Decken mit $U = 0{,}35\ W/(m^2 \cdot K)$ $R_u = 2{,}86\ (m^2 \cdot K)/W$

R_o	Wärmedurchgangswiderstand nach oben in $(m^2 \cdot K)/W$
$R_{\alpha,B}$	Wärmeübergangswiderstand in $(m^2 \cdot K)/W$
$R_{\lambda,B}$	Wärmeübergangswiderstand des Bodens in $(m^2 \cdot K)/W$ → S. 387
s_u	Dicke des Estrichs in m
λ_u	Wärmeleitfähigkeit des Estrichs in $W/(m \cdot K)$ → S. 326
R_u	Wärmedurchgangswiderstand nach unten in $(m^2 \cdot K)/W$
$R_{\lambda,Dä}$	Wärmeleitwiderstand der Dämmschicht in $(m^2 \cdot K)/W$
$R_{\lambda,De}$	Wärmeleitwiderstand der Decke in $(m^2 \cdot K)/W$ → S. 327
$R_{\lambda,Putz}$	Wärmeleitwiderstand des Deckenputzes in $(m^2 \cdot K)/W$
$R_{\alpha,De}$	Wärmeübergangswiderstand in $(m^2 \cdot K)/W$

Wärmedurchgangswiderstand nach oben

$$R_o = R_{\alpha,B} + R_{\lambda,B} + \frac{s_u}{\lambda_u}$$

Wärmedurchgangswiderstand nach unten

$$R_u = R_{\lambda,Dä} + R_{\lambda,De} + R_{\lambda,Putz} + R_{\alpha,De}$$

Typische Werte:

$R_{\alpha,B} = 0{,}093\ (m^2 \cdot K)/W$

$s_u = 0{,}045\ m$

$R_{\alpha,De} = 0{,}17\ (m^2 \cdot K)/W$

	über beheiztem Raum	über in Abständen beheizten Raum[1] (gewerbl. genutzt)	über Kellerraum	auf Außenluft/Erdreich angrenzende Decke
Thermische Randbedingungen unter Fußbodenheizung bzw. d. Raumes[2]				
Noppenplatte, Dämmrolle/Faltplatte	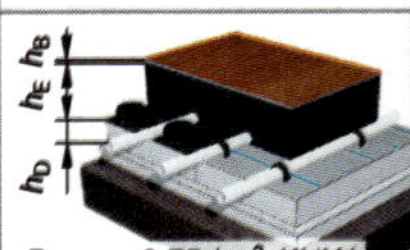 $R_{\lambda,Dä} \geq 0{,}75\ (m^2 \cdot K)/W$ $h_d = 35$ mm	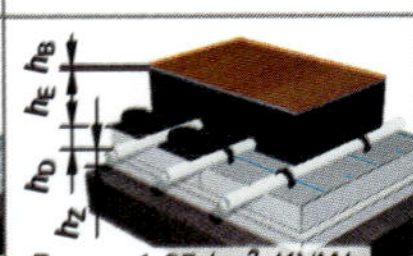 $R_{\lambda,Dä} \geq 1{,}25\ (m^2 \cdot K)/W$ $h_d = 35$ mm, $h_Z = 20$ mm	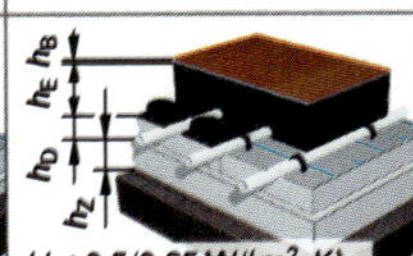 $U \leq 0{,}5/0{,}35\ W/(m^2 \cdot K)$ $h_d = 35$ mm, $h_Z = 40/45$ mm	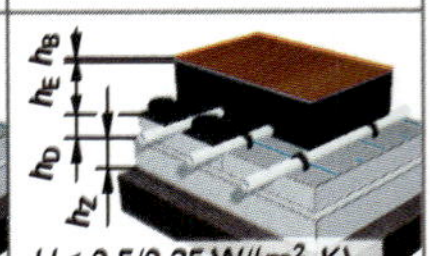 $U \leq 0{,}5/0{,}35\ W/(m^2 \cdot K)$ $h_d = 35$ mm, $h_Z = 50$ mm
Trockenbau[1]	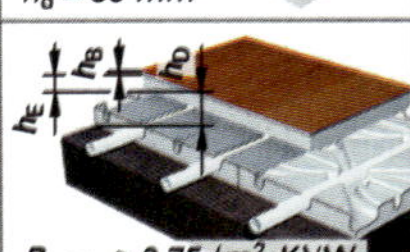 $R_{\lambda,Dä} \geq 0{,}75\ (m^2 \cdot K)/W$ $h_d = 25$ mm	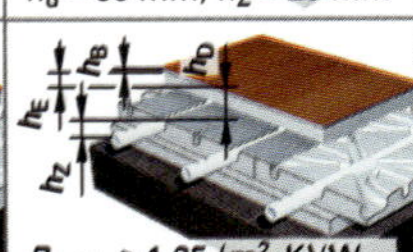 $R_{\lambda,Dä} \geq 1{,}25\ (m^2 \cdot K)/W$ $h_d = 25$ mm, $h_Z = 30$ mm	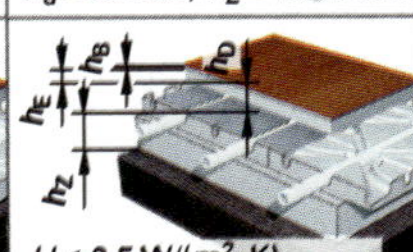 $U \leq 0{,}5\ W/(m^2 \cdot K)$ $h_d = 25$ mm, $h_Z = 45$ mm	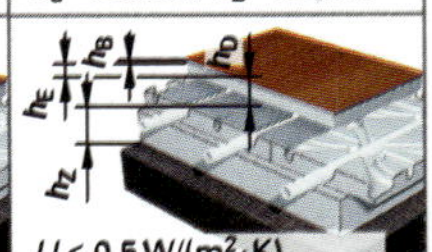 $U \leq 0{,}5\ W/(m^2 \cdot K)$ $h_d = 25$ mm, $h_Z = 55$ mm
$R_{y,Dä}$ in $(m^2 \cdot K)/W$	≥ 0,75	≥ 1,25	≥ 1,25	θ_e: ≥ 0°C ≥ 1,25 θ_e: 0 … – 5°C ≥ 1,50 θ_e: – 5 … – 15°C ≥ 2,00

Werte zur Dämmschicht	Wärmeleitfähigkeitsgruppe WLG	Trittschallverbesserung in db	Gesamthöhe in mm	max. Nutzlast in kN/m²
Noppenplatte	040/0,25	28/0,35	54	5
Dämmrolle/Faltplatte	045/0,25	30/0,35	35	4
Trockensystem[3]	035[5]	–	25	60

[1] h_B: Bodenbelag, h_E: Rohrüberdeckung, h_D: Dämmschicht, h_Z: Zusatzdämmung

Fußbodenheizung – Auslegung (Fortsetzung)

Calciumsulfat-/Zementheizestrich[1] DIN 18560-4: 2012-06

Typ A1	Typ A2	Typ A3	Typ B	Typ C
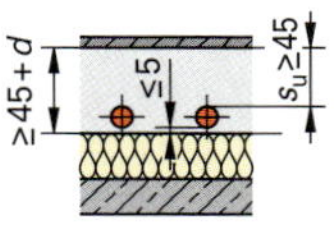	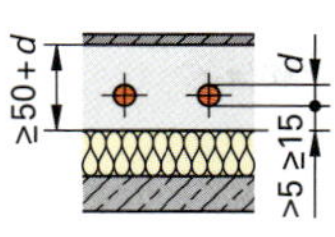	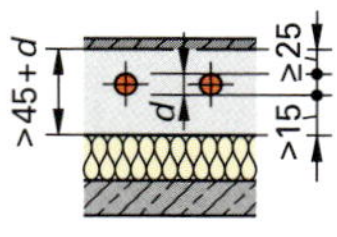	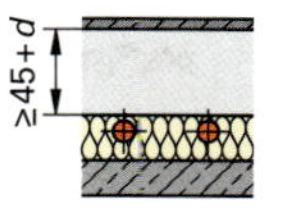	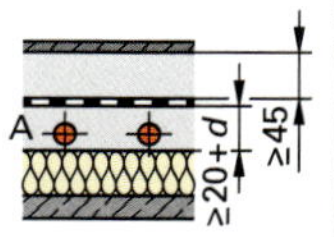

[1] Calciumsulfat CA (alt AE), Zementestrich CT (alt ZE), Bsp. CT-F4-S61 H45: Biegezugfestigkeit 4 (F4), Schwimmend (S), 61 mm Nenndicke, als Heizestrich (H), Überdeckung der Heizelemente von 45 mm

Fußbodenbeläge $R_{\lambda,B}$ (Herstellerangaben)

Art	Teppich	Linol, PCV, Gummi	Parkett (Eiche, Buche)	Tonplatten, Gasbeton	Beton, Keramik, Naturstein
λ in W/(m · K)	0,06/0,12	0,19	0,21	0,40	1,05/3,50
d in mm	7 … 9/12 … 18	19 … 29	21 … 32	10 … 40	20 … 40
$R_{\lambda,B}$ in (m² · K)/W	0,10 … 0,15	0,10 … 0,15	0,10 … 0,15	0,03 … 0,10	0,02 … 0,04/0,005 … 0,01

Gesamte Wärmeleistung und Auslegungs-Heizwasserstrom $\dot{m}_H$ je Heizkreis

$\dot{q}_u$	Wärmstromdichte nach unten in W/m²
$\dot{q}_{AZ/RZ}$	Wärmstromdichte beheizter (Teil-)Fläche in W/m²
ϑ_i	Norm-Innentemperatur in °C
ϑ_u	Temperatur darunter liegender Raum in °C
$\dot{Q}_F$	Auslegungs-Wärmeleistung Fußboden in W
$A_{AZ/RZ}$	Beheizte (Teil-)Fläche in m²
σ	Errechnete Temperaturspreizung in K
$\dot{m}_H$	Auslegungs-Heizwasserstrom in kg/h
c	spezifische Wärmekapazität in Wh/(kg · K)
c_{Wasser}	= 1,163 Wh/(kg · K)

Wärmestromdichte nach unten

$$\dot{q}_u = [\dot{q}_{AZ/RZ} \cdot R_o + (\vartheta_i - \vartheta_u)]/R_u$$

Gesamte Wärmeleistung Heizkreis

$$\dot{Q}_F = A_{AZ/RZ} \cdot (\dot{q}_{AZ/RZ} + \dot{q}_u)$$

Heizwasserstrom

$$\dot{m}_H = \frac{\dot{Q}_F}{\sigma \cdot c}$$

Rohrbedarf pro Heizkreis L_R in m und Druckverluste

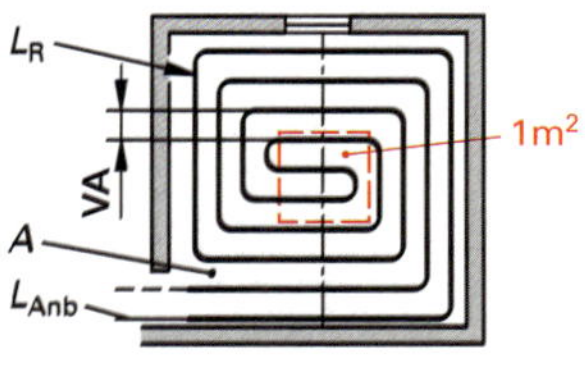

L_H	Rohrlänge der Heizfläche in m
$A_{AZ/RZ}$	beheizte Fläche bzw. Teilfläche in m²
VA	Verlegeabstand in mm → S. 375
L_O	spez. Rohrlänge in m/m² → S. 375
L_R	Gesamte Rohrlänge je Heizkreis in m
L_{Anb}	Rohrlänge Anbindeleitung in m (Vor- und Rücklauf)

Rohrlänge Heizfläche

$$L_H = 1000 \cdot A_{AZ/RZ}/VA$$

$$L_H = L_O \cdot A_{AZ/RZ}$$

Gesamte Rohrlänge Heizkreis

$$L_{Kr} = L_R + L_{Anb}$$

Ablesebeispiel:

Heizkreis 2, Küche → S. 373
$\dot{m}_H$ = 113 kg/h, Δp_D = 91 mbar
Ges.: R, Umdrehung VE_R
Lösung:
Diagramm PE-X Rohr
R = 110 mbar → S. 378
Diagramm Heizkreisverteiler
VER = 2,5 Umdr. → S. 378
vgl. genaue Berechnung → S. 373

Δp_R	Druckverlust der Rohrleitung in mbar
R	Druckgefälle im Rohr in mbar/m → S. 373
L_R	Gesamte Rohrlänge je Heizkreis in m
Δp_V	Druckverlust am Verteiler in mbar: aus Diagramm → S. 378
Δp_{ges}	Gesamter Druckverlust in mbar
Δp_{max}	Maximaler Druckverlust in mbar
Δp_D	Zu drosselnde Druckdifferenz in mbar

Druckverlust der Rohleitung

$$\Delta p_R = R \cdot L_R$$

Gesamter Druckverlust

$$\Delta p_{ges} = \Delta p_R + \Delta p_V$$

Zu drosselnde Druckdifferenz

$$\Delta p_D = \Delta p_{max} - \Delta p_{ges}$$

Fußbodenheizung – Auslegung (Fortsetzung)

Druckverlust-Diagramm für PE-X/ Mehrschichtverbundrohre 14/16 mm × 2 mm

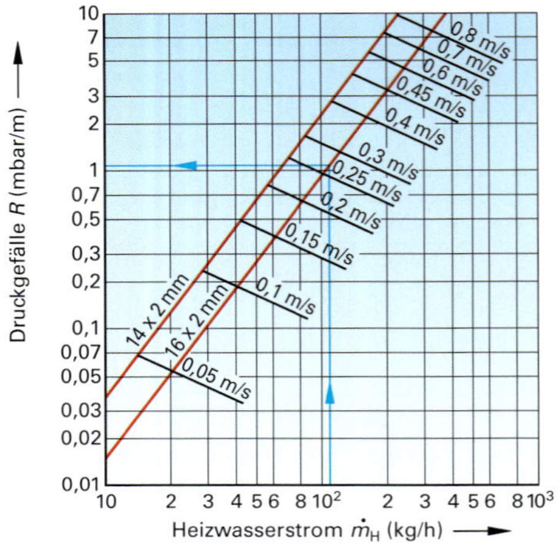

Druckverlust-Diagramm im Heizkreisverteiler (Ventileinsätze im Vorlauf voll geöffnet)

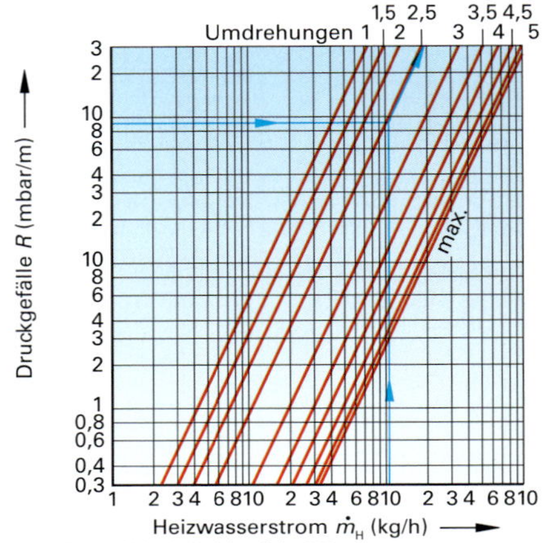

blaue Pfeile: Ablesebeispiel zu Seite 377

Leistungstabelle Schnellauslegung (s_u = 45 mm, θ = 20 °C)[1] (Herstellerangaben)

$\dot{q}$ W/m²	ϑ_i	35	40	45	50	55	60	65	70	75	80	85	90	95	100	105	110	115	120
$\vartheta_{F,m}$ °C	20 °C	23,8	24,3	24,7	25,0	25,2	25,7	26,1	26,5	26,9	27,3	27,8	28,2	28,6	29,0	29,4	29,8	30,2	30,6
	24 °C	27,8	28,3	28,7	29,0	29,2	29,7	30,1	30,5	30,9	31,3	31,8	32,2	32,6	33,0	33,4	33,8	34,2	34,8
ϑ_i/ϑ_V	$R_{\lambda,B}$	oberer Zahlenwert: VA in mm, unterer Zahlenwert: A_{max} in m²																	
20 °C/ 40 °C	0,02	250 40,0	250 37,8	250 35,8	200 32,4	200 28,2	150 25,1	150 22,1	150 19,2	100 17,3	100 15,3	100 13,4	100 11,4	100 9,4	100 8,3	– –	– –	– –	– –
	0,05	250 38,1	250 35,3	200 32,5	150 27,9	150 24,4	100 20,5	100 18,0	100 15,5	100 12,9	100 10,3	100 9,2	– –	– –	– –	– –	– –	– –	– –
	0,10	250 34,1	200 30,9	200 25,7	150 21,1	150 16,0	100 14,2	100 10,5	100 9,8	– –	– –	– –							– –
	0,15	200 29,8	200 25,0	150 19,7	100 15,4	100 11,6	– –	– –	– –	– –	– –	– –							– –
24 °C/ 40 °C	0,02	200 35,5	200 30,5	200 25,8	150 22,5	150 19,1	100 16,7	100 14,3	100 12,0	100 9,7	100 9,1	– –	– –	– –	– –	– –	– –	– –	– –
20 °C/ 45 °C	0,02	– –	– –	250 40,0	250 38,2	250 35,9	200 33,3	200 30,6	200 27,3	200 24,0	150 22,6	150 20,3	150 18,0	100 16,9	100 15,3	100 13,7	100 12,2	100 10,6	100 9,0
	0,05	– –	250 40,0	250 38,6	250 35,4	200 33,0	200 29,8	200 25,8	150 23,5	150 20,6	150 17,7	100 16,5	100 14,4	100 12,4	100 10,3	100 8,1	100 7,8	– –	– –
	0,10	250 40,	250 38,3	250 34,6	200 30,7	200 26,9	200 21,7	150 19,6	150 15,5	100 14,1	100 11,1	100 8,8	– –	– –	– –	– –	– –	– –	– –
	0,15	250 39,2	250 36,1	200 31,7	200 25,0	150 21,0	150 15,7	100 13,4	100 9,8	– –	– –	– –	– –	– –	– –	– –	– –	– –	– –
24 °C/ 45 °C	0,02	– –	– –	200 37,2	200 33,1	200 29,1	200 25,4	150 23,1	150 20,4	– 17,8	100 16,4	100 14,6	100 12,8	100 10,9	– 9,8	– 7,9	– –	– –	– –

Werte für PE-X-/ Mehrschichtverbundrohr 16 × 2 mm
Orange: Aufenthaltszone
Grün: Randzone

Ablesebeispiel: Geg.: ϑ_i = 20 °C, gewählt ϑ_V = 40 °C, A_F = 20 m², $\dot{q}$ = 60 W/m², $R_{\lambda,B}$ = 0,10 (m² · K)/W
Ergebnis: $\vartheta_{F,m}$ = 25,7 °C, VA = 100 mm, A_{max} = 14,2 m² ⇒ 2 Heizkreise

[1] sonstige ausreichende Zusatzdämmung

HT

Rohrnetz – Rohrarten, Verbindungen und Verteilungen

Prozess: Rohrnetzauslegung und -berechung

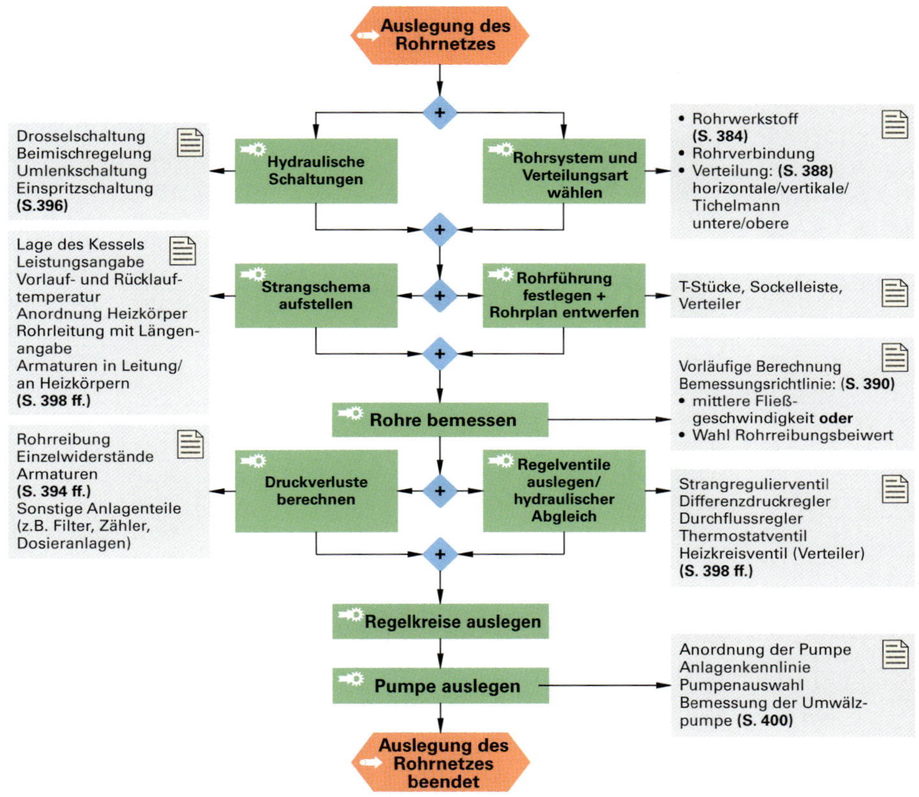

Rohre in der Heizungstechnik (Details → S. 384ff.)

Stahlrohre

- Gewinderohre: DIN EN 10255, (DIN 2440/2441), DIN 2442
- Nahtlose Stahl-/Siederohre: DIN EN 10220, (DIN 2448), DIN EN 10217
- Geschweißte Stahlrohre: DIN EN 10220, (DIN 2458), DIN EN 10217
- Präzisionsstahlrohre: DIN EN 10305-1, DIN EN 10305-2, DIN EN 10305-3

Kunststoffrohre

- Polybuten PB: EN ISO 15876 (DIN 16969)
- Polyethylen PE: PE-X: EN ISO 15875 (DIN 16893); PE-MDX: DIN 16894, DIN 16895
- Polypropylen PP: EN ISO 15874 (DIN 8077)
- Mehrschichtverbundrohre: Herstellerangaben

Kupferrohre

DIN EN 1057
DIN 59753
- blank, Stegmantel, Hartschaum
- weich, hart, halbhart

Rohrarten für den Heizungsbau

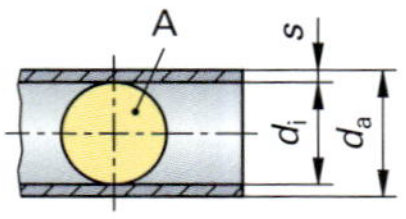

Bedeutung der Bezeichnungen

DN	Kenngröße	A_O'	Rohroberfläche je Meter	A	Querschnittsfläche
R	Kenngröße in Zoll	s	Wanddicke	V'	Rohrvolumen je Meter
d_a	Außendurchmesser	d_i	Innendurchmesser	m'	Masse je Meter
				In Rot	zu bevorzugen

Rohre aus unlegiertem Stahl zum Schweißen/Gewindeschneiden

DIN EN 10255: 2007-07

Gewinderohre				Mittelschwere Reihe M					Schwere Reihe H				
DN	R	d_a	A_O'	s	d_i	A	V'	m'	s	d_i	A	V'	m'
		mm	m²/m	mm		cm²	l/m	kg/m	mm		cm²	l/m	kg/m
6	⅛	10,2	0,032	2,0	6,2	0,30	0,03	0,40	2,6	5,0	0,20	0,02	0,49
8	¼	13,5	0,042	2,3	8,9	0,62	0,06	0,64	2,9	7,7	0,47	0,05	0,77
10	⅜	17,2	0,054	2,3	12,6	1,25	0,12	0,84	2,9	11,4	1,02	0,10	1,02
15	½	21,3	0,067	2,6	16,1	2,04	0,20	1,21	3,2	14,9	1,74	0,17	1,44
20	¾	26,9	0,085	2,6	21,7	3,70	0,37	1,56	3,2	20,5	3,30	0,33	1,87
25	1	33,7	0,106	3,2	27,3	5,85	0,59	2,41	4,0	25,7	5,19	0,52	2,93
32	1¼	42,4	0,133	3,2	36,0	10,18	1,02	3,10	4,0	34,4	9,29	0,93	3,79
40	1½	48,3	0,152	3,2	41,9	13,79	1,38	3,56	4,0	40,3	12,76	1,28	4,37
50	2	60,3	0,189	3,6	53,1	22,15	2,21	5,03	4,5	51,3	20,67	2,07	6,19
65	2½	76,1	0,239	3,6	68,9	37,28	3,73	6,42	4,5	67,1	35,36	3,54	7,93
80	3	88,9	0,279	4,0	80,9	51,40	5,14	8,36	5,0	78,9	48,89	4,89	10,3
100	4	114,3	0,359	4,5	105	87,09	8,71	12,2	5,4	103,5	84,13	8,41	14,5
125	5	139,7	0,439	5,0	130	132,1	13,2	16,6	5,4	128,9	130,5	13,1	17,9
150	6	165,1	0,519	5,0	155	188,9	18,9	19,8	5,4	154,3	187,0	18,7	21,3

Nahtlose und geschweißte Stahlrohre

DIN EN 10220: 2003-03

Reihe 1 und 2			Nahtlose Stahlrohre					Geschweißte Stahlrohre				
DN	d_a	A_O'	s	d_i	A	V'	m'	s	d_i	A	V'	m'
	mm	m²/m	mm		cm²	l/m	kg/m	mm		cm²	l/m	kg/m
25	30	0,094	2,6	24,8	4,83	0,48	1,76	2,0	26,0	5,30	0,53	1,38
	33,7	0,106	2,6	28,5	6,38	0,64	1,99	2,0	29,7	6,63	0,66	1,56
32	38	0,119	2,6	32,8	8,45	0,85	2,27	2,3	33,4	8,76	0,88	2,02
	42,4	0,133	2,6	37,2	10,87	1,09	2,55	2,3	37,8	11,22	1,12	2,27
40	44,5	0,140	2,6	39,3	12,13	1,21	2,69	2,3	39,9	12,50	1,25	2,39
	48,3	0,152	2,6	43,1	14,59	1,46	2,93	2,3	43,7	15,00	1,50	2,61
50	57	0,179	2,9	51,2	20,59	2,06	3,87	2,3	52,4	21,60	2,16	3,10
	60,3	0,189	2,9	54,5	23,33	2,33	4,11	2,3	55,7	24,37	2,44	3,29
65	76,1	0,239	2,9	70,3	38,82	3,88	5,24	2,6	70,9	39,48	3,95	4,71
80	88,9	0,280	3,2	82,5	53,64	5,35	6,76	2,9	83,1	52,24	5,42	6,15
100	108	0,339	3,6	100,8	79,80	7,98	9,27	2,9	102,2	82,03	8,20	7,52
	114,3	0,359	3,6	107,1	90,10	9,01	9,83	3,2	107,9	91,44	9,14	8,77
125	133	0,418	4,0	125,0	122,72	12,27	12,70	3,6	125,8	124,29	12,43	11,5
	139,7	0,439	4,0	131,7	136,23	13,62	13,40	3,6	132,5	137,89	13,79	12,1
150	159	0,499	4,5	150,0	176,71	17,67	17,10	4,0	151,0	179,10	17,91	15,3
	168,3	0,529	4,5	159,3	199,31	19,93	18,20	4,0	160,3	201,82	20,18	16,2
200	219,1	0,688	6,3	206,5	334,91	33,49	33,10	4,5	210,1	346,69	34,67	23,8
250	273	0,858	6,3	260,4	532,56	53,26	41,40	5,0	263,0	543,25	54,33	33,0
300	323,9	1,018	7,1	309,7	753,31	75,33	55,50	5,6	312,7	767,97	76,80	44,0

Gewinderohre mit Gütevorschrift

DIN 2442: 1963-08

Werkstoff P235TR1, **DIN EN 10255** – Rohrqualität **DIN EN 10216**

	PN 100												PN 50	
DN	10	15	20	25	32	40	50	65	80	100	125	150	125	150
s [mm]	2,9	3,2	3,2	4,0	4,0	4,0	4,5	4,5	5,0	6,3	8,0	8,8	5,6	5,6
m' [kg/m]	1,02	1,44	1,87	2,98	3,79	4,37	6,19	7,93	10,3	16,8	25,9	33,8	18,5	23,9

Die Maße für Gewinde- und Außendurchmesser entsprechen **DIN EN 10 255,** Reihe H.

Präzisionsstahlrohre

DIN EN 10305-2: 2016-08

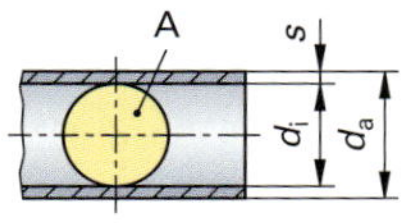

Bedeutung der Bezeichnungen

- DN Kenngröße
- d_a Außendurchmesser
- A_O' Rohroberfläche je Meter
- s Wanddicke
- d_i Innendurchmesser
- A Querschnittsfläche
- V' Rohrvolumen je Meter
- m' Masse je Meter
- 1) $d_i = d_a - 2 \cdot s$

Kaltgezogen, nahtlos oder geschweißt					Geschweißt, maßgewalzt					
$d_a \times s$ 1)	A	V'	m'	A_O'	DN	$d_a \times s$	A	V'	m'	A_O'
mm	cm²	l/m	kg/m	m²/m		mm	cm²	l/m	kg/m	m²/m
8 × 1,5	0,196	0,020	0,240	0,0251	–	10 × 1,0	0,503	0,050	0,282	0,0314
8 × 1	0,283	0,028	0,173	0,0251	10	12 × 1,2	0,723	0,072	0,338	0,0377
10 × 1,5	0,385	0,039	0,314	0,0314	12	15 × 1,2	1,246	0,125	0,434	0,0471
10 × 1	0,503	0,050	0,222	0,0314	15	18 × 1,2	1,911	0,192	0,536	0,0565
12 × 1,5	0,636	0,064	0,388	0,0377	–	20 × 1,5	2,269	0,269	0,648	0,0628
15 × 1,5	1,131	0,113	0,537	0,0471	20	22 × 1,5	2,835	0,284	0,824	0,0691
18 × 1,5	1,767	0,177	0,610	0,0565	–	25 × 1,5	3,801	0,380	0,865	0,0785
20 × 1,5	2,269	0,227	0,684	0,0628	25	28 × 1,5	4,910	0,491	1,052	0,0880
22 × 2	2,545	0,254	0,986	0,0691	–	35 × 1,5	8,042	0,804	1,320	0,1100
28 × 2	4,524	0,452	1,282	0,0880	32	42 × 1,5	11,95	1,195	1,620	0,1319
30 × 2	5,309	0,531	1,380	0,0942	40	48,3 × 2,0	15,41	1,541	2,284	0,1392
35 × 2	7,548	0,755	1,628	0,110	50	60 × 2,0	24,63	2,463	2,875	0,1884

Kupferrohre

DIN EN 1057: 2010-06

Kupferrohre für Heizungsleitungen						Wärmedämmung und Abmantelungslänge			
DN	$d_a \times s$	d_i	A	V'	m'	D_s	D_{50}	D_{100}	l_{ab}
	mm	mm	cm²	l/m	kg/m	mm	mm	mm	mm
4	6 × 0,6	4,8	0,18	0,018	0,091	12	24	32	120
6	8 × 0,6	6,8	0,36	0,036	0,124	15	27	36	150
8	10 × 0,6	8,8	0,61	0,061	0,158	18	30	40	180
10	12 × 0,7	10,4	0,85	0,085	0,274	22	34	45	120
12	15 × 0,8	13,4	1,41	0,141	0,314	28	–	63	160
15	18 × 0,8	16,4	2,11	0,211	0,385	35	–	71	160
20	22 × 0,9	20,2	3,20	0,320	0,531	42	–	90	200
25	28 × 1,0	26,0	5,31	0,531	0,755	54	–	113	200
32	35 × 1,0	33,0	8,55	0,855	0,951				
40	42×1,0	40,0	12,57	1,257	1,146				
50	54×1,2	51,6	20,91	2,091	1,768				
65	76,1×1,5	73,1	41,97	4,197	3,124				

D_S Stegmantelaußendurchmesser

$D_{50,100}$ Außendurchmesser bei 50/100 % Wärmedämmung (EnEV)

l_{ab} Länge der Abmantelung der Isolierung

Kunststoffrohre aus Polybuten (PB)

OENORM EN ISO 15876: 2008-03 (DIN 16969: 1997-12)

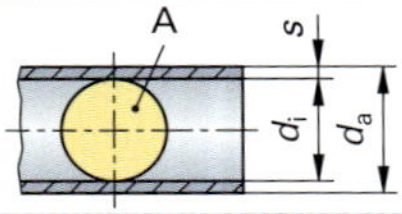

Bedeutung der Bezeichnungen

DN Kenngröße	s Wanddicke	V' Rohrvolumen je m
d_a Außendurchmesser	d_i Innendurchmesser	m' Masse je Meter
A_O' Rohroberfläche je m	A Querschnittsfläche	$d_i = d_a - 2 \cdot s$

DN	d_a	Rohrserie S8 (PN 10) s	d_i	A	V'	m'	Rohrserie S5 (PN 16) s	d_i	A	V'	m'
	mm	mm		cm²	l/m	kg/m	mm		cm²	l/m	kg/m
8	10	1,3	7,4	0,43	0,04	0,04	1,3	7,4	0,43	0,04	0,04
10	12	1,3	9,4	0,69	0,07	0,05	1,3	9,4	0,69	0,07	0,05
12	16	1,3	13,4	1,41	0,14	0,06	1,5	13,0	1,33	0,13	0,07
16	20	1,3	17,4	2,39	0,24	0,08	1,9	16,2	2,06	0,21	0,11
20	25	1,5	22,0	3,80	0,38	0,11	2,3	20,4	3,27	0,33	0,17
25	32	1,9	28,2	6,25	0,62	0,18	2,9	26,2	5,39	0,54	0,26
32	40	2,4	35,2	9,73	0,97	0,29	3,7	32,6	8,30	0,84	0,42
40	50	3,0	44,0	15,20	1,52	0,44	4,6	40,8	13,1	1,31	0,65
50	63	3,8	55,4	24,10	2,41	0,70	5,8	51,4	20,7	2,08	1,02
63	75	4,5	66,0	34,21	3,42	0,98	6,8	61,4	29,6	2,96	1,42

Polybuten (PB) S4 (PN 20)

DN	d_a	s	d_i	A	V'	m'
	mm			cm²	l/m	kg/m
8	10	1,3	7,4	0,43	0,04	0,04
10	12	1,4	9,2	0,66	0,07	0,05
12	16	1,8	12,4	1,21	0,12	0,08
15	20	2,3	15,4	1,86	0,19	0,13
20	25	2,8	19,4	2,96	0,30	0,19
25	32	3,6	24,8	4,83	0,48	0,32
32	40	4,5	31,0	7,5	0,75	0,49
40	50	5,6	38,8	11,8	1,18	0,76
50	63	7,1	48,8	18,7	1,87	1,21
65	75	8,4	58,2	26,6	2,66	1,71

Polyethylen (PE-X), S5 (PN 12,5)

DN	d_a	s	d_i	A	V'	m'
	mm			cm²	l/m	kg/m
–	10	1,3	7,4	0,43	0,04	0,04
8	12	1,3	9,4	0,69	0,07	0,05
10	16	1,5	13,0	1,33	0,13	0,07
15	20	1,9	16,2	2,06	0,21	0,11
20	25	2,3	20,4	3,27	0,33	0,17
25	32	2,9	26,2	5,39	0,54	0,27
32	40	3,7	32,6	8,35	0,83	0,43
40	50	4,6	40,8	13,1	1,31	0,66
50	63	5,8	51,4	20,8	2,07	1,04
65	75	6,8	61,4	29,6	2,96	1,45

Rohre aus Polyethylen (PE-X), Reihe S4 (PN 16) und S3,2 (PN 20)

OENORM EN ISO 15875: 2008-03

DN	d_a	Reihe S4 (PN16) s	d_i	A	V'	m'	Reihe S3,2 (PN20) s	d_i	A	V'	m'
	[mm]			[cm²]	[l/m]	[kg/m]	[mm]		[cm²]	[l/m]	[kg/m]
–	10	1,3	7,4	0,43	0,04	0,04	1,4	7,2	0,41	0,04	0,04
8	12	1,4	9,2	0,66	0,07	0,05	1,7	8,6	0,58	0,06	0,06
10	16	1,8	12,4	1,21	0,12	0,08	2,2	11,6	1,06	0,11	0,10
15	20	2,3	15,4	1,86	0,19	0,13	2,8	14,4	1,63	0,16	0,15
20	25	2,8	19,4	2,96	0,30	0,20	3,5	18,0	2,54	0,25	0,24
25	32	3,6	24,8	4,83	0,48	0,32	4,4	23,2	4,23	0,42	0,38
32	40	4,5	31,0	7,55	0,75	0,50	5,5	29,0	6,61	0,66	0,59
40	50	5,6	38,8	11,8	1,18	0,77	6,9	36,2	10,3	1,03	0,93
50	63	7,1	48,8	18,7	1,87	1,24	8,6	45,8	16,5	1,65	1,45
65	75	8,4	58,2	26,6	2,66	1,75	10,3	54,4	23,2	2,32	2,07

Rohre aus PE-MDX

DIN 16895: 2011-04

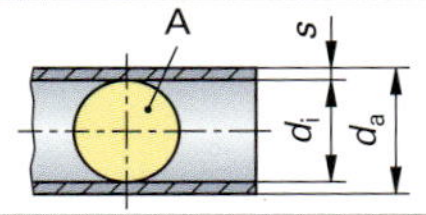

Bedeutung der Bezeichnungen

DN Kenngröße	s Wanddicke	V' Rohrvolumen je m
d_a Außendurchmesser	d_i Innendurchmesser	m' Masse je m
A_O' Rohroberfläche je m	A Querschnittsfläche	

DN	PE-MDX S4 (PN12,5)						PE-MDX S3,2 (PN16)				
	d_a	s	d_i	A	V'	m'	s	d_i	A	V'	m'
	mm			cm²	l/m	kg/m	mm		cm²	l/m	kg/m
8	12	1,8	8,4	0,55	0,06	0,054	1,8	8,4	0,55	0,06	0,054
10	16	1,8	12,4	1,21	0,12	0,075	2,2	11,6	1,06	0,11	0,089
15	20	2,3	15,4	1,86	0,19	0,119	2,8	14,4	1,63	0,16	0,141
20	25	2,8	19,4	2,96	0,30	0,182	3,5	18,0	2,54	0,25	0,220

Rohre aus Polypropylen (PP)

OENORM EN ISO 15874: 2013-06

Reihe S5 (PN10)											
DN	d_a	s	A	V'	m'	DN	d_a	s	A	V'	m'
	mm		cm²	l/m	kg/m		mm		cm²	l/m	kg/m
8	12	1,8	0,55	0,06	0,05	32	40	3,7	8,35	0,83	0,41
12	16	1,8	1,21	0,12	0,07	40	50	4,6	13,1	1,31	0,64
15	20	1,9	2,06	0,21	0,11	50	63	5,8	20,7	2,07	1,01
20	25	2,3	3,27	0,33	0,16	65	75	6,8	29,6	2,96	1,41
25	32	2,9	5,39	0,54	0,26	$d_i = d_a - 2 \cdot s$					

Rohre aus Polypropylen (PP)

EN ISO 15874: 2013-06

DN	Reihe S2,5 (PN20)						Reihe S2 (PN25)				
	d_a	s	d_i	A	V'	m'	s	d_i	A	V'	m'
	mm			cm²	l/m	kg/m	mm		cm²	l/m	kg/m
8	12	2,0	8,0	0,50	0,05	0,06	2,4	7,2	0,41	0,04	0,07
10	16	2,7	10,6	0,88	0,09	0,11	3,3	9,4	0,69	0,07	0,13
12	20	3,4	13,2	1,37	0,14	0,17	4,1	11,8	1,09	0,11	0,20
15	25	4,2	16,6	2,16	0,22	0,27	5,1	14,8	1,72	0,17	0,31
20	32	5,4	21,2	3,53	0,35	0,43	6,5	19,0	2,84	0,28	0,50
25	40	6,7	26,6	5,56	0,56	0,67	8,1	23,8	4,45	0,44	0,78
32	50	8,3	33,4	8,76	0,88	1,04	10,1	29,8	6,97	0,70	1,21
40	63	10,5	42,0	13,9	1,39	1,65	12,7	37,6	11,1	1,11	1,91

Verbundrohre Polyethylen und Aluminium (PE-X/Al/PE-X, PN 10) (Herstellerangaben)

$d_a \times s$	d_a	s	d_i	A	V'	m'
	mm			cm²	l/m	kg/m
14 × 2	14	2	10	0,785	0,079	0,104
16 × 2	16	2	12	1,131	0,113	0,125
16 × 2,25	16	2,5	11,5	1,039	0,104	0,134
18 × 2	18	2	14	1,539	0,154	0,141
20 × 2	20	2	16	2,011	0,201	0,166
20 × 2,5	20	2,5	15	1,767	0,177	0,185
26 × 3	26	3	20	3,142	0,314	0,298
32 × 3	32	3	26	5,309	0,531	0,393
40 × 3,5	40	3,5	33	8,553	0,855	0,605

Aufbau eines Verbundrohres

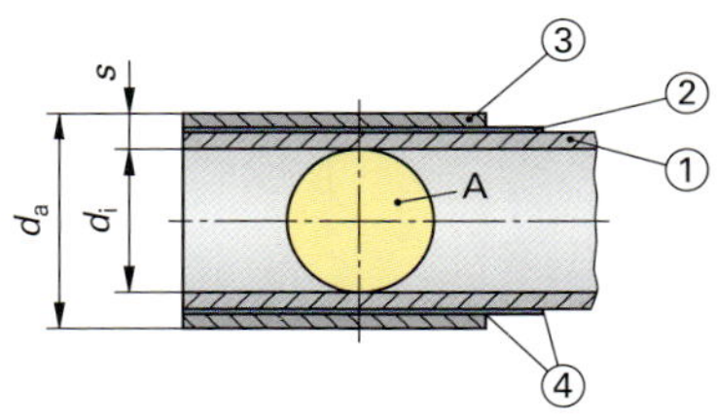

1 Innenrohr (PE)
2 Aluminium
3 Außenrohr (PE)
4 Haftvermittler

HT

Übersicht der Rohrverbindungen

Unlösbare Verbindung				Lösbare Verbindung	
Stoffschlüssig		Kraftschlüssig			
Schweißen	Stahl, Kupfer	Gewindeverbindung	Gewinderohr	Verschraubungen: • Klemmring • Schneidring	Gewinde-, Präzisionsstahl-, Kupfer-, Metallverbund- und Kunststoffrohre
Löten: • Weichlöten	Kupferrohre	Klemmringverbindung	Stahl, Kupfer		
• Hartlöten: $\theta \geq 450\,°C$	• Heißwasser-/Solaranlagen • im Estrich verlegte Fußbodenheizung	Pressverbindung	Kupfer, Präzisionsstahlrohr, PE-X-Rohr, Verbundrohr	Flanschverbindung	
Kleben	PVC-U			Rohrkupplung	

Wärmeverteilungssysteme

Obere Verteilung – Zweirohrsystem zentral

Ergibt sich beim Aufstellen des Wärmeerzeugers im Dachgeschoss, oftmals als Wandheizkessel.

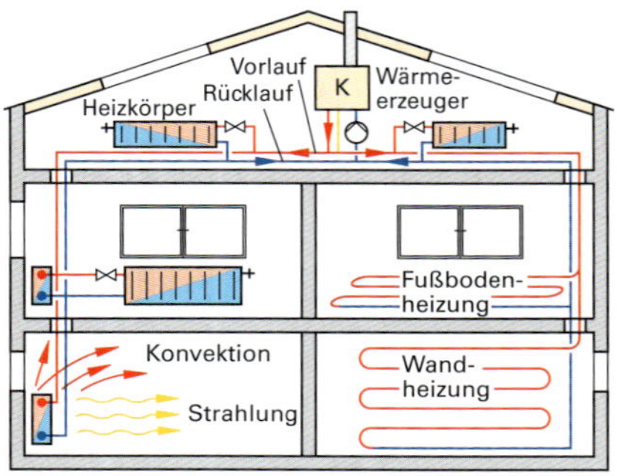

Untere Verteilung – Zweirohrsystem zentral

Verteil-/Sammelleitung unter der Kellerdecke/in Bodenkanälen des Untergeschosses, wo der Wärmeerzeuger aufgestellt ist.

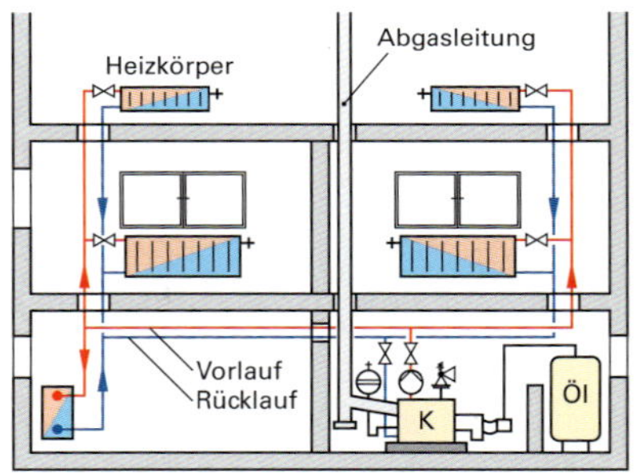

Stockwerksheizung – Einrohrsystem

Wärmeerzeuger und Heizkörper befinden sich im gleichen Stockwerk.
Wärmeerzeuger: Heizkessel/Umlaufwasserheizer/Kombitherme in Küche oder Flur

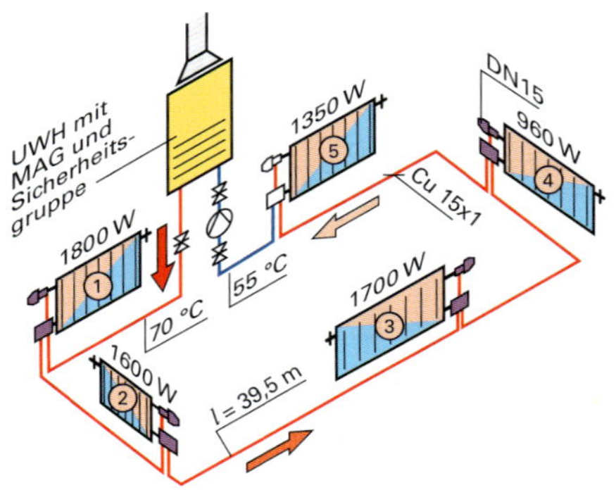

Etagenweise Verteilung – Ein-/Zweirohrsystem

Jede Wohnung hat eine eigene Heiz-und Warmwasserzentrale auf der Etage, oft Gasheiz-/Gaskombitherme, selten Elektro-Speicherheizungen, Verlegung im Fußboden oder in Sockelleiste

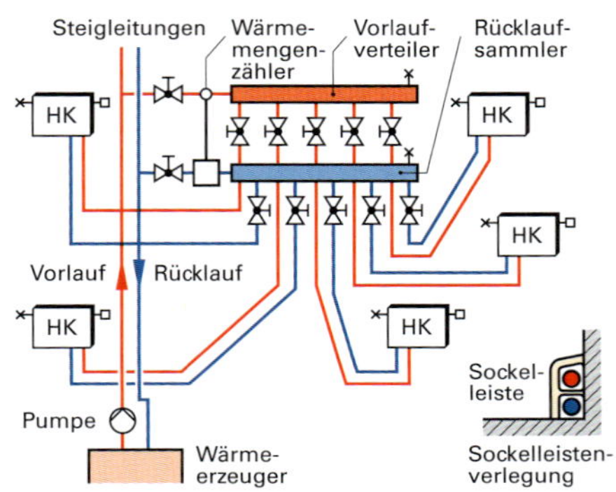

Rohrsysteme

Zweirohrsystem

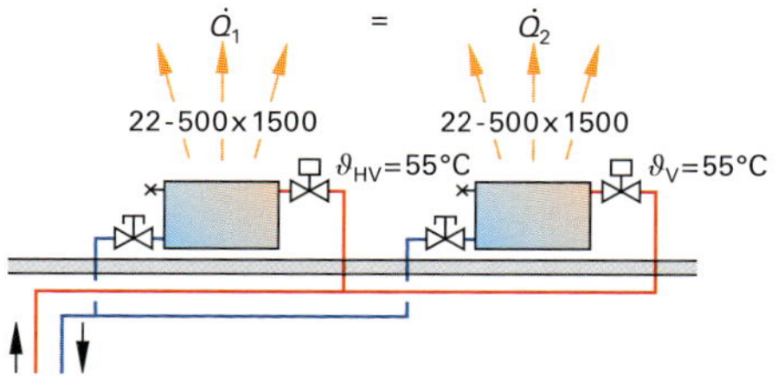

Tichelmann-System

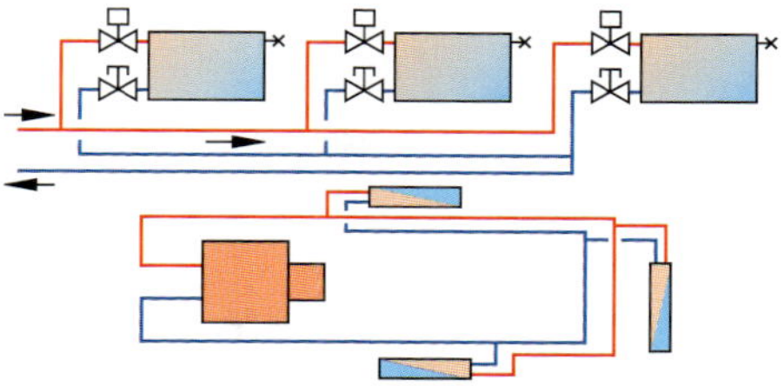

Einrohrsystem – waagerecht

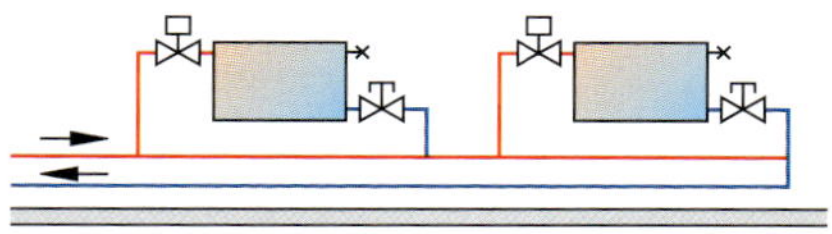

Einrohrheizung – senkrecht

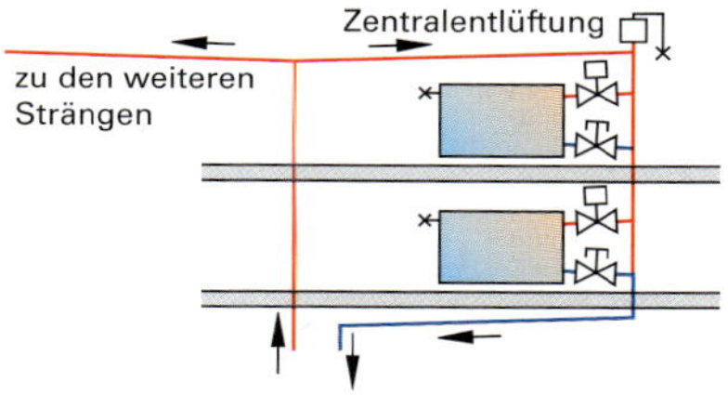

Einrohrsystem – Zwangsumlauf

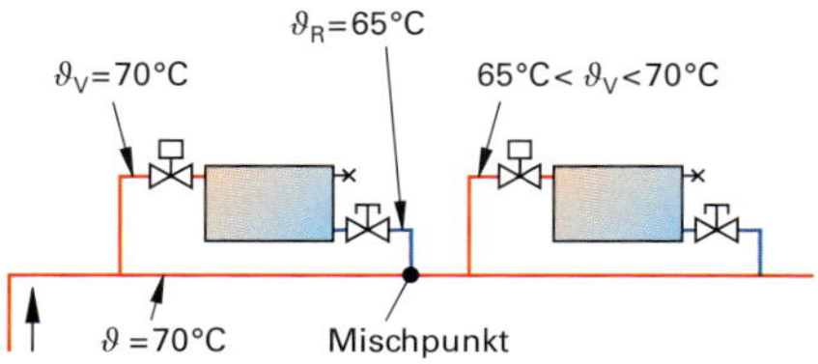

Einrohrsystem – Nebenschluss/Bypass

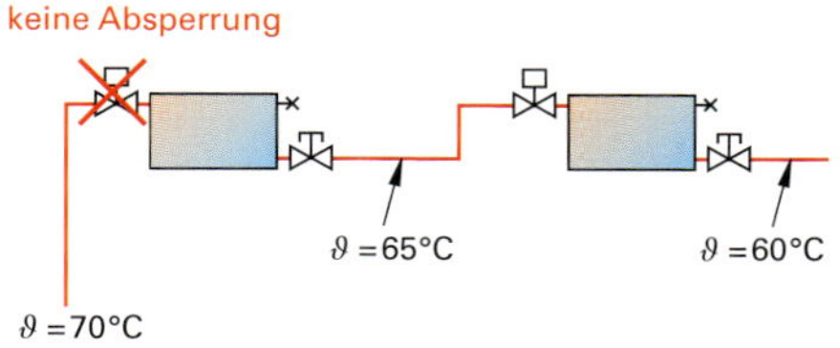

Rohrnetzberechnung – Rechenweg nach Formblatt (→ S. 396)

	Arbeitsschritte: Heizkreise/Teilstrecken	Spalte
1	Nummerieren der **Teilstrecken** für Vor- und Rücklauf ab Heizkessel	1
2	Berechnen der **Wärmeleistung $\dot{Q}$** in Reihenfolge der Teilstrecken	2
3	Umrechnen der **Massenströme $\dot{m}$** aus der Wärmeleistung $\dot{Q}$	3
4	Addieren der **Längen l** der Teilstrecken für Vor- und Rücklauf	4
5	Festlegen des **Rohrdurchmessers DN**: Annahme **R-Wert/Fließgeschwindigkeit v**	5, 6, 7
6	Berechnen der **Druckverluste für gerade Rohre $R \cdot l$** (Spalte 4 x Spalte 7)	8
7	Addieren der **Widerstandsbeiwerte ζ der Formstücke** für jede Teilstrecke zu $\sum\zeta$ ohne Heizkörperventile, Mischer und sonstige Regelventile (ggf. mit Kessel)	9
8	Ermitteln der **Druckverluste der Einzelwiderstände Z_1 (ζ = 1)** nach Fließgesch. v	10
9	Berechnen der **Druckverluste aller Einzelwiderstände** Z (Spalte 9 x Spalte 10)	11
10	Ablesen der **Druckverluste Δp_V von Regelventilen** (Heizkörperventile, Mischer, sonstige Stellglieder für den hydraulischen Abgleich z. B. Differenzdruckregler)	12
11	Addieren der Druckverluste (Spalten: 8 + 11 +12) zum **Gesamtdruckverlust Δp**	13
12	Ermitteln der Druckverluste in weiteren Strängen analog dem Rechengang (1-11).	–
13	Bestimmen des ungünstigsten Stranges mit max. Druckverlust Δp_{max}	14
14	Berechnen des **Differenzdruck Δp_D** zum ungünstigsten Strang (Spalten: 14-13)	15
15	Ablesen **Ventilvoreinstellung** der Heizkörper.	16
16	Prüfen der Ventilautorität ***a*** (Seite 397), ggf. Korrektur mit anderen Rohrdurchmessern.	

Dimensionierung – Rohrnennweiten und Druckverluste

1	2	3	4	5	6	7	8	9	10	11	12	13	14	15	16
Heizkreis	Wärmeleistung	Heizwasser-Massenstrom	Länge der Teilstrecke	Rohrnennweite	Fließgeschwindigkeit	Rohrreibungs-druckgefälle	Druckverlust in geraden Rohren	Widerstandsbeiwert	Druckverluste durch Einzelwiderstände $\zeta = 1$	Summe Druckverlust Einzelwiderstände	Druckverlust durch Regelventile	Gesamtdruckverlust	Maximaler Druckverlust im Rohrnetz	Zu drosselnder Druck	Ventilvoreinstellung
Nr.	$\dot{Q}$	$\dot{m}$	l	DN	v	R	$l \cdot R$	$\sum\zeta$	Z_1	Z	Δp_V	Δp	Δp_{max}	Δp_D	–
–	W	kg/h	m	–	m/s	Pa/m	Pa	–	Pa	Pa	Pa	Pa	Pa	Pa	Umdr.

Massenstrom

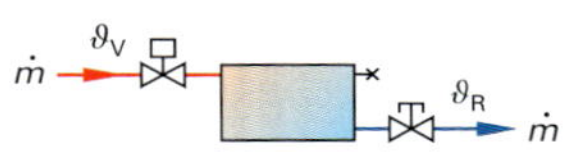

$\dot{m}$	Massenstrom	kg/h
$\dot{Q}_H$	Wärmeleistung des Heizkreises(/Heizkörpers)	W
$\Delta\vartheta$	Temperaturdifferenz	K
c	spezifische Wärmekapazität $c_{Wasser} = 1{,}163$ Wh/(kg · K)	Wh/(kg · K)
ϑ_V	Vorlauftemperatur	°C
ϑ_R	Rücklauftemperatur	°C

Heizmittelstrom

$$\dot{m} = \frac{\dot{Q}_H}{c \cdot \Delta\vartheta}$$

mit

$$\Delta\vartheta = \vartheta_V - \vartheta_R$$

Richtwerte für Druckgefälle und Fließgeschwindigkeit

Rohrleitungen	Druckgefälle *R* in Pa/m	Fließgeschw. *v* in m/s
innerhalb von Wohnungen und Steigsträngen	40 … 100	0,4 … 0,7
Heizkörperanschlüsse	25 … 90	0,1 … 0,3
Verteilungsleitungen in Kellern	100 … 200	0,7 … 1,5
Verteilungsleitungen in Gewerberäumen, Schulen	124 … 250	1,0 … 2,0
Sonderfälle, Fernleitungen	> 400	> 2,5

Gesamtdruckverlust bei Zweirohrheizungen

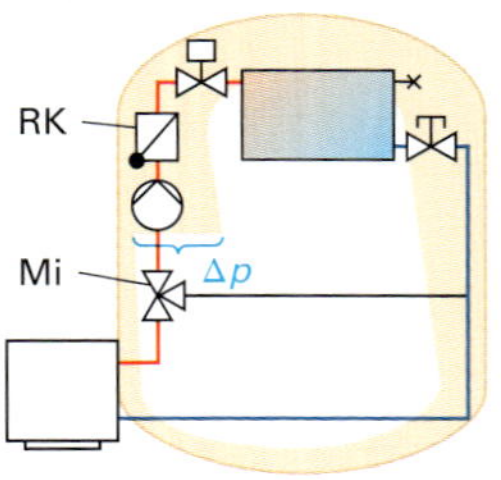

Δp	Gesamtdruckverlust	Pa, mbar
R	Rohrreibungswiderstand	Pa, mbar
l	Rohrleitungslänge[1]	m
Z	Druckverlust durch Einzelwiderstände	Pa, mbar
Δp_V	Druckverlust Regelventile	Pa, mbar
Z_F	Zuschlagsfaktor:	–

[1] ungünstigster/längster Heizstrang (l_{max}) überschlägig: $l = 2 \cdot (a + b + h)$
a, *b*, *h*: Breite, Länge und Höhe des Hauses

Gesamtdruckverlust

$$\Delta p = \sum (R \cdot l + Z + \Delta p_V)$$

Überschlägig

$$\Delta p = R \cdot l \cdot Z_F$$

oder

$$\Delta p = \left[\begin{matrix}(R \cdot l_{max}) \\ + \Delta p_{RK} + \Delta p_{Mi}\end{matrix}\right] \cdot 1{,}5$$

Zuschlagfaktoren und maximale Rohrlänge

Rohrleitung	Zuschlagfaktor Z_F		Druckverlust		Max. Rohrlänge l_{max} (VL + RL) bei	
			mbar	mWS	*R* = 100 mbar	*R* = 150 mbar
+ Formteile	1,3	2,2	200	2,0	91	60
			150	1,5	68	45
+ Thermostatventil	1,7		100	1,0	45	30
+ Formteile	1,3	2,6	200	2,0	77	51
+ Thermostatventil	1,7		150	1,5	56	38
+ Mischer	1,3		100	1,0	38	26

Druckverlust durch Einzelwiderstände und Stellglieder

Druckverluste durch Einzelwiderstände

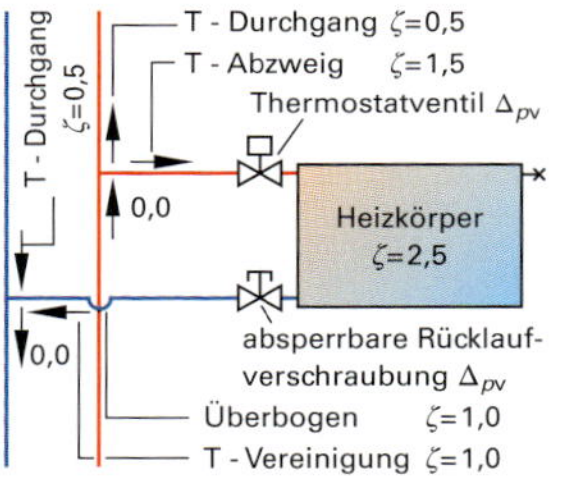

ζ	Widerstandsbeiwert
ϱ	Dichte des Heizmediums in kg/m³
v	Fließgeschwindigkeit in m/s
Z_1	Druckverlust für ζ = 1 in Pa, mbar

- Dichte ϱ von Wasser ist temperaturabhängig
- $\sum Z$ wird meist geschätzt mit 30 ... 50 % der Rohrleitungsverluste

Druckverluste durch Einzelwiderstände

$$Z = \sum \zeta \cdot \frac{\varrho \cdot v^2}{2}$$

Druckverlust überschlägig für ζ = 1 mbar

$$Z = \sum \zeta \cdot Z_1$$

Druckverluste in Thermostatventilen (→ S. 403) und Mischern (→ S. 400)

Ablesebeispiel:

$\dot{V}$ = 0,081 m³/h, Thermostatventil k_V = 0,32 m³/h

Ges.: Δp_V

Lösung:

$$\Delta p_V = \left(\frac{0{,}081\ \text{m}^3/\text{h}}{0{,}32\ \text{m}^3/\text{h}}\right)^2 \cdot 10^5\ \text{Pa}$$

Δp_V = 6408 Pa = 64 mbar

Δp_V	Druckverlust im Ventil in Pa, mbar
$\dot{V}$	Volumenstrom in m³/h
k_V	Kennwert der Armatur in m³/h bei 10^5 Pa (1 bar)
p_{amb}	Atmosphärischer Druck in Pa, mbar $p_{amb} = 10^5$ Pa (1 bar)
k_{VS}	Spezifischer Kennwert in m³/h bei voll geöffneter Armatur (Herstellerunterlagen)

Druckverluste Armatur

$$\Delta p_V = \left(\frac{\dot{V}}{k_V}\right)^2 \cdot p_{amb}$$

Kennwert der Armatur

$$k_V = \frac{\dot{V}}{\sqrt{\frac{\Delta p_V}{p_{amb}}}}$$ bzw. k_{VS}

Ventilautorität

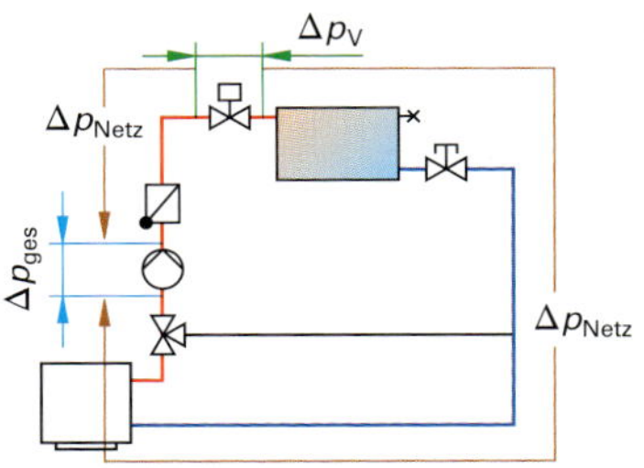

a	Ventilautorität
Δp_V	Druckverlust im Ventil in Pa
Δp_{ges}	Druckverlust im Regelkreis in Pa
Δp_{Netz}	Druckverlust im Leitungsnetz in Pa

Gutes Regelverhalten:
Thermostatventil für ungünstigsten
Heizkörper: $a \geq 0{,}3$
Mischventile: a = 0,2...0,5
Mischklappen: a = 0,2...0,5

Ventilautorität

$$a = \frac{\Delta p_V}{\Delta p_{ges}}$$

$$a = \frac{\Delta p_V}{\Delta p_V + \Delta p_{Netz}}$$

$$\Delta p_V = a \cdot \Delta p_{ges}$$

Druckverluste für Präzisionsstahlrohre

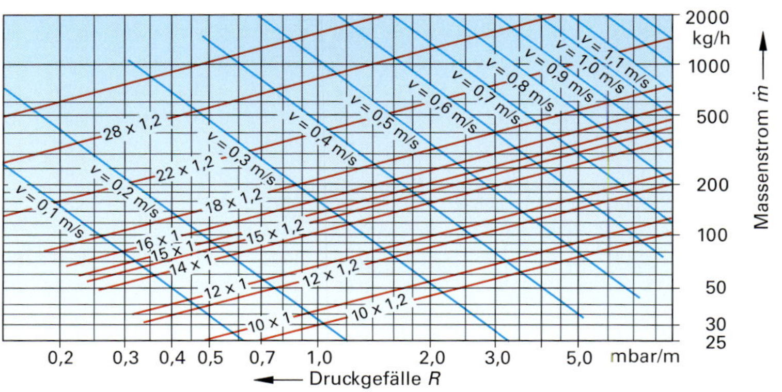

Druckverluste Z_1 bei Warmwasser (ϑ_m = 80 °C und ϱ = 972 kg/m³)

v	m/s	0,10	0,15	0,20	0,25	0,30	0,35	0,40	0,45	0,50	0,55	0,60	0,65
Z_1	Pa	4,9	11,1	19,7	30,7	44,2	60,2	78,7	100	123	149	177	208
v	m/s	0,70	0,75	0,80	0,85	0,90	0,95	1,00	1,05	1,10	1,15	1,20	1,25
Z_1	Pa	241	277	315	355	398	444	492	542	595	650	708	768
v	m/s	1,30	1,35	1,40	1,45	1,50	1,55	1,60	1,70	1,80	1,90	2,00	2,10
Z_1	Pa	831	896	964	1034	1106	1181	1258	1421	1593	1775	1966	2168

Druckverluste durch Cu-Rohre (ϑ_m = 60 °C) (Herstellerangaben)

R-Wert [Pa/m]	Rohraußendurchmesser *d* x Wanddicke *s* in mm											
	12 × 1		15 × 1		18 × 1		22 × 1		28 × 1,5		35 × 1,5	
	$\dot{m}$ [kg/h]	v [m/s]	$\dot{m}$ [kg/h]	v [m/s]	$\dot{m}$ [kg/h]	v [m/s]	$\dot{m}$ [kg/h]	v [m/s]	$\dot{m}$ [kg/h]	v [m/s]	$\dot{m}$ [kg/h]	v [m/s]
10	16	0,06	34	0,07	62	0,09	113	0,10	209	0,12	411	0,14
20	25	0,06	52	0,11	92	0,13	170	0,15	313	0,18	613	0,22
30	32	0,11	66	0,14	116	0,16	215	0,19	395	0,23	772	0,27
40	38	0,14	78	0,17	138	0,19	254	0,23	466	0,27	910	0,32
50	43	0,16	89	0,19	157	0,22	288	0,26	529	0,31	1033	0,36
60	48	0,17	99	0,21	174	0,25	320	0,29	587	0,34	1146	0,40
70	52	0,19	108	0,23	190	0,27	350	0,32	641	0,37	1250	0,44
80	57	0,20	117	0,25	206	0,29	378	0,34	692	0,40	1649	0,47
90	61	0,22	125	0,27	220	0,31	404	0,36	740	0,43	1442	0,51
100	65	0,23	133	0,28	234	0,33	429	0,39	786	0,45	1530	0,54
110	68	0,25	140	0,30	247	0,35	453	0,41	829	0,48	1615	0,57
120	72	0,26	147	0,31	260	0,37	476	0,43	871	0,50	1696	0,60
130	75	0,27	154	0,33	272	0,38	498	0,45	912	0,53	1775	0,62
140	79	0,28	161	0,34	284	0,40	520	0,47	951	0,55	1850	0,65
150	82	0,29	168	0,36	295	0,42	541	0,49	989	0,57	1924	0,68
160	85	0,31	174	0,37	306	0,43	561	0,51	1026	0,59	1995	0,70
170	88	0,32	180	0,38	317	0,45	581	0,52	1062	0,61	2064	0,73
180	91	0,33	186	0,40	328	0,46	600	0,54	1096	0,63	2132	0,75
190	94	0,34	192	0,41	338	0,48	619	0,56	1131	0,65	2197	0,77
200	97	0,35	197	0,42	348	0,49	637	0,57	1164	0,67	2262	0,79
210	99	0,36	203	0,43	358	0,50	655	0,59	1196	0,69	2325	0,82
220	102	0,37	209	0,45	367	0,52	672	0,61	1228	0,71	2386	0,84
230	105	0,38	214	0,46	377	0,53	690	0,62	1259	0,73	2447	0,86
240	107	0,39	220	0,47	386	0,54	707	0,64	1290	0,74	2506	0,88
250	110	0,40	225	0,48	395	0,56	723	0,65	1320	0,76	2564	0,90
260	112	0,40	230	0,49	404	0,57	739	0,67	1350	0,78	2621	0,92
270	115	0,41	235	0,50	413	0,58	755	0,68	1379	0,79	2677	0,94
280	117	0,42	240	0,51	422	0,59	771	0,69	1407	0,81	2732	0,96
290	120	0,43	245	0,52	430	0,60	787	0,71	1435	0,83	2787	0,98
300	122	0,44	250	0,53	439	0,62	802	0,72	1463	0,08	2840	1,00
350	133	0,48	271	0,58	476	0,67	870	0,78	1587	0,91	3078	1,08
400	144	0,52	294	0,63	517	0,73	944	0,85	1720	0,99	3337	1,17
450	154	0,56	315	0,67	552	0,78	1009	0,91	1838	1,06	3564	1,25
500	164	0,59	334	0,71	586	0,82	1070	0,96	1950	1,12	3780	1,33
600	182	0,66	371	0,79	650	0,91	1186	1,07	2161	1,24	4186	1,47
700	199	0,72	405	0,86	709	1,00	1294	1,16	2356	1,36	4562	1,60

Heizwasser-Massenstrom $\dot{m}$ in kg/h
Strömungsgeschwindigkeit v in m/s

Druckverluste Stahl-Rohre[1] (ϑ_m = 60 °C) (Herstellerangaben)												
DN	v = 0,1 m/s		v = 0,2 m/s		v = 0,3 m/s		v = 0,4 m/s		v = 0,5 m/s		v = 0,6 m/s	
	$\dot{m}$ kg/h	R-Wert Pa/m	$\dot{m}$ kg/h	R-Wert Pa/m	$\dot{m}$ kg/h	R-Wert Pa/m	$\dot{m}$ kg/h	R-Wert Pa/m	$\dot{m}$ kg/h	R-Wert Pa/m	$\dot{m}$ kg/h	R-Wert Pa/m
10	44	19	87	64	130	133	174	224	2173	338	261	473
15	71	14	1423	47	213	96	285	163	357	245	428	344
20	130	9	259	32	389	65	520	111	648	167	779	234
25	206	7	411	23	616	49	821	83	1030	125	1235	175
32	357	5	715	16	1076	34	1434	58	1791	88	2148	123
40	485	4	970	14	1458	28	1943	48	2428	73	2913	102
50	782	3	1561	10	2343	21	3122	36	3893	54	4672	76
50	825	3	1653	10	2478	20	3302	34	4141	52	4955	73
65	1373	2	2747	7	4106	15	5486	25	6867	38	8247	53
80	1894	2	3787	6	5663	12	7575	21	9451	31	11362	44
100	3189	1	6371	4	9557	9	12742	15	15928	22	19149	32
125	4814	1	9627	3	14477	7	19290	12	24104	18	28918	25
150	7044	1	14123	3	21166	5	28210	9	35289	14	42474	20
200	11857	1	23715	2	35395	4	47430	7	59110	10	71144	14
DN	v = 0,7 m/s		v = 0,8 m/s		v = 0,9 m/s		v = 1,0 m/s		v = 1,1 m/s		v = 1,2 m/s	
10	304	631	348	811	389	1012	435	1235	478	1480	520	1747
15	499	459	570	590	641	737	711	899	782	1078	853	1272
20	910	313	1037	402	1168	502	1295	613	1426	735	1557	867
25	1441	233	1646	300	1851	375	2056	458	2262	594	2467	648
32	2510	165	2867	212	3225	264	3575	323	3929	387	4283	457
40	3401	136	3893	175	4389	219	4849	267	5345	320	5840	378
50	5451	101	6230	130	7044	163	7822	199	8601	238	9380	281
50	5769	98	6619	126	7433	157	8247	192	9097	230	9911	272
65	9627	71	11008	92	12353	115	13663	140	15114	168	16494	198
80	13238	59	15149	75	17025	94	18936	115	20812	138	22688	163
100	22334	42	25520	55	28706	68	31891	84	35077	100	38227	118
125	33767	33	38581	42	43536	53	48137	65	53093	78	57694	92
150	49553	26	56278	34	63357	42	70436	52	77515	62	84595	73
200	82825	19	94859	25	106540	31	118574	38	130254	45	142289	53
DN	v = 1,3 m/s		v = 1,4 m/s		v = 1,5 m/s		v = 1,6 m/s		v = 1,7 m/s		v = 1,8 m/s	
10	566	2036	609	2346	651	2678	694	3023	729	3407	782	3804
15	924	1482	995	1708	1069	1950	1140	2208	1211	2481	1281	2770
20	1685	1011	1816	1165	1947	1330	2074	1506	2205	1693	2336	1890
25	2672	755	2878	870	3086	994	3292	1125	3497	1265	3716	1412
32	4672	533	5026	614	5380	701	5734	794	6088	892	6555	996
40	6300	440	6796	508	7291	580	7787	656	8247	738	8743	824
50	10158	328	10937	378	11716	432	12495	489	13273	549	14052	613
50	10725	317	11574	365	12388	417	13202	472	14052	531	14866	593
65	17875	231	19220	266	20600	304	21980	345	23361	387	24741	433
80	24600	190	26476	219	28387	250	30263	283	32174	318	34050	355
100	41412	138	44598	159	47784	182	50969	206	54155	231	46722	258
125	62650	17	67605	124	72206	141	77162	160	82117	180	86718	201
150	91674	85	98753	98	105832	112	112911	127	119990	143	127069	159
200	153969	62	166003	72	177684	82	189718	93	201399	104	213433	116

[1] Mittelschweres Gewinderohr DIN EN 10255 (DN 10-50), Nahtloses Stahlrohr DIN EN 10220 (DN 50-200)

HT

Druckverlusttabelle für PE-X-Rohr (ϑ_m = 60 °C)

R-Wert in Pa/m	PE-X, stabil – Heizwasser-Massenstrom $\dot{m}$ in kg/h, Strömungsgeschwindigkeit *v* in m/s					*R*-Wert in Pa/m	PE-X, stabil – Heizwasser-Massenstrom $\dot{m}$ in kg/h, Strömungsgeschwindigkeit *v* in m/s				
	16,2 × 2,6	20 × 2,9	25 × 3,7	32 × 4,7	40 × 6,0		16,2 × 2,6	20 × 2,9	25 × 3,7	32 × 4,7	40 × 6,0
50	53,4 0,16	123,0 0,20	201,1 0,23	396,6 0,28	709,4 0,33	150	100,1 0,31	210,5 0,38	376,9 0,44	742,9 0,52	1328,9 0,61
55	56,4 0,17	118,6 0,21	212,4 0,25	418,8 0,29	749,10 0,34	160	103,9 0,32	218,4 0,39	391,0 0,45	770,8 0,54	1378,9 0,63
60	59,3 0,18	124,7 0,22	223,3 0,26	440,1 0,31	787,3 0,36	170	107,5 0,33	226,1 0,40	404,8 0,47	798,0 0,56	1427,5 0,65
65	62,1 0,19	130,5 0,23	233,7 0,27	460,7 0,32	824,1 0,38	180	111,1 0,34	233,3 0,42	418,2 0,49	824,5 0,58	1474,9 0,68
70	64,8 0,20	136,2 0,24	243,8 0,28	480,6 0,34	859,7 0,39	190	114,6 0,35	240,9 0,43	431,4 0,50	850,4 0,60	1521,1 0,70
75	67,4 0,21	141,6 0,25	253,6 0,29	500,0 0,35	894,3 0,41	200	118,0 0,36	248,1 0,44	444,2 0,52	875,7 0,62	1566,4 0,72
80	69,9 0,22	146,9 0,26	263,1 0,31	518,7 0,37	927,9 0,43	220	124,6 0,38	261,9 0,47	469,1 0,54	9124,7 0,65	1654,1 0,76
90	74,8 0,23	157,2 0,28	281,5 0,33	554,9 0,39	992,5 0,46	240	131,0 0,40	275,3 0,49	493,0 0,57	971,8 0,68	1738,4 0,80
100	79,4 0,24	166,9 0,30	298,9 0,35	589,3 0,42	1054,1 0,48	260	137,1 0,42	288,2 0,51	516,0 0,60	1017,3 0,72	1819,7 0,83
110	83,9 0,26	176,3 0,31	315,7 0,37	622,3 0,44	1113,1 0,51	280	143,0 0,44	300,6 0,54	538,4 0,63	1061,3 0,75	1895,5 0,87
120	88,1 0,27	185,3 0,33	331,8 0,39	654,0 0,46	1169,9 0,54	300	148,8 0,46	312,7 0,56	560,0 0,65	1104,0 0,78	1974,8 0,91
130	92,3 0,28	193,9 0,35	347,3 0,40	684,6 0,48	1224,6 0,56	400	175,4 0,54	386,6 0,66	660,1 0,77	1301,2 0,92	2327,6 1,07
140	96,3 0,30	202,3 0,36	362,3 0,42	714,2 0,50	1277,6 0,59	500	199,2 0,61	418,7 0,75	749,8 0,87	1478,2 1,04	2644,2 1,21

Druckverluste und Auswahldiagramm für Drei-/Vierwegemischer

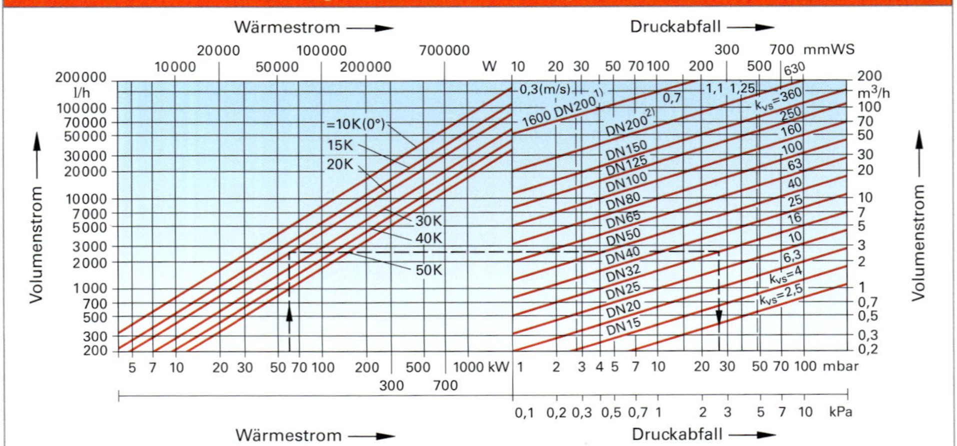

Widerstandsbeiwerte und Einzelwiderstände

Druckverluste Schwerkraftumlaufsperren und Rückschlagklappen

Schwerkraftumlaufsperre

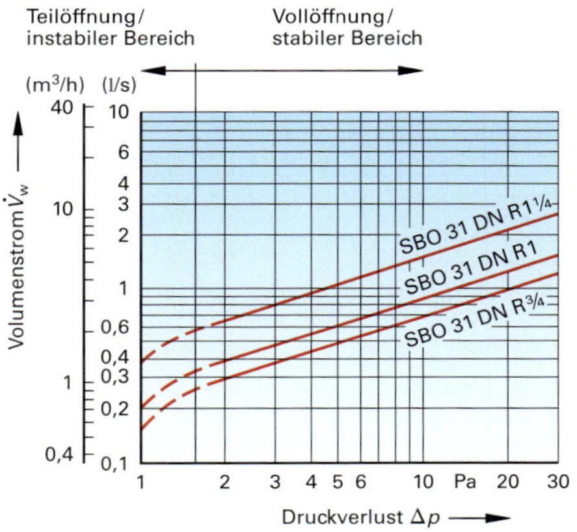

Rückschlagklappe

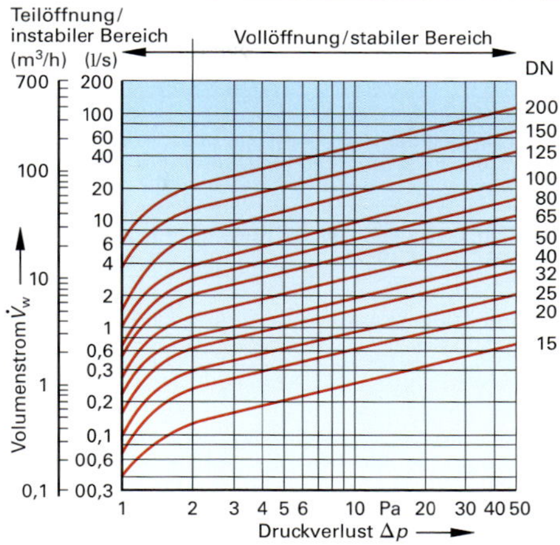

Zusammenstellung der Widerstandsbeiwerte[1]

Bauteil	Symbol	ζ	
Etagenbogen, Ausbiegestück		0,5	
Richtungsänderung		$r/d = 1$: 0,5	$r/d = 1{,}5$: 0,3
T-Abzweig Trennung	0,0 / 1,5	1,5	
T-Abzweig Durchgang	0,0 / 0,5	0,5	
T-Vereinigung Trennung	0,0 / 1,0	1,0	
T-Vereinigung Durchgang	0,0 / 0,5	0,5	
T-Gegenlauf Trennung	3,0 / 3,0	3,0	
T-Gegenlauf Vereinigung	3,0 / 3,0	3,0	
Verteiler/	0,5 / 1,0	0,5	
Sammler		1,0	
Überbogen		1,0	
Speicher		2,5	
Heizkessel		2,5	
Heizkörper		2,5	

Bauteil nach DN	Symbol	10 15	20 25	32 40	≥ 50
90°-Winkel und Verschraubung		2,0	1,5	1,0	1,0
Lyrabogen glatt/[2]		–	–	–	1,5
Wellrohrausgl.					2,0
Schmutzfänger		7,5	5,0	2,0	1,2
Heizkörperdurchgangsventil		8,5	6,0	5,0	–
Heizkörpereckventil		4,0	2,0	2,0	–
Rücklaufverschr. absperrbar		4,0	2,0	–	–
Absperrschieber		1,0	0,5	0,3	0,3
Ventil Geradsitz		10	7,0	5,0	4,0
Ventil Schrägsitz		3,5	3,0	2,5	2,0
Eckventil		4,0	2,0	2,0	1,5
Kugelhahn		0,5	0,6	0,8	0,8
Rückschlagklappe		2,8	2,0	1,2	1,0
Rückschlagventil		5,0	4,0	4,0	3,5

[1] Bei den Armaturen Herstellerunterlagen beachten

[2] Lyrabogen gefaltet: $\zeta = 0{,}75$

HT

Vorgehensweise zum hydraulischen Abgleich

Neuanlagen

- Ermittlung der Normheizlast (DIN EN 12831)
- Festlegung der Systemtemperaturen
- Auslegung der Heizflächen und des Volumenstromes nach berechneter Wärmeheizlast
- Dimensionierung des Rohrnetzes mit $\Delta p = 20 \dots 100\,\text{mbar}$
- Voreinstellung mittels $\dot{V}$ und Δp festlegen. Planungswerte 30 … 100 mbar
- Rohrnetz optimieren: Pumpendruck unter max. Differenzdruck für Thermostatventile (100 … 200 mbar)
- Einsatz von Strangregulierventilen vorsehen, falls erforderlich berechnen und einstellen
- Differenzdruckregler vorsehen, wenn Differenzdruck im Netz > 200 mbar
- Auswahl von drehzahlgeregelter Pumpe mit flachen Kennlinien für Normalgebäude
- Voreinstellung Thermostatventil bzw. Rücklaufverschraubung

Altanlagen

- Ermittlung der Normheizlast (DIN EN 12831)
- Messung/Ermittlung der Systemtemperaturen
- Überprüfen der Heizflächen
- Berechnung Heizkörpervolumenstrom über
  - vorh. Wärmemengenzähler
  - Umwälzpumpen mit entsprechender Anzeige

  oder
  - Berechnungen
- Aufnahme des Rohrnetzes zur Ermittlung der Druckverluste im gesamten System
- Einsatz von Strangregulierventilen vorsehen, falls erforderlich, Voreinstellwerte ermitteln, nachträglich einregulieren
- Differenzdruckregler vorsehen, wenn Differenzdruck im Netz > 200 mbar
- Kontrolle der Umwälzpumpe hinsichtlich:
  - Volumenstrom
  - Pumpendruck
- Voreinstellung Thermostatventil unter Annahme des Druckverlustes von 100 mbar am Ventil

Überprüfung Existenz und Einstellung von Abgleicheinrichtungen (VDZ)

Anlage	Vorgehen	Festgestellte Situation		Beurteilung	
Einrohrsystem	Stränge auf Durchflussregler prüfen	strangweise Durchflussregler	**ohne**	**kein**	hydraulischer Abgleich
			mit	**annähernder**	
Zweirohrsystem	**Fall A: Jeder Strang besitzt eine eigene Pumpe.**				
1. Hydraulischer Abgleich am Heizkörper bzw. Regulierventil von Flächenheizungen	Abnahme des Thermostatskopfs bzw. Stellantriebs	Thermostatventil nicht voreinstellbar oder in Vollöffnung (z. B. „N“ oder „8“)		**kein** hydraulischer Abgleich	
oder		Thermostatventil voreinstellbar und keine Vollöffnung oder begrenzte Ventileinsätze		hydraulischer Abgleich **erfolgt**	
2. Hydraulischer Abgleich an Rücklaufverschraubungen	Aufzeichnen der Gewindeumdrehungen bei vollständigem Zudrehen und anschließende Rückstellung	Rücklaufverschraubungen sind vollständig geöffnet		**kein** hydraulischer Abgleich	
		alle Rücklaufverschraubungen sind nicht vollständig geöffnet		hydraulischer Abgleich **erfolgt**	

Überprüfung Existenz und Einstellung von Abgleicheinrichtungen (Fortsetzung)

Zweirohrsystem	Fall B: Alle/mehrere Stränge über gemeinsame Pumpe versorgt		
3. Geregelte Pumpe/ Anlagen $A \leq 500\,m^2$	hydraulischer Abgleich wie im Fall A		
4. Ungeregelte Pumpe und/oder Anlagen $A > 500\,m^2$ versorgter Fläche	hydraulischer Abgleich am Strang **und** am Heizkörper	keine strangweise Regelung	hydraulischer Abgleich **erfolgt**
		strangweise Regelung	nicht eingestellt, **kein** hydraulischer Abgleich
			eingestellt und hydraulischer Abgleich am Heizkörper

Voreinstellwerte Kompaktheizkörper[1)] (Herstellerangaben)

BH	300					350					400					500					600					900				
BL/Typ	10	11	21	22	33	10	11	21	22	33	10	11	21	22	33	10	11	21	22	33	10	11	21	22	33	10	11	21	22	33
600	1	2	2	2	3	1	2	2	2	3	1	2	2	3	3	2	2	3	3	4	2	2	3	3	4	2	3	4	4	5
800	1	2	2	3	3	2	2	3	3	4	2	2	3	3	4	2	2	3	4	5	2	3	4	4	5	3	3	4	5	6
1000	2	2	3	3	4	2	2	3	4	4	2	3	3	4	5	2	3	4	4	5	3	3	4	5	5	3	4	5	5	6
1200	2	2	3	4	5	2	3	3	4	5	2	3	4	4	5	3	3	4	5	6	3	4	5	5	6	4	5	5	6	6
1400	2	3	3	4	5	2	3	4	4	5	3	3	4	5	5	3	3	5	5	6	3	4	5	5	6	4	5	6	6	–
1600	2	3	4	4	5	3	3	4	5	6	3	4	4	5	6	3	4	5	5	6	3	4	5	6	6	4	5	6	6	–
1800	2	3	4	5	5	3	3	5	5	6	3	4	5	5	6	3	4	5	6	6	4	5	6	6	6	5	6	6	6	–
2000	3	3	4	5	6	3	4	5	5	6	3	4	5	5	6	4	5	5	6	6	4	5	6	6	–	5	6	6	–	–

1) 70/55/20 °C, 55/45/20 °C, Differenzdruck Ventil $\Delta p_V = 100\,mbar$, $A_{Wohn} \leq 500\,m^2$, nahezu unverändertes $\dot{Q}_{HL}$

Druckverluste an Heizkörper-Armaturen (Herstellerangaben)

Thermostatventil DN 10

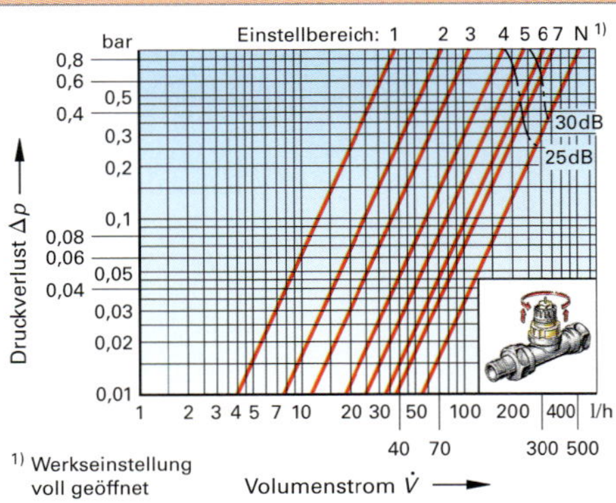

1) Werkseinstellung voll geöffnet

Rücklaufverschraubung DN10

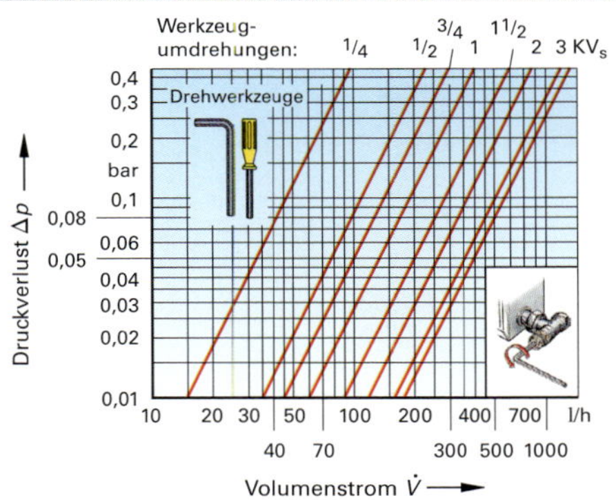

Dezentrale Differenzdruck- und Durchflussregelung (Herstellerangaben)

Heizungsanlage			Regelung
Zweirohrheizung			
– Neuanlage	$\Delta p = 100\,mbar$		Differenzdruckregler (fest eingestellt) + Strangabsperrventil (absperren und messen)
– Neuanlage	$\Delta p = 50 \ldots 200, 200 \ldots 400, 200 \ldots 1000, 400 \ldots 1800\,mbar$		Differenzdruckregler (individuell einstellbar) + Strangabsperrventil (absperren und messen)
– Altanlage	Massenstrom am Heizkörper begrenzt (voreinstellbare Thermostatventile, Rücklaufverschraubung)	ja	s. Neuanlage
		nein	Differenzdruckregler + Strangregulierventil
Einrohranlage/größere Einzelverbraucher			Durchflussregler strangweise/Heizkreis

HT

Beispiele Auslegung/Wirkungsweise bei Regelventilen (Herstellerangaben)

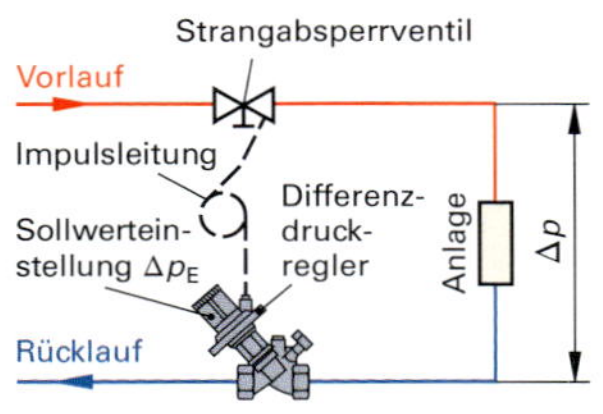

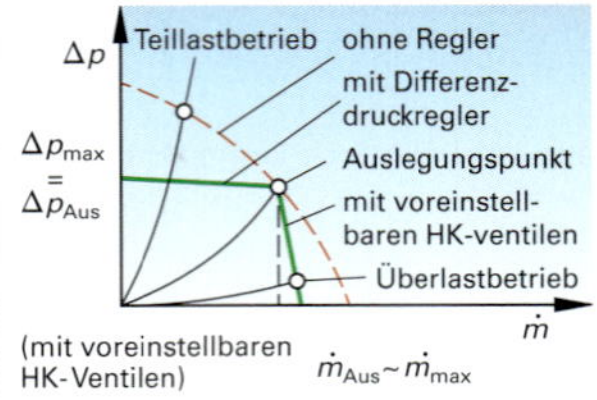

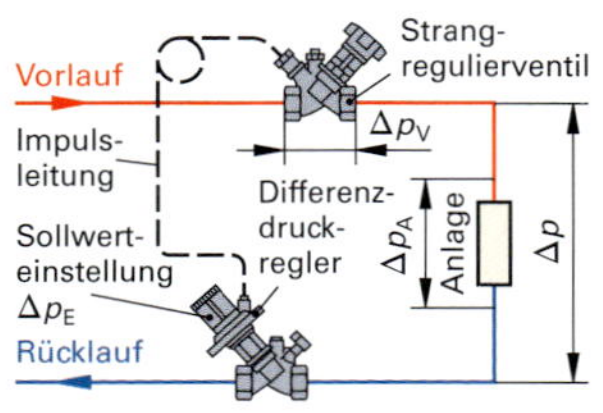

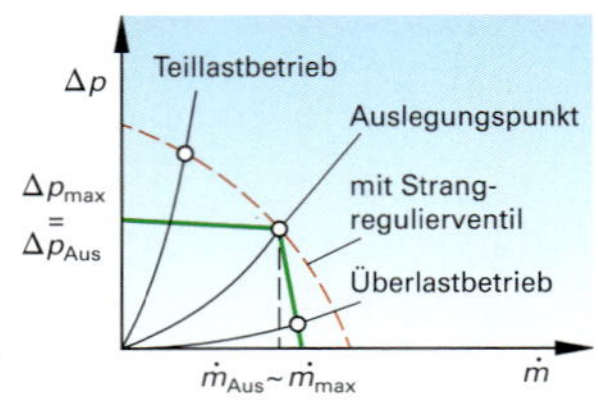

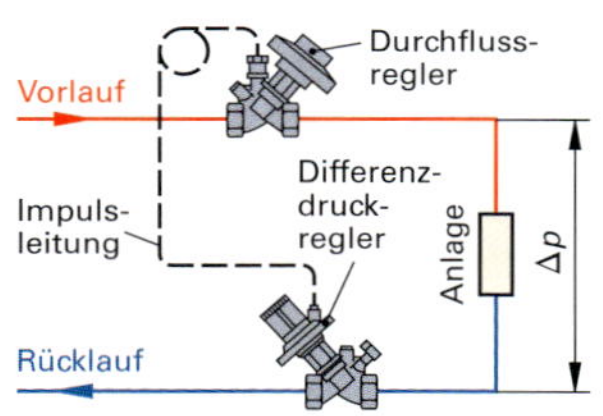

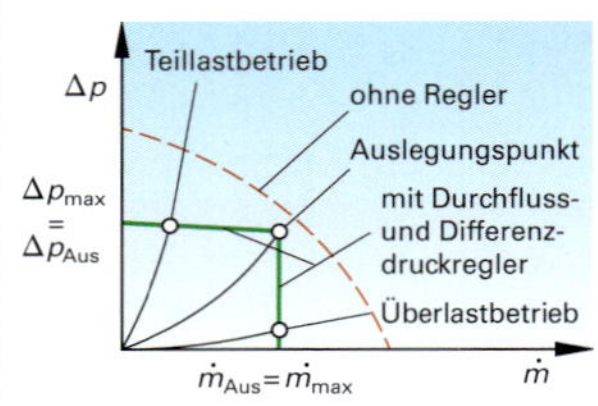

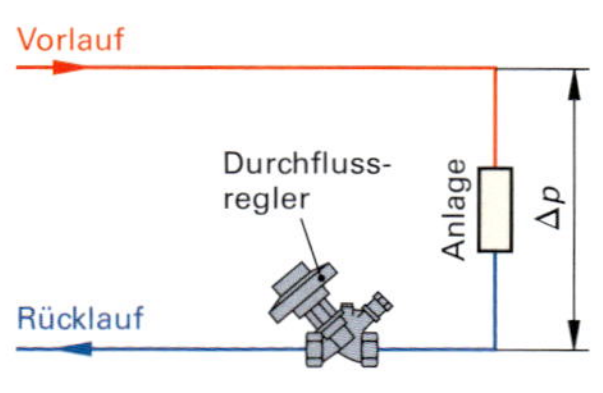

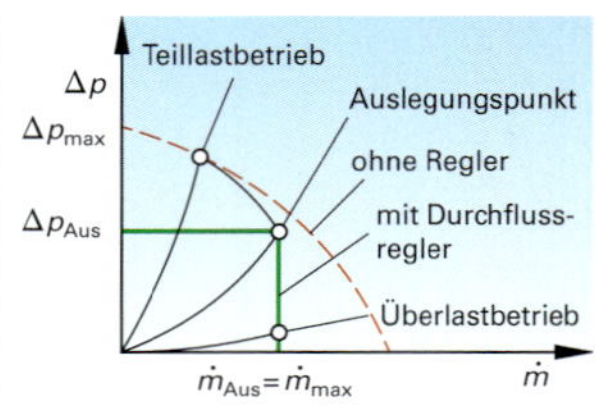

Strangregulierventil DN 20

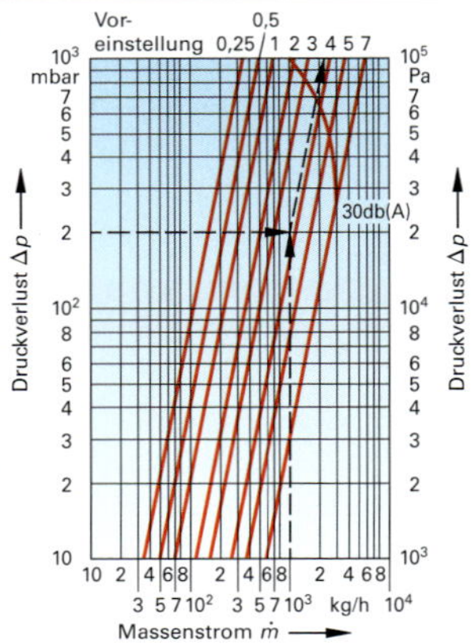

Differenzdruckregler DN 20

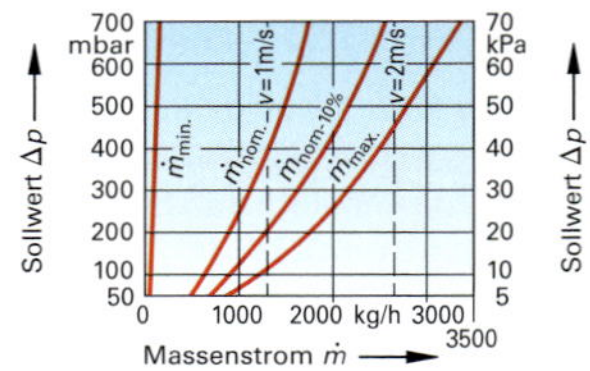

Durchflussregler DN 20

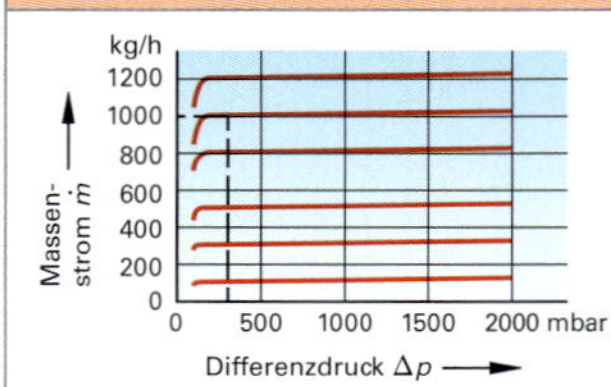

Hydraulische Weiche (Herstellerangaben)

1 autom. Entlüfter
2 Füllhahn
3 Tauchhülse mit Temperaturfühler
4 gelochte Trennwand
5 Siebboden
6 Entleerung
7 Rückschlagventil

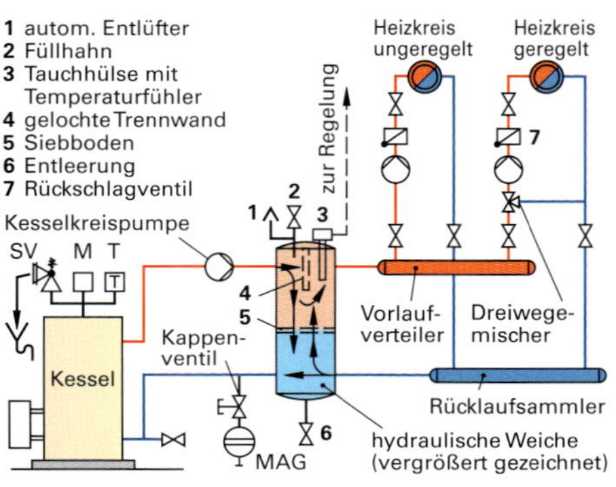

Anwendung:

- Fußbodenheizung mit sehr großem Volumenstrom bei gleichzeitig begrenztem Volumenstrom des Heizkessels, der kleiner als der der Fußbodenheizung ist
- Bei größeren Heizungsanlagen eigenständiger Vorlaufverteiler und Rücklaufsammler
- Hydraulische Entkopplung des Kesselkreises (Primär-) von den Heizkreisen (Sekundärkreis)

Betriebsfälle:

$\dot{V}_K = \dot{V}_H$: Weiche außer Betrieb
$\dot{V}_K < \dot{V}_H$: $\theta_{V,H} < \theta_{V,K}$
$\dot{V}_K > \dot{V}_H$: $\theta_{R,K}$ steigt an

K: Kesselkreis
H: Heizkreis

Proportionalgesetze bei Drehzahländerung

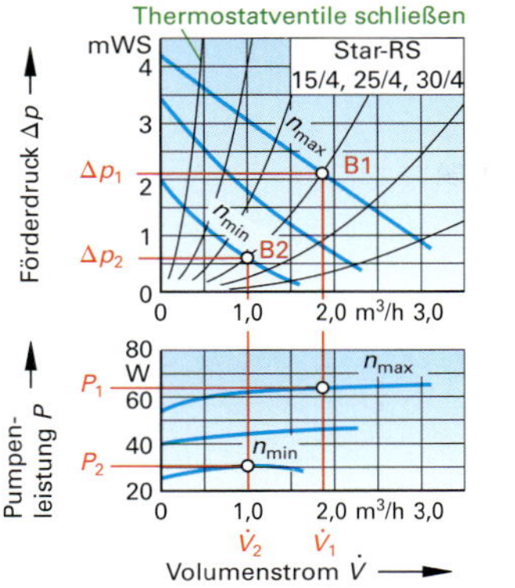

Beispiel: ungeregelte Standardpumpe

$\dot{V}_1$	Volumenstrom im Betriebspunkt 1 (B_1)	m³/h
$\dot{V}_2$	Volumenstrom im Betriebspunkt 2 (B_2)	m³/h
n_1	Drehzahl der Pumpe in B_1	1/min
n_2	Drehzahl der Pumpe in B_2	1/min
Δp_1	Förderdruck in B_1	Pa, mbar, mWS
Δp_2	Förderdruck in B_2	Pa, mbar, mWS
P_1	hydraulische Leistung in B_1	W
P_2	hydraulische Leistung in B_2	W

Proportionalgesetze

$$\frac{\dot{V}_2}{\dot{V}_1} = \frac{n_2}{n_1}$$

$$\frac{\Delta p_2}{\Delta p_1} = \left(\frac{\dot{V}_2}{\dot{V}_1}\right)^2 = \left(\frac{n_2}{n_1}\right)^2$$

Pumpenleistung

$$\frac{P_2}{P_1} = \left(\frac{n_2}{n_1}\right)^3$$

Merksatz: Halbierung der Drehzahl/des Förderstroms (50%) ⇒ 1/4 des Druckes Δp_1, 1/8 der Leistung P_1
Verdopplung der Drehzahl ⇒ Vierfache des Druckes Δp_1, Achtfache der Leistung P_1

Regelungsarten und Anwendungen geregelter Elektronikpumpen

Zweirohrheizung mit Thermostatventilen	
• Förderdruck < 2 mWS • Ehemalige Schwerkraftanlagen • Rohrleitungswiderstand kleiner als die von Regelungsarmaturen (Thermostatventile etc.) • Große Spreizung (z. B. Fernwärmeanlage)	• Förderdruck > 4 mWS • Lange Verteilungsleitungen • Mit Strangdifferenzdruckregler • Rohrleitungswiderstand größer als die von Regelungsarmaturen (Thermostatventile etc.) • Geringe Spreizung
Einrohrheizung und Fußbodenheizung mit Thermostatventilen	
Mit Zonenventilen unterschiedlicher Kreise (Einrohrheizung)	hohe Druckverluste in Anlagenteilen (Kessel, Wärmetauscher, Verteilungsltg. bis 1. Abgang)
Druckverlust im Primärkreis bis zur hydraulischen Weiche	
gering	hoch

Außentemperaturgeführt mit:

- **Positiver Wirksinn:** konstanter Volumenstrom als vorlauftemperaturabhängige Betriebspunktsteuerung (Einrohrheizung, Standartkessel), Pumpe im Vorlauf
- **Negativer Wirksinn:** variablem Volumenstrom als vorlauftemperaturgeführte Differenzdruckregelung (Brennwert), Pumpe im Rücklauf
- Absenkprogramm als zeitsynchrone Anpassung der Sollwertabsenkung (Schwachlastphasen, Nachtabsenkung)

Konstantdruck Δp – c	**Proportionaldruck Δp – v**	**Temperaturführung Δp – T**

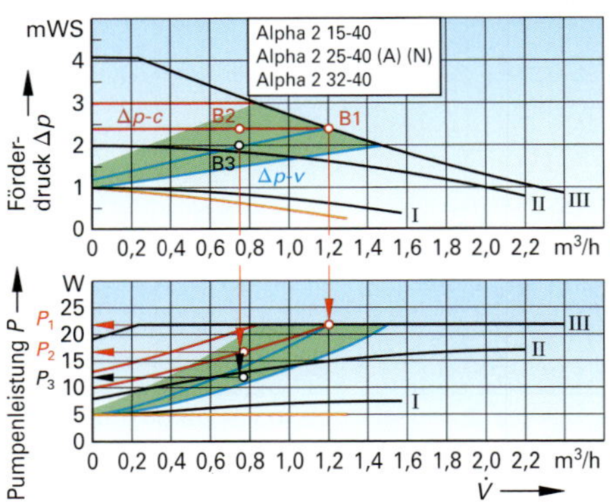

Konstante Drehzahlstufe I, II, III
obere/untere Konstantdruck-Kennlinie Δp-c
obere/untere Proportionaldruck-Kennlinie Δp-v
Nachtabsenkung

Beispiel: Hocheffizienzpumpe, Energieklasse A mit automatischer Anpassung der Kennlinie (grüner Bereich)

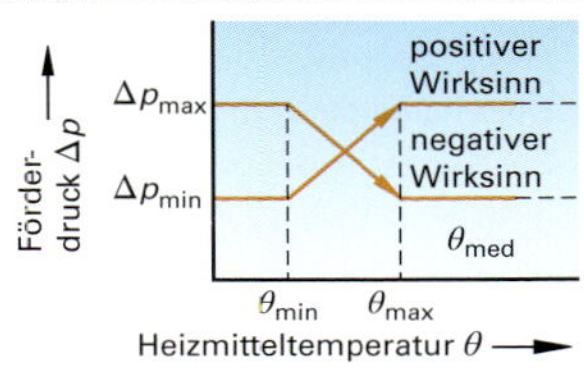

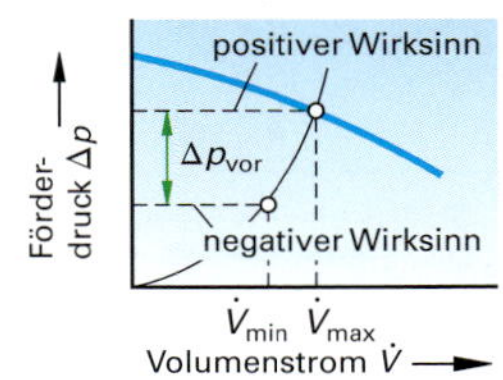

HT

Pumpenauswahl (Herstellerangaben)

Vereinfachtes Verfahren mit Diagramm

Rechenschritt	Diagramm

1. Heizleistung $\dot{Q}$

mit

- Wohnfläche A_{Wohn}
- spez. Wärmebedarf

Ablesebeispiel:

A_{Wohn}	=	1000	m^2
$\dot{q}$	=	70	W/m^2
→ $\dot{Q}$	=	**70**	**kW**

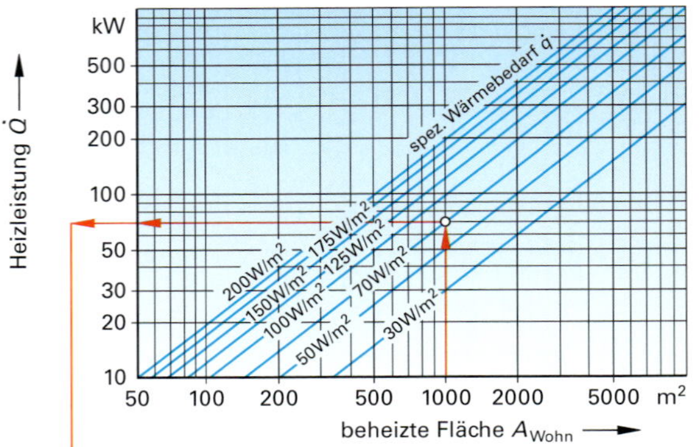

2. Förderstrom $\dot{V}$

mit

- Heizleistung $\dot{Q}$
- Spreizung ϑ

Ablesebeispiel:

$\dot{Q}$	=	70	kW
$\Delta\vartheta$	=	15	K
→ $\dot{V}$	=	**4**	**m^3/h**

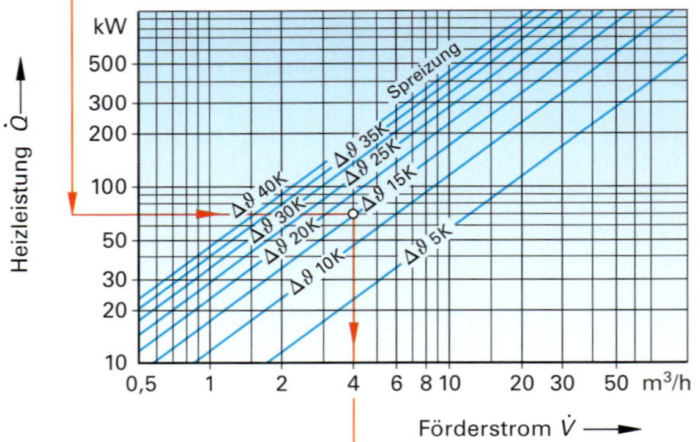

3. Rohrreibungswiderstand R

mit

- Förderstrom $\dot{V}$
- Dimension der Rohrleitung[1]
- Zuschlagsfaktor Formteile Z_F

Ablesebeispiel:

$\dot{V}$	=	4	m^3/h
DN40	→	R = 160	Pa/m
Z_F	=	1,3	
	→	**R = 208**	**Pa/m**

[1] St: Mittelschw. Gewinderohr
DN: Siederohr
CU: Kupferrohr
MA: Präzisionsstahlrohr

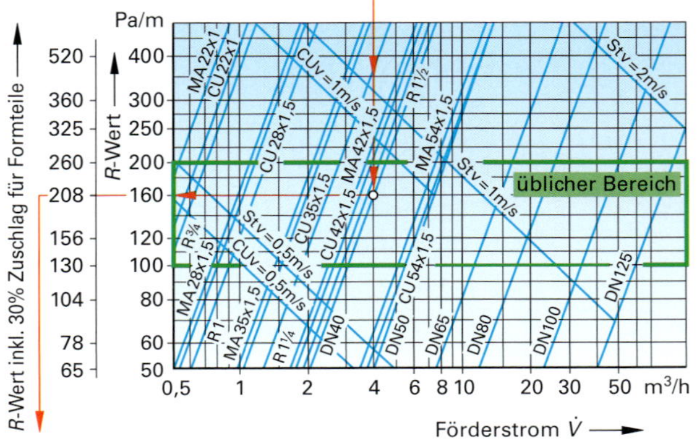

Pumpenauswahl (Herstellerangaben) (Fortsetzung)

Vereinfachtes Verfahren mit Diagramm (Fortsetzung)

Rechenschritt	Diagramm

4. Druckverlust Rohrnetz Δp_R

mit

- *R*-Wert (inkl. Formteile)
- Rohrleitungslänge *l*
  $l = 2 \cdot (a + b + h)$
  a, *b*, h: Breite, Länge, Höhe des Hauses

Ablesebeispiel:

R	=	208	Pa/m
l	=	100	m
Δp_R	=	**20,8**	**kPa**

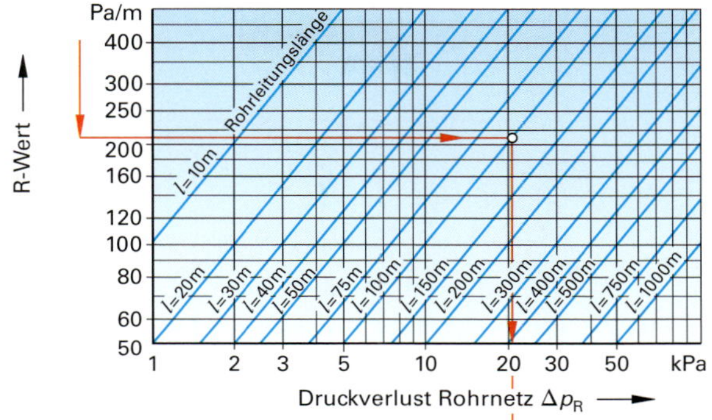

5. Gesamtdruckverlust Δp bzw. Förderhöhe *H*

mit

- Zuschlag *Z* für Einzelwiderstände
- Druckverlust Rohrnetz Δp_R

Ablesebeispiel:

Z	=	10	kPa
Δp_R	=	20,8	kPa
Δp	=	32	kPa
bzw.			
H	**=**	**3,2**	**mWs**

(10 kPa = 1 mWS = 100 mbar)

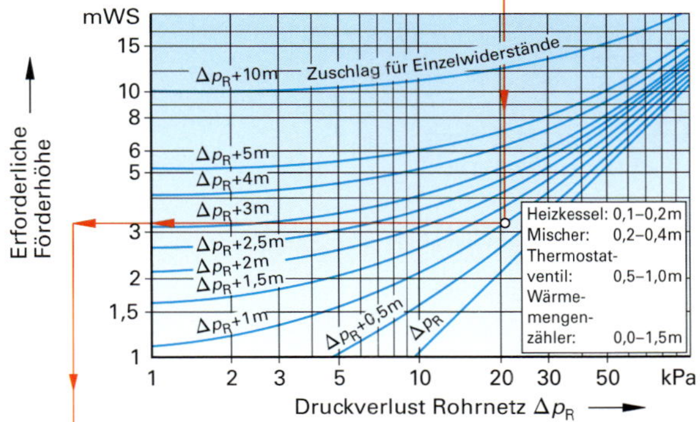

6. Pumpenauswahl

mit

- Förderstrom $\dot{V}$
- Druckverlust Δp bzw. Förderhöhe *H*

Ablesebeispiel:

$\dot{V}$	=	4	m^3/h
Δp	=	32	kPa

Auswahl:

Magna 25-60 oder **Magna 32-60**

kleinere Werte: → S. 405

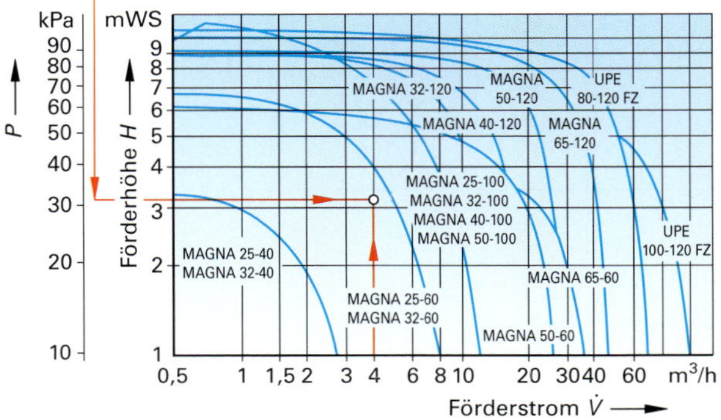

Nicht erlaubte Einbaulagen	Ohne Einschränkung erlaubte Einbaulagen für Pumpen mit	
	stufenloser Regelung	1, 3 bzw. 4 Drehzahlstufen

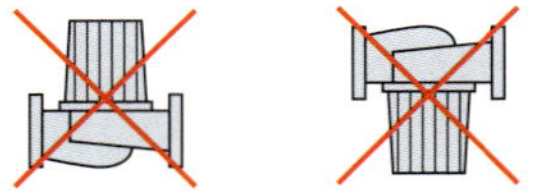

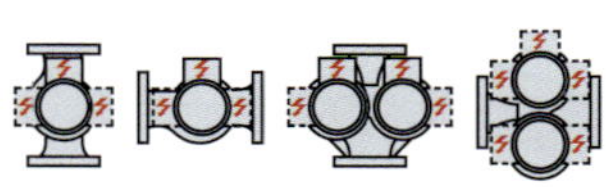

Anlagenausrüstung

DIN EN 12828: 2014-07

Nach **DIN EN 12828** „Heizungssysteme in Gebäuden – Planung von Warmwasseranlagen" (vormals in **DIN 4751 T1-3)** müssen alle Wärmeerzeuger gegen zu hohen Druck und zu hohe Temperatur abgesichert werden. Die zusätzliche Sicherheitsausstattung von Wärmeerzeugern mit mehr als 300 kW oder höherer Vorlauftemperatur als 105 °C richtet sich nach **DIN EN 12828** und **DIN EN 12953:** 2003-12.

Geschlossene Anlage ≤ 300 kW[1)]

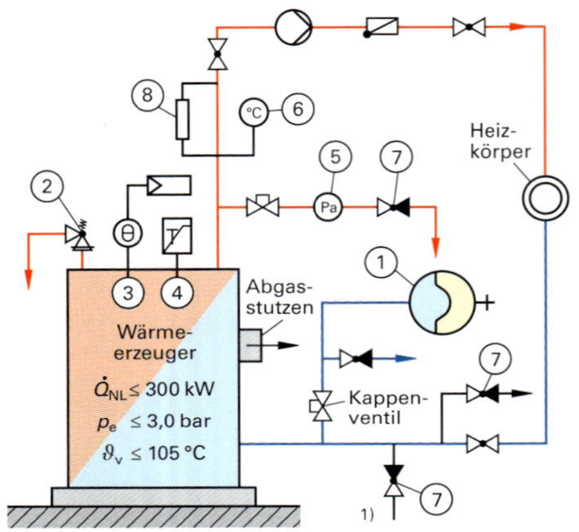

1) Anschluss nach EN 1717

Geschlossene Anlage > 300 kW[1)]

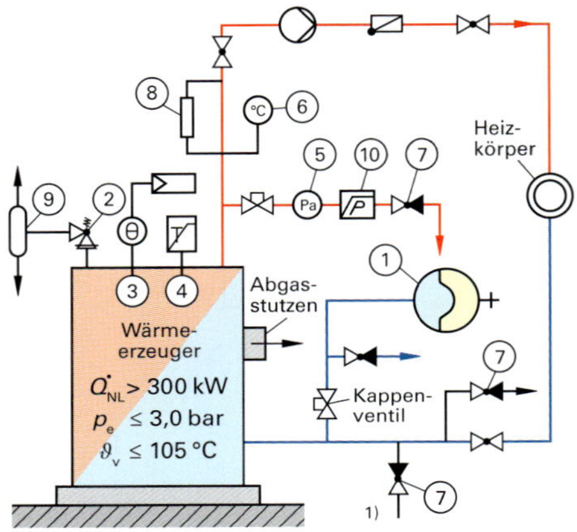

1) Anschluss nach EN 1717

Zwangsumlauf-Wärmeerzeuger[1)]

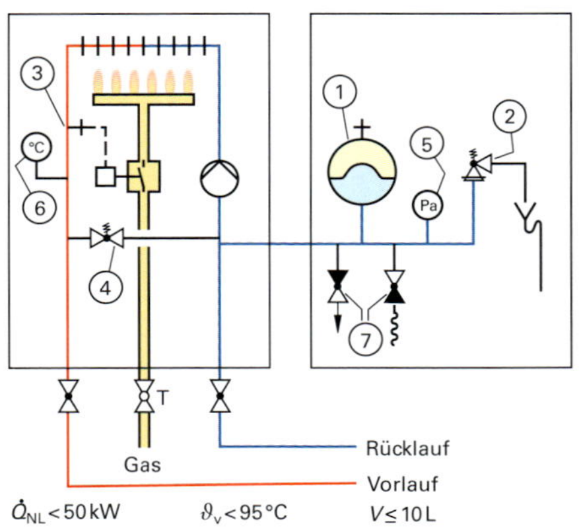

Anlage für Festbrennstoffe[1)]

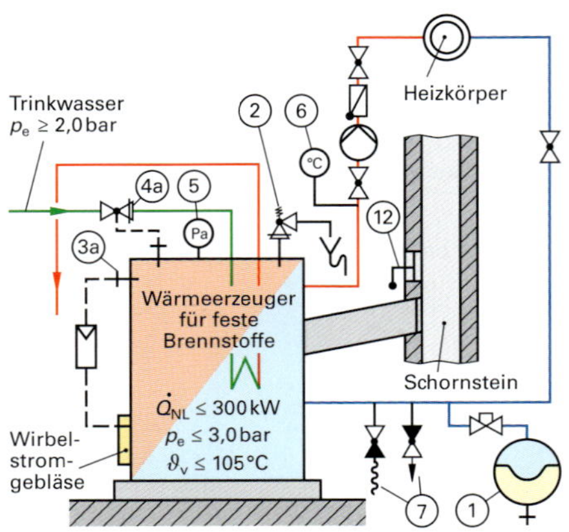

1 Membranausdehnungsgefäß
2 Sicherheitsventil
3 Temperaturregler
3 a) Verbrennungsluftregler
4 Sicherheitstemperaturbegrenzer
4 a) thermische Ablaufsicherung
5 Manometer
6 Thermometer
7 Füll- und Entleerungseinrichtung
8 Wassermangelsicherung
9 Entspannungstopf
10 Maximal-Druckbegrenzer
11 Minimal-Druckbegrenzer
12 Nebenluftvorrichtung

[1)] Nach DIN EN 12828 ist die maximale Vorlauftemperatur auf 105 °C begrenzt, nicht mehr wie zuvor die maximal am Sicherheitstemperaturbegrenzer einstellbare Temperatur (120 °C nach DIN 4751).

Sicherheitsventile, Leitungen und Entspannungstöpfe DIN EN 12828: 2013-04

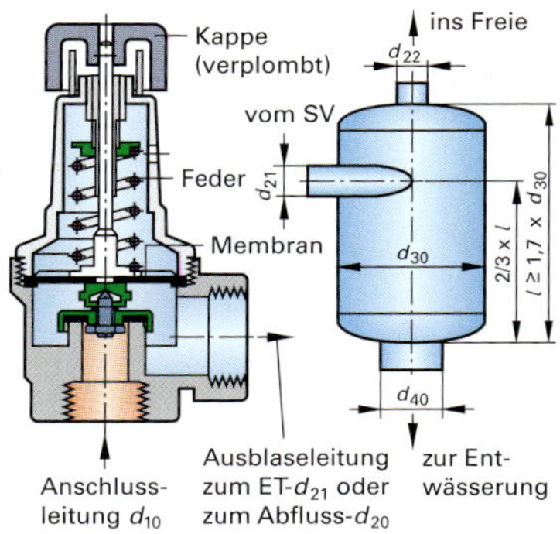

[1] Abblaseleistung entspricht der Kesselleistung
[2] Gewindedurchmesser in Zoll

Membran-Sicherheitsventile						
Abblaseleistung[1]	**kW**	**50**	**100**	**200**	**350**	**600**
Größe des SV	DN	15	20	25	32	40
Anschlussleitung d_{10}	R[2]	½	¾	1	1¼	1½
Ausblasleitung d_{20}	R	¾	1	1¼	1½	2

Entspannungstopf (Anlagen > 300 kW oder ϑ_v > 100 °C)								
		Länge m	**Anzahl Bögen**	**Abblaseleistung[1] in kW**				
				50	**100**	**200**	**350**	**600**
d_{10}	DN	≤ 1	≤ 1	15	20	25	32	40
d_{20}	mm	≤ 2 ≤ 4	≤ 2 ≤ 3	20 25	25 32	32 40	40 50	50 65
d_{21}	mm	≤ 5	≤ 2	32	40	50	65	80
d_{22}	mm	≤ 15	≤ 3	40	50	65	80	100
d_{30}	mm	≤ 1,7d_{30}	0	125	150	200	250	300
d_{40}	mm	k. A.	k. A.	32	40	50	65	80

Auswahlbeispiel Membran-Sicherheitsventil (Herstellerangaben)

Größe	Maß in mm								
(*R*)	**A**	**B**	**C**	**D**	**E**	**F**	**G**	**D_2**	**Masse in kg**
1	40	150	190	220	80	35	115	32	3,5
1¼	50	160	210	230	85	40	125	40	5,0
1½	52	210	260	280	100	45	145	50	7,0
2	60	230	290	320	105	50	155	65	8,5

Abblaseleistung bei 20 % Drucksteigerung

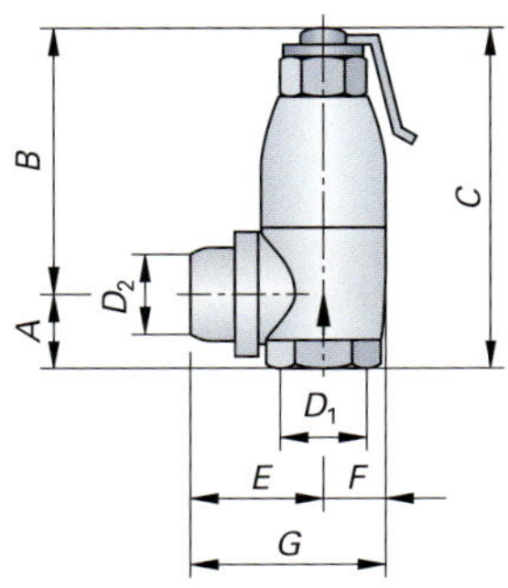

Ansprechdruck in bar	2	2,5	3
Größe (R_1)	**Abblaseleistung in kW**		
1	209	240	270
1¼	320	370	415
1½	510	580	660
2	780	900	1015
Ansprechdruck (bar)	**4**	**5**	**6**
Größe (R_1)	**Abblaseleistung in kW**		
1	330	390	445
1¼	510	600	690
1½	810	960	1095
2	1250	1470	1600

Sicherheitstechnische Einrichtungen (Übersicht) DIN EN 12828: 2013-04

Art der Anlage	Direkt beheizt	Indirekt beheizt	Festbrennstoffkessel	Ungeregelter Wärmeerzeuger
Thermometer, Temperaturregler, Manometer, Sicherheitsventil, Druckausdehnungsgefäß	X	X	X	X
Sicherheitstemperaturbegrenzer	X	–	–	–
Sicherheitstemperaturwächter	–	X	–	–
Sicherheitsdruckbegrenzer (> 300 kW) Wassermangelsicherung	X		X	–
Entspannungstopf (> 300 kW od. v_V > 105 °C)	X	X	X	X

Membran-Ausdehnungsgefäße (MAG) — DIN EN 12828: 2013-04

Begriffe und deren Bedeutung bei der Auslegung von MAG

Formelzeichen	Einheit	Bedeutung
V_A	l	Wasserinhalt der Anlage
V_e	l	Ausdehnungsvolumen
n	%	Ausdehnungsfaktor
p_{St}	bar	statischer Druck
p_D	bar	Dampfdruck bei $u_V > 100\,°C$
p_0	bar	Vordruck ($p_0 = p_{ST} + p_D$)
$p_{a,min}$	bar	niedrigster Anfangs-(Füll-)druck
$p_{a,max}$	bar	höchster Anfangs-(Füll-)druck
p_e	bar	Enddruck (bei ϑ_{Vmax})
p_{SV}	bar	Ansprechdruck des Sicherheitsventils
V_V	l	Wasservorlage (0,005 · V_A, mind. 3 l)
V_n	l	MAG-Volumen errechnet
V_N	l	Nennvolumen des MAG

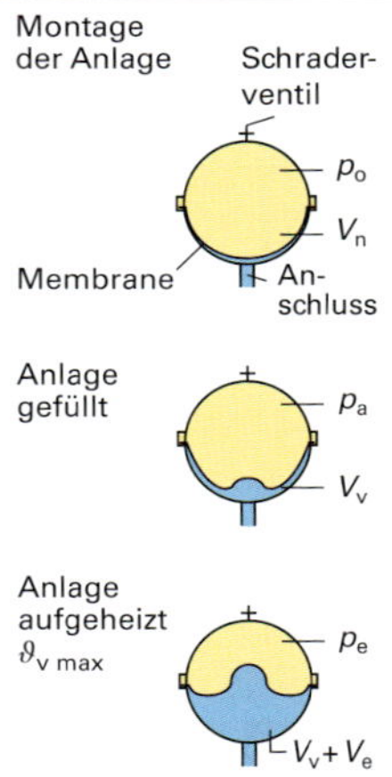

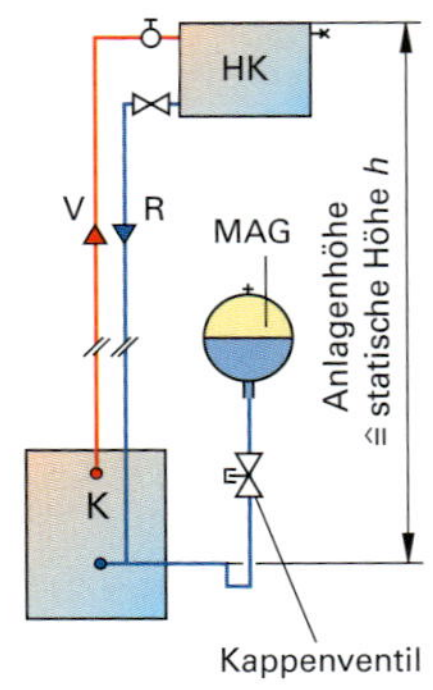

Ermittlung des Anlagenvolumens V_A

V_A wird überschlägig nach der Wärmeleistung und der Heizflächenart bestimmt.

Heizflächenart	Inhalt l/kW
Konvektoren	7
Plattenheizkörper	9
Radiatoren	15
Fußbodenheizung	20

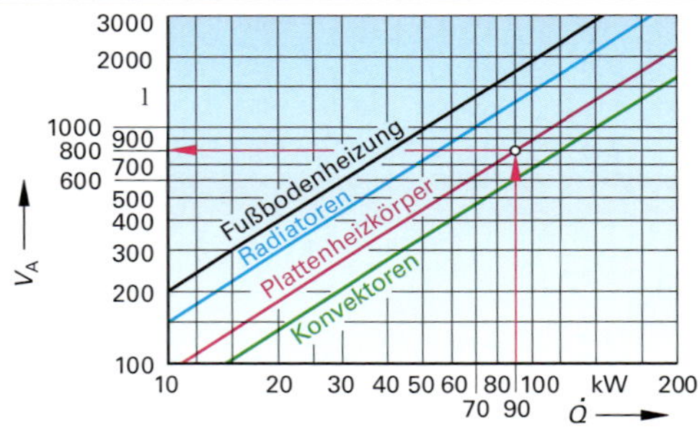

Ablesebeispiel:
Bei $\dot{Q}$ = 90 kW und einer Ausrüstung mit Plattenheizkörpern ergibt sich überschlägig ein Anlageninhalt von V_A = 800 l. Hiermit wird das **Ausdehnungsvolumen** bestimmt.

Bestimmung des vom MAG aufzunehmenden Ausdehnungsvolumens V_e

n Ausdehnungsfaktor bei Erwärmung in %
V_A Anlagenvolumen in l
V_e Ausdehnungsvolumen in l

$$V_e = \frac{n \cdot V_A}{100\,\%}$$

Ausdehnungsfaktor n in % bei einer Befülltemperatur von 10 °C bezogen auf max. Vorlauftemperatur

ϑ_{Vmax}	°C	40	45	50	55	60	65	70	75	80	85	90	95
n	%	0,75	0,96	1,18	1,42	1,68	1,96	2,25	2,57	2,89	3,23	3,57	3,96

Bestimmung der Nenngröße des MAG

Wasservorlage V_V und Mindestnennvolumen $V_{N,min}$

$V_V = 0{,}005 \cdot V_A$, wenn $V_n > 15$ l (mind. $V_V = 3$ l)
$V_V = 0{,}02 \cdot V_A$, wenn $V_n \leq 15$ l

$$V_{N,min} = (V_e + V_V) \cdot \left(\frac{p_e + 1}{p_e - p_0}\right)$$

p_{St} statischer Druck in bar
p_D Dampfdruck in bar (bei $\vartheta_V < 100\,°C \Rightarrow p_D = 0$ bar)
p_0 Vordruck in bar

$$p_0 = p_{st} + p_D$$

HT

Inhalt und Abmessungen von MAG (Herstellerangaben)

Gesamtinhalt [l]	8	12	18	25	35	50	80	100	150	200	300	400	500
Durchmesser [mm]	245	286	328	358	396	437	519	484	484	484	600	790	790
Höhe [mm]	304	336	328	380	439	495	551	780	1024	1300	1153	1180	1335

Gefäßgröße V_N nach Anlageninhalt V_A und Fülldruck $p_{a,min}$

Vordruck [bar]	0,5	1	1,5	0,5	1	1,5	1,8
p_{SV} [bar]	2,5			3,0			
V_N [l]	V_A [l], $p_{a,min}$ [bar]						
8	110/1,1	48/1,6	–	130/1,1	80/1,7	31/2,2	–
12	160/1,1	70/1,6	–	200/1,1	120/1,7	46/2,2	–
18	270/1,0	130/1,5	–	330/1,0	210/1,6	95/2,1	27/2,4
25	420/0,9	240/1,3	50/1,8	500/0,9	340/1,4	180/1,9	90/2,3
35	640/0,9	390/1,3	130/1,8	730/0,9	540/1,4	310/1,9	180/2,2
50	910/0,9	610/1,3	220/1,8	1040/0,9	780/1,4	500/1,9	310/2,2
80	1460/0,9	970/1,3	360/1,8	1670/0,9	1250/1,4	830/1,9	560/2,2
100	1830/0,9	1210/1,3	450/1,8	2080/0,9	1570/1,4	1040/1,9	690/2,2

Auswahl

Anlageninhalt: $V_A = 800\ l$

Fülldruck: $p_{a,min} = 1{,}3$ bar

Gefäßgröße: $V_N = 80\ l$

Ermittlung des benötigten Fülldruckes p_a

- V_N Gefäßgröße in l
- V_V Wasservorlage in l
- p_0 Vordruck in bar
- $p_{a,max}$ höchster Anfangsdruck (Fülldruck) in bar
- $p_{a,min}$ niedrigster Anfangsdruck (Fülldruck) in bar

Es gilt:

$$p_{a,max} - p_{a,min} > 0{,}2 \text{ bar}$$

$$p_{a,min} = \frac{V_N \cdot (p_0 + 1)}{V_N - V_V} - 1$$

$$p_{a,max} = \frac{p_e + 1}{1 + \frac{V_e \cdot (p_e + 1)}{V_N \cdot (p_0 + 1)}} - 1$$

$$V_{V,tat} = V_N \cdot \left(1 - \frac{p_0 + 1}{p_a + 1}\right)$$

Montagebeispiele für

Standard im Rücklauf

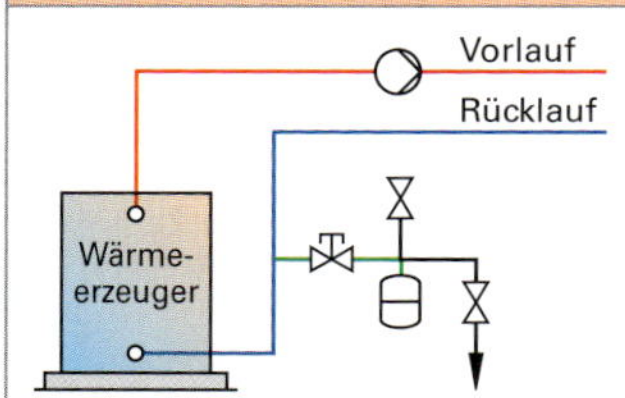

Bei Einsatz eines Mischers

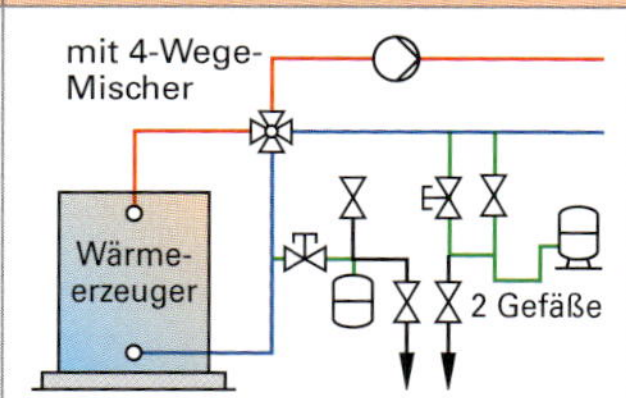

Mischer und 1 MAG

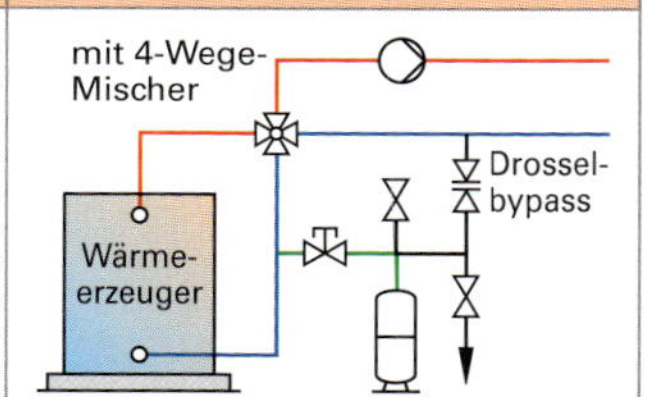

Zwangsumlaufwärmeerzeuger

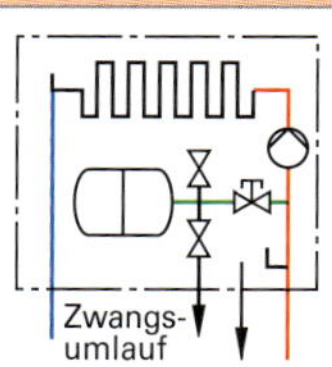

Mehrkesselanlage

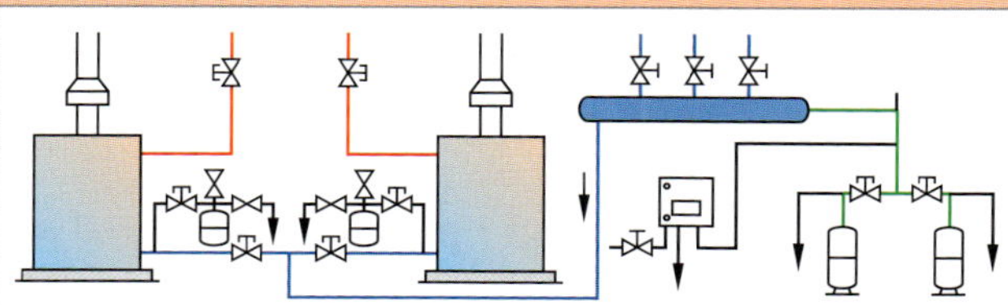

HT

HT

Regler in Heizungsanlagen

Kesselwasser-Temperaturregelung

Schaltschema

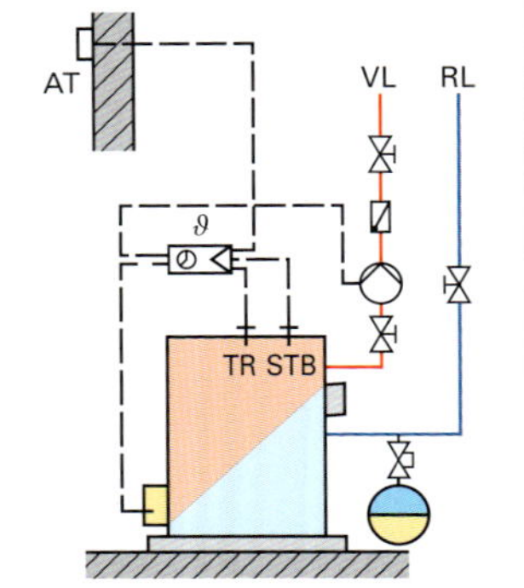

Heizkennlinien

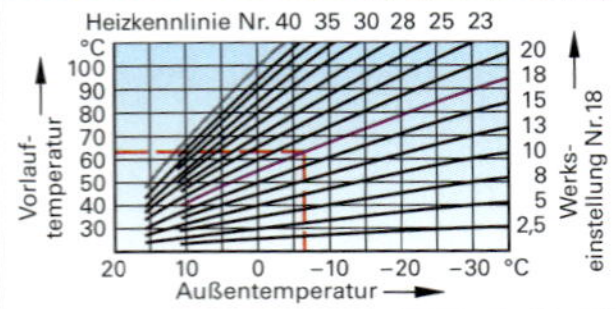

Regelkreis

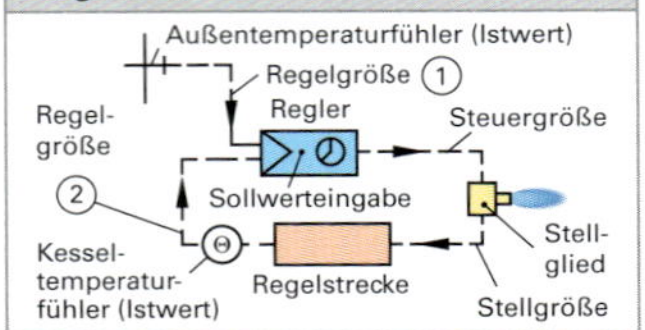

Eigenschaften/Anwendungen

- Bei einem Heizkreis (Vorlauf- = Kesselwassertemperatur)
- Die über Außenfühler gemessene Temperatur wird über die voreingestellte Heizkennlinie in eine Kesselwasser-(Vorlauf-) temperatur übertragen.
- Anbringung des AT-Fühlers auf der Nordseite im Schatten und ohne Strahlungseinflüsse.
- Zum Einsparen von Energie kann man die Temperatur nachts absenken (die ganze Kennlinie wird herabgesetzt).

Vorlauftemperaturregelung

Schaltschema

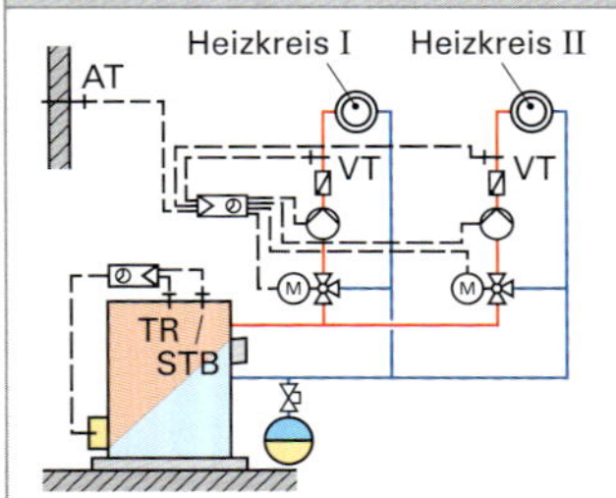

Regelkreis

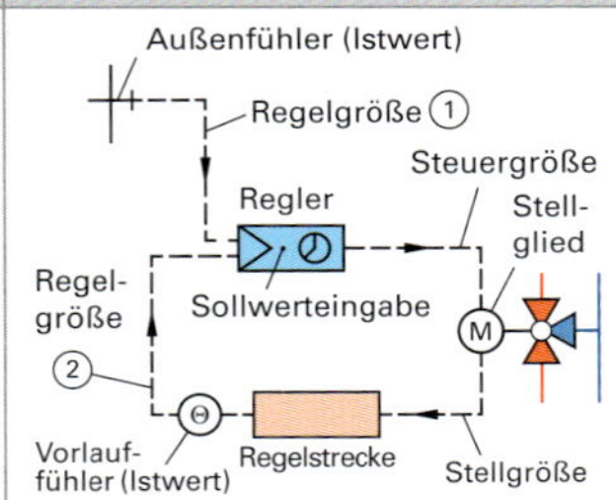

Eigenschaften

- Einsatz bei mehreren Heizkreisen
- Unterschiedliche Vorlauftemperaturen je Heizkreis möglich
- Einfacher hydraulischer Abgleich, da Heizkreise unabhängig voneinander abgeglichen werden können.
- Konstante Kesselwassertemperatur abhängig von Außentemperatur

Raumtemperaturregelung

Thermostatventil

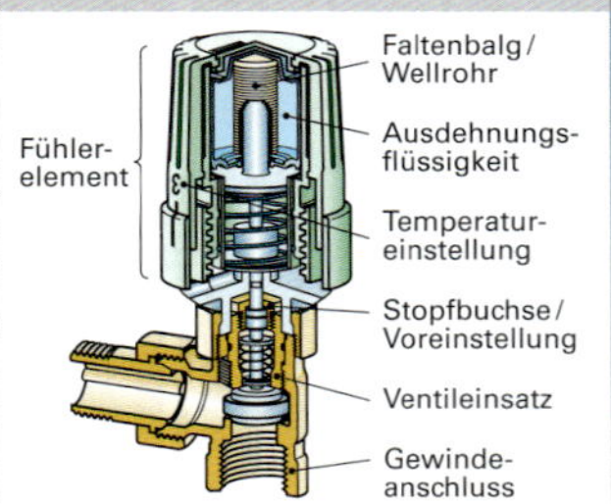

Thermostatventil extern geregelt

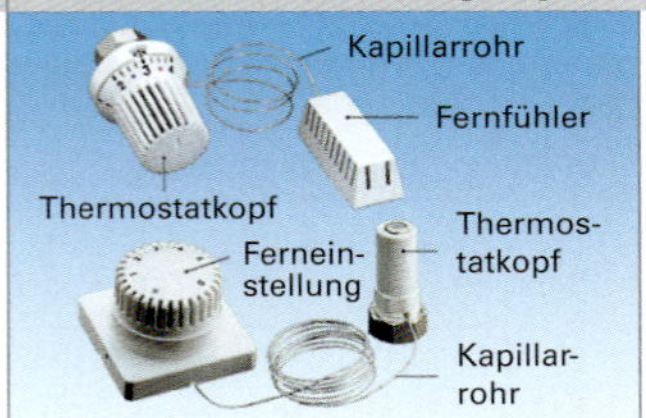

Thermostatventil mit Ausdehnungskörper oder -flüssigkeit

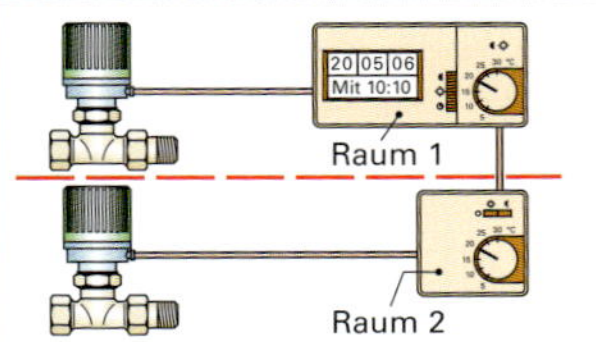

Regelung der Raumtemperatur über Voreinstellung oder Zeitschaltuhr (zentrale Regelung für mehrere Räume möglich)

Beimischregelung

Schaltschema (Beispiel)

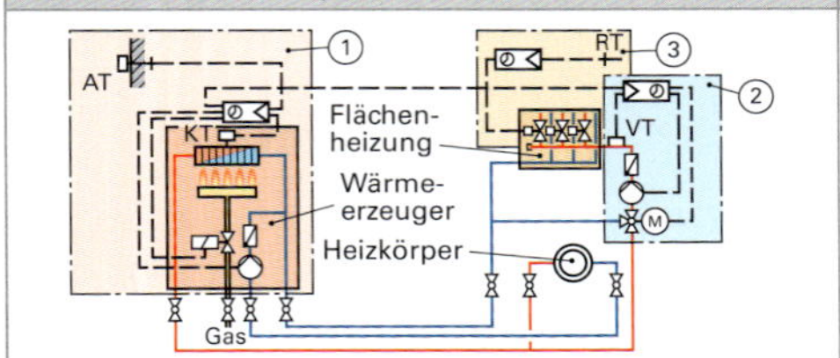

Eigenschaften

- Zur Kombination von konventionellen Heizkreisen mit Fußboden- oder Decken- bzw. Wandheizungen
- Durch Beimischen von Kessel-Vorlaufwasser wird die gewünschte niedrige Vorlauftemperatur in z. B. Fußbodenheizkreisen erreicht.
- Darstellung hier in Kombination mit Außentemperatur und Vorlauftemperaturregelung

Eigenschaften von Brenngasen nach Gasfamilien

Brenngas	Gasfamilie	Normdichte ϱ	Relative Dichte d	Brennwert $H_{S,n}$	Heizwert $H_{I,n}$	Betriebsheizwert $H_{I,B}$	Wobbe-Index WS
		Einheit					
		kg/m³	–	kWh/m³	kWh/m³	kWh/m³	kWh/m³
Erdgas LL	2	0,71–0,85	0,55–0,65	8,4–10,2	7,5–9,2	7–8,6	11,4–13,5
Erdgas E		0,82–0,91	0,56–0,7	11,1–13,1	10–11,8	9,2–10,9	13–15,7
Propan	3	2,004	1,55	26,2–28,3	24,5–26	21,9–23,7	22,6
Butan		2,703	2,09	36,6–37,2	33,8–34,3	30,6–31,1	25,7

Verbrennungseigenschaften von Brenngasen

CO_2-Gehalt, Luftbedarf und Luftüberschuss bei Brenngasen

Eigenschaft	Einheit	Brenngas			
		Erdgas LL	Erdgas E	Propan	Butan
Maximaler CO_2-Gehalt $CO_{2\,max}$	Vol.%	11,8	12,0	13,8	14,1
Minimaler Luftbedarf L_{min}	m³/m³	8,4	9,9	24,4	32,3
Luftzahl λ	–	1,05–1,75	1,05–1,3	1,05–1,3	1,05–1,3
Taupunkttemperatur ϑ_T	°C	55,1	55,6	51,4	50,7

Zusammensetzung des Verbrennungsgases bei Erdgas E in Abhängigkeit von λ

Volumenanteil	Einheit	Luftzahl λ							
		1,0		1,1		1,2		1,3	
		tr.[1]	feucht[2]	tr.[1]	feucht[2]	tr.[1]	feucht[2]	tr.[1]	feucht[2]
Luftbedarf L_{min}	m³/m³	9,9		10,89		11,88		12,87	
Abgasvolumen	m³/m³	10,93	8,89	11,92	9,88	12,91	10,87	13,89	11,86
CO_2	Vol.-%	12,0	9,9	10,7	8,8	9,8	8,3	9,0	7,6
H_2O	Vol.-%	–	18,7	–	17,2	–	15,7	–	14,7
N_2	Vol.-%	88,0	71,6	87,1	72,3	86,4	72,8	85,7	73,2
O_2	Vol.-%	–	–	2,2	1,7	3,8	3,2	5,3	4,5

[1] trockenes Abgas [2] feuchtes Abgas

Gasbrenner, Einteilung und Aufbau (Auswahl)

Atmosphärische Brenner

Injektorbrenner

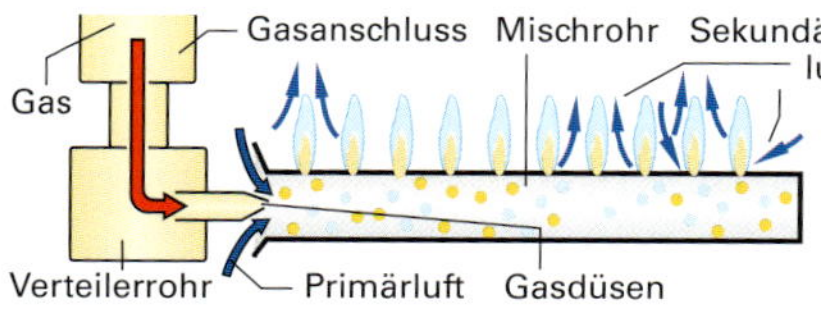

Vormischbrenner

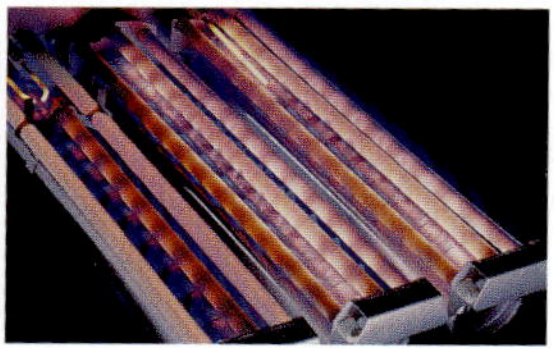

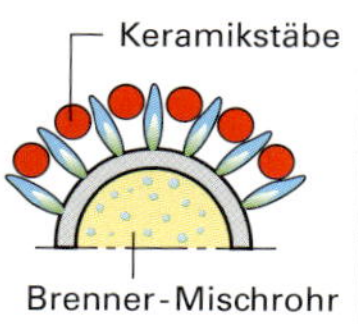

Gebläsebrenner

Gebläsebrenner mit Abgasrückführung

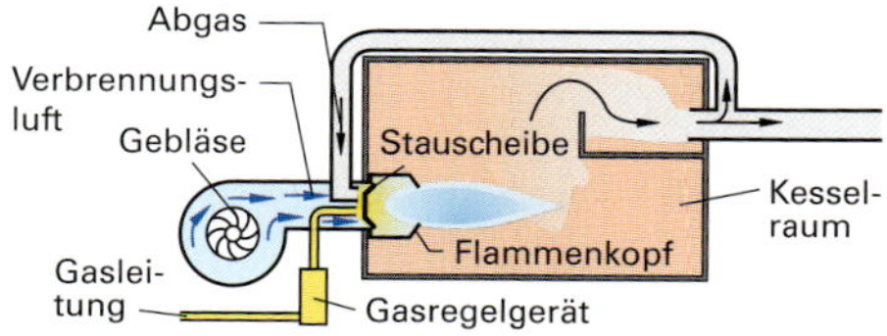

Strahlungsbrenner

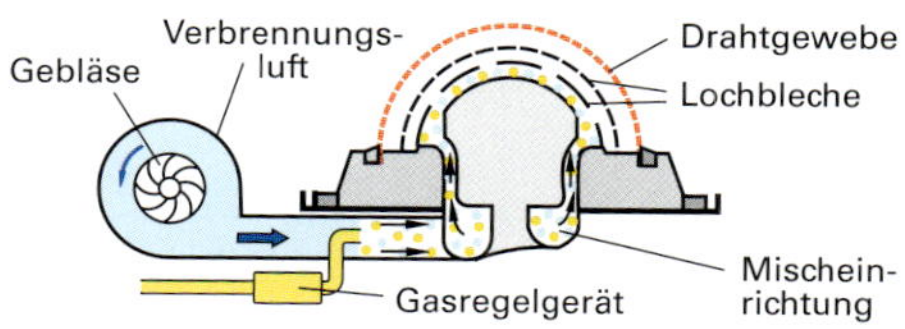

Ausrüstung und Sicherheitszeiten bei Gasbrennern ohne Gebläse

Gasanschluss für Injektorbrenner

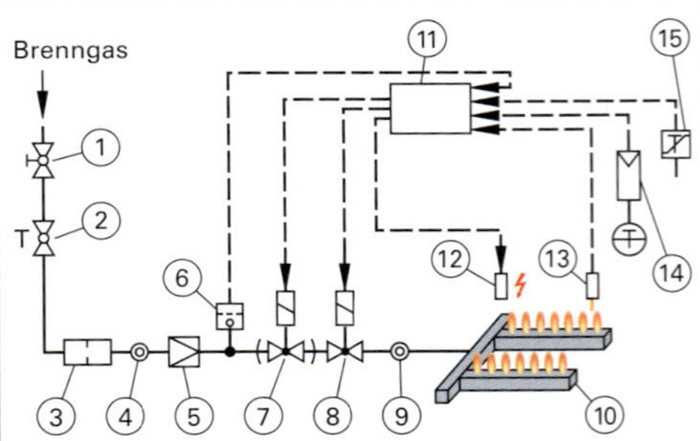

Bauteile

1 Absperrhahn
2 thermisch auslösende Absperreinrichtung (TAE)
3 Schmutzfänger
4 Anschlussdruckmessstelle
5 Gasdruckregler
6 Gasdruckwächter
7 Sicherheits-Absperreinrichtung
8 Magnetventil
9 Einstelldruckmessstelle
10 Brenner
11 Feuerungsautomat
12 Zündeinrichtung
13 Flammenüberwachung
14 Temperaturregler
15 Sicherheits-Temperaturbegrenzer (STB)

Startwärmeleistungen – zulässige Sicherheitszeiten für Brenner ohne Gebläse

Wärmebelastung/ max. Startwärmeleistung [kW]		Mit Gasfeuerungsautomat DIN EN 298			Mit Zündsicherung[1] DIN EN 125	
		Max. Sicherheitszeit [s]		Wiederzündung Wiederanlauf	Max. zul. Öffnungszeit [s]	Max. zul. Schließzeit [s]
		Anlauf	Betrieb			
≤ 120	Zündflamme	15[1]	30[1]	zulässig	15	30
		10[1]	10[1]			
> 120 ≤ 350	Zündflamme	15[1]	30[1]	zulässig	15	30
		5[1]	5[1]			
> 350	Zündflamme	10[2]	5[2]	unzulässig	unzulässig	unzulässig
		5[1]	1[1]			

[1] Dauerhaft brennende Zünd- oder Startflamme [2] mit langsam öffnendem Hauptventil

Ausrüstung und Sicherheitszeiten bei Gasbrennern mit Gebläse

Gasanschluss für Gebläsebrenner

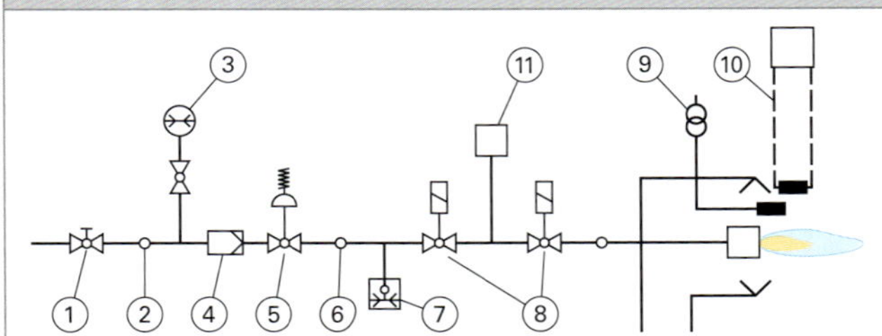

Bauteile

1 Absperrventil
2 Druckmessstelle
3 Gasdruckmessung
4 Filter
5 Gasdruckregler
6 Einstelldruckmessung
7 Niederdrucksicherung
8 Sicherheits-Absperreinrichtung
9 Zündeinrichtung
10 Flammenüberwachung
11 Drossel

Startwärmeleistungen, zulässige Sicherheitszeiten für Brenner mit Gebläse DIN EN 676: 2023-03

Hauptbrenner	Direkte Zündung des Hauptbrenners bei voller Leistung		Direkte Zündung des Hauptbrenners bei verringerter Leistung		Direkte Zündung des Brenners bei verr. Leistung mit Bypass-startgasversorgung		Zündung des Hauptbrenners durch unabh. Zündbrenner: Zündung des Zündbrenners		Zündung des Hauptbrenners durch unabh. Zündbrenner: Zündung des Hauptbrenners	
Leistung $\dot{Q}_{NL}$ kW	$\dot{Q}_{NL}$ kW	t_S s	$\dot{Q}_{NL}$ kW	t_S s	$\dot{Q}_{NL}$ kW	t_S s	$\dot{Q}_{NL}$ kW	t_S s	$\dot{Q}_{NL}$ kW	t_S s
≤ 70	$\dot{Q}_{NL}$	5	$\dot{Q}_{NL}$	5	$\dot{Q}_{NL}$	5	≤ 0,1 $\dot{Q}_{NL}$	5	$\dot{Q}_{NL}$	5
> 70 ≤ 120	$\dot{Q}_{NL}$	3	$\dot{Q}_{NL}$	3	$\dot{Q}_{NL}$	3	≤ 0,1 $\dot{Q}_{NL}$	5	$\dot{Q}_{NL}$	3
>120	unzulässig		120 kW oder $t_S \cdot \dot{Q}_S \leq 100$ ($t_{Smax} = 3$ s)				≤ 0,1 $\dot{Q}_{NL}$	3	120 kW oder $t_S \cdot \dot{Q}_S \leq 150$ ($t_{Smax} = 5$ s)	

HT

Ausrüstung und Sicherheitszeiten bei Gasbrennern ohne Gebläse (Fortsetzung)

Ablaufsteuerung beim Brennerstart

Atmosphärischer Brenner

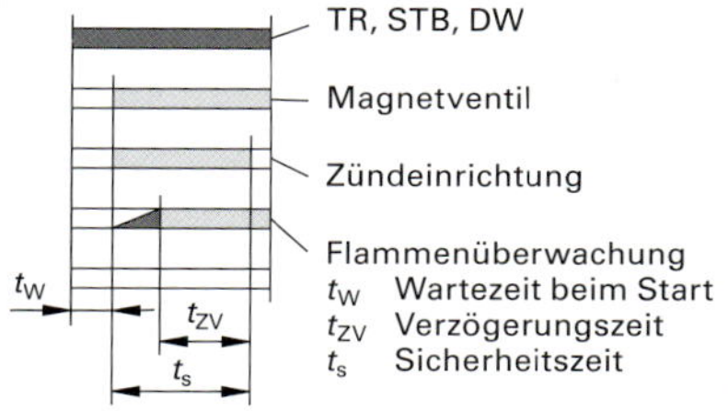

Gebläsebrenner (direkte Zündung des Hauptbrenners)

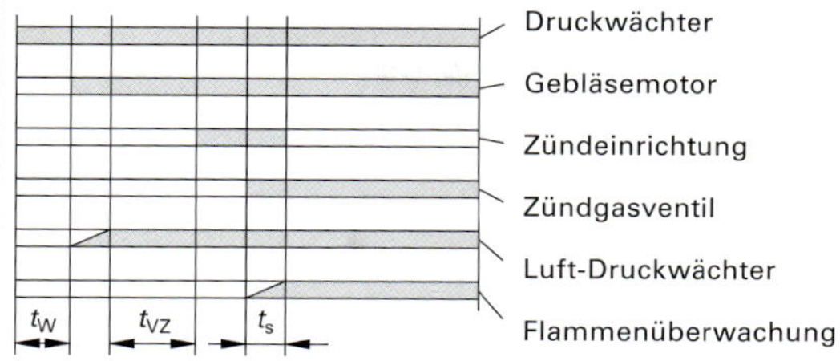

t_W Wartezeit beim Start t_{ZV} Verzögerungszeit t_{VZ} Vorspülzeit t_s Sicherheitszeit

Einstellwerte von Gaswärmeerzeugern (Volumetrische Methode)

Leistung [kW]	7,0	8,0	9,0	10	12	13	15	17	19	21	23	25	27	29	31	33	35
$H_{I,B}$[1)] kWh/m³	Einstellwert [l/min]																
7,0	17	19	21	24	29	31	36	40	45	50	55	60	64	69	74	79	83
7,5	16	18	20	22	27	29	33	38	42	47	51	56	60	64	69	73	78
8,0	15	17	19	21	25	27	31	35	40	44	48	52	56	60	65	69	73
8,5	14	16	18	20	24	25	29	33	37	41	45	49	53	57	61	65	69
9,0	13	15	17	19	22	24	28	31	35	39	43	46	50	54	57	61	65
10,0	12	13	15	17	20	22	25	28	32	35	38	42	45	48	52	55	58
11,0	11	12	14	15	18	20	23	26	29	32	35	38	41	44	47	50	53

1) Betriebsheizwert, vom GVU anzugeben

Brennwerttechnik (Nutzungsgradverbesserung)

Funktionsprinzip

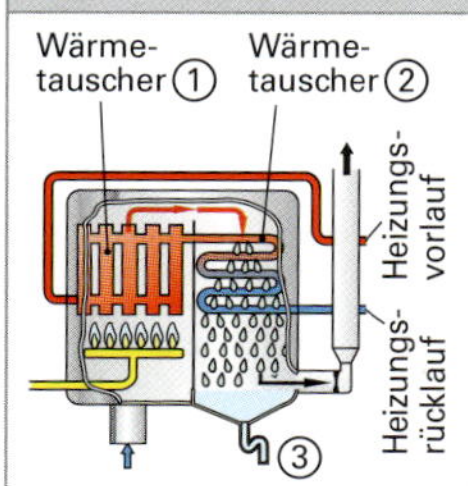

Niedertemperaturkessel

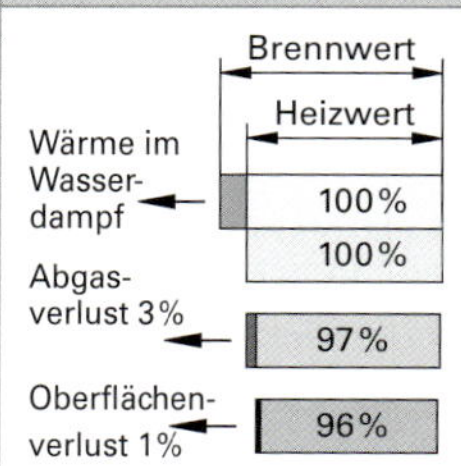

η_N = 96 %

Gas-Brennwertkessel

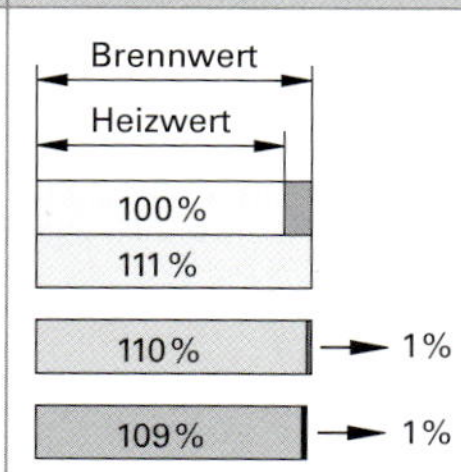

η_N = 109 %

Öl-Brennwertkessel

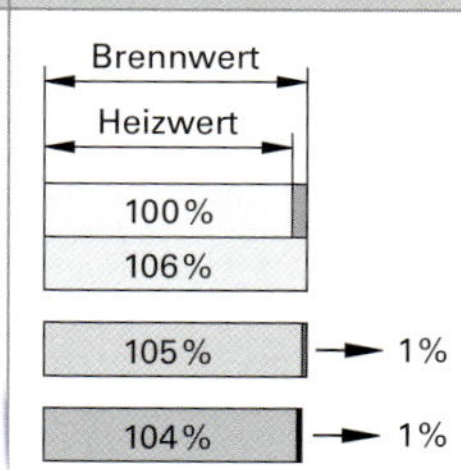

η_N = 104 %

Nutzung der Kondensationsenergie des Wasserdampfes im Abgas durch Unterschreitung des Taupunktes. ① erster Wärmetauscher (Heizungsvorlauf); ② zweiter Wärmetauscher (Heizungsrücklauf); ③ Kondensat.

Energieinhalte und mögliche Kondensatmenge bei Brennstoffen

Brennstoff	Brennwert H_s kWh/m³	Heizwert H_i kWh/m³	H_s/H_i	$H_s - H_i$ kWh/m³	m_W[1)] kg/m³
Erdgas LL	9,78	8,83	1,11	0,95	1,53
Erdgas E	11,46	10,35	1,11	1,11	1,63
Propan	28,02	25,80	1,09	2,22	3,37
Heizöl EL	10,68	10,08	1,06	0,60	0,88

1) Theoretisch mögliche Kondensatmenge in kg je m³ (l) Brennstoffmenge.

Brennwerttechnik (Fortsetzung)

Wasserdampf- Taupunkttemperatur nach CO_2-Gehalt des Abgases und Brennstoff

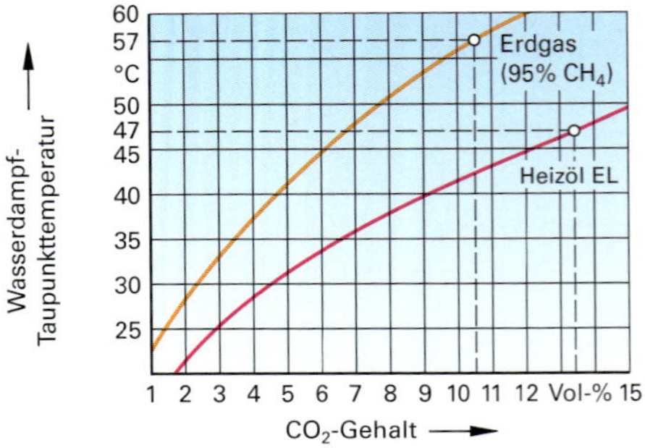

Die Taupunkttemperatur sinkt mit sinkendem CO_2-Gehalt im Abgas (Luftüberschuss steigt).

Brennwertnutzen in Abhängigkeit von der Außentemperatur bei Heizsystemen (75/60)

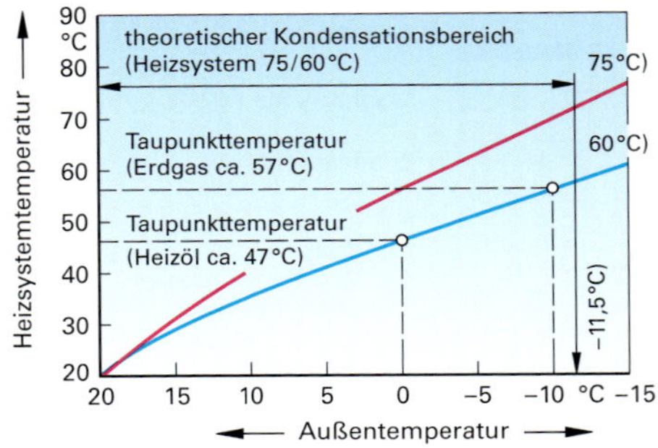

Die Brennwertnutzung ist von einer möglichst niedrigen Rücklauftemperatur abhängig.

Ermittlung des Norm-Nutzungsgrades von Heizkesseln

DIN 4702-8: 2013-01

Heizarbeit in Abhängigkeit von der Außentemperatur

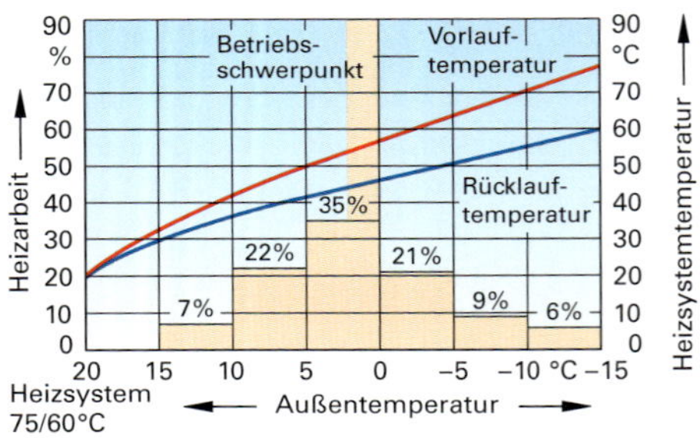

Bei der Ermittlung des Normnutzungsgrades wird berücksichtigt, dass ein Hauptteil der über das Jahr vorkommenden Heizarbeit im Temperaturbereich von −|5 °C bis +|5 °C entsteht.

Ermittlung des Norm-Nutzungsgrades

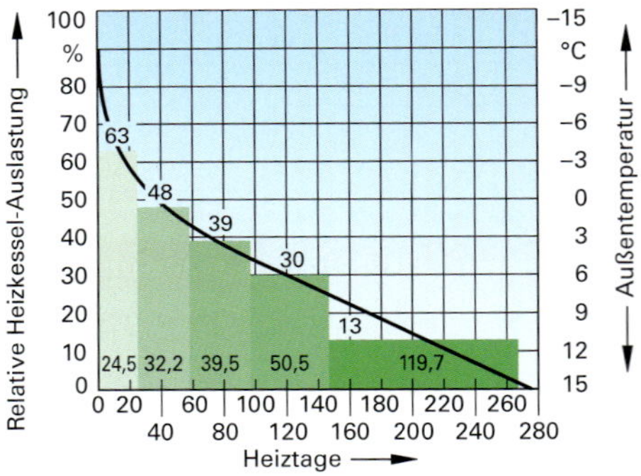

Durch Messung in den 5 dargestellten Bereichen wird der Gesamt-Normnutzungsgrad ermittelt.

Vergleich der Teillast-Nutzungsgrade

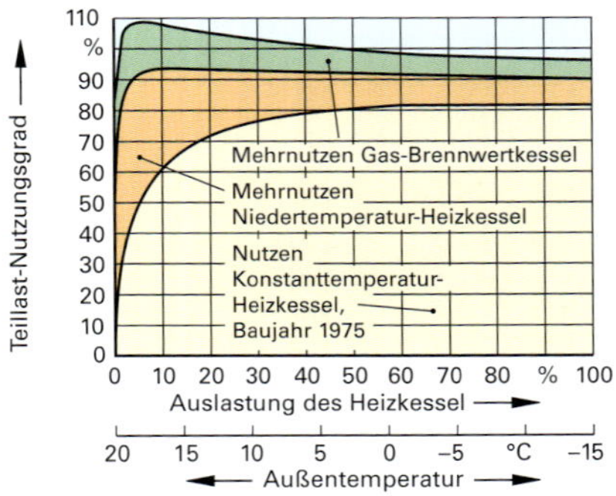

Norm-Nutzungsgrade für verschiedene Kesselbauarten

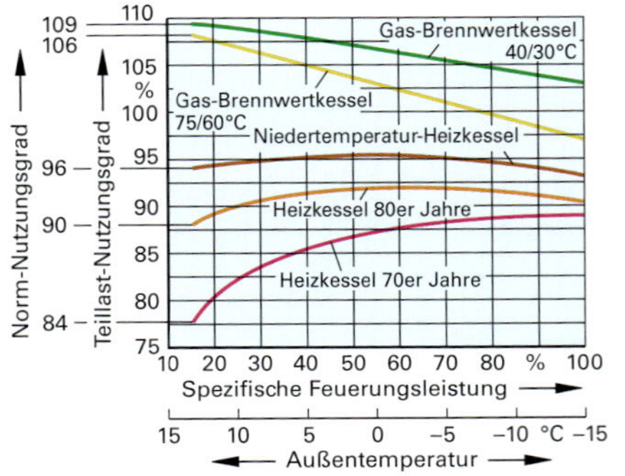

Ermittlung des Norm-Nutzungsgrades von Heizkesseln (Fortsetzung)

Reduzierung der mittleren Heizwassertemperatur zur besseren Ausnutzung des Brennwertes

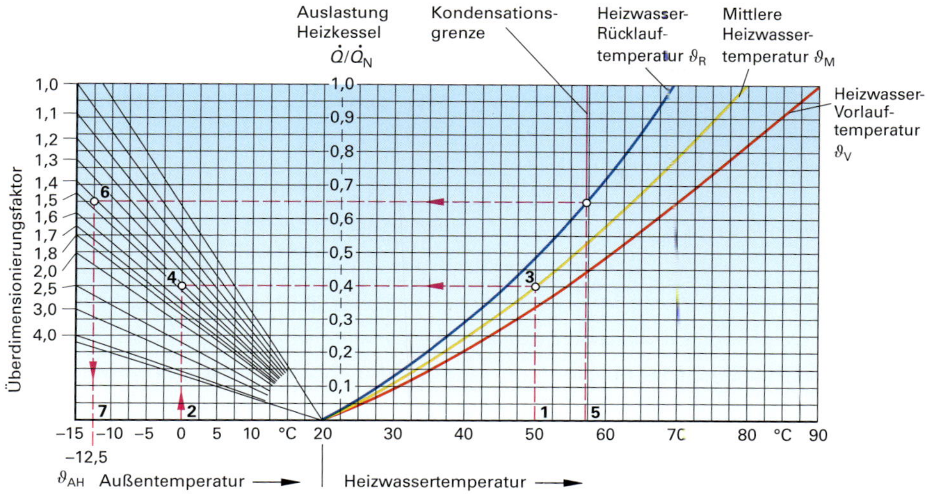

Durch bauliche Maßnahmen sowie Überdimensionierung bei der Planung ergibt sich die Möglichkeit, die Vor- und Rücklauftemperaturen zu senken, um mehr Kondensationswärme zu nutzen.

Vorgehensweise am Beispiel einer Anlage mit $\vartheta_V/\vartheta_R = 90\,°C/70\,°C$:

1) Messung der mittleren Heizwassertemperatur und Außentemperatur über 24 h bei 20 °C – 23 °C Raumtemperatur (hier: $\vartheta_V = 54\,°C$, $\vartheta_R = 46\,°C$, also $\vartheta_m = 50\,°C$ bei $\vartheta_{AU} = 0\,°C$).
2) Von ϑ_m (1) senkrecht bis ϑ_M-Kurve (3). Von ϑ_{AU} senkrecht, bis die Waagerechte von (3) geschnitten wird.
3) Punkt (4) ergibt den Überdimensionierungsfaktor von 1,4.
4) ϑ_M kann bei $\vartheta_{AU} = -15\,°C$ von 80 °C (Auslegung) auf ca. 65 °C reduziert werden.
5) Die Kondensationsgrenze ($\vartheta_R = 57\,°C$ bei Erdgas) wird bis $\vartheta_{AU} = -12{,}5\,°C$ unterschritten und nicht wie ausgelegt bis ca. –2,5 °C.

Kondensationszahl α[1] bei verschiedenen Heizsystemen

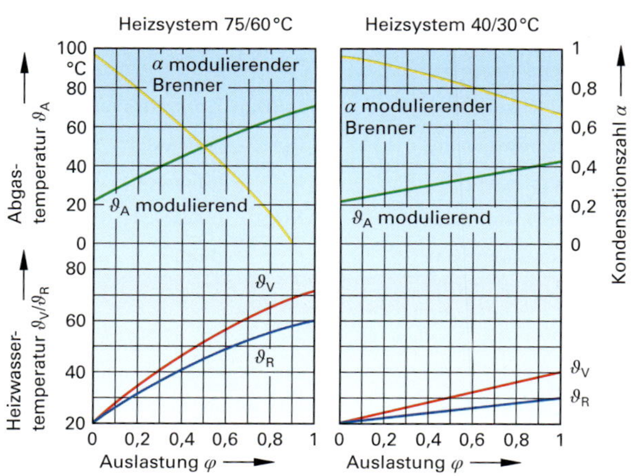

Qualität des Kondenswassers

Stoff	pH-Wert[2]
Akkusäure	1
Magensäure	1
Kondenswasser Öl-Brennwert	1,9 – 3,8
Zitronensaft	2,3
Haushaltsessig	3
Kondenswasser Gas-Brennwert	3,8 – 5,4
Regenwasser	4 – 5
Haushaltsabwasser	6,5 – 10
Dest. Wasser	7 (neutral)
Leitungswasser	8
Seewasser	8,5
Ammoniak	12

[1] α gibt den Anteil an der theoretisch möglichen Kondensatbildung an (Bsp.: $\alpha = 0{,}8$ heißt 80 % vom max.).
[2] Anhaltswerte, wobei die Sortierung von sauer (kleiner pH-Wert) bis basisch (großer pH-Wert) reicht.

Heizöl EL

Anforderungen an Heizöl EL

DIN 51603-1: 2011-09

Eigenschaft	Einheit	Anford.	Eigenschaft		Einheit	Anford.
Dichte (15 °C)	kg/m³	≤ 860	Schwefelgehalt	Standard	%	0,2
Heizwert H_l	kWh/kg	> 11,83		schwefelarm		0,005
Flammpunkt	°C	> 55	Wassergehalt		mg/kg	≤ 200
Kin. Viskosität (20 °C)[1]	mm²/s	≤ 6,0	CFPP[2]	Cp[2] = 3 °C	°C	≤ –12
Koksrückstand	%	≤ 0,3		Cp = 2 °C		≤ –11
Asche	%	0,01		Cp ≤ 1 °C		≤ –10
Gesamtverschmutzungsgrad	mg/kg	≤ 24	Destillationsverlauf[3]	bis 250 °C	Vol.-%	< 65
				bis 350 °C		≥ 85

1) Kinematische Viskosität (Fließfähigkeit): Beeinflussung der Pumpenleistung und Zerstäubung.
2) CFPP (Cold Filter Plugging Point): Temperaturgrenze der Filterbarkeit. Cp: Cloudpoint, Bildung von Trübungen und Ausscheidungen.
3) Destillationsverlauf: Vol %, die bei entsprechender Temperatur verdampft sind.

Viskosität von Heizöl EL nach Temperatur

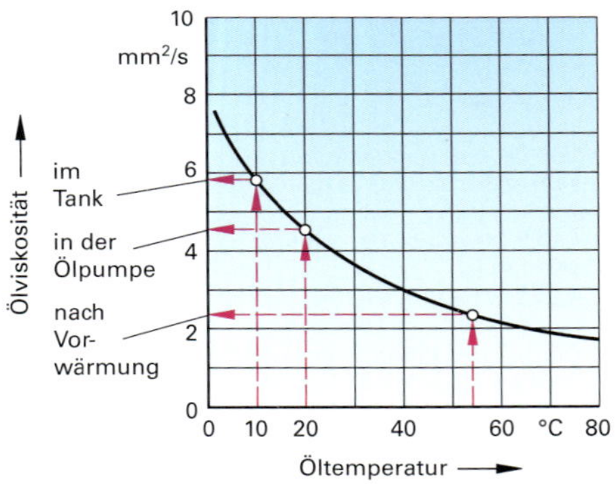

CO_2- und O_2-Gehalt im Abgas nach Luftzahl

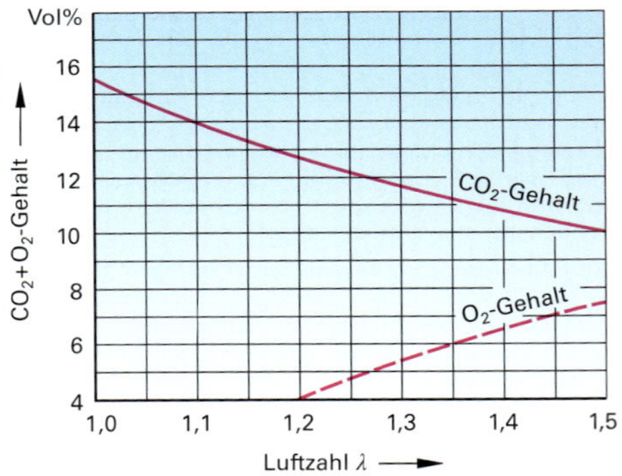

Verbrennung von Heizöl EL

Zusammensetzung		Verbrennungsprodukte			
13 % H	(Wasserstoff)	CO_2	(Kohlenstoffdioxid)	H_2SO_4	(Schwefelsäure)
86 % C	(Kohlenstoff)	SO_2	(Schwefeldioxid)	O_2	(Sauerstoff)
0,5 % N	(Stickstoff)	H_2O	(Wasserdampf)	N_2	(Stickstoff)
0,2 % O	(Sauerstoff)	CO	(Kohlenstoffoxid)	NO_x	(Stickoxide)
0,3 % S	(Schwefel)	SO_3	(Schwefeltrioxid)	C	(Ruß)

Ölbrennerarten

Art	Eigenschaft
Verdampfungsbrenner	Erwärmung des Öls auf Flammpunkt und Zündung (Leistung ≤ 15 kW)
Zerstäubungsbrenner	Zerstäubung des Öls unter hohem Druck und anschließende Zündung
Gelbbrenner	2-Zonen-Verbrennung mit Primär- und Sekundärluftzuführung
Blaubrenner	Durch Heizgas-Rezirkulation fast vollständige Verbrennung
Druckluft-Zerstäubungsbrenner	Zerstäubung des Öl-Druckluft-Gemisches durch eine Zweistoffdüse. Für kleine Leistungsbereiche.

Schematischer Aufbau von Ölbrennern

Verdampfungsbrenner

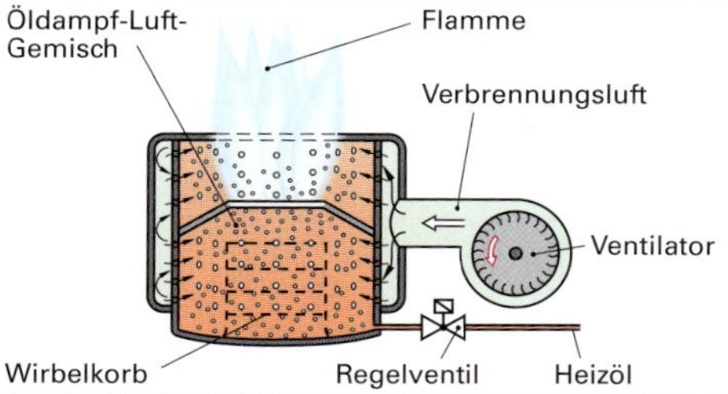

Zerstäubungsbrenner

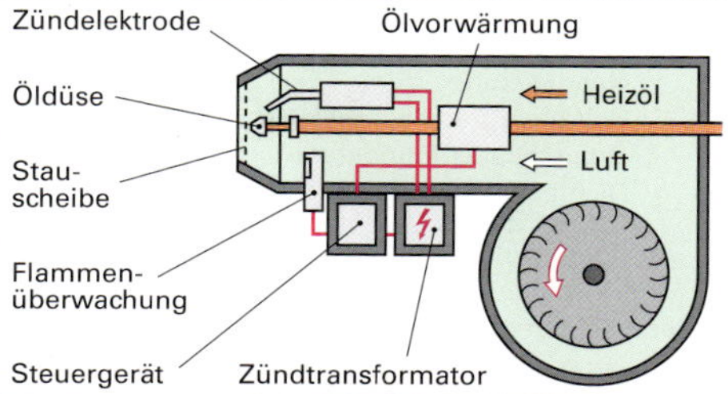

Regelungs-/Sicherheitstechnische Ausrüstung (modulierender Ölzerstäubungsbrenner)

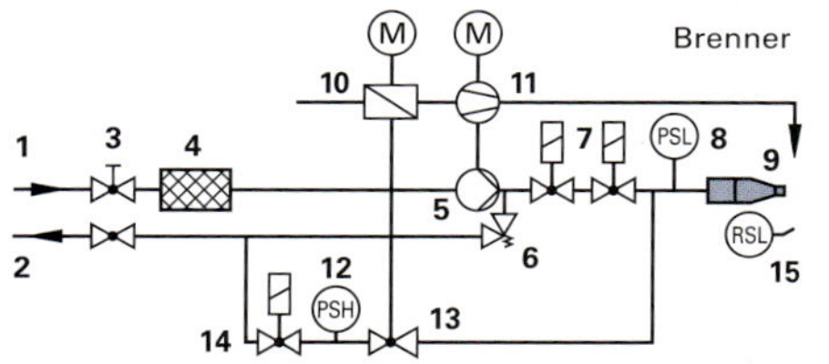

1 Heizölvorlauf
2 Heizölrücklauf
3 Kugelhahn
4 Filter
5 Heizölpumpe
6 Druckregelventil
7 2 Magnetventile
8 Öldruckwächter min.
9 Zerstäubungsdüse
10 Luftregelklappe
11 Verbrennungsluftgebläse
12 Öldruckwächter max.
13 Öldruckregelventil
14 Magnetventil Rücklauf
15 Flammenwächter

Maximale Sicherheitszeiten

DIN EN 267: 2021-09

Durchsatz kg/h	t_S bei Anlauf s	t_S im Betrieb s	Bei Ausfall der Flamme: Wiederzündung[2]	Bei Ausfall der Flamme: Wiederanlauf
≤ 30	10[1]	10[1]	zulässig	zulässig
> 30	5	1	unzulässig	zulässig

[1] Für ölbefeuerte Warmlufterzeuger 5 Sekunden.
[2] Zuschaltung der Zündeinrichtung spätestens nach 1 Sekunde.

t_s Die längste Zeitspanne, die während der Heizölförderung ohne Flamme möglich ist.

t_s Anlauf: Zwischen Beginn und Ende der Brennstoffzufuhr.

t_s Betrieb: Zwischen Erlöschen der Flamme und Unterbrechung der Brennstoffzufuhr.

HT

Ablaufsteuerung Ölzerstäubungsbrenner

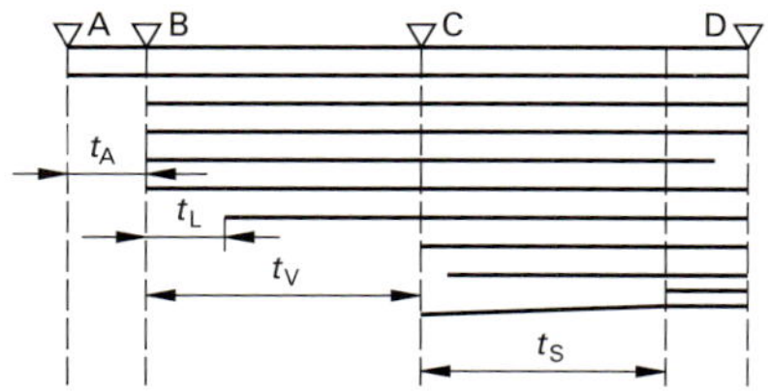

A Schaltbefehl
B Einschalten
C Brennstofffreigabe
D Abschalten
t_A Anlaufzeit
t_L Laufzeit
t_V Vorspülzeit
t_S Sicherheitszeit

Ölzerstäuberdüsen – Eigenschaften und Kennzeichnung

Aufbau

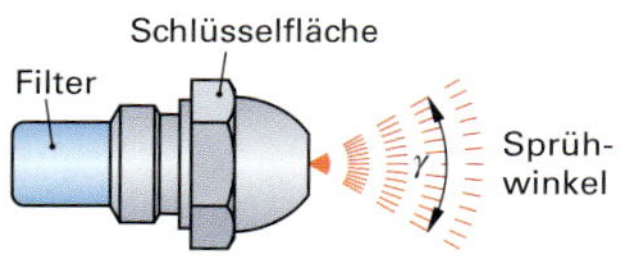

Übliche Sprühwinkel sind 30°, 45°, 60° oder 80°, je kürzer der Brennraum, desto größer der Sprühwinkel. Meist Verwendung von 60° oder 45°.

Sprühmuster

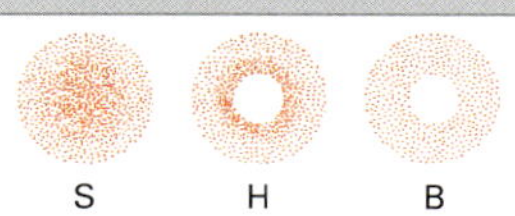

Sprühmusterbezeichnungen (Beispiel Firma Danfoss)

S	Vollstrahl
H	Hohlstrahl
B	Halbvollstrahl

Kennzeichnung

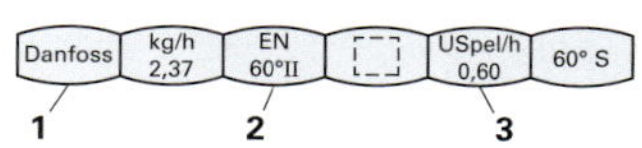

[1] Firma
[2] CEN-Markierung (Bezeichnet den Durchsatz bei 10 bar, einer Viskosität von 3,4 mm²/s und einer Dichte von 840 kg/m³)
[3] OD-Kennzeichnung (Bezieht sich auf einen Prüfdruck von 7 bar).

Auslegung und Auswahl von Ölzerstäubungsdüsen

$\dot{m}_E$	Öldurchsatz	kg/h
$\dot{Q}_{NB}$	Nennbelastung	kW
H_l	Heizwert	kWh/kg
$\dot{Q}_{NL}$	Nennleistung	kW
$\eta_{K,i}$	Wirkungsgrad nach Heizwert	
$\dot{V}_E$	Öldurchsatz (Volumenstrom)	[l/h][1]
ϱ	Dichte (840 kg/m³ oder 0,84 kg/dm³ unter Prüfbedingungen)	

[1] oder in gal/h (1 US-Gallone = 3,785 l)

Öldurchsatz

$$\dot{m}_E = \frac{\dot{Q}_{NB}}{H_l}$$

$$\dot{m}_E = \frac{\dot{Q}_{NL}}{H_l \cdot \eta_{K,i}}$$

$$\dot{V}_E = \frac{\dot{m}_E}{\varrho}$$

Druckabweichungen und Öldurchsatz

p_E	wirklicher Zerstäubungsdruck	bar
p	Nenndruck	bar
$\dot{m}_E$	wirklicher Durchsatz	kg/h
$\dot{m}$	Nenndurchsatz	kg/h
$\dot{V}_E$	wirklicher Durchsatz	l/h oder gal/h
$\dot{V}$	Nenndurchsatz	l/h oder gal/h

$$p_E = p \cdot \left(\frac{\dot{m}_E}{\dot{m}}\right)^2 \qquad \dot{m}_E = \dot{m} \cdot \sqrt{\frac{p_E}{p}}$$

$$p_E = p \cdot \left(\frac{\dot{V}_E}{\dot{V}}\right)^2 \qquad \dot{V}_E = \dot{V} \cdot \sqrt{\frac{p_E}{p}}$$

Beispiel:

Der Druck in einer Düse mit 6 l/h wird auf 12 bar erhöht.

Ges.: tatsächlicher Durchsatz

Lösung: $\dot{m}_E = 6\ \text{l/h} \cdot \sqrt{\frac{12\ \text{bar}}{10\ \text{bar}}} = 6{,}57\ \text{l/h}$

Öldurchsatz und Zerstäubungsdruck

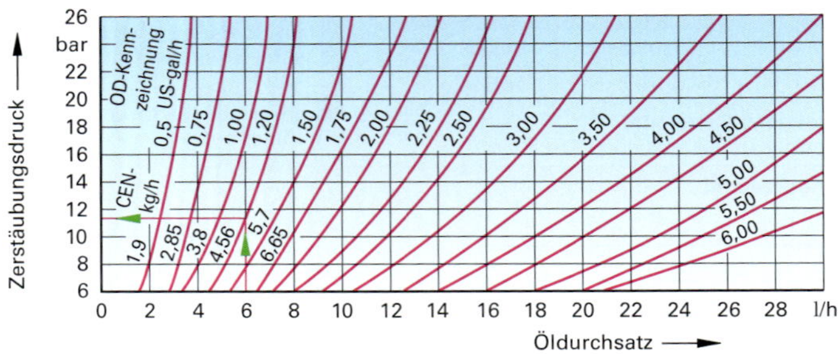

Mit dem errechneten Öldurchsatz wählt man aus dem Diagramm eine geeignete Zerstäubungsdüse aus.

Ablesebeispiel:

Es ist ein Durchsatz von 6 l/h gefordert. Es ergibt sich eine Düse mit einem Nenndurchsatz von 1,2 gal/h

Nenndurchsatz von Ölzerstäubungsdüsen (Herstellerangaben)

Druck in bar											
7	7	8	10	12	14	7	7	8	10	12	14
gal/h	kg/h					gal/h	kg/h				
0,32	1,22	1,30	1,46	1,60	1,73	0,82	3,11	3,32	3,72	4,07	4,40
0,36	1,38	1,48	1,65	1,81	1,95	0,94	3,54	3,78	4,23	4,63	5,01
0,41	1,56	1,67	1,86	2,04	2,21	0,98	3,72	3,98	4,45	4,87	5,26
0,46	1,76	1,88	2,10	2,30	2,49	1,04	3,94	4,21	4,71	5,16	5,57
0,52	1,98	2,12	2,37	2,59	2,80	1,14	4,32	4,62	5,16	5,66	6,11
0,59	2,23	2,38	2,67	2,92	3,15	1,29	4,88	5,22	5,83	6,39	6,90
0,65	2,45	2,62	2,93	3,21	3,46	1,34	5,08	5,43	6,07	6,65	7,18
0,73	2,76	2,95	3,30	3,61	3,90	1,45	5,48	5,86	6,55	7,18	7,75

Öllagerung

Maximale Lagermengen und Anforderungen an Heizöllagerung in Gebäuden

Aufstellraum	Lagermenge	Anforderungen/Hinweise
Wohnung	40 l	Kanister
	100 l	Behälter
Außerhalb von Wohnungen	5000 l[1]	eingeschränkte Raumnutzung, keine Öffnungen zu anderen Räumen außer Türen, belüftbarer Raum, dichte selbstschließende Türen, Bodenablauf mit Heizölabscheider
Außerhalb von Wohnungen bei Aufstellung von Feuerstätten	5000 l[1]	> 1 m Abstand zur Feuerstätte oder Strahlungsschutz, Feuerstätte nicht im Auffangbereich für Heizöl, sonst wie außerhalb von Wohnungen
Separater Brennstofflagerraum	100 000 l[1]	Nutzung nur als Lagerraum; Wände, Decken, Fußboden ölundurchlässig T30, Tür selbstschließend, belüftbar und vom Freien aus beschäumbar; Leitungen durch Wände nur bedingt zulässig, Bodenablauf mit Heizölabscheider, Aufschrift „Heizöllagerung"

[1] je Gebäude- oder Brandabschnitt

Einschränkungen: keine Aufstellung in Durchgängen, Durchfahrten, Treppenräumen, allgemein zugänglichen Fluren, auf Dächern, in Dach-, Arbeits-, Gast- und Schankräumen

Lagerung von Heizöl-Tankbauarten (Auswahl)

Kunststoff-Batterietank

Kellergeschweißter Tank

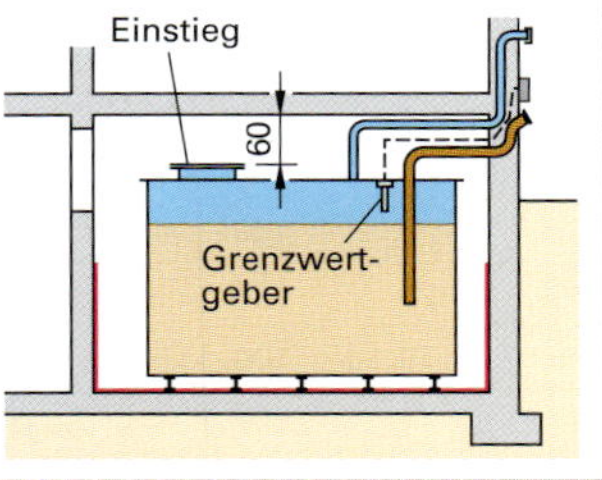

Unterirdischer Tank

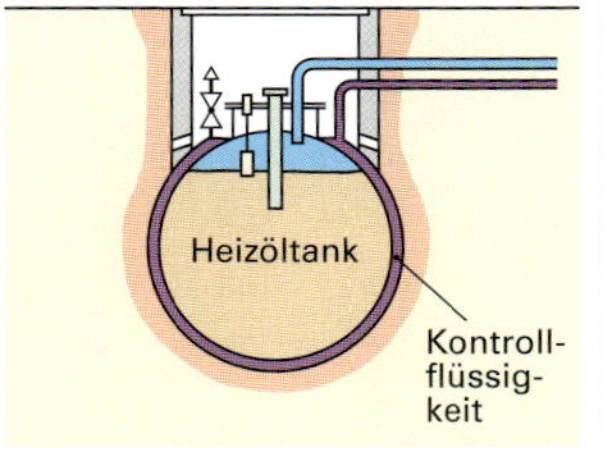

Anforderungen an Lagerbehälter und Mindestabstände

DIN 4755: 2004-11

Mindestabstände bei

unterirdischen Behältern	cm
zwischen Behältern	40
zum Nachbargrundstück	100
zu öffentlichen Versorgungsleitungen	100
Erdüberdeckung (zur Frostsicherheit)	> 80 < 150

oberirdischen Behältern in Gebäuden	cm
zwischen Batteriebehältern	5
zwischen Behälter und Fußboden	10
zwischen Behältern und Feuerungsanlagen (ohne Strahlungsschutz)	100
zwischen Behältern und Wänden auf der Zugangsseite und anschließenden Seite	40
an den übrigen Seiten	25
zwischen Rand oder Einstiegsöffnung zu Wand oder Decke	60

Anforderungen

- bauaufsichtlicher Verwendungsnachweis
- Vermeidung von Neigung und Verlagerungen
- Unterirdisch: doppelwandige Ausführung mit Leckwarnanzeiger

Fülleinrichtung

- Füllstutzen außerhalb des Gebäudes, gut zugänglich von der Straße
- Abschließb. Verschlusskappe
- Füllrohr DN 50 oder DN 80, Gefälle zum Öltank
- Ende der Auslauföffnung im unteren Drittel des Tanks
- Zuordnung von Füllstutzen und Grenzwertgeber

Be- und Entlüftungsleitung

- Anschluss am höchsten Punkt des Tanks, Steigung ins Freie
- Durchmesser mind. DN 40
- Schutz gegen Eindringen von Regenwasser oder Schmutz
- Mündung mind. 0,5 m über Füllstutzen und über Erdgleiche, nicht in geschlossenen Räumen, nicht nahe an Fensteröffnungen.

Entnahmeleitung

- Rohrleitung dicht und widerstandsfähig befestigen
- Frostsicher verlegen (oder Begleitheizung)
- Möglichst oberirdisch und leicht zugänglich
- Stetiges Gefälle zum Tank
- Ansaugstelle ca. 5 cm über Behälterboden

HT

Ölzuführung im Einstrang- und Zweistrangsystem

Einstrangsystem		Zweistrangsystem	
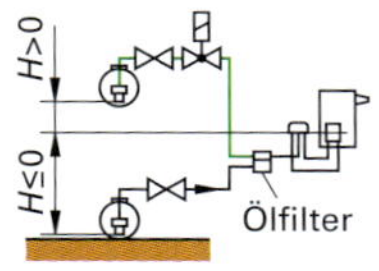	Eine Saugleitung, es wird nur so viel Öl gefördert, wie benötigt wird. (Aus Sicherheitsgründen bevorzugen.)	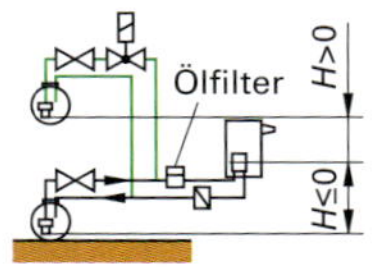	Eine Saugleitung und eine Rücklaufleitung, durch die zu viel gefördertes Öl zum Tank zurückströmt.

Dimensionierung der Ölleitungen

H m	Einstrangsystem					
	Heizkessel-Nennwärmeleistung in kW					
	15 bis 27		33 bis 50		63	
	Innendurchmesser Saugleitung in mm					
	4	6	4	6	6 (4)[1]	8 (6)[1]
	Max. Rohrleitungslänge[2] in m					
+4,0	100	100	51	100	100	100
+3,0	89	100	44	100	100	100
+2,0	77	100	38	100	97	100
+1,0	64	100	32	100	82	100
+0,5	58	100	29	100	74	100
0	52	100	26	100	32	100
– 0,5	46	100	23	100	28	100
–1,0	40	100	20	100	24	100
–2,0	27	100	14	69	17	100
–3,0	15	75	7	37	9	59
–4,0	–	12	–	6	–	10

H m	Zweistrangsystem		
	Innendurchmesser Saugleitung in mm		
	6	8	10
	Max. Rohrleitungslänge[2] in m		
+3,0	29	98	100
+2,0	25	85	100
+1,0	21	72	100
+0,5	19	66	100
0	17	60	100
–0,5	15	53	100
–1,0	13	47	99
–2,0	9	34	68
–3,0	5	22	37

[1] Über 0 m gelten die Klammerwerte.

[2] Bei Gesamtdruckverlust von 0,35 bar, Heizöl EL, 4 Rohrbögen, 1 Absperrventil, 1 Fußventil, 1 Heizölfilter.

HT

Armaturen für unterirdische und oberirdische Öllagerung

Unterirdische Lagerung (Einstrangsystem)

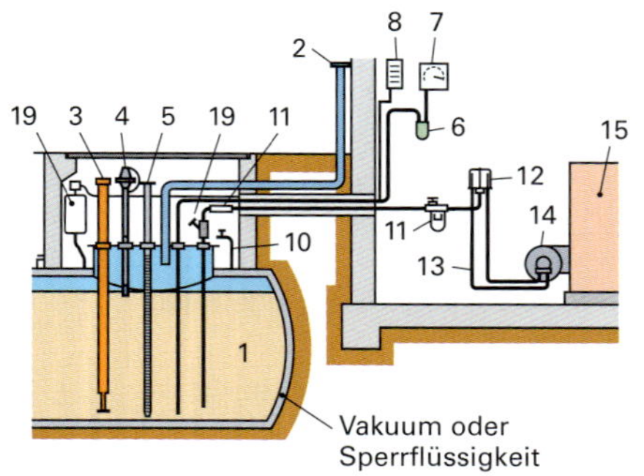

Oberirdische Lagerung (Einstrangsystem)

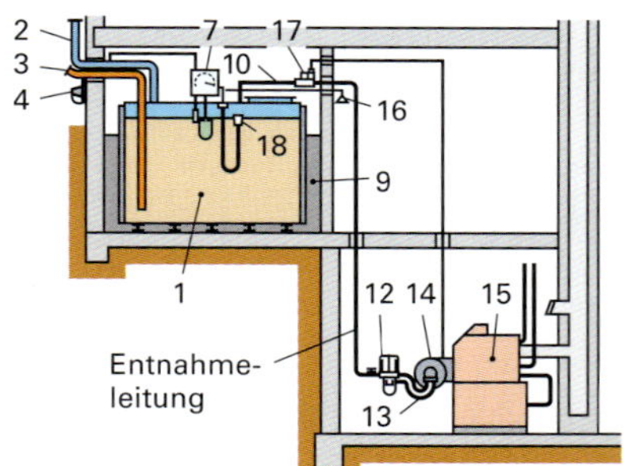

1 Öltank
2 Tankbe- und -entlüftung
3 Fülleinrichtung
4 Grenzwertgeber
5 Peilrohr
6 Kondensatgefäß
7 Inhaltsmessung
8 Leckanzeigegerät
9 Öldichte Auffangwanne
10 Absperreinrichtung
11 Ölfilter
12 Leitungsentlüftung
13 Schlauchleitung
14 Ölbrenner
15 Heizkessel
16 Fernauslösung für Absperreinrichtung
17 Magnetventil (gegen eigenständige Entleerung)
18 schwimmende Absaugung
19 Leckwarngerät

Holzfeuerungen

Heizwerte im Vergleich zu Öl und Gas[1]				Vergleich der Energieträger (Substitionstabelle)			
Baumart	**Heizwert kWh/rm[2]**	**Heizöl l/rm**	**Erdgas m^3/rm**	**Brennstoff**	**Mengen-einheit**	**Mengenäquivalent[3]**	
Ahorn	1675	147	168	Öl	l	1000	3000
Birke	1810	159	181	Erdgas	m^3	1085	3255
Buche	1850	162	185	El. Strom	kWh	10 080	30 240
Eiche	1890	166	189	Laubholz	rm	4,9	14,7
Erle	1400	123	140	Nadelholz	rm	6,8	20,4
Esche	1870	164	197	Pellets	kg	2060	6180
Pappel	1110	98	111	Pellets	m^3	3,2	9,5
Robinie	2040	179	204	Laubholzschnitzel	m^3	13,2	39,6

[1] Es wird angegeben, wie viel Heizöl (Erdgas) je Raummeter Holz benötigt wird (ohne Wirkungsgradberücksichtigung).

[2] rm ist ein Raummeter, der beim Stapeln von 1 m langen, runden Holzknüppeln in einer Breite von 1 m und einer Höhe von 1 m entsteht.

[3] Das Mengenäquivalent gibt jeweils die benötigte Menge zur Erlangung derselben Wärmemenge an.

Ausführungen und Eigenschaften von Holzfeuerungen

Scheitholzfeuerung

Holzvergaserkessel

Pelletsfeuerung

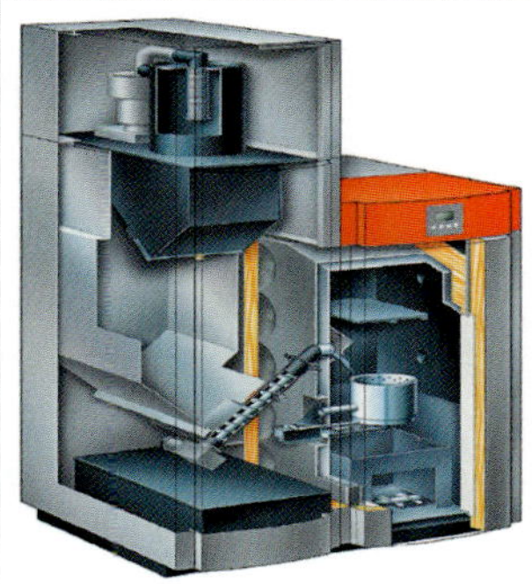

Eigenschaften

Scheitholzfeuerung

- Günstige Anschaffung
- Einfache Bedienung
- Für kleinere Nennwärmeleistungen bis ca. 15 kW
- Bis zu 12 h Brenndauer
- Ascheraum ist häufig zu entleeren.
- Feuerungstechnischer Wirkungsgrad bis über 90 %
- Zur Einbindung in den Heizkreislauf ist meist ein Pufferspeicher nötig.
- Je nach Ausführung ist nur einmaliges Anheizen je Tag nötig.

Holzvergaserkessel

- Geeignet für Scheitholz, Hackgut oder Holzbriketts
- Gute Regelbarkeit von 50 • 100 % der Nennleistung
- Guter feuerungstechnischer Wirkungsgrad (> 90 %)
- Lange Brenndauer ohne Nachlegen möglich
- Lange Reinigungsintervalle bis 2 Wochen
- Wärmeleistungen bis 50 kW
- Für Einbindung in Heizkreislauf ist ein Pufferspeicher vorteilhaft.

Pelletsfeuerung

- Für Holzpellets
- Vollautomatische Beschickung aus einem separaten Lagerraum
- Leistungsbereich ca. 3–30 kW
- Sehr guter feuerungstechnischer Wirkungsgrad möglich (bis 95 %)
- Große Reinigungsintervalle
- Automatische Brennschalenentaschung
- Kein Pufferspeicher nötig

Holzpellets – Anforderungen, Lieferformen, Lagerung

Holzpellets: gepresste(s) Späne oder Sägemehl mit 5–30 mm (max. 45 mm) Länge und einem Durchmesser von ca. 6 mm mit einer Restfeuchte von maximal 7 bis 12 %.
Lieferformen: Säcke von 15 bis 30 kg, Großkartonagen bis 1000 kg auf Paletten und lose.
Lagerung: in speziellen geschlossenen und trockenen Lagerräumen, in Gewebesäcken, Erdtanks oder Silos.

Fernwärmeanlagen

DIN 4747: 2022-11

Eigenschaften der Fernwärmeversorgung

Vorteile:
- Nutzung zentral erzeugter Wärme (bessere Brennstoffverwertung)
- Geringere Umweltbelastung
- Keine Verbrennungsluftversorgung nötig
- Kein Lagerraum für Brennstoffe nötig
- Möglichkeit der Kraft-Wärme-Kopplung (z. B. Abwärme eines Kraftwerks als Heizungswärme)
- Abwärme von z. B. Müllverbrennung nutzbar
- Keine Abgas- oder Wirkungsgradmessungen

Nachteile:
- Kein Einfluss bei Betriebsstörungen
- Verfügbarkeitsgebiet begrenzt
- Lange Transportwege/ Wärmeverluste

Fernwärmeanlagen, Bereiche und Leitungszonen

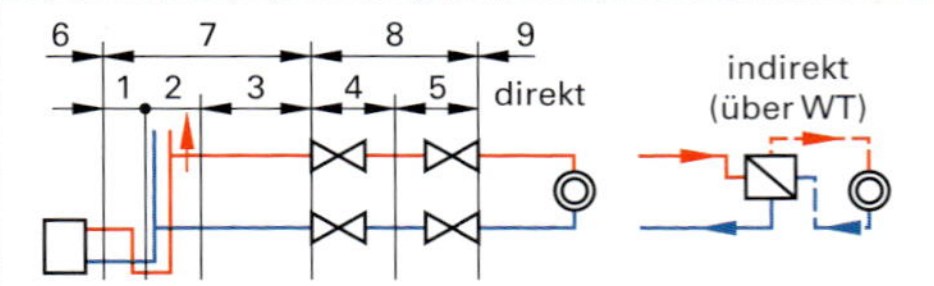

1 Hauptleitung
2 Verteilleitung
3 Hausanschlussleitung
4 Übergabestation
5 Hauszentrale
6 Wärmeerzeugungsanlage (Heizzentrale)
7 Fernwärmenetz
8 Hausstation
9 Hausanlage

Indirekte Versorgung

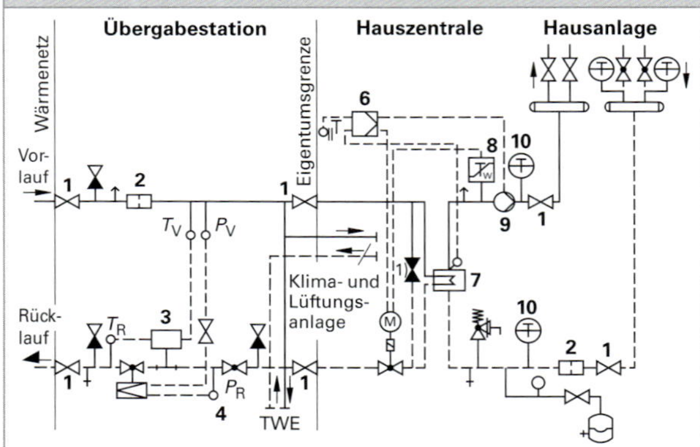

Direkte Versorgung[1]

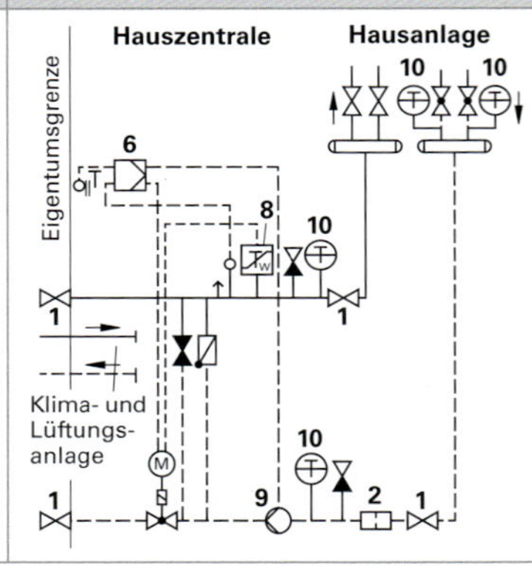

1 Absperrorgan
2 Schmutzfänger
3 Wärmezähler
4 Differenzdruckmessung
5 Eigentumsgrenze
6 Vorlauftemperaturregelung
7 Wärmetauscher
8 Temperaturwächter
9 Umwälzpumpe
10 Temperaturmessung

[1] nur noch bedingt zugelassen

Temperaturabsicherung von Fernwärmehausstationen

Anlage	Max. Netzvorlauftemperatur °C	Max. zulässige Temperatur in Hausanlage	Vorlauftemperaturregelung	Sicherheitstechnische Ausrüstung (Typgeprüft): Temperaturregelung[2]	Sicherheitstechnische Ausrüstung (Typgeprüft): Sicherheits-Temperatur-Wächter[2]	Sicherheitsfunktion
			mit und ohne Hilfsenergie			
Raumheizung/ Raumluftheizung	≤ 120	gleitende und gleitend konstante Netzfahrweise				
		≥ Netzvorlauftemperatur	nicht erforderlich[3]	nicht erforderlich	nicht erforderlich	nicht erforderlich
		< Netzvorlauftemperatur	erforderlich	nicht erforderlich	erforderlich max. υ_{Hzul}[4]	erforderlich[4]
	> 120 und ≤ 140	< Netzvorlauftemperatur	erforderlich	nicht erforderlich	erforderlich max. υ_{Hzul}[4]	erforderlich[4]

[2] Nach DIN EN 14 597
[3] Dezentrale Temperaturregelung mit Thermostatventilen
[4] Nicht erforderlich bei Heizwasservolumenstrom ≤ 1 m³/h. Bei Fortfall STW ist TR erforderlich, keine Erleichterung bei Fußbodenhzg.

Werksseitig vorgedämmte Rohre für Fernheizungen, Einzelrohr (Herstellerangaben)

Stahlrohre für Druckbeanspruchung, p_B = 25 bar nach DIN EN 10217-1 und -2

Stahlrohr (Mediumrohr)			Mantelrohr PEHD		
Nennweite DN	Außen-∅ d_a in mm	Wanddicke s in mm	Außen-∅ D_a in mm	Wanddicke s in mm	Wärmedämmung
25	33,7	3,2	90	3,0	
32	42,4	3,2	110	3,0	
40	48,3	3,2	110	3,0	
50	60,3	3,2	125	3,0	
65	76,1	3,2	140	3,0	
80	88,9	3,2	160	3,0	
100	114,3	3,6	200	3,2	
125	139,7	4,0	225	3,4	
150	168,3	4,5	250	3,6	
200	219,1	6,3	315	4,1	
250	273,0	6,3	400	4,8	
300	323,9	7,1	450	5,2	
350	355,6	8,0	500	5,6	
400	406,4	8,8	560	6,0	
450	457,0	10,0	630	6,6	
500	508,0	11,0	670	6,9	
600	610,0	12,5	800	7,9	

PUR-Hartschaum
λ=0,027 W/(m·K)

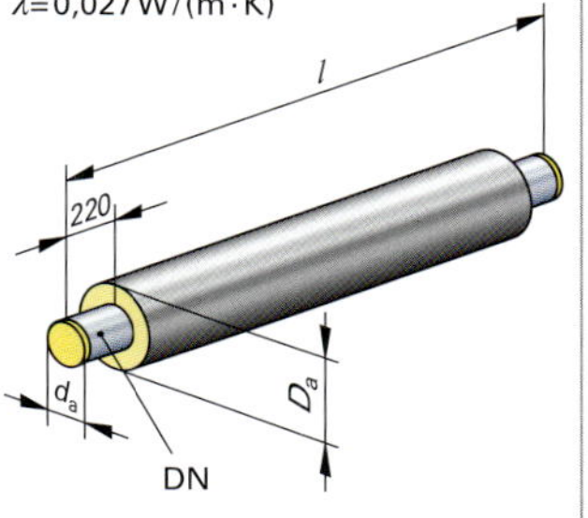

Verbindungstechnik der Mediumrohre:
Gasschmelzschweißen,
Lichtbogenschweißen,
Wolfram-Inert-Gasschweißen (WIG)

Lieferbare Rohrlängen: DN 20 bis DN 600: l = 6,0 m, DN 32 bis DN 600: l = 12,0 m

Werksseitig vorgedämmte Formstücke für Fernheizungen (Herstellerangaben)

T-Abzweige 45°, Maße in mm						**Parallelabzweige,** Maße in mm					
Hauptleitung			Abzweig			Hauptleitung			Abzweig		
DN_1	L	H	DN_2	l	h	DN_1	L	H	DN_2	l	h
25	1100	160	20	695	70	25	1100	210	20	600	120
32	1100	170	25	705	70	32	1100	220	25	600	120
40	1100	180	32	715	70	40	1100	230	32	600	120
50	1100	190	40	720	70	50	1100	240	40	600	120
65	1100	205	50	735	70	65	1100	255	50	600	120
80	1100	220	65	745	70	80	1100	270	65	600	120
100	1200	250	80	800	70	100	1200	300	80	600	120
125	1200	285	100	800	70	125	1200	335	100	600	120
150	1300	310	125	850	70	150	1300	380	125	600	140
200	1300	355	150	850	70	200	1300	390	150	650	140
250	1400	430	200	1000	70	250	1400	510	200	700	150
300	1500	495	250	1050	70	300	1500	625	250	800	197
350	1600	545	300	1150	70	350	1600	730	300	850	252

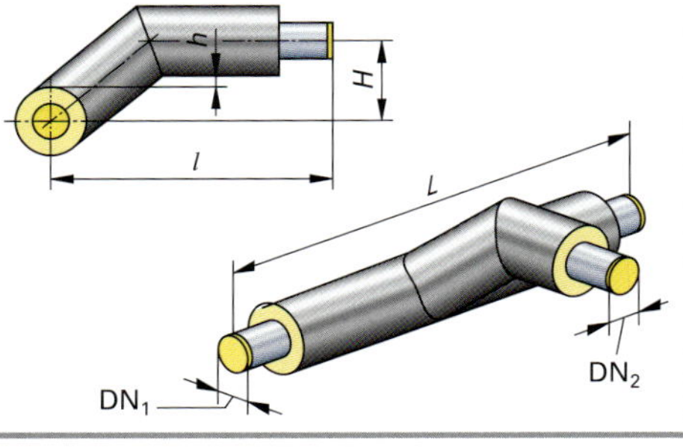

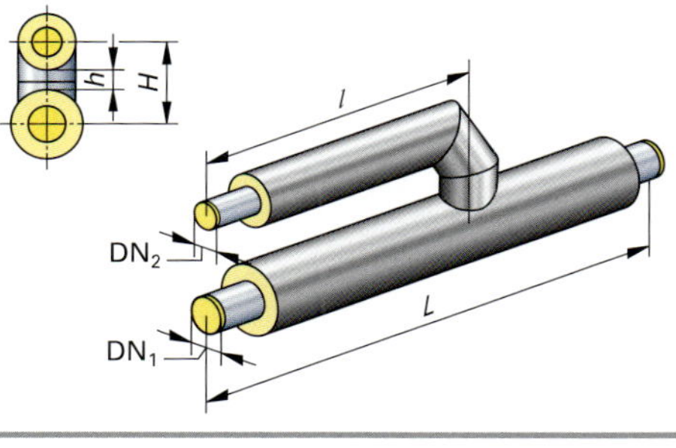

HT

Werksseitig vorgedämmte Formstücke für Fernheizungen (Herstellerangaben) (Fortsetzung)

Werkseitig vorgedämmte Formstücke

Bogen, 90°					Abzweig, 90°, senkrecht					
Stahlrohr (Mediumrohr)				Mantelrohr	Hauptleitung				Abzweigleitung	
DN	d_a in mm	Radius r in mm	Schenkellänge in mm $L \times L_1$	D_a in mm	DN_1	d_a in mm	D_a in mm	L_1 in mm	DN_2	L_2 in mm
25	33,7	110	1000 × 1000	90	25	33,7	90	1100	20	600
32	42,4	110	1000 × 1000	110	32	42,4	110	1100	25	600
40	48,3	110	1000 × 1000	110	40	48,3	110	1100	32	600
50	60,3	135	1000 × 1000	125	50	60,3	125	1100	40	600
65	76,1	175	1000 × 1000	140	65	76,1	140	1100	50	650
80	88,9	205	1000 × 1000	160	80	88,9	160	1100	65	650
100	114,3	270	1000 × 1000	200	100	114,3	200	1200	80	650
125	139,7	330	1000 × 1500	225	125	139,7	225	1200	100	700
150	168,3	390	1000 × 1500	250	150	168,3	250	1300	125	700
200	219,1	510	1000 × 1500	315	200	219,1	315	1300	150	700

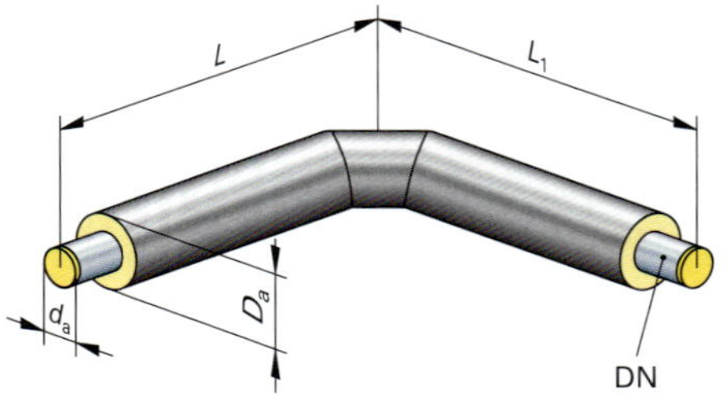

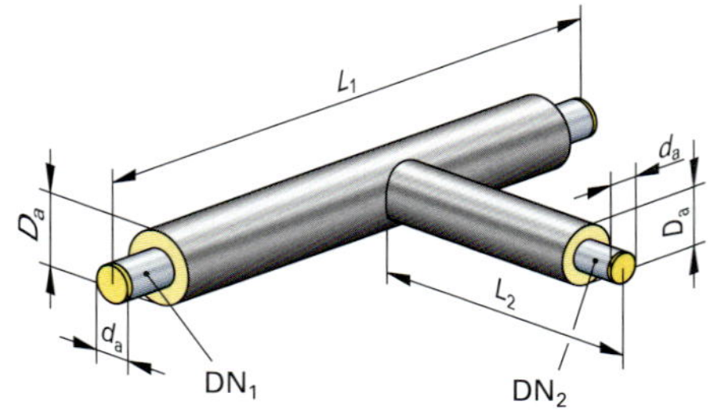

Werkseitig vorgedämmte Rohre für Fernheizungen, Doppelrohre (Herstellerangaben)

Stahlrohre für Druckbeanspruchung, geschweißt nach DIN EN 10217-1 und -2

Stahlrohr (Mediumrohr)				Mantelrohr, PEHD	
Nennweite DN	Außen-∅ d_a in mm	Wanddicke s in mm	Abstand der Rohre h_s in mm	Außen-∅ D_a in mm	Wanddicke s in mm
25	2 × 33,7	3,2	19	140	3,0
32	2 × 42,4	3,2	19	160	3,0
40	2 × 48,3	3,2	19	160	3,0
50	2 × 60,3	3,2	20	200	3,2
65	2 × 76,1	3,2	20	225	3,4
80	2 × 88,9	3,2	25	250	3,6
100	2 × 114,3	3,6	25	315	4,1
125	2 × 139,7	3,6	30	400	4,8
150	2 × 168,3	4,0	40	450	5,2
200	2 × 219,1	4,5	45	560	6,0

Lieferbare Rohrlängen: DN 20 bis DN 200, Länge l = 6,0 m und 12,0 m

Wärmedämmung
PUR-Hartschaum
$\lambda = 0{,}027\,W/(m \cdot K)$

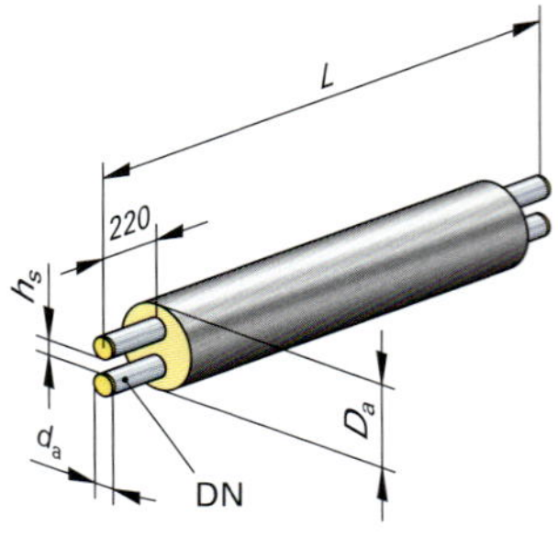

HT

Werksseitig vorgedämmte Formstücke für Fernheizungen (Herstellerangaben) (Fortsetzung)

Werkseitig vorgedämmte Formstücke für Doppelrohre

Bogen, 90°, waagerecht					Zwillingsabzweig, 90°					
Stahlrohr (Mediumrohr)				Mantel-rohr	Hauptleitung				Abzweigleitung	
DN	d_a in mm	Radius r in mm	Schenkellänge in mm $L \times L_1$	D_a in mm	DN_1	d_a in mm	D_a in mm	L_1 in mm	DN_2	L_2 in mm
25	2 × 33,7	110	1000 × 1000	140	25	2 × 33,7	140	1200	20	600
32	2 × 42,4	110	1000 × 1000	160	32	2 × 42,4	160	1200	25	600
40	2 × 48,3	110	1000 × 1000	160	40	2 × 48,3	160	1200	32	600
50	2 × 60,3	135	1000 × 1000	200	50	2 × 60,3	200	1200	40	600
65	2 × 76,1	175	1000 × 1000	225	65	2 × 76,1	225	1200	50	650
80	2 × 88,9	205	1000 × 1000	250	80	2 × 88,9	250	1200	65	650
100	2 × 114,3	270	1000 × 1000	315	100	2 × 114,3	315	1200	80	650
125	2 × 139,7	330	1000 × 1000	400	125	2 × 139,7	400	1300	100	700
150	2 × 168,3	390	1200 × 1200	450	150	2 × 168,3	450	1300	125	700
200	2 × 219,1	510	1200 × 1200	560	200	2 × 219,1	560	1400	150	800

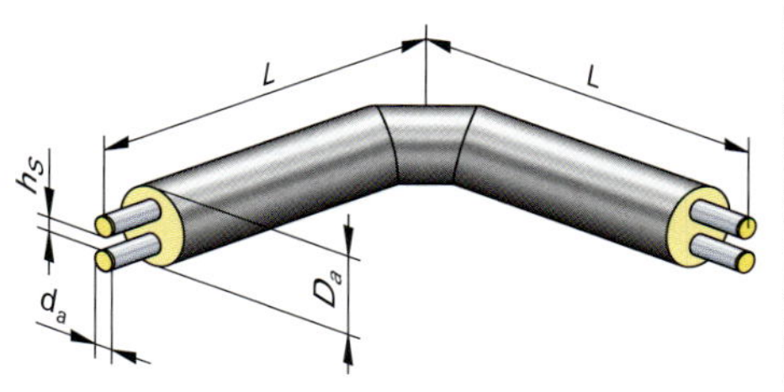

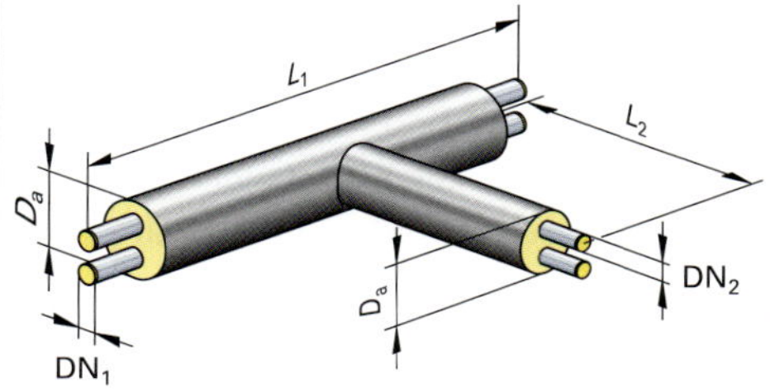

Wärmeverluste für vorgedämmte Rohrleitungen, Standard

Einzelrohr					Doppelrohr			
Nenn-weite DN	Mantel-rohr D_a in mm	U-Wert W/(m·K)	Wärmeverluste $\dot{q}$ in W/m $\vartheta_m = 100$ K	Wärmeverluste $\dot{q}$ in W/m $\vartheta_m = 70$ K	Mantel-rohr D_a in mm	U-Wert W/(m·K)	Wärmeverluste $\dot{q}$ in W/m $\vartheta_m = 100$ K	Wärmeverluste $\dot{q}$ in W/m $\vartheta_m = 70$ K
20	90	0,1337	13,367	9,357	125	0,2039	20,382	14,271
25	90	0,1625	16,253	11,377	140	0,2227	22,269	15,592
32	110	0,1661	16,614	11,630	160	0,2424	24,237	16,971
40	110	0,1904	19,045	13,331	160	0,2858	28,567	20,003
50	125	0,2122	21,221	14,855	200	0,2797	27,963	19,580
65	140	0,2489	24,885	17,420	225	0,3293	32,917	23,049
80	160	0,2566	25,664	17,965	250	0,3710	37,091	25,970
100	200	0,2720	27,198	19,038	315	0,3748	37,474	26,237
125	225	0,3132	31,321	21,925	400	0,3630	36,291	25,411
150	250	0,3692	36,922	25,846	450	0,4192	41,911	29,343
200	315	0,4017	40,173	28,121	560	0,4754	47,538	33,278

Wärmeverlustvergleich: Doppelrohr zu 2 × Einzelrohr bei $\vartheta_m = 70$ K

Nennweite DN	20	25	32	40	50	65	80	100
2 × Einzelrohr	2 × 9,357	2 × 11,377	2 × 11,630	2 × 14,855	2 × 13,331	2 × 14,855	2 × 17,965	2 × 19,038
Doppelrohr	14,271	15,592	16,971	20,003	19,580	23,049	25,970	26,237
Einsparung in %	23,74	31,47	27,04	24,98	34,14	33,84	27,72	31,09

Aufbau von Dampfkesselanlagen

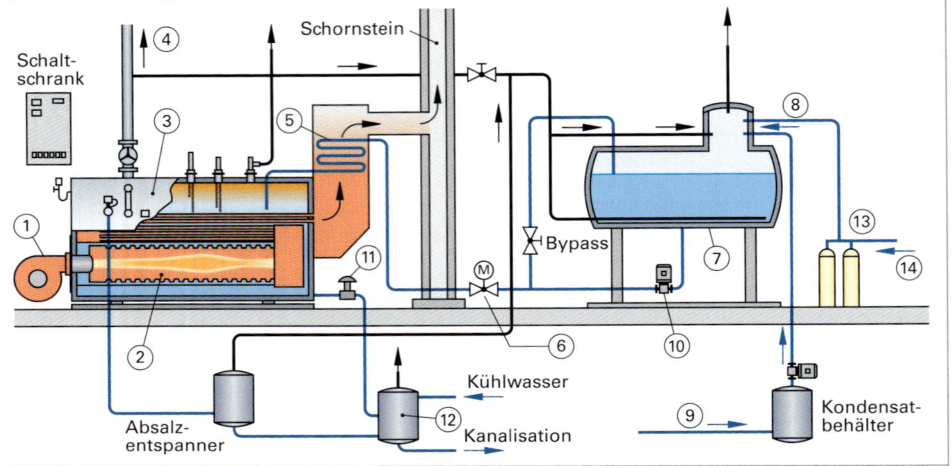

1 Brenner 2 Brennraum 3 Dampferzeuger 4 Dampfleitung zum Verbraucher	5 Kondensatvorwärmung 6 Speisewasser-Regelventil 7 Wasseraufbereitung 8 Zusatzwasser 9 Kondensatrücklauf	10 Kesselspeisepumpe 11 Abschlämmventil 12 Kühler 13 Chemische Wasseraufbereitung 14 Rohrwasser

Arten von Wasserdampf in Dampfheizungen

Niederdruckdampf	Dampf mit einem Überdruck von < 1 bar bzw. ϑ < 120 °C
Hochdruckdampf	Dampf mit einem Überdruck von > 1 bar bzw. ϑ > 120 °C
Vakuumdampf	Dampf < 1 bar bzw. < 100 °C
Nassdampf	Mischung von Wasser und Wasserdampf (teilweise verdampftes Wasser)
Sattdampf	vollständig verdampftes Wasser im Sättigungszustand
Abdampf	aus Abwärme anderer Wärmeerzeuger stammender Dampf
Heißdampf	Dampf, der überhitzt wird nach der vollständigen Verdampfung

Eigenschaften von Wasserdampf

p_{abs} bar	p_e bar	ϑ_s °C	h' kJ/kg	h'' kJ/kg	r kJ/kg	v'' m³/kg
0,3	– 0,7	69,1	289,3	2625	2336	5,229
0,5	– 0,5	81,3	340,6	2646	2305	3,240
0,8	– 0,2	93,5	391,7	2666	2274	2,087
1,0	0	99,6	417	2675	2258	1,694
1,2	0,2	104,8	439	2683	2244	1,428
1,4	0,4	109,3	458	2690	2232	1,236
1,6	0,6	113,3	475	2696	2221	1,091
2,0	1,0	120,2	505	2706	2201	0,885
2,5	1,5	127,4	535	2716	2181	0,718
5,0	4,0	151,8	640	2747	2107	0,375
11,0	10,0	184,1	781	2780	1999	0,1774

Siedekurve von Wasser in Abhängigkeit von der Temperatur

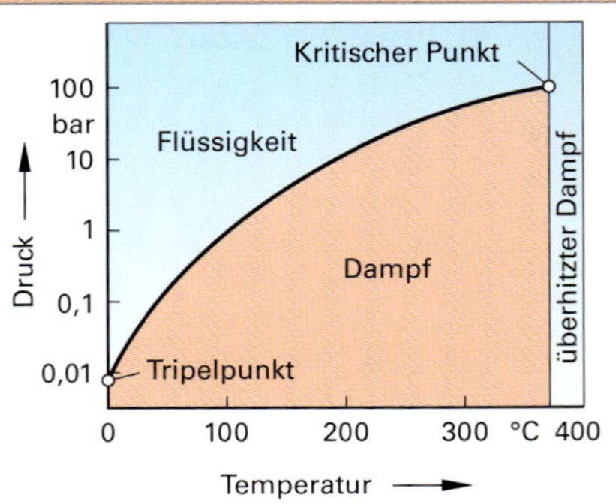

p_{abs}: Absolutdruck p_e: Überdruck (auch negativ als Unterdruck oder negativer Überdruck)
ϑ_s: Siedetemperatur h' (h''): Wärmeinhalt von gerade siedender Flüssigkeit (gesättigtem Dampf)
r: Verdampfungswärme von siedender Flüssigkeit zum gesättigten Dampf
v'' (ϱ''): spezifisches Volumen (Dichte) des gesättigten Dampfes

Leistung von Dampfkesseln

$\dot{Q}$	Wärmeleistung	kW
$\dot{m}_D$	Dampfmassenstrom	kg/h
r	Verdampfungswärme	kJ/kg, Wh/kg
$\dot{V}$	Volumenstrom	m³/h
v''	spez. Volumen des Dampfes	m³/kg

Wärmeleistung

$$\dot{Q} = \frac{\dot{m}_D \cdot r}{3600\ \text{s/h}}$$

Dampfmassenstrom

$$\dot{m}_D = \frac{\dot{Q} \cdot 3600\ \text{s/h}}{r}$$

Dampfvolumenstrom

$$\dot{V} = \dot{m}_D \cdot v''$$

Erforderliche Durchmesser von Dampf- und Kondensatleitungen

Maximale Strömungsgeschwindigkeiten *w*

Art der Leitung		*w* in m/s
Abdampf, Entspannungsdampf		15–25
Sattdampfleitungen		20–40
Heißdampfleitung	kleine Leistung	ca. 35
	mittlere Leistung	40–50
	große Leistung	50–65
Speisewasser-	Saugleitung	0,5–1,0
	Druckleitung	1,5–3,5
Kühlwasser-	Saugleitung	0,7–1,5
	Druckleitung	1,0–5,5
Trink- und Warmwasserleitungen		1,0–2,0

Nach der Berechnung des Dampfmassenstroms und mit der maximal zulässigen Strömungsgeschwindigkeit kann man einen Nenndurchmesser bestimmen.

Ablesebeispiel:

Ein Massenstrom von 1,0 · 10³ kg/h wird für eine Heißdampfleitung mittlerer Leistung ermittelt. Mit w_{max} = 40 m/s kann man einen Durchmesser DN 32 ablesen.

Bestimmung des Nenndurchmessers von Dampfleitungen

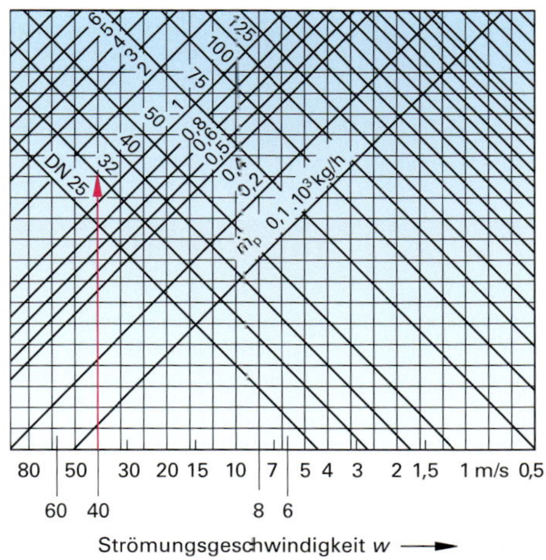

Massenanteil des Dampfes

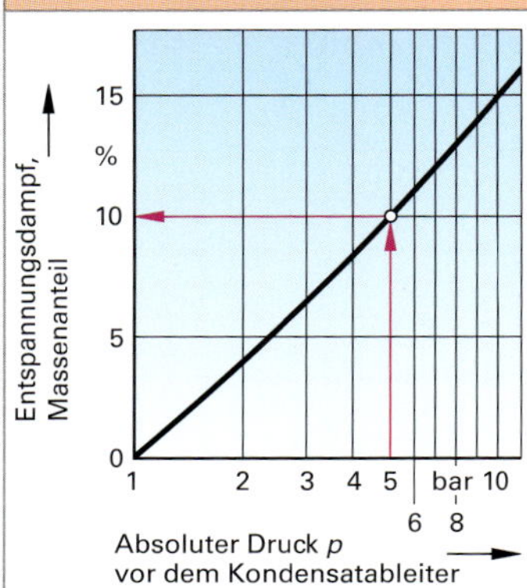

Volumenzunahme des Kondensates

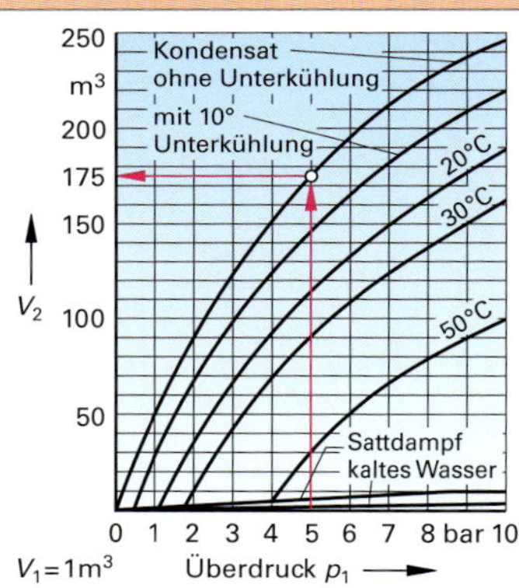

Ablesebeispiel:

Bei einem Massenstrom von 1200 kg/h Kondensat (ca. 1,2 m³), welches bei 5 bar entspannt wird, bilden sich 10 % Entspannungsdampf (Bild links), was einem Massenstrom von 120 kg/h entspricht.

Es entstehen je m³ Kondensat ca. 175 m³ Dampf (Bild rechts), also insgesamt etwa 21 m³/h.

Dimensionierung von Kondensatleitungen

Druck vor Entspannung	Durchmesser der Kondensatleitung nach dem Kondensatableiter in [mm]												
p_{abs}	Absoluter Druck am Ende der Kondensatleitung in bar												
bar	0,2	0,5	0,8	1,0	1,2	1,5	2,0	2,5	3,0	3,5	4,0	5,0	6,0
1,0	36	16	7	–	–	–	–	–	–	–	–	–	–
1,1	37	17	8,5	5	–	–	–	–	–	–	–	–	–
1,5	40	21	13	10	7	–	–	–	–	–	–	–	–
2,0	44	24	16	13	10	8	–	–	–	–	–	–	–
2,5	47	26	18	15	12	10	5	–	–	–	–	–	–
3,5	50,5	28,5	20,5	17	15	13	8,5	6	–	–	–	–	–
4,5	53	31	22,5	19	17	13,5	10,5	8	6	5	–	–	–
5	54	32	23	20	18	14	11	9	7	6	4	–	–
5,5	55	32	23,5	20,5	18	14,5	11,5	9,5	7,5	6,5	4,5	2,5	–
6	56	32	24	21	18	15	12	10	8	7	5	3	–
7	57	33	25	21	19	16	12	10	8	7	6	4	2
8	60	36	27	23	21	18	14	12	10	9	8	6	5

Den tatsächlichen Durchmesser erhält man durch Multiplizieren mit folgendem Faktor:

Kondensatmenge [kg/h]	100	200	300	400	500	600	700	800	900	1000
Faktor	1,0	1,4	1,7	2,0	2,2	2,4	2,6	2,8	3,0	3,2

Kondensatableiter

Arten	Verschlussmechanismus	Einsatzgebiete
Kondensat-Schnellentleerer	temperaturabhängige Ausdehnungskörper	Dampfanlagen mit geinger bis mittlerer Heizleistung. Nennweitern DN 15, DN 20
Bimetall-Kondensatableiter	Bimetall-Element (temperaturabhängig)	Für mittlere bis große Heizeitungen einsetzbar. DN 15 bis DN 40
Schwimmer-Kondensatableiter	Schwimmerventil öffnet, wenn sich eine größere Kondensatmenge angesammelt hat.	Werden für große Heizleistungen in der Industrie eingesetzt, z. B. bei Prozessdampf in der Chemie. DN 20 bis DN 50

Kondensatableiter verhindern, dass Dampf in die Kondensatleitung gelangen kann.

Anforderungen an die Wasserqualität bei Dampfkesseln bis 1 bar Überdruck

Bestandteil	Mengeneinheit	Füllwasser bei Gesamtkesselleistung [kW]		Ergänzungswasser	Heizungswasser
		≤ 200	> 200	–	–
Erdalkalien	mol/m^3	Keine Anforderung, hier kann unbehandeltes Wasser aus dem Ortsnetz benutzt werden.	≤ 0,015	≤ 0,015	10,5–12,0
Säurekapazität $K_{S8,2}$ mol/m^3	mol/m^3		> 9,0	> 9,0	1–12
Sauerstoff	mg/l		< 0,1	< 0,1	–
Kohlensäure, gebunden	mg/l		< 25	< 25	–
Oxidierbarkeit	mg/l				
(Mn VII Mn II) als $KMnO_4$ mg/l	mg/l		< 10	< 10	–
Öl, Fett	mg/l		< 3	nicht nachweisbar	–
Phosphat (PO_4)	mg/l		–	–	10–20
Leitfähigkeit bei 25 °C	µS/cm		–	–	< 5000
Dichte	°BE		–	–	0,1–0,25

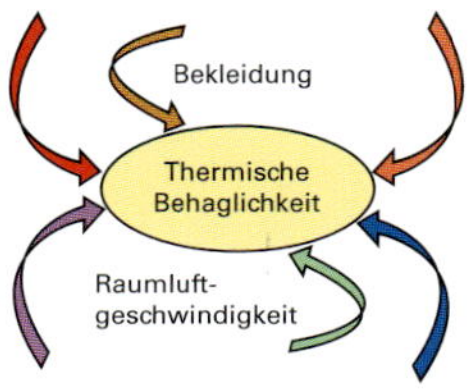
Bekleidung
Thermische Behaglichkeit
Raumluft-
geschwindigkeit

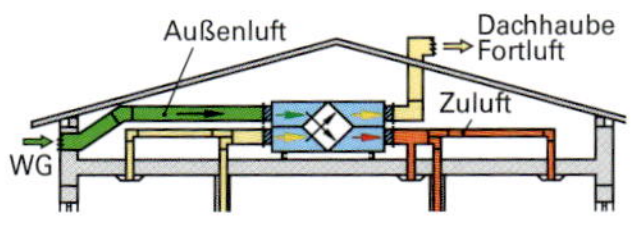
Außenluft
Dachhaube
Fortluft
Zuluft
WG

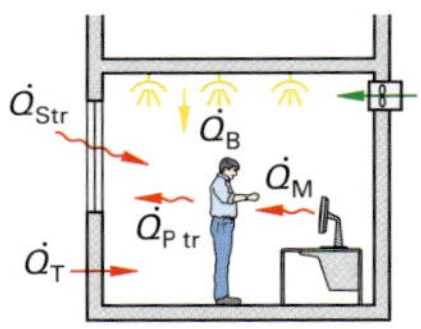
$\dot{Q}_{Str}$
$\dot{Q}_B$
$\dot{Q}_M$
$\dot{Q}_{P\,tr}$
$\dot{Q}_T$

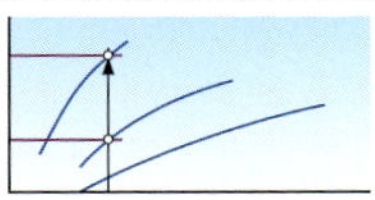

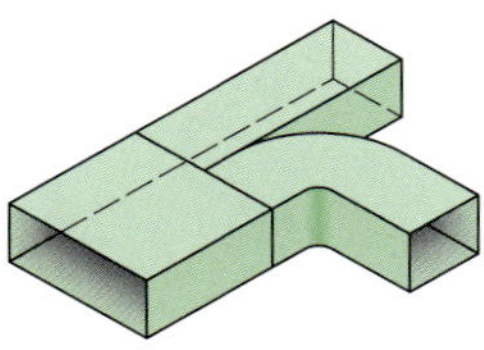

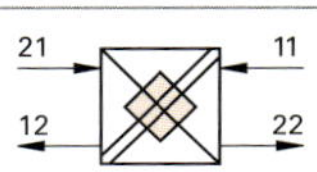
21
11
12
22

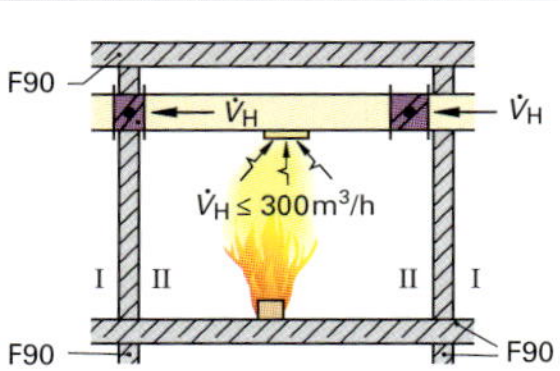
F90
$\dot{V}_H$
$\dot{V}_H$
$\dot{V}_H \leq 300\,m^3/h$
I
II
II
I
F90
F90

Einteilung der lufttechnischen Anlagen

DIN EN ISO 1946-6: 2019-12

- **Systeme der Wohnungslüftung**
  - **Freie Lüftung** (ohne Ventilatoren)
    - **Querlüftung** Feuchteschutz
    - **Querlüftung**
    - **Schachtlüftung**
  - **Ventilatorgestützte Lüftung**
    - **Abluftsystem**
    - **Zuluftsystem**
    - **Zu- und Abluftsystem**

Auslegungskriterien für Lüftungs- und Klimaanlagen

Beeinflussung der thermischen Behaglichkeit

- Raumklimatemperatur
- Raumluftqualität
- Raumluftfeuchte
- Raumluftgeschwindigkeit
- Akustik im Raum

Einflussgrößen auf die Behaglichkeit und Leistungsfähigkeit von Personen

- Art der Tätigkeit
- Gestaltung des Arbeitsplatzes
- Raumgröße und Möblierung
- Beleuchtung und Farbe
- Sicht nach außen
- Arbeitsbedingungen
- Arbeitsverhältnis

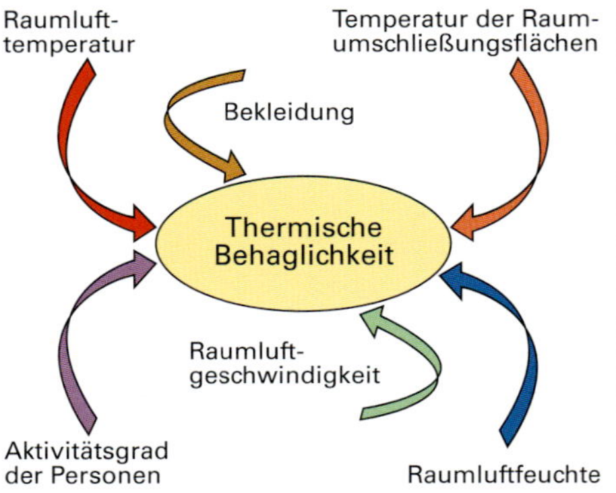

Steuerung und Regelung der Raumluftqualität

Kategorie	Beschreibung
RAL-C1	**Keine Regelung** Anlage läuft konstant.
RAL-C2	**Manuelle Steuerung** Anlage wird von Hand geschaltet.
RAL-C3	**Zeitsteuerung** Anlage wird nach einem vorgegebenen Zeitplan betrieben.
RAL-C4	**Anwesenheitskontrolle (Personenbelegung ja/nein)** Anlage wird nur bei Anwesenheit von Personen betrieben (Lichtschalter, Infrarotsensoren usw.).
RAL-C5	**Präsenzkontrolle (Anzahl der Personen)** Betrieb der Anlage ist von der Anzahl der Personen im Raum abhängig.
RAL-C6	**Luftqualitätsregelung** Anlage wird über Sensoren geregelt, die die vorgegebenen Raumluftparameter messen, z. B. CO_2-Gehalt.

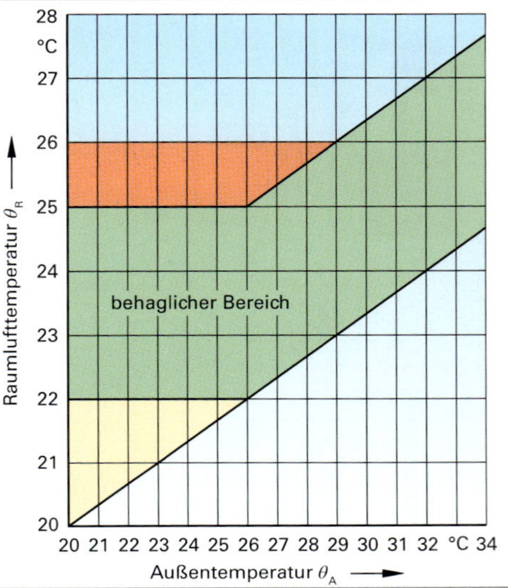

KT

Ergonomie der thermischen Umgebung

DIN EN ISO 7730: 2006-05

Vorausgesagtes mittleres Votum (PMV, predicted mean vote)

Durchschnittswert für die Klimabeurteilung durch eine große Personengruppe auf der Grundlage der Klimabeurteilungsskala. Dient zur Prüfung, ob ein gegebenes Umgebungsklima den Behaglichkeitskriterien entspricht.

Skala	Klimabeurteilung	Anwendungsbereich	Erklärung
+3	heiß	Energieumsatz: 0,8 – 4 met	**1 met:** 1 Metabolische Einheit
+2	warm	Bekleidungsisolation: 0 – 2 clo	58,2 W/m² (Standard 1,2 met)
+1	etwas warm	Lufttemperatur: 10 – 30 °C	**1 clo:** 1 Kleidungseinheit
0	neutral	Mittl. Strahlungstemperatur: 10 – 40 °C	0,155 (m² · K/W); Unterwäsche,
–1	etwas kühl	Rel. Luftgeschwindigkeit: 0 – 1 m/s	Hemd, Hose, Jacke,
–2	kühl	Wasserdampfpartialdruck: 0 – 2700 Pa	Socken, Schuhe (Standard Winter)
–3	kalt 1		Sommer: 0,5 clo

PPD: predicted **p**ercetage of **d**issatified = vorausgesetzter Prozentsatz an Unzufriedenen

Vorausgesetzter Prozentsatz an Unzufriedenen (PPD)

Index für die Vorhersage, wie viel Prozent der Personen das Klima als zu warm/zu kalt empfinden. Unzufriedene Personen beurteilen das Klima mit +2, +3 (zu warm), –2 oder –3 (zu kalt).

Kategorien des Umgebungsklimas

Kategorie	Thermischer Zustand des Körpers insgesamt		Lokale Unbehaglichkeit			
	PPD[1] %	PMV	DR[2] %		PD[3] %	
				vertikaler Lufttemperaturunterschied	warmer oder kalter Fußboden	asymmetrische Strahlung
A	< 6	– 0,2 < PMV < +0,2	< 10	< 3	< 10	< 5
B	< 10	– 0,5 < PMV < +0,5	< 20	< 5	< 10	< 5
C	< 15	– 0,7 < PMV < +0,7	< 30	< 10	< 15	< 10

Tabelle gilt für $\varphi = 50\%$; $\Delta\varphi = 10\%$ entspricht $\Delta\vartheta = 0{,}3$ K.

[1] **PPD: p**redicted **p**ercetage of **d**issatified; vorausgesetzter Prozentsatz der Unzufriedenen

[2] **DR: d**raught **r**ating; Zugluft

[3] **PD: p**ercentage of **d**issatified; Prozentsatz an Unzufriedenen

Lokale thermische Unbehaglichkeit

Optimale operative Temperatur ϑ_o als Funktion der Kleidung und Aktivität

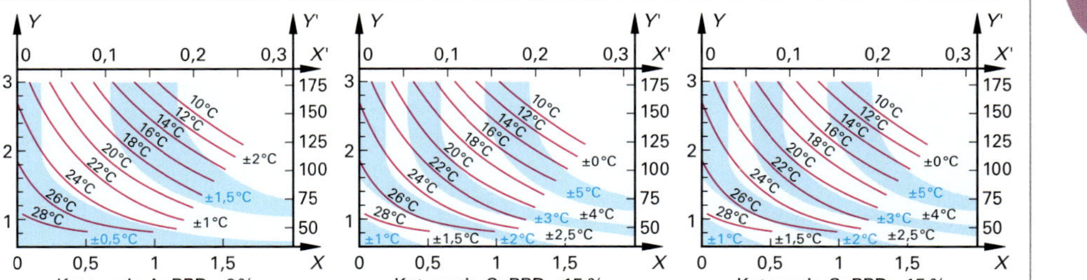

Kategorie A: PPD < 6 % — Kategorie C: PPD < 15 % — Kategorie C: PPD < 15 %

X Bekleidungsisolation in Bekleidungseinheiten (clo)
X′ Bekleidungsisolation in Bekleidungseinheiten (m² · K/W)
Y Energieumsatz in metabolischen Einheiten (met)
Y′ Energieumsatz in metabolischen Einheiten (W/m²)

Ergonomie der thermischen Umgebung (Fortsetzung) — DIN EN ISO 7730: 2006-05

Höchstzulässige mittlere Luftgeschwindigkeit bei lokaler Temperatur

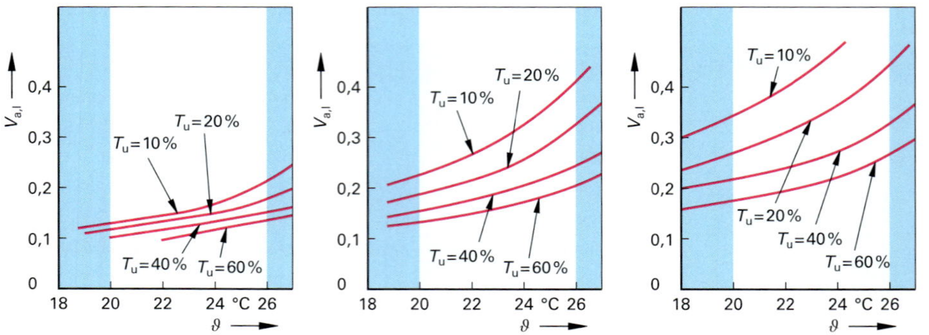

Kategorie A: DR = 10% Kategorie B: DR = 20% Kategorie C: DR = 30%

Tu Intensität der Turbulenzen; $v_{a,e}$ lokale mittlere Luftgeschwindigkeit in m/s; ϑ in °C;
DR = **d**raught **r**ating (Zugluft)

Gestaltungskriterien für Räume

Gebäude-/ Raumtyp	Aktivität W/m²	Kategorie[1]	Operative Temperatur °C		Maximale mittlere Luftgeschwindigkeit m/s	
			Sommer (Kühlen)	Winter (Heizen)	Sommer (Kühlen)	Winter (Heizen)
Einzelbüro, Auditorium, Cafeteria, Klassenraum	70	A	24,5 ± 1,0	22,0 ± 1,0	0,12	0,10
		B	24,5 ± 1,5	22,0 ± 2,0	0,19	0,16
		C	24,5 ± 2,5	22,0 ± 3,0	0,24	0,21
Kindergarten	81	A	24,5 ± 1,0	22,0 ± 1,0	0,11	0,10
		B	24,5 ± 2,0	22,0 ± 2,5	0,18	0,15
		C	24,5 ± 2,5	22,0 ± 3,5	0,23	0,19
Kaufhaus	93	A	24,5 ± 1,0	22,0 ± 1,5	0,16	0,13
		B	24,5 ± 2,0	22,0 ± 3,0	0,20	0,15
		C	24,5 ± 3,0	22,0 ± 4,0	0,23	0,18

Bekleidung 0,5 clo im Sommer und 1,0 clo im Winter; Turbulenzgrad 40% (Mischlüftung)
φ Sommer = 60%; φ Winter = 40%

[1] Kategorien siehe Seite 423

Energieumsätze von Menschen in Abhängigkeit der Tätigkeit — VDI 2078: 2015-06

Aktivität		Energieumsatz W/Pers	Energieumsatz met
Angelehnt, auch liegend		80	0,8
Sitzend, entspannt		100	1,0
Sitzende Tätigkeit (Büro, Wohnung, Schule, Labor)		125	1,2
Stehende, leichte Tätigkeit (Einkaufen, Labor, leichte Industriearbeit)		170	1,6
Stehende, mittelschwere Tätigkeit	(Verkaufs-, Hausarbeit, Maschinenbetätigung)	210	2,0
Gehen auf der Ebene:	3 km/h	250	2,4
	5 km/h	360	3,4

Die Körperoberfläche eines Menschen wurde mit 1,8 m² angesetzt, Umgebungstemperatur: 20 °C.

Zustandsgrößen trockener und gesättigter Luft bei p_{abs} = 1013 hPa

ϑ in °C	ϱ_{tr} in kg/m³	ϱ_s in kg/m³	c_p in Wh/m³K	x_s in g/kg	h_s in Wh/kg	r in Wh/kg	ϑ in °C	ϱ_{tr} in kg/m³	ϱ_s in kg/m³	c_p in Wh/m³K	x_s in g/kg	h_s in Wh/kg	r in Wh/kg
−20	1,396	1,395	0,388	0,63	−5,14	788,6	20	1,205	1,195	0,332	14,9	16,05	681,4
−15	1,368	1,367	0,380	1,01	−3,50	788,4	21	1,201	1,190	0,331	15,6	17,00	680,8
−14	1,363	1,367	0,379	1,11	−3,14	788,3	22	1,197	1,185	0,329	16,6	17,80	680,0
−13	1,358	1,357	0,377	1,22	−2,78	788,2	23	1,193	1,181	0,328	17,7	18,86	679,4
−12	1,353	1,352	0,376	1,34	−2,44	788,0	24	1,189	1,176	0,327	18,8	20,02	678,8
−11	1,348	1,347	0,374	1,46	−2,08	788,0	25	1,185	1,171	0,326	20,4	21,05	678,0
−10	1,342	1,341	0,373	1,60	−1,69	788,0	26	1,181	1,166	0,324	21,4	22,33	677,5
−9	1,337	1,336	0,371	1,75	−1,31	787,8	27	1,177	1,161	0,322	22,6	23,50	676,9
−8	1,332	1,331	0,370	1,91	−0,92	787,8	28	1,173	1,156	0,321	24,0	24,81	676,1
−7	1,327	1,325	0,368	2,08	−0,53	787,8	29	1,169	1,151	0,320	25,6	26,19	675,6
−6	1,322	1,320	0,367	2,27	−0,01	787,8	30	1,165	1,146	0,318	27,6	27,69	675,0
−5	1,317	1,315	0,366	2,47	0,31	787,8	31	1,161	1,141	0,317	28,8	29,11	674,4
−4	1,312	1,310	0,364	2,69	0,75	787,5	32	1,157	1,136	0,316	30,6	30,61	673,6
−3	1,308	1,306	0,363	2,94	1,19	787,4	33	1,154	1,131	0,314	32,5	32,25	673,1
−2	1,303	1,301	0,362	3,19	1,64	787,4	34	1,150	1,126	0,313	34,4	33,97	672,2
−1	1,298	1,295	0,360	3,47	2,11	787,4	35	1,146	1,121	0,311	36,6	35,86	671,7
0	1,293	1,290	0,359	3,78	2,61	694,4	36	1,142	1,116	0,310	38,8	37,72	671,1
1	1,288	1,285	0,357	4,07	3,11	693,9	37	1,139	1,111	0,309	41,1	39,58	670,6
2	1,284	1,281	0,356	4,37	3,38	693,3	38	1,135	1,107	0,308	44,5	41,56	669,7
3	1,279	1,275	0,354	4,70	4,11	692,8	39	1,132	1,102	0,306	46,0	43,75	669,2
4	1,275	1,271	0,353	5,03	4,64	692,2	40	1,128	1,097	0,305	48,8	46,08	668,3
5	1,270	1,266	0,352	5,40	5,14	691,4	42	1,121	1,086	0,302	54,8	50,86	666,9
6	1,265	1,261	0,351	5,79	5,69	690,6	44	1,114	1,076	0,299	61,3	56,11	665,6
7	1,261	1,256	0,349	6,21	6,28	690,0	46	1,107	1,065	0,296	68,9	62,14	664,4
8	1,256	1,251	0,348	6,65	6,78	689,4	48	1,100	1,054	0,293	77,7	68,67	663,1
9	1,252	1,247	0,347	7,13	7,47	688,9	50	1,093	1,043	0,290	86,2	76,00	661,7
10	1,248	1,242	0,345	7,68	8,11	688,1	55	1,076	1,013	0,282	114,0	97,88	658,3
11	1,243	1,237	0,344	8,15	8,78	687,5	60	1,060	0,981	0,273	152,0	126,94	655,0
12	1,239	1,232	0,342	8,75	9,47	686,9	65	1,044	0,946	0,263	204,0	166,39	651,4
13	1,235	1,228	0,341	9,35	10,17	686,1	70	1,029	0,909	0,252	276,0	221,11	648,1
14	1,230	1,223	0,340	9,97	10,89	685,6	75	1,014	0,868	0,241	382,0	300,28	644,7
15	1,226	1,218	0,339	10,76	11,61	684,7	80	1,000	0,823	0,229	545,0	422,50	641,1
16	1,222	1,214	0,337	11,40	12,44	684,2	85	0,986	0,773	0,215	828,0	634,40	637,8
17	1,217	1,208	0,336	12,10	13,28	683,6	90	0,973	0,718	0,200	1400	1061,40	634,2
18	1,213	1,204	0,335	12,90	14,08	682,8	95	0,959	0,656	0,182	3120	2356,7	630,6
19	1,209	1,200	0,334	13,80	15,03	682,2	100	0,947	0,589	0,164	–	–	627,2

ϑ Lufttemperatur in °C
ϱ_s Dichte feuchter Luft in kg/m³
x_s absolute Luftfeuchte gesättigter Luft in g/kg (Sättigungsdampfmenge)
h_s Enthalpie (Wärmeinhalt) gesättigter Luft in Wh/kg
φ relative Luftfeuchte in %
c_p spezifische Wärmekapazität in Wh/m³K

ϱ_{tr} Dichte trockener Luft in kg/m³
x_i absolute Istfeuchte der Luft in g/kg (tatsächlich in der Luft)
r Verdampfungswärme in Wh/kg

$$\varphi = \frac{x_i}{x_s} \cdot 100\,\%$$

KT

Lüftung von Nichtwohngebäuden

DIN EN 13779: 2007-09

Anforderungen an Lüftungs- und Klimaanlagen

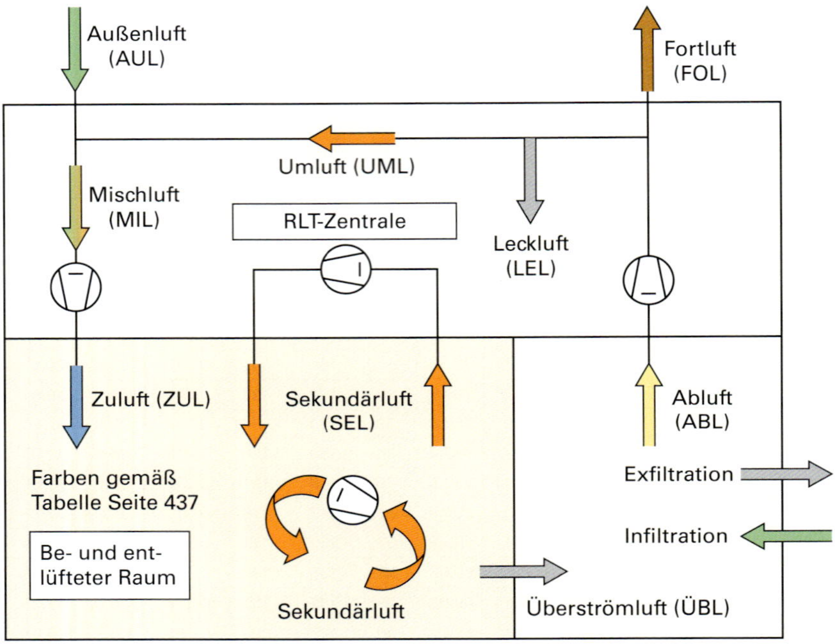

Festlegung der Luftarten

DIN EN 16798-3: 2017-11

Luftart	Abkürzung	Farbe	Definition
Außenluft Outdoor air	AUL ODA	grün	Unbehandelte Luft, die von außen angesaugt wird, auch Frischluft genannt.
Zuluft Supply air	ZUL SUP	blau [1)]	Nach dem Lüftungs-/Klimagerät bis zum Eintritt in den Raum.
Raumluft Indoor air	RAL IDA	grau	Luft innerhalb des Raumes oder des Aufenthaltsbereiches.
Überströmluft Transferred air	ÜBL TRA	grau	Raumluft, die in eine andere zu behandelnde Zone strömt.
Abluft Extract air	ABL ETA	gelb	Luft, die aus dem behandelten Raum abgesaugt wird.
Umluft Recirculation air	UML RCA	orange	Abluft, die wieder dem Lüftungsgerät zugeführt und erneut als Zuluft verwendet wird.
Fortluft Exhaust air	FOL EHA	braun	Abluft, die ins Freie abgeleitet wird.
Mischluft Mixed air	MIL MIA	unterschiedliche Farben	Luft, die aus mehr als einer Luftart besteht.
Sekundärluft Secondary air	SEL SEC	orange	Luft, die einem Raum entnommen und nach der Behandlung dem gleichen Raum wieder zugeführt wird.

1) je nach Anlagentyp Seite 427

Anlagentypen von Lüftungs- und Klimaanlagen

DIN EN 16798-3: 2017-11

Kategorie	Geregelte Funktionen					Bezeichnung	Farbe der Zuluft
	Lüften	Heizen	Kühlen	Befeuchten	Entfeuchten		
THM – C0	x	–	–	–	–	Einfache Lüftungsanlage	grün
THM – C1	x	x	–	–	–	Lüftungsanlage oder Lüftungsanlage mit Heizfunktion	rot
THM – C2	x	x	–	x	–	Lüftungsanlage mit den Funktionen Heizen und Befeuchten	blau
THM – C3	x	x	x	–	(x)	Einfache Klimaanlage	blau
THM – C4	x	x	x	x	(x)	Einfache Klimaanlage mit den Funktionen Heizen, Kühlen und Befeuchten	blau
THM – C5	x	x	x	x	x	Klimaanlage mit den Funktionen Heizen, Kühlen, Be- und Entfeuchten	violett

Klassifizierung der Abluft (ABL)

Kategorie	ABL 1	ABL 2	ABL 3	ABL 4
Verunreinigungsgrad	**niedrig** z. B. aus Aufenthaltsräumen ohne Rauchen	**mäßig** z. B. wie ABL 1, aber mit Rauchen	**hoch** z. B. Feuchte oder Chemikalien beeinträchtigen Luftqualität	**sehr hoch** z. B. wie ABL 3, mit gesundheitsschädlichen Gerüchen/Verunreinigungen

Klassifizierung der Fortluft (FOL)

Kategorie	FOL 1	FOL 2	FOL 3	FOL 4
Verunreinigungsgrad	**niedrig** z. B. aus Aufenthaltsräumen ohne Rauchen	**mäßig** z. B. wie FOL 1, aber mit Rauchen	**hoch** z. B. Feuchte oder Chemikalien beeinträchtigen Luftqualität	**sehr hoch** z. B. wie FOL 3, mit gesundheitsschädlichen Gerüchen/Verunreinigungen

Klassifizierung der Außenluft (AUL)

Kategorie	AUL 1	AUL 2	AUL 3	AUL 4	AUL 5
Beschreibung	saubere Luft, zeitweise Staubbelastung (z. B. Pollen)	Luft mit hoher Konzentration an Staub/Feinstaub	Luft mit hoher Konzentration an gasförmigen Luftverunreinigungen	Luft mit hoher Konzentration an allen Schadstoffen aus AUL 2 und 3	wie AUL 4, jedoch sehr hohe Konzentration

Verunreinigungskonzentrationen der AUL

Beschreibung des Ortes	Konzentration					
	CO_2 ppm	CO mg/m³	NO_2 µg/m³	SO_2 µg/m³	Gesamt-PM[1)] mg/m³	PM10[2)] µg/m³
Ländliche Gebiete; keine bedeutenden Emissionsquellen	350	< 1	5 – 35	< 5	< 0,1	< 20
Kleine Städte	375	1 – 3	15 – 40	5 – 15	0,1 – 0,3	10 – 30
Verschmutzte Stadtzentren	400	2 – 6	30 – 80	10 – 50	0,2 – 1,0	20 – 50

1) Alle Schwebstoffe, flüssig oder fest.
2) Schwebstoffe mit einem aerodynamischen Durchmesser bis 10 µm.

Klassifizierung der Zuluft (ZUL)

Kategorie	ZUL 1	ZUL 2
Beschreibung	Zuluft, die nur AUL enthält	Zuluft, die AUL und UML enthält

KT

Allgemeine Klassifizierung der Raumluft

Kategorie	RAL 1	RAL 2	RAL 3	RAL 4
Beschreibung	spezielle Raumluftqualität	hohe Raumluftqualität	mittlere Raumluftqualität	niedrige Raumluftqualität

Für praktische Anwendungen sind die folgenden vier Kategorien anzuwenden.

Klassifizierung durch CO_2-Konzentration (Direkte Klassifizierung)

Kategorie	Erhöhung der CO_2-Konzentration gegenüber der AUL-CO_2-Konzentration in ppm	
	Üblicher Bereich	Standardwert
RAL 1	≤ 400	350
RAL 2	400 – 600	500
RAL 3	600 – 1000	800
RAL 4	> 1000	1200

Die Kategorien werden etwa mit den in der nächsten Tabelle angegebenen Außenluftströmen erreicht!

Außenluftvolumenströme je Person (Indirekte Klassifizierung)

Kategorie	Einheit	Außenluftvolumenstrom je Person $q_{P,R}$			
		Nichtraucher-Bereich		Raucher-Bereich	
		Üblicher Bereich	Standardwert	Üblicher Bereich	Standardwert
RAL 1	m³/(h · Pers)	> 54	72	> 108	144
RAL 2	m³/(h · Pers)	36 – 54	45	72 – 108	90
RAL 3	m³/(h · Pers)	22 – 36	29	43 – 72	58
RAL 4	m³/(h · Pers)	< 22	18	< 43	36

Empfehlung: Emissionsarme Möbel und Teppiche verwenden, statt $q_{V.AUL}$ zu erhöhen!
Raucher- und Nichtraucher-Bereiche trennen, Anlage entsprechend auslegen!

Volumenstrom der AUL oder ÜSL je Netto-Bodenfläche (indirekt)

Kategorie	Einheit	Volumenströme der Außen- oder Überströmluft je Netto-Bodenfläche $q_{A,R}$	
		Üblicher Bereich	Standardwert
RAL 1	m³/(h · m²)	Verfahren nicht ausreichend	Verfahren nicht ausreichend
RAL 2	m³/(h · m²)	> 2,5	3
RAL 3	m³/(h · m²)	1,3 – 2,5	2
RAL 4	m³/(h · m²)	< 1,3	1

Gilt für eine Laufzeit der Anlage von 50% und eine Raumhöhe von 3m. Bei kürzeren Laufzeiten in höheren Räumen muss der Luftvolumenstrom erhöht werden.
Anwendung für Auslegung von Räumen, die nicht für Aufenthalt von Personen bestimmt sind bzw. keine definierte Nutzungsart aufweisen.

Auslegungswerte für Abluftvolumenströme

Nutzungsart	Einheit	Üblicher Bereich	Standardwert für die Auslegung
Küche, einfache Nutzung (z.B. Küche für die Zubereitung heißer Getränke)	m³/h	> 72	108
Küche, gewerbliche Nutzung	m³/h	[1]	[1]
Toilette/Waschraum je Raum (Minimum)	m³/h	> 24	36
Toilette/Waschraum je Fußbodenfläche	m³/h	> 5	7,2

[1] Küchenabluftvolumenströme gemäß VDI 2052 auslegen!

Für Toiletten mindestens 50% Betriebszeit der Lüftung, ansonsten höhere Luftvolumenströme verwenden!
Anwendung für reine Abluftanlagen, Nachströmung aus angrenzenden Räumen. Tabelle gilt nicht für spezielle Industrie- und Krankenhausanwendungen!

Wiederverwendung der Abluft und Überströmluft		DIN EN 16798-3: 2017-11
Kategorie	**Beispiele für Raumarten**	**Wiederverwendung**
ABL 1	Büros, Sitzungsräume, Klassenräume, Treppenhäuser, Flure	geeignet als Umluft und Überströmluft
ABL 2	Speiseräume, Kantinen, Umkleideräume, Hotelzimmer, Lagerräume in Bürogebäuden	nicht geeignet als Umluft, kann aber als Überströmluft für Toiletten, Waschräume, Garagen o. Ä. verwendet werden
ABL 3	Toiletten, Waschräume, Küchen, chemische Labors	nicht als Umluft oder Überströmluft geeignet
ABL 4	Grillräume, Küchenabsauganlagen, Garagen, Parkhäuser	nicht als Umluft oder Überströmluft geeignet

Auslegungskriterien für die Netto-Bodenfläche je Person in m^2/Person		
Nutzungsart	Üblicher Bereich	Standardwert
Großraumbüro	7 bis 20	12,0
Einzel- oder Gruppenbüro	8 bis 12	10,0
Sitzungsraum, Klassenraum	2 bis 5	3,0
Kaufhaus	3 bis 8	4,0
Krankenhaus, Bettenhaus	5 bis 15	10,0
Hotelzimmer	5 bis 20	10,0
Restaurant	1,2 bis 5	1,5

MAK- und TRK-Werte für bestimmte Gefahrstoffe TRGS 900: 2019-01

Stoff	**Chemische Formel**	**MAK-Wert (TRK)** ml/m^3 (ppm)	mg/m^3	**Gefahren-symbol**	**Symbolerklärung nach Gefahrstoffverordnung**
Aceton	C_3H_6O	500	1200	F	leicht entzündlich
Acrylnitril	C_3H_3N	***3***	***7***	***F; T***	***leicht entzündlich, giftig***
Ammoniak	NH_3	50	35	T	giftig
Asbestfasern	–	–	***2***	***a***	
Benzol	C_3H_6	***1***	***3,2***	***F; T***	***leicht entzündlich, giftig***
Butan	C_4H_{10}	1000	2400	F	leicht entzündlich
Buchen-, Eichenholz	***staubfein***	–	***2 E***	–	
Cd und -verbindungen	***Cd***	–	***0,015 E***	***T***	***giftig***
Chlor	Cl	0,5	1,5	T	giftig
Ethanol	C_2H_6O	562	960	F	leicht entzündlich
Formaldehyd	HCHO	0,3	0,37	T	giftig
Hydrazin	N_2H_4	***0,1***	***0,13***	***T***	***giftig***
Kohlenstoffoxid	CO	30	35	–	
Kohlenstoffdioxid	CO_2	5000	9100	F; T	leicht entzündlich, giftig
Nickeloxid	***NiO***	–	***0,5 E***	–	***giftig***
Nikotin	$C_{10}H_{14}N_2$	0,07	0,5	T	giftig
Phenol	C_6H_6O	2	8	T	giftig
Polychlorierte Biphenyle	***PCB***	***0,05***	***0,5***	***T***	***giftig***
Salzsäure	HCl	–	8	C	ätzend
Schwefeldioxid	SO_2	1	2,7	T	giftig
Schwefelsäure	H_2SO_4	–	0,1 E	C	ätzend
Terpentinöl	–	100	560	Xn	gesundheitsschädlich
Tetrachlorethylen (PER)	C_2Cl_4	50	345	Xn	gesundheitsschädlich
Trichlorethylen (TRI)	C_2HCl_3	50	270	Xn	gesundheitsschädlich
Vynylchlorid	C_2H_3Cl	***2***	***5***	***F; T***	***leichtentzündlich, giftig***
Wasserstoffperoxid	H_2O_2	1	1,4	O; C	brandfördernd, ätzend

TRGS: Technische Regeln für Gefahrenstoffe

TRK: Technische Richtkonzentration für Stoffe, die krebserzeugend und damit schädlich sind.

MAK: Maximale Arbeitsplatzkonzentration, höchstzulässige Konzentration eines Schadstoffes in der Luft eines Arbeitsplatzes, für tägliche Arbeitszeit von 8 h bei 5 Tagen/Woche unschädlich.

Bestimmung der Luftvolumenströme q_v für Nichtwohngebäude

Auslegungswerte für operative Temperaturen[1] in Büros, Klassenräumen, Restaurants

Betriebsart	Normaler Bereich (θ)	Standardwert (θ)
Winterbetrieb mit Heizung[2]	19 °C bis 24 °C	21 °C
Sommerbetrieb mit Kühlung[3]	23 °C bis 26 °C	26 °C

[1] Gemessen in der Mitte des Raumes und h = 0,6 m über Fußboden.
[2] Winterbetrieb: Mindesttemperatur am Tag.
[3] Sommerbetrieb: Höchsttemperatur am Tag.

Zuluftvolumenstrom $q_{V,\,ZUL}$ durch Personenbelegung

$q_{V,\,ZUL}$ Zuluftvolumenstrom in m³/h
$q_{P,\,R}$ Außenluftvolumenstrom in m³/Pers
Pers Personenzahl

$$q_{V,\,ZUL} = q_{P,\,R} \cdot \text{Pers}$$

Zuluftvolumenstrom $q_{V,\,ZUL}$ durch Bodenfläche

$q_{V,\,ZUL}$ Zuluftvolumenstrom in m³/h
$q_{A,\,R}$ Außenluftvolumenstrom in m³/(h · m²)
A_R Bodenfläche des Raumes in m²

$$q_{V,\,ZUL} = q_{A,\,R} \cdot A_R$$

Zuluftvolumenstrom qv, zul durch bekannte Emissionen

$q_{V,\,ZUL}$ Zuluftvolumenstrom in m³/h
$q_{m,\,E}$ Massenstrom der Emission in mg/h
c_{RAL} zulässige Konzentration im Raum in mg/m³
c_{ZUL} Konzentration in der Zuluft in mg/m³

$$q_{V,\,ZUL} = \frac{q_{m,\,E}}{c_{RAL} - c_{ZUL}}$$

Zuluftvolumenstrom qv, zul durch Heiz- und/oder Kühllast

$q_{V,\,ZUL}$ Zuluftstrom in m³/h
$\dot{Q}$ Heiz- oder Kühllast durch RLT-Anlagen in W
c_p spez. Wärmekapazität; c_p = 1,005 kJ/(kg · K) = 0,279 W · h/(kg · K)
ϱ Dichte der Zuluft in kg/m³
$\vartheta_{a,\,RAL}$ Raumlufttemperatur in °C
ϑ_{ZUL} Zulufttemperatur in °C

$$q_{V,\,ZUL} = \frac{\dot{Q}}{\varrho \cdot c_p \cdot (\vartheta_{ZUL} - \vartheta_{a,\,RAL})}$$

Außenluftbedarf nach der Luftwechselzahl[1]

Luftwechselzahl *LW*

Art des Raumes	*LW* 1/h
Arbeitsräume	3 – 7
Büros	3 – 7
Geschäftsräume	5 – 7
Hörsäle	6 – 8
Krankenhäuser (Bettenstationen)	2 – 5
Warenhäuser	4 – 7

$$\dot{V}_{AUL} = LW \cdot V_R$$

$\dot{V}_{AUL}$ Außenluftstrom in m³/h
V_R Raumvolumen in m³
LW Luftwechselzahl in 1/h

[1] Luftwechsezahlen sind Erfahrungswerte und sagen nichts aus über die Verunreinigungen in der Luft. Diese Methode dient nur zur Überschlagsrechnung.

Druckverluste von Bauteilen in Zu- und Abluftanlagen

Bauteile in Zuluftanlagen	Druckabfall in Pa niedrig	normal	hoch
Luftleitungssystem	100	200	300
Heizregister	40	80	120
Kühlregister	60	100	140
Wärmerückgewinnungseinheit	100	150	200
Befeuchter	20	40	60
Luftfilter je Filterstufe[1]	100	150	250
Schalldämpfer	30	50	80
Luftdurchlass	30	50	100
Lufteinlass und -auslass	20	50	70
Bauteile in Abluftanlagen			
Luftleitungssystem mit Luftdurchlass	100	200	300
Wärmerückgewinnungseinheit	100	150	200
Luftfilter je Filterstufe[1]	100	150	250
Schalldämpfer	30	50	80
Lufteinlass und -auslass	20	40	60

[1] endgültiger Druckverlust vor Ersatz

Empfohlene Filterklassen je Filterstufe

Außenluftqualität	Raumluftqualität RAL 1 (spezial)	RAL 2 (hoch)	RAL 3 (mittel)	RAL 4 (niedrig)
AUL 1 (saubere Luft)	F9	F8	F7	F6
AUL 2 (Staub)	F7/F9	F6/F8	F6/F7	G4/F6
AUL 3 (Gase)	F7/F9	F8	F7	F6
AUL 4 (Staub und Gase)	F7/F9	F6/F8	F6/F7	G4/F6
AUL 5 (sehr hohe Konz.)	F6/GF[1]/F9a	F6/GF[1]/F9a	F6/F7	G4/F6

[1] GF bedeutet Gasfilter (Aktivkohlefilter) und/oder chemischer Filter.

Anordnung der AUL- und der FOL-Öffnung

Fortluftauslass über dem Außenluftdurchlass

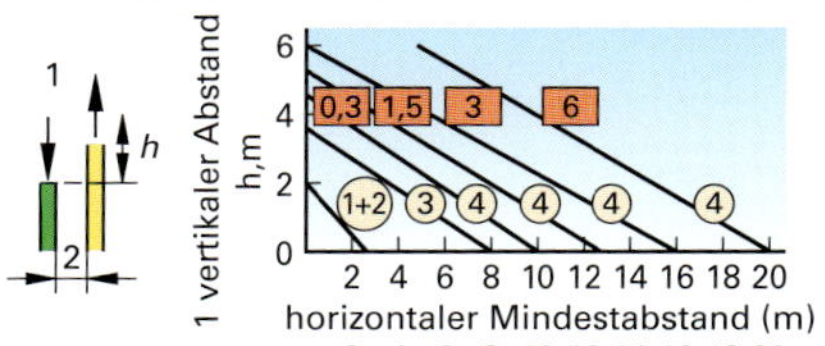

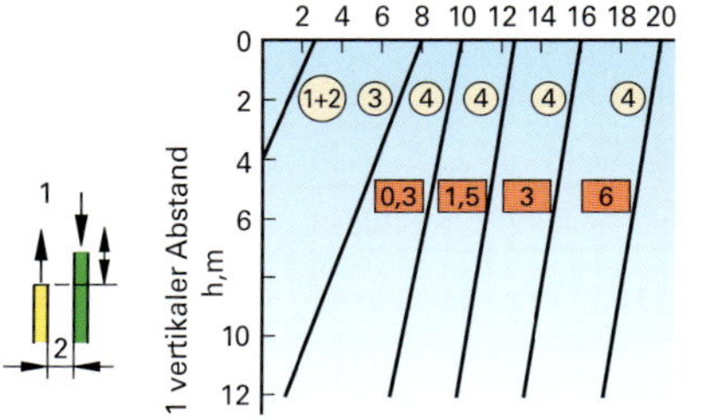

Fortluftauslass unter dem Außenluftdurchlass

1 vertikaler Abstand
2 horizontaler Abstand
3 ○ Kategorie FOL
4 ■ Luftstrom im Fortluftdurchlass in m^3/s

Außenluftöffnungen (AUL-Öffnungen)

- Mindestabstand 3 m über Grund
- Abstände zu starken Geruchsquellen > 8 m
- Ungeschützte Fassung mit $v < 2{,}0$ m/s

FOL1-Öffnung in Gebäudewand zulässig für:

- Abstand FOL-Öffnung – Nachbargebäude > 8 m
- Abstand FOL-Öffnung – Außenluftfassung > 2 m
- $q_{V,\,FOL} < 1800\,m^3/h$
- $v_{FOL} > 5$ m/s

Andernfalls: FOL über Dach

Ablesebeispiel Abstand AUL-FOL-Öffnung

FOL eines Bürogebäudes, in dem Rauchen verboten ist, liegt auf gleichem Höhenniveau wie AUL (Diagramm 1):
- FOL 1, da Rauchverbot (Tabelle Seite 447)
- Der horizontale Mindestabstand beträgt 2,5 m.

FOL einer Großküche,
$q_{V,\,FOL}$ = 1,5 m^3/s liegt 2 m unter AUL (Diagramm 2),
- FOL 4, da Großküche
- bei h = 2 m: Abstand 12 m
- bei h = 0 m: Abstand 12,5 m

RLT-Anlagen für Küchen (mit $\dot{Q} > 25$ kW)

VDI 2052: 2017-04

Aus hygienischen Gründen erforderliche Raumtemperaturen

Küchenbereiche	Temperaturen in °C
Fisch- und Fleischvorbereitung	15 ... 18
Gemüse-, Salat- und Kartoffelvorbereitung	18 ... 20
Kalte Küche	17 ... 20
Lagerraum für Cook & Chill-Speisen[1)]	0 ... 3
Verteilraum für Speisen nach dem Cook & Chill-System	12 ... 14

[1)] Cook & Chill: Vorkochen und sofort herunterkühlen; wird später in einer Kleinküche nur noch erwärmt.

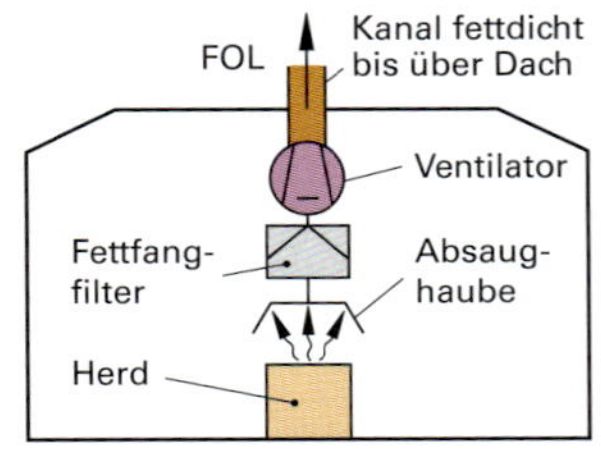

Zulässige Raumluftzustände im Aufenthaltsbereich der Küche

Max. Luftgeschwindigkeit in der Küche:

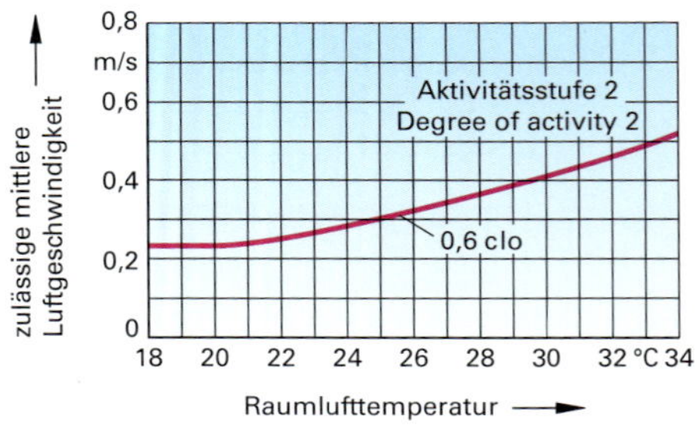

Forderung: Luftzustandsbereich in Küchen

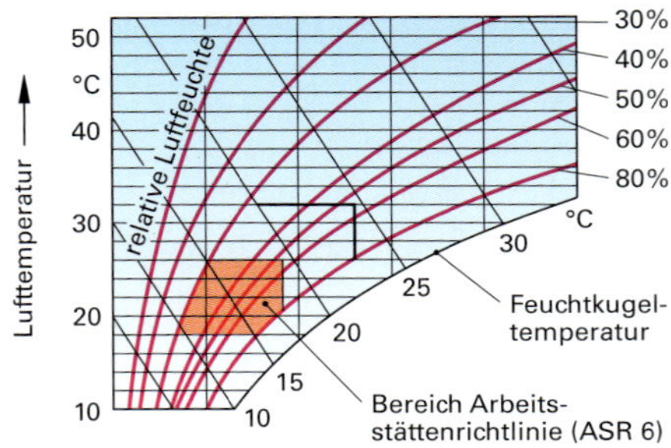

Luftmengenabschätzung (Küche)

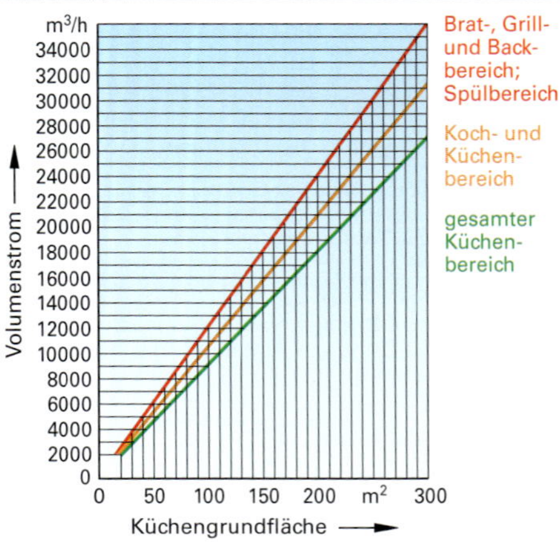

Luftmengen für Nebenräume

Bereich	Luftmengenstrom in $m^3/(h \cdot m^2)$
Fleischvorbereitung	25
Fischvorbereitung	25
Geflügelvorbereitung	25
Gemüsevorbereitung	25
Trockenlager	6
Brotlager	6
Non-Food-Lager	6
Personal-Aufenthaltsraum	10[1)]
Personal-Umkleide/WC/Dusche	[1)]
Leergutlager	6

[1)] In der DIN EN 13779 geregelt.

Eine Großküche hat eine Grundfläche von 200 m². **Aufteilung** 50 m² Brat-/Spülbereich, 100 m² Kochbereich, 50 m² Küchenbereich. Ermitteln Sie die Einzel- und Gesamtluftmengen nach Diagramm.

Einzelluftmengen	Bratbereich (50 m²)	$q_{V,ZUL}$ =	6000 m³/h
	Kochbereich (100 m²)	$q_{V,ZUL}$ =	10500 m³/h
	Küchenbereich (50 m²)	$q_{V,ZUL}$ =	4250 m³/h
	Gesamtluftmenge	$\mathbf{q_{V,ZUL}}$ **=**	**20750 m³/h**

Das Ergebnis kann nur als Schätzung für die Vorprojektierung dienen.

KT

RLT-Anlagen für Garagen

VDI 2053-1: 2014-12

CO-Emission eines Kraftfahrzeuges in g/Strecke s in m

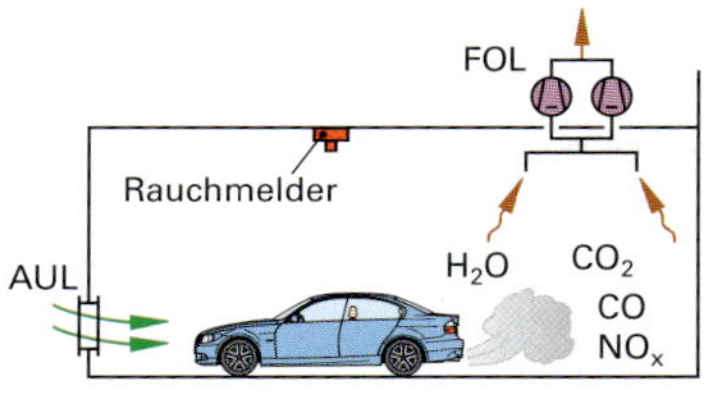

Emissionen warm $E_{CO,\,warm}$		$0{,}008 \cdot s$
Emissionen kalt $E_{CO,\,kalt}$	$s < 80\,m$	7,6
	$80\,m \leq s \leq 500\,m$	$0{,}89 \cdot s^{0{,}49}$

Garagenart, ober- oder unterirdisch	Geschlossene Kleingaragen	Geschlossene Mittelgaragen	Geschlossene Großgaragen
Grundfläche	$< 100\,m^2$ Keine Anwendung!	$100\,m^2 - 1000\,m^2$	$> 1000\,m^2$

Fläche der unverschließbaren Öffnungen < 1/3 der Gesamtfläche der Umfassungwände.

Außenluftvolumenstrom für geschlossene Garagen

$\dot{V}_{AUL}$	Außenluftstrom zur Verdünnung der CO-Emissionen in m^3/h
$\dot{V}_{CO}$	CO-Emissionen der bewegten Fahrzeuge in m^3/h
CO_{zul}	zulässige Konzentration 60 ppm in ppm
$CO_{außen}$	CO-Gehalt der Außenluft in ppm; 5 ppm stark befahrene Straßen, 0 ppm in Wohnbereichen
f_g	Abweichungsfaktor von idealer Durchmischung; anzusetzen: 1,25 ... 1,5
q_{CO}	CO-Emissionen je Std. und Stellplatz für die betrachtete Fahrbewegung in m^3/h
SP	Stellplatzzahl im betrachteten Garagenbereich
v	Frequentierung in h^{-1}; 60 % der Fahrzeuge werden innerhalb einer Stunde bewegt, $v = 0{,}6\,h^{-1}$
E_{CO}	CO-Emissionen eines Kraftfahrzeuges (vorige Tabelle) in g
ϱ_{CO}	Dichte von CO in kg/m^3: $1{,}16 \cdot 10^3\,kg/m^3$ bei 20 °C
S_1	Rangierstrecke in m
S_2	Ausfahrstrecke in m
S_3	mittlere Fahrstrecke innerhalb der Tiefgarage in m

Außenluftvolumenstrom

$$\dot{V}_{AUL} = \frac{\dot{V}_{CO}}{CO_{Zul} - CO_{außen}} \cdot f_g$$

CO-Emission Fahrzeuge

$$\dot{V}_{CO} = q_{CO} \cdot SP$$

CO-Emission je Stunde

$$q_{CO} = \frac{v \cdot E_{CO}}{\varrho_{CO}}$$

morgens[1)]

$$E_{CO} = 0{,}89 \cdot S^{0{,}49}$$

$$\Sigma S = S_1 + S_2 + S_3$$

1) Ungünstigste Ausfahrt morgens, da der Motor kalt ist.

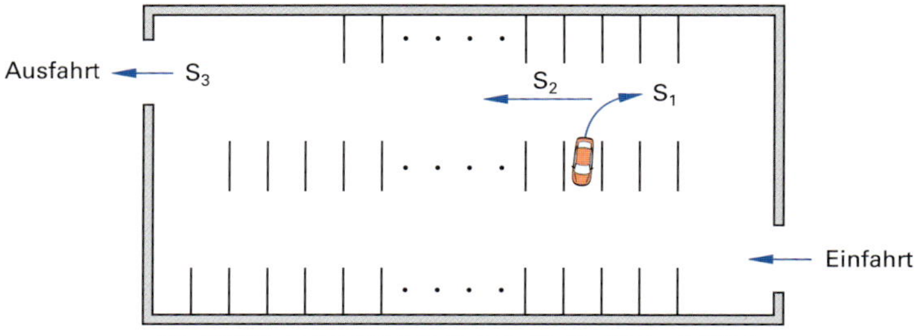

Ungünstigste Ausfahrt morgens, da der Motor kalt ist.

KT

RLT-Anlagen für Hallenbäder

VDI 2089-1: 2010-01

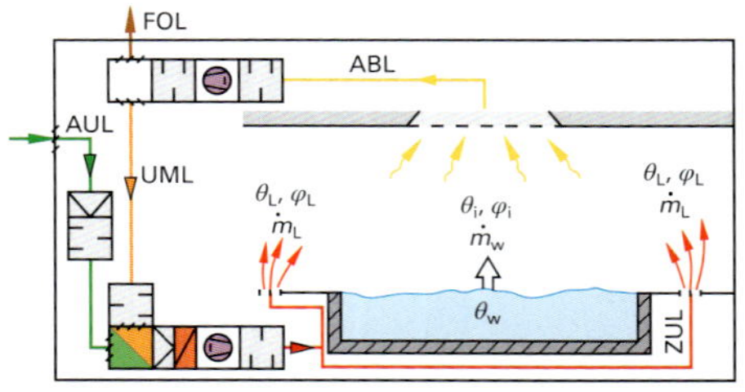

Nutzung	Empirischer Gesamtverdunstungsbeiwert ε in g/(hPa · m² · h)
Abgedecktes Becken	0,5
Ruheverdunstung	5
Wohnhausbad	15
Hallenbad (Betrieb)	20
Freizeitbad	28
Wellenbad (Betrieb)	35

Bemessungswerte für Beckenwasser- und Raumlufttemperaturen

Beckenart	Wassertemperatur ϑ_W °C
Nichtschwimmerbecken Schwimmerbecken Springerbecken Wellenbecken	28
Planschbecken Freizeitbecken Bewegungsbecken	32
Therapiebecken	36
Warmsprudelbecken	37
Becken in Schwitzbädern Warmbecken Kaltbecken	 35 15

Raumart	Raumlufttemperatur ϑ_i Min. °C	Raumlufttemperatur ϑ_i Max. °C
Eingangsbereich Nebenräume und Treppenhäuser	18	22
Umkleideräume	24	28
Sanitäts-, Schwimmmeister- und Personalräume	22	26
Duschräume mit zugeordneten Sanitätsbereichen	27	31
Schwimmhalle	30	34

Schwülgrenze für unbekleidete Menschen: $x = 14{,}3$ g/kg trockene Luft; Überschreiten nur zulässig, wenn $x_{AUL} \geq 9$ g/kg trockene Luft, Schutz für Metall- und Holzbauteile: $40\,\% \leq \varphi \leq 64\,\%$

Für die Entfeuchtung notweniger Zuluftvolumenstrom

Verdunsteter Wasserstrom an der Beckenoberfläche:

$$\dot{m}_W = \varepsilon \cdot A_B \cdot (p_s - p_d) \text{ in g/h}$$

Sonderfall Wassersprudelbecken: Wasserdampfaustrag durch Belüftungsstrom

$$\dot{m}_W = \varepsilon \cdot A_B \cdot (p_s - p_d) + \dot{V}_L \cdot \varrho \cdot (x_s - x_{ZUL}) \text{ in g/h}$$

Zur Entfeuchtung notwendiger Luftmassenstrom: Wasserdampfaustrag durch Belüftungsstrom

$$\dot{m}_L = \frac{\dot{m}_W}{x_L - x_{ZUL}} \text{ kg/h}$$

A_B Beckenwasseroberfläche in m²
p_s Dampfdruck bei Beckenwassertempratur in hPa
p_d Teildruck des Wasserdampfes in der Raumluft in hPa
ε Gesamtverdunstungsbeiwert, empirisch, je nach Nutzungsverhältnis in (g/hPa · m² · h)
$\dot{V}_L$ eingeleiteter Belüftungsstrom in m³/h
ϱ Dichte des eingeleiteten Belüftungsstromes in kg/m³
x_s Wasserdampfgehalt des austretenden Belüftungsstromes in g/kg
x_L Wasserdampfgehalt des eingeleiteten Belüftungsstromes in g/kg
x_{ZUL} absolute Feuchte in der Zuluft in g/kg trockene Luft
$\dot{m}_L$ Luftmassenstrom zur Entfeuchtung in kg/h
$\dot{m}_w$ verdunsteter Wasserstrom in g/h

RLT-Anlagen für Krankenhäuser

DIN 1946-4: 1999-03 und 2008-12

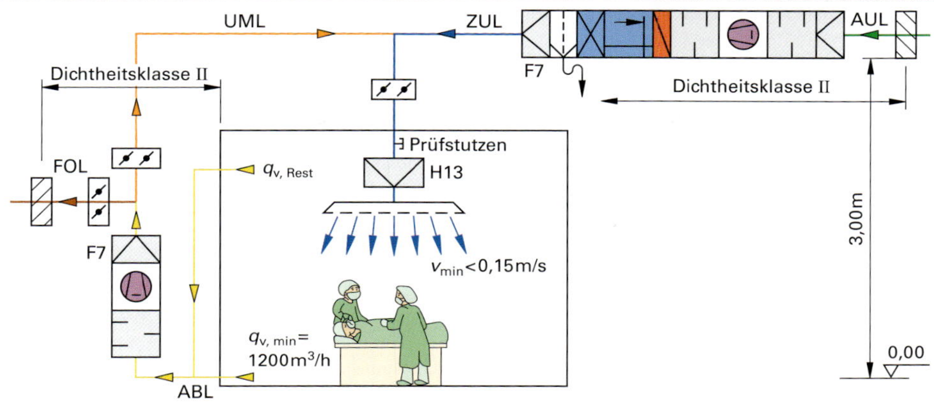

Krankenhausbereich	Raumklasse *)	RLT-Anlagen unentbehrlich[1)] klimaphysiologisch	Infektionsprophylaxe	Hygienischer Mindest-Außenluftvolumenstrom[2)] m³/(m² · h)	Raumluft-Zustände[3)] Temperaturen min °C	max °C	Feuchte[4)]	Richtwerte für den max. Anlagenschallpegel[5)] dB (A)
OP-Abteilungen								
OP Typ A oder B	I	+	+	2400 m³/h	22[6)] [7)]	26[6)] [7)]	+	40
Versorgungsflure/Lager für Sterilgut, Wasch- u. Vorbereitungsräume	I	+	+	15			+	40
Aufwachräume[8)]	I	+	+	30	22[6)] [7)]	26[6)] [7)]	+	35
Sonst. Räume, Flure	I	+	+	15			+	40
OP-Typ	Anforderungen an die Keimarmut							
A	besonders hoch, z.B. für Transplantationen, Herzoperationen, Gelenkprothetik							
B	hoch, auch für minimalinvasive Chirugie							
Entbindung								
Entbindungsräume	II			15	24			40
Sonst. Räume, Flure[9)]	II			10				40
Endoskopie								
Eingriffsräume	I			30				40
Untersuchungsräume	II			30				40
Physikalische Therapie								
Wannen-, Bewegungs- und Schwimmbäder	II			[10)]	[11)]	[11)]		50
Sonstige Bereiche								
Räume für kl. Eingriffe	II							40
Aufwachräume außerhalb OP-Abt.	II	+				26	+	35
Pflegebereiche / Intensivmedizin								
a) Intensivtherapie	I	+	+	30	24	26	+	30
b) Intensivbeobachtung	II	+[12)]		15	24	26	+	30
Notfallraum	I	+	+	30[13)]	24	26	+	40
Sonst. Räume, Flure	II	+		15	[7)]	[7)]	+	40

KT

RLT-Anlagen für Krankenhäuser (Fortsetzung) — DIN 1946-4: 1999-03 und 2008-12

1) RLT-Anlagen können auch aus anderen Gründen notwendig werden.
2) In Einzelfällen können auch höhere Luftvolumenströme erforderlich werden.
3) Ohne Angaben gelten Werte nach EN 13779.
4) Feuchtegrenzwerte sind einzuhalten.
5) Werte gelten nur für Räume zu dauerndem Aufenthalt von Personen.
6) Werte von min. bis max. frei wählbar.
7) Gleiche Zulufttemperatur und Zuluftfeuchte wie für OP-Räume bzw. Bettenzimmer.
8) Wenn in OP-Abteilung integriert.
9) Abhängig vom Einsatz der medizinischen Geräte.
10) Festlegung nach Erträglichkeit der bauphysikalischen Anforderungen.
11) Raumtemperatur 2 – 4K über Wassertemperatur bis 28 °C, dann identische Temperaturen.
12) Für Herz-, Kreislauf- und Atemwegserkrankungen notwendig.
13) In der Bereitschaftszeit nur $15\,m^3/(m^2\,h)$.
14) Für abwehrgeschwächte Patienten.

RLT-Anlagen für Laboratorien — DIN 1946-7: 2009-07

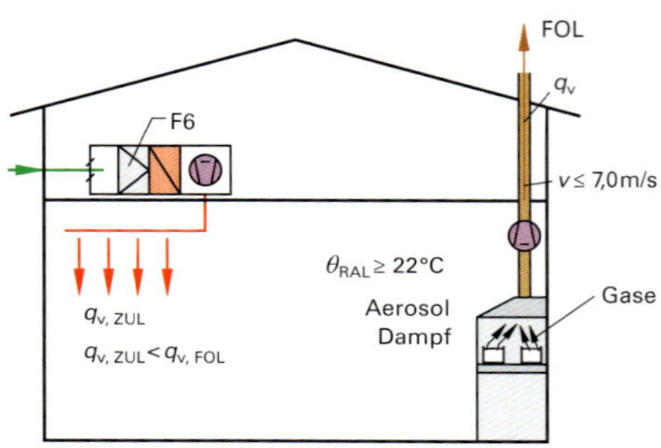

Forderungen	Abluftvolumenstrom in $m^3/(m^2 \cdot h)$
Keine Zuluftanlage	unter $9\,m^3/m^2 \cdot h$
Laborräume	min. $25\,m^3/m^2 \cdot h$
Stinkräume	min. $60\,m^3/m^2 \cdot h$
Außerhalb von Abzügen, Bodenabsaugung	min. $2{,}5\,m^3/m^2 \cdot h$
Außerhalb von Abzügen, Bodenabsaugung	min. $10\,m^3/m^2 \cdot h$
Forderungen	**Luftwechsel in h^{-1}**
Lösemittel- und Chemikalienlagerräume	$5\,h^{-1}$
Lösemittellagerräume mit Abfüllung	$10\,h^{-1}$

Lüftung von Wohnungen — DIN 1946-6: 2019-12

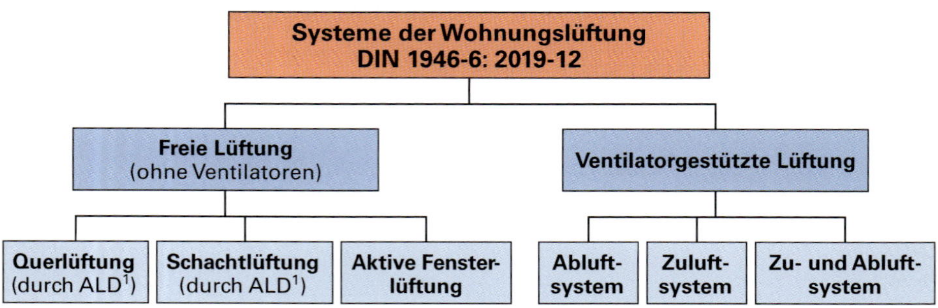

Freie Lüftung

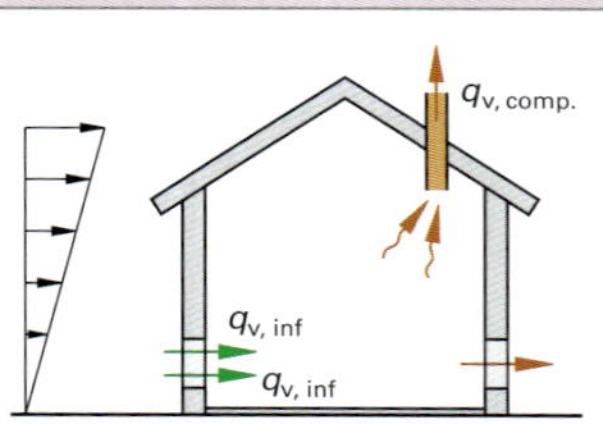

Abluftsystem

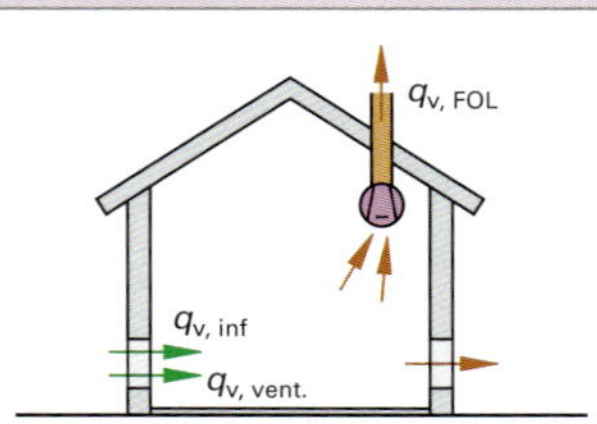

Zu- und Abluftsystem

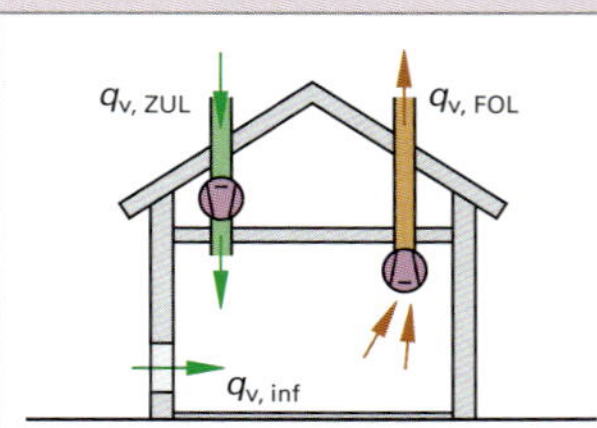

$q_{V,inf}$ Luftvolumenstrom durch Undichtigkeiten
$q_{V,vent}$ Luftvolumenstrom durch Lüftungsöffnungen
$q_{V,comp}$ Luftvolumenstrom durch Auftrieb
$q_{V,FOL}$ Fortluftvolumenstrom durch Ventilator
$q_{V,ZUL}$ Zuluftvolumenstrom durch Ventilator

Lüftung von Wohnungen (Fortsetzung) — DIN 1946-6: 2009/2019

Planmäßige Außenluftvolumenströme für Räume mit Außenfenster

Wohnungsgruppe	Wohnungsgröße	Geplante Belegung	Planm. Außenluftvolumenströme	
	m^2	Personen	freie Lüftung[1] m^3/h	masch. Lüftung[2] m^3/h
I	≤ 50	bis 2	60	60
II	50 bis 80	bis 4	90	120
III	> 80	bis 6	120	180

[1] Grundlüftung bei masch. Lüftung [2] Bedarfslüftung Luft soll in Deckennähe abgesaugt werden.

Planmäßige Abluftvolumenströme für fensterlose Räume

Raum	Planmäßiger Abluftvolumenstrom in m^3/h	
	Betriebsdauer ≤ 12 h/d	beliebige Betriebsdauer
Küche – ständige Lüftung	40	60
Küche – Intensivlüftung	120	120
Kochnische	40	60
Badezimmer (auch mit WC)	60	90
WC-Raum	30	30

Fensterlüftung — DIN EN 12792: 2004-01

Freie Lüftung durch Öffnen der Fenster und eventuell der Türen

Spaltlüftung	Fenster sind gekippt ⇒ Zimmertür bleibt geschlossen
Stoßlüftung	Fenster sind ganz geöffnet ⇒ Zimmertür bleibt geschlossen
Intensivlüftung	Fenster sind ganz geöffnet ⇒ Zimmertür ist ganz geöffnet

Be- und Entlüftung von Einzelräumen mit Wanddurchlasselementen — DIN 1946-6: 2009/2019

Außenwandluftdurchlass

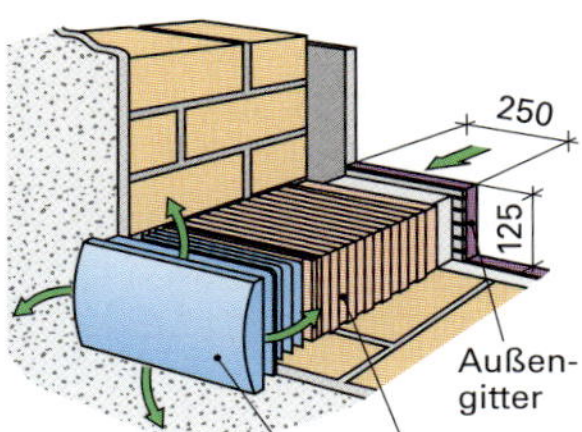

Einzelraumlüftungsgerät mit WRG

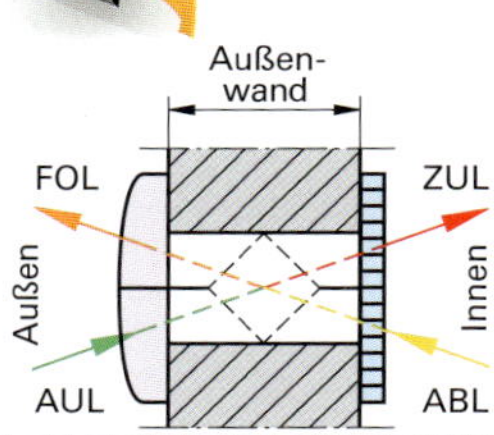

Einbau und Betriebsweise der Ventilatoren

Art der Wohnung/ Wohnungsgröße	Einbau-ort	Volumen-strom	Betriebsweise
Einzimmer-Appartment	WC	30 m^3/h	Dauerlüftung
Kleinwohnung mit Kochnische $A \leq 50\ m^2$	WC Küche	30 m^3/h 60 m^3/h	Dauerlüftung, Bedarfslüftung, mehrstufig
Zwei-/Dreizimmer-Wohnung $A \leq 80\ m^2$	Bad Küche	90 m^3/h 60 m^3/h	Raumfeuchte, Bedarfslüftung, mehrstufig
Vierzimmer-Wohnung $A > 80\ m^2$	Bad Küche WC	90 m^3/h 60 m^3/h 60 m^3/h	Raumfeuchte, Bedarfslüftung, Beleuchtung
Einfamilien-Wohnhaus; A = 110 m^2 bis 120 m^2	Bad WC Küche	90 m^3/h 60 m^3/h 60 m^3/h	Raumfeuchte, Beleuchtung Bedarfslüftung

Einzelraumlüftungsgerät für Wandeinbau mit WRG bestehend aus:

Ventilatoreinheit für		$\dot{V}$ = 17 m^3/h bis 60 m^3/h
Luftfilter für Zu- und Abluft		2 x G 4
Wärmetauscher	zur Wärmerückgewinnung aus der Abluft ⇒ zur Erwärmung der Zuluft	
Raumluftsteuerung	über 4-Stufenschalter oder über Hygrostat	
Abmessungen	Außen	□ 370 mm
	Innen	□ 380 mm
	Wandhülse	∅ 350 mm

Be- und Entlüftung von Einzelräumen mit Wanddurchlasselementen (Fortsetzung)

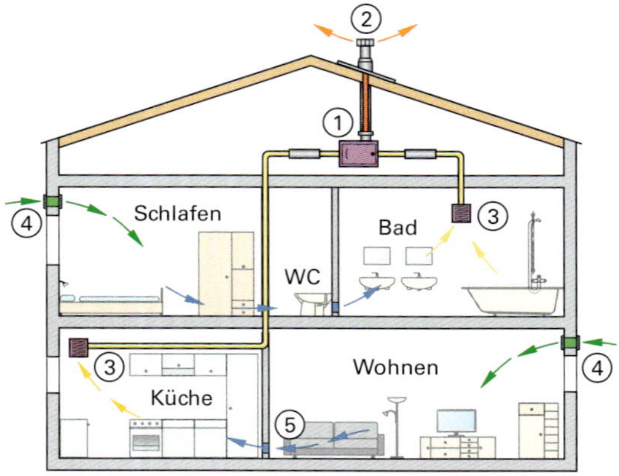

Zentrales Entlüftungssystem bestehend aus:

- Wandzuluftelement zum Einbau in Außenwände
- einstellbare Überströmgitter für Innenwände oder Türen
- Abluftventilator mit bis zu 10 Drehzahlstufen mittels automatischer Feuchtesteuerung über Hygrostate
- Volumenstrom $\dot{V}_{max}$ = 400 m³/h
- Schalldruckpegel je nach Drehzahl 20 dB(A) bis 50 dB(A)

Einsatzgebiete:

Einfamilienhäuser und Etagenwohnungen bis etwa 150 m².

1 Abluftventilator 2 Fortluftausblas
3 Abluftventil 4 Wandzuluftelement
5 Überströmgitter

Zentralgeräte für Wohngebäude und Etagenwohungen

Standgeräte mit Wärmerückgewinnung (WRG)

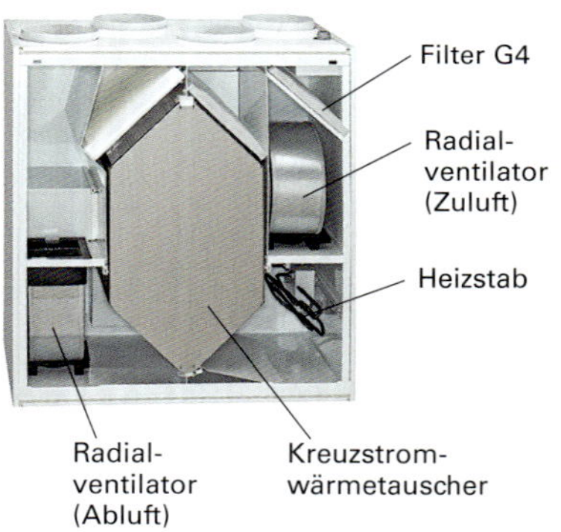

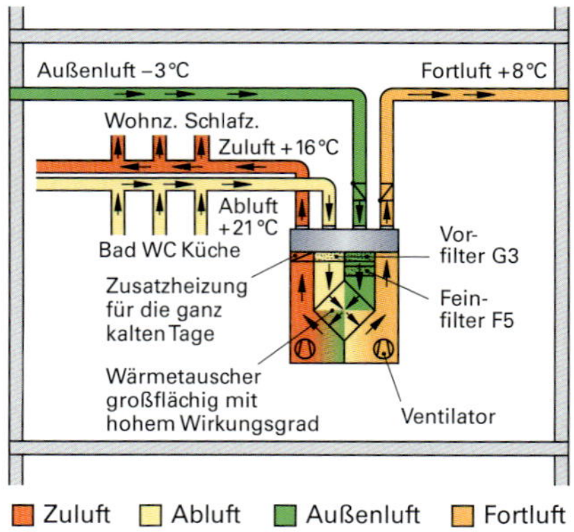

Geräteabmessungen EC 200 und EC 300

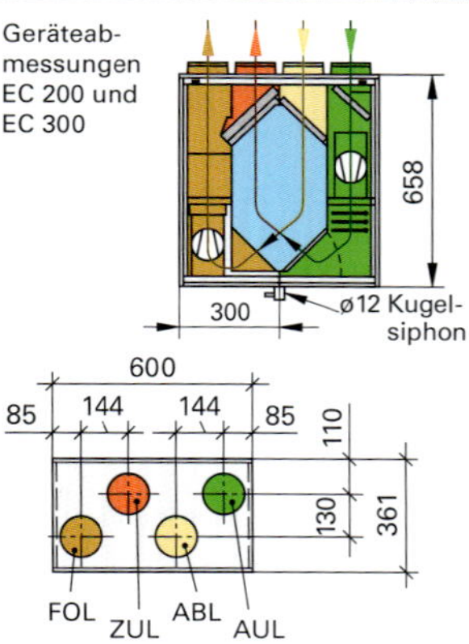

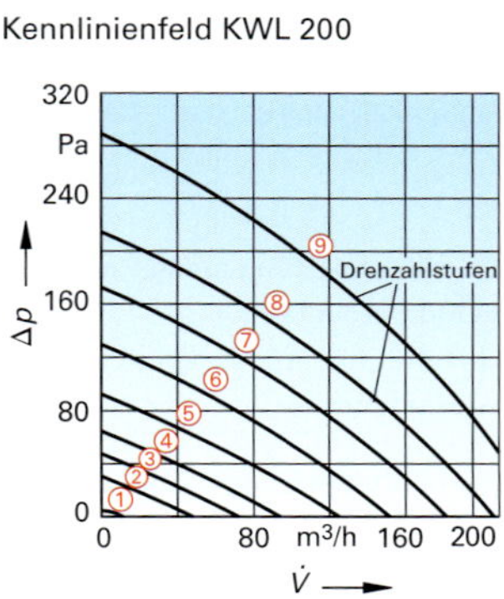

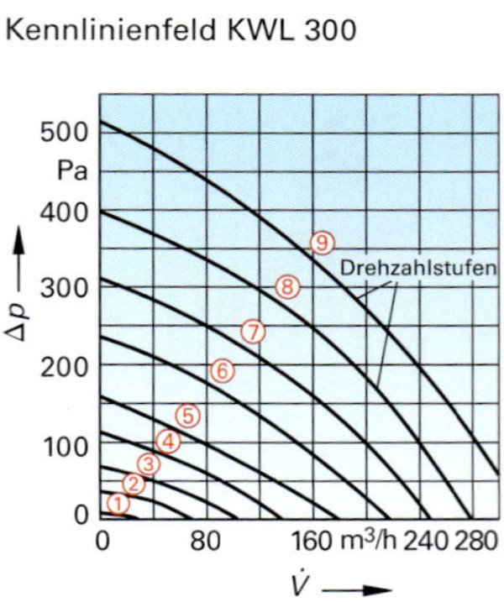

Zentralgeräte für Wohngebäude und Etagenwohungen (Fortsetzung)

Standgeräte mit Wärmerückgewinnung (WRG)

Geräteabmessungen EC 500

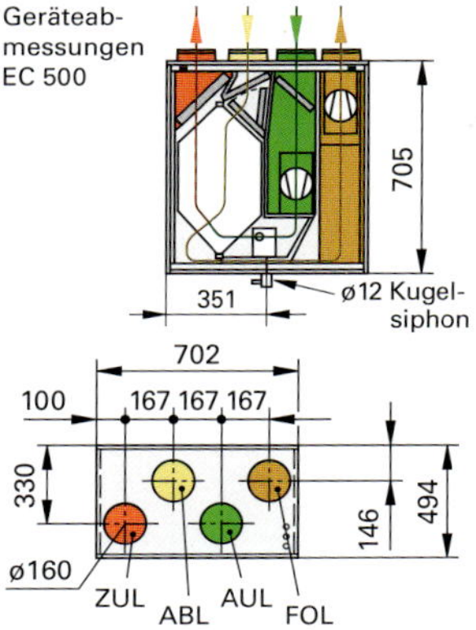

Kennlinienfeld EC 500

Frequenz		Hz	Ges.	125	250	500	1k	2k	4k
L_{WA}	Abluft	dB (A)	53	49	50	41	43	34	26
L_{WA}	Zuluft	dB (A)	54	50	49	44	45	36	27
L_{PA}	Abstrahlung	dB (A)	39	32	36	30	32	27	23

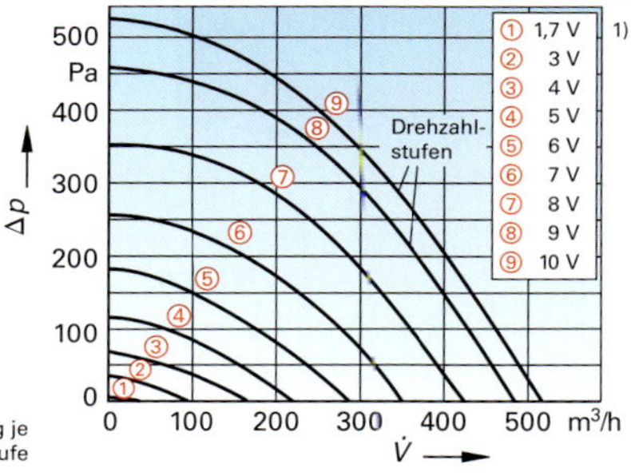

1) Steuerspannung je nach Drehzahlstufe

Ausstattung der Standgeräte:

Filter: Frisch- und Fortluft über G 4-Filter, Seite 467. Einbau eines zusätzlichen Pollenfilters F7 ist möglich.

Ventilatoren: Zwei Radialventilatoren für die Zu- und Abluft mit wartungsfreien EC-Motoren. $\dot{V}_{max}$ = 400 m³/h ⇒ Δp = 200 Pa (siehe Diagramm)

WRG: Kreuzstrom-Wärmetauscher aus Kunststoff, Wärmebereitstellungsgrad bis 90 %

Regelung:
- Luftqualitätsfühler zur Erfassung der CO_2-, Mischgas- (VOC) und Feuchteparameter mit 9-Stufenschalter.
- Anzeige der Betriebszustände, Filterwechsel, Betriebsstunden und Fehlermeldungen.

Deckengeräte mit Wärmerückgewinnung (WRG)

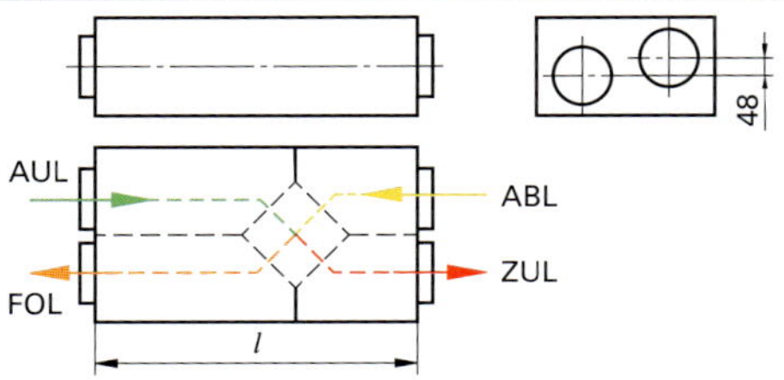

Abmessungen für Deckengeräte mit WRG

Typ	Volumenstrom $\dot{V}$ m³/h	Länge l mm	Breite b mm	Höhe h mm	Durchmesser d mm
220 D	220	1141	548	236	125
340 D	340	1185	626	295	160

Kennlinienfeld 220 D

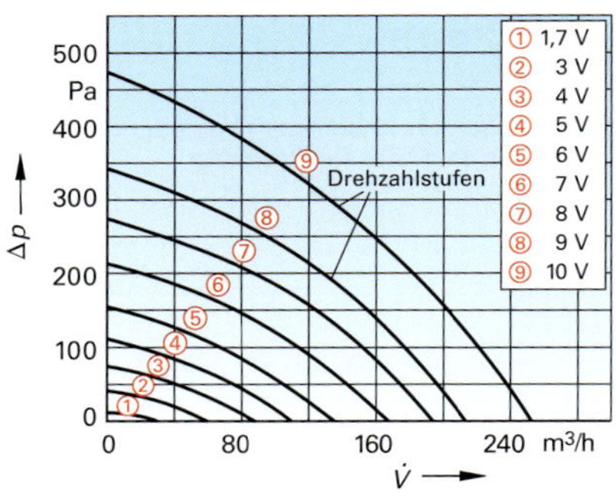

Kennlinienfeld 340 D

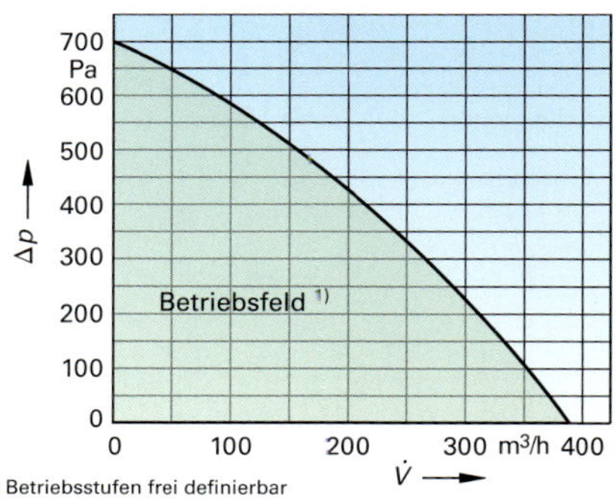

1) Betriebsstufen frei definierbar innerhalb des Betriebsfeldes

Zentralgeräte für Wohngebäude und Etagenwohungen (Fortsetzung)

Zentrallüftungsgerät, stehend, mit Wärmerückgewinnung (WRG)

Standgerät

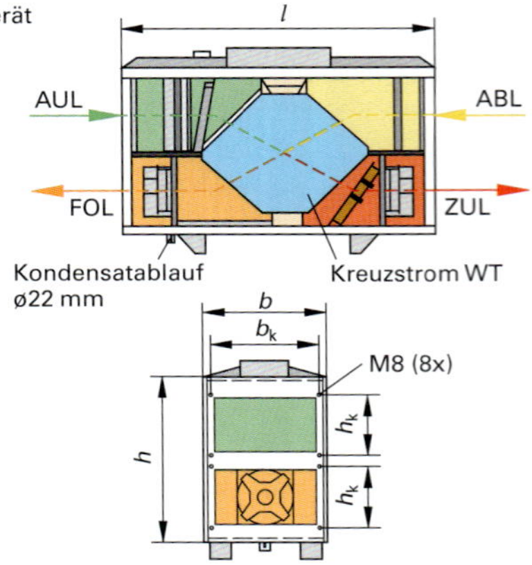

Kennlinienfeld 800 S

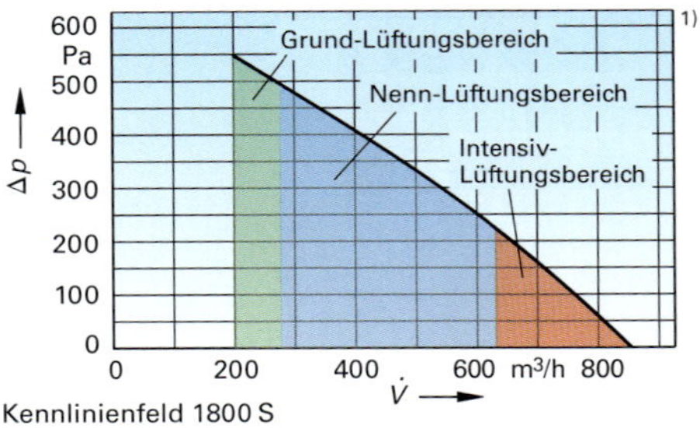

Kennlinienfeld 1800 S

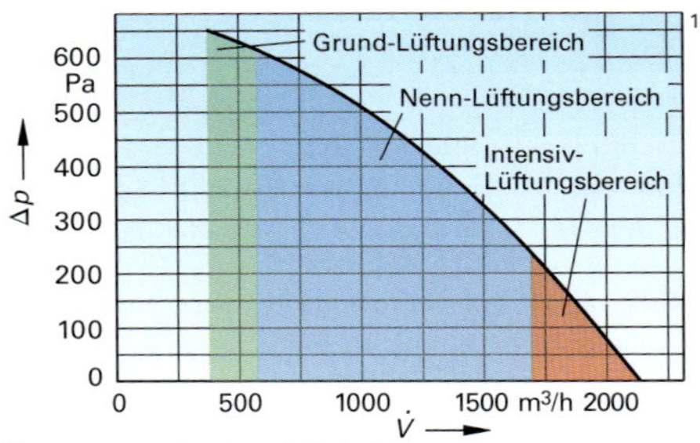

1) Betriebsstufen frei definierbar innerhalb des Betriebsfeldes

Abmessungen für Standgeräte mit WRG

Typ	Volumenstrom $\dot{V}$ in m³/h	Länge l in mm	Breite b in mm	Höhe h in mm	Kanalanschluss $b_K \times h_K$ in mm
800 S	800	1442	649	1047	424 × 274
1800 S	1800	1714	809	1340	624 × 424
2600 S	2600	2195	999	1615	724 × 524

Luftverteilsysteme

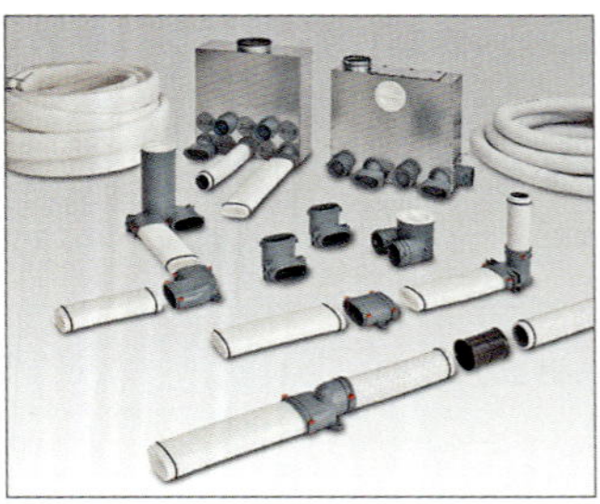

Verteilerkasten

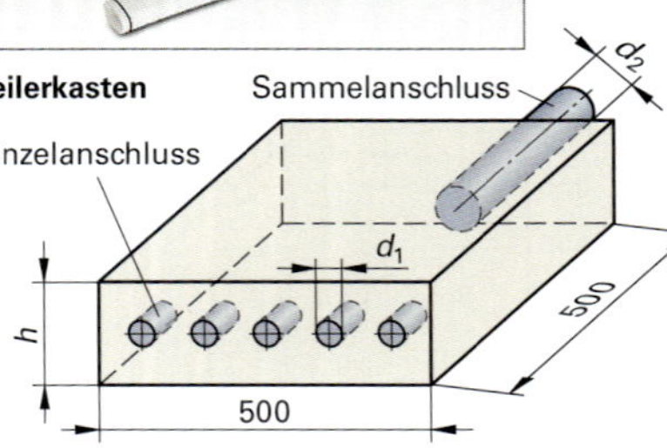

Abmessungen für Lüftungskanäle, rund[1]

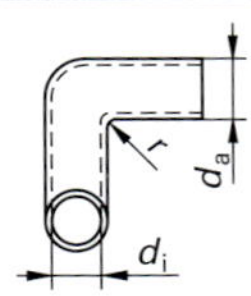

d_i in mm	d_a in mm	r [2] in mm	$\dot{V}$ in m³/h
52	63	150	20
63	75	150	30

1) Für das fexible Rohrsystem können auch ovale Kanäle mit den Abmessungen 114 mm x 51 mm eingesetzt werden.

2) Biegeradius

Abmessungen für Anschluss-/Verteilerkasten mit schallabsorbierender Auskleidung

Anzahl der Einzelanschlüsse	Einzelanschluss d_1 in mm	Sammelanschluss d_2 in mm	Höhe h in mm
6	75	125	160
10	75	160	200
15	75	180	300

Für die Luftverteilung in den Decken oder Fußböden stehen Rund-, Oval- oder Flachkanalsysteme zur Verfügung. Flachkanalsysteme werden aus Kunststoff oder verzinktem Stahlblech hergestellt. Rund- und Ovalrohre werden aus flexiblem Kunststoff gefertigt. Die einzelnen Rohre und Formstücke sind beliebig kombinierbar.

Kühllastberechnung im Sommerbetrieb $\Phi_{K\,tr}$

VDI 2078: 2015-06

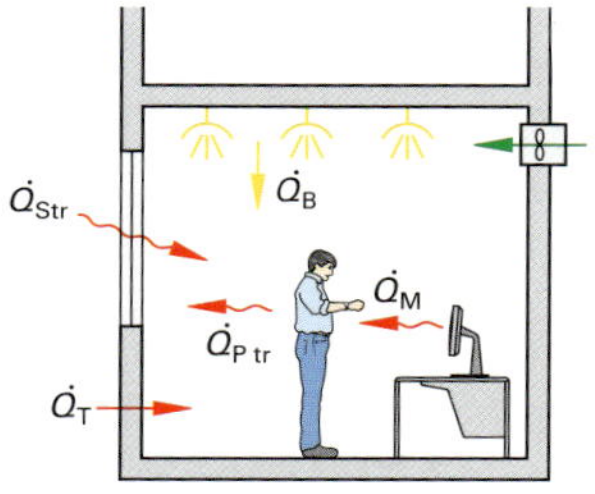

$\dot{Q}_{K\,tr}$	gesamte Kühllast	W
$\dot{Q}_A$	äußere Kühllast	W
$\dot{Q}_{I\,tr}$	innere trockene Kühllast	W
$\dot{Q}_{P\,tr}$	Personenwärme, trocken	W
$\dot{Q}_B$	Kühllast der elektrischen Beleuchtung	W
$\dot{Q}_M$	Kühllast elektrischer Geräte und Maschinen	W
$\dot{q}_{P\,tr}$	trockene Personenwärme	W/Pers
n	Anzahl Menschen	

Gesamte Kühllast

$$\dot{Q}_{K\,tr} = \dot{Q}_A + \dot{Q}_{I\,tr}$$

Innere trockene Kühllast

$$\dot{Q}_{I\,tr} = \dot{Q}_{P\,tr} + \dot{Q}_B + \dot{Q}_M$$

Trockene Personenwärme

$$\dot{Q}_{P\,tr} = \dot{q}_{P\,tr} \cdot n$$

Kühllast der elektrischen Beleuchtung und elektrischen Geräte

Anhaltswerte für Wärmeabgabe durch Beleuchtung

Nutzung	Beleuchtungsstärke in Lux	$\dot{Q}_B/A$ in W/m²	
		Glühlampen	Leuchtstofflampen
Treppen/Flure	100	20 – 25	4 – 5
Lagerräume	200	40 – 50	6 – 8
Restaurant	300	60 – 75	8 – 9
Büroräume	400	75 – 90	9 – 13

Anhaltswerte für Wärmeanfall von elektrischen Geräten $\dot{Q}_M$

Gerät	Anschlusswert P_{el} in W	Nutzung min/h	Wasserabgabe g/h	Wärmeabgabe sensibel $\dot{Q}_M$ in W	Wärmeabgabe gesamt $\dot{Q}_M$ in W
Computer	250 – 400	60	0	100 – 150	100 – 150
Bildschirm	150 – 200	60	0	50 – 80	50 – 80
Drucker	100 – 400	15	0	20 – 60	20 – 60
Fernseher	250	60	0	250	250
Kühlschrank (150 *l*)	140	60	0	400	400
Kühlschrank (300 *l*)	260	60	0	700	700

Wärmeabgabe $\dot{Q}_M$ von Drehstrom-Asynchronmotoren bei Volllast

Nennleistung P_{el} in kW	0,25	0,5	0,8	1,1	1,5	2,2	3,0	5,0	7,5	10	15
Wirkungsgrad η_{el}	0,64	0,69	0,72	0,76	0,78	0,80	0,81	0,84	0,86	0,87	0,88
Wärmeabgabe $\dot{Q}_M$ in W	141	225	311	347	423	550	703	952	1221	1494	2005

Wärmeabgabe des Menschen; Personenwärme

Wärmeabgabe		Raumlufttemperatur ϑ_L in °C: Energieumsatz < 1,6 met					1,6 met < Energieumsatz < 2,6 met				
		18	**20**	**22**	**24**	**26**	**18**	**20**	**22**	**24**	**26**
Gesamt	W	125	120	120	115	115	270	270	270	270	270
Sensibel (trocken)	W	100	95	90	75	70	155	140	120	110	95
Latent (feucht)	W	25	25	30	40	45	115	130	150	160	175
Wasserdampf	g/h	35	35	40	60	65	165	185	215	230	250

Sensible Wärme: Konvektion + Strahlung; latente Wärme: Wärmeabgabe durch Wasserdampf.

Äußere Kühllast Φ_A

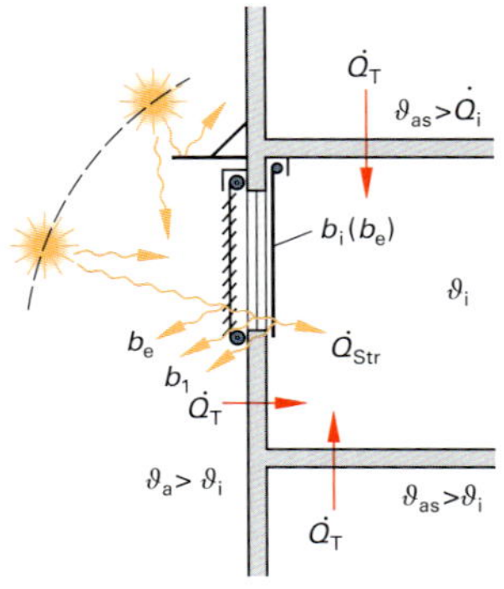

$\dot{Q}_A$	äußere Kühllast	W
$\dot{Q}_{Str}$	eingestrahlter Wärmestrom	W
$\dot{Q}_T$	Transmissionswärmestrom	W
$\dot{Q}_1$	direkte Wärmestrahlung durch Fenster	W
b_1	Sonnendurchlassfaktor Fenster	
$b_{e,\,bi}$	Sonnendurchlassfaktor Beschattung	–
$\dot{q}_{Str}$	Sonneneinstrahlungswerte	W/m²
A_M	Maueröffnung	m²
g_v	Glasflächenanteil	–
A	Wärmeübertragungsfläche	m²
U	Wärmedurchgangszahl	W/m² · K
ϑ_a	Außentemperatur, Sommer	°C
ϑ_i	Innentemperatur, Sommer	°C

Äußere Kühllast

$$\dot{Q}_A = \dot{Q}_{Str} + \dot{Q}_T$$

Strahlung

$$\dot{Q}_{Str} = \dot{Q}_1 \cdot b_1 \cdot b_e \cdot b_i$$

Wärmestrahlung

$$\dot{Q}_1 = \dot{q}_{Str} \cdot A_M \cdot g_v$$

Transmission

$$\dot{Q}_T = A \cdot U \cdot (\vartheta_a - \vartheta_i)$$

Sonnendurchlassfaktoren *b* bei Verglasungen und Sonnenschutzeinrichtungen nach VDI 2078

Gläser	b_1	Zusätzliche Sonnenschutzvorrichtungen	b_2, b_3
Tafelglas nach DIN 1249:		**Außen:**	
Einfachverglasung	1,1	Jalousie, Öffnungswinkel 45°	0,15
Doppelverglasung	1,0	Stoffmarkise, oben u. unten ventiliert[1]	0,30
Dreifachverglasung	0,9	Stoffmarkise, oben u. seitl. anliegend[1]	0,40
		Rollläden, Fensterläden	0,30
Absorptionsglas:		**Zwischen den Scheiben:**	
Einfachverglasung	0,75	Jalousie, Öffnungswinkel 45° mit	
Doppelverglasung (innen Tafelglas)	0,65	– unbelüftetem Zwischenraum	0,5
Vorgehängte Absorptionsscheibe	0,50	– belüftetem Zwischenraum,	0,2 bis
(min. 5 cm freier Luftspalt)		je nach Luftstrom	0,4
Reflexionsglas:		**Innen:**	
Doppelverglasung (Reflexionsschicht auf der Innenseite der Außenscheibe)	0,65	Jalousie, Öffnungswinkel 45°	0,7
		Vorhänge, hell, aus Gewebe[2]	0,5
Belag aus Metalloxid	0,55	metallisch reflektierend	0,35
Belag aus Edelmetall (z.B. Gold)	0,45		

[1] Vollständige Beschattung der Glasfläche durch Markise. [2] Für dunkle Vorhänge Werte um 0,2 erhöhen.

Überschlagswerte g_v für Glasflächenanteil von Fenstern

Fensterbauart	Fläche der Maueröffnung A_M in m² (Maueröffnungsmaß)									
	0,5	1,0	1,5	2,0	2,5	3,0	4,0	5,0	6,0	8,0
Holzfenster, 1-/2-fach verglast, Verbundfenster	0,47	0,58	0,63	0,67	0,69	0,71	0,72	0,73	0,74	0,75
Holzdoppelfenster	0,36	0,48	0,55	0,60	0,62	0,65	0,68	0,69	0,70	0,71
Metallfenster	0,56	0,77	0,83	0,86	0,87	0,88	0,90	0,90	0,90	0,90

Überschlägige Sonneneinstrahlungswerte $\dot{q}_{Str}$ bei Doppelverglasung

Fensterbauart	Ausrichtung der Fläche		
	Ost/West, vertikal	Süd, vertikal	horizontal
Strahlungsleistung $\dot{q}_{Str}$ W/m²	450 – 500	350 – 400	550 – 650

Mitteltemperaturen angrenzender Räume im Sommer

Raumart	ϑ_i	Raumart	ϑ_i
Nicht ausgebaute Dachräume[1]	40 – 50 °C	Sonstige Nachbarräume	30 °C
Ausgebaute Dachräume	35 °C	Angrenzendes Erdreich	20 °C
Klimatisierte Nachbarräume	22 – 25 °C	Raum zwischen Schau- und Innenfenster[2]	30 – 45 °C

[1] je nach Konstruktion und Durchlüftung [2] je nach Sonnenschutz

KT

Volumenstromberechnung zur Deckung der Heizlast

$\dot{Q}_H$ Heizlast in W
$\dot{V}_{ZUL}$ Zuluftvolumenstrom in m³/h
c_L spezifische Wärmekapazität der Luft in Wh/(m³ · K)
ϑ_{ZUL} Zulufttemperatur in °C
ϑ_i Raumtemperatur in °C

Abluftvolumenstrom

$$\dot{V}_{zul} = \frac{\dot{Q}_H}{c_L \cdot (\vartheta_{ZUL} - \vartheta_i)}$$

Zulufttemperatur

$$\vartheta_{zul} = \frac{\dot{Q}_H}{\dot{V}_{ZUL} \cdot c_L} + \vartheta_i$$

Heizlast

$$\dot{Q}_H = \dot{V}_{ZUL} \cdot c_L \cdot (\vartheta_{ZUL} - \vartheta_i)$$

Volumenstromberechnung zur Deckung der trockenen Kühllast $\Phi_{K\,tr}$

Umluftkühlgerät

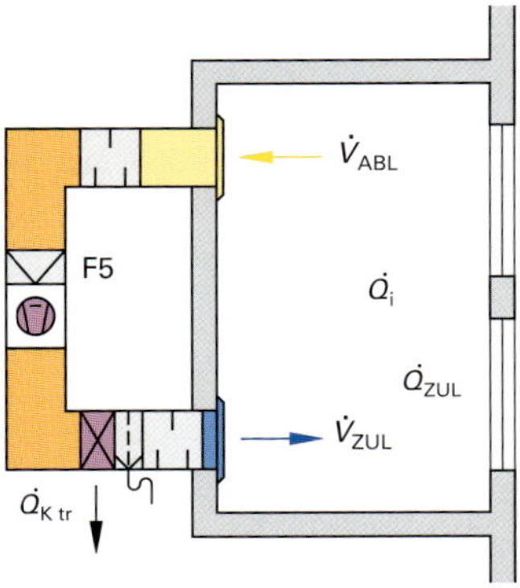

$\dot{Q}_{K,Tr}$ trockene Kühllast in W
ϑ_i Raumtemperatur in °C
ϑ_{ZUL} Zulufttemperatur in °C
c_L spezifische Wärmekapazität der Luft = 0,34 Wh/(m³ · K)
$\dot{V}_{ABL}$ Abluftvolumenstrom in m³/h

Trockene Kühllast

$$\dot{Q}_{K,Tr} = \dot{V}_{ABL} \cdot c_L \cdot (\vartheta_i - \vartheta_{ZUL})$$

Technische Ausführung der Luftkühlung

Kühlung ohne Kältemaschine

Freie Kühlung (direkt)

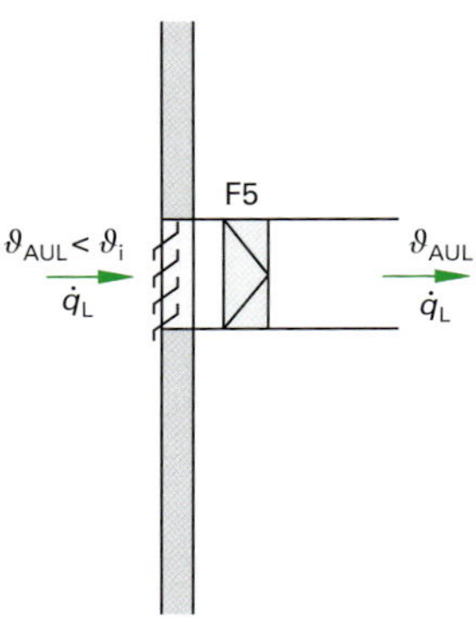

Erdreichwärmetauscher (indirekt)

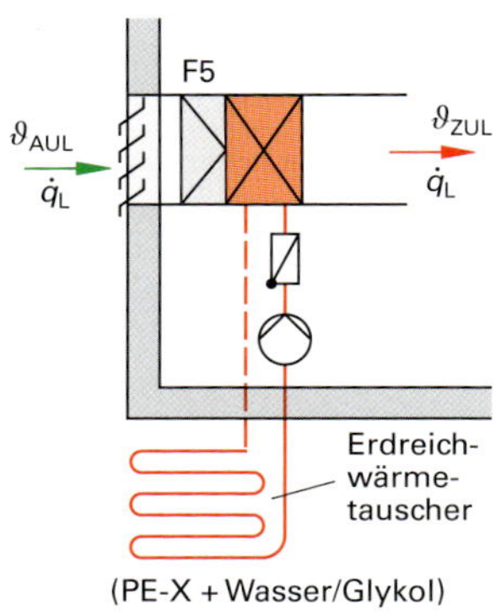

Brunnenkühlung (indirekt)

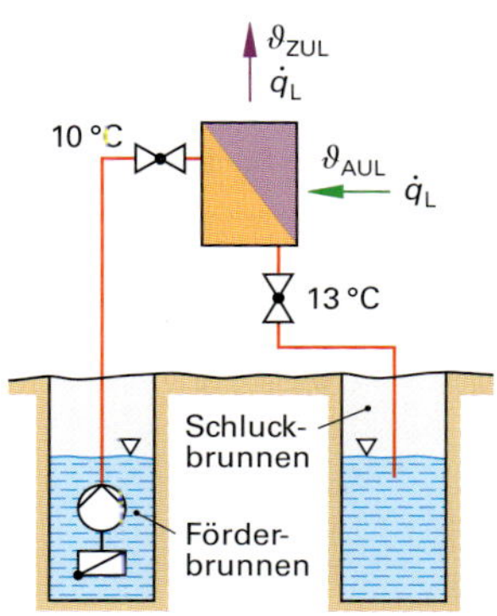

KT

Kühlung mit Kältemaschine

Lage des Kältemittelverdampfers

Direkte Kühlung: Verdampfer der Kältemaschine im Kanal

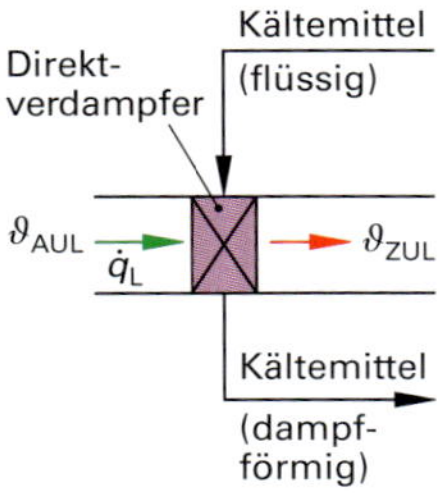

Indirekte Kühlung: flüssigkeitsdurchströmter Wärmetauscher

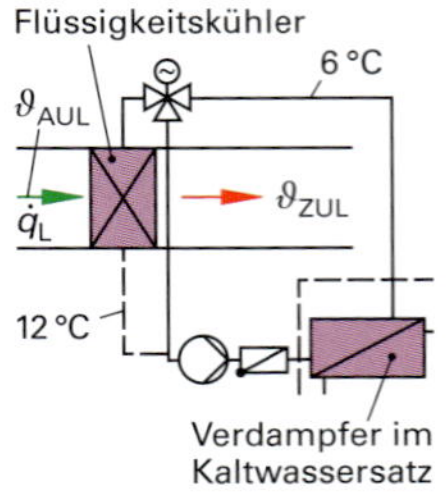

Wärmeabfuhr des Kältemittelverflüssigers

Luftgekühlter Verflüssiger

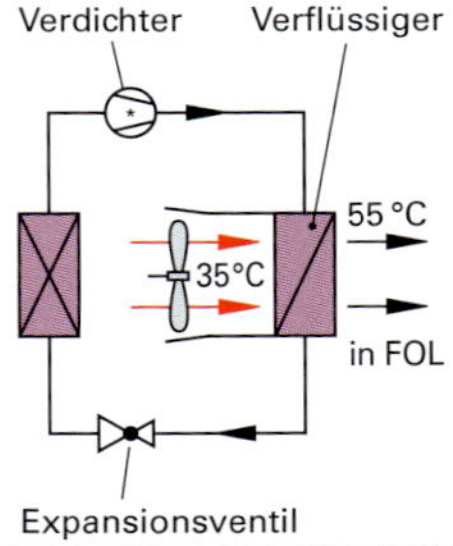

Flüssigkeitsgekühlter Verflüssiger

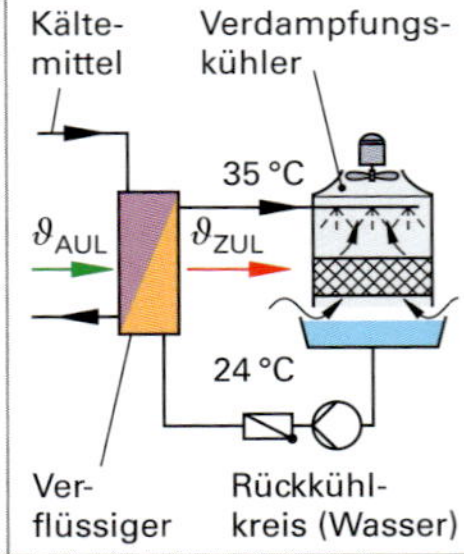

Thermodynamische Luftbehandlung, h,x-Diagramm (→ Seite 456)

Wärmeinhalt (Enthalpie) von Luft *h*

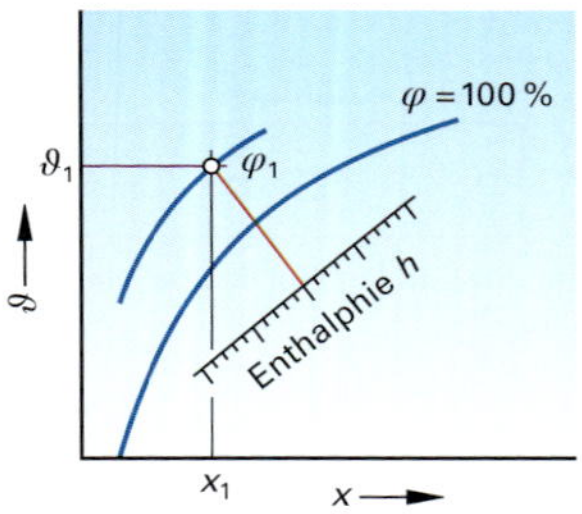

- h Wärmeinhalt feuchter Luft in Wh/kg
- h_L Wärmeinhalt trockener Luft in Wh/kg
- h_D Wärmeinhalt des Dampfes in der Luft < 0,05 in Wh/kg
- h_W Wärmeinhalt des Wassers in der Luft (latent) in Wh/kg
- c_L spezifische Wärmekapazität der Luft in Wh/kgK
- ϑ_L Lufttemperatur in °C
- r Verdampfungswärme in Wh/kg
- x absolute Feuchte in g/kg

exakt:

$$h = h_L + h_D + h_W$$

vereinfacht aufgelöst:

$$h = c_L \cdot \vartheta_L + 0 + \frac{r \cdot x}{1000}$$

Luftheizung

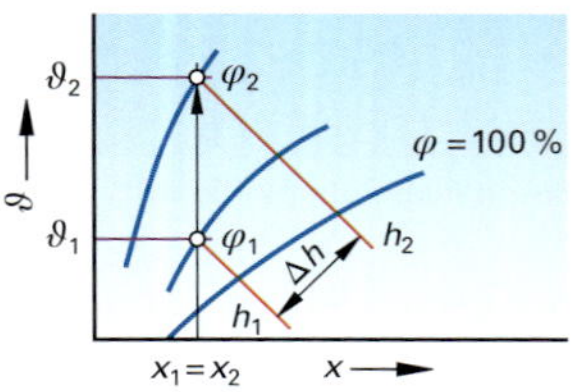

- $\dot{Q}_H$ zugeführte Heizlast in W bzw. kJ/h
- $\dot{m}_L$ Luftmassenstrom in kg/h
- c_L spezifische Wärmekapazität der Luft in Wh/kgK
- ϑ_1 Eintrittstemperatur in °C
- ϑ_2 Austrittstemperatur in °C
- h_1 Wärme im Eintritt in Wh/kg
- h_2 Wärme im Austritt in Wh/kg

über Temperaturen::

$$\dot{Q}_H = \dot{m}_L \cdot c_L \cdot (\vartheta_2 - \vartheta_1)$$

über h-x-Diagramm::

$$\dot{Q}_H = \dot{m}_L \cdot (h_2 - h_1)$$

Ausführung als Erhitzer

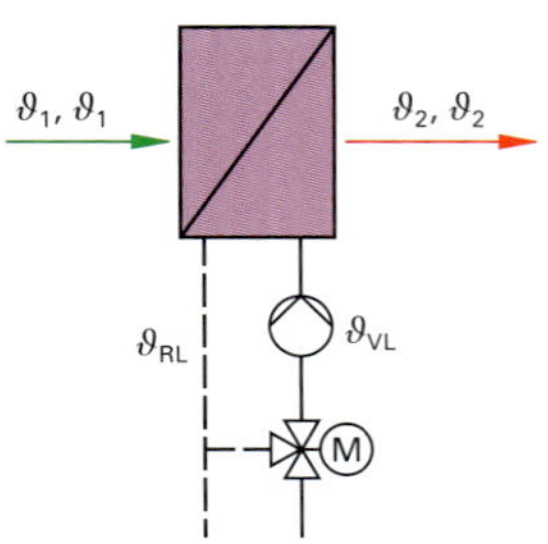

- $\dot{Q}_H$ zugeführte Heizlast in W bzw. kJ/h Lufterhitzerleistung in W bzw. kJ/h
- $\dot{m}_W$ Wassermassenstrom in kg/h
- c_W spezifische Wärmekapazität des Wassers in kJ/kgK
- ϑ_{VL} Vorlauftemperatur in °C
- ϑ_{RL} Rücklauftemperatur in °C
- ϑ_{Wm} mittlere Wassertemperatur in °C
- ϑ_{Lm} mittlere Lufttemperatur in °C

über Heizung zugeführt:

$$\dot{Q}_H = \dot{m}_W \cdot c_W \cdot (\vartheta_{VL} - \vartheta_{RL})$$

durch Erhitzer übertragen:

$$\dot{Q}_H = A \cdot U \cdot (\vartheta_{Wm} - \vartheta_{Lm})$$

mit

$$\vartheta_{Wm} = \frac{\vartheta_{VL} - \vartheta_{RL}}{2}$$

und

$$\vartheta_{Lm} = \frac{\vartheta_2 - \vartheta_1}{2}$$

Thermodynamische Luftbehandlung, *h,x*-Diagramm (Fortsetzung)

Luftkühlung, trocken

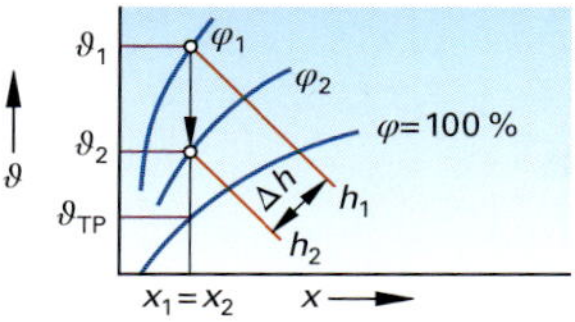

- $\dot{Q}_K$ abgeführte Kühllast in W; kJ/h
- $\dot{m}_L$ Luftmassenstrom in kg/h
- c_L spezifische Wärmekapazität der Luft in Wh/kgK
- ϑ_1 Lufttemperatur vor dem Kühler in °C
- ϑ_2 Lufttemperatur nach dem Kühler in °C

über Temperaturen:

$$\dot{Q}_K = \dot{m}_L \cdot c_L \cdot (\vartheta_2 - \vartheta_1)$$

über h, x-Diagramm:

$$\dot{Q}_K = \dot{m}_L \cdot (h_1 - h_2)$$

Ausführung als Kühler

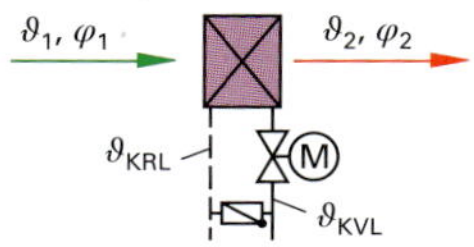

- $\dot{Q}_K$ abgeführte Kühllast in W; kJ/h

Kühleroberflächentemperatur liegt über der Taupunkttemperatur der Luft. Siehe *h, x*-Diagramm S. 445

über Kaltwasser abgeführt:

$$\dot{Q}_K = \dot{m}_W \cdot c_W \cdot (\vartheta_{VL} - \vartheta_{RL})$$

Luftkühlung und Entfeuchtung

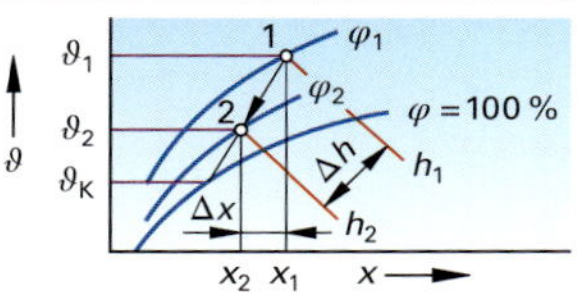

- $\dot{Q}_L$ abgeführte Kühllast in W; kJ/h
- $\dot{m}_L$ Luftmassenstrom in kg/h
- ϑ_1 Eintrittstemperatur in °C
- ϑ_2 Austrittstemperatur in °C
- h_1 Wärme im Eintritt in Wh/kg
- h_2 Wärme im Austritt in Wh/kg

über h, x-Diagramm:

$$\dot{Q}_L = \dot{m}_L \cdot (h_1 - h_2)$$

Kühler und Tropfenabscheider

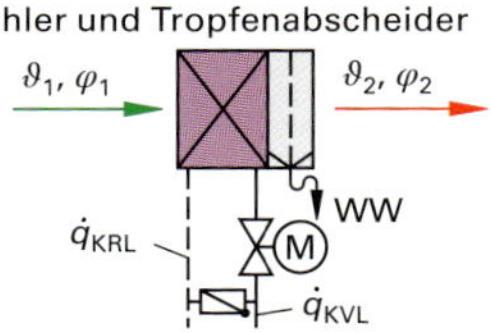

- $\dot{Q}_K$ abgeführte Kühllast in W; kJ/h
- $\dot{m}_W$ Wassermassenstrom in kg/h
- c_W spezifische Wärmekapazität des Wassers in kJ/kgK
- ϑ_{VL} Vorlauftemperatur in °C
- ϑ_{RL} Rücklauftemperatur in °C

über Kaltwasser abgeführt:

$$\dot{Q}_K = \dot{m}_W \cdot c_W \cdot (\vartheta_{VL} - \vartheta_{RL})$$

Kondensatanfall:

$$\dot{m}_W = \dot{m}_L \cdot (x_1 - x_2)$$

Luftbefeuchtung mit Dampf

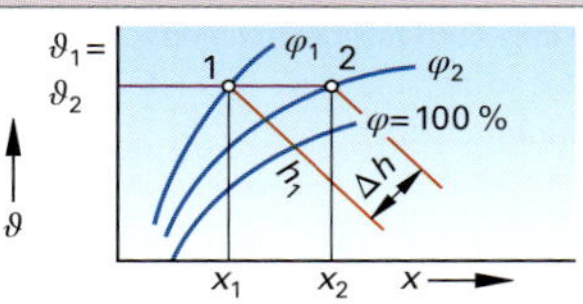

- $\dot{m}_D$ Dampfmassenstrom in kg/h
- $\dot{m}_L$ Luftmassenstrom in kg/h
- x_1 absolute Luftfeuchte im Eintritt in g/kg
- x_2 absolute Luftfeuchte im Austritt in g/kg

Temperatur bleibt konstant, zugeführte Dampfmenge:

$$\dot{m}_D = \dot{m}_L \cdot (x_2 - x_1)$$

Luftbefeuchtung mit Wasser

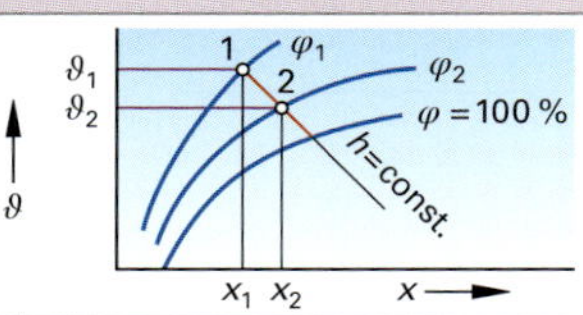

- $\dot{m}_W$ Wassermassenstrom in kg/h
- $\dot{m}_L$ Luftmassenstrom in kg/h

$$\dot{m}_W = \dot{m}_L \cdot (x_1 - x_2)$$

Temperatur sinkt,
h = konstant, daher auch: adiabate Kühlung; zugeführte Wassermenge

Luftmischung

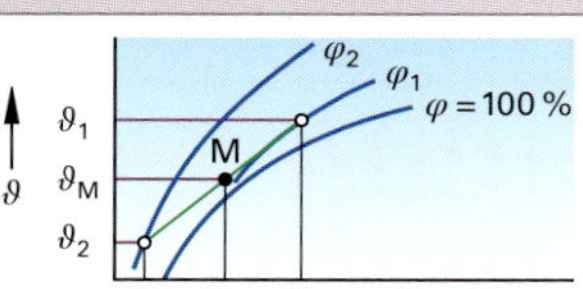

- ϑ_M Mischtemperatur in °C
- ϑ_1 hohe Temperatur in °C
- $\dot{m}_L$ Luftmassenstrom hoher Temperatur in kg/h
- ϑ_2 niedrige Temperatur in °C
- $\dot{m}_W$ Luftmassenstrom niedriger Temperatur in kg/h

$$\dot{m}_W = \dot{m}_L \cdot (x_1 - x_2)$$

KT

Zustandsgrößen und Zustandsänderungen feuchter Luft im *h,x*-Diagramm

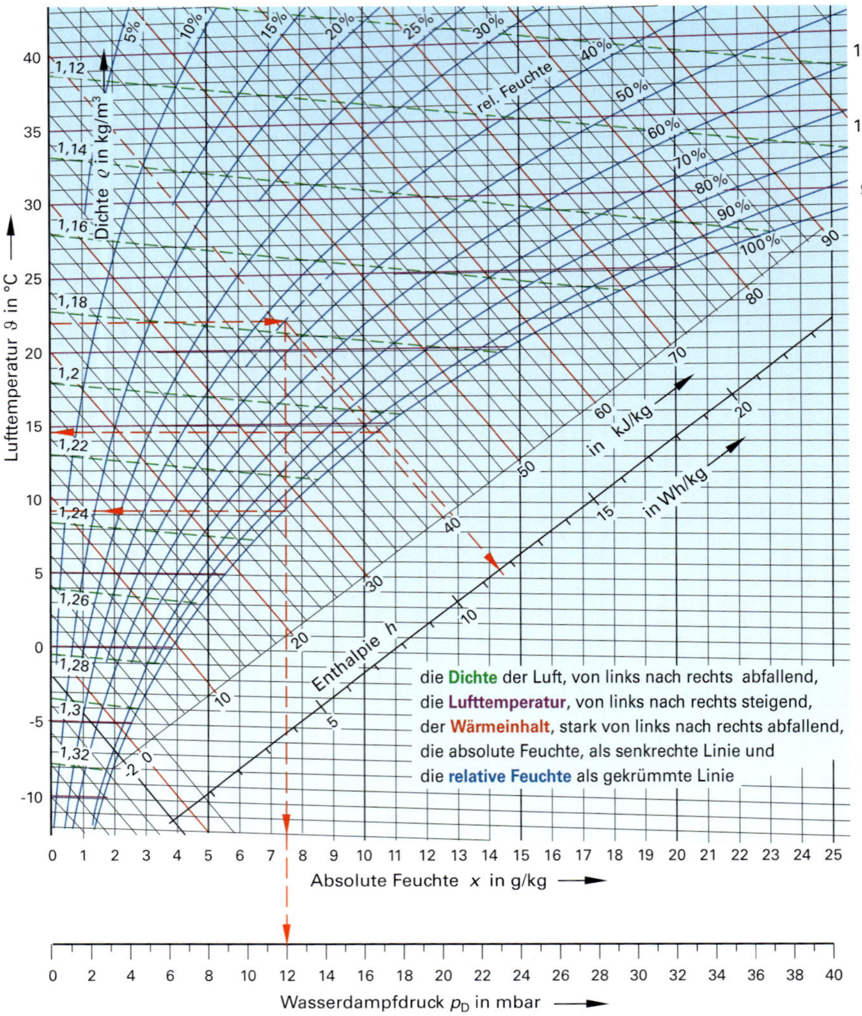

Ablesebeispiel:

Geg.:	$\vartheta = 22\,°C$, $\varphi = 45\,\%$, $\varrho = 1{,}185\,kg/m^3$
Ges.:	x, h, P_D, ϑ_{TP}, ϑ_F
Lösung:	siehe h,x-Diagramm x = 7,5 g/kg, h = 11,6 Wh/kg, P_D = 12,1 mbar, $\vartheta_{TP} = 9{,}2\,°C$, $\vartheta_F = 14{,}6\,°C$

KT

Luftleitungen aus Stahlblech mit rundem Querschnitt — DIN EN 1506: 2007-09

d mm	63	80	100	125	150	160	200	250	300	315	355
A' m^2/m	0,197	0,251	0,314	0,393	0,471	0,502	0,628	0,785	0,943	0,990	1,11
d mm	400	450	500	560	630	710	800	900	1000	1120	1250
A' m^2/m	1,26	1,41	1,57	1,76	1,98	2,23	2,51	2,83	3,14	3,52	3,93

Wanddicken für runde Blechrohre und zulässige Überdrücke

Geschweißte Blechrohre, DIN 24 151-1, Reihe 1			Geschweißte Blechrohre, DIN 24 151-2, Reihe 2		
d in mm	*s* in mm	p_{ezul} in Pa	*d* in mm	*s* in mm	p_{ezul} in Pa
100 bis 250	1,0	von –2500 bis +6300	100 bis 250	1,5	von –2500 bis +6300
300 bis 1000	1,25	von –2000 bis +6300	280 bis 1000	2,0	von –2000 bis +6300
1120 bis 1250	1,5	von –1600 bis +6300	560 bis 2000	3,0	von –1600 bis +6300

Längsgefalzte Blechrohre, DIN 24 152

d in mm	*s* in mm	ohne Versteifung p_{ezul} in Pa	*d* in mm	*s* in mm	mit beids. Flansch p_{ezul} in Pa
100 bis 300	0,6	von –2500 bis +6300	100 bis 160	0,6	von –2500 bis +6300
315 bis 500	0,8	von –500 bis +2500	200 bis 500	0,8	von –2500 bis +6300
500 bis 1200	1,0	von –100 bis +2500	630 bis 900	1,0	von –2500 bis +6300
			1000 bis 1200	1.2	von –2500 bis +6300

Überlappungslängen *l*p für Längsverbindungen

d in mm	63 bis 350	> 350 bis 800	> 800 bis 1200
l_p in mm	≥ 25	≥ 50	≥ 100

Einteilung der Druckstufen

Druckstufe	1	2	3	4	5	6
Zul. Überdruck in Pa	1000	2500	6300	–630	–1000	–2500

Luftleitungen aus Stahlblech mit rechteckigem Querschnitt — DIN EN 1505: 1998-02

Kantenlänge *a*/*b* in mm (Innenmaße), gefalzt (F) oder geschweißt (S)

100	150	200	250	300	400	500	600	800	1000	1200	1400	1600	1800

Blechdicken für rechteckige Luftleitungen aus Stahlblech, ensprechend den Druckstufen

Gefalzt (F)	Druckstufen		Geschweißt (S)	Druckstufen	
a/b in mm	1 + 4 s in mm	2 + 5 s in mm	a/b in mm	2 + 5 s in mm	3 + 6 s in mm
100 bis 500	0,6	0,7	100 bis 250	1,5	1,5
600 bis 1000	0,8	0,9	300 bis 1000	1,5	2,0
1180 bis 2000	1,0	1,1	1180 bis 2000	2,0	3,0

Dichtheitsklassen von Lüftungsbauteilen

Luftdichtheitsklasse DIN EN 12237	Luftdichtheitsklasse EUROVENT 2/2	Luftdichtheitsklasse DIN 24194, Teil 2	Grenzwert der Leckluftrate[1] $m^2 \times s^{-1} \times m^{-2}$
A	A	II	$0,027 \times p_t^{0,65} \times 10^{-3}$
B	B	III	$0,009 \times p_t^{0,65} \times 10^{-3}$
C	C	IV	$0,003 \times p_t^{0,65} \times 10^{-3}$
D	–	–	$0,001 \times p_t^{0,65} \times 10^{-3}$

[1] Leckluftrate f_{max}: Leckvolumenstrom in m^3/s je m^2 Kanaloberfläche, je nach Überdruck p_t in Pa im Kanalsystem.

Vergleich des Leckvolumenstroms runder und eckiger Kanäle

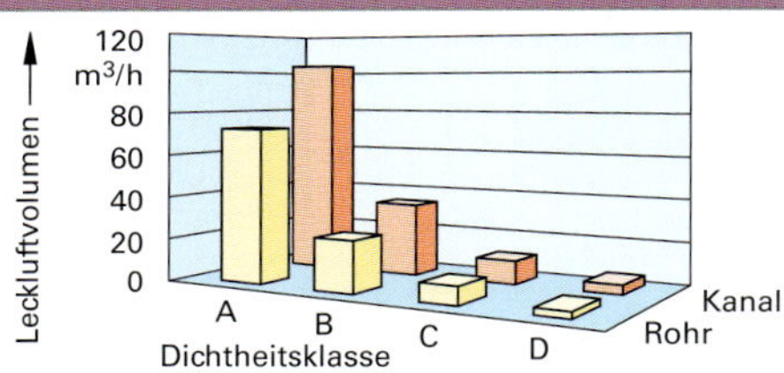

Resultierender Leckvolumenstrom für einen Kanal 1000 mm × 500 mm, Systemüberdruck 250 Pa, 10 m Leitungslänge im Vergleich zu einem Wickelfalzrohr DN 800 (gleicher hydraulischer Durchmesser).

KT

Längsverbindungen bei eckigen Blechkanälen

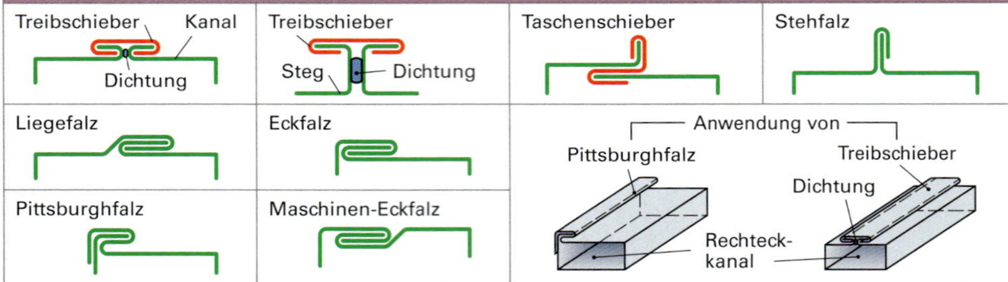

Stoßverbindungen für runde und eckige Luftleitungen aus Blech

Steckverbindung mit Sicke

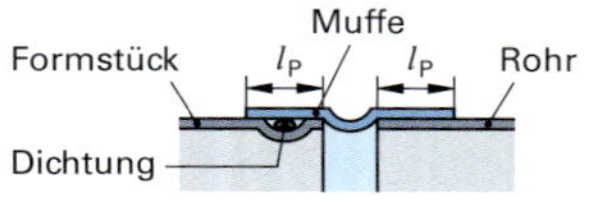

l_P = Überlappungslänge

Stoßverbindung mit Blechmanschette

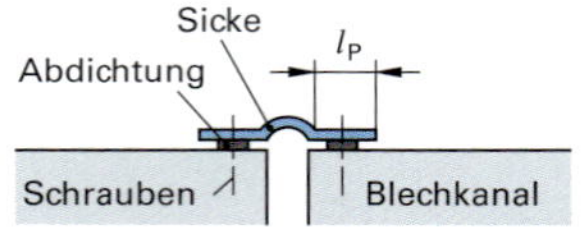

Steckverbinder werden mit Sicke für den Rohrinneneinbau oder mit Muffe zum Überschieben über die Rohrenden hergestellt. Zusammenbau mit Schrauben oder Niete. Steckverbinder mit oder ohne Dichtungsnut .

Stoßverbindung mit Treibschieber

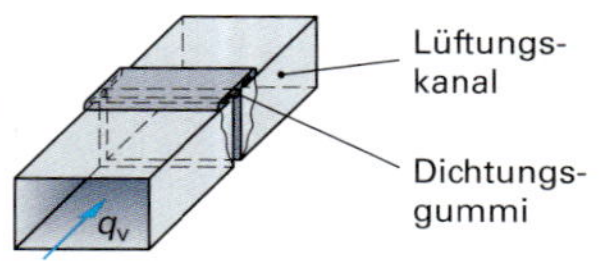

Stoßverbindung mit Winkelflansch

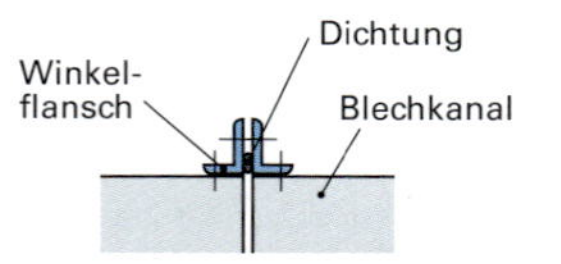

Einsteckwinkel

zur Kanalversteifung und Kanalaufhängung

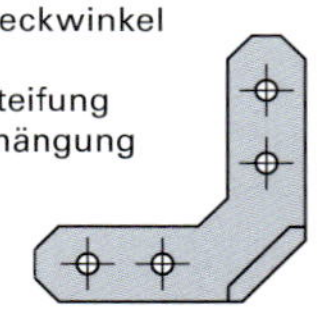

Nennweiten und Dichtheitsklassen für Blechrohre

DIN EN 12237: 2003-07

Blechrohre

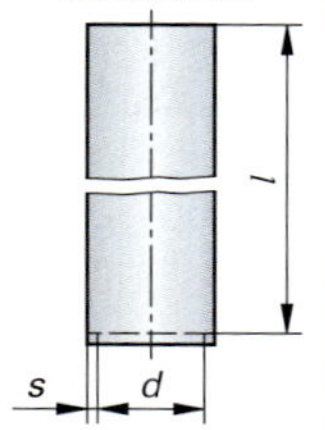

Nennweiten nach DIN EN 1506 *d* in mm					Luftdichtheitsklasssen nach DIN EN 12237 Luftdichtheitsklasse	*pe* in Pa
80	**100**	**125**	140	150	A	von −500 bis +500
160	**200**	224	**250**	280	B	von −750 bis +1000
300	**315**	355	**400**	450	**C**	**von −750 bis +2000**
500	560	600	**630**	710	D	von −750 bis +2000

Im Wesentlichen die fettgedruckten Nennweiten verwenden.

Blechdicken s für Wickelfalzrohre DIN EN 12237: 2007-01

d in mm	63 bis 300	315 bis 560	600 bis 900	1000 bis 1250	1400 bis 2000
s in mm	0,5	0,6	0,8	1,0	1,2

Formstücke für runde Blechrohre mit Überlappungslängen

Bögen

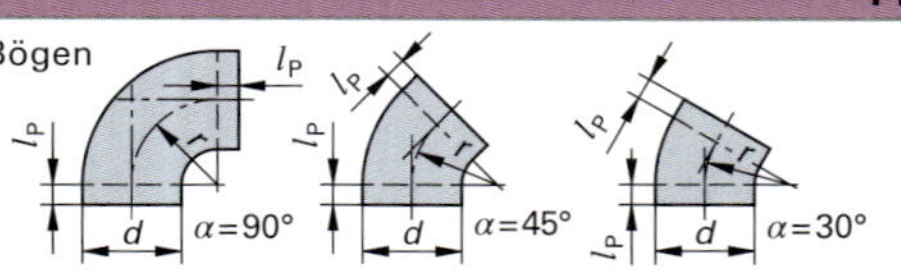

Segmentbögen

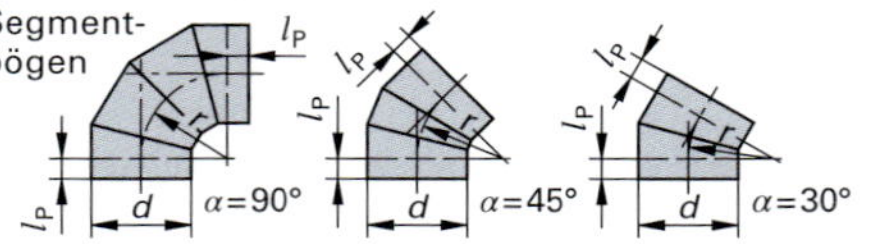

T-Stücke/Abzweige

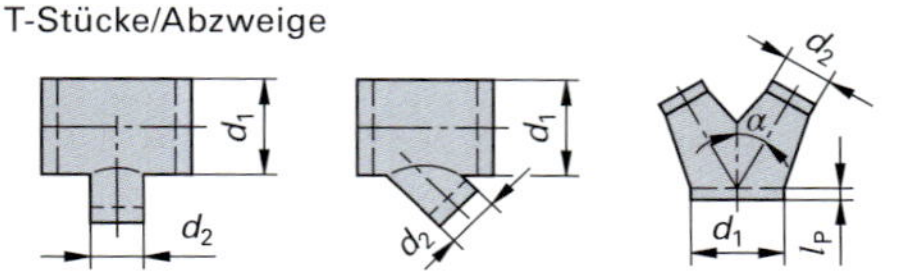

Reduzierungen

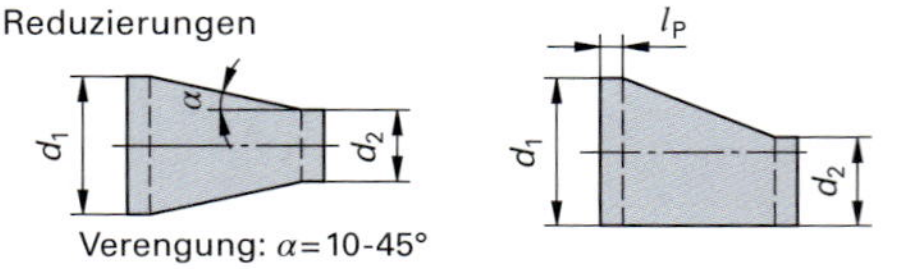

Verengung: α = 10-45°

Überlappungslängen l_p	d [mm] / l_p [mm]	63 bis 315	> 315 bis 800	> 800 bis 1250
		≥ 25	≥ 50	≥ 100

KT

Nennweiten flexibler Rohre, zulässige Drücke p_e und längenbezogene Masse m'

DIN EN 1506: 2007-09
DIN EN 13180: 2002-03

Alu-Rohr, flexibel, 2-lagig

Stahlrohr, flexibel

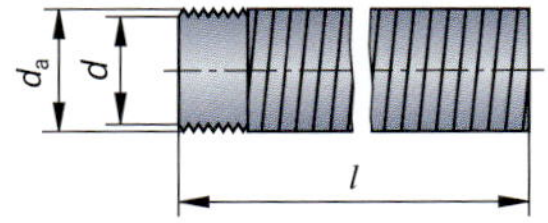

Nenndurchmesser und Querschnittsfläche		zul. Über- und Unterdruck	Luftdichtheitsklassen[3]			
			A p_s ± 400 Pa		B p_s ± 1000 Pa	C p_s ± 1000 Pa
d[1] in mm	Ai in dm²	p_e in Pa	St[4] m' in kg/m	Al[5] m' in kg/m	Al[5] m' in kg/m	Al[5] m' in kg/m
63[2]	0,31	±3150	0,40	0,20	0,30	0,30
80	0,50	±3150	0,50	0,25	0,40	0,40
100	0,79	±3150	0,65	0,32	0,50	0,50
125	1,23	±3150	0,80	0,40	0,60	0,65
160	2,01	±2500	1,00	0,50	0,70	0,90
200	3,14	±2500	1,30	0,65	0,80	1,20
250	4,91	±2000	1,80	0,90	1,10	1,60
315	7,79	±2000	2,40	1,20	1,30	2,00
355	9,89	±1600	–	–	1,50	2,40
400	12,60	±1600	–	–	1,70	3,00
450	15,90	±1250	–	–	1,90	3,30
500	19,63	±1000	–	–	2,10	3,80

[1] Nennweite entspricht dem Innendurchmesser. [2] Die fettgedruckten Nennweiten bevorzugen.
[3] Wenn der Nenndruck im Lüftungssystem > 100 Pa ist, muss eine Dichtheitsprüfung entsprechend der Luftdichtheitsklasse durchgeführt werden. [4] Werkstoff: Stahlband, galvanisch verzinkt; nichtrostender Stahl
[5] Werkstoff: Reinaluminium-Band, 2-lagig gewickelt und gefalzt, bis $d \leq 315$ mm: Fertigungslänge der Rohre l = 5,0 m gestaucht auf Transportlänge von 1,2 m, von $d \geq 335$ mm bis ≤ 500 mm: Fertigunglänge l = 5,0 m; Lieferung ungestaucht.

Kanalbestimmung über Volumenstrom und Kontinuitätsgesetz

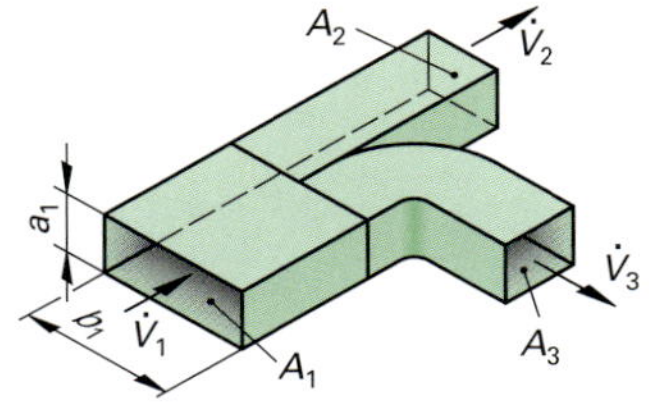

$\dot{V}_{1-3}$	Volumenstrom	m³/h
A	lichter Kanalquerschnitt	m²
v	Strömungsgeschwindigkeit der Luft	m/s
	Umrechnungsfaktor 3600 s/h	

$$\dot{V}_1 = \dot{V}_2 + \dot{V}_3$$

$$A_1 \cdot v_1 = A_2 \cdot v_2 + A_3 \cdot v_3$$

$$q_v = A \cdot v \cdot 3600\,\text{s/h}$$

Widerstandsbeiwerte für Formstücke

Formstücke für runde Luftleitungen nach DIN EN 1506 mit Widerstandsbeiwerten

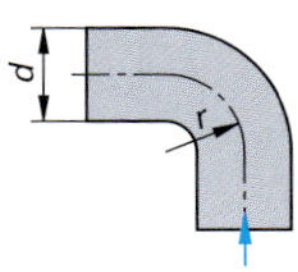

90°-Bogen

r/d	ζ
0,5	0,9
1,0	0,33
2,0	0,19
3,0	0,17
4,0	0,15

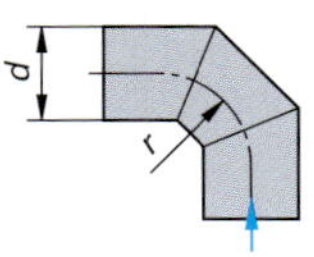

90°-Bogen, 3 Segmente

r/d	ζ
0,5	1,3
0,75	0,8
1,0	0,5
1,5	0,3
2,0	0,25

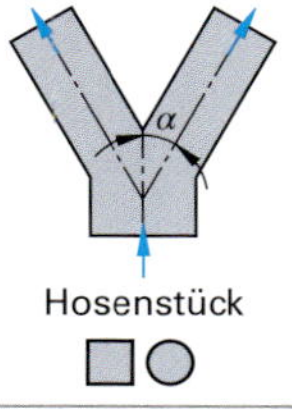

Hosenstück

α	ζ
10°	0,1
30°	0,3
45°	0,7
60°	1,0
90°	1,4

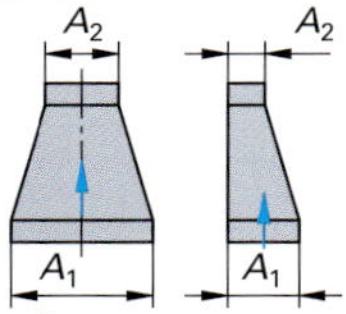

Übergangsstück konisch

A_2/A_1	ζ
0,2	0,08
0,4	0,08
0,6	0,06
0,8	0,02
1,0	0,0

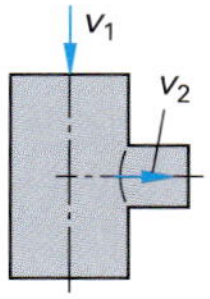

90°-Abzweigstück

v_2/v_1	ζ
0,4	7,0
0,6	3,4
0,8	2,0
1,0	1,5
1,5	0,9

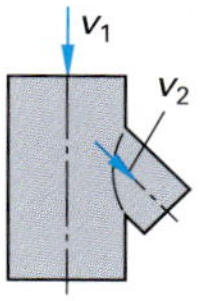

45°-Abzweigstück

v_2/v_1	ζ
0,4	3,5
0,6	1,3
0,8	0,7
1,0	0,4
2,0	0,4

KT

Widerstandsbeiwerte für Formstücke (Fortsetzung)

Formstücke für Luftleitungen mit Rechteckquerschnitt nach DIN EN 1505 mit Widerstandsbeiwerten

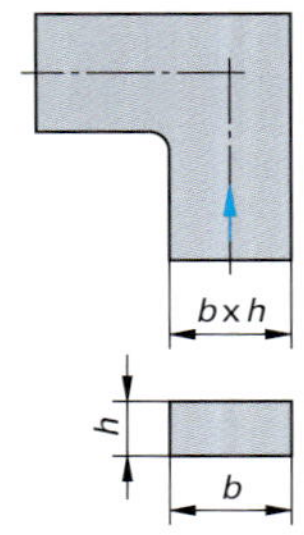

90°-Bogen, ohne Leitblech

h/b	ζ
0,25	2,1
0,5	1,7
1,0	1,2
2,0	0,6

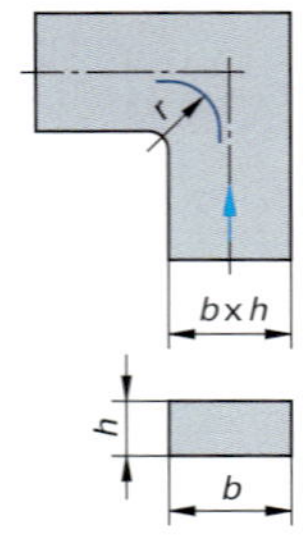

90°-Bogen, mit Leitblech

r/d	ζ
0,2	0,7
0,4	0,6
0,6	0,7
0,8	1,1

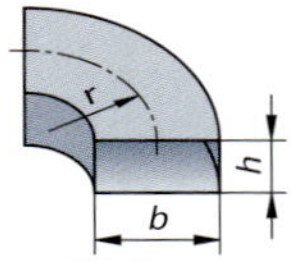

90°-Bogen, flach

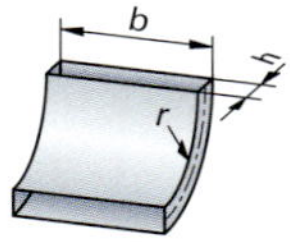

90°-Bogen, hochkant

h/b	r/d	ζ
0,25	0,75	0,55
	1,0	0,45
	2,0	0,2
0,5	0,75	0,45
	1,0	0,3
	2,0	0,15
0,75 bis 3,0	0,75	0,4
	1,0	0,2
	2,0	0,10

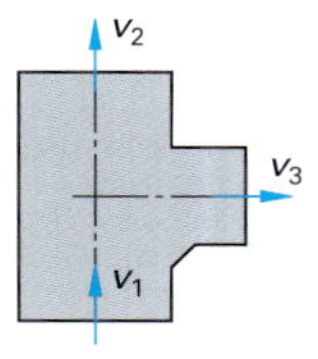

90°-Abzweigstück

v_3/v_1	ζ
0,4	7,0
0,6	3,4
0,8	2,0
1,0	1,5
1,5	0,9

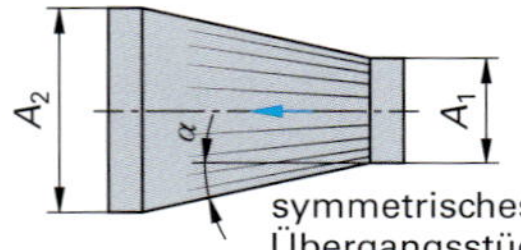

symmetrisches Übergangsstück

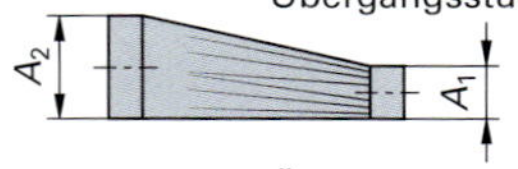

asymmetrisches Übergangsstück

α	ζ_1 (A1/A2 = 0,5)	ζ_2 (A1/A2 = 0,25)
5°	0,07	0,13
7,5°	0,09	0,20
10°	0,13	0,28
15°	0,21	0,46
20°	0,27	0,62
> 30°	0,28	0,63

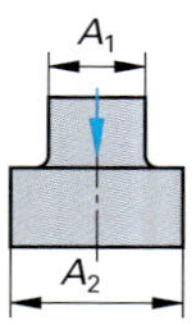

Übergang stumpf Erweiterung

A_2/A_1	ζ
0,2	0,7
0,4	0,4
0,6	0,2
0,8	0,1

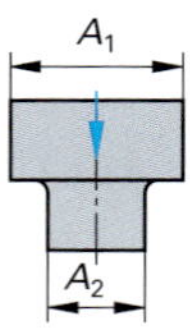

Übergang stumpf Verengung

A_2/A_1	ζ
0,2	0,4
0,4	0,3
0,6	0,2
0,8	0,1

Druckkammer (z.B. offene, gemauerte Lüfterzentrale)

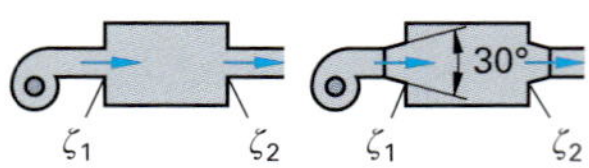

$\zeta_{ges} = \zeta_1 + \zeta_2$
$\zeta_{ges} = 0{,}7 + 0{,}6 = 1{,}3$

$\zeta_{ges} = \zeta_1 + \zeta_2$
$\zeta_{ges} = 0{,}4 + 0{,}2 = 0{,}6$

Widerstandsbeiwerte für Ein- und Ausströmöffnungen, Doppelbögen und Klappen

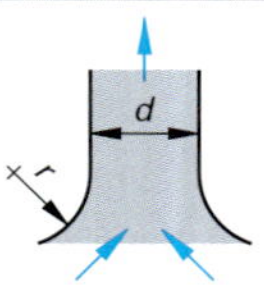

Einströmöffnung mit Radius

r/d	ζ_1
0,25	0,2
0,5	0,1
0,75	0,05
1,0	0,05

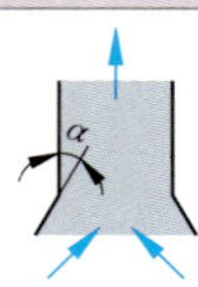

Einströmöffnung winklig, rund und quadratisch

α	ζ
15°	0,5
30°	0,3
45°	0,3
60°	0,4
90°	0,7

Doppelbogen rund und quadratisch

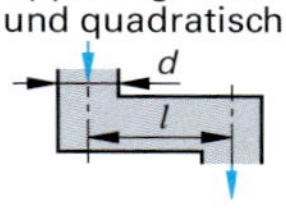

l/d	ζ
0,5	1,6
1,0	1,9
2,0	2,1

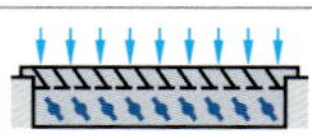

ζ
10

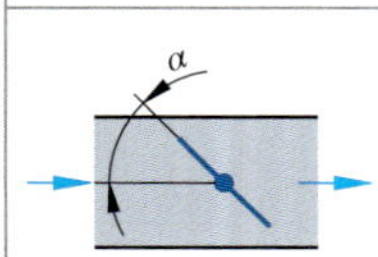

Drosselklappe

α	ζ
15°	0,6
30°	3,5
45°	17
60°	95
75°	600

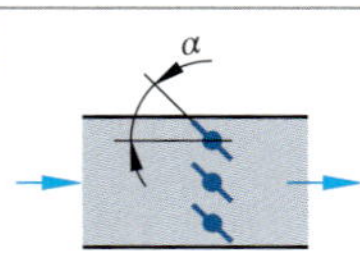

Drosselklappe gleichlaufend

α	ζ
15°	0,7
30°	2,2
45°	6,5
60°	20
75°	60

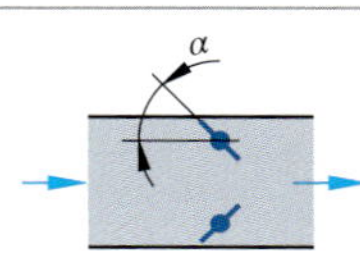

Drosselklappe gegenläufig

α	ζ
15°	1,1
30°	3,3
45°	10
60°	30
75°	60

KT

Bestimmung des Druckgefälles R im geraden waagerechten Rohr

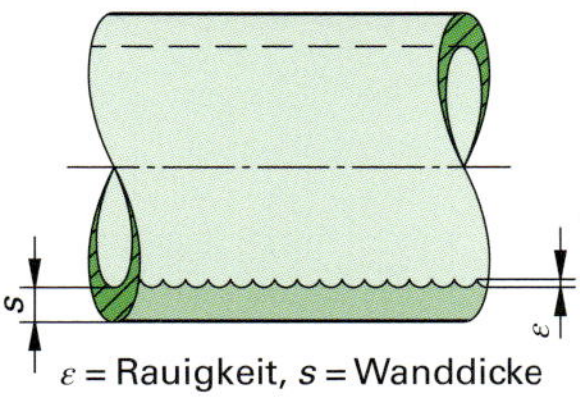

ε = Rauigkeit, s = Wanddicke

R	Druckgefälle in Pa/m
λ	Rohrreibungszahl
l	Rohrlänge in m
d	lichter Rohr- oder hydraulischer Durchmesser in m
ϱ	Dichte des Fördermediums in kg/m³
v	mittlere Luftgeschwindigkeit in m/s

$$R = \lambda \cdot \frac{1}{d} \cdot \frac{(\varrho \cdot v^2)}{2}$$

Für rechteckige Luftleitungen mit Kantenlängen a und b: hydraulischen Durchmesser verwenden, in dem gleicher Druckabfall bei gleicher Luftgeschwindigkeit und gleicher Rauigkeit herrscht.

Berechnung der Rohrreibungszahl λ

Laminare Strömung:
Re < 2320

$$Re = \frac{v \cdot d}{\nu}$$

$$\lambda = \frac{64}{Re}$$

Turbulente Strömung:
$2320 < Re < \frac{d}{\varepsilon} \cdot \log_{10}\left(0{,}1 \cdot \frac{d}{\varepsilon}\right)$

$$\lambda = \frac{0{,}309}{\left(\log_{10} \frac{Re}{7}\right)^2}$$

Re	Reynoldszahl
ν	kinematische Viskosität der Luft in mm²/s Tabelle unten
ε	absolute Rauigkeit in mm Tabelle unten

Turbulente Strömung:
$\frac{d}{\varepsilon} \cdot \log_{10}\left(0{,}1 \cdot \frac{d}{\varepsilon}\right) < Re <$
$400 \cdot \frac{d}{\varepsilon} \cdot \log_{10}\left(3{,}175 \cdot \frac{d}{\varepsilon}\right)$

$$\lambda = \frac{0{,}25}{\left(\log_{10} \frac{15}{Re} + \frac{\varepsilon}{3{,}715 \cdot d}\right)^2}$$

Turbulente Strömung:
$Re < 400 \cdot \frac{d}{\varepsilon} \cdot \log_{10}\left(3{,}175 \cdot \frac{d}{\varepsilon}\right)$

$$\lambda = \frac{0{,}25}{\left(\log_{10}\left[3{,}715 \cdot \frac{d}{k}\right]\right)^2}$$

Luftgeschwindigkeiten in RLT-Anlagen, Niederdruckanlagen[3)]

Anlagenteile	Komfortanlagen[1)] m/s	Industrieanlagen m/s
Hauptkanäle	4 … 8	8 … 12
Abzweigkanäle	3 … 5	5 … 8
Anschlussstücke	3 … 4	5 … 6
Zuluftgitter[2)]	1,5 … 3	3 … 5
Ab- und Umluftgitter	2 … 3	3 … 4
Außen-/Fortluftgitter Wetterschutzgitter	3 … 4	3 … 4

1) Die Luftgeschwindigkeiten sind abhängig von der Nutzung des Raumes und damit vom zulässigen Schallpegel, der Art der Kanalverkleidung.

2) Decken- und Fußbodenauslässe

3) **Hochdruckanlagen:**
Hauptkanäle v = 18 m/s … 20 m/s
Abzweigkanäle v = 10 m/s … 15 m/s
Anschlussstücke vor den Auslassgittern als Entspannungskasten mit Schalldämmung ausbilden.

Absolute Rauigkeit ε in mm

Kanalwerkstoff	Rauigkeit ε mm	Kanalwerkstoff	Rauigkeit ε mm
Blechkanal, glatt	0,0015	Betonkanal, rau	1,2 … 3,0
Blechkanal, gefalzt	0,15 … 0,2	Wickelfalzrohr	0,1 … 2,0
PVC/PE-Rohre	0,002 … 0,01	Flexible Schläuche	0,6 … 2,0
Asbest-Zementrohre	0,1 … 0,6	Holzverkleidung, ungehobelt	0,7 … 2,5
Betonkanal, glatt	0,50	Gemauerte Kanäle	3 … 8

Kinematische Viskosität ν trockener Luft bei p_{abs} = 1 bar

ϑ (°C)	– 100	– 80	– 60	– 40	– 20	0	20	40	60	80	100
ν (mm²/s)	2,019	1,807	1,636	1,495	1,377	1,275	1,1881	1,112	1,045	0,9859	0,9329

KT

R-Werte für Wickelfalzrohre bei trockener Luft; 1013 hPa/20 °C

R-Wert in Pa/m	DN 80 m^3/h m/s	DN 100 m^3/h m/s	DN 125 m^3/h m/s	DN 160 m^3/h m/s	DN 200 m^3/h m/s	DN 250 m^3/h m/s	DN 315 m^3/h m/s	DN 400 m^3/h m/s	DN 500 m^3/h m/s	DN 630 m^3/h m/s	DN 800 m^3/h m/s
0,05	4	12	22	45	84	155	293	561	1025	1909	3619
	0,22	0,42	0,5	0,62	0,74	0,88	1,05	1,24	1,45	1,7	2
0,1	9	17	33	65	122	224	421	801	1460	2710	5133
	0,5	0,6	0,75	0,9	1,08	1,27	1,5	1,77	2,07	2,42	2,84
0,15	12	22	41	82	152	279	522	994	1800	3350	6322
	0,66	0,79	0,93	1,13	1,34	1,58	1,86	2,19	2,55	2,99	3,49
0,2	14	26	49	96	178	326	609	1157	2100	3891	7337
	0,77	0,92	1,11	1,33	1,57	1,85	2,17	2,56	2,97	3,47	4,06
0,31	18	34	62	122	223	410	770	1460	2630	4880	9208
	1	1,2	1,4	1,69	1,97	2,32	2,75	3,23	3,72	4,35	5,09
0,4	21	39	72	142	260	474	882	1670	3025	5555	10505
	1,16	1,38	1,63	1,96	2,3	2,68	3,14	3,69	4,28	4,95	5,81
0,5	24	44	82	160	293	535	993	1870	3400	6270	11795
	1,32	1,56	1,86	2,21	2,59	3,03	3,54	4,13	4,81	5,59	6,52
0,6	27	49	90	177	323	589	1094	2060	3725	6900	12962
	1,5	1,73	2,04	2,45	2,86	3,33	3,9	4,56	5,27	6,14	7,16
0,7	29	53	98	192	350	640	1188	2240	4055	7475	14037
	1,6	1,88	2,22	2,65	3,1	3,62	4,24	4,95	5,74	6,66	7,76
0,8	31	58	106	207	378	687	1275	2400	4325	8010	15038
	1,71	2,05	2,4	2,86	3,34	3,89	4,55	5,31	6,12	7,14	8,31
0,9	33	62	113	221	402	732	1357	2550	4600	8510	15980
	1,82	2,19	2,56	3,05	3,56	4,14	4,84	5,64	6,51	7,59	8,83
1	35	65	120	233	426	774	1434	2706	4880	8990	16872
	1,94	2,3	2,72	3,22	3,77	4,38	5,11	5,98	6,91	8,01	9,33
1,1	37	69	126	246	448	8144	1505	2840	5120	9425	17720
	2,05	2,44	2,85	3,4	3,96	4,61	5,37	6,28	7,25	8,4	9,79
1,2	39	72	133	258	469	853	1579	2970	5371	9880	18528
	2,16	2,55	3,01	3,57	4,15	4,83	5,63	6,57	7,6	8,81	10,24
1,3	41	75	138	269	490	890	1647	3100	5600	10300	19310
	2,27	2,65	3,12	3,72	4,33	5,04	5,87	6,85	7,92	9,18	10,67
1,4	43	79	144	280	510	925	1710	3220	5810	10700	20060
	2,38	2,8	3,26	3,87	4,51	5,24	6,1	7,12	8,22	9,54	11,09
1,5	45	82	150	291	529	960	1775	3340	6025	11090	20780
	2,49	2,9	3,4	4,02	4,68	5,43	6,33	7,38	8,53	9,88	11,492
1,75	48	89	163	316	574	1041	1923	3620	6530	11990	22490
	2,65	3,15	3,69	4,37	5,08	5,89	6,86	8	9,24	10,69	12,43
2	52	96	175	339	615	1117	2060	3880	6990	12860	24086
	2,87	3,4	3,96	4,68	5,44	6,32	7,34	8,58	9,89	11,46	13,31
2,25	56	102	186	361	655	1188	2190	4120	7430	13650	25583
	3,1	3,61	4,21	4,99	5,79	6,72	7,81	9,11	10,51	12,17	14,14
2,5	59	108	197	382	693	1256	2315	4360	7850	14400	26999
	3,26	3,82	4,46	5,28	6,13	7,11	8,25	9,64	11,11	12,83	14,92
2,75	62	114	208	402	729	1320	2435	4580	8245	15120	28347
	3,43	4,03	4,69	5,56	6,45	7,47	8,68	10,13	11,67	13,48	15,67

KT

Dimensionierungsbeispiel Abluftkanal

Bestimmung des Druckverlustes Δp eines Kanalabschnittes

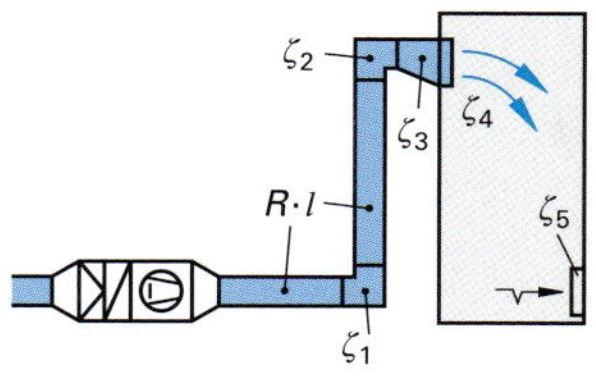

Δp	statischer Druckverlust	Pa
R	Druckgefälle in gerad. Rohr	Pa/m
l	Kanallänge	m
Z	Druckverlust durch Einzelwiderstände	Pa
ϱ	Luftdichte	kg/m³
$\Sigma\zeta$	Summe der Einzelwiderstände	–

$$\Delta p = R \cdot l + Z$$

Durch Einzelwiderstände:

$$Z = \Sigma\zeta \cdot \frac{\varrho \cdot v^2}{2}$$

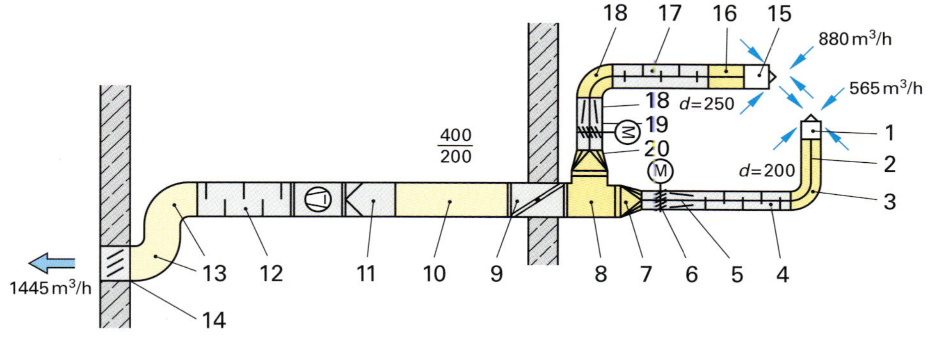

Berechnungsformular zur Druckverlustberechnung

1	2	3	4	5	6	7	8	9	10	11	12	13	14
Teilstrecken-Nr.	Volumenstrom	Volumenstrom	Luftgeschwindigkeit	Kanalquerschnittsfläche	Kanalbreite/ Durchmesser	Kanalhöhe	Kanaldurchmesser/ hydr. Durchmesser	Länge der Teilstrecke	Druckgefälle	Reibungsverlust	Widerstandsbeiwert	Einzelwiderstand	Statisches Druckgefälle
Nr.	$\dot{V}_v$	$\dot{V}_s$	v	A	b/d	h	d/d_h	l	R	$R \cdot l$	$\Sigma\zeta$	Z	$\Delta p_{st} = R \cdot l + Z$
–	m³/h	m³/s	m/s	m²	m	m	m	m	Pa/m	Pa	–	Pa	Pa
1	565	0,154	5,0	0,03	–	–	0,2	–	–	–	–	15,0	15,0
2	565	0,154	5,0	0,03	–	–	0,2	12	1,7	20,4	–	–	20,4
3	565	0,154	5,0	0,03	–	–	0,2	–	–	–	0,33	5,0	5,0
4 – 6	565	0,154	5,0	0,03	–	–	0,2	–	–	–	–	44,0	44,0
7	565	0,154	5,0	0,03	–	–	0,2	–	–	–	0,48	7,2	7,2
8	1445	0,401	5,0	0,08	0,4	0,2	0,267	–	–	–	0,10	1,5	1,5
9	1445	0,401	5,0	0,08	0,4	0,2	–	–	–	–	–	–	14,0
10	1445	0,401	5,0	0,08	0,4	0,2	0,267	18	2,36	42,5	–	–	42,5
11, 12	1445	0,401	5,0	0,08	0,4	0,2	–	–	–	–	–	250	250,0
13	1445	0,401	5,0	0,08	0,4	0,2	0,267	–	–	–	3,4	51,1	51,1
14	1445	0,401	5,8	0,08	0,4	0,2	–	–	–	–	–	14,2	14,2
Summe ungünstigster Strang													464,9

Bauteile 1, 4, 5, 6, 9, 11, 12 und 14 sind Herstellerunterlagen entnommen!

Ventilatordruckdifferenz	$\Delta p_v = \Delta p_{st} + \Delta p_{dyn} = 464{,}9\,\text{Pa} + \varrho/2 \cdot v_{st}^2$ $\Delta p_v = 464{,}9\,\text{Pa} + 1{,}2\,\text{kg/m}^3/2 \cdot (8{,}3\,\text{m/s})^2$	v_{st} aus Ventilatordiagramm S. 455	**506,2**

Ventilatorbauarten

Axialventilatoren	Radialventilatoren		Querstromventilatoren
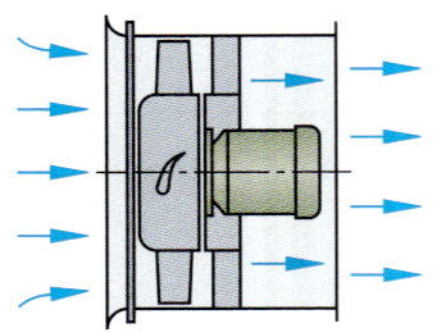	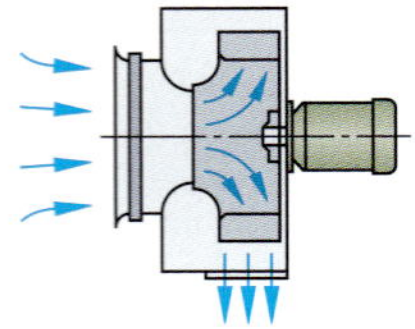		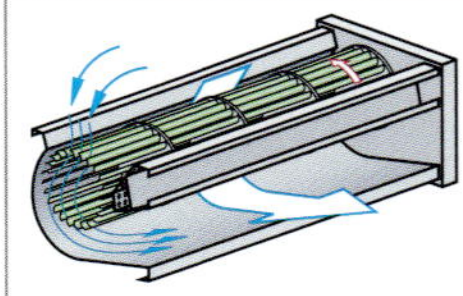 Durchströmungsprinzip
• mit oder ohne Leitwerk • um 180° gedreht als Wandventilator • für große Volumenströme und geringe Förderdrücke	vorwärts gekrümmte Schaufeln 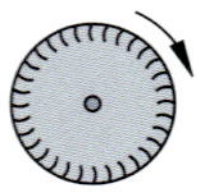 Trommelläufer	rückwärts gekrümmte Schaufeln 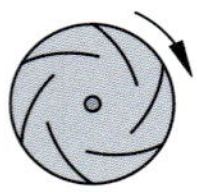 Hochleistungsläufer	Produktionstechnik; Ventilator- = Maschinenbreite

Ventilatorleistung

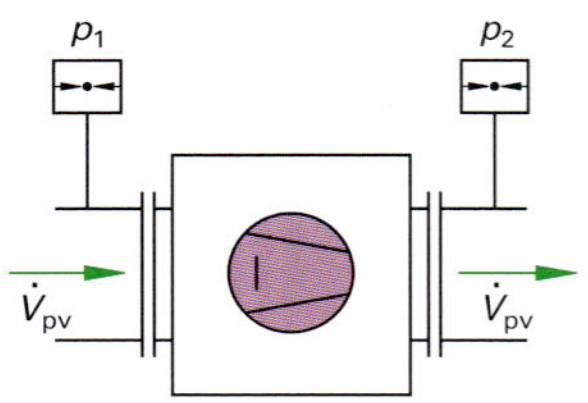

P_{ab} abgegebene Ventilatorleistung in W
$\dot{V}_{pv}$ geförderter Volumenstrom in m³/h
Δp_v Gesamtdruck des Ventilators in Pa
P_w Ventilatorwellenleistung in W
η_V Ventilatorwirkungsgrad Diagramm
P_{zu} zugeführte elektrische Leistung in W
η_M Motorwirkungsgrad

$$P_{ab} = \frac{\dot{V}_v \cdot \Delta p_t}{3600}$$

$$\Delta p_t = p_2 - p_1$$

$$P_w = \frac{\dot{V}_v \cdot \Delta p_v}{3600 \cdot \eta_V}$$

$$P_{zu} = \frac{P_w}{\eta_M}$$

Ventilatordruck

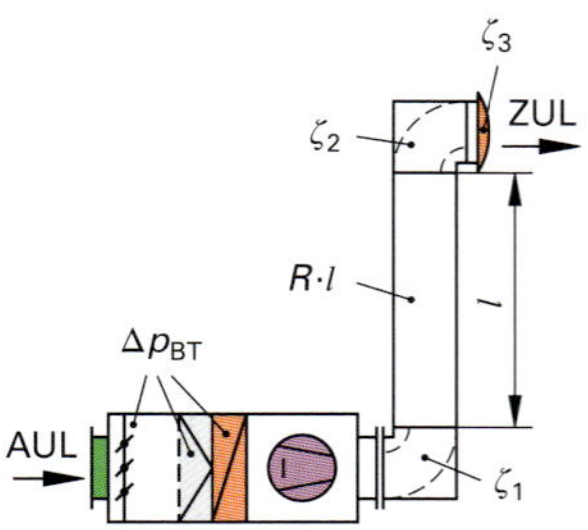

Δp_v Gesamtdruck des Ventilators in Pa
Δp_{stat} statische Druckverluste in Pa
Δp_{dyn} dynamischer Druck in Pa
$R \cdot l$ Druckverlust in geradem Kanal in Pa
Z Druckverlust durch Einzelwiderstände in Pa
Δp_{BT} Druckverluste durch Einbauteile in Pa
ϱ Dichte der Luft in kg/m³
v_{St} Geschwindigkeit im Ventilatordruckstutzen in m/s Ventilatordiagramm

$$\Delta p_t = \Delta p_{stat} + \Delta p_{dyn}$$

$$\Delta p_{stat} = \Sigma\,(R \cdot l + Z) + \Delta p_{BT}$$

$$\Delta p_{dyn} = \frac{\varrho \cdot v_{St}^2}{2}$$

Zusammenhang Drehzahl *n*, Druck *p* und Leistung *P*

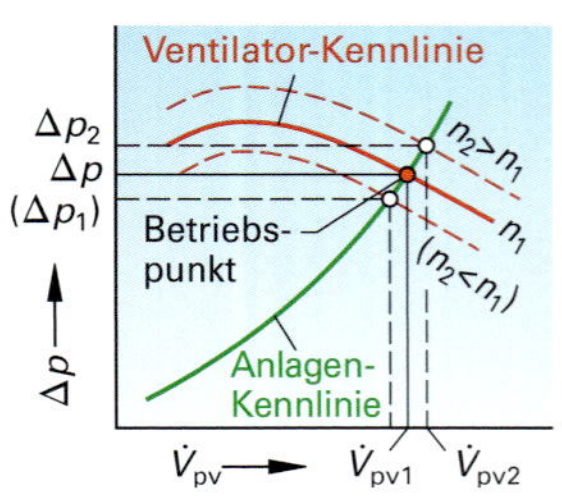

$\dot{V}_{pv1}$ Volumenstrom 1 in m³/h
$\dot{V}_{pv2}$ Volumenstrom 2 in m³/h
n_1 Drehfrequenz 1 des Vent. in 1/min
n_2 Drehfrequenz 2 des Vent. in 1/min
Δp_1 Ventilatordruck 1 in Pa
Δp_2 Ventilatordruck 2 in Pa
P_{zu1} Leistungsaufnahme 1 des Ventilators in W
P_{zu2} Leistungsaufnahme 2 des Ventilators in W

$$\dot{V}_{pv2} = \dot{V}_{pv1} \cdot \frac{n_2}{n_1}$$

$$\Delta p_2 = \Delta p_1 \cdot \left(\frac{n_2}{n_1}\right)^2$$

$$p_{zu2} = p_{zu1} \cdot \left(\frac{n_2}{n_1}\right)^3$$

Ventilatorkennlinien – Radialventilator (herstellerspezifisch)

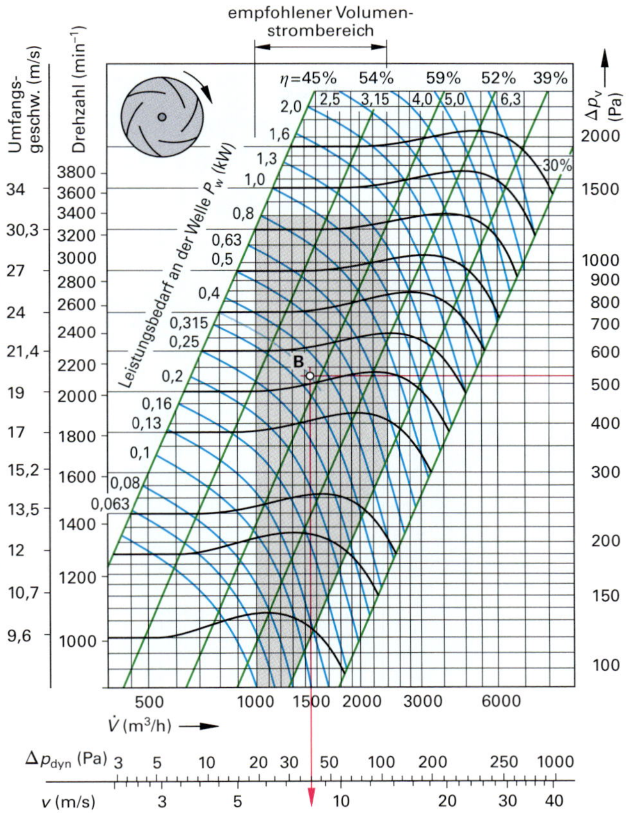

Ventilatordimensionierung:

Schnittpunkt aus $\dot{V}_v$ und Δp_t
⇒ Betriebspunkt B

- Parallele zu blauer Linie: P_W
- Parallele zu schwarzer Linie: n
- Parallele zu grüner Linie: η_v

Ventilator für Kanalbeispiel Seite 463 (Ablesebeispiel):

$\dot{V}_v$ = 1445 m³/h

Δp_v = 506,2 Pa

Lösung aus Diagramm:

P_w = 0,34 kW

η_v = 58 %

n = 2090 1/min

v_{st} = 8,3 m/s

Δp_{dyn} = 41,3 Pa

Lösung aus Berechnung:

$$P_{zu} = \frac{P_w}{\eta_M}$$

$$P_{zu} = \frac{0{,}34\,\text{kW}}{0{,}8}$$

$$P_{zu} = 0{,}425\ \text{kW} = 425\ \text{W}$$

Auswahltabelle – Axialventilatoren (herstellerspezifisch)

Axial-Hochleistungsventilatoren, Leistungsdaten

Durchmesser d in mm	Drehzahl n in min⁻¹	Volumenstrom $\dot{V}$ in m³/h in Abhängigkeit vom stat. Druck Δp in Pa									
		10	20	30	40	50	60	80	100	120	140
315	2800	4090	4060	4030	3990	3960	3920	3840	3760	3670	3570
	1450	2060	1990	1900	1800	1700	1560	–	–	–	–
	950	1260	1110	840	–	–	–	–	–	–	–
355	2800	5870	5830	5800	5760	5720	5680	5600	5510	5420	5320
	1450	2970	2890	2810	2700	2600	2480	2180	–	–	–
	950	1850	1700	1500	1200	–	–	–	–	–	–
400	2800	8410	8370	8330	8290	8250	8200	8110	8020	7920	7820
	1450	4280	4200	4110	4000	3890	3770	3510	3170	2620	–
	950	2710	2540	2360	2120	1720	–	–	–	–	–
450	2800	10960	10870	10770	10680	10590	10500	10310	10130	9950	9770
	1450	6120	6030	5930	5830	5720	5590	5320	5030	4680	4110
	950	3910	3740	3540	3320	3060	2610	–	–	–	–

Aufgaben und Bauarten von Luftfiltern

Aufgaben

- Verringerung von Verunreinigungen aus der Außenluft, d.h. Steigerung der Luftqualität in Wohn- und Arbeitsräumen.
- Schutz der Einbauteile in den Klimageräten, wie z.B. Heiz- und Kühlregister, Ventilatoren, Lüftungsgitter und Luftkanäle.
- Verbesserung der Luftqualität und damit Steigerung der Produktionsqualität, wie z.B. Reinraumtechnik bei der Computer-Chip-Herstellung, oder in Laboren und Versuchseinrichtungen.
- Rückhalten von Krankheitskeimen oder Krankheitserregern, wie z.B. in Operationsräumen oder Quarantänestationen in Krankenhäusern.

Bauarten

- Band-, Taschen-, Schrägstrom- und Trommelfilter. Als Filtermaterial werden ölgetränkte Kunststofffasern, Metallspäne oder Aktivkohle eingesetzt. Hinzu kommen noch Elektrofilter.

Mögliche Luftverunreinigungen und Abscheidemethoden

DIN EN 779: 2012-10 und DIN EN 1822-1 2011-01

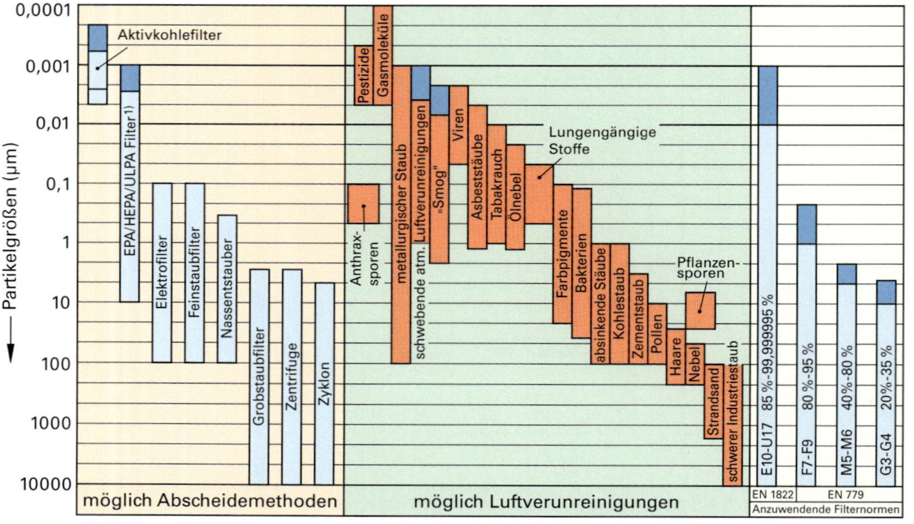

1) HEPA-Filter (High Efficiency Particulate Air Filter)
ULPA-Filter (Ultra Low Penetration Air Filter)

Zulässige Differenzdrücke Δp bei Luftfiltern

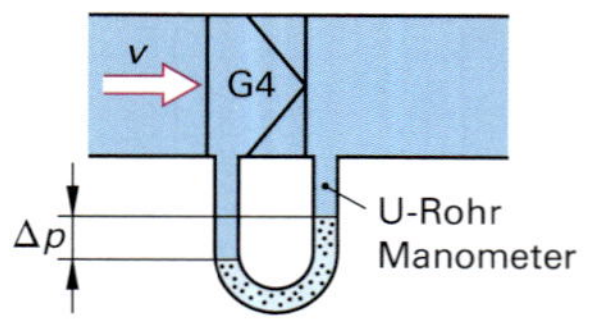

Filterarten	Anfangs-druckdifferenz Δp in Pa	End-druckdifferenz Δp in Pa
Grobstaub-Filter	30 – 50	250
Feinstaub-Filter	50 – 150	450
Schwebstoff-Filter	100 – 250	1000 bis 1500
Werte gelten bei einer Einströmgeschwindigkeit v = 2–3 m/s		

Staubspeicherfähigkeit: Abhängig vom Filtermedium und der Filterfläche.

Druckdifferenz während des Betriebes: Abhängig von der geometrischen Anordnung des Filtermediums, der Filterfläche und der Masse des zurückgehaltenen Staubes.

Filterwechsel: Nach dem Erreichen der Enddruckdifferenz. Diese ist abhängig von der Staubkonzentration in der Außenluft, vom Volumenstrom der RLT-Anlage und der Betriebszeit. Bei täglich 8-stündigem Betrieb gilt: Grobstaub-Filter 1/4 Jahr bis 1/2 Jahr, Feinstaub-Filter 1/2 Jahr bis 3/4 Jahr (bei vorgeschaltetem Grobstaub-Filter), Schwebstoff-Filter 1 Jahr bis 3 Jahre (bei vorgeschaltetem Grob- und Feinstaub-Filter)

Klasseneinteilung von Filtern

Partikel-Luftfilter — DIN EN 779: 2012-12

Filtergruppe	Filter-klasse	Mittlerer Abscheidegrad A_m in %	Mittlerer Wirkungsgrad E_m in %	Einsatzgebiet	Filtermaterial
Grob	G1 G2 G3 G4	$A_m < 65$ $65 \le A_m < 80$ $80 \le A_m < 90$ $A_m < 90$	– – – –	Vorfilter für RLT-Anlagen Hauptfilter für RLT-Anlagen	Rollband-Plattenfilter, Filtermatten, Rahmenfilter
Medium	M5 M6	– –	$40 \le E_m < 60$ $60 \le E_m < 80$	Filter nach Ventilatoren	Filtermatten, Rollmatten, Beutelfilter, Plissefilter, Kompaktfilter
Fein	F7 F8 F9	– – –	$80 \le E_m < 90$ $90 \le E_m < 95$ $95 \le E_m$	Vorfilter für Reinräume	

Schwebstoff- und Hochleistungs-Schwebstofffilter — DIN EN 1822-1: 2019-10

Filtergruppe/ Filterklasse	Filter-klasse	Abscheidegrad in %	Durchlassgrad in %	Einsatzgebiet	Filtermaterial
Hochleistungs-Partikelfilter E = EPA	E10 E11 E12	> 85 > 95 > 99,5	≤ 15 ≤ 5 ≤ 0,5	Zu- u. Abluftfilter für höchste Ansprüche an die Luftreinheit u. Keimfreiheit, wie z. B. Operationsräume u. Reinraumtechnik	Pliseefilter-Platten, -Zellen, -Elemente, -Einsätze, -Rundform. Schwebstoff-filter-Zellen.
Schwebstoff-Filter H = HEPA	H13 H14	> 99,95 > 99,995	≤ 0,05 ≤ 0,005		
Hochleistungs-Schwebstoff-Filter U = ULPA	U15 U16 U17	> 99,9995 > 99,99995 > 99,999995	≤ 0,0005 ≤ 0,00005 ≤ 0,000005		

HEPA-Filter (High Efficiency Particulate Air Filter), ULPA-Filter (Ultra Low Penetration Air Filter)

Anfangswiderstände von Taschenfiltern in Lüftungsgeräten — Herstellerangaben

Filter-klasse	Geräteabmessungen 630 x 630 mm					Geräteabmessungen 800 x 800 mm				
	Volumenstrom q_V in m^3/h					Volumenstrom q_V in m^3/h				
	2000	2500	3000	3500	4000	2500	3000	3500	4000	5000
	Anfangswiderstand in Pa[1]					Anfangswiderstand in Pa[1]				
G4	40	51	60	70	78	30	36	42	48	60
M5	59	74	88	104	118	46	56	65	73	91
F7	88	112	134	156	180	67	81	95	109	137
F9	125	156	186	218	250	100	120	140	160	200

[1] **Auslegung:** Anfangswiderstand etwa 50 Pa, Enddruckdifferenz < 400 Pa

Bauteile in Zu- und Abluftanlagen

Lufterwärmer/-kühler in einer Kammeranlage

Lamellenrohr-Wärmetauscher (WT)

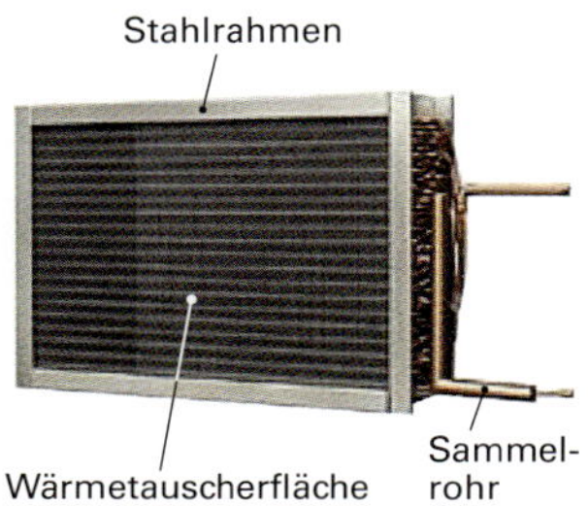

Bauteile:
- Stahlrahmen aus verzinkten U-Profilen
- Wärmetauscherfläche bestehend aus Kupferrohr mit aufgepressten Aluminium-Lamellen
- Sammelrohr mit Gewindestutzen aus Stahlrohr DIN EN 10255
- Schwitzwasserwanne aus verzinktem Stahlblech mit Entleerungsmuffe

Größenbestimmung:
- abhängig von der geforderten
- Heiz- oder Kühlleistung
- Vor- u. Rücklauftemperatur des Heiz-/Kühlmediums
- $\Delta\theta$ zwischen Mischluft- / Einblastemperatur und
- Volumenstrom der Anlage

Auswahl nach den Herstellertabellen

Luftauslässe

Zu- und Abluftgitter für Wand- und Kanaleinbau

Zu- und Abluftgitter mit waagerechten Lamellen	Zu- und Abluftgitter mit senkrechten Lamellen	Kanaleinbaugitter mit waagerechten Lamellen und Mengenregulierung	Kanaleinbaugitter mit doppelten Luftlenklamellen
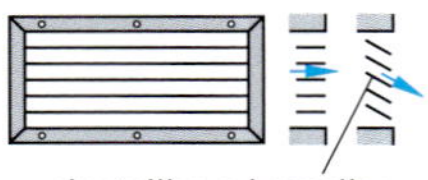 einstellbare Lamellen	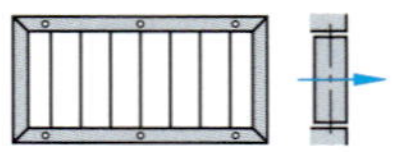 Lamellen einzeln verstellbar	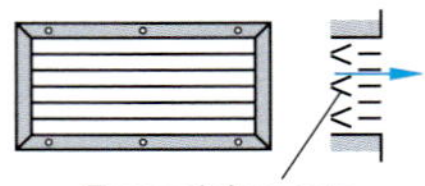 Drosselelemente	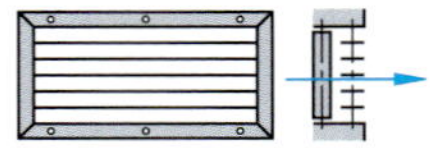

Größenbestimmung von Steggittern

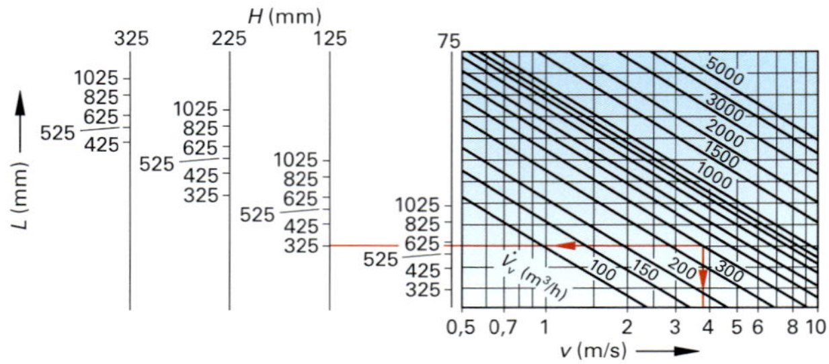

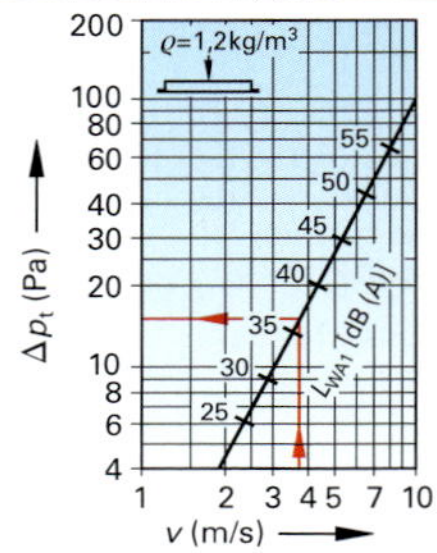

Decken- und Fußbodenauslässe

Lüftungsventile, $\Delta p \leq 80$ Pa

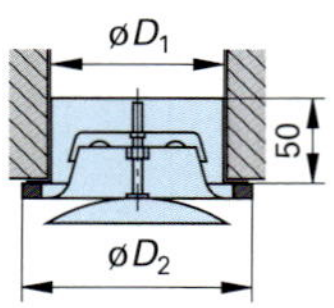

Größe	Volumenstrom	Ø D_1 (mm)	Ø D_2 (mm)
100	110 m³/h	99	132
125	180 m³/h	124	162
160	250 m³/h	159	205
200	360 m³/h	199	245

Weitwurfdüsen, $\Delta p \leq 80$ Pa

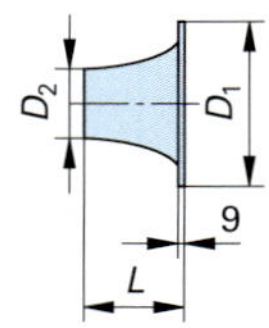

Größe	Volumenstrom	Wurfweite	Maße in mm D_1	D_2	L
100	100 m³/h	11 m	136	50	94
125	150 m³/h	11 m	159	64	112
160	250 m³/h	12 m	225	82	122
200	400 m³/h	18 m	265	108	153

Drallauslässe, $\Delta p \leq 30$ Pa

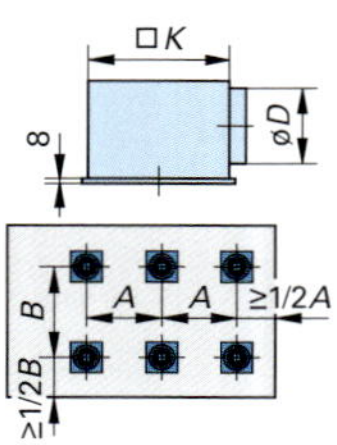

Größe K mm	Volumenstrom m³/h	Stutzen-Ø D mm	Abstand m A	B
298	170	158	3,0	3,0
398	230	198	2,4	3,0
498	350	198	3,6	3,0
598	430	248	4,2	3,6

Deckenluftauslässe, $\Delta p \leq 30$ Pa

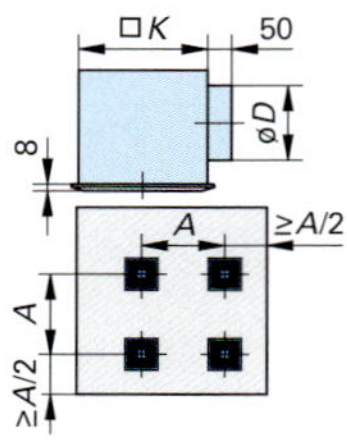

Größe K mm	Volumenstrom m³/h	Stutzen-Ø D mm	Abstand A in m
248	145	158	2,5
298	280	158	3,3
398	420	198	3,4
498	540	158	3,5

Schlitzauslässe, Wurfweite 2,9 m bei $\Delta p \leq 30$ Pa

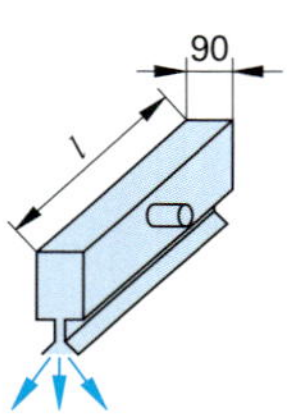

Länge l in mm	600	800	1000	1200
Volumenstrom m³/h	30	40	50	60

Fußbodendurchlässe, $\Delta p \leq 40$ Pa

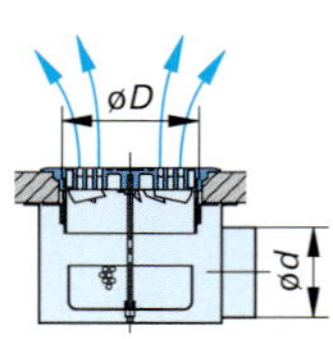

Größe D mm	d mm	Volumenstrom vertikal m³/h	horizontal m³/h
150	98	110	60
200	123	135	90

Aufbau von Lüftungs- und Klimageräten, Kastenbauweise

Abmessungen je nach Ausführung — Herstellerangaben

Volumenstrom von – bis $\dot{V}$ [m³/h]	Breite / Höhe *b/h* [cm]	Gerätelänge 1 *l* [cm]	Gerätelänge 2 *l* [cm]	Gerätelänge 3 *l* [cm]	Gerätelänge 4 *l* [cm]
1000 – 2500	50/50	50	130	180	410
1600 – 4000	63/63	63	156	265	445
2500 – 6300	80/80	80	190	240	513
4000 – 10000	100/100	100	234	417	605
6300 – 16000	125/125	125	284	338	688

Flachbauweise Breite / Höhe *b/h* [cm]	Gerätelänge *l* [cm]	
80 / 40	80	80
80 / 51	80	100

① **Abluftgerät** ② **Zuluftgerät** ③ **einfaches Klimagerät** ④ **Klimagerät** best. aus ③ + ① + Befeuchter + Nacherhitzer

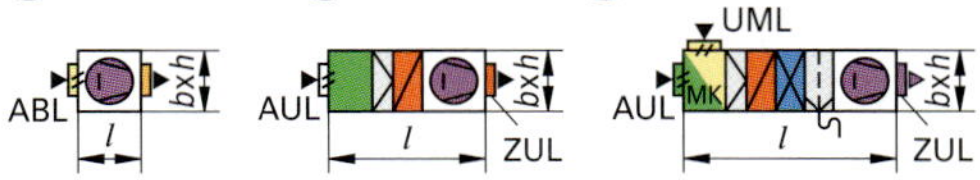

② **Zuluftgerät**

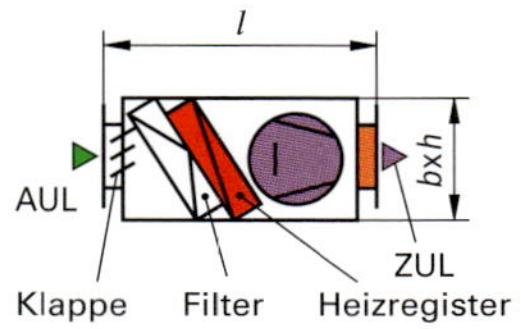

Ventilator-Schalldaten

Herstellerangaben

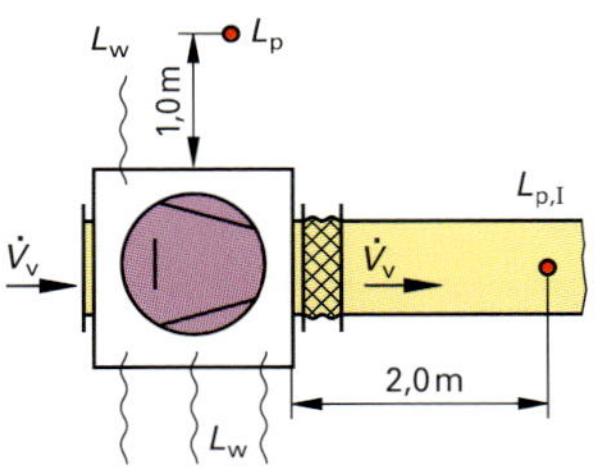

$\dot{V}_v$ m³/h	*n* 1/min	L_w dB(A)	$L_{w,okt}$ in dB (A) bei Frequenz (Hz) 125	250	500	1000	2000	4000	L_p dB(A)	$L_{p,I}$ dB(A)
2000 1)	1400	77	61	66	70	73	72	64	51	63
	1800	77	61	66	70	73	72	64	52	64
	2000	77	61	66	70	73	72	64	53	65
3000 2)	1400	78	62	67	71	74	72	65	52	60
	1800	80	64	69	73	76	74	67	55	63
	2000	82	66	71	75	78	76	69	57	65
4500 3)	1000	80	64	68	74	77	72	65	48	55
	1400	82	66	70	76	79	74	67	52	59
	1800	86	70	74	80	83	78	71	57	64

Gerätegrößen *B* x *H*

1) 50 cm x 50 cm
2) 63 cm x 63 cm
3) 80 cm x 80 cm

L_w abgestrahlte Gesamtschallleistung des Ventilators

$L_{w,okt}$ Oktav-Schallleistungspegel bei Oktavmittenfrequenz

L_p Schalldruckpegel außerhalb des Ventilatorteils im Abstand von 1 m

$L_{p,I}$ Schalldruckpegel im Kanal in 2,0 m Abstand zum Ventilatorteil. **Dieser Wert ist maßgebend für die Auslegung des Schalldämpfers.**

Größenbestimmung und Anordnung von Kulissen-Schalldämpfern, herstellerabhängig

Anordnung der Kulissen je nach Breite des Schalldämpfers

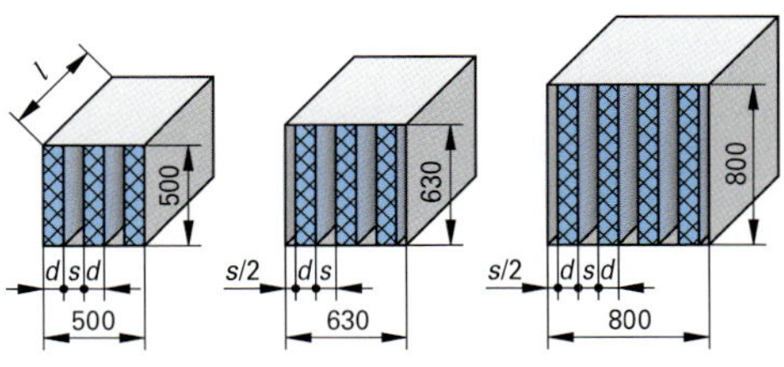

Länge mm	Einfügungsdämpfung DE in dB (A) bei Frequenz in Hz 125	250	500	1000	2000	4000
630	9	15	16	17	13	10
800	12	20	20	22	16	12
1000	14	24	25	26	20	14
1250	17	30	32	34	25	18

s: Kulissenspalt = 100 mm,
d: Kulissendicke = 100 mm

Die Schalldämpferleistung ist abhängig von:

- Einfügungsdämpfung DE = $L_{p,I} - L_{p,zul}$
- Schalldämpferlänge
- Kulissenspalt
- Kulissendicke

Bei den ganz niedrigen und ganz hohen Frequenzen erfolgt eine zusätzliche Dämpfung durch die Ausblashaube mit Jalousieklappe und Wetterschutzgitter.

KT

Zulässiger Schalldruckpegel L_p am Arbeitsplatz (Arbeitsstättenrichtlinie)

Art der Tätigkeit	L_p in dB (A)	Art der Tätigkeit / des Raumes	L_p in dB (A)
Überwiegend geistige Tätigkeit	55	Bereitschafts- und Pausenräume	55
Einfache Bürotätigkeit	70	Sanitäts- und Liegeräume	55
sonstige Tätigkeiten[1]	85		

[1] Maximale Überschreitung 5 dB (A), bei höheren Werten ist **Gehörschutz** zu tragen.

Richtwerte für den Schalldruckpegel in Nichtwohnungen

VDI 2081: 2019-03

Raumart	Beispiele	Anforderung hoch Lp in dB (A)	Anforderung niedrig Lp in dB (A)
Unterrichtsräume	Klassenraum	35	45
	Seminarraum/Hörsaal	20	35
	Lesesaal	30	35
	Kindertagesstätte	35	45
Arbeitsräume	Einzelbüro	30	40
	Großraumbüro	35	45
	Laborräume[1]	50	40
Sozialräume	Pausenraum	30	40
	Ruheraum	30	40
	Waschraum / WC	45	55
Sonstige Räume	Hotelzimmer	30	35
	EDV-Raum	45	60
	Fernsehstudio	25	30
Versammlungsräume	Konferenzraum	35	40
	Kino, Theater	30	35
	Konzertsaal	25	35
	Opernhaus	25	30
Räume mit Publikumsverkehr	Kaufhäuser	40	50
	Gaststätten	40	55
	Museum	35	40
Sportstätten	Schwimmbad Turn-/Sporthalle	45	50

[1] Produktionsbedingt können die Werte wesentlich höher ausfallen.

[2] Die Nachtwerte (von 22.00 Uhr bis 6.00 Uhr) liegen um 5 dB (A) niedriger.

Schalldruck und Schallpegel

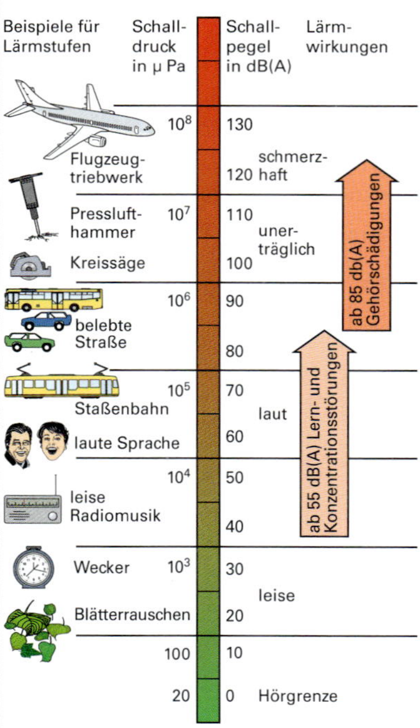

Schallschutzstufen[1] in Mehrfamilienhäusern[2]

DIN 4109, Schallschutz im Hochbau

Schallschutzstufe I: (max. 30 dB(A)	Wohn-, Schlaf- und Kinderzimmer, sowie häusliche Arbeitsräume (sog. schutzdürftige Räume)
Schallschutzstufe II: (max. 27 dB(A)	Erhöhter Schallschutz in Wohnungen
Schallschutzstufe III: (max. 24 dB(A)	Komfortansprüche, nur mit aufwändigen baulichen Maßnahmen erfüllbar.

[1] Die Schallschutzstufen richten sich gegen Geräusche aus Nachbarwohnungen, wie z.B. laute Musik, Fernsehen, Streitgespräche usw. Aber auch gegen Geräusche aus der Haustechnik, wie z.B. Aufzüge, Heizungs- und Sanitäranlagen.

[2] Schallschutz gibt es immer nur zu oder aus Nachbarwohnungen. In der eigenen Wohnung gilt Rücksichtnahme.

Zulässiger Schalldruckpegel L_p auf die Nachbarschaft

VDI 2081: 2019-03

Gebiet, Einwirkungsort	Lp in dB (A) Tag	Lp in dB (A) Nacht
gewerbliche Gegenden	70	70
vorwiegend gewerbliche Gegenden	65	50
gemischtes Gewerbe-/Wohngebiet	60	45
vorwiegend Wohngebiet	55	40
ausschließliches Wohngebiet	50	35
Kurgebiet und Krankenhäuser	45	35
Verkehrslärm (gemessen 1 m vor der Gebäudewand)	55	45

Eine kurzzeitige Überschreitung der Werte ist außerhalb um 20 dB (A) und innen um 10 dB (A) möglich.

KT

Wärmerückgewinnung (WRG)

VDI 3803 Blatt 5: 2013-04

Rückwärmezahl (Heizbetrieb) (sensible Wärmemenge, die rückgewonnen werden kann)

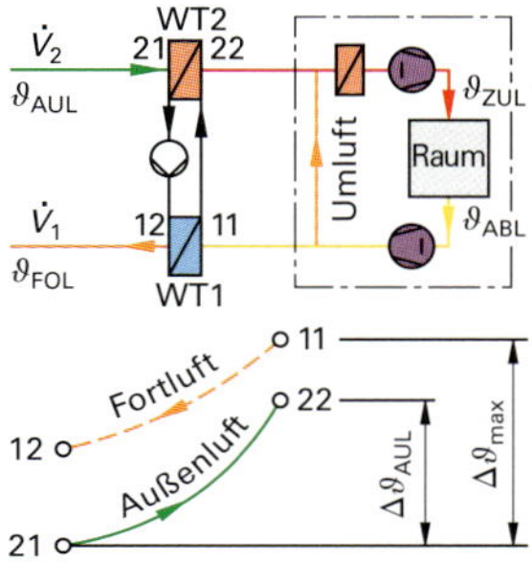

Φ_t	Temperaturänderungsgrad[1) (Rückwärmezahl)
ϑ_{11}	Temperatur vor WT1 in °C
ϑ_{12}	Fortlufttemperatur in °C
ϑ_{21}	Außenlufttemperatur in °C
ϑ_{22}	Temperatur nach WT2 in °C
$\Delta\vartheta_{max}$	maximale Temperaturdifferenz in K
$\Delta\vartheta_{AUL}$	Außenluft-Temperaturdifferenz in K
$\dot{Q}_R$	rückgewonnene Wärmeleistung in W
$\dot{Q}_1$	Wärmeleistung in der Fortluft in W
$\dot{V}_{F1}$	Fortluftvolumenstrom in m³/h
c_p	spez. Wärmekapazität der Luft in Wh/(m³K)

Volumenstromverhältnis $\dot{V}_1 = \dot{V}_2$

$$\Phi_t = \frac{\vartheta_{22} - \vartheta_{21}}{\vartheta_{11} - \vartheta_{21}}$$

$$\dot{Q}_R = \Phi_t \cdot \dot{Q}_1$$

$$\dot{Q}_1 = \dot{V}_{F1} \cdot c_p \cdot \Delta\vartheta_{max}$$

$$\Delta\vartheta_{max} = \vartheta_{11} - \vartheta_{21}$$

$$\Delta\vartheta_{AUL} = \vartheta_{22} - \vartheta_{21}$$

1) Bei Taupunktunterschreitung im Wärmetauscher 1 erhöht sich der Temperaturänderungsgrad um den Faktor 1,1.

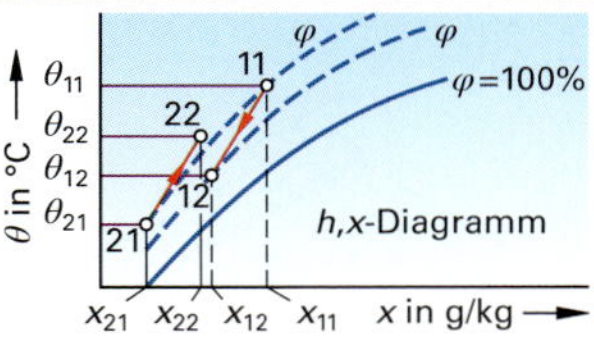

Rückfeuchtezahl (Heizbetrieb) (nur latenter Wärme-Stoffaustausch)

ψ	Feuchteänderungsgrad (Rückfeuchtezahl)
x_{11}	absolute Feuchte vor WT1 in g/kg
x_{21}	absolute Feuchte der AUL in g/kg
x_{22}	absolute Feuchte nach WT2 in g/kg

$$\psi = \frac{x_{22} - x_{21}}{x_{11} - x_{21}}$$

Wärmerückgewinnungsverfahren

Rekuperative Systeme

Trennflächen-Wärmetauscher[1)

Art / Symbol	Aufbau	Bemerkungen
Platten- oder Kreuzstromwärmetauscher 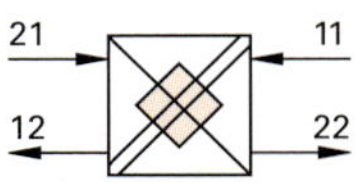	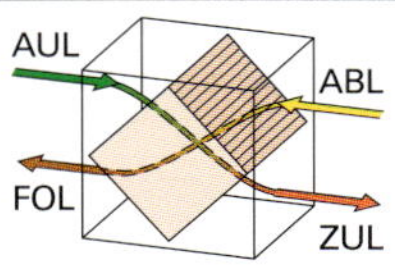	21 Eintrittstemp. 22 Austrittstemp. (Außenluft) 11 Eintrittstemp. 12 Austrittstemp. (Fortluft) 1) Die Luftströme sind durch Aluminium-Platten vollkommen getrennt. Keine Feuchtigkeits- oder Geruchsübertragung möglich. Φ = 0,4 – 0,6 ψ = 0,0

Regenerative Systeme

Kreislaufverbund-Wärmetauscher[2)

Art / Symbol	Aufbau	Art / Symbol	Aufbau
Kompakt-Wärme-auscher 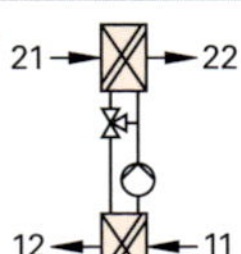	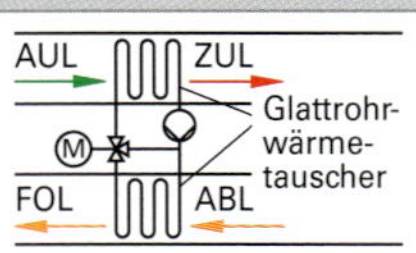 Φ = 0,3 – 0,5 ψ = 0,0	**Wärmerohrtauscher** 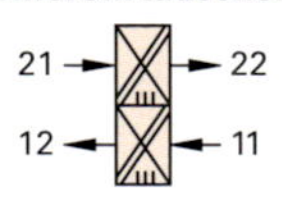 Φ = 0,5 – 0,8 ψ = 0,0	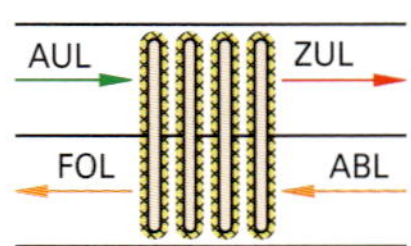

2) Luftströme sind vollkommen getrennt, keine Feuchtigkeits- oder Geruchsübertragung möglich.

Rotations-Wärmetauscher[3)

Art / Symbol	Aufbau	Art / Symbol	Aufbau
Sorptions-WT 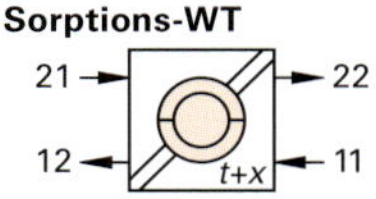 Φ = 0,7 – 0,8 ψ = 0,6 – 0,7	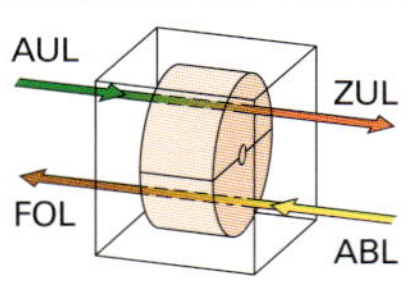	**Kondensations-WT** 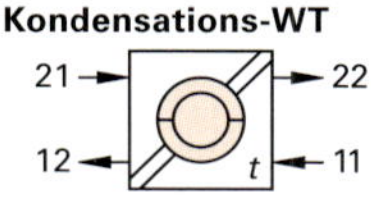 Φ = 0,6 – 0,8 ψ = 0,1 – 0,2	3) Austauschermasse bewegt sich durch Abluft- und Außenluftstrom. Geringe Stoffübertragung möglich.

Technische Ausführung des Brandschutzes in RLT-Anlagen

Feuerbeständige Abschottung: Brandschutzklappen K 90	Feuerbeständige Kanäle: L 90 A

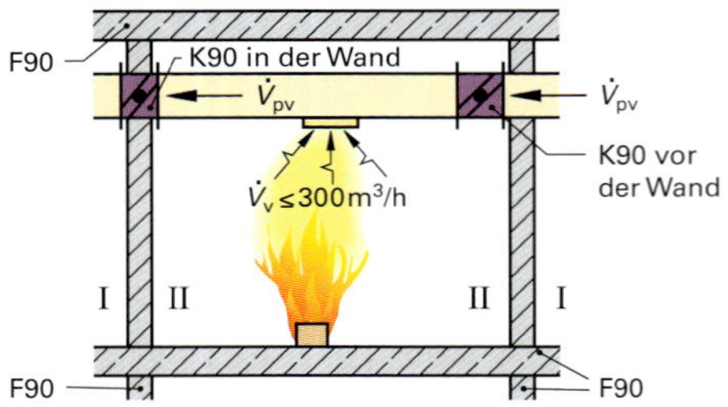

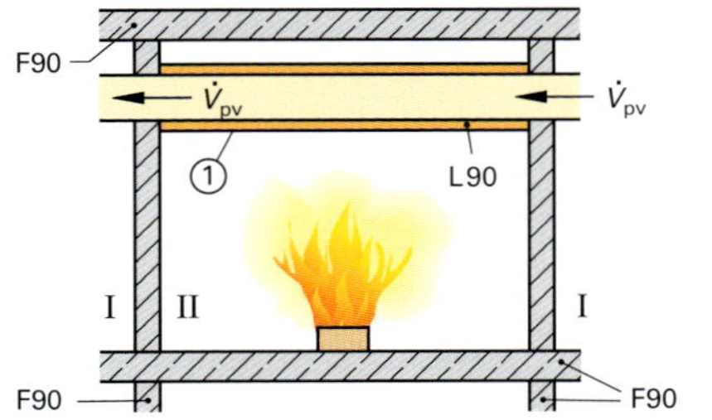

Schutzziel: zeitlich begrenzte Verhinderung von Rauch- und Brandausbreitung über Brandabschnitte, wie z. B. Wohnungstrennwände oder Wände und Decken verschiedener Nutzungseinheiten.

Brandabschnitte werden durch Brandschutzsachverständige festgelegt.

① Ummantelung aus 60 mm Steinwolle gem. ABP oder Lüftungsleitung selbstständig tragender Kanal aus Brandschutzbauplatten ≥ 35 mm dick.

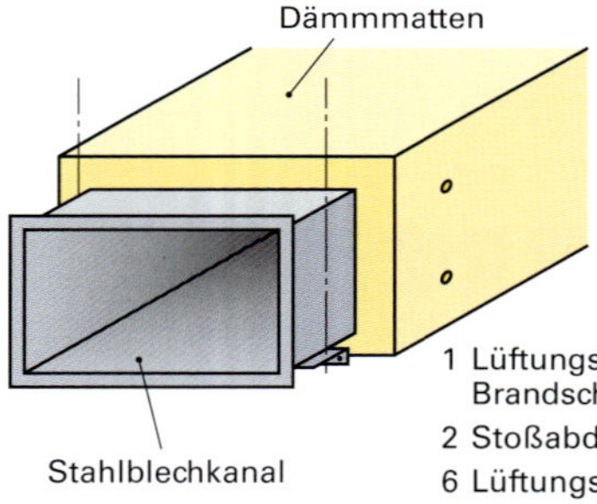

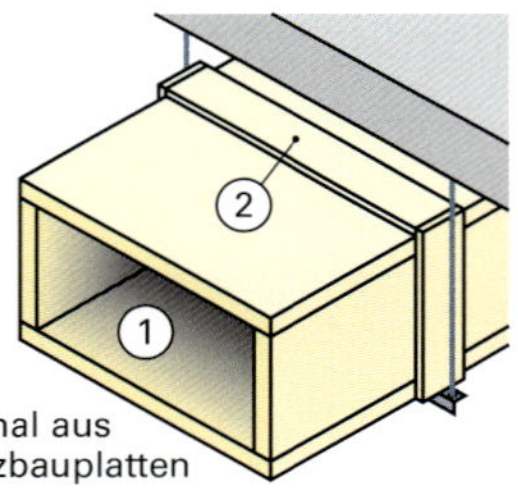

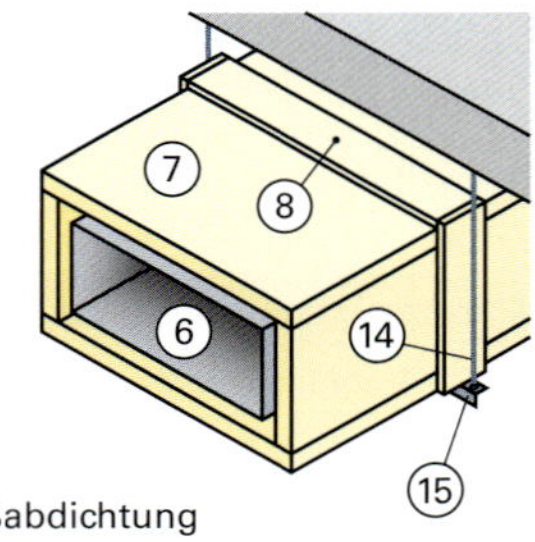

1 Lüftungskanal aus Brandschutzbauplatten
2 Stoßabdichtung
6 Lüftungskanal aus Stahlblech
7 Dämmplattenummantelung
8 Stoßabdichtung
14 Gewindestange
15 Winkelprofil für Aufhängung

Maße von Brandschutzklappen

Herstellerbezogen

H \ B	201	252	318	357	400	449	503	565	634	711	797	
201	0,016	0,021	0,028	0,032	0,036	0,041	0,047	0,053	0,060	0,068	0,076	A_{BSK}
	1,200	1,090	1,020	0,960	0,900	0,810	0,750	0,700	0,660	0,600	0,560	ζ
252	0,024	0,032	0,042	0,048	0,055	0,062	0,070	0,080	0,090	0,102	0,115	A_{BSK}
	1,070	0,960	0,800	0,740	0,670	0,650	0,600	0,560	0,540	0,490	0,460	ζ
318	0,035	0,046	0,061	0,069	0,078	0,089	0,101	0,114	0,129	0,146	0,165	A_{BSK}
	0,890	0,760	0,650	0,600	0,570	0,540	0,490	0,460	0,420	0,400	0,400	ζ
357	0,041	0,054	0,071	0,081	0,078	0,105	0,119	0,135	0,153	0,172	0,195	A_{BSK}
	0,810	0,700	0,600	0,560	0,580	0,490	0,440	0,410	0,380	0,360	0,330	ζ
400	0,048	0,064	0,083	0,095	0,093	0,123	0,139	0,158	0,178	0,201	0,227	A_{BSK}
	0,740	0,630	0,530	0,510	0,510	0,420	0,400	0,370	0,350	0,330	0,310	ζ
449	0,056	0,074	0,097	0,111	0,108	0,143	0,162	0,183	0,207	0,234	0,264	A_{BSK}
	0,670	0,570	0,500	0,460	0,480	0,400	0,380	0,340	0,330	0,300	0,280	ζ
503	0,065	0,085	0,112	0,128	0,126	0,165	0,187	0,212	0,239	0,270	0,305	A_{BSK}
	0,620	0,540	0,470	0,420	0,430	0,370	0,360	0,320	0,300	0,280	0,260	ζ
565	0,075	0,099	0,129	0,147	0,167	0,190	0,215	0,244	0,276	0,312	0,352	A_{BSK}
	0,510	0,500	0,420	0,400	0,370	0,340	0,310	0,300	0,280	0,260	0,250	ζ

H Höhe der BSK in mm
B Breite der BSK in mm
A_{BSK} kleinster Strömungsquerschnitt der BSK in m^2
ζ Widerstandsbeiwert

Dimensionierung von Brandschutzklappen

herstellerbezogen

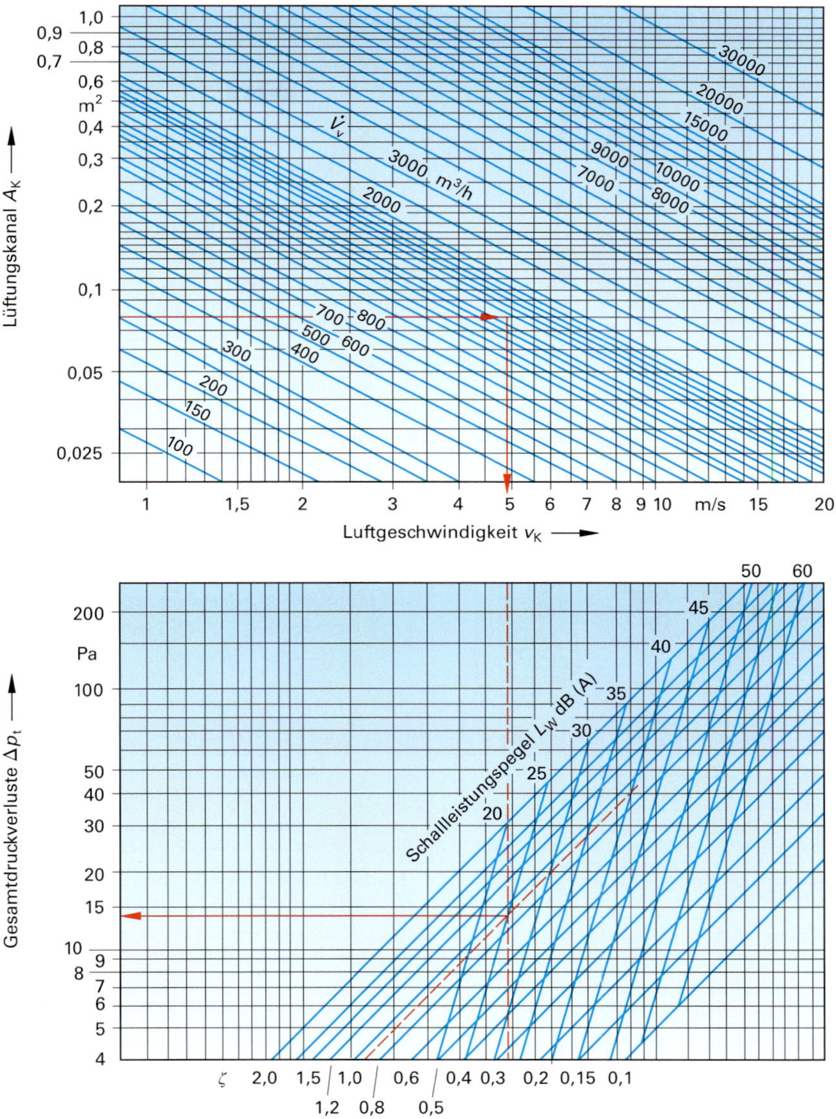

Ablesebeispiel von S. 453:

Volumenstrom $\dot{V}$: 1445 m^3/h, Kanal 200 mm · 400 mm ⇒ A = 0,08 m^2

Querschniattsfläche A_{BSK}: 0,036 m^2

Widerstandsbeiwert ζ = 0,90

⇒ aus Diagramm: Δp_{BSK} = 14 Pa

⇒ aus Diagramm: L_w = 26 dB (A)

KT

Regelungsmöglichkeiten bei RLT-Anlagen

Um eine hohe Luftqualität und eine gute thermische Behaglichkeit zu erreichen, müssen die einzelnen Luftbehandlungsstufen in einer RLT-Anlage optimal geregelt werden. Hierzu gehören die Mischluft-, Raumtemperatur- und Raumluftfeuchteregelung sowie die Kombination aus Temperatur- und Feuchteregelung.

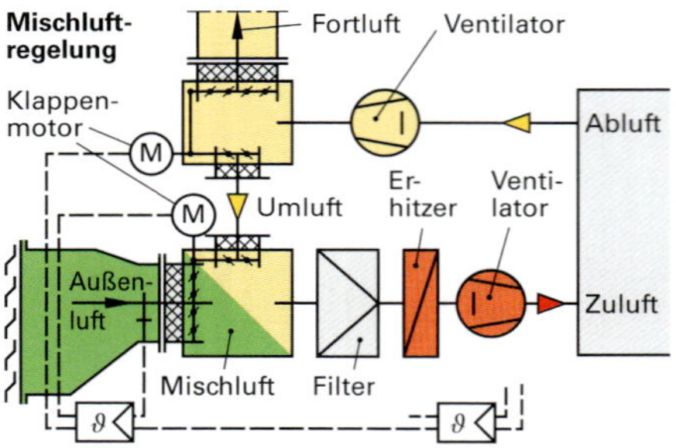

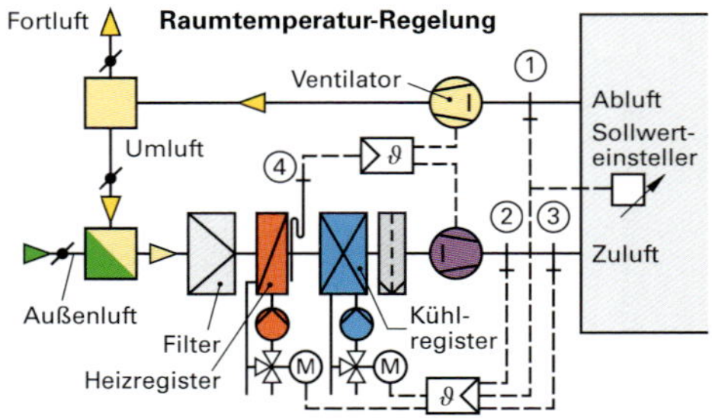

① Abluft-/Raumthermostat ③ Maximalbegrenzer
② Minimalbegrenzer ④ Frostschutzthermostat

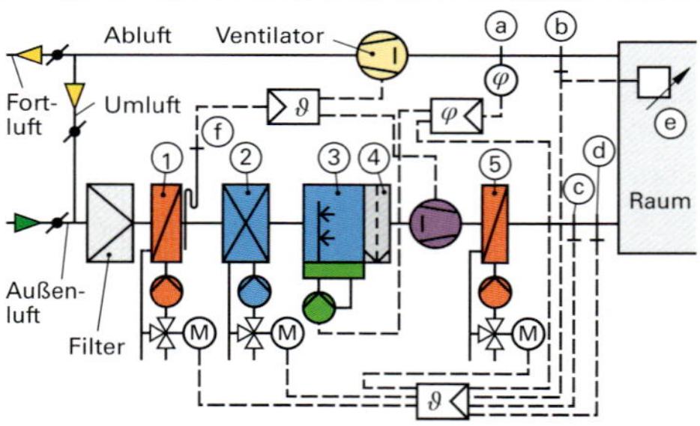

Raumtemperatur- und Luftfeuchtigkeits-Regelung

① Heizregister
② Kühlregister
③ Sprühbefeuchter
④ Tropfenabscheider
⑤ Nacherhitzer

ⓐ Hygrostat
ⓑ Abluft-/Raumthermostat
ⓒ Minimalbegrenzer
ⓓ Maximalbegrenzer
ⓔ Sollwertversteller
ⓕ Frostschutzthermostat

Checkliste für Entwurf und Auslegung von Lüftungs- und Klimaanlagen

Entwurfsphase Architekt und Planer	**Auslegungs-/Berechnungsphase** Haustechnikplaner
Klare und schriftlich festgelegte Definition der Planungsgrundlagen und Garantiebedingungen.	Niedriger Energieverbrauch beim Lufttransport (niedrige Geschwindigkeiten, kurze Wege).
Bedarfsabhängige Außenluftzufuhr in Fällen von wechselnder Nutzung.	Niedrige Druckverluste durch Bauteile, wie Luftfilter, Wärmerückgewinnung, Kühlregister.
Exakte Berechnung der Heiz- und Kühllast als Grundlage für die Dimensionierung der Anlage.	Gute Wirkungsgrade von Ventilatoren, Antrieben und Motoren unter allen Betriebsbedingungen.
Direktes Abführen von örtlichen Wärme-, Feuchtigkeits- und Verunreinigungsquellen.	In Abhängigkeit von der Außentemperatur die Anlage mit unbelasteter Umluft betreiben.
Gute Luftdurchspülung im Raum durch Nutzung von Verdrängungs- oder Mischlüftung.	Geregelte Befeuchtung erforderlich oder überhaupt keine Befeuchtung.
Möglichkeiten der freien Kühlung nutzen.	Geregelte Kühlung oder keine Kühlung.
WRG und Abwärmenutzung überprüfen.	Kaltwassertemperatur so hoch wie möglich.
Möglichkeiten der Nutzung alternativer Verfahren, wie Luft-, Erdregister, Erdsonden.	Gute Dämmung von Kältemittel- und Kaltwasserleitungen gegen Kondensation und Energieverluste.
Verwendung von Anlagen auf Wassergrundlage bei hohen abzuführenden Wärmelasten.	Festlegung einer einfachen, aber sinnvollen Regelung der einzelnen Bauteile.
Messkonzept zur Überwachung der Funktion und des Energieverbrauchs der Anlage.	Möglichkeiten der einfachen Kontrolle und Wartung des Kanalsystems und der Bauteile.

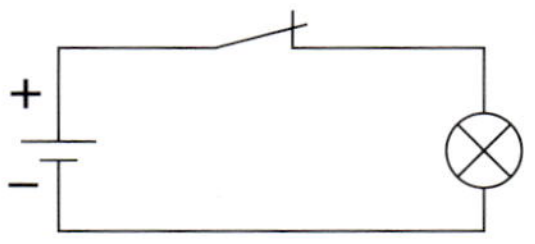

Grundlagen

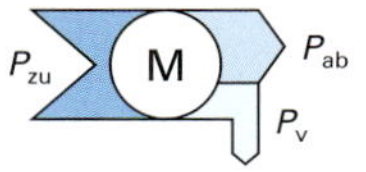

Arbeit, Leistung, Wirkungsgrad

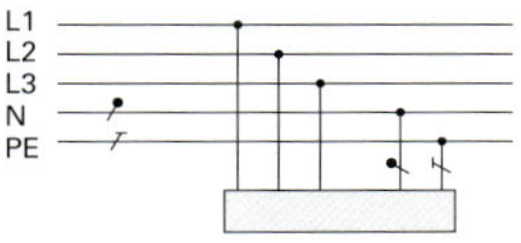

Stromversorgungssysteme

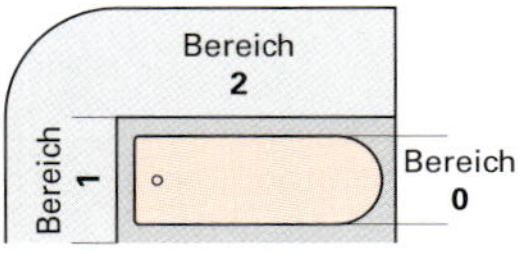

Schutzmaßnahmen, Schutzbereiche

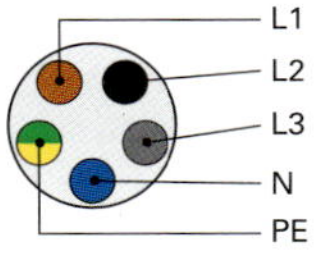

Verlegung von Leitungen

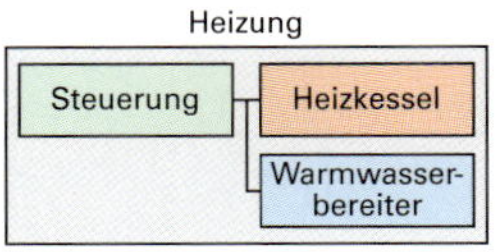

Schaltpläne

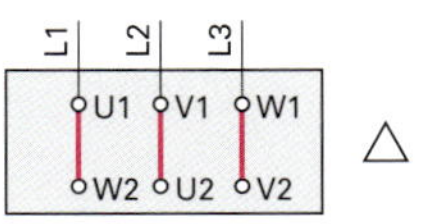

Elektromotoren, Transformatoren

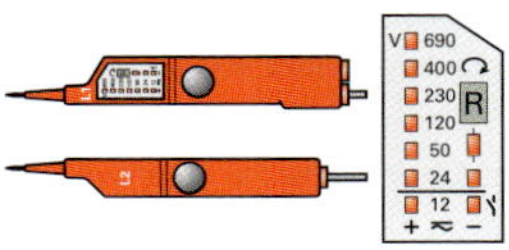

Messen und Prüfen elektrischer Anlagen

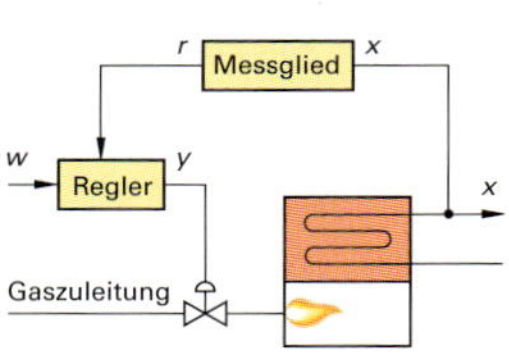

Steuern und Regeln

Gebäudeautomation

Mindestbestandteile eines Stromkreises:

Spannungsquelle

In der Spannungsquelle werden die Ladungsträger zur Verfügung gestellt.

Je höher die Differenz der Ladungsträger an den Polen ist, desto höher ist die Spannung.

Analogie: Je höher die Wassersäule über dem Verbraucher, desto höher der Wasserdruck.

Verbraucher

Im Verbraucher wird die zur Verfügung stehende elektrische Energie umgewandelt.

Verbraucher	Energieart
Heizwendel	Wärme
Glühlampe	Wärme und Licht
Motor	Bewegung und Wärme
Lautsprecher	Schall und Wärme

Verbindungsleitungen

Durch die Verbindungsleitungen fließen die Ladungsträger (der Strom) von der einen Seite der Spannungsquelle über den Verbraucher zurück zur Spannungsquelle.

Je größer der Leitungsquerschnitt, desto mehr Ladungsträger können transportiert werden.

Analogie: Je größer der Rohrquerschnitt, desto mehr Wasser kann bewegt werden.

Stromkreis und Wasserkreislauf müssen geschlossen sein, damit der Verbraucher arbeiten kann.

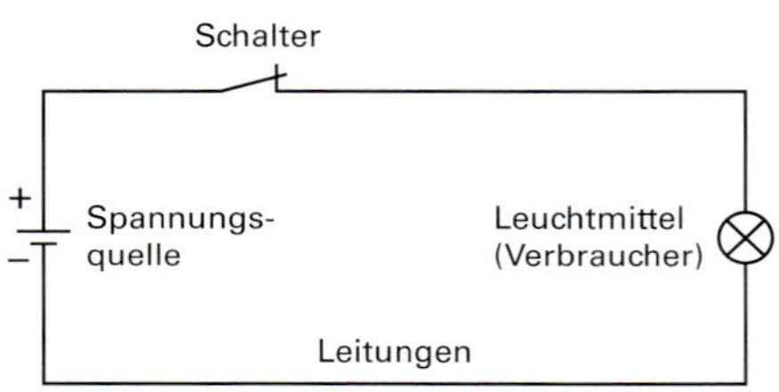

Analogie

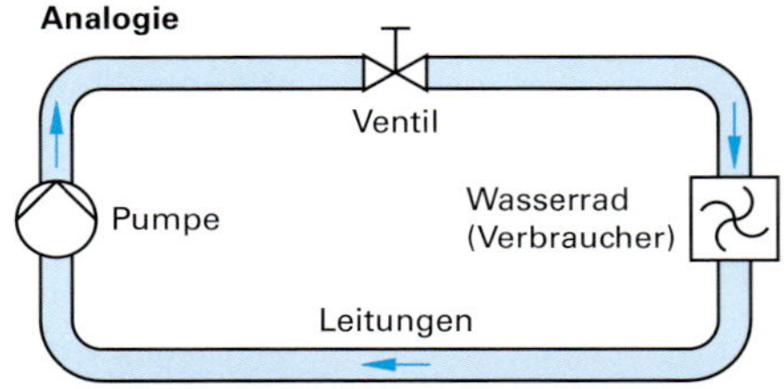

Ohm'sches Gesetz

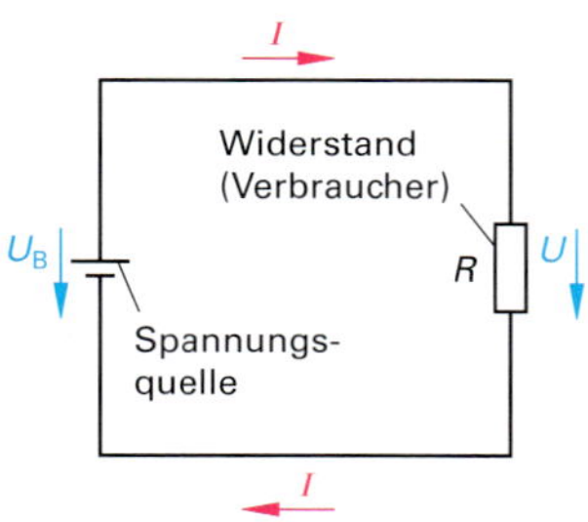

I Strom im Stromkreis in A
U_B Betriebsspannung in V
U Spannung am Widerstand R in V
R Verbraucherwiderstand in „

$$V = A \cdot \Omega = \frac{A \cdot V}{A}$$

$$\Omega = \frac{V}{A}$$

$$A = \frac{V}{\Omega} = \frac{V}{(V/A)}$$

Stromstärke

$$I = \frac{U}{R}$$

Spannung

$$U = I \cdot R$$

Widerstand

$$R = \frac{U}{I}$$

Elektrisches Feld

- Ein elektrisches Feld nimmt den Raum zwischen der positiv und der negativ geladenen Elektrode ein.
- Befindet sich eine elektrische Ladung in diesem elektrischen Feld, übt es eines Kraftwirkung auf sie aus.
- Man kann ein elektrisches Feld durch Feldlinien darstellen, sie beginnen an der Oberfläche der positiven Ladung und enden an der Oberfläche der negativen Ladung.
- Je enger die Feldlinien beieinander liegen, desto stärker ist das elektrische Feld und seine Wirkung.
- Anwendung: Anlagenbau z.B. bei elektrostatischen Staubfiltern (Kraftwerk), der Pulverbechichtung, ...

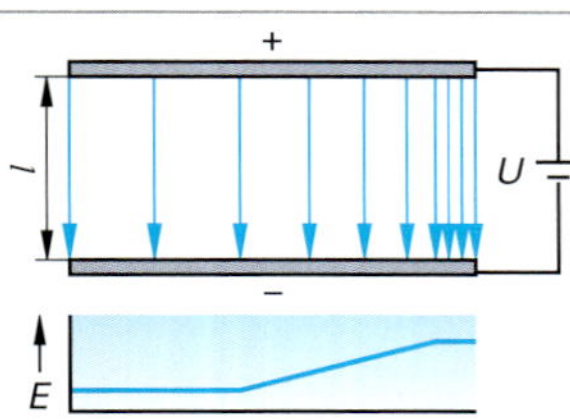

E elektrische Feldstärke in N/As
Q elektrische Ladung in C, As
F Kraft in N
l Plattenabstand in m
U Spannug in V, Nm/C

Elektrische Feldstärke

$$E = F/Q \quad \text{N/As = N/C}$$

$$E = U/l \quad \text{N/As = V/m}$$

Spezifischer Widerstand

Er ist definiert als der Widerstand eines Drahtes unter den Bedingungen:

Umgebungstemperatur: 20 °C
Drahtlänge: 1 m
Drahtquerschnitt: 1 mm²

R Leiterwiderstand in Ω
ϱ spezifischer Widerstand in Ω · mm²/m
A Drahtquerschnitt in mm²

Leiterwiderstand

$$R = \frac{\varrho \cdot l}{A}$$

$$\Omega = \left(1 \cdot \Omega \cdot \frac{mm^2}{m}\right) \cdot \frac{m}{mm^2}$$

R Widerstand Ω

Temperaturabhängiger Widerstand

α gibt die Widerstandsänderung eines Leiters an, der den Widerstand 1 Ω hat und dessen Temperatur um 1 K erhöht wird.

α Temperaturkoeffizient in 1/°C
R_{20} Widerstand bei 20 °C in Ω
$\Delta\vartheta$ Temperaturdifferenz in K
R_w Warmwiderstand in Ω

Warmwiderstand

$$R_w = R_{20}\,(1 + \alpha \cdot \Delta\vartheta)$$

$$\Omega = \Omega\,(1 + 1/K \cdot K)$$

1. Kirchhoff'scher Satz (Knotenregel)

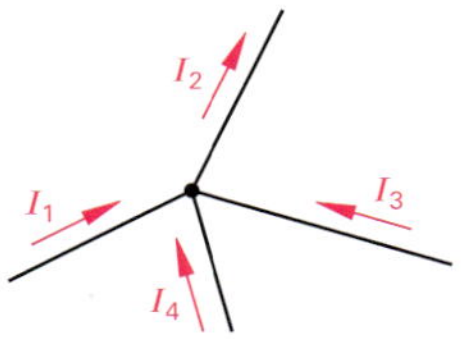

Die Summe aller Ströme eines Knotenpunktes ist null.

Die Summe der zufließenden Ströme ist genauso groß wie die Summe der abfließenden Ströme.

Beim Addieren müssen die Vorzeichen der Ströme beachtet werden.

Knotenregel

$$I_1 + I_2 + I_3 + \ldots + I_n = 0$$

$$\sum I = 0$$

I Strom A

2. Kirchhoff'scher Satz (Maschenregel)

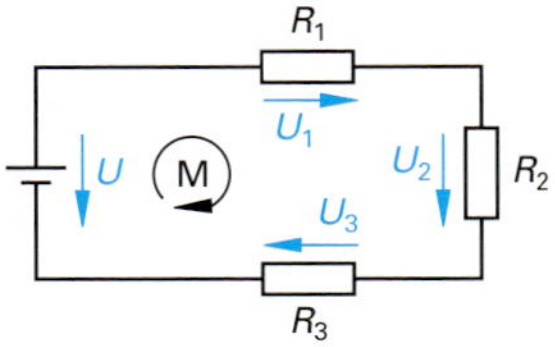

Die Summe der Spannungen einer Masche ist null.

Die Masche muss von einem Punkt aus in einer Richtung vollständig durchlaufen werden.

Beim Addieren müssen die Vorzeichen der Spannungen beachtet werden.

Maschenregel

$$U_1 + U_2 + U_3 + \ldots + U_n = 0$$

$$\sum U = 0$$

U Spannung V

Magnetisches Feld

- Ein magnetisches Feld entsteht durch einen magnetischen Körper, einen elektrischen Strom und ein sich zeitlich veränderndes elektrisches Feld.
- Befindet sich ein Magnetpol in einem magnetischen Feld, übt es eine Kraftwirkung auf diesen Magnetpol aus.
- Man kann ein magnetisches Feld durch Feldlinien darstellen. Sie sind in sich geschlossen und verlaufen außerhalb des Magneten vom Nordpol zum Südpol und innerhalb des Magneten vom Südpol zum Nordpol.
- Feldlinien treten senkrecht aus dem Magneten aus und dringen ebenso senkrecht wieder in ihn ein.
- Je enger die Feldlinien beieinander liegen, desto stärker ist das magnetische Feld und seine Wirkung.
- Anwendung: Generator, Elektromotor, Transformator, ...

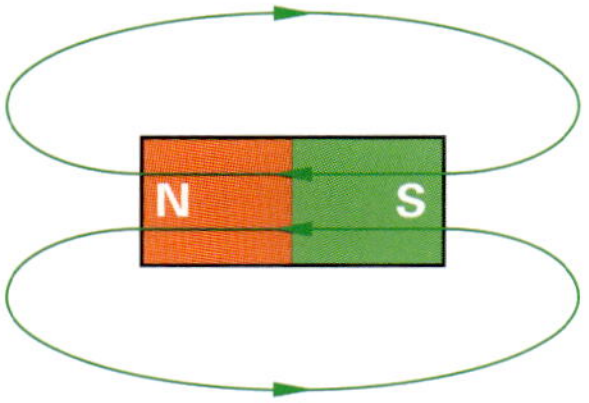

H magnetische Feldstärke in A/m
Θ elektrische Durchflutung in A
lm mittlere Feldlinienlänge in m
I Stromstärke in A
N Windungszahl

Magnetische Feldstärke

$$H = I \cdot N / l_m$$

$$H = \Theta / lm$$

ET

Reihenschaltung

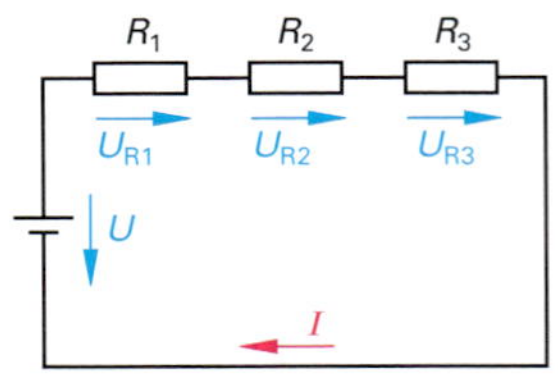

- U Speisespannung in V
- U_{R1} Spannung an R_1 in V
- U_{R2} Spannung an R_2 in V
- U_{R3} Spannung an R_3 in V
- I Strom der Reihenschaltung in A
- R Gesamtwiderstand in Ω
- Rn Einzelwiderstände in Ω

Stromstärke

I = constant | $I = I_{R1} = I_{R2} = I_{R3} = \dots = I_{Rn}$

Spannung

$$U = U_{R1} + U_{R2} + U_{R3} + \dots + U_{Rn}$$

Widerstand

$$R = R_1 + R_2 + R_3 + \dots + R_n$$

Parallelschaltung

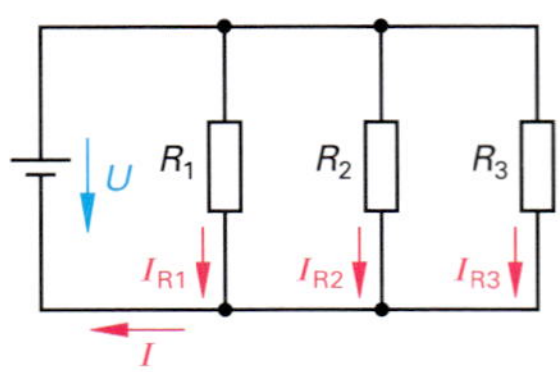

- U Spannung an der Parallelschaltung in V
- I_{R1} Strom durch R1 in A
- I_{R2} Strom durch R2 in A
- I_{R3} Strom durch R3 in A
- R Gesamtwiderstand in Ω
- R_n Einzelwiderstände in Ω

Spannung

U = const. | $U = U_{R1} = U_{R2} = U_{R3} = \dots = U_{Rn}$

Strom

$$I = I_{R1} + I_{R2} + I_{R3} + \dots + I_{Rn}$$

Widerstand

$$1/R = 1/R_1 + 1/R_2 + 1/R_3 + \dots + 1/R_n$$

Gemischte Schaltungen

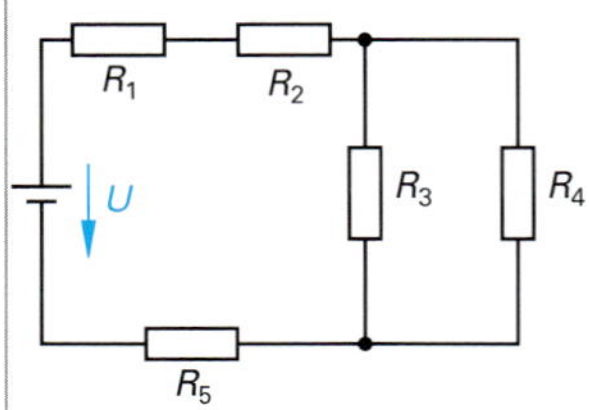

- $R_{ers\,n}$ Ersatzwiderstand in Ω
- $R_{ers\,1}$ R_1 in Reihe mit R_2 in Ω
- $R_{ers\,2}$ R_3 parallel zu R_4 in Ω
- R $R_{ers\,1}$ in Reihe mit $R_{ers\,2}$ und R_5 in Ω

$$R_{ers\,1} = R_1 + R_2$$

$$R_{ers\,2} = \frac{1}{R_3} + \frac{1}{R_4}$$

Mit den Formeln der Reihenschaltung und der Parallelschaltung werden zunächst Ersatzwiderstände berechnet. Diese werden dann wiederum so lange zu **Ersatzwiderständen** zusammengefasst, bis nur noch ein Widerstand übrig bleibt. Das ist dann der **Gesamtwiderstand**.

Umwandlung von Schaltungen

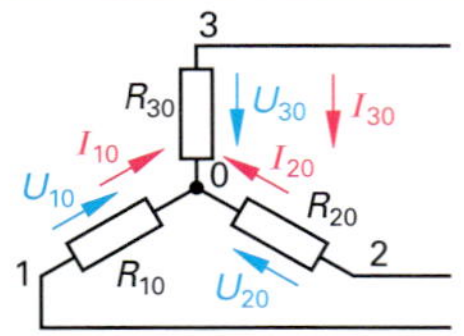

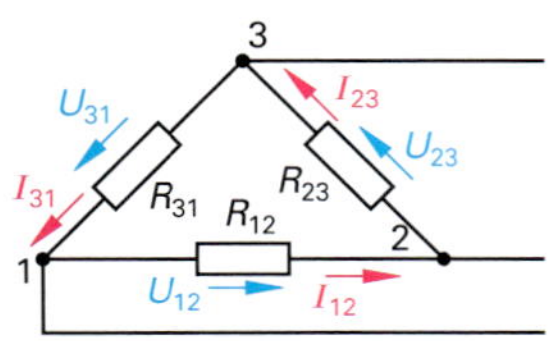

- U Spannung in V
- I Strom in A
- R Widerstand in Ω

Dreieck in Stern		Stern in Dreieck	
$R_{10} = \frac{R_{12} \cdot R_{31}}{(R_{12} + R_{23} + R_{31})}$		$R_{12} = \frac{R_{10} \cdot R_{20}}{R_{30} + R_{10} + R_{20}}$	
$R_{20} = \frac{R_{12} \cdot R_{23}}{(R_{12} + R_{23} + R_{31})}$		$R_{23} = \frac{R_{20} \cdot R_{30}}{R_{10} + R_{20} + R_{30}}$	
$R_{30} = \frac{R_{23} \cdot R_{31}}{(R_{12} + R_{23} + R_{31})}$		$R_{31} = \frac{R_{10} \cdot R_{30}}{R_{20} + R_{10} + R_{30}}$	
$U_{10} = ½\,(U_{12} - U_{31})$	$I_{10} = \frac{U_{10}}{R_{10}}$	$U_{12} = U_{10} - U_{20}$	$I_{12} = \frac{U_{12}}{R_{12}}$
$U_{20} = ½\,(U_{23} - U_{12})$	$I_{20} = \frac{U_{20}}{R_{20}}$	$U_{23} = U_{20} - U_{30}$	$I_{23} = \frac{U_{23}}{R_{23}}$
$U_{30} = ½\,(U_{31} - U_{23})$	$I_{30} = \frac{U_{30}}{R_{30}}$	$U_{31} = U_{30} - U_{10}$	$I_{31} = \frac{U_{31}}{R_{31}}$

Strom- und Spannungsarten (dargestellt sind Spannungsarten)

Gleichstrom

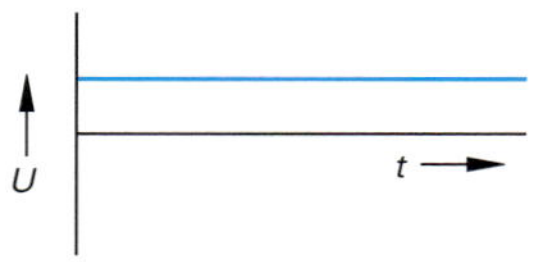

Wechselstrom

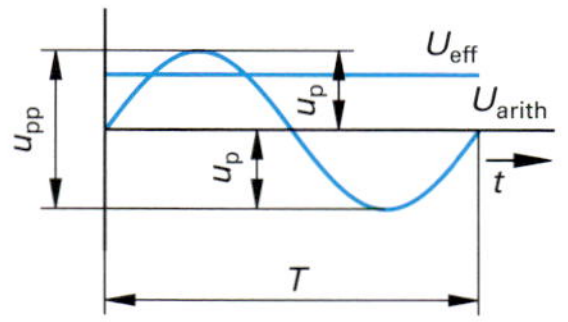

u, u_p, u_{pp}	Momentanwerte
u_p, u_{pp}	Spitzenwerte
U_{eff}	Effektivwert
U_{arith}	arithmetischer Mittelwert
T	Periodendauer
ω	Kreisfrequenz
f	Frequenz

Mischstrom

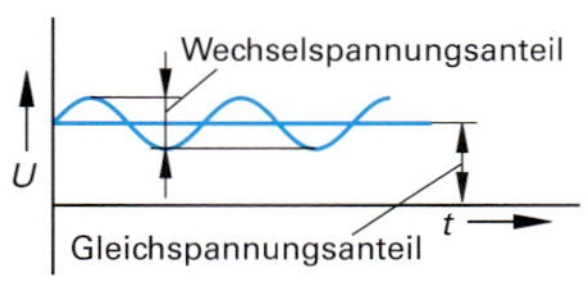

Drehstrom

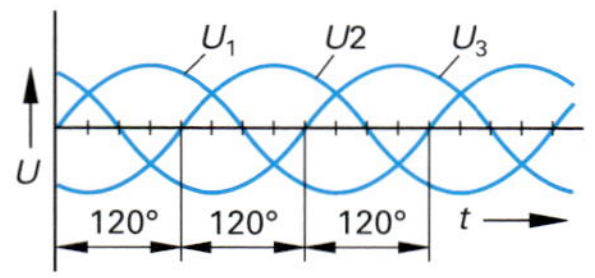

Impulsgröße

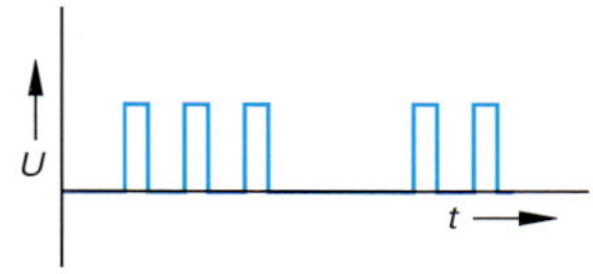

Strom- und Spannungsformen (dargestellt sind Spannungsformen)

Sinus

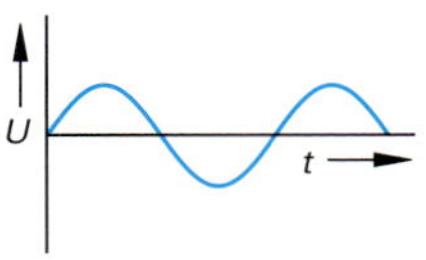

Dreieck

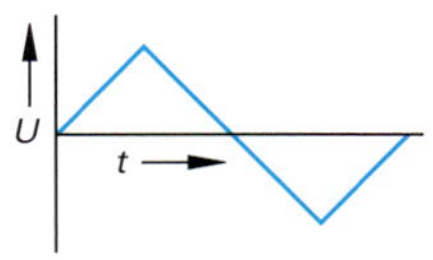

Sägezahn

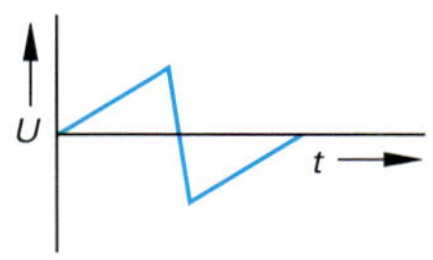

Rechteck

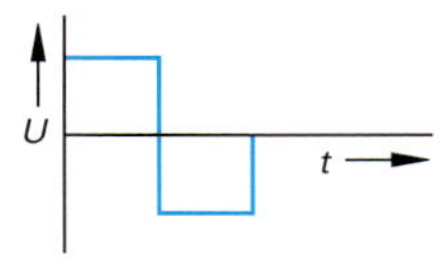

Arithmetischer Mittelwert

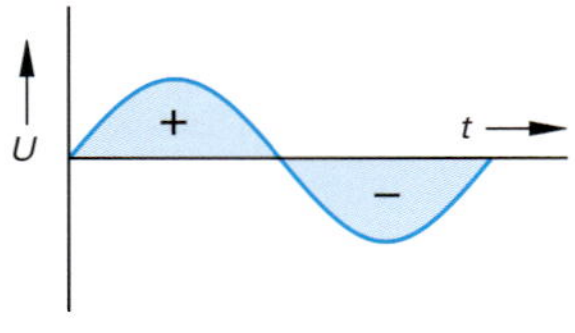

Über eine Periode werden die Flächen, die der Graph mit der x-Achse bildet, vorzeichengerecht addiert. Bei einem von null abweichenden Wert handelt es sich um Gleich- oder Mischgrößen. Der arithmetische Mittelwert einer Wechselgröße ist immer null.

Der Zeigerausschlag bei Drehspulmesswerken wird vom arithmetischen Mittelwert hervorgerufen. Die Skala ist jedoch in Effektivwert geeicht. Somit liest man den Effektivwert der gemessenen Größe ab.

Quadratischer Mittelwert oder Effektivwert

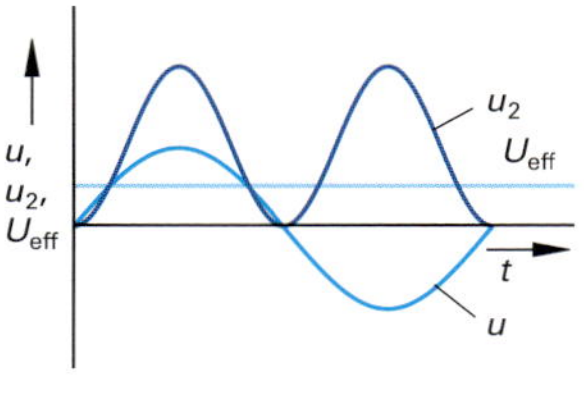

Der quadratische Mittelwert kann nur positiv sein.

U	Spannung in V
I	Strom in A
R	Widerstand in Ω
f	Frequenz in 1/s, Hz
ω	Kreisfrequenz in 1/s

Strom

$$I_{eff} = 0{,}707 \cdot i_p$$

Spannung

$$U_{eff} = 0{,}707 \cdot u_p$$

Kreisfrequenz

$$\omega = 2 \cdot \pi \cdot f$$

Elektrische Leistung (Gleichstrom)

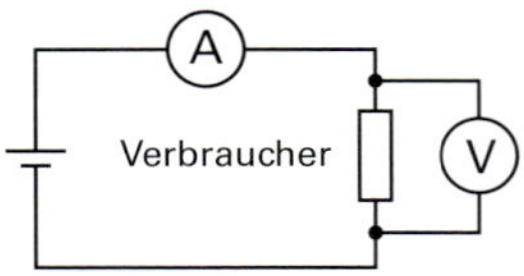

P Leistung in W
U Spannung in V
I Strom in A
R Widerstand in Ω

W = 1 J/s = 1 Nm/s = V · A

Leistung

$$P = U \cdot I$$

$$P = I^2 \cdot R$$

$$P = \frac{U^2}{R}$$

Elektrische Leistung (Wechselstrom)

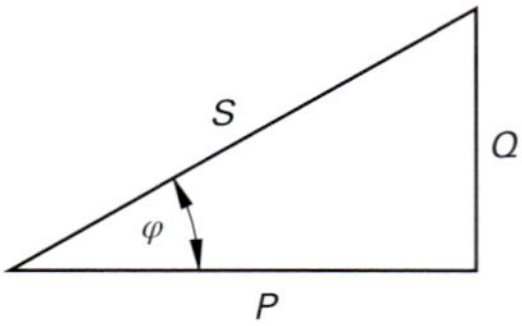

P Wirkleistung in W
S Scheinleistung in VA
Q Blindleistung in var
U Spannung in V
I Strom in A
$\cos\varphi$ Leistungsfaktor

Wirkleistung

$$P = U \cdot I \cdot \cos\varphi$$

Blindleistung

$$Q = U \cdot I \cdot \sin\varphi$$

Scheinleistung

$$S = U \cdot I$$

Elektrische Leistung bei Drehstrom (symmetrisch, sinusförmig)

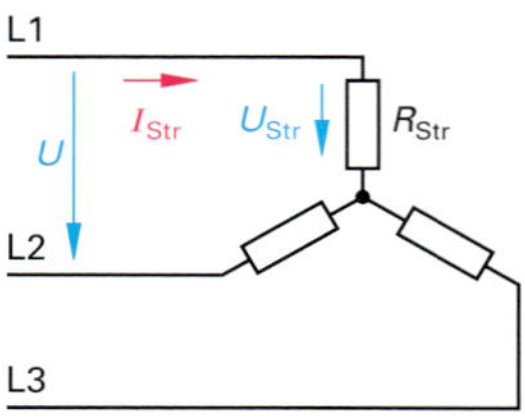

Die Last ist gleichmäßig auf alle drei Phasen verteilt. Die Spannung ist rein sinusförmig.

Wirkleistung

$$P = \sqrt{3} \cdot U \cdot I \cdot \cos\varphi$$

$$P = 3 \cdot U_{Str} \cdot I_{Str} \cdot \cos\varphi$$

Blindleistung

$$Q = \sqrt{3} \cdot U \cdot I \cdot \sin\varphi$$

Scheinleistung

$$S = \sqrt{3} \cdot U \cdot I$$

P Wirkleistung in W
U Spannung in V
I Strom in A

Elektrische Arbeit

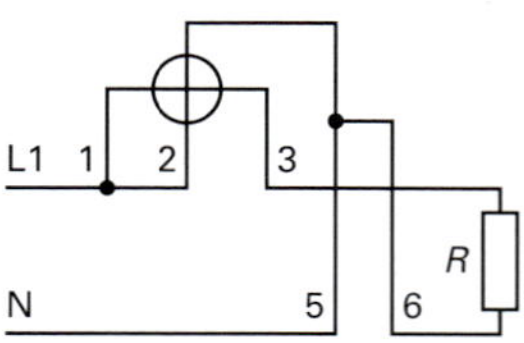

Messgeräte zum Ermitteln der elektrischen Arbeit sind in jedem Haushalt vorhanden. Sie zeigen die Arbeit in kW · h an.

Man nennt sie Energiezähler oder umgangssprachlich Stomzähler.

Arbeit

$$W = P \cdot t$$

W	Arbeit	Wh
P	Leistung	W
t	Zeit	s

Elektrischer Wirkungsgrad

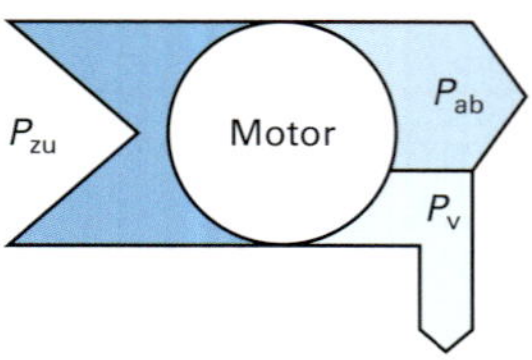

P_v Verlustleistung in W
P_{zu} zugeführte Leistung in W
P_{ab} abgeführte Leistung in W
η Wirkungsgrad

Der Wirkungsgrad ist immer < 1.

Wird er in Prozent angegeben, ist er immer unter 100 %.

Wirkungsgrad

$$\eta = P_{ab} / P_{zu}$$

Verlustleistung

$$P_v = P_{zu} - P_{ab}$$

ET

Stromversorgungssysteme

DIN VDE 0100-100: 2009-06

Kurzzeichen	
Erster Buchstabe	**T:** Direkte Verbindung eines Punktes zur Erde. **I:** Alle aktiven Teile von Erde getrennt oder ein Punkt ist über eine hohe Impedanz geerdet.
Zweiter Buchstabe	**T:** Direkte elektrische Verbindung der Körper zur Erde. **N:** Direkte elektrische Verbindung der Körper zum geerdeten Punkt des Systems.
Zusatz für TN-Netze	**S:** Die Schutzfunktion wird erfüllt, durch einen vom Neutralleiter getrennten Leiter (PE). **C:** Neutralleiterfunktion und Schutzleiterfunktion kombiniert in einem einzigen Leiter (PEN).

Schaltplan	Netz	Schutzmaßnahme
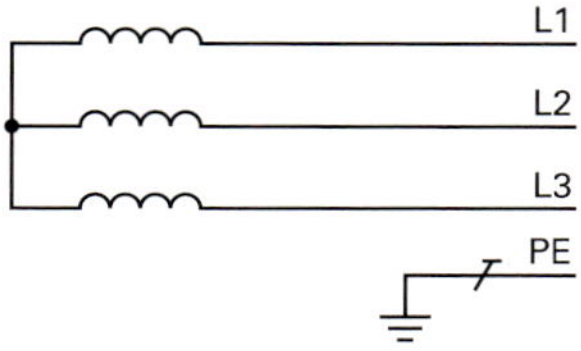	IT: • Sternpunkt des Transformators nicht geerdet • Keine Verbindung zwischen aktiven und passiven Teilen • Körperschluss ohne Folgen • Neutralleiter darf, muss aber nicht verteilt werden.	• Überstromschutzeinrichtungen • Isolationsüberwachung • RCD (residual current protective device, früher: Fehlerstromschutzschalter oder FI-Schutzschalter)
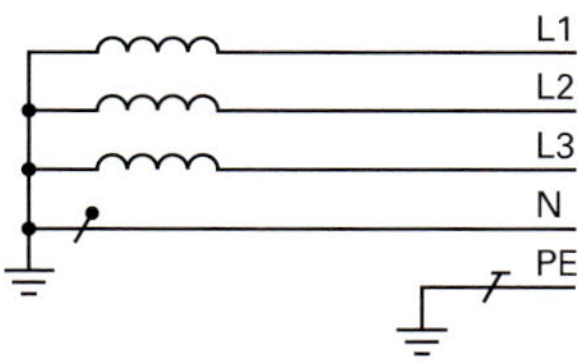	TT: • Sternpunkt des Transformators geerdet • Sternpunkt als separater N mitgeführt • Schutzleit. mit Erde verbunden • Neutralleiter und Schutzleiter getrennt	• Überstromschutzeinrichtungen • RCD (residual current protective device, früher: Fehlerstromschutzschalter oder FI-Schutzschalter)
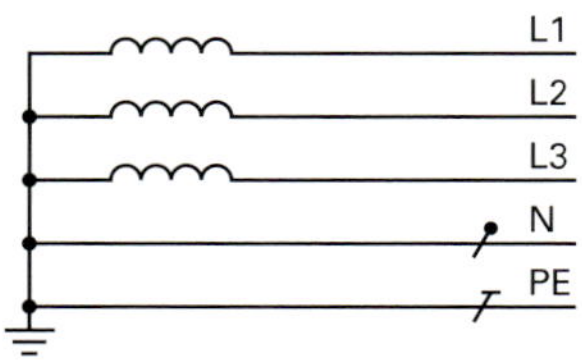	TN-S: • Sternpunkt des Transformators geerdet • Schutzleiter und Neutralleiter werden einmal verbunden. • Danach werden sie als N und PE getrennt verlegt.	• Überstromschutzeinrichtungen • RCD (residual current protective device, früher: Fehlerstromschutzschalter oder FI-Schutzschalter)
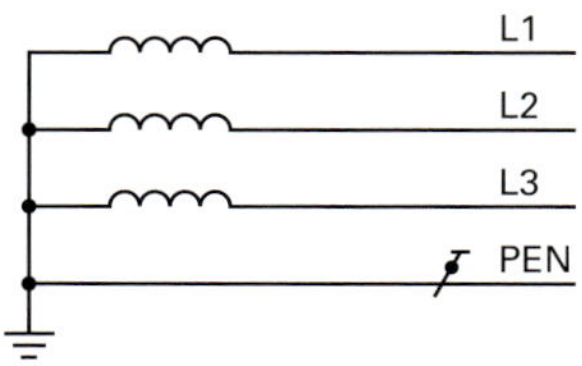	TN-C: • Sternpunkt des Transformators geerdet • Schutzleiter und Neutralleiter sind verbunden. • Als PEN in einer Leitung verlegt • Beide Funktionen vereint	• Überstromschutzeinrichtungen • RCD (residual current protective device, früher: Fehlerstromschutzschalter oder FI-Schutzschalter)

Beispiel:

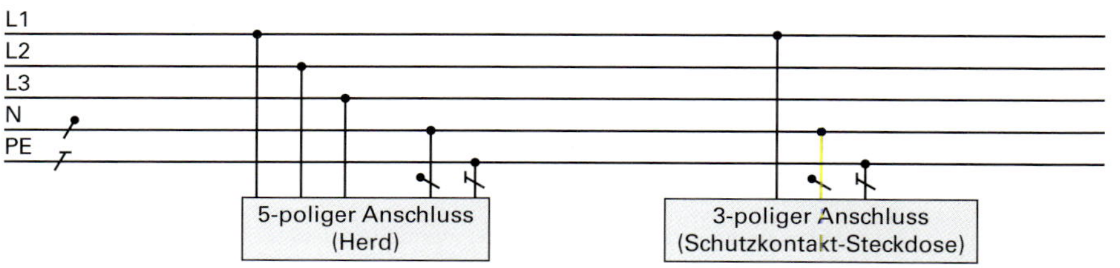

Schutzmaßnahmen in der Elektrotechnik

Begriffe	DIN VDE 0100-200; VDE 0100-200: 2023-06: 2006-06
Aktive Teile	Sie stehen betriebsmäßig unter Spannung.
Basisschutz	Schutz gegen elektrischen Schlag ohne Vorliegen eines Fehlers (Pflicht).
Berührungsspannung	Spannung zwischen leitfähigen Teilen, wenn diese von einem Tier oder einem Menschen berührt werden.
Betriebsmittel	Alle Gegenstände, die zur Anwendung elektrischer Energie benötigt werden.
Direktes Berühren	Berühren eines aktiven Teils.
Endstromkreis	Verbrauchsmittel sind unmittelbar an diesen Stromkreis angeschlossen.
Erdschluss	Eine leitende Verbindung zwischen einem Außenleiter und Erde oder einem geerdeten Teil. Hervorgerufen durch einen Fehler.
Fehlerschutz	Schutz gegen elektrischen Schlag bei Vorliegen eines Einzelfehlers (Pflicht).
Fremde leitfähige Teile	Sie gehören nicht zur elektrischen Anlage, können aber elektrisches Potenzial übertragen, wie z. B. Stahlbadewanne oder Heizkörper.
Handbereich	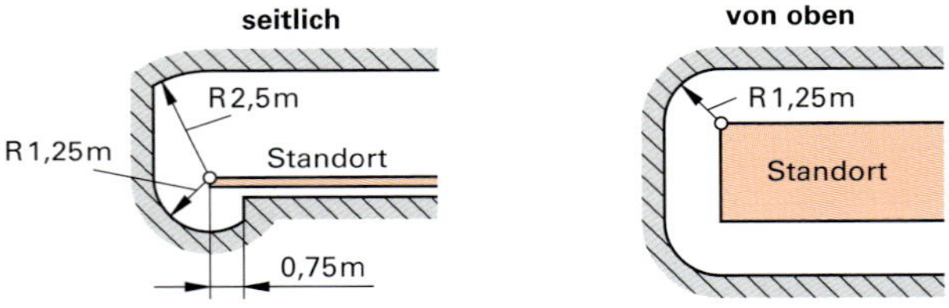
Hauptstromkreis	Enthält Betriebsmittel zum Verarbeiten oder Verteilen elektrischer Energie. In einer Schützschaltung schaltet der Hauptstromkreis z. B. die Heizung ein.
Hilfsstromkreis	Erfüllt zusätzliche Aufgaben. Man unterscheidet Steuerstromkreise, Meldestromkreise, Messstromkreise.
Indirektes Berühren	Berühren eines Körpers, der durch einen Fehler unter Spannung steht.
Körper	Berührbare leitfähige Teile, die normalerweise nicht unter Spannung stehen, z. B. metallene Gehäuse.
Körperschluss	Eine leitende Verbindung zwischen einem Außenleiter und einem Körper, die durch einen Fehler hervorgerufen wurde.
Kurzschluss	Eine durch einen Fehler hervorgerufene leitende Verbindung ohne Nutzwiderstand zwischen betriebsmäßig unter Spannung stehenden Leitern.
Leitungen	Betriebsmittel zur Übertragung elektrischer Energie. Ortsfeste Leitungen werden in Gebäuden verlegt. Bewegliche Leitungen dienen z. B. zum Anschluss einer Bohrmaschine.
Starkstromanlagen	Anlagen die nicht ausschließlich Signale übertragen.
Stromkreis	Geschlossener Stromweg zwischen Stromquelle und Verbrauchsmittel.
Verbrauchsmittel	Betriebsmittel die elektrische Energie in nicht elektrische Energie umwandeln. Es können ortsfeste oder ortsveränderliche Betriebsmittel sein.
Zusatzschutz	Schutz bei direktem Berühren (bei erhöhter Gefährdung empfohlen, in manchen Bereichen gefordert).

Stromwirkungen			
Physiologisch (Grenzwerte für 50 Hz nach Dr. Hauf, Freiburg)	Wahrnehmbarkeit mit der Zunge	0,0045	mA
	Wahrnehmbarkeit mit den Fingern	1,2	mA
	Muskelverkrampfungen bei Frauen	6	mA
	Muskelverkrampfungen bei Männern	9	mA
	Verkrampfung der Atemmuskulatur	20	mA
	Herzkammerflimmern, Stromfluss > 1 s	80	mA
Thermisch	Verbrennungen der Hautoberfläche oder der Aderwände	3000	mA
Elektrolytisch	Nur bei Gleichstrom. Im Blut bilden sich Gasbläschen, Emboliegefahr.		

ET

Schutzmaßnahmen in der Elektrotechnik (Fortsetzung)

Schutzarten

DIN EN 60529; VDE 0470-1: 2014-09

Codebuchstaben (IP International Protection)
Erste Kennziffer (0, 1, 2, 3, 4, 5, 6, X wenn die Kennziffer weggelassen wird)
Zweite Kennziffer (0, 1, 2, 3, 4, 5, 6, 7, 8, 9, X wenn die Kennziffer weggelassen wird)
Zusätzlicher fakultativer Buchstabe (A, B, C, D)
Ergänzender fakultativer Buchstabe (H, M, S, W)

Beispiel: IP 6 3
Staubdicht und gegen Sprühwasser geschützt

1. Kennziffer bei Schutz vor Betriebsmitteln gegen Eindringen von festen Körpern.	1. Kennziffer bei Schutz von Personen vor Zugang mit gefährlichen Teilen mit:
0 ≙ ungeschützt 1 ≙ ∅ > 50 mm, 2 ≙ ∅ > 12,5 mm, 3 ≙ ∅ > 2,5 mm, 4 ≙ ∅ > 1 mm, 5 ≙ staubgeschützt, 6 ≙ staubdicht	0 ≙ ungeschützt 1 ≙ Handrücken, 2 ≙ Finger, 3 ≙ Werkzeug, 4 ≙ Draht, 5 ≙ Draht, 6 ≙ Draht
2. Kennziffer gegen Eindringen von Wasser mit schädlicher Wirkung.	**Zusätzlicher fakultativer Buchstabe (Zugang zu gefährlichen Teilen mit:)**
0 ≙ ungeschützt 1 ≙ senkrechte Tropfen 2 ≙ Tropfen mit 15% Neigung 3 ≙ Sprühwasser, 4 , Spritzwasser, 5 , Strahlwasser 6 ≙ starkes Strahlwasser 7 ≙ zeitweiliges Untertauchen 8 ≙ dauerndes Untertauchen 9 ≙ Hochdruck und hohe Strahlwassertemperatur	A ≙ Handrücken, B ≙ Finger C ≙ Werkzeug, D ≙ Draht **Ergänzender fakultativer Buchstabe (Zugang zu gefährlichen Teilen mit:)** H ≙ Hochspannungsgeräte, W ≙ Wetterbedingungen M ≙ Bewegung während der Wasserprüfung S ≙ Stillstand während der Wasserprüfung

Schutz gegen elektrischen Schlag

DIN VDE 0100-410: 2018-10

Schutz gegen direktes und bei indirektem Berühren	Sonstiger Schutz gegen direktes Berühren	Schutz bei indirektem Berühren unter Fehlerbedingungen
• SELF Sicherheitskleinspannung • PELF Funktionskleinspannung mit sicherer Trennung • Begrenzung der Ladung	• Isolierung aktiver Teile • Abdeckungen, Umhüllungen • Abstand • Hindernisse • Fehlerstrom-Schutzeinrichtung	• Automatische Abschaltung oder Meldung • Potenzialausgleich • Nichtleitende Räume • Schutzisolierung • Schutztrennung • Fehlerstrom-Schutzeinrichtung

RCD Residual Current operated protected Device (Reststromschutzgerät)

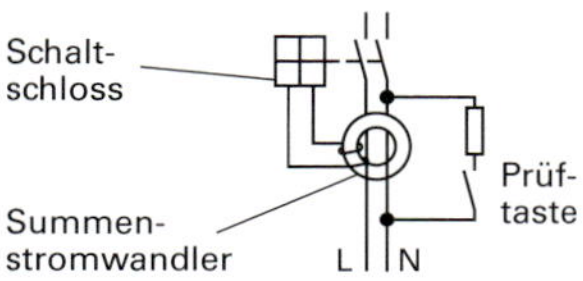

- Früher FI-Schutzschalter
- Dient Menschen und Tieren als Schutz in elektrischen Installationen
- Schalten im Fehlerfall immer ab

Abschaltzeit	Abschaltstrom
	10 mA
230 V ⇐ 0,4 s	30 mA
	0,1 A
400 V ⇐ 0,2 s	0,2 A
	1,0 A

RCM Residual Current Monitor (Differenzstromüberwachung)

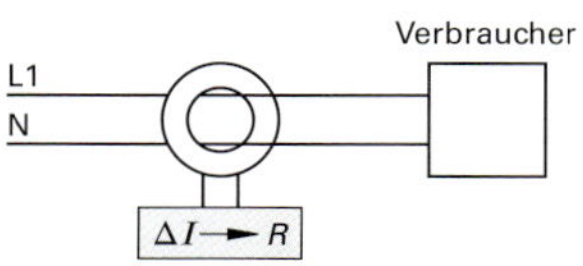

- Überwachen Differenzströme in elektrischen Anlagen.
- Zeigen den aktuellen Wert an.
- Melden Grenzwertüberschreitungen
- Können auch abschalten.

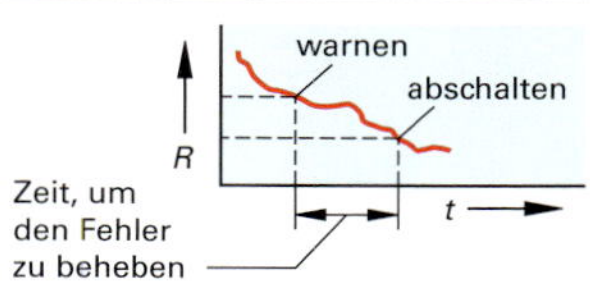

Überwachungsrelais

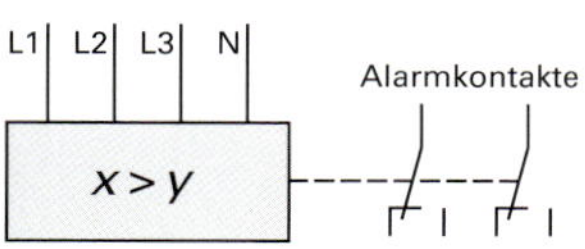

- Überwachen das Netz.
- Melden Grenzwertüberschreitungen der zu überwachenden Größen

Überwacht werden können:
- Über- und Unterspannung
- Über- und Unterstrom
- Phasenfolge und Ausfall
- Symmetrie und Asymmetrie
- Frequenz und Leiterbruch

Schutzmaßnahmen in der Elektrotechnik (Fortsetzung)

Spannungsebenen

Netz	Anwendung	Spannung
Niederspannung	Wohnungen, Gewerbe, Landwirtschaft	230V, 400V
Mittelspannung	Große Wohneinheiten, Industrie, Regionalnetz	8 ... 60kV
Hochspannung	Großstädte, Großindustrie, Kraftwerksverbund	110, 220, 380kV
Höchstspannung	Hochspannungs-Gleichstrom-Übertragung	500, 750kV

Spannungsfrei schalten

DIN VDE 0105-100; VDE D105-100: 2015-10

1. **Freischalten** (allpolig und allseitig abschalten, Leiter vom Netz trennen, Kondensatoren entladen)
2. **Gegen Wiedereinschalten sichern** (Sicherungen wegschließen, Schalter arretieren, Warnschilder)
3. **Spannungsfreiheit feststellen** (optische Kontrolle, Spannungsprüfer und Multimeter nutzen)
4. **Erden und Kurzschließen** (In Anlagen bis 1000V kann man darauf verzichten.)
5. **Benachbarte, unter Spannung stehende Teile abdecken und abschranken** (mit Gummitüchern oder Formteilen abdecken, Gefahrenbereiche absperren)

Überstromschutzeinrichtungen

Schraubsicherungen (Neozed)

Bemessungsstrom / Kennfarbe	
2A / rosa	13A / schwarz
4A / braun	16A / grau
6A / grün	20A / blau
10A / rot	25A / gelb

Geräteschutzsicherungen (G)

FF	superflink
F	flink
M	mittelträge
T	träge
TT	superträge

F 2,5 / 250V
- 250V: Nennspannung 250V
- 2,5: Nennstrom 2,5A
- F: Auslösecharakteristik flink

Leitungsschutzschalter (Auslösecharakteristik und Anwendungsbereiche)

A	Große Leitungslängen, schnelle Abschaltung (0,4s), bedingter Halbleiterschutz
B	Steckdosenstromkreise
C	Höhere Anlaufströme, z.B. beim Einschalten von Motoren
D	Starke Stromimpulse, z.B. bei Magnetventilen oder Transformatoren
E	Hohe Selektivität **Beispiel:** Die 10-A-Sicherung der Küchenmaschine löst bei einem Fehler in der Maschine vor der 16-A-Sicherung aus, die die Steckdosen der gesamten Küchenzeile absichert. Die Sicherung der Küchenmaschine hat eine hohe Selektivität.
K	Zur Absicherung von Stromspitzen in Stromkreisen mit Induktivitäten und Kapazitäten

Schutzklassen

DIN EN 61140; VDE 0140-1: 2016-11

Klasse	Symbol	Beispiel	Beschreibung
I 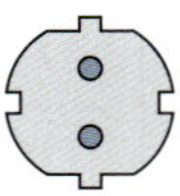	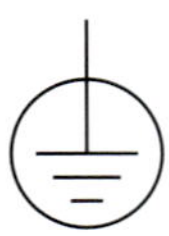	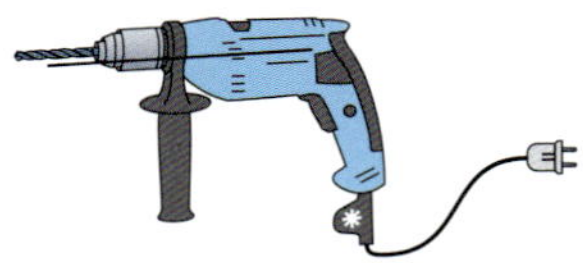	**Schutzleiter** Alle elektrisch leitenden Gehäuseteile sind mit dem Schutzleiter verbunden. Körperschluss löst Überstromsicherung aus.
II 	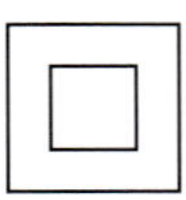	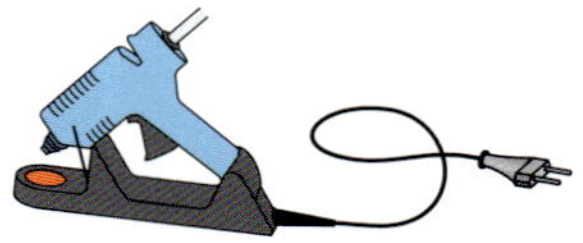	**Schutzisolierung** Kein Schultzleiteranschluss Besonders gut isoliert
III			**Schutzkleinspannung** Unter 120V Gleichspannung Unter 50V Wechselspannung

Schutzmaßnahmen in der Elektrotechnik (Fortsetzung) DIN 18012: 2018-04

Hausanschlussraum

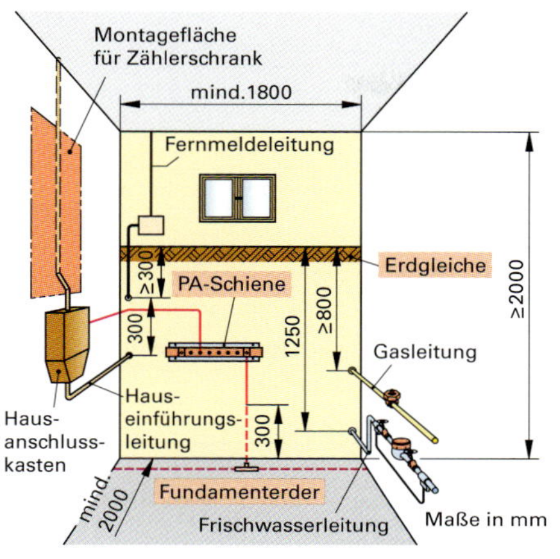

TAB = „Technische Anschlussbedingungen" der jeweiligen Energieversorgungsunternehmen

Die Raumtemperatur darf maximal 30 °C, die Trinkwassertemperatur maximal 15 °C betragen (Fernwärmeeinspeisung gehört in einen anderen Raum).

Der Hausanschlussraum muss erreichbar und trocken sein.

Der Hausanschlussraum muss sich im ersten Untergeschosskeller, unmittelbar an der Straßenseite gelegen, befinden.

Die Einrichtungen für Wasser und Erdgas sollen an einer Wand angebracht werden.

Die Elektro- und Fernmeldeeinrichtungen sollen an einer anderen Wand angebracht werden.

Bei Verwendung eines Mehrspartenanschlusses können alle Versorgungsleitungen für Wasser, Strom, Gas und Kommunikation auf einer Außenwand in das Gebäude geführt werden.

Den Mitarbeitern der Stadtwerke muss ungehinderter Zugang zum Hausanschlussraum gewährleistet werden.

Installationszonen DIN 18015-3: 2016-09

Wohnbereiche	Küchen
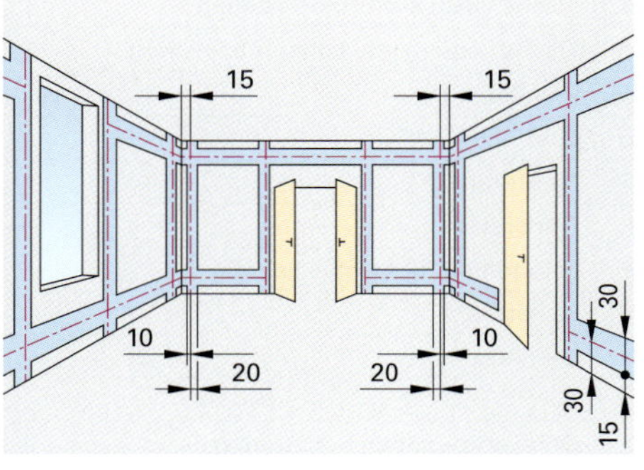	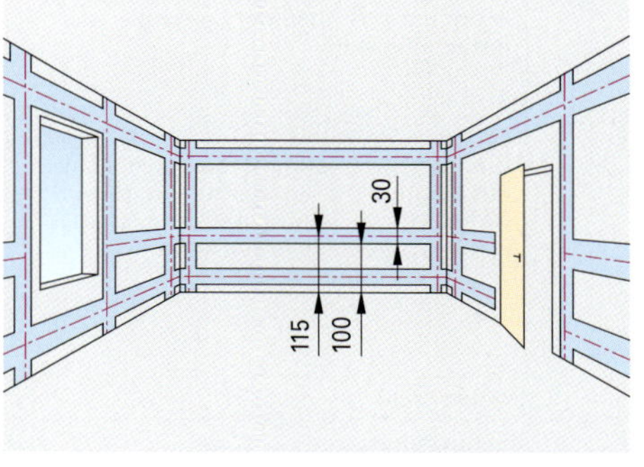

Schutzbereiche in Bädern und Duschräumen nach DIN VDE 0100-701: 2025-06

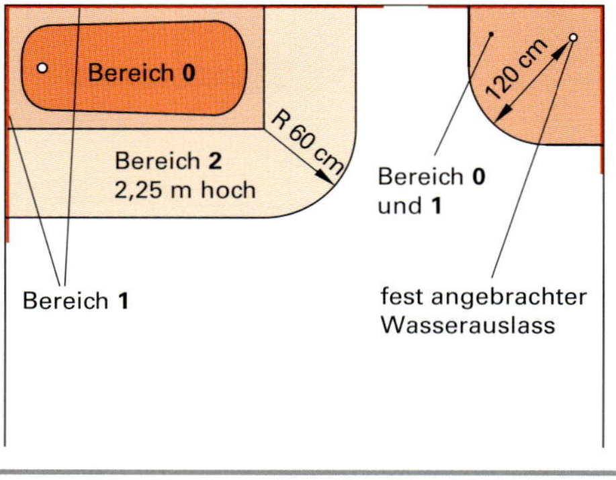

Zugelassen sind:

Bereich 0
Fest eingebaute, für den Bereich 0 zugelassene Geräte. Die Spannungsquelle liegt außerhalb der Bereiche 0 und 1.

Bereich 1 wie Bereich 0, zusätzlich:
Fest eingebaute Geräte wie Warmwasserbereiter und Abluftgeräte. Geräte für Kleinspannung, mit Stromquelle außerhalb der Bereiche 0 und 1.

Bereich 2 wie Bereiche 0 und 1, zusätzlich:
Rasiersteckdosen, die über einen Trenntransformator angeschlossen sind.

ET

Kennzeichnung harmonisierter Leitungen

DIN VDE 0292; VDE 0292: 2021-08

H	H	Kennzeichen der Bestimmung	H	Harmonisierter Typ
			A	Anerkannter nationaler Typ
05	07	Bemessungsspannungen U_0/U U_0 = Leiter gegen Erde U = Leiter gegen Leiter	01	100 V / 100 V
			02	300 V / 300 V
			05	300 V / 500 V
			07	450 V / 750 V
V	V	Leiterisolierung Sie gibt das Material an, mit dem die einzelnen Kupferadern isoliert sind. Abhängig von der Isolierung finden die Aderleitungen verschiedene Anwendung.	R	Kautschuk (natur und/oder synthetisch)
			S	Silikonkautschuk
			V	PVC, weich
			V1	PVC, weich, für hohe Temperaturen (90 °C)
			V2	PVC, weich, für niedrige Temperaturen
			V3	PVC, weich, ölbeständig
V		Mantelisolierung Sie gibt das Material des Mantels an. Das Mantelmaterial bestimmt die Verwendungsmöglichkeit der Leitung.	J	Glasfasergeflecht
			N	Polychloropren-Kautschuk
			R	Kautschuk (natur und/oder synthetisch)
			S	Silikonkautschuk
			T	Textilgeflecht
			V	PVC, weich
		Besonderheiten im Aufbau Für spezielle Aufgaben kann ein besonderer Aufbau der Leitung notwendig sein.	H	Flache, aufteilbare Leitung
			H2	Flache, nicht aufteilbare Leitung
			H6	Flache Leitung mit 3 oder mehr Adern
			H8	Wendeleitung
F	U	Leiterart Die Leiterart bestimmt die Beweglichkeit der Leitung. Sie legt damit fest, für welche Aufgaben die Leitung geeignet ist oder nicht verwendet werden kann.	U	Eindrähtig
			R	Mehrdrähtig
			K	Feindrähtig für feste Verlegung
			F	Feindrähtig für flexible Leitung
			H	Feinstdrähtig
			Y	Lahnlitzenleiter
5		Aderanzahl		
X		Schutzleiter	X	Ohne grün-gelben Schutzleiter
			G	Mit grün-gelbem Schutzleiter
1,5	1,5	Leiterquerschnitt		Angabe in mm^2

Beispiel:

H07V-U 1,5 bn
Aderleitung, einadrig, Querschnitt 1,5 mm^2, braun

Beispiel:

H05VV-F5/G 1,5
Kunststoffschlauchleitung zum Anschluss von z. B. Waschmaschinen, Kühlschränken, Heimwerkergeräten auch in Feuchträumen.

Beispiel:

H07SS-H05/G1,5
Silikonkautschukleitung, 5-adrig, mit grüngelbem Schutzleiter, der Querschnitt der Aderleitung beträgt 1,5 mm^2, die Aderleitung ist feindrähtig ausgeführt.

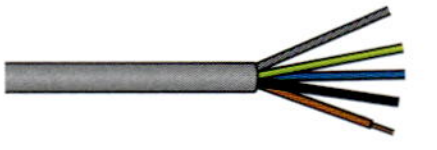

Verlegung von Leitungen

DIN VDE 0298-4: 2013-06

Kürzel	Symbole		Beschreibung	A in mm²	Aderanzahl/I_{nenn} in A	
C		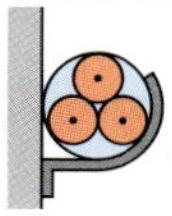	Einadriges oder mehradriges Kabel oder einadrige oder mehradrige ummantelte Installationsleitung auf einer Wand verlegt.	1,5	2 / 19,5	3 / 17,5
				2,5	2 / 27,0	3 / 24,0
				4	2 / 36,0	3 / 32,0
				6	2 / 46,0	3 / 41,0
A2			Mehradriges Kabel oder mehradrige ummantelte Installationsleitung in einem Elektroinstallationsrohr in einer wärmegedämmten Wand verlegt.	1,5	2 / 15,5	3 / 13,0
				2,5	2 / 18,5	3 / 17,5
				4	2 / 25,0	3 / 23,0
				6	2 / 32,0	3 / 29,0
B2		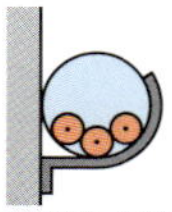	Mehradriges Kabel oder mehradrige ummantelte Installationsleitung in einem Elektroinstallationsrohr auf einer Wand verlegt.	1,5	2 / 16,5	3 / 15,5
				2,5	2 / 23,0	3 / 20,0
				4	2 / 30,0	3 / 27,0
				6	2 / 38,0	3 / 34,0

Verlegungsarten

DIN VDE 0100-520; VDE 0100-520: 2023-06

Ohne Befestigungsmittel	Offen mit Schellen	Im Elektroinstallationsrohr
Im Elektroinstallationskanal	Auf Kabelpritsche, Kabelwanne	Auf Isolatoren

Mindestquerschnitte Kupferadern

DIN VDE 0100-520; VDE 0100-520: 2023-06

Sorten	Anwendung	A in mm²
Feste Verlegung von Mantel- und Aderleitung	Meldestromkreise, Steuerstromkreise	0,5
	Lichtstromkreise, Steckdosenstromkreise	1,5
Potenzialausgleichsleiter	Antennenanlagen, Duschräume, Bäder	4,0
	Hauptpotenzialausgleich	6,0

Leitungen

Beschreibung

Aderleitungen bestehen aus einem Leiter und der ihn umgebenden Isolierung. Der Leiter kann unterschiedlich aufgebaut sein. Die Isolierung ist in den genormten Farben ausgeführt.

Eindrähtig	Mehrdrähtig	Feindrähtig	Feinstdrähtig
• Starre Ader • Feste Verlegung • Verdrahtung in Geräten • Flachverdratung	• Weniger starre Ader • Mechanisch leichtere Bearbeitung großer Querschnitte	• Gute Beweglichkeit der Ader • Anschlussortsveränderlicher Verbraucher, z. B. Bügeleisen	• Extreme Beweglichkeit • Messleitungen • Anschluss von ständig bewegten Sensoren, z. B. Endschalter
	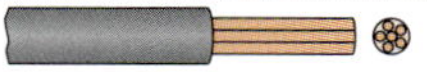		

Mantelleitungen enthalten zwei oder mehr Aderleitungen in einem Mantel. In der Installationstechnik verwendet man üblicherweise zweiadrige bis fünfadrige Mantelleitungen mit und ohne Schutzleiter.

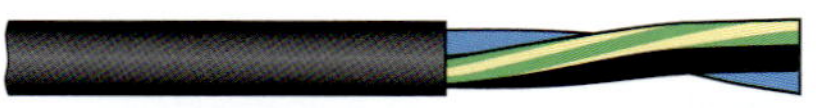

Aderkennzeichnung

DIN VDE 0239-308: 2003-01

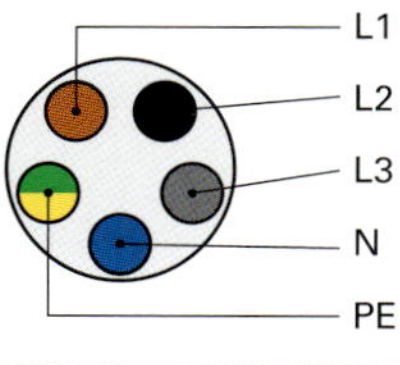

Kurzzeichen	Bezeichnung	Aderfarbe		Farbkürzel	
		deutsch	englisch		IEC757
L1	Außenleiter	braun	brown	bn	BN
L2	Außenleiter	schwarz	black	sw	BK
L3	Außenleiter	grau	grey	gr	GY
N	Neutralleiter	blau	blue	bl	BU
PE	Schutzleiter	grün-gelb	green-yellow	gn/ge	GNYE

Schaltpläne der Elektrotechnik

Schaltskizze

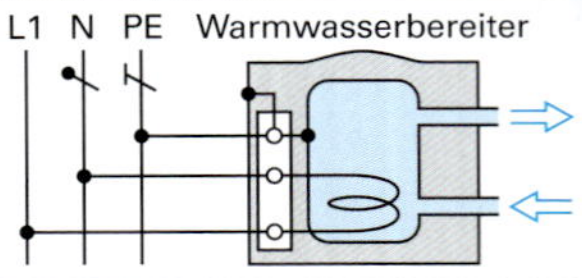

- Allpolige Darstellung
- Nicht genormt
- Erklärt die Anordnung des Anschlusses und die Wirkungsweise
- elektrischer Geräte
- Wird z. B. bei Heizungsanlagen zum Anschluss mitgeliefert

Stromlaufplan in aufgelöster Darstellung

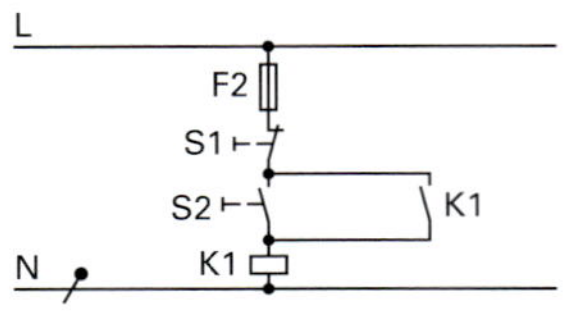

- Allpolige Darstellung
- Genormt
- Nach Stromwegen aufgelöst
- Waagerechte oder senkrechte Darstellung
- Aufgelöster räumlicher Zusammenhang
- Zuordnung über Betriebsmittelbezeichnungen

Installationsschaltplan

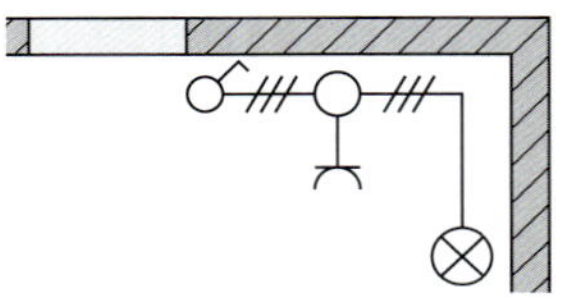

- Einpolige Darstellung
- Genormt
- Maßstabsgerechte Darstellung der Räumlichkeiten
- Lagegerecht eingezeichnete elektrische Betriebsmittel
- Wichtig bei der Planung und Dokumentation der Elektroinstallation
- eines Gebäudes.

Blockschaltplan

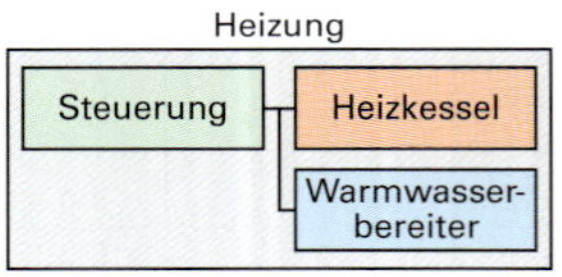

- Allpolige Darstellung
- Genormt und ungenormt
- Übersichtsschaltplan mit Blocksymbolen
- Die Blöcke stellen komplizierte elektronische Schaltungen dar.

Anschlussplan

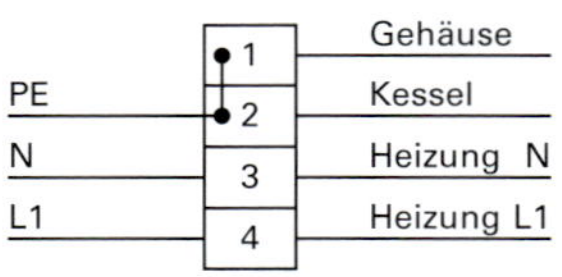

- Allpolige Darstellung
- Nicht genormt
- Zeigt alle von außen angeschlossenen Leitungsverbindungen.
- Eindeutige Kennzeichnung durch Zielbezeichnungen
- Leitungsartangabe möglich

Kabelplan

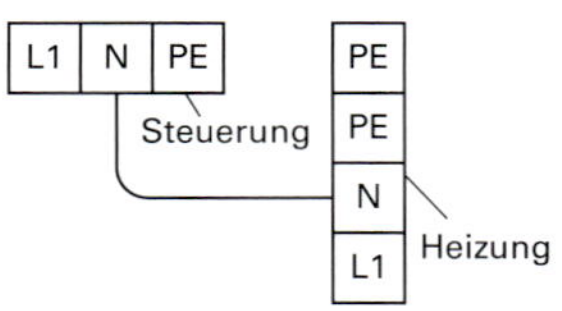

- Einpolige Darstellung
- Nicht genormt
- Eindeutige Kennzeichnung an den Leitungsenden
- Bezeichnung der angeschlossenen Baugruppen
- Kabelwege
- Lage der Baugruppen

Funktionsschaltplan

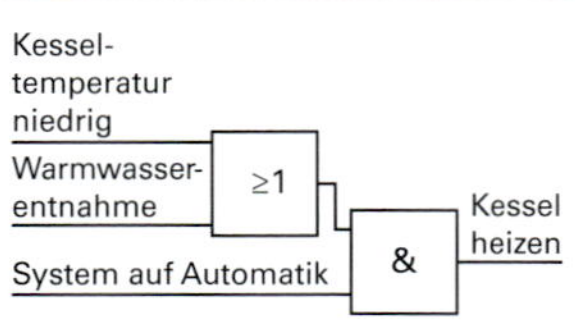

- Einpolige Darstellung
- Genormt
- Prozessorientierte Darstellung
- Ersetzt oder ergänzt Ablaufbeschreibung
- Folgt dem Signalfluss
- Leserichtung ↓ oder → oder der Pfeilrichtung nach

Zeitablaufplan

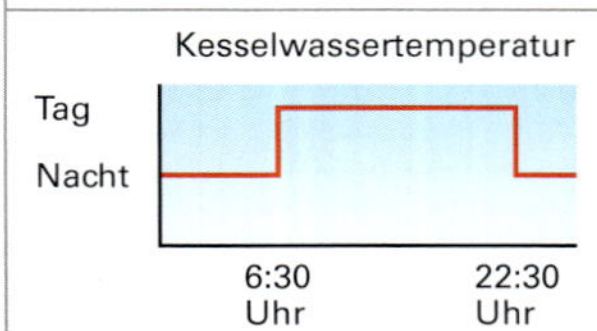

- Nicht genormt
- Darstellung der Verhaltensweise von Schrittschaltwerken
- Zeitgerechter Maßstab
- Grundlinie: Logisch 0 oder Pegel L
- Obere Grenze: Logisch 1 oder Pegel H
- Zeitachse: x-Achse oder besonders gekennzeichneter Verlauf

Kurzbezeichnung elektrischer Betriebsmittel

DIN EN 81346-2: 2010-05

Kürzel	Beschreibung	Anwendung	Alt
A	Kein Hauptzweck erkennbar, mindestens jedoch zwei Zwecke vorhanden	Touch-Screen	
B	Umwandlung einer Eingangsgröße in ein definiertes Signal zur Weiterverarbeitung	Motorschutzrelais Sensor Mikrofon	F B B
C	Speichern von Information, Energie, Material	USB Stick Festplatte Kondensator	D D C
E	Bereitstellung von Strahlungsenergie und Wärmeenergie	Laser Heizung Lampe	A E E
F	Selbstständiger Schutz eines Energieflusses oder Signalflusses vor unerwünschten Zuständen	Motorschutzschalter RCD Sicherung	Q F F
G	Erzeugen eines Energieflusses, Signalflusses, Materialflusses	Generator Solarzelle Batterie	G G G
K	Verarbeitung von Informationen oder Signalen (für Schutzzwecke = F)	Hilfsschütz Regler Kippstufe	K N D
M	Bereitstellung von mechanischer Energie zu Antriebzwecken	Motor Stellantrieb Hubmagnet	M Y B
P	Darstellung von Informationen	Signallampe Messgeräte	H P
Q	Kontrolliertes Schalten eines Signalflusses, Energieflusses, Materialflusses	Lichtschalter Leistungsschütz Stellventil	Q K Y
R	Begrenzung oder Stabilisierung von Materialfluss, Signalfluss, Energiefluss	Widerstand Drosselspule Rückschlagventil	R L
S	Umwandlung einer manuellen Betätigung in ein Signal zur Weiterverarbeitung	Taster Wahlschalter Maus	S S B
T	Umwandlung von Energie oder Information Energieart bzw. Informationsgehalt werden beibehalten	Verstärker AC-DC-Wandler Antenne	N U W
U	Halten von Objekten in definierter Lage	Isolator Mast Kabelwanne	
V	Verarbeitung von Materialien oder Produkten	Filter Drehmaschine	E E
W	Leiten von Energie oder Signalen	Energieleitungen Busleitungen	W W
X	Verbinden von Objekten	Steckdosen Klemmen	X X
I, O	**! Verwechselungsgefahr !** Nicht zur Kennzeichnung geeignet	Input Output	I O
D, J, Z	Reserve für spätere Normung		

Stecksysteme

Bezeichnung	Aufbau	Beschreibung
CEE	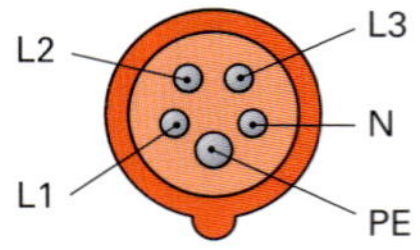	• Kennfarbe: Rot • Fünf Pole: L1, L2, L3, N, PE • Lage der Schutzkontaktbuchse: 6 h • Bemessungsspannung: 380 V bis 415 V • Bemessungsstromstärken: 16 A, 32 A, 63 A, 125 A • Frequenz: 50 Hz
CEE	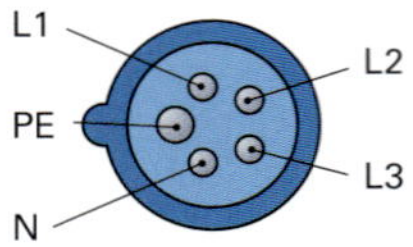	• Kennfarbe: Blau • Fünf Pole: L1, L2, L3, N, PE • Lage der Schutzkontaktbuchse: 9 h • Bemessungsspannungen: 200 V bis 250 V • Bemessungsstromstärken: 16 A, 32 A, 63 A, 125 A • Frequenz: 50 Hz
Perilex[1]	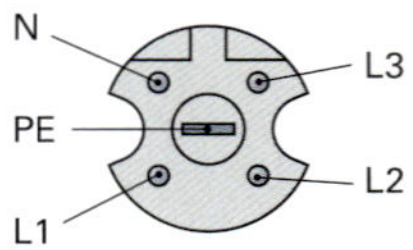	• Kennfarbe: keine • Fünf Pole: L1, L2, L3, N, PE • Lage des Schutzkontaktes: Mitte waagerecht • Bemessungsspannung: bis 400 V • Bemessungsstromstärke: 16 A • Frequenz: 50 Hz
Perilex[1]	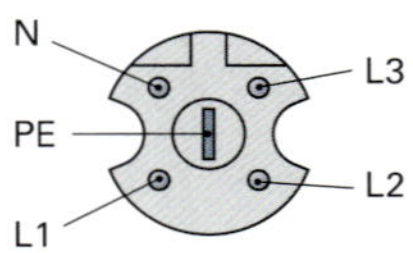	• Kennfarbe: keine • Fünf Pole: L1, L2, L3, N, PE • Lage des Schutzkontaktes: Mitte senkrecht • Bemessungsspannung: bis 400 V • Bemessungsstromstärke: 25 A • Frequenz: 50 Hz
Gerätesteck-vorrichtung	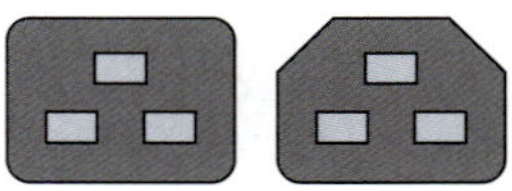	• Kennfarbe: keine • Drei Pole: L, N, PE • Lage des Schutzkontaktes: Mitte • Bemessungsspannung: bis 250 V • Bemessungsstromstärke: 16 A • Frequenz: 50 Hz • Stifttemperatur: 70 °C, 155 °C
Gerätesteck-vorrichtung		• Kennfarbe: keine • Drei Pole: L, N, PE • Lage des Schutzkontaktes: Mitte • Bemessungsspannung: bis 250 V • Bemessungsstromstärke: 10 A • Frequenz: 50 Hz • Stifttemperatur: 70 °C, 120 °C, 155 °C
Schutzkontakt-steckvorrichtung	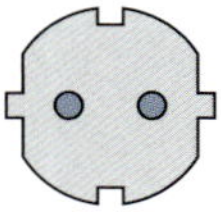	• Kennfarbe: keine • Drei Pole: L, N, PE • Lage des Schutzkontaktes: oben und unten • Bemessungsspannung: bis 250 V • Bemessungsstromstärke: 16 A • Frequenz: 50 Hz
Gerätesteck-vorrichtung	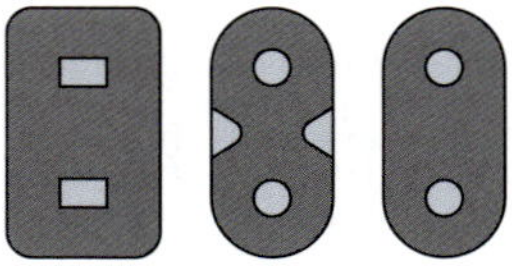	• Kennfarbe: keine • Zwei Pole: L, N • Lage des Schutzkontaktes: entfällt • Bemessungsspannung: bis 250 V • Bemessungsstromstärken: 6 A, 2,5 A, 0,2 A • Frequenz: 50 Hz • Stifttemperatur: 70 °C

[1] Perilex-Steckverbindungen dürfen seit 1975 in der Industrie nicht mehr neu eingebaut werden. CEE-Stecksysteme werden in allen Bereichen eingesetzt (CEE = Commission Internationale pour la Réglementation et la Contrôle de l´Equipement Electrique). Die IECEE ist die CEE-Nachfolgeorganisation.

ET

<table>
<tr><th colspan="3">Installationsschaltungen</th></tr>
<tr><td>Ausschaltung</td><td>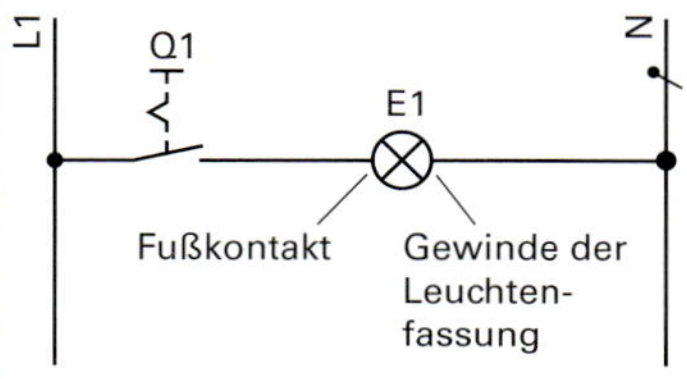
</td><td>

- Ein- und Ausschalten von einer Schaltstelle
- Einen Verbraucher oder eine Gruppe von Verbrauchern gleichzeitig
- Als Heizungsnotschalter in mehrpoliger Ausführung

Sie besteht aus einem Ausschalter, einem Verbraucher oder einer Verbrauchergruppe und den dazugehörigen Leitungen.</td></tr>
<tr><td>Wechsel-Schaltung</td><td>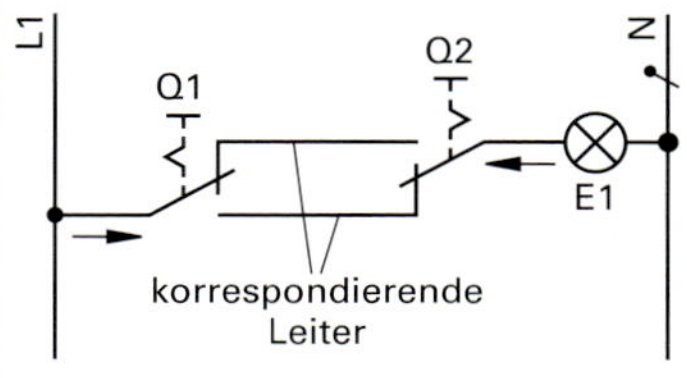
</td><td>

- Ein- und Ausschalten von zwei Schaltstellen
- Einen Verbraucher oder eine Gruppe von Verbrauchern gleichzeitig
- Durchgangsraum mit zwei Türen (Kellertreppe)

Sie besteht aus zwei Wechselschaltern, einem Verbraucher oder einer Verbrauchergruppe und den dazugehörigen Leitungen.</td></tr>
<tr><td>Steckdose</td><td>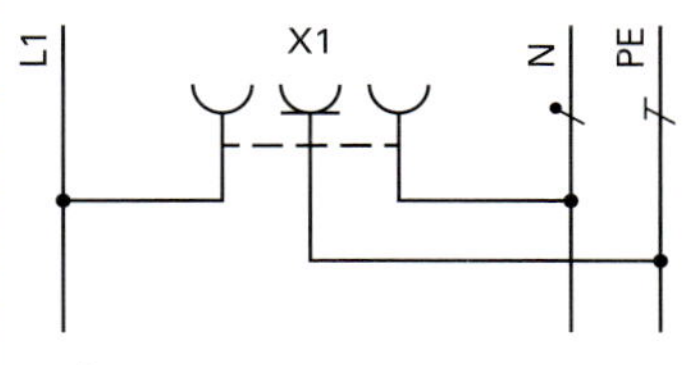
</td><td>

- Energieversorgung transportabler Verbraucher
- Bohrmaschine, Kreissäge, Staubsauger
- 230 V, 16 A

Steckdosen im Außenbereich sollten von innen schaltbar ausgelegt sein (Einbruchschutz).
Zu jeder fest verlegten Steckdose muss ein grün-gelber Schutzleiter verlegt werden.</td></tr>
<tr><td colspan="3">Als Installationsschaltungen werden die im Haushalt üblichen Schaltungen zur Beleuchtungssteuerung, Energieversorgung durch Steckdosen, zum Schalten von Dunstabzugshauben usw. bezeichnet.</td></tr>
<tr><th colspan="3">Schützschaltungen</th></tr>
<tr><td>Tastschaltung</td><td>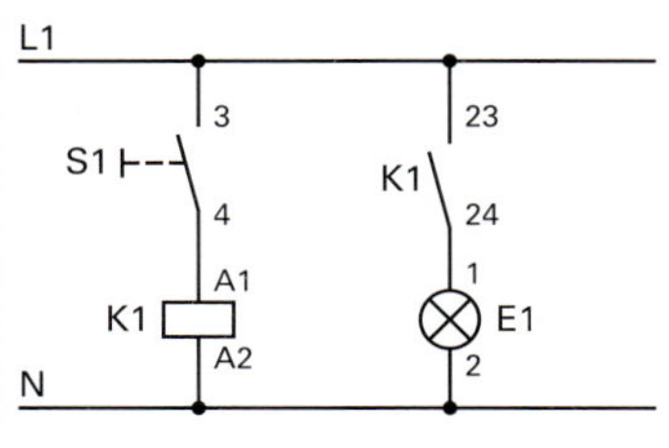
</td><td>

- Es ist die einfachste der Schützschaltungen.
- Der Verbraucher erhält nur so lange Energie, wie der Steuerkontakt betätigt wird.

Verbraucher, deren Funktion vom Bediener überwacht werden muss, oder die von einer physikalischen Größe geschaltet werden.

Anwendung:
elektrischer Durchlauferhitzer mit druck- bzw. durchflussabhängiger Steuerung.</td></tr>
<tr><td>Selbsthaltung</td><td>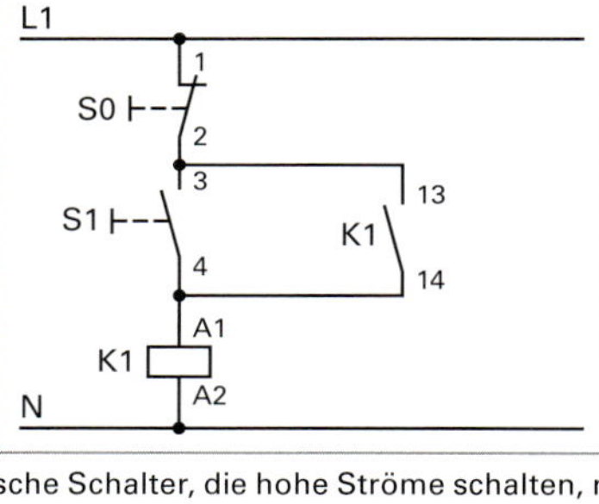
</td><td>

- Sie funktioniert wie eine Ausschaltung.
- Eintaster einschalten
- Austaster ausschalten

Ein Schließer des Schützes (Selbsthaltekontakt) schaltet einen Strompfad parallel zum Eintaster und überbrückt ihn.

Anwendung:
Schalten der Energieversorgung einer Bewässerungsanlage eines Treibhauses.</td></tr>
<tr><td colspan="3">Elektromagnetische Schalter, die hohe Ströme schalten, nennt man Schütze. Sie zeichnen sich durch hohe Schalthäufigkeit und hohe Zuverlässigkeit aus. Man unterscheidet Lastschütze und Steuerschütze.</td></tr>
</table>

ET

Transformator

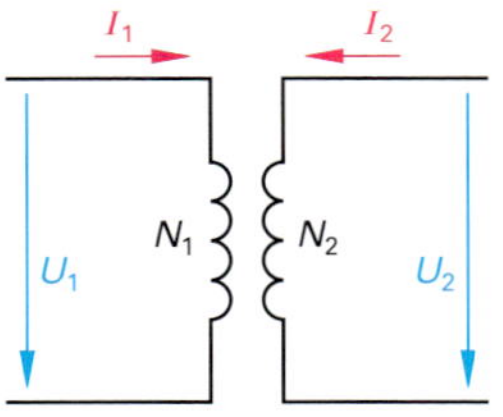

Wandelt, bei gleichbleibender Frequenz, Stromwerte und Spannungswerte um.

- N_1 Windungszahl der Primärseite
- N_2 Windungszahl der Sekundärseite
- U_1 Primärspannung in V
- U_2 Sekundärspannung in V
- I_1 Primärstrom in A
- I_2 Sekundärstrom in A

Spannungsübersetzung

$$\frac{N_1}{N_2} = \frac{U_1}{U_2}$$

Stromübersetzung

$$\frac{N_1}{N_2} = \frac{I_2}{I_1}$$

Wechselrichter

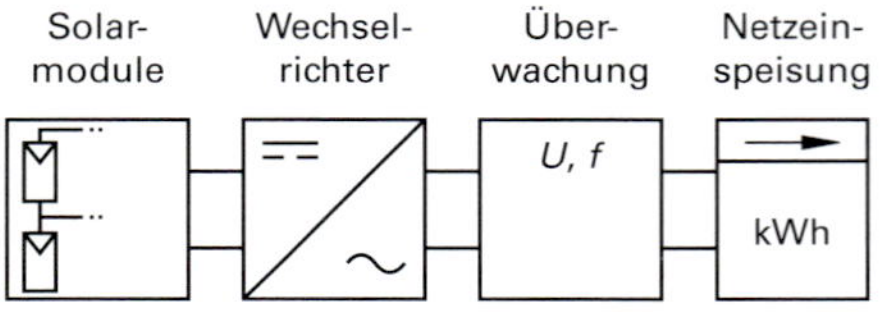

Wandeln Gleichstrom bzw. Gleichspannung in Wechselstrom bzw. Wechselspannung um.

Insellösung:
selbstgeführt, z. B. Netzspannungserzeugung in einem Fahrzeug.

Netzeinspeisewechselrichter:
fremdgeführt (Spannungshöhe, Frequenz und Phasenlage stimmen mit der Netzspannung überein) z. B. Fotovoltaik.

Frequenzumrichter

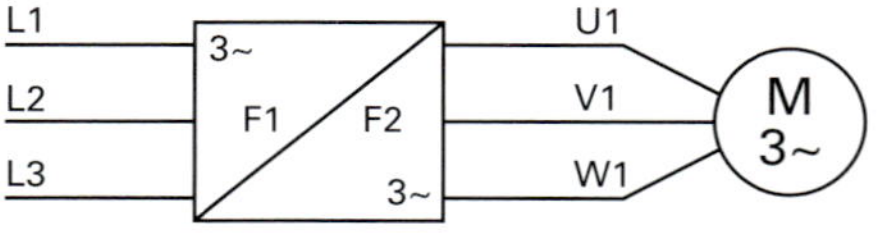

Ändern Spannungshöhe und Frequenz der Betriebsspannung. Ein Wirkungsgrad von 98 % ist möglich.

Ermöglicht eine flexible Motorsteuerung, da das Drehfeld im Frequenzumrichter elektronisch erzeugt wird.

Die Energieeinsparung kann z. B. bei der Kälteerzeugung, der Kompessor läuft kontinuierlich, durchaus 40 % betragen.

Leistungssteuerung

Phasenanschnitt-Steuerung

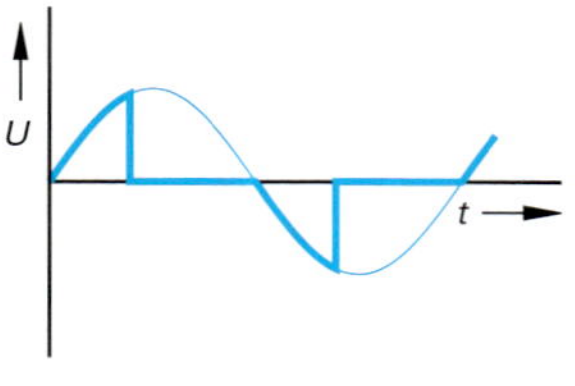

Während jeder Periode der Wechselspannung steuert ein elektronischer Schalter die Einschaltdauer. Die Leistung wird über die Nutzungsdauer der Periode gesteuert.

Vorteile: einfacher Aufbau, geringe Verlustleistung.

Nachteile: keine Sinusform, Störungen durch Oberwellen.

Vollwellen-Steuerung

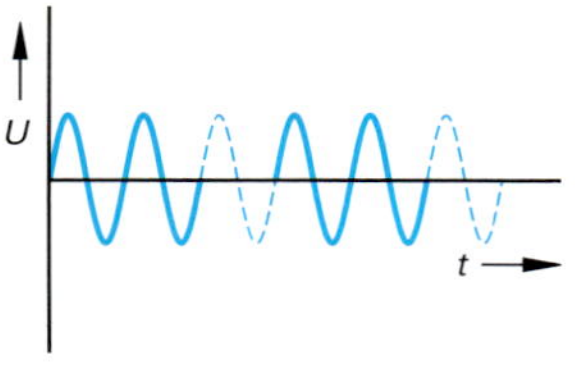

Eine oder mehrere vollständige Perioden werden im Nulldurchgang geschaltet.

Vorteile: Eine Belastung durch Oberwellen entfällt, die Kurvenform bleibt sinusförmig.

Nachteile: Wahrnehmbare Helligkeitsschwankungen.

Anwendung: Temperaturregelung, z. B. Heizungsregelung.

Elektromotoren

Leistungsschild

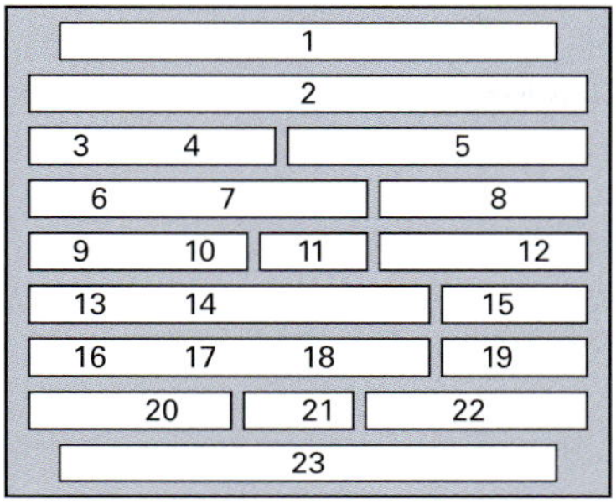

01	Hersteller	14	Drehzahl
02	Typ, Baugröße	15	Frequenz
03	Stromart	16	Erregung
04	Arbeitsweise		Läufer
05	Baujahr, Fertigungs-Nr.	17	Läuferwicklung
06	Schaltung der Wicklung	18	Erregerspannung
07	Bemessungsspannung		Stillstandsspannung
08	Bemessungsstrom	19	Erregerstrom
09	Bemessungsleistung		Läuferstrom
10	mit Einheit	20	Isolierstoffklasse
11	Betriebsart	21	Schutzart
12	Leistungsfaktor	22	Gewicht
13	Drehrichtung	23	Zusätzliche Vermerke

Bei der Auswahl von Sicherungen usw. ist das Feld Bemessungsstrom (08) besonders wichtig.

Gleichstrommotor (Gleichstrom-Nebenschlussmaschine)

Schaltung

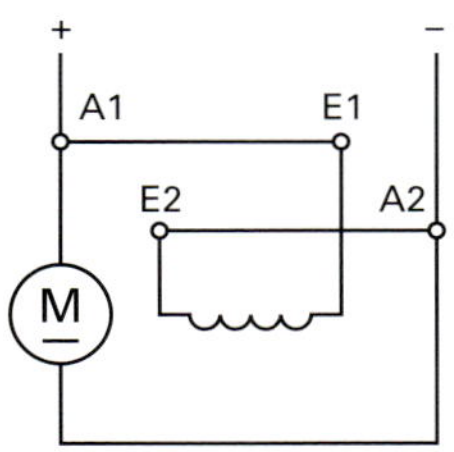

Kennlinie

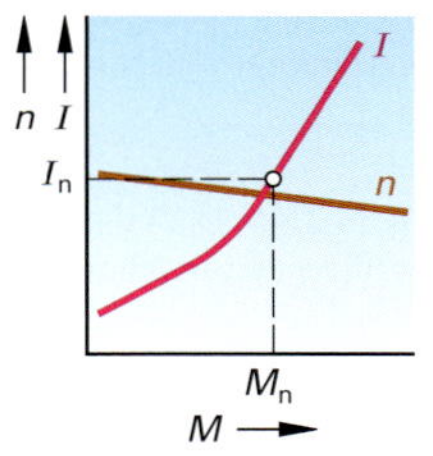

Beschreibung

- Universeller Einsatz in Automatisierungstechnik
- Für höhere Ansprüche als Servomotor, Robotertechnik, SPS, Weltraumtechnik
- Sehr gut steuer- und regelbar
- Einfache Anpassung an Arbeitsmaschinen
- Leistungsbereich zwischen 1 W und 1 MW
- Der Anlaufstrom darf den 1,5-fachen Wert des Nennstromes nicht übersteigen.

Einphasen-Wechselstrommotor (Universalmotor)

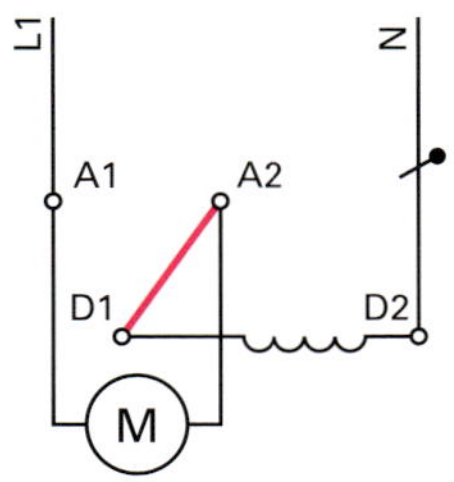

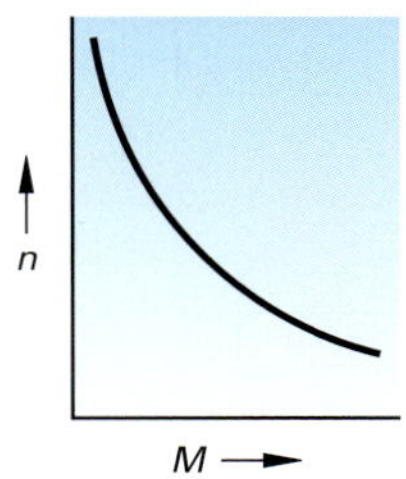

- Universeller Einsatz (Industrie, Büro, Haushalt, Gewerbe)
- Pumpen, Kompressoren, Lüfter, Werkzeuge
- Am Netz nur mit Frequenzumrichtern regelbar
- Läuft mit Schlupf.
- Leistungsbereich bis 1 kW

Drehzahl 1500 min^{-1} oder 3000 min^{-1}

Als Schlupf bezeichnet man die Drehzahldifferenz zwischen Ständerdrehfeld und Läufer. Der Schlupf wird in % angegeben.

Drehstrommotor (Drehstrom-Asynchronmaschine mit Käfigläufer)

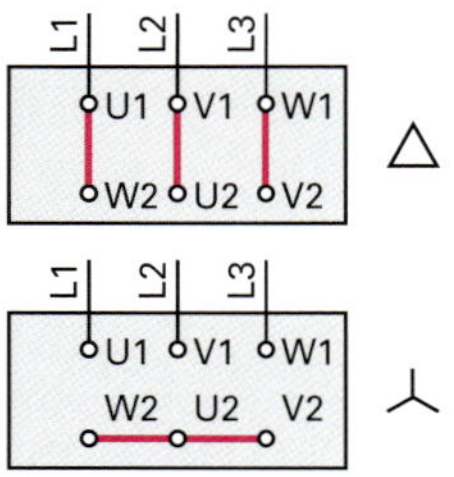

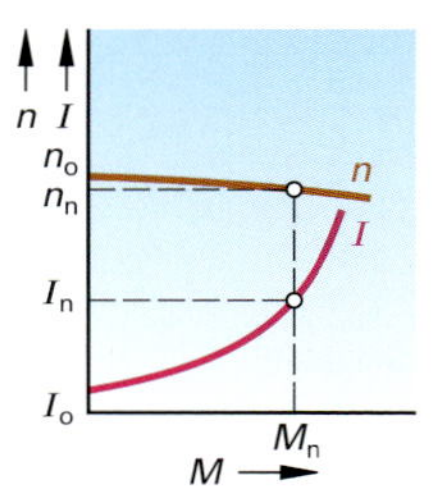

- Universeller Einsatz in Industrie und Gewerbe
- Preisgünstig, hohe Lebensdauer, robust
- Kompakt, leistungsstark, sehr zuverlässig
- Am Netz nur mit Frequenzumrichtern regelbar.
- Läuft mit Schlupf.
- Leistungsbereich von 500 W bis 10 MW
- Über 4 kW Stern-Dreieckanlauf

Als Schlupf bezeichnet man die Drehzahldifferenz zwischen Ständerdrehfeld und Läufer.

Der Schlupf wird in % angegeben.

ET

Elektronikbauteile

Kondensator

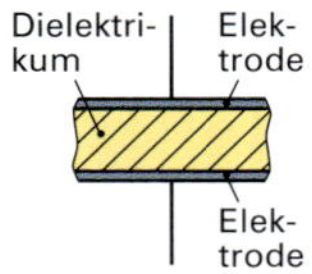

Speichert elektrische Energie. Sein Speichervermögen nennt man Kapazität. Angaben zur Spannungsfestigkeit beziehen sich auf die Spitzenspannungen.

Anwendungen:
Spannungsglättung, Anlauf von Motoren, Aufbau zeitabhängiger Schaltungen, Sensorfunktion (Druck, Abstand, Füllstand)

Sein Widerstand ist frequenzabhängig

Diode

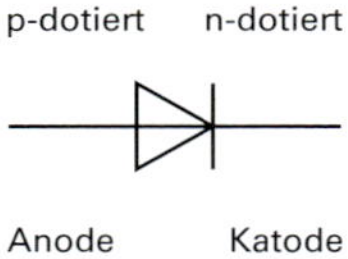

Dioden sind Halbleiter-Bauteile, die den Strom nur in einer Richtung leiten (Anode positiver gegenüber der Kathode). Zu hohe Ströme zerstören die Sperrschicht.

Anwendungen:
Wenn Ventilfunktionen für den elektrischen Strom benötigt werden, z. B. in Gleichrichtern (siehe Beispiel), zum Ableiten der Gegeninduktion von Relaisspulen, zur Spannungsstabilisierung.

LDR (Light Dependent Resistor)

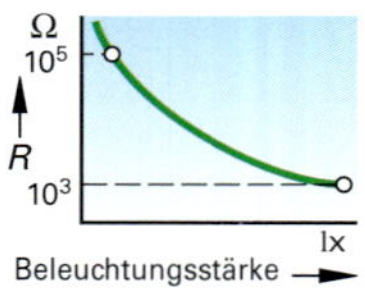

Lichtabhängiger Halbleiterwiderstand, dessen Widerstand mit stärkerem Lichteinfall kleiner wird. Der LDR reagiert auf Lichtänderungen träge (> 100 Millisekunden). Seine Empfindlichkeit ist wellenlängenabhängig. Es gibt deshalb verschiedene Baureihen für UV-Licht, IR-Licht …

Anwendungen:
Lichtschranken, Flammenwächter, Dämmerungssensor

PTC, NTC

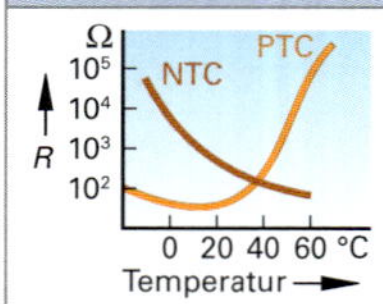

Positive Temperature Coefficient (Kaltleiter) leitet bei steigender Temperatur schlechter.
Negative Temperature Coefficient (Warmleiter) leitet bei steigender Temperatur besser.

Anwendungen:
PTC: Überlastschutz bei Motoren, selbstregulierende Heizelemente
NTC: Einschaltstrombegrenzung, Sensor

Farbcode für Widerstände — DIN EN 60062: 2020-03

Farbe		Widerstand mit 4 Farbringen: Ziffer 1	Ziffer 2	Multiplikator	Toleranz	Widerstand mit 5 oder 6 Farbringen: Ziffer 1	Ziffer 2	Ziffer 3	Multiplikator	Toleranz
Keine					± 20 %					± 20 %
Silber	SR			10^{-2}	± 10 %				10^{-2}	± 10 %
Gold	GD			10^{-1}	± 5 %				10^{-1}	± 5 %
Schwarz	BK		0	10^{0}			0	0	10^{0}	
Braun	BN	1	1	10^{1}	± 1 %	1	1	1	10^{1}	± 1 %
Rot	RD	2	2	10^{2}	± 2 %	2	2	2	10^{2}	± 2 %
Orange	OG	3	3	10^{3}		3	3	3	10^{3}	
Gelb	YE	4	4	10^{4}		4	4	4	10^{4}	
Grün	GN	5	5	10^{5}	± 0,5 %	5	5	5	10^{5}	± 0,5 %
Blau	BU	6	6	10^{6}	± 0,25 %	6	6	6	10^{6}	± 0,25 %
Violett	VT	7	7	10^{7}	± 0,1 %	7	7	7	10^{7}	± 0,1 %
Grau	GY	8	8	10^{8}	± 0,05 %	8	8	8	10^{8}	± 0,05 %
Weiß	WH	9	9	10^{9}		9	9	9	10^{9}	

Beispiel: (4 Farbringe)
orange, orange, orange, silber
3 3 10^{3} ± 10 %
33 kΩ ± 10 %

Beispiel: (5 Farbringe)
braun, schwarz, schwarz, gelb, violett
1 0 0 10^{4} ± 0,1 %
1 MΩ ± 0,1 %

Schreibweise von Messwerten

Größenwert = Zahlenwert · Einheit $U = 0{,}0234\ \text{V} \rightarrow U = 23{,}4\,\text{mV}$	Ist der Zahlenwert < 0,1 oder > 1000 sollen Vorsätze verwendet werden ($0{,}001 = 1 \cdot 10^{-3}$, $100\,000 = 1 \cdot 10^{5}$).

Messfehler (Beispiele)

Messergebnisse sind fehlerbehaftet. Es ist nicht möglich, den wahren Wert einer Größe zu messen.

Bedienungsfehler		**Konstruktionsbedingt (Herstellungskosten)**	**Systematisch**
Messbereichswahl	**Parallaxefehler**		
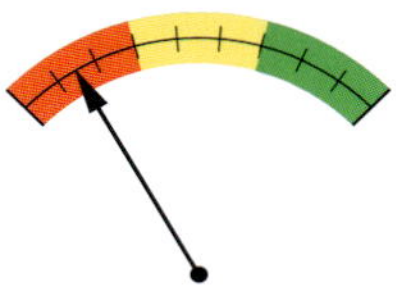	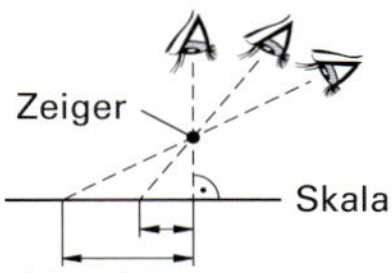	• Lagerreibung • Genauigkeit der Skalen • Toleranz der Bauelemente • Verwendetes Material • Sensorentoleranz (wird berücksichtigt in der Genauigkeitsklasse)	• Aufbau der Schaltung • Alterung der Geräte • Falsche Justierung • Konstant im Verlauf der Messung • Gleiches Vorzeichen • Korrigierbar

Begriffe der Messtechnik

Absoluter Fehler	Abweichung des Messwertes vom Mittelwert. Er ist auf den Eingangswert des Messgerätes bezogen mit Betrag, Größe und Einheit.
Anzeigenbereich	Bereich eines Messgerätes, in dem die Messgröße abgelesen werden kann.
Direkt messen	Das Messergebnis ist unmittelbar am Messmittel ablesbar (Längenmessung mit Metermaß).
Eichen	Die zuständige Eichbehörde prüft und kennzeichnet das Messgerät entsprechend der gültigen Eichvorschriften.
Empfindlichkeit	Anzeigenänderung dividiert durch Eingangsgrößenänderung. Die Empfindlichkeit korreliert nicht mit der Genauigkeit. Ein sehr empfindliches Messgerät kann äußerst ungenau sein (Galvanometer).
Fehlerrechnung	Jede Messung ist fehlerbehaftet. Durch die Fehlerrechnung lässt sich die Lage des wahren Wertes auf einen errechneten Bereich festlegen. Abweichungen sind damit beschrieben. Die Brauchbarkeit des Messwertes ist so eindeutig bestimmt.
Genauigkeit	Grad der Übereinstimmung zwischen angezeigtem und richtigem Wert.
Genauigkeitsklasse	Die Genauigkeitsklasse ist eine Klasse von Messgeräten, die vorgegebene messtechnische Forderungen erfüllen, sodass die Messabweichungen dieser Messgeräte innerhalb festgelegter Grenzen bleiben.
Grundfehler	Summe der systematischen Fehler und der zufälligen Fehler einer Messanordnung.
Indirekt messen	Widerstandsbestimmung durch Strom- und Spannungsmessung.
Justieren	Einstellen eines Messgerätes durch einen Fachmann, um möglichst geringe Abweichungen vom richtigen Wert zu erreichen.
Kalibrieren	Feststellen der Messabweichungen an einem Messgerät ohne einen technischen Eingriff am Gerät. Die Abweichungen werden nur protokolliert.
Messbereich	Bereich eines Messgerätes, an dem die Messgröße abgelesen werden kann und in dem die vereinbarten Fehlergrenzen eingehalten werden.
Messgerät	Beinhaltet alle zur Gewinnung der Messwerte notwendigen Baugruppen.
Messgröße	Die physikalische Größe, die durch eine Messung erfasst wird.
Messprinzip	Die zur Messung genutzte physikalische Erscheinung.
Messverfahren	Umfasst alle zur Gewinnung eines Messwertes notwendigen Maßnahmen.
Messwerk	Bewegliches Organ und die zur Bewegung notwendigen Teile sowie die Skala.
Quantisierungsfehler	Rundungsfehler bei der Analog-Digital-Umwandlung, da nur endliche Dezimalbrüche verwendet werden können.
Relativer Fehler	Verhältnis des absoluten Fehlers zum tatsächlichen Wert der Eingangsgröße. **!Einheitslos!**
Wahrer Wert	Ideeller Wert der Messgröße, kann mit einem Messgerät nicht ermittelt werden.

Gegenüberstellung von analogen und digitalen Messgeräten

Analog		Digital	
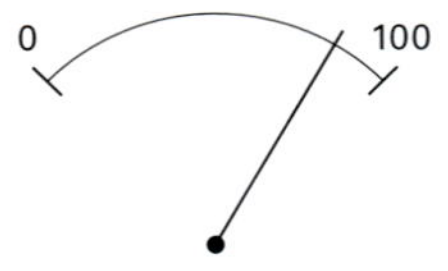	Der Messwert folgt der Eingangsgröße stetig. Zwischenwerte können interpoliert werden. Der Messwert muss abhängig vom Messbereich ermittelt werden.		Der Messwert folgt der Eingangsgröße schrittweise. Zwischenwerte können nicht ermittelt werden. Der Messwert kann direkt abgelesen werden.

Vorteile

Analog:
- Änderungen der zu messenden Größe bewirken eine träge Zeigerbewegung.
- Tendenzen lassen sich deutlich erkennen und abschätzen.
- Überwachen kleinster Größenänderungen

Digital:
- Keine Ablesefehler
- HOLD-Funktion ermöglicht späteres Ablesen bei widrigen Messbedingungen.
- Einfache Messgeräte sind sehr preisgünstig.
- Robust gegen raue Betriebsbedingungen.

Nachteile

Analog:
- Der Messwert muss errechnet werden, dadurch erhöht sich die Fehlerwahrscheinlichkeit (Messwert = Skalenkonstante · Skalenteile)
- Die Abhängigkeit der Mechanik von der Nennlage wirkt sich im Service nachteilig aus

Digital:
- Sich verändernde Eingangsgrößen führen zu sprunghaften Anzeigenänderungen.
- Messwertänderungen können nicht sinnvoll interpretiert werden
- Interne Spannungsversorgung

Genauigkeit

Analog:
- Der Gerätehersteller gibt die Genauigkeitsklasse des Messgerätes an.
- Sie bestimmt die Garantiefehlergrenzen bezogen auf den Messbereichsendwert.

Digital:
- Der Anzeigefehler setzt sich zusammen aus dem bauteilbedingten Fehler in % bezogen auf den Messwert und den auflösungsbedingten Fehler (mindestens ± 1 Digit) zusammen.

Beispiel (Analog):

Genauigkeitsklasse 1, Messbereich 300 V,

absoluter Fehler: ± 1% von 300 V = ± 3 V = 6 V (an jedem Punkt der Skala gleich)

Der relative Fehler ist anzeigenabhängig.

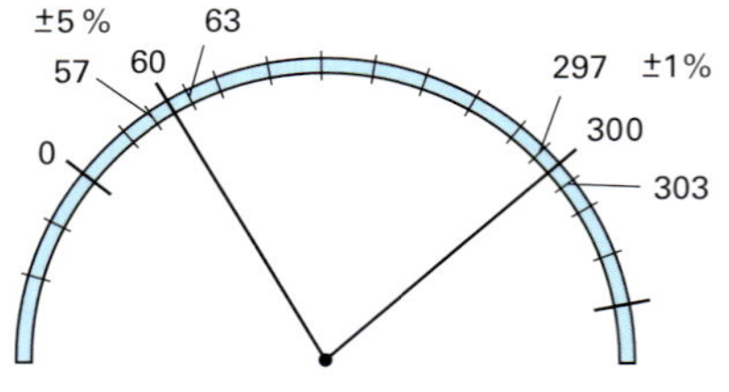

Beispiel (Digital):

Anzeige: 3 Stellen, Messbereich 300 V,
Genauigkeit ± (0,1 % + 1 Digit), absoluter Fehler:
± (Grundfehler + Quantisierungsfehler)
(abhängig von der Anzeige)
Der relative Fehler ist anzeigenabhängig.

	Anzeige 30 V	Anzeige 300 V
Grundfehler	0,1 % von 30 V = 0,03 V	0,1 % von 300 V = 0,3 V
Quantisierungsfehler	1 Digit = 1 V	1 Digit = 1 V
Absoluter Fehler	± (0,03 V + 1 V) = 2,06 V	± (0,3 V + 1 V) = 2,6 V
Relativer Fehler	2,06 V von 30 V = 6,9 %	2,6 V von 300 V = 0,9 %

Möglichst am Messbereichsende messen.

Duspol

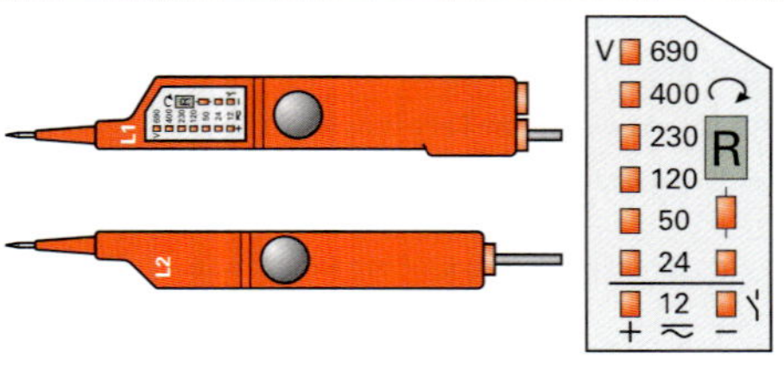

- Wechselspannungsmessung zwischen 5 V u. 690 V
- Gleichspannungsmessung zwischen 1,5 V u. 750 V
- HOLD-Funktion
- Definierte Auslösung eines 30-mA-Fehlerstromschutzschalters
- Sichere Phasenprüfung
- Polaritätsprüfung
- Durchgangsprüfung
- Lastzuschaltung verhindert Fehlmessungen durch induktive und kapazitive Blindspannungen.

Skalensymbole

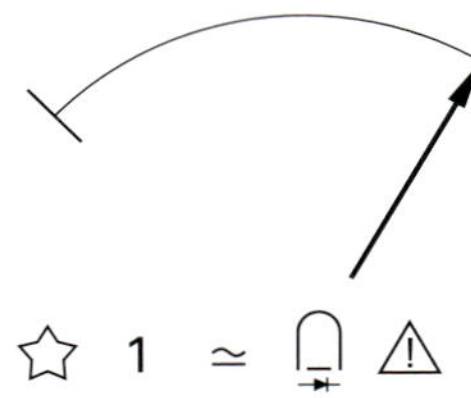

☆ 3	Prüfspannung 3 kV	—	Gleichspannung
⊥	Gebrauchslage senkrecht	⊓	Gebrauchslage waagerecht
☆ 0	Keine Prüfung	~	Wechselspannung
∠ 30°	Gebrauchslage 30°		Nullpunkteinstellung

- Gebrauchsanweisung beachten
- Drehspulmesswerk mit Gleichrichter
- Wechsel- und Gleichgrößen
- Klassengenauigkeit
- Prüfspannung 500 V

Messen mit dem Multimeter (Vielfachinstrument)

Spannungsmessung	Strommessung	Widerstandsmessung
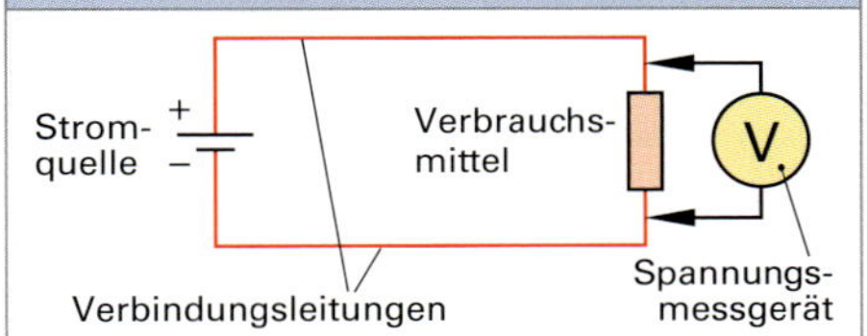	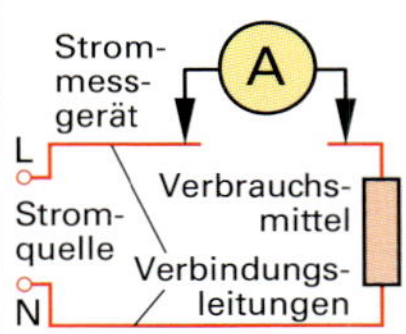	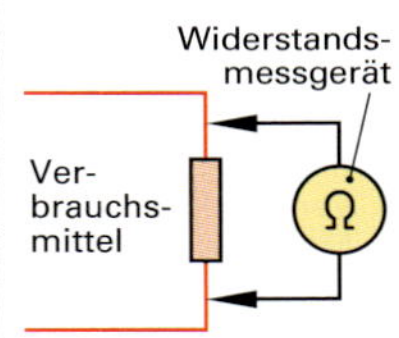

Spannungsmessung	Strommessung	Widerstandsmessung
Messgerät und Messleitungen auf Fehler überprüfen.		
Mechanischen Nullpunkt überprüfen und möglicherweise einstellen.		
Gleich- (DC) oder Wechselspannung (AC) einstellen.	Gleich- (DC) oder Wechselstrom (AC) einstellen.	Widerstandsmessung einstellen.
Größten Spannungsmessbereich einstellen.	Größten Strommessbereich einstellen.	Geschätzten Widerstandsmessbereich einstellen.
Messobjekt möglichst spannungsfrei schalten.		Spannungsfrei schalten.
Messgerät nach Skizze anschließen.		
Polarität oder Phasenlage prüfen.		(bei Halbleitern)
Spannungsversorgung des Messobjekts einschalten.		Batteriestatus prüfen.
Messbereich so wählen, dass der Messwert so genau wie möglich abgelesen werden kann (z.B. letztes Skalen- Messbereichsdrittel, unlineare Skalen erfordern besondere Aufmerksamkeit).		
		Elektrischen Nullpunkt prüfen bzw. einstellen.
Stabilisierung der Anzeige abwarten und den Messwert bestimmen.		

ET

Messtechnik – Anwendungen

Messprotokolle erstellen

- Bezeichnung des Auftrags
- Datum der Durchführung
- Ort der Durchführung
- Name des Durchführenden
- Angaben zu Uhrzeit, Umgebungstemperatur und weiteren Variablen kann notwendig sein.

- Sinn der Messung
- Was soll untersucht werden?
- Möglicherweise die erwarteten Ergebnisse

- Wichtige theoretische Grundlagen
- Begriffserklärungen
- notwendige Grenzwerte
- Benutzte Formeln

- Beschreibung des Versuchsaufbaus mit Skizze oder Fotos
- Zeitlicher Verlauf
- Verwendete Geräte eindeutig beschreiben
- Mögliche Besonderheiten erklären

- Auswertung logisch strukturieren
- Berechnungen an einem Beispiel zeigen
- Messergebnisse in Tabelle dokumentieren
- Diagramm zeichnen
- „Ausreißer“ begründen (z. B. Messbereich umgeschaltet), keinesfalls anpassen oder verschweigen
- Erarbeitetes Ergebnis mit dem theoretischen Ergebnis vergleichen

- Ergebnis zusammenfassen
- Schlussfolgerungen ziehen

Unterschrift

Warum wurde etwas wie, wo, wann und von wem gemessen?

Diese Frage beantwortet ein Messprotokoll so genau wie möglich.

Eine durchgeführte Untersuchung, ein Versuch, eine Messreihe müssen später unter gleichen Bedingungen von anderen Leuten an einem anderen Ort wiederholt werden können und zu gleichen Ergebnissen führen.

Ein Messprotokoll ist unbrauchbar, wenn Daten erfunden, verfälscht, nicht verwendet wurden. Auch bei Manipulation der Darstellung oder der Auswertung ist dies der Fall.

Kennlinienaufnahme

Welche Größe wird schrittweise verändert vorgegeben? (Spannung U_f)

Welche Größe wird abhängig davon gemessen? (Strom I_f)

Schrittweite der vorgegebenen Größe festlegen (U_f in 0,1-V-Schritten erhöhen)

Messbereiche festlegen, die einen aussagefähigen Graphen (1) erwarten lassen.

Möglicherweise testen.

Während der Aufnahme der Messreihen die Messwerte in einer Tabelle festhalten.

Messwerte danach in das Koordinatensystem eintragen.

Der Graph mittelt die eingezeichneten Punkte, ohne die „Ausreißer“ (2) zu berücksichtigen.

Ausreißer in der Auswertung begründen.

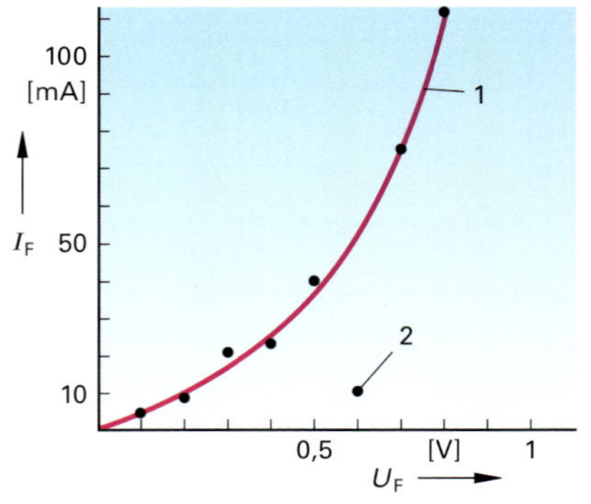

Eine Kennlinie stellt das Verhältnis von zwei physikalischen Größen in einem zweidimensionalen Koordinatensystem dar. Die Größen sind kennzeichnend für ein Bauteil, eine Baugruppe, ein Gerät oder eine mathematische Funktion.

Sie werden aus einer Reihe von berechneten oder gemessenen Werten erstellt.

Anwendung finden sie z. B. bei der Einstellung von Heizungsanlagen.

Prüfung für elektrische Anlagen und Betriebsmittel		
Anlagen, Betriebsmittel	**Prüffrist**	**Art der Prüfung, Prüfer**
Allgemein	Vor der ersten Inbetriebnahme	Auf ordnungsgemäßen Zustand (a, b)
	Nach einer Änderung oder Instandsetzung	
Ortsfeste elektrische Betriebsmittel und elektrische Anlagen	Mindestens alle 4 Jahre	Auf ordnungsgemäßen Zustand (a). Durch Messen der Schleifenimpedanz von L1, L2, L3 gegen N und gegen PE
Nicht ortsfeste Betriebsmittel, Verlängerungsleitungen und Anschlussleitungen mit ihren Steckvorrichtungen	Wenn sie benutzt werden, mindestens alle 6 Monate	Auf ordnungsgemäßen Zustand (a, c)
Schutzmaßnahmen mit Fehlerstromschutzeinrichtungen bei nicht stationären Anlagen	Mindestens einmal im Monat	Auf Wirksamkeit (a, c)
Fehlerstrom- und Fehlerspannungsschutzeinrichtungen bei stationären Anlagen	Mindestens alle 6 Monate	Auf einwandfreie Funktion durch Betätigung der Prüfeinrichtung (d)
Fehlerstromschutzeinrichtungen und Fehlerspannungsschutzeinrichtungen bei nicht stationären Anlagen	Arbeitstäglich	Auf einwandfreie Funktion durch Betätigung der Prüfeinrichtung (d)
Isolierende Schutzkleidung	Wenn sie benutzt wird, alle 6 Monate.	Auf sicherheitstechnisch einwandfreien Zustand (a)
	Vor jeder Benutzung	Auf augenfällige Mängel (d)
Spannungsprüfer, isolierende Werkzeuge, isolierende Schutzeinrichtungen, Betätigungsstangen, Erdungsstangen	Vor jeder Benutzung	Auf augenfällige Mängel und einwandfreie Funktion (d)
Spannungsprüfer für Nennspannungen über 1000 V	Mindestens alle 6 Jahre	Auf Einhaltung der vorgeschriebenen Grenzwerte (a)
Elektrowerkzeug auf Baustellen	Alle 6 Monate oder 3 Monate bei besonderer Belastung auch in kürzeren Abständen	Prüfung der angewendeten Maßnahme zum Schutz bei indirektem Berühren (a) Prüfung auf mechanische Beschädigung (d)
Elektrowerkzeug im stationären Betrieb	Alle 6 Monate	Prüfung der angewendeten Maßnahme zum Schutz bei indirektem Berühren (a) Prüfung auf mechanische Beschädigung (d)
Büromaschinen	Alle 1 bis 2 Jahre	Prüfung der angewendeten Maßnahme zum Schutz bei indirektem Berühren (a) Prüfung auf mechanische Beschädigung (d)
Fertigungseinrichtungen	Alle 1 bis 2 Jahre	Sichtkontrolle und Prüfung des Schutzleiteranschlusses in Steckdosen mittels Prüfgerät (a)

Als Prüfer kommen infrage:
a) Elektrofachkraft
b) Person unter Leitung oder Aufsicht einer Elektrofachkraft
c) Elektrotechnisch unterwiesene Person, wenn geeignete Geräte verwendet werden
d) Benutzer

Geräteprüfung

nach DIN VDE 0701-0702: 2008-06

Allgemeines

- Die Reihenfolge der Prüfungen ist einzuhalten.
- Nur nach erfolgreichem Abschluss darf die nächste Prüfung begonnen werden.
- Kann eine Einzelprüfung nicht vorgenommen werden, entscheidet der Prüfer ob das Gerät benutzt werden darf. Die Entscheidung ist zu protokollieren und zu begründen.
- Geprüft wird nach einer Instandsetzung, nach einer Änderung und als Wiederholungsprüfung.

Sichtprüfung

- Prüfen auf äußere Mängel von Gerät und Zubehör, möglichst die Eignung des Gerätes feststellen.
- Bei Wiederholungsprüfungen das Gerät nur bei begründetem Verdacht auf Sicherheitsmängel öffnen.
- Bei Sicherheitsmängeln Gerät kennzeichnen und der Benutzung entziehen.

Prüfung des Schutzleiters

- Bei allen Geräten mit Schutzleiteranschluss ist der Schutzleiter auf Wirksamkeit zu prüfen.
- Alle Schutzleiterverbindungen müssen bei Instandsetzung und Änderung zugänglich sein.
- Während der Prüfung die Zuleitung an den Befestigungsstellen und Einführungen bewegen.
- Schutzleiterwiderstand bei Leitungen bis zu einem Bemessungsstrom von 16 A und 5 m Länge < 0,3 Ω.
- Pro zusätzlicher Länge von 7,5 m dürfen jeweils 0,1 Ω, bis zu maximal 1 Ω, hinzuaddiert werden.

Messung des Isolationswiderstandes

- Alle Stromkreise müssen geschlossen sein (verschiedene Schaltstufen berücksichtigen). Eventuell bei unterschiedlichen Schalterstellungen mehrfach messen.

Prüfobjekt		Grenzwert
aktive Teile (aT) gegen den Schutzleiter (Sl) und die damit verbundenen berührbaren, leitfähigen Teile (vblT) die nicht zu SELF oder PELF gehören.	allgemein	1,0 MΩ
	mit Heizelementen	0,3 MΩ
	mit Heizelementen > 3,5 kW	0,3 MΩ[1)]
Aktive Teile gegen die nicht mit (Sl) verbundenen, berührbaren, leitfähigen Teile.		2,0 MΩ
(aT) die nicht zu SELF/PELKF-Stromkreisen gehören gegen (bLT) bei SELF/PELF		
Zwischen (aT) beim SELF/PELF-Stromkreis und (aT) des Primärstromkreises.		
(aT) bei SELF/PELF (Schutzkleinspannung) gegen berührbare, leitfähige Teile (blT).		0,25 MΩ

Messen des Schutzleiterstromes

Geräte, allgemein	3,5 mA	Bei Grenzwertüberschreitungen Produktnormen und Herstellerangaben beachten.
Geräte mit Heizelementen > 3,5 kW [1)] bestanden (wenn Riso > 0,3 MΩ)	1 mA pro kW, aber maximal 10 mA	

Messen des Berührungsstromes

Nicht mit Schutzleiter verbundene leitfähige Teile.	0,5 mA	
Geräte der Schutzklasse III		keine Messung erforderlich

- Anwendbare Messverfahren sind das Differenzstromverfahren und das Ersatz-Ableitstrommessverfahren.
- Alle Stromkreise müssen geschlossen sein (verschiedene Schaltstufen berücksichtigen) eventuell bei unterschiedlichen Schalterstellungen mehrfach messen.

Nachweis der sicheren Trennung vom Versorgungsstromkreis (SELF und PELF)

- Messung des Isolationswiderstandes zwischen Primär- und Sekundärseite der Spannungsquelle.
- Nachweis der Übereinstimmung von Bemessungsspannung und SELF/PELF-Spannungsvorgabe.
- Messung des Isolationswiderstandes zwischen (aT) der SELF/PELF-Sekundärseite und (blT)

Nachweis der Wirksamkeit weiterer Schutzeinrichtungen

Verfügt das Gerät über weitere Schutzeinrichtungen (z. B. RCD) die für den Prüfer erkennbar sind, entscheidet er wie die Prüfung durchzuführen ist.

Prüfung der Aufschriften und Funktionskontrolle sowie Auswertung, Beurteilung und Dokumentation

Anschließend ist eine Funktionskontrolle durchzuführen. Alle Aufkleber sind zu überprüfen. Wurden alle Prüfungen bestanden, wird das Gerät gekennzeichnet. Bei nicht bestandener Prüfung wird das Gerät als unsicher gekennzeichnet und der Betreiber informiert. Die Prüfungen sind zu dokumentieren.

Geräteprüfung (Fortsetzung) nach DIN VDE 0701-0702: 2008-06

Prüfprotokoll elektrischer Geräte gemäß DIN VDE 0701–0702: 2008-06

Prüfprotokoll für instandgesetzte elektrische Geräte

Geräteart:	Kochendwassergerät	Spannung:	230 V	Angeliefert am:	19.08. 20XX
Hersteller:	Volta	Leistung:	2000 W	Reparatur am:	22.08. 20XX
Typ:	E 13	Baujahr:	20XX	Ausgeliefert am:	26.08. 20XX

Auftraggeber:	Herr J. Maier	Auftragnehmer:	Elektro Huber
Straße:	Austraße 121	Straße:	Hauptstraße 1
PLZ: 77327	Ort: Adorf	PLZ: 77327	Ort: Adorf

Fehlerangabe des Kunden: Wasser bleibt kalt

Original-Ersatzteile: Temperaturregler Volta Nr. 1318

Prüfung nach der Instandsetzung nach DIN VDE 0701 Besondere Bestimmungen nach DIN VDE 0701, Teil –	Geräteschutzklasse I ☒ II ☐ III ☐

Ausgeführte Instandsetzungsarbeiten: Temperaturregler ausgetauscht

Nach Sichtprüfung in Ordnung:				
	Anschlussleitung	☒	Gehäuse	☒
	Schutzleiter	☒	sonstige Teile	☒

Messungen nach der Reparatur	erforderlich ja	erforderlich nein	Messwert	in Ordnung ja	in Ordnung nein	Bemerkung
Schutzleiterwiderstand	☒	☐	0,18 Ω	☒	☐	—
Isolationswiderstand	☒	☐	1,2 MΩ	☒	☐	—
Ersatz-Ableitstrom	☐	☒	mA	☐	☐	
Spannungsfestigkeit	☐	☒	V	☐	☐	

Gerätefunktionsprüfung:		Die Sicherheit des Gerätes wurde nach DIN VDE 0701 geprüft:	☒
Gerät in Ordnung:	☒	Die Sicherheit nach DIN VDE 0701 ist nicht gegeben:	☐
Aufschriften vorhanden:	☒	Das Gerät kann nicht instandgesetzt werden:	☐

Unterschrift Prüfer: Pauli		Verantwortlicher Unternehmer: Huber	
Ort: Adorf	Datum: 22.08.20XX	Ort: Adorf	Datum: 22.08.20XX

Heizkurvenschar

- Außentemperaturgeführte Regelung
- Energieeinsparung durch variable Kesselwassertemperatur
- Die Heizkurve bestimmt den Zusammenhang zwischen Außentemperatur und Kesselwassertemperatur.
- Die Wärmeabgabe eines Heizkörpers ist je nach Umgebungstemperatur unterschiedlich. Auch die Wärmeaufnahme und Wärmeabgabe jedes Gebäudes ist unterschiedlich.
- Die Heizkurvenwahl ist hauptsächlich abhängig vom Gebäude und vom Heizungssystem. Auch die klimatischen Verhältnisse der Umgebung beeinflussen die Heizkurvenwahl.
- Die Heizkurve verläuft unlinear.
- Es wird eine flache Kurve angestrebt.
- Durch Parallelverschiebung der Heizkurve können unterschiedliche Raumtemperaturen (Nachtabsenkung) vorgegeben werden.
- Die einstellbare Steilheit (Neigung) der Heizkurve gibt das Verhältnis von Kesselwassertemperaturdifferenz und Außentemperaturdifferenz an.
- Die ideale Heizkurve kann nur durch Versuche ermittelt werden.

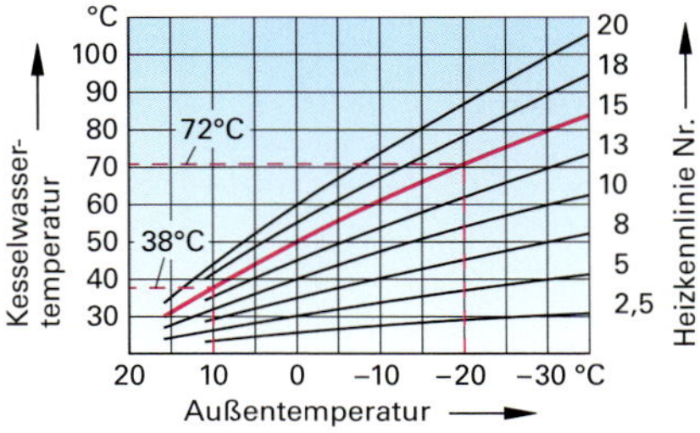

Ablesebeispiel für Heizkurve 15

Bei einer Außentemperatur von 10 °C schaltet sich die Heizung ein und geringere Temperaturen als – 20 °C sind nicht zu erwarten.

Erste gestrichelte Linie zur Heizkurve 15 ziehen, Kesselwassertemperatur ablesen.

Zweite gestrichelte Linie an Heizkurve 15 ziehen, Kesselwassertemperatur ablesen.

Die Kesselwassertemperatur liegt zwischen 38 °C und 72 °C.

Temperaturmessung

Flüssigkeit	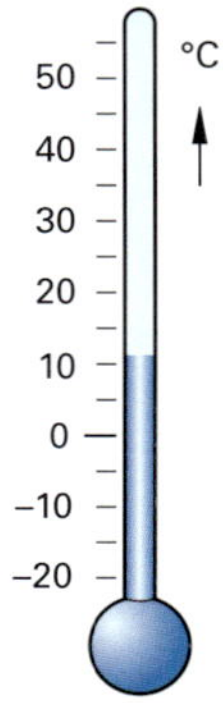	Die Flüssigkeit dehnt sich bei Temperaturerhöhung aus und steigt in einer Glaskapillare auf. Der Weg, den die Flüssigkeit in der Kapillare zurücklegt, ist ein Maß für die Temperatur. Um Fehler zu minimieren, muss der Flüssigkeitsfaden lückenlos zusammenhängen, ohne Gasblasen zu enthalten. Bei sehr genauen Messungen müssen Fadentemperatur und Fühlertemperatur gleich sein (das Thermometer ganz eintauchen). Bei benetzenden Flüssigkeiten wie Alkohol reißt die Flüssigkeitssäule beim Zurückweichen (Erkalten) möglicherweise ab. Bei nicht benetzenden Flüssigkeiten wie Quecksilber ist das nicht zu erwarten. Kontaktthermometer sind mit eingeschmolzenen Kontakten versehen oder mit einem metallischen Schwimmer mit induktivem Abgriff.
Widerstand	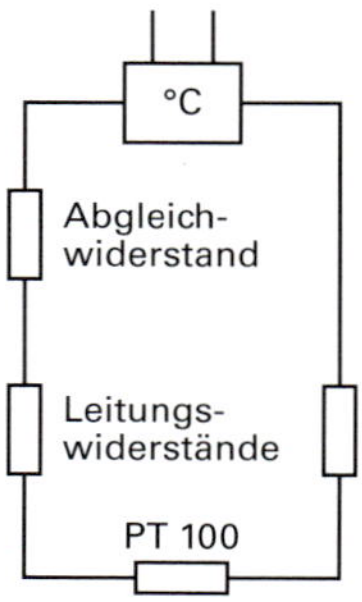	Die sonst eher unerwünschte Eigenschaft von Metallen, temperaturabhängige Widerstände zu besitzen, findet hier Anwendung. Der Widerstand des Fühlers wird gemessen und mit dem spezifischen Widerstandsverlauf des verwendeten Metalls verglichen und die Temperaturskala entsprechend geeicht. Beim üblicherweise verwendeten Platinwiderstandsthermometer ändert sich der Widerstand um etwa 0,385 Ω/°C. Die Abweichung vom linearen Verlauf beträgt rund 7 % und wird heute von der Messgeräteelektronik ebenso korrigiert wie der Fehler durch Eigenerwärmung des Sensors durch den Messstrom. Auch die Zuleitungswiderstände müssen durch Abgleichwiderstände ausgeglichen werden.
Thermoelement	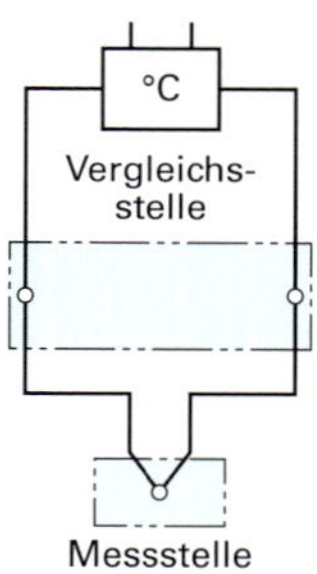	Verbindet man zwei unterschiedliche Metalle, entsteht an der Berührungsstelle eine Thermospannung (Seebeck-Effekt). Als Thermopaare eignen sich besonders gut: Kupfer und Konstantan oder Eisen und Konstantan, Nickelchrom und Nickel oder Platinrhodium und Platin. Beim Aufbau der Schaltung ist zu beachten, dass an jeder Verbindungsstelle mit anderem Leitungsmaterial erneut unerwünschte Thermoelemente gebildet werden, die das Messergebnis durch Fehlerspannungen verfälschen. Die Vergleichsstelle (Übergang vom Thermopaar auf die Verlängerungsleitung, die nicht der Messtemperatur ausgesetzt ist) muss z. B. auf einer gleichmäßigen Temperatur gehalten werden. Thermoelemente sind einfach herzustellen und preiswert.
Infrarot	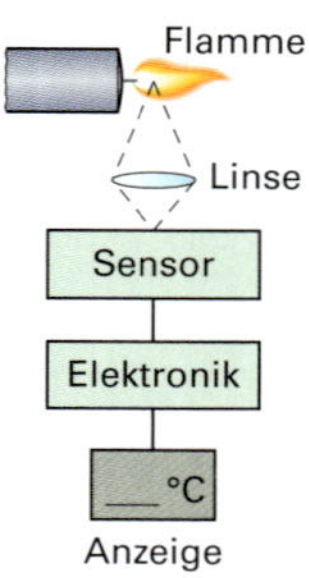	Es gehört zur Gruppe der Pyrometer, die die Strahlung eines Körpers zur Temperaturbestimmung nutzen. Jeder Körper mit einer Temperatur über dem absoluten Nullpunkt (– 273,15 °C = 0 K) sendet elektromagnetische Wellen aus. Die in der Eigenstrahlung enthaltene Infrarotstrahlung verwendet man zur Temperaturmessung. Ein Linsensystem sammelt die Infrarotstrahlung und fokussiert sie auf einen Sensor, der eine Spannung erzeugt. Digital weiterverarbeitet und von der Objekthintergrundstrahlung sowie Unlinearitäten befreit, entsteht so ein Signal, das der Körpertemperatur proportional ist. Es kann angezeigt oder in Prozessleitsystemen weiterverarbeitet werden.

Druckmessung

U-Rohr

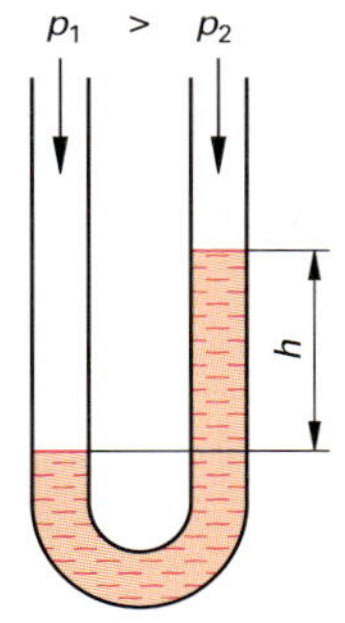

Die Sperrflüssigkeit steigt so lange im U-Rohrschenkel auf, bis die Kraftwirkungen des Differenzdruckes und der Schwere der Sperrflüssigkeit gleich groß sind.

Die Höhe der Flüssigkeitssäule ist nur vom Differenzdruck, der Dichte der Flüssigkeit während der Messung und der Erdbeschleunigung am Messort abhängig. Der Querschnitt der U-Rohrschenkel findet, Kapillaren ausgenommen, keine Berücksichtigung.

Δp	gemessener Differenzdruck	mbar
h	Höhe der Flüssigkeitssäule	mm
ϱ	Dichte der Flüssigkeit	kg/dm^3

Differenzdruck

$$\Delta p = 0{,}0981 \cdot h \cdot \varrho$$

0,0981 beinhaltet die Umrechnung in mbar.

Rohrfeder

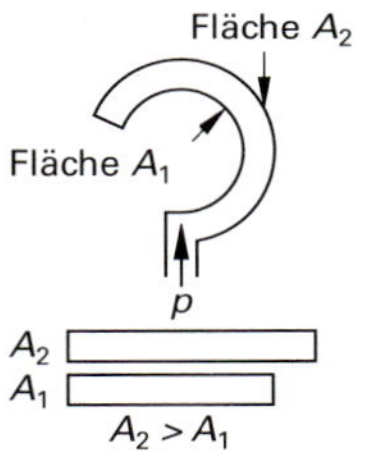

Das Messglied streckt sich bei innerem Überdruck.

Das Federende bewegt sich etwa 4 mm bis 6 mm.

Diese Bewegung wird durch eine Segmentübertragung an den Zeiger weitergegeben. Durch diese Mechanik können Unlinearitäten ausgeglichen und der Nullpunkt justiert werden.

Rohrfedern haben für die verschiedenen Drücke unterschiedliche Querschnitte und Materialien. Rohrfedermanometer sind einfach im Aufbau, robust und gut abzulesen. Es sind ideale Betriebsmessinstrumente, die vor Ort abgelesen werden.

Durch induktive Abgriffe oder Reedkontakte ist ein Einbinden in Prozesssteuerungen möglich.

piezoelektrisch

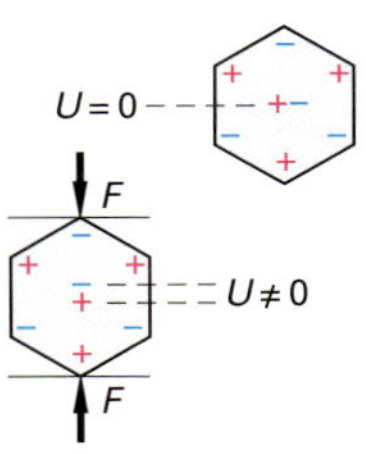

Übt man mechanischen Druck (griech. piezein: drücken) auf einen Piezokristall aus, baut sich durch Verschiebung der Ladungsschwerpunkte eine Ladungsdifferenz auf.

Am Element liegt eine Spannung an.

Die Reihenschaltung von vielen Kristallen ist zur Spannungserhöhung üblich.

Diese Spannung wird nun elektronisch verstärkt und aufbereitet.

Das piezoelektrische Prinzip findet hauptsächlich bei sich schnell ändernden Messgrößen Anwendung.

piezoresistiv

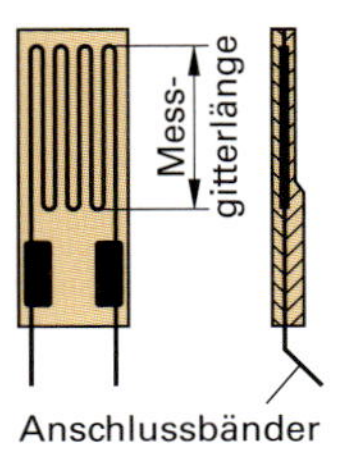

Manche Halbleiter zeigen druckabhängige elektrische Eigenschaften. Silizium beispielsweise ändert unter Druck seinen elektrischen Widerstand, ist jedoch sehr temperaturabhängig.

Die Herstellung von Siliziumdrucksensoren ist preiswert.

Es müssen jedoch immer eine Temperaturkompensation und eine Signalaufbereitung mit eingebaut werden.

Das piezoresistive Prinzip findet auch bei statischen Messungen Anwendung.

kapazitiv

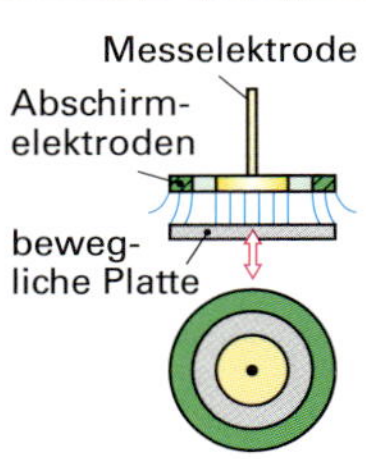

Die Kapazität eines Kondensators ändert sich umgekehrt proportional zu seinem Plattenabstand.

Durch die Verwendung von Operationsverstärkern kann man das Signal invertieren.

Die durch den Druck hervorgerufene Wegänderung des Messgliedes ist proportional zum Druck.

Das Ausgangssignal ist also proportional zum Druck. Die Temperaturabhängigkeit der Messeinrichtung kompensiert eine Elektronik direkt im Messglied. Auch die notwendige Linearisierung erledigt eine elektronische Schaltung.

Die Einbindung in Prozesssteuerungen ist problemlos möglich.

Durchflussmessung

Wirkdruck	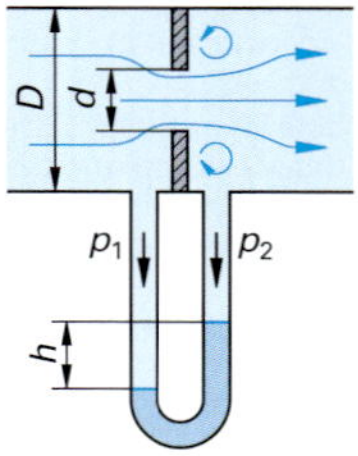 	Genutzt wird das Bernoulli'sche Gesetz (S. 55). Für die Messung wird der Strömungskanal durch ein Drosselgerät eingeschnürt. Direkt vor und nach dem Drosselgerät wird der statische Druck als Differenzdruck gemessen. Zwischen Differenzdruck und Durchflussmenge besteht ein eingeschränkter quadratischer Zusammenhang. Nachteilig sind der hohe Druckverlust, aber auch der eingeschränkte Messbereich. Durch seinen einfachen Aufbau wird das Wirkdruckverfahren immer noch vielfältig eingesetzt. Als Drosselgeräte finden Blenden, Düsen, V-Konus in verschiedenen Ausführungen Anwendung.
Schwebekörper	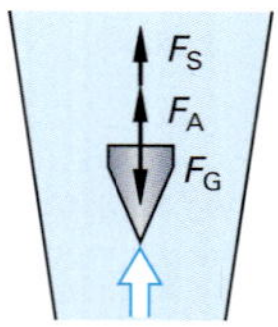 F_S = Strömungskraft F_A = Auftriebskraft F_G = Gewichtskraft	Eine bewährte Methode zur genauen Messung von gasförmigen und flüssigen Stoffen. Ein speziell geformter Auftriebskörper wird vom Medium in einem durchsichtigen, konischen Rohr aufwärtsbewegt. Zwischen Schwebekörpersteighöhe und Durchfluss besteht ein nahezu proportionaler Zusammenhang. Das Medium muss transparent sein, um den Schwebekörper immer gut sehen zu können. Zur Einbindung in ein Prozessleitsystem integriert man in den Schwebekörper einen Magneten. Durch außerhalb des Messrohres angebrachte Sensoren sind Grenzwertbestimmung oder kontinuierliche Positionsmeldungen möglich.
kalorimetrisch	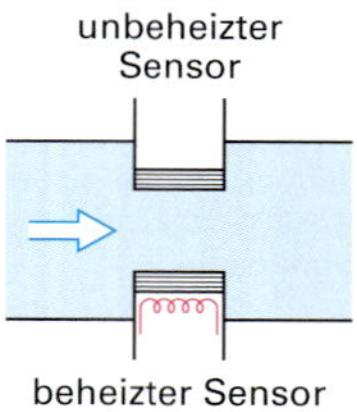 	Die Temperaturdifferenz eines beheizten und eines unbeheizten Temperatursensors ist direkt proportional zur Durchflussgeschwindigkeit. Ein Sensor misst, thermisch vom zweiten Sensor isoliert, die Medientemperatur. Der andere wird konstant beheizt. Bei stehendem Medium ist so eine konstante Temperaturdifferenz messbar. Fließt das Medium, entzieht es dem beheizten Sensor Wärmeenergie. Es entsteht eine Temperaturdifferenz. Beeinflusst wird die Messung durch die Wärmeleitfähigkeit des Mediums. Der Arbeitsbereich liegt unterhalb der maximal möglichen Durchflussgeschwindigkeit.
Ovalrad	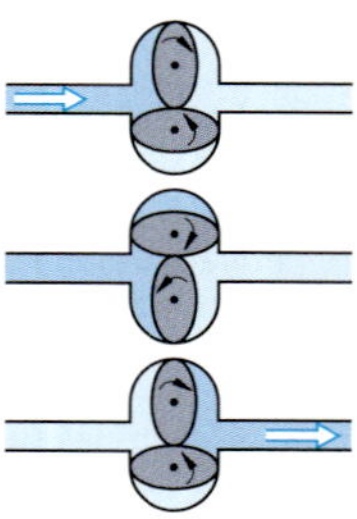	Das Medium füllt die Zwischenräume und dreht die Zahnräder in Abhängigkeit vom Volumendurchsatz. Die Anzahl der transportierten Volumina (pro Umdrehung eine bestimmte Menge des Mediums) registriert eine Elektronik. Sie erhält ihre Informationen von einem induktiven Näherungsschalter oder einer Hall-Sonde, die außerhalb des Mediums angebracht ist. Der Volumendurchsatz ist proportional zur Umdrehungszahl. Der Durchflussmesser kann in jeder Lage ohne Vorlauf eingebaut werden. Das Messergebnis ist nicht von der Viskosität abhängig. Es dürfen keine Schmutzpartikel zwischen die Zähne gelangen.
Corioliskraft	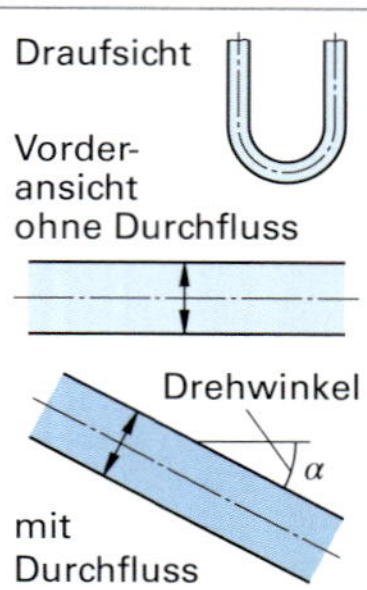 	Ein U-förmiges Edelstahlrohr wird elektromagnetisch in Schwingung versetzt. Ohne Massendurchsatz schwingt das Rohr gleichmäßig. Fließt eine Flüssigkeit durch das Rohr, beeinflusst die Corioliskraft diese Schwingung. Das Messrohr erfährt eine winkelförmige Auslenkung, die über den gesamten Messbereich linear verläuft. Diese Winkelauslenkung erfassen induktive Sensoren. Das aufbereitete Signal ist in Prozessleitsystemen verwendbar. Diese Geräte messen jeden Produktstrom, der durch das Rohr bewegt werden kann. Dichte, Temperatur, Druck, Viskosität, Pulsation, Fließprofil, homogen verteilte Verunreinigungen beeinflussen das Ergebnis nicht.

ET

Füllstandsmessung		
hydrostatisch	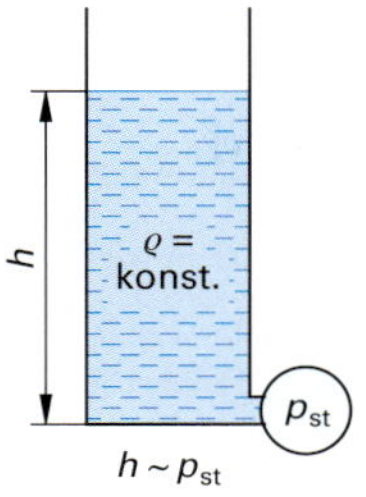	Den Druck, den die Flüssigkeit auf den Behälterboden ausübt, nutzt man zur Bestimmung der Füllhöhe. Der hydrostatische Druck ist abhängig von der Dichte des Mediums und damit von der Temperatur, die erforderlichenfalls in eine Fehlerrechnung einbezogen werden muss. Der am Boden gemessene Druck ist proportional zu der Füllhöhe. Der Betriebsdruck muss über einea Differenzdruckmessung zwischen Bodendruck und Überlagerungsdruck eliminiert werden. Da die Messwerte meist von Messwandlern erfasst werden, ist die Aufbereitung für den Einsatz in Prozessrechnern leicht möglich. Die Methode findet häufig in der chemischen Industrie Anwendung.
Schwimmer	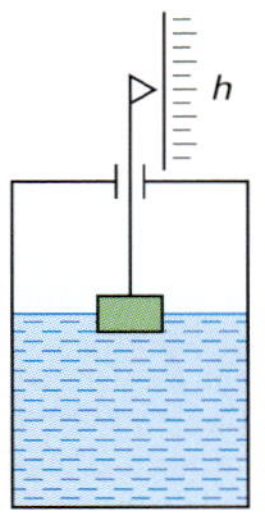	Ein Schwimmer dient als Fühler für den Höhenstand. An einem Seil ist an einem Ende der Schwimmer und am anderen Ende, das über eine Rolle geführt ist, ein Gewicht angebracht. Die Füllhöhe wird an einer Skala angezeigt, vor der das Gewicht als Zeiger dient. Misst man die Füllhöhe in einem Druckgefäß, muss die Schwimmerbewegung druckdicht übertragen werden. Man kann dies z. B. über eine magnetische Kupplung erreichen. Beim Schwimmerprinzip wird die Flüssigkeitsoberfläche direkt abgetastet und der Höhenunterschied als Ergebnis einer Längenmessung direkt angezeigt. Die Messmethode ist einfach, robust und zuverlässig im Betrieb.
kapazitiv	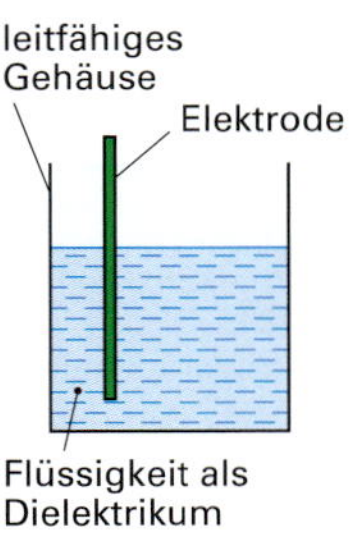	Eine senkrecht im Behälter angebrachte Sonde bildet mit dem Behälter einen Kondensator. Er ändert in Abhängigkeit vom Füllstand seine Kapazität. Die Änderung der Kapazität ist der Füllhöhe proportional. Das Verfahren eignet sich für drucklose Messungen und Messungen in unter Druck stehenden Behältern. Die Genauigkeit dieser Messmethode hängt von der Temperatur, der Luftfeuchtigkeit und den chemischen Eigenschaften des zu messenden Mediums ab. Die gemessene Kapazität wird mit einer Elektronik aufbereitet, korrigiert und als genormte Messgröße in ein Prozessleitsystem eingespeist oder angezeigt.
potentio-metrisch	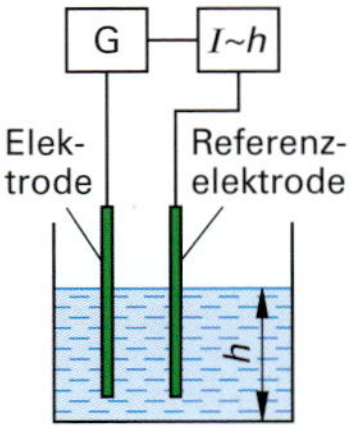	Eine senkrecht im Behälter angebrachte Sonde sendet einen hochfrequenten Strom zur Behälterwand oder einer Referenzelektrode. Der Strom zwischen den Elektroden ist proportional zur Eintauchtiefe der Elektrode. Er wird gemessen und als Füllhöhe angezeigt. Das Medium muss eine minimale, gleichmäßige Leitfähigkeit von 1 μS/cm besitzen. Die Messung ist temperaturunabhängig und es können zähe Medien gemessen werden. Diese Methode eignet sich besonders für Messungen im Lebensmittelbereich.
Ultraschall	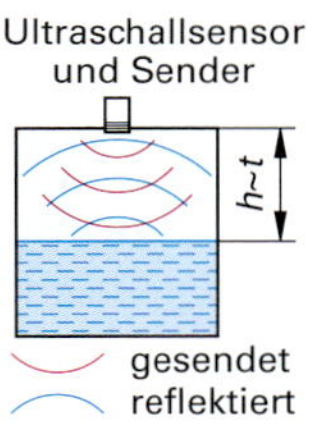	Oben im Behälter wird eine Sonde angebracht, die Ultraschallsignale aussendet und empfängt. Das Signal wird an der Medienoberfläche reflektiert. Die Laufzeit ist ein Maß für die Tiefe des leeren Behälters. Der Füllstand wird aus Behälterhöhe und gemessener Höhe berechnet. Die Messung erfolgt berührungslos. Die Messung ist unabhängig von den Eigenschaften der Medien und kann bei Flüssigkeiten und festen Medien angewendet werden. Eine Einbindung in Prozessleitsysteme ist problemlos möglich.

ET

Feuchtemessung

Psychrometer

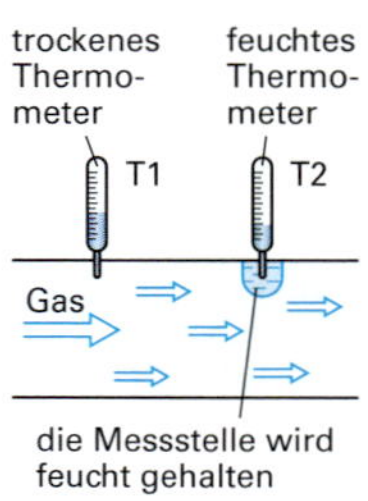

Bei trockener Umgebungsluft wird mehr Wasser verdunstet als bei feuchter Luft.

Das Messgas strömt an einem trockenen und einem feuchten Sensor vorbei.

Die Temperatur des feuchten Sensors sinkt in Abhängigkeit von der verdunstenden Wassermenge.

Bei geeignetem Aufbau ist die Temperatur des feuchten Sensors (Kühlgrenztemperatur) nur vom Druck, der Temperatur und dem Feuchtegehalt des Messgases abhängig.

Ein typisches Messgerät dieser Bauart ist das Assmann Psychrometer.

Drehzahlmessung

Impulsgeber

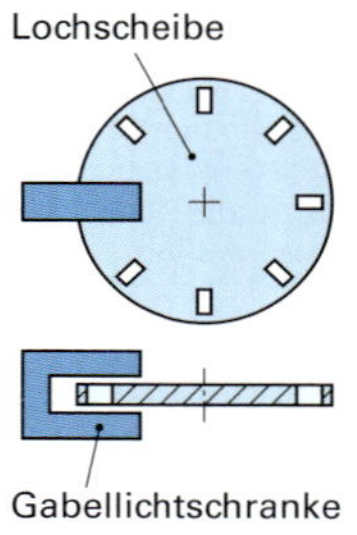

Inkrementalgeber tasten z. B. optisch eine Kodierscheibe ab.

Man kann einen Impuls pro Umdrehung abtasten oder, bei entsprechender Einteilung der Kodierscheibe, auch Teile einer Umdrehung erfassen.

Einkanalgeber dienen nur zur Messung der Drehgeschwindigkeit. Mit ihnen kann man weder die Drehrichtung noch eine Winkelstellung erkennen.

Ein Zweikanalgeber ermöglicht die Drehrichtungserkennung und eine bis zu vierfache Auflösung gegenüber dem Einkanalgeber.

Ein Absolutwertgeber liefert neben der Drehzahl, im Rahmen seiner Auflösung, immer die Winkelposition der Welle.

Lichtstärkemessung

LDR

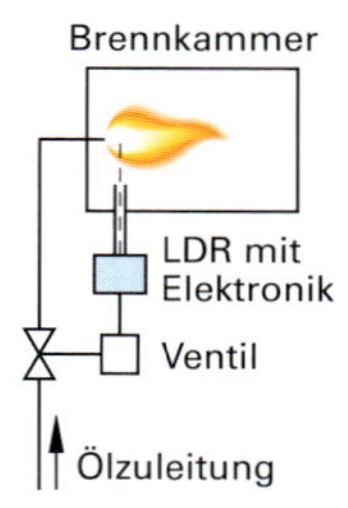

Der lichtabhängige Widerstand wird so angebracht, dass er direkt auf die Flamme gerichtet ist. Brennt die Flamme, gibt eine Elektronik die Ölzufuhr frei und der Brenner arbeitet. Erlischt die Flamme, sperrt die Elektronik die Ölzufuhr.

Der Sensor muss regelmäßig gewartet (gereinigt) werden.

Ruß und andere Schmutzpartikel vermindern die Empfindlichkeit des lichtabhängigen Widerstandes immer mehr und die Elektronik sperrt dann die Ölzufuhr dauerhaft.

Die Belastung durch die hohe Temperatur führt, im Gegensatz zu anderen Anwendungen, zu erhöhten Ausfallraten des LDR.

Gasanalyse (Messung des Sauerstoffgehaltes)

thermo-magnetisch

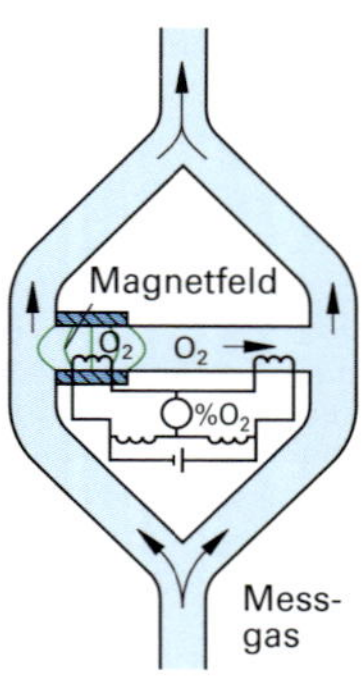

Es ist das älteste, noch immer angewendete Messverfahren zur Bestimmung des Sauerstoffgehaltes.

Es nutzt die Suszeptibilität (lat. susceptibilis: Übernahmefähigkeit) von Sauerstoff aus.

Ein Teil eines homogenen Magnetfeldes wird aufgeheizt, der andere Teil bleibt kalt.

Der Sauerstoff wird aus dem warmen Teil herausgedrängt und erzeugt einen magnetischen Wind, der die Messwicklung abkühlt.

Die Kühlwirkung, die als Widerstandsdifferenz in der geteilten Heizwicklung auftritt, entspricht der O2-Konzentration in Vol.%.

Abweichungen der Messanordnung von der Horizontalen haben erhebliche Messfehler zur Folge.

Begriffe der Regelungstechnik — DIN EN 60027-6: 2008-04

Aufgabengröße	Aus der Regelgröße wird die Aufgabengröße gebildet.	q
Ausgleichszeit	Kennwert der mit T_e zur Regelbarkeitsberechnung einer Strecke benötigt wird.	T_e
Differenzierbeiwert	Kennwert eines D-Reglers	K_D
Integrierbeiwert	Kennwert eines I-Reglers	K_I
Nachstellzeit	Wirkung des I-Anteiles, vermindert sich mit steigendem Ti	T_i
Proportionalbeiwert	Kennwert eines P-Reglers	K_P
Regeldifferenz	Differenz zwischen Führungsgröße und Rückführungsgröße	e
Regelgröße	Geregelte Prozessgröße (Druck, Menge, Temperatur, pH-Wert,usw.)	x
Rückführgröße	Vom Messglied angepasste Regelgröße	r
Führungsgröße	Wert, den die zu regelnde Prozessgröße einnehmen soll	w
Speicherzeitkonstante	Nach 1 T_S ist der Speicher zu 63% gefüllt, nach 3 T_S vereinbarungsgemäß voll.	T_S
Stellgröße	Ausgangsgröße des Reglers und Eingangsgröße der Stelleinrichtung	y
Streckenverstärkung	Kennwert einer proportional wirkenden Regelstrecke	K_S
Verzugszeit	Kennwert der mit T_b zur Regelbarkeitsberechnung einer Strecke benötigt wird.	T_b
Vorhaltzeit	Wirkung des D-Anteils, steigt proportional mit T_d.	T_d
Störgröße	Beeinflussen die Regelgröße von außen und müssen ausgeglichen werden.	z
Totzeit	Zeit von der Regelgrößenänderung bis zu ihrer Erfassung durch den Regler.	T_t
Zielgröße	Aus der Zielgröße wird die Führungsgröße gebildet.	c

Steuern, Regeln – Definition

Steuern

- Offener Wirkungsablauf
- Keine Rückkopplung
- Systeme mit klar definiertem Ablauf
- Auftretende Störungen führen zu bleibenden Abweichungen vom gewünschten Wert.
- Instabile Systeme sind nicht steuerbar.

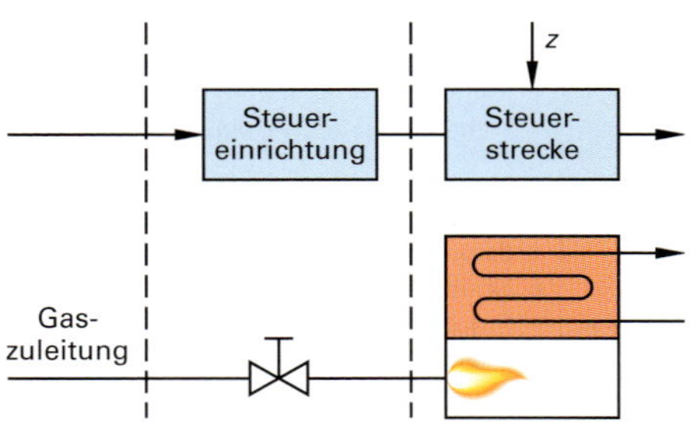

- An der Steuereinrichtung wird die zu verbrennende Gasmenge eingestellt, die unter normalen Bedingungen die gewünschte Wassertemperatur ermöglicht.
- Auf die Steuerstrecke einwirkende Störgrößen, wie schwankender Gasdruck oder ungleichmäßige Warmwasserentnahme führen zu abweichender Wassertemperatur.

Regeln

- Geschlossener Wirkungsablauf
- Rückkopplung
- Geeignet für Systeme mit unvorhersehbaren Störeinflüssen
- Störungen werden bis auf reglerbedingte Abweichungen ausgeregelt.

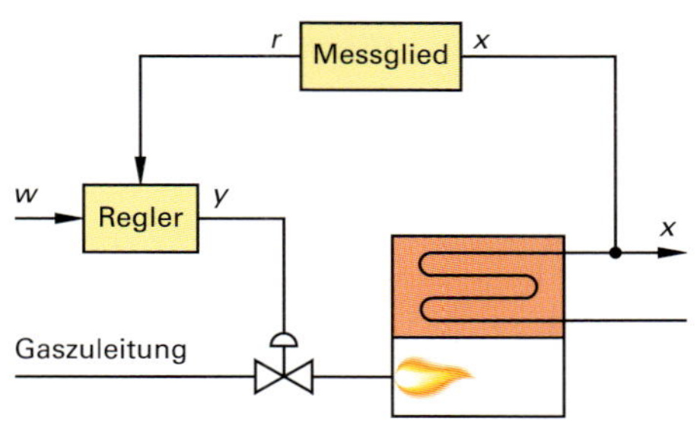

- Die gewünschte Wassertemperatur wird als Führungsgröße vorgegeben.
- Auf die Regelstrecke einwirkende Störgrößen verändern die gewünschte Wassertemperatur.
- Die Temperstur der Regelgröße wird gemessen und an den Regler zurückgemeldet.
- Der Regler beeinflusst über das Stellglied die Gasmenge und gleicht so die Abweichungen aus.

Regler

Aufbau eines Reglers

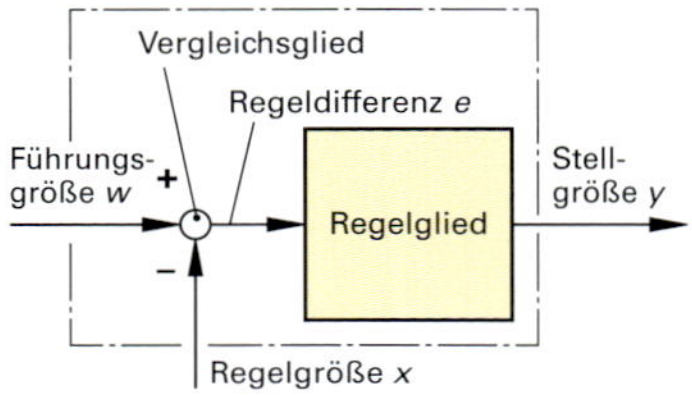

Erzeugung der Stellgröße aus der Regeldifferenz

- Mit Hilfsenergie (elektronische Raumtemperaturregelung)
- Ohne Hilfsenergie (Thermostatventil)
- Analog (alte Heizkesseltemperaturregelung)
- Digital (Heizkesseltemperaturregelung mit µ-Prozessor)
- Mechanisch
- Pneumatisch
- Elektrisch
- Kontinuierlich bei stetigen Reglern (Mischer)
- Diskret bei unstetigen Reglern (Bimetall-Raumthermostat)

Das vom Regler erzeugte Stellsignal beeinflusst die Regelstrecke so, dass die Regelgröße dem Wert, der durch die Führungsgröße vorgegeben ist, entspricht. Das Regelverhalten hängt hauptsächlich von dem charakteristischen Verlauf der Stellgröße ab.

Stetige Regler

Regelverhalten	Sprungantwort	Beispiel	Beschreibung
Proportional (P-Regler) K_p ↑ Schwingungsneigung ↑ $K_p = \frac{\Delta y}{\Delta e}$	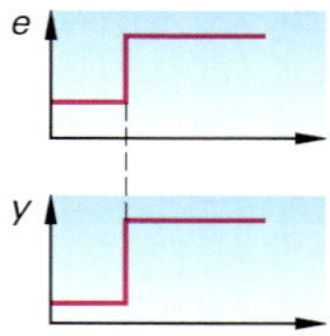	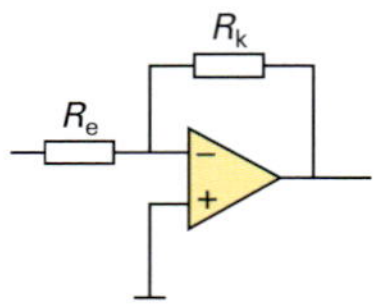	• $Y \sim e$ • Reagiert ohne Verzögerung • Erzeugt nur eine Stellgröße, wenn eine Regeldifferenz vorliegt • Stabile Regelung • Arbeitspunkteinstellung sinnvoll • Bleibende Regelabweichung • Hohe Stellgeschwindigkeit
Integral (I-Regler) $K_i = 1/T_i$ $K_i = \left(\frac{\Delta y}{\Delta t}\right)/\lvert\Delta e\rvert$	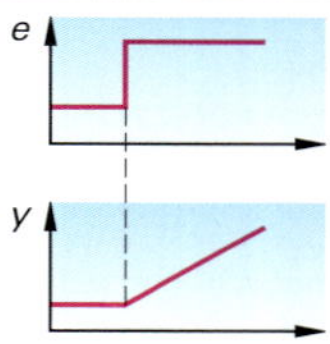	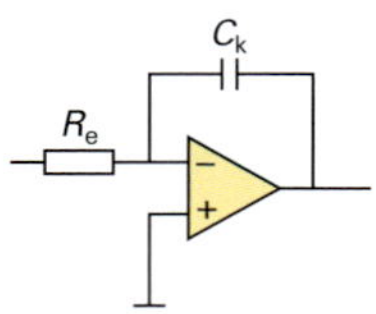	• Reagiert träge bei großem T_i • Schwingungsneigung bei kleinem T_i • Arbeitspunkteinstellung entfällt • Keine bleibende Regelabweichung • Niedrige Stellgeschwindigkeit • Geeigneet für Strecken mit Totzeit • Ungeeignet für Strecken ohne Ausgleich
Proportional und integral $T_i = \frac{K_p}{K_i}$	PI 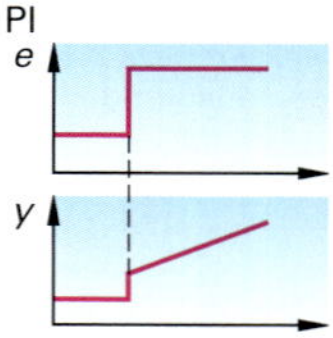	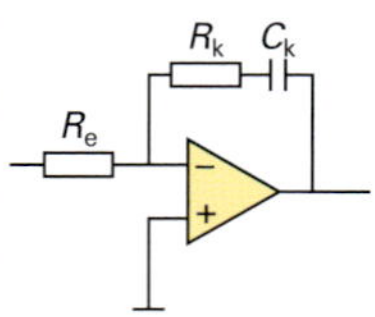	• Schnelle Reaktion • Vereinigt die Vorteile von (PI-Regler) P- und I-Anteil • Kompensiert die Nachteile von P- und I-Anteil • Arbeitspunkteinstellung entfällt • Keine bleibende Regelabweichung • Hohe Stellgeschwindigkeit
Propotional, integral und differenzial (PID-Regler) $K_D = \frac{\lvert\Delta y\rvert}{(\Delta e/\Delta t)}$	PID 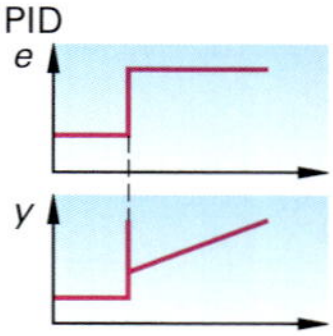	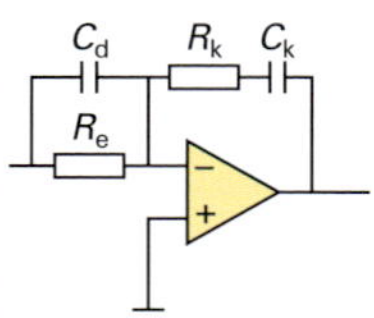	• Universeller Regler • Hohe Flexibilität, hat P-, I-, D-Anteile • Exakte, hochdynamische Regelung • Unüberschaubare Variationsanzahl • Sorgfältige Einstellung unabdingbar • Arbeitspunkeinstellung entfällt • Keine bleibende Regelabweichung • Sehr hohe Stellgeschwindigkeit

Digitale Regler

Rechner oder Mikroprozessoren simulieren die Funktionen analoger Regler. Die Verarbeitung erfolgt abhängig von der Rechenzeit beliebig genau und wird softwarekonfiguriert. Beliebige Kennlinien und intelligentes Regelverhalten lassen sich programmieren und gut anpasssen. Der Regler arbeitet direkt mit digital arbeitenden Stellgliedern und digitalen Sensoren zusammen. Bei sehr schnellen Regelkreisen können die Zeit für die AD-, DA-Wandlung und die Reglerrechenzeit Probleme bereiten (Entnahme diskreter Funktionswerte aus einem kontinuierlichen Prozessverlauf).

Regler (Fortsetzung)

Unstetige Regler

	Schaltkennlinie	Symbol	Beschreibung
Zweipunktregler 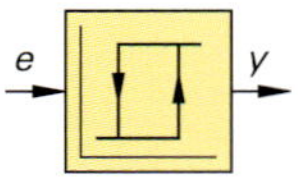	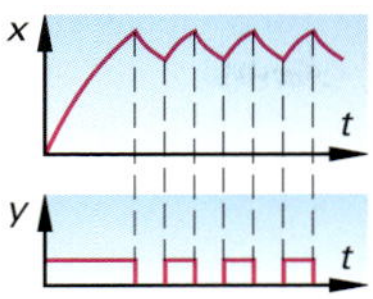	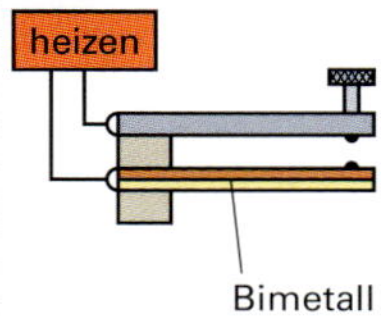	Stellgröße kann: 1. den Wert 0 oder 2. den Wert maximal annehmen. Schalthysterese verringert die Schalthäufigkeit. Hysterese, griech.: hysteros = hinterher
Dreipunktregler 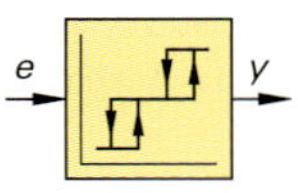	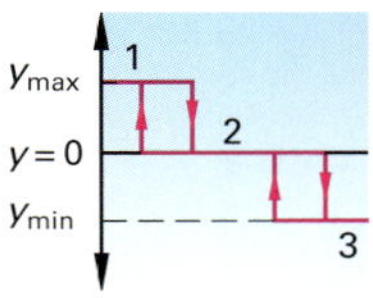	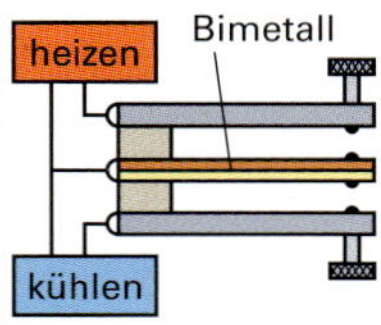	Stellgröße kann: 1. den maximalen positiven Wert, 2. den Wert 0 oder 3. den maximalen negativen Wert an- nehmen.

Fuzzy-Regler

- Fuzzy bedeutet unscharf.
- Linguistische Variable (umgangssprachlich formulierte Variable)
- Einfache Beschreibung nicht linearer Vorgänge
- Erkenntnisse aus Testreihen sind integrierbar.
- Stabileres Regelverhalten
- Kein mathematisches Modell erforderlich

Anwendung:

Raumtemperatur

Aussage: scharf, gemessen numerisch
Die Raumtemperatur beträgt **12 °C.**

Aussage: unscharf, gefühlt, linguistisch
Es ist kalt im Raum.

Heizungsregelung nach Wärmebedarf

Die Orientierungsgröße ist der aktuell ermittelte Wärmebedarf, nicht die Außentemperatur.
Der Montageaufwand minimiert sich und die Regelung reagiert schnell und komfortabel auf Störungen.

Ermittlung des aktuellen Wärmebedarfs:

Wird Heizenergie benötigt, sinkt die Kesselwassertemperatur. Die Geschwindigkeit der Kesselwassertemperaturabsenkung ist ein Maß für den Wärmebedarf der Anlage (des Hauses).

Vorteile dieser Regelungsmethode:

- Kein Außenfühler
- Kein Raumtemperaturfühler
- Kein Einstellen der Heizkennlinie
- Regler ermittelt die Gebäudedaten allein.

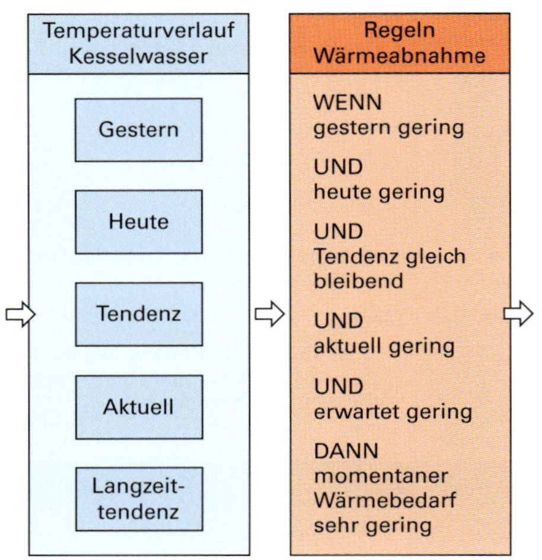

Fünf Größen berücksichtigt die Regelung:

- Den Heizzustand des Hauses ermittelt der Regler aus der gesamten Wärmeabnahme des Vortages.
- Der Temperaturverlauf zeigt die generelle Witterungstendenz.
- Die Kurzzeittendenz berücksichtigt aktuelle Einflüsse. Das kann das Lüften einzelner Räume oder Sonneneinstrahlung sein.
- Die aktuelle Wärmeentnahme zeigt den momentanen Wärmebedarf des Hauses.
- Das Tagesbelastungsprofil und das Jahresbelastungsprofil sind der „Erfahrungsspeicher" der Regelung und helfen bei der automatischen Optimierung der Heizungsregelung.

Regelstrecken

Streckenverhalten	Streckendynamik	Beispiel	Beschreibung
Proportional 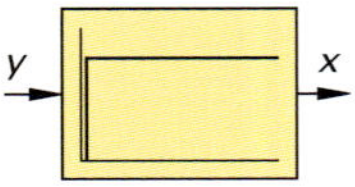	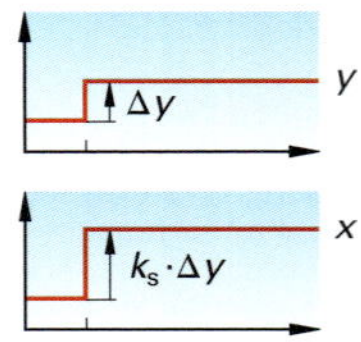	Durchfluss 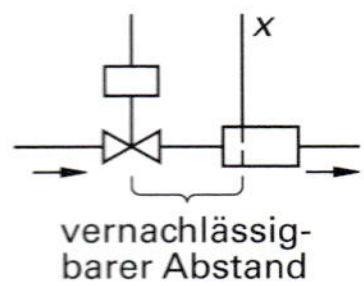	• Die physikalisch unvermeidbare minimale Verzögerung zeigt keine Auswirkung auf das Streckenverhalten. • Es ist eine Strecke mit Ausgleich (siehe Sprungantwort).
Integral 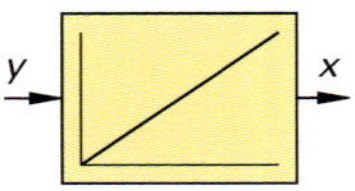	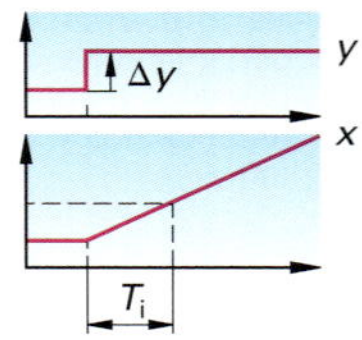	Füllstand 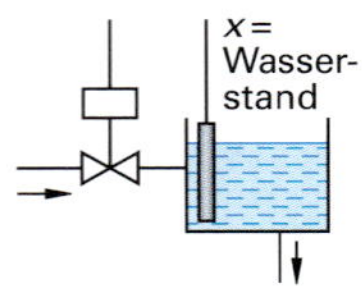	• Regelgröße x ändert sich nach einer Stellgrößenänderung kontinuierlich, bis ein systembedingter Grenzwert erreicht ist (z. B. Behälter läuft über). • Es ist eine Strecke ohne Ausgleich (siehe Sprungantwort).
Totzeit 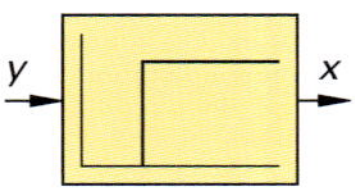	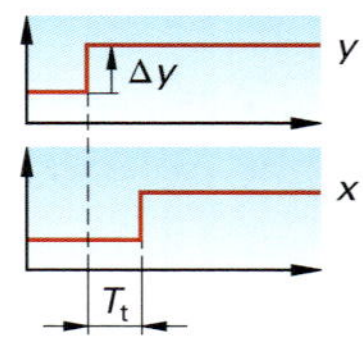	Warmwasserzapfen ohne Zirkulation 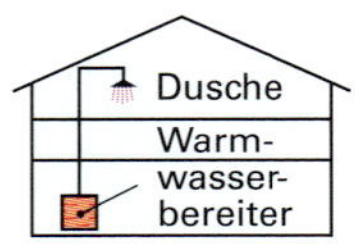	• Regelgröße x ändert sich nach einer Stellgrößenänderung erst nach einer streckenspezifischen Zeitdauer. • Meist sprunghafte Änderung • Achtung Schwingungsneigung • T_t = Totzeit
Speicher 1. Ordnung 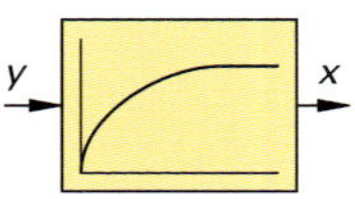	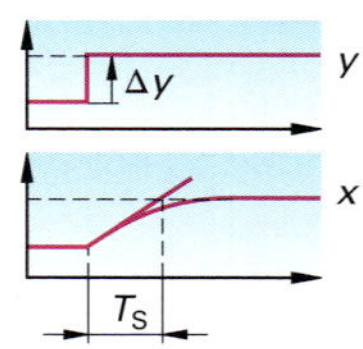	Brauchwasser-temperatur 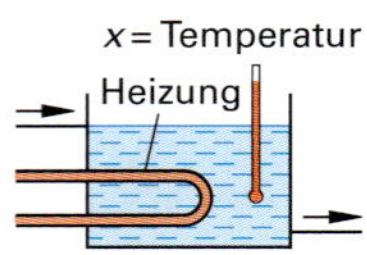	• Energetischer Speicherzustand ändert sich nur langsam. • e-Funktion beschreibt den Verlauf. • T_S = Speicherzeitkonstante • PT_1 = verzögertes P-Verhalten Strecke 1. Ordnung
Speicher 2. oder höherer Ordnung 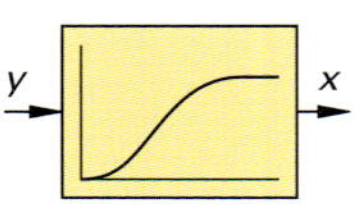	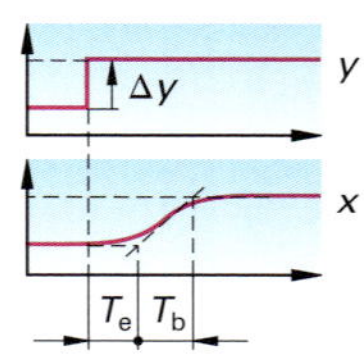	Zwei oder mehrere verbundene Behälter 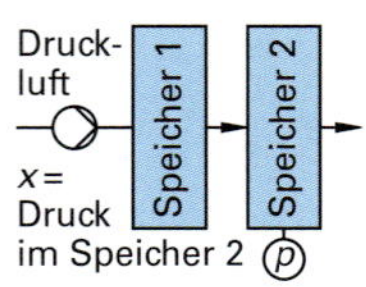	• Der Wendepunkt ist charakteristisch. • Das Verhalten lässt sich durch die Zeitkonstanten T_1, T_2, ... der Einzelsysteme beschreiben. • T_e = Verzugszeit • T_b = Ausgleichszeit
Nicht lineare Strecke 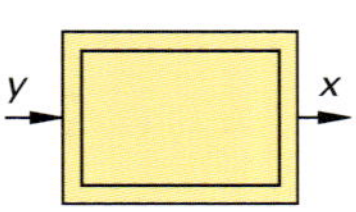	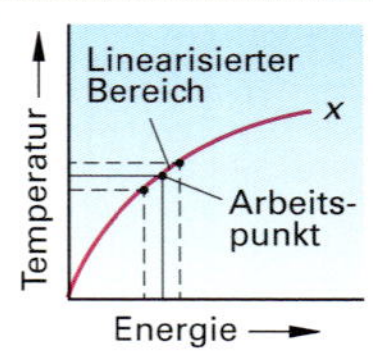	Oft bei Temperatur-regelungen 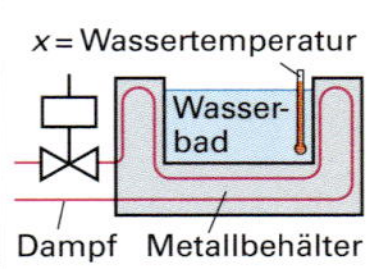	• K_S ist nicht über den gesamten Regelbereich konstant. **Merke:** Es ist sinnvoll, für solche Regelstrecken einen Arbeitspunkt festzulegen und dann zu linearisieren.

Regelbarkeit einer Strecke mit Ausgleich

Schwierig zu regeln	Noch regelbar	Gut zu regeln
$10 \leq T_b / T_e$	$3 < T_b / T_e < 10$	$0 < T_b / T_e \leq 3$

PC-Schnittstellen

Über eine Schnittstelle (Interface) tauschen zwei oder mehr Geräte Informationen, Energie oder Materie aus. Der Austausch erfolgt nach für die jeweilige Schnittstelle spezifischen Regeln.
Im Hardwarebereich unterscheidet man z. B. zwischen parallelen und seriellen Schnittstellen.

Begriffe

Bit	Binary digit, Binärziffer, 1 Bit ist die kleinste darstellbare Datenmenge
Halbduplex	Datenübertragung erst in die eine, dann in die andere Richtung, unidirektional
PNP	„Plug and play", das angeschlossene Peripheriegerät wird erkannt und in den Datenaustausch eingebunden. Es kann während des Betriebs (hot-plugging) angeschlossen und entfernt werden.
Simplex	Datenübertragung nur in eine festgelegte Richtung
USB-HUB	Knotenpunkt, enl. Nabe, ein USB-HUB erweitert die Anzahl der USB- Anschlüsse eines Rechners. HUBs können kaskadiert werden, um bis zu 127 Geräte anzuschließen.
Vollduplex	Datenübertragung gleichzeitig in beide Richtungen, bidirektional

Parallele Schnittstellen

Die Datenübertragung erfolgt byteweise (je 8 Bit über 8 Leitungen gleichzeitig). Man findet sie bei Datenausgabegeräten wie z. B. Druckern, CD- und DVD- Laufwerken usw.

Bezeichnung	Bild	Erklärung
Centronix oder SPP	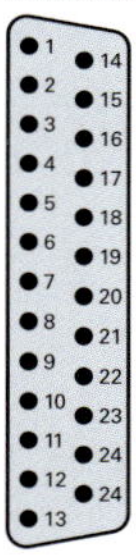 ACK Acknowledge 10 ALF Auto Line Feed 14 BSY Busy 11 D0-7 Datenleitungen 2, 3, 4, 5, 6, 7, 8, 9 FLT Fault 15 GND Ground 18, 19, 20, 21, 22, 23, 24, 25 INI Reset 16 ONL Online 19 PE Paper End 12 SEL Select 17 STR Strobe 1	• Standard Parallel Port • Verbindet zwei Geräte • Datenübertragung in eine Richtung • Abhängig vom Kabel bis zu 1 MBit/s • Kabellänge etwa 10 m • 36-poliger Centronix-Stecker, 25-poliger SUB–D-Stecker
EPP		• Enhanced Printer Port • Bidirektionale Datenübertragung
ECP		• Extendet capability Port • Bidirektionale Datenübertragung bis zu 4 MBit/s • Datenkomprimierung • Übertragung von Kommandozyklen

Serielle Schnittstellen

Bei seriellen Schnittstellen erfolgt die Datenübertragung Bit für Bit. Die Überprüfung der gesendeten Daten ist durch Prüfsummen einfach zu realisieren.

Bezeichnung	Bild	Erklärung
RS 232	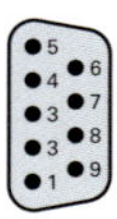 1 DCD Data Carrier Detect 2 RD Received Data 3 TD Transmitted Data 4 DTR Data Terminal Ready 5 SG Signal Ground 6 DSR Data Set Ready 7 RTS Request To Send 8 CTS Clear To Send 9 RI Ring Indicator	• V24, V28, ISO 2110 • Verbindet zwei Geräte • Duplex- oder halb-duplex • Etwa 0,1 MBit/s • 25- oder 9-poliger SUB-D-Stecker
Firewire	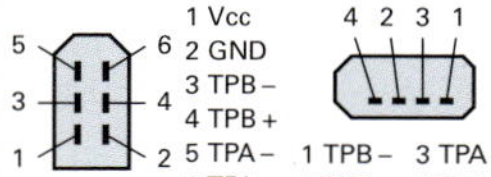 	• IEEE 1394 • Verbindet bis zu 64 Geräte-PNP • 400 MBit/s (1394a), bis zu 3200 Mbit/s (1394b) • Kabellänge etwa 5 m • 6-poliges Stecksystem
USB	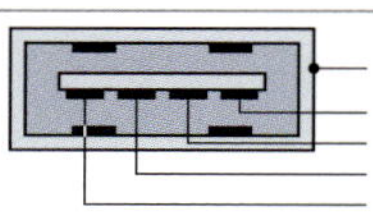 	• Universal serial bus • Verbindet bis zu 127 Geräte-PNP, auch über HUBs • 1 = 12 MBit/s, 2 = 480 MBit/s, 3 = 5000 MBit/s • Kabellänge etwa 10 m • 4-poliges Stecksystem
PS/2	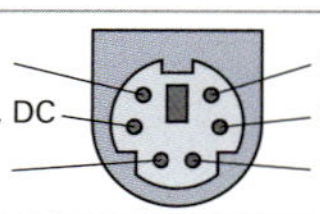 	• Von IBM entwickelte Schnittstelle • Verbindet zwei Geräte (Rechner mit Maus oder Tastatur) • Kabellänge 2 m bis zu 10 m • 6-poliger Mini-DIN-Stecker

ET

Zahlensysteme

Der Wert einer Ziffer in einem Zahlensystem ist von ihrem Platz innerhalb der Zahl abhängig.
Steht die 2 an der „Einer-Stelle“, ist ihr Wert 2, steht sie an der „Hunderter-Stelle“, ist ihr Wert 200.
Man kann beliebig viele Zahlensysteme erstellen. In der Technik eignen sich einige besonders gut. Das Zahlensystem, mit dem wir täglich umgehen, ist das Dezimalsystem / decimal system mit der Basis 10. Weitere geläufige Zahlensysteme sind das Hexadezimalsystem oder Sedezimalsystem mit der Basis 16, das Oktalsystem mit der Basis 8 und vor allem das Dualsystem mit der Basis 2. Alle sind wie folgt aufgebaut:

…	yx^3	+	yx^2	+	yx^1	+	yx^0	+	yx^{-1}	+	yx^{-2}	…
Dezimalsystem $(\ )_{10}$	**mögliche Ziffern (0, 1, 2, 3, 4, 5, 6, 7, 8, 9)**											
Potenz $(\ )_{10}$	10^3		10^2		10^1		10^0		10^{-1}		10^{-2}	
Wert $(\ )_{10}$	1000		100		10		1		0,1		0,01	
Beispiel	4		0		7		9		2		0	$(4079{,}90)_{10}$
	4 · 1000	+	0 · 100	+	7 · 10	+	9 · 1	+	2 · 0,1	+	0 · 0,01	
	4000	+	0	+	70	+	9	+	0,2	+	0	$(4079{,}90)_{10}$
Dualsystem $(\ )_2$	**mögliche Ziffern (0, 1)**											
Potenz $(\ )_{10}$	2^3		2^2		2^1		2^0		2^{-1}		2^{-2}	
Wert $(\ )_{10}$	8		4		2		1		0,5		0,25	
Beispiel	1		0		0		1		0		0	$(1001{,}00)_2$
	1 · 8	+	0 · 4	+	0 · 2	+	1 · 1	+	0 · 0,5	+	0 · 0,25	
	8	+	0	+	0	+	1	+	0	+	0	$(9)_{10}$
Hexadezimalsystem $(\ )_{16}$	**mögliche Ziffern und Buchstaben (0, 1, 2, 3, 4, 5, 6, 7, 8, 9, A, B, C, D, E, F)**											
Potenz $(\ )_{10}$	16^3		16^2		16^1		16^0		16^{-1}		16^{-2}	
Wert $(\ )_{10}$	4096		256		16		1		0,0625		0,0039	
Beispiel	1		0		A		F		0		0	$(10AF{,}00)_{16}$
	1 · 4096	+	0 · 256	+	10 · 16	+	15 · 1	+	0 · 0,0625	+	0	
	4096	+	0	+	160	+	15	+	0	+	0	$(4271{,}00)_{10}$

Übersicht und Umrechnungstabelle

$(\ )_{10}$	0	1	2	3	4	5	6	7	8	9	10	11	12	13	14	15
$(\ )_{16}$	0	1	2	3	4	5	6	7	8	9	A	B	C	D	E	F
$(\ )_8$	0	1	2	3	4	5	6	7	10	11	12	13	14	15	16	17
$(\ )_2$	0	1	10	11	100	101	110	111	1000	1001	1010	1011	1100	1101	1110	1111

Digitalcodes

BCD-Code (binär codierte Dezimalzahlen) 8-4-2-1-Code

$(\ )_{BCD}$	0000	0001	0010	0011	0100	0101	0110	0111	1000	1001
$(\ )_{10}$	0	1	2	3	4	5	6	7	8	9

	Biquinär	**1 aus 10**	**Aiken**	**Auszug aus dem ASCII-Code**											
Wert	**4 3 2 1 0 5 0**	**1 2 3 4 5 6 7 8 9 0**	**2 4 2 1**	$()_{10}$	$()_{16}$	**Z**	$()_{10}$	$()_{16}$	**Z**	$()_{10}$	$()_{16}$	**Z**	$()_{10}$	$()_{16}$	**Z**
$(0)_{10}$	0 0 0 0 1 0 1	0 0 0 0 0 0 0 0 0 1	0 0 0 0	48	30	0	65	41	A	75	4B	K	85	55	U
$(1)_{10}$	0 0 0 1 0 0 1	0 0 0 0 0 0 0 0 1 0	0 0 0 1	49	31	1	66	42	B	76	4C	L	86	56	V
$(2)_{10}$	0 0 1 0 0 0 1	0 0 0 0 0 0 0 1 0 0	0 0 1 0	50	32	2	67	43	C	77	4D	M	87	57	W
$(3)_{10}$	0 1 0 0 0 0 1	0 0 0 0 0 0 1 0 0 0	0 0 1 1	51	33	3	68	44	D	78	4E	N	88	58	X
$(4)_{10}$	1 0 0 0 0 0 1	0 0 0 0 0 1 0 0 0 0	0 1 0 0	52	34	4	69	45	E	79	4F	O	89	59	Y
$(5)_{10}$	0 0 0 0 1 1 0	0 0 0 0 1 0 0 0 0 0	1 0 1 1	53	35	5	70	46	F	80	50	P	90	5A	Z
$(6)_{10}$	0 0 0 1 0 1 0	0 0 0 1 0 0 0 0 0 0	1 1 0 0	54	36	6	71	47	G	81	51	Q	46	2E	.
$(7)_{10}$	0 0 1 0 0 1 0	0 0 1 0 0 0 0 0 0 0	1 1 0 1	55	37	7	72	48	H	82	52	R	44	2C	,
$(8)_{10}$	0 1 0 0 0 1 0	0 1 0 0 0 0 0 0 0 0	1 1 1 0	56	37	8	73	49	I	83	53	S	43	2B	+
$(9)_{10}$	1 0 0 0 0 1 0	1 0 0 0 0 0 0 0 0 0	1 1 1 1	57	39	9	74	4A	J	84	54	T	37	25	%

ET

Logische Grundschaltungen

Art	Elektrisch	Pneumatisch	Tabelle	Funktion	Signalverlauf
NOT 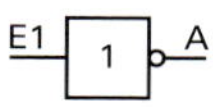	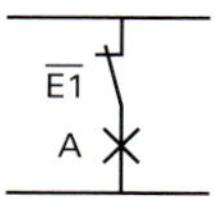	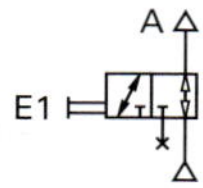	E1 | A 0 | 1 1 | 0	Negation A = Ē	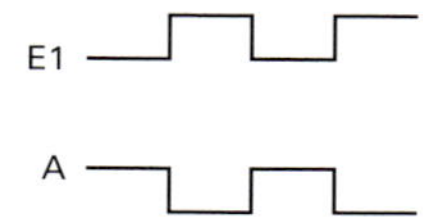
AND 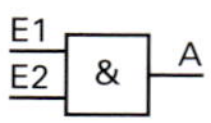	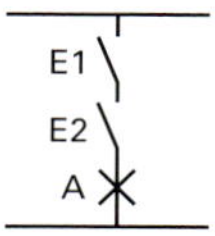	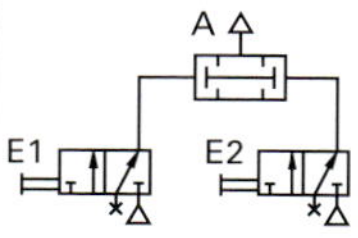	E1 | E2 | A 0 | 0 | 0 0 | 1 | 0 1 | 0 | 0 1 | 1 | 1	Konjunktion E1 ∧ E2 = A	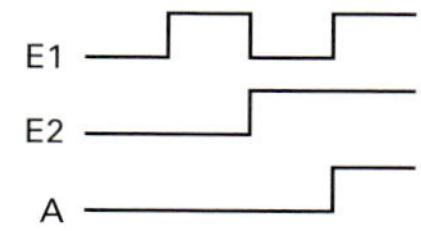
OR 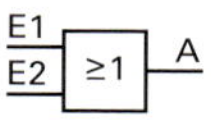	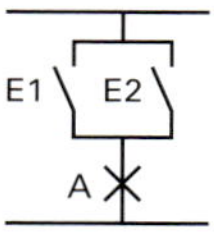	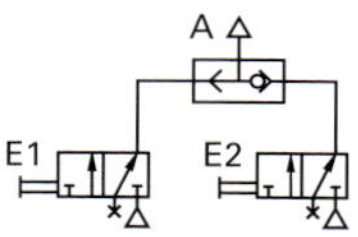	E1 | E2 | A 0 | 0 | 0 0 | 1 | 1 1 | 0 | 1 1 | 1 | 1	Negation E1 ∨ E2 = A	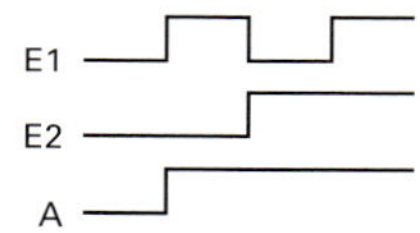

AD-Wandler (ADC: Analog-Digital-Converter)

Der Analog-Digital-Wandler wandelt eine Eingansgröße in eine proportionale binäre Zahl um.
Übliche Verfahren sind das Parallelverfahren, Wägeverfahren und das Zählverfahren mit verschiedenen Unterarten. Eine einfache und preiswerte Methode ist die AD-Wandlung mit Pulsweitenmodulation.
Zwei Verfahren sind hier exemplarisch näher erklärt:

Prinzip	Schaltung	Funktion
Sukzessive Approximation	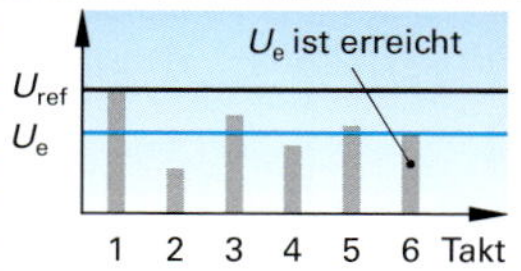	Die Eingangsspannung wird schrittweise abgetastet und mit der Ausgangsspannung verglichen. Die Ausgangsspannung wird so lange angepasst, bis sie mit der Eingangspannung, im Rahmen der Auflösung, übereinstimmt. Auflösungen bis 18 Bit und Wandlungsraten von einigen MHz sind möglich.
Parallelwandlung	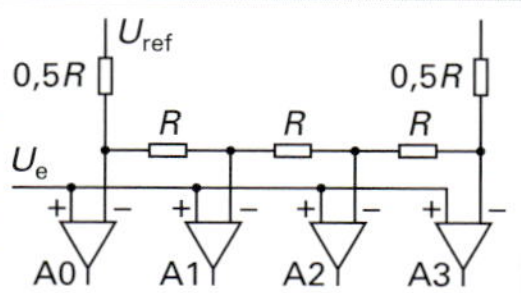	Die Eingangsspannung wird unmittelbar mit einer bestimmten Anzahl von Referenzspannungen verglichen. Die Anzahl der Vergleichsstellen bestimmt die Genauigkeit der Messung. Wegen des Schaltungsaufwandes sind Auflösungen von 8 bis 12 Bit üblich. Ebenso Abtastraten bis 20 GHz.

DA-Wandler (DAC: Digital-Analog-Converter)

Der Digtal-Analog-Wandler wandelt eine binäre Zahl in eine der Zahl entsprechende Größe um.
Ebenso in der DA-Wandlung übliche Verfahren sind das Parallelverfahren, Wägeverfahren und das Zählverfahren mit verschiedenen Unterarten. Zwei Verfahren sind hier exemplarisch näher erklärt:

Prinzip	Schaltung	Funktion
Stromwichtung	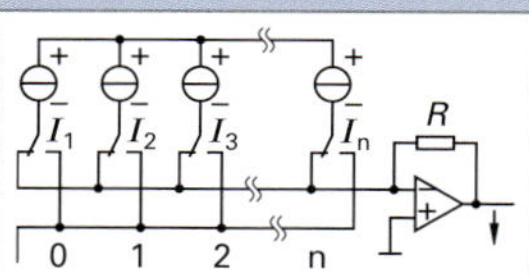	Die Ausgänge binär gewichteter Stromquellen werden zusammengeschaltet und der Gesamtstrom wird in die Ausgangsspannung umgewandelt. Wandelfrequenzen bis zu 100 MHz sind abhängig von der Auflösung des Wandlers möglich. 6 bis 8 Bit bezeichnet man als übliche Auflösungen.
R2R-Netzwerk	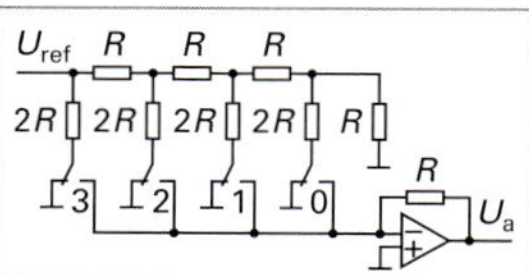	Eine binäre Zahl steuert das R2R-Netzwerk an und erzeugt gewichtete Einzelströme. Die Summe der Ströme wandelt ein Operationsverstärker in die zur Zahl passende Ausgangsspannung um. Die übliche Auflösung beträgt 8 bis 11 Bit. Wandelraten von 10 MHz sind problemlos möglich.

Bussysteme

Die Leitungssysteme, die Kommunikation und möglicherweise auch Energieversorgung von mehreren unterschiedlichen Hardwareelementen ermöglichen, nennt man BUS. Bussysteme werden mit mehradrigen Leitungen realisiert. Bussysteme findet man in der Prozessleittechnik, im Computer, in Fahrzeugen und in Gebäuden. Durch günstige Bauelemente breiten sich Bussysteme immer weiter aus.

Bezeichnung	Beschreibung	Anwendung
AS-Interface	Einfache 2-Drahtleitung, unterste Feldbusebene	Aktoren und Sensoren
CAN	Controller area network Feldbussystem, seriell, hohe Datensicherheit, verschiedene CAN-basierte Systeme, kostengünstig	Automatisierungstechnik,, Fahrzeuge, Medizintechnik, intelligente Baugruppen
Ethernet	Schnell, herstellerunabhängiges Protokoll	Ebenenübergreifend
Flexray	Feldbussystem, seriell, fehlertolerant	Autoelektronik
Interbus	Feldbussystem, seriell, Sensor-Aktor-BUS,	Automatisierungstechnik
MOST-Bus	Synchrone Datenkommunikation	Auto-, Multimediaanwendungen
One-Wire	Seriell, bidirektional, parasitäre Stromversorgung	Akkuüberwachung
Profibus FMS DP PA	Feldbussystem, gute Systemreaktionszeit Field Mess Spec. Datenzentrale Peripherie Prozess-Automation	Gebäudeleittechnik, SPS Obere Ebenen Sensor-Aktor-Ebene Ex-gefährdete Bereiche

Leittechnikebenen (Beispiel)

Planungsrechner	Unternehmensleitebene	Unternehmensleitung
Leitrechner	Betriebsleitebene	Betriebsleiter
Prozessrechner	Prozessleitebene	Schichtleiter
SPS	Gruppenleitebene	Facharbeiter-Produktion
Aktor, Sensor	Einzelleitebene	Facharbeiter-Instandhaltung

Gebäudeautomation

Die Gebäudeautomation umfasst die Steuerung, Regelung, Optimierung und Überwachung von Gebäudefunktionen innerhab und außerhalb von Gebäuden. Alle technischen Einheiten eines Gebäudes sind miteinander über ein Bussystem vernetzt.

EIB (Europäischer Installationsbus) DIN-EN 13 321-2: 2007-01	
Vorteile	• Wickelt alle Meldeaufgaben, Steueraufgaben und Regelaufgaben im Gebäude ab. • Räume können ohne Installationsaufwand unterschiedlich genutzt werden. • Die unterschiedlichen Funktionen werden einfach programmiert, nicht verdrahtet. • Senkung der Energiekosten durch z. B. Einbindung der Heizungsregelung und der Jalousiensteuerung sowie Messung der verschiedenen Raumtemperaturen. • Das Gebäudemanagement wird per Computer visualisiert und damit komfortabel. • Die Gebäudeleittechnik erlaubt die Darstellung des Gebäudestatus und von Veränderungen von jedem Raum im Gebäude und selbst von jedem beliebigen Ort außerhalb.
Nachteile	• Höhere Kosten bei der Installation, besonders im privaten Wohnbereich.

Aktoren	Sensoren	Systemkomponenten
Rollladenantrieb Dimmer Schalter Türöffner Garagentorantrieb	Dämmerungsschalter Bewegungsmelder Rauchmelder Temperaturfühler Fenster-, Türkontakt	Busspannungsversorgung Koppelung der Buslinien Busleitungen: YCYM 2×2×0,8 J-Y (St) Y 2×2×0,8
Setzen ihre aus dem Bussystem empfangene digitale Information in eine Aktion um.	Digitalisieren eine physikalische Größe und stellen sie dem Bussystem zur Verfügung.	Übernehmen anwendungsunabhängige, notwendige Funktionen für den Betrieb des Bussystems.

Gebäudeautomation, Smart Home

Smart Home beschreibt die Steuerung der sich in einem Haus oder einer Wohnung befindlichen technischen Geräte. Es ist ein Vielzahl von Systemen auf dem Markt und das Angebot erweitert sich sehr schnell. Eine Beschreibung von Herstellern ist deshalb im Rahmen dieses Tabellenbuches nicht sinnvoll.

Systeme

- Herstellerorientiert
  - Geschlossene Systeme (ein Hersteller)
  - Halboffene Systeme (einzelne Herstellerkomponenten)
  - Offene Systeme (mit Adapter für alle zugänglich)
- Mediumorientiert
  - Infrarot
  - Funk
  - Kabel
  - W-Lan
  - Internet (IoT)
- Bedienungsorientiert
  - Fernbedienung
  - Taster UP/AP
  - Sprachsteuerung
  - App

Anwendungen

- Beleuchtung
  - Ein-/Ausschalten
  - Dimmen
  - Farbänderung
  - Anwesenheitssimulation
  - Benutzervorlieben umsetzen
- Heizung, Klima
  - Thermostatventile steuern
  - Heizung programmieren
  - Klimaanlage steuern
  - Lüftung steuern (Fensterkontakt)
  - Bewohnervorlieben berücksichtigen
- Multimedia
  - Smart-TV
  - Lautsprecher
  - Wetterstation
  - Drucker
  - Handy
- Sicherheit
  - Alarmanlagen
  - Bewegungsmelder
  - Rauchmelder
  - Kameras
  - Kommunikation
- Haushalt
  - Mähroboter
  - Saugroboter
  - Steckdosen
  - Waschmaschinen
  - Kaffeemaschinen
- Haus
  - Garagentor
  - Haustür
  - Außenbeleuchtung
  - Rollos
  - Markisen

Gebäudeautomation, Smart Home (Fortsetzung)

Tabelle 1: Steuerung betriebstechnischer Anlagen

Symbol	Einsatzgebiet	Anwendung (Beispiele)
	Beleuchtungssteuerung	Schalten und Dimmen von Beleuchtungsanlagen zu festgelegten Zeiten.
	Jalousiensteuerung	Verhindern von Sonneneinstrahlung; Vortäuschen von Anwesenheit durch einen Zufallsgenerator
	Heizung, Klima, Lüftung (Überwachung)	Zeitabhängiges Regeln von Raumtemperatur und Belüftung; Energieeinsparung
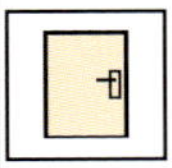	Überwachungs- und Meldeeinrichtungen	Überwachen durch Drucksensoren und Kontakte; Melden, ob Fenster und Türen offen oder geschlossen sind.
	Schnittstellen	Ankoppeln von Personalcomputern, Bus-Systemen und TEMEX (Fernwirken, Fernmessen)
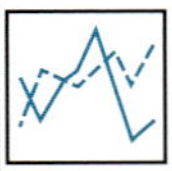	Lastmanagement (Spitzenlastüberwachung)	Gezieltes Abschalten von Verbrauchern; Energieeinsparung

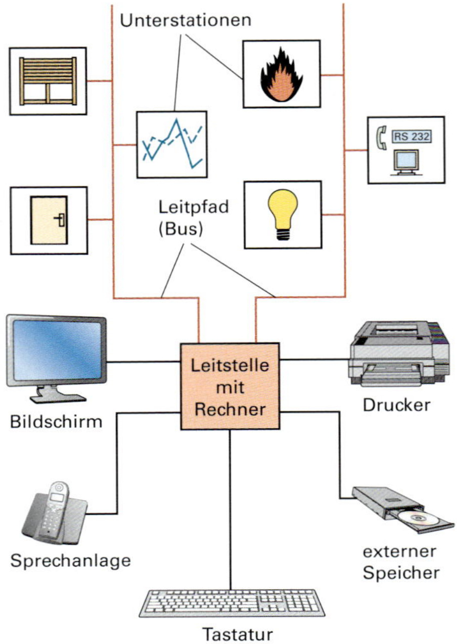

Bild 1: Anlage mit Gebäudeleittechnik

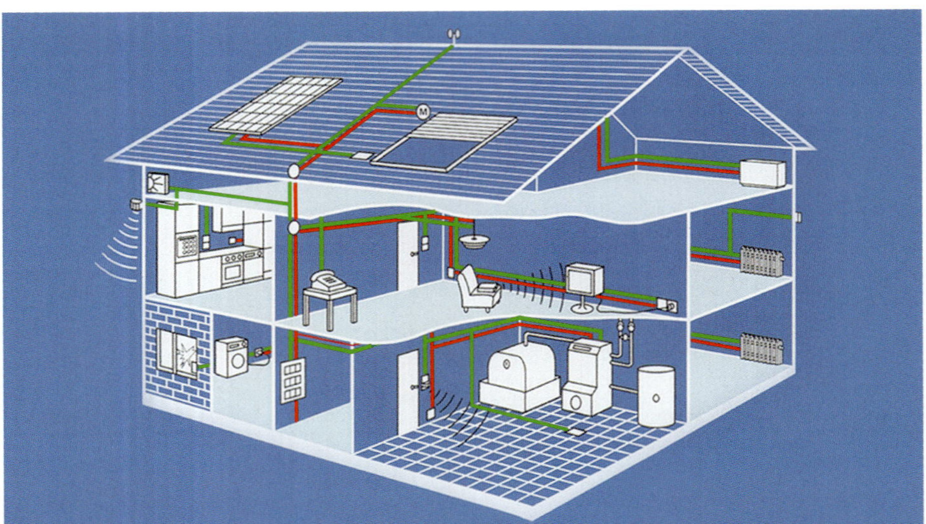

Bild 2: Einsatzmöglichkeiten der Gebäudesystemtechnik

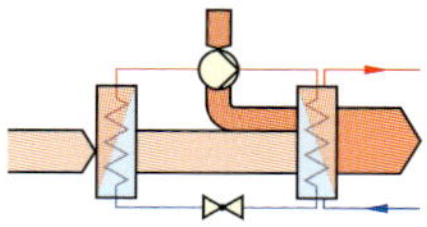

Wärmepumpen

Solaranlagen

Biomasseanlagen

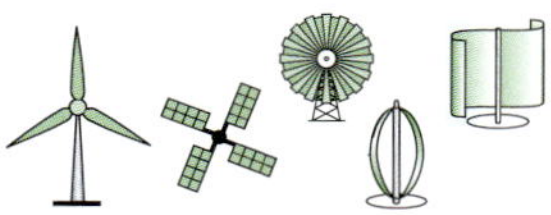

Windkraftanlagen

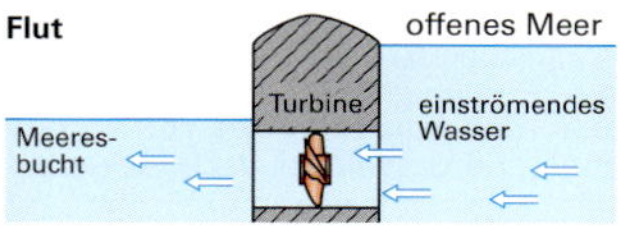

Wasserkraftanlagen

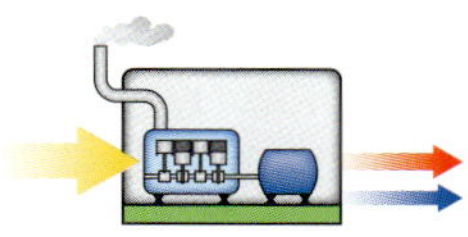

Blockheizkraftwerke

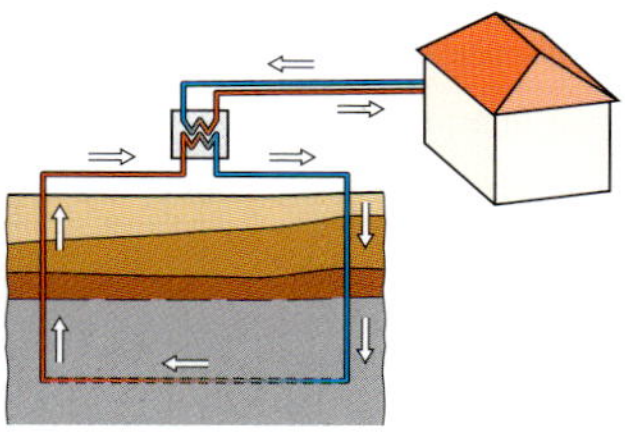

Geothermie

Transport und Speicherung elektrischer Energie

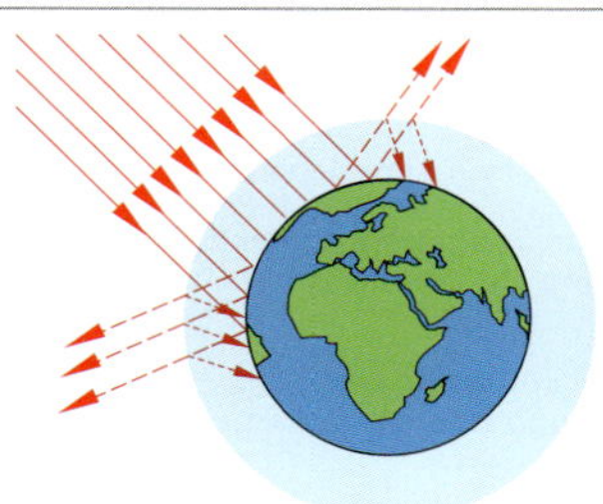

Umwelttechnik

Umweltbelastungen

Übersicht der Wärmepumpensysteme

Wärmepumpensysteme

Wärmequellen
- Luft } Umwelt
- Wasser } Umwelt
- Erdreich } Umwelt
- Prozesswärme

Art des Betriebs
- monovalent
- bivalent parallel
- bivalent alternativ
- multivalent

Funktionsprinzip
- Kompression
- Absorption

Systemeinsatz
- Wärmepumpe zur Wärmetransformation
- saisonal als Wärmepumpe oder zur Kälteerzeugung für Klimatisierung

Kompressionswärmepumpen

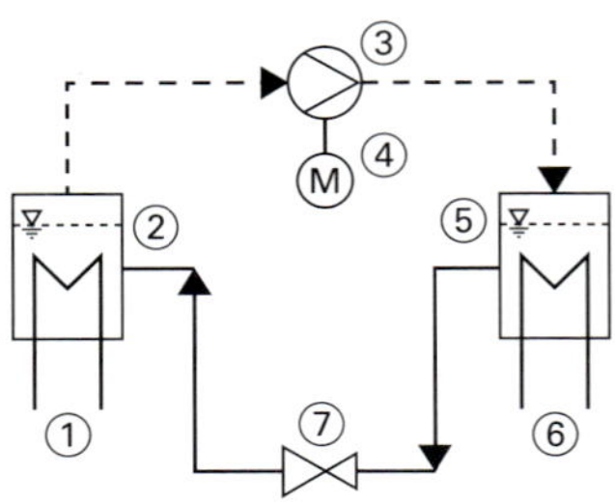

- - - - gasförmig
——— flüssig

Nr.	Benennung	Funktion
1	Kreislauf	Der Umgebung wird Wärme entzogen.
2	Verdampfer	Durch Verdampfung von Kältemittel wird Umweltwärme eingekoppelt.
3	Verdichter	Druckerhöhung des gasförmigen Kältemittels vom Verdampfer.
4	Motor	Zum Antrieb des Verdichters.
5	Verflüssiger	Kältemittel wird Wärme entzogen.
6	Kreislauf	Dem Verflüssiger entzogene Energie wird im Haus als Nutzwärme verwendet.
7	Expansionsventil	Trennt den Niederdruckteil des Verdampfers vom Hochdruckteil des Verflüssigers.

Wirkprinzip: Kältemittel verdampft bei niedrigem Druck und niedriger Temperatur. Es kondensiert bei höherem Druck mit höherer Temperatur. Dieses wird zur Wärmetransformation genutzt.

Absorptionswärmepumpen

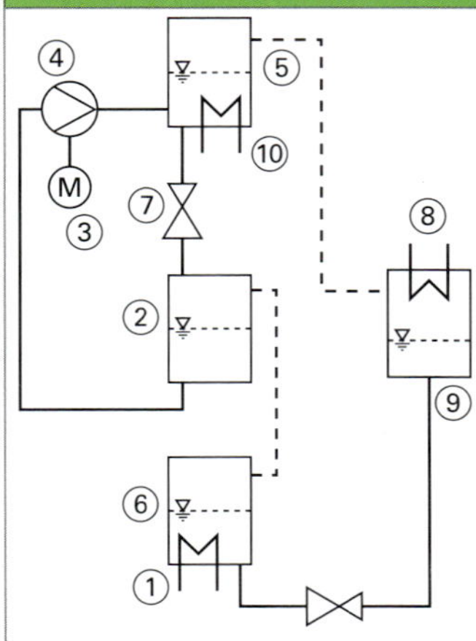

- - - - gasförmig
——— flüssig

Nr.	Benennung	Funktion
1	Kreislauf	Durch Verdampfen des Arbeitsmittels wird Wärme aufgenommen.
2	Absorber	Dampf des Arbeitsmittels wird von Flüssigkeit aufgenommen.
3	Motor	Antrieb der Pumpe
4	Pumpe	Förderung von arbeitsmittelreicher Lösung.
5	Austreiber	Arbeitsmittel wird aus arbeitsmittelreicher Lösung verdampft.
6	Verdampfer	Einkoppelung von Umweltwärme
7	Expansionsventil	Arbeitsmittelarme Lösung läuft nach Entspannung in den Absorber.
8	Kreislauf	Nutzwärmestrom zur Versorgung des Hauses.
9	Verflüssiger	Arbeitsmittel wird kondensiert
10	Zusatzheizenergie	Zufuhr von Energie (Gas, Elektrizität) zum Austreiben des Arbeitsmittels.

Wirkprinzip:
Nutzung des Effekts, dass eine Flüssigkeit (z.B. Absorptionsmittel Wasser) einen anderen Stoff (z.B. Arbeitsmittel NH_3) aus dem gasförmigen Zustand aufnimmt. Bei höherem Druck und höherer Temperatur wird das Arbeitsmittel dann ausgetrieben und anschließend bei Wärmeabgabe kondensiert.

Wärmepumpen

Energieflussdarstellung

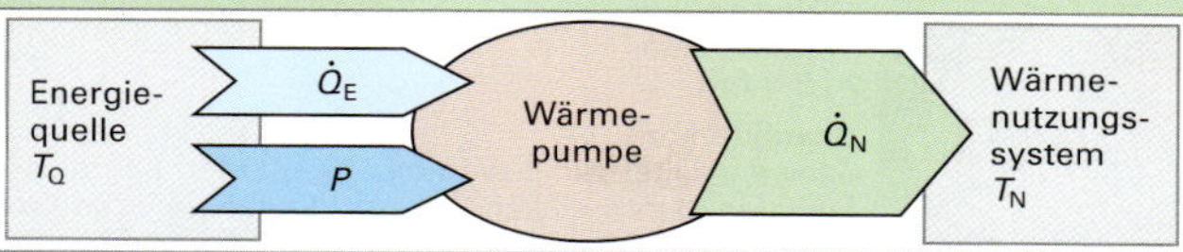

Funktionsprinzip	Energieart des Antriebs	Maschine
Kompression	elektrischer Strom	Elektromotor
	Druckgas	Gasmotor
	Kraftstoff	Dieselmotor
Absorption	elektrischer Strom	Heizstab, direkt
	Öl	Brenner, indirekt

Wärmeleistung

$\dot{Q}_E$	Wärmeleistung der Energiequelle	kW
T_Q	Temperatur der Wärmequelle	K
$\dot{Q}_N$	Wärmeleistung zum Wärmenutzungssystem	kW
T_N	Temperatur des Wärmenutzungssystems	K
P	Antriebsleistung der Wärmepumpe	kW

$$\dot{Q}_N = \dot{Q}_E + P$$

Kennzahlen

$\varepsilon_{WP,\,theoretisch}$	theoretische Leistungszahl der Wärmepumpe
$\varepsilon_{WP,\,real}$	reale Leistungszahl der Wärmepumpe
ν	Gütegrad

Theoretische Leistungszahlen von Wärmepumpen

T_Q	T_N	$\varepsilon_{WP,\,theoretisch}$
0	40	7,8
5	40	8,9
10	40	10,4

Leistungszahlen

$$\varepsilon_{WP,\,theoretisch} = T_N/(T_N - T_Q)$$

$$\varepsilon_{WP,\,real} = \varepsilon_{WP,\,theoretisch} \cdot \nu$$

$$\varepsilon_{WP,\,real} = \dot{Q}_N/P$$

Die Leistungszahl einer Wärmepumpe steigt, wenn die Temperatur des Wärmenutzungssytems sich der Temperatur der Wärmequelle nähert.
Der Gütegrad von Wärmepumpensystemen liegt im Bereich ν = 0,55 … 0,7.

Einstufung von Wärmepumpen und Konditionierern mit elektrisch angetriebenen Verdichtern

Wärmeträger		Bezeichnung/Einstufung
Außenwärmeübertrager	Innenwärmeübertrager	
Luft	Luft	Luft/Luft-Wärmepumpe oder luftgekühlter Luftkonditionierer
Wasser	Luft	Wasser/Luft-Wärmepumpe oder wassergekühlter Luftkonditionierer
Sole	Luft	Sole/Luft-Wärmepumpe oder solegekühlter Luftkonditionierer
Luft	Wasser	Luft/Wasser-Wärmepumpe oder luftgekühlter Flüssigkeitskühlsatz
Sole	Wasser	Sole/Wasser-Wärmepumpe oder solegekühlter Kühlsatz

Auslegung von Wärmepumpenanlagen mittels Jahresdauerlinie

Bivalent parallele Wärmepumpenanlage

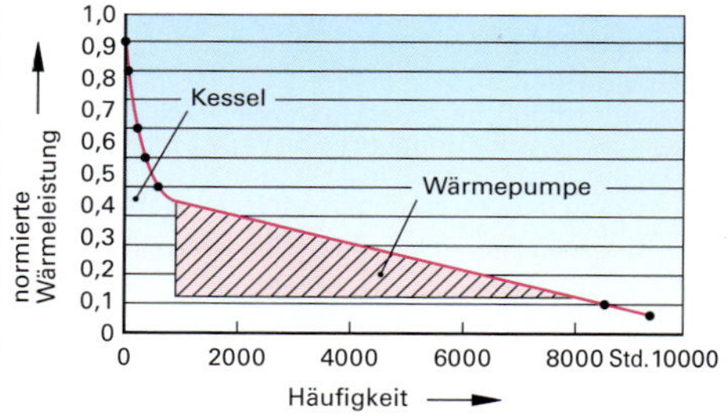

Bivalent alternative Wärmepumpenanlage

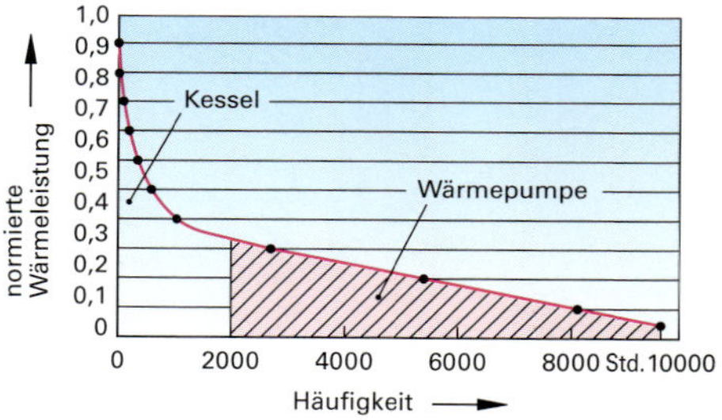

Wärmepumpenanlagen nach Art der Wärmequelle (Auswahl)

Luft-Wasser-Wärmepumpe

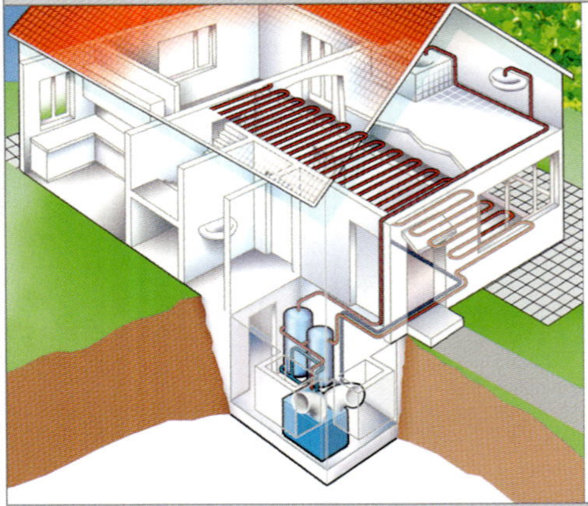

Wärmequelle:
Außenluft

Charakteristik:
Schwankende Temperaturen, im Winter begrenzte Funktion durch sinkende Leistungszahlen, Überlast des Kompressors oder Vereisung von Wärmeübertragungsflächen.

Anlagentechnik:
Kompakte Bauweise möglich, Schallschutz gegen Lärm der Ventilatoren, Einbindung in Lüftungstechnik des Hauses möglich, Aufstellung im Gebäude oder außerhalb, Verwendung von Pufferspeichern.

Betriebsweise: vorrangig bivalent

Behördliche Genehmigungspflicht: nein

Wasser-Wasser-Wärmepumpe

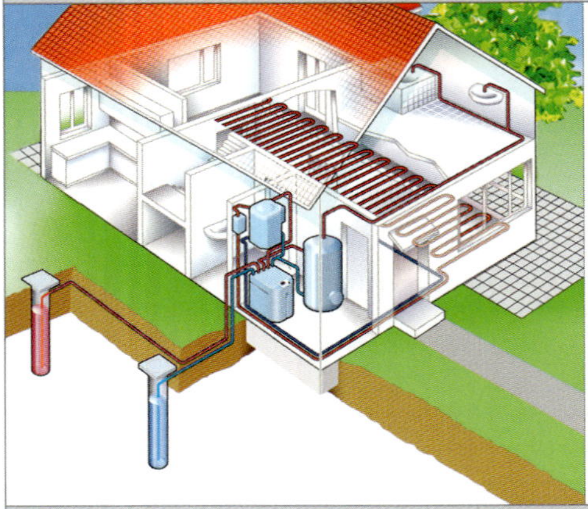

Wärmequelle:
Grundwasser oder Prozess(ab)wasser

Charakteristik:
Temperaturniveau gleichbleibend 5 °C bis 15 °C, ganzjähriger Betrieb möglich.

Variante:
Geothermische Anlagen mit Tiefbohrungen und höherem Temperaturniveau.

Anlagentechnik:
Für Grundwasserführung sind Entnahme- und Rückführbrunnen sowie eine Pumpenanlage notwendig; Aufstellung der Wärmepumpe meist im Gebäude.

Betriebsweise: monovalent oder bivalent

Behördliche Genehmigungspflicht: ja

Sole-Wasser-Wärmepumpe

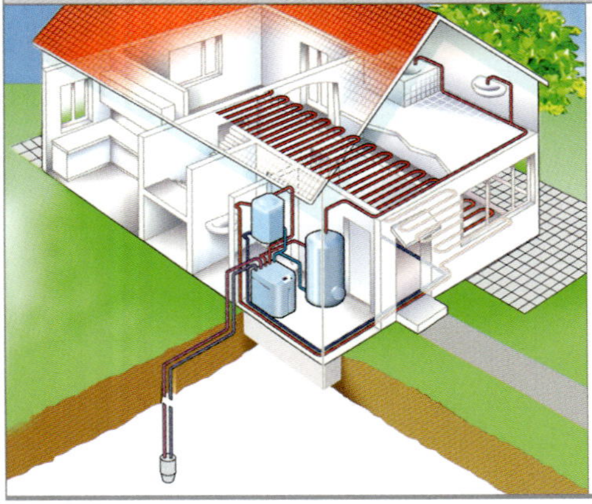

Wärmequelle:
Erdwärme

Charakteristik:
Wärme wird über einen geschlossenen Kreislauf mittels Sonden oder Kollektoren aufgenommen, Temperaturniveau und Konstanz abhängig von Verlegungstiefe.

Anlagentechnik:
Sonden ermöglichen platzsparende Installation, bei Kollektoren ist eine umfangreiche Verlegung von Rohrschlangen in ca. 1,5 m Tiefe des Erdreiches notwendig, Aufstellung der Wärmepumpe meist im Gebäude.

Betriebsweise: monovalent oder bivalent

Behördliche Genehmigungspflicht: ja

Aufstellung von Wärmepumpen Außeneinheiten

Kältemittel	GWP	Sicherheitsklassen	Zündquelle
R32	675	A2L	Flammen Lichtbögen
R290	0,02	A3	Flammen Lichbögen Elektrizität

Schematischer Kältekreis Split-Wärmepumpe

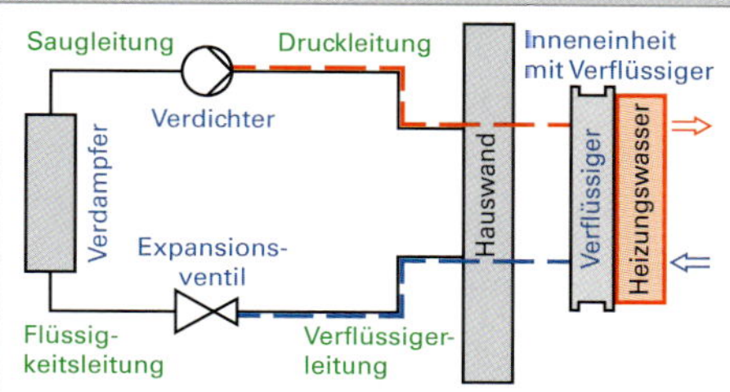

Verboten im Bereich R32

Verboten im Schutzbereich einer Außeneinheit Monoblock Wärmepumpe mit Kältemittel R290

Schematischer Kältekreis Monoblock-Wärmepumpe / R290

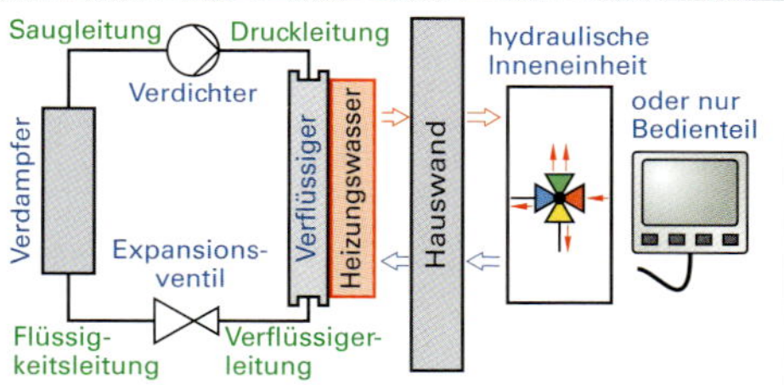

Beispiele für Verletzungen Schutzbereich R290

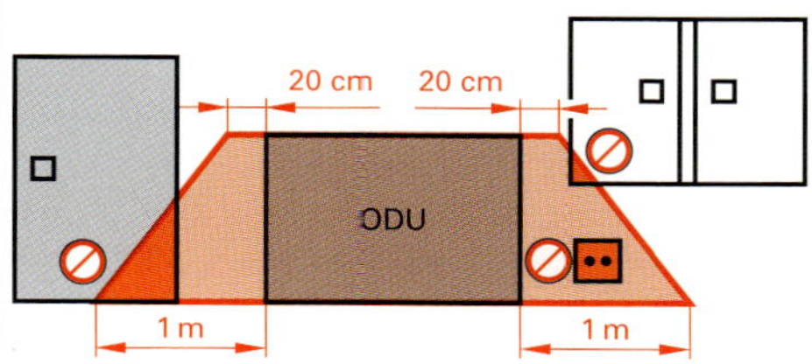

Schutzbereiche für Außeneinheiten Monoblock Wärmepumpe mit Kältemittel R290. Die Darstellgung gibt übliche Aufstellregeln wider. Für exakte Abstände und Werte sind die jeweiligen Herstellerunterlagen zu konsultieren.

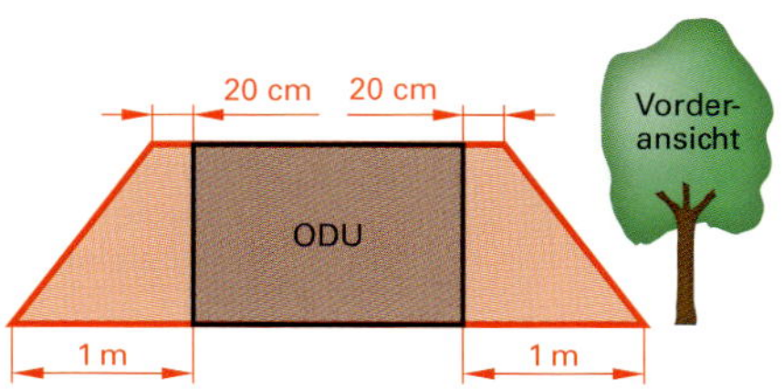

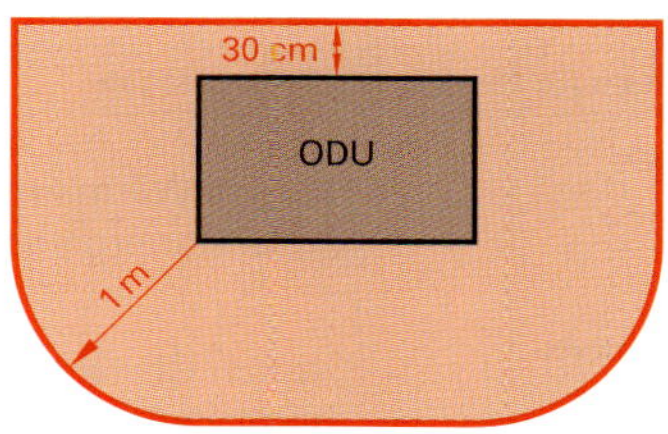

Freie Aufstellung

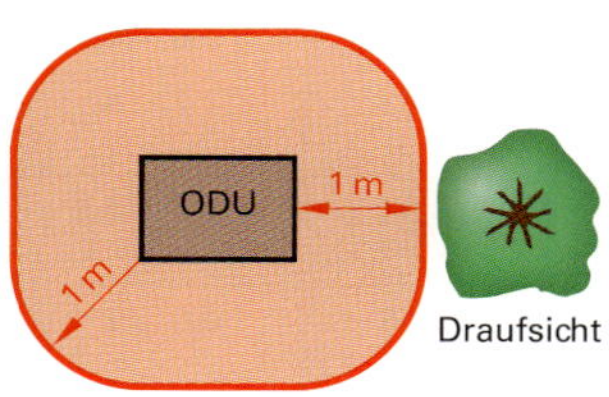

Eckaufstellung

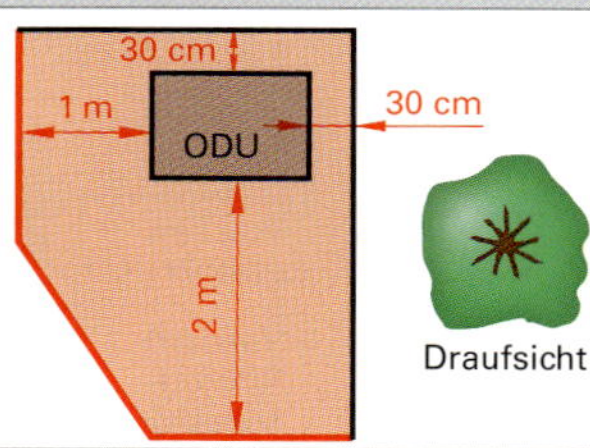

Wanddurchführung im Schutzbereich muss Gasdicht ausgeführt werden.

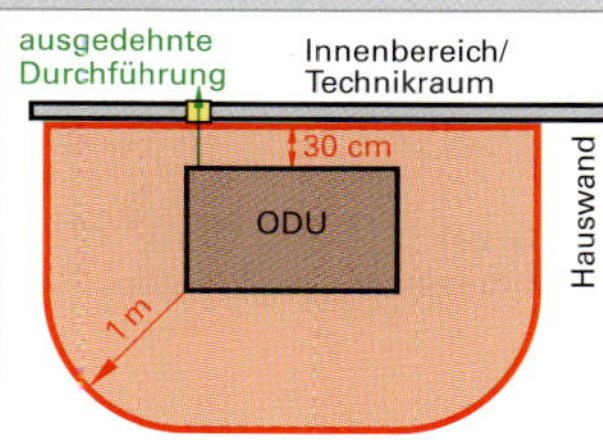

EE + UT

Solaranlagen

Einteilung von thermischen Solaranlagen

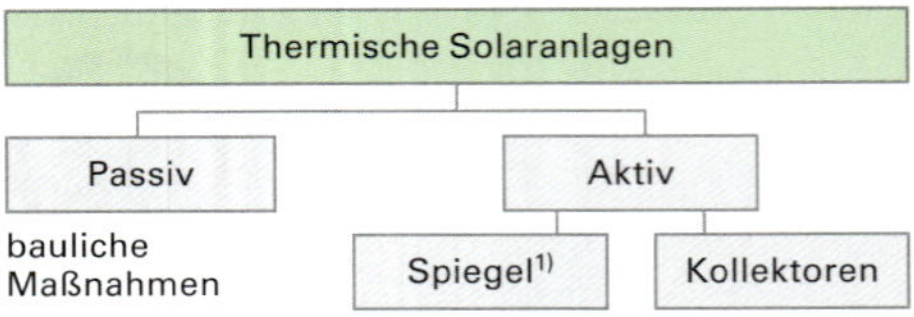

[1] Fokussierung zur Erzeugung von Temperaturen > 300 °C

Bauart des Kollektors	Prozesstemperatur bis ca. [°C]
Absorber	40
Flachkollektor	80
Speicherkollektor	70
Vakuum-Flachkollektor	120
Vakuum-Röhrenkollektor	150

Solardaten für den Standort Deutschland

Einstrahlungskarte

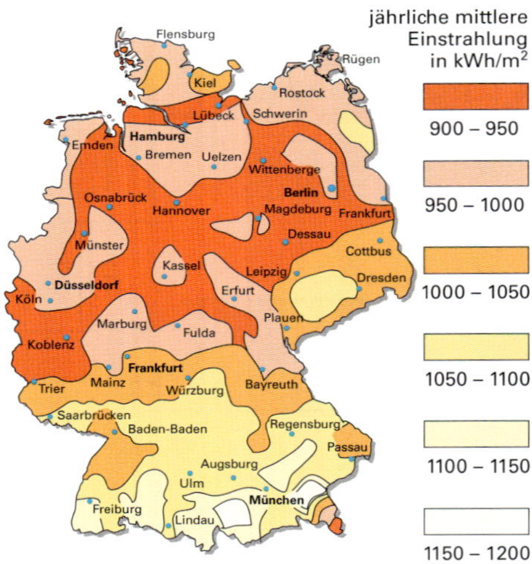

Jahreszeitlicher Verlauf der Globalstrahlung

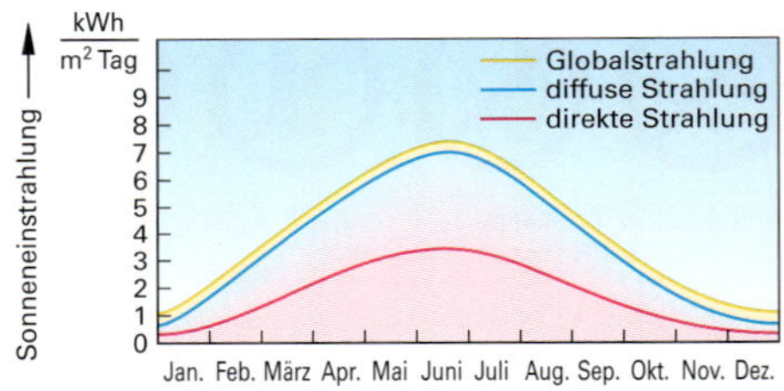

Einstrahlungsintensität direkter plus diffuser Strahlung bei unterschiedlicher Bewölkung

$1000\ \frac{W}{m^2}$	$600\ \frac{W}{m^2}$	$300\ \frac{W}{m^2}$	$100\ \frac{W}{m^2}$

Kennzahlen für thermische Solaranlagen

Deckungsgrad

$$SD = \frac{\text{solarer Wärmeertrag}}{\text{Gesamtenergiebedarf}}$$

Transmissionsgrad

$$\eta_{trans} = \frac{\text{durch Glasscheibe eintretende Leistung}}{\text{eingestrahlte Leistung}}$$

Absorptionsgrad

$$\eta_{trans} = \frac{\text{absorbierte Wärmeleistung}}{\text{durch Glasscheibe eintretende Leistung}}$$

Optischer Wirkungsgrad

$$\eta_{optisch} = \eta_{trans} \cdot \eta_{absorb}$$

Thermischer Verlustfaktor

$$\text{K-Wert} = \frac{\text{Energieverlust}}{\text{absorbierte Wärmeleistung}}$$

Bauart des Kollektors	$\eta_{optisch}$	K-Wert [W/(m² · K)]
Absorber ohne Glasscheibe	0,8 ... 0,95	12 ... 35
Flachkollektor	0,6 ... 0,84	2,6 ... 5,8
Speicherkollektor	0,5 ... 0,63	2 ... 4
Vakuum-Flachkollektor	0,7 ... 0,84	2,1 ... 4,8
Vakuum-Röhrenkollektor	0,6 ... 0,83	0,6 ... 2

Solaranlagen

Ablaufschema für die Planung einer thermischen Solaranlage

1. Ausgangsdaten beim Kunden erfassen (z. B. Warmwasserbedarf, Dachneigung und -ausrichtung, Art der Heizung).
2. Solardaten des Standortes bestimmen (Randbedingungen wie Schattenwurf u. a. beachten).
3. Bestimmung der Kollektorfläche und des Speichervolumens (mit Faustformeln, Computer oder Nomogramm).
4. Dimensionierung der Anlage (Rohrleitungen, Pumpe, Ausdehnungsgefäß, Armaturen, Regelungstechnik, ...).
5. Kalkulation und Wirtschaftlichkeit unter Einbeziehung von Förderungsart, ...

Bestimmung von Kollektorfläche und Speichervolumen mittels Nomogramm

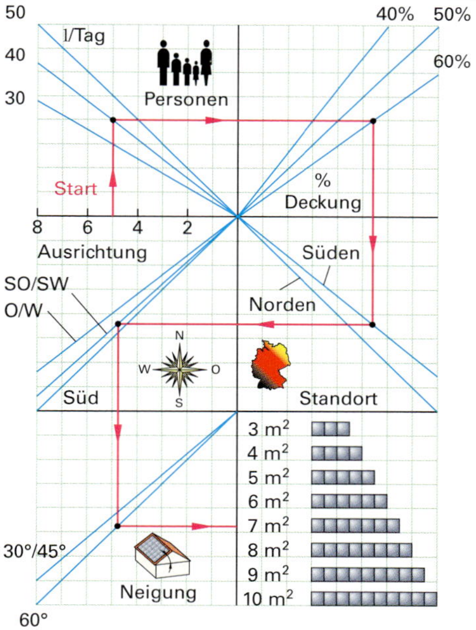

Solarertrag abhängig von Neigung und Ausrichtung der Kollektorfläche

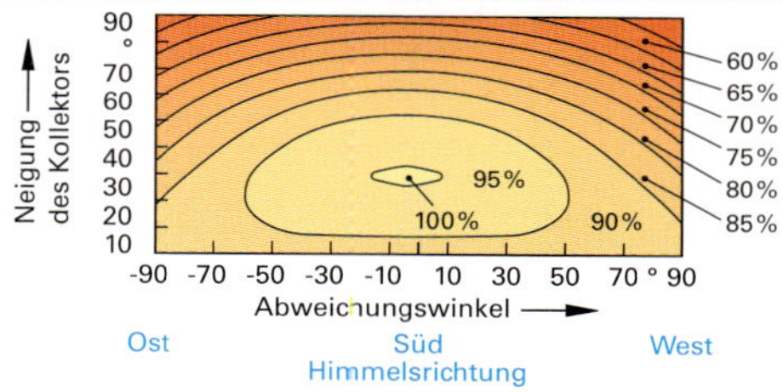

Jahreszeitlicher Verlauf der Versorgung durch Solarenergie sowie Warmwasser- und Heizenergiebedarf

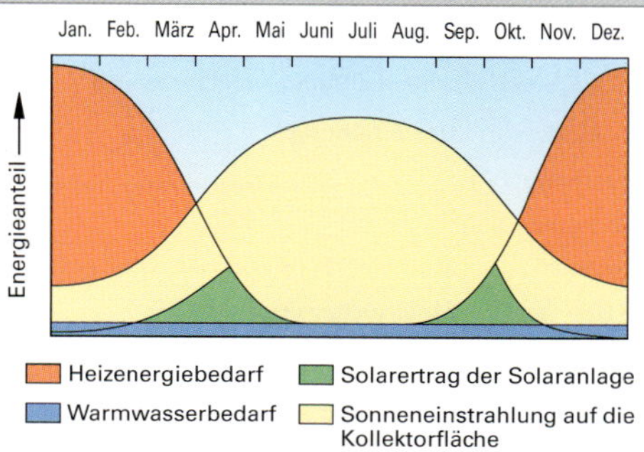

Solaranlage zur Trinkwassererwärmung

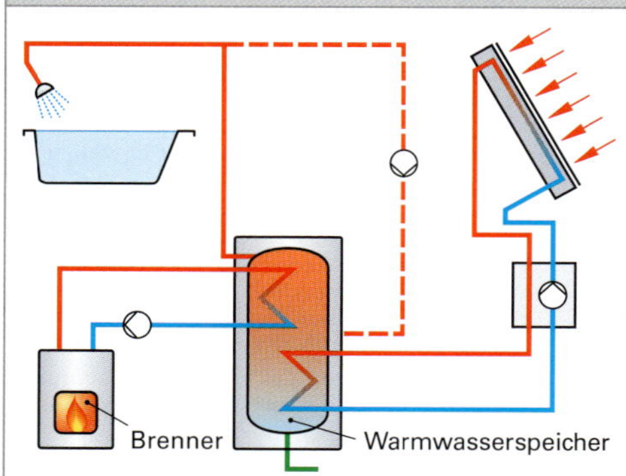

Solaranlage zur Trinkwassererwärmung und Heizungsunterstützung

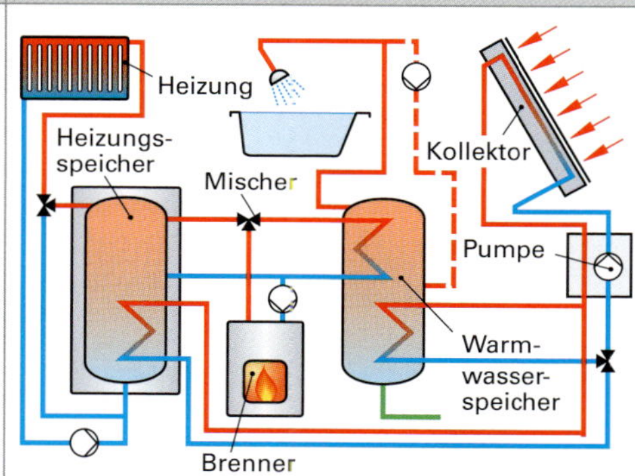

EE + UT

Biomasse

Begriffe und Zusammenhänge

Biomasse:
Gesamte Masse organischen Materials eines Ökosystems, das biochemisch „produziert" wurde. Hierzu gehören sowohl die Masse aller lebenden als auch abgestorbenen Organismen sowie deren Stoffwechselprodukte.
Primärproduktion von Biomasse:
Pflanzen erzeugen mittels Photosynthese durch direkte Nutzung der Sonnenenergie aus CO_2, Wasser sowie anorganischen Stoffen direkt organische Materie (Kohlenhydrate). Tiere und Menschen bauen Biomasse durch Verzehr von primär produzierter Biomasse auf.
Bedeutung der Biomasse als nachwachsender Energieträger:
Verwendung zur Erzeugung von Kraftstoffen, Wärme und elektrischer Energie bei neutraler CO_2-Bilanz, da nur CO_2 entsteht, das vorher biochemisch gespeichert wurde.

Energieinhalt von Biomasse (Beispiele)

Zustand	Beschreibung	Energieinhalt [kWh/kg]	Zusatzinformationen
Fest	Stroh, Schilf	ca. 4	Der Energieinhalt (Heizwert) nimmt mit abnehmender Holzfeuchte zu. Harzanteile (wie in Nadelhölzern im Vergleich zu Laubhölzern) erhöhen den Energieinhalt.
	Getreidepflanzen	ca. 4,2	
	Holzscheite (15 % Feuchte)	4,1 bis 4,4	
	Holzpellets (10 % Feuchte)	mind. 4,9	
	Holzhackschnitzel (HHS)	2,6 bis 4,2	
Flüssig	Pflanzenöl	bis 9,9	abhängig von der Pflanzenart
Gasförmig	Biogas	ca. 6	wesentliche Bestandteile: Methan (45 – 70 %), Kohlenstoffdioxid, Wasserdampf

Vergleich: Brennwert von Erdgas ca. 8 kWh/kg und Heizöl ca. 11 kWh/kg

Flüssige Kraftstoffe aus Biomasse (Übersicht)

Bezeichnung	Beschreibung	Zusatzinformationen
Bioethanol	Herstellung aus bestimmten Teilen biologischer Abfälle	Verwendung als Beimischung oder Ersatz von Benzin und Diesel für den Antrieb von Kraftfahrzeugen, Flugzeugen oder stationären Kraftmaschinen.
Biomethanol		
Biodiesel	Methylester pflanzlicher Öle	
ETBE	Ethyl-tertiär-Butylether	
MTBE	Methyl-tertiär-Butylether	
Pflanzenöl	Gewinnung aus Ölsaaten	
Btl	synthetische Kohlenwasserstoffe	

Gasförmige Brennstoffe aus Biomasse (Übersicht)

Bezeichnung	Herstellungsverfahren		Zusatzinformationen
Biowasserstoff	kleine und mittelgroße Anlagen	oxigene und anoxigene Photosynthese, Gärung	Verwendung als Beigabe zum Stadtgas und Verbrennung in herkömmlichen Gasgeräten oder Verbrennungsmotoren sowie zur Stromerzeugung mittels Brennstoffzelle. Zur Erhöhung des Wirkungsgrades ist der Einsatz von Wärme-Kraft-Kopplung sinnvoll.
	groß-industriell	Dampfreformierung	
Biogas	Nassgärung	kontinuierlich (Durchflussverfahren)	Verwendung zur Niedertemperatur-Wärmeerzeugung (z. B. Kochen in Entwicklungsländern) oder zur Stromerzeugung durch Verbrennung in Blockheizkraftwerk (BHKW). Der Trockensubstratgehalt ist bei Nassgärung geringer (< 15 %) als bei der Trockengärung (20 % bis 35 %).
	Trockengärung	diskontinuierlich (Speicherverfahren)	
	Kombinationen beider Verfahren sind z. B. Speicher-Durchflussverfahren (2 Fermenter)		

Biomasse

Richtwerte für Gaserträge

Eingesetzte Biomasse [$t_{Substrat}$]	Biogasertrag [$m^3/t_{Substrat}$]
Gülle	25 bis 30
Rindermist	44
Schweinemist	59
Hühnermist	80
Zuckerrübe	92
Grünschnitt und -silage	170 bis 190
Fettabscheiderprodukte	255
Rapskuchen	590
Altfette	960

Genehmigung von Biogasanlagen

Kriterium: eingesetzte Abfallmasse

> 10 t/Tag	< 10 t/Tag
⇓	⇓
Bundesimmissions-Schutzgesetz (4. BimSchV)	Baugenehmigung

Regelungen bezüglich sonstiger Kriterien wie Lagerkapazität, Feuerungswärmeleistung u.a. sind zusätzlich zu beachten.

Prozess der Biogaserzeugung

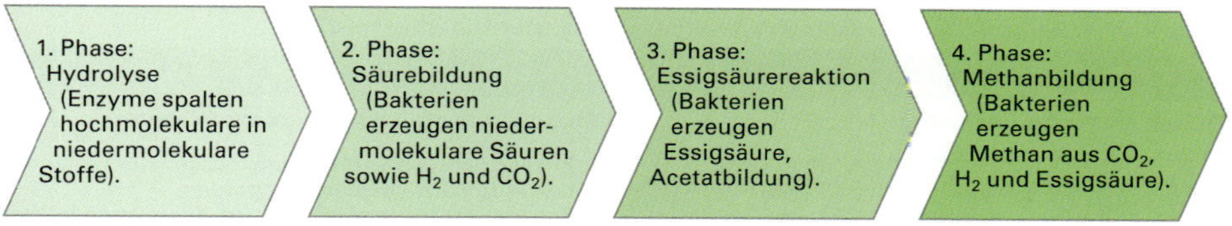

Vereinfachtes Anlagenschema einer Biogasanlage

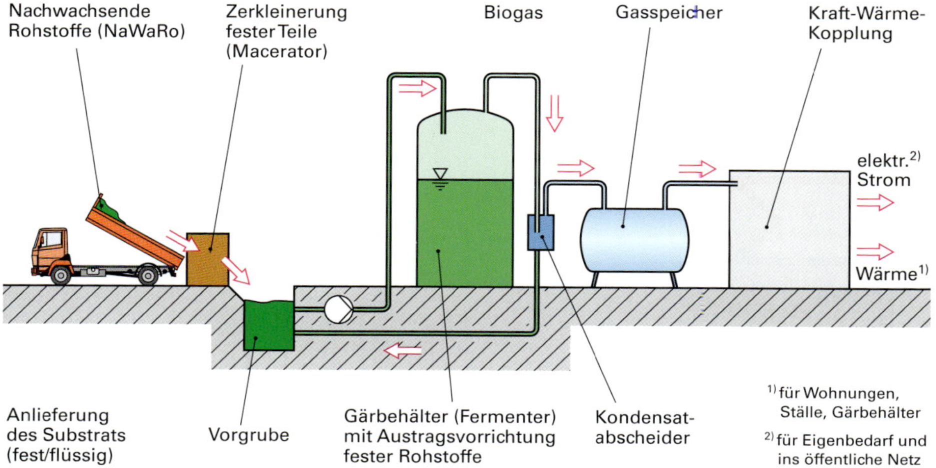

[1] für Wohnungen, Ställe, Gärbehälter

[2] für Eigenbedarf und ins öffentliche Netz

Aspekte zur Sicherheit von Biogasanlagen

- Explosionsschutz (explosionsgeschützte elektrische und mechanische Komponenten verwenden, Dichtheitsprüfung, selbsttätig schließende Armaturen bei Gasöffnungen, Schutzbereiche)
- Lüftung (Verhinderung von Vergiftungs- und Erstickungsgefahr in Arbeitsräumen)
- Brandschutz (Brandschutzklappen, Feuerbeständigkeit bautechnischer Komponenten, Löscheinrichtungen)
- Revision anlagentechnischer Komponenten (Gefahr der Korrosion durch aggressive Nebenprodukte [Ammoniak, Schwefelverbindungen], Verstopfung, Beschädigung durch Einfrieren)

Feste Biomasse

Begriffe		Maße und Einheiten		
Abkürzung	**Erklärung**	**Zeichen**	**Name**	**Hinweise**
BMHW	Biomasseheizwerk zur Erzeugung von Nah-/Fernwärme	rm	Raummeter	massives Holz
BMHKW	Biomasseheizkraftwerk zur Erzeugung von Strom und Wärme	fm	Festmeter	geschichtetes Holz
HHS	Holzhackschnitzel	srm	Schüttraum-meter	geschüttete massive Masse an HHS
SNP	Sägenebenprodukte	sm^3	Schüttkubik-meter	geschüttetes Volumen an HP
HP	Holzpellets	w	Wassergehalt	bezüglich Masse feuchten Holzes
HB	Hozbriketts	u	Holzfeuchte	bezüglich Masse trockenen Holzes

Verwendung finden neben Holz und Altholz auch Getreide, trockene Abfälle und Nebenprodukte pflanzlicher und tierischer Herkunft, Teibsel, Schilf, Fruchtkerne, getrockneter Klärschlamm u. a.

Verbrennungssysteme für feste Biomasse

Phasen der Holzverbrennung

Trocknung → Ent-gasung[1] → Ver-brennung

[1] unter Primärluftzufuhr zu Holzgas

Anforderungen an Holzfeuerungsanlagen

- Phasen der Holzverbrennung müssen nacheinander und möglichst vollständig erfolgen.
- Zur vollständigen Verbrennung ausreichende Verweilzeit des Holzes in der Feuerungsanlage.
- Primär- und Sekundärluftführung
- Möglichkeit der automatischen Beschickung

Bauarten moderner Holzfeuerunganlagen

Wanderrost zur Dosierung der Brennstoffmenge

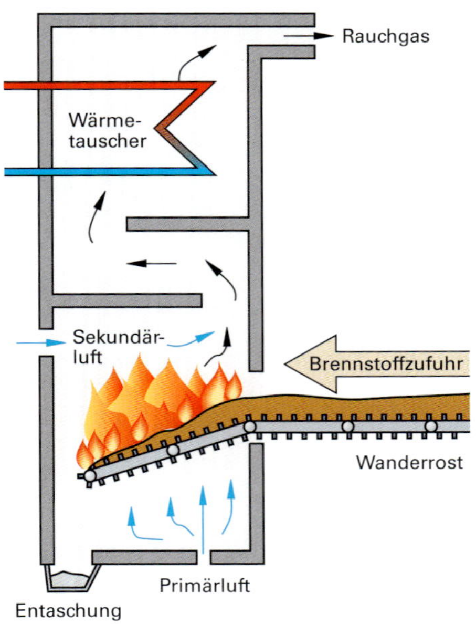

Förderschnecke zur Dosierung der Brennstoffmenge

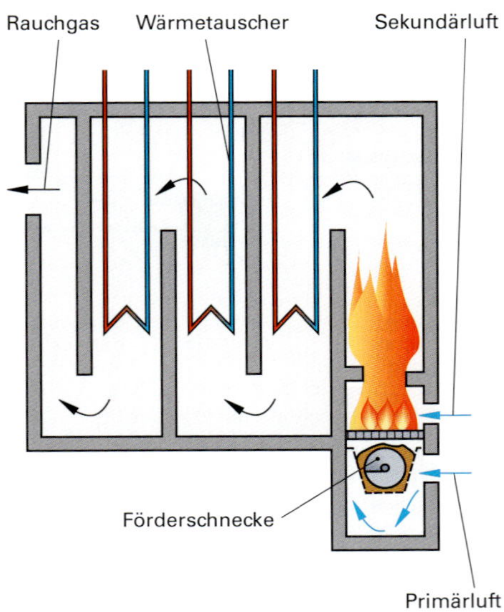

EE + UT

Windkraftanlagen

Begriffe

Wind: Bewegung (Verfrachtung) von Luft relativ zur Erdoberfläche.

Windenergie: Bewegungsenergie des Windes, die z. B. durch Rotorblätter in Windkraftanlagen (WKA) in mechanische Energie zur Stromerzeugung umgewandelt werden kann.

Windstärke: Einteilung des Windes nach Geschwindigkeit auf der Windstärkenskala nach Beaufort auf einer Skala von Windstärke 0 (Windstille) bis Windstärke 12 (Orkan).

Windpark: Räumliche Anordnung von Windkraftanlagen auf dem Festland oder im Meer.

Aufbau und Elemente einer Windkraftanlage

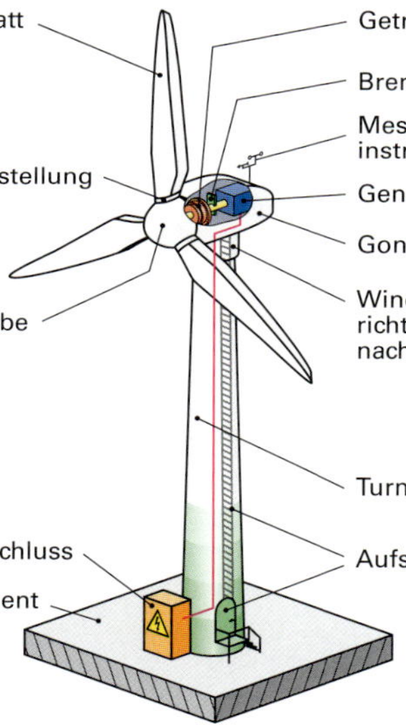

Unterscheidung von WKA

Bauformen nach Art der Rotationsachse

- horizontal
  - Luv-läufer
  - Lee-läufer
- vertikal
  - Savonius-Rotor
  - Darrieus-Rotor

Rotorvarianten

- Blattanzahl
  - Ein-, Drei- oder Vierblattrotoren
  - (Gerade Blattanzahl der Rotoren ist mechanisch ungünstig.)
- Rotorform
  - Auftriebsläufer
  - Widerstands-läufer

Entstehung von Wind

- Unterschiedliche Erwärmung von Wasser und Landmassen durch Sonnenstrahlung
- Temperaturunterschiede durch Tag- und Nachtseite der Erde
- Einstrahlungsintensität der Sonne ist am Äquator höher als an den Polkappen.
- Rotation der Erde führt zu Verwirbelungen.
- Schiefstellung der Rotationsachse der Erde
- Lokale Einflüsse wie Energieabstrahlung in Ballungsgebieten (Städten)

Physikalische Zusammenhänge

Kinetische Energie des Windes nimmt mit dem Quadrat der Windgeschwindigkeit zu.

Windleistung steigt mit der dritten Potenz der Windgeschwindigkeit.

Betz'sches Gesetz (Leistungsbeiwert):
Dem Wind kann theoretisch maximal 59,3 % der Energie entnommen werden.

Technisch optimierte WKA erreichen Leistungsbeiwerte bis 51 %.

Umweltauswirkungen von WKA

- Schattenwurf (Entstehung von Schlagschatten auf Wohngebäude)
- Diskoeffekt (periodische Lichtreflexionen von glänzenden Rotorblättern älterer WKA)
- Vogelschlag (Vögel geraten in die schnell umlaufenden Rotorblätter)
- Schall (Geräuschemission durch die Rotoren)
- Landschaftsverbrauch (Standfläche, Zuweg)
- Hindernisbefeuerung (WKA, die höher sind als 100 m, müssen mit Leuchten „befeuert“ werden und erzeugen Blinkmuster)

Berechnungsgrundlagen für Windkraftanlagen

Leistung und Wirkungsgrad

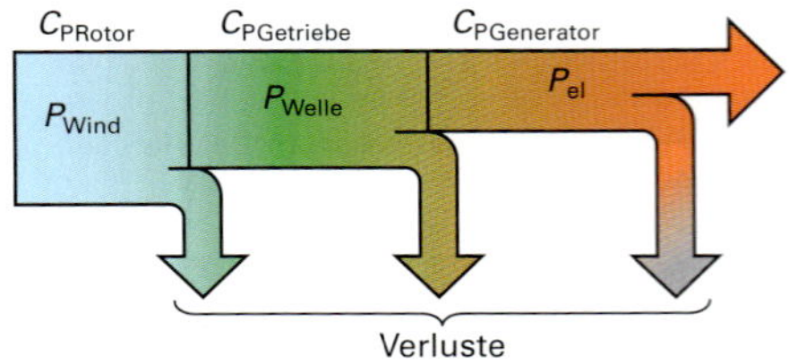

$$P_{Wind} = \frac{1}{2} \varrho \cdot A \cdot v_1^3$$

P_{Wind}	Leistung des Windes	kW
ϱ	Dichte der Luft	1,2 kg/m³
v_1	Windgeschwindigkeit (Anströmung)	m/s
A	durchströmte Fläche	m²

Kennzahlen von Windkraftanlagen

Leistungsbeiwert	c_p P_{Welle} P_1	Leistungsbeiwert abgegebene Leistung an der Rotorwelle in kW zugeführte Windleistung in kW	$c_p = P_{Welle}/P_1$
Schnelllaufzahl	λ u v_1	Schnelllaufzahl Umfangsgeschwindigkeit des Rotors in m/s Windgeschwindigkeit in m/s	$\lambda = u/v_1$
Flügelanzahl	z	Parameter zur Auslegung einer Windkraftanlage, siehe Diagramm	
Gleitverhältnis	E	aerodynamische Qualität eines Rotors bzw. eines Tragflächenprofils	
Klassifizierung von Windkraftanlagen nach der Schnelllaufzahl	Widerstandsläufer Langsamläufer Schnellläufer Schnelllaufzahl	$\lambda > 1$ $1 < \lambda < 3$ $5 < \lambda < 8$ $10 < \lambda$	 kein Einsatz, da hohe Schallemission

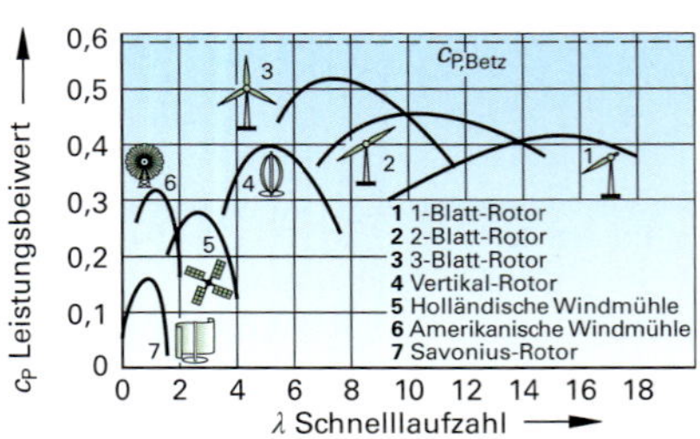

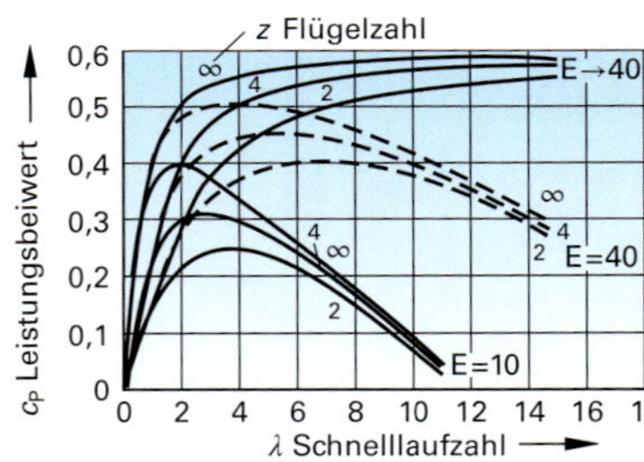

Daten für Windkraftanlagen

Typenklasse	IEC Windklasse	I	II	III	IV
	durchschnittliche Windgeschwindigkeit [m/s]	10	8,5	7,5	6
	Extremwert [m/s]	50	42,5	37,5	30

ungefähre Bauhöhen von Anlagen mit horizontaler Rotationsachse	Leistung [MW]	Rotordurchmesser [m]	Nabenhöhe des Rotors [m]
	0,5 bis 0,6	40	40 bis 65
	1,5 bis 3	70 bis 90	65 bis 114
	4,5 bis 6	112 bis 126	120 bis 130

energetische Amortisationszeiten (Monate)	Typ	Offshore	Küste	küstennah	Binnenland
	Windkraftanlage (0,2 MW, 25 m Rotor Φ)	–	ca. 4		
	Enercon E66 (1,5 MW, 65 m Rotor Φ)	–	3,3	4,7	6,1
	Offshore Windpark (mehrere Anlagen je 5 MW)	4 – 5	–	–	–

Wasserkraftanlagen

Begriffe

Wasserkraft (Hydroenergie): Strömungsenergie (kinetische Energie) von fließendem oder aufgestautem Wasser (potenzielle Energie).

Wasserkraftwerk: Umsetzung der Wasserkraft mithilfe einer Turbine in mechanische Energie, die überwiegend zur Erzeugung elektrischer Energie verwendet wird.

Wasserkraftanlagen (Übersicht)

Klassifizierung nach	Bezeichnung	Beschreibung
Art der Ausführung	Speicherkraftwerk	Speichern von Wasser zur Spitzenlastdeckung
	Pumpspeicherkraftwerk	Bei überschüssigem Strom wird Wasser hochgepumpt.
	Laufwasserkraftwerk	Teilaufstauung eines Flusses zur Energiegewinnung
	Kavernenkraftwerk	Unterirdische Hohlräume werden genutzt.
	Wellenkraftwerk	Nutzung von Meereswellen (ohne Tidenhub)
	Gezeitenkraftwerk	Nutzung von Ebbe und Flut (Tidenhub)
	Meeresströmungskraftwerk	Rotor (wie bei Windrad) wird unter Wasser angetrieben.
Nutzgefälle	Hochdruckkraftwerke	Höhenunterschied (Ober- zu Unterwasser) > 50 m
	Mitteldruckkraftwerke	Höhenunterschied (Ober- zu Unterwasser) 15 – 50 m
	Niederdruckkraftwerke	Höhenunterschied (Ober- zu Unterwasser) < 15 m
Auslastung	Grundlastkraftwerk	> 50 % (z. B. Laufwasserkraftwerke)
	Mittellastkraftwerk	30 – 50 % (z. B. Speicherkraftwerke)
	Spitzenlastkraftwerk	< 30 % (z. B. Pumpspeicherkraftwerke)

Grundlegende Turbinenarten

Strahlprinzip der Pelton-Turbine

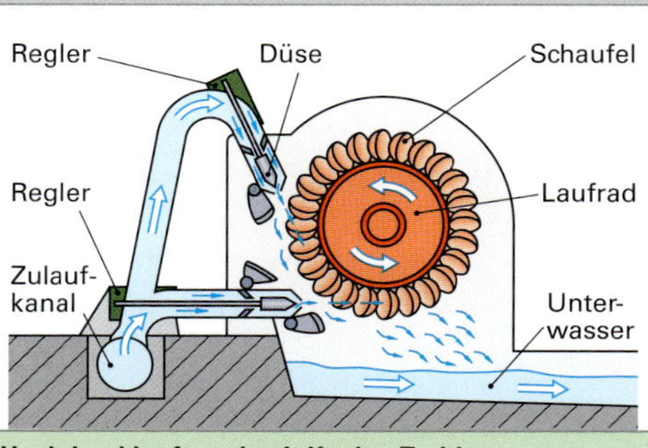

Schiffsschraubenprinzip der Kaplan-Turbine

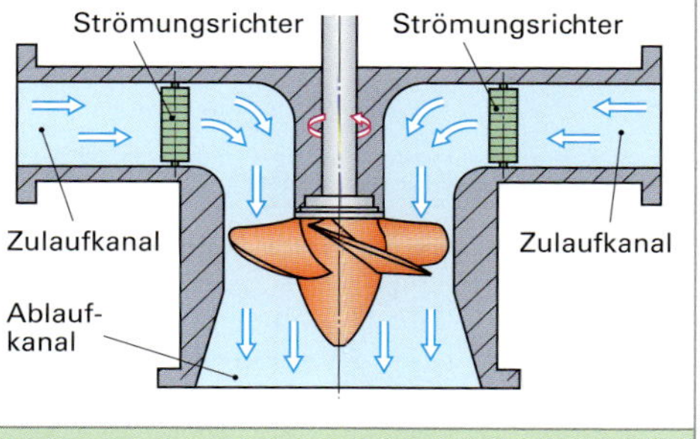

Hochdruckkraftwerk mit Kaplan-Turbine

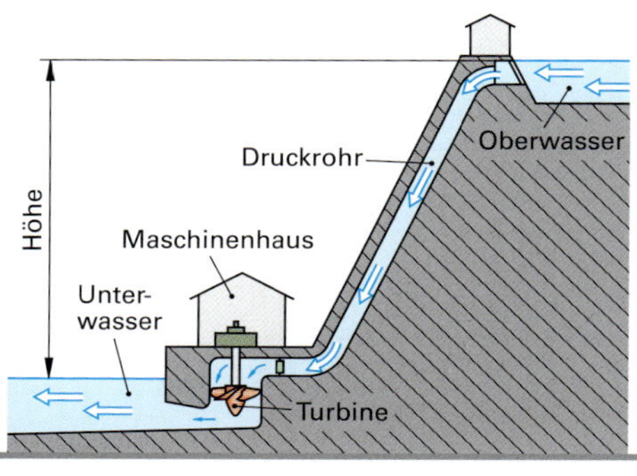

Gezeitenkraftwerk

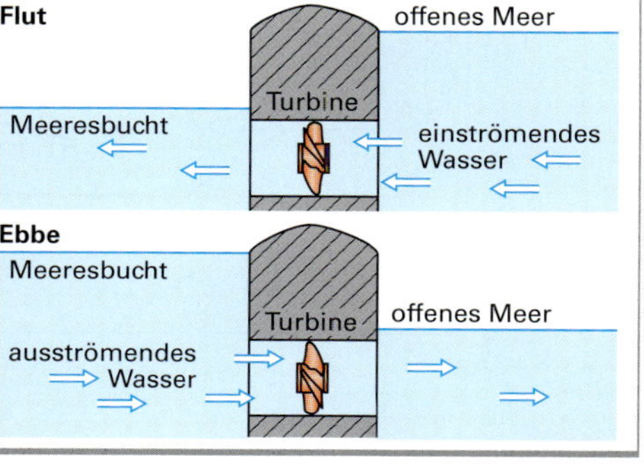

Berechnungsgrundlagen für Wasserkraftanlagen

Elektrische Leistung und Wirkungsgrade

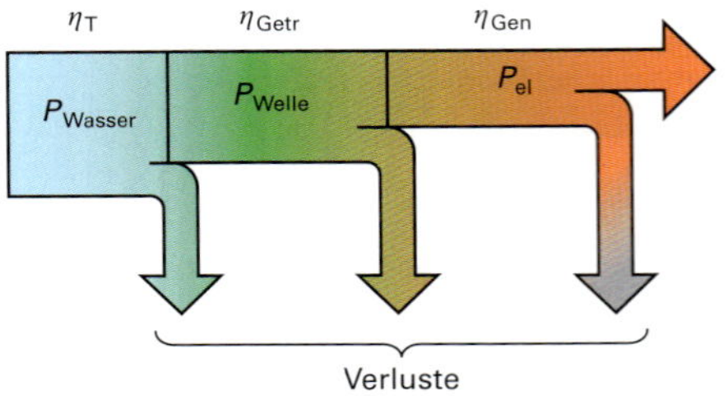

$$P_{el} = \eta_T \cdot \eta_{Getr} \cdot \eta_{Gen} \cdot g \cdot h \cdot \dot{V}$$

P_{el}	elektrische Leistung	kW
η_T	Turbinenwirkungsgrad	
η_{Getr}	Getriebewirkungsgrad	
η_{Gen}	Generatorwirkungsgrad	
g	Erdanziehung	m/s²
h	Nutzhöhe	m
$\dot{V}$	Volumenstrom	m³/h

Turbinenwirkungsgrad

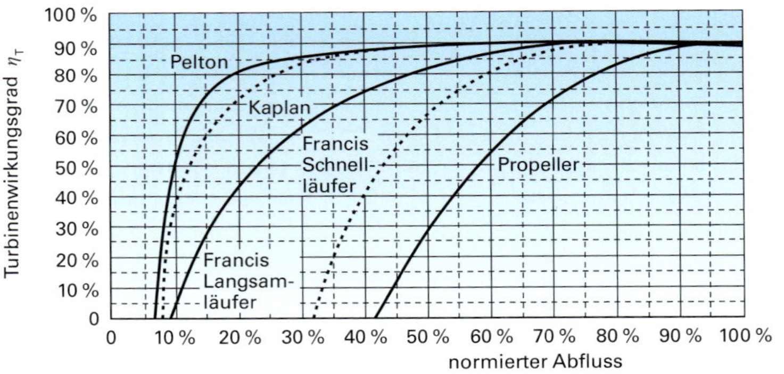

Turbinenarten und Einsatzgebiete

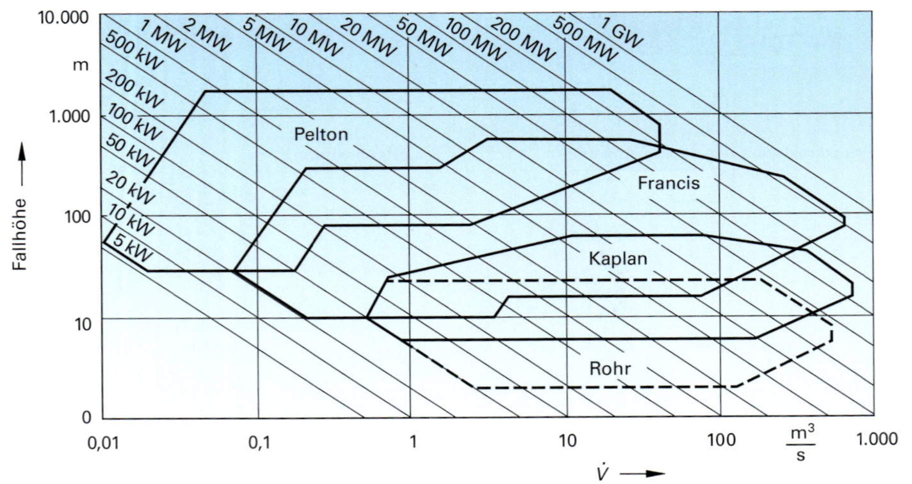

EE + UT

Blockheizkraftwerke

Aufbau und Arten von Blockheizkraftwerken (BHKW)

Schematische Darstellung

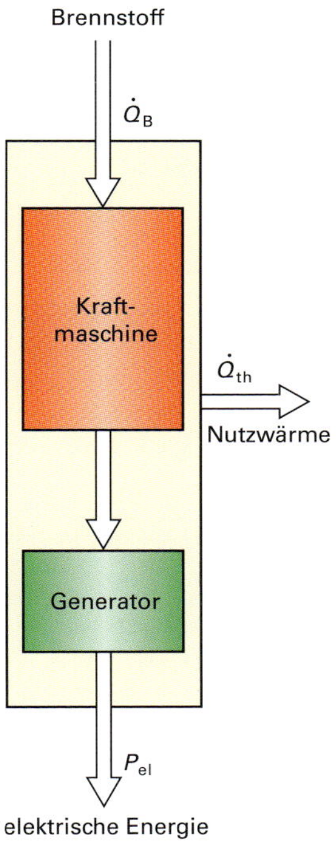

Brennstoffarten	Heizwert	Brennwert	Spez. CO_2-Bildung
	H_I	H_s	kg CO_2/kWh
Erdgas[1)]	11,35 kWh/m³	13,1 kWh/m³	0,2
Biogas	8,97 kWh/m³	10,2 kWh/m³	0,1
Heizöl	11,9 kWh/kg	12,8 kWh/kg	0,26

[1)] bei 0 °C und 1,01325 bar

Kraftmaschine	Beschreibung
Ottomotor	Kolbenmaschine, Zündung des Kraftstoff-Luft-Gemisches über Fremdzündung
Dieselmotor	Kolbenmaschine mit hoher Verdichtung und Gemisch-Selbstzündung
Gasmotor	Kolbenmaschine, in der Gas (z.B. Erdgas oder Holzgas) mit Luft verbrannt wird
Mikro-Gasturbine	stationäre Kleinturbinentriebwerke
Stirlingmotor	Kolbenmotor mit Arbeitsmedium Gas, das abwechselnd erwärmt/abgekühlt wird

Generatoren

Asynchrongenerator:
Robuster und kostengünstiger Generator. BHKW läuft mit konstanter Leistung (Drehzahl) bei Netzeinspeisung.

Synchrongenerator:
In Verbindung mit einem Frequenzumrichter ist eine Variation der Drehzahl und Leistungsmodulation bei Netzeinspeisung möglich.

Nutzwärme[2)]	Temperatur des Wärmeträgers (Wasser)
Groß-BHKW	Heißwasseranlagen bis ca. 120 °C
	Dampfanlagen > 120 °C
Klein-BHKW	Wassertemperatur 40 °C … 80 °C

Elektrische Leistung	
Mini-BHKW	1 kW bis 15 kW
Klein-BHKW	> 15 kW bis 300 kW
Groß-BHKW	bis 10 MW

Berechnungsgrundlagen von BHKW (vgl. DIN 6280 Teil 14)

- $\dot{Q}_B$ Brennstoffleistung in kW
- $\dot{V}_B$ Volumenstrom des Brennstoffs in m³/s
- ϱ_B Dichte des Brennstroffs in kg/m3
- H_I Heizwert des Brennstoffs in kWh/kg oder kWh/m³
- $\dot{Q}_{th}$ thermische Leistung in kW
- $\dot{V}_W$ Volumenstrom des Wärmeträgers (Wasser) in m³/h
- ϱ Dichte des Wärmeträgers (Wasser) in kg/m3
- c Wärmekapazität des Wärmeträgers (Wasser) in Wh/kg · K
- θ_{VL} Vorlauftemperatur in °C
- θ_{RL} Rücklauftemperatur in °C

Brennstoffleistung

$$\dot{Q}_B = \dot{V}_B \cdot \varrho_B \cdot H_I$$

Thermische Leistung

$$\dot{Q}_{th} = \dot{V}_W \cdot \varrho \cdot c \cdot (\theta_{VL} - \theta_{RL})$$

Bestimmung von $\dot{V}_B$:

⇒ bei flüssigen Brennstoffen: direkt ablesbar vom Durchflussmesser

⇒ bei Gasen: Korrektur der Messwerte durch Umrechnung auf Normbedingungen notwendig

EE + UT

Blockheizkraftwerke

Energieflussdarstellung und Wirkungsgrade von BHKW

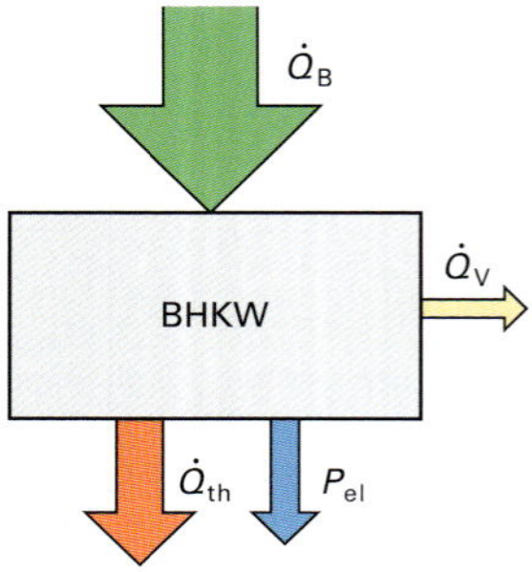

η_{el}	elektrischer Wirkungsgrad	
P_{el}	elektrische Leistung	kW
$\dot{Q}_B$	Brennstoffleistung	kW
η_{th}	thermischer Wirkungsgrad	
$\dot{Q}_{th}$	Wärmeleistung	kW
η_{ges}	Gesamtwirkungsgrad	
S	Stromkennzahl	

Stromkennzahl

$$S = \frac{P_{el}}{\dot{Q}_{th}}$$

Elektrischer Wirkungsgrad

$$\eta_{el} = \frac{P_{el}}{\dot{Q}_B}$$

Thermischer Wirkungsgrad

$$\eta_{th} = \frac{\dot{Q}_{th}}{\dot{Q}_B}$$

Gesamtwirkungsgrad

$$\eta_{ges} = \frac{P_{el} + \dot{Q}_{th}}{\dot{Q}_B}$$

Wirkungsgrade von BHKW (Beispieldaten)

Art des Wirkungsgrades	Dieselmotor	Gasmotor
Elektrischer Wirkungsgrad	35 % bis 40 %	29 % bis 35 %
Thermischer Wirkungsgrad	39 % bis 42 %	48 % bis 52 %
Gesamtwirkungsgrad	74 % bis 79 %	81 % bis 79 %

Betriebsarten von BHKW

Typ	Beschreibung
Stromgeführt	Betrieb erfolgt gemäß der Anforderung des Bedarfs an elektrischer Energie. Ist die erzeugte Wärmeenergie zu gering, wird ggf. mit konventioneller Wärmerzeugung zugeheizt.
Wärmegeführt	Das BHKW erzeugt die geforderte Wärmemenge. Die Differenz von erzeugter elektrischer Energie und dem Bedarf an elektrischer Energie wird aus dem Versorgungsnetz gedeckt.
Modulation (gleitender Betrieb)	Der Heizkreislauf (ausgekoppelte Nutzwärme) wird mit konstantem Volumenstrom betrieben.

Einbindung von BHKW in Energieerzeugungsanlagen

Ermittlung des Wärmebedarfs

↓

Bestimmung des Jahresverlaufs (Ganglinie)

↓

Festlegung des Grundlastbereiches für das BHKW zur Erreichung hoher Laufzeiten

↓

Berechnung der Leistung des Energieerzeugungssystems zur Deckung der Spitzenlast

Informationen zur Installation:
Genehmigung: < 1 MW nicht notwendig
Grenzwerte: TA-Luft ist einzuhalten
TA-Lärm: Verschiedene Grenzwerte (abhängig von Aufstellung innerhalb oder außerhalb von Gebäuden sowie Tag- oder Nachtbetrieb)

Geothermie

Begriffe

Erdwärme:	In der Erdkruste vorhandene Wärme. Sie besteht einerseits aus gespeicherter Restwärme der Erdentstehung und andererseits aus noch ablaufendem Zerfall radioaktiver Stoffe in der Erdkruste.
Geothermie:	Lehre von der Erforschung und Nutzung der Erdwärme
Geothermische Tiefenstufe:	Temperaturanstieg (Gradient) je hundert Meter Tiefenzunahme. Typischer Wert: 3 bis 4 °C je 100 m. Die Werte variieren nach geografischen Bedingungen.

Klassifizierung der Erdwärmequellen

Kriterium	Bezeichnung	Beschreibung
Abstand zur Oberfläche	oberflächennah	Schwankungen der Tages- und Jahreszeiten sind in ca. 10 m Tiefe wenig bis gar nicht ausgeprägt. Die Temperatur entspricht ca. der Jahresmitteltemperatur.
	tief	Tiefenstufen, in denen > 100 °C erreicht werden.
Enthalpiestufe der Erdwärmequellen	Hochenthalpie	Oft in Verbindung mit vulkanischer Aktivität. Wasser wird in die heißen Schichten gepresst und der austretende Dampf genutzt.
	Niederenthalpie	Wasser zirkuliert in unterirdischen, durchlässigen Gesteinsschichten mit Temperaturen > 100 °C zwischen Erdwärmesonden (Tiefenbrunnen) oder über natürliche Grundwasserleiter (Aquifere). Nutzwärme wird oberirdisch mittels Wärmetauscher dem Kreislauf entzogen. Verfahren, bei denen Wasser mit Hochdruck (bis 150 bar) zur Erzeugung künstlicher Risse eingespeist wird, Hot-dry-Rock-Verfahren genannt.

Nutzung der Erdwärme (Beispiele)

Art	Verfahrensbezeichnung und zugehörige Temperaturbereiche
Direkte Nutzung	Kochen und Verdampfen (> 120 °C)
	Trocknung von Baumaterial und Nahrungsmitteln (90 °C … 120 °C)
	Heizung von Gebäuden (ca. 80 °C)
	Gewächshäuser, Tierzucht (30 °C … 60 °C)
	Fußbodenheizung (40 °C)
	Schwimmbäder (30 °C … 40 °C)
	Fischzucht (20 °C … 30 °C)
	Kühlung (unterhalb 15 °C)
Indirekte Nutzung	Stromerzeugung über Wasserdampfturbinen (> 150 °C)
	Organischer Rankine-Zyklus (ORC) [> 80 °C und Verwendung organischer Stoffe statt Wasser als Arbeitsmedium, die bereits bei niedrigeren Temperaturen verdampfen].

Anlagenschema zur direkten Nutzung für Heizzwecke

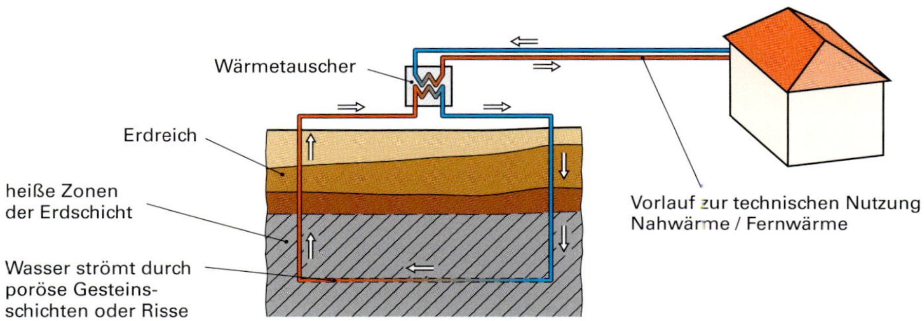

Transport und Speicherung elektrischer Energie

Stromtransport

Wechselstrom-Netze

Ebenen	Bezeichnung	Abkürzung	Nenn-spannung	Bemessungs-Spannung
Verbraucher-ebene	Niederspannung	NS	230 V / 400 V	–
Verteilungs-ebenen	Mittelspannung	MS	10 kV / 20 kV	12 kV / 24 kV
	Hochspannung	HS	110 kV	123 kV
Übertragungs-ebene	Höchstspannung	HöS	380 kV	420 kV

Bedeutung, Fakten und Ziele

- Bei langen elektrischen Leitungen zur Stromübertragung soll der Spannungsabfall nicht mehr als 10% betragen.
- Minimierung der Transportkosten bedeutet technisch, dass eine Netzspannung vorliegt, die mindestens so viel kV hat, wie die Leitungslänge in km beträgt.
- Beträgt die Entfernung mehr als 1000 km erfolgt die Stromübertragung mittels Hochspannungs-Gleichstrom (HGÜ) mit bis zu ± 800 kV.

Speichern elektrischer Energie

Bedeutung, Fakten und Ziele

- Die Speicherung großer elektrischer Energiemenge wird meist indirekt gespeichert: Sie wird vorwiegend in eine andere Energieform umgewandelt, um sie dann bei Bedarf zurück zu wandeln (z. B. Pump- oder Druckluftspeicherkraftwerk)
- Als neue Konzepte zur Speicherung von Ökostrom wird die Speicherung von Wasser zur Stromerzeugung in alten Gruben des Bergbaus, in Tagebaugebieten, bei großen Halden und an Steilküsten erforscht.
- Auch eine chemische Umwandlung des Stroms und Speicherung in z. B. Wasserstoff ist üblich; die Rückgewinnung des Stroms erfolgt in der Brennstoffzelle.
- Die Wirtschaftlichkeit des Verfahrens wird wesentlich von den Gesamtkosten und dem Gesamtwirkungsgrad als Produkt der Einzelwirkungsgrade der Energiewandlungskette bestimmt.

Verfahren der Energiespeicherung

	max. Leistung [MW]	Lebensdauer in Zyklen	Selbst-entladung [%/h]	Kosten [€ 10–2/kWh]	Energiedichte [Wh/kg]
Kondensator	0,01	100 Mio	0,01	k. A.	0,03
Super-Kondensator	0,1	0,5 Mio	0,2	k.A.	5
supra-leitende Spule	7	1 Mio	k.A.	k.A.	0,03
Bleiakku-speicher	27	< 1000	0,01	1	30 – 120
LiFePo4 Akkumulator	k.A.	> 5000	0,001	1,5 – 6	90
Pumpspeicher-kraftwerk	> 3000	k.A.	0	3 – 5	0,1 – 3,3

Allgemeine Zusammenhänge und Effekte

Emission	von Verursachern erzeugte und in die Umwelt ausgestoßene Luftverunreinigende Stoffe (von lat.: emittere = aussendende)
anthropogene und natürlich Quellen von Schadstoffen	• anthropogen (vom Menschen verursacht; z.B. private Haushalte oder Industrie) • natürlich (z.B. Methan von Tieren, aus Verrottung von Pflanzen oder Schwefeldioxid aus Vulkanen)
Immission	auf Lebewesen einwirkende Verunreinigungen, die z.B. aus der Luft kommen

Schichtungen der Erdatmosphäre

Bezeichnung	Dicke [km]	besondere Details
Troposphäre	0 – 11	Lebewesen, Wettergeschehen
Stratosphäre	11 – 50	Ozonschicht, Temperaturanstieg
Mesosphäre	50 – 85	Temperaturabfall
Thermosphäre	85 – 300	Temperaturanstieg
Exosphäre	ab 300	Übergang in den Weltraum

Kontamination	Verschmutzung eines Mediums (Luft, Wasser, ...)
Kontaminationspfade (Beispiele)	⇒ Atmosphäre ⇒ Regen ⇒ Oberflächenwasser ⇒ Boden ⇒ Atmosphäre ⇒ Boden ⇒ Boden ⇒ Grundwasser ⇒ Boden ⇒ Atmosphäre

natürliche Kreisläufe, hier z.B. Wasserkreislauf

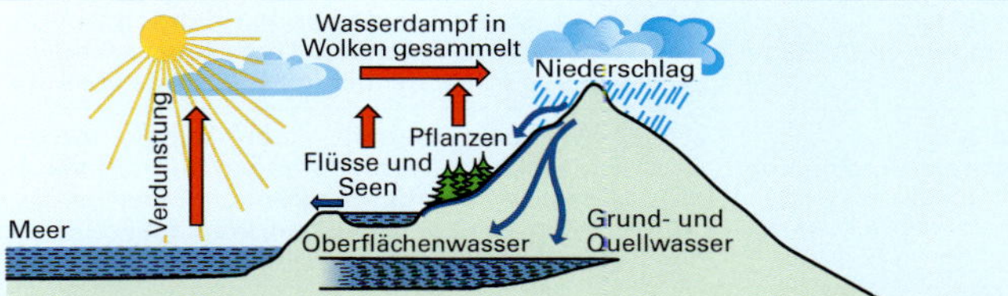

Treibhauseffekt

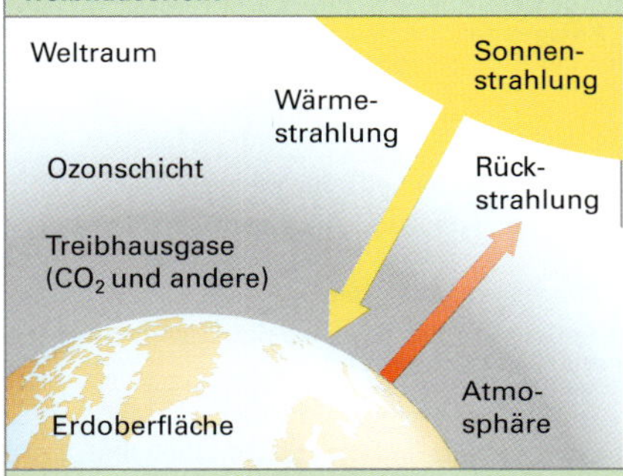

Hierunter versteht man **Wärmerückhalteeigenschaften** in der Troposphäre. Diese führen derzeit zu einer Temperaturzunahme von 0,4 K pro Dekade. Verträglich für natürliche Ökosystme: 0,1 K pro Dekade. Wesentliche Verursacher: Kohlenstoffdioxid, FCKW, Distickstoffoxid, Methan. Der Name Treibhauseffekt beschreibt die Erscheinung, dass die Temperatur in glasgedeckten geschlossenen Häusern bei Sonneneinstrahlung erheblich über die Außentemperatur ansteigt und auch in klaren Nächten nicht übermäßig zurückgeht.

Eine ähnliche Wirkung wie Glas hat die Erdatmosphäre auf die Erdoberfläche. Wasserdampf und vor allem Kohlenstoffdioxid absorbieren die Infrarotstrahlung.

Grenz- und Vergleichswerte zum Treibhauseffekt

Treibhauspotenzial GWP-Wert (Global warming potential)	Dieser Wert beschreibt die Wärmerückhalteeigenschaften in der Troposphäre (→ **Treibhauseffekt**). Es werden drei Werte für die Betrachtungszeiträume 20, 100 bzw. 500 Jahre angegeben. In **DIN 8960** ist der Wert für 100 Jahre zu entnehmen. Bezeichnung GWP100. Bezugsstoff ist **CO_2 mit GWP_{100} = 1**.
Ozonabbaupotenzial ODP-Wert (Ozon depletion potential)	Dieser Wert beschreibt den Ozonabbau in der Atmosphäre. Bezugsstoff ist **R11 mit ODP = 1**. Werte unter 1 bedeuten, dass die entsprechenden Stoffe weniger Ozon abbauen als R11.
Total Equivalent Warming Impakt TEWI-Wert	Ein geeignetes **Maß zur Quantifizierung des gesamten Treibhauspotenzials** ist der **TEWI-Wert**. Dieser setzt sich aus einem indirekten und einem direkten Anteil zusammen.

Umweltrecht

Rechtsfolgen

Bei Nichtbeachten von Pflichten	Ordnungswidrigkeit	• z.B. Geldbuße bei unsachgemäßer Instandhaltung umweltrelevanter Anlagen
Haftung aus Schäden	Zivilrecht [BGB]	• richtet sich gegen natürliche Personen oder Unternehmen
Vergehen gegen das Umweltrecht	Strafrecht [StGB]	• richtet sich nur gegen natürliche Personen (z.B. Mitarbeiter, Geschäftsführer) • wird mit Freiheitsstrafe oder Geldstrafe geahndet

Haftungsarten

- verschuldensabhängig
  - Es ist vom Kläger der Beweis zu führen, dass der Angeklagte schuldig ist.

- verschuldensunabhängig
  - Umwelthaftungsgesetz [Umwelt-HG]
  - Wasserhaushaltsgesetz [WHG]
  - Rechtsgrundsatz der Beweislastumkehr : Der Beschuldigte muss seine Unschuld nachweisen.

Umweltstrafrecht im Strafgesetzbuch StGb (Auswahl und Auszüge der Straftaten gegen die Umwelt)

§ 324 Gewässerverunreinigung	Wer unbefugt ein Gewässer verunreinigt ... wird mit Freiheitsstrafen bis zu 5 Jahren oder mit Geldstrafe bestraft. Der Versuch ist strafbar ...
§ 324 a Bodenverunreinigung	Wer Stoffe ... in den Boden einbringt, eindringen lässt oder freisetzt und diesen dadurch ... verunreinigt oder sonst nachteilig verändert, wird mit Freiheitsstrafen bis zu 5 Jahren oder mit Geldstrafe bestraft ...
§ 325 Luftverunreinigung	Wer beim Betrieb einer Anlage, insbesondere einer Betriebsstätte oder Maschine ... Veränderungen der Luft verursacht, die geeignet sind, außerhalb des zur Anlage gehörenden Bereichs die Gesundheit eines anderen, Tiere, Pflanzen ... zu schädigen, wird mit Freiheitsstrafe bis zu 5 Jahren oder mit Geldstrafe bestraft ...
§ 325 a Verursachen von Lärm, Erschütterungen und nicht ionisierenden Strahlen	Wer beim Betrieb einer Anlage, insbesondere einer Betriebsstätte oder Maschine, unter Verletzung verwaltungsrechtlicher Pflichten Lärm verursacht, der geeignet ist, außerhalb des zur Anlagengehörenden Bereichs die Gesundheit eines anderen zu schädigen, wird mit Freiheitsstrafen bis zu drei Jahren oder einer Geldstrafe bestraft. Der Versuch ist strafbar ...
§ 326 Unerlaubter Umgang mit Abfällen	Wer unbefugt Abfälle, die ... nach Art, Beschaffenheit oder Menge geeignet sind, • nachhaltig ein Gewässer, die Luft oder den Boden zu verunreinigen oder sonst nachteilig zu verändern oder • einen Bestand von Tieren oder Pflanzen zu gefährden ... sammelt, befördert, behandelt, verwertet, lagert, ... beseitigt, ... wird mit Freiheitsstrafen bis zu 5 Jahren oder mit Geldstrafe bestraft.
Zuständigkeiten in Deutschland	• Umweltbundesamt [UBA] • Bundesministerium für Umwelt, Naturschutz und Reaktorsicherheit [BMU]

Deutsches Verfassungsrecht in Artikel 20 a des Grundgesetztes

- Staatszielbestimmung (allgemeine Verpflichtung des Gesetzgebers und der Verwaltung)
- „Der Staat schützt auch in Verantwortung für die künftigen Generationen die natürlichen Lebensgrundlagen und die Tiere im Rahmen der verfassungsmäßigen Ordnung durch die Gesetzgebung nach Maßgabe von Recht und Gesetz durch die vollziehende Gewalt und die Rechtsprechung."

Analytik in der Umwelttechnik

Bedeutung, Fakten und Ziele

- Nachweis bzw. mengenmäßige Bestimmung von Stoffen in einer Probe
- Verwendung von chemischen, elektrochemischen oder biologischen Verfahren
- Schwerpunkt auf die Umweltkompartimente Luft, Boden und Wasser
- Moderne instrumentelle Analytik ermöglicht den Nachweis bis 10–12 g eines Stoffes

Nachweisgrenzen

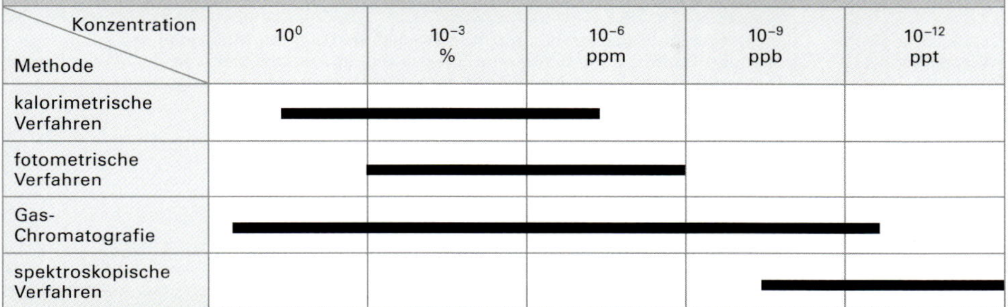

Probenentnahmeprozesse

Prozess der Probenbehandlung (z. B. Bodenprobe)

Prozess der Analyse

Generelle Arten der Analytik (Auswahl)

qualitativ	Identifikation von Stoffen: „Welche Substanzen sind in der Probe enthalten?“
quantitativ	Bestimmung der Stoffmengenkonzentration: „Wie viel von der Substanz ...?“
Strukturanalyse	Untersuchung des atomaren oder molekularen Aufbaus einer Substanz

Nass-chemische Verfahren und Schnelltests (Auswahl)

trimetrische Verfahren: Bestimmung der Konzentration eines Stoffes in Lösung durch tropfenweise Zugabe eines Indikators; z. B. Schnelltest zur Ermittlung der Carbonathärte oder Gesamthärte des Wassers.

Umschlagbereich und Farben von Indikatoren

Indikator	Wechsel der Farben		Umschlagbereich [pH]
Lackmus	rot	blau	5,0 – 8,0
Thymolblau	gelb	blau	8,0 – 9,6
Bromkresolgrün	gelb	blau	3,8 – 5,4
Thymolblau	rot	gelb	1,2 – 2,8
Kresolrot	rot	gelb	0,2 – 1,8

Analytik in der Umwelttechnik (Fortsetzung)		
Nass-chemische Verfahren und Schnelltests (Auswahl – Fortsetzung)		
kalorimetrische Verfahren	Verwendung von u.a. Prüfröhrchen, die von dem zu untersuchenden Stoff durchströmt werden; z.B. Konzentrationsbestimmung von Nitrat durch Vergleich des Teststäbchens mit einer Farbskala.	
fotometrische Verfahren	Eine homogene Lösung wird von monochromatischem Licht durchstrahlt. Die Lichtschwächung (Adsorption) ist ein Maß für die Konzentration.	
Instrumentelle Analytik (Auswahl)		
spektroskopische Verfahren	Elektromagnetische Strahlung tritt in Wechselwirkung mit Molekülen des zu untersuchenden Stoffes. Es entsteht eine Spektralbild in Abhängigkeit von der Wellenlänge. Dieses dient zum Nachweis und ggf. zur Konzentrationsbestimmung. Man unterscheidet: • UV/VIS-Spektroskopiegraphische • Atomsabsorptionsspektroskopie • Massenspektroskopie • Atomimmissionsspektroskopie • IR-Spektroskopie	
chromato-graphische Verfahren	Zerstörungsfreie Trennung von Stoffgemischen zur qualitativen und quantitativen Bestimmung der Einzelstoffe. Man unterscheidet Gas-Chromatografie (GC) und Hochleistungs-Flüssigkeits-Chromatografie (HPLC).	
elektroanalytische Verfahren	Messung elektrochemischer Parameter: Z.B. elektrischer Strom oder Leitfähigkeit einer Flüssigkeit zur Bestimmung der Konzentration gelöster Salze.	
Chemosensoren	Substanzen der zu untersuchenden Stoffe werden an einer Sensorschicht absorbiert. Über die Veränderung von physikalischen Größen wie der Kapazität oder dem elektrischen Widerstand werden die Konzentrationen erfasst: Z.B. Gassensor für Kohlenmonoxid (CO).	
Summenparameter		
Abluftanalytik	PM_{10}	Partikel (Staub) mit einem Teilchendurchmesser von kleiner oder gleich 10 µm
	NMVOC	Flüchtige organische Verbindungen ohne Methan
	CKW	Chlorkohlenwasserstoffe
	NO_x	Stickoxide
	PA	polyzyklische aromatische Kohlenwasserstoffe
	PCB	polychlorierte Biphenyle
	PCDD/F	polychlorierte Dibenzodioxine und Dibenzofurane
Wasseranalytik	CSB [COD; Chemical oxigen demand]	chemischer Sauerstoffbedarf
	TOC [total organic carbon]	gesamter organischer Kohlenstoff
	DOC [dissoled organic carbon]	gesamter gelöster organischer Kohlenstoff
	BSB	biochemischer Sauerstoffbedarf
	PI	Permanganat-Index
	PAK	Polycyclische aromatische Kohlenwasserstoffe
	AOX	adsobierbare organische Halogenverbindungen
Feststoffanalytik	PCB	polychlorierte Biphenyle
	PCDD/F	polychlorierte Dibenzodioxine und Dibenzofurane

Grundlagen Umwelttechnik

Disperse Systeme

Bedeutung, Fakten und Handhabung

- Wichtige Klassifizierung und Eigenschaften von Systemen in der Umwelttechnik
- Die Trennung der dispersen Phasen ist meist mit physikalischen Methoden möglich
  - durch Druck beim Filtrieren
  - mittels Zentrifugalkraft beim Zentrifugieren
  - selbständig (Schwerkraft oder Dichteunterschied) beim Sedimentieren

Begriffe

Dispersion	Heterogene Gemische aus zwei (oder mehr) Phasen, die sich nicht (oder nur unwesentlich) ineinander lösen: Sie bleiben beide als eigene bestehen (keine chemische Reaktion)
Dispersionsmittel	Kontinuierliche Phase
disperse Phase	Teilchen, die vereinzelt und innig vermischt im Dispersionsmittel vorliegen
Kolloid	

Systematisierung von Dispersionen mit Beispielen [...]

nach Dispersionsgrad (Teilchengröße)	Teilchengröße der dispersen Phase		Beispiele
	< 1 nm	molekular dispers	Kochsalzlösung
	1 nm bis 1 pm	kolloidal dispers	Eiweiß
	> 1 pm	grob dispers	Milchfett
nach Aggregatzuständen	**Disperse Phase**	**Dispersionsmittel**	**Bezeichnung**
	fest	flüssig	Suspension
	flüssig	flüssig	Emulsion
	gasförmig	flüssig	Schaum [Seifenschaum]
	fest	gasförmig	Rauch, Staub [Schwebstoffe im Abgas]
	flüssig	gasförmig	Nebel [Airosol aus Sprayflasche]
	fest	fest	feste Suspension [feste, gefügedichte Mischung]
	flüssig	fest	feste Emulsion [Töpferton]
	gasförmig	fest	fester Schaum [trockener Bimsstein]

Trennen disperser Systeme

- mechanisch
  - Sedimentieren
  - Zentrifugieren
  - Zyklonisieren
  - Filtrieren
- thermisch[1)]

1) wird hier nicht näher betrachtet

Trennen: Zerlegen eines Stoffgemisches oder Stoffgemenges in einzelne Komponenten oder Phasen.

Grundlagen Umwelttechnik (Fortsetzung)

Lösungsmittel

Bedeutung, Fakten und Handhabung

- Stoffe (Lösemittel, Solvens), die Gase, Flüssigkeiten oder Feststoffe lösen oder verdünnen.
- Zwischen dem lösenden und dem gelösten Stoff kommt es nicht zu einer chemischen Reaktion.
- Der Einsatz von Lösungsmittel als Begleitstoff bei chemischen Reaktionen dient
  - der Stabilisierung von Übergangszuständen der Reaktion
  - dem konvektiven Wärme- und Stoffübergang
  - der Verdünnung zur Vermeidung von Nebenrektionen
- Das meist verwendete Lösungsmittel ist Wasser; es ersetzt (substituiert) zunehmend organische Lösungsmittel, die meist unangenehme Gerüche, Umwelt- und Gesundheitsschäden oder explosive Gemische erzeugen.
- Lösungsmittel haben eine wichtige Funktion in der Verfahrenstechnik (Prozessführung)und Analytik, wie z.B.
  - Fällung in der Abwasseraufbereitung
  - Extraktion bei der Bodendekontamination
  - chromatografie in der Analytik
- Man unterscheidet Lösungsmittel nach ihren physikalischen Eigenschaften (siehe Datentabelle, unten) oder Polarität
  - polare Lösungsmittel lösen polare Stoffe (wie Kochsalz in Wasser) oder
  - unpolare Lösungsmittel (z.B. Benzol oder Ether), die unpolare Stoffe gut lösen

Daten wichtiger Lösungsmittel

Bezeichnung	Schmelzpunkt [°C]	Siedepunkt [°C]	Flammpunkt [°C]	Dichte bei 20°C [g/cm³]	Permittivität bei 25°C	Dipolmoment [$*10^{-30}$ Cm]	Brechungsindex	Verdunstungsrate relativ zu Essigsäure-n-butylester (= 1)
Methanol	– 97,8	64,7	6,5	0,7914	32,70	5,67	1,3287	2,1
Ethanol	– 114,5	78,3	18	0,7893	24,55	5,77	1,3614	1,6
2-Propanol	– 89,5	82,3	16	0,7855	19,92	5,54	1,3776	1,4
1-Butanol	– 89,8	117,3	34	0,8098	17,51	5,84	1,3993	0,44
Nitromethan	– 28,5	100,8	35	1,1371	35,87	11,88	1,3817	0,096
Methylenchlorid	– 95,1	40	–	1,3266	8,93	5,17	1,4242	k.A.
Ethylenglukol	13	197	117	1,1088	37,7	7,61	1,4313	k.A.
Cyclohexan	6,5	80,7	4,5	0,7785	2,02	0	1,4266	k.A.
Pyridin	– 42	115,5	23	0,9819	12,4	7,91	1,5095	0,8
Tetrachlorkohlenstoff	– 23	76	–	1,5940	2,24	0	1,4601	k.A.
Wasser	0,0	100	–	0,9982	78,39	6,07	1,3330	k.A.

Grundlagen Umwelttechnik (Fortsetzung)

Gehaltsangaben in Lösungsmittel

Bedeutung, Fakten und Handhabung

- Gehaltsangaben oder Gehaltsgrößen quantifizieren den materiellen Bestandteil einer Komponente im Stoffgemisch
- Stoffgemische
  - können homogen sein (z. B. gelöstes Salz in Wasser) oder
  - heterogen sein (z. B. unlösbare Schadstoffe im Boden)
- Man unterscheidet zwischen dem Bezug der Gehaltsangaben auf
  - die Masse [m]
  - das Volumen [V]
  - die Stoffmenge [n]

und daraus folgend die Begriffe Anteil, Konzentration und Verhältnis.

Anteile

w_i	Massenanteil
m_i	Masse gelöster Stoff
m	Masse der Lösung
x_i	Stoffmengenanteil
n_i	Stoffmenge gelöster Stoff
n	Stoffmenge der Lösung
φ_i	Volumenanteil (Phi)
V_i	Volumen vom gelösten Stoff
V_0	Volumen der Lösung
X_i	Teilchenzahlanteil
N_i	Teilchenzahl vom gelösten Stoff
N	Teilchenzahl Lösung

$$w_i = \frac{m_i}{m}$$

$$\varphi_i = \frac{V_i}{V_0}$$

$$x_i = \frac{n_i}{n}$$

$$X_i = \frac{N_i}{N}$$

Konzentrationen

β_i	Massenkonzentration
m_i	Masse gelöster Stoff
V_0	Volumen der Lösung
c_i	Stoffmengenkonzentration
C_i	Teilchenzahlkonzentration
n_i	Stoffmenge vom gelösten Stoff
σ_i	Volumenkonzentration
V_i	Volumen vom gelösten Stoff
N_i	Teilchenzahl vom gelösten Stoff

$$\beta_i = \frac{m_i}{V_0}$$

$$\sigma_i = \frac{V_i}{V_0}$$

$$c_i = \frac{n_i}{V_0}$$

$$C_i = \frac{N_i}{V_0}$$

Verhältnisse zweier Komponenten

m	Masse
n	Stoffmenge
V	Volumen
Index i	Komponente i
Index j	Komponente j
ζ	Massenverhältnis
γ	Stoffmengenverhältnis
ψ	Volumenverhältnis

$$\zeta = \frac{m_i}{m_j}$$

$$\gamma = \frac{n_i}{n_j}$$

$$\psi = \frac{V_i}{V_j}$$

abgeleitete Größen, Zusammenhänge, Konstante

N	Teilchenzahl
N_a	Avogadro-Konstante ($6{,}0221367 \cdot 10^{23}$/mol)
n	Stoffmenge (in mol)
M	molare Masse
m	Masse
β_i	Massenkonzentration
c_i	Stoffmengenkonzentration
b_i	Molalität
m_L	Lösemittelmasse

$$N = N_A \cdot n$$

$$M = \frac{m}{n}$$

$$\beta_i = M \cdot c_i$$

$$b_i = \frac{n}{m_L}$$

EE + UT

Umweltbelastung und Umweltschutz

Bodenbelastungen

Bedeutung, Fakten und Ziele

- Boden ist die oberste belebte Verwitterungsschicht der Erdrinde, bestehend aus mineralischen und organischen Festkörpern mit Hohlräumen
- Boden ist die wichtigste räumliche Grundlage für die Siedlungsform und Wirtschaftstätigkeit des Menschen
- Bodenfunktionen
  - Lebensraum für Pflanzen, Tiere und Mikroorganismen
  - Filter und Puffer im Naturhaushalt und -Kreisläufen
- Bodendegradation
  - Verschlechterung der Funktionen des Bodens bis hin zu dessen völligem Verlust
  - zunehmender weltweiter Effekt
  - Ursachen: → Abholzung, Brandrodung, Überweidung
    → Monokulturen, übermäßige Düngung
    → Bodenversiegelung- und Verdichtung
    → Industrieverschmutzung, u.a. siehe unten

Belastungen

Schadstoffeintrag (flächenhaft und lokal) durch	Landwirtschaft	Mineraldünger, organische Dünger (Gülle, Klärschlamm), Pflanzenschutzmittel
	Verunreinigung der Luft und des Wassers	Eintrag aus Industrie, Haushalten, Verkehr und Landwirtschaft
	Altlasten	aus ehemaliger Industrieansiedlung, Rüstungs- und Militäraltlasten
	Unfälle	Tanklaster, Kesselwagen
physikalische Bodenbeeinträchtigung	Verdichtung des Bodens durch Auflast (z.B. Fahrzeuge), Abtragung durch Wind oder Wasser (Erosion), Homogenisierung des Bodens in nassem Zustand, u.a.	

Prüfwerte [mg/kg Trockenmasse TM] für die Bodenbelastung (Auszug BBodSchV)

Stoff	Kinderspielflächen	Wohngebiete	Park- und Freizeitanlagen	Industrie- und Gewerbegrundstücke
Blei	200	400	1000	2000
Cadminum	10	20	50	60
Chrom	200	400	1000	1000
Nickel	70	140	350	900
Quecksilber	10	20	50	80
Hexachlorbenzol	4	8	20	200
PCB_6	0,4	0,8	2	40

Rechtsgrundlagen

Gesetz	• Bundes-Bodenschutzgesetz [BBodSchG]
Verordnungen u.a.	• Bundes-Bodenschutzverordnung [BBodSchV] • Verwaltungs- und Vollzugshinweise der Länder

Umweltbelastung und Umweltschutz (Fortsetzung)

Luft

Bedeutung, Fakten und Ziele

- Beeinträchtigung der Atemluft von Mensch und Tier mit möglichen Folgen wie Erkrankungen der Atemwege bis zu tödlichen Folgen
- Veränderung des pH-Wertes von Gewässern (z. B. saurer Regen)
- Belastung der Luft in Innenräumen (z. B. Schleifstaub, Zigarettenrauch, Lösungsmittel, Weichmacher in Textilien)
- Ziele sind die weitere Senkung der zulässigen Emissionshöchstmengen für die einzelnen Luftschadstoffe und politische Maßnahmen zur Reduzierung von Treibhausgasen, insbesondere CO_2
- Hauptemissionsquellen: Kraftwerke, Industrieanlagen, private Haushalte, Straßen- und Luftverkehr, Landwirtschaft

Grenzwerte gesundheitsschädlicher, gasförmiger Immissionen [Auswahl; TA-Luft 2002]

Schadstoff	Grenzwert (µg/m³)	Schadstoff	Grenzwert (µg/m³)
Benzol	10	Ozon	110
Chlor	100	Schwefeldioxid	50
Kohlenmonoxid	10 000	Stickstoffdioxid	40

Grenzwerte gesundheitsschädlicher Stäube [Auswahl; TA-Luft 2002]

Schadstoff	Grenzwert (µg/m³)	Schadstoff	Grenzwert (µg/m³)
Feinstaub	20 000	Blei	0,5
Schwebstaub	40	Thalium	50

Umgang mit staubenden Gütern

Herkunft	Geforderte technische Einrichtungen (Auswahl)
Lagerung	Abdeckung, Verwendung von Silos, Windschutz bei offener Lagerung, Befeuchtung
Transport und Umschlagen (Be- und Entladen)	Absaugungs- und Entstaubungseinrichtungen, Kapselung
Produktion	Staubvermeidung, Messung der Staubkonzentration, Absaugungs- und Entstaubungseinrichtungen

Rechtsgrundlagen (Auswahl)

Gesetze	• Bundesimmissionsschutzgesetz [BImSchG] und zugehörige Verordnungen – Verordnung über.genehmigungsbedürftige Anlagen – Verordnung über Kleinfeuerungsanlagen – Verordnung über Großfeuerungsanlagen – Technische Anleitung zur Reinhaltung der Luft [TA-Luft]
Normen	• Abgasnormen für Kfz, wie Euro-5-Norm
international	• Kyoto-Protokoll
letzte Novellierung Jahr 2009	• Erweiterung der Überprüfungspflicht und umfangreiche Auflagen für die Betreiber von Festbrennstoff-Heizungen. • Anpassung an verbesserten Stand der Technik bzgl. der Emissionsminderung. • Festsetzung von Grenzwerten für bestehende und neu errichtete Einzelraum-Feuerungsanlagen für Staub und Kohlenstoffoxid. • Regelung von Übergangsfristen (bis zu 15 Jahren). • Verpflichtungen für Betreiber von modernen Brennwertheizungsanlagen. • Regelung für Biofeststoffe (z. B. Getreide), die nicht als Lebensmittel verwendet werden können und der Verbrennung zugeführt werden.

Umweltbelastung und Umweltschutz (Fortsetzung)

Luft (Fortsetzung)

Verordnungen über kleine und mittlere Feuerungsanlagen (Kleinfeuerungsanlagen)

- Einzelöfen müssen nicht genehmigt werden
- Betrieb nur mit bestimmten Brennstoffen zulässig (s. u.)
- Grenzwerte für Abgasverluste abhängig von der Leistung (s. u.)
- Staubförmige Emission (Ruß) muss heller sein als der Grenzwert 1 der Ringelmannskala (s. u.)

Brennstoffe für Kleinfeuerungsanlagen

Bezeichnung	Beispiele
Kohle	Steinkohlenbriketts, -koks, Braunkohle
Holz	naturbelassenes Holz, Zapfen, Rinde
flüssige KW	Heizöl, Methanol, Ethanol
Gas	Erdgas, Wasserstoff, Biogas, Synthesegas, Flüssiggas

Grenzwerte für Abgasverluste ab 01.01.1998

Nennleistung [kW]	Abgasverluste [%]
über 4 bis 25	11
über 25 bis 50	10
über 50	9

Ringelmannskala

Grauwert	0	1	2	3	4	5
	0 %	20 %	40 %	60 %	80 %	100 %

Abgasmessung

q_A	Abgasverlust
t_A	Abgastemperatur in °C
t_L	Verbrennungslufttemperatur in °C
$c(O_2)$	Konzentration Sauerstoff im Abgas
$c(CO_2)$	Konzentration Kohlenstoffdioxid im Abgas
A, B	Konstanten nach unten stehender **Tabelle**

Messung der Sauerstoffkonzentration

$$q_A = (t_A - t_L) \cdot \left(\frac{A_2}{21 - c(O_2)} + B \right)$$

Messung der Kohlenstoffdioxidkonzentration

$$q_A = (t_A - t_L) \cdot \left(\frac{A_1}{c(CO_2)} + B \right)$$

Konstanten zur Abgasverlustberechnung

Konstante / Brennstoff	Heizöl	Erdgas	Stadtgas	Holz	Flüssiggas
A1	0,50	0,37	0,35	0,69	0,42
A2	0,68	0,66	0,63	0,70	0,63
B	0,007	0,009	0,011	0,01	0,008

Großfeuerungsanlagen

- sind genehmigungsbedürftig nach BlschG
- Abgasgrenzwerte für Staub, Kohlenmonoxid, Stickstoffoxide, Schwefeloxide und Holgenverbindungen sind definiert und einzuhalten, aber auch abhängig von dem Anlagentyp
- Es sind bestimmte erstmalige, wiederkehrende und auch fortlaufende Messungen gefordert

A

B

C

D

E

F

H

I

J

K

L

M

N

O

P

S

T

W

Z

Accuro Sonderlöschanlagen GmbH, AT-Mondsee: 223/1

Adobe Systems Software Irland Ltd., Adobe Stock, IRL-Dublin: 34/2 © Sutthiphong

Allmess GmbH, Oldenburg: 154/3

ARCAT, Inc.: 456/1

Bundesministerium für Wirtschaft und Klimaschutz (BMWK), Berlin: 348/1, 348/2, 348/3, 348/4, 348/5, 348/6

co2online gemeinnützige Beratungsgesellschaft mbH, Berlin: 318/1

DENIOS SE, Bad Oeynhausen: 411/1

Duscholux Sanitärprodukte GmbH, Schriesheim: 213/1, 213/2, 213/3

energie-experten.org, Hamburg: 347/1

EVAPCO Europe GmbH, Meerbusch: 457/1

Fischer Holding GmbH & Co.KG, Waldachtal: 122/1, 122/2, 122/3, 122/4, 122/5, 122/6, 122/7, 122/8

Fröling Heizkessel- und Behälterbau Ges.m.b.H., AT-Grieskirchen: 413/1

Geberit Vertriebs GmbH, Pfullendorf: 202/1

Gebr. Ostendorf Kunststoffe GmbH, Vechta: 238/1, 238/2, 238/3, 238/4, 238/5, 238/6, 238/7, 238/8, 238/9, 239/1, 239/2, 239/3, 239/4, 239/5, 239/6, 239/7, 239/8, 240/1, 240/2, 240/3, 240/4, 240/5, 240/6, 240/7

Grohe AG, Hemer: 167/4, 167/6

Grünbeck Wasseraufbereitung GmbH, Höchstädt a. d. Donau: 152/3

Hans Sasserath GmbH & Co. KG, Korschenbroich: 152/2

Hansa Armaturen GmbH, Stuttgart: 159/1, 159/2, 159/3, 159/4, 159/5, 159/6, 159/7, 159/8, 160/1, 160/2, 160/3, 160/4, 160/5

Hauff-Technik GmbH & Co. KG, Herbrechtingen: 154/2

Helios Ventilatoren GmbH + Co KG, Villingen-Schwenningen: 421/6, 437/2, 438/2, 440/2

Honeywell Deutschland Holding GmbH, Offenbach: 151/2, 156/1

Initiativkreis Erdgas & Umwelt (IEU), Essen: 320/1

KESSEL SE + Co. KG, Lenting: 229/3, 236/7, 244/6, 244/7, 244/8, 244/9, 245/1, 245/2

Maico Elektroapperate GmbH, Villingen-Schwenningen: 449/1

nVent Thermal Germany GmbH, Siegen-Geisweid: 202/3, 202/4, 202/5

Oventrop GmbH & Co. KG, Olsberg: 376/1, 376/2, 376/3, 376/4, 376/5, 376/6, 376/7, 376/8, 376/9, 376/10, 376/11, 376/12, 376/13, 402/7

perma-trade Wassertechnik GmbH, Leonberg: 153/1

Reflex Winkelmann GmbH, Ahlen: 205/1, 205/2

Styleboiler, IT-Santa Maria di Zevio: 199/1

Verlag Europa-Lehrmittel/Autorenfoto: 152/1, 153/2, 155/1, 180/4, 196/3, 208/2, 292/4, 403/3, 506/2, 507/3

Viessmann Holding International GmbH, Allendorf: 413/2, 413/3

Villeroy & Boch AG, Mettlach: 212/1, 212/2, 212/3, 212/4, 212/5, 212/6, 212/7, 212/8, 212/9

Wedeco AG, Herfurt: 153/3

Wilo SE, Dortmund: 201/2

Alle Bilder im Buch ohne Quellenangaben wurden vom Zeichenbüro des Verlages Europ-Lehrmittel, Ostfildern oder von den Autoren erstellt und bearbeitet.

DIN

DIN EN

DIN EN ISO